编审委员会

“十二五”国家重点图书出版规划项目

中科院指定考研参考书

中国科学技术大学精品教材

线性系统理论和设计

Linear System Theory and Design

第 2 版

仝茂达　编著

中国科学技术大学出版社

内 容 简 介

由控制理论和电路理论专家创建起来的状态空间理论和多项式矩阵理论构成现代线性系统理论的基础，它已成为电子类专业、系统工程专业和控制专业高年级本科生和研究生的基础课程.本书的内容选自20世纪80年代至90年代国际上有影响的同类教材和权威杂志上的原始文献，同时参考了国内同类的优秀教材，并结合了作者教学和研究上的体会和浅见，差不多反映了这一领域20世纪50年代末期以来的主要成果.本书注重理论严谨、深入浅出、理论联系实际，列举了近150道与实际应用有关的例题，以便于读者自学.

本书不仅可作为电子类专业、系统工程专业和控制专业本科生和研究生的教材，也可作为理工科其他专业如经济管理专业本科生和研究生的教材，同时可供高校教师、厂矿企业工程师以及工程研究人员参考.

图书在版编目(CIP)数据

线性系统理论和设计/仝茂达编著. —2版. —合肥：中国科学技术大学出版社，2024.5
(中国科学技术大学精品教材)
"十二五"国家重点图书出版规划项目
中国科学院指定考研参考书
ISBN 978-7-312-03012-3

Ⅰ. 线… Ⅱ. 仝… Ⅲ. 线性系统理论—高等学校—教材 Ⅳ. O231

中国版本图书馆CIP数据核字(2012)第129617号

中国科学技术大学出版社出版发行
安徽省合肥市金寨路96号，230026
http://press.ustc.edu.cn
安徽省瑞隆印务有限公司印刷

开本：787 mm×1092 mm 1/16 印张：30 字数：748千
1998年8月第1版 2012年8月第2版 2024年5月第4次印刷
定价：69.00元

总　　序

2008年，为庆祝中国科学技术大学建校五十周年，反映建校以来的办学理念和特色，集中展示教材建设的成果，学校决定组织编写出版代表中国科学技术大学教学水平的精品教材系列．在各方的共同努力下，共组织选题281种，经过多轮、严格的评审，最后确定50种入选精品教材系列．

五十周年校庆精品教材系列于2008年9月纪念建校五十周年之际陆续出版，共出书50种，在学生、教师、校友以及高校同行中引起了很好的反响，并整体进入国家新闻出版总署的"十一五"国家重点图书出版规划．为继续鼓励教师积极开展教学研究与教学建设，结合自己的教学与科研积累编写高水平的教材，学校决定，将精品教材出版作为常规工作，以《中国科学技术大学精品教材》系列的形式长期出版，并设立专项基金给予支持．国家新闻出版总署也将该精品教材系列继续列入"十二五"国家重点图书出版规划．

1958年学校成立之时，教员大部分来自中国科学院的各个研究所．作为各个研究所的科研人员，他们到学校后保持了教学的同时又作研究的传统．同时，根据"全院办校，所系结合"的原则，科学院各个研究所在科研第一线工作的杰出科学家也参与学校的教学，为本科生授课，将最新的科研成果融入到教学中．虽然现在外界环境和内在条件都发生了很大变化，但学校以教学为主、教学与科研相结合的方针没有变．正因为坚持了科学与技术相结合、理论与实践相结合、教学与科研相结合的方针，并形成了优良的传统，才培养出了一批又一批高质量的人才．

学校非常重视基础课和专业基础课教学的传统，也是她特别成功的原因之一．当今社会，科技发展突飞猛进、科技成果日新月异，没有扎实的基础知识，很难在科学技术研究中作出重大贡献．建校之初，华罗庚、吴有训、严济慈等老一辈科学家、教育家就身体力行，亲自为本科生讲授基础课．他们以渊博的学识、精湛的讲课艺术、高尚的师德，带出一批又一批杰出的年轻教员，培养了一届又一届优秀学生．入选精品教材系列的绝大部分是基础课或专业基础课的教材，其作者大多直接或间接受到过这些老一辈科学家、教育家的教诲和影响，因此在教材中也贯穿着这些先辈的教育教学理念与科学探索精神．

改革开放之初，学校最先选派青年骨干教师赴西方国家交流、学习，他们在带回先进科学技术的同时，也把西方先进的教育理念、教学方法、教学内容等带回到中国科学技术大学，并以极大的热情进行教学实践，使"科学与技术相结合、理论与实践相结合、教学与科研相结合"的方针得到进一步深化，取得了非常好的效果，培养的学生得到全社会的认可.这些教学改革影响深远，直到今天仍然受到学生的欢迎，并辐射到其他高校.在入选的精品教材中，这种理念与尝试也都有充分的体现.

中国科学技术大学自建校以来就形成的又一传统是根据学生的特点，用创新的精神编写教材.进入我校学习的都是基础扎实、学业优秀、求知欲强、勇于探索和追求的学生，针对他们的具体情况编写教材，才能更加有利于培养他们的创新精神.教师们坚持教学与科研的结合，根据自己的科研体会，借鉴目前国外相关专业有关课程的经验，注意理论与实际应用的结合，基础知识与最新发展的结合，课堂教学与课外实践的结合，精心组织材料、认真编写教材，使学生在掌握扎实的理论基础的同时，了解最新的研究方法，掌握实际应用的技术.

入选的这些精品教材，既是教学一线教师长期教学积累的成果，也是学校教学传统的体现，反映了中国科学技术大学的教学理念、教学特色和教学改革成果.希望该精品教材系列的出版，能对我们继续探索科教紧密结合培养拔尖创新人才，进一步提高教育教学质量有所帮助，为高等教育事业作出我们的贡献.

侯建国

中国科学技术大学校长
中国科学院院士
第三世界科学院院士

再 版 前 言

《线性系统理论和设计》初版于1998年，在使用过程中深受众多校内外师生和广大读者的喜爱，颇受好评，很快就销售一空，2004年第二次印刷，现已告罄。该书2000年荣获“中国科学技术大学第七次优秀教材一等奖”，最近又喜悉入选2011年度“中国科学技术大学精品教材”，同时列入国家“十二五”重点图书出版规划项目。所有这些都对作者给予了莫大的鼓励和鞭策。值此再版之际，谨对校系各级领导、同仁和广大学子的厚爱与支持表示深深的谢意！进入21世纪以来，我国在政治、经济、科学和文化领域都取得了卓越的进步，例如，中国的航天事业已进入世界先进国家之列，中国已成为世界第二大经济体，所有这些都为深谙线性系统理论的人们提供了用武之平台，希望本书能为学习、研究这些理论的读者提供微薄的帮助。如是，鄙人甚感欣慰！

中国科学技术大学出版社对此次再版极为重视，组织了大量的人力、物力，在保持本书原貌的基础上进行了重新排版和绘图，使得它更便于阅读和使用；笔者也借此机会既做了一次更严谨的审核，也在措辞、语言表达上做了一些改进，努力对读者的厚爱给予回报。

仝茂达

2012年7月29日

再版前言

前　　言

线性系统理论初期是随着机电工程、控制理论和电子学的发展而发展的. 20 世纪 50 年代后期，它伴随着航空航天、过程控制、最优控制、通信、电路和系统、控制和决策以及计量经济学等众多学科的发展而日益成熟，汇总这些学科具有共性的基本理论形成一门具有广泛应用性的独立学科. 现在它已成为现代控制理论、网络理论、通信理论、管理科学等的基础，可以毫不夸张地说，它和技术科学、自然科学、社会科学有着广泛的联系，源于这三大科学又服务于这三大科学. 线性系统理论内容非常广博，文献来源于许许多多专业学科的刊物. 目前国外已经出版了相当多评价很高的优秀教材，参考文献中列举的[4－11]就是其中的一些. 国内也出版了一些很好的教材，例如[27－29]. 面对这种情况，要写出一本值得称赞的线性系统方面的教材，对作者来说实在是勉为其难. 但是，为了教学工作的需要，为了让学生能有一本与教学相配套的教科书，也是为了提高教学质量，作者还是欣然接受了中国科学技术大学自动化系领导安排的编著任务. 在编写过程中学习和参考了上述教材和一些原始文献，结合作者十年的教学体会和一些基本理论研究的浅见，费时整整一年半，舍弃了节假日的休息，终于完成了教材的编著. 谨以此奉献给母校——中国科学技术大学——40 周年校庆，同时也奉献给亲爱的含辛茹苦的父母.

全书共分 10 章：数学基础；系统的状态空间模型；系统的状态响应和输出响应；系统的能控性和能观性；传递函数矩阵的状态空间实现；系统的稳定性；状态反馈和状态观测器；多项式矩阵和矩阵分式；系统的多项式矩阵描述（PMD）和传递函数矩阵性质；多变量反馈系统的设计. 前 7 章内容（目次中 * 号注明的除外）是为高年级本科生准备的. 第 1 章数学基础扼要地叙述线性代数和矩阵函数方面的内容，可根据具体情况适当分配课时，甚至不必在课堂讲授. 其他 6 章内容差不多包括了 20 世纪 50 年代末期产生和随后发展起来的关于系统的状态空间理论的全部基本成果. 这些内容已成为与系统理论有关的许多学科（如航天、航空、导弹、制导、过程控制、最优控制、通信、电路和系统、信号处理以至生物系统和经济系统等等）的基础知识，因此这些内容已成为理工科高年级学生必不可少的基础课程. 其中大量的内容和例题与自动控制和电子学有着紧密的天然联系，因而特别适合自动控制专业和电子类专业高年级本科生. 对于课时较多（如 80 学时）、接受状况良好的自动控制专业学生来说，* 号注明的传递函数矩阵实现和状态反馈用于解耦控制系统设计等方面的内容也可以讲授.

后 3 章主要介绍 20 世纪 70 年代末期蓬勃发展起来的关于线性多变量系统的多项式矩阵理论和矩阵分式理论，这些理论兼容了古典的频域系统理论和现代的时域状态空间理论两方面的优点，从而将现代系统理论又向前推进了一步. 因此后 3 章内容为前述的诸学科提供了更为先进的新的基础理论，理所当然地成为自动控制专业、电子类专业以及相关专业研究生的基础知识，为这些专业的研究生在相关学科的前沿领域中从事创造性工作提供了有力工具. 由于第 10 章的最后两节内容多半与具有稳健性的控制系统设计有关，本书特别适合自动控制专业研究生使用.

作者在编著本教材的过程中广泛地吸取国际上有影响的同类教材的精华，虚心地参考国内同类优秀教材的有益见解，认真地阅读一些权威文献，结合作者本人的教学体会和浅见，力求取材在知识上具有基础性、先进性和实用性，自始至终注重理论的严谨，为引导学生进入高层次的理论研究，较快地占领科研的前沿阵地打下坚实的理论基础；同时又注重联系实际，帮助学生培养工程观点，从实际应用的角度去认识基本理论的本质和内涵，列举了大量与实际应用有关的例题. 在教材内容的处理上不拘泥于某种特定的模式. 例如考虑到学生已经学习过电路基本理论和自控原理，第 2 章到第 4 章的内容采取由一般到个别的阐述方式，即先讨论非线性时变的一般系统，然后讨论线性非时变的系统. 而在第 5 章中，考虑到对学生来说实现是一个崭新的概念，采取由个别到一般的阐述方式，即先讨论单变量系统的实现，后讨论多变量系统的实现. 前者可使学生高瞻远瞩，后者则遵循着循序渐进的原则. 本教材的另一个特点是为帮助学生将已学知识融会贯通，启发学生独立思考，对许多内容提出新颖的阐述方式，对许多定理提出更简洁的证明. 例如关于预解矩阵算法的证明、互联系统的特征多项式，系统地表达网络或系统的多项式矩阵描述式，从几个不同角度阐述传递矩阵的极点和传输零点，等等.

本教材前 3 章初稿由研究生杨玲完成，她还绘制了前 5 章的许多系统框图. 后 7 章的编著和全书的修改和定稿工作由本书作者完成. 李嗣福教授审阅了全书的内容，此外，奚宏生教授审阅了前 7 章的内容，季海波副教授审阅了后 3 章的内容，鲍远律教授浏览了前 5 章的内容，作者对他们的帮助和建议表示十分感谢. 同时还要指出，系主任孙德敏教授和副主任吴刚副教授对本书的出版给予了大力支持，在此一并表示感谢. 最后对妻子江丽华和儿子仝自强的支持和理解表示感谢.

仝茂达

1998 年 4 月 14 日于合肥

目　次

第 1 章　数 学 基 础

自 20 世纪 50 年代末期以来，许许多多控制理论专家和电网络理论专家纷纷投身于线性系统理论的研究，使之蓬勃发展，从而诞生了崭新的现代线性系统理论. 这些专家们都善于用精确的数学语言描述所研究的对象，现代线性系统理论从它的诞生日起就和数学有着极紧密的联系. 为了透彻理解和深入掌握现代线性系统理论，为了研究和吸收线性系统理论的最新成果，也为了教学的顺利完成和读者自学的方便，这里选择了与线性空间、线性变换、矩阵函数等有关的基本内容供读者回顾、参考. 对这些内容熟悉的读者可跳过不看. 希望有更多了解的读者可参考文献[1 - 3].

1.1　集和线性空间

“集”是数学中最基本的概念之一. **集**定义为具有相同属性事物的全体(或总和). 集中的事物称为该集的元素. 如果 A 是一个集，x 是 A 的元素，记作 $x\in A$；若 x 不是 A 的元素，则记作 $x\notin A$，或 $x\overline{\in} A$. 今后运用 $\forall x\in A$ 表示集 A 中任一元素，或所有元素；$\exists x\in A$ 表示集 A 中存在元素 x. 集可以用列举法表示，例如，$A=\{-1,1\}$；也可以用描述法表示，例如为了说明集 R 是绝对值小于或等于 1 的实数集，可用式(1.1)形式注明，其中 r 是 R 的元素

$$R=\{r:|r|\leqslant 1\} \tag{1.1}$$

不包含任何元素的集称为空集，通常记为 $\varnothing$.

如果两个集中元素一一对应相等或相同，就说这两个集**相等**. 例如，$A=\{-1,1\}$ 和 $B=\{x:x^2-1=0\}$ 相等，记作 $A=B$. 如果集 A 的元素都属于集 B，称 A 是 B 的**子集**或说 A 包含于 B，记作 $A\subset B$；也可以说 B 包含 A，记作 $B\supset A$. 由此可见 $A=B$ 的充要条件是 $A\subset B$，且 $B\subset A$. 文献中常以此作为集 A 与集 B 相等的定义. 若 $A\subset B$，B 中又确有元素不属于 A，则称 A 为 B 的**真子集**. 例如 A 是半径为 R 的圆，B 仅是该圆的周边，B 是 A 的真子集. 规定空集是任何集的子集. 任何一个非空集 $A\neq\varnothing$，至少具有两个子集：A 和 $\varnothing$.

集有四种基本运算：**并**、**交**、**差**和**积**. **集 A 和集 B 的并**记作 $A\cup B$，表示 A 与 B 所有的元素组成的集，即

$$A\cup B=\{x:x\in A\text{ 或 }x\in B\} \tag{1.2}$$

集 A 与集 B 的交记作 $A\cap B$，系 A 与 B 共有的元素组成的集，即

$$A \cap B = \{x : x \in A \text{ 且 } x \in B\} \tag{1.3}$$

集 A 与集 B 的差记作 $B-A$，表示属于 B 但不属于 A 的元素组成的集，即

$$B - A = \{x : x \in B \text{ 但 } x \overline{\in} A\} \tag{1.4}$$

集 A 与集 B 的积记作 $A\times B$，表示属于 A 的元素 a 与属于 B 的元素 b 按先 a 后 b 的顺序构成有序对 (a,b) 所构成的集，即

$$A \times B = \{(a,b) : a \in A, b \in B\} \tag{1.5}$$

注意，$A\times B$ 和 $B\times A$ 具有相同数目的元素，但一般来说两者并不相等. 式(1.5)定义的积也称为笛卡儿积.

和集紧密联系的概念有**群**、**环**和**域**.

群 设 F 是一非空集，如果在 F 中存在某种运算 $*$，使得 $\forall a,b\in F$，$\exists c=a*b\in F$，且满足下列条件则称为群.

(1) 结合律，即 $\forall a_1,a_2,a_3\in F$，总有 $(a_1*a_2)*a_3=a_1*(a_2*a_3)$.

(2) F 中有单位元素 e，即 $\forall a\in F$，总有 $e*a=a*e=a$.

(3) F 中有逆元素，即 $\forall a\neq 0\in F$，总有元素 $\bar{a}$，使得 $\bar{a}*a=a*\bar{a}=e$.

如果集 F 及其运算 $*$ 只满足结合律，称 F 为**半群**. 若群 F 中元素还满足交换律，即 $\forall a,b\in F$，有 $a*b=b*a$，则称群 F 为**可交换群**. 倘若运算 $*$ 为加法，相应的群称为**加法群**，若 $*$ 表示乘法，相应的群就叫做**乘法群**. 加法群中单位元素 e 为 0，称为零元素，a 的逆元素 $\bar{a}=-a$，又称为 a 的负元素. 乘法群中单位元素为 1，a 的逆元素 $\bar{a}=1/a=a^{-1}$.

环 设非空集 F 中规定了加法运算"+"和乘法运算"×"，即 $\forall a,b\in F$，$\exists \alpha=a+b\in F$ 和 $\exists \beta=a\times b\in F$，而且满足下列条件则称为环.

(1) 对加法而言，F 是可交换群.

(2) 对乘法而言，F 是半群.

(3) 加法和乘法联合运算时，乘法对于加法满足分配律，即

$$a_1\times(a_2+a_3)=a_1\times a_2+a_1\times a_3, \quad \forall a_1,a_2,a_3\in F$$

倘若环 F 还满足乘法交换律，又称为**可交换环**.

域 若 F 不仅是可交换环，而且对乘法而言又是可交换群，则 F 称为域. 显然，域 F 具有单位元素 $e=1$ 和逆元素 $\bar{a}=a^{-1}$.

下面举例说明域的概念.

例 1.1 假定有一集 $\{0,1\}$. 当我们用通常意义下的加法和乘法运算时，它不称为域. 因为 $1+1=2$ 不在集 $\{0,1\}$ 内. 然而，当我们规定 $0+0=1+1=0$，$1+0=1$，$0\times1=0\times0=0$，$1\times1=1$ 后，可以证明伴随这种规定下的加法运算和乘法运算，集 $\{0,1\}$ 满足域的各种要求. 所以它被称为二元域.

例 1.2 假定有一形式如下的 2×2 矩阵集

$$\begin{bmatrix} X & -Y \\ Y & X \end{bmatrix}$$

其中 X 和 Y 是任意实数，在通常意义的加法和乘法运算下，它构成一个域. 这个域的加法单位元素和乘法单位元素分别是

$$\begin{bmatrix}0 & 0\\0 & 0\end{bmatrix} \quad 和 \quad \begin{bmatrix}1 & 0\\0 & 1\end{bmatrix}$$

注意，并不是所有的 2×2 矩阵集都能构成域.

从上述例子可见，组成域的元素可以是多种多样的，关键在于对这些元素能规定出合适的两种运算.本书将遇到的域是人们所熟知的：实数域 $\mathbf{R}$、复数域 $\mathbf{C}$ 和实系数有理函数域 $\mathbf{R}(s)$，加法运算和乘法运算均按通常意义规定之.注意，正实数集不构成域，因为它无加法逆；复数 s 的实系数多项式形成的集也不构成域，因为无乘法逆.它们均是可交换环，分别记以 $\mathbf{R}_+$ 和 $\mathbf{R}[s]$.

有了集和域的明确定义便可讨论线性空间或向量空间概念.假设有一个元素称为向量 $\boldsymbol{x}$ 的集 X 和一个元素为数的数域 F，还假设在 X 中定义了向量加法（即 $\forall\, \boldsymbol{x}_1, \boldsymbol{x}_2 \in X$，便有唯一的向量 $\boldsymbol{x} = \boldsymbol{x}_1 + \boldsymbol{x}_2 \in X$）以及 F 中的标量和 X 中向量间的标量乘法（即 $\forall\, \boldsymbol{x}_1 \in X$，$\forall\, \alpha \in F$，便有唯一的向量 $\boldsymbol{x} = \alpha\boldsymbol{x}_1 \in X$），给出线性空间或向量空间定义如下：

线性空间(或向量空间) 当向量集 X 和数域 F 中元素进行的向量加和标量乘满足下面条件时，称 X 为域 F 上的线性空间（或向量空间），记以 (X, F).

(1) 向量加和标量乘具有封闭性和唯一性，即

$$\forall\, \boldsymbol{x}_1, \boldsymbol{x}_2 \in X, \quad \exists\, \boldsymbol{x} = \boldsymbol{x}_1 + \boldsymbol{x}_2 \in X$$

$$\forall\, \boldsymbol{x}_1 \in X \text{ 和 } \forall\, \alpha \in F, \quad \exists\, \boldsymbol{x} = \alpha\boldsymbol{x}_1 \in X$$

(2) 向量加满足交换律和结合律，即

$$\left.\begin{aligned}&\boldsymbol{x}_1 + \boldsymbol{x}_2 = \boldsymbol{x}_2 + \boldsymbol{x}_1,\\&(\boldsymbol{x}_1 + \boldsymbol{x}_2) + \boldsymbol{x}_3 = \boldsymbol{x}_1 + (\boldsymbol{x}_2 + \boldsymbol{x}_3),\end{aligned}\right. \quad \forall\, \boldsymbol{x}_1, \boldsymbol{x}_2, \boldsymbol{x}_3 \in X$$

(3) X 中具有零向量 $\mathbf{0}$，即

$$\mathbf{0} + \boldsymbol{x} = \boldsymbol{x}, \quad \forall\, \boldsymbol{x} \in X$$

(4) 对于 X 中每一个向量 $\boldsymbol{x}$，总存在一个向量 $\bar{\boldsymbol{x}}$，使得 $\boldsymbol{x} + \bar{\boldsymbol{x}} = \mathbf{0}$.

(5) 标量乘满足结合律，即

$$\alpha(\beta\boldsymbol{x}) = (\alpha\beta)\boldsymbol{x}, \quad \forall\, \alpha, \beta \in F, \quad \forall\, \boldsymbol{x} \in X$$

(6) 向量加和标量乘联合运算时满足分配律，即

$$\alpha(\boldsymbol{x}_1 + \boldsymbol{x}_2) = \alpha\boldsymbol{x}_1 + \alpha\boldsymbol{x}_2, \quad \forall\, \alpha \in F$$

$$(\alpha + \beta)\boldsymbol{x}_1 = \alpha\boldsymbol{x}_1 + \beta\boldsymbol{x}_1, \quad \forall\, \boldsymbol{x}_1, \boldsymbol{x}_2 \in X$$

(7) F 中有标量 1，使得

$$1 \cdot \boldsymbol{x} = \boldsymbol{x} \cdot 1 = \boldsymbol{x}, \quad \forall\, \boldsymbol{x} \in X$$

函数是今后常用的另一个基本概念.假设有两个非空集 X 和 Y，如果对集 X 中每个元素 x 至多只对应 Y 中唯一的一个元素 y，则称这种对应规律为函数，记以 $f: X \rightarrow Y$.函数赖以定义的 X 的子集叫做函数的定义域，Y 中对应定义域的子集叫做函数的值域.值域中 y 称作定义域中 x 的像，记以 $y = f(x)$.用笛卡儿积又可以这样定义：设 d_f 是 $X \times Y$ 的一个子集，若对于 X 中的每个元素 x，d_f 中至多只有一个元素 (x, y) 与之对应，则称这种对应关系 $y = f(x)$ 为由 X 到 Y 的函数，即

$$d_f = \{(x, y): y = f(x), \forall\, x \in X\} \subset X \times Y$$

例如图 1.1(a)中曲线 f 是一个函数.它的定义域是 x 轴的子集 $(0, 3\pi)$，值域是 y 轴的

子集$(-1,1)$，$y=\sin x$.

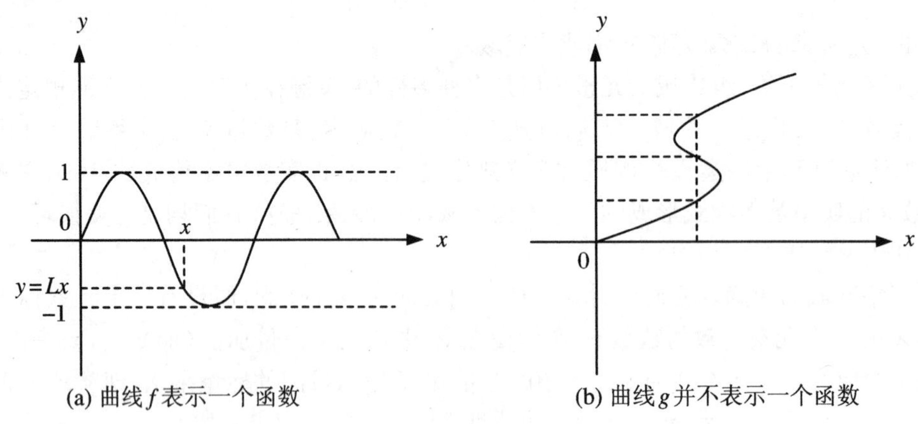

(a) 曲线f表示一个函数　　(b) 曲线g并不表示一个函数

图 1.1

但是，图 1.1(b)中曲线 g 不是函数. 因为对于 x 轴中某些x，有两个或三个 y 值与之对应. 函数有时也被称为映射、变换或算子. 数学书上常常要求函数 $y=f(x)$从数域 X 映射到数域 Y 上. 这里和文献[4]一样，视这些术语为同义词而不强调它们之间细微差别.

如果函数 $f:X\to Y$ 中，X 系 n 个集 $X_i(i=1,2,\cdots,n)$的笛卡儿积，它还可以写成

$$f:X_1\times X_2\times\cdots\times X_n\to Y \tag{1.6}$$

若 $x_1,x_2,\cdots,x_n$ 分别为集 $X_1,X_2,\cdots,X_n$ 的元素，则函数 f 使 X 中每个有序数组$(x_1,x_2,\cdots,x_n)$与 Y 中某个唯一的元素 y 发生了如下关系：

$$y=f(x_1,x_2,\cdots,x_n) \tag{1.7}$$

故函数 $f:X_1\times X_2\times\cdots\times X_n\to Y$ 是一个由 $X_1\times X_2\times\cdots\times X_n$ 到 Y 的**多变量函数**. 例如，函数 $z=f(x,y)$，若 x,y 和 z 皆为实数，即均为实数集 $\mathbf{R}$ 中元素，则可写成

$$f:\mathbf{R}\times\mathbf{R}\to\mathbf{R}\quad\text{或}\quad f:\mathbf{R}^2\to\mathbf{R} \tag{1.8}$$

现在回过头来按照向量空间的定义，介绍一些关于向量空间的例子.

例 1.3　一个域若以其自身的加法运算和乘法运算定义向量加和标量乘，则构成该域上的向量空间，例如实数域 $\mathbf{R}$ 形成以 $\mathbf{R}$ 为域的向量空间$(\mathbf{R},\mathbf{R})$. 同样，复数域 $\mathbf{C}$ 形成以 $\mathbf{C}$ 为域的向量空间$(\mathbf{C},\mathbf{C})$. 注意，$(\mathbf{C},\mathbf{R})$是向量空间，但是$(\mathbf{R},\mathbf{C})$不是. $(\mathbf{R}(s),\mathbf{R}(s))$和$(\mathbf{R}(s),\mathbf{R})$也是向量空间，但是$(\mathbf{R},\mathbf{R}(s))$不是.

例 1.4　定义在$(-\infty,\infty)$上的分段连续实函数在实函数域 $\mathbf{R}$ 上构成向量空间，其向量加和标量乘按通常方法定义. 这个向量空间称作实函数空间.

例 1.5　已知一域 F，令 F^n 是所有 n 个标量组成如式(1.9)中列 $\mathbf{x}_i$ 的集，其中第一个下标 k，$k=1,2,\cdots,n$，表示 $\mathbf{x}_i$ 的第k 个分量，第二个下标 i 表示 F^n 中的第i 个元素. 如果向量加和标量乘定义如式(1.10)所示：

$$\boldsymbol{x}_i = \begin{bmatrix} x_{1i} \\ x_{2i} \\ \vdots \\ x_{ki} \\ \vdots \\ x_{ni} \end{bmatrix} \tag{1.9}$$

$$\boldsymbol{x}_i + \boldsymbol{x}_j = \begin{bmatrix} x_{1i} + x_{1j} \\ x_{2i} + x_{2j} \\ \vdots \\ x_{ni} + x_{nj} \end{bmatrix}, \quad \alpha\boldsymbol{x}_i = \begin{bmatrix} \alpha x_{1i} \\ \alpha x_{2i} \\ \vdots \\ \alpha x_{ni} \end{bmatrix} \tag{1.10}$$

那么(F^n,F)便是一个向量空间.倘若$F=\mathbf{R}$,$(\mathbf{R}^n,\mathbf{R})$称做$n$维实向量空间;倘若$F=\mathbf{C}$,则$(\mathbf{C}^n,\mathbf{C})$称做$n$维复向量空间.再若$F=\mathbf{R}(s)$,$(\mathbf{R}^n(s),\mathbf{R}(s))$便称做$n$维有理空间,或$n$维实系数有理函数空间.

例 1.6 设W为由所有标量函数$u:S\to F$所构成的集,其中S为任意非空集,对于任何$s\in S$有$u(s)\in F$.若定义向量加和标量乘如下所示:

$$\begin{aligned} (u+v)(s) &= u(s)+v(s), \quad s\in S,\ u,v\in W \\ (\alpha u)(s) &= \alpha u(s), \quad \alpha\in F,\ u\in \overline{W} \end{aligned} \tag{1.11}$$

则(W,F)构成一向量空间.

设(X,F)是一线性空间,Y是X的子集,倘若在(X,F)的运算定义下,Y也构成F上的空间,则称(Y,F)是(X,F)的**子空间**.判别Y是X的子空间的充要条件是:(a)Y是非空集;(b)Y在向量加和标量乘下皆是封闭的.即$\forall\, \boldsymbol{y}_1,\boldsymbol{y}_2\in Y$,$\exists\, \boldsymbol{y}=\boldsymbol{y}_1+\boldsymbol{y}_2\in Y$;$\forall\, \boldsymbol{y}_1\in Y$和$\alpha\in F$,$\exists\, \boldsymbol{y}=\alpha\boldsymbol{y}_1\in Y$.或者,$\forall\, \alpha_1,\alpha_2\in F$和$\forall\, \boldsymbol{y}_1,\boldsymbol{y}_2\in Y$,$\exists\, \boldsymbol{y}=\alpha_1\boldsymbol{y}_1+\alpha_2\boldsymbol{y}_2\in Y$.例如在二维实向量空间$(\mathbf{R}^2,\mathbf{R})$中,每一条过原点的直线皆是$(\mathbf{R}^2,\mathbf{R})$的子空间.又如实向量空间$(\mathbf{R}^n,\mathbf{R})$是向量空间$(\mathbf{C}^n,\mathbf{R})$的子空间.

1.2 基和基底变换

每一个几何平面都可用两条互相垂直并具有同样标尺的轴表示.借助于这样的两条轴就可指明平面中的每个点或每个向量.本节将把这一概念推广到一般的线性空间.在线性空间中,坐标系被称为基.基向量并不一定彼此垂直,也可能有不同的标尺.在引出基概念之前,首先介绍向量的线性相关与线性无关的定义.

线性相关与线性无关 设向量空间(X,F)中有一组向量$\boldsymbol{x}_1,\boldsymbol{x}_2,\cdots,\boldsymbol{x}_n$,如果在$F$中存在一组不全为0的标量$\alpha_1,\alpha_2,\cdots,\alpha_n$,使得

$$\alpha_1\boldsymbol{x}_1+\alpha_2\boldsymbol{x}_2+\cdots+\alpha_n\boldsymbol{x}_n=\mathbf{0} \tag{1.12}$$

那么就称这一组向量$\boldsymbol{x}_1,\boldsymbol{x}_2,\cdots,\boldsymbol{x}_n$线性相关;相反,只有当$\alpha_1=\alpha_2=\cdots=\alpha_n=0$时,式

(1.12)才成立,则称这组向量线性无关.

由定义可见,线性相关不仅取决于向量集 X,也依赖于域 F.例如,按下面定义的向量集 $\{\boldsymbol{x}_1,\boldsymbol{x}_2\}$

$$\boldsymbol{x}_1 \stackrel{\text{def}}{=} \begin{bmatrix} \dfrac{1}{s+1} \\ \dfrac{1}{s+2} \end{bmatrix}, \quad \boldsymbol{x}_2 \stackrel{\text{def}}{=} \begin{bmatrix} \dfrac{s+2}{(s+1)(s+3)} \\ \dfrac{1}{s+3} \end{bmatrix}$$

在实系数有理函数域中是线性相关的.例如,选择

$$\alpha_1 = -1, \quad \alpha_2 = \frac{s+3}{s+2}$$

可使 $\alpha_1\boldsymbol{x}_1+\alpha_2\boldsymbol{x}_2=\boldsymbol{0}$.然而,在实数域中,它们线性无关.由定义可看出,如果 $\boldsymbol{x}_1,\boldsymbol{x}_2,\cdots,\boldsymbol{x}_n$ 线性相关,至少有一个向量可用其他向量的线性组合表示.不过未必每一个向量都可用其他向量的线性组合表示.

向量空间的维数 向量空间(X,F)中线性无关向量的最大数目称做向量空间(X,F)的维数,记作 $\dim X$.

前面提到的 n 维实向量空间$(\mathbf{R}^n,\mathbf{R})$就因为它最多只有 n 个线性无关的向量.有些情况下向量空间的维数有无穷多个.例如定义在$(-\infty,\infty)$区间内的所有分段连续实函数形成的函数空间是无限维的.以 t^n 函数为例,欲使

$$\sum_{i=1}^{\infty}\alpha_i t^i = 0, \quad -\infty < t < \infty$$

必须每一个 α_i 都是零.在这个函数空间中还有无穷多个类似这样的函数.

基 设$\{\boldsymbol{x}_1,\boldsymbol{x}_2,\cdots,\boldsymbol{x}_n\}$是向量空间$(X,F)$中一组线性无关向量,且 X 中每个向量 $\boldsymbol{x}$ 均可用它们的唯一的线性组合方式表达,则$\{\boldsymbol{x}_1,\boldsymbol{x}_2,\cdots,\boldsymbol{x}_n\}$称为 X 的基.基常用符号 $\boldsymbol{E}=(\boldsymbol{e}_1,\boldsymbol{e}_2,\cdots,\boldsymbol{e}_n)$表示.

显见,n 维向量空间 X 中任意一组 n 个线性无关向量均有资格作为基.一旦$(\boldsymbol{e}_1,\boldsymbol{e}_2,\cdots,\boldsymbol{e}_n)$选定后,就说 X 由基 $\boldsymbol{E}=(\boldsymbol{e}_1,\boldsymbol{e}_2,\cdots,\boldsymbol{e}_n)$张成,即

$$X = \mathrm{span}(\boldsymbol{e}_1,\boldsymbol{e}_2,\cdots,\boldsymbol{e}_n)$$

倘若 n 维向量空间 X 有两个基 $\boldsymbol{E}=(\boldsymbol{e}_1,\boldsymbol{e}_2,\cdots,\boldsymbol{e}_n)$和 $\bar{\boldsymbol{E}}=(\bar{\boldsymbol{e}}_1,\bar{\boldsymbol{e}}_2,\cdots,\bar{\boldsymbol{e}}_n)$,$X$ 中某个向量 $\boldsymbol{x}$ 在 $\boldsymbol{E}$ 和 $\bar{\boldsymbol{E}}$ 下分别表示成

$$\boldsymbol{x} = \sum_{i=1}^{n}\alpha_i\boldsymbol{e}_i = (\boldsymbol{e}_1,\boldsymbol{e}_2,\cdots,\boldsymbol{e}_n)\boldsymbol{\alpha} \tag{1.13}$$

和

$$\boldsymbol{x} = \sum_{i=1}^{n}\bar{\alpha}_i\bar{\boldsymbol{e}}_i = (\bar{\boldsymbol{e}}_1,\bar{\boldsymbol{e}}_2,\cdots,\bar{\boldsymbol{e}}_n)\bar{\boldsymbol{\alpha}} \tag{1.14}$$

其中 $\boldsymbol{\alpha}=(\alpha_1,\alpha_2,\cdots,\alpha_n)^{\mathrm{T}}$,$\bar{\boldsymbol{\alpha}}=(\bar{\alpha}_1,\bar{\alpha}_2,\cdots,\bar{\alpha}_n)^{\mathrm{T}}$,T 表示转置.由于式(1.13)和(1.14)表达的是同一个向量,$\boldsymbol{\alpha}$ 和 $\bar{\boldsymbol{\alpha}}$ 之间应有一定的关系.因此,我们必须知道用 $\boldsymbol{E}=(\boldsymbol{e}_1,\boldsymbol{e}_2,\cdots,\boldsymbol{e}_n)$表达 $\bar{\boldsymbol{e}}_i$,$i=1,2,\cdots,n$ 的表达式和用 $\bar{\boldsymbol{E}}=(\bar{\boldsymbol{e}}_1,\bar{\boldsymbol{e}}_2,\cdots,\bar{\boldsymbol{e}}_n)$表达 $\boldsymbol{e}_j$,$j=1,2,\cdots,n$ 的表达式.假定后一种表达式如下:

$$\boldsymbol{e}_j = (\bar{\boldsymbol{e}}_1, \bar{\boldsymbol{e}}_2, \cdots, \bar{\boldsymbol{e}}_n)\begin{bmatrix} p_{1j} \\ p_{2j} \\ \vdots \\ p_{nj} \end{bmatrix} = \bar{\boldsymbol{E}}\boldsymbol{p}_j, \quad j = 1,2,\cdots,n \tag{1.15}$$

其中 $\boldsymbol{p}_j=(p_{1j},p_{2j},\cdots,p_{nj})^{\mathrm{T}}$ 是 $\boldsymbol{e}_j$ 在基 $\bar{\boldsymbol{E}}$ 下的坐标.应用矩阵符号将式(1.15)改写成

$$\begin{aligned} [\boldsymbol{e}_1 \quad \boldsymbol{e}_2 \quad \cdots \quad \boldsymbol{e}_n] &= [\bar{\boldsymbol{E}}\boldsymbol{p}_1 \quad \bar{\boldsymbol{E}}\boldsymbol{p}_2 \quad \cdots \quad \bar{\boldsymbol{E}}\boldsymbol{p}_n] \\ &= \bar{\boldsymbol{E}}[\boldsymbol{p}_1 \quad \boldsymbol{p}_2 \quad \cdots \quad \boldsymbol{p}_n] \\ &= \bar{\boldsymbol{E}}\boldsymbol{P} \end{aligned} \tag{1.16a}$$

其中

$$\boldsymbol{P} = \begin{bmatrix} p_{11} & p_{12} & \cdots & p_{1n} \\ p_{21} & p_{22} & \cdots & p_{2n} \\ \vdots & \vdots & & \vdots \\ p_{n1} & p_{n2} & \cdots & p_{nn} \end{bmatrix} \tag{1.16b}$$

将式(1.16)代入式(1.13)并令其与式(1.14)相等,有

$$\boldsymbol{x} = \bar{\boldsymbol{E}}\boldsymbol{P}\boldsymbol{\alpha} = \bar{\boldsymbol{E}}\bar{\boldsymbol{\alpha}} \tag{1.17}$$

因为 $\boldsymbol{x}$ 在基 $\bar{\boldsymbol{E}}$ 下的表达式是唯一的,所以

$$\bar{\boldsymbol{\alpha}} = \boldsymbol{P}\boldsymbol{\alpha} \tag{1.18}$$

反过来用 $\boldsymbol{E}$ 去表达 $\bar{\boldsymbol{e}}_j$, $j=1,2,\cdots,n$ 类似地可导出

$$\boldsymbol{\alpha} = \boldsymbol{Q}\bar{\boldsymbol{\alpha}} \tag{1.19}$$

矩阵 $\boldsymbol{Q}$ 的第 i 列便是 $\bar{\boldsymbol{e}}_i$ 相对于基 $\boldsymbol{E}$ 的表达式.式(1.18)和式(1.19)说明

$$\boldsymbol{P}\boldsymbol{Q} = \boldsymbol{I} \quad 或 \quad \boldsymbol{P} = \boldsymbol{Q}^{-1} \tag{1.20}$$

通常使用得最多的基是式(1.21)表示的自然基或标准基

$$\boldsymbol{n}_1 = \begin{bmatrix} 1 \\ 0 \\ 0 \\ 0 \\ \vdots \\ 0 \end{bmatrix}, \quad \boldsymbol{n}_2 = \begin{bmatrix} 0 \\ 1 \\ 0 \\ 0 \\ \vdots \\ 0 \end{bmatrix}, \quad \cdots, \quad \boldsymbol{n}_i = \begin{bmatrix} 0 \\ \vdots \\ 0 \\ 1 \\ 0 \\ \vdots \end{bmatrix} \begin{matrix} \\ \\ \\ \leftarrow i \\ \\ \\ \end{matrix}, \quad \cdots, \quad \boldsymbol{n}_n = \begin{bmatrix} 0 \\ 0 \\ 0 \\ \vdots \\ 0 \\ 1 \end{bmatrix} \tag{1.21}$$

向量 $\boldsymbol{x}$ 在自然基下便是其坐标组成的列:

$$\boldsymbol{x} = (\boldsymbol{n}_1, \boldsymbol{n}_2, \cdots, \boldsymbol{n}_n)\boldsymbol{\alpha} = \begin{bmatrix} \alpha_1 \\ \alpha_2 \\ \vdots \\ \alpha_n \end{bmatrix} \tag{1.22}$$

1.3 向量范数、内积和格拉姆矩阵

正如在二维或三维欧氏空间可以用某点到原点的长度表示相应向量的大小或长短一样,亦可以用向量的范数表示 n 维乃至无限维空间中向量的大小或长短.

范数 域 F 上的向量空间 X 的范数是一个由 X 到 $\mathbf{R}$ 的函数 $\|\cdot\|: X\to\mathbf{R}$,它赋予每个向量 $\boldsymbol{x}\in X$ 一个实数,$\|\boldsymbol{x}\|$ 代表 $\boldsymbol{x}$ 的长度.函数 $\|\cdot\|: X\to\mathbf{R}$ 必须满足下面三个条件:

(1) $\|\boldsymbol{x}\|\geqslant 0$,当且仅当 $\boldsymbol{x}=\boldsymbol{0}$ 时有 $\|\boldsymbol{x}\|=0$;

(2) $\|\alpha\boldsymbol{x}\|=|\alpha|\cdot\|\boldsymbol{x}\|$,$\forall\alpha\in F$ 和 $\forall\boldsymbol{x}\in X$;

(3) $\|\boldsymbol{x}+\boldsymbol{y}\|\leqslant\|\boldsymbol{x}\|+\|\boldsymbol{y}\|$,$\forall\boldsymbol{x},\boldsymbol{y}\in X$.

对于给定的(X,F),若规定了范数作为 $\boldsymbol{x}\in X$ 的长短或大小的度量后,(X,F)便称为赋范空间.满足上述条件的函数有很多,它们均可作为向量范数.在表 1.1 中列出了常用的几种范数.每种范数在实际问题中代表了不同的物理意义.

表 1.1 几种常用范数

范数名称	n 维空间范数表达式	无限维空间范数表达式
L_∞ 范数(均匀范数)	$\|\boldsymbol{x}\|_\infty=\max\limits_{1\leqslant i\leqslant n}\|x_i\|$	$\|f(t)\|_\infty=\max\limits_{a\leqslant t\leqslant b}\|f(t)\|$
L_1 范数	$\|\boldsymbol{x}\|_1=\sum\limits_{i=1}^{n}\|x_i\|$	$\|f(t)\|_1=\int_a^b\|f(t)\|\mathrm{d}t$
L_2 范数(欧几里得范数)	$\|\boldsymbol{x}\|_2=\left[\sum\limits_{i=1}^{n}\|x_i\|^2\right]^{\frac{1}{2}}$	$\|f(t)\|_2=\left[\int_a^b\|f(t)\|^2\mathrm{d}t\right]^{\frac{1}{2}}$
L_p 范数	$\|\boldsymbol{x}\|_p=\left[\sum\limits_{i=1}^{n}\|x_i\|^p\right]^{\frac{1}{p}}$	$\|f(t)\|_p=\left[\int_a^b\|f(t)\|^p\mathrm{d}t\right]^{\frac{1}{p}}$

注:表中 $f(t)$是勒贝格可积函数.

比如在所有连续实函数 $f(t)$,$\forall t\in[a,b]$,构成的函数空间 $C[a,b]$ 中,L_2 范数 $\|f(t)\|_2=\left[\int_a^b|f(t)|^2\mathrm{d}t\right]^{\frac{1}{2}}$ 可以认为代表了信号所含能量大小,而 L_∞ 范数 $\|f(t)\|_\infty=\max\limits_{a\leqslant t\leqslant b}|f(t)|$则代表了信号的最大峰值.讨论一个向量 $f(t)$是否大于另一个向量 $g(t)$时,取决于所选用的范数.比较图 1.2 所示的同属于函数空间 $C[0,1]$的向量 $f(t)$与 $g(t)$.若采用 L_∞ 范数比较它们的大小,则显然有

$$\|f(t)\|_\infty=\|g(t)\|_\infty$$

但若采用 L_2 范数,则

$$\|f(t)\|_2<\|g(t)\|_2$$

范数是一个向量的函数,下面介绍两个向量的函数,即内积或标量积.

内积 向量空间$(X,\mathbf{C})$中任意两个向量 $\boldsymbol{x}_1$ 和 $\boldsymbol{x}_2$ 的内积是一个复数,记以$\langle\boldsymbol{x}_1,\boldsymbol{x}_2\rangle$;函

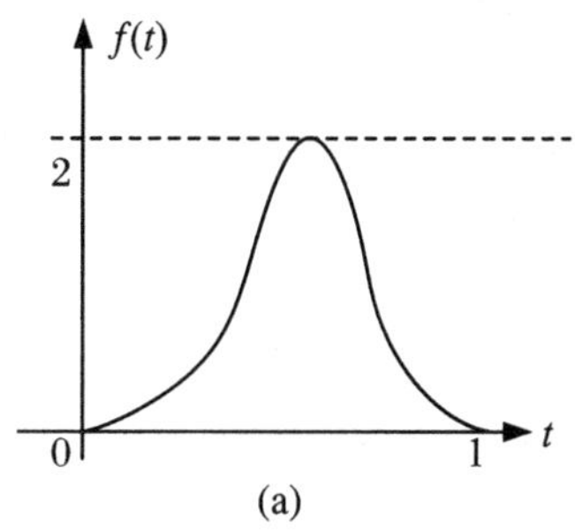

(a)

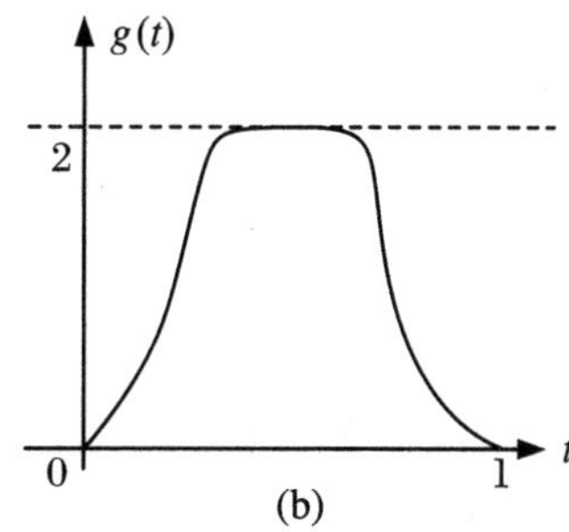

(b)

图 1.2

数$\langle\cdot,\cdot\rangle: X\times X\to\mathbf{C}$应满足下列四条性质，

(1) $\langle \boldsymbol{x}_1,\boldsymbol{x}_2\rangle=\overline{\langle \boldsymbol{x}_2,\boldsymbol{x}_1\rangle}$, $\forall\, \boldsymbol{x}_1,\boldsymbol{x}_2\in X$;

(2) $\langle \boldsymbol{x}_1+\boldsymbol{x}_2,\boldsymbol{x}_3\rangle=\langle \boldsymbol{x}_1,\boldsymbol{x}_3\rangle+\langle \boldsymbol{x}_2,\boldsymbol{x}_3\rangle$, $\forall\, \boldsymbol{x}_1,\boldsymbol{x}_2,\boldsymbol{x}_3\in X$;

(3) $\langle \alpha\boldsymbol{x}_1,\boldsymbol{x}_2\rangle=\bar{\alpha}\langle \boldsymbol{x}_1,\boldsymbol{x}_2\rangle$, $\forall\, \boldsymbol{x}_1,\boldsymbol{x}_2\in X$, $\forall\,\alpha\in\mathbf{C}$;

(4) $\langle \boldsymbol{x},\boldsymbol{x}\rangle\geqslant 0$,当且仅当 $\boldsymbol{x}=\mathbf{0}$ 时等式成立, $\forall\, \boldsymbol{x}\in X$.

上述式中 $\bar{\boldsymbol{x}}$ 表示 $\boldsymbol{x}$ 的共轭向量,条件(1)说明$\langle \boldsymbol{x},\boldsymbol{x}\rangle$是一个实数.在$(\mathbf{C}^m,\mathbf{C})$空间中两个向量 $\boldsymbol{x}_1$ 和 $\boldsymbol{x}_2$ 的内积总可写成

$$\langle \boldsymbol{x}_1,\boldsymbol{x}_2\rangle = \boldsymbol{x}_1^*\boldsymbol{x}_2 = \sum_{i=1}^{n}\bar{x}_{i1}x_{i2} \tag{1.23}$$

式中 $*$ 表示共轭转置.显然,范数 $\|\boldsymbol{x}\|_2$ 和内积$\langle \boldsymbol{x},\boldsymbol{x}\rangle$间有关系式 $\|\boldsymbol{x}\|_2=(\langle \boldsymbol{x},\boldsymbol{x}\rangle)^{\frac{1}{2}}$.

假定向量空间 X 是所有定义在区间$[a,b]$内的连续实函数组成的,并令内积为实数,则可定义两个函数 $f(t),g(t)\in X$ 的内积为

$$\langle f,g\rangle = \int_a^b f(t)g(t)\mathrm{d}t \tag{1.24}$$

实际上这可以看做是$(\mathbf{R}^n,\mathbf{R})$中向量内积的无限维推广.说明如下:假定 $f(t)$和 $g(t)$分别有 n 个取样点$f(t_1),f(t_2),\cdots,f(t_n)$和 $g(t_1),g(t_2),\cdots,g(t_n)$,它们的内积是

$$\langle [f(t_1)\quad f(t_2)\quad \cdots\quad f(t_n)]^{\mathrm{T}},[g(t_1)\quad g(t_2)\quad \cdots\quad g(t_n)]^{\mathrm{T}}\rangle = \sum_{i=1}^{n}f(t_i)g(t_i)$$

当 $n\to\infty$,上式变得越来越像积分.特别是,如果将每个取样点乘以$\sqrt{\Delta t_i}=\sqrt{t_{i+1}-t_i}$,则

$$\begin{aligned}\lim_{n\to\infty}\langle[\cdots\quad f(t_i)\sqrt{\Delta t_i}\quad \cdots]^{\mathrm{T}},[\cdots\quad g(t_i)\sqrt{\Delta t_i}\quad \cdots]^{\mathrm{T}}\rangle &= \lim_{n\to\infty}\sum_{i=1}^{n}f(t_i)g(t_i)\Delta t_i\\ &= \int_a^b f(t)g(t)\mathrm{d}t\end{aligned}$$

其中 $t_1=a,\lim\limits_{n\to\infty}t_n=b$.

前面曾指出 $\|\boldsymbol{x}\|_2=(\langle \boldsymbol{x},\boldsymbol{x}\rangle)^{\frac{1}{2}}$,由此可导出**施瓦兹**(Schwartz)**不等式**,即

$$|\langle \boldsymbol{x}_1,\boldsymbol{x}_2\rangle|\leqslant\|\boldsymbol{x}_1\|_2\cdot\|\boldsymbol{x}_2\|_2 \tag{1.25}$$

证明 当 $\boldsymbol{x}_1$ 或 $\boldsymbol{x}_2=\mathbf{0}$,或 $\boldsymbol{x}_1=\alpha\boldsymbol{x}_2,\alpha\in\mathbf{C}$,等式成立.现假设 $\boldsymbol{x}_1\neq\mathbf{0},\boldsymbol{x}_2\neq\mathbf{0},\forall\,\alpha\in\mathbf{C}$,于是有

$$0\leqslant\langle \boldsymbol{x}_1+\alpha\boldsymbol{x}_2,\boldsymbol{x}_1+\alpha\boldsymbol{x}_2\rangle$$

$$= \langle \boldsymbol{x}_1, \boldsymbol{x}_1 \rangle + \alpha \langle \boldsymbol{x}_1, \boldsymbol{x}_2 \rangle + \bar{\alpha} \langle \boldsymbol{x}_2, \boldsymbol{x}_1 \rangle + \alpha\bar{\alpha} \langle \boldsymbol{x}_2, \boldsymbol{x}_2 \rangle$$

特别令 $\alpha = -\langle \boldsymbol{x}_2, \boldsymbol{x}_1 \rangle / \langle \boldsymbol{x}_2, \boldsymbol{x}_2 \rangle$,得到

$$0 \leqslant \| \boldsymbol{x}_1 \|_2^2 - \frac{\langle \boldsymbol{x}_1, \boldsymbol{x}_2 \rangle \langle \boldsymbol{x}_2, \boldsymbol{x}_1 \rangle}{\| \boldsymbol{x}_2 \|_2^2}$$

即

$$| \langle \boldsymbol{x}_1, \boldsymbol{x}_2 \rangle | \leqslant \| \boldsymbol{x}_1 \|_2 \cdot \| \boldsymbol{x}_2 \|_2$$

今后为书写简便,将 L_2 范数的下标略去,上式可写成

$$| \langle \boldsymbol{x}_1, \boldsymbol{x}_2 \rangle | \leqslant \| \boldsymbol{x}_1 \| \cdot \| \boldsymbol{x}_2 \|$$

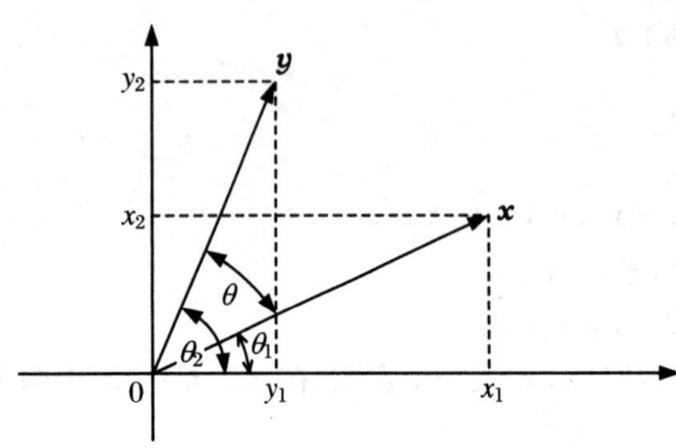

图 1.3　二维向量 x,y 在平面上的几何表示

可以证明在二维实空间$(\mathbf{R}^2, \mathbf{R})$中,从几何意义上看,向量内积与数学分析中向量点积相同.图 1.3 展示出$(\mathbf{R}^2, \mathbf{R})$中两个向量 $\boldsymbol{x}$ 和$\boldsymbol{y}$.在自然基下 $\boldsymbol{x} = (x_1, x_2)^{\mathrm{T}}$,$\boldsymbol{y} = (y_1, y_2)^{\mathrm{T}}$.根据内积和范数的定义可知

$$\langle \boldsymbol{x}, \boldsymbol{y} \rangle = x_1 y_1 + x_2 y_2$$

$$\| \boldsymbol{x} \| = \sqrt{x_1^2 + x_2^2}$$

$$\| \boldsymbol{y} \| = \sqrt{y_1^2 + y_2^2}$$

$\boldsymbol{x}$ 与 $\boldsymbol{y}$ 的点积 $\boldsymbol{x} \cdot \boldsymbol{y} = \| \boldsymbol{x} \| \cdot \| \boldsymbol{y} \| \cos\theta$.由图 1.3 可见 $x_1 = \| \boldsymbol{x} \| \cos\theta_1$,$x_2 = \| \boldsymbol{x} \| \sin\theta_1$,$y_1 = \| \boldsymbol{y} \| \cos\theta_2$,$y_2 = \| \boldsymbol{y} \| \sin\theta_2$,从而有

$$\begin{aligned} \boldsymbol{x} \cdot \boldsymbol{y} &= \| \boldsymbol{x} \| \cdot \| \boldsymbol{y} \| \cos(\theta_2 - \theta_1) \\ &= \| \boldsymbol{x} \| \cos\theta_1 \| \boldsymbol{y} \| \cos\theta_2 + \| \boldsymbol{x} \| \sin\theta_1 \| \boldsymbol{y} \| \sin\theta_2 \\ &= \langle \boldsymbol{x}, \boldsymbol{y} \rangle \end{aligned} \tag{1.26}$$

式(1.26)不仅说明在$(\mathbf{R}^2, \mathbf{R})$中,内积和点积具有相同的几何意义,而且指明

$$\cos\theta = \frac{\langle \boldsymbol{x}, \boldsymbol{y} \rangle}{\| \boldsymbol{x} \| \cdot \| \boldsymbol{y} \|} \tag{1.27}$$

即$\langle \boldsymbol{x}, \boldsymbol{y} \rangle$和$\| \boldsymbol{x} \|$,$\| \boldsymbol{y} \|$一起可说明向量 $\boldsymbol{x}$,$\boldsymbol{y}$ 之间夹角θ.当$\langle \boldsymbol{x}, \boldsymbol{y} \rangle > 0$,$0 \leqslant |\theta| < 90^\circ$,而当$\langle \boldsymbol{x}, \boldsymbol{y} \rangle < 0$,$90^\circ < |\theta| \leqslant 180^\circ$.特别,当 $\boldsymbol{x}$,$\boldsymbol{y}$ 均非零向量,$\langle \boldsymbol{x}, \boldsymbol{y} \rangle = 0$ 时,$|\theta| = 90^\circ$,即 $\boldsymbol{x}$ 与 $\boldsymbol{y}$ 正交,记为 $\boldsymbol{x} \perp \boldsymbol{y}$.这里需指明零向量与向量空间中每一个非零向量正交.式(1.27)的这些几何意义可推广到 n 维实空间中,从而具有更一般的意义.

将向量正交概念推广便得到空间正交的概念.若 S 和 T 都是 X 的子空间,对所有 $\boldsymbol{y} \in S$ 和所有 $\boldsymbol{x} \in T$,有$\langle \boldsymbol{x}, \boldsymbol{y} \rangle \equiv 0$,则认为 S 和 T 正交,记为 $S \perp T$,T 有时也写作$S^{\perp}$,即 $T = S^{\perp}$.这时,记 $X = S \oplus T = S \oplus S^{\perp}$.注意只有零向量为 S 和$S^{\perp}$共有.符号$\oplus$称为直和.

有了 n 维向量正交的概念就很容易理解规范化正交基和正交投影.若$(\mathbf{R}^n, \mathbf{R})$中一组向量$(\boldsymbol{e}_1, \boldsymbol{e}_2, \cdots, \boldsymbol{e}_n)$互相正交,且每个向量范数均为 1,即

$$\langle \boldsymbol{e}_i, \boldsymbol{e}_j \rangle = \begin{cases} 1, & i = j, \\ 0, & i \neq j, \end{cases} \quad i, j = 1, 2, \cdots, n \tag{1.28}$$

则这组向量称为**规范化正交基**.式(1.21)表示的自然基便是其中的一种.向量 $\boldsymbol{x}$ 在向量$\boldsymbol{y}$ 上

的**正交投影**规定为

$$p_y x = \frac{\langle y, x\rangle}{\| y \|^2} y \tag{1.29}$$

向量 x 与向量 $p_y x$ 之差 $(x - p_y x)$ 与向量 y 正交. 图 1.4 说明了它们之间的关系，其中

$$\alpha = \arccos \frac{\langle x, y\rangle}{\| x \| \cdot \| y \|}$$

是 x 和 y 间的广义夹角.

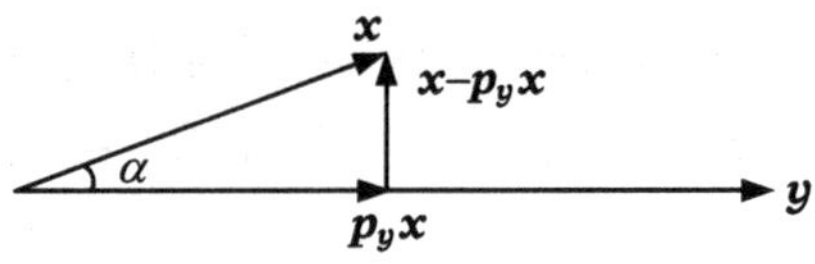

图1.4　x, y 与 $p_y x$ 之间几何关系

利用内积可构造格拉姆(Gram)矩阵，从而判断一组向量 $(x_1, x_2, \cdots, x_n)$ 的线性无关性. 格拉姆矩阵如式(1.30)所示：

$$G \stackrel{\text{def}}{=} \begin{bmatrix} \langle x_1, x_1\rangle & \langle x_1, x_2\rangle & \cdots & \langle x_1, x_n\rangle \\ \langle x_2, x_1\rangle & \langle x_2, x_2\rangle & \cdots & \langle x_2, x_n\rangle \\ \vdots & \vdots & & \vdots \\ \langle x_n, x_1\rangle & \langle x_n, x_2\rangle & \cdots & \langle x_n, x_n\rangle \end{bmatrix} \tag{1.30}$$

格拉姆矩阵具有如下性质：

(1) 格拉姆矩阵是埃尔米特(Hermite)矩阵，即 $G = G^*$，当所有向量为实向量时，格拉姆矩阵是对称矩阵，即 $G = G^{\mathrm{T}}$；

(2) G 是非负定的；(参看本书 6.5 节中有关矩阵正定、负定方面的内容.)

(3) 当且仅当所有向量彼此线性无关时，G 是正定的，因而也是非奇异的；

(4) 当且仅当所有向量彼此正交时，G 是对角线矩阵.

(5) 当且仅当每个向量范数均为1，彼此又相互正交时，$G = I_n$.

1.4　线性变换及其矩阵表达式和范数

一个将 (X, F) 映射到 (Y, F) 上的函数 L，当且仅当满足式(1.31)时称为**线性变换**或**线性算子**，记作 $L: X \to Y$，或 $X \to L(X)$.

$$L(\alpha_1 x_1 + \alpha_2 x_2) = \alpha_1 L(x_1) + \alpha_2 L(x_2), \quad \forall \alpha_1, \alpha_2 \in F, \quad \forall x_1, x_2 \in X \tag{1.31}$$

注意，向量 $L(x_1)$ 和 $L(x_2)$ 是 Y 中元素. 要求 Y 与 X 同以 F 为域是为了保证 $\alpha_1 L(x_1)$ 和 $\alpha_2 L(x_2)$ 有定义.

例 1.7　设 $f(\cdot)$ 是在 $[a, b]$ 上可积的实函数，I 表示这类函数组成的集. 设 $\varphi(t, \tau)$ 为 t 和 τ 的实连续函数，$t, \tau \in [a, b]$. 用 C 表示所有在 $[a, b]$ 上连续函数组成的集，则

$$g(t) = \int_a^b \varphi(t, \tau) f(\tau) \mathrm{d}\tau \in C, \quad t \in [a, b] \tag{1.32}$$

式(1.32)说明一个由 $\varphi(t, \tau)$ 决定的积分运算将 $f(t) \in I$ 映射成 $g(t) \in C$. 这种映射称为**积分变换**或**积分算子**.

例 1.8 设 D 为所有在$[a,b]$上可微的实函数 $f(\cdot)$组成的集,则

$$\frac{\mathrm{d}}{\mathrm{d}t}f(t) = g(t) \tag{1.33}$$

为在$[a,b]$上可积的实函数,即 $g(t)\in I$.因此式(1.33)说明微分运算将 $f(t)\in D$ 映射成 $g(t)\in I$.这种映射称为**微分变换**或**微分算子**.

例 1.9 将二维实平面$(\mathbf{R}^2,\mathbf{R})$绕坐标原点逆时针旋转 90°,得到旋转后的二维实平面$(\mathbf{R}^2,\mathbf{R})$.

按照式(1.31)规定的线性变换定义可证明上述三种变换皆是线性变换.线性变换所映射的对象和结果可以是有限维空间,也可以是无限维空间.当 X 和 Y 都是域F 上的有限维空间时,由 X 到 Y 的线性变换可以用系数取自域F 的矩阵表示.

设(X,F)和(Y,F)分别是同一个域 F 上的n 维和m 维向量空间.令 $\boldsymbol{x}_1,\boldsymbol{x}_2,\cdots,\boldsymbol{x}_n$ 是 X 中的一组线性无关向量,它们可称为 X 空间的基.设 $\boldsymbol{x}$ 是 X 中任一向量,$\boldsymbol{x}=\alpha_1\boldsymbol{x}_1+\alpha_2\boldsymbol{x}_2+\cdots+\alpha_n\boldsymbol{x}_n$.线性变换 $L:(X,F)\to(Y,F)$将 $\boldsymbol{x}$ 映射成$L(\boldsymbol{x})=\alpha_1L(\boldsymbol{x}_1)+\alpha_2L(\boldsymbol{x}_2)+\cdots+\alpha_nL(\boldsymbol{x}_n)=\alpha_1\boldsymbol{y}_1+\alpha_2\boldsymbol{y}_2+\cdots+\alpha_n\boldsymbol{y}_n$.这表明对任意的 $\boldsymbol{x}\in X$,$L(\boldsymbol{x})$唯一地由 $\boldsymbol{y}_j=L(\boldsymbol{x}_j)$,$j=1,2,\cdots,n$ 确定.假定 $\boldsymbol{y}_j$ 相对于 Y 的基$(\boldsymbol{u}_1,\boldsymbol{u}_2,\cdots,\boldsymbol{u}_m)$的坐标是$(a_{1j},a_{2j},\cdots,a_{mj})^{\mathrm{T}}=\boldsymbol{a}_j$,即

$$\boldsymbol{y}_j = (\boldsymbol{u}_1,\boldsymbol{u}_2,\cdots,\boldsymbol{u}_m)\boldsymbol{a}_j,\quad j = 1,2,\cdots,n \tag{1.34}$$

其中系数 a_{ij},$i=1,2,\cdots,m$,$j=1,2,\cdots,n$ 取自F.类似(1.16)有

$$\begin{aligned} L(\boldsymbol{x}_1,\boldsymbol{x}_2,\cdots,\boldsymbol{x}_n) &= (\boldsymbol{y}_1,\boldsymbol{y}_2,\cdots,\boldsymbol{y}_n) \\ &= (\boldsymbol{u}_1,\boldsymbol{u}_2,\cdots,\boldsymbol{u}_m)(\boldsymbol{a}_1,\boldsymbol{a}_2,\cdots,\boldsymbol{a}_n) \\ &= (\boldsymbol{u}_1,\boldsymbol{u}_2,\cdots,\boldsymbol{u}_m)\boldsymbol{A} \end{aligned} \tag{1.35a}$$

其中

$$\boldsymbol{A} = \begin{bmatrix} a_{11} & a_{12} & \cdots & a_{1n} \\ a_{21} & a_{12} & \cdots & a_{2n} \\ \vdots & \vdots & & \vdots \\ a_{m1} & a_{m2} & \cdots & a_{mn} \end{bmatrix} \tag{1.35b}$$

$\boldsymbol{A}$ 的第j 列$\boldsymbol{a}_j$ 是$\boldsymbol{y}_j=L(\boldsymbol{x}_j)$相对于 Y 的基的坐标.如果向量 $\boldsymbol{x}$ 和$\boldsymbol{y}=L(\boldsymbol{x})$在各自基下坐标分别是 $\boldsymbol{\alpha}=(\alpha_1,\alpha_2,\cdots,\alpha_n)^{\mathrm{T}}$ 和 $\boldsymbol{\beta}=(\beta_1,\beta_2,\cdots,\beta_m)^{\mathrm{T}}$,线性变换 $\boldsymbol{y}=L(\boldsymbol{x})$可写成

$$\begin{aligned} (\boldsymbol{u}_1,\boldsymbol{u}_2,\cdots,\boldsymbol{u}_m)\boldsymbol{\beta} &= L[(\boldsymbol{x}_1,\boldsymbol{x}_2,\cdots,\boldsymbol{x}_n)\boldsymbol{\alpha}] \\ &= L[\boldsymbol{x}_1,\boldsymbol{x}_2,\cdots,\boldsymbol{x}_n]\boldsymbol{\alpha} \end{aligned} \tag{1.36}$$

将式(1.35a)代入式(1.36)给出

$$(\boldsymbol{u}_1,\boldsymbol{u}_2,\cdots,\boldsymbol{u}_m)\boldsymbol{\beta} = (\boldsymbol{u}_1,\boldsymbol{u}_2,\cdots,\boldsymbol{u}_m)\boldsymbol{A}\boldsymbol{\alpha}$$

向量的坐标唯一性说明

$$\boldsymbol{\beta} = \boldsymbol{A}\boldsymbol{\alpha} \tag{1.37}$$

因此可以断言,一旦(X,F)和(Y,F)的基选定后,线性变换 $L:(X,F)\to(Y,F)$就可用系数(或元素)取自 F 的矩阵表示.注意,式(1.37)给出的是向量 $\boldsymbol{x}$ 和$\boldsymbol{y}$ 的坐标$\boldsymbol{\alpha}$ 和$\boldsymbol{\beta}$ 之间的关系式而不是它们本身的关系式,而且矩阵 $\boldsymbol{A}$ 与所选取的基有关,在不同的基下同一线性变换有不同的矩阵表达式.

设 n 维空间(X,F)有两组不同的基 $\boldsymbol{E}=(\boldsymbol{e}_1,\boldsymbol{e}_2,\cdots,\boldsymbol{e}_n)$和 $\bar{\boldsymbol{E}}=(\bar{\boldsymbol{e}}_1,\bar{\boldsymbol{e}}_2,\cdots,\bar{\boldsymbol{e}}_n)$，$m$ 维空间(Y,F)也有两组基 $\boldsymbol{\varepsilon}=(\boldsymbol{\varepsilon}_1,\boldsymbol{\varepsilon}_2,\cdots,\boldsymbol{\varepsilon}_m)$和 $\bar{\boldsymbol{\varepsilon}}=(\bar{\boldsymbol{\varepsilon}}_1,\bar{\boldsymbol{\varepsilon}}_2,\cdots,\bar{\boldsymbol{\varepsilon}}_m)$. $\forall\, \boldsymbol{x}\in X$ 和 $\boldsymbol{y}L(\boldsymbol{x})\in Y$ 在各自基下的表达式如下：

$$\boldsymbol{x} = \boldsymbol{E\alpha} = \overline{\boldsymbol{E\alpha}},\quad \boldsymbol{y} = \boldsymbol{\varepsilon\beta} = \bar{\boldsymbol{\varepsilon}}\bar{\boldsymbol{\beta}} \tag{1.38}$$

由式(1.18)或式(1.19)可知

$$\bar{\boldsymbol{\alpha}} = \boldsymbol{P\alpha},\quad \boldsymbol{\alpha} = \boldsymbol{P}^{-1}\bar{\boldsymbol{\alpha}};\quad \boldsymbol{\beta} = \boldsymbol{Q\beta},\quad \boldsymbol{\beta} = \boldsymbol{Q}^{-1}\bar{\boldsymbol{\beta}} \tag{1.39}$$

若用基 $\boldsymbol{E}$ 和 $\boldsymbol{\varepsilon}$ 表示线性变换的表达式为

$$\boldsymbol{\beta} = \boldsymbol{A\alpha}$$

则用基 $\bar{\boldsymbol{E}}$ 和 $\bar{\boldsymbol{\varepsilon}}$ 表示同一线性变换的表达式为

$$\bar{\boldsymbol{\beta}} = \boldsymbol{QAP}^{-1}\bar{\boldsymbol{\alpha}} = \bar{\boldsymbol{A}}\bar{\boldsymbol{\alpha}} \tag{1.40a}$$

$$\bar{\boldsymbol{A}} = \boldsymbol{QAP}^{-1} \tag{1.40b}$$

$$\boldsymbol{A} = \boldsymbol{Q}^{-1}\bar{\boldsymbol{A}}\boldsymbol{P} \tag{1.40c}$$

在实际中一种十分有用的线性变换是类似例 1.3 那样，将线性空间映射到自身的线性变换，即 $L:(X,F)\to(X,F)$. 在这种情况下，变换前后两个空间的基总选得相同. 一旦 X 的基 $\boldsymbol{E}$ 已选定，表达这种线性变换的矩阵 $\boldsymbol{A}$ 也就确定了. 倘若选用不同的基 $\bar{\boldsymbol{E}}$，则同一个线性变换在不同基下表达的矩阵也就不同. 只要将式(1.40)略作变动，就得到两组基下表达同一线性变换的两个矩阵 $\boldsymbol{A}$ 和 $\bar{\boldsymbol{A}}$ 的关系式：

$$\bar{\boldsymbol{A}} = \boldsymbol{PAP}^{-1} \tag{1.41a}$$

$$\boldsymbol{A} = \boldsymbol{P}^{-1}\bar{\boldsymbol{A}}\boldsymbol{P} \tag{1.41b}$$

显然，$\boldsymbol{A}$ 和 $\bar{\boldsymbol{A}}$ 是相似矩阵，所以同一线性变换 $L:(X,F)\to(X,F)$在不同基下的所有矩阵表达式皆相似. 图 1.5 对式(1.41)作了形象的说明.

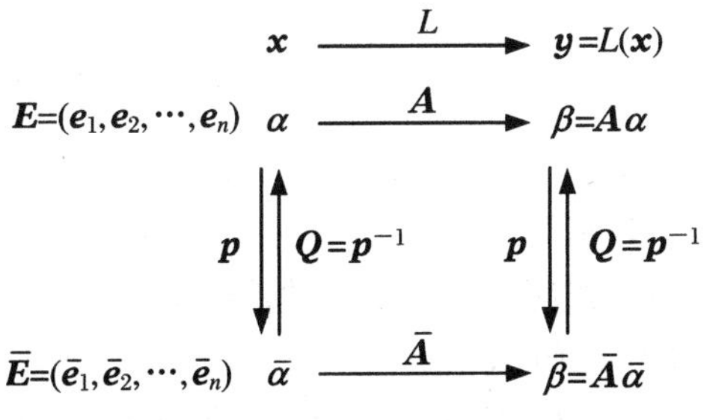

图 1.5　同一算子 L 在不同基下表达式之间的关系

例 1.10　设有一线性变换 $L:(\mathbf{R}^3,\mathbf{R})\to(\mathbf{R}^4,\mathbf{R})$，相对于标准基的表达式为

$$L(\boldsymbol{x}) = \begin{bmatrix} x_1+x_2+x_3 \\ x_2-x_3 \\ 3x_1-5x_2 \\ x_1 \end{bmatrix} = \begin{bmatrix} 1 & 1 & 1 \\ 0 & 1 & -1 \\ 3 & -5 & 0 \\ 1 & 0 & 0 \end{bmatrix}\begin{bmatrix} x_1 \\ x_2 \\ x_3 \end{bmatrix} = \boldsymbol{Ax}$$

设 X 中另一个基$(\boldsymbol{V}_1,\boldsymbol{V}_2,\boldsymbol{V}_3)$相对于标准基 $\boldsymbol{E}_x$ 的表达式是

$$(\boldsymbol{V}_1,\boldsymbol{V}_2,\boldsymbol{V}_3)=\begin{bmatrix}1&0&1\\1&1&0\\0&1&0\end{bmatrix}$$

Y 中另一个基$(\boldsymbol{W}_1,\boldsymbol{W}_2,\boldsymbol{W}_3,\boldsymbol{W}_4)$相对于标准基 $\boldsymbol{E}_y$ 的表达式是

$$(\boldsymbol{W}_1,\boldsymbol{W}_2,\boldsymbol{W}_3,\boldsymbol{W}_4)=\begin{bmatrix}1&0&0&0\\2&1&0&0\\0&-1&1&0\\3&0&2&1\end{bmatrix}$$

求该线性变换 $L:X\to Y$ 相对于基 $\boldsymbol{V},\boldsymbol{W}$ 的矩阵 $\bar{\boldsymbol{A}}$ 的表达式.

显然,

$$\bar{\boldsymbol{A}}=\boldsymbol{W}^{-1}\boldsymbol{A}\boldsymbol{V}=\begin{bmatrix}2&2&2\\-3&-4&-5\\-5&-9&-2\\5&12&1\end{bmatrix}$$

线性变换 $L:(X,F)\to(Y,F)$是按指定的线性规律将 X 中的向量 $\boldsymbol{x}$ 映射为 Y 中的向量 $\boldsymbol{y}$. 当两个线性变换 L_1 和 L_2 具有式(1.42)表明的关系,称 L_1 和 L_2 相等.

$$L_1(\boldsymbol{x})=L_2(\boldsymbol{x})\in Y,\quad \forall\,\boldsymbol{x}\in X \tag{1.42}$$

除此而外,线性变换还具有和、差、标量积与积四种运算关系. 式(1.43)给出了它们的定义式:

$$\left.\begin{aligned}&(L_1\pm L_2)(\boldsymbol{x})=L_1(\boldsymbol{x})\pm L_2(\boldsymbol{x}),\quad \forall\,\boldsymbol{x}\in X\\&(\alpha L)(\boldsymbol{x})=\alpha L(\boldsymbol{x}),\quad \forall\,\alpha\in F,\forall\,\boldsymbol{x}\in X\\&L(T(\boldsymbol{v}))=LT(\boldsymbol{v}),\quad T:(V,F)\to(X,F)\end{aligned}\right\} \tag{1.43}$$

积的运算用下面图示说明会更清楚些. 线性变换的积满足结合律和分配律,一般而言不满足交换律.

$$V\xrightarrow{T}X\xrightarrow{L}Y$$

线性变换 $L:(\mathbf{R},\mathbf{R})\to(\mathbf{R},\mathbf{R})$是最简单的一种,可将它表示为 $y=Kx,K\in\mathbf{R}$. $|K|$可以用来衡量线性变换的大小,它表示对自变量 x 放大或缩小的倍数. 这启示人们考虑当 X 和 Y 有限维或无限维向量空间时,如何用线性变换的范数 $\|L\|$ 衡量线性变换的大小. 线性变换范数是由有界线性变换引申出来的.

有界线性变换 设线性变换 $L:X\to Y$,X 与 Y 皆为赋范空间,$\|\cdot\|_Y$ 和 $\|\cdot\|_Y$ 分别表示 Y 中向量的范数和 X 中向量的范数. 如果存在一个有限的正常数 M,使得

$$\|L(\boldsymbol{x})\|_Y\leqslant M\|\boldsymbol{x}\|_Y \tag{1.44}$$

对所有的 $\boldsymbol{x}\in X$ 皆成立,则称该线性变换为有界线性变换.

线性变换范数 设 $L:X\to Y$ 是一个有界线性系统,令式(1.44)成立的最小 M 为线性变换 L 的范数,记为 $\|L\|$. 用数学语言表达如下:

$$\|L\|=\inf_{0<M<\infty}\{M:\|L(\boldsymbol{x})\|_Y\leqslant M\|\boldsymbol{x}\|_X,\boldsymbol{x}\in X\} \tag{1.45}$$

符号 inf 意思是“下确界”(infimum)，也叫最大下界.

例 1.11 令 X 为任何赋范空间，$I:X\to X$ 为恒等变换，则

$$\| I(\boldsymbol{x}) \| = \| \boldsymbol{x} \| \leqslant M \| \boldsymbol{x} \|$$

对所有的实数 $M\geqslant 1$ 皆成立.因此恒等变换 I 是有界的.

$$\begin{aligned} \| I \| &= \inf_{0<M<\infty} \{ M : \| I(\boldsymbol{x}) \| \leqslant M \| \boldsymbol{x} \| , \boldsymbol{x} \in X \} \\ &= \inf_{0<M<\infty} \{ M : 1 \leqslant M \} \\ &= 1 \end{aligned}$$

线性变换的范数可以有多种多样的等价定义，例如下面列举的三种诱导(induced)范数

$$\| L \| = \sup_{x\neq 0} \frac{\| L(\boldsymbol{x}) \|}{\| \boldsymbol{x} \|} \tag{1.46a}$$

$$\| L \| = \sup_{\| \boldsymbol{x} \| = 1} \| L(\boldsymbol{x}) \| \tag{1.46b}$$

$$\| L \| = \max_{\| \boldsymbol{x} \| = 1} \| L(\boldsymbol{x}) \| \tag{1.46c}$$

其中 sup 是 supermum 的缩写，意思是“最小上界”，或“上确界”.当线性变换 L 在有限维空间进行变换时，可用矩阵 $\boldsymbol{A}$ 表示.因此常采用矩阵 $\boldsymbol{A}$ 的范数 $\| \boldsymbol{A} \|$ 作为线性变换 L 的范数.根据向量 $\boldsymbol{x}$ 的范数定义很容易导出相应的矩阵 $\boldsymbol{A}$ 的诱导范数.例如

$$\| \boldsymbol{A} \|_{\infty} = \sup_{\| \boldsymbol{x} \|_{\infty} = 1} \| \boldsymbol{A}\boldsymbol{x} \|_{\infty} = \max_{1\leqslant i\leqslant m} \left(\sum_{j=1}^{n} | a_{ij} | \right) \tag{1.47a}$$

$$\| \boldsymbol{A} \|_{1} = \sup_{\| \boldsymbol{x} \|_{1} = 1} \| \boldsymbol{A}\boldsymbol{x} \|_{1} = \max_{1\leqslant j\leqslant n} \left(\sum_{i=1}^{m} | a_{ij} | \right) \tag{1.47b}$$

这里假设 $\boldsymbol{A}$ 是 $m\times n$ 阶矩阵，$\boldsymbol{A}$ 的元素是 $a_{ij}\in\mathbf{C}$. $\| \boldsymbol{A} \|_{\infty}$ 和 $\| \boldsymbol{A} \|_{1}$ 分别又称为矩阵 $\boldsymbol{A}$ 的行范数和列范数.当 $\boldsymbol{x}$ 的范数取 L_2 范数时，有

$$\| \boldsymbol{A} \| = \sup_{\| \boldsymbol{x} \| = 1} \| \boldsymbol{A}\boldsymbol{x} \| = (\lambda_{\max}(\boldsymbol{A}^{*}\boldsymbol{A}))^{1/2} \tag{1.47c}$$

其中 $\boldsymbol{A}^{*}$ 是 $\boldsymbol{A}$ 的共轭转置矩阵，$\lambda_{\max}(\boldsymbol{A}^{*}\boldsymbol{A})$表示 $\boldsymbol{A}^{*}\boldsymbol{A}$ 的最大特征值.任何有限维空间的线性变换皆可用以有限实数或复数为元素的矩阵表示，这样的矩阵总具有矩阵范数，所以相应的线性变换都是有界的.有时有限维线性变换 $\boldsymbol{A}(t):X\to Y$ 是时变的.这时线性变换矩阵$\boldsymbol{A}(\cdot)$的每个元素是由时间域 T 到实数域 $\mathbf{R}$ 的函数.如果这些函数是连续或分段连续的，且在任何有限闭区间 $a\leqslant t\leqslant b$ 上，矩阵 $\boldsymbol{A}(\cdot)$为有界的，称矩阵 $\boldsymbol{A}(\cdot)$为在区间$[a,b]$上一致有界.

矩阵的范数具有以下性质：

$$\| \boldsymbol{A} + \boldsymbol{B} \| \leqslant \| \boldsymbol{A} \| + \| \boldsymbol{B} \| \tag{1.48a}$$

$$\| \boldsymbol{A}\boldsymbol{B} \| \leqslant \| \boldsymbol{A} \| \cdot \| \boldsymbol{B} \| \tag{1.48b}$$

随之又可导出对于任意向量 $\boldsymbol{x}$，有

$$\| (\boldsymbol{A} + \boldsymbol{B})\boldsymbol{x} \| \leqslant (\| \boldsymbol{A} \| + \| \boldsymbol{B} \|) \cdot \| \boldsymbol{x} \| \tag{1.48c}$$

$$\| \boldsymbol{A}\boldsymbol{B}\boldsymbol{x} \| \leqslant \| \boldsymbol{A} \| \cdot \| \boldsymbol{B} \| \cdot \| \boldsymbol{x} \| \tag{1.48d}$$

最后介绍伴随线性变换.假如针对线性变换 $L:(X,F)\to(Y,F)$存在另一线性变换 $L:(Y,F)\to(X,F)$，且满足

$$\langle \boldsymbol{y}, L(\boldsymbol{x}) \rangle = \langle \hat{L}(\boldsymbol{y}), \boldsymbol{x} \rangle \tag{1.49}$$

则称 $\hat{L}$ 是L 的伴随变换或伴随算子.当 X,Y 为有限维空间且线性变换可用矩阵$\boldsymbol{A}$ 表示时，

其伴随算子可用矩阵 $\boldsymbol{A}^*$ 表示.证明如下：

设线性变换 L 可用 $m\times n$ 阶矩阵 $\boldsymbol{A}$ 表示，则

$$\langle \boldsymbol{y}, L(\boldsymbol{x})\rangle = \langle \boldsymbol{y}, \boldsymbol{A}\boldsymbol{x}\rangle = \boldsymbol{y}^*\boldsymbol{A}\boldsymbol{x}$$

设 $\boldsymbol{A}^*$ 代表另一线性变换 $\bar{L}$，有

$$\langle \bar{L}(\boldsymbol{y}), \boldsymbol{x}\rangle = \langle \boldsymbol{A}^*\boldsymbol{y}, \boldsymbol{x}\rangle = \boldsymbol{y}^*\boldsymbol{A}\boldsymbol{x} = \langle \boldsymbol{y}, L(\boldsymbol{x})\rangle \tag{1.50}$$

式(1.50)说明用 $\boldsymbol{A}^*$ 表示的线性变换与用 $\boldsymbol{A}$ 表示的线性变换满足关系式(1.49)，即 $\bar{L}$ 是 L 的伴随算子.

1.5 线性变换结构和线性代数方程组

本节首先讨论有限维空间之间线性变换的结构.假定 $m\times n$ 矩阵 $\boldsymbol{A}$ 表示了线性变换，即 $\boldsymbol{A}:\mathbf{R}^n\to\mathbf{R}^m$，则其转置 $\boldsymbol{A}^{\mathrm{T}}$ 表示了伴随线性变换，即 $\boldsymbol{A}^{\mathrm{T}}:\mathbf{R}^m\to\mathbf{R}^n$. $\boldsymbol{A}$ 的值域空间 $R(\boldsymbol{A})$ 定义为

$$R(\boldsymbol{A}) \stackrel{\text{def}}{=} \{\boldsymbol{y}\in\mathbf{R}^m : \boldsymbol{y} = \boldsymbol{A}\boldsymbol{x}, \forall\, \boldsymbol{x}\in\mathbf{R}^n\} \tag{1.51}$$

显然它是 $\mathbf{R}^m$ 的一个子空间. $\boldsymbol{A}\boldsymbol{x}$ 是 $\boldsymbol{A}$ 的各列 $\boldsymbol{a}_1, \boldsymbol{a}_2, \cdots, \boldsymbol{a}_n$ 的线性组合.因此 $R(\boldsymbol{A})$ 是 $\boldsymbol{a}_1, \boldsymbol{a}_2, \cdots, \boldsymbol{a}_n$ 张成的空间，即

$$R(\boldsymbol{A}) = \operatorname{span}(\boldsymbol{A}) \tag{1.52}$$

故 $R(\boldsymbol{A})$ 又称为 $\boldsymbol{A}$ 的列空间. $R(\boldsymbol{A})$ 的维数就是 $\boldsymbol{A}$ 的各列 $\boldsymbol{a}_1, \boldsymbol{a}_2, \cdots, \boldsymbol{a}_n$ 中线性无关向量的数目.这个数目就是 $\boldsymbol{A}$ 的秩，记以 $\operatorname{rank}(\boldsymbol{A})$ 或 $\rho(\boldsymbol{A})$，即

$$\dim R(\boldsymbol{A}) = \operatorname{rank}(\boldsymbol{A}) \stackrel{\text{def}}{=} \rho(\boldsymbol{A}) \leqslant \min(n, m) \tag{1.53}$$

当 $\rho(\boldsymbol{A}) = \min(n, m)$ 时，$\boldsymbol{A}$ 为满秩矩阵，若 $n = m$，满秩矩阵也就是可逆矩阵或非奇异矩阵. $m\times n$ 矩阵 $\boldsymbol{A}$ 的化零空间，也叫零空间(null space)，定义为

$$N(\boldsymbol{A}) \stackrel{\text{def}}{=} \{\boldsymbol{x}\in\mathbf{R}^n : \boldsymbol{A}\boldsymbol{x} = \boldsymbol{0}\} \tag{1.54}$$

显然它是 $\mathbf{R}^n$ 的子空间，且由 $\mathbf{R}^n$ 中所有与 $\boldsymbol{A}$ 的各行向量 $\boldsymbol{a}_1^{\mathrm{T}}, \boldsymbol{a}_2^{\mathrm{T}}, \cdots, \boldsymbol{a}_m^{\mathrm{T}}$(或 $\boldsymbol{A}^{\mathrm{T}}$ 的各列向量)正交的向量 $\boldsymbol{x}$ 组成.故有

$$N(\boldsymbol{A}) = [\operatorname{span}(\boldsymbol{A})^{\mathrm{T}}]^{\perp} = R(\boldsymbol{A}^{\mathrm{T}})^{\perp} \tag{1.55}$$

$\boldsymbol{A}$ 的化零空间 $N(\boldsymbol{A})$ 的维数称为 $\boldsymbol{A}$ 的零度(nullity)，记以 $\nu(\boldsymbol{A})$. 由于 $\mathbf{R}^n = R(\boldsymbol{A}^{\mathrm{T}}) \oplus N(\boldsymbol{A})$，有

$$\rho(\boldsymbol{A}^{\mathrm{T}}) + \nu(\boldsymbol{A}) = n \tag{1.56}$$

即

$$\rho(\boldsymbol{A}) + \nu(\boldsymbol{A}) = n \tag{1.57}$$

根据值域空间和化零空间的定义还可证明 $\boldsymbol{A}\boldsymbol{A}^{\mathrm{T}}$ 的值域空间等于 $\boldsymbol{A}$ 的值域空间，$\boldsymbol{A}^{\mathrm{T}}\boldsymbol{A}$ 的化零空间等于 $\boldsymbol{A}$ 的化零空间，即

$$R(\boldsymbol{A}) = R(\boldsymbol{A}\boldsymbol{A}^{\mathrm{T}}) \tag{1.58a}$$

$$N(\boldsymbol{A}) = N(\boldsymbol{A}^{\mathrm{T}}\boldsymbol{A}) \tag{1.58b}$$

进一步有

$$\rho(\boldsymbol{A}) = \rho(\boldsymbol{A}\boldsymbol{A}^{\mathrm{T}}) \tag{1.59a}$$

$$\nu(\boldsymbol{A}) = \nu(\boldsymbol{A}^{\mathrm{T}}\boldsymbol{A}) \tag{1.59b}$$

由此提供了一种决定 $\boldsymbol{A}$ 是否满秩的检验法:计算 $\boldsymbol{A}\boldsymbol{A}^{\mathrm{T}}$ 或 $\boldsymbol{A}^{\mathrm{T}}\boldsymbol{A}$ 中较小者,看其行列式是否非零.对一个秩为 p 的 $m\times n$ 矩阵 $\boldsymbol{A}$,上述诸结论可形象地用图 1.6 表示,其中空间 $\mathbf{R}^n$ 和 $\mathbf{R}^m$ 分解为

$$\mathbf{R}^n = R(\boldsymbol{A}^{\mathrm{T}}) \oplus N(\boldsymbol{A}) \tag{1.60a}$$

$$\mathbf{R}^m = R(\boldsymbol{A}) \oplus N(\boldsymbol{A}^{\mathrm{T}}) \tag{1.60b}$$

零向量在每种情况下均为两个子空间共有.图中箭头指示 $\boldsymbol{A}$ 将$N(\boldsymbol{A})$映射为 $\mathbf{0}$,将 $R(\boldsymbol{A}^{\mathrm{T}})$映入 $R(\boldsymbol{A})$.对 $\boldsymbol{A}^{\mathrm{T}}$ 可作类似解释.

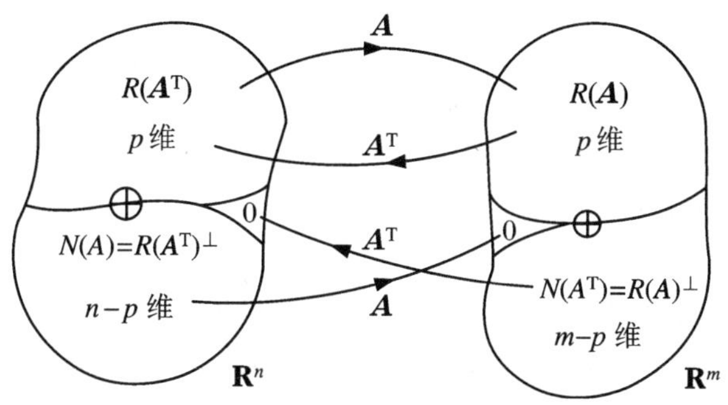

图 1.6 线性变换结构示意图

对线性变换结构有了上述认识就很容易理解关于式(1.61)中线性代数方程组解的存在性和唯一性.假设式中矩阵 $\boldsymbol{A}$ 和向量 $\boldsymbol{b}$ 是已知的.

$$\boldsymbol{A}\boldsymbol{x} = \boldsymbol{b}, \quad \boldsymbol{x} \in \mathbf{R}^n, \boldsymbol{b} \in \mathbf{R}^m \tag{1.61}$$

(1) 方程组有解的充要条件是

$$\boldsymbol{b} \in R(\boldsymbol{A}) = R(\boldsymbol{A}\boldsymbol{A}^{\mathrm{T}}) \tag{1.62a}$$

或

$$\boldsymbol{b} \perp N(\boldsymbol{A}^{\mathrm{T}}) = N(\boldsymbol{A}\boldsymbol{A}^{\mathrm{T}}) \tag{1.62b}$$

$$\rho(\boldsymbol{A}) = \rho(\boldsymbol{A} \,\vdots\, \boldsymbol{b}) \tag{1.62c}$$

(2) 方程组具有最多一个解的充要条件是

$$N(\boldsymbol{A}) = N(\boldsymbol{A}^{\mathrm{T}}\boldsymbol{A}) = \{\mathbf{0}\} \tag{1.63a}$$

或

$$\rho(\boldsymbol{A}) = n \tag{1.63b}$$

否则,若 $\boldsymbol{x}$ 是一个解,则对任何 $\hat{\boldsymbol{x}}\in N(\boldsymbol{A})$,$\boldsymbol{x}+\hat{\boldsymbol{x}}$ 亦是其解.

(3) 方程组对每一个 $\boldsymbol{b}\in\mathbf{R}^m$ 有解的充要条件是

$$R(\boldsymbol{A}) = R(\boldsymbol{A}\boldsymbol{A}^{\mathrm{T}}) = \mathbf{R}^m \tag{1.64a}$$

或

$$\rho(\boldsymbol{A}) = m \tag{1.64b}$$

(4) 方程组对每一个 $\boldsymbol{b}\in\mathbf{R}^m$ 有唯一解的充要条件是 $\boldsymbol{A}$ 为非奇异方阵,此时解为

$$\boldsymbol{x} = \boldsymbol{A}^{-1}\boldsymbol{b} \tag{1.65}$$

情况(4)意味着情况(2)和情况(3)同时满足.

1.6 特征值、特征向量和约尔当标准形

特征值、特征向量以至广义特征向量是线性变换重要的内容之一.设矩阵 $\boldsymbol{A}$ 表示一个将$(\mathbf{C}^n,\mathbf{C})$映射到自身的线性变换,$\lambda\in\mathbf{C}$,倘若,$\exists\, x\in\mathbf{C}^m$,使得

$$\boldsymbol{A}\boldsymbol{x} = \lambda\boldsymbol{x} \tag{1.66a}$$

或

$$(\boldsymbol{A} - \lambda\boldsymbol{I})\boldsymbol{x} = \boldsymbol{0} \tag{1.66b}$$

则称 λ 为 $\boldsymbol{A}$ 的特征值,$\boldsymbol{x}$ 为伴随特征值 λ 的特征向量.由前节方程组解的讨论知道,欲使式(1.66b)有非平凡解(即 $\boldsymbol{x}\neq\boldsymbol{0}$),必须

$$\det(\lambda\boldsymbol{I} - \boldsymbol{A}) = 0 \tag{1.66c}$$

式(1.66c)谓之 $\boldsymbol{A}$ 的特征方程,而 $\det(\lambda\boldsymbol{I} - \boldsymbol{A})$是 λ 的 n 阶多项式,称为特征多项式,记为 $\Delta(\lambda)$.特征方程的 n 个根λ_i,$i=1,2,\cdots,n$,便是 $\boldsymbol{A}$ 的 n 个特征值,它们形成的集$\{\lambda_1,\lambda_2,\cdots,\lambda_n\}$叫做 $\boldsymbol{A}$ 的谱,记以 $\sigma(\boldsymbol{A})$.由特征方程计算出来的特征值有相异的,也有相重的.相重的数目称做代数重数.注意 $\sigma(\boldsymbol{A})$中包含相重的特征值.

伴随不同特征值的特征向量彼此线性无关.倘若 $\boldsymbol{A}$ 具有 n 个相异特征值,相应的 n 个特征向量 $\boldsymbol{q}_i$,$i = 1,2,\cdots,n$,构成非奇异矩阵 $\boldsymbol{Q} = [\boldsymbol{q}_1 \quad \boldsymbol{q}_2 \quad \cdots \quad \boldsymbol{q}_n]$.用 $\boldsymbol{Q}$ 和$\boldsymbol{Q}^{-1}$ 可将 $\boldsymbol{A}$ 相似变换为对角线阵 $\boldsymbol{\Lambda} = \mathrm{diag}(\lambda_1,\lambda_2,\cdots,\lambda_n)$.其中 λ_i 的排序与矩阵$\boldsymbol{Q}$ 中特征向量$\boldsymbol{q}_i$ 排序一致.倘若 $\boldsymbol{A}$ 具有 $p(< n)$ 个代数重数分别为 $\mu_i(\geqslant 1)$ 的相异特征值 λ_i,$i = 1,2,\cdots,p$,$\sum_{i=1}^{p}\mu_i = n$,则伴随 λ_i 的线性无关的特征向量数$\xi_i \leqslant \mu_i$.式(1.66b) 指明 $\boldsymbol{x} \in N(\boldsymbol{A} - \lambda\boldsymbol{I})$,所以$\xi_i = \nu(A - \lambda_i I)$.当 $\xi_i < \mu_i$ 时,为了将 $\boldsymbol{A}$ 相似变换为约尔当标准形还需要利用广义特征向量.伴随 λ_i 的k 阶广义特征向量$\boldsymbol{x}$ 由式(1.67) 定义:

$$\left.\begin{aligned}(\boldsymbol{A} - \lambda_i\boldsymbol{I})^k\boldsymbol{x} &= \boldsymbol{0}\\(\boldsymbol{A} - \lambda_i\boldsymbol{I})^{k-1}\boldsymbol{x} &\neq \boldsymbol{0}\end{aligned}\right\} \tag{1.67}$$

假定 $\boldsymbol{q}_{ik}$是伴随λ_i 的 k 阶广义特征向量.按照(1.67)可得另外$(k-1)$个向量,$\boldsymbol{q}_{i(k-1)}$,$\boldsymbol{q}_{i(k-2)}$,$\cdots$,$\boldsymbol{q}_{i2}$和 $\boldsymbol{q}_{i1}$,连同 $\boldsymbol{q}_{ik}$一起形成一组k 个彼此线性无关的向量.它们可按式(1.68)逐一计算出来.

$$\left.\begin{aligned}\boldsymbol{A}\boldsymbol{q}_{i1} &= \lambda_i\boldsymbol{q}_{i1}\\\boldsymbol{A}\boldsymbol{q}_{i2} &= \lambda_i\boldsymbol{q}_{i2} + \boldsymbol{q}_{i1}\\&\cdots\\\boldsymbol{A}\boldsymbol{q}_{i(k-1)} &= \lambda_i\boldsymbol{q}_{i(k-1)} + \boldsymbol{q}_{i(k-2)}\\\boldsymbol{A}\boldsymbol{q}_{ik} &= \lambda_i\boldsymbol{q}_{ik} + \boldsymbol{q}_{i(k-1)}\end{aligned}\right\} \tag{1.68}$$

这 k 个向量被称做长度 k 的约尔当链.可见链中向量 $\boldsymbol{q}_{i1}$ 便是伴随 λ_i 的 ξ_i 个特征向量中的一个.针对 ξ_i 个特征向量中的每一个可按式(1.68)计算出一条约尔当链. ξ_i 条约尔当链计有 μ_i 个线性无关的特征向量(包括广义特征向量).于是对于具有 $p(<n)$ 个相异特征值的方阵 $\boldsymbol{A}$ 而言可得到总共 n 个线性无关的特征向量.用它们组成的非奇异阵 $\boldsymbol{Q}$ 及其逆 $\boldsymbol{Q}^{-1}$ 可将 $\boldsymbol{A}$ 相似变换为约尔当标准形.因为 ξ_i 是伴随 λ_i 的特征子空间(不包括广义特征向量)的维数,被称为 λ_i 的几何重数.在伴随 λ_i 的 ξ_i 条约尔当链中,最长的链的长度称做 λ_i 的指数(index),记以 η_i.

例 1.12 将下面方阵 $\boldsymbol{A}_1,\boldsymbol{A}_2$ 变换成约尔当标准形或对角线阵

$$\boldsymbol{A}_1=\begin{bmatrix}1 & -3 & 3\\ 3 & -5 & 2\\ 6 & -6 & 4\end{bmatrix}$$

$$\det(\lambda\boldsymbol{I}-\boldsymbol{A}_1)=(\lambda+2)^2(\lambda-4)$$

$$\lambda_1=-2,\quad \mu_1=2,\quad \lambda_2=4,\quad \mu_2=1,\quad \xi_2=1$$

$$\rho[\boldsymbol{A}_1-(-2)\boldsymbol{I}]=1,\quad \nu(\boldsymbol{A}_1-(-2)\boldsymbol{I})=2,\quad \xi_1=2$$

由 $\boldsymbol{A}_1\boldsymbol{q}_1=(-2)\boldsymbol{q}_1$,计算出

$$\boldsymbol{q}_1=(1\quad 1\quad 0)^{\mathrm{T}},\quad \boldsymbol{q}_2=(1\quad 0\quad -1)^{\mathrm{T}}$$

由 $\boldsymbol{A}_1\boldsymbol{q}_3=4\boldsymbol{q}_3$,计算出

$$\boldsymbol{q}_3=(1\quad 1\quad 2)^{\mathrm{T}}$$

$$\boldsymbol{Q}=\begin{bmatrix}1 & 1 & 1\\ 1 & 0 & 1\\ 0 & -1 & 2\end{bmatrix},\quad \boldsymbol{Q}^{-1}=\begin{bmatrix}-\frac{1}{2} & \frac{3}{2} & -\frac{1}{2}\\ 1 & -1 & 0\\ \frac{1}{2} & -\frac{1}{2} & \frac{1}{2}\end{bmatrix}$$

$$\boldsymbol{\Lambda}=\boldsymbol{Q}^{-1}\boldsymbol{A}_1\boldsymbol{Q}=\begin{bmatrix}-2 & 0 & 0\\ 0 & -2 & 0\\ 0 & 0 & 4\end{bmatrix},\quad \eta_1=1,\quad \eta_2=1$$

$$\boldsymbol{A}_2=\begin{bmatrix}-3 & 1 & -1\\ -7 & 5 & -1\\ -6 & 6 & -2\end{bmatrix}$$

$$\det(\lambda\boldsymbol{I}-\boldsymbol{A}_2)=(\lambda+2)^2(\lambda-4)$$

$$\lambda_1=-2,\quad \mu_1=2,\quad \lambda_2=4,\quad \mu_2=\xi_2=1$$

$$\rho[\boldsymbol{A}_2-(-2)\boldsymbol{I}]=2,\quad \nu[\boldsymbol{A}_2-(-2)\boldsymbol{I}]=1,\quad \xi_1=1$$

由 $\boldsymbol{A}_2\boldsymbol{q}_1=(-2)\boldsymbol{q}_1$,计算出 $\boldsymbol{q}_1=[1\quad 1\quad 0]^{\mathrm{T}}$.

由 $\boldsymbol{A}_2\boldsymbol{q}_2=4\boldsymbol{q}_2$,计算出 $\boldsymbol{q}_2=[0\quad 1\quad 1]^{\mathrm{T}}$.

由 $\boldsymbol{A}_2\boldsymbol{q}_{12}=(-2)\boldsymbol{q}_{12}+\boldsymbol{q}_1$,计算出 $\boldsymbol{q}_{12}=[1\quad 1\quad -1]^{\mathrm{T}}$.

令 $\boldsymbol{Q}=[\boldsymbol{q}_1\quad \boldsymbol{q}_{12}\quad \boldsymbol{q}_2]$,得到

$$\boldsymbol{J}=\boldsymbol{Q}^{-1}\boldsymbol{A}_2\boldsymbol{Q}=\begin{bmatrix}2 & -1 & 1\\ -1 & 1 & -1\\ -1 & 1 & 0\end{bmatrix}\begin{bmatrix}-3 & 1 & -1\\ -7 & 5 & -1\\ -6 & 6 & -2\end{bmatrix}\begin{bmatrix}1 & 1 & 0\\ 1 & 1 & 1\\ 0 & -1 & 1\end{bmatrix}$$

$$=\begin{bmatrix}-2 & 1 & 0\\ 0 & -2 & 0\\ 0 & 0 & 4\end{bmatrix},\quad \eta_1=2,\quad \eta_2=1$$

前面阐述的将方阵 $\boldsymbol{A}$ 相似变换为对角线阵或约尔当标准形的方法是一种标准方法.但是广义特征向量的计算往往是很费时和麻烦的.下面介绍四条比较实用的定理.

定理 1.1 设 n 阶方阵 $\boldsymbol{A}$ 有特征值 $\lambda_1,\lambda_2,\cdots,\lambda_n$ 和一组线性无关的特征向量 $\boldsymbol{q}_1,\boldsymbol{q}_2,\cdots,\boldsymbol{q}_n$,则用特征向量矩阵 $\boldsymbol{Q}=[\boldsymbol{q}_1\quad \boldsymbol{q}_2\quad \cdots\quad \boldsymbol{q}_n]$可将 $\boldsymbol{A}$ 变换成对角线阵 $\boldsymbol{\Lambda}$,即

$$\boldsymbol{Q}^{-1}\boldsymbol{A}\boldsymbol{Q}=\boldsymbol{\Lambda}=\mathrm{diag}(\lambda_1,\lambda_2,\cdots,\lambda_n)\tag{1.69}$$

注意,该定理并不要求具有 n 个相异的特征值.

定理 1.2 设 n 阶方阵 $\boldsymbol{A}$ 有 $p(<n)$ 个相异的特征值 $\lambda_i,i=1,2,\cdots,p$,相应重数为 μ_i,$\sum_{i=1}^{p}\mu_i=n$,则必存在一个非奇异的矩阵 $\boldsymbol{Q}$,用它可将 $\boldsymbol{A}$ 变换成约尔当标准形 $\boldsymbol{J}$,即

$$\boldsymbol{Q}^{-1}\boldsymbol{A}\boldsymbol{Q}=\boldsymbol{J}=\mathrm{diag}(\boldsymbol{J}_1,\boldsymbol{J}_2,\cdots,\boldsymbol{J}_p)\tag{1.70a}$$

其中对角分块方阵 $\boldsymbol{J}_i$ 是伴随 λ_i 的 μ_i(λ_i 的代数重数)阶方阵,$\boldsymbol{J}_i=\mathrm{diag}(\boldsymbol{J}_{i1},\boldsymbol{J}_{i2},\cdots,\boldsymbol{J}_{i\xi_i})$,形如式(1.70b).

$$\boldsymbol{J}_i=\left[\begin{array}{ccccc:ccccc}\lambda_i & 1 & & & & & & & & \\ & \lambda_i & 1 & & & & & & & \\ & & \ddots & & & & & & & \\ & & & \ddots & 1 & & & & & \\ & & & & \lambda_i & & & & & \\ \hdashline & \eta_i\times\eta_i & & & & \ddots & & & & \\ & & & & & & \lambda_i & 1 & & \\ & & & & & & & \lambda_i & & \\ & & & & & & & & \lambda_i & \\ & & & & & & & & \ddots & \\ & & & & & & & & & \lambda_i\end{array}\right]_{\mu_i\times\mu_i}\tag{1.70b}$$

$\boldsymbol{J}_i$ 共有 ξ_i(λ_i 的几何重数)块子阵 $\boldsymbol{J}_{i1},\boldsymbol{J}_{i2},\cdots,\boldsymbol{J}_{i\xi_i}$.每块的规模由相应的伴随 λ_i 的约尔当链长度决定,其中 $\boldsymbol{J}_{i1}$ 为最大的子块,阶次为 η_i(λ_i 的指数).今后称定理 1.1 和定理 1.2 中矩阵 $\boldsymbol{Q}$ 为模态矩阵.

例 1.13 假设有矩阵 $\boldsymbol{A}_1,\boldsymbol{A}_2$ 和 $\boldsymbol{A}_3$,它们的谱均是{2,2,2,3}.但是伴随特征值 2 的几何重数分别为 3,2,1.它们的约尔当标准形分别如下:

$$\boldsymbol{J}_1=\mathrm{diag}(2,2,2,3)$$

$$J_2=\begin{bmatrix}2&1&0&0\\0&2&0&0\\0&0&2&0\\0&0&0&3\end{bmatrix},\quad J_3=\begin{bmatrix}2&1&0&0\\0&2&1&0\\0&0&2&0\\0&0&0&3\end{bmatrix}$$

因为实方阵 $\boldsymbol{A}$ 可能有复特征值，这样前述的方阵 $\boldsymbol{Q}$，$\boldsymbol{Q}^{-1}$和约尔当标准形都可能有复数项.复数的运算会使问题变得复杂，所以若能把复数项的实部与虚部分开，推导出完全避免复数的约尔当形矩阵会是很有意义的.鉴于特征多项式 $\Delta(\lambda)$是 λ 的实系数多项式，特征值若为复数必然成对地以共轭形式出现，即 $\lambda_i=\sigma_i+\mathrm{j}\omega_i(\omega_i\neq0)$是 $\boldsymbol{A}$ 的一个特征值，$\lambda_{i+1}=\sigma_i-\mathrm{j}\omega_i$ 也必是$\boldsymbol{A}$ 的一个特征值.而且，很容易确定，若伴随 $\lambda_i=\sigma_i+\mathrm{j}\omega_i$ 的特征向量是$\boldsymbol{q}_i=\boldsymbol{u}_i+\mathrm{j}\boldsymbol{v}_i$，则 $\boldsymbol{q}_{i+1}=\boldsymbol{u}_i-\mathrm{j}\boldsymbol{v}_i$ 必是伴随$\lambda_{i+1}=\sigma_i-\mathrm{j}\omega_i$ 的特征向量.定理 1.3 和定理 1.4 便是根据这一特点提出的.

定理 1.3 设 n 阶方阵$\boldsymbol{A}$ 有下列特征值

$$\left.\begin{aligned}\lambda_i&=\sigma_i+\mathrm{j}\omega_i\\\lambda_{i+1}&=\sigma_i-\mathrm{j}\omega_i\end{aligned}\right\},\quad i=1,3,5,\cdots,m-1$$

$$\lambda_i=\bar{\lambda}_i,\qquad i=m+1,m+2,\cdots,n$$

以及一组线性无关的特征向量

$$\left.\begin{aligned}\boldsymbol{q}_i&=\boldsymbol{u}_i+\mathrm{j}\boldsymbol{v}_i\\\boldsymbol{q}_{i+1}&=\boldsymbol{u}_i-\mathrm{j}\boldsymbol{v}_i\end{aligned}\right\},\quad i=1,3,5,\cdots,m-1$$

$$\boldsymbol{q}_i=\bar{\boldsymbol{q}}_i,\qquad i=m+1,m+2,\cdots,n$$

则实数矩阵

$$\boldsymbol{Q}=[\boldsymbol{u}_1,\boldsymbol{v}_1,\boldsymbol{u}_3,\boldsymbol{v}_3,\cdots,\boldsymbol{u}_{m-1},\boldsymbol{v}_{m-1},\boldsymbol{q}_{m+1},\boldsymbol{q}_{m+2},\cdots,\boldsymbol{q}_n]$$

是非奇异的，用 $\boldsymbol{Q}$ 和$\boldsymbol{Q}^{-1}$可将 $\boldsymbol{A}$ 变换成约尔当形矩阵$\boldsymbol{J}$，即

$$\boldsymbol{Q}^{-1}\boldsymbol{A}\boldsymbol{Q}=\boldsymbol{J}=\mathrm{diag}(\boldsymbol{J}_1,\boldsymbol{J}_3,\cdots,\boldsymbol{J}_{m-1},\boldsymbol{J}_{m+1})\tag{1.71a}$$

其中

$$\boldsymbol{J}_i=\begin{bmatrix}\sigma_i&\omega_i\\-\omega_i&\sigma_i\end{bmatrix},\quad i=1,3,5,\cdots,m-1\tag{1.71b}$$

$$\boldsymbol{J}_{m+1}=\mathrm{diag}(\lambda_{m+1},\lambda_{m+2},\cdots,\lambda_n)\tag{1.71c}$$

定理 1.3 与定理 1.1 一样并不要求特征值彼此相异.

定理 1.4 设 n 阶方阵 $\boldsymbol{A}$ 有特征值

$$\left.\begin{aligned}\lambda_i&=\sigma_i+\mathrm{j}\omega_i\\\lambda_{i+1}&=\sigma_i-\mathrm{j}\omega_i\end{aligned}\right\},\quad i=1,3,5,\cdots,m-1$$

$$\lambda_{i+1}=\bar{\lambda}_i,\qquad i=m+1,m+2,\cdots,p$$

每个特征值代数重数为 μ_i，$\sum\limits_{i=1}^{p}\mu_i=n$，则存在非奇异矩阵 $\boldsymbol{Q}$，用 $\boldsymbol{Q}$ 和$\boldsymbol{Q}^{-1}$ 可将 $\boldsymbol{A}$ 变换成约尔当形矩阵 $\boldsymbol{J}$，即

$$Q^{-1}AQ = \mathrm{diag}(J_1, J_3, \cdots, J_{m-1}, J_{m+1}, J_{m+2}, \cdots, J_p)$$

$$J_i = \left[\begin{array}{ccccc|cccc} \bar{J}_i & I & & & & & & & \\ & \bar{J}_i & I & & & & & & \\ & & \ddots & & & & & & \\ & & & \ddots & I & & & & \\ & & & & \bar{J}_i & & & & \\ \hline & & & & & \bar{J}_i & & & \\ & & & & & & \bar{J}_i & & \\ & & & & & & & \ddots & \\ & & & & & & & & \bar{J}_i \end{array}\right]_{\mu_i \times \mu_i}, \quad i = 1,3,5,\cdots,m-1 \tag{1.72b}$$

其中 $\bar{J}_i$ 与式(1.71b)中 J_i 相同,I 为二阶单位阵,而 $J_{m+1}, J_{m+2}, \cdots, J_p$ 的形式如式(1.70b)中 J_i.今后称定理 1.3 和定理 1.4 中矩阵 Q 为修正的模态矩阵.

例 1.14 设五阶方阵 A 有特征值 $1+\mathrm{j}2, 1-\mathrm{j}2, 1+\mathrm{j}2, 1-\mathrm{j}2$ 和 3,当伴随 $1+\mathrm{j}2$(或 $1-\mathrm{j}2$)的几何重数为 2 或 1 时,它的约尔当标准形是

$$\left[\begin{array}{cc|cc|c} 1 & 2 & 0 & 0 & 0 \\ -2 & 1 & 0 & 0 & 0 \\ \hline 0 & 0 & 1 & 2 & 0 \\ 0 & 0 & -2 & 1 & 0 \\ \hline 0 & 0 & 0 & 0 & 3 \end{array}\right] \quad 或 \quad \left[\begin{array}{cc|cc|c} 1 & 2 & 1 & 0 & 0 \\ -2 & 1 & 0 & 1 & 0 \\ \hline 0 & 0 & 1 & 2 & 0 \\ 0 & 0 & -2 & 1 & 0 \\ \hline 0 & 0 & 0 & 0 & 3 \end{array}\right]$$

1.7 矩阵多项式和矩阵函数

设 A 是将$(\mathbf{C}^n, \mathbf{C})$映入自身的方阵,定义 A 的 k 次幂 A^k 为 k 个 A 自乘,即

$$A^k = \underbrace{AA\cdots A}_{k}, \quad k\ 为正整数 \tag{1.73}$$

当 $k=0$ 时,规定 $A^0 = I$.矩阵幂的概念可用来定义矩阵多项式.设 $f(\lambda)$ 为复数域 $\mathbf{C}$ 上的多项式,$f(\lambda) = \sum_{i=0}^{m} a_i \lambda^i$,定义 $f(A) \overset{\mathrm{def}}{=} \sum_{i=0}^{m} a_i A^i$ 为矩阵 A 的多项式;若 $a_m \neq 0$,则 m 称为矩阵多项式 $f(A)$ 的次数或阶次.

两个矩阵多项式的和与积分别定义为

$$f(A) + g(A) \overset{\mathrm{def}}{=} (f+g)(A) \tag{1.74}$$

$$f(A) \cdot g(A) \overset{\mathrm{def}}{=} (f \cdot g)(A) \tag{1.75}$$

因为 A 的自乘是可交换的,故有 $f(A) \cdot g(A) = g(A) \cdot f(A)$.这一点与矩阵乘法一般不可

交换不同，虽然 $f(\boldsymbol{A})$ 和 $g(\boldsymbol{A})$ 均是 n 阶方阵. 如果标量多项式 $f(\lambda)$ 可因式分解成 $f(\lambda)=a\prod_{i=1}^{m}(\lambda-\lambda_i)$，则矩阵多项式亦可写成 $f(\boldsymbol{A})=a\prod_{i=1}^{m}(\boldsymbol{A}-\lambda_i\boldsymbol{I})$.

前节指出每个方阵 $\boldsymbol{A}$ 都有约尔当标准形 $\boldsymbol{J}$，即存在非奇异矩阵 $\boldsymbol{Q}$ 使得 $\boldsymbol{A}=\boldsymbol{QJQ}^{-1}$. 因为

$$\boldsymbol{A}^k=(\boldsymbol{QJQ}^{-1})^k=\boldsymbol{QJ}^k\boldsymbol{Q}^{-1}$$

故对任一多项式 $f(\lambda)$ 有

$$f(\boldsymbol{A})=\boldsymbol{Q}f(\boldsymbol{J})\boldsymbol{Q}^{-1} \quad 或 \quad f(\boldsymbol{J})=\boldsymbol{Q}^{-1}f(\boldsymbol{A})\boldsymbol{Q}$$

倘若 $\boldsymbol{A}=\mathrm{diag}(\boldsymbol{A}_1,\boldsymbol{A}_2)$，还有

$$f(\boldsymbol{A})=\mathrm{diag}(f(\boldsymbol{A}_1),f(\boldsymbol{A}_2))=\mathrm{diag}(\boldsymbol{Q}_1f(\boldsymbol{J}_1)\boldsymbol{Q}_1^{-1},\boldsymbol{Q}_2f(\boldsymbol{J}_2)\boldsymbol{Q}_2^{-1})$$

其中 $\boldsymbol{A}_1=\boldsymbol{Q}_1\boldsymbol{J}_1\boldsymbol{Q}_1^{-1}$，$\boldsymbol{A}_2=\boldsymbol{Q}_2\boldsymbol{J}_2\boldsymbol{Q}_2^{-1}$.

倘若多项式 $f(\lambda)$ 使 $f(\boldsymbol{A})=\boldsymbol{0}$，则称 $f(\lambda)$ 是 $\boldsymbol{A}$ 的化零多项式. 凯莱-哈密顿(Cayley-Hamilton)定理指出 $\boldsymbol{A}$ 的特征多项式 $\Delta(\lambda)$ 是 $\boldsymbol{A}$ 的化零多项式.

定理 1.5 $\Delta(\lambda)\stackrel{\mathrm{def}}{=}\det(\lambda\boldsymbol{I}-\boldsymbol{A})$，则有

$$\Delta(\boldsymbol{A})=\boldsymbol{0}$$

证明

$$(\lambda\boldsymbol{I}-\boldsymbol{A})^{-1}=\frac{\mathrm{adj}(\lambda\boldsymbol{I}-\boldsymbol{A})}{\det(\lambda\boldsymbol{I}-\boldsymbol{A})}$$

其中伴随矩阵可写成

$$\mathrm{adj}(\lambda\boldsymbol{I}-\boldsymbol{A})=(\boldsymbol{B}_0+\lambda\boldsymbol{B}_1+\cdots+\lambda^{n-1}\boldsymbol{B}_{n-1})$$

故

$$\Delta(\lambda)\cdot\boldsymbol{I}=(\lambda\boldsymbol{I}-\boldsymbol{A})(\boldsymbol{B}_0+\lambda\boldsymbol{B}_1+\cdots+\lambda^{n-1}\boldsymbol{B}_{n-1})$$

将上式中 λ 换成 $\boldsymbol{A}$，得到

$$\begin{aligned}\Delta(\boldsymbol{A})&=(\boldsymbol{A}-\boldsymbol{A})(\boldsymbol{B}_0+\boldsymbol{A}\boldsymbol{B}_1+\cdots+\boldsymbol{A}^{n-1}\boldsymbol{B}_{n-1})\\&=\boldsymbol{0}\end{aligned}$$

在 $\boldsymbol{A}$ 的所有化零多项式中，幂次数最低且最高幂次项(首项)系数为 1 的化零多项式称为(首一)最小多项式，记以 $\varphi(\lambda)$.

定理 1.6 $\boldsymbol{A}$ 的任意化零多项式都可被 $\boldsymbol{A}$ 的最小多项式 $\varphi(\lambda)$ 整除.

证明 设 $f(\lambda)$ 是 $\boldsymbol{A}$ 的化零多项式，且 $\deg f(\lambda)>\deg\varphi(\lambda)$，以 $\varphi(\lambda)$ 除 $f(\lambda)$ 若不能整除则有余式 $r(\lambda)\neq 0$，即

$$f(\lambda)=\varphi(\lambda)q(\lambda)+r(\lambda),\quad \deg r(\lambda)<\deg\varphi(\lambda)$$

则由

$$f(\boldsymbol{A})=\varphi(\boldsymbol{A})q(\boldsymbol{A})+r(\boldsymbol{A})=\boldsymbol{0},\quad \varphi(\boldsymbol{A})=0$$

得到

$$r(\boldsymbol{A})=\boldsymbol{0}$$

$r(\lambda)$ 是次数比 $\varphi(\lambda)$ 更低的化零多项式. 这与 $\varphi(\lambda)$ 是最小多项式前提矛盾. 所以 $\varphi(\lambda)$ 能整除 $f(\lambda)$，记以 $\varphi(\lambda)\mid f(\lambda)$.

这里指出 $\boldsymbol{A}$ 的(首一)最小多项式是唯一的，所以通常只称之为 $\boldsymbol{A}$ 的最小多项式. 下面不加证明地给出定理 1.7.

定理 1.7 设 $\boldsymbol{A}$ 有 p 个相异的特征值 $\lambda_i, i=1,2,\cdots,p$, λ_i 的代数重数为 μ_i，指数为 η_i，$\boldsymbol{A}$ 的特征多项式和最小多项式分别为

$$\Delta(\lambda) = \prod_{i=1}^{p}(\lambda - \lambda_i)^{\mu_i} \tag{1.76}$$

$$\varphi(\lambda) = \prod_{i=1}^{p}(\lambda - \lambda_i)^{\eta_i} \tag{1.77}$$

且

$$\Delta(\lambda) = \psi(\lambda)d(\lambda) \tag{1.78}$$

其中 $d(\lambda)$ 为伴随矩阵 $\mathrm{adj}(\lambda \boldsymbol{I} - \boldsymbol{A})$ 的所有元素的最大公因式. 由此可知，当 $\boldsymbol{A}$ 的所有特征值几何重数均为 1 时，$\Delta(\lambda) = \varphi(\lambda)$ 和 $\mathrm{adj}(\lambda \boldsymbol{I} - \boldsymbol{A})$ 的所有元素没有共同因子，或者说 $d(\lambda) \equiv 1$.

定理 1.8 对于多项式 $f(\lambda)$ 和 $g(\lambda)$，使 $f(\boldsymbol{A}) = g(\boldsymbol{A})$ 的充要条件是

$$\left.\frac{\mathrm{d}^{(l)} f(\lambda)}{\mathrm{d}\lambda^{(l)}}\right|_{\lambda=\lambda_i} = \left.\frac{\mathrm{d}^{(l)} g(\lambda)}{\mathrm{d}\lambda^{(l)}}\right|_{\lambda=\lambda_i}, \quad i = 1,2,\cdots,p, \quad l = 0,1,\cdots,\eta_i - 1 \tag{1.79}$$

证明 先证明必要性. 假定 $f(\boldsymbol{A}) = g(\boldsymbol{A})$，则

$$h(\boldsymbol{A}) = f(\boldsymbol{A}) - g(\boldsymbol{A}) = \boldsymbol{0}$$

即 $h(\lambda) = q(\lambda)\varphi(\lambda)$. 所以式(1.79)成立. 再证明充分性. 若(1.79)成立，即

$$\left.\frac{\mathrm{d}^{(l)} h(\lambda)}{\mathrm{d}\lambda^{(l)}}\right|_{\lambda=\lambda_i} = \left.\frac{\mathrm{d}^{(l)}[f(\lambda) - g(\lambda)]}{\mathrm{d}\lambda^{(l)}}\right|_{\lambda=\lambda_i}, \quad i = 1,2,\cdots,p, \quad l = 0,1,\cdots,\eta_i - 1$$

这表明 $h(\lambda)$ 能被 $\varphi(\lambda)$ 整除，故 $h(\boldsymbol{A}) = \boldsymbol{0}$，或

$$f(\boldsymbol{A}) = g(\boldsymbol{A})$$

式(1.79)表明 $f(\lambda)$ 和 $g(\lambda)$ 在 $\boldsymbol{A}$ 的谱上相等. 定理 1.8 是以 $\boldsymbol{A}$ 的最小多项式 $\varphi(\lambda)$ 作为依据而建立的，同样可以 $\boldsymbol{A}$ 的特征多项式为依据建立另外一组条件，这就是下面的定理 1.9.

定理 1.9 对于多项式 $f(\lambda)$ 和 $g(\lambda)$，使 $f(\boldsymbol{A}) = g(\boldsymbol{A})$ 的充要条件是

$$\left.\frac{\mathrm{d}^{(l)} f(\lambda)}{\mathrm{d}\lambda^{(l)}}\right|_{\lambda=\lambda_i} = \left.\frac{\mathrm{d}^{(l)} g(\lambda)}{\mathrm{d}\lambda^{(l)}}\right|_{\lambda=\lambda_i}, \quad i = 1,2,\cdots,p, \quad l = 0,1,\cdots,\mu_i - 1 \tag{1.80}$$

证明略.

$f^{(l)}(\lambda_i), i=1,2,\cdots,p, l=0,1,2,\cdots,\mu_i - 1$(或者 $\eta_i - 1$)组成的集叫做 $f(\lambda)$ 在 $\boldsymbol{A}$ 的谱上的值. 定理 1.8 和定理 1.9 指明在 $\boldsymbol{A}$ 的谱上具有相同数值的任意两个多项式规定了同一个矩阵多项式. 下面正是利用这一特性给出了矩阵函数(包括矩阵多项式)的定义.

矩阵函数 已知某函数 $f(\lambda)$ 和一 n 阶方阵 $\boldsymbol{A}$，若多项式 $g(\lambda)$ 在 $\boldsymbol{A}$ 的谱上与 $f(\lambda)$ 相等，则定义矩阵函数 $f(\boldsymbol{A}) = g(\boldsymbol{A})$.

利用定理 1.8 或定理 1.9 计算 n 阶方阵的矩阵函数时，可令

$$g(\lambda) \stackrel{\mathrm{def}}{=} \alpha_0 + \alpha_1\lambda + \alpha_2\lambda^2 + \cdots + \alpha_{n-1}\lambda^{n-1} \tag{1.81}$$

让它和指定函数 $f(\lambda)$ 在 $\boldsymbol{A}$ 的谱上相等. $\Delta(\lambda)$ 可方便地通过 $\boldsymbol{A}$ 计算出来，常用定理 1.9 计算 $g(\lambda)$.

例 1.15 分别应用定理 1.9 和定理 1.8 计算下面方阵 $\boldsymbol{A}$ 的矩阵指数函数 $\mathrm{e}^{\boldsymbol{A}}$，其中

$$A = \begin{bmatrix} 3 & 0 & 0 \\ 0 & 3 & 0 \\ 0 & 0 & 2 \end{bmatrix}$$

显然 $\lambda_1=3,\mu_1=2,\lambda_2=2,\mu_2=1$.令

$$g(\lambda) = \alpha_0 + \alpha_1\lambda + \alpha_2\lambda^2$$

有

$$g(\lambda_1) = \alpha_0 + 3\alpha_1 + 9\alpha_2 = e^3$$

$$\left.\frac{dg(\lambda)}{d(\lambda)}\right|_{\lambda_1=3} = 0 + \alpha_1 + 6\alpha_2 = e^3$$

$$g(\lambda_2) = \alpha_0 + 2\alpha_1 + 4\alpha_2 = e^2$$

由上述方程解出

$$\alpha_0 = -3e^3 + 9e^2$$

$$\alpha_1 = e^3 - 6e^2$$

$$\alpha_2 = e^2$$

最后得到

$$e^{A} = g(A) = \alpha_0\boldsymbol{I} + \alpha_1\boldsymbol{A} + \alpha_2\boldsymbol{A}^2 = \mathrm{diag}(e^3, e^3, e^2)$$

由 $\boldsymbol{A}$ 的表达式可判断出 $\lambda_1=3,\eta_1=1,\lambda_2=2,\eta_2=1$.设

$$\bar{g}(\lambda) = \bar{\alpha}_0 + \bar{\alpha}_1\lambda + \bar{\alpha}_2\lambda^2$$

有

$$\bar{g}(\lambda_1) = \bar{\alpha}_0 + 3\bar{\alpha}_1 + 9\bar{\alpha}_2 = e^3$$

$$\bar{g}(\lambda_2) = \bar{\alpha}_0 + 2\bar{\alpha}_1 + 4\bar{\alpha}_2 = e^2$$

令 $\bar{\alpha}_0=0$,解出 $\bar{\alpha}_1=\frac{3}{2}e^2-\frac{2}{3}e^3$,$\bar{\alpha}_2=\frac{1}{3}e^3-\frac{1}{2}e^2$,得到

$$e^{A} = \bar{g}(\boldsymbol{A}) = \bar{\alpha}_1\boldsymbol{A} + \bar{\alpha}_2\boldsymbol{A}^2 = \mathrm{diag}(e^3, e^3, e^2)$$

例 1.16 计算 $\boldsymbol{A}^{100}$,其中

$$\boldsymbol{A} = \begin{bmatrix} 1 & 2 \\ 0 & 1 \end{bmatrix}$$

这里 $f(\lambda)=\lambda^{100}$,由 $\det(\lambda\boldsymbol{I}-\boldsymbol{A})$解出 $\lambda_1=1,\mu_1=2$.设

$$g(\lambda)=\alpha_0+\alpha_1\lambda$$

$$g(\lambda_1)=\alpha_0+\alpha_1=1$$

$$g'(\lambda_1)=\alpha_1=100$$

解出 $\alpha_0=-99,\alpha_1=100$,从而得到

$$f(\boldsymbol{A}) = \boldsymbol{A}^{100} = -99\begin{bmatrix} 1 & 0 \\ 0 & 1 \end{bmatrix} + 100\begin{bmatrix} 1 & 2 \\ 0 & 1 \end{bmatrix}$$

$$= \begin{bmatrix} 1 & 200 \\ 0 & 1 \end{bmatrix}$$

显然,这比 $\boldsymbol{A}$ 自乘 100 次简单得多.

由已知的 n 阶方阵$\boldsymbol{A}$ 和给定的函数$f(\boldsymbol{A})$计算矩阵函数 $f(\lambda)$的步骤如下:

第一步：按 $\det(\lambda \boldsymbol{I}-\boldsymbol{A})=0$ 解出 n 个特征值；

第二步：令 $g(\lambda)=\alpha_0+\alpha_1\lambda+\cdots+\alpha_{n-1}\lambda^{n-1}$；

第三步：按定理 1.9 中式(1.80)，令 $g(\lambda)$ 在 $\boldsymbol{A}$ 的谱上与 $f(\lambda)$ 一致，得到 n 个方程并解出求未知系数 $\alpha_0,\alpha_1,\cdots,\alpha_n$.

第四步：计算 $f(\boldsymbol{A})=g(\boldsymbol{A})=\alpha_0\boldsymbol{I}+\alpha_1\boldsymbol{I}+\cdots+\alpha_{n-1}\boldsymbol{A}^{n-1}$.

在第三步中要注意所有微商是关于 λ 的微商，这一点很重要，特别当 f 既是 λ 又是其他参数例如 λt 的函数时.

例 1.17 已知

$$\boldsymbol{A}_1=\begin{bmatrix}0 & 0 & -2\\ 0 & 1 & 2\\ 1 & 0 & 3\end{bmatrix}$$

计算 $e^{\boldsymbol{A}_1 t}$，或等价地说 $f(\lambda)=e^{\lambda t}$，求 $f(\boldsymbol{A}_1)$.

第一步：

$$\Delta(\lambda)=(\lambda-1)^2(\lambda-2)=0$$
$$\lambda_1=1,\quad \mu_1=2,\quad \lambda_2=2,\quad \mu_2=1$$

第二步：

$$g(\lambda)=\alpha_0+\alpha_1\lambda+\alpha_2\lambda^2$$

第三步：

$$\begin{aligned}g(\lambda_1)&=\alpha_0+\alpha_1+\alpha_2=e^t\\ g'(\lambda_1)&=\alpha_1+2\alpha_2=te^t\\ g(\lambda_2)&=\alpha_0+2\alpha_1+4\alpha_2=e^{2t}\end{aligned}$$

解出

$$\begin{aligned}\alpha_0&=-2te^t+e^{2t}\\ \alpha_1&=3te^t+2e^t-2e^{2t}\\ \alpha_2&=-te^t-e^t+e^{2t}\end{aligned}$$

第四步：

$$\begin{aligned}e^{\boldsymbol{A}_1 t}&=\alpha_0\boldsymbol{I}+\alpha_1\boldsymbol{A}+\alpha_2\boldsymbol{A}^2\\ &=\begin{bmatrix}2e^t-e^{2t} & 0 & 2e^t-2e^{2t}\\ 0 & e^t & 0\\ e^{2t}-e^t & 0 & 2e^{2t}-e^t\end{bmatrix}\end{aligned}$$

有时在第二步中可令 $g(\lambda)$ 为其他具有 n 个独立参数的 $n-1$ 次多项式，以期方便地得到 $f(\boldsymbol{A})$.

例 1.18 已知 n 阶方阵如下：

$$\boldsymbol{A}=\begin{bmatrix}\lambda_1 & 1 & & & \\ & \lambda_1 & 1 & & \\ & & \ddots & \ddots & \\ & & & & 1\\ & & & & \lambda_1\end{bmatrix}$$

计算 $f(\boldsymbol{A})$ 和 $e^{\boldsymbol{A}t}$.

第一步：

$$\Delta(\lambda)=(\lambda-\lambda_1)^n,\quad \lambda_1 \text{ 为 } n_1 \text{ 重特征值}$$

第二步：

$$g(\lambda)\overset{\text{def}}{=}\alpha_0+\alpha_1(\lambda-\lambda_1)+\alpha_2(\lambda-\lambda_1)^2+\cdots+\alpha_{n-1}(\lambda-\lambda_1)^{n-1}$$

第三步:应用式(1.80)可直接得到

$$\alpha_0=f(\lambda_1),\quad \alpha_1=f'(\lambda_1),\quad \alpha_2=\frac{f''(\lambda_1)}{2!},\quad \cdots,\quad \alpha_{(n-1)}=\frac{f^{(n-1)}(\lambda_1)}{(n-1)!}$$

第四步：

$$\begin{aligned}f(\boldsymbol{A})&=f(\lambda_1)\boldsymbol{I}+f'(\lambda_1)\bar{\boldsymbol{A}}+\frac{f''(\lambda_1)\bar{\boldsymbol{A}}^2}{2!}+\cdots+\frac{f^{(n-1)}(\lambda_1)\bar{\boldsymbol{A}}^{n-1}}{(n-1)!}\\&=\sum_{k=1}^{n-1}\frac{f^{(k)}(\lambda_1)\bar{\boldsymbol{A}}^k}{k!},\quad \bar{\boldsymbol{A}}=\boldsymbol{A}-\lambda_1\boldsymbol{I}\end{aligned}$$

当 $f(\boldsymbol{A})$ 具体为 $e^{\boldsymbol{A}t}$ 时,$f^{(k)}(\lambda_1)=t^k e^{\lambda_1 t}$.所以

$$f(\boldsymbol{A})=\begin{bmatrix}f(\lambda_1) & \frac{f'(\lambda_1)}{1!} & \frac{f''(\lambda_1)}{2!} & \cdots & \frac{f^{(n-1)}(\lambda_i)}{(n-1)!}\\ & f(\lambda_1) & \frac{f'(\lambda_1)}{!} & \cdots & \frac{f^{(n-2)}(\lambda_1)}{(n-2)!}\\ & & f(\lambda_1) & \cdots & \frac{f^{(n-3)}(\lambda_1)}{(n-3)!}\\ & & & \ddots & \vdots\\ & & & & f(\lambda_1)\end{bmatrix}$$

$$e^{\boldsymbol{A}t}=\begin{bmatrix}e^{\lambda_1 t} & \frac{te^{\lambda_1 t}}{1!} & \frac{t^2e^{\lambda_1 t}}{2!} & \cdots & \frac{t^{n-1}e^{\lambda_1 t}}{(n-1)!}\\ & e^{\lambda_1 t} & \frac{te^{\lambda_1 t}}{1!} & \cdots & \frac{t^{n-2}e^{\lambda_1 t}}{(n-2)!}\\ & & e^{\lambda_1 t} & \cdots & \frac{t^{n-3}e^{\lambda_1 t}}{(n-3)!}\\ & & & \ddots & \vdots\\ & & & & e^{\lambda_1 t}\end{bmatrix}$$

矩阵函数是通过矩阵多项式定义的,凡是对矩阵多项式成立的关系式对矩阵函数也都适用.例如,若 $\boldsymbol{A}=\boldsymbol{QJQ}^{-1}$,则 $f(\boldsymbol{A})=\boldsymbol{Q}f(\boldsymbol{J})\boldsymbol{Q}^{-1}$,…,$f(\boldsymbol{A})$ 是定义在 $\boldsymbol{A}$ 的谱上的任意函数,恰当地应用这些关系式和例 1.18 中 $f(\boldsymbol{A})$ 的一般表达式很容易算出约尔当标准形矩阵的任意函数.

例 1.19 已知

$$\boldsymbol{J}=\left[\begin{array}{ccc|cc}\lambda_1 & 1 & & & \\ & \lambda_1 & 1 & & \\ & & \lambda_1 & & \\ \hline & & & \lambda_2 & 1\\ & & & & \lambda_2\end{array}\right]=\operatorname{diag}(\boldsymbol{J}_1,\boldsymbol{J}_2)$$

求 e^{Jt}.

$$
\begin{aligned}
e^{Jt} &= \operatorname{diag}(e^{J_1 t}, e^{J_2 t}) \\
&= \left[\begin{array}{ccc:cc}
e^{\lambda_1 t} & te^{\lambda_1 t} & \dfrac{t^2 e^{\lambda_1 t}}{2} & & \\
 & e^{\lambda_1 t} & te^{\lambda_1 t} & & \\
 & & e^{\lambda_1 t} & & \\
\hdashline
 & & & e^{\lambda_2 t} & te^{\lambda_2 t} \\
 & & & & e^{\lambda_2 t}
\end{array}\right]
\end{aligned}
$$

如果本例中 $f(\lambda)=\dfrac{1}{(s-\lambda)}$,$s$ 为复变量,很容易求出

$$
\begin{aligned}
f(\boldsymbol{J}) &= (s\boldsymbol{I}-\boldsymbol{J})^{-1} \\
&= \left[\begin{array}{ccc:cc}
\dfrac{1}{s-\lambda_1} & \dfrac{1}{(s-\lambda_1)^2} & \dfrac{1}{(s-\lambda_1)^3} & & \\
 & \dfrac{1}{s-\lambda_1} & \dfrac{1}{(s-\lambda_1)^2} & & \\
 & & \dfrac{1}{s-\lambda_1} & & \\
\hdashline
 & & & \dfrac{1}{s-\lambda_1} & \dfrac{1}{(s-\lambda_2)^2} \\
 & & & & \dfrac{1}{s-\lambda_2}
\end{array}\right]
\end{aligned}
$$

矩阵函数不仅可以像上述那样用有限次的多项式定义,也可以用无限的幂级数定义.若函数 f 在其收敛半径 ρ 内可表达成

$$f(\lambda) = \sum_{i=0}^{\infty} \alpha_i \lambda^i$$

同时 n 阶方阵 $\boldsymbol{A}$ 的所有特征值的绝对值都小于 ρ,或者对某个正整数 k 有 $\boldsymbol{A}^k=\boldsymbol{0}$,则 $\boldsymbol{A}$ 的矩阵函数 $f(\boldsymbol{A})$ 可定义为

$$f(\boldsymbol{A}) = \sum_{i=0}^{\infty} \alpha_i \boldsymbol{A}^i \tag{1.82}$$

这一定义仅当式(1.82)中无限级数收敛时才有意义.倘若对某个正整数 k 有 $\boldsymbol{A}^k=\boldsymbol{0}$,则式(1.82)可归结为

$$f(\boldsymbol{A}) = \sum_{i=0}^{k-1} \alpha_i \boldsymbol{A}^i \tag{1.83}$$

如果 $\boldsymbol{A}$ 的全部特征值的绝对值均小于 ρ,则式(1.82)一定收敛.这两种定义规定的矩阵函数相同.这里就不证明了.

例如,$e^{\lambda t} = \dfrac{\sum\limits_{k=0}^{\infty}(\lambda t)^k}{k!}$ 对所有有限的 λ 和 t 均收敛.因此对任何方阵 $\boldsymbol{A}$,有

$$e^{\boldsymbol{A}t} = \sum_{k=0}^{\infty} \frac{1}{k!} t^k \boldsymbol{A}^k \tag{1.84}$$

在计算 e^{At} 时,用多项式定义方式计算需要求 A 的特征值,结果是封闭式矩阵;而用幂级数定义式计算无需求特征值但结果不是封闭矩阵.然而由于式(1.84)收敛得很快,便于在计算机上计算,很有实用价值.

矩阵指数函数 e^{At} 在现代系统理论中十分有用,下面列出它的一些重要性质:

$$e^{0} = \boldsymbol{I},$$
$$e^{\boldsymbol{A}(t+S)} = e^{\boldsymbol{A}t}e^{\boldsymbol{A}s}, \quad (e^{\boldsymbol{A}t})^{-1} = e^{-\boldsymbol{A}t},$$

当且仅当 $\boldsymbol{AB} = \boldsymbol{BA}$ 时,$e^{(\boldsymbol{A}+\boldsymbol{B})t} = e^{\boldsymbol{A}t}e^{\boldsymbol{B}t}$.如果 $\boldsymbol{A} = \boldsymbol{Q}^{-1}\boldsymbol{BQ}$,$\boldsymbol{Q}$ 是 n 阶非奇异方阵,则有

$$e^{\boldsymbol{A}t} = \boldsymbol{Q}^{-1}e^{\boldsymbol{B}t}\boldsymbol{Q}$$
$$\frac{d}{dt}e^{\boldsymbol{A}t} = \boldsymbol{A}e^{\boldsymbol{A}t} = e^{\boldsymbol{A}t}\boldsymbol{A}$$
$$\int_0^t e^{\boldsymbol{A}\tau}d\tau = \boldsymbol{A}^{-1}(e^{\boldsymbol{A}t} - \boldsymbol{I}) = (e^{\boldsymbol{A}t} - \boldsymbol{I})\boldsymbol{A}^{-1}$$

对式(1.84)两边取拉氏变换,有

$$\mathscr{L}[e^{\boldsymbol{A}t}] = \sum_{k=0}^{\infty} s^{-(k+1)}\boldsymbol{A}^k = s^{-1}\sum_{k=0}^{\infty}(s^{-1}\boldsymbol{A})^k$$

众所周知,

$$(1-\lambda)^{-1} = \sum_{k=0}^{\infty}\lambda^k, \quad |\lambda| < 1$$

所以当 s 的模取得充分大,使 $s^{-1}\boldsymbol{A}$ 的全部特征值的模小于1,于是根据矩阵函数的幂级数定义式导出

$$\mathscr{L}[e^{\boldsymbol{A}t}] = s^{-1}(\boldsymbol{I} - s^{-1}\boldsymbol{A})^{-1} = (s\boldsymbol{I} - \boldsymbol{A})^{-1} \tag{1.85}$$

由解析开拓可知,除 $\boldsymbol{A}$ 的特征值外,对所有的 s 上式皆成立.

和标量函数中的三角函数、双曲函数和指数函数之间关系式对应的,有

$$\sin\boldsymbol{A} = \frac{e^{j\boldsymbol{A}} - e^{-j\boldsymbol{A}}}{2j}, \quad \cos\boldsymbol{A} = \frac{e^{j\boldsymbol{A}} + e^{-j\boldsymbol{A}}}{2}$$
$$\sin^2\boldsymbol{A} + \cos^2\boldsymbol{A} = \boldsymbol{I}$$
$$\mathrm{sh}\boldsymbol{A} = \frac{e^{\boldsymbol{A}} - e^{-\boldsymbol{A}}}{2}, \quad \mathrm{ch}\boldsymbol{A} = \frac{e^{\boldsymbol{A}} + e^{-\boldsymbol{A}}}{2}$$
$$\mathrm{ch}^2\boldsymbol{A} - \mathrm{sh}^2\boldsymbol{A} = \boldsymbol{I}$$

习 题 1

1.1 用通常的加法和乘法定义确定下面集合中哪些形成域:

(a) 整数集;

(b) 有理数集;

(c) 所有2×2实矩阵集;

(d) 阶次小于 n 的实系数多项式集.

1.2 已知集 $\{a,b\}$,$a\neq b$,给出加法和乘法定义使得 $\{a,b\}$ 形成域,该域中零元素和逆元素分别是什么?

1.3 为什么(**C**,**R**)是线性空间,但(**R**,**C**)不是?

1.4 令 $\mathbf{R}(s)$ 表示所有实系数有理函数形成的集,证明$(\mathbf{R}(s),\mathbf{R})$和$(\mathbf{R}(s),\mathbf{R}(s))$是线性空间.

1.5 下面五个向量集中哪些由线性无关向量组成?

(a) $\begin{bmatrix}4\\-9\\1\end{bmatrix},\begin{bmatrix}2\\13\\10\end{bmatrix},\begin{bmatrix}2\\-4\\1\end{bmatrix}$,在线性空间$(\mathbf{R}^3,\mathbf{R})$中考察;

(b) $\begin{bmatrix}1+\mathrm{j}\\2+3\mathrm{j}\end{bmatrix},\begin{bmatrix}10+\mathrm{j}2\\4-\mathrm{j}\end{bmatrix},\begin{bmatrix}-\mathrm{j}\\3\end{bmatrix}$,在线性空间$(\mathbf{C}^2,\mathbf{R})$中考察;

(c) $\mathrm{e}^{-t},t\mathrm{e}^{-t},\mathrm{e}^{-2t}$在线性空间$(U,\mathbf{R})$中考察,$U$表示所有定义在$[0,\infty)$上的逐段连续函数;

(d) $3s^2+s-10,-2s+3,s-5$,在$(\mathbf{R}[s],\mathbf{R})$中考察;

(e) $\dfrac{3s^2-12}{2s^2+4s-1},\dfrac{4s^5+s^3-2s-1}{1},\dfrac{1}{s^2+s-1}$,在$(\mathbf{R}(s),\mathbf{R})$中考察.

1.6 习题1.5中,b中的子集在$(\mathbf{C}^2,\mathbf{C})$中线性无关吗? d和e中的集在$(\mathbf{R}(s),\mathbf{R}(s))$中线性无关吗?

1.7 证明相似矩阵有相同的特征多项式和相同的特征值.(提示:应用公式 $\det\boldsymbol{AB}=\det\boldsymbol{A}\det\boldsymbol{B}$.)

1.8 设 $\boldsymbol{A}$ 是 n 阶实方阵,如果存在 n 维实向量 $\boldsymbol{b}$ 使得 $\boldsymbol{b},\boldsymbol{Ab},\cdots,\boldsymbol{A}^{n-1}\boldsymbol{b}$ 彼此线性无关,且 $\boldsymbol{A}^n\boldsymbol{b}+\alpha_{n-1}\boldsymbol{A}^{n-1}\boldsymbol{b}+\alpha_{n-2}\boldsymbol{A}^{n-2}\boldsymbol{b}+\cdots+\alpha_1\boldsymbol{Ab}+\alpha_0\boldsymbol{b}=\boldsymbol{0}$,则 $\boldsymbol{A}$ 相对于基 $\boldsymbol{E}=(\boldsymbol{b},\boldsymbol{Ab},\cdots,\boldsymbol{A}^{n-1}\boldsymbol{b})$的表达式为

$$\bar{\boldsymbol{A}}=\begin{bmatrix}0 & & & -\alpha_0\\1 & & & -\alpha_1\\ & \ddots & \ddots & \vdots\\ & & 1 & -\alpha_{n-1}\end{bmatrix}$$

其中虚线表示元素相同,没有注明的元素皆是零.这种形式矩阵称做友矩阵,第5章中将多次用到友矩阵.

1.9 分别求出下面矩阵的秩、零度及相应的值域空间和化零空间

$$\boldsymbol{A}_1=\begin{bmatrix}4 & 1 & -1\\3 & 2 & -3\\1 & 3 & 0\end{bmatrix},\quad \boldsymbol{A}_2=\begin{bmatrix}0 & 1 & 0\\0 & 0 & 0\\0 & 0 & 1\end{bmatrix},\quad \boldsymbol{A}_3=\begin{bmatrix}1 & 2 & 3 & 4 & 5\\2 & 3 & 4 & 1 & 2\\3 & 4 & 5 & 0 & 0\end{bmatrix}$$

1.10 已知下面两个实系数多项式矩阵

$$\begin{bmatrix}s^3+s^2 & s^2+1\\s & 1\end{bmatrix},\quad\begin{bmatrix}s^2+1 & 1\\s^2 & 1\end{bmatrix}$$

分别在实系数有理函数域$\mathbf{R}(s)$上和复数域$\mathbf{C}$上考察它们是否为非奇异矩阵.

1.11 求下面矩阵的约尔当形矩阵

$$\boldsymbol{A}_1=\begin{bmatrix}1 & 4 & 10\\0 & 2 & 0\\0 & 0 & 3\end{bmatrix},\quad \boldsymbol{A}_2=\begin{bmatrix}0 & 1 & 0\\0 & 0 & 1\\-2 & -4 & -3\end{bmatrix},\quad \boldsymbol{A}_3=\begin{bmatrix}0 & 4 & 3\\0 & 20 & 16\\0 & -25 & -20\end{bmatrix},$$

$$
\boldsymbol{A}_4 = \begin{bmatrix} 0 & 1 & 0 & 0 \\ 0 & 0 & 1 & 0 \\ 0 & 0 & 0 & 1 \\ 4 & -4 & -3 & 4 \end{bmatrix}, \quad \boldsymbol{A}_5 = \begin{bmatrix} 0 & 1 & 1 & 1 & 1 \\ 0 & 0 & 1 & 1 & 1 \\ 0 & 0 & 0 & 1 & 1 \\ 0 & 0 & 0 & 0 & 1 \\ 0 & 0 & 0 & 0 & 0 \end{bmatrix}.
$$

1.12 证明 Vandermonde 矩阵

$$
\begin{bmatrix} 1 & 1 & \cdots & 1 \\ \lambda_1 & \lambda_2 & \cdots & \lambda_n \\ \lambda_1^2 & \lambda_2^2 & \cdots & \lambda_n^2 \\ \vdots & \vdots & & \vdots \\ \lambda_1^{n-1} & \lambda_2^{n-1} & \cdots & \lambda_n^{n-1} \end{bmatrix}
$$

的行列式等于

$$
\prod_{1 \leqslant i < j \leqslant n} (\lambda_j - \lambda_i)
$$

1.13 证明矩阵

$$
\boldsymbol{A} = \begin{bmatrix} 0 & 1 & & & \\ & 0 & 1 & & \\ & & \ddots & \ddots & \\ & & & 0 & 1 \\ -\alpha_0 & -\alpha_1 & \cdots & -\alpha_{n-2} & -\alpha_{n-1} \end{bmatrix}
$$

的特征多项式 $\det(s\boldsymbol{I}-\boldsymbol{A})$ 有下面的表达式：

$$
\Delta(s) = \det(s\boldsymbol{I} - \boldsymbol{A}) = s^n + \alpha_{n-1}s^{n-1} + \alpha_{n-2}s^{n-2} + \cdots + \alpha_2 s^2 + \alpha_1 s + \alpha_0
$$

如果 $s=\lambda_1$ 是 $\boldsymbol{A}$ 的特征值，即 $\Delta(\lambda_1)=0$，则

$$
\begin{bmatrix} 1 \\ \lambda_1 \\ \lambda_1^2 \\ \vdots \\ \lambda_1^{n-1} \end{bmatrix}
$$

是伴随特征值 λ_1 的特征向量.

1.14 证明习题 1.13 中矩阵 $\boldsymbol{A}$ 非奇异的充要条件是 $\alpha_0 \neq 0$，并且 $\boldsymbol{A}$ 的逆如下：

$$
\boldsymbol{A}^{-1} = \begin{bmatrix} -\dfrac{\alpha_1}{\alpha_0} & -\dfrac{\alpha_2}{\alpha_0} & \cdots & -\dfrac{\alpha_{n-1}}{\alpha_0} & -\dfrac{1}{\alpha_0} \\ 1 & 0 & \cdots & 0 & 0 \\ & 1 & 0 & & 0 \\ & & \ddots & \ddots & \vdots \\ & & & 1 & 0 \end{bmatrix}
$$

1.15 证明：m 阶方阵

$$\begin{bmatrix} s^{k_m} & -1 & 0 & \cdots & 0 & 0 \\ 0 & s^{k_{m-1}} & -1 & \cdots & 0 & 0 \\ 0 & 0 & s^{k_{m-2}} & \cdots & 0 & 0 \\ \vdots & \vdots & \vdots & & \vdots & \vdots \\ 0 & 0 & 0 & \cdots & s^{k_2} & -1 \\ \beta_0(s) & \beta_1(s) & \beta_2(s) & \cdots & \beta_{m-2}(s) & s^{k_1}+\beta_{m-1}(s) \end{bmatrix}$$

的行列式等于

$$s^n+\beta_{m-1}(s)s^{n-k_1}+\beta_{m-2}(s)s^{n-k_1-k_2}+\cdots+\beta_1(s)s^{k_m}+\beta_0(s)$$

其中,$n=k_1+k_2+\cdots+k_m$,$\beta_i(s)$是任意多项式.

1.16 求下面矩阵的特征多项式和最小多项式,并分别指出它们的代数重数、几何重数和指数:

$$\begin{bmatrix} \lambda_1 & 1 & 0 & 0 \\ 0 & \lambda_1 & 1 & 0 \\ 0 & 0 & \lambda_1 & 0 \\ 0 & 0 & 0 & \lambda_2 \end{bmatrix}, \quad \begin{bmatrix} \lambda_1 & 1 & 0 & 0 \\ 0 & \lambda_1 & 1 & 0 \\ 0 & 0 & \lambda_1 & 0 \\ 0 & 0 & 0 & \lambda_1 \end{bmatrix}, \quad \begin{bmatrix} \lambda_1 & 1 & 0 & 0 \\ 0 & \lambda_1 & 0 & 0 \\ 0 & 0 & \lambda_1 & 1 \\ 0 & 0 & 0 & \lambda_1 \end{bmatrix}$$

1.17 证明:若 λ 是 $\boldsymbol{A}$ 的特征值且伴随特征向量为 $\boldsymbol{q}$,则 $f(\lambda)$是 $f(\boldsymbol{A})$的特征值且伴随特征向量仍为 $\boldsymbol{q}$.

1.18 已知

$$\boldsymbol{A}=\begin{bmatrix} 1 & 1 & 0 \\ 0 & 0 & 1 \\ 0 & 0 & 1 \end{bmatrix}$$

求 $\boldsymbol{A}^{10}$,$\boldsymbol{A}^{103}$和 $\mathrm{e}^{\boldsymbol{A}t}$.

1.19 利用预解矩阵$(s\boldsymbol{I}-\boldsymbol{A})^{-1}$的 Faddeev 算法证明凯莱-哈密顿定理.(参看 3.5 节.)

1.20 令

$$(s\boldsymbol{I}-\boldsymbol{A})^{-1}=\frac{\mathrm{adj}(s\boldsymbol{I}-\boldsymbol{A})}{\det(s\boldsymbol{I}-\boldsymbol{A})}$$

$m(s)$是伴随矩阵 adj$(s\boldsymbol{I}-\boldsymbol{A})$所有元素的首一最大公因式,证明 $\boldsymbol{A}$ 的最小多项式等于$\dfrac{\Delta(s)}{m(s)}$.

1.21 设 n 阶方阵 $\boldsymbol{A}$ 的特征值彼此互异,并设 $\boldsymbol{q}_i$ 是伴随特征值 λ_i 的特征向量,$i=1,2,\cdots,n$,规定 $\boldsymbol{Q}\overset{\text{def}}{=}[\boldsymbol{q}_1\,\boldsymbol{q}_2\cdots\boldsymbol{q}_n]$,

$$\boldsymbol{P}=\boldsymbol{Q}^{-1}=\begin{bmatrix} \boldsymbol{p}_1^{\mathrm{T}} \\ \boldsymbol{p}_2^{\mathrm{T}} \\ \vdots \\ \boldsymbol{p}_n^{\mathrm{T}} \end{bmatrix}$$

其中 $\boldsymbol{p}_i^{\mathrm{T}}$ 是$\boldsymbol{P}$ 的第i 行. 证明 $\boldsymbol{p}_i^{\mathrm{T}}$ 是$\boldsymbol{A}$ 的伴随特征值λ_i 的左特征向量,即 $\boldsymbol{p}_i^{\mathrm{T}}\boldsymbol{A}=\lambda_i\boldsymbol{p}_i^{\mathrm{T}}$,$i=1,2,\cdots,n$.(因为 $\boldsymbol{A}_i\boldsymbol{q}_i=\lambda_i\boldsymbol{q}_i$,$i=1,2,\cdots,n$,故 $\boldsymbol{q}_i$ 称为$\boldsymbol{A}$ 的伴随特征值λ_i 的右特征向量.)

1.22 证明:如果 n 阶方阵$\boldsymbol{A}$ 的特征值彼此互异,则存在关系式

$$(s\boldsymbol{I}-\boldsymbol{A})^{-1}=\sum_{i=1}^{n}\frac{\boldsymbol{q}_i\boldsymbol{p}_i^{\mathrm{T}}}{s-\lambda_i}$$

其中 $\boldsymbol{q}_i$ 和 $\boldsymbol{p}_i^{\mathrm{T}}$ 分别是伴随特征值λ_i 的右特征向量和左特征向量.

1.23 如果矩阵 $\boldsymbol{A}$ 的特征多项式等于它的最小多项式,则称 $\boldsymbol{A}$ 为循环矩阵.证明 $\boldsymbol{A}$ 为循环矩阵的充要条件是伴随每个相异特征值的约尔当块只有一块.

1.24 设 $\boldsymbol{A}$ 为 $m\times n$ 矩阵,证明所有满足 $\boldsymbol{Y}^{\mathrm{T}}\boldsymbol{A}=\boldsymbol{0}$ 的 $1\times m$ 行向量 $\boldsymbol{Y}^{\mathrm{T}}$ 构成的集为 $m-\rho(\boldsymbol{A})$ 维线性空间.(这一空间称做 $\boldsymbol{A}$ 的左化零空间或核空间,记以 $\mathrm{Ker}(\boldsymbol{A})$.)

第 2 章　系统的状态空间模型

分析设计系统的第一步就是建立描述系统的数学模型，即数学表达式.由于分析目的和分析方法的不同，可以用不同的数学方程描述同一系统.例如在分析电网络时，若关心的仅仅是终端性质，就可应用策动点函数或转移函数描述；若希望知道网络中每条支路的电流和电压，可以用回路分析法或节点分析法建立描述网络的 n 阶微分方程组，也可以用状态变量法建立描述网络的一阶微分方程组.仅仅描述系统输入量和输出量之间关系的数学表达式称为系统的外部描述或输入-输出描述；描述系统内部行为和输出行为的数学表达式称做系统的内部描述.冲激响应、传递函数便是系统的输入-输出描述，状态空间描述或多项式矩阵描述便是系统的内部描述.

本章拟由系统的输入-输出描述法着手，转而介绍状态空间描述法.它们是根据线性、松弛、非时变和因果等特性建立起来的.只要系统具备这四条特性，不论它是电的、机械的、化学的或是其他的系统，皆适用.一个系统根据它所处理的信号是在连续的时间 t 上取值，还是在离散的时刻 t_k 上取值分为连续时间系统和离散时间系统，或简称为连续系统和离散系统.本章的前 3 节以连续系统为研究对象，2.4 节专门讨论离散系统.

2.1 节针对连续系统指出满足线性特性的系统，输入 $\boldsymbol{u}$ 和输出 $\boldsymbol{y}$ 由式(2.1a)联系起来，

$$\boldsymbol{y}(t) = \int_{-\infty}^{\infty} \boldsymbol{G}(t,\tau)\boldsymbol{u}(\tau)\mathrm{d}\tau \tag{2.1a}$$

当系统在 t_0 时刻是松弛的，式(2.1a)转化为

$$\boldsymbol{y}(t) = \int_{t_0}^{\infty} \boldsymbol{G}(t,\tau)\boldsymbol{u}(\tau)\mathrm{d}\tau \tag{2.1b}$$

若系统还具有因果性，进一步归结为

$$\boldsymbol{y}(t) = \int_{t_0}^{t} \boldsymbol{G}(t,\tau)\boldsymbol{u}(\tau)\mathrm{d}\tau \tag{2.1c}$$

最后考虑到系统非时变特性，式(2.1c)中 $\boldsymbol{G}(t,\tau)=\boldsymbol{G}(t-\tau)$，同时令 $t_0=0$，有

$$\boldsymbol{y}(t) = \int_{0}^{t} \boldsymbol{G}(t-\tau)\boldsymbol{u}(\tau)\mathrm{d}\tau \stackrel{\text{def}}{=} \boldsymbol{G}(t) * \boldsymbol{u}(t) \tag{2.1d}$$

如果对式(2.1d)两边取拉氏变换，还可得到

$$\boldsymbol{y}(s) = \boldsymbol{G}(s)\boldsymbol{u}(s) \tag{2.1e}$$

式(2.1a)～式(2.1d)在时域中描述了系统的输入-输出关系，被称为时域中系统的输入-输出描述法或外部描述法.其中 $\boldsymbol{G}(t,\tau)$ 或 $\boldsymbol{G}(t-\tau)$ 称为系统的冲激响应矩阵.式(2.1e)中 $\boldsymbol{G}(s)$ 是 $\boldsymbol{G}(t)$ 的拉氏变换，称为系统的传递函数矩阵；而 $\boldsymbol{y}(s)$ 和 $\boldsymbol{u}(s)$ 分别是输出 $\boldsymbol{y}(t)$ 和输入 $\boldsymbol{u}(t)$ 的拉氏变换.式(2.1e)在频域中描述了线性非时变因果系统的输入-输出关系，被

称为频域中系统的输入-输出描述法,或外部描述法.

2.2 节就线性连续系统提出状态的概念,并导出将 $\boldsymbol{u}$, $\boldsymbol{y}$ 和状态 $\boldsymbol{x}$ 联系在一起的动态方程式(2.2),即对于线性时变连续系统导出动态方程

$$\left.\begin{aligned}\dot{\boldsymbol{x}}(t) &= \boldsymbol{A}(t)\boldsymbol{x}(t) + \boldsymbol{B}(t)\boldsymbol{u}(t), \quad \boldsymbol{x}(t_0) = \boldsymbol{x}_0 \\ \boldsymbol{y}(t) &= \boldsymbol{C}(t)\boldsymbol{x}(t) + \boldsymbol{D}(t)\boldsymbol{u}(t)\end{aligned}\right\} \tag{2.2a}$$

对于线性非时变连续系统导出动态方程

$$\left.\begin{aligned}\dot{\boldsymbol{x}}(t) &= \boldsymbol{A}\boldsymbol{x}(t) + \boldsymbol{B}\boldsymbol{u}(t), \quad \boldsymbol{x}(0) = \boldsymbol{x}_0 \\ \boldsymbol{y}(t) &= \boldsymbol{C}\boldsymbol{x}(t) + \boldsymbol{D}\boldsymbol{u}(t)\end{aligned}\right\} \tag{2.2b}$$

以及对式(2.2b)应用拉氏变换后得到的频域表达式

$$\left.\begin{aligned}\boldsymbol{x}(s) &= (s\boldsymbol{I} - \boldsymbol{A})^{-1}\boldsymbol{x}_0 + (s\boldsymbol{I} - \boldsymbol{A})^{-1}\boldsymbol{B}\boldsymbol{u}(s) \\ \boldsymbol{y}(s) &= \boldsymbol{C}(s\boldsymbol{I} - \boldsymbol{A})^{-1}\boldsymbol{x}_0 + [\boldsymbol{C}(s\boldsymbol{I} - \boldsymbol{A})^{-1}\boldsymbol{B} + \boldsymbol{D}]\boldsymbol{u}(s)\end{aligned}\right\} \tag{2.3}$$

此外,简略地介绍了在模拟计算机上的仿真.

2.3 节列举了许多例子说明如何建立这两种不同的数学模型,即输入-输出描述式和状态空间描述式.特别指出任何实际系统严格地说都具有非线性特性,将几种对非线性系统实施线性化的方法揉合其中一并介绍.

鉴于离散系统在解决工程问题上日益显得重要,2.4 节针对离散系统对前 3 节中的内容作了并行处理.考虑到有些读者对差分方程求解和卷积和的运算不太熟悉,配合建模的例子作了适当的补充.

由于被描述的系统乃是真实的物理系统,除特别说明外,其数学模型中的变量和函数都是实值.最后指明,只有一个输入标量和一个输出标量的系统称做**单输入-单输出系统**,或**单变量系统**,否则便称做**多变量系统**.

2.1　连续系统的输入-输出描述法

系统的输入-输出描述法揭示了系统的输入和输出之间某种数学关系.在推导这种数学关系时可以假定对系统的内部结构全然无知,重要的是输入应该是已知的;输出是可测量的.赖以了解、认识、掌握的只是系统的输入和输出.基于这种假定,可将系统视为图 2.1 所示的"黑箱".显然,这种黑箱可以在输入加上各种各样不致破坏系统固有特性的容许输入[①],同时可以测出相应的输出.然后尽力由这些输入-输出对提取出主要的系统特性.图 2.1 中系统有 m 个输入和 r 个输出.输入用向量 $\boldsymbol{u} = [u_1 \quad u_2 \quad \cdots \quad u_m]^{\mathrm{T}}$ 表示,输出或响应用向量 $\boldsymbol{y} = [y_1 \quad y_2 \quad \cdots \quad y_r]^{\mathrm{T}}$ 表示.输入 $\boldsymbol{u}$ 和输出 $\boldsymbol{y}$ 定义在整个时间轴上,即 $t \in (-\infty, \infty)$.用 $\boldsymbol{u}$ 和 $\boldsymbol{u}(\cdot)$ 表示定义在 $(-\infty, \infty)$ 上的向量函数,$\boldsymbol{u}(t)$ 表示某个时刻 t,$\boldsymbol{u}$ 的函数值.如果 $\boldsymbol{u}$ 仅定义在 $[t_0, t_1]$ 内,则记以 $\boldsymbol{u}_{[t_0, t_1]}$.至于其他向量函数,例如 $\boldsymbol{y}$ 也作类似处理.

① 工程上通常设输入是平方可积的能量信号,或功率有限的功率信号.

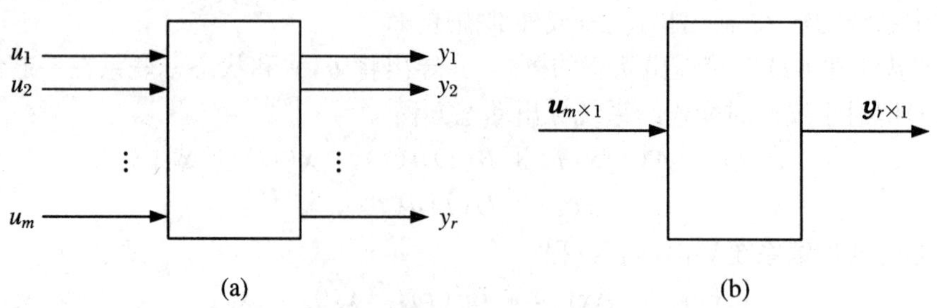

图 2.1　具有 m 个输入 u、r 个输出 y 的多变量系统

如果系统在时刻 t_1 的输出仅仅取决于 t_1 时刻所加的输入，则系统称为**瞬时系统**，或**无记忆系统**. 纯电阻网络便是这样的系统. 然而多数为人们感兴趣的系统具有记忆特性，即它们在时刻 t_1 的输出不仅依赖于 t_1 时刻加上的输入，而且依赖于 t_1 时刻之前和 t_1 时刻之后加上的输入. 所以，如果给系统加上了输入 $\boldsymbol{u}_{[t_1,\infty)}$，除非已经知道 t_1 时刻之前所加的输入，否则一般来说，输出 $\boldsymbol{y}_{[t_1,\infty)}$ 并不是唯一确定的. 事实上，不仅加上不同的 $\boldsymbol{u}_{[t_1,\infty)}$ 系统会有不同的 $\boldsymbol{y}_{[t_1,\infty)}$，即使 $\boldsymbol{u}_{[t_1,\infty)}$ 相同，也会产生不同的 $\boldsymbol{y}_{[t_1,\infty)}$. 显然，这种不具备唯一性的输入-输出对，在确定系统的主要特性时是没有用的. 因此，在推导输入-输出描述法时，必须假定系统在未加上输入之前是松弛的，或者说是静止的，其输出唯一地受此之后所加的输入所产生. 如果将能量概念用到系统上，系统松弛即系统不贮存任何能量. 工程上通常假设每一个系统在 $-\infty$ 时都是松弛的. 因此倘若在 $-\infty$ 时刻加上 $\boldsymbol{u}_{(-\infty,\infty)}$，仅仅受此 $\boldsymbol{u}$ 激励的响应可以写成

$$\boldsymbol{y} = H(\boldsymbol{u}) \tag{2.4}$$

这里 H 是某种变换、算子或函数，它用系统的输入 $\boldsymbol{u}$ 唯一地规定着输出 $\boldsymbol{y}$，表示着系统将 $\boldsymbol{u}$ 映射成 $\boldsymbol{y}$. 今后称 $-\infty$ 时刻松弛的系统为**原始松弛系统**，或简称为松弛系统. 注意，式(2.4)仅适用松弛系统.

线性系统和非线性系统　一个松弛系统当且仅当对任意两个输入 $\boldsymbol{u}_1$ 和 $\boldsymbol{u}_2$ 及任意两个实数 α_1 和 α_2 满足

$$H(\alpha_1\boldsymbol{u}_1 + \alpha_2\boldsymbol{u}_2) = \alpha_1 H(\boldsymbol{u}_1) + \alpha_2 H(\boldsymbol{u}_2) \tag{2.5}$$

称之为线性系统，否则便是非线性系统.

在工程文献中，式(2.5)表示的条件常常写成

$$H(\boldsymbol{u}_1 + \boldsymbol{u}_2) = H(\boldsymbol{u}_1) + H(\boldsymbol{u}_2) \tag{2.6}$$

$$H(\alpha\boldsymbol{u}_1) = \alpha H(\boldsymbol{u}_1) \tag{2.7}$$

其中 $\boldsymbol{u}_1$ 和 $\boldsymbol{u}_2$ 为任意两个输入，α 为任意实数. 式(2.6)表征的是相加性，式(2.7)表征着齐次性. 如果松弛系统具备这两个特性，就说系统满足叠加原理. 应用叠加原理和冲激函数 $\delta(t)$ 可以进一步导出线性松弛系统的输入-输出关系式. 下面先讨论单变量系统，然后推广到多变量系统. 假定系统的输入是分段连续的. 采用图 2.2 中的逼近方法，将输入 $\boldsymbol{u}(\cdot)$ 近似表达成

$$\boldsymbol{u}(\cdot) = \sum_{i=-\infty}^{\infty} \boldsymbol{u}_i(\cdot) \approx \sum_{i=-\infty}^{\infty} \boldsymbol{u}(t_i)\delta_\Delta(t - t_i)\Delta \tag{2.8}$$

其中 $\delta_\Delta(t-t_i)$ 是位于 $[t_i, t_i+\Delta]$ 内幅度为 $1/\Delta$，其他时间上均为零的矩形脉冲. 因此，

$\delta_\Delta(t-t_i)$可理解为$\delta_\Delta(\cdot-t_i)$. 对于线性松弛系统，当$\Delta\to0$时，t_i变成连续变量，记以τ，Δ记以$\mathrm{d}\tau$，则式(2.8)由相加关系演变成积分关系，即

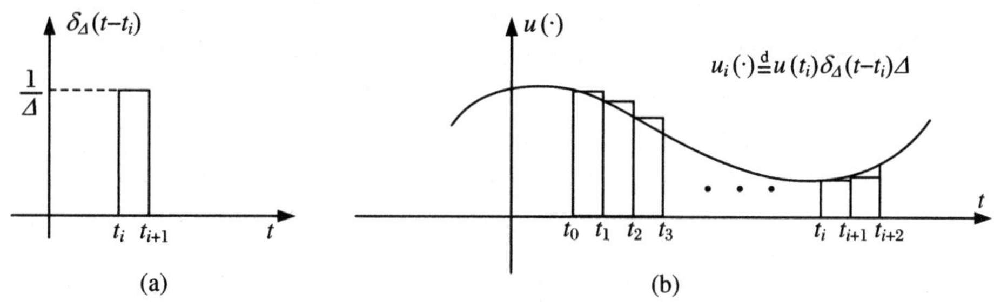

图2.2　输入信号$u(\cdot)$的逼近表示法示意图

$$\left.\begin{aligned} \boldsymbol{u}(t) &= \int_{-\infty}^{\infty}\boldsymbol{u}(\tau)\delta(t-\tau)\mathrm{d}\tau,\quad t\in(-\infty,\infty) \\ \text{或}\quad \boldsymbol{u}(\cdot) &= \int_{-\infty}^{\infty}\boldsymbol{u}(\tau)\delta(\cdot-\tau)\mathrm{d}\tau \end{aligned}\right\}\tag{2.9a}$$

而输出可由式(2.4)导出

$$\left.\begin{aligned} y(t) &= H\left[\int_{-\infty}^{\infty}\boldsymbol{u}(\tau)\delta(t-\tau)\mathrm{d}\tau\right] \\ &= \int_{-\infty}^{\infty}u(\tau)H[\delta(t,\tau)]\mathrm{d}\tau \\ &= \int_{-\infty}^{\infty}u(\tau)g(t,\tau)\mathrm{d}\tau,\quad t\in(-\infty,\infty) \\ \text{或}\quad y(\cdot) &= \int_{-\infty}^{\infty}u(\tau)g(\cdot,\tau)\mathrm{d}\tau \end{aligned}\right\}\tag{2.9b}$$

式(2.9)中$\delta(t-\tau)$表示延迟τ时间后的单位冲激函数，$g(t,\tau)=H[\delta(t-\tau)]$表示线性松弛系统在$\tau$时刻加上冲激函数$\delta(t-\tau)$，在$t$时刻所观察到的输出，称做(单变量)系统的**冲激响应**. $g(\cdot,\tau)$和$g(t,\tau)$具有类似的物理意义，描述着t遍及整个时间轴上的$g(t,\tau)$，文献[5]也称它为(单变量)系统的冲激响应. 式(2.9b)说明如果已知系统的$g(\cdot,\tau)$和输入$\boldsymbol{u}(\tau)$，$\forall\tau\in(-\infty,\infty)$，就可算出输出$y(\cdot)$. 换句话说，线性松弛系统的输入-输出关系完全由式(2.9b)所示的叠加积分描述，而且表征着系统外部特性的$g(\cdot,\tau)$可通过实验在系统的输出端测得. 如果系统的输入$\boldsymbol{u}$为m维向量，输出$\boldsymbol{y}$是r维向量，仍然假设系统是原始松弛的，式(2.9)可推广成

$$\boldsymbol{u}(t) = \int_{-\infty}^{\infty}\boldsymbol{u}(\tau)\delta(t-\tau)\mathrm{d}\tau,\quad t\in(-\infty,\infty)\tag{2.10a}$$

$$\boldsymbol{y}(t) = \int_{-\infty}^{\infty}\boldsymbol{G}(t,\tau)\boldsymbol{u}(\tau)\mathrm{d}\tau,\quad t\in(-\infty,\infty)\tag{2.10b}$$

其中

$$\boldsymbol{G}(t,\tau) = [g_{ij}(t,\tau)]_{r\times m},\quad t,\tau\in(-\infty,\infty)\tag{2.10c}$$

$g_{ij}(t,\tau)$是只有第j个输入$\boldsymbol{u}_j(t)=\delta(t-\tau)$，其余输入$\boldsymbol{u}_k(t)\equiv0$，$k\neq j$，$k=1,2,\cdots,m$，在第$i$个输出$y_i(t)$上产生的响应. 简单地说，$g_{ij}(t,\tau)$是第$j$个输入与第$i$个输出间的冲激响

应.因而称 $G(t,\tau)$为系统的**冲激响应矩阵**.虽然线性松弛系统的输入、输出间关系可以用式(2.10)表示,但这个关系式使用起来并不方便.原因在于它要求从 $-\infty$ 积分到∞,而且无法检查系统在 $-\infty$时刻是否松弛.因此有必要引出系统在某时刻 t_0 是否松弛的概念.

t_0 时刻松弛系统 当且仅当系统的输出 $\boldsymbol{y}_{[t_0,\infty)}$唯一地受 $\boldsymbol{u}_{[t_0,\infty)}$激励,称系统是 t_0 时刻松弛系统,或者说系统在 t_0 时刻是松弛的.

通过考察某 RLC 线性网络就很容易理解这一概念.如果在 t_0 时刻,所有电容电压和所有电感电流都是零,则该网络在 t_0 时刻是松弛的.倘若网络在 t_0 时刻不是松弛的,且加上了输入 $\boldsymbol{u}_{[t_0,\infty)}$,则响应中的一部分将受初始条件(即不为零的初始电容电压和不为零的初始电感电流)激励,而且对于不同的初始条件,在相同的输入 $\boldsymbol{u}_{[t_0,\infty)}$激励下会有不同的响应.如果已知系统在 t_0 时刻是松弛的,则输入-输出关系可以写成

$$\boldsymbol{y}_{[t_0,t)} = H[\boldsymbol{u}_{[t_0,\infty)}], \quad t \geqslant t_0 \tag{2.11}$$

显然,如果系统是原始松弛的,且 $\boldsymbol{u}_{(-\infty,t_0)} \equiv \boldsymbol{0}_u$,则系统在 t_0 时刻是松弛的.对于输入、输出间具有线性关系的一类系统而言,很容易证明系统在 t_0 时刻松弛的充要条件是 $\boldsymbol{y}(t) = H[\boldsymbol{u}_{(-\infty,t_0)}] = \boldsymbol{0}_y, t \geqslant t_0$.概括地说,如果 $\boldsymbol{u}_{(-\infty,t_0)}$对 t_0 以后输出的净影响恒为零,则系统在 t_0 时刻是松弛的.因此对于线性系统,在 t_0 以后不加上输入 $\boldsymbol{u}$,只要观察系统输出在适当长的一段时间$[t_0,t_1]$内(例如说 $t_1 = t_0 + 10$ 秒)是否恒为零便可断定系统在 t_0 时刻是否松弛.如果断定线性系统在 t_0 时刻是松弛的,则对于 $t \geqslant t_0$ 时间上的输出可表示为

$$\boldsymbol{y}(t) = \int_{t_0}^{\infty} \boldsymbol{G}(t,\tau)\boldsymbol{u}(\tau)\mathrm{d}\tau, \quad t \geqslant t_0,\ t_0 \in (-\infty,\infty) \tag{2.12}$$

因果系统和非因果系统 如果系统在 t 时刻的输出与 t 时刻以后加上的输入无关,仅仅取决于 t 时刻及 t 时刻之前的输入,那么这个系统就称做**因果系统**或**非预测系统**,否则便是**非因果系统**或**预测系统**.

由定义可知,因果系统中过去的输入影响着未来的输出,而不是未来的输出影响着过去的输入;非因果系统的输出不仅与过去的输入有关,而且与将来的输入有关.这意味着非因果系统能够预见将来加上的输入,对一个真实的物理系统来说这是不可能的.所以说因果性是每个物理系统都具备的固有的特性.若因果系统是原始松弛的,它的输入、输出间关系可表达成

$$\boldsymbol{y}(t) = H[\boldsymbol{u}_{(-\infty,t)}], \quad t \in (-\infty,\infty) \tag{2.13}$$

如果它是 t_0 时刻松弛的,它的输入、输出间关系既要满足式(2.13)又要满足式(2.14)

$$\boldsymbol{y}_{[t_0,t]} = H[\boldsymbol{u}_{[t_0,t]}], \quad t \geqslant t_0,\ t_0 \in (-\infty,\infty) \tag{2.14}$$

倘若这个系统又是线性系统,则式(2.14)转化为

$$\boldsymbol{y}(t) = \int_{t_0}^{t} \boldsymbol{G}(t,\tau)\boldsymbol{u}(\tau)\mathrm{d}\tau, \quad t \geqslant t_0,\ t_0 \in (-\infty,\infty) \tag{2.15}$$

式(2.15)是输入-输出描述法中十分重要的公式.和式(2.10b)不同之处在于,(1)它是在有限区间$[t_0,t]$内的积分,(2)很容易判断系统在 t_0 时刻是否松弛.不过要注意前述判断系统在 t_0 时刻是否松弛的有限时间区间观察法只适用于线性系统.

例 2.1 考察图 2.3 中电路,在 t_0 时刻不论非线性电容器上贮存的电荷是 0,q_1 还是 q_2,只要不加上输入电压($u(t)=0$),输出 $V_c(t) \equiv 0, t \geqslant t_0$.但是一旦加上输入电压,输出会因 t_0 时刻贮存的电荷不同而异.因此对非线性系统仅观察一段有限时间内输出为零不足

以说明自 t_0 时刻加上输入后,输出就唯一地由 t_0 以后的输入决定.

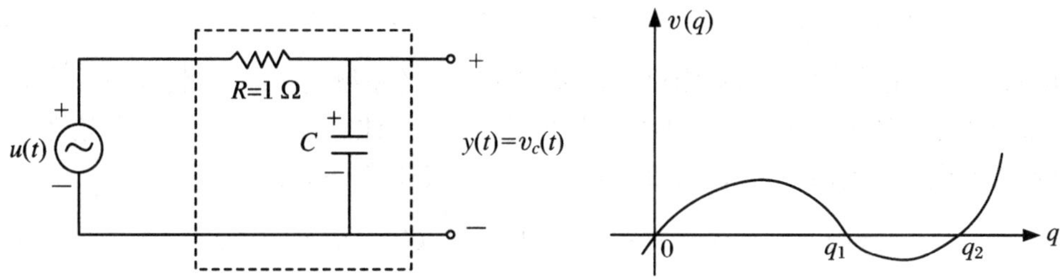

图 2.3　例 2.1 中非线性电路

简单地说,非时变系统或定常系统就是系统特性不随时间迁移而变化的系统.为了准确定义需要图 2.4 所示的移位算子 Q_α.工程上,Q_α 是一种延迟器,它的输出等于延迟 α 单位时间后的输入.数学上 Q_α 的定义为

$$y(\cdot) = Q_\alpha u(\cdot)$$

等价于

$$y(t+\alpha) = u(t), \quad 或 \quad y(t) = u(t-\alpha), \quad t \in (-\infty, \infty)$$

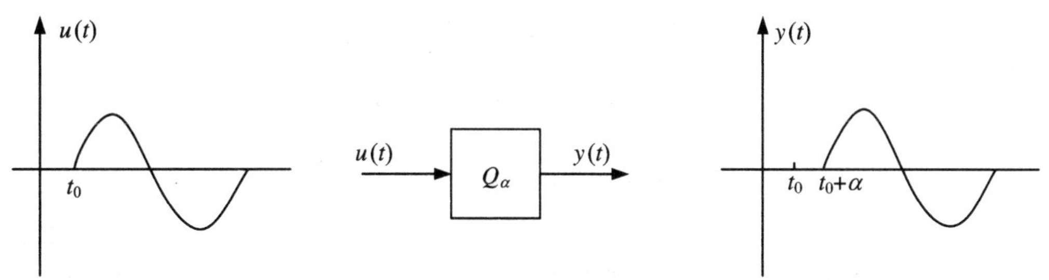

图 2.4　移位算子 Q_α

非时变系统和时变系统　一个松弛系统当且仅当对任意输入 $\boldsymbol{u}$ 和任意实数 α,关系式

$$H[Q_\alpha \boldsymbol{u}] = Q_\alpha H[\boldsymbol{u}] \tag{2.16}$$

成立,则称之为非时变系统,否则称之为时变系统.

式(2.16)还可写成 $H[Q_\alpha \boldsymbol{u}] = Q_\alpha \boldsymbol{y}$.这意味着倘若输入 $\boldsymbol{u}$ 延迟 α 秒,则输出 $\boldsymbol{y}$ 除掉也延迟 α 秒外,波形维持不变.换句话说,不管输入何时加在松弛非时变系统上,输出波形总相同.既然如此,显而易见对于线性、松弛、非时变的单变量系统而言,如果在 τ 时刻加上冲激函数 $\delta(t-\tau)$后,产生的冲激响应是 $g(\cdot,\tau)$,那么在 $\tau+\alpha$ 时刻加上 $\delta[t-(\tau+\alpha)]$产生的冲激响应是 $Q_\alpha g(\cdot,\tau)$,即

$$g(t,\tau) = g(t+\alpha, \tau+\alpha), \quad t,\tau \in (-\infty, \infty) \tag{2.17}$$

特别选择 $\alpha = -\tau$,有

$$g(t,\tau) = g(t-\tau, 0) \overset{\text{def}}{=} g(t-\tau), \tag{2.18a}$$

推广到多变量系统有

$$\boldsymbol{G}(t,\tau) = \boldsymbol{G}(t-\tau, 0) \overset{\text{def}}{=} \boldsymbol{G}(t-\tau) \tag{2.18b}$$

因此线性松弛非时变系统的冲激响应矩阵是观察时刻 t 和冲激函数加上时刻 τ 之差的函

数.所以,一旦系统的输入和输出之间存在关系式(2.19)

$$\boldsymbol{y}(t)=\int_{t_0}^{t}\boldsymbol{G}(t-\tau)\boldsymbol{u}(\tau)\mathrm{d}\tau,\quad t\geqslant t_0,\quad t_0\in(-\infty,\infty) \tag{2.19}$$

人们就明白该系统是线性、t_0 时刻松弛、因果和非时变的系统.在非时变情况下不失其一般性,总选择初始时刻 $t_0=0$,感兴趣的时间区间为$[0,\infty)$.注意,$t_0=0$ 是人们开始考察系统的时刻,或者说是开始加上输入 $\boldsymbol{u}$ 的时刻.取 $t_0=0$,式(2.19)改作

$$\boldsymbol{y}(t)=\int_{0}^{t}\boldsymbol{G}(t-\tau)\boldsymbol{u}(\tau)\mathrm{d}\tau=\int_{0}^{t}\boldsymbol{G}(\tau)\boldsymbol{u}(t-\tau)\mathrm{d}\tau \tag{2.20}$$

式(2.20)中的积分称为卷积积分.$\boldsymbol{G}(t-\tau)$表示 τ 时刻加上冲激函数而在 t 时刻观测到的响应,$\boldsymbol{G}(t)$表示 $\tau=0$ 时刻加上冲激函数在 t 时刻观测到的响应.根据因果系统定义可知,当且仅当对所有的 $t<0$,$\boldsymbol{G}(t)=\boldsymbol{0}_{r\times m}$成立时,线性非时变系统为因果系统.

对于用卷积积分描述的线性非时变因果系统,应用拉氏变换会带来极大的方便.因为它将时域中的卷积积分变换成频域中的乘积.令 $\boldsymbol{y}(s)$是 $\boldsymbol{y}(t)$的拉氏变换,即

$$\boldsymbol{y}(s)=\mathscr{L}[\boldsymbol{y}(t)]=\int_{0}^{\infty}\boldsymbol{y}(t)\mathrm{e}^{-st}\mathrm{d}t \tag{2.21}$$

由于 $\tau>t$ 时,$\boldsymbol{G}(t-\tau)=\boldsymbol{0}_{r\times m}$,式(2.20)中积分上限可以定为$\infty$.于是

$$\begin{aligned}\boldsymbol{y}(s)&=\int_{0}^{\infty}\left(\int_{0}^{\infty}\boldsymbol{G}(t-\tau)\boldsymbol{u}(\tau)\mathrm{d}\tau\right)\mathrm{e}^{-st}\mathrm{d}t\\&=\int_{0}^{\infty}\left(\int_{0}^{\infty}\boldsymbol{G}(t-\tau)\mathrm{e}^{-s(t-\tau)}\mathrm{d}t\right)\boldsymbol{u}(\tau)\mathrm{e}^{-st}\mathrm{d}\tau\\&=\int_{0}^{\infty}\boldsymbol{G}(\nu)\mathrm{e}^{-s\nu}\mathrm{d}\nu\int_{0}^{\infty}\boldsymbol{u}(\tau)\mathrm{e}^{-s\tau}\mathrm{d}\tau\\&=\boldsymbol{G}(s)\boldsymbol{u}(s)\end{aligned} \tag{2.22}$$

这里交换了积分顺序,令 $\nu=t-\tau$,并考虑到当 $\nu<0$ 时,$\boldsymbol{G}(\nu)=\boldsymbol{0}_{r\times m}$.在式(2.22)中,

$$\boldsymbol{G}(s)=\int_{0}^{\infty}\boldsymbol{G}(\nu)\mathrm{e}^{-s\nu}\mathrm{d}\nu=\int_{0}^{\infty}\boldsymbol{G}(t)\mathrm{e}^{-st}\mathrm{d}t$$

是冲激响应矩阵的拉氏变换,称做系统的**传递函数矩阵**.对单变量系统来说,$\boldsymbol{G}(s)$退化为标量 $g(s)$,即传递函数.所以传递函数是冲激响应 $g(t)$的拉氏变换.$g(s)$也可以定义为

$$g(s)=\left.\frac{\mathscr{L}[y(t)]}{\mathscr{L}[u(t)]}\right|_{t_0=0\text{时刻松弛}}=\left.\frac{y(s)}{u(s)}\right|_{t_0=0\text{时刻松弛}} \tag{2.23}$$

式(2.22)指明,传递函数矩阵便是系统在频域中输入-输出描述式,式(2.23)也是这样.这里强调指出,输入-输出描述法是在系统 t_0 时刻松弛的前提下得到的.倘若系统在 $t_0=0$ 时刻不是松弛的,也就不能直接应用传递函数矩阵.

传递函数 $g(s)$并不一定是 s 的有理函数.例如单位时间延迟器的冲激响应 $g(t)=\delta(t-1)$,相应的传递函数 $g(s)=\mathrm{e}^{-s}$就不是 s 的有理函数,不过本书只限于研究传递函数为 s 的有理函数的系统.当有理函数 $g(s)$在 $s=\infty$时,$g(\infty)$为有限的常数(零或非零),称 $g(s)$为**真有理函数**.特别,如果 $g(\infty)=0$,又称为**严格真有理函数**.类似地,有理矩阵 $\boldsymbol{G}(s)$当其$\boldsymbol{G}(\infty)$为有限的常数矩阵,称做**真有理矩阵**;特别,若 $\boldsymbol{G}(\infty)=\boldsymbol{0}_{r\times m}$,称为**严格真有理矩阵**.

举例来说,$g(s)=s^2/(s-1)$不是真有理函数,$g(s)=s^2/(s^2+s+2)$是真有理函数,

$g(s)=s^2/(s^3-5)$是严格真有理函数. 显然,有理函数 $g(s)=n(s)/d(s)$满足条件 $\deg n(s)\leqslant \deg d(s)$是真有理函数,满足 $\deg n(s)<\deg d(s)$是严格真有理函数. 这里 $\deg f(s)$表示 s 的多项式$f(s)$的次数. 有理矩阵为真有理矩阵的充要条件是它的所有的元都是真有理函数;为严格真理矩阵的充要条件是它的所有的元都是严格真有理函数.

如果传递函数不是真有理函数,它就会含有微分环节,例如 $g(s)=s^2/(s-1)=s+1+1/(s-1)$,输入 $u(\cdot)$难免夹有的高频噪音会被大大放大,甚至在输出湮没了携带有用信息的信号. 所以非真有理函数的系统缺乏实用价值. 本书只研究具有真有理函数或真有理矩阵的系统.

2.2 连续系统的状态空间描述法

系统的输入-输出描述法仅在系统为 t_0 时刻松弛的情况下才适用. 否则表达式 $\boldsymbol{y}_{[t_0,\infty)}=H[\boldsymbol{u}_{[t_0,\infty)}]$就不成立. 所以当系统 t_0 时刻并非松弛时,输出 $\boldsymbol{y}_{[t_0,\infty)}$不仅取决于输入 $\boldsymbol{u}_{[t_0,\infty)}$,而且还与反映系统 t_0 时刻贮存能量的初始条件有关. 所以为了唯一地确定输出 $\boldsymbol{y}_{[t_0,\infty)}$,除了输入 $\boldsymbol{u}_{[t_0,\infty)}$外还需要一组 t_0 时刻的初始条件. 简单地说,这组初始条件可以称为系统的初始状态. 所以 t_0 时刻的系统状态应具有这种作用,它连同输入 $\boldsymbol{u}_{[t_0,\infty)}$一起唯一地决定着输出 $\boldsymbol{y}_{[t_0,\infty)}$. 例如在牛顿力学中,如果仅仅知道 t_0 时刻施加在质点(系统)上的外力(输入),并不能唯一地决定 $t\geqslant t_0$ 时间上质点的运动(系统的行为),除非还知道 t_0 时刻质点的位置和速度. 在决定 t_0 以后的质点运动方面,重要的是 t_0 时刻的位置和速度,至于质点怎样达到 t_0 时刻的位置和速度并不重要. 除掉 t_0 时刻质点的位置和速度称为系统 t_0 时刻的状态外,t_0 时刻质点的位置和动量也称为系统 t_0 时刻的状态. 最后还应看到没有必要以 t_0 时刻质点的位置、速度和动量作为系统 t_0 时刻的状态,速度和动量中只要择其一即可,否则便出现重复冗余的变量. 有了这些基本认识就可正确理解下面系统 t 时刻状态定义了.

系统 t 时刻状态 系统 t 时刻状态是系统在 t 时刻所具有的最少量的一组信息量或数据,它和输入 $\boldsymbol{u}_{[t,\infty)}$一起唯一地决定着所有 t 以后时间内系统的全部行为,$t\in(-\infty,\infty)$.

定义中系统的全部行为指的是系统的包括状态在内的所有响应. 假如系统是一网络,指的就是网络中每条支路上的电流和电压. 所以依据 t_0 时刻的状态配合 $\boldsymbol{u}_{[t_0,t]}$就能计算出所有 $t>t_0$ 时刻的状态. 如果已知 $t_1(>t_0)$时刻的状态,在计算 $t\geqslant t_1$ 时间内的系统的行为时需要的是 $\boldsymbol{u}_{[t_1,\infty)}$而不是 $\boldsymbol{u}_{[t_0,\infty]}$. 所以 t 时刻系统的状态归纳了决定系统全部将来行为所需要的关于过去输入$\boldsymbol{u}_{(-\infty,t]}$的充分必要的信息. 注意到不同的输入 $\boldsymbol{u}^{[i]}_{(-\infty,t)}$, $i=1,2,\cdots$,有可能在 t 时刻给出同样的状态. 在这种情况下,尽管 t 时刻以前的输入不同,而它们各自对系统 t 时刻以后的行为的影响都是相同的. 下面给出几个例子对系统的状态作进一步阐明.

例 2.2 考察图 2.5 中 RLC 二阶电路.

众所周知,如果电感中的初始电流和电容两端初始电压已知的话,那么对于任何驱动电压,电路的行为被唯一地确定.所以电感电流和电容器电压有资格作为电路的状态.由电路的输入 u 和输出 y 很容易求出.

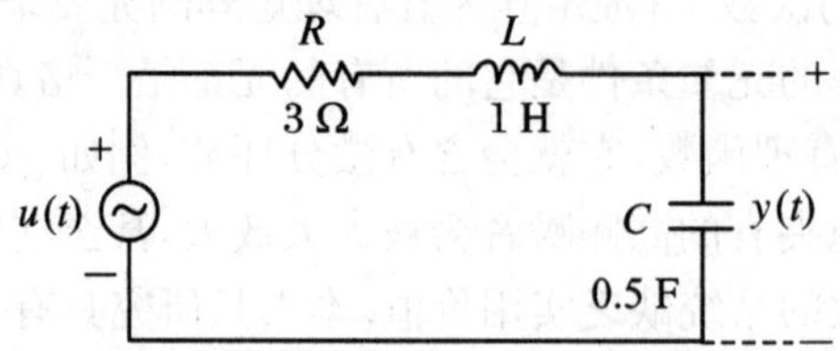

图 2.5 RLC 串联二阶电路

$$g(s) = \frac{2}{(s+1)(s+2)} = \frac{2}{s+1} - \frac{2}{s+2}$$

所以电路的冲激响应是

$$g(t) = 2e^{-t} - 2e^{-2t}, \quad t \geqslant 0 \tag{2.24}$$

现在将 $\boldsymbol{u}_{[t_0,\infty)}$ 加到电路上,若电路在 t_0 时刻是松弛的,输出由下式给出

$$y(t) = \int_{t_0}^{t} g(t-\tau)u(\tau)\mathrm{d}\tau, \quad t \geqslant t_0$$

如果电路在 t_0 时刻不是松弛的,输出必须按下面方式计算

$$\begin{aligned} y(t) &= \int_{-\infty}^{t} g(t-\tau)u(\tau)\mathrm{d}\tau \\ &= \int_{-\infty}^{t_0} g(t-\tau)u(\tau)\mathrm{d}\tau + \int_{t_0}^{t} g(t-\tau)u(\tau)\mathrm{d}\tau \\ &\stackrel{\text{def}}{=} y_1(t) + y_2(t), \quad t \geqslant t_0 \end{aligned} \tag{2.25}$$

式(2.25)中 $y_1(t)$是 $y(t)$中由 $\boldsymbol{u}_{(-\infty,t_0]}$ 产生的一部分,$y_2(t)$是 $\boldsymbol{u}_{[t_0,t]}$ 产生的另一部分.电路在 t_0 时刻非松弛意味着 $y(t_0) = y_1(t_0) \neq 0$ 和(或)$\dot{y}(t_0) = \dot{y}_1(t_0) \neq 0$.将式(2.24)代入式(2.25),有

$$y_1(t) = 2e^{-t}C_1 - 2e^{-2t}C_2, \quad t \geqslant t_0$$

其中常数 C_1 和 C_2 分别是

$$C_1 = \int_{-\infty}^{t_0} e^{\tau}u(\tau)\mathrm{d}\tau, \quad C_2 = \int_{-\infty}^{t_0} e^{2\tau}u(\tau)\mathrm{d}\tau$$

如果已知 C_1 和 C_2,则未来输出 $y(t)$中,$t \geqslant t_0$,由输入 $\boldsymbol{u}_{(-\infty,t_0)}$ 激励出的 $y_1(t)$就完全确定下来,而 $y_2(t)$是仅由 $u_{[t_0,t]}$ 激励的.因此,C_1 和 C_2 是与 $\boldsymbol{u}_{[t_0,t]}$ 一起唯一地决定 $y(t)$的必不可少的一组数据,称为 t_0 时刻的状态.按照 $y(t) = y_1(t) + y_2(t)$ 和 $\dot{y}(t) = \dot{y}_1(t) + \dot{y}_2(t)$还可导出

$$\left.\begin{aligned} y(t_0) &= y_1(t_0) + y_2(t_0) = 2e^{-t_0}C_1 - 2e^{-2t_0}C_2 \\ \dot{y}(t_0) &= \dot{y}_1(t_0) + \dot{y}_2(t_0) = -2e^{-t_0}C_1 + 4e^{-2t_0}C_2 \end{aligned}\right\} \tag{2.26}$$

从而解出

$$\begin{aligned} C_1 &= 0.5e^{t_0}[2y(t_0) + \dot{y}(t_0)] \\ C_2 &= 0.5e^{2t_0}[y(t_0) + \dot{y}(t_0)] \end{aligned} \tag{2.27}$$

式(2.27)说明 $y(t_0)$和 $\dot{y}(t_0)$在决定 $t\geqslant t_0$ 时间内输出方面与 C_1 和 C_2 的作用等价，即 $y(t_0)$和 $\dot{y}(t_0)$同样称为系统在 t_0 时刻的状态．这个例子鲜明地指出 $\boldsymbol{u}_{(-\infty,t_0)}$决定 t_0 以后系统行为的作用完全归结为 t_0 时刻的状态$\{C_1,C_2\}$或$\{y(t_0),\dot{y}(t_0)\}$．

例 2.3　考察图 2.6 中电路．基尔霍夫电压定律指明对所有的时间 t，均有 $x_1(t)+x_2(t)+x_3(t)\equiv 0$，三个电容电压中只有两个是独立的．可选择任意两个电容电压作为状态，如果选择三个电容电压，就产生了多余而不符合状态的定义．

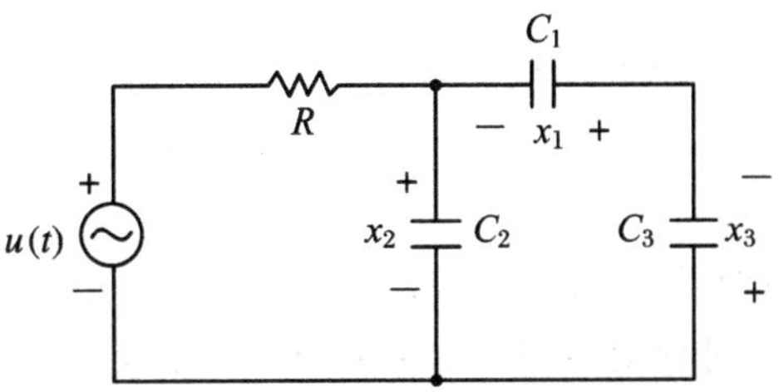

图 2.6　含有纯电容回路的电路

例 2.4　单位延迟系统的输入、输出关系是

$$y(t)=u(t-1),\quad t\in(-\infty,\infty)$$

为了唯一地由 $\boldsymbol{u}_{[t_0,\infty)}$确定 $\boldsymbol{y}_{[t_0,\infty)}$，尚需要信息 $\boldsymbol{u}_{[t_0-1,t_0)}$．所以 $\boldsymbol{u}_{[t_0-1,t_0)}$称为 t_0 时刻系统的状态．由于$[t_0-1,t_0)$是一段连续时间区间含有无数个点，$\boldsymbol{u}_{[t_0-1,t_0)}$含有无限个数据．

由上述例子可以看出系统的状态有如下三个特点：(1)状态的选择不是唯一的；(2) 状态是一种辅助量．它可能是一组独立储能元件的物理变量，例如电感电流、电容电压、质点速度等等．它也可能是一组没有物理意义的数据，例如例 2.2 中的 C_1 和 C_2．它也可能由系统的某个(或某些)变量及其相应导数(或者它们的线性组合)所构成，这种状态变量常称做相变量；(3)系统某时刻的状态可能是有限的数集，如例 2.1、例 2.2 和例 2.3．但也可能是无限的数集，如例 2.4．

本书只研究状态为有限数集的系统．因此系统的状态可用有限维列向量 $\boldsymbol{x}(t)$表示，称它为状态向量，$\boldsymbol{x}(t)$的分量叫做状态变量或状态分量．状态向量值域所在的线性空间记以 X．因为状态变量往往取实数值，又因为只研究具有有限个状态变量的系统，所以状态空间是人们熟知的有限维实向量空间$(\mathbf{R}^n,\mathbf{R})$．这里 n 表示空间 X 的维数．

综上所述，用状态空间描述法(或称状态变量描述法)描述系统时不仅需要系统的输入 $\boldsymbol{u}$，输出 $\boldsymbol{y}$，还要系统的状态 $\boldsymbol{x}$．描述这三组向量间关系的方程组称为动态方程．对于连续系统本书只研究下面形式的动态方程：

$$\dot{\boldsymbol{x}}(t)=\boldsymbol{f}[\boldsymbol{x}(t),\boldsymbol{u}(t),t],\quad \boldsymbol{x}(t_0)=\boldsymbol{x}_0 \qquad t\in(-\infty,\infty) \tag{2.28a}$$

$$\boldsymbol{y}(t)=\boldsymbol{h}[\boldsymbol{x}(t),\boldsymbol{u}(t),t], \tag{2.28b}$$

其中 $\boldsymbol{x}=[x_1\quad x_2\quad\cdots\quad x_n]^{\mathrm{T}}$，$\boldsymbol{y}=[y_1\quad y_2\quad\cdots\quad y_r])^{\mathrm{T}}$，$\boldsymbol{u}=[u_1\quad u_2\quad\cdots\quad u_m]^{\mathrm{T}}$．输入 $\boldsymbol{u}$、输出 $\boldsymbol{y}$ 和状态 $\boldsymbol{x}$ 分别是 m 维、r 维和 n 维向量．它们都是定义在$(-\infty,\infty)$内时间 t 的实值向量函数．为了让式(2.28)真正称得起动态方程，还必须假设对任意初态 $\boldsymbol{x}(t_0)$和任意给定的 $\boldsymbol{u}$，式(2.28)有唯一解．如果式(2.28)确有唯一解，可以证明解可以用 $\boldsymbol{x}(t_0)$和 $\boldsymbol{u}_{[t_0,t]}$表示出来．所以 $\boldsymbol{x}(t_0)$正如预料的那样充当着系统 t_0 时刻的状态．式(2.28a)决定着状态的行为，称为状态方程；式(2.28b)给出了输出，称为输出方程．由于状态空间 X 是 n 维空间，方程组(2.28)称做 n 维动态方程．

下面就动态方程讨论系统的线性、非线性和非时变、时变四种特性．为此采用符号

$$\{\boldsymbol{u}_{[t_0,\infty)},\boldsymbol{x}(t_0)\}\rightarrow\{\boldsymbol{x}_{[t_0,\infty)},\boldsymbol{y}_{[t_0,\infty)}\}$$

表示初态 $\boldsymbol{x}(t_0)$和输入 $\boldsymbol{u}_{[t_0,\infty)}$激励出状态 $\boldsymbol{x}_{[t_0,\infty)}$和输出 $\boldsymbol{y}_{[t_0,\infty)}$，称它们为输入-状态-输出

对.如果系统能产生这样输入-状态-输出对,就称它们是允许的.

线性系统和非线性系统　当且仅当对于任意两个允许对

$$\{\boldsymbol{u}^1_{[t_0,\infty)},\boldsymbol{x}^1(t_0)\}\rightarrow\{\boldsymbol{x}^1_{[t_0,\infty)},\boldsymbol{y}^1_{[t_0,\infty)}\}$$

$$\{\boldsymbol{u}^2_{[t_0,\infty)},\boldsymbol{x}^2(t_0)\}\rightarrow\{\boldsymbol{x}^2_{[t_0,\infty)},\boldsymbol{y}^2_{[t_0,\infty)}\}$$

和任意两个实数 α_1 和 α_2,存在下面的允许对

$$\{\alpha_1\boldsymbol{u}^1_{[t_0,\infty)}+\alpha_2\boldsymbol{u}^2_{[t_0,\infty)},\alpha_1\boldsymbol{x}^1(t_0)+\alpha_2\boldsymbol{x}^2(t_0)\}$$

$$\rightarrow\{\alpha_1\boldsymbol{x}^1_{[t_0,\infty)}+\alpha_2\boldsymbol{x}^2_{[t_0,\infty)},\alpha_1\boldsymbol{y}^1_{[t_0,\infty)}+\alpha_2\boldsymbol{y}^2_{[t_0,\infty)}\}$$

则称系统是线性系统,否则称为非线性系统.

非时变系统和时变系统　当且仅当对于任意允许对

$$\{\boldsymbol{u}_{[t_0,\infty)},\boldsymbol{x}(t_0)\}\rightarrow\{\boldsymbol{x}_{[t_0,\infty)},\boldsymbol{y}_{[t_0,\infty)}\}$$

和任意实数 α,存在下面的允许对

$$\{Q_\alpha\boldsymbol{u}_{[t_0,\infty)},Q_\alpha\boldsymbol{x}(t_0)\}\rightarrow\{Q_\alpha\boldsymbol{x}_{[t_0,\infty)},Q_\alpha\boldsymbol{y}_{[t_0,\infty)}\}$$

则称系统是非时变系统,否则称做时变系统.

应该注意到,按状态描述法给予的线性系统的定义要比前面按输入-输出描述法给予的定义更为严格.例如图 2.7(a)中电路含有非线性电容器,如果 $v_c(t_0)=0_{(v)}$,则不论输入电流源波形如何,$v_c(t)\equiv0$,$t\geqslant t_0$,输入与输出间保持线性关系,按输入-输出描述法给予的定义,这是线性电路,但按状态描述法给予的定义,这是非线性电路.对图 2.7(b)中含有非线性电感 L 和非线性电容 C 组成的电路而言,从输入-输出观点看是线性电路,从状态观点看是非线性电路.至于非时变系统和时变系统定义,亦有类似情况.本书以后讨论动态系统的线性特性和非时变特性时均采用状态描述法给予的定义.

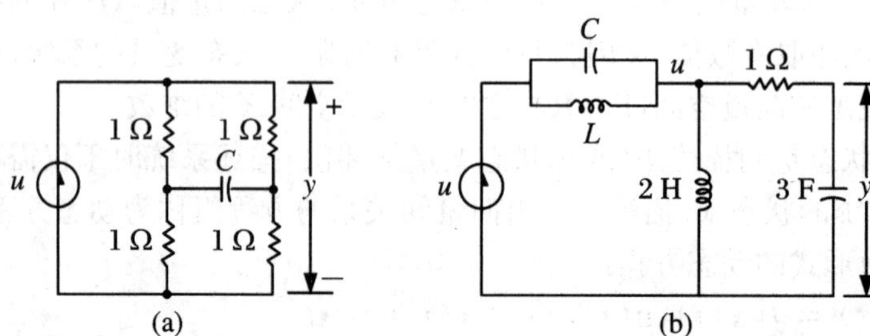

图 2.7　关于两种线性系统定义的比较

如果系统是线性的,式(2.28)中 $\boldsymbol{f}$ 和 $\boldsymbol{h}$ 便都是状态 $\boldsymbol{x}$ 和输入 $\boldsymbol{u}$ 的线性函数,即

$$\boldsymbol{f}[\boldsymbol{x}(t),\boldsymbol{u}(t),t]=\boldsymbol{A}(t)\boldsymbol{x}(t)+\boldsymbol{B}(t)\boldsymbol{u}(t)\tag{2.29a}$$

$$\boldsymbol{h}[\boldsymbol{x}(t),\boldsymbol{u}(t),t]=\boldsymbol{C}(t)\boldsymbol{x}(t)+\boldsymbol{D}(t)\boldsymbol{u}(t)\tag{2.29b}$$

其中 $\boldsymbol{A}(t)$,$\boldsymbol{B}(t)$,$\boldsymbol{C}(t)$和 $\boldsymbol{D}(t)$分别是 $n\times n$,$n\times m$,$r\times n$ 和 $r\times m$ 矩阵,所以 n 维线性动态方程的形式是

$$\dot{\boldsymbol{x}}(t)=\boldsymbol{A}(t)\boldsymbol{x}(t)+\boldsymbol{B}(t)\boldsymbol{u}(t),\quad\boldsymbol{x}(t_0)=\boldsymbol{x}_0,\qquad t\in(-\infty,\infty)\tag{2.30a}$$

$$\boldsymbol{y}(t)=\boldsymbol{C}(t)\boldsymbol{x}(t)+\boldsymbol{D}(t)\boldsymbol{u}(t),\tag{2.30b}$$

因为 $\boldsymbol{A}(\cdot)$,$\boldsymbol{B}(\cdot)$,$\boldsymbol{C}(\cdot)$和 $\boldsymbol{D}(\cdot)$的元素是随时间变化而变化的函数,动态方程(2.30)称做线性时变动态方程,它是线性时变动态系统的状态空间模型.对于线性非时变动态系统

来说，式(2.30)转化为

$$\dot{\boldsymbol{x}}(t)=\boldsymbol{A}\boldsymbol{x}(t)+\boldsymbol{B}\boldsymbol{u}(t),\quad \boldsymbol{x}(t_0)=\boldsymbol{x}_0 \qquad t\in(-\infty,\infty) \tag{2.31a}$$

$$\boldsymbol{y}(t)=\boldsymbol{C}\boldsymbol{x}(t)+\boldsymbol{D}\boldsymbol{u}(t), \tag{2.31b}$$

其中 $\boldsymbol{A},\boldsymbol{B},\boldsymbol{C},\boldsymbol{D}$ 分别是适当阶次的实常数矩阵.式(2.31)常称做线性非时变动态方程.由于线性非时变系统的响应与初始时间无关，不失一般性，总假设 $t_0=0$，感兴趣的时间区间为 $[0,\infty)$.

动态方程的状态空间 X 是 n 维空间，因而 $\boldsymbol{x}(t)$ 可看成 t 时刻状态向量在标准正交基下的坐标，n 阶方阵 $\boldsymbol{A}$ 可看成将 X 映射入 X 的线性算子在正交标准基下的表达式.这一观点对线性非时变和线性时变系统都适用.在 $\boldsymbol{x}(t_0)$ 和 $\boldsymbol{u}$ 已知情况下便可沿时间的正方向或负方向解动态方程式(2.28)、式(2.30)和式(2.31).显然人们感兴趣的只是沿时间正方向求解方程.沿着时间正方向，输入只影响未来响应，即 $t\geqslant t_0$ 时间内的响应，不会影响过去的响应，所以动态方程都是因果的.

在研究线性非时变动态方程时，也可以应用拉氏变换.假设 $\boldsymbol{x}(0)=\boldsymbol{x}_0$，并对式(2.31)等号两边取拉氏变换，得到

$$s\boldsymbol{x}(s)-\boldsymbol{x}_0=\boldsymbol{A}\boldsymbol{x}(s)+\boldsymbol{B}\boldsymbol{u}(s) \tag{2.32a}$$

$$\boldsymbol{y}(s)=\boldsymbol{C}\boldsymbol{x}(s)+\boldsymbol{D}\boldsymbol{u}(s) \tag{2.32b}$$

经整理得到

$$\boldsymbol{x}(s)=(s\boldsymbol{I}-\boldsymbol{A})^{-1}\boldsymbol{x}_0+(s\boldsymbol{I}-\boldsymbol{A})^{-1}\boldsymbol{B}\boldsymbol{u}(s) \tag{2.33a}$$

$$\boldsymbol{y}(s)=\boldsymbol{C}(s\boldsymbol{I}-\boldsymbol{A})^{-1}\boldsymbol{x}_0+[\boldsymbol{C}(s\boldsymbol{I}-\boldsymbol{A})^{-1}\boldsymbol{B}+\boldsymbol{D}]\boldsymbol{u}(s) \tag{2.33b}$$

式(2.33)是代数表达式，右边第一项为零输入响应，第二项为零状态响应.已知 $\boldsymbol{x}_0$ 和 $\boldsymbol{u}(t)$，便可由式(2.33)计算出状态的全响应 $\boldsymbol{x}(s)$ 和输出的全响应 $\boldsymbol{y}(s)$.在 s 的有理函数域中，$\det(s\boldsymbol{I}-\boldsymbol{A})$ 不恒等于零(允许对某个 s_0，即 $\boldsymbol{A}$ 的特征值，$\det(s_0\boldsymbol{I}-\boldsymbol{A})=0$)，矩阵 $s\boldsymbol{I}-\boldsymbol{A}$ 的逆总存在.如果初态 $\boldsymbol{x}_0=\boldsymbol{0}_x$，即该系统在 $t_0=0$ 时刻是松弛的，式(2.33b)简化为

$$\boldsymbol{y}(s)=[\boldsymbol{C}(s\boldsymbol{I}-\boldsymbol{A})^{-1}\boldsymbol{B}+\boldsymbol{D}]\boldsymbol{u}(s) \tag{2.34}$$

将它与式(2.21)相对照，可知

$$\boldsymbol{G}(s)=\boldsymbol{C}(s\boldsymbol{I}-\boldsymbol{A})^{-1}\boldsymbol{B}+\boldsymbol{D} \tag{2.35}$$

所以同一线性非时变系统用传递函数矩阵 $\boldsymbol{G}(s)$ 和动态方程 $\{\boldsymbol{A},\boldsymbol{B},\boldsymbol{C},\boldsymbol{D}\}$ 描述时，这两种描述一定通过式(2.35)联系起来.将式(2.35)进一步写成

$$\boldsymbol{G}(s)=\frac{\boldsymbol{C}[\operatorname{adj}(s\boldsymbol{I}-\boldsymbol{A})]\boldsymbol{B}}{\det(s\boldsymbol{I}-\boldsymbol{A})}+\boldsymbol{D}$$

$\operatorname{adj}(s\boldsymbol{I}-\boldsymbol{A})$ 是 $(s\boldsymbol{I}-\boldsymbol{A})$ 的伴随矩阵，其元素是次数严格小于 $\det(s\boldsymbol{I}-\boldsymbol{A})$ 的 s 的多项式，所以 $\boldsymbol{C}(s\boldsymbol{I}-\boldsymbol{A})^{-1}\boldsymbol{B}$ 是严格的真有理矩阵.如果 $\boldsymbol{D}$ 是非零矩阵，$\boldsymbol{G}(s)$ 是真有理矩阵，且

$$\boldsymbol{G}(\infty)=\boldsymbol{D} \tag{2.36}$$

如果 $\boldsymbol{D}=\boldsymbol{0}_{r\times m}$，$\boldsymbol{G}(s)$ 是严格真有理矩阵.

正如下节将要说明的，具有有限个状态变量的系统总可以用有限维动态方程描述.每个有限维线性动态方程都很容易用积分器、加法器和放大器联结而成的模拟计算机仿真.在图2.8中，画出了一个模拟计算机的框图，它仿真了下面的二维线性非时变动态方程

$$\begin{bmatrix}\dot{x}_1(t)\\ \dot{x}_2(t)\end{bmatrix}=\begin{bmatrix}a_{11} & a_{12}\\ a_{21} & a_{22}\end{bmatrix}\begin{bmatrix}x_1(t)\\ x_2(t)\end{bmatrix}+\begin{bmatrix}b_{11} & b_{12}\\ b_{21} & b_{22}\end{bmatrix}\begin{bmatrix}u_1(t)\\ u_2(t)\end{bmatrix}$$

$$\begin{bmatrix}y_1(t)\\ y_2(t)\end{bmatrix}=\begin{bmatrix}c_{11} & c_{12}\\ c_{21} & c_{22}\end{bmatrix}\begin{bmatrix}x_1(t)\\ x_2(t)\end{bmatrix}+\begin{bmatrix}d_{11} & d_{12}\\ d_{21} & d_{22}\end{bmatrix}\begin{bmatrix}u_1(t)\\ u_2(t)\end{bmatrix}$$

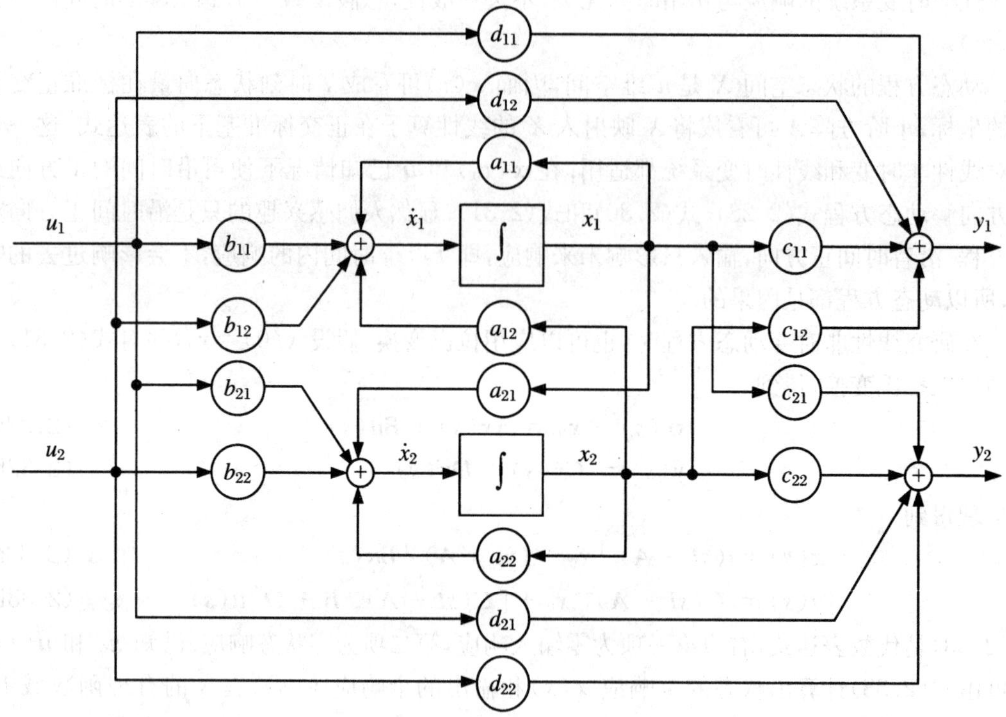

图 2.8　二维动态方程仿真框图

对于二维动态方程需要两个积分器，每个积分器的输出可作为一个状态变量. 由图可见，即使二维动态方程，仿真框图的描绘也相当复杂，更不用说 n 维动态方程. 图 2.9 采用一种矩阵框图表达 n 维动态方程. 图中积分块表示含有 n 个积分器.

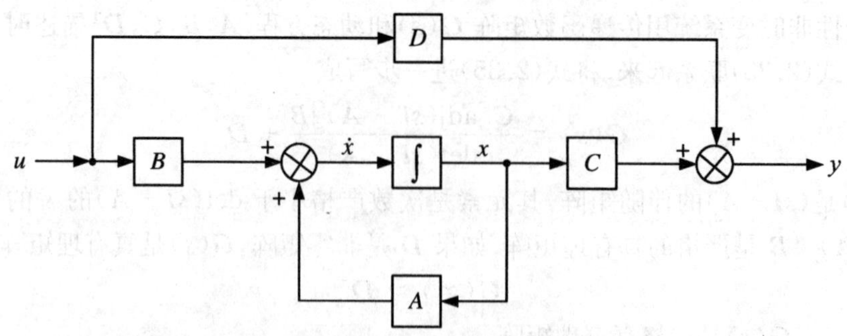

图 2.9　动态方程的矩阵框图

现在介绍四个术语，一些文献中称动态方程中 $\boldsymbol{A}(t)$ 或 $\boldsymbol{A}$ 为系统矩阵，$\boldsymbol{B}(t)$ 或 $\boldsymbol{B}$ 为输入(控制)矩阵，$\boldsymbol{C}(t)$ 或 $\boldsymbol{C}$ 为输出矩阵，$\boldsymbol{D}(t)$ 或 $\boldsymbol{D}$ 为直接传输矩阵. 在结束本节之前，再次

强调本书指的状态空间 X 为 n 维空间，输入 $\boldsymbol{u}$ 和输出 $\boldsymbol{y}$ 分别为 m 维和 r 维向量，除非另有说明.

2.3 连续系统的数学模型举例

本节通过举例说明如何建立实际系统的输入-输出模型和状态空间模型以及如何对实际的非线性系统线性化. 严格地说，没有一个实际系统是非时变的. 一台电视机、一辆汽车、一颗通信卫星都绝对不可能永远像初时那样工作，由于元部件老化、外界环境变化等原因，它们的性能都会随时间推延而渐渐恶化. 不过，如果一个系统的性能在人们感兴趣的时间内(比方说一年)变化很小，那么就可以认为它是非时变的. 按这个观点看，有许多实际系统在有限的时间内可以按非时变系统建模. 同样，没有一个实际系统是线性的. 如果加在一个系统上的输入超过一定限度，系统就会饱和甚至损坏. 不过绝大多数实际系统都设计在一定的工作范围内工作，只要系统中各个元部件或子系统都工作在设计者允许的工作范围内，就可以按线性系统建模，或者采用某种处理方式把不太重要的非线性因素摒弃，强调系统的线性特性，从而将非线性系统线性化为线性系统. 下面通过例子说明如何建立系统的线性模型.

例 2.5　建立图 2.10(a)中机械系统的两种数学模型. 在此质量-弹簧-阻尼系统中，弹簧和阻尼都具有非线性特性. 但是若位移 y 处于范围 $y_2 > y > y_1$ 内，弹簧力 $f_1 = K_2 y$；倘若干摩擦很小以至可以忽略，并认为质量 m 已经起动(即忽略静摩擦)，则可认为阻尼力 $f_2 = K_1 \dot{y}$. 在如此摒弃了非线性因素影响后，很容易建立系统的线性模型. 应用牛顿定律得到

$$m\ddot{y} + K_1 \dot{y} + K_2 y = u$$

这便是时域中输入-输出描述式. 对等式两边取拉氏变换，并设 $y(0) = \dot{y}(0) = 0$，有

$$(ms^2 + K_1 s + K_2) y(s) = u(s)$$

或

$$g(s) = \frac{1}{ms^2 + K_1 s + K_2}$$

这便是频域中输入-输出描述式. 倘若 $m = 1, K_1 = 3, K_2 = 2$，则系统的冲激响应 $g(t)$ 如下：

$$g(t) = \mathscr{L}^{-1}[g(s)] = \mathrm{e}^{-t} - \mathrm{e}^{-2t}, \quad t \geqslant 0$$

于是又可在时域中将输入-输出之间关系表达成

$$y(t) = \int_0^t [\mathrm{e}^{-(t-\tau)} - \mathrm{e}^{-2(t-\tau)}] u(\tau) \mathrm{d}\tau, \quad t \geqslant 0$$

现在接着推导这一系统的状态空间模型. 取相变量作为状态变量，即令 $x_1 = y, x_2 = \dot{y}$，有

$$\dot{x}_1 = x_2, \quad \dot{x}_2 = -\frac{K_2}{m} x_1 - \frac{K_1}{m} x_2 + \frac{1}{m} u$$

或

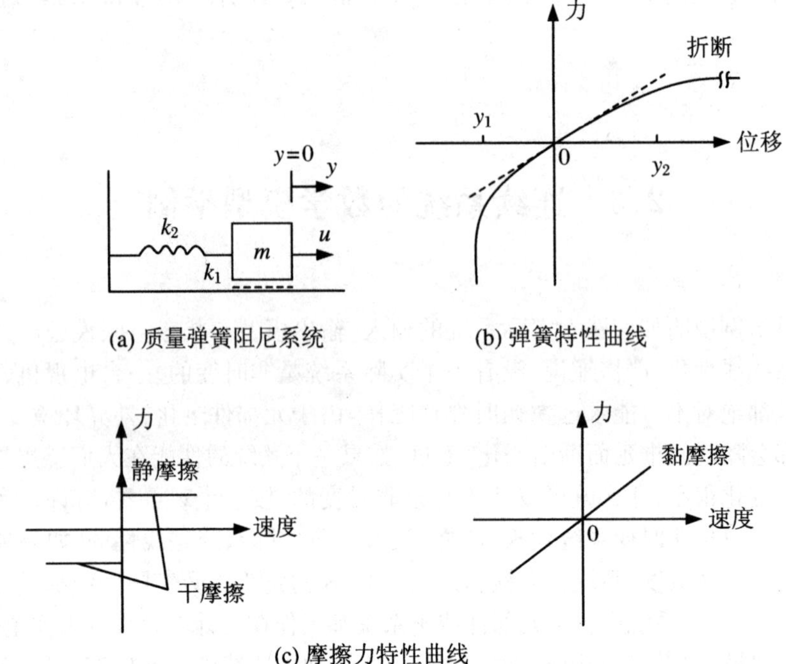

(a) 质量弹簧阻尼系统　　(b) 弹簧特性曲线

(c) 摩擦力特性曲线

图 2.10　例 2.5 中机械系统

$$\begin{bmatrix} \dot{x}_1(t) \\ \dot{x}_2(t) \end{bmatrix} = \begin{bmatrix} 0 & 1 \\ -\dfrac{K_2}{m} & -\dfrac{K_1}{m} \end{bmatrix} \begin{bmatrix} x_1(t) \\ x_2(t) \end{bmatrix} + \begin{bmatrix} 0 \\ \dfrac{1}{m} \end{bmatrix} u(t)$$

$$y(t) = (1 \quad 0) \begin{bmatrix} x_1(t) \\ x_2(t) \end{bmatrix}$$

例 2.6　研究图 2.11 中自动搜索平衡车的两种数学模型. 它是用小车及车上倒置的摆模拟控制火箭垂直起飞的装置. 外力 $u(t)$的目的是使摆保持与车身垂直. 火箭起飞阶段必须维持与地面垂直,待到达指定速度和高度后才开始转弯. 倘若火箭在起飞阶段受侧风干扰,火箭轴线偏离铅垂线一个小角度,则在重力作用下偏离角度会越来越大最终导致发射失败. 为防止失败,在火箭轴线刚偏离垂直位置时,应启动发动机产生横向力以校正火箭位置使其与地面垂直. 为使问题简化,设车与摆只在平面内运动并忽略杆的质量、电机本身的惯性、摩擦、风力等因素,设摆球质量为 m,车质量为 M,摆长为 l.

令 $H(t)$和 $V(t)$分别是小车通过铰链作用于杆也就是作用于摆球的水平分力和垂直分力. 当然杆通过铰链作用于车的反作用力为 $-H(t)$和 $-V(t)$. 应用牛顿定律得到:

小车水平方向

$$M\ddot{y}(t) = u(t) - H(t) \tag{2.37a}$$

摆水平方向

$$\begin{aligned} H(t) &= m\frac{\mathrm{d}^2}{\mathrm{d}t^2}(y + l\sin\theta) \\ &= m\ddot{y} + ml\cos\theta\ddot{\theta} - ml\sin\theta(\dot{\theta})^2 \end{aligned} \tag{2.37b}$$

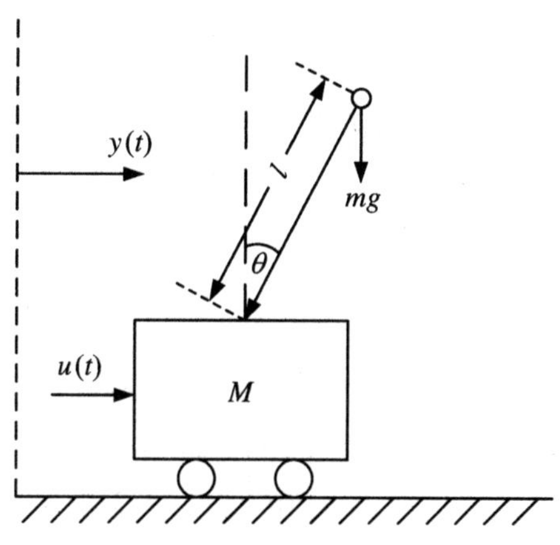

图 2.11　自动搜索平衡车

摆垂直方向

$$V(t) - mg = m\frac{\mathrm{d}^2}{\mathrm{d}t^2}(l\cos\theta)$$

$$= -ml\sin\theta\ddot{\theta} - ml\cos\theta(\dot{\theta})^2 \tag{2.37c}$$

力的分解

$$\frac{H(t)}{V(t)} = \frac{\sin\theta}{\cos\theta} \tag{2.37d}$$

将式(2.37b)代入式(2.37a)得到

$$(M+m)\ddot{y} + ml\cos\theta\ddot{\theta} - ml\sin\theta(\dot{\theta})^2 = u(t)$$

将式(2.37b)、式(2.37c)代入式(2.37d)得到

$$\frac{\ddot{y} + l\cos\theta\ddot{\theta} - l\sin\theta(\dot{\theta})^2}{g - l\sin\theta\ddot{\theta} - l\cos\theta(\dot{\theta})^2} = \frac{\sin\theta}{\cos\theta}$$

上面两式均系非线性方程.该系统的目的在于控制摆与地面垂直,可以认为 $\theta(t)$和 $\dot{\theta}(t)$都接近于零.在此假设下,取 $\sin\theta(t)\approx\theta(t)$,$\cos\theta(t)\approx1$,同时略去此 $\theta(t)$,$\dot{\theta}(t)$更高阶的无穷小量,如 θ^2,$(\dot{\theta})^2$,$\dot{\theta}\theta$ 和 $\theta\ddot{\theta}$ 等,经过如此线性化后得到

$$(M+m)\ddot{y} + ml\ddot{\theta} = u(t) \tag{2.38}$$

$$\ddot{y} + l\ddot{\theta} - g\theta = 0 \tag{2.39}$$

对式(2.38)和式(2.39)等号两边分别取拉氏变换,并令初始条件为零,便求出由 $u(t)$到 $y(t)$的传递函数 $g_{yu}(s)$和由 $u(t)$到 $\theta(t)$的传递函数 $g_{\theta u}(s)$分别如下:

$$g_{yu}(s) = \frac{ls^2 - g}{s^2[Mls^2 - (M+m)g]} \tag{2.40a}$$

$$g_{\theta u}(s) = \frac{-1}{Mls^2 - (M+m)g} \tag{2.40b}$$

或者写为

$$\begin{bmatrix} y(s) \\ \theta(s) \end{bmatrix} = \begin{bmatrix} g_{yu}(s) \\ g_{\theta u}(s) \end{bmatrix} u(s) \tag{2.40c}$$

式(2.40c)便是系统频域中输入-输出描述式.为了推导它的动态方程式选取相变量作为状态变量,即

$$x_1 = y, \quad x_2 = \dot{y}, \quad x_3 = \theta, \quad x_4 = \dot{\theta} \tag{2.41}$$

由式(2.38)和式(2.39)导出

$$\dot{x}_2 = \ddot{y} = -\frac{mg}{M}\theta + \frac{1}{M}u = -\frac{mg}{M}x_3 - \frac{1}{M}u$$

$$\dot{x}_4 = \ddot{\theta} = \frac{(M+m)g}{Ml}\theta - \frac{1}{Ml}u = \frac{(M+m)g}{Ml}x_3 - \frac{1}{Ml}u$$

得到

$$\left.\begin{aligned} \begin{bmatrix} \dot{x}_1(t) \\ \dot{x}_2(t) \\ \dot{x}_3(t) \\ \dot{x}_4(t) \end{bmatrix} &= \begin{bmatrix} 0 & 1 & 0 & 0 \\ 0 & 0 & -\dfrac{m}{M}g & 0 \\ 0 & 0 & 0 & 1 \\ 0 & 0 & \dfrac{(M+m)}{Ml}g & 0 \end{bmatrix} \begin{bmatrix} x_1(t) \\ x_2(t) \\ x_3(t) \\ x_4(t) \end{bmatrix} + \begin{bmatrix} 0 \\ \dfrac{1}{M} \\ 0 \\ \dfrac{-1}{M} \end{bmatrix} u(t) \\ y &= (1 \quad 0 \quad 0 \quad 0)\boldsymbol{x}(t) \end{aligned}\right\} \tag{2.42}$$

注意,本例得到的数学模型只适用 $\theta(t)$ 和 $\dot{\theta}(t)$ 很小的情况.另外也可首先对式(2.37)进行类似的线性化处理,再整理得到式(2.40)和式(2.42).

将一个非线性方程转化成线性方程的最有力手段是(2.43a)和(2.43b)表达的泰勒级数展开式和广义泰勒级数展开式

$$g(x_0 + \delta x) = g(x_0) + \left.\frac{\mathrm{d}g}{\mathrm{d}x}\right|_{x_0} \delta x + \frac{1}{2!} + \left.\frac{\mathrm{d}^2 g}{\mathrm{d}x^2}\right|_{x_0} (\delta x)^2 + \cdots \tag{2.43a}$$

$$g(\boldsymbol{x}_0 + \delta \boldsymbol{x}_0) = g(\boldsymbol{x}_0) + (\nabla_x g(\boldsymbol{x}))^{\mathrm{T}}\Big|_{x_0} \delta \boldsymbol{x} + \frac{1}{2!}\delta \boldsymbol{x}^{\mathrm{T}} \left.\frac{\mathrm{d}^2 g(x)}{\mathrm{d}\boldsymbol{x}^2}\right|_{\boldsymbol{x}_0} \delta \boldsymbol{x} + \cdots \tag{2.43b}$$

其中 $\boldsymbol{x}_0 = [x_{10} \quad x_{20} \quad \cdots \quad x_{n0}]^{\mathrm{T}}$ 和 $\delta \boldsymbol{x} = [\delta x_1 \quad \delta x_2 \quad \cdots \quad \delta x_n]^{\mathrm{T}}$ 皆是 n 维向量,向量 $\delta \boldsymbol{x}$ 是向量 $\boldsymbol{x}_0$ 的增量,或 $\boldsymbol{x} = \boldsymbol{x}_0 + \delta \boldsymbol{x}$. $\nabla_x g(\boldsymbol{x})$ 称做 $g(\boldsymbol{x})$ 的梯度,定义为

$$\nabla_x g(\boldsymbol{x}) = \frac{\mathrm{d}g(\boldsymbol{x})}{\mathrm{d}\boldsymbol{x}} = \left[\frac{\partial g(\boldsymbol{x})}{\partial x_1} \; \frac{\partial g(\boldsymbol{x})}{\partial x_2} \cdots \frac{\partial g(\boldsymbol{x})}{\partial x_n}\right]^{\mathrm{T}} \tag{2.44}$$

而 $g(\boldsymbol{x})$ 关于向量 $\boldsymbol{x}$ 的二阶导数称做 $g(\boldsymbol{x})$ 的 Hesse 矩阵,定义为

$$\frac{\mathrm{d}^2 g(\boldsymbol{x})}{\mathrm{d}x^2} = \begin{bmatrix} \dfrac{\partial^2 g(\boldsymbol{x})}{\partial x_1^2} & \dfrac{\partial^2 g(\boldsymbol{x})}{\partial x_2 \partial x_1} & \cdots & \dfrac{\partial^2 g(\boldsymbol{x})}{\partial x_n \partial x_1} \\ \dfrac{\partial^2 g(\boldsymbol{x})}{\partial x_1 \partial x_2} & \dfrac{\partial^2 g(\boldsymbol{x})}{\partial x_2^2} & \cdots & \dfrac{\partial^2 g(\boldsymbol{x})}{\partial x_n \partial x_2} \\ \vdots & & & \\ \dfrac{\partial^2 g(\boldsymbol{x})}{\partial x_1 \partial x_n} & \dfrac{\partial^2 g(\boldsymbol{x})}{\partial x_2 \partial x_n} & \cdots & \dfrac{\partial^2 g(\boldsymbol{x})}{\partial^2 x_n} \end{bmatrix} \tag{2.45}$$

式(2.43)的一次近似表达式或增量近似式为

$$g(x_0+\delta x)-g(x_0)\approx \left.\frac{\mathrm{d}g(x)}{\mathrm{d}x}\right|_{x_0}\delta x \tag{2.46a}$$

$$g(\boldsymbol{x}_0+\delta \boldsymbol{x})-g(\boldsymbol{x}_0)\approx [\nabla_x g(\boldsymbol{x})\,|_{x_0}]^{\mathrm{T}}\delta \boldsymbol{x} \tag{2.46b}$$

假设非线性系统用动态方程式(2.28)描述,即

$$\boldsymbol{x}(t)=\boldsymbol{f}[\boldsymbol{x}(t),\boldsymbol{u}(t),t], \quad t\in(-\infty,\infty) \tag{2.28a}$$

$$\boldsymbol{y}(t)=\boldsymbol{h}[\boldsymbol{x}(t),\boldsymbol{u}(t),t], \tag{2.28b}$$

其中 $\boldsymbol{x}(t)$,$\boldsymbol{u}(t)$和 $\boldsymbol{y}(t)$分别为 n 维向量,m 维向量和 r 维向量.假如在额定的输入 $\boldsymbol{u}_n(t)$激励下产生的状态响应和输出响应分别为 $\boldsymbol{x}_n(t)$和 $\boldsymbol{y}_n(t)$,当输入有了增量 $\delta\boldsymbol{u}(t)$时,$\boldsymbol{u}(t)=\boldsymbol{u}_n(t)+\delta\boldsymbol{u}(t)$,相应地状态 $\boldsymbol{x}(t)$和输出 $\boldsymbol{y}(t)$亦会有增量,从而有 $\boldsymbol{x}(t)=\boldsymbol{x}_n(t)+\delta\boldsymbol{x}(t)$,$\boldsymbol{y}(t)=\boldsymbol{y}_n(t)+\delta\boldsymbol{y}_n(t)$.它们满足方程

$$\dot{\boldsymbol{x}}(t)=\boldsymbol{f}[\boldsymbol{x}_n(t)+\delta\boldsymbol{x}(t),\boldsymbol{u}_n(t)+\delta\boldsymbol{u}(t),t] \tag{2.47a}$$

$$\boldsymbol{y}(t)=\boldsymbol{h}[\boldsymbol{x}_n(t)+\delta\boldsymbol{x}(t),\boldsymbol{u}_n(t)+\delta\boldsymbol{u}(t),t] \tag{2.47b}$$

在这些增量充分小的情况下,对于式(2.47)中每个标量函数 f_i,$i=1,2,\cdots,n$ 和h_j,$j=1,2,\cdots,r$ 均可用式(2.46b)近似表示.例如对于式(2.47a),有

$$\delta\dot{\boldsymbol{x}}(t)=\boldsymbol{J}_x\delta\boldsymbol{x}(t)+\boldsymbol{J}_u\delta\boldsymbol{u}(t)$$

其中 $\boldsymbol{J}_x$ 和$\boldsymbol{J}_u$ 分别是式(2.48)定义的 $\boldsymbol{f}[\boldsymbol{x},\boldsymbol{u},t]$关于状态向量 $\boldsymbol{x}(t)$和输入向量 $\boldsymbol{u}(t)$的雅可比矩阵.

$$\boldsymbol{J}_x=\begin{bmatrix}\dfrac{\partial f_1}{\partial x_1} & \dfrac{\partial f_1}{\partial x_2} & \cdots & \dfrac{\partial f_1}{\partial x_n}\\ \dfrac{\partial f_2}{\partial x_1} & \dfrac{\partial f_2}{\partial x_2} & \cdots & \dfrac{\partial f_2}{\partial x_n}\\ \vdots & \vdots & & \vdots\\ \dfrac{\partial f_n}{\partial x_1} & \dfrac{\partial f_n}{\partial x_2} & \cdots & \dfrac{\partial f_n}{\partial x_n}\end{bmatrix}_{n\times n} \tag{2.48a}$$

$$\boldsymbol{J}_u=\begin{bmatrix}\dfrac{\partial f_1}{\partial u_1} & \dfrac{\partial f_1}{\partial u_2} & \cdots & \dfrac{\partial f_1}{\partial u_m}\\ \dfrac{\partial f_2}{\partial u_1} & \dfrac{\partial f_2}{\partial u_2} & \cdots & \dfrac{\partial f_2}{\partial u_m}\\ \vdots & \vdots & & \vdots\\ \dfrac{\partial f_n}{\partial u_1} & \dfrac{\partial f_n}{\partial u_2} & \cdots & \dfrac{\partial f_n}{\partial u_m}\end{bmatrix}_{n\times m} \tag{2.48b}$$

在工程上常将 $\delta\dot{\boldsymbol{x}}$,$\delta(\boldsymbol{x})$,$\delta(\boldsymbol{u})$等称做摄动量,有些文献将它们记以 $\dot{\boldsymbol{x}}_{\sim}$,$\boldsymbol{x}_{\sim}$,$\boldsymbol{u}_{\sim}$,于是有

$$\begin{aligned}\dot{\boldsymbol{x}}_{\sim}(t)&=\boldsymbol{J}_x\boldsymbol{x}_{\sim}(t)+\boldsymbol{J}_u\boldsymbol{u}_{\sim}(t)\\&=\boldsymbol{A}(t)\boldsymbol{x}_{\sim}(t)+\boldsymbol{B}(t)\boldsymbol{u}_{\sim}(t)\end{aligned} \tag{2.49}$$

对于输出同法可得到类似式(2.48)和式(2.49)的表达式.一般而言,线性化后系统可能是时变的.

例 2.7　图 2.12(a)表示着一个含有非线性元件隧道二极管的电路,隧道二极管伏安特性如图 2.12(b)所示.

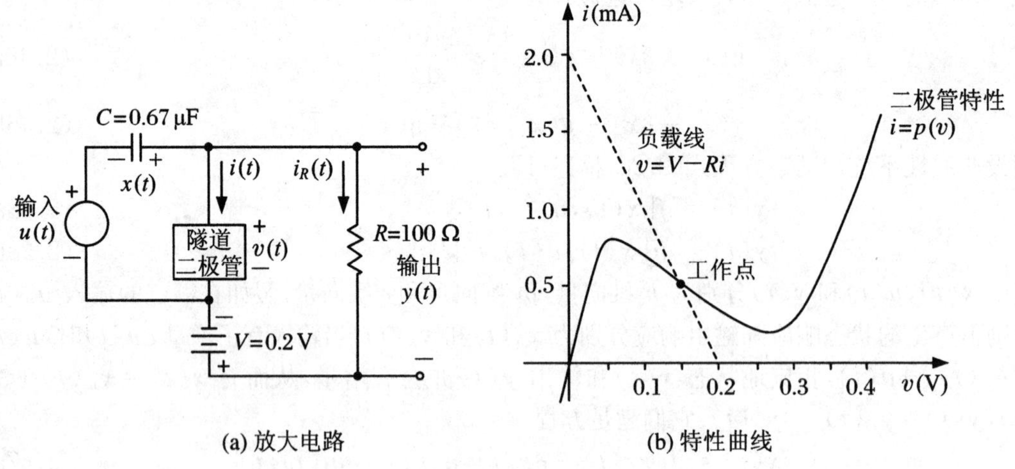

(a) 放大电路　　(b) 特性曲线

图 2.12　隧道二极管

电容器 C 是电路中唯一的贮能元件,设其电压为状态变量 $x(t)$. 由基尔霍夫电流定律和电压定律得到

$$\dot{x}(t) = -\frac{1}{C}i(t) - \frac{1}{C}i_R(t)$$

$$y(t) = Ri_R(t) = x(t) + u(t) - V$$

考虑到隧道二极管伏安特性 $i(t) = p[v(t)]$, $v(t) = x(t) + u(t)$,有

$$\begin{aligned}\dot{x}(t) &= f(x(t), u(t), V, t)\\ &= -\frac{1}{C}p[x(t) + u(t)] - \frac{1}{RC}[x(t) + u(t) - V]\\ y(t) &= x(t) + u(t) - V\end{aligned}$$

设 $u_n(t) = 0(\mathrm{V})$, $V_n(t) = 0.2(\mathrm{V})$. 首先确定额定工作状况(直流状况)下的 $x_n(t)$ 和 $y_n(t)$. 采用图解法得到

$$x_n(t) \equiv 0.15(\mathrm{V}),\quad y_n(t) \equiv -0.05(\mathrm{V})$$

$$v_n(t) \equiv 0.15(\mathrm{V}),\quad i_n(t) \equiv 0.5(\mathrm{mA})$$

图 2.12(b)指明曲线 $p(v)$ 在工作点斜率为 $-1/300(\mathrm{S})$. 直流电源的摄动量 $V_\sim = 0(\mathrm{V})$,输入信号摄动量即 $u(t)$ 本身. 相应地,由 $u_\sim(t) = u(t)$ 产生的状态及状态导数摄动量分别为 $x_\sim(t)$ 和 $\dot{x}_\sim(t)$. 它们之间关系用式(2.49)表示为

$$\begin{aligned}\dot{x}_\sim(t) &= \left.\frac{\partial f}{\partial x}\right|_{\substack{x_n = 0.15\,\mathrm{V}\\ u_n = 0\,\mathrm{V}}} x_\sim(t) + \left.\frac{\partial f}{\partial u}\right|_{\substack{x_n = 0.15\,\mathrm{V}\\ u_n = 0\,\mathrm{V}}} u_\sim(t)\\ &= \left(-\frac{1}{C}\left.\frac{\partial p}{\partial x}\right|_{\substack{x_n\\ u_n}} - \frac{1}{RC}\right)x_\sim(t) + \left(-\frac{1}{C}\left.\frac{\partial p}{\partial u}\right|_{\substack{x_n\\ u_n}} - \frac{1}{RC}\right)u_\sim\\ &= -10^4 x_\sim(t) - 10^4 u_\sim(t)\\ y_\sim(t) &= x_\sim(t) + u_\sim(t)\end{aligned}$$

本例由于所有元件皆是非时变元件,线性化后得到的是线性非时变系统.

例 2.8 图 2.13 表示一颗地球轨道上的人造卫星，设质量为 m，t 时刻位置由 $r(t)$，$\theta(t)$和 $\varphi(t)$确定. 它的轨道由三个正交的喷气推力 $u_r(t)$，$u_\theta(t)$和 $u_\varphi(t)$控制.

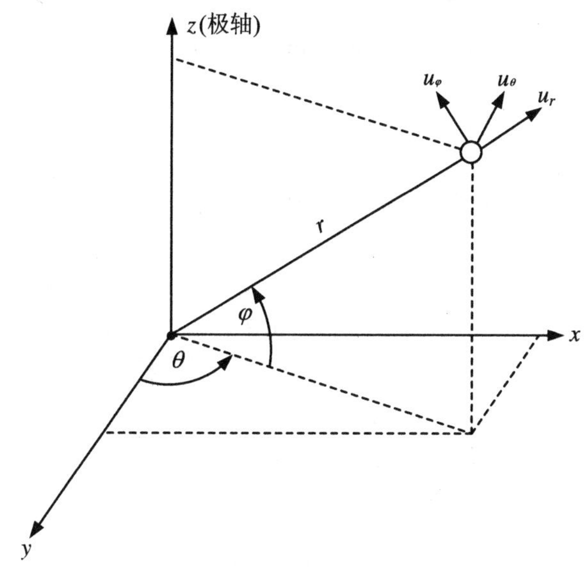

图 2.13 地球轨道上的人造卫星

假设地球是静止的. 选择人造卫星的位置和速度作为状态变量，即 $\boldsymbol{x}(t)=[r \quad \dot{r} \quad \theta \quad \dot{\theta} \quad \varphi \quad \dot{\varphi}]^{\mathrm{T}}$，输入为三个推力，即 $\boldsymbol{u}(t)=[u_r \quad u_\theta \quad u_\varphi]^{\mathrm{T}}$，输出为人造卫星的位置，即 $\boldsymbol{y}(t)=[r \quad \theta \quad \varphi]^{\mathrm{T}}$. 下面用拉格朗日方程推导动态方程. 设 r,θ,φ 为广义坐标，Q_r,Q_θ,Q_φ 为广义力，系统的动能为 K，势能为 P，则拉格朗日函数 L 为

$$L = K - P$$

拉格朗日方程为

$$\frac{\mathrm{d}}{\mathrm{d}t}\left[\frac{\partial L}{\partial \dot{r}}\right]-\frac{\partial L}{\partial r} = Q_r \tag{2.50a}$$

$$\frac{\mathrm{d}}{\mathrm{d}t}\left[\frac{\partial L}{\partial \dot{\theta}}\right]-\frac{\partial L}{\partial \theta} = Q_\theta \tag{2.50b}$$

$$\frac{\mathrm{d}}{\mathrm{d}t}\left[\frac{\partial L}{\partial \dot{\varphi}}\right]-\frac{\partial L}{\partial \varphi} = Q_\varphi \tag{2.50c}$$

因为

$$K = \frac{1}{2}mv^2 = \frac{m}{2}[\dot{r}^2 + (r\dot{\varphi})^2 + (r\dot{\theta}\cos\varphi)^2]$$

$$P = -\frac{km}{r}$$

其中 $k=4\times10^{14}\ \mathrm{N\cdot m^2/kg}$，所以

$$L = \frac{m}{2}[\dot{r}^2 + (r\dot{\varphi})^2 + (r\dot{\theta}\cos\varphi)^2] + \frac{km}{r} \tag{2.51}$$

考虑到广义力 $Q_r=u_r$，$Q_\theta=(r\cos\varphi)u_\theta$，$Q_\varphi=ru_\varphi$ 并将式(2.51)代入式(2.50)，得到

$$m(\ddot{r} - r\dot{\varphi}^2 - r\dot{\theta}^2\cos^2\varphi + k/r^2) = u_r$$

$$m(r^2\ddot{\theta}\cos^2\varphi + 2r\dot{r}\dot{\theta}\cos^2\varphi - 2r^2\dot{\theta}\dot{\varphi}\cos\varphi\sin\varphi) = r\cos\varphi u_\theta$$

$$m(\ddot{\varphi}r^2 + 2r\dot{r}\dot{\varphi} + r^2\dot{\theta}^2\cos\varphi\sin\varphi) = ru_\varphi$$

由此写出动态方程

$$\dot{\boldsymbol{x}} = \begin{bmatrix} \dot{r} \\ \ddot{r} \\ \dot{\theta} \\ \ddot{\theta} \\ \dot{\varphi} \\ \ddot{\varphi} \end{bmatrix} = \begin{bmatrix} \dot{r} \\ r\dot{\theta}^2\cos^2\varphi + r\dot{\varphi}^2 - \dfrac{k}{r^2} + \dfrac{u_r}{m} \\ \dot{\theta} \\ -\dfrac{2\dot{r}\dot{\theta}}{r} + 2\dot{\theta}\dot{\varphi}\dfrac{\sin\varphi}{\cos\varphi} + \dfrac{u_\theta}{mr\cos\varphi} \\ \dot{\varphi} \\ -\dot{\theta}^2\cos\varphi\sin\varphi - 2\dfrac{\dot{r}\dot{\varphi}}{r} + \dfrac{u_\varphi}{mr} \end{bmatrix} = \boldsymbol{f}(\boldsymbol{x},\boldsymbol{u}) \tag{2.52a}$$

$$\boldsymbol{y} = \begin{bmatrix} 1 & 0 & 0 & 0 & 0 & 0 \\ 0 & 0 & 1 & 0 & 0 & 0 \\ 0 & 0 & 0 & 0 & 1 & 0 \end{bmatrix}\boldsymbol{x} \tag{2.52b}$$

式(2.52a)是一组非线性方程,需要进行线性化.假定卫星在不受干扰情况下正常运行的额定轨道是位于赤道平面内的圆形轨道,即 $\boldsymbol{x}_n(t) = [r_n \quad 0 \quad \omega_n t \quad \omega_n \quad 0 \quad 0]^{\mathrm{T}}$.这时卫星无须推力控制,$\boldsymbol{u}_n(t) = [0 \quad 0 \quad 0]^{\mathrm{T}}$.轨道半径 r_n 和角速度 ω_n 的关系是 $r_n^3\omega_n^2 = k$.如果因某种干扰卫星偏离了轨道,就需要外加控制函数(推力)使卫星回到原先的额定轨道上去.在这种情况下,应用式(2.48)对式(2.52a)进行线性化以便得到关于摄动量的线性状态方程使问题求解简化.线性化结果如式(2.53)所示.

$$\dot{\boldsymbol{x}}_\sim(t) = \begin{bmatrix} \dot{r}_\sim(t) \\ \ddot{r}_\sim(t) \\ \dot{\theta}_\sim(t) \\ \ddot{\theta}_\sim(t) \\ \dot{\varphi}_\sim(t) \\ \ddot{\varphi}_\sim(t) \end{bmatrix} = \left[\begin{array}{cccc:cc} 0 & 1 & 0 & 0 & 0 & 0 \\ 3\omega_n^2 & 0 & 0 & 2\omega_n r_n & 0 & 0 \\ 0 & 0 & 0 & 1 & 0 & 0 \\ 0 & \dfrac{-2\omega_n}{r_n} & 0 & 0 & 0 & 0 \\ \hdashline 0 & 0 & 0 & 0 & 0 & 1 \\ 0 & 0 & 0 & 0 & -\omega_n^2 & 0 \end{array}\right] \begin{bmatrix} r_\sim \\ \dot{r}_\sim \\ \theta_\sim \\ \dot{\theta}_\sim \\ \varphi_\sim \\ \dot{\varphi}_\sim \end{bmatrix}$$

$$+ \left[\begin{array}{cc:c} 0 & 0 & 0 \\ \dfrac{1}{m} & 0 & 0 \\ 0 & 0 & 0 \\ 0 & \dfrac{1}{mr_n} & 0 \\ \hdashline 0 & 0 & 0 \\ 0 & 0 & \dfrac{1}{mr_n} \end{array}\right] \begin{bmatrix} u_{r\sim} \\ u_{\theta\sim} \\ u_{\varphi\sim} \end{bmatrix} \tag{2.53a}$$

$$\underset{\sim}{y}(t) = \left[\begin{array}{cccc:cc} 1 & 0 & 0 & 0 & 0 & 0 \\ 0 & 0 & 1 & 0 & 0 & 0 \\ \hdashline 0 & 0 & 0 & 0 & 1 & 0 \end{array}\right] \underset{\sim}{x}(t) \tag{2.53b}$$

式(2.53a)是一个六维线性非时变动态方程，只要卫星离额定圆形轨道偏差足够小，就能用来分析控制人造卫星的问题.注意，式中虚线将矩阵分成解耦的两个部分，一部分涉及 r 和 θ 以及它们的导数，另一部分只涉及 φ 和 $\dot{\varphi}$.因此可以分开独立地研究这两个部分，使分析和设计大大简化.

例 2.9　图 2.14 是一个直流电机.定子的恒定磁通 φ_f 是由恒电枢电流产生的，电机控制电压产生电流 $i(t)$、转矩 $m(t)$，转子绕组的电感和电阻分别是 L 和 R，在旋转磁场中转子的反电动势为 $v_b(t)$，它们之间的关系式是

$$v(t) = L\frac{\mathrm{d}i(t)}{\mathrm{d}(t)} + Ri(t) + v_b(t) \tag{2.54}$$

$$m(t) = k_1 i(t) \tag{2.55}$$

$$v_b(t) = k_c \varphi_f \omega(t) \overset{\text{def}}{=} k_2 \omega(t) \tag{2.56}$$

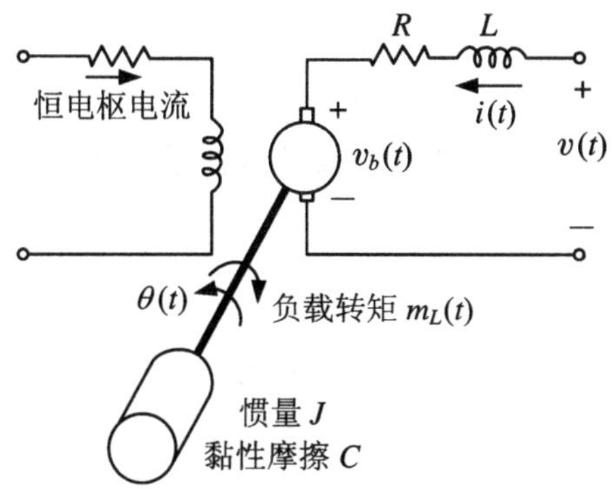

图 2.14　电枢控制直流电动机示意图

其中 $\omega(t)$为转子转速.再设转子转动惯量为 J，负载转矩为 $m_L(t)$，摩擦力矩为 $c\omega(t)$，于是

$$\begin{aligned} J\frac{\mathrm{d}\omega(t)}{\mathrm{d}t} &= -c\omega(t) - m_L(t) + m(t) \\ &= -c\omega(t) - m_L(t) + k_1 i(t) \end{aligned} \tag{2.57}$$

将式(2.56)代入式(2.54)，有

$$\frac{\mathrm{d}i(t)}{\mathrm{d}t} = -\frac{R}{L}i(t) - \frac{k_2}{L}\omega(t) + \frac{1}{L}v(t) \tag{2.58}$$

选择状态向量 $\boldsymbol{x}(t) = [i(t) \quad \omega(t)]^{\mathrm{T}}$，输入向量 $\boldsymbol{u}(t) = [v(t) \quad m_l(t)]^{\mathrm{T}}$，输出 $y(t) = \omega(t)$由上面两式得到动态方程如下：

$$\begin{bmatrix} \dot{x}_1(t) = \dfrac{\mathrm{d}i}{\mathrm{d}t} \\ \dot{x}_2(t) = \dfrac{\mathrm{d}\omega}{\mathrm{d}t} \end{bmatrix} = \begin{bmatrix} -\dfrac{R}{L} & -\dfrac{k_2}{L} \\ \dfrac{k_1}{J} & -\dfrac{c}{J} \end{bmatrix} \begin{bmatrix} i(t) \\ \omega(t) \end{bmatrix} + \begin{bmatrix} \dfrac{1}{L} & 0 \\ 0 & -\dfrac{1}{J} \end{bmatrix} \begin{bmatrix} v(t) \\ m_L(t) \end{bmatrix}$$

$$y(t) = (0 \quad 1)\begin{bmatrix} i(t) \\ \omega(t) \end{bmatrix}$$

若假定输入在 $t=0$ 时刻加上，且 $i(0)=0,\omega(0)=0$，则对式(2.57)、式(2.58)等式两边取拉氏变换并整理得到

$$\omega(s) = \frac{\dfrac{k_1}{JL}}{s^2 + \left(\dfrac{c}{J} + \dfrac{R}{L}\right)s + \left(\dfrac{k_1 k_2 + RC}{JL}\right)}V(s) - \frac{\dfrac{1}{J}\left(s + \dfrac{R}{L}\right)}{s^2 + \left(\dfrac{c}{J} + \dfrac{R}{L}\right)s + \left(\dfrac{k_1 k_2 + RC}{JL}\right)}m_L(s)$$

例 2.10 图 2.15 所示为一线性网络. 选用电压源和两个电容器所在的三条支路作正规树，很容易列出动态方程如下：

$$\begin{bmatrix} \dot{x}_1 \\ \dot{x}_2 \\ \dot{x}_3 \end{bmatrix} = \begin{bmatrix} -1 & 0 & -1 \\ 0 & 0 & 1 \\ 1 & -1 & -1 \end{bmatrix}\begin{bmatrix} x_1 \\ x_2 \\ x_3 \end{bmatrix} + \begin{bmatrix} 1 & 1 \\ 0 & 0 \\ 0 & 0 \end{bmatrix}\begin{bmatrix} u_1 \\ u_2 \end{bmatrix}$$

$$y = (1 \quad -1 \quad -1)\boldsymbol{x}$$

其中 x_1,x_2 为电容器两端的电压，x_3 为电感器中流过的电流，参看图 2.15. 本例状态方程的推导留给读者作为练习.

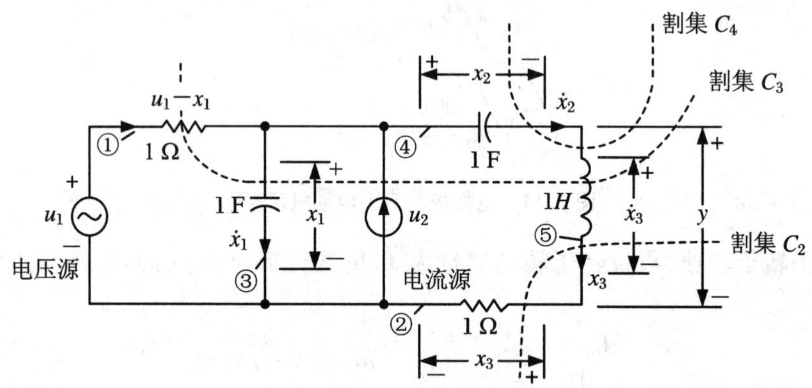

图 2.15　线性网络

2.4　线性离散系统

前几节研究的系统的输入、输出和状态定义在整个时间轴上，$t\in(-\infty,\infty)$或定义在正

半个时间轴上，$t\in[0,\infty)$. 前者对应时变系统，后者对应非时变系统. 这些系统的一个共同特征是信号（输入、输出或状态）$f(t)$的自变量 t 取连续量，故被称为连续时间系统或简称连续系统. 另一类与此对应的系统是离散时间系统或简称离散系统. 这一类系统共有的特征是信号（输入、输出或状态）$f(t_k)$的自变量 t_k 取离散量. 例如数字计算机，它的输入数据 $u(t_k)$和输出数据 $y(t_k)$都是离散时刻 t_k（或 k）的函数. 这是一种典型的离散系统.

离散系统已成为现代系统理论研究的主要对象之一. 原因在于：(1)某些工程系统、生物系统、经济系统等可以很自然地用离散系统的动态方程描述；(2)连续系统经离散化处理后便可用数字计算机进行在线控制；(3)利用微型机不仅可以实现 PID 控制，还可以实现前馈控制；(4)利用离散控制系统的理论和方法可以设计出更高级的反馈系统，获得更优的系统性能. 还可以列举其他理由. 仅这些就足以说明研究离散系统的重要意义. 下面先列举一些离散系统的例子.

例 2.11　在化学过程的第 $k+1$ 次循环中，将 $u(k+1)$升化学药品 A 和$[100-u(k+1)]$升化学药品 B 加到盛有 900 升混合物的大桶内，其中 $0\leqslant u(k+1)\leqslant 100$，$k=0,1,2,\cdots$，把大桶内的物质搅拌均匀后，取出 100 升. 用 $y(k+1)$表示取出来的混合物所含化学药品 A 的浓度，也就是说刚搅匀后，桶内含化学药品 A 的总量是 $1\,000y(k+1)$，这也等于第 k 次循环后桶内含化学药品 A 的总量 $900y(k)$加上第 $k+1$ 次循环倾入桶内的化学药品 A 的量 $u(k+1)$，即

$$1\,000y(k+1)=900y(k)+u(k+1),\quad k=0,1,2,\cdots$$

用 y_0 表示桶内物质所含化学药品 A 的最初浓度. 在这个系统中，量 $u(k)$是输入，浓度$y(k)$就是输出. $\{u(k+1)\}$和$\{y(k)\}$，$k=0,1,2,\cdots$，分别构成输入序列和输出序列.

例 2.12　设某空运控制系统在 $t=k$ 秒时刻用雷达测出飞机现有高度$y(k)$，并用计算机算出飞机在 $t=k+1$ 秒时应有高度 $u(k+1)$，以 $\Delta_k=u(k+1)-y(k)$作为控制飞机高度的依据. 设飞机垂直方向速度 $v_k=\alpha\Delta_k$，α 为常数，则从 k 秒到$k+1$ 秒时间内飞机升高 $y(k+1)-y(k)=v_k$，即

$$\alpha[u(k+1)-y(k)]=y(k+1)-y(k)$$

整理后有

$$y(k+1)+(\alpha-1)y(k)=\alpha u(k+1),\quad k=0,1,2,\cdots$$

这里$\{u(k+1)\}$和$\{y(k)\}$仍分别为输入序列和输出序列，$y(0)$是飞机初始高度.

例 2.13　有一生产车间和仓库，设某产品在第 k 月的产量是$u(k)$，仓库提出量是 $s(k)$，月初库存量是 $y(k)$. 该产品在第 $k+1$ 月月初的库存量应该是

$$y(k+1)=y(k)+u(k)-s(k),\quad k=1,2,\cdots,12$$

可写为

$$y(k+1)-y(k)=u(k)-s(k),\quad k=1,2,\cdots,12$$

$y(1)$是元月初库存量作为初始值，输出是序列$\{y(k)\}$，输入有两个序列$\{u(k)\}$和$\{s(k)\}$.

例 2.14　图 2.16(a)中电路是一个重复梯形网络，由图 2.16(b)可得到节点 $k+1$ 处片段的电流关系为

$$\frac{u(k)-u(k+1)}{R}=\frac{u(k+1)-u(k+2)}{R}+\frac{u(k+1)}{\alpha R}$$

整理后得到

$$\alpha u(k+2)-(2\alpha+1)u(k+1)+\alpha u(k)=0$$

由图 2.16(a)可见，$u(0)=E(\mathrm{V})$，$u(n)=0(\mathrm{V})$，它们构成边界条件. 本例中节点电位序列$\{u(k)\}$为输出.

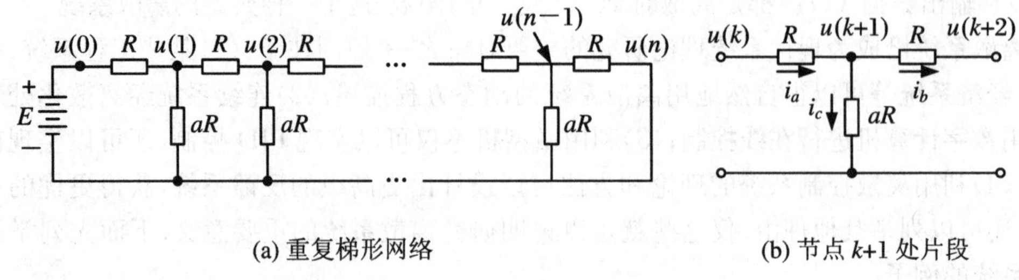

(a) 重复梯形网络　　(b) 节点 k+1 处片段

图 2.16

由上面四例可知离散系统可用差分方程描述，信号的自变量可能是时间，如例 2.11、例 2.12 和例 2.13，也可能不是时间，如例 2.14. 即使自变量为时间，时间间隔也不一定是常值. 例如例 2.11 中每次循环花费时间不一定相等. 尽管如此，今后仍可认为自变量为时间，相邻时间间隔视为常数 T_s，称 T_s 为取样周期，自变量 t_k 可记为kT_s 或简记为k. 和连续系统情况一样，今后输入序列记以$\{u(k)\}$，输出序列记以$\{y(k)\}$. 当系统有多个输入、多个输出时，分别记作向量序列$\{\boldsymbol{u}(k)\}$和$\{\boldsymbol{y}(k)\}$. 若 $k=0,\pm1,\pm2,\cdots$，称之为双边序列；若 $k=0,1,2,\cdots$，称之为单边序列.

线性非时变离散单变量系统的输入-输出描述式通常为式(2.59)中 n 阶常系数差分方程

$$\begin{aligned}&y(k+n)+a_{n-1}y(k+n-1)+\cdots+a_1y(k+1)+a_0y(k)\\&\quad=b_mu(k+m)+b_{m-1}u(k+m-1)+\cdots+b_1u(k+1)+b_0u(k)\end{aligned}\tag{2.59}$$

对于多变量系统输入和输出分别改用向量 $\boldsymbol{u}$ 和$\boldsymbol{y}$，设输入为 m 维，输出为 r 维，式(2.59)变成 r 个常系数差分方程构成的差分方程组. 现在简单介绍 n 阶常系数差分方程的时域解法. 令式(2.59)等式右边为零，得到齐次差分方程如下：

$$y(k+n)+a_{n-1}y(k+n-1)+\cdots+a_1y(k+1)+a_0y(k)=0\tag{2.60a}$$

当 S 为超前移位算子，即令 $S=Q_\alpha$，$\alpha=-1$，将式(2.60a)改写成式(2.60b)，

$$(S^n+a_{n-1}S^{n-1}+\cdots+a_1S+a_0)y(k)=0\tag{2.60b}$$

令式(2.60b)中移位算子多项式等于零，得到 n 阶差分方程的n 阶特征方程

$$S^n+a_{n-1}S^{n-1}+\cdots+a_1S+a_0=0\tag{2.61}$$

解特征方程得到 n 个特征根$r_1,r_2,\cdots,r_n$，其中可能有重根. 根据这 n 个特征根按以下规则指定齐次方程的解序列$y_i(k)$，$i=1,2,\cdots,n$. 今后为书写方便，序列$\{f_i(k)\}$简记为 $f_i(k)$.

(1) 对于每一个单实根 r_i，指定序列为 r_i^k；

(2) 对于每一个 m 重实根r_i，指定 m 个序列，$r_i^k,kr_i^k,\cdots,k^{m-1}r_i^k$；

(3) 对于每一对单复数根 $r_i=a_i\pm\mathrm{j}b_i$，指定两个序列，$\zeta_i^k\cos k\varphi_i$ 和 $\zeta_i^k\sin k\varphi_i$，其中 $\zeta_i=\sqrt{a_i^2+b_i^2}$，$\varphi_i=\arctan(b_i/a_i)$；

（4）对于每一对 m 重复数根 $r_i = a_i \pm \mathrm{j}b_i$，指定 $2m$ 个序列，$\zeta_i^k\cos k\varphi_i$，$\zeta_i^k\sin k\varphi_i$，$k\zeta_i^k\cos k\varphi_i$，$k\zeta_i^k\sin k\varphi_i$，…，$k^{m-1}\zeta_i^k\cos k\varphi_i$，$k^{m-1}\zeta_i^k\sin k\varphi_i$，$\zeta_i = \sqrt{a_i^2+b_i^2}$，$\varphi_i = \arctan(b_i/a_i)$. 从而得到解序列 $y(k)$ 如下：

$$y(k) = C_1 y_1(k) + C_2 y_2(k) + \cdots + C_n y_n(k) \tag{2.62}$$

其中 C_i，$i=1,2,\cdots,n$ 为待定系数，可根据初始条件和（或）边界条件确定.

对于非齐次方程，可利用化零算子将非齐次方程改造成齐次方程，然后沿用上述方法求解. 下面用例子来说明整个解的过程.

例 2.15　将例 2.14 中二阶差分方程改写成

$$\alpha y(k+2) - (2\alpha+1)y(k+1) + \alpha y(k) = 0, \quad k = 0,1,2,\cdots,n$$
$$y(0) = E, \quad y(n) = 0$$

设 $\alpha=2$，得到特征方程

$$\left(S^2 - \frac{5}{2}S + 1\right) = 0$$

特征根 $r_1 = \dfrac{1}{2}$，$r_2=2$，所以 $y_1(k) = \left(\dfrac{1}{2}\right)^k$，$y_2(k)=2^k$. 于是有

$$y(k) = C_1\left(\frac{1}{2}\right)^k + C_2 2^k$$

由边界条件得到

$$y(0) = C_1 + C_2 = E$$
$$y(n) = C_1\left(\frac{1}{2}\right)^n + C_2 2^n = 0$$

解出

$$C_1 = \frac{2^{2n}}{2^{2n}-1}E, \quad C_2 = -\frac{1}{2^{2n}-1}E$$

结果有

$$y(k) = \frac{2^{2n}}{2^{2n}-1}\left(\frac{1}{2}\right)^k E - \frac{1}{2^{2n}-1}2^k E, \quad k = 0,1,\cdots,n$$

若 $n\to\infty$，有

$$y(k) = \left(\frac{1}{2}\right)^k E, \quad k = 0,1,2,\cdots$$

例 2.16　设例 2.11 中 $u(k+1)\equiv 50$（升），$k=0,1,2,\cdots$，求解差分方程

$$1\,000y(k+1) - 900y(k) = 50, \quad k = 0,1,2,\cdots$$
$$y(0) = y_0$$

因为 $(S-1)u(k+1) = u(k+2) - u(k+1) = 0$，$S-1$ 为化零算子，于是有方程

$$(S-1)(S-0.9) = 0$$

解出特征根 $r_1=1$，$r_2=0.9$. 设解 $y(k)$ 如下：

$$y(k) = C_1 1^k + C_2 0.9^k = C_1 + C_2 0.9^k$$

代入原方程

$$1\,000[C_1 + C_2 0.9^{k+1}] - 900[C_1 + C_2 0.9^k] = 50$$

解出

$$C_1 = 0.5$$

结合初始条件有

$$y(0) = C_1 + C_2 = y_0$$

得到 $C_2 = y_0 - 0.5$.所以得到最后结果

$$y(k) = 0.5 + (y_0 - 0.5)0.9^k, \quad k = 0,1,2,\cdots$$

由于 0.9^k 随着 $k \to \infty$ 而趋于零.解的第二部分是暂态响应,而 $r_2 = 0.9$ 是系统齐次方程对应的特征方程 $S - 0.9 = 0$ 的根,为系统固有频率,这一项又称为固有响应.解的第一部分由输入引起,被称为强迫响应,在 $k \to \infty$ 时,它依然存在,又被称为稳态响应.

例 2.17 设离散系统的输入-输出描述式如下:

$$y(k+2) - 3y(k+1) + 2y(k) = 1 + a^{k+1}, \quad k = 0,1,2,\cdots$$
$$y(0) = y_0, \quad y(-1) = y_{-1}$$

由于化零算子为$(S-1)(S-a)$,有方程

$$(S-1)(S-a)(S^2 - 3S + 2) = 0$$

解出根 $r_1 = 1, r_2 = a, r_3 = 1$ 和 $r_4 = 2$,其中 r_3 和 r_4 为特征根,决定着相应齐次方程解 $y_h(k) = C_3 \cdot 1^k + C_4 \cdot 2^k$;倘若 $a \neq 1$ 和 2,r_1 和 r_2 决定着非齐次方程特解,考虑到 $r_1 = r_3$,取特解 $y_p(k) = C_1 k + C_2 a^k$.将特解代入原方程解出

$$C_1 = -1, \quad C_2 = \frac{a}{a^2 - 3a + 2}$$

和

$$y_p(k) = -k + \frac{a^{k+1}}{a^2 - 3a + 2}$$

令 $y(k) = y_p(k) + y_h(k)$,结合初始条件得到

$$C_3 + C_4 = y_0 - \frac{a}{a^2 - 3a + 2}$$
$$C_3 + \frac{C_4}{2} = y_{-1} - 1 - \frac{1}{a^2 - 3a + 2}$$

进一步解出

$$C_3 = -y_0 + 2y_{-1} - 2 + \frac{a-2}{a^2 - 3a + 2}, \quad C_4 = 2\left(y_0 - y_{-1} + 1 - \frac{a-1}{a^2 - 3a + 2}\right)$$

最后得到

$$y(k) = (2^{k+1} - 1)y_0 + (2 - 2^{k+1})y_{-1} + (2^{k+1} - 2) - k$$
$$+ \frac{a^{k+1} + (a-2) - 2^{k+1}(a-1)}{a^2 - 3a + 2}, \quad k = 0,1,2,\cdots$$

其中第一项和第二项与初始条件 y_0, y_{-1} 有关,称做系统输出的零输入响应,后面三项称做系统输出的零状态响应.$y_h(k)$由系统的特征根决定,称做系统输出的固有响应,$y_p(k)$由系统的输入决定,称做系统输出的强迫响应.由于系统特征根的值(或绝对值)大于或等于1,随着 k 的增加,$y_h(k)$发散,系统不稳定.对于这类系统,不存在暂态响应和稳态响应.

由以上七个例子可以看出线性离散系统和线性连续系统有着许多相似之处,尽管前者的输入-输出描述式是差分方程,后者是微分方程,但对于线性时变系统而言,两者都是变系

数(差分或微分)方程，对于线性非时变系统，两者都是常系数(差分或微分)方程. 对于线性系统而言，两者的输出响应都可分解成强迫响应和固有响应(或自由响应)之和，也可分解成零状态响应和零输入响应之和. 非时变离散系统只有在所有特征根的模都小于1时，系统才是稳定的；非时变连续系统要求所有特征根的实部为负数时，系统才是稳定的. 对于稳定系统，两者的响应都可分解成暂态响应和稳态响应之和.

2.1节曾将线性连续系统的输入和输出关系通过冲激响应函数 $g(t,\tau)$ 表达成下面的叠加积分

$$y(t)=\int_{-\infty}^{\infty}g(t,\tau)u(\tau)\mathrm{d}\tau,\quad t\in(-\infty,\infty) \tag{2.9b}$$

对于原始松弛的线性离散系统可用下面的叠加求和表示输入和输出之间关系

$$y(k)=\sum_{p=-\infty}^{\infty}g(k,p)u(p),\quad k=0,\pm 1,\pm 2,\cdots \tag{2.63}$$

式中 $g(k,p)$ 叫做加权序列或加权函数，它是线性离散系统对单位冲激序列 $\delta(k)$ 的响应，又叫做系统的单位冲激响应或单位取样响应. 单位冲激序列定义为

$$\delta(k)=\begin{cases}1, & k=0\\ 0, & k\text{ 为非零整数}\end{cases}$$

如果该离散系统又具有因果性，即它的输出与输入的未来值无关，则

$$y(k)=\sum_{p=-\infty}^{k}g(k,p)u(p),\quad k=0,\pm 1,\pm 2,\cdots \tag{2.64}$$

倘若系统在 k_0 时刻又是松弛的，式(2.64)转化成

$$y(k)=\sum_{p=k_0}^{k}g(k,p)u(p),\quad k=k_0,k_0+1,k_0+2,\cdots \tag{2.65}$$

如果系统是 k_0 时刻松弛的线性因果非时变离散系统，则输入、输出间关系表达成下面的卷积求和：

$$y(k)=\sum_{p=0}^{k}g(k-p)u(p),\quad k=0,1,2,\cdots \tag{2.66}$$

式中单位冲激响应记以 $g(k-p)$，是因为线性非时变离散系统的 $g(k,p)$ 仅仅是 $k-p$ 的函数，因此常常取 $k_0=0$. 对于多变量离散系统，式(2.63)、式(2.65)、式(2.66)中输入、输出分别采用 m 维向量 $\boldsymbol{u}(k)$ 和 r 维向量 $\boldsymbol{y}(k)$，单位冲激响应改为 $r\times m$ 单位冲激响应矩阵 $\boldsymbol{G}(k,p)$ 或 $\boldsymbol{G}(k-p)$. 显然它仍和线性连续系统中式(2.9b)、式(2.15)、式(2.19)等相对应. $\boldsymbol{G}(k,p)$ 中元素 $g_{ij}(k,p)$ 的解释也类似于 $\boldsymbol{G}(t,\tau)$ 中元素 $g_{ij}(t,\tau)$. 这些就不一一细述了. 下面仅以式(2.67)中差分方程为例，说明如何计算零状态条件下系统的单位冲激响应和输出响应. 在这方面希望了解得更多的读者可参考任何一本有关信号和线性系统的教科书，例如文献[7].

例 2.18　设

$$y(k+2)-3y(k+1)+2y(k)=3^{k+1},\quad k=0,1,2,\cdots \tag{2.67}$$

为计算单位冲激响应 $g(k)$，将方程改写为

$$g(k+2)-3g(k+1)+2g(k)=\delta(k),\quad k=0,1,2,\cdots \tag{2.68}$$

应用移位算子 S 得到

$$(S^2-3S+2)g(k)=\delta(k)$$

或

$$g(k)=\frac{1}{S^2-3S+2}\delta(k)\overset{\text{def}}{=}g(S)\delta(k)$$

$g(S)$称做转移算子,$g(S)=n(S)/d(S)$.本例中,因为$\deg d(S)>\deg n(S)$,单位冲激序列不会使$g(0)$发生跃变.这一点可用迭代法证明,设$g(-1)=g(-2)=0$,由式(2.68)得到

$$k=-2,\quad g(0)-3g(-1)+2g(-2)=\delta(-2),\quad g(0)=0$$
$$k=-1,\quad g(1)-3g(0)+2g(-1)=\delta(-1),\quad g(1)=0$$
$$k=0,\quad g(2)-3g(1)+2g(0)=\delta(0),\quad g(2)=1$$

不断迭代下去可得到

$$g(k)=(2^{k-1}-1)1(k-1) \tag{2.69}$$

式(2.69)中$1(k-1)$是单位阶跃序列$1(k)$的延迟单位时间.单位阶跃序列定义为

$$1(k)=\begin{cases}1, & k=0,1,2,\cdots\\0, & k=-1,-2,\cdots\end{cases}$$

由于单位冲激序列$\delta(k)$仅有$\delta(0)=1$,可将单位冲激响应视为由$\delta(0)$建立系统非零初始状态后的零输入响应.因此,本例可用$g(1)=0,g(2)=1$作为新的初始条件通过特征方程求解$g(k)$.由于特征根为1和2,设

$$g(k)=(C_1\cdot 1^{k-1}+C_2\cdot 2^{k-1})1(k-1)$$

令

$$g(1)=C_1+C_2=0,\quad g(2)=C_1+2C_2=1$$

解出$C_2=1,C_1=-1$.于是,得到相同结果

$$g(k)=(2^{k-1}-1)1(k-1)$$

倘若转移算子$g(S)$中$\deg n(S)\geqslant\deg d(S)$,$g(0)$将会跃变,不再保持为零.例如将式(2.68)中$\delta(k)$改为$\delta(k+2)$,则

$$g(s)=\frac{S^2}{S^2-3S+2}=1+\frac{3S-2}{S^2-3S+2}$$

$$g(k)=g(S)\delta(k)=\delta(k)+\frac{3S-2}{S^2-3S+2}\delta(k)$$

显然$g(k)$中$\delta(k)$使得$g(0)=1$不再是零.

解出系统的单位冲激响应$g(k)$后就可按式(2.66)采用卷积和计算输出的零状态响应$y_{zs}(k)$,即$k_0=0$时刻系统处于松弛状态下的输出.图2.17对$\bar{g}(k)=(2^k-1)1(k)$和3^{k+1}的卷积和作了图解说明.(相当于式(2.68)中用$\delta(k+1)$代替$\delta(k)$引起的单位冲激响应$\bar{g}(k)=g(k+1)$.)将图2.17(b)或图(2.17(c))的纵轴分别与图2.17(d)纵轴对齐,同一k上的函数值相乘后相加便得到$y(0)$或$y(2)$.

$$y(0)=0$$

$$y(2)=\begin{bmatrix}3 & 1\end{bmatrix}\begin{bmatrix}3\\9\end{bmatrix}=3\times3+1\times9=18$$

计算卷积求和的另一种方法是列表计算法.首先将$g(k)$(或$u(k)$)列成一行,再将$u(k)$或($g(k)$)列成一列,如表2.1所示.然后将$g(k)$和$u(k)$的乘积按序排成阵列.这一阵列由左下至右上的各对角线上元素之和便是相应的$y_{zs}(k)$.

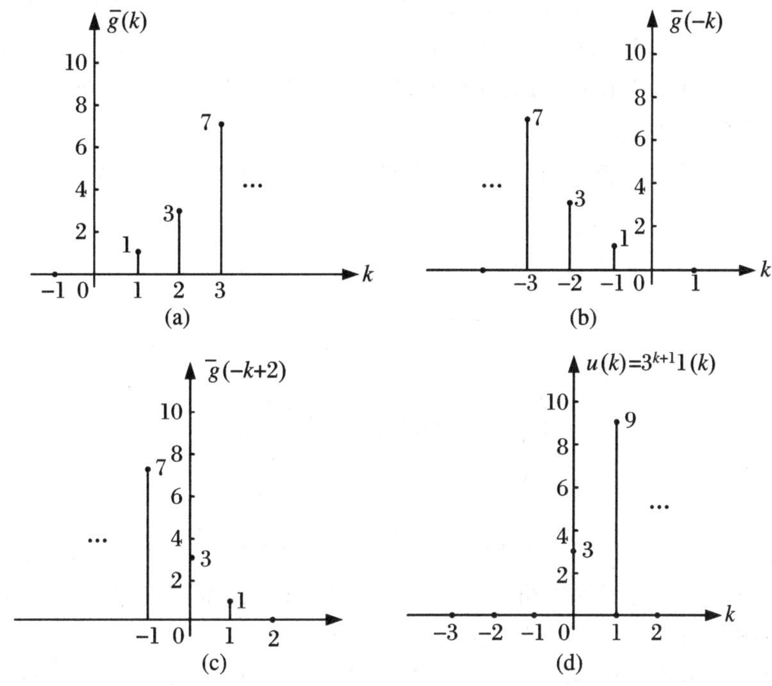

图 2.17　卷积求和说明图

表 2.1　卷积和列表计算法

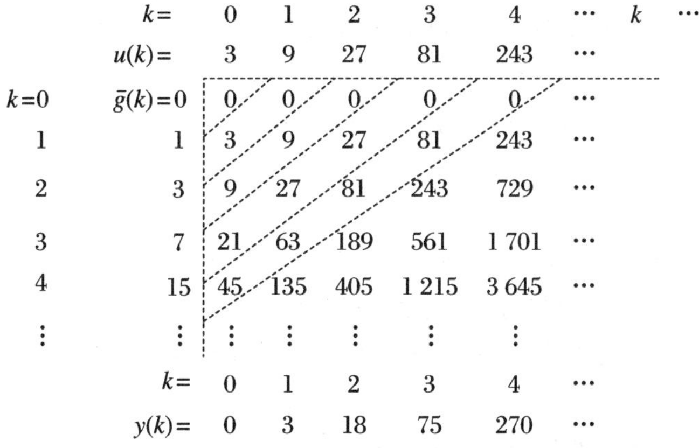

	$k=$	0	1	2	3	4	⋯	k	⋯
	$u(k)=$	3	9	27	81	243	⋯		
$k=0$	$\bar{g}(k)=0$	0	0	0	0	0	⋯		
1	1	3	9	27	81	243	⋯		
2	3	9	27	81	243	729	⋯		
3	7	21	63	189	561	1 701	⋯		
4	15	45	135	405	1 215	3 645	⋯		
⋮	⋮	⋮	⋮	⋮	⋮	⋮			
	$k=$	0	1	2	3	4	⋯		
	$y(k)=$	0	3	18	75	270	⋯		

用卷积和计算输出零状态响应适合在计算机上进行，缺点是往往得不到封闭解. 正如拉氏变换是分析线性非时变连续系统的有力工具一样，Z 变换是分析线性非时变离散系统的有力工具，而且得到的是封闭解.

序列$\{f(k),k=0,\pm 1,\pm 2,\cdots\}$的 Z **变换**定义为

$$Z_{bi}[f(k)]=\sum_{k=-\infty}^{\infty}f(k)z^{-k},\quad z\in\mathbf{C} \tag{2.70a}$$

$$Z[f(k)]=\sum_{k=0}^{\infty}f(k)z^{-k},\quad z\in\mathbf{C} \tag{2.70b}$$

式(2.70a)表示 $f(k)$ 的双边 Z 变换,式(2.70b)表示 $f(k)$ 的单边 Z 变换.显然若 $f(k)$ 为因果序列,即 $\{f(k),k=0,1,2,\cdots\}$,则 $Z_{bi}[f(k)]=Z[f(k)]$.对于线性非时变离散系统,可设 $k_0=0$,输入 $u(k)$ 和输出 $y(k)$ 都可视为因果序列,故采用单边 Z 变换比较方便.下面介绍几种常见序列的 Z 变换.

例 2.19 计算单位冲激序列 $\delta(k)$、单位阶跃序列 $1(k)$,以及指数序列 a^k,$e^{\alpha k}$ 的 Z 变换,$a,\alpha\in\mathbf{C}$.

$$Z[\delta(k)]=1$$

$$Z[1(k)]=\sum_{k=0}^{\infty}z^{-k}\Big|_{|z|>1}=\frac{1}{1-z^{-1}}=\frac{z}{z-1}$$

$$Z[a^k]=\sum_{k=0}^{\infty}a^kz^{-k}\Big|_{|z|>|a|}=\frac{1}{1-az^{-1}}=\frac{z}{z-a}$$

$$Z[e^{\alpha k}]=\sum_{k=0}^{\infty}e^{\alpha k}z^{-k}\Big|_{|z|>|e^{\alpha}|}=\frac{z}{z-e^{\alpha}}$$

在上述四个序列中,除 $\delta(k)$ 的 Z 变换在整个 Z 复平面中解析外,其余三个序列的 Z 变换都是在一定条件下才具有封闭的解析式,$|z|$ 所满足的条件称做相应 Z 变换的收敛域.例如 $Z[1(k)]$ 的收敛域是 Z 复平面中单位圆外部的区域,$|z|>1$,$\rho=1$ 称为它的收敛半径.

Z 变换具有许多十分有用的性质.这里仅介绍其中的线性特性和移位特性,其他性质列在表 2.5 中,常见序列的卷积和、系统转移算子及其对应的单位冲激响应和典型序列的单边 Z 变换表分别列在表 2.2、表 2.3 和表 2.4 中.

线性特性 若离散序列的 $f_1(k)$,$f_2(k)$ 的 Z 变换和收敛半径分别为 $F_1(z)$,$F_2(z)$ 和 ρ_1,ρ_2,设 a_1 和 a_2 为任意两个常数,则 $a_1f_1(k)+a_2f_2(k)$ 的 Z 变换和收敛半径分别为 $a_1F_1(z)+a_2F_2(z)$ 和 $\rho=\max(\rho_1,\rho_2)$.或者写成,如果

$$F_1(z)=Z[f_1(k)],\quad |z|>\rho_1$$

$$F_2(z)=Z[f_2(k)],\quad |z|>\rho_2$$

则

$$\alpha_1F_1(z)+\alpha_2F_2(z)=Z[\alpha_1f_1(k)+\alpha_2f_2(k)],\quad |z|>\max(\rho_1,\rho_2),\quad \alpha_1,\alpha_2\in C$$

根据 Z 变换定义很容易得到这一结论,证明略.

移位特性 设 $f(k)$ 为因果序列,$Z[f(k)]=F(z)$,收敛半径为 ρ,则 $f(k\mp m)$,$m>0$ 的 Z 变换为

$$Z[f(k-m)]=z^{-m}F(z),\quad |z|>\rho$$

$$Z[f(k+m)]=z^mF(z)-z^m\sum_{k=0}^{m-1}f(k)z^{-k},\quad |z|>\rho$$

证明 直接计算得

$$F(z)=f(0)+f(1)z^{-1}+f(2)z^{-2}+\cdots+f(m)z^{-m}+\cdots$$

$$\begin{aligned}Z[f(k-m)]&=f(0)z^{-m}+f(1)z^{-m-1}+f(2)z^{-m-2}+\cdots\\&=Z^{-m}[f(0)+f(1)z^{-1}+f(2)z^{-2}+\cdots]\\&=z^{-m}F(z),\quad |z|>\rho\end{aligned}$$

$$Z[f(k+m)]=f(m)+f(m+1)z^{-1}+f(m+2)z^{-2}+\cdots$$

$$= z^m[f(0) + f(1)z^{-1} + f(2)z^{-2} + \cdots + f(m)z^{-m} + \cdots]$$
$$- z^m[f(0) + f(1)z^{-1} + f(2)z^{-2} + \cdots + f(m-1)z^{-m+1}]$$
$$= z^m F(z) - z^m \sum_{k=0}^{m-1} f(k)z^{-k}, \quad |z| > \rho$$

特别对于 $m=1$,有

$$Z[f(k+1)] = zF(z) - zf(0)$$

Z 变换实质上是离散拉氏变换. 众所周知,式(2.71)是一对拉氏变换和反拉氏变换公式

$$F(s) = \int_0^{\infty} f(t)e^{-st}dt \tag{2.71a}$$

$$f(t) = \frac{1}{2\pi j}\int_{\sigma-j\infty}^{\sigma+j\infty} F(s)e^{st}dt \tag{2.71b}$$

表 2.2　卷积和表

编号	$f_1(k)$	$f_2(k)$	$f_1(k) * f_2(k) = f_2(k) * f_1(k)$
1	$\delta(k)$	$f(k)$	$f(k)$
2	ν^k	$u(k)$	$(1-\nu^{k+1})/(1-\nu)$
3	$e^{\lambda kT}$	$u(k)$	$[1-e^{\lambda(k+1)T}]/(1-e^{\lambda T})$
4	$u(k)$	$u(k)$	$k+1$
5	ν_1^k	ν_2^k	$(\nu_1^{k+1}-\nu_2^{k+1})/(\nu_1-\nu_2),\quad \nu_1 \neq \nu_2$
6	$e^{\lambda_1 kT}$	$e^{\lambda_2 kT}$	$[e^{\lambda_1(k+1)T}-e^{\lambda_2(k+1)T}]/(e^{\lambda_1 T}-e^{\lambda_2 T}),\quad \lambda_1 \neq \lambda_2$
7	ν^k	ν^k	$(k+1)\nu^k$
8	e	e	$(k+1)$e
9	ν^k	ν^k	$\frac{k}{1-\nu}+\frac{\nu(\nu^k-1)}{(1-\nu)^2}$
10	e	k	$\frac{k}{1-e^{\lambda T}}+\frac{e^{\lambda T}(e-1)}{(1-e)^2}$
11	k	k	$\frac{1}{6}k(k-1)(k+1)$
12	$e\cos(\beta kT+\theta)$	e	$\frac{e\cos[\beta(k+1)T+\theta-\varphi]-e^{\lambda(k+1)T}\cdot\cos(\theta-\varphi)}{\sqrt{e^{2\alpha T}+e^{2\lambda T}-2e^{(\alpha+\lambda)T}\cos\beta T}}$ 其中 $\varphi=\arctan[e^{\alpha T}\sin\beta T/(e^{\alpha T}\cos\beta T-e^{\lambda T})]$

表 2.3　系统的转移算子及其对应的单位冲激响应

编号	$H(s)$	$h(k)$
1	1	$\delta(k)$
2	$\frac{1}{s-\nu}$	$\nu^{k-1}\cdot u(k-1)$
3	$\frac{1}{s-e^{\lambda T}}$	$e^{\lambda(k-1)T}\cdot u(k-1)$

续表

编号	$H(s)$	$h(k)$
4	$\dfrac{s}{s-\nu}$	$\nu^k \cdot u(k)$
5	$\dfrac{s}{s-e^{\lambda T}}$	$e^{\lambda kT} \cdot u(k)$
6	$A\dfrac{s}{s-\nu}+A*\dfrac{s}{s-\nu^*}$ $A=re^{j\theta},\nu=e^{(\alpha+j\beta)T}$	$2re^{\alpha kT}\cos(\beta kT+\theta)\cdot u(k)$
7	$\dfrac{s}{(s-\nu)^2}$	$k\nu^{k-1} \cdot u(k)$
8	$\dfrac{s}{(s-e^{\lambda T})^2}$	$ke^{\lambda(k-1)T} \cdot u(k)$
9	$\dfrac{s}{(s-\nu)^n}$	$\dfrac{1}{(n-1)!}k(k-1)(k-2)\cdots(k-n+2)\nu^{k-n+1} \cdot u(k)$
10	$\dfrac{s}{(s-e^{\lambda T})^n}$	$\dfrac{1}{(n-1)!}k(k-1)(k-2)\cdots(k-n+2)e^{\lambda(k-n+1)T} \cdot u(k)$

表 2.4　典型序列的 Z 变换

序号	序列	Z 变换	收敛域
	$f(k)$	$F(z)=\sum_{k=0}^{\infty}f(k)z^{-k}$	$\lvert z\rvert>R$
1	$\delta(k)$	1	$\lvert z\rvert\geqslant 0$
2	$\delta(k-m)$ $(m>0)$	z^{-m}	$\lvert z\rvert>0$
3	$u(k)$	$\dfrac{z}{z-1}$	$\lvert z\rvert>1$
4	k	$\dfrac{z}{(z-1)^2}$	$\lvert z\rvert>1$
5	k^2	$\dfrac{z(z+1)}{(z-1)^3}$	$\lvert z\rvert>1$
6	k^3	$\dfrac{z(z^2+4z+1)}{(z-1)^4}$	$\lvert z\rvert>1$
7	k^4	$\dfrac{z(z^3+11z^2+11z+1)}{(z-1)^5}$	$\lvert z\rvert>1$
8	k^5	$\dfrac{z(z^4+26z^3+66z^3+26z+1)}{(z-1)^6}$	$\lvert z\rvert>1$
9	a^k	$\dfrac{z}{z-a}$	$\lvert z\rvert>\lvert a\rvert$
10	ka^k	$\dfrac{az}{(z-a)^2}$	$\lvert z\rvert>\lvert a\rvert$

续表

序号	序　列	Z 变 换	收敛域
11	k^2a^k	$\dfrac{az(z+a)}{(z-a)^3}$	$\|z\|>\|a\|$
12	k^3a^k	$\dfrac{az(z^2+4az+a^2)}{(z-a)^4}$	$\|z\|>\|a\|$
13	k^4a^k	$\dfrac{az(z^3+11az^2+11a^2z+a^3)}{(z-a)^5}$	$\|z\|>\|a\|$
14	k^5a^k	$\dfrac{az(z^4+26az^3+66a^2z^2+26a^3z+a^4)}{(z-a)^6}$	$\|z\|>\|a\|$
15	$(k+1)a^k$	$\dfrac{z^2}{(z-a)^2}$	$\|z\|>\|a\|$
16	$\dfrac{(k+1)\cdots(k+m)a^k}{m!}$ $(m\geqslant 1)$	$\dfrac{z^{m+1}}{(z-a)^{m+1}}$	$\|z\|>\|a\|$
17	e^{bk}	$\dfrac{z}{z-e^b}$	$\|z\|>\|e^b\|$
18	$e^{jk\omega_0}$	$\dfrac{z}{z-e^{j\omega_0}}$	$\|z\|>1$
19	$\sin k\omega_0$	$\dfrac{z\sin\omega_0}{z^2-2z\cos\omega_0+1}$	$\|z\|>1$
20	$\cos k\omega_0$	$\dfrac{z(z-\cos\omega_0)}{z^2-2z\cos\omega_0+1}$	$\|z\|>1$
21	$\beta^k\sin k\omega_0$	$\dfrac{\beta z\sin\omega_0}{z^2-2\beta z\cos\omega_0+\beta^2}$	$\|z\|>\|\beta\|$
22	$\beta^k\cos k\omega_0$	$\dfrac{z(z-\beta\cos\omega_0)}{z^2-2\beta z\cos\omega_0+\beta^2}$	$\|z\|>\|\beta\|$
23	$\sin(k\omega_0+\theta)$	$\dfrac{z[z\sin\theta+\sin(\omega_0-\theta)]}{z^2-2z\cos\omega_0+1}$	$\|z\|>1$
24	$\cos(k\omega_0+\theta)$	$\dfrac{z[z\cos\theta-\cos(\omega_0-\theta)]}{z^2-2z\cos\omega_0+1}$	$\|z\|>1$
25	$ka^k\sin k\omega_0$	$\dfrac{z(z-a)(z+a)a\sin\omega_0}{[z^2-2az\cos\omega_0+a^2]^2}$	
26	$ka^k\cos k\omega_0$	$\dfrac{az[z^2\cos\omega_0-2az+a^2\cos\omega_0]}{[z^2-2az\cos\omega_0+a^2]^2}$	
27	$\mathrm{sh}k\omega_0$	$\dfrac{z\,\mathrm{sh}\omega_0}{z^2-2z\,\mathrm{ch}\omega_0+1}$	
28	$\mathrm{ch}k\omega_0$	$\dfrac{z(z-\mathrm{ch}\omega_0)}{z^2-2z\,\mathrm{ch}\omega_0+1}$	
29	$\dfrac{a^k}{k!}$	$e^{\frac{a}{z}}$	

续表

序号	序列	Z 变换	收敛域
30	$\frac{1}{(2k)!}$	$\mathrm{ch}(z^{-\frac{1}{2}})$	
31	$\frac{(\ln a)^k}{k!}$	$a^{1/2}$	
32	$\frac{1}{k}(k=1,2,\cdots)$	$\ln\frac{z}{z-1}$	
33	$\frac{k(k-1)}{2!}$	$\frac{z}{(z-1)^3}$	
34	$\frac{k(k-1)\cdots(k-m+1)}{m!}$	$\frac{z}{(z-1)^{m+1}}$	

表 2.5　单边 Z 变换的性质

名称	时域　　$f(k)\leftrightarrow F(z)$	z 域
定义	$f(k)=\frac{1}{2\pi j}\oint_C F(z)z^{k-1}\mathrm{d}z$	$F(z)=\sum_{k=0}^{\infty}f(k)z^{-k}$，$\mid z\mid>\rho_0$
线性	$a_1f_1(k)+a_2f_2(k)$	$a_1F_1(z)+a_2F_2(z)$，$\mid z\mid>\max(\rho_1,\rho_2)$
移位	$f(k-m)u(k)$	$z^{-m}F(z)+z^{-m}\sum_{k=0}^{m-1}f(k)z^{-k}$
	$f(k-m)u(k-m)$	$z^{-m}F(z)$，$\mid z\mid>\rho_0$
	$f(k+m)u(k)$	$z^mF(z)-z^m\sum_{k=0}^{m-1}f(k)z^{-k}$
时域乘 a^k	$a^kf(k)$	$F\left(\frac{z}{a}\right)$，$\mid z\mid>\mid a\mid\rho_0$
时域卷积	$f_1(k)*f_2(k)$	$F_1(z)F_2(z)$，$\mid z\mid>\max(\rho_1,\rho_2)$
时域相乘	$f_1(k)f_2(k)$	$\frac{1}{2\pi j}\oint_C\frac{F_1(\eta)F_2\left(\frac{z}{\eta}\right)}{\eta}\mathrm{d}\eta$，$\mid z\mid>\rho_1\rho_2$，$\frac{\mid z\mid}{\rho_2}>\mid C\mid>\rho_1$
z 域微分	$k^mf(k)$	$\left(-z\frac{\mathrm{d}}{\mathrm{d}z}\right)^mF(z)$，$\mid z\mid>\rho_0$
z 域积分	$\frac{f(k)}{k+m}$，$k+m>0$	$z^m\int_z^{\infty}\frac{F(\eta)}{\eta^{m+1}}\mathrm{d}\eta$，$\mid z\mid>\rho_0$
	$\frac{f(k)}{k}$，$k>0$	$\int_z^{\infty}\frac{F(\eta)}{\eta}\mathrm{d}\eta$
部分和	$\sum_{i=0}^{k}f(i)$	$\frac{z}{z-1}F(z)$，$\mid z\mid>\max(1,\rho_0)$

续表

名称	时域　　$f(k)\leftrightarrow F(z)$　　z 域
初值定理	$f(0)=\lim\limits_{z\to\infty}F(z)$
	$f(m)=\lim\limits_{k\to\infty}z^m\left[F(z)-\sum\limits_{i=0}^{m-1}f(i)z^{-i}\right]$
终值定理	$\lim\limits_{k\to\infty}f(k)=\lim\limits_{z\to1}\dfrac{z-1}{z}F(z),\rho_0<1$

若用冲激序列 $\delta_T(t)\overset{\text{def}}{=}\sum\limits_{k=0}^{\infty}\delta(t-kT_s)$ 对 $f(t)$ 取样，T_s 为取样周期，则得到

$$\{f(kT_s)\}=f(t)\delta_T(t)=\sum_{k=0}^{\infty}f(kT_s)\delta(t-kT_s)\tag{2.72}$$

$$\begin{aligned}\mathscr{L}[f(t)\delta_T(t)]&=\int_0^\infty\left[\sum_{k=0}^{\infty}f(kT_s)\delta(t-kT_s)\right]\mathrm{e}^{-st}\mathrm{d}t\\&=\sum_{k=0}^{\infty}\int_0^\infty f(kT_s)\delta(t-kT_s)\mathrm{e}^{-st}\mathrm{d}t\\&=\sum_{k=0}^{\infty}f(kT_s)[\mathrm{e}^{sT_s}]^{-k}\end{aligned}\tag{2.73}$$

以 $f(k)$表示 $f(kTs)$并令 $z=\mathrm{e}^{sT_s}$，则式(2.73)变成

$$\mathscr{Z}[f(t)\delta_T(t)]=\sum_{k=0}^{\infty}f(k)z^{-k}=F(z)\tag{2.74}$$

由已知的 $F(z)$确定相应的 $f(k)$谓之反变换，这个问题可通过查表 2.4 解决，通常用幂级数展开法和部分分式展开法. 下面以例 2.20 为例说明如何应用 Z 变换、反 Z 变换解差分方程.

例 2.20　$y(k+2)-3y(k+1)+2y(k)=3^{k+1},\quad k=0,1,2,\cdots$

$y(0)=y_0,\quad y(1)=y_1$

对方程两边取 Z 变换，得到

$$(z^2-3z+2)Y(z)-z^2y_0+3zy_0-zy_1=\frac{3z}{z-3}$$

$$Y(z)=\frac{(z^2-3z)y_0+zy_1}{z^2-3z+2}+\frac{3z}{(z^2-3z+2)(z-3)}$$

$$\begin{aligned}\frac{Y(z)}{z}&=\frac{z-3}{(z-1)(z-2)}y_0+\frac{1}{(z-1)(z-2)}y_1+\frac{3}{(z-1)(z-2)(z-3)}\\&=\left(\frac{2}{z-1}-\frac{1}{z-2}\right)y_0+\left(\frac{1}{z-2}-\frac{1}{z-1}\right)y_1+\frac{3/2}{z-3}-\frac{3}{z-2}+\frac{3/2}{z-1}\end{aligned}$$

$$Y(z)=\left(\frac{2z}{z-1}-\frac{z}{z-2}\right)y_0+\left(\frac{z}{z-2}-\frac{z}{z-1}\right)y_1+\frac{\frac{3}{2}z}{z-3}+\frac{\frac{3}{2}z}{z-1}-\frac{3z}{z-2}$$

$$y(k)=(2-2^k)y_0+(2^k-1)y_1+\left(\frac{3}{2}\cdot3^k+\frac{3}{2}-3\cdot2^k\right),\quad k=0,1,2,\cdots\tag{2.75}$$

式(2.75)清楚地指明输出含有前两项组成的零输入响应和第三项零状态响应.

现在讨论 $k_0=0$ 时刻线性非时变因果离散系统的传递函数 $g(z)$.因为这类系统的单位冲激响应 $g(k)$ 在 $k<0$ 条件下为零.式(2.66)表达的卷积求和可记为

$$y(k)=\sum_{p=0}^{\infty}g(k-p)u(p)$$

根据 Z 变换定义(或直接引用 Z 变换时域卷积定理)有

$$\begin{aligned}y(z)&=\sum_{k=0}^{\infty}\Big[\sum_{p=0}^{\infty}g(k-p)u(p)\Big]z^{-k}\\&=\sum_{k=0}^{\infty}\sum_{p=0}^{\infty}g(k-p)z^{-(k-p)}u(p)z^{-p}\\&=\sum_{p=0}^{\infty}\Big(\sum_{n=0}^{\infty}g(n)z^{-n}\Big)u(p)z^{-p}\\&=g(z)u(z)\end{aligned}\tag{2.76}$$

式中 $g(z)=Z[g(k)]$,$u(z)=Z[u(k)]$.式(2.66)是这类系统时域内输入-输出描述式,式(2.76)则是频域内输入-输出描述式.函数 $g(z)$ 称做单变量离散系统的传递函数或取样传递函数.对于多变量线性非时变离散系统,式(2.66)和式(2.76)可推广成式(2.77)和式(2.78):

$$\boldsymbol{y}(k)=\sum_{p=0}^{k}\boldsymbol{G}(k-p)\boldsymbol{u}(p)\tag{2.77}$$

$$\boldsymbol{y}(z)=\boldsymbol{G}(z)\boldsymbol{u}(z)\tag{2.78}$$

$\boldsymbol{G}(k)$ 和 $\boldsymbol{G}(z)$ 分别称为单位冲激响应矩阵和传递函数矩阵,$\boldsymbol{G}(z)=Z[\boldsymbol{G}(k)]$.

回顾前述,可见线性离散系统和线性连续系统确实在许多方面十分相似.正是这些相似之处决定了 2.2 节中状态的定义对离散系统也是适用的.例如说在决定初始时刻 k_0 并非松弛的系统的输出时,除了必须知道 k_0 及 k_0 以后的输入,还必须知道一组必不可少的数据.这组数据堪称系统在 k_0 时刻的状态.实际上,前面将 n 阶差分方程的 n 个初始条件数据已视为系统的初始状态并把输出分解为零输入响应和零状态响应两部分.今后将分别用式(2.79)和式(2.80)描述线性时变离散系统和线性非时变离散系统:

$$\left.\begin{aligned}\boldsymbol{x}(k+1)&=\boldsymbol{A}(k)\boldsymbol{x}(k)+\boldsymbol{B}(k)\boldsymbol{u}(k),\quad \boldsymbol{x}(k_0)=\boldsymbol{x}_0\\\boldsymbol{y}(k)&=\boldsymbol{C}(k)\boldsymbol{x}(k)+\boldsymbol{D}(k)\boldsymbol{u}(k),\quad k=k_0,k_0+1,\cdots\end{aligned}\right\}\tag{2.79}$$

$$\left.\begin{aligned}\boldsymbol{x}(k+1)&=\boldsymbol{A}\boldsymbol{x}(k)+\boldsymbol{B}\boldsymbol{u}(k),\quad \boldsymbol{x}(0)=\boldsymbol{x}_0\\\boldsymbol{y}(k)&=\boldsymbol{C}\boldsymbol{x}(k)+\boldsymbol{D}\boldsymbol{u}(k),\quad k=0,1,2,\cdots\end{aligned}\right\}\tag{2.80}$$

对于线性非时变动态方程可用图 2.18 那样的框图仿真.对式(2.80)等号的两边取 Z 变换,有

$$\begin{aligned}z\boldsymbol{x}(z)-z\boldsymbol{x}_0&=\boldsymbol{A}\boldsymbol{x}(z)+\boldsymbol{B}\boldsymbol{u}(z)\\\boldsymbol{y}(z)&=\boldsymbol{C}\boldsymbol{x}(z)+\boldsymbol{D}\boldsymbol{u}(z)\end{aligned}$$

整理得到

$$\boldsymbol{x}(z)=(z\boldsymbol{I}-\boldsymbol{A})^{-1}z\boldsymbol{x}_0+(z\boldsymbol{I}-\boldsymbol{A})^{-1}\boldsymbol{B}\boldsymbol{u}(z)\tag{2.81a}$$

$$\boldsymbol{y}(z)=\boldsymbol{C}(z\boldsymbol{I}-\boldsymbol{A})^{-1}z\boldsymbol{x}_0+\boldsymbol{C}(z\boldsymbol{I}-\boldsymbol{A})^{-1}\boldsymbol{B}\boldsymbol{u}(z)+\boldsymbol{D}\boldsymbol{u}(z)\tag{2.81b}$$

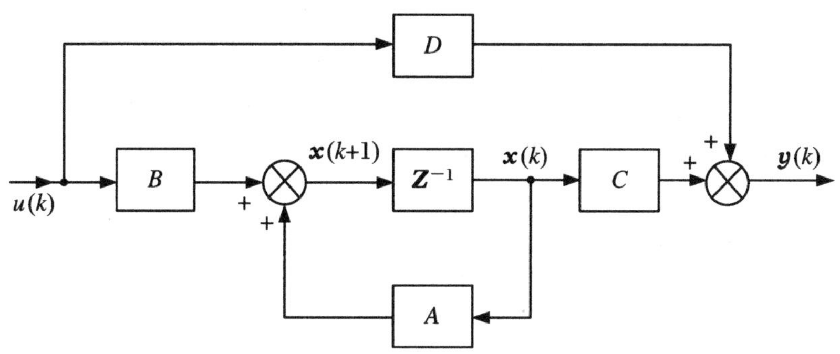

图 2.18 离散系统动态方程的矩阵框图

这些都是代数方程.如果 $\boldsymbol{x}_0=\boldsymbol{0}_x$,输出的频域的零状态响应为

$$\boldsymbol{y}_{zs}(z)=[\boldsymbol{C}(z\boldsymbol{I}-\boldsymbol{A})^{-1}\boldsymbol{B}+\boldsymbol{D}]\boldsymbol{u}(z)\overset{\text{def}}{=}\boldsymbol{G}(z)\boldsymbol{u}(z) \tag{2.82}$$

其中

$$\boldsymbol{G}(z)=\boldsymbol{C}(z\boldsymbol{I}-\boldsymbol{A})^{-1}\boldsymbol{B}+\boldsymbol{D} \tag{2.83}$$

对照式(2.83)和式(2.35)可看出,线性非时变的离散系统和相应的连续系统的传递函数矩阵形式上是一样的.具有实际意义的传递函数矩阵 $\boldsymbol{G}(z)$应是真有理函数矩阵.非真有理函数矩阵 $\boldsymbol{G}(z)$不能描述因果系统,以单变量系统为例,若

$$g(z)=\frac{z^2+2}{z-1}=z+1+3z^{-1}+3z^{-2}+\cdots$$

其逆变换$\{g(k)\}$中 $g(-1)=1\neq 0$,说明原来 $k_0=0$ 时刻松弛的系统 $g(-1)=0$,受到 $\delta(0)$的激励产生了响应.所以,这样的系统不是因果系统.这与实际系统都是因果系统不符.这里阐述的原因与连续系统情况不同,那是因为非真有理函数矩阵 $\boldsymbol{G}(t)$会放大高频噪声.

最后举例说明从实际问题中列出离散系统的动态方程.

例 2.21 假设某城市感染了一种流行病,为预测流行病的感染趋势和研究对策,需建立数学模型,将每天城市人口按病况分成四类作为状态,$x_1(k)$:对病敏感人数;$x_2(k)$已染病人数;$x_3(k)$已免疫人数(病愈获得免疫或敏感后获免疫);$x_4(k)$:因病死亡人数.假设每天敏感者转成免疫者占百分比为 α,敏感后成为患者占百分比为 β;病人被治愈者占百分比为 δ,而不幸死亡者占百分比为 γ,还假设每天新敏感者和新病人数目分别为 $u_1(k)$和 $u_2(k)$,统计数据为每天获免疫人数与死亡人数.

由于

$$\text{敏感者 } x_1(k)\text{ 变成}\begin{cases}\text{病人为 }\beta x_1(k)\\ \text{免疫者 }\alpha x_1(k)\\ \text{仍为敏感者}(1-\alpha-\beta)x_1(k)\end{cases}$$

$$\text{病人 } x_2(k)\text{ 变成}\begin{cases}\text{免疫者 }\delta x_2(k)\\ \text{死亡者 }\gamma x_2(k)\\ \text{病人}(1-\delta-\gamma)x_2(k)\end{cases}$$

免疫者和死亡者将分别仍为免疫者和死亡者,这样便得到

$$\begin{bmatrix} x_1(k+1) \\ x_2(k+1) \\ x_3(k+1) \\ x_4(k+1) \end{bmatrix} = \begin{bmatrix} 1-\alpha-\beta & 0 & 0 & 0 \\ \beta & 1-\delta-\gamma & 0 & 0 \\ \alpha & \delta & 1 & 0 \\ 0 & \gamma & 0 & 1 \end{bmatrix} \begin{bmatrix} x_1(k) \\ x_2(k) \\ x_3(k) \\ x_4(k) \end{bmatrix} + \begin{bmatrix} 1 & 0 \\ 0 & 1 \\ 0 & 0 \\ 0 & 0 \end{bmatrix} \begin{bmatrix} u_1(k) \\ u_2(k) \end{bmatrix}$$

$$\begin{bmatrix} y_1(k) \\ y_2(k) \end{bmatrix} = \begin{bmatrix} 0 & 0 & 1 & 0 \\ 0 & 0 & 0 & 1 \end{bmatrix} \begin{bmatrix} x_1(k) \\ x_2(k) \\ x_3(k) \\ x_4(k) \end{bmatrix}$$

例 2.22 设有一离散系统的仿真框图如图 2.19,试写出它的动态方程.

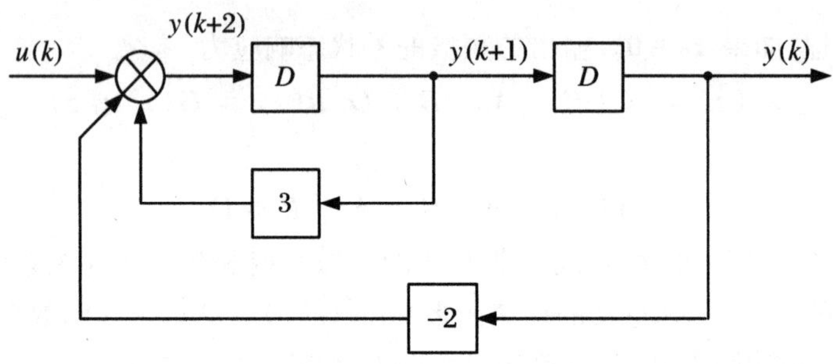

图 2.19 例 2.20 中离散系统

选取相变量 $y(k)$,$y(k+1)$作为状态变量,即

$$x_1(k) = y(k), \quad x_2(k) = y(k+1)$$

得到

$$\begin{bmatrix} x_1(k+1) \\ x_2(k+1) \end{bmatrix} = \begin{bmatrix} 0 & 1 \\ -2 & 3 \end{bmatrix} \begin{bmatrix} x_1(k) \\ x_2(k) \end{bmatrix} + \begin{bmatrix} 0 \\ 1 \end{bmatrix} u(k)$$

$$y(k) = \begin{bmatrix} 1 & 0 \end{bmatrix} \begin{bmatrix} x_1(k) \\ x_2(k) \end{bmatrix}$$

习 题 2

2.1 试写出题 2.1 图中机械系统输入-输出描述式和状态空间描述式,其中 f 是缓冲器的黏滞摩擦系数,k_1 和 k_2 分别为弹簧的弹性系数,m 为质量,y_1 和 y_2 表示位移即输出量,$u(t)$为外力.

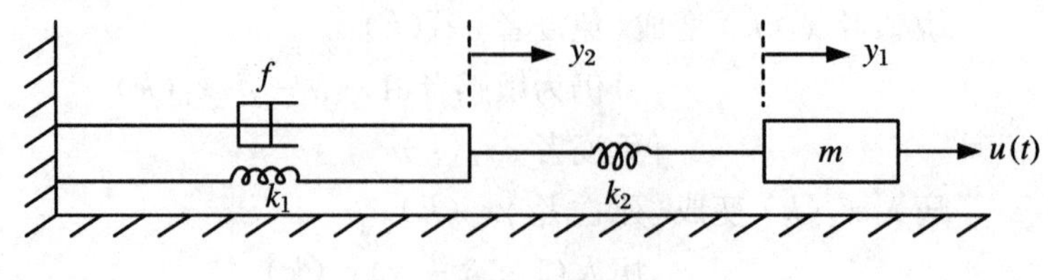

题 2.1 图

2.2　试列写出题 2.2 图中机械系统的输入-输出描述式和状态空间描述式. 和题 2.1 一样，f_1 和 f_2 分别是两个缓冲器的黏滞摩擦系数，k_1 和 k_2 分别为两个弹簧的弹性系数，m_1 和 m_2 分别为两个物体的质量，$f(t)$ 为外力，以两个物体的位移作为输出量.

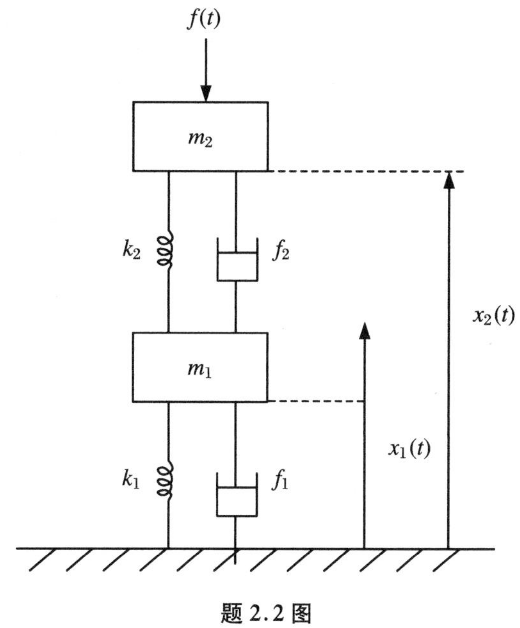

题 2.2 图

2.3　题 2.3 图展示的是两个双摆自动搜索平衡系统，假设摆在平面内运动且不发生碰撞，试推导 θ_1 和 θ_2 均很小的情况下，题 2.3 图(a)或题 2.3 图(b)中双摆自动搜索平衡系统经线性化后的动态方程和传递函数矩阵.

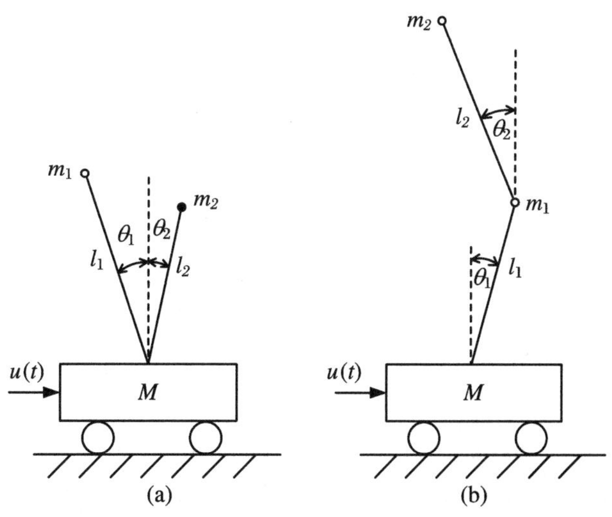

题 2.3 图

2.4　试求题 2.4 图中双摆在 θ_1 和 θ_2 很小的情况下线性化后的动态方程和传递函数矩阵，

设 θ_1 和 θ_2 为输出，假设没有空气阻力.

2.5　题 2.5 图为两个水槽及连通管示意图. 已知水槽 1 的断面面积为 s_1，水位为 x_1，水槽 2 的断面面积为 s_2，水位为 x_2，R_1，R_2 和 R_3 分别为三条管道的阻力，u 为单位时间的注入量，y_1 和 y_2 为两条管道各自的单位时间流出量，求以 x_1，x_2 为状态变量的状态方程，以及单位时间总流出量为输出 y 的输出方程.（提示：$y_i = x_i/R_i$，$i=1,2,3$.）

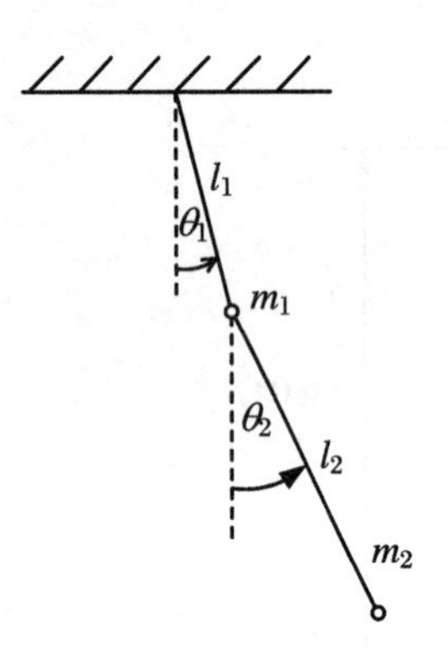

题 2.4 图

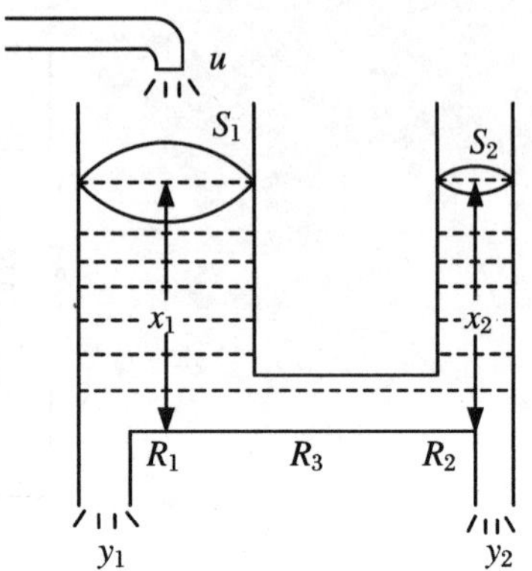

题 2.5 图

2.6　根据下列系统的输入-输出描述式导出它们的状态空间描述式：

(a) $\ddot{y}(t)+5\dot{y}(t)+6y(t)=u(t)$；

(b) $\ddot{y}(t)+2\dot{y}(t)+y(t)=\dot{u}(t)+3u(t)$；

(c) $\ddot{y}_1(t)+3\dot{y}_1(t)+y_2(t)=2\dot{u}_1(t)+3u_2(t)+\dot{u}_2(t)$，

$\ddot{y}_2(t)+4\dot{y}_2(t)+y_1(t)=\dot{u}_2(t)+3u_1(t)$；

(d) $m_1\ddot{y}_1(t)+2ky_1(t)-ky_2(t)=u(t)$，$m_2\ddot{y}_2(t)+2ky_2(t)-ky_1(t)=0$；

(e) $\ddot{y}_1(t)+\mathrm{e}^{-t^2}\dot{y}(t)+\mathrm{e}^t y(t)=u(t)$.

2.7　根据题 2.7 图中系统的模拟框图写出它们的动态方程.

2.8　试导出题 2.8 图中电路的状态方程并画出其模拟框图. 注意，题 2.8(c) 图中 k 表示理想电压放大器，即 $v_2=kv_1$，输入阻抗无限大，输出阻抗为零.

2.9　设某人第 k 月初在银行存款总数为 $x(k)$. 第 k 月取款为 $t(k)$，存款为 $s(k)$. 试写出描述他存款情况的差分方程.

2.10　已知离散系统的输入-输出描述式如下：

$$y_1(k+3)+6[y_1(k+2)-y_3(k+2)]+2y_1(k+1)+y_2(k+1)+y_1(k)-2y_3(k) = u_1(k)+u_2(k+1)$$

$$y_2(k+2)+3y_2(k+1)-y_1(k+1)+5y_2(k)+y_3(k) = u_1(k)+u_2(k)+u_3(k)$$

$$y_3(k+1)+2y_3(k)-y_2(k)=u_3(k)-u_2(k)+7u_3(k+1)$$

应用单位延迟器、乘法器和加法器组成这一离散系统的仿真系统，挑选状态变量并写出它的状态空间描述式.

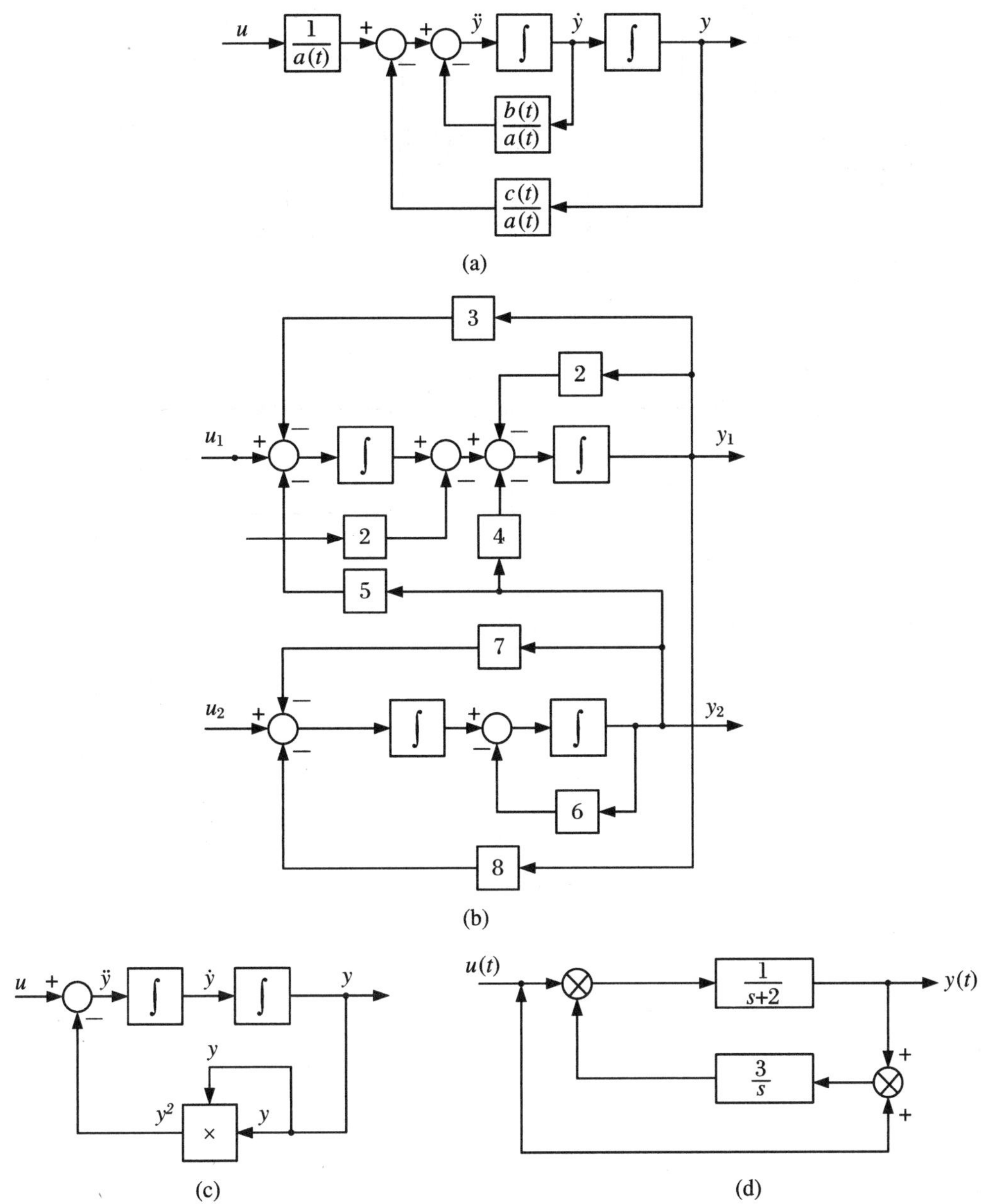
u
$\frac{1}{a(t)}$
$\ddot{y}$
$\dot{y}$
y
$\frac{b(t)}{a(t)}$
$\frac{c(t)}{a(t)}$
(a)
3
2
u_1
y_1
2
4
5
7
u_2
y_2
6
8
(b)
u
$\ddot{y}$
$\dot{y}$
y
y
y^2
×
y
(c)
u(t)
$\frac{1}{s+2}$
y(t)
$\frac{3}{s}$
(d)

题 2.7 图

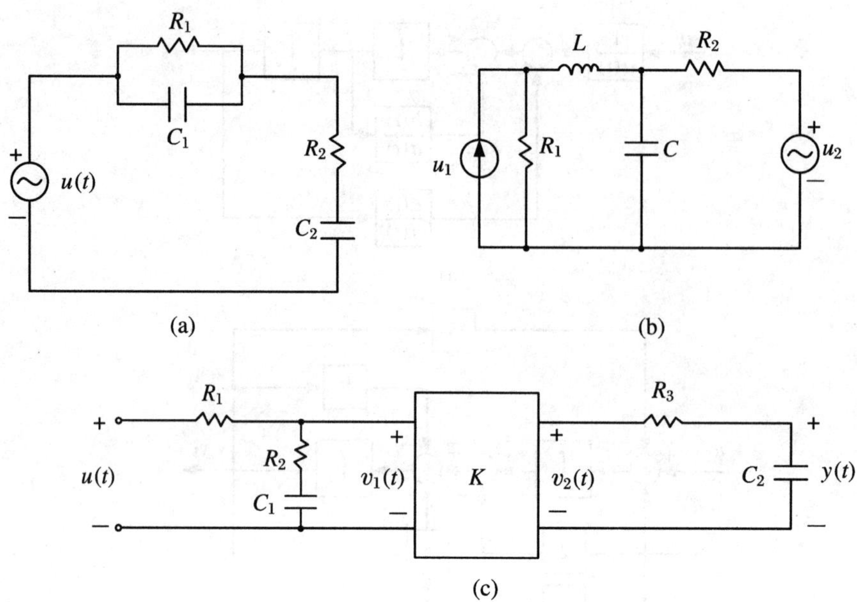

图题 2.8

第3章　系统的状态响应和输出响应

2.3节指出任何一个实际系统，严格地说都具有非线性和时变特性．只是在适当的时间范围内并通过线性化处理才能将一个实际系统在允许的工作范围内视为线性非时变系统．因此就一般意义来说，描述连续时间系统的动态方程应为式(2.28)，即

$$\begin{array}{ll}\text{状态方程} & \dot{\boldsymbol{x}}(t) = \boldsymbol{f}[\boldsymbol{x}(t),\boldsymbol{u}(t),t], \\ \text{输出方程} & \boldsymbol{y}(t) = \boldsymbol{h}[\boldsymbol{x}(t),\boldsymbol{u}(t),t],\end{array} \quad t \in (-\infty,\infty) \tag{2.28}$$

其中 $\boldsymbol{x}(t)$，$\boldsymbol{u}(t)$和 $\boldsymbol{y}(t)$分别为 n 维，m 维和 r 维向量函数．3.1节简略地讨论了在初态 $\boldsymbol{x}(t_0)=\boldsymbol{x}_0$和输入 $\boldsymbol{u}_{[t_0,\infty)}$已知的情况下，式(2.28)有唯一解的充分条件和解的逼近计算法．3.2节深入讨论线性时变连续系统的状态转移矩阵 $\boldsymbol{\Phi}(t,t_0)$及其性质，并通过它将非齐次状态方程的状态响应和输出方程的输出响应表达为各自的零输入响应和零状态响应之和；同时介绍了冲激响应矩阵 $\boldsymbol{G}(t,\tau)$的表达式．由于线性时变连续系统的状态转移矩阵很难以封闭形式表达式表达，又介绍了状态转移矩阵的逐次逼近计算法．3.3节将3.2节中关于线性时变连续系统的一般性结论应用到以常值矩阵$\{\boldsymbol{A},\boldsymbol{B},\boldsymbol{C},\boldsymbol{D}\}$描述的线性非时变连续系统中，证明这一类系统的状态转移矩阵为 $\mathrm{e}^{\boldsymbol{A}t}$，随之系统的状态响应和输出响应通过 $\mathrm{e}^{\boldsymbol{A}t}$ 表达成各自的零输入响应和零状态响应之和．鉴于 $\mathrm{e}^{\boldsymbol{A}t}$ 的重要性，进一步讨论了一些典型约尔当形矩阵 $\boldsymbol{A}$ 的 $\mathrm{e}^{\boldsymbol{A}t}$．3.4节研究了线性非时变连续系统的模态(振荡振型)、模态分解以及状态转移轨迹．3.5节给出了关于预解矩阵 Souriau-Frame-Faddeev 算法的简便的新颖证明，接着讨论了系统响应的频域分析法，即拉普拉斯变换分析法．最后，3.6节针对线性离散系统进行了并行的研究，鉴于数字计算机越来越广泛地渗入到控制工程中，介绍了连续时间系统离散化的基本方法．

3.1　状态方程唯一解的存在条件

动态系统的动态行为主要取决于状态 $\boldsymbol{x}(\cdot)$．设时间集$(-\infty,\infty)$记以 T，若知道了 T 内每一点 t 上的状态值 $\boldsymbol{x}(t)$，则系统在 T 上的动态行为就全然知道了，因为系统的输出 $\boldsymbol{y}(t)$，$\forall\, t\in T$，只是 t 时刻的状态 $\boldsymbol{x}(t)$和输入 $\boldsymbol{u}(t)$的线性组合或函数．所以系统的状态方程是否有唯一解是确定系统动态行为的关键．

对一个给定的动态系统,如果已知 t_0 时刻的初态 $\boldsymbol{x}(t_0)=\boldsymbol{x}_0$ 和属于容许输入函数集 Ω 中的输入 $\boldsymbol{u}_{[t_0,t]}$,则时刻 t 的新状态 $\boldsymbol{x}(t)$ 便由 $\boldsymbol{x}_0$ 和 $\boldsymbol{u}_{[t_0,t]}$ 唯一地决定.无妨将 $\boldsymbol{x}(t)$ 表达成它们的函数,即

$$\boldsymbol{x}(t)=\Phi[t,t_0,\boldsymbol{x}_0,\boldsymbol{u}_{[t_0,t]}],\quad t_0,t\in T,\quad \boldsymbol{u}\in\Omega, \tag{3.1}$$

状态由 $\boldsymbol{x}(t_0)=\boldsymbol{x}_0$ 转变成 $\boldsymbol{x}(t)$ 的过程叫做状态转移,并称 $\Phi:T\times T\times X\times\Omega\rightarrow X$ 为系统的状态转移函数,它是一个泛函.虽然不同的系统会有不同形式的状态转移函数 Φ,但这些不同的状态转移函数都必须满足下面三个一致性条件:

(1) $\Phi[t_0,t_0,\boldsymbol{x}_0,\boldsymbol{u}_{[t_0,t]}]=\boldsymbol{x}_0,t_0,t\in T,\boldsymbol{u}\in\Omega$;

(2) $\Phi[t_2,t_1,\Phi(t_1,t_0,\boldsymbol{x}_0,\boldsymbol{u}_{[t_0,t_1]}),\boldsymbol{u}_{[t_1,t_2]}]=\Phi[t_2,t_0,\boldsymbol{x}_0,\boldsymbol{u}_{[t_0,t_2]}],t_0,t_1,t_2\in T,\boldsymbol{u}\in\Omega$;

(3) 如果 $\boldsymbol{u}_{[t_0,t]}=\hat{\boldsymbol{u}}_{[t_0,t]}$,则 $\Phi[t,t_0,\boldsymbol{x}_0,\boldsymbol{u}_{[t_0,t]}]=\Phi[t,t_0,\boldsymbol{x}_0,\hat{\boldsymbol{u}}_{[t_0,t]}]$.

Φ 指明,一旦 $\boldsymbol{x}(t_0)=\boldsymbol{x}_0,t_0\in T$ 确定,只要将已知的 $\boldsymbol{u}_{[t_0,t]}\in\Omega,t_0,t\in T$ 代入 Φ 中去,就能确定新状态 $\boldsymbol{x}(t)$.因此,Φ 在整个 T 上描述了系统的动态行为,故称它为系统动态行为的全描述.而式(2.28a)描述的状态方程 $\dot{\boldsymbol{x}}(t)=\boldsymbol{f}[\boldsymbol{x}(t),\boldsymbol{u}(t),t]$ 只描述了 T 内某点 t 上的动态行为,或者说描述了 t 时刻系统状态转移的趋势,故称状态方程是系统动态行为的点描述.

每个动态系统均有自己的状态转移函数 $\Phi[t,t_0,\boldsymbol{x}_0,\boldsymbol{u}_{[t_0,t]}]=\boldsymbol{x}(t)$,但只有当 Φ 对 t 的偏导数存在时,它才可能用一阶微分方程组

$$\frac{\mathrm{d}\boldsymbol{x}(t)}{\mathrm{d}t}=\boldsymbol{f}[\boldsymbol{x}(t),\boldsymbol{u}(t),t] \tag{3.2}$$

描述.因为 t 时刻状态的导数为

$$\frac{\mathrm{d}\boldsymbol{x}(t)}{\mathrm{d}t}=\lim_{\Delta t\rightarrow 0}\frac{\boldsymbol{x}(x+\Delta t)-\boldsymbol{x}(t)}{\Delta t} \tag{3.3}$$

如果已知输入 $\boldsymbol{u}(\cdot)$,则有

$$\frac{\mathrm{d}\boldsymbol{x}(t)}{\mathrm{d}t}=\lim_{\Delta t\rightarrow 0}\frac{\Phi[t+\Delta t,t_0,\boldsymbol{x}_0,\boldsymbol{u}_{[t_0,t+\Delta t]}]-\Phi[t,t_0,\boldsymbol{x}_0,\boldsymbol{u}_{[t_0,t]}]}{\Delta t} \tag{3.4}$$

当 $\Delta t\rightarrow 0$ 时,如果 $\boldsymbol{u}_{[t_0,t+\Delta t]}$ 可视为 $\boldsymbol{u}_{[t_0,t]}$ 的话(这要求 $\boldsymbol{u}(\cdot)$ 是连续或分段连续的时间函数),式(3.4)右边取极限便是状态转移函数相对于 t 的偏微商,$t_0,\boldsymbol{x}_0$ 和 $\boldsymbol{u}_{[t_0,t]}$ 在 $\Delta t\rightarrow 0$ 的微小时间内均保持为恒定的值,于是有

$$\frac{\mathrm{d}\boldsymbol{x}(t)}{\mathrm{d}t}=\frac{\partial}{\partial t}\Phi[t,t_0,\boldsymbol{x}_0,\boldsymbol{u}_{[t_0,t]}]=\boldsymbol{f}[\boldsymbol{x}(t),\boldsymbol{u}(t),t] \tag{3.5}$$

这说明只有那些状态转移函数的偏导数 $\frac{\partial}{\partial t}\Phi$ 存在的动态系统并且输入 $\boldsymbol{u}(\cdot)$ 为时间 t 的连续或分段连续的函数时,才能用状态方程 $\dot{\boldsymbol{x}}(t)=\boldsymbol{f}[\boldsymbol{x}(t),\boldsymbol{u}(t),t]$ 对系统动态行为作点描述.$\boldsymbol{u}(\cdot)$ 是 t 的连续或分段连续函数是容许输入集 Ω 的基本属性.工程上实际应用的输入一般都如此.

状态转移函数 Φ 表征了状态向量 $\boldsymbol{x}(t)$ 在状态空间 X 随着 t 的变化所绘出状态向量 $\boldsymbol{x}(t)$ 运动的轨迹,谓之状态转移轨迹;状态方程描述的正是轨迹随时间变化的速率.图 3.1 展示的是一维状态轨迹,它形象地表明了状态转移函数 Φ 和状态方程 $\dot{\boldsymbol{x}}(t)=\boldsymbol{f}[\boldsymbol{x}(t),$

$\boldsymbol{u}(t), t]$之间的关系.

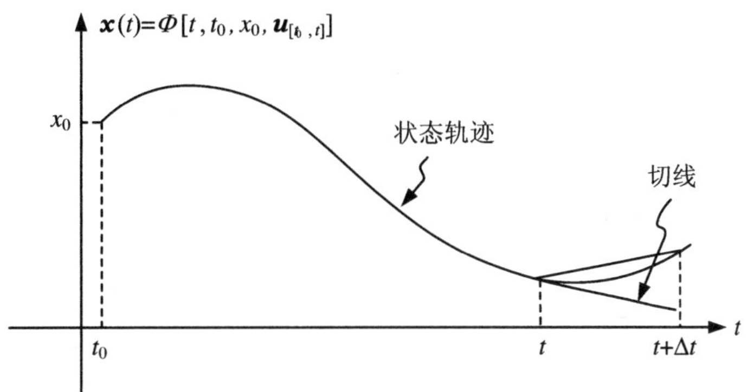

图 3.1　一维状态轨迹

当一个动态系统可以用状态方程 $\dot{\boldsymbol{x}}(t)=\boldsymbol{f}(\boldsymbol{x}(t), \boldsymbol{u}(t), t)$描述时,可以将其转变成下面形式的积分方程

$$\boldsymbol{x}(t) = \boldsymbol{x}(t_0) + \int_{t_0}^{t} \boldsymbol{f}[\boldsymbol{x}(\tau), \boldsymbol{u}(\tau), \tau]\mathrm{d}\tau$$

由于输入 $\boldsymbol{u}(\cdot) \in \Omega$ 为已知的,上式进一步简化为

$$\boldsymbol{x}(t) = \boldsymbol{x}(t_0) + \int_{t_0}^{t} \boldsymbol{f}[\boldsymbol{x}(\tau), \tau]\mathrm{d}\tau \tag{3.6}$$

微分方程理论指出,保证式(3.6)有唯一解的充分条件是 $\boldsymbol{f}[\boldsymbol{x}(t), t]$满足利普希茨(Lipschitz)条件,即如果存在一正数 $K>0$,使得

$$\| f(\boldsymbol{x}_1, t) - f(\boldsymbol{x}_2, t) \| \leqslant K \| \boldsymbol{x}_1 - \boldsymbol{x}_2 \| \tag{3.7}$$

鉴于 $\boldsymbol{x}_1 = \Phi[t_1, t_0, \boldsymbol{x}_0, \boldsymbol{u}]$, $\boldsymbol{x}_2 = \Phi[t_2, t_0, \boldsymbol{x}_0, \boldsymbol{u}]$和 Φ 对 t 的偏导数存在,当 $t_2 = t_1 + \Delta t$ 且 $\Delta t \to 0$ 时 $\boldsymbol{x}_2 \to \boldsymbol{x}_1$,因此,$\| \boldsymbol{f}(\boldsymbol{x}_1, t) - \boldsymbol{f}(\boldsymbol{x}_2, t) \| \to 0$.所以,完全有理由认为当 $\boldsymbol{f}$ 的各个标量函数f_i 是 t 的连续或分段连续函数,而且 f_i 的偏导数$\partial f_i / \partial x_j$, $i, j = 1, 2, \cdots, n$ 也是 t 的连续函数或分段连续函数,就足以保证状态方程式(3.2)有满足 $\boldsymbol{x}(t_0) = \boldsymbol{x}_0$ 的唯一解存在.注意,这是状态方程有唯一解的充分条件.

前面已经研究了状态方程有唯一解的充分条件,当状态方程是一个非线性时变参数微分方程时,即使满足了上述充分条件,求解仍然是一件十分困难而又复杂的问题.往往要采用数值计算技术在计算机上计算数值解.例如将迭代计算方法应用到式(3.6)上,就可以得到一个序列 $\boldsymbol{r}_0(t), \boldsymbol{r}_1(t), \cdots, \boldsymbol{r}_m(t), \cdots$,其极限便是满足初始条件 $\boldsymbol{x}_0$ 的解 $\boldsymbol{x}(t)$.这一序列的计算方法如下:

$$\boldsymbol{r}_0(t) = \boldsymbol{x}_0$$

$$\boldsymbol{r}_1(t) = \boldsymbol{x}_0 + \int_{t_0}^{t} \boldsymbol{f}[\boldsymbol{r}_0(\tau), \tau]\mathrm{d}\tau$$

$$\cdots$$

$$\boldsymbol{r}_m(t) = \boldsymbol{x}_0 + \int_{t_0}^{t} \boldsymbol{f}[\boldsymbol{r}_{m-1}(\tau), \tau]\mathrm{d}\tau$$

可以看出序列$\{\boldsymbol{r}_0(t), \boldsymbol{r}_1(t), \cdots, \boldsymbol{r}_m(t)\cdots\}$的每一项皆自动满足初始条件,例 3.1 正是采用

这一方法解出 $x_1(t)=\sin t, x_2(t)=\cos t$.

例 3.1 已知

$$\begin{bmatrix}\dot{x}_1(t)\\ \dot{x}_2(t)\end{bmatrix}=\begin{bmatrix}x_2(t)\\ -x_1(t)\end{bmatrix},\quad \begin{bmatrix}x_1(0)\\ x_2(0)\end{bmatrix}=\begin{bmatrix}0\\ 1\end{bmatrix}$$

注意本例中

$$\boldsymbol{f}[\boldsymbol{x}(t),t]=\begin{bmatrix}0 & 1\\ -1 & 0\end{bmatrix}\begin{bmatrix}x_1(t)\\ x_2(t)\end{bmatrix}\overset{\text{def}}{=}\boldsymbol{A}\boldsymbol{x}(t)$$

所以

$$\boldsymbol{r}_0(t)=\boldsymbol{x}_0=\begin{bmatrix}0\\ 1\end{bmatrix}$$

$$\boldsymbol{r}_1(t)=\boldsymbol{x}_0+\int_0^t\boldsymbol{A}\boldsymbol{r}_0(\tau)\mathrm{d}\tau=\begin{bmatrix}t\\ 1\end{bmatrix}$$

$$\boldsymbol{r}_2(t)=\boldsymbol{x}_0+\int_0^t\boldsymbol{A}\boldsymbol{r}_1(\tau)\mathrm{d}\tau=\begin{bmatrix}t\\ 1-\dfrac{1}{2}t^2\end{bmatrix}$$

…

$$\boldsymbol{r}_m(t)=\begin{bmatrix}t-\dfrac{1}{3!}t^3+\dfrac{1}{5!}t^5-\cdots+(-1)^{\frac{m-1}{2}}\dfrac{t^m}{m!}\\ 1-\dfrac{1}{2!}t^2+\dfrac{1}{4!}t^4-\cdots+(-1)^{\frac{m-1}{2}}\dfrac{t^{m-1}}{(m-1)!}\end{bmatrix}\quad(m\text{ 为奇数})$$

$$\boldsymbol{x}(t)=\lim_{m\to\infty}\boldsymbol{r}_m(t)=\begin{bmatrix}\sin t\\ \cos t\end{bmatrix}$$

应当指出,本例是线性系统,故可以得到封闭形式的解.对于非线性系统,封闭形式的解十分罕见.

3.2 线性时变连续系统的状态转移矩阵和响应

这一节研究线性时变连续系统.设 X 为 n 维状态空间,$\boldsymbol{u}$ 为 m 维输入向量,$\boldsymbol{y}$ 为 r 维输出向量.描述系统的动态方程如式(2.30)所示,现在重新写在下面:

$$\dot{\boldsymbol{x}}(t)=\boldsymbol{A}(t)\boldsymbol{x}(t)+\boldsymbol{B}(t)\boldsymbol{u}(t),\quad t\in T \tag{3.8a}$$

$$\boldsymbol{y}(t)=\boldsymbol{C}(t)\boldsymbol{x}(t)+\boldsymbol{D}(t)\boldsymbol{u}(t),\quad t\in T \tag{3.8b}$$

其中 $\boldsymbol{A}(\cdot),\boldsymbol{B}(\cdot),\boldsymbol{C}(\cdot)$和 $\boldsymbol{D}(\cdot)$分别是 $n\times n,n\times m,r\times n$ 和 $r\times m$ 矩阵,它们的元素都是定义在 $T=(-\infty,\infty)$内的时间 t 的连续函数.因为假定 $\boldsymbol{A}(\cdot)$是连续的,对任何初始状态$\boldsymbol{x}(t_0)$和任何容许输入 $\boldsymbol{u}$,动态方程都有唯一的解,这一事实在后面的推导中将经常用到,在研究动态方程的全解之前先研究齐次型状态方程的解,即零输入状态方程的解.

假定 $\boldsymbol{u}(t)\equiv\boldsymbol{0}_u$,式(3.8a)变成

$$\dot{\boldsymbol{x}}(t) = \boldsymbol{A}(t)\boldsymbol{x}(t) \tag{3.9}$$

如果已知初始状态 $\boldsymbol{x}(t_0)=\boldsymbol{x}_0$，式(3.9)中满足 $\boldsymbol{x}(t_0)=\boldsymbol{x}_0$ 的解 $\boldsymbol{x}(t)$ 便是式(3.8a)的零输入解，可见这个解是由初态 $\boldsymbol{x}_0$ 确定的，由于状态空间 X 内任何一点皆可选作为初态 $\boldsymbol{x}_0$，齐次方程式(3.9)有着无穷多个解，所有这些解所构成的集合 X_F 形成一个维数与 X 相同的 n 维解向量空间，这就是下面将要证明的定理 3.1.

定理 3.1　设 $\boldsymbol{A}(\cdot)$ 的每个元素都是 t 的连续函数，齐次方程式(3.9)的解集 X_F 构成一个维数与状态空间 X 相同的 n 维解空间.

证明　因为 $\boldsymbol{A}(\cdot)$ 的每个元素都是 t 的连续函数，齐次方程式(3.9)一定有解. 假设 $\boldsymbol{\psi}_1$ 和 $\boldsymbol{\psi}_2$ 是式(3.9)的任意两个解，α_1 和 α_2 是任意两个实数，则 $\alpha_1\boldsymbol{\psi}_1+\alpha_2\boldsymbol{\psi}_2$ 也是式(3.9)的解. 因为

$$\begin{aligned}\frac{\mathrm{d}}{\mathrm{d}t}(\alpha_1\boldsymbol{\psi}_1+\alpha_2\boldsymbol{\psi}_2) &= \alpha_1\frac{\mathrm{d}\boldsymbol{\psi}_1(t)}{\mathrm{d}(t)}+\alpha_2\frac{\mathrm{d}\boldsymbol{\psi}_2(t)}{\mathrm{d}t}\\ &= \boldsymbol{A}(t)(\alpha_1\boldsymbol{\psi}_1+\alpha_2\boldsymbol{\psi}_2)\end{aligned}$$

这说明式(3.9)的解集构成一个线性空间或向量空间. 下面证明这一解空间是 n 维空间. 令 $\boldsymbol{e}_1,\boldsymbol{e}_2,\cdots,\boldsymbol{e}_n$ 是 n 维状态空间 X 内的一组线性无关向量，以 $\boldsymbol{e}_i$ 为初始状态，由式(3.9)可解出相应的唯一解 $\boldsymbol{\psi}_i$ 满足 $\boldsymbol{\psi}_i(t_0)=\boldsymbol{e}_i$，$i=1,2,\cdots,n$，如果能证明这 n 个解确是解空间的一个基就行了. 为此，先用反证法证明它们彼此线性无关. 假定 $\boldsymbol{\psi}_i$，$i=1,2,\cdots,n$，是线性相关的，则应有一个非零实向量 $\boldsymbol{\alpha}=(\alpha_1,\alpha_2,\cdots,\alpha_n)^{\mathrm{T}}$ 使得

$$[\boldsymbol{\psi}_1(t)\quad \boldsymbol{\psi}_2(t)\quad \cdots\quad \boldsymbol{\psi}_n(t)]\boldsymbol{\alpha} = \boldsymbol{0}_x,\quad t\in T \tag{3.10}$$

特别当 $t=t_0$ 时，有

$$[\boldsymbol{\psi}_1(t_0)\quad \boldsymbol{\psi}_2(t_0)\quad \cdots\quad \boldsymbol{\psi}_n(t_0)]\boldsymbol{\alpha} = \boldsymbol{0}_x$$

即

$$(\boldsymbol{e}_1\quad \boldsymbol{e}_2\quad \cdots\quad \boldsymbol{e}_n)\boldsymbol{\alpha} = \boldsymbol{0}_x$$

这与 $\boldsymbol{e}_1,\boldsymbol{e}_2,\cdots,\boldsymbol{e}_n$ 彼此线性无关的假设矛盾，故 $\boldsymbol{\psi}_1(t),\boldsymbol{\psi}_2(t),\cdots,\boldsymbol{\psi}_n(t)$ 在时间区间 $(-\infty,\infty)$ 内彼此线性无关. 下面再证明式(3.9)的任何一个解 $\boldsymbol{\psi}(t)$ 都可以写成是 $\boldsymbol{\psi}_1(t)$，$\boldsymbol{\psi}_2(t),\cdots,\boldsymbol{\psi}_n(t)$ 的线性组合.

设 $\boldsymbol{\psi}(t)$ 是满足初态 $\boldsymbol{\psi}(t_0)=\boldsymbol{e}$ 的解. 因为 $\boldsymbol{e}_1,\boldsymbol{e}_2,\cdots,\boldsymbol{e}_n$ 是 n 维状态空间 X 内一组线性无关的向量，堪称为基. 故 $\boldsymbol{e}$ 一定是它们的线性组合，即 $\boldsymbol{\psi}(t_0)$ 是 $\boldsymbol{\psi}_1(t_0),\boldsymbol{\psi}_2(t_0),\cdots$，$\boldsymbol{\psi}_n(t_0)$ 的线性组合，即有一非零常向量 $\boldsymbol{\alpha}$ 使得

$$\boldsymbol{\psi}(t_0) = \sum_{i=1}^{n}\alpha_i\boldsymbol{\psi}_i(t_0)$$

由于式(3.9)中满足特定初态的解是唯一的，必然有

$$\boldsymbol{\psi}(t) = \sum_{i=1}^{n}\alpha_i\boldsymbol{\psi}_i(t),\quad t\in T$$

因此式(3.9)的解集形成一个与状态向量空间同维数的解空间.

定理 3.1 指明以状态空间 X 中任何一组基向量作为初态，求得齐次方程 $\dot{\boldsymbol{x}}(t)=\boldsymbol{A}(t)\boldsymbol{x}(t)$ 的一组解形成解空间的一组基向量，它们被称为齐次方程的基本解系. 由此引出基本矩阵.

基本矩阵 一个 $n\times n$ 的函数矩阵 $\boldsymbol{\Psi}$ 当且仅当它的 n 个列由 $\dot{\boldsymbol{x}}(t)=\boldsymbol{A}(t)\boldsymbol{x}(t)$ 的基本解系组成时,称它为 $\dot{\boldsymbol{x}}(t)=\boldsymbol{A}(t)\boldsymbol{x}(t)$ 的基本矩阵.

例 3.2 设齐次方程如下

$$\begin{bmatrix}\dot{x}_1(t)\\ \dot{x}_2(t)\end{bmatrix}=\begin{bmatrix}1 & 0\\ 0 & 2t\end{bmatrix}\begin{bmatrix}x_1(t)\\ x_2(t)\end{bmatrix}$$

并令 $\boldsymbol{e}_1=(1\quad 0)^{\mathrm{T}}$,$\boldsymbol{e}_2=(1\quad 1)^{\mathrm{T}}$,$\{\boldsymbol{e}_1,\boldsymbol{e}_2\}$ 为 X 的基底.

实际上,齐次方程由两个标量方程组成,即

$$\dot{x}_1(t)=x_1(t)\quad 和 \quad \dot{x}_2(t)=2tx_2(t)$$

解标量方程得到

$$x_1(t)=x_1(t_0)\mathrm{e}^{t-t_0}\ 和\ x_2(t)=x_2(t_0)\mathrm{e}^{t^2-t_0^2}$$

因此,得到齐次方程的通解

$$\boldsymbol{x}(t)=\begin{bmatrix}x_1(t_0)\mathrm{e}^{t-t_0}\\ x_2(t_0)\mathrm{e}^{t^2-t_0^2}\end{bmatrix}$$

为求对应于 $\boldsymbol{e}_1$ 和 $\boldsymbol{e}_2$ 的基本解系,令

$$\boldsymbol{\psi}_1(t_0)=\begin{bmatrix}1\\ 0\end{bmatrix},\quad \boldsymbol{\psi}_2(t_0)=\begin{bmatrix}1\\ 1\end{bmatrix}$$

代入通解中,得到

$$\boldsymbol{\psi}_1(t)=\begin{bmatrix}\mathrm{e}^{t-t_0}\\ 0\end{bmatrix},\quad \boldsymbol{\psi}_2(t)=\begin{bmatrix}\mathrm{e}^{t-t_0}\\ \mathrm{e}^{t^2-t_0^2}\end{bmatrix}$$

很容易验证 $\boldsymbol{\psi}_1(t)$ 和 $\boldsymbol{\psi}_2(t)$ 构成解空间

$$X_F=\left\{\begin{bmatrix}x_1(t_0)\mathrm{e}^{t-t_0}\\ x_2(t_0)\mathrm{e}^{t^2-t_0^2}\end{bmatrix}\middle|\begin{bmatrix}x_1(t_0)\\ x_2(t_0)\end{bmatrix}\in\mathbf{R}^2\right\}$$

的一个基底,以 $\boldsymbol{\psi}_1(t)$,$\boldsymbol{\psi}_2(t)$ 为列得到基本矩阵

$$\boldsymbol{\Psi}(t)=\begin{bmatrix}\mathrm{e}^{t-t_0} & \mathrm{e}^{t-t_0}\\ 0 & \mathrm{e}^{t^2-t_0^2}\end{bmatrix}$$

根据基本矩阵定义可知,$\boldsymbol{\Psi}$ 的每个列都满足齐次方程 $\dot{\boldsymbol{x}}(t)=\boldsymbol{A}(t)\boldsymbol{x}(t)$,所以 $\boldsymbol{\Psi}$ 满足方程

$$\begin{aligned}\dot{\boldsymbol{\Psi}}(t)&=\boldsymbol{A}(t)\boldsymbol{\Psi}(t)\\ \boldsymbol{\Psi}(t_0)&=\boldsymbol{H}\end{aligned}\tag{3.11}$$

其中 $\boldsymbol{H}$ 是某个非奇异实常数矩阵.反过来说,如果矩阵 $\boldsymbol{M}(t)$ 满足式(3.11)且对某个时间 t_0,$\boldsymbol{M}(t_0)$ 是非奇异的,由定理 3.1 的证明可知,$\boldsymbol{M}(t)$ 的各列彼此线性无关,因而 $\boldsymbol{M}(t)$ 就可作为基本矩阵.由此我们断言,函数矩阵 $\boldsymbol{\Psi}(t)$ 是 $\dot{\boldsymbol{x}}(t)=\boldsymbol{A}(t)\boldsymbol{x}(t)$ 的基本矩阵的充要条件是,$\boldsymbol{\Psi}(t)$ 满足式(3.11)且对某个 t_0,$\boldsymbol{\Psi}(t_0)$ 是非奇异的.基本矩阵的一个重要性质是在整个时间轴上,即 $(-\infty,\infty)$ 上 $\boldsymbol{\Psi}(t)$ 的逆存在.

定理 3.2 每一个基本矩阵 $\boldsymbol{\Psi}(t)$ 对于 $T=(-\infty,\infty)$ 内的 t 都是非奇异的

证明 在证明这一定理前,需要下面的事实:如果 $\boldsymbol{\psi}(\cdot)$ 是 $\dot{\boldsymbol{x}}(t)=\boldsymbol{A}(t)\boldsymbol{x}(t)$ 的解且 $\boldsymbol{\psi}(t_0)=\boldsymbol{0}_x$,则 $\boldsymbol{\psi}(\cdot)\equiv\boldsymbol{0}_x$.显然,$\boldsymbol{\psi}(\cdot)=\boldsymbol{0}_x$ 是满足条件 $\boldsymbol{\psi}(t_0)=\boldsymbol{0}_x$ 的方程解,而解又是唯

一的，故满足条件$\boldsymbol{\psi}(t_0)=\mathbf{0}_x$的齐次方程的解一定是$\boldsymbol{\psi}(\cdot)\equiv\mathbf{0}_x$.

下面用反证法证明这一定理.设基本矩阵的各列分别为$\boldsymbol{\psi}_i(t),i=1,2,\cdots,n$，假定对某个$t_0$有$\det\boldsymbol{\Psi}(t_0)=\det[\boldsymbol{\psi}_1(t_0)\quad\boldsymbol{\psi}_2(t_0)\quad\cdots\quad\boldsymbol{\psi}_n(t_0)]=0$，则$n$个列向量$\boldsymbol{\psi}_1(t_0),\boldsymbol{\psi}_2(t_0),\cdots,\boldsymbol{\psi}_n(t_0)$是线性相关的.换句话说，存在$n$个不全为零的实数$\alpha_1,\alpha_2,\cdots,\alpha_n$使得

$$\alpha_1\boldsymbol{\psi}_1(t_0)+\alpha_2\boldsymbol{\psi}_2(t_0)+\cdots+\alpha_n\boldsymbol{\psi}_n(t_0)=\mathbf{0}_x$$

另一方面，等号左边对应的$\sum_{i=1}^{n}\alpha_i\boldsymbol{\psi}_i(\cdot)$是基本矩阵$\boldsymbol{\Psi}(\cdot)$的各列的线性组合，故也应是$\dot{\boldsymbol{x}}(t)=\boldsymbol{A}(t)\boldsymbol{x}(t)$的解，因此

$$\sum_{i=1}^{n}\alpha_i\boldsymbol{\psi}_i(\cdot)\equiv\mathbf{0}_x$$

这与假设$\boldsymbol{\psi}_i(\cdot),i=1,2,\cdots,n$是$n$个线性无关的解矛盾，也就是说在$(-\infty,\infty)$区间内找不到某个$t_0$，使$\det\boldsymbol{\Psi}(t_0)=0$.所以说，基本矩阵$\boldsymbol{\Psi}(t)$在整个时间轴上都是非奇异的.

基本矩阵的另一个性质是$\det\boldsymbol{\Psi}(t)$和齐次方程的矩阵$\boldsymbol{A}(t)$有如下关系：

$$\det\boldsymbol{\Psi}(t)=\det\boldsymbol{\Psi}(t_0)\mathrm{e}^{\int_{t_0}^{t}\mathrm{tr}\boldsymbol{A}(\tau)\mathrm{d}\tau}\tag{3.12}$$

其中$\mathrm{tr}\boldsymbol{A}(t)=\sum_{i=1}^{n}a_{ii}(t)$，叫做矩阵$\boldsymbol{A}(t)$的迹.式(3.12)的证明如下：

$$\boldsymbol{\Psi}(t)=[\boldsymbol{\psi}_1(t)\quad\boldsymbol{\psi}_2(t)\quad\cdots\quad\boldsymbol{\psi}_n(t)]=[\boldsymbol{\psi}_{ij}(t)]_{n\times n}$$

$$\frac{\mathrm{d}}{\mathrm{d}t}\det\boldsymbol{\Psi}(t)=\sum_{k=1}^{n}\det\begin{bmatrix}\psi_{11}(t)&\psi_{12}(t)&\cdots&\psi_{1n}(t)\\ \vdots&\vdots&&\vdots\\ \dfrac{\mathrm{d}\psi_{k1}(t)}{\mathrm{d}t}&\dfrac{\mathrm{d}\psi_{k2}(t)}{\mathrm{d}t}&\cdots&\dfrac{\mathrm{d}\psi_{kn}(t)}{\mathrm{d}t}\\ \vdots&\vdots&&\vdots\\ \psi_{n1}(t)&\psi_{n2}(t)&\cdots&\psi_{nn}(t)\end{bmatrix}\tag{3.13}$$

考虑到

$$\frac{\mathrm{d}\psi_{ki}(t)}{\mathrm{d}t}=\sum_{j=1}^{n}a_{kj}(t)\psi_{ji}(t)\tag{3.14}$$

将式(3.14)代入式(3.13)得到

$$\frac{\mathrm{d}}{\mathrm{d}t}\det\boldsymbol{\Psi}(t)=\sum_{k=1}^{n}\det\begin{bmatrix}\psi_{11}(t)&\cdots&\psi_{1n}(t)\\ \psi_{21}(t)&\cdots&\psi_{2n}(t)\\ \vdots&&\vdots\\ \sum_{j=1}^{n}a_{kj}(t)\psi_{j1}(t)&\cdots&\sum_{j=1}^{n}a_{kj}(t)\psi_{jn}(t)\\ \vdots&&\vdots\\ \psi_{n1}(t)&\cdots&\psi_{nn}(t)\end{bmatrix}\tag{3.15}$$

在式(3.15)中，将第r行$(r\neq k,r=1,2,\cdots,n)$元素乘上$-a_{kr}(t)$加到第k行上去，得到

$$\frac{\mathrm{d}}{\mathrm{d}t}\det\boldsymbol{\Psi}(t)=\sum_{k=1}^{n}\det\begin{bmatrix}\psi_{11}(t) & \cdots & \psi_{1n}(t)\\ \vdots & & \vdots\\ a_{kk}(t)\psi_{k1}(t) & \cdots & a_{kk}(t)\psi_{kn}(t)\\ \vdots & & \vdots\\ \psi_{n1}(t) & \cdots & \psi_{nn}(t)\end{bmatrix}$$

$$=\sum_{k=1}^{n}a_{kk}(t)\det\boldsymbol{\Psi}(t)$$

所以

$$\frac{\mathrm{d}}{\mathrm{d}t}\det\boldsymbol{\Psi}(t)=\mathrm{tr}\boldsymbol{A}(t)\det\boldsymbol{\Psi}(t) \tag{3.16}$$

式(3.16)实质上是 $\det\boldsymbol{\Psi}(t)$的一阶微分方程.若已知初始条件 $\det\boldsymbol{\Psi}(t_0)$,则其解如下:

$$\det\boldsymbol{\Psi}(t)=\det\boldsymbol{\Psi}(t_0)\mathrm{e}^{\int_{t_0}^{t}\mathrm{tr}A(\tau)\mathrm{d}\tau}$$

于是式(3.12)的正确性得以证明.

状态转移矩阵 令 $\boldsymbol{\Psi}(\cdot)$是齐次方程 $\dot{\boldsymbol{x}}(t)=\boldsymbol{A}(t)\boldsymbol{x}(t)$的任意一个基本矩阵,定义

$$\boldsymbol{\Phi}(t,t_0)=\boldsymbol{\Psi}(t)\boldsymbol{\Psi}^{-1}(t_0),\quad t_0,t\in T$$

为 $\dot{\boldsymbol{x}}(t)=\boldsymbol{A}(t)\boldsymbol{x}(t)$的状态转移矩阵.

因为 $\Psi(t)$对任何 t 来说都是非奇异的,它的逆 $\boldsymbol{\Psi}^{-1}(t)$在整个时间轴上有定义.根据定义立刻能归纳出状态矩阵以下三条重要的性质:对$(-\infty,\infty)$区间内任何时间 t,t_0,t_1 和 t_2,有

$$\boldsymbol{\Phi}(t,t)=\boldsymbol{I} \tag{3.17}$$

$$\boldsymbol{\Phi}^{-1}(t,t_0)=\boldsymbol{\Phi}(t_0,t) \tag{3.18}$$

$$\boldsymbol{\Phi}(t_2,t_0)=\boldsymbol{\Phi}(t_2,t_1)\boldsymbol{\Phi}(t_1,t_0) \tag{3.19}$$

此外还应注意到状态转移矩阵 $\boldsymbol{\Phi}(t,t_0)$唯一地决定于 $\boldsymbol{A}(t)$而与所选定的 $\boldsymbol{\Psi}(\cdot)$无关.令 $\boldsymbol{\Psi}_1$ 和 $\boldsymbol{\Psi}_2$ 是 $\dot{\boldsymbol{x}}=\boldsymbol{A}(t)\boldsymbol{x}(t)$的两个不同的基本矩阵.由于 $\boldsymbol{\Psi}_1$ 的列和 $\boldsymbol{\Psi}_2$ 的列均可作为空间的基,正如1.2节所证明的,同一空间两个不同的基之间由非奇异矩阵联系着,即 $\Psi_2=\boldsymbol{\Psi}_1\boldsymbol{P}$,或 $\boldsymbol{\Psi}_1=\boldsymbol{\Psi}_2\boldsymbol{P}^{-1}$.事实上,$\boldsymbol{P}$ 的第 i 列就是 $\boldsymbol{\Psi}_2$ 的第 i 列相对于 $\boldsymbol{\Psi}_1$ 的列作为基的坐标.根据状态转移矩阵定义,有

$$\begin{aligned}\boldsymbol{\Phi}(t,t_0)&=\boldsymbol{\Psi}_2(t)\boldsymbol{\Psi}_2^{-1}(t_0)\\&=\boldsymbol{\Psi}_1(t)\boldsymbol{P}\boldsymbol{P}^{-1}\boldsymbol{\Psi}_1^{-1}(t_0)\\&=\boldsymbol{\Psi}_1(t)\boldsymbol{\Psi}_1^{-1}(t_0)\end{aligned}$$

这就证明了 $\boldsymbol{\Phi}(t,t_0)$的唯一性.由此可进一步看出 $\boldsymbol{\Phi}(t,t_0)$就是以状态空间的标准正交基作为一组初始状态的基本矩阵,即 $\boldsymbol{\Phi}(t,t_0)$满足方程式(3.11),并以单位矩阵为初始条件,写成数学表达式为

$$\begin{aligned}&\frac{\partial}{\partial t}\boldsymbol{\Phi}(t,t_0)=\boldsymbol{A}(t)\boldsymbol{\Phi}(t,t_0)\\&\boldsymbol{\Phi}(t_0,t_0)=\boldsymbol{I}\end{aligned} \tag{3.20}$$

应用式(3.20)可以证明,若齐次方程 $\dot{\boldsymbol{x}}(t)=\boldsymbol{A}(t)\boldsymbol{x}(t)$以 $\boldsymbol{x}_0$ 为初始条件,则它的解可表达成

$$\boldsymbol{x}(t) \stackrel{\text{def}}{=} \boldsymbol{\Phi}(t, t_0, \boldsymbol{x}_0, \mathbf{0}_u) = \boldsymbol{\Phi}(t, t_0)\boldsymbol{x}_0 \tag{3.21}$$

对式(3.21)关于 t 求导得到

$$\dot{\boldsymbol{x}}(t) = \left[\frac{\partial}{\partial t}\boldsymbol{\Phi}(t, t_0)\right]\boldsymbol{x}_0 = \boldsymbol{A}(t)\boldsymbol{\Phi}(t, t_0)\boldsymbol{x}_0 = \boldsymbol{A}(t)\boldsymbol{x}(t)$$

而且

$$\boldsymbol{x}(t_0) = \boldsymbol{\Phi}(t_0, t_0)\boldsymbol{x}_0 = \boldsymbol{x}_0$$

从而证明了式(3.21)的正确性,式(3.21)中 $\boldsymbol{\Phi}$ 的第四个变量 $\mathbf{0}_u$ 强调输入 $\boldsymbol{u}=\mathbf{0}_u$.式(3.21)指出了称 $\boldsymbol{\Phi}(t, t_0)$为状态转移矩阵的理由.$\boldsymbol{\Phi}(t, t_0)$在输入恒为零的时间内控制着状态向量的运动,它是将 t_0 时刻的状态 $\boldsymbol{x}(t_0)$映射为 t 时刻状态 $\boldsymbol{x}(t)$的线性变换.状态向量在状态空间的运动描绘出状态轨迹,应用状态轨迹可以形象地说明式(3.18)和式(3.19)所描述的状态转移矩阵的“半群性”和时间上的逆转性.图 3.2(a)说明的是半群性,图 3.2(b)说明的是时间逆转性.

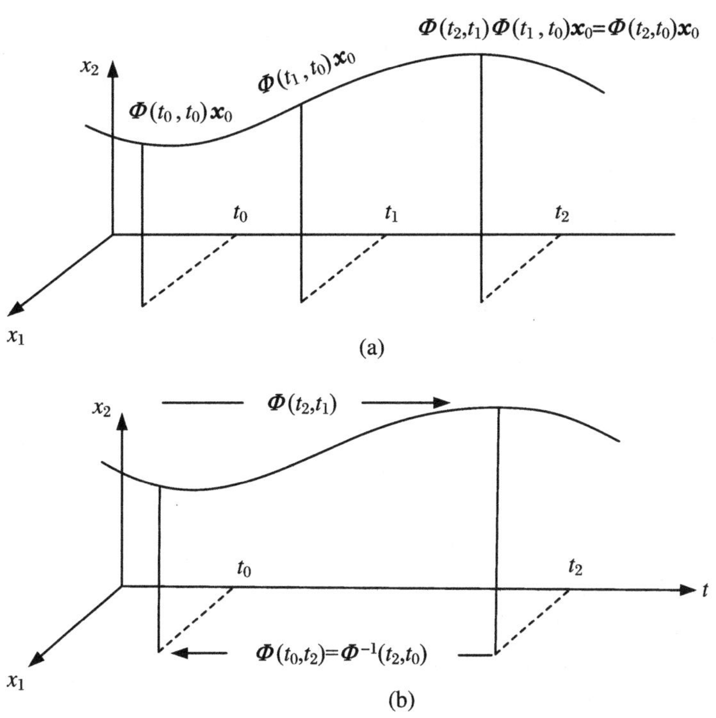

图 3.2　二维空间中 $\boldsymbol{\Phi}(t, t_0)$半群性和时间逆转性

由式(3.12)可以很容易地导出

$$\det\boldsymbol{\Phi}(t, t_0) = \det\boldsymbol{\Phi}(t_0, t_0)\mathrm{e}^{\int_{t_0}^{t}\mathrm{tr}\boldsymbol{A}(\tau)\mathrm{d}\tau} = \mathrm{e}^{\int_{t_0}^{t}\mathrm{tr}\boldsymbol{A}(\tau)\mathrm{d}\tau} \tag{3.22}$$

定理 3.3　如果 $\boldsymbol{\Phi}(t, t_0)$是齐次方程 $\dot{\boldsymbol{x}}(t)=\boldsymbol{A}(t)\boldsymbol{x}(t)$的状态转移矩阵,则其时间逆转矩阵 $\boldsymbol{\Phi}(t_0, t)$的共轭转置矩阵 $\overset{*}{\boldsymbol{\Phi}}(t_0, t)$是齐次方程

$$\dot{\boldsymbol{q}}(t) = -\boldsymbol{A}^*(t)\boldsymbol{q}(t) \tag{3.23}$$

的状态转移矩阵,其中 $\boldsymbol{A}^*(t)$是 $\boldsymbol{A}(t)$的共轭转置矩阵.

证明

$$\begin{aligned}\frac{\partial}{\partial t}\boldsymbol{\Phi}(t_0,t) &= \frac{\partial}{\partial t}\boldsymbol{\Phi}^{-1}(t,t_0)\\ &= -\boldsymbol{\Phi}^{-1}(t,t_0)\left[\frac{\partial}{\partial t}\boldsymbol{\Phi}(t,t_0)\right]\boldsymbol{\Phi}^{-1}(t,t_0)\\ &= -\boldsymbol{\Phi}(t_0,t)\boldsymbol{A}(t)\end{aligned}$$

对等式两边同时取共轭转置,有

$$\frac{\partial}{\partial t}\boldsymbol{\Phi}^*(t_0,t) = -\boldsymbol{A}^*(t)\boldsymbol{\Phi}^*(t_0,t) \tag{3.24}$$

这说明 $\boldsymbol{\Phi}^*(t_0,t)$是齐次方程

$$\dot{\boldsymbol{q}}(t) = -\boldsymbol{A}^*(t)\boldsymbol{q}(t)$$

的基本矩阵,而且初始条件 $\boldsymbol{\Phi}^*(t_0,t_0)=\boldsymbol{I}$.定理得以证明.

式(3.23)叫做齐次方程 $\dot{\boldsymbol{x}}(t)=\boldsymbol{A}(t)\boldsymbol{x}(t)$的伴随方程(或对偶方程).式(3.20)说明了状态转移矩阵 $\boldsymbol{\Phi}$ 相对于它的第一自变量(观察时刻)的变化率,式(3.24)说明了 $\boldsymbol{\Phi}$ 相对于它的第二自变量(起始时刻)的变化率.伴随方程最重要的性质就是它说明了原方程的解是如何在逆向时间上演化的.这一性质广泛地用于解决最优控制问题以及求解边界值和仿真等问题.

从式(3.21)可以看出求解齐次方程 $\dot{\boldsymbol{x}}(t)=\boldsymbol{A}(t)\boldsymbol{x}(t)$的关键是求出 $\boldsymbol{\Phi}(t,t_0)$. $\boldsymbol{\Phi}(t,t_0)$满足矩阵微分方程式(3.20),即

$$\frac{\partial}{\partial t}\boldsymbol{\Phi}(t,t_0) = \boldsymbol{A}(t)\boldsymbol{\Phi}(t,t_0)$$

$$\boldsymbol{\Phi}(t_0,t_0) = \boldsymbol{I}$$

它形式上和一阶标量微分方程

$$\dot{x}(t) = a(t)x(t)$$

$$x(t_0) = x_0$$

相同,但是它只有在满足 $\boldsymbol{A}(t)$ 与$\int_{t_0}^{t}\boldsymbol{A}(\tau)\mathrm{d}\tau$ 可交换的条件下,才能沿用一阶标量微分方程解的形式,即

$$\boldsymbol{\Phi}(t,t_0) = \mathrm{e}^{\int_{t_0}^{t}\boldsymbol{A}(\tau)\mathrm{d}\tau} \tag{3.25}$$

$$\boldsymbol{x}(t) = \boldsymbol{\Phi}(t,t_0)\boldsymbol{x}_0 = \mathrm{e}^{\int_{t_0}^{t}\boldsymbol{A}(\tau)\mathrm{d}\tau}\boldsymbol{x}_0 \tag{3.26}$$

其原因解释如下:

如果 $\mathrm{e}^{\int_{t_0}^{t}\boldsymbol{A}(\tau)\mathrm{d}\tau}\boldsymbol{x}_0$ 是 $\dot{\boldsymbol{x}}(t)=\boldsymbol{A}(t)\boldsymbol{x}(t)$ 的、以 $\boldsymbol{x}_0$ 为初始条件的解,则

$$\frac{\mathrm{d}}{\mathrm{d}t}[\mathrm{e}^{\int_{t_0}^{t}\boldsymbol{A}(\tau)\mathrm{d}\tau}] = \boldsymbol{A}(t)\mathrm{e}^{\int_{t_0}^{t}\boldsymbol{A}(\tau)\mathrm{d}\tau}$$

将 $\mathrm{e}^{\int_{t_0}^{t}\boldsymbol{A}(\tau)\mathrm{d}\tau}$ 展开成幂级数

$$\mathrm{e}^{\int_{t_0}^{t}\boldsymbol{A}(\tau)\mathrm{d}\tau} = \boldsymbol{I} + \int_{t_0}^{t}\boldsymbol{A}(\tau)\mathrm{d}\tau + \frac{1}{2!}\left[\int_{t_0}^{t}\boldsymbol{A}(\tau)\mathrm{d}\tau\right]^2 + \cdots$$

再对 t 求导,得到

$$\frac{\mathrm{d}}{\mathrm{d}t}\left[\mathrm{e}^{\int_{t_0}^{t}\boldsymbol{A}(\tau)\mathrm{d}\tau}\right]=\boldsymbol{A}(t)+\frac{1}{2}\left[\boldsymbol{A}(t)\int_{t_0}^{t}\boldsymbol{A}(\tau)\mathrm{d}\tau+\int_{t_0}^{t}\boldsymbol{A}(\tau)\mathrm{d}\tau\boldsymbol{A}(t)\right]+\cdots$$

而

$$\boldsymbol{A}(t)\mathrm{e}^{\int_{t_0}^{t}\boldsymbol{A}(\tau)\mathrm{d}\tau}=\boldsymbol{A}(t)+\boldsymbol{A}(t)\int_{t_0}^{t}\boldsymbol{A}(\tau)\mathrm{d}\tau+\frac{1}{2}\boldsymbol{A}(t)\left[\int_{t_0}^{t}\boldsymbol{A}(\tau)\mathrm{d}\tau\right]^2+\cdots$$

比较两式可知，只有在

$$\boldsymbol{A}(t)\int_{t_0}^{t}\boldsymbol{A}(\tau)\mathrm{d}\tau=\int_{t_0}^{t}\boldsymbol{A}(\tau)\mathrm{d}\tau\boldsymbol{A}(t)\tag{3.27}$$

即 $\boldsymbol{A}(t)$ 和$\int_{t_0}^{t}\boldsymbol{A}(\tau)\mathrm{d}\tau$ 可交换的条件下两式才能相等.

这一条件的等价条件是，对于任意两个时刻 t_1 和 t_2，等式

$$\boldsymbol{A}(t_1)\boldsymbol{A}(t_2)=\boldsymbol{A}(t_2)\boldsymbol{A}(t_1)\tag{3.28}$$

成立，因为在可交换条件下

$$\boldsymbol{A}(t)\int_{t_0}^{t}\boldsymbol{A}(\tau)\mathrm{d}\tau-\int_{t_0}^{t}\boldsymbol{A}(\tau)\mathrm{d}\tau\boldsymbol{A}(t)=\boldsymbol{0}_{n\times n},\quad t\in T$$

即

$$\int_{t_0}^{t}[\boldsymbol{A}(t)\boldsymbol{A}(\tau)-\boldsymbol{A}(\tau)\boldsymbol{A}(t)]\mathrm{d}\tau=\boldsymbol{0}_{n\times n},\quad t\in T$$

也就是说，对于任意两个时刻 t_1 和 t_2，$\boldsymbol{A}(t_1)\boldsymbol{A}(t_2)=\boldsymbol{A}(t_2)\boldsymbol{A}(t_1)$. 这个条件相当苛刻，除非 $\boldsymbol{A}(t)$是对角线阵或常数阵，否则一般不成立. 因而时变系统的解和状态转移矩阵难以表达成封闭的形式，往往要用数值法，例如龙格库塔法或辛普生法. 这两种方法都相当于用一个离散时间系统去逼近一个连续时间系统.

逐渐逼近法当然对许多不同的初始条件都能收敛. 假定我们从初始条件 $\boldsymbol{\Phi}(t_0,t_0)=\boldsymbol{I}$ 开始逼近，有

$$\begin{aligned}
\boldsymbol{\Phi}_0(t_0,t_0)&=\boldsymbol{I}\\
\boldsymbol{\Phi}_1(t_0,t_0)&=\boldsymbol{I}+\int_{t_0}^{t}\boldsymbol{A}(\tau)\mathrm{d}\tau\\
\boldsymbol{\Phi}_2(t,t_0)&=\boldsymbol{I}+\int_{t_0}^{t}\boldsymbol{A}(\tau)\left[\boldsymbol{I}+\int_{t_0}^{t}\boldsymbol{A}(\tau_1)\mathrm{d}\tau_1\right]\mathrm{d}\tau\\
&=\boldsymbol{I}+\int_{t_0}^{t}\boldsymbol{A}(\tau)\mathrm{d}\tau+\int_{t_0}^{t}\int_{t_0}^{t}\boldsymbol{A}(\tau)\boldsymbol{A}(\tau_1)\mathrm{d}\tau_1\mathrm{d}\tau\\
&\cdots
\end{aligned}$$

当 $k\geqslant 2$，

$$\begin{aligned}
\boldsymbol{\Phi}_{(k+1)}(t,t_0)&=\boldsymbol{I}+\int_{t_0}^{t}\boldsymbol{A}(\tau)[\boldsymbol{\Phi}_k(\tau,t_0)]\mathrm{d}\tau\\
&=\boldsymbol{I}+\int_{t_0}^{t}\boldsymbol{A}(\tau)\mathrm{d}\tau+\cdots+\int_{t_0}^{t}\int_{t_0}^{\tau}\int_{t_0}^{\tau_1}\cdots\int_{t_0}^{\tau_{k-2}}\int_{t_0}^{\tau_{k-1}}\boldsymbol{A}(\tau)\boldsymbol{A}(\tau_1)\cdots\boldsymbol{A}(\tau_k)\mathrm{d}\tau_k\cdots\mathrm{d}\tau
\end{aligned}$$

因而当 $k\to\infty$,

$$\boldsymbol{\Phi}(t,t_0)=\lim_{k\to\infty}\boldsymbol{\Phi}_{k+1}(t,t_0)=\boldsymbol{I}+\int_{t_0}^{t}\boldsymbol{A}(\tau)\mathrm{d}\tau+\int_{t_0}^{t}\int_{t_0}^{\tau}\boldsymbol{A}(\tau)\boldsymbol{A}(\tau_1)\mathrm{d}\tau_1\mathrm{d}\tau+\cdots \tag{3.29}$$

这是矩阵 $\boldsymbol{A}(t)$的累次积分的无穷级数,称为诺伊曼(Neuman)级数,式(3.29)也称为佩亚诺(Peano-Baker)公式.

例 3.3 设系统的齐次状态方程为

$$\begin{bmatrix}\dot{x}_1(t)\\\dot{x}_2(t)\end{bmatrix}=\begin{bmatrix}0&t\\0&0\end{bmatrix}\begin{bmatrix}x_1(t)\\x_2(t)\end{bmatrix}$$

试求该系统的状态转移矩阵.

解 首先检查 $\boldsymbol{A}(t)$ 和$\int_{t_0}^{t}\boldsymbol{A}(\tau)\mathrm{d}\tau$ 是否可交换,或者检查对任意时刻 t_1 和 t_2,是否有 $\boldsymbol{A}(t_1)\boldsymbol{A}(t_2)=\boldsymbol{A}(t_2)\boldsymbol{A}(t_1)$.

$$\boldsymbol{A}(t_1)\boldsymbol{A}(t_2)=\begin{bmatrix}0&t_1\\0&0\end{bmatrix}\begin{bmatrix}0&t_2\\0&0\end{bmatrix}=\boldsymbol{0}_{2\times2},\quad t_1,t_2\in T$$

$$\boldsymbol{A}(t_2)\boldsymbol{A}(t_1)=\begin{bmatrix}0&t_2\\0&0\end{bmatrix}\begin{bmatrix}0&t_1\\0&0\end{bmatrix}=\boldsymbol{0}_{2\times2},\quad t_1,t_2\in T$$

可见 $\boldsymbol{\Phi}(t,t_0)$可按式(3.25)计算

$$\begin{aligned}\boldsymbol{\Phi}(t,t_0)&=\mathrm{e}^{\int_{t_0}^{t}\boldsymbol{A}(\tau)\mathrm{d}\tau}\\&=\boldsymbol{I}+\int_{t_0}^{t}\begin{bmatrix}0&\tau\\0&0\end{bmatrix}\mathrm{d}\tau+\frac{1}{2}\left[\int_{t_0}^{t}\begin{bmatrix}0&\tau\\0&0\end{bmatrix}\mathrm{d}\tau\right]^2+\cdots\\&=\boldsymbol{I}+\begin{bmatrix}0&\frac{1}{2}(t^2-t_0^2)\\0&0\end{bmatrix}=\begin{bmatrix}1&\frac{1}{2}(t^2-t_0^2)\\0&1\end{bmatrix}\end{aligned}$$

注意级数中自第三项开始全为零.采用逐步逼近法可得到同一结果.

例 3.4 试计算线性时变系统

$$\begin{bmatrix}\dot{x}_1(t)\\\dot{x}_2(t)\end{bmatrix}=\begin{bmatrix}0&1\\0&t\end{bmatrix}\begin{bmatrix}x_1(t)\\x_2(t)\end{bmatrix}$$

的状态转移矩阵.

解 任选两个时刻 t_1 和 t_2,计算出

$$\boldsymbol{A}(t_1)\boldsymbol{A}(t_2)=\begin{bmatrix}0&t_2\\0&t_1t_2\end{bmatrix}$$

$$\boldsymbol{A}(t_2)\boldsymbol{A}(t_1)=\begin{bmatrix}0&t_1\\0&t_1t_2\end{bmatrix}$$

只要 $t_1\neq t_2$,就有 $\boldsymbol{A}(t_1)\boldsymbol{A}(t_2)\neq\boldsymbol{A}(t_2)\boldsymbol{A}(t_1)$,所以必须应用 Neuman 级数计算 $\boldsymbol{\Phi}(t,0)$.

$$\int_0^t\boldsymbol{A}(\tau)\mathrm{d}\tau=\int_0^t\begin{bmatrix}0&1\\0&\tau\end{bmatrix}\mathrm{d}\tau=\begin{bmatrix}0&t\\0&\frac{1}{2}t^2\end{bmatrix}$$

$$\int_0^t\int_0^\tau\begin{bmatrix}0 & 1\\0 & \tau\end{bmatrix}\begin{bmatrix}0 & 1\\0 & \tau_1\end{bmatrix}\mathrm{d}\tau_1\mathrm{d}\tau = \int_0^t\begin{bmatrix}0 & \frac{1}{2}\tau^2\\0 & \frac{1}{2}\tau^3\end{bmatrix}\mathrm{d}\tau = \begin{bmatrix}0 & \frac{1}{6}t^3\\0 & \frac{1}{8}t^4\end{bmatrix}$$

…

最后得

$$\boldsymbol{\Phi}(t,0) = \boldsymbol{I} + \begin{bmatrix}0 & t\\0 & \frac{1}{2}t^2\end{bmatrix} + \begin{bmatrix}0 & \frac{1}{6}t^3\\0 & \frac{1}{8}t^4\end{bmatrix} + \cdots$$

$$= \begin{bmatrix}1 & t+\frac{1}{6}t^3+\cdots\\0 & 1+\frac{1}{2}t^2+\frac{1}{8}t^4+\cdots\end{bmatrix}$$

前例中 $\boldsymbol{\Phi}(t,t_0)$只有 Neuman 级数的前两项,是收敛的,本例中 $\boldsymbol{\Phi}(t,0)$也是收敛的,从理论上讲需要无穷多项.一般来说,难以得到封闭解.

前面研究的是时变系统在输入为零时的状态方程的解.这种解反映了系统内部储存的能量引起的运动,或者说不为零的初态引起的运动.它们与输入无关,因此常称做零输入状态响应,相应的状态转移叫做零输入状态转移.现在研究输入不为零时,时变系统的全响应,即不为零的初态和不为零的输入共同引起的响应,这种情况下描述系统的状态方程如下:

$$\begin{aligned}\dot{\boldsymbol{x}}(t) &= \boldsymbol{A}(t)\boldsymbol{x}(t) + \boldsymbol{B}(t)\boldsymbol{u}(t)\\ \boldsymbol{x}(t_0) &= \boldsymbol{x}_0\end{aligned}\tag{3.30}$$

$\Phi(t,t_0,\boldsymbol{x}_0,\boldsymbol{u})$表达了由初态 $\boldsymbol{x}(t_0)=\boldsymbol{x}_0$ 和输入 $\boldsymbol{u}$ 共同造成的时刻 t 的状态 $\boldsymbol{x}(t)$.

定理 3.4　设线性时变系统的非齐次状态方程如式(3.30)所示,且 $\boldsymbol{A}(t)$的每个元素都是连续的,$\boldsymbol{B}(t)$,$\boldsymbol{u}(t)$满足可积条件,则式(3.30)的解如下:

$$\boldsymbol{x}(t) = \boldsymbol{\Phi}(t,t_0,\boldsymbol{x}_0,\boldsymbol{u}) = \boldsymbol{\Phi}(t,t_0)\boldsymbol{x}_0 + \int_{t_0}^t\boldsymbol{\Phi}(t,\tau)\boldsymbol{B}(\tau)\boldsymbol{u}(\tau)\mathrm{d}\tau \tag{3.31a}$$

$$= \boldsymbol{\Phi}(t,t_0)\left[\boldsymbol{x}_0 + \int_{t_0}^t\boldsymbol{\Phi}(t_0,\tau)\boldsymbol{B}(\tau)\boldsymbol{u}(\tau)\mathrm{d}\tau\right] \tag{3.31b}$$

其中 $\boldsymbol{\Phi}(t,t_0)$是齐次方程 $\dot{\boldsymbol{x}}(t)=\boldsymbol{A}(t)\boldsymbol{x}(t)$的状态转移矩阵.

证明　式(3.31b)是用 $\boldsymbol{\Phi}(t,\tau)=\boldsymbol{\Phi}(t,t_0)\boldsymbol{\Phi}(t_0,\tau)$由式(3.31a)导出的.只要证明式(3.31a)即可.将其两边对 t 求导

$$\begin{aligned}\dot{\boldsymbol{x}} &= \frac{\partial}{\partial t}\boldsymbol{\Phi}(t,t_0)\boldsymbol{x}_0 + \frac{\partial}{\partial t}\left[\int_{t_0}^t\boldsymbol{\Phi}(t,\tau)\boldsymbol{B}(\tau)\boldsymbol{u}(\tau)\mathrm{d}\tau\right]\\ &= \boldsymbol{A}(t)\boldsymbol{\Phi}(t,t_0)\boldsymbol{x}_0 + \boldsymbol{\Phi}(t,t)\boldsymbol{B}(t)\boldsymbol{u}(t) + \int_{t_0}^t\frac{\partial}{\partial t}\boldsymbol{\Phi}(t,\tau)\boldsymbol{B}(\tau)\boldsymbol{u}(\tau)\mathrm{d}\tau\\ &= \boldsymbol{A}(t)\left[\boldsymbol{\Phi}(t,t_0)\boldsymbol{x}_0 + \int_{t_0}^t\boldsymbol{\Phi}(t,\tau)\boldsymbol{B}(\tau)\boldsymbol{u}(\tau)\mathrm{d}\tau\right] + \boldsymbol{B}(t)\boldsymbol{u}(t)\\ &= \boldsymbol{A}(t)\boldsymbol{x}(t) + \boldsymbol{B}(t)\boldsymbol{u}(t)\end{aligned}$$

而且在 $t=t_0$ 时刻,

$$\boldsymbol{x}(t_0)=\boldsymbol{\Phi}(t_0,t_0)\boldsymbol{x}_0+\int_{t_0}^{t_0}\boldsymbol{\Phi}(t,\tau)\boldsymbol{B}(\tau)\boldsymbol{u}(\tau)\mathrm{d}\tau=\boldsymbol{x}_0$$

定理得以证明.

如果令式(3.31)中 $\boldsymbol{u}\equiv\boldsymbol{0}_u$,可看出

$$\boldsymbol{x}_{zi}(t)=\boldsymbol{\Phi}_{zi}(t,t_0,\boldsymbol{x}_0,\boldsymbol{0}_u)=\boldsymbol{\Phi}(t,t_0)\boldsymbol{x}_0 \tag{3.32}$$

又倘若令 $\boldsymbol{x}_0=\boldsymbol{0}_x$,又有

$$\boldsymbol{x}_{zs}(t)=\boldsymbol{\Phi}_{zs}(t,t_0,\boldsymbol{0}_x,\boldsymbol{u})=\int_{t_0}^{t}\boldsymbol{\Phi}(t,\tau)\boldsymbol{B}(\tau)\boldsymbol{u}(\tau)\mathrm{d}\tau \tag{3.33}$$

显然,将 $\boldsymbol{\Phi}_{zi}(t,t_0,\boldsymbol{x}_0,\boldsymbol{0}_u)$称做状态响应的零输入响应,而将 $\boldsymbol{\Phi}_{zs}(t,t_0,\boldsymbol{0}_x,\boldsymbol{u})$称做状态响应的零状态响应是十分恰当的.式(3.32)和式(3.33)分别清楚地说明 $\boldsymbol{\Phi}_{zi}(t,t_0,\boldsymbol{x}_0,\boldsymbol{0}_u)$是初态 $\boldsymbol{x}_0$ 的线性函数,$\boldsymbol{\Phi}_{zs}(t,t_0,\boldsymbol{0}_x,\boldsymbol{u})$是输入 $\boldsymbol{u}$ 的线性函数.用式(3.32)和式(3.33)可以将非齐次状态方程的全响应写成

$$\boldsymbol{x}(t)=\boldsymbol{\Phi}(t,t_0,\boldsymbol{x}_0,\boldsymbol{u})=\boldsymbol{\Phi}_{zi}(t,t_0,\boldsymbol{x}_0,\boldsymbol{0}_u)+\boldsymbol{\Phi}_{zs}(t,t_0,\boldsymbol{0}_x,\boldsymbol{u}) \tag{3.34}$$

式(3.34)说明一个重要特性:线性时变系统状态的全响应总能分解成零输入响应和零状态响应之和.线性非时变系统可看做线性时变的特例,这一特性对线性非时变系统也适用.这和2.2节中式(2.33)表明的性质一致.

也可像推导积分$\int_{t_0}^{t}\boldsymbol{G}(t,\tau)\boldsymbol{u}(\tau)\mathrm{d}\tau$一样推导式(3.33).首先将输入 $\boldsymbol{u}$ 切割成许多小脉冲,使

$$\boldsymbol{u}=\sum_i\boldsymbol{u}_{[t_i,t_i+\Delta)}$$

因为 $\boldsymbol{x}_0=\boldsymbol{0}_x$,当 Δ 充分小时,方程 $\dot{\boldsymbol{x}}(t)=\boldsymbol{A}(t)\boldsymbol{x}(t)+\boldsymbol{B}(t)\boldsymbol{u}(t)$,由于 $\boldsymbol{u}_{[t_i,t_i+\Delta)}$引起的零状态响应近似为初态等于 $\boldsymbol{B}(t_i)\boldsymbol{u}(t_i)\Delta$ 引起的零输入响应,又由于区间$[t_i,t_i+\Delta)$以外的输入 $\boldsymbol{u}_{[t_i,t_i+\Delta)}$恒为零.在 $t_i+\Delta$ 和 t 之间的响应由 $\boldsymbol{\Phi}(t,t_i+\Delta)$控制,$\boldsymbol{\Phi}_{zs}(t,t_0,\boldsymbol{0}_x,\boldsymbol{u}_{[t_i,t_i+\Delta)})$的近似表达式如下:

$$\boldsymbol{\Phi}_{zs}(t,t_0,\boldsymbol{0}_x,\boldsymbol{u}_{[t_i,t_i+\Delta)})\approx\boldsymbol{\Phi}(t,t_i+\Delta)\boldsymbol{B}(t_i)\boldsymbol{u}(t_i)\Delta$$

令 $\Delta\to0$,并对所有的 i 求和,立刻得到式(3.33)

$$\boldsymbol{\Phi}_{zs}(t,t_0,\boldsymbol{0}_x,\boldsymbol{u})=\int_{t_0}^{t}\boldsymbol{\Phi}(t,\tau)\boldsymbol{B}(\tau)\boldsymbol{u}(\tau)\mathrm{d}\tau$$

状态的全响应求出之后,式(3.8b)表示的输出方程的全解也就很好求了,将式(3.31)表达的 $\boldsymbol{x}(t)$和已知的 $\boldsymbol{u}(t)$代入式(3.8b)便得到

$$\boldsymbol{y}(t)=\boldsymbol{C}(t)\boldsymbol{\Phi}(t,t_0)\boldsymbol{x}_0+\boldsymbol{C}(t)\int_{t_0}^{t}\boldsymbol{\Phi}(t,\tau)\boldsymbol{B}(\tau)\boldsymbol{u}(\tau)\mathrm{d}\tau+\boldsymbol{D}(t)\boldsymbol{u}(t) \tag{3.35}$$

可见输出 $\boldsymbol{y}(t)$也可分为零输入响应 $\boldsymbol{y}_{zi}(t)$和零状态响应 $\boldsymbol{y}_{zs}(t)$两部分,即

$$\boldsymbol{y}(t)=\boldsymbol{\eta}(t,t_0,\boldsymbol{x}_0,\boldsymbol{u})=\boldsymbol{\eta}_{zi}(t,t_0,\boldsymbol{x}_0,\boldsymbol{0}_u)+\boldsymbol{\eta}_{zs}(t,t_0,\boldsymbol{0}_x,\boldsymbol{u}) \tag{3.36}$$

$$\boldsymbol{y}_{zi}(t)=\boldsymbol{\eta}_{zi}(t,t_0,\boldsymbol{x}_0,\boldsymbol{0}_u)=\boldsymbol{C}(t)\boldsymbol{\Phi}(t,t_0)\boldsymbol{x}_0 \tag{3.37}$$

$$\boldsymbol{y}_{zs}(t)=\boldsymbol{\eta}_{zs}(t,t_0,\boldsymbol{0}_x,\boldsymbol{u})=\boldsymbol{C}(t)\int_{t_0}^{t}\boldsymbol{\Phi}(t,\tau)\boldsymbol{B}(\tau)\boldsymbol{u}(\tau)\mathrm{d}\tau+\boldsymbol{D}(t)\boldsymbol{u}(t) \tag{3.38}$$

或

$$\boldsymbol{y}_{zs}(t)=\int_{t_0}^{t}\boldsymbol{G}(t,\tau)\boldsymbol{u}(\tau)\mathrm{d}\tau \tag{3.39}$$

其中

$$G(t,\tau) \overset{\text{def}}{=} C(t)\boldsymbol{\Phi}(t,\tau)B(\tau) + D(t)\delta(t-\tau) \tag{3.40}$$

称做动态方程的冲激响应矩阵.如果系统的初态为零,它决定着系统的输入-输出关系.

由式(3.36)可见,一旦状态转移矩阵 $\boldsymbol{\Phi}(t,t_0)$已知,就应该能计算出动态方程的输出.遗憾的是,除非是十分简单的情况,$\boldsymbol{\Phi}(t,t_0)$难以用简单的封闭形式表达.所以式(3.32)和式(3.36)主要用于线性系统理论的理论研究,实际中主要是在数字计算机上应用数值法求解 $\boldsymbol{\Phi}(t,t_0)$.下面用一个简单的例子说明非齐次方程的求解过程.

例 3.5 设一线性时变系统的非齐次状态方程如下:

$$\dot{x}(t) = \begin{bmatrix} 1 & 0 \\ 0 & 2t \end{bmatrix} x(t) + \begin{bmatrix} 1 \\ t \end{bmatrix} u(t)$$

$$x(t_0) = \begin{bmatrix} x_{10} \\ x_{20} \end{bmatrix}$$

解 在例 3.2 中曾经求出该系统的一个基本矩阵是

$$\boldsymbol{\Psi}(t) = \begin{bmatrix} e^{t-t_0} & e^{t-t_0} \\ 0 & e^{t^2-t_0^2} \end{bmatrix}$$

相应地 $\boldsymbol{\Psi}(t_0)$为

$$\boldsymbol{\Psi}(t_0) = \begin{bmatrix} 1 & 1 \\ 0 & 1 \end{bmatrix}$$

和

$$\boldsymbol{\Psi}^{-1}(t_0) = \begin{bmatrix} 1 & -1 \\ 0 & 1 \end{bmatrix}$$

因此

$$\boldsymbol{\Phi}(t,t_0) = \boldsymbol{\Psi}(t)\boldsymbol{\Psi}^{-1}(t_0) = \begin{bmatrix} e^{t-t_0} & 0 \\ 0 & e^{t^2-t_0^2} \end{bmatrix}$$

按式(3.31)计算状态响应 $x(t)$,假设 $u(t)=1(t-t_0)$,

$$\begin{aligned} x(t) &= \boldsymbol{\Phi}(t,t_0)x_0 + \int_{t_0}^{t} \boldsymbol{\Phi}(t,\tau)B(\tau)u(\tau)\mathrm{d}\tau \\ &= \begin{bmatrix} e^{t-t_0} & 0 \\ 0 & e^{t^2-t_0^2} \end{bmatrix}\begin{bmatrix} x_{10} \\ x_{20} \end{bmatrix} + \int_{t_0}^{t} \begin{bmatrix} e^{t-\tau} \\ \tau e^{t^2-\tau^2} \end{bmatrix}\mathrm{d}\tau \\ &= \begin{bmatrix} e^{t-t_0}x_{10} + e^{t-t_0} - 1 \\ e^{t^2-t_0^2}x_{20} + \dfrac{1}{2}e^{t^2-t_0^2} - \dfrac{1}{2} \end{bmatrix} \end{aligned}$$

3.3 线性非时变连续系统的状态转移矩阵和响应

前节曾指出线性非时变连续系统是线性时变连续系统的特例,因此前节所得到的结论原则上对线性非时变连续系统都适用.本节的任务便是将前节的结论引申到线性非时变连续系统中使之具体化.

3.3.1 状态转移矩阵 e^{At} 和响应

线性非时变系统动态方程如式(2.31)所示,现重写于下:

$$\dot{\boldsymbol{x}}(t) = \boldsymbol{A}\boldsymbol{x}(t) + \boldsymbol{B}\boldsymbol{u}(t), \quad \boldsymbol{x}(t_0) = \boldsymbol{x}_0 \tag{2.31a}$$

$$\boldsymbol{y}(t) = \boldsymbol{C}\boldsymbol{x}(t) + \boldsymbol{D}\boldsymbol{u}(t) \tag{2.31b}$$

设 $\boldsymbol{x}(t)$,$\boldsymbol{u}(t)$和 $\boldsymbol{y}(t)$分别为 n 维,m 维和 r 维实向量,$\boldsymbol{A},\boldsymbol{B},\boldsymbol{C},\boldsymbol{D}$ 分别是适当阶次的常数矩阵.因为 $\boldsymbol{A}$ 是常数矩阵,式(2.31a)肯定有唯一解,类似于式(3.31),可写成

$$\begin{aligned}\boldsymbol{x}(t) &= \boldsymbol{\Phi}(t,t_0,\boldsymbol{x}_0,\boldsymbol{u}) \\ &= \boldsymbol{\Phi}(t,t_0)\boldsymbol{x}_0 + \int_{t_0}^{t}\boldsymbol{\Phi}(t,\tau)\boldsymbol{B}\boldsymbol{u}(\tau)\mathrm{d}\tau\end{aligned}$$

用 Neuman 级数计算 $\boldsymbol{\Phi}(t,t_0)$,有

$$\begin{aligned}\boldsymbol{\Phi}(t,t_0) &= \boldsymbol{I} + \int_{t_0}^{t}\boldsymbol{A}\mathrm{d}\tau + \int_{t_0}^{t}\int_{t_0}^{\tau}\boldsymbol{A}^2\mathrm{d}\tau\mathrm{d}\tau + \cdots + \int_{t_0}^{t}\int_{t_0}^{\tau}\int_{t_0}^{\tau_1}\cdots\int_{t_0}^{\tau_{k-2}}\boldsymbol{A}^k\mathrm{d}\tau_{k-1}\mathrm{d}\tau_{k-2}\cdots\mathrm{d}\tau_2\mathrm{d}\tau_1\mathrm{d}\tau + \cdots \\ &= \boldsymbol{I} + \boldsymbol{A}(t-t_0) + \frac{1}{2!}\boldsymbol{A}^2(t-t_0)^2 + \cdots + \frac{1}{k!}\boldsymbol{A}^k(t-t_0)^k + \cdots\end{aligned}$$

根据 e^{At} 的定义式(1.84)可知

$$\boldsymbol{\Phi}(t,t_0) = \mathrm{e}^{\boldsymbol{A}(t-t_0)} \tag{3.41}$$

由式(3.41)可见,$\boldsymbol{\Phi}(t,t_0)$仅与$(t-t_0)$有关,因此可写成

$$\boldsymbol{\Phi}(t-t_0) = \mathrm{e}^{\boldsymbol{A}(t-t_0)} \tag{3.42}$$

式(3.42)说明线性非时变系统的状态转移矩阵仅仅与观察时刻 t 和输入加上的初始时刻 t_0 的差有关而与具体的 t_0 无关.因此,总可假定输入加上的初始时刻为时间计算计起点即 $t_0=0$.于是,状态转移矩阵 $\boldsymbol{\Phi}(t-t_0)=\boldsymbol{\Phi}(t)=\mathrm{e}^{\boldsymbol{A}t}$.相应地,以 $\boldsymbol{x}_0$ 表示初始时刻 $t_0=0$ 的初始状态 $\boldsymbol{x}(0)$.这样,线性非时变系统的状态响应和输出响应可分别表示为

$$\begin{aligned}\boldsymbol{x}(t) &= \boldsymbol{\Phi}(t,0,\boldsymbol{x}_0,\boldsymbol{u}) \\ &= \mathrm{e}^{\boldsymbol{A}t}\boldsymbol{x}_0 + \int_0^t \mathrm{e}^{\boldsymbol{A}(t-\tau)}\boldsymbol{B}\boldsymbol{u}(\tau)\mathrm{d}\tau\end{aligned} \tag{3.43}$$

$$\boldsymbol{y}(t) = \boldsymbol{C}\mathrm{e}^{\boldsymbol{A}t}\boldsymbol{x}_0 + \int_0^t \boldsymbol{C}\mathrm{e}^{\boldsymbol{A}(t-\tau)}\boldsymbol{B}\boldsymbol{u}(\tau)\mathrm{d}\tau + \boldsymbol{D}\boldsymbol{u}(t) \tag{3.44a}$$

$$= \boldsymbol{C}\mathrm{e}^{\boldsymbol{A}t}\boldsymbol{x}_0 + \int_0^t [\boldsymbol{C}\mathrm{e}^{\boldsymbol{A}(t-\tau)}\boldsymbol{B} + \boldsymbol{D}\delta(t-\tau)]\boldsymbol{u}(\tau)\mathrm{d}\tau \tag{3.44b}$$

由式(3.43)和式(3.44)得到

$$\boldsymbol{x}_{zi}(t) = \boldsymbol{\Phi}_{zi}(t,0,\boldsymbol{x}_0,\boldsymbol{0}_u) = \mathrm{e}^{\boldsymbol{A}t}\boldsymbol{x}_0 \tag{3.45a}$$

$$\boldsymbol{x}_{zs}(t) = \boldsymbol{\Phi}_{zs}(t,0,\boldsymbol{0}_x,\boldsymbol{u}) = \int_0^t \mathrm{e}^{\boldsymbol{A}(t-\tau)}\boldsymbol{B}\boldsymbol{u}(\tau)\mathrm{d}\tau \tag{3.45b}$$

$$\boldsymbol{y}_{zi}(t) = \boldsymbol{\eta}_{zi}(t,0,\boldsymbol{x}_0,\boldsymbol{0}_u) = \boldsymbol{C}\mathrm{e}^{\boldsymbol{A}t}\boldsymbol{x}_0 \tag{3.46a}$$

$$\begin{aligned}\boldsymbol{y}_{zs}(t) &= \boldsymbol{\eta}_{zi}(t,0,\boldsymbol{0}_x,\boldsymbol{u}) \\ &= \int_0^t [\boldsymbol{C}\mathrm{e}^{\boldsymbol{A}(t-\tau)}\boldsymbol{B} + \boldsymbol{D}\delta(t-\tau)]\boldsymbol{u}(\tau)\mathrm{d}\tau\end{aligned} \tag{3.46b}$$

以及冲激响应矩阵

$$\boldsymbol{G}(t-\tau) = \boldsymbol{C}\mathrm{e}^{\boldsymbol{A}(t-\tau)}\boldsymbol{B} + \boldsymbol{D}\delta(t-\tau) \tag{3.47a}$$

式(3.47a)说明线性非时变系统冲激响应矩阵仅是响应的观察时刻 t 与冲激函数加上时刻 τ 之差的函数. 它也可以记成

$$\boldsymbol{G}(t) = \boldsymbol{C}\mathrm{e}^{\boldsymbol{A}t}\boldsymbol{B} + \boldsymbol{D}\delta(t) \tag{3.47b}$$

式(3.46a)说明线性非时变系统的零状态响应 $\boldsymbol{y}_{zs}(t)$ 是冲激响应矩阵 $\boldsymbol{G}(t)$ 与输入 $\boldsymbol{u}(t)$ 的卷积积分,记作

$$\boldsymbol{y}_{zs}(t) = \boldsymbol{G}(t) * \boldsymbol{u}(t) = \int_0^t \boldsymbol{G}(t-\tau)\boldsymbol{u}(\tau)\mathrm{d}\tau = \int_0^t \boldsymbol{G}(\tau)\boldsymbol{u}(t-\tau)\mathrm{d}\tau \tag{3.48}$$

鉴于冲激响应矩阵 $\boldsymbol{G}(t)$ 的第 (i,j) 个元素仅是输入 $\boldsymbol{u}(t)$ 中第 j 个分量 $u_j(t)=\delta(t)$,其余分量皆为零情况下第 i 个输出分量的零状态响应,如果用 $\boldsymbol{c}_i^{\mathrm{T}}$ 表示矩阵 $\boldsymbol{C}$ 的第 i 个行向量,$\boldsymbol{b}_j$ 表示矩阵 $\boldsymbol{B}$ 的第 j 个列向量,d_{ij} 为矩阵 $\boldsymbol{D}$ 的第 (i,j) 个元素,则

$$\begin{aligned} g_{ij}(t) &= \boldsymbol{c}_i^{\mathrm{T}}\int_0^t \mathrm{e}^{\boldsymbol{A}(t-\tau)}\boldsymbol{b}_j\delta(t)\mathrm{d}\tau + d_{ij}\delta(t) \\ &= \boldsymbol{c}_i^{\mathrm{T}}\mathrm{e}^{\boldsymbol{A}t}\boldsymbol{b}_j + d_{ij}\delta(t) \end{aligned} \tag{3.49}$$

例 3.6　现在考虑第 2 章中卫星轨道运动的例子. 由于方位角运动 $\phi(t)$ 可以与轨道半径运动 $r(t)$ 和仰角运动 $\theta(t)$ 分开,下面仅考虑方位角运动情况,取 $\boldsymbol{x}(t)=[\phi(t)\quad \dot{\phi}(t)]^{\mathrm{T}}$,改变 $\phi(t)$ 的推力为 $u_\phi(t)$. 根据式(2.53)可写出下面的动态方程:

$$\dot{\boldsymbol{x}}(t) = \begin{bmatrix} 0 & 1 \\ -\omega^2 & 0 \end{bmatrix}\boldsymbol{x}(t) + \begin{bmatrix} 0 \\ 1 \end{bmatrix}u_\phi(t) \tag{3.50a}$$

$$y(t) = \phi(t) = (1\quad 0)\boldsymbol{x}(t) \tag{3.50b}$$

设初始状态 $\boldsymbol{x}_0=[\phi(0)\quad \dot{\phi}(0)]^{\mathrm{T}}$,$u_\phi(t)=1(t)$,求系统的响应.

解　这是一个单输入-单输出系统,它的矩阵分别为

$$\boldsymbol{A} = \begin{bmatrix} 0 & 1 \\ -\omega^2 & 0 \end{bmatrix},\quad \boldsymbol{B} = \begin{bmatrix} 0 \\ 1 \end{bmatrix},\quad \boldsymbol{C} = (1\quad 0),\quad d = 0$$

根据式(3.44b)可知

$$y(t) = \boldsymbol{C}\mathrm{e}^{\boldsymbol{A}t}\boldsymbol{x}_0 + \int_0^t \boldsymbol{C}\mathrm{e}^{\boldsymbol{A}(t-\tau)}\boldsymbol{B}u_\phi(\tau)\mathrm{d}\tau \tag{3.51}$$

计算式(3.51)中 $y(t)$ 关键在于先求出 $\mathrm{e}^{\boldsymbol{A}t}$. 按照矩阵指数函数定义式(1.84)计算出

$$\begin{aligned} \mathrm{e}^{\boldsymbol{A}t} &= \sum_{k=0}^{\infty}\frac{1}{k!}\boldsymbol{A}^k t^k \\ &= \boldsymbol{I} + \begin{bmatrix} 0 & t \\ -\omega^2 t & 0 \end{bmatrix} + \frac{1}{2!}\begin{bmatrix} -\omega^2 t^2 & 0 \\ 0 & -\omega^2 t^2 \end{bmatrix} + \frac{1}{3!}\begin{bmatrix} 0 & -\omega^2 t^3 \\ \omega^4 t^3 & 0 \end{bmatrix} + \cdots \\ &= \begin{bmatrix} 1 - \frac{1}{2!}\omega^2 t^2 + \frac{1}{4!}\omega^4 t^4 - \cdots & \frac{1}{\omega}\left(\omega t - \frac{1}{3!}\omega^3 t^3 + \frac{1}{5!}\omega^5 t^5 - \cdots\right) \\ -\omega\left(\omega t - \frac{1}{3!}\omega^3 t^3 + \frac{1}{5!}\omega^5 t^5 - \cdots\right) & 1 - \frac{1}{2!}\omega^2 t^2 + \frac{1}{4!}\omega^4 t^4 - \cdots \end{bmatrix} \\ &= \begin{bmatrix} \cos\omega t & \frac{1}{\omega}\sin\omega t \\ -\omega\sin\omega t & \cos\omega t \end{bmatrix} \end{aligned} \tag{3.52}$$

将式(3.52)和已知条件代入式(3.51)得到

$$y(t)=\phi_0\cos\omega t+\dot{\phi}_0\frac{1}{\omega}\sin\omega t+\int_0^t\omega^{-1}\sin\omega(t-\tau)\mathrm{d}\tau$$
$$=\phi_0\cos\omega t+\dot{\phi}_0\omega^{-1}\sin\omega t+\omega^{-2}(1-\cos\omega t) \tag{3.53}$$

如果初始状态 $\boldsymbol{x}(0)=\boldsymbol{0}_x$,即 $\phi_0=0,\dot{\phi}_0=0$,也就是人造卫星初始时刻的轨道位于赤道平面 (r,θ)内,在摄动力 u_ϕ 作用下引起的 $\phi(t)$的变化规律如下:

$$y(t)=\phi(t)=\omega^{-2}(1-\cos\omega t) \tag{3.54}$$

系统的输入 $u_\phi(t)=1(t)$和响应 $\phi(t)$的曲线如图 3.3 所示.

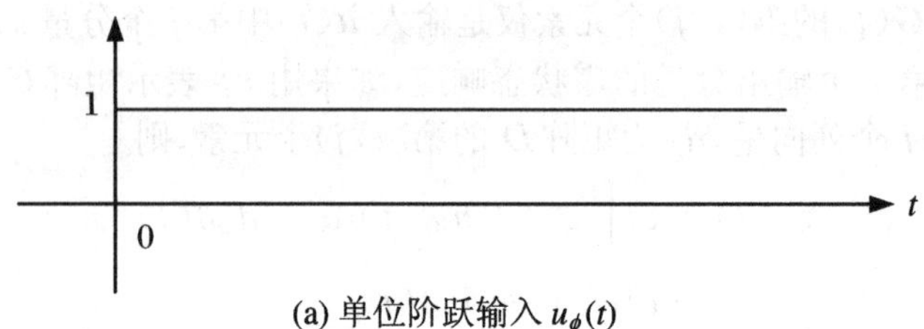

(a) 单位阶跃输入 $u_\phi(t)$

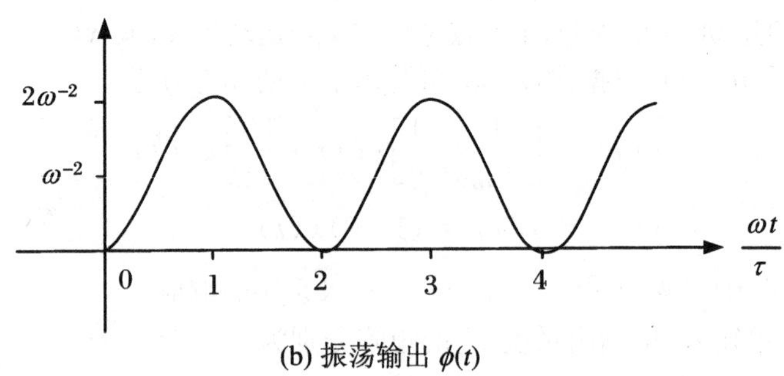

(b) 振荡输出 $\phi(t)$

图 3.3　例 3.6 的输入和输出函数

本例中输出方程不含有矩阵 $\boldsymbol{D}$,即输入、输出间没有直接传输作用(参看图 2.8).实际控制系统常常是这样的,今后就认为输出方程 $\boldsymbol{y}(t)=\boldsymbol{Cx}(t)$.最后指出式(3.52)也可按 1.7 节介绍的方法用矩阵多项式 $g(\boldsymbol{A})$计算.留给读者作为练习.

3.3.2　几种典型约尔当形矩阵 $\boldsymbol{A}$ 的 $\mathrm{e}^{\boldsymbol{A}t}$

由前节看出在线性非时变系统的状态响应、输出响应以至冲激响应矩阵中,$\mathrm{e}^{\boldsymbol{A}t}$ 形式的状态转移矩阵起着十分重要的作用.下面介绍几种典型的约尔当形矩阵 $\boldsymbol{A}$ 的矩阵指数函数 $\mathrm{e}^{\boldsymbol{A}t}$.

1. 系统矩阵为对角线矩阵,$\boldsymbol{A}=\mathrm{diag}(\lambda_1,\lambda_2,\cdots,\lambda_n)$.

设某一线性非时变系统的齐次方程为

$$\begin{bmatrix}\dot{x}_1(t)\\\dot{x}_2(t)\\\dot{x}_3(t)\end{bmatrix}=\begin{bmatrix}\lambda_1&0&0\\0&\lambda_2&0\\0&0&\lambda_3\end{bmatrix}\begin{bmatrix}x_1(t)\\x_2(t)\\x_3(t)\end{bmatrix}$$

这相当于三个互不影响的一阶标量微分方程：

$$\dot{x}_1(t) = \lambda_1 x_1(t), \quad x_1(0) = x_{10}$$

$$\dot{x}_2(t) = \lambda_2 x_2(t), \quad x_2(0) = x_{20}$$

$$\dot{x}_3(t) = \lambda_3 x_3(t), \quad x_3(0) = x_{30}$$

它们的解为

$$x_1(t) = e^{\lambda_1 t} x_{10}$$

$$x_2(t) = e^{\lambda_2 t} x_{20}$$

$$x_3(t) = e^{\lambda_3 t} x_{30}$$

写成矩阵形式则为

$$\begin{bmatrix} x_1(t) \\ x_2(t) \\ x_3(t) \end{bmatrix} = \begin{bmatrix} e^{\lambda_1 t} & 0 & 0 \\ 0 & e^{\lambda_2 t} & 0 \\ 0 & 0 & e^{\lambda_3 t} \end{bmatrix} \begin{bmatrix} x_{10} \\ x_{20} \\ x_{30} \end{bmatrix} = e^{\boldsymbol{A}t} \boldsymbol{x}_0$$

因此

$$e^{\boldsymbol{A}t} = \mathrm{diag}(e^{\lambda_1 t}, e^{\lambda_2 t}, e^{\lambda_3 t}) \tag{3.55}$$

式(3.55)可以进一步推广到 n 阶对角线阵，即 $\boldsymbol{A} = \mathrm{diag}(\lambda_1, \lambda_2, \cdots, \lambda_n)$，有

$$e^{\boldsymbol{A}t} = \mathrm{diag}(e^{\lambda_1 t}, e^{\lambda_2 t}, \cdots, e^{\lambda_n t}) \tag{3.56}$$

2. 系统矩阵 $\boldsymbol{A}$ 为对角分块矩阵，$\boldsymbol{A} = \mathrm{diag}(\boldsymbol{A}_1, \boldsymbol{A}_2, \cdots, \boldsymbol{A}_l)$.

第1章指出，在这种情况下 $f(\boldsymbol{A}) = \mathrm{diag}[f(\boldsymbol{A}_1), f(\boldsymbol{A}_2), \cdots, f(\boldsymbol{A}_l)]$，所以

$$e^{\boldsymbol{A}t} = \mathrm{diag}(e^{\boldsymbol{A}_1 t}, e^{\boldsymbol{A}_2 t}, \cdots, e^{\boldsymbol{A}_l t}) \tag{3.57}$$

3. 系统矩阵 $\boldsymbol{A}$ 具有如下形式：

$$\boldsymbol{A} = \begin{bmatrix} 0 & 1 & 0 \\ 0 & 0 & 1 \\ 0 & 0 & 0 \end{bmatrix}, \quad \boldsymbol{A}^{\mathrm{T}} = \begin{bmatrix} 0 & 0 & 0 \\ 1 & 0 & 0 \\ 0 & 1 & 0 \end{bmatrix}$$

注意到 $\boldsymbol{A}$ 是幂零矩阵，即自乘若干次化成零矩阵的矩阵，

$$\boldsymbol{A}^2 = \begin{bmatrix} 0 & 0 & 1 \\ 0 & 0 & 0 \\ 0 & 0 & 0 \end{bmatrix}$$

$$\boldsymbol{A}^k = \boldsymbol{0}_{3\times 3}, \quad k = 3, 4, \cdots$$

于是应用 $e^{\boldsymbol{A}t}$ 的幂级数定义式得到

$$e^{\boldsymbol{A}t} = \sum_{k=0}^{\infty} \frac{1}{k!} \boldsymbol{A}^k t^k = \sum_{k=0}^{2} \frac{1}{k!} \boldsymbol{A}^k t^k = \begin{bmatrix} 1 & t & \frac{t^2}{2} \\ 0 & 1 & t \\ 0 & 0 & 1 \end{bmatrix} \tag{3.58}$$

$\boldsymbol{A}^{\mathrm{T}}$ 是 $\boldsymbol{A}$ 的转置，也是幂零矩阵，同理可得

$$e^{\boldsymbol{A}^{\mathrm{T}} t} = \begin{bmatrix} 1 & 0 & 0 \\ t & 1 & 0 \\ t^2/2 & t & 1 \end{bmatrix} \tag{3.59}$$

显见，$e^{\boldsymbol{A}^{\mathrm{T}} t} = (e^{\boldsymbol{A}t})^{\mathrm{T}}$. 式(3.58)和式(3.59)可推广到如下形式的 n 阶方阵：

$$
\boldsymbol{A}=\begin{bmatrix}0 & 1 & & & & \\ & 0 & 1 & & \boldsymbol{0} & \\ & & 0 & 1 & & \\ & & & 0 & \ddots & \\ & \boldsymbol{0} & & & \ddots & 1 \\ & & & & & 0\end{bmatrix}
$$

$\boldsymbol{A}$ 仅右上方次对角线上元素为 1,其余元素均为零.

$$
\mathrm{e}^{\boldsymbol{A}t}=\begin{bmatrix}1 & t & \dfrac{t^2}{2!} & \dfrac{t^3}{3!} & \cdots & \dfrac{t^{n-1}}{(n-1)!} \\ & 1 & t & \dfrac{t^2}{2!} & \cdots & \dfrac{t^{n-2}}{(n-2)!} \\ & & 1 & t & & \vdots \\ & & & 1 & \ddots & \dfrac{t^2}{2!} \\ \boldsymbol{0} & & & & \ddots & t \\ & & & & & 1\end{bmatrix} \tag{3.60}
$$

4. 系统矩阵 $\boldsymbol{A}$ 具有如下形式:

$$
\boldsymbol{A}=\begin{bmatrix}\lambda & 1 & & & & \\ & \lambda & 1 & & \boldsymbol{0} & \\ & & \lambda & \ddots & & \\ & & & \ddots & 1 & \\ & \boldsymbol{0} & & & \lambda & 1 \\ & & & & & \lambda\end{bmatrix}
$$

$\boldsymbol{A}$ 可分解成下面两个矩阵之和的形式

$$
\begin{aligned}
\boldsymbol{A}&=\begin{bmatrix}\lambda & & & & & \\ & \lambda & & & \boldsymbol{0} & \\ & & \lambda & & & \\ & & & \ddots & & \\ & \boldsymbol{0} & & & \lambda & \\ & & & & & \lambda\end{bmatrix}+\begin{bmatrix}0 & 1 & & & & \\ & 0 & 1 & & & \boldsymbol{0} \\ & & 0 & \ddots & & \\ & & & \ddots & 1 & \\ & \boldsymbol{0} & & & 0 & 1 \\ & & & & & 0\end{bmatrix} \\
&=\boldsymbol{A}_1+\boldsymbol{A}_2
\end{aligned}
$$

$\boldsymbol{A}_1$ 和 $\boldsymbol{A}_2$ 是可交换矩阵,于是 $\mathrm{e}^{\boldsymbol{A}t}=\mathrm{e}^{\boldsymbol{A}_1 t}\cdot\mathrm{e}^{\boldsymbol{A}_2 t}$,引用式(3.56)和式(3.60)得到

$$
e^{At}=\begin{bmatrix} e^{\lambda t} & te^{\lambda t} & \dfrac{t^2}{2!}e^{\lambda t} & \cdots & \dfrac{t^{n-1}}{(n-1)!}e^{\lambda t} \\ & e^{\lambda t} & te^{\lambda t} & \cdots & \dfrac{t^{n-2}}{(n-2)!}e^{\lambda t} \\ & & e^{\lambda t} & & \vdots \\ & \mathbf{0} & & \ddots & te^{\lambda t} \\ & & & & e^{\lambda t} \end{bmatrix} \tag{3.61}
$$

5. 系统矩阵 $\boldsymbol{A}$ 有如下形式：

$$
\boldsymbol{A}=\begin{bmatrix} 0 & \omega \\ -\omega & 0 \end{bmatrix}
$$

由 $\det(\lambda\boldsymbol{I}-\boldsymbol{A})=0$ 解出特征值 $\lambda_1=\mathrm{j}\omega,\lambda_2=-\mathrm{j}\omega$. 令 $g(\lambda)=\alpha_0+\alpha_1\lambda$,列出方程

$$
\alpha_0+\mathrm{j}\omega\alpha_1=e^{\mathrm{j}\omega t},\quad \alpha_0-\mathrm{j}\omega\alpha_1=e^{-\mathrm{j}\omega t}
$$

从而得到 $\alpha_0=\cos\omega t,\alpha_1=\omega^{-1}\sin\omega t$. 于是

$$
\begin{aligned}
e^{\boldsymbol{A}t}&=\cos\omega t\begin{bmatrix} 1 & 0 \\ 0 & 1 \end{bmatrix}+\omega^{-1}\sin\omega t\begin{bmatrix} 0 & \omega \\ -\omega & 0 \end{bmatrix} \\
&=\begin{bmatrix} \cos\omega t & \sin\omega t \\ -\sin\omega t & \cos\omega t \end{bmatrix}
\end{aligned} \tag{3.62}
$$

6. 设系统矩阵 $\boldsymbol{A}$ 的形式如下：

$$
\boldsymbol{A}=\begin{bmatrix} \sigma & \omega \\ -\omega & \sigma \end{bmatrix}
$$

由于 $\boldsymbol{A}$ 可分解成

$$
\boldsymbol{A}=\begin{bmatrix} \sigma & 0 \\ 0 & \sigma \end{bmatrix}+\begin{bmatrix} 0 & \omega \\ -\omega & 0 \end{bmatrix}=\boldsymbol{A}_1+\boldsymbol{A}_2
$$

类似于情况,引用式(3.55)和式(3.62)得到

$$
e^{\boldsymbol{A}t}=\begin{bmatrix} e^{\sigma t}\cos\omega t & e^{\sigma t}\sin\omega t \\ -e^{\sigma t}\sin\omega t & e^{\sigma t}\cos\omega t \end{bmatrix} \tag{3.63}
$$

7. 设系统矩阵 $\boldsymbol{A}$ 具有如下形式：

$$
\boldsymbol{A}=\left[\begin{array}{cc:cc} \sigma & \omega & 1 & 0 \\ -\omega & \sigma & 0 & 1 \\ \hdashline 0 & 0 & \sigma & \omega \\ 0 & 0 & -\omega & \sigma \end{array}\right]=\left[\begin{array}{c:c} \boldsymbol{A}_1 & \boldsymbol{I} \\ \hdashline \mathbf{0} & \boldsymbol{A}_1 \end{array}\right]
$$

将 $\boldsymbol{A}$ 分解为

$$
\boldsymbol{A}=\left[\begin{array}{c:c} \boldsymbol{A}_1 & \mathbf{0} \\ \hdashline \mathbf{0} & \boldsymbol{A}_1 \end{array}\right]+\left[\begin{array}{c:c} \mathbf{0} & \boldsymbol{I} \\ \hdashline \mathbf{0} & \mathbf{0} \end{array}\right]=\boldsymbol{\alpha}+\boldsymbol{\beta}
$$

因为 $\boldsymbol{\alpha\beta}=\boldsymbol{\beta\alpha}$,$e^{\boldsymbol{A}t}=e^{\boldsymbol{\alpha}t}\cdot e^{\boldsymbol{\beta}t}$,引用式(3.57)、式(3.63)和式(3.60),得到

$$
e^{\boldsymbol{A}t}=\left[\begin{array}{c:c} e^{\boldsymbol{A}_1 t} & \mathbf{0} \\ \hdashline \mathbf{0} & e^{\boldsymbol{A}_1 t} \end{array}\right]\left[\begin{array}{c:c} \boldsymbol{I} & t\boldsymbol{I} \\ \hdashline \mathbf{0} & \boldsymbol{I} \end{array}\right]
$$

$$
= \left[\begin{array}{cc:cc}
e^{\sigma t}\cos\omega t & e^{\sigma t}\sin\omega t & te^{\sigma t}\cos\omega t & te^{\sigma t}\sin\omega t \\
-e^{\sigma t}\sin\omega t & e^{\sigma t}\cos\omega t & -te^{\sigma t}\sin\omega t & te^{\sigma t}\cos\omega t \\
\hdashline
\multicolumn{2}{c:}{\multirow{2}{*}{\mathbf{0}}} & e^{\sigma t}\cos\omega t & e^{\sigma t}\sin\omega t \\
 & & -e^{\sigma t}\sin\omega t & e^{\sigma t}\cos\omega t
\end{array}\right] \tag{3.65}
$$

掌握了上述七种典型约尔当形矩阵的矩阵指数函数，结合 1.6 节中四条定理，应用模态矩阵或修正的模态矩阵可将一般矩阵 $\boldsymbol{A}$ 相似变换成相应的实数化约尔当形矩阵 $\boldsymbol{J}$，就能够比较容易地先求出 e^{Jt}，再通过反向相似变换不难得到所需要的 e^{At}.

3.4 模态、模态分解和状态转移轨迹

前面已经指出对用动态方程式(2.61)表示的线性非时变连续系统而言，状态转移矩阵 e^{At} 起着十分重要的作用. 状态响应、输出响应以及系统的冲激响应矩阵都和 e^{At}(或者说和状态的零输入响应 $e^{At}\boldsymbol{x}_0$)有着紧密联系. 由于系统状态的选择并不是唯一的，在不同的选择下系统矩阵 $\boldsymbol{A}$ 可能简单也可能十分复杂，从而导致 e^{At} 的计算或系统响应的表达式也可能十分复杂，不利于对系统分析、设计. 另外，事先一般不知道选择哪一组状态变量会使系统矩阵 $\boldsymbol{A}$ 最简单. 幸好，应用模态矩阵或修正的模态矩阵 $\boldsymbol{Q}$ 总可以将 $\boldsymbol{A}$ 相似变换为相应的实数化约尔当形矩阵. 倘若用 $\boldsymbol{Q}$ 对系统的状态 $\boldsymbol{x}(t)$ 进行状态变换，即令 $\bar{\boldsymbol{x}}(t) = \boldsymbol{Q}^{-1}\boldsymbol{x}(t)$，或 $\boldsymbol{x}(t) = \boldsymbol{Q}\bar{\boldsymbol{x}}(t)$，代入式(2.31)，得到

$$
\dot{\bar{\boldsymbol{x}}}(t) = \bar{\boldsymbol{A}}\bar{\boldsymbol{x}}(t) + \bar{\boldsymbol{B}}\boldsymbol{u}(t), \quad \bar{\boldsymbol{x}}(t_0) = \boldsymbol{Q}^{-1}\boldsymbol{x}_0 \tag{3.66a}
$$

$$
\boldsymbol{y}(t) = \bar{\boldsymbol{C}}\bar{\boldsymbol{x}}(t) + \bar{\boldsymbol{D}}\boldsymbol{u}(t) \tag{3.66b}
$$

其中

$$
\bar{\boldsymbol{A}} = \boldsymbol{Q}^{-1}\boldsymbol{A}\boldsymbol{Q}, \quad \bar{\boldsymbol{B}} = \boldsymbol{Q}^{-1}\boldsymbol{B}, \quad \bar{\boldsymbol{C}} = \boldsymbol{C}\boldsymbol{Q}, \quad \bar{\boldsymbol{D}} = \boldsymbol{D} \tag{3.67}
$$

其实式(2.31)和式(3.66)是在状态空间两组不同的基下表达同一系统；前者是在自然基下的表达式，后者是在 $\boldsymbol{Q}$ 的列向量组成的基下的表达式. 从物理意义上说，系统的属性是客观固有的，不会因状态空间取不同的基描述而发生变化. 从数学上看，状态变换对 $\boldsymbol{A}$ 而言是一种相似变换，因而 $\boldsymbol{A}$ 的特征值、特征值的代数重数、几何重数以及其他不变因子都不会改变，从而保证了系统的物理属性不受影响. 例如，系统的状态响应和冲激响应矩阵不变：

$$
\begin{aligned}
\bar{\boldsymbol{x}}(t) &= e^{\bar{\boldsymbol{A}}t}\bar{\boldsymbol{x}}_0 + \int_0^t e^{\bar{\boldsymbol{A}}(t-\tau)}\bar{\boldsymbol{B}}\boldsymbol{u}(\tau)d\tau \\
\boldsymbol{x}(t) &= \boldsymbol{Q}\bar{\boldsymbol{x}}(t) \\
&= \boldsymbol{Q}e^{\bar{\boldsymbol{A}}t}\boldsymbol{Q}^{-1}\boldsymbol{x}_0 + \int_0^t \boldsymbol{Q}e^{\bar{\boldsymbol{A}}(t-\tau)}\bar{\boldsymbol{B}}\boldsymbol{u}(\tau)d\tau \\
&= e^{\boldsymbol{A}t}\boldsymbol{x}_0 + \int_0^t e^{\boldsymbol{A}(t-\tau)}\boldsymbol{B}\boldsymbol{u}(\tau)d\tau \\
\bar{\boldsymbol{G}}(t) &= \bar{\boldsymbol{C}}e^{\boldsymbol{A}t}\bar{\boldsymbol{B}} + \bar{\boldsymbol{D}}\delta(t) = \boldsymbol{C}e^{\boldsymbol{A}t}\boldsymbol{B} + \boldsymbol{D}\delta(t) = \boldsymbol{G}(t)
\end{aligned}
$$

式(3.67)表示的变换正由于不改变系统物理属性又被称为代数等价变换.以后还会看到在代数等价变换下,系统的稳定性、能控性、能观性和传递函数矩阵等等均不变.倘若两个系统的状态空间表达式间存在着代数等价变换关系,则称它们互为代数等价系统.对于线性时变系统亦存在代数等价变换,不过要将模态矩阵 Q 改为可逆的函数矩阵 $\boldsymbol{Q}(t)$,$\boldsymbol{Q}(t)$的元素是连续或分段连续的时间函数.假定变换前后的描述式分别用 $\boldsymbol{A}(t),\boldsymbol{B}(t),\boldsymbol{C}(t),\boldsymbol{D}(t)$和 $\bar{\boldsymbol{A}}(t),\bar{\boldsymbol{B}}(t),\bar{\boldsymbol{C}}(t),\bar{\boldsymbol{D}}(t)$表示,则有

$$\left.\begin{aligned}\bar{\boldsymbol{A}}(t) &= \boldsymbol{Q}^{-1}(t)[\boldsymbol{A}(t)\boldsymbol{Q}(t) - \dot{\boldsymbol{Q}}(t)]\\ \bar{\boldsymbol{B}}(t) &= \boldsymbol{Q}^{-1}(t)\boldsymbol{B}(t)\\ \bar{\boldsymbol{C}}(t) &= \boldsymbol{C}(t)\boldsymbol{Q}(t)\\ \bar{\boldsymbol{D}}(t) &= \boldsymbol{D}(t)\end{aligned}\right\} \tag{3.68}$$

既然代数等价变换不改变系统的固有属性又可将系统矩阵变换成简单的约尔当形,因此通过研究具有约尔当形系统矩阵的系统的零状态响应认识系统的模式(或振荡振型)及其模态分解有着普遍的意义.

(1) $\boldsymbol{A}$ 具有 n 个相异的实特征值

因为 n 个特征值彼此相异,相应的 n 个特征向量 $\boldsymbol{q}_i, i=1,2,\cdots,n$ 彼此线性无关,它们构成模态矩阵 $\boldsymbol{Q}=[\boldsymbol{q}_1\quad \boldsymbol{q}_2\quad \cdots\quad \boldsymbol{q}_n]$.代数等价变换后的系统矩阵 $\bar{\boldsymbol{A}}=\boldsymbol{Q}^{-1}\boldsymbol{A}\boldsymbol{Q}=\mathrm{diag}(\lambda_1,\lambda_2,\cdots,\lambda_n)$.设系统的初态为 $\boldsymbol{x}(0)=\boldsymbol{x}_0,\bar{\boldsymbol{x}}(0)=\boldsymbol{Q}^{-1}\boldsymbol{x}_0\overset{\text{def}}{=}\bar{\boldsymbol{x}}_0$.显然

$$\begin{aligned}\bar{\boldsymbol{x}}(t) &= \mathrm{diag}(\mathrm{e}^{\lambda_1 t},\mathrm{e}^{\lambda_2 t},\cdots,\mathrm{e}^{\lambda_n t})\bar{\boldsymbol{x}}_0\\ &= [\mathrm{e}^{\lambda_1 t}\bar{x}_{10}\quad \mathrm{e}^{\lambda_2 t}\bar{x}_{20}\quad \cdots\quad \mathrm{e}^{\lambda_n t}\bar{x}_{n0}]^{\mathrm{T}}\end{aligned} \tag{3.69}$$

通过 $\boldsymbol{x}(t)=\boldsymbol{Q}\bar{\boldsymbol{x}}(t)$,得

$$\begin{aligned}\boldsymbol{x}(t) &= \bar{x}_1(t)\boldsymbol{q}_1 + \bar{x}_2(t)\boldsymbol{q}_2 + \cdots + \bar{x}_n(t)\boldsymbol{q}_n \qquad (3.70\mathrm{a})\\ &= \sum_{i=1}^{n}\mathrm{e}^{\lambda_i t}\bar{x}_{i0}\boldsymbol{q}_i\\ &= \begin{bmatrix}\sum_{i=1}^{n} q_{1i}\mathrm{e}^{\lambda_i t}\boldsymbol{p}_i^{\mathrm{T}}\boldsymbol{x}_0\\ \sum_{i=1}^{n} q_{2i}\mathrm{e}^{\lambda_i t}\boldsymbol{p}_i^{\mathrm{T}}\boldsymbol{x}_0\\ \vdots\\ \sum_{i=1}^{n} q_{ni}\mathrm{e}^{\lambda_i t}\boldsymbol{p}_i^{\mathrm{T}}\boldsymbol{x}_0\end{bmatrix} \qquad (3.70\mathrm{b})\end{aligned}$$

其中 $\boldsymbol{p}_i^{\mathrm{T}}, i=1,2,\cdots,n$ 是 $\boldsymbol{Q}^{-1}$的第 i 个行向量,即 $\boldsymbol{A}$ 的第i 个行特征向量.$\boldsymbol{q}_i$ 是$\boldsymbol{A}$ 的第i 个列特征向量.

对照式(3.69)和式(3.70)可以看出,采用 $\bar{\boldsymbol{x}}(t)$描述系统的状态优点在于尽可能多地消除状态分量之间的耦合关系,从而使 $\bar{\boldsymbol{x}}(t)$在状态空间的运动变得十分清晰.这就是说一旦 $\boldsymbol{x}_0$ 即 $\bar{\boldsymbol{x}}_0=\boldsymbol{Q}^{-1}\boldsymbol{x}_0$ 确定以后,每个状态分量 $\bar{x}_i(t)=\mathrm{e}^{\lambda_i t}\bar{x}_{i0}, i=1,2,\cdots,n$,沿着 $\bar{\boldsymbol{x}}(t)$空间第 i 个轴只按 $\mathrm{e}^{\lambda_i t}$规律变化,系统的稳定性变得很明显,状态轨迹很容易描绘出来.后面章节研

究的系统的能控性和能观性也会变得易于理解和确定.由于 $e^{\lambda_i t}$ 体现了系统的固有属性,将 $e^{\lambda_i t}, i=1,2,\cdots,n$,称做系统的**模态**,或者称做**振荡振型**,也被简称做**振型**.式(3.70a)说明将状态 $\boldsymbol{x}(t)$ 沿着系统矩阵 $\boldsymbol{A}$ 的特征向量所进行的分解.在第 i 个特征向量方向上的分量是第 i 个模态 $e^{\lambda_i t}$ 的 $\bar{x}_{i0}=\boldsymbol{p}_i^{\mathrm{T}}\boldsymbol{x}_0$ 倍.所以式(3.70)称做 $\boldsymbol{x}(t)$ 的模态分解,$\bar{x}_{i0}$ 称做第 i 个模态的激发强度.一般来说,任意一个初态 $\boldsymbol{x}_0$ 会激发所有的模态,仅当 $\boldsymbol{x}_0$ 与第 i 个左特征向量 $\boldsymbol{p}_i^{\mathrm{T}}$ 正交时不激发模态 $e^{\lambda_i t}$.反之,只有当 $\boldsymbol{x}_0$ 与第 i 个右特征向量 $\boldsymbol{q}_i$ 方向一致时才仅激发第 i 个模态 $e^{\lambda_i t}$.注意,当 $\boldsymbol{A}$ 具有重特征值但仍可相似变换为对角线阵时情况与此类似.下面通过举例进一步说明模态及其分解的意义.

例 3.7 设某系统的齐次方程如下:

$$\begin{bmatrix}\dot{x}_1(t)\\ \dot{x}_2(t)\end{bmatrix}=\begin{bmatrix}0 & 1\\ -3 & -4\end{bmatrix}\begin{bmatrix}x_1(t)\\ x_2(t)\end{bmatrix},\quad \boldsymbol{x}_0=\begin{bmatrix}x_{10}\\ x_{20}\end{bmatrix}$$

由 $\det(\lambda\boldsymbol{I}-\boldsymbol{A})=0$ 解出 $\lambda_1=-1,\lambda_2=-3$.由 $\boldsymbol{A}\boldsymbol{q}_i=\lambda_i\boldsymbol{q}_i$ 求出相应的特征向量为

$$\boldsymbol{q}_1=\begin{bmatrix}1\\ -1\end{bmatrix},\quad \boldsymbol{q}_2=\begin{bmatrix}1\\ -3\end{bmatrix}$$

模态矩阵 $\boldsymbol{Q}$ 及其逆 $\boldsymbol{Q}^{-1}$ 分别如下:

$$\boldsymbol{Q}=\begin{bmatrix}1 & 1\\ -1 & -3\end{bmatrix},\quad \boldsymbol{Q}^{-1}=\frac{1}{2}\begin{bmatrix}3 & 1\\ -1 & -1\end{bmatrix}$$

状态变换后的齐次状态方程为

$$\begin{bmatrix}\dot{\bar{x}}_1(t)\\ \dot{\bar{x}}_2(t)\end{bmatrix}=\begin{bmatrix}-1 & 0\\ 0 & -3\end{bmatrix}\begin{bmatrix}\bar{x}_1(t)\\ \bar{x}_2(t)\end{bmatrix},\quad \bar{\boldsymbol{x}}_0=\frac{1}{2}\begin{bmatrix}3x_{10}+x_{20}\\ -x_{10}-x_{20}\end{bmatrix}$$

以 $\bar{x}(t)$ 和 $x(t)$ 表示的零输入响应分别为

$$\begin{bmatrix}\bar{x}_1(t)\\ \bar{x}_2(t)\end{bmatrix}=\begin{bmatrix}e^{-t}\bar{x}_{10}\\ e^{-3t}\bar{x}_{20}\end{bmatrix},\quad \begin{bmatrix}x_1(t)\\ x_2(t)\end{bmatrix}=e^{-t}\bar{x}_{10}\begin{bmatrix}1\\ -1\end{bmatrix}+e^{-3t}\bar{x}_{20}\begin{bmatrix}1\\ -3\end{bmatrix}$$

在 $\bar{X}$ 空间中表示 $\bar{\boldsymbol{x}}(t)$ 的状态轨迹如图 3.4(a)所示.当 $\bar{\boldsymbol{x}}_0=[\bar{x}_{10}\quad 0]^{\mathrm{T}}$ 或 $[0\quad \bar{x}_{20}]^{\mathrm{T}}$ 即初态恰好位于 $\bar{x}_1$ 轴或 $\bar{x}_2$ 轴上时,$\bar{\boldsymbol{x}}(t)$ 将沿着 $\bar{x}_1$ 轴或 $\bar{x}_2$ 轴运动到 $\bar{X}$ 空间的原点.状态轨迹是一条指向原点的直线.倘若 $\bar{\boldsymbol{x}}_0$ 位于四个象限内,状态轨迹是图中显示的指向原点的曲线.就本例而言,曲线方程为

$$\bar{x}_2(t)=\alpha\bar{x}_1^3(t),\quad \alpha=\frac{\bar{x}_{20}}{\bar{x}_{10}^3}$$

由于 $|\lambda_2|>|\lambda_1|$,曲线与 $\bar{x}_1$ 轴相切.对于 $\lambda_2<\lambda_1<0$ 的一般情况而言,状态轨迹 $\bar{x}(t)$ 在 $\bar{X}$ 空间中的曲线如图 3.5(a)所示.曲线方程为

$$\bar{x}_2(t)=\alpha\bar{x}_1^m(t)$$

$$m=\frac{\lambda_2}{\lambda_1}>0,\quad \alpha=\frac{\bar{x}_{20}}{\bar{x}_{10}^m}$$

可是在 X 空间中,状态轨迹 $\boldsymbol{x}(t)$ 的曲线就复杂多了.本例的状态轨迹如图 3.4(b)所示.当初态 $\boldsymbol{x}_0$ 与 $\boldsymbol{q}_1$ 或 $\boldsymbol{q}_2$ 方向一致时,状态向量 $\boldsymbol{x}(t)$ 以 e^{-t} 或 e^{-3t} 的规律沿 $\boldsymbol{q}_1$ 或 $\boldsymbol{q}_2$ 所在的直线

趋向原点.因为 e^{-3t} 比 e^{-t} 衰减得快,$\boldsymbol{q}_2$ 称为快特征向量,$\boldsymbol{q}_1$ 称为慢特征向量.当初态 $\boldsymbol{x}_0$ 既不在 $\boldsymbol{q}_1$,也不在 $\boldsymbol{q}_2$ 所处的直线上,状态轨迹以比较复杂的曲线方式向状态空间 X 的原点逼近,最终沿最慢的特征向量进入原点,曲线与该向量相切.对 $\lambda_2<\lambda_1<0$ 的一般情况,状态轨迹曲线 $\bar{\boldsymbol{x}}(t)$ 和 $\boldsymbol{x}(t)$ 分别如图 3.5(a)和图 3.5(b)所示.

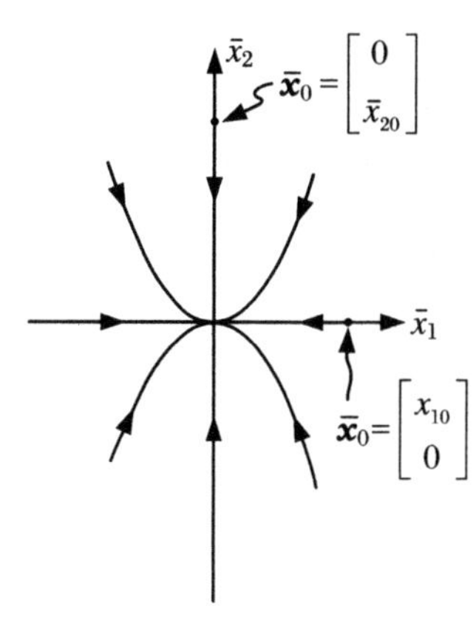

(a) 例3.7中二维状态轨迹 $\bar{x}(t)$

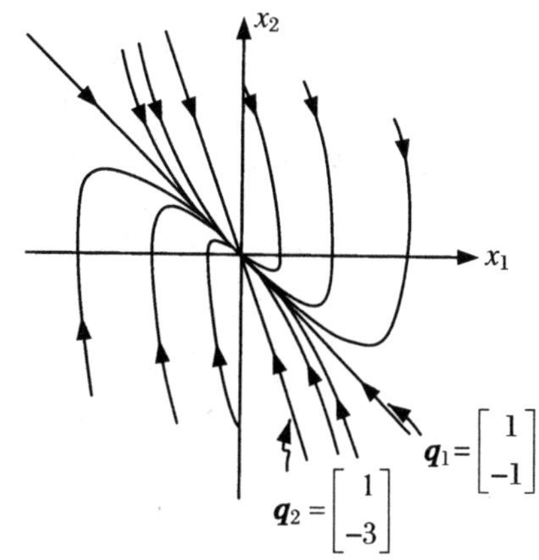

(b) 例3.7中二维状态轨迹 $x(t)$

图 3.4

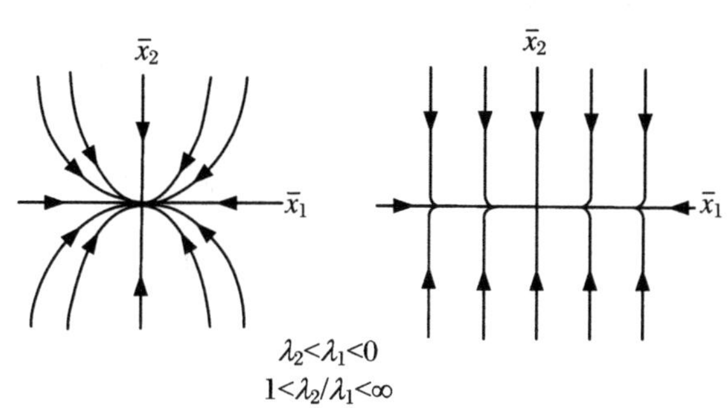

(a) 一般情况下，二维$\bar{X}$状态空间中状态轨迹

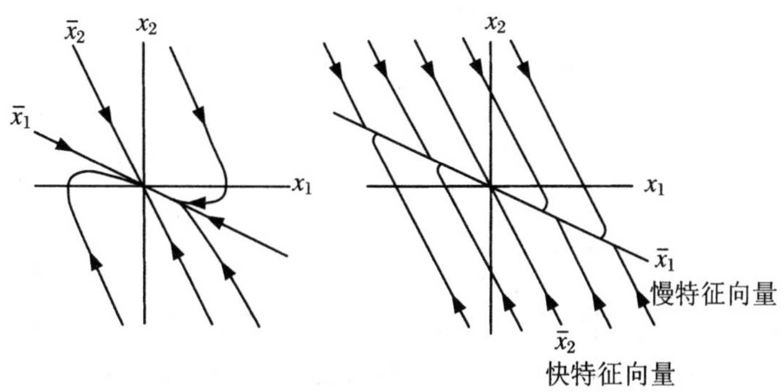

(b) 一般情况下，二维X状态空间中状态轨迹

图 3.5

本例中所讨论的系统实际上是过阻尼系统，所以特征值都是负实数．不论初态如何，零输入响应最终都达到状态空间的原点．系统的原点是呈现着稳定特性的平衡点①，通常称为**稳定节点**．倘若本例中系统的特征值均是正的实常数，则状态轨迹曲线形状与图 3.5 中曲线雷同，但状态运动方向相反，呈发射性，系统是不稳定的．原点虽也是平衡点，但只要系统受到扰动，状态偏离了原点就永远离开它而趋向无穷远．这种平衡点又称做**不稳定节点**．

(2) $\boldsymbol{A}$ 具有 n 重实特征值 λ_1 且几何重数为 1

根据 1.6 节定理 1.2 可知应用仅有的一个特征向量 $\boldsymbol{q}_1$ 和 $n-1$ 个广义特征向量 $\boldsymbol{q}_2$，$\boldsymbol{q}_3,\cdots,\boldsymbol{q}_n$ 组成模态矩阵 $\boldsymbol{Q}$，通过相似变换将 $\boldsymbol{A}$ 变换成主对角线元素为 λ_1，右上对角线元素为 1，其余元素全为零的方阵 $\bar{\boldsymbol{A}}$．在用 $\boldsymbol{Q}$ 对原齐次状态方程作状态变换后得到

$$\dot{\bar{\boldsymbol{x}}}(t)=\bar{\boldsymbol{A}}\bar{\boldsymbol{x}}(t),\quad \bar{\boldsymbol{x}}_0=\boldsymbol{Q}^{-1}\boldsymbol{x}_0$$

其中

$$\bar{\boldsymbol{A}}=\begin{bmatrix}\lambda_1 & 1 & & & \\ & \lambda_1 & 1 & \boldsymbol{0} & \\ & & \lambda_1 & \ddots & \\ & \boldsymbol{0} & & \ddots & 1\\ & & & & \lambda_1\end{bmatrix}$$

引用式(3.61)得到状态的零输入响应为

$$\bar{\boldsymbol{x}}(t)=\begin{bmatrix}e^{\lambda_1 t} & te^{\lambda_1 t} & \dfrac{t^2e^{\lambda_1 t}}{2!} & \cdots & \dfrac{t^{n-1}e^{\lambda_1 t}}{(n-1)!}\\ & e^{\lambda_1 t} & te^{\lambda_1 t} & \cdots & \dfrac{t^{n-2}e^{\lambda_1 t}}{(n-2)!}\\ & & e^{\lambda_1 t} & & \vdots\\ & \boldsymbol{0} & & \ddots & te^{\lambda_1 t}\\ & & & & e^{\lambda_1 t}\end{bmatrix}\begin{bmatrix}\bar{x}_{10}\\ \bar{x}_{20}\\ \vdots\\ \bar{x}_{(n-1)0}\\ \bar{x}_{n0}\end{bmatrix}\tag{3.71}$$

可见决定 $\bar{\boldsymbol{x}}(t)$ 运动规律的是 $e^{\lambda_1 t}$，$te^{\lambda_1 t}$，$\cdots$，直到 $t^{n-1}e^{\lambda_1 t}$．对于这一类系统，这 n 个时间函数被规定为系统的模态．不过这 n 个模态以第一个模态 $e^{\lambda_1 t}$ 的存在为前提，即只有当 $e^{\lambda_1 t}$ 存在时，其他 $n-1$ 个模态才相继存在．这一点与前面(1)中的情况不同．倘若系统特征值 $\lambda_1<0$，由式(3.71)还可看出，若 $\bar{\boldsymbol{x}}_0$ 处于轴 $\bar{x}_1$ 上状态轨迹 $\bar{\boldsymbol{x}}(t)$ 将只沿着 $\bar{x}_1$ 轴向原点逼近并最终停止在原点；若 $\bar{\boldsymbol{x}}_0$ 处于轴 $\bar{x}_2$ 上，则状态轨迹将在 $\bar{x}_1$ 轴和 $\bar{x}_2$ 轴决定的平面内运动，其中 $\bar{x}_1(t)=te^{\lambda_1 t}\bar{x}_{20}$，$\bar{x}_2(t)=e^{\lambda_1 t}\bar{x}_{20}$．依次类推，当 $\bar{\boldsymbol{x}}_0$ 处于轴 $\bar{x}_3$ 或轴 $\bar{x}_4$ 上时，状态轨迹 $\bar{\boldsymbol{x}}(t)$ 将在三维或四维空间内运动并终止在原点，而当 $\bar{\boldsymbol{x}}_0$ 处于轴 $\bar{x}_n$ 上时，状态轨迹将在整个 n 维 $\bar{X}$ 状态空间内运动并终止在原点．这类系统属于临界阻尼系统，原点仍为稳定平衡点，称做稳定节点．倘若 $\lambda_1>0$，则和前面情况(1)类似，状态轨迹发散，原点称为不稳定节点．

例 3.8 设某系统齐次状态方程为

---

① 6.2 节中将给出平衡点的定义．

$$\begin{bmatrix}\dot{x}_1(t)\\ \dot{x}_2(t)\end{bmatrix}=\begin{bmatrix}0 & 1\\ -1 & -2\end{bmatrix}\begin{bmatrix}x_1(t)\\ x_2(t)\end{bmatrix},\quad \begin{bmatrix}x_1(0)\\ x_2(0)\end{bmatrix}=\begin{bmatrix}x_{10}\\ x_{20}\end{bmatrix}$$

不难由特征方程解出特征值 $\lambda_1=\lambda_2=-1$，且只有一个特征向量 $\boldsymbol{q}_1=[1\quad -1]^{\mathrm{T}}$. 所以

$$\bar{\boldsymbol{A}}=\begin{bmatrix}-1 & 1\\ 0 & -1\end{bmatrix}$$

根据 $\bar{\boldsymbol{A}}=\boldsymbol{Q}^{-1}\boldsymbol{A}\boldsymbol{Q}$ 或 $\boldsymbol{Q}\bar{\boldsymbol{A}}=\boldsymbol{A}\boldsymbol{Q}$，有

$$\begin{bmatrix}1 & q_{12}\\ -1 & q_{22}\end{bmatrix}\begin{bmatrix}-1 & 1\\ 0 & -1\end{bmatrix}=\begin{bmatrix}0 & 1\\ -1 & -2\end{bmatrix}\begin{bmatrix}1 & q_{12}\\ -1 & q_{22}\end{bmatrix}$$

或 $\boldsymbol{A}\boldsymbol{q}_2=\lambda_1\boldsymbol{q}_2+\boldsymbol{q}_1$，得到方程

$$\begin{aligned}q_{22} &= -q_{12}+1\\ -q_{12}-2q_{22} &= -q_{22}-1\end{aligned}$$

解出 $\boldsymbol{q}_2=[1\quad 0]^{\mathrm{T}}$. 状态变换后齐次状态方程为

$$\begin{bmatrix}\dot{\bar{x}}_1(t)\\ \dot{\bar{x}}_2(t)\end{bmatrix}=\begin{bmatrix}-1 & 1\\ 0 & -1\end{bmatrix}=\begin{bmatrix}\bar{x}_1(t)\\ \bar{x}_2(t)\end{bmatrix},\quad \begin{bmatrix}\bar{x}_{10}\\ \bar{x}_{20}\end{bmatrix}=\begin{bmatrix}-x_{20}\\ x_{10}+x_{20}\end{bmatrix}$$

得到状态的零输入响应

$$\begin{bmatrix}\bar{x}_1(t)\\ \bar{x}_2(t)\end{bmatrix}=\begin{bmatrix}\mathrm{e}^{-t}\bar{x}_{10}+t\mathrm{e}^{-t}\bar{x}_{20}\\ \mathrm{e}^{-t}\bar{x}_{20}\end{bmatrix}$$

如果 $\bar{\boldsymbol{x}}_0=[\bar{x}_{10}\quad 0]^{\mathrm{T}}$ 或 $\bar{\boldsymbol{x}}_0=[0\quad \bar{x}_{20}]^{\mathrm{T}}$，在 $\bar{X}$ 空间中的状态轨迹如图 3.6 所示. 作为练习，读者可画出在 X 空间中的状态轨迹.

(3) $\boldsymbol{A}$ 具有单重复特征值

这里假设 $\boldsymbol{A}$ 为(偶数) n 阶方阵，具有 $\frac{n}{2}$ 对彼此不同的共轭复特征值：$\lambda_i=\sigma_i+\mathrm{j}\omega_i$，$\lambda_{i+1}=\sigma_i-\mathrm{j}\omega_i$，$i=1,3,5,\cdots,n-1$. 根据 1.6 节中定理 1.3，采用修正的模态矩阵 $\boldsymbol{Q}$ 可将 $\boldsymbol{A}$ 相似变换为实数标准形 $\bar{\boldsymbol{A}}$. 在用 $\boldsymbol{Q}$ 进行状态变换后，得到 $\bar{\boldsymbol{x}}(t)$ 的齐次状态方阵为

$$\dot{\bar{\boldsymbol{x}}}(t)=\bar{\boldsymbol{A}}\bar{\boldsymbol{x}}(t),\quad \bar{\boldsymbol{x}}_0=\boldsymbol{Q}^{-1}\boldsymbol{x}_0$$

其中

$$\bar{\boldsymbol{A}}=\mathrm{diag}(\boldsymbol{J}_1,\boldsymbol{J}_3,\cdots,\boldsymbol{J}_{n-1})$$

$$\boldsymbol{J}_i=\begin{bmatrix}\sigma_i & \omega_i\\ -\omega_i & \sigma_i\end{bmatrix},\quad i=1,3,5,\cdots,n-1$$

由式(3.57)和式(3.63)可知

$$\bar{\boldsymbol{x}}(t)=\mathrm{diag}(\mathrm{e}^{\boldsymbol{J}_1t},\mathrm{e}^{\boldsymbol{J}_3t},\cdots,\mathrm{e}^{\boldsymbol{J}_{n-1}t})\bar{\boldsymbol{x}}_0 \tag{3.72}$$

其中

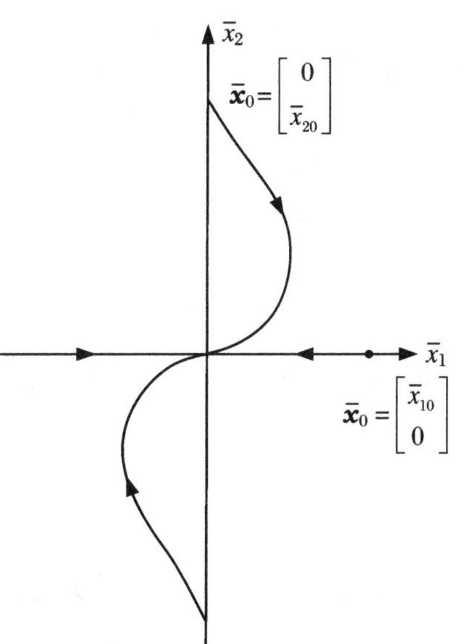

图 3.6　例 3.8 中临界阻尼系统状态轨迹 $\bar{x}(t)$

$$\mathrm{e}^{J_i t} = \begin{bmatrix} \mathrm{e}^{\sigma_i t}\cos\omega_i t & \mathrm{e}^{\sigma_i t}\sin\omega_i t \\ -\mathrm{e}^{\sigma_i t}\sin\omega_i t & \mathrm{e}^{\sigma_i t}\cos\omega_i t \end{bmatrix},\quad i = 1,3,5,\cdots,n-1$$

对于这类系统,定义 $\mathrm{e}^{\sigma_i t}\cos\omega_i t$, $\mathrm{e}^{\sigma_i t}\sin\omega_i t$, $i=1,3,5,\cdots,n-1$,为系统的模态,因为它们决定了状态轨迹 $\bar{\boldsymbol{x}}(t)$运动的规律.由式(3.72)可以看到 $\bar{X}$ 空间内 $\bar{x}_i(t)$和 $\bar{x}_{i+1}(t)$的运动只与模态 $\mathrm{e}^{\sigma_i t}\cos\omega_i t$ 和 $\mathrm{e}^{\sigma_i t}\sin\omega_i t$ 以及初态分量 $\bar{x}_{i0}$, $\bar{x}_{(i+1)0}$有关,而与其余模态和初态 $\bar{\boldsymbol{x}}_0$ 中其他分量无关.这就是说,若初态 $\bar{\boldsymbol{x}}_0$ 处于轴 $\bar{x}_i$ 和轴 $\bar{x}_{i+1}$所确定的子空间内,即

$$\bar{\boldsymbol{x}}_0 = [0 \quad \cdots \quad 0 \quad \bar{x}_{i0} \quad \bar{x}_{(i+1)0} \quad 0 \quad \cdots \quad 0]^{\mathrm{T}}$$

则系统的状态轨迹 $\bar{\boldsymbol{x}}(t)$仅仅在此子空间内运动,且

$$\bar{\boldsymbol{x}}(t) = [0 \quad \cdots \quad 0 \quad \bar{x}_i(t) \quad \bar{x}_{(i+1)}(t) \quad 0 \quad \cdots \quad 0]^{\mathrm{T}}$$

其中

$$\begin{aligned} \bar{x}_i(t) &= \bar{x}_{i0}\mathrm{e}^{\sigma_i t}\cos\omega_i t + \bar{x}_{(i+1)0}\mathrm{e}^{\sigma_i t}\sin\omega_i t \\ &= r_{i0}\mathrm{e}^{\sigma_i t}\cos(\omega_i t - \phi_{i0}) \\ \bar{x}_{i+1}(t) &= -\bar{x}_{i0}\mathrm{e}^{\sigma_i t}\sin\omega_i t + \bar{x}_{(i+1)0}\mathrm{e}^{\sigma_i t}\cos\omega_i t \\ &= -r_{i0}\mathrm{e}^{\sigma_i t}\sin(\omega_i t - \phi_{i0}) \end{aligned}$$

这里

$$r_{i0} = \sqrt{\bar{x}_{i0}^2 + \bar{x}_{(i+1)0}^2},\quad \phi_{i0} = \arctan\frac{\bar{x}_{(i+1)0}}{\bar{x}_{i0}}$$

在 $\bar{x}_i$ 轴和$\bar{x}_{i+1}$轴决定的平面中采用极坐标,进一步揭示出状态轨迹 $\bar{\boldsymbol{x}}(t)$是该平面中的对数螺线,

$$\rho_i(t) = \sqrt{\bar{x}_i^2(t) + \bar{x}_{i+1}^2(t)} = r_{i0}\mathrm{e}^{\sigma_i t},\quad \phi_i(t) = -\arctan\frac{\bar{x}_{i+1}(t)}{\bar{x}_i(t)} \tag{3.73}$$

倘若 $\sigma_i<0$,螺线随时间 t 推延而逼近原点;反之 $\sigma_i>0$,螺线呈发散性.图 3.7 展示了这两种状态轨迹曲线.如果所有特征值实部 $\sigma_i<0$,则系统称为欠阻尼系统.原点称为**稳定焦点**.如果式(3.73)中 $\sigma_i=0$,对数螺线变成为圆,系统为无阻尼系统,原点称做**漩涡点**.而在 $\boldsymbol{x}(t)$的相应平面中轨迹变成了椭圆.最后,如果 $\sigma_i>0$,系统产生增幅振荡,原点称做**不稳定焦点**.

例 3.9 某欠阻尼系统的齐次状态方程为

$$\begin{bmatrix} \dot{x}_1(t) \\ \dot{x}_2(t) \end{bmatrix} = \begin{bmatrix} 0 & 1 \\ -4 & -2 \end{bmatrix} = \begin{bmatrix} x_1(t) \\ x_2(t) \end{bmatrix},\quad \boldsymbol{x}_0 = \begin{bmatrix} x_{10} \\ x_{20} \end{bmatrix}$$

由特征方程 $\lambda^2+2\lambda+4=0$ 解出特征值 $\lambda_{1,2}=-1\pm \mathrm{j}\sqrt{3}$.根据 1.6 节中定理 1.3,再利用修正模态矩阵 Q 得到

$$\bar{\boldsymbol{A}} = \boldsymbol{Q}^{-1}\boldsymbol{A}\boldsymbol{Q} = \begin{bmatrix} -1 & \sqrt{3} \\ -\sqrt{3} & -1 \end{bmatrix}$$

由此还可求出 $\boldsymbol{q}_1=[1 \quad -1]^{\mathrm{T}}$ 和 $\boldsymbol{q}_2=[0 \quad \sqrt{3}]^{\mathrm{T}}$,即

$$\boldsymbol{Q} = \begin{bmatrix} 1 & 0 \\ -1 & \sqrt{3} \end{bmatrix},\quad \boldsymbol{Q}^{-1} = \begin{bmatrix} 1 & 0 \\ \dfrac{1}{\sqrt{3}} & \dfrac{1}{\sqrt{3}} \end{bmatrix}$$

用修正模态矩阵变换原齐次状态方程后得到

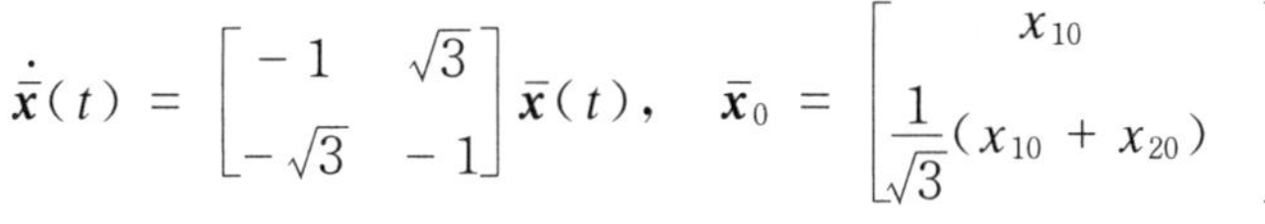

$$\dot{\bar{\boldsymbol{x}}}(t) = \begin{bmatrix} -1 & \sqrt{3} \\ -\sqrt{3} & -1 \end{bmatrix} \bar{\boldsymbol{x}}(t), \quad \bar{\boldsymbol{x}}_0 = \begin{bmatrix} x_{10} \\ \dfrac{1}{\sqrt{3}}(x_{10} + x_{20}) \end{bmatrix}$$

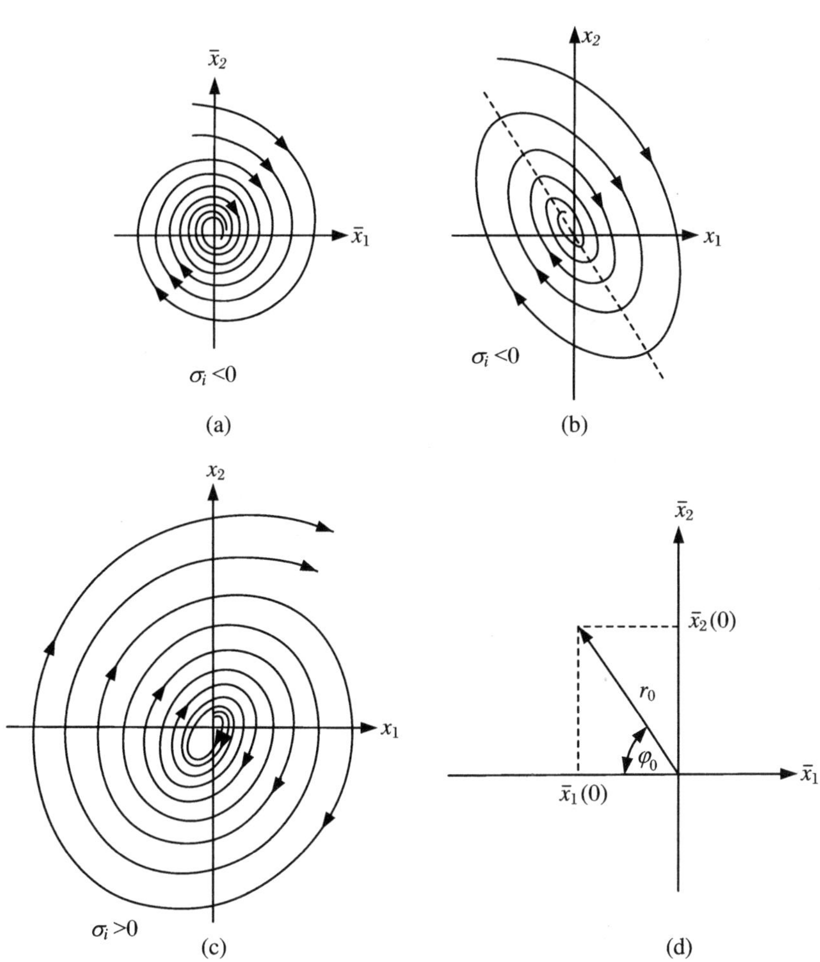

图 3.7　例 3.9 中状态轨迹 $\bar{x}(t)$与 $x(t)$

于是状态 $\bar{\boldsymbol{x}}(t)$的零输入响应为

$$\bar{\boldsymbol{x}}(t) = \begin{bmatrix} r_0 e^{-t}\cos(\sqrt{3}t - \phi_0) \\ r_0 e^{-t}\sin(\sqrt{3}t - \phi_0) \end{bmatrix}, \quad r_0^2 = \bar{x}_{10}^2 + \bar{x}_{20}^2, \quad \phi_0 = \arctan\frac{\bar{x}_{20}}{\bar{x}_{10}}$$

$$\rho(t) = r_0 e^{-t}$$

若本例中系统矩阵中 -2 改变成 2,则特征值变成 $\lambda_{1,2} = 1 \pm j\sqrt{3}$.相应地状态轨迹 $\rho(t) = r_0 e^{t}$,由收敛变成发散.系统的平衡点即状态空间原点由稳定焦点变成不稳定焦点.若 -2 改变成 0,则 $\lambda_{1,2} = \pm j\sqrt{2}$,状态轨迹变成图 3.8 中圆或椭圆.状态空间原点变成漩涡点.

例 3.10　从完整地介绍各种典型的状态轨迹曲线出发,最后举出具有一个负实特征值和一个正实特征值的例子.假设 $L = 1$ H 的电感器和 $C = -1$ F 的电容器相并联,取电

容器两端电压为 $x_1(t)$，电感器中流过电流为 $x_2(t)$，$x_1(t)$ 和 $x_2(t)$ 方向一致，则系统的状态方程为

$$\dot{\boldsymbol{x}}(t)=\begin{bmatrix}0 & \dfrac{1}{C}\\ -\dfrac{1}{L} & 0\end{bmatrix}\boldsymbol{x}=\begin{bmatrix}0 & -1\\ -1 & 0\end{bmatrix}\boldsymbol{x},\quad \boldsymbol{x}(0)=\boldsymbol{x}_0$$

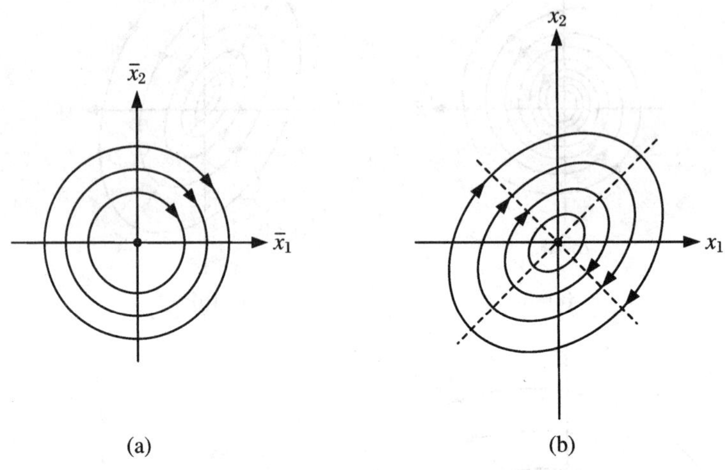

图 3.8　无阻尼系统的状态轨迹 $\bar{x}(t)$ 与 $\boldsymbol{x}(t)$

特征值为 $\lambda_1=1,\lambda_2=-1$，相应特征向量 $\boldsymbol{q}_1=[1\quad -1]^{\mathrm{T}}$ 和 $\boldsymbol{q}_2=[1\quad 1]^{\mathrm{T}}$，

$$\boldsymbol{Q}\begin{bmatrix}1 & 1\\ -1 & 1\end{bmatrix},\quad \boldsymbol{Q}^{-1}=\begin{bmatrix}\dfrac{1}{2} & \dfrac{-1}{2}\\ \dfrac{1}{2} & \dfrac{1}{2}\end{bmatrix}$$

状态变换后的齐次状态方程为

$$\dot{\bar{x}}(t)=\begin{bmatrix}1 & 0\\ 0 & -1\end{bmatrix}\bar{\boldsymbol{x}},\quad \bar{x}_0=\begin{bmatrix}\dfrac{1}{2} & \dfrac{-1}{2}\\ \dfrac{1}{2} & \dfrac{1}{2}\end{bmatrix}\boldsymbol{x}_0$$

零输入的响应 $\bar{\boldsymbol{x}}(t)$ 是

$$\bar{\boldsymbol{x}}(t)=\begin{bmatrix}\bar{x}_{10}\mathrm{e}^{t}\\ \bar{x}_{20}\mathrm{e}^{-t}\end{bmatrix},\quad \bar{x}_2(t)\bar{x}_1(t)\equiv\bar{x}_{20}\bar{x}_{10}\tag{3.74}$$

图 3.9 展示了 $\bar{\boldsymbol{x}}$ 和 $\boldsymbol{x}(t)$ 在各自状态空间中的状态轨迹曲线. 式(3.74)指明仅当初态处于 $\bar{x}_2$ 轴上时，随时间推延，$\bar{\boldsymbol{x}}(t)$ 趋于状态空间原点. 否则，$\bar{\boldsymbol{x}}(t)$ 终归将沿 $\bar{x}_1$ 轴趋于无穷远. 状态平衡点即原点是不稳定平衡点，称为**鞍点**. 就一般情况而言，设 $\lambda_1>0,\lambda_2<0,\bar{x}_1(t)=\bar{x}_{10}\mathrm{e}^{\lambda_1 t},\bar{x}_2(t)=\bar{x}_{20}\mathrm{e}^{\lambda_2 t}$，可导出

$$\bar{x}_2(t)=\alpha\bar{x}_1^m(t),\quad m=\lambda_2/\lambda_1<0,\quad \alpha=\bar{x}_{20}/\bar{x}_{10}^m$$

至于当系统矩阵 $\boldsymbol{A}$ 具有重复特征值的情况，读者可参照情况(2)和(3)讨论系统的模态和状态转移轨迹. 这里就不细言了. 最后强调一点，模态分解在降低系统阶次、简化系统方面

很有用.

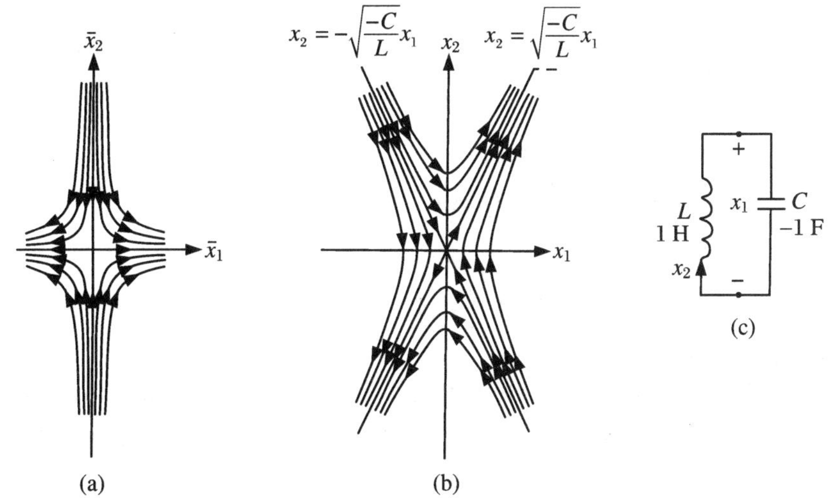

图 3.9　例 3.10 中状态轨迹图

3.5　预解矩阵和系统响应的频域求解

在第 2 章曾指出将拉普拉斯变换应用到线性非时变连续系统的动态方程上,有

$$\left.\begin{aligned} \boldsymbol{x}(s) &= (s\boldsymbol{I}-\boldsymbol{A})^{-1}\boldsymbol{x}_0 + (s\boldsymbol{I}-\boldsymbol{A})^{-1}\boldsymbol{Bu}(s) \\ \boldsymbol{y}(s) &= \boldsymbol{C}(s\boldsymbol{I}-\boldsymbol{A})^{-1}\boldsymbol{x}_0 + \boldsymbol{C}(s\boldsymbol{I}-\boldsymbol{A})^{-1}\boldsymbol{Bu}(s) + \boldsymbol{Du}(s) \end{aligned}\right\} \tag{2.33}$$

和

$$\boldsymbol{G}(s) = \boldsymbol{C}(s\boldsymbol{I}-\boldsymbol{A})^{-1}\boldsymbol{B} + \boldsymbol{D} \tag{2.35}$$

同式(3.47)对照可得 1.7 节曾介绍过的

$$(s\boldsymbol{I}-\boldsymbol{A})^{-1} = \mathscr{L}\left[\mathrm{e}^{\boldsymbol{A}t}\right] \tag{1.85}$$

和 $\mathrm{e}^{\boldsymbol{A}t}$ 在时域分析中起着重要作用一样,$(s\boldsymbol{I}-\boldsymbol{A})^{-1}$ 在频域分析中也起着十分重要的作用. $(s\boldsymbol{I}-\boldsymbol{A})^{-1}$ 被称为预解矩阵. 正因为如此很多人研究过预解矩阵. 下面介绍预解矩阵的 Souriau-Frame-Faddeev 算法和文献[10]中给予的简洁证明.

Souriau-Frame-Faddeev 算法

$$\begin{aligned} (s\boldsymbol{I}-\boldsymbol{A})^{-1} &= \frac{\operatorname{adj}(s\boldsymbol{I}-\boldsymbol{A})}{\det(s\boldsymbol{I}-\boldsymbol{A})} \\ &= \frac{\sum_{k=0}^{n-1} \boldsymbol{Q}_k S^k}{s^n + a_{n-1}s^{n-1} + \cdots + a_1 s + a_0} \end{aligned} \tag{3.75}$$

其中

$$\left.\begin{aligned}
Q_{n-1} &= I \\
a_k &= \frac{1}{k}\mathrm{tr}Q_{k-1} \\
&= -\frac{1}{n-k}\mathrm{tr}(AQ_k) = -\frac{1}{n-k}\mathrm{tr}(Q_k A) \\
Q_{k-1} &= Q_k A + a_k I = AQ_k + a_k I
\end{aligned}\right\} k = n-1, n-2, \cdots, 2, 1$$

$$a_0 = \frac{-1}{n}\mathrm{tr}(AQ_0) = -\frac{1}{n}\mathrm{tr}(Q_0 A)$$

或

$$\mathbf{0} = Q_0 A + a_0 I = AQ_0 + a_0 I$$

最后一步可用来验算前面各步的精度.

证明 因为假设 A 为 n 阶方阵. $\det(sI-A)$ 为 s 的 n 次多项式, $\mathrm{adj}(sI-A)$ 是由 s 的 $n-1$ 次或更低次多项式作为元素组成的 n 阶方阵,可按 s 的降幂形式排列,所以下式成立

$$(sI-A)^{-1} = \frac{\sum_{k=0}^{n-1} Q_k s^k}{\det(sI-A)}$$

上式等式两边同右(或左)乘 $\det(sI-A)(sI-A)$,

$$\det(sI-A)I = \sum_{k=0}^{n-1} Q_k s^k (sI-A)$$

展开后

$$\begin{aligned}
I(s^n + a_{n-1}s^{n-1} + \cdots + a_1 s + a_0) &= Q_{n-1}s^n + (Q_{n-2} - Q_{n-1}A)s^{n-1} + \cdots \\
&\quad + (Q_1 - Q_2 A)s^2 + (Q_0 - Q_1 A)s + (\mathbf{0} - Q_0 A)
\end{aligned}$$

由等式两边 s 的相同幂次项系数相等给出

$$\left.\begin{aligned}
Q_{n-1} &= I \\
Q_{k-1} &= Q_k A + a_k I = AQ_k + a_k I, \quad k = n-1, n-2, \cdots, 1 \\
\mathbf{0} &= Q_0 A + a_0 I = AQ_0 + a_0 I
\end{aligned}\right\} \tag{3.76}$$

设 $\delta_{ij}=0, i\neq j$ 和 $\delta_{ii}=1, i,j=1,2,\cdots,n$,并将 A 记以 $[a_{ij}]$,则

$$\frac{\mathrm{d}}{\mathrm{d}s}[\det(sI-A)] = \frac{\mathrm{d}}{\mathrm{d}s}\det[\delta_{ij}s - a_{ij}]$$

即

$$\begin{aligned}
&ns^{n-1} + (n-1)a_{n-1}s^{n-2} + \cdots + ka_k s^{k-1} + \cdots + 2a_2 s + a_1 \\
&= \sum_{i=1}^{n} (sI-A) \text{ 的第}(i,i)\text{个元素的代数余子式} \\
&= \sum_{k=0}^{n-1} (\mathrm{tr}Q_k)s^k
\end{aligned}$$

从而得到

$$a_k = \frac{1}{k}\mathrm{tr}Q_{k-1} = \frac{1}{k}\mathrm{tr}(Q_k A + a_k I)$$

结合式(3.76)有

$$a_k = -\frac{1}{n-k}\mathrm{tr}(\boldsymbol{Q}_k\boldsymbol{A}) = -\frac{1}{n-k}\mathrm{tr}(\boldsymbol{A}\boldsymbol{Q}_k),\quad k = n-1, n-2, \cdots, 1, 0$$

定理证毕.

利用 Souriau-Frame-Faddeev 算法还可将预解矩阵表达为式(3.77)：

$$(s\boldsymbol{I} - \boldsymbol{A})^{-1} = \sum_{k=0}^{n-1} \alpha_k(s)\boldsymbol{A}^k \tag{3.77}$$

其中

$$\alpha_k(s) = \frac{1}{\Delta(s)}(s^{n-k-1} + a_{n-1}s^{n-k-2} + \cdots + a_{k+2}s + a_{k+1}),\quad k = 0, 1, 2, \cdots, n-1$$

其中 $\Delta(s) = \det(s\boldsymbol{I} - \boldsymbol{A})$

证明　对式(3.76)中 $\boldsymbol{Q}_{k-1}$ 采用逐次迭代法计算，得到

$$\boldsymbol{Q}_{n-k} = \boldsymbol{A}^{k-1} + a_{n-1}\boldsymbol{A}^{k-2} + \cdots + a_{n-k+2}\boldsymbol{A} + a_{n-k+1}\boldsymbol{I},\quad k = 1, 2, \cdots, n$$

再将它们代入式(3.75)中并按 $\boldsymbol{A}$ 的升(或降)幂重新排列，有

$$\begin{aligned}(s\boldsymbol{I} - \boldsymbol{A})^{-1} &= \frac{\sum_{k=0}^{n-1}\boldsymbol{Q}_k s^k}{\Delta(s)} \\ &= \frac{\sum_{k=0}^{n-1}(\boldsymbol{A}^{n-k-1} + a_{n-1}\boldsymbol{A}^{n-k-2} + \cdots + a_{k+1}\boldsymbol{I})s^k}{\Delta(s)} \\ &= \sum_{k=0}^{n-1}\frac{(s^{n-k-1} + a_{n-1}s^{n-k-2} + \cdots + a_{k+2}s + a_{k+1})\boldsymbol{A}^k}{\Delta(s)} \\ &= \sum_{k=0}^{n-1}\alpha_k(s)\boldsymbol{A}^k\end{aligned}$$

对式(3.77)等号两边取反拉氏变换就是凯莱-哈密顿定理表示下的 $\mathrm{e}^{\boldsymbol{A}t}$ 的幂级数表达式，

$$\mathrm{e}^{\boldsymbol{A}t} = \mathscr{L}^{-1}\left[\sum_{k=0}^{n-1}\alpha_k(s)\boldsymbol{A}^k\right] = \sum_{k=0}^{n-1}\alpha_k(t)\boldsymbol{A}^k$$

$$\alpha_k(t) = \mathscr{L}^{-1}[\alpha_k(s)],\quad k = 0, 1, 2, \cdots, n-1$$

将式(3.75)代入式(2.35)得到传递函数矩阵的实用计算公式

$$\boldsymbol{G}(s) = \sum_{k=0}^{n-1}\frac{\boldsymbol{C}\boldsymbol{Q}_k\boldsymbol{B}s^k}{\Delta(s)} + \boldsymbol{D} \tag{3.78a}$$

用式(3.77)代入式(2.35)得到另一种表达式

$$\boldsymbol{G}(s) = \sum_{k=0}^{n-1}\alpha_k(s)\boldsymbol{C}\boldsymbol{A}^k\boldsymbol{B} + \boldsymbol{D} \tag{3.78b}$$

例 3.11　已知某系统的动态方程为

$$\dot{\boldsymbol{x}}(t) = \begin{bmatrix} 0 & 1 \\ -6 & -5 \end{bmatrix}\boldsymbol{x}(t) + \begin{bmatrix} 0 \\ 1 \end{bmatrix}u(t)$$

$$y(t) = \begin{bmatrix} 1 & 1 \end{bmatrix}\boldsymbol{x}(t)$$

求传递函数.

因为特征多项式 $\det(s\boldsymbol{I} - \boldsymbol{A}) = s^2 + 5s + 6$，所以

$$\alpha_0(s)=\frac{s+5}{s^2+5s+6},\quad \alpha_1(s)=\frac{1}{s^2+5s+6}$$

$$(s\boldsymbol{I}-\boldsymbol{A})^{-1}=\alpha_0(s)\boldsymbol{I}+\alpha_1(s)\boldsymbol{A}$$

$$=\begin{bmatrix}\dfrac{s+5}{s^2+5s+6} & \dfrac{1}{s^2+5s+6}\\ \dfrac{-6}{s^2+5s+6} & \dfrac{s}{s^2+5s+6}\end{bmatrix}$$

$$g(s)=\begin{bmatrix}1 & 1\end{bmatrix}\begin{bmatrix}\dfrac{s+5}{s^2+5s+6} & \dfrac{1}{s^2+5s+6}\\ \dfrac{-6}{s^2+5s+6} & \dfrac{s}{s^2+5s+6}\end{bmatrix}\begin{bmatrix}0\\1\end{bmatrix}$$

$$=\frac{s+1}{s^2+5s+6}$$

例 3.12 2.3 节中例 2.8 指出地球轨道上人造卫星的动态方程分成解耦的两部分.其中涉及 r 和 θ 的部分如下:

$$\begin{bmatrix}\dot{x}_1(t)\\ \dot{x}_2(t)\\ \dot{x}_3(t)\\ \dot{x}_4(t)\end{bmatrix}=\begin{bmatrix}0 & 1 & 0 & 0\\ 3\omega^2 & 0 & 0 & 2\omega\\ 0 & 0 & 0 & 1\\ 0 & -2\omega & 0 & 0\end{bmatrix}\begin{bmatrix}x_1(t)\\ x_2(t)\\ x_3(t)\\ x_4(t)\end{bmatrix}+\begin{bmatrix}0 & 0\\ 1 & 0\\ 0 & 0\\ 0 & 1\end{bmatrix}\begin{bmatrix}u_1(t)\\ u_2(t)\end{bmatrix}$$

$$\begin{bmatrix}y_1(t)\\ y_2(t)\end{bmatrix}=\begin{bmatrix}1 & 0 & 0 & 0\\ 0 & 0 & 1 & 0\end{bmatrix}\begin{bmatrix}x_1(t)\\ x_2(t)\\ x_3(t)\\ x_4(t)\end{bmatrix}$$

利用式(3.75)计算$(s\boldsymbol{I}-\boldsymbol{A})^{-1}$,

$$(s\boldsymbol{I}-\boldsymbol{A})^{-1}=\frac{\boldsymbol{Q}_3s^3+\boldsymbol{Q}_2s^2+\boldsymbol{Q}_1s+\boldsymbol{Q}_0}{s^4+a_3s^3+a_2s^2+a_1s+a_0}$$

$$\boldsymbol{Q}_3=\boldsymbol{I},\quad a_3=-\operatorname{tr}(\boldsymbol{Q}_3\boldsymbol{A})=0$$

$$\boldsymbol{Q}_2=\boldsymbol{Q}_3\boldsymbol{A}+a_3\boldsymbol{I}=\boldsymbol{A},\quad a_2=-\frac{1}{2}\operatorname{tr}(\boldsymbol{Q}_2\boldsymbol{A})=\omega^2$$

$$\boldsymbol{Q}_1=\boldsymbol{Q}_2\boldsymbol{A}+a_2\boldsymbol{I}=\boldsymbol{A}^2+\omega^2\boldsymbol{I}$$

$$=\begin{bmatrix}4\omega^2 & 0 & 0 & 2\omega\\ 0 & 0 & 0 & 0\\ 0 & -2\omega & \omega^2 & 0\\ -6\omega^3 & 0 & 0 & -3\omega^2\end{bmatrix},\quad a_1=-\frac{1}{3}\operatorname{tr}(\boldsymbol{Q}_1\boldsymbol{A})=0$$

$$\boldsymbol{Q}_0=\boldsymbol{Q}_1\boldsymbol{A}+a_1\boldsymbol{I}=\boldsymbol{Q}_1\boldsymbol{A}$$

$$=\begin{bmatrix}0 & 0 & 0 & 0\\ 0 & 0 & 0 & 0\\ -6\omega^3 & 0 & 0 & -3\omega^3\\ 0 & 0 & 0 & 0\end{bmatrix},\quad a_0=-\frac{1}{4}\operatorname{tr}(\boldsymbol{Q}_0\boldsymbol{A})=0$$

$$\det = (s\boldsymbol{I} - \boldsymbol{A}) = s^4 + \omega^2 s^2$$

$$(s\boldsymbol{I} - \boldsymbol{A})^{-1} = \frac{1}{s^4 + \omega^2 s^2}\begin{bmatrix} s^3 + 4\omega^2 s & s^2 & 0 & 2\omega s \\ 3\omega^2 s^2 & s^3 & 0 & 2\omega s^2 \\ -6\omega^3 & -2\omega s & s^3 + \omega^2 s & s^2 - 3\omega^2 \\ -6\omega^3 s & -2\omega s^2 & 0 & s^3 - 3\omega^2 s \end{bmatrix}$$

$$\boldsymbol{G}(s) = \boldsymbol{C}(s\boldsymbol{I} - \boldsymbol{A})^{-1}\boldsymbol{B} = \begin{bmatrix} \dfrac{1}{s^2 + \omega^2} & \dfrac{2\omega}{s(s^2 + \omega^2)} \\ \dfrac{-2\omega}{s(s^2 + \omega^2)} & \dfrac{s^2 - 3\omega^2}{s^2(s^2 + \omega^2)} \end{bmatrix}$$

实际系统的直接传输矩阵 $\boldsymbol{D}$ 通常都像这两个例子一样为零矩阵.矩阵理论指出当伴随矩阵 $\mathrm{adj}(s\boldsymbol{I} - \boldsymbol{A})$ 的所有元素有最大公因式 $d(s)$ 时,特征多项式 $\det(s\boldsymbol{I} - \boldsymbol{A})$ 也必含有 $d(s)$,即

$$(s\boldsymbol{I} - \boldsymbol{A})^{-1} = \frac{d(s)\boldsymbol{Q}'(s)}{d(s)\psi(s)} = \frac{\boldsymbol{Q}'(s)}{\psi(s)}$$

其中 $\psi(s)$ 为矩阵 $\boldsymbol{A}$ 的最小多项式,$\Delta(s) = d(s)\psi(s)$. $\boldsymbol{Q}(s)$ 与 $\Delta(s)$ 是否有共同的多项式因子 $d(s)$ 取决于矩阵 $\boldsymbol{A}$ 的性质.仅当矩阵 $\boldsymbol{A}$ 的所有特征值的几何重数都是 1 时,系统的特征多项式 $\Delta(s)$ 等于最小多项式 $\psi(s)$,否则 $\boldsymbol{Q}(s)$ 与 $\Delta(s)$ 有共同的多项式因子 $d(s)$.假设矩阵 $\boldsymbol{A}$ 有 l 个相异的特征值 λ_i, $i = 1,2,\cdots,l$,相应的代数重数和指数分别为 μ_i 和 η_i, $i = 1,2,\cdots,l$,则

$$d(s) = \prod_{i=1}^{l}(s - \lambda_i)^{\mu_i - \eta_i}$$

除非所有的 $\mu_i - \eta_i = 0$, $i = 1,2,\cdots,l$,否则 $d(s)$ 必是 s 的多项式而不是 1.

例 3.13　试就下面三种矩阵 $\boldsymbol{A}$,判别 $d(s)$ 的表达式:

$$\text{(a)}\begin{bmatrix} 2 & 1 & 0 & 0 \\ 0 & 2 & 1 & 0 \\ 0 & 0 & 2 & 0 \\ 0 & 0 & 0 & 3 \end{bmatrix};\quad \text{(b)}\begin{bmatrix} 2 & 1 & 0 & 0 \\ 0 & 2 & 0 & 0 \\ 0 & 0 & 2 & 0 \\ 0 & 0 & 0 & 3 \end{bmatrix};\quad \text{(c)}\begin{bmatrix} 2 & 0 & 0 & 0 \\ 0 & 2 & 0 & 0 \\ 0 & 0 & 2 & 0 \\ 0 & 0 & 0 & 3 \end{bmatrix}.$$

(a) $\Delta(s) = \psi(s) = (s-2)^3(s-3)$, $d(s) = 1$;

(b) $\Delta(s) = (s-2)^3(s-3)$, $\psi(s) = (s-2)^2(s-3)$, $d(s) = (s-2)$;

(c) $\Delta(s) = (s-2)^3(s-3)$, $\psi(s) = (s-2)(s-3)$, $d(s) = (s-2)^2$.

对于单变量系统来说,$(s\boldsymbol{I} - \boldsymbol{A})^{-1}$ 的分子矩阵和分母多项式间公因式的出现必将导致传递函数 $g(s) = \boldsymbol{C}(s\boldsymbol{I} - \boldsymbol{A})^{-1}\boldsymbol{b}$ 中出现极零点相消现象.除此而外,即使没有这种公因子,$g(s)$ 亦可能出现极零点相消现象.下面通过举例说明这一现象.

例 3.14　设单变量系统由下面矩阵描述:

$$\boldsymbol{A} = \begin{bmatrix} 0 & 1 \\ -6 & -5 \end{bmatrix},\quad \boldsymbol{b} = \begin{bmatrix} 1 \\ -2 \end{bmatrix},\quad \boldsymbol{c} = [1 \quad 0]$$

$$(s\boldsymbol{I} - \boldsymbol{A})^{-1} = \frac{1}{(s+2)(s+3)}\begin{bmatrix} s+5 & 1 \\ -6 & s \end{bmatrix}$$

$$g(s) = [1 \quad 0]\frac{1}{(s+2)(s+3)}\begin{bmatrix} s+5 & 1 \\ -6 & s \end{bmatrix}\begin{bmatrix} 1 \\ -2 \end{bmatrix}$$

$$= [1 \quad 0]\frac{1}{(s+2)(s+3)}\begin{bmatrix} s+3 \\ -2(s+3) \end{bmatrix}$$

$$= \frac{1}{s+2}$$

倘若 $\boldsymbol{b},\boldsymbol{c}$ 改成

$$\boldsymbol{b} = \begin{bmatrix} 1 \\ 0 \end{bmatrix}, \quad \boldsymbol{c} = \begin{bmatrix} 1 & \frac{1}{3} \end{bmatrix}$$

则

$$g(s) = \begin{bmatrix} 1 & \frac{1}{3} \end{bmatrix}\frac{1}{(s+2)(s+3)}\begin{bmatrix} s+5 & 1 \\ -6 & s \end{bmatrix}\begin{bmatrix} 1 \\ 0 \end{bmatrix}$$

$$= \frac{\begin{bmatrix} s+3 & \frac{1}{3}(s+3) \end{bmatrix}}{(s+2)(s+3)}\begin{bmatrix} 1 \\ 0 \end{bmatrix}$$

$$= \frac{1}{s+2}$$

但是需要指出的是，对多变量系统来说，情况会复杂得多. 因为**矩阵的极点**定义为矩阵所有各阶子式的最小公分母. 4.7 节中例 4.14 对此作了说明. 在第 9 章中将深入讨论传递函数矩阵的极点和零点等概念.

对$(s\boldsymbol{I}-\boldsymbol{A})^{-1}$和式(2.33)作反拉氏变换便会得到时域中的状态转移矩阵 $\mathrm{e}^{\boldsymbol{A}t}$ 和系统响应. 对以 s 的有理分式作元素的矩阵求反拉氏变换就是对每一个元素作反拉氏变换，其原理和方法与对 s 的标量函数或有理分式作反拉式变换相同. 不过也可以归纳出一套对应的公式. 下面以例 3.11 中$(s\boldsymbol{I}-\boldsymbol{A})^{-1}$和例 3.12 中 $\boldsymbol{G}(s)$为例作一说明.

例 3.15 计算例 3.11 中 $\mathrm{e}^{\boldsymbol{A}t}$ 和例 3.12 中 $\boldsymbol{G}(t)$.

$$\mathrm{e}^{\boldsymbol{A}t} = \mathscr{L}^{-1}\begin{bmatrix} \dfrac{s+5}{s^2+5s+6} & \dfrac{1}{s^2+5s+6} \\ \dfrac{-6}{s^2+5s+6} & \dfrac{s}{s^2+5s+6} \end{bmatrix}$$

$$= \begin{bmatrix} \mathscr{L}^{-1}\left(\dfrac{s+5}{s^2+5s+6}\right) & \mathscr{L}^{-1}\left(\dfrac{1}{s^2+5s+6}\right) \\ \mathscr{L}^{-1}\left(\dfrac{-6}{s^2+5s+6}\right) & \mathscr{L}^{-1}\left(\dfrac{s}{s^2+5s+6}\right) \end{bmatrix}$$

$$= \begin{bmatrix} \mathscr{L}^{-1}\left(\dfrac{3}{s+2}-\dfrac{2}{s+3}\right) & \mathscr{L}^{-1}\left(\dfrac{1}{s+2}-\dfrac{1}{s+3}\right) \\ \mathscr{L}^{-1}\left(\dfrac{6}{s+3}-\dfrac{6}{s+2}\right) & \mathscr{L}^{-1}\left(\dfrac{3}{s+3}-\dfrac{2}{s+2}\right) \end{bmatrix}$$

$$= \begin{bmatrix} 3\mathrm{e}^{-2t}-2\mathrm{e}^{-3t} & \mathrm{e}^{-2t}-\mathrm{e}^{-3t} \\ 6(\mathrm{e}^{-3t}-\mathrm{e}^{-2t}) & 3\mathrm{e}^{-3t}-2\mathrm{e}^{-2t} \end{bmatrix}$$

$$
\boldsymbol{G}(t) = \mathscr{L}^{-1}\begin{bmatrix} \dfrac{1}{s^2+\omega^2} & \dfrac{2\omega}{s(s^2+\omega^2)} \\ \dfrac{-2\omega}{s(s^2+\omega^2)} & \dfrac{s^2-3\omega^2}{s(s^2+\omega^2)} \end{bmatrix}
$$

$$
= \mathscr{L}^{-1}\begin{bmatrix} \dfrac{1}{\omega}\cdot\dfrac{\omega}{s^2+\omega^2} & \dfrac{2}{\omega}\left(\dfrac{1}{s}-\dfrac{s}{s^2+\omega^2}\right) \\ \dfrac{2}{\omega}\left(\dfrac{s}{s^2+\omega^2}-\dfrac{1}{s}\right) & \dfrac{4}{\omega}\cdot\dfrac{\omega}{s^2+\omega^2}-\dfrac{3}{s^2} \end{bmatrix}
$$

$$
= \begin{bmatrix} \dfrac{1}{\omega}\sin\omega t & \dfrac{2}{\omega}(1-\cos\omega t) \\ \dfrac{2}{\omega}(\cos\omega t-1) & \dfrac{4}{\omega}\sin\omega t-3t \end{bmatrix}
$$

现在就$(s\boldsymbol{I}-\boldsymbol{A})^{-1}$没有极零点相消情况给出部分分式展开公式.假设$\Delta(s)$有$n$个相异特征值,

$$
(s\boldsymbol{I}-\boldsymbol{A})^{-1} = \frac{\boldsymbol{Q}(s)}{\prod_{i=1}^{n}(s-\lambda_i)} = \sum_{i=1}^{n}\frac{\boldsymbol{R}_i}{s-\lambda_i} \tag{3.79}
$$

其中

$$
\boldsymbol{R}_i = (s-\lambda_i)\frac{\boldsymbol{Q}(s)}{\Delta(s)}\bigg|_{s=\lambda_i}, \quad i = 1,2,\cdots,n
$$

当λ_i为实数时,$\boldsymbol{R}_i$为n阶实方阵;当λ_i为复数时必有$\lambda_{i+1}=\bar{\lambda}_i$,相应地$\boldsymbol{R}_i$和$\boldsymbol{R}_{i+1}$为共轭形式的$n$阶复方阵,也可以把它们组合在一起.至于$\Delta(s)$有重特征值的情况,$(s\boldsymbol{I}-\boldsymbol{A})^{-1}$,$\boldsymbol{G}(s)$,$\boldsymbol{x}(s)$和$\boldsymbol{y}(s)$的反拉氏变换,借助上例和式(3.79)的启示不难仿照单变量系统的相应内容给以解决.这里就不赘述了.希望读者能作为练习,试着推导出来.

3.6　线性离散系统的状态响应和输出响应

2.4节曾指出线性时变离散系统动态方程为

$$
\begin{aligned} \boldsymbol{x}(k+1) &= \boldsymbol{A}(k)\boldsymbol{x}(k)+\boldsymbol{B}(k)\boldsymbol{u}(k), \quad k = k_0,k_0+1,\cdots \\ \boldsymbol{y}(k) &= \boldsymbol{C}(k)\boldsymbol{x}(k)+\boldsymbol{D}(k)\boldsymbol{u}(k) \end{aligned} \tag{2.79}
$$

假定和连续系统一样,有n维状态变量,m维输入和r维输出,则$\boldsymbol{A}(k)$,$\boldsymbol{B}(k)$,$\boldsymbol{C}(k)$和$\boldsymbol{D}(k)$分别是$n\times n$,$n\times m$,$r\times n$和$r\times m$矩阵,它们的元素随着序数k的变化会发生变化.两类系统动态方程的相似性反映着它们本质之间的相似.因此,对离散时间系统既可导出状态转移矩阵$\boldsymbol{\Phi}(k,k_0)$,也可将其全响应分解为零输入响应和零状态响应之和.下面用求解差分方程的迭代法讨论这些内容.

直接求解差分方程的方法是迭代法,这一方法十分直观且便于在计算机上进行.假设离散系统的非齐次状态方程的初始状态$\boldsymbol{x}(0)=\boldsymbol{x}_0$,将其代入相应状态方程解出

$$\boldsymbol{x}(1) = \boldsymbol{A}(0)\boldsymbol{x}(0) + \boldsymbol{B}(0)\boldsymbol{u}(0)$$

继而得到

$$\begin{aligned}\boldsymbol{x}(2) &= \boldsymbol{A}(1)\boldsymbol{x}(1) + \boldsymbol{B}(1)\boldsymbol{u}(1)\\ &= \boldsymbol{A}(1)\boldsymbol{A}(0)\boldsymbol{x}(0) + \boldsymbol{A}(1)\boldsymbol{B}(0)\boldsymbol{u}(0) + \boldsymbol{B}(1)\boldsymbol{u}(1)\\ \boldsymbol{x}(3) &= \boldsymbol{A}(2)\boldsymbol{x}(2) + \boldsymbol{B}(2)\boldsymbol{u}(2)\\ &= \boldsymbol{A}(2)\boldsymbol{A}(1)\boldsymbol{A}(0)\boldsymbol{x}(0) + \boldsymbol{A}(2)\boldsymbol{A}(1)\boldsymbol{B}(0)\boldsymbol{u}(0)\\ &\quad + \boldsymbol{A}(2)\boldsymbol{B}(1)\boldsymbol{u}(1) + \boldsymbol{B}(2)\boldsymbol{u}(2)\\ &\cdots\end{aligned}$$

其通式如下：

$$\begin{aligned}\boldsymbol{x}(k) &= \boldsymbol{A}(k-1)\boldsymbol{x}(k-1) + \boldsymbol{B}(k-1)\boldsymbol{u}(k-1)\\ &= \left[\prod_{i=0}^{k-1}\boldsymbol{A}(i)\right]\boldsymbol{x}_0 + \sum_{p=0}^{k-1}\left[\prod_{i=p+1}^{k-1}\boldsymbol{A}(i)\right]\boldsymbol{B}(p)\boldsymbol{u}(p), \quad k>0 \end{aligned}\tag{3.80}$$

在式(3.80)中规定

$$\prod_{i=0}^{k-1}\boldsymbol{A}(i) \stackrel{\text{def}}{=} \boldsymbol{A}(k-1)\boldsymbol{A}(k-2)\cdots\boldsymbol{A}(1)\boldsymbol{A}(0), \quad k>0$$

$$\prod_{i=k}^{k-1}\boldsymbol{A}(i) \stackrel{\text{def}}{=} \boldsymbol{I}$$

且矩阵相乘的顺序不能颠倒. $\prod\limits_{i=p+1}^{k-1}\boldsymbol{A}(i)$ 的计算与此类似.

由式(3.80)可见，右边第一项仅与初始状态 $\boldsymbol{x}_0$ 有关，称为零输入状态响应；第二项仅与输入 $\boldsymbol{u}(k)$有关，称为零状态响应. 当输入 $\boldsymbol{u}(k)\equiv\boldsymbol{0}_u$，同时令初始状态 $\boldsymbol{x}_0=\boldsymbol{I}$，则离散系统的齐次状态方程的解 $\boldsymbol{x}_{\mathrm{h}}(k)$是

$$\boldsymbol{x}_{\mathrm{h}}(k) = \prod_{i=0}^{k-1}\boldsymbol{A}(i) = \boldsymbol{A}(k-1)\boldsymbol{A}(k-2)\cdots\boldsymbol{A}(1)\boldsymbol{A}(0), \quad k\geqslant 0$$

倘若 $\boldsymbol{x}_0=\boldsymbol{I}$ 是初始时刻 k_0 的状态，$\boldsymbol{x}_{\mathrm{h}}(k)$可改为

$$\boldsymbol{x}_{\mathrm{h}}(k) = \prod_{i=k_0}^{k-1}\boldsymbol{A}(i) = \boldsymbol{A}(k-1)\boldsymbol{A}(k-2)\cdots\boldsymbol{A}(k_0+1)\boldsymbol{A}(k_0), \quad k\geqslant k_0 \tag{3.81}$$

定义线性时变离散时间系统的**状态转移矩阵** $\boldsymbol{\Phi}(k,k_0)$如下：

$$\boldsymbol{\Phi}(k,k_0) = \prod_{i=k_0}^{k-1}\boldsymbol{A}(i) \stackrel{\text{def}}{=} \boldsymbol{A}(k-1)\boldsymbol{A}(k-2)\cdots\boldsymbol{A}(k_0+1)\boldsymbol{A}(k_0), \quad k>k_0$$

$$\boldsymbol{\Phi}(k_0,k_0) = \prod_{i=k_0}^{k_0-1}\boldsymbol{A}(i) \stackrel{\text{def}}{=} \boldsymbol{I} \tag{3.82}$$

显然 $\boldsymbol{\Phi}(k,k_0)$可以看做矩阵差分方程

$$\boldsymbol{\Phi}(k+1,k_0) = \boldsymbol{A}(k)\boldsymbol{\Phi}(k,k_0) \tag{3.83}$$

在初始条件 $\boldsymbol{\Phi}(k_0,k_0)=\boldsymbol{I}$ 下的解. 不难证明线性时变离散系统的状态转移矩阵具有如下性质：

(1) $\boldsymbol{\Phi}(k,k)=\boldsymbol{\Phi}(k_0,k_0)=\boldsymbol{I}$；

(2) $\boldsymbol{\Phi}(k_2,k_0)=\boldsymbol{\Phi}(k_2,k_1)\boldsymbol{\Phi}(k_1,k_0)$，$k_2\geqslant k_1\geqslant k_0$；

(3) $\boldsymbol{\Phi}^{-1}(k,k_0)=\boldsymbol{\Phi}(k_0,k)$，如果 $\boldsymbol{A}(i)$非奇异，$k-1\geqslant i\geqslant k_0$.

应用状态转移矩阵 $\boldsymbol{\Phi}(k,k_0)$可以将在初始时刻 k_0 满足初始状态 $\boldsymbol{x}(k_0)$的非齐次状态方程的全响应表达成

$$\boldsymbol{x}(k)=\boldsymbol{\Phi}(k,k_0)\boldsymbol{x}(k_0)+\sum_{p=k_0}^{k-1}\boldsymbol{\Phi}(k,p+1)\boldsymbol{B}(p)\boldsymbol{u}(p),\quad k\geqslant k_0 \tag{3.84a}$$

式中右边第一项仍为零输入响应，第二项依然是零状态响应. 相应地，离散系统的输出可写成

$$\begin{aligned}\boldsymbol{y}(k)&=\boldsymbol{C}(k)\boldsymbol{x}(k)+\boldsymbol{D}(k)\boldsymbol{u}(k)\\&=\boldsymbol{C}(k)\boldsymbol{\Phi}(k,k_0)\boldsymbol{x}(k_0)\\&\quad+\sum_{p=k_0}^{k-1}\boldsymbol{C}(k)\boldsymbol{\Phi}(k,p+1)\boldsymbol{B}(p)\boldsymbol{u}(p)+\boldsymbol{D}(k)\boldsymbol{u}(k),\quad k\geqslant k_0\end{aligned} \tag{3.84b}$$

式中第一项为输出的零输入响应 $\boldsymbol{y}_{zi}(k)$，第二项是输出的零状态响应 $\boldsymbol{y}_{zs}(k)$.

由于数字计算机的进步，人们在控制系统中越来越多地应用微处理机或微型计算机. 图 3.10 是一个数字型反馈控制系统框图. 图中控制对象是一个连续时变系统，其动态方程为

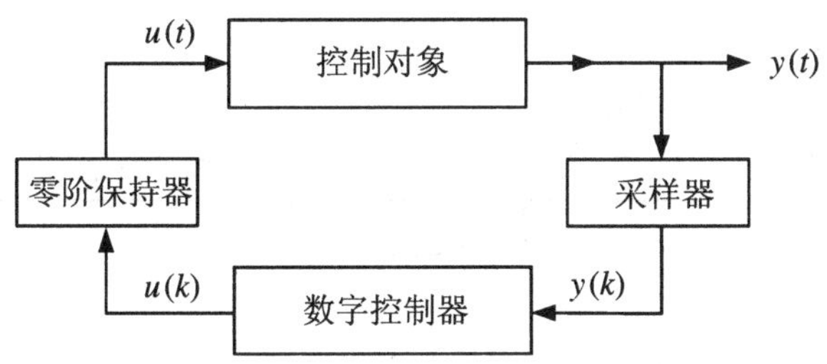

图 3.10　数字型反馈控制系统框图

$$\begin{aligned}\dot{\boldsymbol{x}}(t)&=\boldsymbol{A}(t)\boldsymbol{x}(t)+\boldsymbol{B}(t)\boldsymbol{u}(t)\\\boldsymbol{y}(t)&=\boldsymbol{C}(t)\boldsymbol{x}(t)+\boldsymbol{D}(t)\boldsymbol{u}(t)\end{aligned} \tag{2.30}$$

为了利用数字控制器进行反馈控制，必须用采样器将连续信号 $\boldsymbol{y}(t)$转化成离散信号 $\boldsymbol{y}(k)$. 数字控制器的输出是离散信号 $\boldsymbol{u}(k)$，它又必须经过零阶或一阶保持器将其转化成连续信号 $\boldsymbol{u}(t)$. 采样器是每隔采样周期 T_s 动作一次的理想开关，零阶保持器是一种电子器件，它使时间区间($t_k=kT_s$，$t_{k+1}=(k+1)_sT_s$)内的信号保持为 t_k 时的信号. 图 3.11 对采样器、保持器的功能作了说明. 连续信号 $r(t)$被采样后成为 $r(k)$，$r(k)$经零阶保持器输出后成为阶梯形连续信号 $u(t)$. $u(t)$和 $y(t)$分别为连续系统的输入与输出，由图可见该连续系统为稳定系统. 假设 $r(t)$频谱的上限频率为 ω_c，根据著名的采样定理只有当采样频率 $f\geqslant\omega_c/\pi$ 或采样周期 $T_s\leqslant\pi/\omega_c$ 时，$r(k)$才保留着 $r(t)$的全部信息. 现在回到图 3.10 表示的数字型反馈控制系统上来. 为了完整地分析它，就必须对连续系统的控制对象进行离散化，由其描述 $\boldsymbol{x}(t)$，$\boldsymbol{y}(t)$，$\boldsymbol{u}(t)$的动态方程找出等效的描述 $\boldsymbol{x}(k)$和 $\boldsymbol{y}(k)$和 $\boldsymbol{u}(k)$的动态方程.

将连续系统离散化成等效的离散系统，关键在于找出等效的差分型状态方程替代微分型的状态方程. 假定式(2.30)的状态转移矩阵是 $\boldsymbol{\Phi}(t,t_0)$. 现在考虑在阶梯形输入下连续系统如何由 $t_0=kT_s$ 时刻的状态 $\boldsymbol{x}(k)$转移到 $t=(k+1)T_s$ 时刻的状态 $\boldsymbol{x}(k+1)$. 注意，这段时间内 $\boldsymbol{u}(t)\equiv\boldsymbol{u}(k)$. 由式(3.31)知

$$\begin{aligned}\boldsymbol{x}(k+1) &= \boldsymbol{\Phi}[(k+1)T_s, kT_s]\boldsymbol{x}(k) + \int_{kT_s}^{(k+1)T_s} \boldsymbol{\Phi}[(k+1)T_s, \tau]\boldsymbol{B}(\tau)\boldsymbol{u}(\tau)\mathrm{d}\tau \\ &= \boldsymbol{\Phi}[(k+1)T_s, kT_s]\boldsymbol{x}(k) + \left\{\int_{kT_s}^{(k+1)T_s} \boldsymbol{\Phi}[(k+1)T_s, \tau]\boldsymbol{B}(\tau)\mathrm{d}\tau\right\}\boldsymbol{u}(k) \\ &= \boldsymbol{G}(k)\boldsymbol{x}(k) + \boldsymbol{H}(k)\boldsymbol{u}(k) \end{aligned} \tag{3.85a}$$

其中

$$\boldsymbol{G}(k) = \boldsymbol{\Phi}[(k+1)T_s, kT_s]$$

$$\boldsymbol{H}(k) = \int_{kT_s}^{(k+1)T_s} \boldsymbol{\Phi}[(k+1)T_s, \tau]\boldsymbol{B}(\tau)\mathrm{d}\tau$$

输出方程可直接由式(2.30)得到

$$\boldsymbol{y}(k) = \boldsymbol{C}(k)\boldsymbol{x}(k) + \boldsymbol{D}(k)\boldsymbol{u}(k) \tag{3.85b}$$

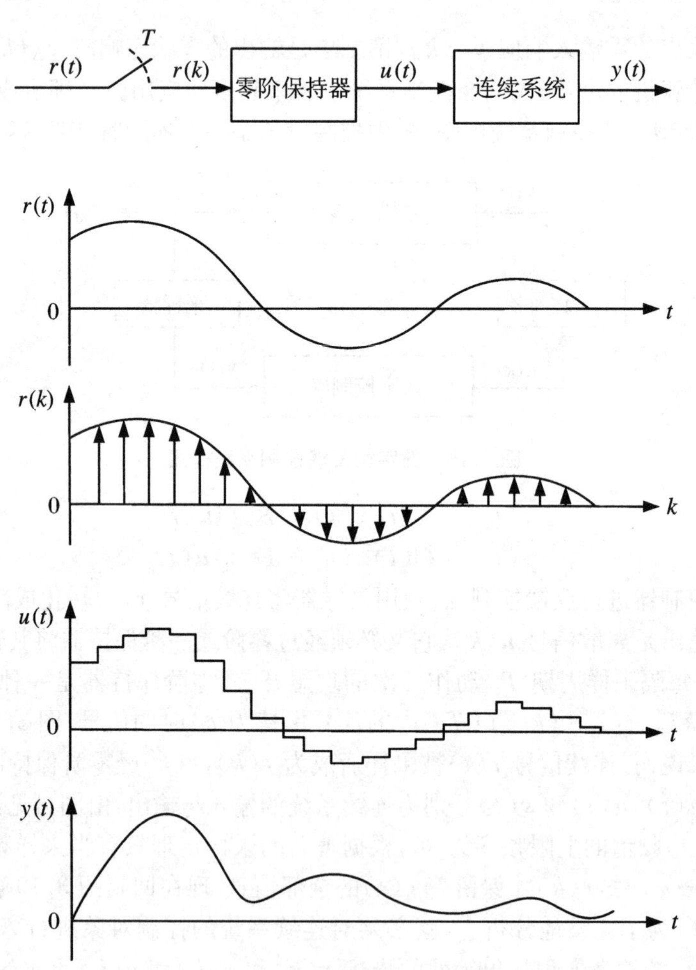

图 3.11　采样器、零阶保持器及其特性示意图

式(3.85)就是等效离散系统的动态方程. 这里要强调一点:因为 $\boldsymbol{\Phi}(t, t_0)$ 总是非奇异的,所以连续系统离散化后的系统矩阵 $\boldsymbol{G}(k)$ 一定是非奇异的. 于是这一类等效离散系统的状态转移矩阵 $\boldsymbol{\Phi}(k, k_0)$ 总是非奇异的.

连续时间系统离散化的方法还有好几种.在采样周期很小且对精度要求不高的情况下,直接用差商代替式(2.30)中微商,可以得到近似的离散化状态方程,即令

$$\dot{\boldsymbol{x}}(t)\big|_{t=kT_s}=\frac{\boldsymbol{x}[(k+1)T_s]-\boldsymbol{x}(kT_s)}{(k+1)T_s-kT_s}=\frac{\boldsymbol{x}[(k+1)T_s]-\boldsymbol{x}(kT_s)}{T_s}$$

有

$$\begin{aligned}\boldsymbol{x}[(k+1)T_s]-\boldsymbol{x}(kT_s)&=T_s[\boldsymbol{A}(kT_s)\boldsymbol{x}(kT_s)+\boldsymbol{B}(kT_s)\boldsymbol{u}(kT_s)]\\ \boldsymbol{x}[(k+1)T_s]&=[\boldsymbol{I}+T_s\boldsymbol{A}(kT_s)]\boldsymbol{x}(kT_s)+T_s\boldsymbol{B}(kT_s)\boldsymbol{u}(kT_s)\\ &=\boldsymbol{G}(kT_s)\boldsymbol{x}(kT_s)+\boldsymbol{H}(kT_s)\boldsymbol{u}(kT_s)\end{aligned}\tag{3.86a}$$

其中

$$\boldsymbol{G}(kT_s)=\boldsymbol{I}+\boldsymbol{A}(kT_s)T_s,\quad \boldsymbol{H}(kT_s)=\boldsymbol{B}(kT_s)T_s$$

相应地,输出方程为

$$\boldsymbol{y}(kT_s)=\boldsymbol{C}(kT_s)\boldsymbol{x}(kT_s)+\boldsymbol{D}(kT_s)\boldsymbol{u}(kT_s)\tag{3.86b}$$

例 3.16 设有一连续时间系统的状态方程如下:

$$\begin{bmatrix}\dot{x}_1(t)\\ \dot{x}_2(t)\end{bmatrix}=\begin{bmatrix}1 & 0\\ 0 & 2t\end{bmatrix}\begin{bmatrix}x_1(t)\\ x_2(t)\end{bmatrix}+\begin{bmatrix}1\\ t\end{bmatrix}u(t)$$

试写出它的离散化状态方程

解 因为该系统状态转移矩阵 $\boldsymbol{\Phi}(t,t_0)$已在例 3.5 中计算出来

$$\boldsymbol{\Phi}(t,t_0)=\begin{bmatrix}e^{t-t_0} & 0\\ 0 & e^{t^2-t_0^2}\end{bmatrix}$$

所以

$$\boldsymbol{\Phi}[(k+1)T_s,kT_s]=\begin{bmatrix}e^{T_s} & 0\\ 0 & e^{(2k+1)T_s^2}\end{bmatrix}$$

按式(3.85a)计算得到

$$\boldsymbol{x}[(k+1)T_s]=\begin{bmatrix}e^{T_s} & 0\\ 0 & e^{(2k+1)T_s^2}\end{bmatrix}\boldsymbol{x}(kT_s)+\begin{bmatrix}e^{T_s}-1\\ \frac{1}{2}e^{(2k+1)T_s^2}-\frac{1}{2}\end{bmatrix}u(kT_s)$$

当采样周期 T_s 足够小,将 e^{T_s} 近似以 $1+T_s$ 代替,上式近似为

$$\boldsymbol{x}[(k+1)T_s]\approx\begin{bmatrix}1+T_s & 0\\ 0 & 1+(2k+1)T_s^2\end{bmatrix}\boldsymbol{x}(kT_s)+\begin{bmatrix}T_s\\ \left(k+\frac{1}{2}\right)T_s^2\end{bmatrix}u(kT_s)$$

当 $k\gg 1$ 时,简化为

$$\boldsymbol{x}[(k+1)T_s]\approx\begin{bmatrix}1+T_s & 0\\ 0 & 1+2kT_s^2\end{bmatrix}\boldsymbol{x}(kT_s)+\begin{bmatrix}T_s\\ kT_s^2\end{bmatrix}u(kT_s)$$

按式(3.86a)计算得到近似的状态差分方程是

$$\boldsymbol{x}[(k+1)T_s]\approx\begin{bmatrix}1+T_s & 0\\ 0 & 1+2kT_s^2\end{bmatrix}\boldsymbol{x}(kT_s)+\begin{bmatrix}T_s\\ kT_s^2\end{bmatrix}u(kT_s)$$

当 $k\gg 1$ 时,两式实质上是相同的.显然采样周期较小,近似程度越好,精度越高,或者说,连续系统是离散化系统在采样周期 $T_s\to 0$ 的条件下的极限.

最后指出，由于状态转移矩阵 $\boldsymbol{\Phi}(t,t_0)$难于计算出封闭形式的表达式，近似方法是实际采用的常用方法.不过，采用近似方法得到的系统矩阵 $\boldsymbol{G}(k)$并不肯定是非奇异的.

下面研究式(2.80)表示的线性非时变离散系统的状态转移矩阵和系统响应.

$$\left.\begin{aligned}&\boldsymbol{x}(k+1)=\boldsymbol{A}\boldsymbol{x}(k)+\boldsymbol{B}\boldsymbol{u}(k),\quad \boldsymbol{x}(0)=\boldsymbol{x}_0\\&\boldsymbol{y}(k)=\boldsymbol{C}\boldsymbol{x}(k)+\boldsymbol{D}\boldsymbol{u}(k)\end{aligned}\right\}\tag{2.80}$$

由于线性非时变离散系统只不过是线性时变离散系统的特例，计算线性时变离散系统状态转移矩阵和系统响应的式(3.82)和式(3.84)对线性非时变离散系统都适用.于是可导出

$$\begin{aligned}\boldsymbol{\Phi}(k,k_0)&=\boldsymbol{A}(k-1)\boldsymbol{A}(k-2)\cdots\boldsymbol{A}(k_0)\\&=\boldsymbol{A}^{k-k_0},\quad k\geqslant k_0\end{aligned}\tag{3.87}$$

$$\begin{aligned}\boldsymbol{x}(k)&=\boldsymbol{\Phi}(k,k_0)\boldsymbol{x}(k_0)+\sum_{p=k_0}^{k-1}\boldsymbol{\Phi}(k,p+1)\boldsymbol{B}(p)\boldsymbol{u}(p)\\&=\boldsymbol{A}^{k-k_0}\boldsymbol{x}(k_0)+\sum_{p=k_0}^{k-1}\boldsymbol{A}^{k-p-1}\boldsymbol{B}\boldsymbol{u}(p)\end{aligned}\tag{3.88a}$$

$$\begin{aligned}\boldsymbol{y}(k)&=\boldsymbol{C}\boldsymbol{x}(k)+\boldsymbol{D}\boldsymbol{u}(k)\\&=\boldsymbol{C}\boldsymbol{A}^{k-k_0}\boldsymbol{x}(k_0)+\sum_{p=k_0}^{k-1}\boldsymbol{C}\boldsymbol{A}^{k-p-1}\boldsymbol{B}\boldsymbol{u}(p)+\boldsymbol{D}\boldsymbol{u}(k)\end{aligned}\tag{3.88b}$$

式(3.87)表明对于线性非时变离散系统来说，状态转移矩阵只与观察时刻 k 和起始时刻 k_0 之差有关，和连续非时变系统一样无妨假定起始时刻为零，则 $\boldsymbol{\Phi}(k,0)=\boldsymbol{\Phi}(k-0)=\boldsymbol{\Phi}(k)$.所以有

$$\boldsymbol{\Phi}(k)=\boldsymbol{A}^k,\quad k\geqslant 0\tag{3.89}$$

相应地

$$\boldsymbol{x}(k)=\boldsymbol{A}^k\boldsymbol{x}(0)+\sum_{p=0}^{k-1}\boldsymbol{A}^{k-p-1}\boldsymbol{B}\boldsymbol{u}(p)\tag{3.90a}$$

$$\boldsymbol{y}(k)=\boldsymbol{C}\boldsymbol{A}^k\boldsymbol{x}(0)+\sum_{p=0}^{k-1}\boldsymbol{C}\boldsymbol{A}^{k-p-1}\boldsymbol{B}\boldsymbol{u}(p)+\boldsymbol{D}\boldsymbol{u}(k)\tag{3.90b}$$

显然状态响应和输出响应都可分解为各自的零输入响应与零状态响应之和，即

$$\left.\begin{aligned}&\boldsymbol{x}(k)=\boldsymbol{x}_{zi}(k)+\boldsymbol{x}_{zs}(k)\\&\boldsymbol{x}_{zi}(k)=\boldsymbol{A}^k\boldsymbol{x}(0)\\&\boldsymbol{x}_{zs}(k)=\sum_{p=0}^{k-1}\boldsymbol{A}^{k-p-1}\boldsymbol{B}\boldsymbol{u}(p)\end{aligned}\right\}\tag{3.91}$$

和

$$\left.\begin{aligned}&\boldsymbol{y}(k)=\boldsymbol{y}_{zi}(k)+\boldsymbol{y}_{zs}(k)\\&\boldsymbol{y}_{zi}(k)=\boldsymbol{C}\boldsymbol{A}^k\boldsymbol{x}(0)\\&\boldsymbol{y}_{zs}(k)=\sum_{p=0}^{k-1}\boldsymbol{C}\boldsymbol{A}^{k-p-1}\boldsymbol{B}\boldsymbol{u}(p)+\boldsymbol{D}\boldsymbol{u}(k)\end{aligned}\right\}\tag{3.92}$$

考虑到实际控制系统中往往是 $\boldsymbol{D}=\boldsymbol{0}$，有

$$\boldsymbol{y}_{zs}(k)=\sum_{p=0}^{k-1}\boldsymbol{C}\boldsymbol{A}^{k-p-1}\boldsymbol{B}\boldsymbol{u}(p)$$

现在研究线性时变离散系统的**单位冲激响应矩阵** $\boldsymbol{G}(k,p)$. 考虑到对于因果系统 $\boldsymbol{\Phi}(k,k+1)=\boldsymbol{0}$,将式(3.84b)中输出的零状态响应 $\boldsymbol{y}_{zs}(k)$写成

$$\begin{aligned}\boldsymbol{y}_{zx}(k) &= \sum_{p=k_0}^{k-1}\boldsymbol{C}(k)\boldsymbol{\Phi}(k,p+1)\boldsymbol{B}(p)\boldsymbol{u}(p)+\boldsymbol{C}(k)\boldsymbol{\Phi}(k,k+1)\boldsymbol{B}(k)\boldsymbol{u}(k)+\boldsymbol{D}(k)\boldsymbol{u}(k)\\&=\sum_{p=k_0}^{k}[\boldsymbol{C}(k)\boldsymbol{\Phi}(k,p+1)\boldsymbol{B}(p)+\boldsymbol{D}(p)\delta(k-p)]\boldsymbol{u}(p)\\&\overset{\text{def}}{=}\sum_{p=k_0}^{k}\boldsymbol{G}(k,p)\boldsymbol{u}(p)\end{aligned}$$

所以

$$\boldsymbol{G}(k,p)=\boldsymbol{C}(k)\boldsymbol{\Phi}(k,p+1)\boldsymbol{B}(p)+\boldsymbol{D}(p)\delta(k-p),\quad k\geqslant p\geqslant k_0 \tag{3.93}$$

$\boldsymbol{G}(k,p)$的第(i,j)个元素 $g_{ij}(k,p)$是当输入的第 j 个分量$u_j(k)=\delta(k)$,其余输入分量均为零的条件下,系统第 i 个输出的单位冲激响应.对于线性非时变离散系统来说,

$$\boldsymbol{G}(k,p)=\boldsymbol{C}\boldsymbol{A}^{k-p-1}\boldsymbol{B}+\boldsymbol{D}\delta(k-p)\overset{\text{def}}{=}\boldsymbol{G}(k-p) \tag{3.94a}$$

式(3.94a)说明线性非时变离散系统的单位冲激响应矩阵和线性非时变连续系统的冲激响应矩阵一样,仅是响应的观察时刻 k 与单位冲激序列加上时刻p之差的函数.它也可以记作 $\boldsymbol{G}(k)$,

$$\boldsymbol{G}(k)=\boldsymbol{C}\boldsymbol{A}^{k-1}\boldsymbol{B}1(k-1)+\boldsymbol{D}\delta(k) \tag{3.94b}$$

将式(3.94a)代入式(3.92),得到

$$\boldsymbol{y}_{zs}(k)=\sum_{p=0}^{k}\boldsymbol{G}(k-p)\boldsymbol{u}(p) \tag{3.95}$$

即线性非时变离散系统输出的零状态响应是单位冲激响应矩阵和输入的卷积和,记为

$$\begin{aligned}\boldsymbol{y}_{zs}(k)&=\boldsymbol{G}(k)*\boldsymbol{u}(k)\\&=\sum_{p=0}^{k}\boldsymbol{G}(k-p)\boldsymbol{u}(p)=\sum_{p=0}^{k}\boldsymbol{G}(p)\boldsymbol{u}(k-p)\end{aligned} \tag{3.96}$$

2.4 节中式(2.66)是式(3.96)的单输入、单输出情况的特例.当 $\boldsymbol{D}=\boldsymbol{0}$,式(3.94b)中线性非时变离散系统的单位冲激响应矩阵改写为

$$\boldsymbol{G}(k)=\boldsymbol{C}\boldsymbol{A}^{k-1}\boldsymbol{B}1(k-1) \tag{3.97}$$

序列中矩阵称为**马尔可夫(Markov)矩阵**,具体写出来,即

$$\boldsymbol{G}_0=\boldsymbol{C}\boldsymbol{B},\quad \boldsymbol{G}_1=\boldsymbol{C}\boldsymbol{A}\boldsymbol{B},\quad \boldsymbol{G}_2=\boldsymbol{C}\boldsymbol{A}^2\boldsymbol{B},\quad\cdots$$

对于单变量系统而言,则有下面**马尔可夫参数**

$$g_0=\boldsymbol{c}\boldsymbol{b},\quad g_1=\boldsymbol{c}\boldsymbol{A}\boldsymbol{b},\quad g_2=\boldsymbol{c}\boldsymbol{A}^2\boldsymbol{b},\quad\cdots$$

它们构成单变量离散系统的单位冲激响应 $g(k)$,

$$g(k)=\boldsymbol{c}\boldsymbol{A}^{k-1}\boldsymbol{b}1(k-1) \tag{3.98}$$

对于连续系统也有马尔可夫矩阵和参数,它们是系统单位冲激响应矩阵(或函数)及其导数在 $t=0$ 时刻的值.令式(3.47b)中 $\boldsymbol{D}=\boldsymbol{0}$,$\boldsymbol{G}(t)=\boldsymbol{C}\mathrm{e}^{\boldsymbol{A}t}\boldsymbol{B}$,很容易看出这一点,

$$\boldsymbol{G}_k=\left.\frac{\mathrm{d}^k\boldsymbol{G}(t)}{\mathrm{d}t^k}\right|_{t=0}=\boldsymbol{C}\boldsymbol{A}^k\boldsymbol{B},\quad k=0,1,2,\cdots$$

例 3.17 设离散系统的动态方程如下,

$$\begin{bmatrix} x_1(k+1) \\ x_2(k+1) \end{bmatrix} = \begin{bmatrix} \frac{1}{2} & \frac{1}{8} \\ \frac{1}{8} & \frac{1}{2} \end{bmatrix} \begin{bmatrix} x_1(k) \\ x_2(k) \end{bmatrix} + \begin{bmatrix} 1 & 0 \\ 0 & 1 \end{bmatrix} \begin{bmatrix} u_1(k) \\ u_2(k) \end{bmatrix}$$

假设输入 $\qquad y(k) = [1 \quad 0]\boldsymbol{x}(k), \quad \boldsymbol{x}(0) = [-1 \quad 3]^{\mathrm{T}}$

$u_1(k)$是斜坡函数 t 的取样，$u_2(k)$是衰减指数函数 e^{-t}的取样，$t_0 = 0, t_1 = 1, \cdots, t_k = k$，求输出 $y(k)$.

解 首先由特征方程 $\det(\lambda \boldsymbol{I} - \boldsymbol{A}) = 0$ 解出特征值 $\lambda_1 = 3/8, \lambda_2 = 5/8$. 再令 $g(\lambda) = \alpha_0 + \alpha_1 \lambda$，列出方程

$$g(\lambda_1) = a_0 + a_1 \lambda_2 \stackrel{\text{def}}{=} \lambda_1^k$$

$$g(\lambda_2) = a_0 + a_1 \lambda_2 \stackrel{\text{def}}{=} \lambda_2^k$$

从而得到

$$a_1 = 4(\lambda_2^k - \lambda_1^k) = 4\left[\left(\frac{5}{8}\right)^k - \left(\frac{3}{8}\right)^k\right]$$

$$a_0 = \frac{5}{2}\lambda_1^k - \frac{3}{2}\lambda_2^k = \frac{5}{2}\left(\frac{3}{8}\right)^k - \frac{3}{2}\left(\frac{5}{8}\right)^k$$

于是

$$\begin{aligned} \boldsymbol{A}^k &= \alpha_0 \boldsymbol{I} + \alpha_1 \boldsymbol{A} \\ &= \frac{1}{2}\begin{bmatrix} \left(\frac{5}{8}\right)^k + \left(\frac{3}{8}\right)^k & \left(\frac{5}{8}\right)^k - \left(\frac{3}{8}\right)^k \\ \left(\frac{5}{8}\right)^k - \left(\frac{3}{8}\right)^k & \left(\frac{5}{8}\right)^k + \left(\frac{3}{8}\right)^k \end{bmatrix} \end{aligned}$$

$$\boldsymbol{x}(k) = \begin{bmatrix} \left(\frac{5}{8}\right)^k - 2\left(\frac{3}{8}\right)^k \\ \left(\frac{5}{8}\right)^k + 2\left(\frac{3}{8}\right)^k \end{bmatrix} + \sum_{p=0}^{k-1} \frac{1}{2} \begin{bmatrix} (p + \mathrm{e}^{-p})\left(\frac{5}{8}\right)^{k-p-1} + (p - \mathrm{e}^{-p})\left(\frac{3}{8}\right)^{k-p-1} \\ (p + \mathrm{e}^{-p})\left(\frac{5}{8}\right)^{k-p-1} - (p - \mathrm{e}^{-p})\left(\frac{3}{8}\right)^{k-p-1} \end{bmatrix}$$

$$y(k) = \left(\frac{5}{8}\right)^k - 2\left(\frac{3}{8}\right)^k + \sum_{p=0}^{k-1} \frac{1}{2}(p + \mathrm{e}^{-p})\left(\frac{5}{8}\right)^{k-p-1} + \frac{1}{2}(p - \mathrm{e}^{-p})\left(\frac{3}{8}\right)^{k-p-1}$$

和线性非时变连续系统一样，线性非时变离散系统也可利用模态矩阵或修正模态矩阵 $\boldsymbol{Q}$ 对系统作等价变换，确定系统的模态和进行模态分解. 为简单计，仅分析系统矩阵 $\boldsymbol{A}$ 具有 n 个相异的特征值λ_i 和相应的特征向量 $\boldsymbol{q}_i, i = 1, 2, \cdots, n$ 的情况. 令 $\boldsymbol{Q} = (\boldsymbol{q}_1, \boldsymbol{q}_2, \cdots, \boldsymbol{q}_n)$，并对齐次状态方程 $\boldsymbol{x}(k+1) = \boldsymbol{A}\boldsymbol{x}(k)$作状态变换，即令 $\boldsymbol{x}(k) = \boldsymbol{Q}\bar{\boldsymbol{x}}(k)$，得到

$$\bar{\boldsymbol{x}}(k+1) = \bar{\boldsymbol{A}}\bar{\boldsymbol{x}}(k), \quad \bar{\boldsymbol{x}}(0) = \boldsymbol{Q}^{-1}\boldsymbol{x}(0)$$

其中

$$\bar{\boldsymbol{A}} = \boldsymbol{Q}^{-1}\boldsymbol{A}\boldsymbol{Q} = \mathrm{diag}(\lambda_1, \lambda_2, \cdots, \lambda_n)$$

因而

$$\begin{aligned} \bar{\boldsymbol{A}}^k &= \mathrm{diag}(\lambda_1^k, \lambda_2^k, \cdots, \lambda_n^k) \\ \bar{\boldsymbol{x}}(k) &= \bar{\boldsymbol{A}}^k \bar{\boldsymbol{x}}(0) = [\lambda_1^k \bar{x}_{10} \quad \lambda_2^k \bar{x}_{20} \quad \cdots \quad \lambda_n^k \bar{x}_{n0}]^{\mathrm{T}} \\ \boldsymbol{x}(k) &= \boldsymbol{Q}\bar{\boldsymbol{x}}(k) \end{aligned}$$

$$= \lambda_1^k \bar{x}_{10} \boldsymbol{q}_1 + \lambda_2^k \bar{x}_{20} \boldsymbol{q}_2 + \cdots + \lambda_n^k \bar{x}_{n0} \boldsymbol{q}_n \tag{3.99a}$$

$$= \begin{bmatrix} \sum_{i=1}^{n} q_{1i} \lambda_i^k \boldsymbol{p}_i^{\mathrm{T}} \boldsymbol{x}_0 \\ \sum_{i=1}^{n} q_{2i} \lambda_i^k \boldsymbol{p}_i^{\mathrm{T}} \boldsymbol{x}_0 \\ \vdots \\ \sum_{i=1}^{n} q_{ni} \lambda_i^k \boldsymbol{p}_i^{\mathrm{T}} \boldsymbol{x}_0 \end{bmatrix} \tag{3.99b}$$

其中 $\boldsymbol{p}_i^{\mathrm{T}}, i=1,2\cdots,n$ 是 $\boldsymbol{A}$ 的第 i 个行特征向量.规定式(3.99)中 $\lambda_i^k, i=1,2,\cdots,n$ 为具有 n 个相异的特征值的系统的模态,式(3.99)就是该系统零输入响应沿特征向量的模态分解.离散系统的模态和连续系统的模态一样对分析系统特性十分有用.例如,通过它也可清晰地展示出状态轨迹运动规律,指明系统稳定与否等等.

例 3.18 写出下面离散系统的模态展开式:

$$\boldsymbol{x}(k+1) = \frac{1}{12}\begin{bmatrix} 5 & 1 \\ 1 & 5 \end{bmatrix} \boldsymbol{x}(k), \quad \boldsymbol{x}(0) = \begin{bmatrix} 2 \\ 1 \end{bmatrix}$$

解 由 $\det(\lambda \boldsymbol{I} - \boldsymbol{A}) = 0$ 解出 $\lambda_1 = 1/2, \lambda_2 = 1/3$,再求出各自的特征向量 $\boldsymbol{q}_1 = [1 \quad 1]^{\mathrm{T}}$, $\boldsymbol{q}_2 = [-1 \quad 1]^{\mathrm{T}}$ 组成模态矩阵 $\boldsymbol{Q}$:

$$\boldsymbol{Q} = \begin{bmatrix} 1 & -1 \\ 1 & 1 \end{bmatrix}, \quad \boldsymbol{Q}^{-1} = \frac{1}{2}\begin{bmatrix} 1 & 1 \\ -1 & 1 \end{bmatrix}$$

从而得到状态变换后的齐次方程

$$\bar{\boldsymbol{x}}(k+1) = \begin{bmatrix} \frac{1}{2} & 0 \\ 0 & \frac{1}{3} \end{bmatrix} \bar{\boldsymbol{x}}(k), \quad \bar{\boldsymbol{x}}(0) = \begin{bmatrix} \frac{3}{2} \\ \frac{-1}{2} \end{bmatrix}$$

最后得到沿特征向量的模态分解表达式

$$\boldsymbol{x}(k) = \frac{3}{2}\left(\frac{1}{2}\right)^k \boldsymbol{q}_1 - \frac{1}{2}\left(\frac{1}{3}\right)^k \boldsymbol{q}_2$$

显然,本例中 $|\lambda_1| < 1$ 和 $|\lambda_2| < 1$,两个模态 λ_1^k, λ_2^k 均随 k 的增加无限趋近零,呈现出系统的稳定特征.倘若 $\boldsymbol{x}(0)$ 处于 $\boldsymbol{q}_1$(或 $\boldsymbol{q}_2$)所在的轴线上,状态轨迹将沿着这条轴线逼近状态空间原点.相信读者在掌握了模态分解方法后,仿照连续系统有关内容可分析系统矩阵 $\boldsymbol{A}$ 具有其他约尔当形时如何确定其模态和进行模态分解.这些内容就省略了.

和线性非时变连续系统另外一个相似之处就是线性非时变离散系统借助于 Z 变换也可在频域中进行分析.现在将式(2.80)重新写出:

$$\boldsymbol{x}(z) = (z\boldsymbol{I} - \boldsymbol{A})^{-1} z\boldsymbol{x}_0 + (z\boldsymbol{I} - \boldsymbol{A})^{-1} \boldsymbol{B}\boldsymbol{u}(z)$$

$$\boldsymbol{y}(z) = \boldsymbol{C}(z\boldsymbol{I} - \boldsymbol{A})^{-1} z\boldsymbol{x}_0 + \boldsymbol{C}(z\boldsymbol{I} - \boldsymbol{A})^{-1} \boldsymbol{B}\boldsymbol{u}(z) + \boldsymbol{D}\boldsymbol{u}(z)$$

这表明在频域中状态响应和输出响应也都可分解为各自的零输入响应与零状态响应之和,即

$$\boldsymbol{x}(z) = \boldsymbol{x}_{zi}(z) + \boldsymbol{x}_{zs}(z) \tag{3.100a}$$

$$\boldsymbol{x}_{zi}(z) = (z\boldsymbol{I} - \boldsymbol{A})^{-1} z\boldsymbol{x}_0 \tag{3.100b}$$

$$\boldsymbol{x}_{xs}(z) = (z\boldsymbol{I} - \boldsymbol{A})^{-1}\boldsymbol{Bu}(z) \tag{3.100c}$$

和

$$\boldsymbol{y}(z) = \boldsymbol{y}_{zi}(z) + \boldsymbol{y}_{zs}(z) \tag{3.101a}$$

$$\boldsymbol{y}_{zi}(z) = \boldsymbol{C}(z\boldsymbol{I} - \boldsymbol{A})^{-1} z\boldsymbol{x}_0 \tag{3.101b}$$

$$\boldsymbol{y}_{zs}(z) = \boldsymbol{C}(z\boldsymbol{I} - \boldsymbol{A})^{-1}\boldsymbol{Bu}(z) + \boldsymbol{Du}(z) \tag{3.101c}$$

显然,系统状态转移矩阵 $\boldsymbol{\Phi}(k)$和传递函数矩阵 $\boldsymbol{G}(z)$分别为

$$\boldsymbol{\Phi}(k) = \mathscr{Z}^{-1}[(z\boldsymbol{I} - \boldsymbol{A})^{-1} z] \tag{3.102}$$

$$\boldsymbol{G}(z) = \boldsymbol{C}(z\boldsymbol{I} - \boldsymbol{A})^{-1}\boldsymbol{B} + \boldsymbol{D} \tag{3.103}$$

不过,这里要注意连续系统中 $\boldsymbol{\Phi}(t) = \mathrm{e}^{\boldsymbol{A}t} = \mathscr{L}^{-1}[(s\boldsymbol{I} - \boldsymbol{A})^{-1}]$与式(3.102)是有区别的,后者被反变换的函数是$(z\boldsymbol{I} - \boldsymbol{A})^{-1}$与 z 的乘积.由于$(z\boldsymbol{I} - \boldsymbol{A})^{-1}$与$(s\boldsymbol{I} - \boldsymbol{A})^{-1}$形式完全一样,有关$(s\boldsymbol{I} - \boldsymbol{A})^{-1}$的算法、性质等对$(z\boldsymbol{I} - \boldsymbol{A})^{-1}$均适用.这里就不重复了.下面以两个简单的例子说明 Z 变换在离散系统分析中的应用.

例 3.19 设离散系统$\{\boldsymbol{A},\boldsymbol{B},\boldsymbol{C}\}$的动态方程如下:

$$\boldsymbol{x}(k+1) = \begin{bmatrix} -0.5 & -0.3 \\ 0.2 & 0 \end{bmatrix}\boldsymbol{x}(k) + \begin{bmatrix} 1 \\ 0 \end{bmatrix}u(k), \quad \boldsymbol{x}(0) = \boldsymbol{0}$$

$$\boldsymbol{y}(k) = [0 \quad 1]\boldsymbol{x}(k)$$

$u(k)$为单位阶跃序列 $1(k)$.

解

$$u(z) = \mathscr{Z}[1(k)] = \frac{z}{z-1}$$

$$\begin{aligned}
\boldsymbol{x}(z) &= \begin{bmatrix} z+0.5 & 0.3 \\ -0.2 & z \end{bmatrix}^{-1}\begin{bmatrix} 1 \\ 0 \end{bmatrix}\frac{z}{z-1} \\
&= \frac{1}{(z+0.2)(z+0.3)}\begin{bmatrix} z & -0.3 \\ 0.2 & z+0.5 \end{bmatrix}\begin{bmatrix} 1 \\ 0 \end{bmatrix}\frac{z}{z-1} \\
&= \begin{bmatrix} \dfrac{z^2}{(z+0.2)(z+0.3)(z-1)} \\ \dfrac{0.2z}{(z+0.2)(z+0.3)(z-1)} \end{bmatrix}
\end{aligned}$$

$$\begin{aligned}
\boldsymbol{y}(z) &= [0 \quad 1]\boldsymbol{x}(z) \\
&= \frac{0.2z}{(z+0.2)(z+0.3)(z-1)}
\end{aligned}$$

采用部分分式展开得到

$$y(z) = \frac{0.333}{z+0.2} - \frac{0.461}{z+0.3} + \frac{0.128}{z-1}$$

反变换后得到

$$y(k) = 0.128 + 0.333(-0.2)^{k-1} - 0.461(-0.3)^{k-1}, \quad k = 1,2,\cdots$$

例 3.20 设离散系统的状态方程如下,求状态转移矩阵 $\boldsymbol{\Phi}(k) = \boldsymbol{A}^k$.

$$\boldsymbol{x}(k+1) = \begin{bmatrix} 0 & 1 \\ -6 & 5 \end{bmatrix}\boldsymbol{x}(k)$$

解

$$\boldsymbol{\Phi}(z)=(z\boldsymbol{I}-\boldsymbol{A})^{-1}z$$
$$=\begin{bmatrix} z & -1 \\ 6 & z-5 \end{bmatrix}^{-1} z=\frac{1}{(z-2)(z-3)}\begin{bmatrix} z-5 & 1 \\ -6 & z \end{bmatrix} z$$

应用类似式(3.79)的部分分式展开式,得到

$$\frac{\boldsymbol{\Phi}(z)}{z} = \frac{1}{(z-2)(z-3)}\begin{bmatrix} z-5 & 1 \\ -6 & z \end{bmatrix}$$
$$= \frac{\boldsymbol{R}_1}{z-2} + \frac{\boldsymbol{R}_2}{z-3}$$
$$\boldsymbol{R}_1 = (z-2)\frac{\boldsymbol{\Phi}(z)}{z}\bigg|_{z=2} = \begin{bmatrix} 3 & -1 \\ 6 & -2 \end{bmatrix}$$
$$\boldsymbol{R}_2 = (z-3)\frac{\boldsymbol{\Phi}(z)}{z}\bigg|_{z=3} = \begin{bmatrix} -2 & 1 \\ -6 & 3 \end{bmatrix}$$

得到

$$\boldsymbol{\Phi}(z) = \frac{z}{z-2}\begin{bmatrix} 3 & -1 \\ 6 & -2 \end{bmatrix} + \frac{z}{z-3}\begin{bmatrix} -2 & 1 \\ -6 & 3 \end{bmatrix}$$

反变换得到

$$\boldsymbol{\Phi}(k) = 2^k\begin{bmatrix} 3 & -1 \\ 6 & -2 \end{bmatrix} + 3^k\begin{bmatrix} -2 & 1 \\ -6 & 3 \end{bmatrix}$$
$$= \begin{bmatrix} 3\cdot 2^k - 2\cdot 3^k & 3^k - 2^k \\ 6\cdot 2^k - 6\cdot 3^k & 3^{k+1} - 2^{k+1} \end{bmatrix}$$

习 题 3

3.1 试求下面齐次状态方程的基本矩阵和状态转移矩阵:

(a) $\begin{bmatrix} \dot{x}_1(t) \\ \dot{x}_2(t) \end{bmatrix} = \begin{bmatrix} 0 & t \\ 0 & e^{-t} \end{bmatrix}\begin{bmatrix} x_1(t) \\ x_2(t) \end{bmatrix}$;

(b) $\begin{bmatrix} \dot{x}_1(t) \\ \dot{x}_2(t) \end{bmatrix} = \begin{bmatrix} -1 & e^{2t} \\ 0 & -1 \end{bmatrix}\begin{bmatrix} x_1(t) \\ x_2(t) \end{bmatrix}$.

试就(b)说明"固有频率"概念对时变系统没有意义.

3.2 设 $\boldsymbol{\Phi}(t,t_0)$是齐次方程 $\dot{\boldsymbol{x}}(t)=\boldsymbol{A}(t)\boldsymbol{x}(t)$的状态转移矩阵,证明

$$\boldsymbol{B}(t) = \boldsymbol{\Phi}(t,t_0)\boldsymbol{B}_0\boldsymbol{\Phi}^*(t,t_0)$$

是下面方程的解:

$$\frac{\mathrm{d}}{\mathrm{d}t}\boldsymbol{B}(t) = \boldsymbol{A}(t)\boldsymbol{B}(t) + \boldsymbol{B}(t)\boldsymbol{A}^*(t), \quad \boldsymbol{B}(t_0) = \boldsymbol{B}_0$$

3.3 证明 $\boldsymbol{X}(t)=e^{\boldsymbol{A}t}\boldsymbol{C}e^{\boldsymbol{B}t}$是下面矩阵微分方程的解:

$$\frac{\mathrm{d}}{\mathrm{d}t}\boldsymbol{X}(t) = \boldsymbol{A}\boldsymbol{X}(t) + \boldsymbol{X}(t)\boldsymbol{B}(t), \quad \boldsymbol{X}(0) = \boldsymbol{C}$$

3.4 证明:如果 $\dot{\boldsymbol{A}}(t)=\boldsymbol{A}_1\boldsymbol{A}(t)-\boldsymbol{A}(t)\boldsymbol{A}_1$,则

$$\boldsymbol{A}(t) = e^{\boldsymbol{A}_1 t}\boldsymbol{A}(0)e^{-\boldsymbol{A}_1 t}$$

而且 $\boldsymbol{A}(t)$ 的特征值与 t 无关.

3.5 设微分方程

$$\ddot{\boldsymbol{x}}(t)+\boldsymbol{A}^2\boldsymbol{x}(t)=\boldsymbol{u}(t),\quad t\geqslant 0$$

中, $\boldsymbol{x}(t)$ 和 $\boldsymbol{u}(t)$ 均是 n 维向量, $\boldsymbol{A}$ 为 n 阶常值方阵, $\boldsymbol{x}(0)$ 和 $\dot{\boldsymbol{x}}(0)$ 为已知的初始值,证明 $\boldsymbol{x}(t)$ 的解为

$$\boldsymbol{A}\boldsymbol{x}(t)=\boldsymbol{A}\cos\boldsymbol{A}t\boldsymbol{x}(0)+\sin\boldsymbol{A}t\dot{\boldsymbol{x}}(0)+\int_0^t\sin\boldsymbol{A}(t-\tau)\boldsymbol{u}(\tau)\mathrm{d}\tau$$

其中

$$\sin\boldsymbol{A}t=\mathrm{Im}(\mathrm{e}^{\mathrm{j}\boldsymbol{A}t}),\quad \cos\boldsymbol{A}t=\mathrm{Re}(\mathrm{e}^{\mathrm{j}\boldsymbol{A}t})$$

(提示:应用拉氏变换法求解.)

3.6 证明:微分方程

$$\ddot{\boldsymbol{x}}(t)+\boldsymbol{A}^2\boldsymbol{x}(t)=\dot{\boldsymbol{u}}(t),\quad t\geqslant 0$$

在初始条件 $\boldsymbol{x}(0)=\dot{\boldsymbol{x}}(0)=\boldsymbol{u}(0)=\boldsymbol{0}$ 下,解为

$$\boldsymbol{x}(t)=\int_0^t\cos\boldsymbol{A}(t-\tau)\boldsymbol{u}(\tau)\mathrm{d}\tau$$

3.7 设系统状态方程为 $\dot{\boldsymbol{x}}(t)=\boldsymbol{A}\boldsymbol{x}(t)$,并已知其转移矩阵为:

(a) $\boldsymbol{\Phi}(t,0)=\begin{bmatrix}\mathrm{e}^{-t} & 0 & 0\\ 0 & (1-2t)\mathrm{e}^{-2t} & 4t\mathrm{e}^{-2t}\\ 0 & -t\mathrm{e}^{-2t} & (1-2t)\mathrm{e}^{-2t}\end{bmatrix}$;

(b) $\boldsymbol{\Phi}(t,0)=\begin{bmatrix}2\mathrm{e}^{-t}-\mathrm{e}^{-2t} & 2(\mathrm{e}^{-2t}-\mathrm{e}^{-t})\\ \mathrm{e}^{-t}-\mathrm{e}^{-2t} & 2\mathrm{e}^{-2t}-\mathrm{e}^{-t}\end{bmatrix}$;

(c) $\boldsymbol{\Phi}(t,0)\begin{bmatrix}\frac{1}{2}(\mathrm{e}^{-t}+\mathrm{e}^{3t}) & \frac{1}{4}(-\mathrm{e}^{-t}+\mathrm{e}^{3t})\\ -\mathrm{e}^{-t}+\mathrm{e}^{3t} & \frac{1}{2}(\mathrm{e}^{-t}+\mathrm{e}^{3t})\end{bmatrix}$.

分别求三个系统的系统矩阵 $\boldsymbol{A}$.

3.8 设系统状态方程为 $\dot{\boldsymbol{x}}(t)=\boldsymbol{A}\boldsymbol{x}(t)$,就下面三种初始状态的解分别确定系统矩阵 $\boldsymbol{A}$:

(a) $\boldsymbol{x}(0)=\begin{bmatrix}1\\-1\end{bmatrix},\boldsymbol{x}(t)=\begin{bmatrix}\mathrm{e}^{-2t}\\-\mathrm{e}^{-2t}\end{bmatrix};\boldsymbol{x}(0)=\begin{bmatrix}2\\-1\end{bmatrix},\boldsymbol{x}(t)=\begin{bmatrix}2\mathrm{e}^{-t}\\-\mathrm{e}^{-t}\end{bmatrix}$;

(b) $\boldsymbol{x}(0)=\begin{bmatrix}1\\-4\end{bmatrix},\boldsymbol{x}(t)=\begin{bmatrix}\mathrm{e}^{-3t}\\-\mathrm{e}^{-3t}\end{bmatrix};\boldsymbol{x}(0)=\begin{bmatrix}2\\-1\end{bmatrix},\boldsymbol{x}(t)=\begin{bmatrix}2\mathrm{e}^{-2t}\\-\mathrm{e}^{-2t}\end{bmatrix}$;

(c) $\boldsymbol{x}(0)=\begin{bmatrix}1\\-2\end{bmatrix},\boldsymbol{x}(t)=\begin{bmatrix}\mathrm{e}^{-2t}\\-2\mathrm{e}^{-2t}\end{bmatrix};\boldsymbol{x}(0)=\begin{bmatrix}1\\-1\end{bmatrix},\boldsymbol{x}(t)=\begin{bmatrix}\mathrm{e}^{-t}\\-\mathrm{e}^{-t}\end{bmatrix}$.

3.9 已知系统的状态方程如下:

$$\begin{bmatrix}\dot{x}_1(t)\\ \dot{x}_2(t)\end{bmatrix}=\begin{bmatrix}0 & 1\\ -20 & -4\end{bmatrix}\begin{bmatrix}x_1(t)\\ x_2(t)\end{bmatrix}+\begin{bmatrix}0\\ 20\end{bmatrix}u(t)$$

$$\begin{bmatrix}x_1(0)\\ x_2(0)\end{bmatrix}=\begin{bmatrix}1\\ -2\end{bmatrix}$$

求系统输入 $u(t)=\delta(t)$ 时的状态响应.

3.10　已知系统的状态方程如下：

$$\begin{bmatrix}\dot{x}_1(t)\\ \dot{x}_2(t)\\ \dot{x}_3(t)\end{bmatrix}=\begin{bmatrix}-2 & -2 & 0\\ 0 & 0 & 1\\ 0 & -3 & -4\end{bmatrix}\begin{bmatrix}x_1(t)\\ x_2(t)\\ x_3(t)\end{bmatrix}+\begin{bmatrix}1 & 0\\ 0 & 1\\ 1 & 1\end{bmatrix}\begin{bmatrix}u_1(t)\\ u_2(t)\end{bmatrix}$$

(a) 求模态矩阵 $\boldsymbol{Q}$,应用状态变换对系统进行解耦；

(b) 设初态 $\boldsymbol{x}(0)=[10\quad 5\quad 2]^{\mathrm{T}}$,求系统的模态及零输入状态响应 $\boldsymbol{x}(t)$的模态分解表达式；

(c) 在(b)中的初态下,设 $u_1(t)=t$,$u_2(t)=1(t)$,求 $\boldsymbol{x}(t)$的全响应.

3.11　已知系统的动态方程如下：

$$\dot{\boldsymbol{x}}=\begin{bmatrix}-6 & 1 & 0\\ -11 & 0 & 1\\ -6 & 0 & 0\end{bmatrix}\boldsymbol{x}+\begin{bmatrix}0\\ 3\\ 6\end{bmatrix}u$$

$$y=[1\quad 0\quad 0]\boldsymbol{x}$$

(a) 求将系统解耦的模态矩阵 $\boldsymbol{Q}$；

(b) 设初态 $\boldsymbol{x}_0$ 已知,求零输入状态响应的模态分解表达式；

(c) 求输出 $y(t)$的冲激响应.

3.12　设系统状态方程为

$$\dot{\boldsymbol{x}}=\begin{bmatrix}0 & 1 & 0\\ 0 & 0 & 1\\ -10 & -16 & -7\end{bmatrix}\boldsymbol{x}+\begin{bmatrix}0\\ 0\\ 1\end{bmatrix}u$$

(a) 计算系统的特征值；

(b) 求修正的模态矩阵 $\boldsymbol{Q}$,并对系统进行状态变换,求出变换后的系统矩阵(要求元素均为实数)；

(c) 设初态 $\boldsymbol{x}_0$ 已知,求零输入状态响应.

3.13　利用预解矩阵 Faddeev 算法计算下面矩阵 $\boldsymbol{A}$ 的$(s\boldsymbol{I}-\boldsymbol{A})^{-1}$,$\boldsymbol{A}^{-1}$和 $\det\boldsymbol{A}$：

$$\boldsymbol{A}=\begin{bmatrix}1 & 2\\ -3 & -4\end{bmatrix},\quad \boldsymbol{A}=\begin{bmatrix}1 & 3 & -2\\ -1 & 0 & 4\\ -2 & 3 & 1\end{bmatrix}$$

3.14　已知系统的状态方程如下：

(a)
$$\dot{\boldsymbol{x}}(t)=\begin{bmatrix}0 & 1 & 0\\ 0 & 0 & 1\\ -2 & -4 & -3\end{bmatrix}\boldsymbol{x}(t)+\begin{bmatrix}1 & 0\\ 0 & 1\\ -1 & 1\end{bmatrix}\begin{bmatrix}1(t)\\ 1(t)\end{bmatrix}$$

$$\boldsymbol{y}(t)=\begin{bmatrix}0 & 1 & -1\\ 1 & 2 & 1\end{bmatrix}\boldsymbol{x}(t),$$

$$\boldsymbol{x}(0)=\begin{bmatrix}1\\ 0\\ 0\end{bmatrix}$$

(b)
$$\dot{\boldsymbol{x}}(t)=\begin{bmatrix}-1 & 2 & 0\\ -2.5 & -7 & 4\\ 0 & 0 & -5\end{bmatrix}\boldsymbol{x}(t)+\begin{bmatrix}0\\0\\1\end{bmatrix}u(t)$$
$$y(t)=\begin{bmatrix}1 & 0 & 1\end{bmatrix}\boldsymbol{x}(t)$$
$$\boldsymbol{x}(0)=\begin{bmatrix}0\\0\\1\end{bmatrix},\quad u(t)=1(t)$$

(c)
$$\dot{\boldsymbol{x}}(t)=\begin{bmatrix}-1 & 0\\ 0 & -2\end{bmatrix}\boldsymbol{x}(t)+\begin{bmatrix}e^{-t}\\ e^{-2t}\end{bmatrix}u(t)$$
$$\boldsymbol{x}(0)=\boldsymbol{0},\quad u(t)=1(t)$$

试用频域法求解系统的状态响应和输出响应,传递函数或传递函数矩阵.

3.15 求下面离散系统的状态响应和输出响应:

(a)
$$\boldsymbol{x}(k+1)=\frac{1}{12}\begin{bmatrix}5 & 1\\ 1 & 5\end{bmatrix}\boldsymbol{x}(k)+\begin{bmatrix}1\\2\end{bmatrix}u(k)$$
$$\boldsymbol{x}(0)=\begin{bmatrix}2\\1\end{bmatrix},\quad u(k)=\delta(k)$$

(b)
$$\boldsymbol{x}(k+1)=\frac{1}{8}\begin{bmatrix}4 & 1\\ 1 & 4\end{bmatrix}\boldsymbol{x}(k)+\begin{bmatrix}1 & 0\\ 0 & 1\end{bmatrix}\begin{bmatrix}u_1(k)\\ u_2(k)\end{bmatrix}$$
$$y(k)=\begin{bmatrix}1 & 2\end{bmatrix}\boldsymbol{x}(k)$$
$$\boldsymbol{x}(0)=\begin{bmatrix}-1\\3\end{bmatrix}$$

其中 $u_1(k)$是函数 t 的取样序列,$u_2(k)$是函数 e^{-t}的取样序列.

3.16 设某国人口流动的状态方程如下:
$$\begin{bmatrix}x_1(k+1)\\ x_2(k+1)\end{bmatrix}=\begin{bmatrix}1.01(1-0.04) & 1.01\times 0.02\\ 1.01\times 0.04 & 1.01(1-0.02)\end{bmatrix}\begin{bmatrix}x_1(k)\\ x_2(k)\end{bmatrix}$$
$$x_1(0)=10^7,\quad x_2(0)=9\times 10^7$$

其中 x_1 表示城市人口,x_2 表示乡村人口,令 $k=0$ 表示 1990 年,应用计算机分析 1990～2010 年城乡人口分布态势,并绘出相应的分布曲线.

3.17 已知标量系统由下面方程描述:
$$\dot{x}(t)=-x(t)+u(t),\quad x(0)=10$$

(a) 求 $u(t)=e^t$ 时的状态响应$x(t)$;

(b) 设取样间隔 $t_{k+1}-t_k=1$,对原系统进行离散化处理,解离散系统的状态响应 $x(k)$并和 $x(t)$进行比较.

3.18 设线性非时变离散系统的系统矩阵 $\boldsymbol{A}$ 如下:
$$\begin{bmatrix}0 & 1\\ -1 & -2\end{bmatrix},\quad\begin{bmatrix}0 & 1\\ -2 & 2\end{bmatrix},\quad\begin{bmatrix}0.5 & 0\\ 0 & 0.8\end{bmatrix}$$

试分别应用 Z 变换法计算状态转移矩阵$\boldsymbol{A}^k$.

3.19 求下面连续系统离散化后的状态方程:

$$\dot{\boldsymbol{x}}(t) = \begin{bmatrix} 3 & 0 & 0 \\ 0 & -2 & 1 \\ 0 & 4 & 1 \end{bmatrix} \boldsymbol{x}(t) + \begin{bmatrix} 1 & 0 \\ 0 & 1 \\ 1 & 1 \end{bmatrix} \boldsymbol{u}(t)$$

3.20　设差分方程为

$$x(k+2) = x(k+1) + x(k)$$

若 $x(0)=0, x(1)=1$，求差分方程通解 $x(k)$，并证明

$$\lim_{k \to \infty} \frac{x(k)}{x(k+1)} = \frac{2}{1+\sqrt{5}}$$

即为黄金分割，序列 $x(k)$ 称为著名的斐波那契(Fibonacci)序列.

第 4 章　系统的能控性和能观性

系统分析包括定量分析和定性分析两个方面.前章介绍的是系统的定量分析,它精确地指明了系统在确定的输入和初始状态下,状态和输出是如何随着时间的推演而变化的.但是它没有告诉人们系统的状态能否从某一状态被控制或转移到任一其他状态.这就涉及系统状态的能达性和能控性问题.虽然通过 3.4 节模态及模态分解的内容可了解系统的稳定性能如何,但是它无法说明一旦系统不稳定是否能够通过某种控制手段改造系统,使之变成稳定系统.后面第 7 章将指出在一定条件下利用状态反馈可以将闭环系统的特征值排在复 s 平面的任意位置上,从而保证闭环系统稳定和满足所需要的指标.这也涉及系统的状态能否被控的问题.另外,系统的状态往往是无法完全测量的,而输出总是可测量的.这就涉及如何利用输出来估计或重新构造出所需要的状态,由此引出了状态的能观(测)性和能构(造)性.系统的这四种性能特别是能控性和能观性是现代控制理论中十分重要的概念.它们是由 R. E. Kalman 于 1960 年首先提出来的.它们与系统的最优控制紧密相联,一个系统若具有能控性和能观性,人们就可对它实施最优控制;否则只能退而求其次,实施最优控制.本章首先针对线性连续系统,然后对线性离散系统研究这四种特性和判断系统是否具备这些特性的准则;还研究如果系统不具备能控性或能观性,如何对状态空间及系统本身(即系统的动态方程)进行恰当的分解.

4.1　能控性和能达性

简而言之,系统状态的能控性和能达性指的是,能否找到容许的输入在有限的时间内将系统由某一任意的状态转移到另外一个任意的状态.后面将会看到当线性离散系统的系统矩阵为奇异矩阵时,由状态空间原点转移到状态空间中任何其他一点所需的条件与由状态空间任意一点向原点转移所需的条件不同,所以下面分开讨论能控系统和能达系统的定义.

能控系统　假设系统初始时刻处于状态空间任意一点 $\hat{\boldsymbol{x}}=\boldsymbol{x}(t_0)$, $\forall\,\hat{\boldsymbol{x}}\in X$,倘若能够找到容许的控制函数(输入)$\boldsymbol{u}$ 在有限时间区间 J 内将系统由初态 $\hat{\boldsymbol{x}}$ 转移到状态空间原点 $\boldsymbol{x}(t_j)=\boldsymbol{0}_x$,则称系统为完全能控系统,简称为能控系统.否则称为不完全能控系统,或简称为不能控系统.

能达系统 假设系统初始时刻位于状态空间原点 $\boldsymbol{x}(t_0)=\boldsymbol{0}_x$，倘若能够找到容许的控制函数(输入)$\boldsymbol{u}$ 在有限时间 J 内将系统由初始 $\boldsymbol{0}_x$ 转移到状态空间任意一点 $\boldsymbol{x}(t_j)=\hat{\boldsymbol{x}}$，$\forall\hat{\boldsymbol{x}}\in X$，则称系统为完全能达系统，简称为能达系统. 否则称为不完全能达系统，或简称为不能达系统.

注意，上述两个定义既适用于线性系统也适用于非线性系统，即适用于非时变系统也适用于时变系统，对连续系统和离散系统都适用. 对连续系统而言，有限时间区间 $J=[t_0,t_j]$ 为一段连续时间，对离散系统而言，$J=(t_0,t_1,t_2,\cdots,t_j)$ 为一段时间序列. 对时变系统而言，为强调时变特性，称完全能控系统为 t_0 时刻完全能控系统，完全能达系统为 t_j 时刻完全能达系统. 从状态角度考虑，能控系统的每个状态具备能控性，能达系统的每个状态具备能达性. 文献[7]称能控系统的状态具有达原点能控性，而称能达系统的状态具有离原点能控性. 定义中容许的控制函数 $\boldsymbol{u}$ 指的是每个分量在 J 内平方可积的能量信号. 下面列举两个例子以助于获得对能控系统和能达系统的感性认识.

例 4.1 图 4.1 显示的是一个含有理想二极管 D 的 RC 电路. 假设 $x(t)=v_c(t)$，$x(0)=0$. 由于二极管的单向导电性，所有 $x<0$ 的状态均是不能达状态；同时所有 $x>0$ 的状态均是不能控状态. 所以这个电路既不是能控系统，也不是能达系统.

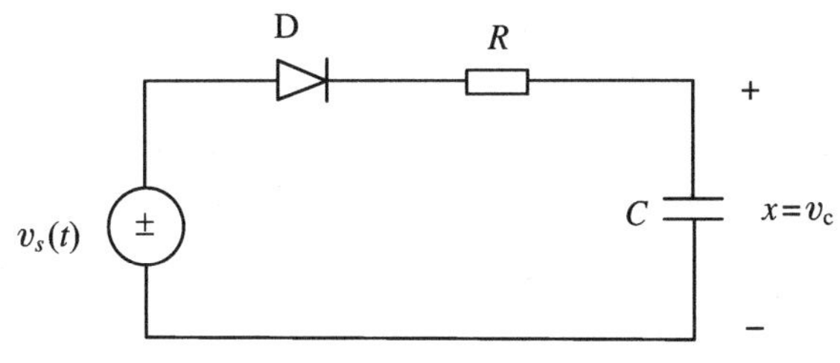

图 4.1

例 4.2 图 4.2 显示的是有两个 RC 并联支路受电流源激励的二阶电路.

由于外电路开路，电流源 $i_s(t)$ 只能控制 $x_1(t)$，不能控制 $x_2(t)$，这是既不能控又不能达的系统.

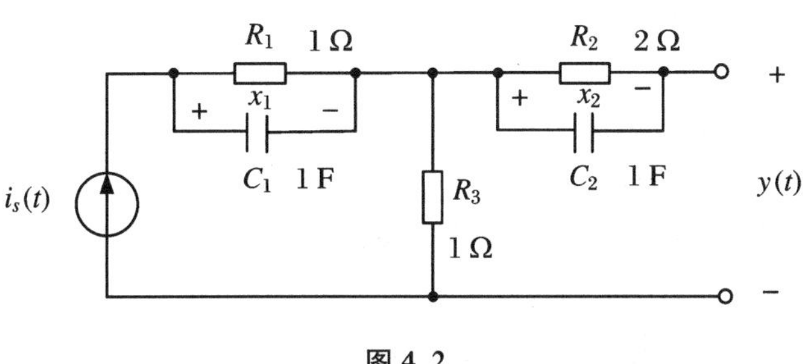

图 4.2

4.2 时间函数的线性关系

在正式阐述线性连续系统的能控性之前，这里先介绍必要的预备知识——时间函数的线性无关定义及判断定理.

一组时间函数的线性相关与无关 假设 $f_1(t), f_2(t), \cdots, f_n(t)$ 是一组复值函数，倘若在复数域 C 中存在一组不全为零的复数 $\alpha_1, \alpha_2, \cdots, \alpha_n$ 使得

$$\sum_{i=1}^{n} \alpha_i f_i(t) = 0, \quad \forall\, t \in [t_1, t_2] \tag{4.1}$$

则称这组复值函数在区间 $[t_1, t_2]$ 内线性相关，否则它们在 $[t_1, t_2]$ 内线性无关. 注意，时间区间在这里至关重要. 例如下面两个函数：

$$f_1(t) = t, \qquad t \in [-1, 1]$$

$$f_2(t) = \begin{cases} t, & t \in [0, 1] \\ -t, & t \in [-1, 0] \end{cases}$$

它们在区间 $[0,1]$ 内线性相关. 因为取 $\alpha_1 = -\alpha_2 = 1$，有 $\alpha_1 f_1(t) + \alpha_2 f_2(t) \equiv 0, \forall\, t \in [0,1]$. 同样，它们在区间 $[-1,0]$ 内仍然线性相关. 但是在区间 $[-1,1]$ 内，$f_1(t)$ 与 $f_2(t)$ 线性无关. 由本例可看到一组函数在某区间内线性无关，并不意味着在任意子区间内线性无关. 不过确实存在某子区间，它们在这一子区间内保持线性无关. 例如，本例中 $f_1(t)$ 和 $f_2(t)$ 在子区间 $[-\varepsilon, \varepsilon]$ 内，$0 < \varepsilon < 1$ 线性无关. 另一方面，若一组函数在某区间内线性无关，则在包含该区间的更大区间内仍然线性无关.

上述关于一组复值函数线性无关的定义可推广到一组复值函数向量上. 令 $\boldsymbol{f}_i(t), i = 1, 2, \cdots, n$ 是一组 p 维复值行向量，如果在复数域 C 中存在一组不全为零的复数 $\alpha_1, \alpha_2, \cdots, \alpha_n$ 使得

$$\sum_{i=1}^{n} \alpha_i \boldsymbol{f}_i(t) = \boldsymbol{\alpha F}(t) = \boldsymbol{0}, \quad \forall\, t \in [t_1, t_2] \tag{4.2}$$

其中

$$\boldsymbol{\alpha} = [\alpha_1 \quad \alpha_2 \quad \cdots \quad \alpha_n] \text{ 是 } n \text{ 维行向量}$$

$$\boldsymbol{F}(t) = [\boldsymbol{f}_1^{\mathrm{T}}(t) \quad \boldsymbol{f}_2^{\mathrm{T}}(t) \quad \cdots \quad \boldsymbol{f}_n^{\mathrm{T}}(t)]^{\mathrm{T}} \text{ 是 } n \times p \text{ 矩阵}$$

就称这组时间函数复值向量在区间 $[t_1, t_2]$ 内线性相关；否则便称它们线性无关. 注意，一组时间函数（向量）在区间 $[t_1, t_2]$ 内线性相关是针对整个区间而言的.

定理 4.1 令 $\boldsymbol{f}_i(t), i = 1, 2, \cdots, n$ 是定义在 $[t_1, t_2]$ 内的 p 维连续复值函数行向量，$\boldsymbol{F}(t)$ 是以它们为行构成的 $n \times p$ 矩阵，规定 $\boldsymbol{F}(t)$ 的格拉姆矩阵如下：

$$\boldsymbol{W}(t_1, t_2) \overset{\text{def}}{=} \int_{t_1}^{t_2} \boldsymbol{F}(t) \boldsymbol{F}^*(t) \mathrm{d}t \tag{4.3}$$

则这组复值函数行向量线性无关的充要条件是常值矩阵 $\boldsymbol{W}(t_1, t_2)$ 非奇异.

证明 首先采用反证法证明必要性. 假设这组函数行向量在 $[t_1, t_2]$ 内线性无关，但是

$\boldsymbol{W}(t_1,t_2)$奇异.因此存在一个非零 n 维行向量$\boldsymbol{\alpha}$ 使得$\boldsymbol{\alpha W}(t_1,t_2)=\boldsymbol{0}$,也就有

$$\begin{aligned}\boldsymbol{\alpha W}(t_1,t_2)\boldsymbol{\alpha}^* &= \int_{t_1}^{t_2}\boldsymbol{\alpha F}(t)[\boldsymbol{\alpha F}(t)]^*\mathrm{d}t \\ &= \int_{t_1}^{t_2}\|\boldsymbol{\alpha F}(t)\|^2\mathrm{d}t = 0\end{aligned} \tag{4.4}$$

函数向量的连续性保证了 $\boldsymbol{F}(t)$的连续性,$\|\boldsymbol{\alpha F}\|^2$ 是非负的数,式(4.4)意味着

$$\boldsymbol{\alpha F}(t) = \boldsymbol{0},\quad \forall t \in [t_1,t_2]$$

这与 n 个函数行向量在区间$[t_1,t_2]$内线性无关矛盾.所以必要性成立.

再证明充分性.假设 $\boldsymbol{W}(t_1,t_2)$非奇异但 n 个函数行向量线性相关.那么存在一个非零 n 维行向量$\boldsymbol{\alpha}$ 使得$\boldsymbol{\alpha F}(t)=\boldsymbol{0},\forall t\in[t_1,t_2]$.于是

$$\boldsymbol{\alpha W}(t_1,t_2) = \int_{t_1}^{t_2}\boldsymbol{\alpha F}(t)\boldsymbol{F}^*(t)\mathrm{d}t = \boldsymbol{0}$$

即 $\boldsymbol{W}(t_1,t_2)$奇异.这也与假设矛盾,故充分性成立.

定理 4.1 的成立依赖于函数向量的连续性.如果每个函数向量不仅连续而且具有直到 $n-1$ 阶的连续导数,可用下面定理 4.2 判断它们的相关性.

定理 4.2　假设 n 个 p 维复值函数行向量$\boldsymbol{f}_1(t),\boldsymbol{f}_2(t),\cdots,\boldsymbol{f}_n(t)$在区间$[t_1,t_2]$内具有直到 $n-1$ 阶的连续导数,$\boldsymbol{F}(t)$是以它们为行构成的 $n\times p$ 矩阵,以 $\boldsymbol{F}^{(k)}(t)$表示 $\boldsymbol{F}(t)$的 k 阶导数.倘若在区间$[t_1,t_2]$内存在某一时刻 t',使得矩阵

$$[\boldsymbol{F}(t')\quad \boldsymbol{F}^{(1)}(t')\quad \boldsymbol{F}^{(2)}(t')\quad \cdots\quad \boldsymbol{F}^{(n-1)}(t')]$$

的秩为 n,则 $\boldsymbol{f}_1(t),\boldsymbol{f}_2(t),\cdots,\boldsymbol{f}_n(t)$在区间$[t_1,t_2]$内线性无关.

证明　仍然采用反证法证明这一定理.假设确有 $t'\in[t_1,t_2]$使得

$$\rho[\boldsymbol{F}(t')\quad \boldsymbol{F}^{(1)}(t')\quad \boldsymbol{F}^{(2)}(t')\quad \cdots\quad \boldsymbol{F}^{(n-1)}(t')] = n$$

但函数向量 $\boldsymbol{f}_1,\boldsymbol{f}_2,\cdots,\boldsymbol{f}_n$ 在$[t_1,t_2]$内线性相关.这表明存在一个非零行向量 $\boldsymbol{\alpha}$ 使得

$$\boldsymbol{\alpha F}(t) = \boldsymbol{0},\quad \forall t \in [t_1,t_2]$$

因而

$$\boldsymbol{\alpha F}^{(k)}(t) = \boldsymbol{0},\quad k = 1,2,\cdots,n-1,\quad \forall t \in [t_1,t_2]$$

$$\boldsymbol{\alpha}[\boldsymbol{F}(t)\quad \boldsymbol{F}^{(1)}(t)\quad \boldsymbol{F}^{(2)}(t)\quad \cdots\quad \boldsymbol{F}^{(n-1)}(t)] = \boldsymbol{0},\quad \forall t \in [t_1,t_2]$$

当然对于 $t'\in[t_1,t_2]$有

$$\boldsymbol{\alpha}[\boldsymbol{F}(t')\quad \boldsymbol{F}^{(1)}(t')\quad \boldsymbol{F}^{(2)}(t')\quad \cdots\quad \boldsymbol{F}^{(n-1)}(t')] = \boldsymbol{0}$$

这与 $\rho[\boldsymbol{F}(t')\quad \boldsymbol{F}^{(1)}(t')\quad \cdots\quad \boldsymbol{F}^{(n-1)}(t')]=n$ 相矛盾.所以这组函数向量线性无关.

注意定理 4.2 给出的是充分条件.倘若函数向量 $\boldsymbol{f}_i(t),i=1,2,\cdots,n$ 是$[t_1,t_2]$内的解析函数,应用类似的反证法和解析开拓可以证明定理 4.3.

定理 4.3　假设 p 维行向量$\boldsymbol{f}_1(t),\boldsymbol{f}_2(t),\cdots,\boldsymbol{f}_n(t)$在$[t_1,t_2]$内解析,$\boldsymbol{F}(t)$是以它们为行构成的 $n\times p$ 矩阵,并以 $\boldsymbol{F}^{(k)}(t)$表示 $\boldsymbol{F}(t)$的 k 阶导数,则这组解析函数向量线性无关的充要条件是

$$\rho[\boldsymbol{F}(t')\quad \boldsymbol{F}^{(1)}(t')\quad \boldsymbol{F}^{(2)}(t')\quad \cdots\quad \boldsymbol{F}^{(n-1)}(t')] = n,\quad \forall t' \in [t_1,t_2] \tag{4.5}$$

证明略.(充分性证明类似定理 4.2 中证明)

注意,定理 4.3 的直接结果是:如果一组解析函数在$[t_1,t_2]$上线性无关,则

$$\rho[\boldsymbol{F}(t')\quad \boldsymbol{F}^{(1)}(t')\quad \cdots\quad \boldsymbol{F}^{(n-1)}(t')] = n,\quad \forall t' \in [t_1,t_2]$$

换句话说，如果一组解析函数在$[t_1,t_2]$上线性无关，则在$[t_1,t_2]$的任何子区间上仍然线性无关.解析假设在这里是至关重要的.还要注意的是，式(4.5)中矩阵的规模是无限的(n 行，无限多列)，倘若式(4.5)中左起若干有限列构成的子矩阵秩小于 n，不等于式(4.5)中矩阵秩小于 n.实际计算时应逐步向右扩大矩阵规模.

4.3 线性连续系统的能控性

4.3.1 线性时变连续系统的能控性

设线性时变连续系统的动态方程为

$$\left.\begin{aligned}&\dot{\boldsymbol{x}}(t)=\boldsymbol{A}(t)\boldsymbol{x}(t)+\boldsymbol{B}(t)\boldsymbol{u}(t),\quad \boldsymbol{x}(t)=\boldsymbol{x}_0\\&\boldsymbol{y}(t)=\boldsymbol{C}(t)\boldsymbol{x}(t)\end{aligned}\right\}\tag{4.6}$$

3.2 节中式(3.31)指出状态响应为

$$\boldsymbol{x}(t)=\boldsymbol{\Phi}(t,t_0)\boldsymbol{x}_0+\int_{t_0}^{t}\boldsymbol{\Phi}(t,\tau)\boldsymbol{B}(\tau)\boldsymbol{u}(\tau)\mathrm{d}\tau\tag{3.31}$$

根据 4.1 节中能控性和能达性定义，并令时间区间 $J=[t_0,t_1]$，则对于能控系统意味着能够找到容许的控制函数 $\boldsymbol{u}_{[t_0,t_1]}$，使得式(4.7)成立，

$$\left.\begin{aligned}&\boldsymbol{x}(t)=\boldsymbol{\Phi}(t_1,t_0)\hat{\boldsymbol{x}}+\int_{t_0}^{t_1}\boldsymbol{\Phi}(t,\tau)\boldsymbol{B}(\tau)\boldsymbol{u}(\tau)\mathrm{d}\tau=\boldsymbol{0}_x\\ \text{或}\quad&-\hat{\boldsymbol{x}}=\int_{t_0}^{t_1}\boldsymbol{\Phi}(t_0,\tau)\boldsymbol{B}(\tau)\boldsymbol{u}(\tau)\mathrm{d}\tau,\quad\forall\,\hat{\boldsymbol{x}}\in X\end{aligned}\right\}\tag{4.7}$$

而对于能达系统表示能够找到容许的控制函数 $\boldsymbol{u}[t_0,t_1]$使得式(4.8)成立，

$$\left.\begin{aligned}&\boldsymbol{x}(t_1)=\int_{t_0}^{t_1}\boldsymbol{\Phi}(t_1,\tau)\boldsymbol{B}(\tau)\boldsymbol{u}(\tau)\mathrm{d}\tau=\hat{\boldsymbol{x}}\\ \text{或}\quad&\boldsymbol{\Phi}(t_0,t_1)\hat{\boldsymbol{x}}=\int_{t_0}^{t_1}\boldsymbol{\Phi}(t_0,\tau)\boldsymbol{B}(\tau)\boldsymbol{u}(\tau)\mathrm{d}\tau,\quad\forall\,\hat{\boldsymbol{x}}\in X\end{aligned}\right\}\tag{4.8}$$

因为 $\boldsymbol{\Phi}(t_0,t_1)$为非奇异 n 阶方阵，条件 $\forall\,\hat{\boldsymbol{x}}\in X$ 等价于 $\forall\,\bar{\boldsymbol{x}}\overset{\text{def}}{=}\boldsymbol{\Phi}(t_0,t_1)\hat{\boldsymbol{x}}\in X$.在式(4.7)中，$\forall\,\hat{\boldsymbol{x}}\in X$ 与 $\forall\,\bar{\boldsymbol{x}}\overset{\text{def}}{=}-\hat{\boldsymbol{x}}\in X$ 等价.所以对于线性连续系统，能控性与能达性等价.下面以式(4.9)考察能控性.

$$\bar{\boldsymbol{x}}=\int_{t_0}^{t_1}\boldsymbol{\Phi}(t_0,\tau)\boldsymbol{B}(\tau)\boldsymbol{u}(\tau)\mathrm{d}\tau,\quad\forall\,\bar{\boldsymbol{x}}\in X\tag{4.9}$$

定理 4.4 线性时变连续系统为 t_0 时刻完全能控系统的充要条件是 $n\times m$ 矩阵 $\boldsymbol{\Phi}(t_0,t)\boldsymbol{B}(t)$的 n 行在$[t_0,t_1]$内线性无关.

证明 充分性 如果 $\boldsymbol{\Phi}(t_0,t)\boldsymbol{B}(t)$的 n 行在$[t_0,t_1]$内线性无关，由定理 4.1 得到它的格拉姆矩阵

$$\boldsymbol{W}_{\mathrm{c}}(t_0,t_1)=\int_{t_0}^{t_1}[\boldsymbol{\Phi}(t_0,\tau)\boldsymbol{B}(\tau)][\boldsymbol{\Phi}(t_0,\tau)\boldsymbol{B}(\tau)]^*\,\mathrm{d}\tau$$

非奇异，$W_c^{-1}(t_0,t_1)$存在. 设$\forall \bar{x}=x(t_0)\in X$，令

$$u(t)=[\Phi(t_0,t)B(t)]^* W_c^{-1}(t_0,t_1)\bar{x} \tag{4.10}$$

代入式(4.9)等号右边得到

$$\begin{aligned}&\int_{t_0}^{t_1}[\Phi(t_0,\tau)B(\tau)][\Phi(t_0,\tau)B(\tau)]^* W_c^{-1}(t_0,t_1)\bar{x}\mathrm{d}\tau\\&=\int_{t_0}^{t_1}[\Phi(t_0,\tau)B(\tau)][\Phi(t_0,\tau)B(\tau)]^*\mathrm{d}\tau W_c^{-1}(t_0,t_1)\bar{x}\\&=\bar{x}\end{aligned} \tag{4.11}$$

式(4.11)说明不论系统初态$x(t_0)=\bar{x}$位于状态空间何处，按式(4.10)选择控制函数就能在t_1时刻将系统状态由$x(t_0)=\bar{x}$转移到$x(t_1)=\mathbf{0}_z$，即充分性得以证明.

必要性 假设系统是t_0时刻完全能控的，但是$\Phi(t_0,t)B(t)$的n行线性相关，$\forall t\in[t_0,t_1]$. 这意味着存在非零n维行向量α使得

$$\alpha\Phi(t_0,t)B(t)=\mathbf{0},\quad \forall t\in[t_0,t_1]$$

选择$-x(t_0)=\alpha^*$，系统完全能控表明存在$u_{[t_0,t_1]}$使得

$$\alpha^*=\int_{t_0}^{t_1}\Phi(t_0,\tau)B(\tau)u(\tau)\mathrm{d}\tau$$

成立. 将上面等式两边乘以α，有

$$\alpha\alpha^*=\int_{t_0}^{t_1}\alpha\Phi(t_0,\tau)B(\tau)u(\tau)\mathrm{d}\tau=0$$

这与α为非零向量矛盾，所以$\Phi(t_0,t)B(t)$的n行必须线性无关. 因为$\Phi(t_0,t)B(t)$ n行线性无关等价于$W_c(t_0,t_1)$非奇异，故$W_c(t_0,t_1)$又称为**能控性格拉姆矩阵**.

一般来说，如果系统是完全能控的，能够将系统由初态$\bar{x}$转移到$\mathbf{0}_x$的输入有很多种，因为能控性对状态转移轨迹没有任何要求. 下面定理4.5说明按式(4.10)选定的控制函数与其他可以完成同一状态转移的控制函数相比较，耗能最少.

定理4.5 设系统$\{A(t),B(t)\}$完全能控，在所有能完成$x(t_0)=\bar{x}$到$x(t_1)=\mathbf{0}_x$转移的控制函数中，按式(4.10)选取的控制函数是耗能最少的函数，即

$$\int_{t_0}^{t_1}\|u(\tau)\|^2\mathrm{d}\tau\leqslant\int_{t_0}^{t_1}\|\bar{u}(\tau)\|^2\mathrm{d}\tau \tag{4.12}$$

其中$\bar{u}(t)$是其他控制函数.

证明 因为$u(t)$和$\bar{u}(t)$皆能完成$\bar{x}$到$\mathbf{0}_x$的转移，

$$\int_{t_0}^{t_1}\Phi(t_0,\tau)B(\tau)u(\tau)\mathrm{d}\tau=\int_{t_0}^{t_1}\Phi(t_0,\tau)B(\tau)\bar{u}(\tau)\mathrm{d}\tau$$

即

$$\int_{t_0}^{t_1}\Phi(t_0,\tau)B(\tau)[u(\tau)-\bar{u}(\tau)]\mathrm{d}\tau=\mathbf{0}_x$$

等式两边都左乘$\bar{x}^* W_c^{-1}(t_0,t_1)$，$\bar{x}^*$是$\bar{x}$的共轭转置，

$$\int_{t_0}^{t_1}\bar{x}^* W_c^{-1}(t_0,t_1)\Phi(t_0,\tau)B(\tau)[u(\tau)-\bar{u}(\tau)]\mathrm{d}\tau=0$$

因为$W_c^*(t_0,t_1)=W_c(t_0,t_1)$再将式(4.10)两边取共轭转置代入上式，有

$$\int_{t_0}^{t_1} \boldsymbol{u}^*(\tau)[\boldsymbol{u}(\tau) - \bar{\boldsymbol{u}}(\tau)]\mathrm{d}\tau = 0$$

即

$$\int_{t_0}^{t_1} \| \boldsymbol{u}(\tau) \|^2 \mathrm{d}\tau = \int_{t_0}^{t_1} \boldsymbol{u}^*(\tau)\bar{\boldsymbol{u}}(\tau)\mathrm{d}\tau \tag{4.13}$$

又因为 $\boldsymbol{u}_{[t_0,t_1]} \neq \bar{\boldsymbol{u}}_{[t_0,t_1]}$，必有

$$\int_{t_0}^{t_1} \| \boldsymbol{u}(\tau) - \bar{\boldsymbol{u}}(\tau) \|^2 \mathrm{d}\tau \geqslant 0$$

即

$$\int_{t_0}^{t_1} (\| \boldsymbol{u}(\tau) \|^2 + \| \bar{\boldsymbol{u}}(\tau) \|^2)\mathrm{d}\tau \geqslant 2\int_{t_0}^{t_1} \boldsymbol{u}^*(\tau)\bar{\boldsymbol{u}}(\tau)\mathrm{d}\tau \tag{4.14}$$

将式(4.13)代入式(4.14)便得到式(4.12).

应用定理 4.4 去判断能控性，必须首先计算出系统的状态转移矩阵 $\boldsymbol{\Phi}(t,t_0)$，而这又是一件困难的任务，所以实用性较差. 现在讨论一种只需依据矩阵 $\boldsymbol{A}(t)$，$\boldsymbol{B}(t)$不必计算 $\boldsymbol{\Phi}(t,t_0)$ 的能控性判据. 为此，假设 $\boldsymbol{A}(t)$和 $\boldsymbol{B}(t)$是 $n-1$ 阶连续可导的函数矩阵. 规定 $\boldsymbol{M}_0(t) = \boldsymbol{B}(t)$，再按

$$\boldsymbol{M}_{k+1}(t) = -\boldsymbol{A}(t)\boldsymbol{M}_k(t) + \dot{\boldsymbol{M}}_k(t), \quad k = 0,1,2,\cdots,n-1$$

计算出另外 $n-1$ 个 $n \times m$ 矩阵 $\boldsymbol{M}_1(t)$，$\boldsymbol{M}_2(t)$，$\cdots$，$\boldsymbol{M}_{n-1}(t)$. 考虑到 $\partial \boldsymbol{\Phi}(t_0,t)/\partial t = -\boldsymbol{\Phi}(t_0,t)\boldsymbol{A}(t)$，推导出

$$\frac{\partial^k}{\partial^k t}\boldsymbol{\Phi}(t_0,t)\boldsymbol{B}(t) = \boldsymbol{\Phi}(t_0,t)\boldsymbol{M}_k(t), \quad k = 0,1,2,\cdots,n-1 \tag{4.15}$$

定理 4.6 假设线性连续系统的 $\boldsymbol{A}(t)$和 $\boldsymbol{B}(t)$均是 $n-1$ 阶连续可导的函数矩阵，那么系统是 t_0 时刻完全能控系统的充分条件是

$$\rho[\boldsymbol{M}_0(t_1) \quad \boldsymbol{M}_1(t_1) \quad \cdots \quad \boldsymbol{M}_{n-1}(t_1)] = n, \quad t_1 > t_0 \tag{4.16}$$

证明 为了方便，采用下面符号：

$$\left.\frac{\partial^k}{\partial t^k}\boldsymbol{\Phi}(t_0,t)\boldsymbol{B}(t)\right|_{t=t_1} \overset{\text{def}}{=} \frac{\partial^k}{\partial t_1^k}\boldsymbol{\Phi}(t_0,t)\boldsymbol{B}(t), \quad k = 0,1,2,\cdots,n-1$$

这样

$$\left[\boldsymbol{\Phi}(t_0,t_1)\boldsymbol{B}(t)_1 \quad \frac{\partial}{\partial t_1}\Phi(t_0,t_1)\boldsymbol{B}(t_1)\cdots \frac{\partial^{n-1}}{\partial t_1^{n-1}}\boldsymbol{\Phi}(t_0,t_1)\boldsymbol{B}(t_1)\right]$$
$$= \boldsymbol{\Phi}(t_0,t_1)[\boldsymbol{M}_0(t_1) \quad \boldsymbol{M}_1(t_1)\cdots\boldsymbol{M}_{n-1}(t_1)]$$

因为 $\boldsymbol{\Phi}(t_0,t_1)$非奇异，式(4.16)可视为

$$\rho\left[\boldsymbol{\Phi}(t_0,t_1)\boldsymbol{B}(t_1) \quad \frac{\partial}{\partial t_1}\boldsymbol{\Phi}(t_0,t_1)\boldsymbol{B}(t_1) \quad \cdots \quad \frac{\partial^{n-1}}{\partial t_1^{n-1}}\boldsymbol{\Phi}(t_0,t_1)\boldsymbol{B}(t_1)\right] = n, \quad t_1 > t_0$$

定理 4.2 指出上式成立是 $\boldsymbol{\Phi}(t_0,t)\boldsymbol{B}(t)$的 n 行在区间$[t_0,t_1]$内线性无关的充分条件. 定理 4.4 又指出 $\boldsymbol{\Phi}(t_0,t)\boldsymbol{B}(t)$的 n 行在区间$[t_0,t_1]$内线性无关是系统能控的充要条件. 定理得以证明.

例 4.3 设线性时变连续系统状态方程如下，试判断其能控性：

$$\dot{\boldsymbol{x}}(t) = \begin{bmatrix} t & 1 & 0 \\ 0 & t & 0 \\ 0 & 0 & t^2 \end{bmatrix}\boldsymbol{x}(t) + \begin{bmatrix} 0 \\ 1 \\ 1 \end{bmatrix}u(t)$$

解　$\boldsymbol{M}_0(t)=[0\quad 1\quad 1]^{\mathrm{T}}$

$$\boldsymbol{M}_1(t)=-\boldsymbol{A}(t)\boldsymbol{M}_0(t)+\frac{\mathrm{d}}{\mathrm{d}t}\boldsymbol{M}_0(t)=[-1\quad -t\quad -t^2]^{\mathrm{T}}$$

$$\boldsymbol{M}_2(t)=-\boldsymbol{A}(t)\boldsymbol{M}_1(t)+\frac{\mathrm{d}}{\mathrm{d}t}\boldsymbol{M}_1(t)=[2t\quad t^2-1\quad t^4-2t]^{\mathrm{T}}$$

$$\rho[\boldsymbol{M}_0(t)\quad \boldsymbol{M}_1(t)\quad \boldsymbol{M}_2(t)]=\rho\begin{bmatrix}0 & -1 & 2t\\ 1 & -t & t^2-1\\ 1 & -t^2 & t^4-2t\end{bmatrix}=3,\quad \forall t\in(-\infty,\infty)$$

因为几乎对于任何时刻 $t\in(-\infty,\infty)$，$\rho[\boldsymbol{M}_0(t)\quad \boldsymbol{M}_1(t)\quad \boldsymbol{M}_2(t)]=3$，所以在任何时刻系统为完全能控系统.

4.3.2　线性非时变连续系统的能控性

线性非时变连续系统是线性时变连续系统的特例，因此对于线性非时变连续系统，能控性和能达性也是等价的，而且定理 4.4 和定理 4.6 也可用来作为判别准则. 由于前者的状态转移矩阵 $\boldsymbol{\Phi}(t_0,t)=\mathrm{e}^{\boldsymbol{A}(t_0-t)}$，$\boldsymbol{B}$ 为常数阵，判别式会更简洁. 令 $t_0=0$，系统若在 t_0 能控，则在$[0,\infty)$内均能控.

定理 4.7　线性非时变连续系统$\{\boldsymbol{A},\boldsymbol{B}\}$为完全能控系统的充要条件是下列等价条件的任何一个：

(1) $\mathrm{e}^{-\boldsymbol{A}t}\boldsymbol{B}$ 或 $\mathrm{e}^{\boldsymbol{A}t}\boldsymbol{B}$ 的 n 行在时间区间$[0,\infty)$内线性无关；

(2) $(s\boldsymbol{I}-\boldsymbol{A})^{-1}\boldsymbol{B}$ 的 n 行在复数域 $\mathbf{C}$ 上线性无关；

(3) 能控性格拉姆矩阵

$$\boldsymbol{W}_{\mathrm{c}}(0,t)=\int_0^t(\mathrm{e}^{\boldsymbol{A}\tau}\boldsymbol{B})(\mathrm{e}^{\boldsymbol{A}\tau}\boldsymbol{B})^*\,\mathrm{d}\tau,\quad t\in(0,\infty)\tag{4.17}$$

非奇异，或 $\rho[\boldsymbol{W}_{\mathrm{c}}(0,t)]=n$；

(4) 能控性判别矩阵

$$\boldsymbol{M}_{\mathrm{c}}=[\boldsymbol{B}\quad \boldsymbol{AB}\quad \boldsymbol{A}^2\boldsymbol{B}\quad \cdots\quad \boldsymbol{A}^{n-1}\boldsymbol{B}]\tag{4.18}$$

满秩，即 $\rho[\boldsymbol{M}_{\mathrm{c}}]=n$；

(5) 对于 $\boldsymbol{A}$ 的每个特征值λ，即对于复数域中每个 s，复矩阵$(s\boldsymbol{I}-\boldsymbol{A}\quad \boldsymbol{B})$满秩，或者说

$$\rho[s\boldsymbol{I}-\boldsymbol{A}\quad \boldsymbol{B}]=n,\quad \forall s\in\mathbf{C}\tag{4.19}$$

证明

(1) 对于线性非时变连续系统可取 $t_0=0$，$\mathrm{e}^{\boldsymbol{A}(t_0-t)}\boldsymbol{B}=\mathrm{e}^{-\boldsymbol{A}t}\boldsymbol{B}$ 是 $n\times m$ 矩阵，其元素在$[0,\infty)$内的形式为 $t^k\mathrm{e}^{\lambda t}$的解析函数线性组合. 因此 $\mathrm{e}^{-\boldsymbol{A}t}\boldsymbol{B}$ 是解析的. 它的 n 行在$[0,t)$内线性无关等价于在$[0,\infty)$内线性无关. 另外，$\mathrm{e}^{-\boldsymbol{A}t}\boldsymbol{B}$ 的 n 行在$[0,\infty)$内线性无关等价于 $\mathrm{e}^{\boldsymbol{A}t}\boldsymbol{B}$ 在$[0,\infty)$内线性无关，负号不影响行的线性无关性.

(2) 因为$(s\boldsymbol{I}-\boldsymbol{A})^{-1}\boldsymbol{B}$ 是 $\mathrm{e}^{\boldsymbol{A}t}\boldsymbol{B}$ 的拉氏变换，而拉氏变换是一对一的线性算子，所以 $\mathrm{e}^{\boldsymbol{A}t}\boldsymbol{B}$ 的各行在$[0,\infty)$内线性无关与$(s\boldsymbol{I}-\boldsymbol{A})^{-1}\boldsymbol{B}$ 各行线性无关等价.

(3) 定理 4.1 指出式(4.17)中 $\boldsymbol{W}_{\mathrm{c}}(0,t)$非奇异与 $\mathrm{e}^{-\boldsymbol{A}t}\boldsymbol{B}$ 的各行在$[0,t]$内线性无关等价.

(4) 由定理 4.3 可知，$\mathrm{e}^{\boldsymbol{A}t}\boldsymbol{B}$ 的 n 行在$[0,\infty)$内线性无关等价于下面矩阵的秩为 n：

$$[e^{At'}B \quad e^{At'}AB \quad e^{At'}A^2B \quad \cdots \quad e^{At'}A^{n-1}B]$$
$$= e^{At'}[B \quad AB \quad A^2B \quad \cdots \quad A^{n-1}B], \quad t' \in [0,\infty) e^{At'}$$

非奇异,$\forall\, t' \in [0,\infty)$. 所以,这又等价于

$$\rho[B \quad AB \quad A^2B \quad \cdots \quad A^{n-1}B] = n$$

(5) 首先指出 $\rho[sI - A \quad B] = n, \forall\, s \in \mathbf{C}$ 和 $\rho[\lambda I - A \quad B] = n, \forall\, \lambda \in \sigma(A)$ 等价. 因为若 $s \notin \sigma(A)$, $sI - A$ 非奇异. 下面采用反证法证明这一判据.

必要性 设系统完全能控,即 $\rho[M_c] = n$,但 $\rho[\lambda I - A \quad B] < n$. 这意味着存在着非零行向量 α 使得

$$\alpha[\lambda I - A \quad B] = [\alpha(\lambda I - A) \quad \alpha B] = [0_{1\times n} \quad 0_{1\times m}]$$

即 $\alpha B = 0_{1\times m}$, $\alpha A = \lambda\alpha$. 这两式说明 A 的左特征向量 α 与 B 的列张成的子空间正交导致

$$\alpha A^k B = \lambda^k \alpha B = 0_{1\times m}, \quad k = 1,2,\cdots,n-1,$$

所以

$$\alpha[B \quad AB \quad A^2B \quad \cdots \quad A^{n-1}B] = \alpha M_c = 0_{1\times nm}$$

这意味着 $\rho[M_c] < n$,与假设矛盾.

充分性的证明留给读者作为练习. 这一判别法是波波夫(V. M. Popov)、贝尔维奇(V. Belevitch)和豪塔斯(M. L. J. Hautus)等人提出的,文献中也称做 PBH 判别法. 这一判别法的另一陈述方式是线性非时变连续系统完全能控的充要条件是 A 的所有左特征向量均不与 B 的列所张成的空间正交. 文献中称此为 PBH 特征向量判别法.

前面叙述的是当 A 为一般形式的 n 阶方阵时常用的判别准则. 现在介绍当 A 为约尔当形 n 阶方阵时的判别准则——吉尔伯特(Gilbert)判别准则.

定理 4.8 当线性非时变连续系统的系统矩阵 A 为 n 个互异特征值组成的对角线阵时,系统为完全能控的充要条件是输入矩阵 B 没有零行;若 A 为约尔当标准形,充要条件是 B 中对应每一约尔当子块的最后一行的行向量中无零行,且对应同一特征值的这些行分别线性无关.

例如下面状态方程中,$\{b_{l11}, b_{l12}, b_{l13}\}$ 和 $\{b_{l21}, b_{l22}\}$ 中无零行且分别为两组线性无关向量组. 定理的证明留给读者作为练习.

$$\dot{x}(t) = \begin{bmatrix} \lambda_1 & 1 & & & & & \\ & \lambda_1 & & & & & \\ & & \lambda_1 & & & & \\ & & & \lambda_1 & & & \\ & & & & \lambda_2 & 1 & \\ & & & & & \lambda_2 & \\ & & & & & & \lambda_2 \end{bmatrix} x(t) + \begin{bmatrix} b_{111} \\ b_{l11} \\ b_{l12} \\ b_{l13} \\ b_{121} \\ b_{l21} \\ b_{l22} \end{bmatrix} u(t)$$

定理 4.9 线性非时变连续系统的能控性在代数等价变换下保持不变.

证明 设原系统由 $\{A, B\}$ 描述,等价变换后系统由 $\{\bar{A} = Q^{-1}AQ, \bar{B} = Q^{-1}B\}$ 描述. 因为

$$\rho[\bar{M}_c] = \rho[\bar{B} \quad \bar{A}\bar{B} \quad \bar{A}^2\bar{B} \cdots \bar{A}^{n-1}B]$$

$$
\begin{aligned}
&= \rho[\boldsymbol{Q}^{-1}\boldsymbol{B} \quad \boldsymbol{Q}^{-1}\boldsymbol{A}\boldsymbol{B} \quad \boldsymbol{Q}^{-1}\boldsymbol{A}^2\boldsymbol{B} \quad \cdots \quad \boldsymbol{Q}^{-1}\boldsymbol{A}^{n-1}\boldsymbol{B}] \\
&= \rho[\boldsymbol{Q}^{-1}\boldsymbol{M}_c] \\
&= \rho[\boldsymbol{M}_c]
\end{aligned}
$$

定理得证.

例 4.4 设有一系统动态方程如下：

$$
\dot{\boldsymbol{x}}(t) = \begin{bmatrix} 1 & 0 & 0 \\ 1 & 2 & 0 \\ 1 & 1 & 2 \end{bmatrix} \boldsymbol{x}(t) + \begin{bmatrix} b_1 \\ b_2 \\ b_3 \end{bmatrix} u(t)
$$

$$
y(t) = [c_1 \quad c_2 \quad c_3] \boldsymbol{x}(t)
$$

试确定其能控性.

解 首先由 $\Delta(\lambda)=0$ 求出 $\lambda_1 = 1, \lambda_2 = \lambda_3 = 2$. 再由 $\boldsymbol{A}\boldsymbol{q}_i = \lambda_i \boldsymbol{q}_i$ 求出特征向量 $\boldsymbol{q}_1 = [1 \quad -1 \quad 0]^{\mathrm{T}}, \boldsymbol{q}_2 = [0 \quad 0 \quad 1]^{\mathrm{T}}$. 因为几何重数 $\zeta_1 = \zeta_2 = 1$，得到 $\boldsymbol{A}$ 的约尔当形 $\boldsymbol{J}$ 为

$$
\boldsymbol{J} = \left[\begin{array}{c:cc} 1 & 0 & 0 \\ \hdashline 0 & 2 & 1 \\ 0 & 0 & 2 \end{array}\right]
$$

令 $\boldsymbol{Q} \overset{\text{def}}{=} [\boldsymbol{q}_1 \quad \boldsymbol{q}_2 \quad \boldsymbol{q}_3]$，通过 $\boldsymbol{QJ} = \boldsymbol{AQ}$ 即 $\boldsymbol{q}_2 + 2\boldsymbol{q}_3 = \boldsymbol{A}\boldsymbol{q}_3$，解出广义特征向量 $\boldsymbol{q}_3 = [0 \quad 1 \quad 0]^{\mathrm{T}}$. 于是得到

$$
\boldsymbol{Q}^{-1} = \begin{bmatrix} 1 & 0 & 0 \\ 0 & 0 & 1 \\ 1 & 1 & 0 \end{bmatrix} = \begin{bmatrix} \boldsymbol{p}_1^{\mathrm{T}} \\ \boldsymbol{p}_2^{\mathrm{T}} \\ \boldsymbol{p}_3^{\mathrm{T}} \end{bmatrix}
$$

其中 $\boldsymbol{p}_1^{\mathrm{T}}$ 和 $\boldsymbol{p}_3^{\mathrm{T}}$ 是矩阵 $\boldsymbol{A}$ 的左(行)特征向量. 利用 PHB 特征向量判别法判定系统完全能控充要条件是

$$
\langle \boldsymbol{p}_1, \boldsymbol{b} \rangle = b_1 \neq 0 \quad 和 \quad \langle \boldsymbol{p}_3, \boldsymbol{b} \rangle = b_1 + b_2 \neq 0,
$$

即 b_1 和 $b_1 + b_2$ 都不得为零.

倘若利用 $\boldsymbol{Q}^{-1}$ 将 $\boldsymbol{B}$ 变换成 $\bar{\boldsymbol{B}} = \boldsymbol{Q}^{-1}\boldsymbol{B}$ 即 $\bar{\boldsymbol{B}} = [b_1 \quad b_3 \quad b_1 + b_2]^{\mathrm{T}}$. 令 $\bar{\boldsymbol{x}}(t) = \boldsymbol{Q}^{-1}\boldsymbol{x}(t)$，状态方程变换成

$$
\begin{aligned}
\dot{\bar{\boldsymbol{x}}}(t) &= \boldsymbol{J}\bar{\boldsymbol{x}}(t) + \bar{\boldsymbol{B}}u(t) \\
&= \begin{bmatrix} 1 & 0 & 0 \\ 0 & 2 & 1 \\ 0 & 0 & 2 \end{bmatrix} \bar{\boldsymbol{x}}(t) + \begin{bmatrix} b_1 \\ b_3 \\ b_1 + b_2 \end{bmatrix} u(t)
\end{aligned}
$$

根据吉尔伯判别法也得出同样结论：当且仅当 $b_1 + b_2$ 都不为零时，系统能控. 注意，这里已经应用了定理 4.9. 建议读者画出关于 $\bar{\boldsymbol{x}}(t)$ 的状态方程模拟框图，从中可直观体验到结论的正确性.

例 4.5 在 2.3 节中曾得到地球人造卫星的动态方程. 其中关于方位角的状态方程是

$$
\dot{\boldsymbol{x}} = \begin{bmatrix} 0 & 1 \\ -\omega^2 & 0 \end{bmatrix} \boldsymbol{x} + \begin{bmatrix} 0 \\ \dfrac{1}{mr_n} \end{bmatrix} u_\phi
$$

因为

$$
\boldsymbol{M}_{\mathrm{c}}=\begin{bmatrix}0 & \dfrac{1}{mr_n}\\ \dfrac{1}{mr_n} & 0\end{bmatrix},\quad \rho(\boldsymbol{M}_{\mathrm{c}})=2=n
$$

所以这是一个能控系统,可以通过方位控制函数 $u_\psi(t)$将卫星控制在所希望的方位角上.

例 4.6 研究图 4.3 中的平台.假设平台质量为零,外力 $F=2u$ 均衡地为两个弹簧支撑,并设弹簧系数 $k_1=k_2=1$,阻尼系数 $f_1=2$,$f_2=1$.

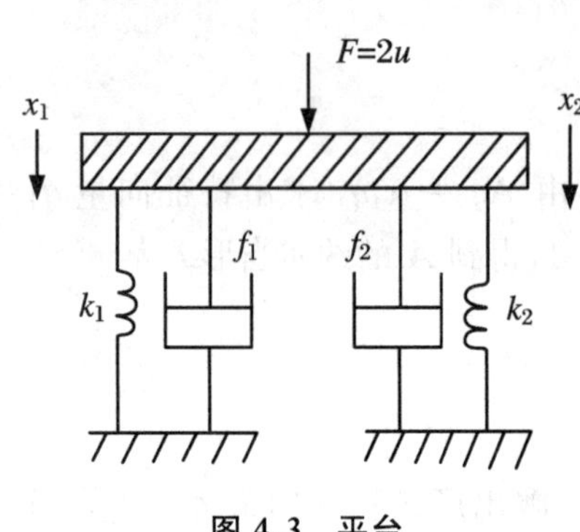

图 4.3 平台

首先,列出系统的状态方程

$$
f_1\dot{x}_1+k_1x_1=u
$$

$$
f_2\dot{x}_2+k_2x_2=u
$$

$$
\begin{bmatrix}\dot{x}_1\\ \dot{x}_2\end{bmatrix}=\begin{bmatrix}-\dfrac{k_1}{f_1} & 0\\ 0 & -\dfrac{k_2}{f_2}\end{bmatrix}\begin{bmatrix}x_1\\ x_2\end{bmatrix}+\begin{bmatrix}\dfrac{1}{f_1}\\ \dfrac{1}{f_2}\end{bmatrix}u
$$

$$
=\begin{bmatrix}-0.5 & 0\\ 0 & -1\end{bmatrix}\begin{bmatrix}x_1\\ x_2\end{bmatrix}+\begin{bmatrix}0.5\\ 1\end{bmatrix}u
$$

其次,判定系统能控性

$$
\rho[\boldsymbol{M}_{\mathrm{c}}]=\rho\begin{bmatrix}0.5 & -0.25\\ 1 & -1\end{bmatrix}=2=n
$$

故系统完全能控

第三,设 $\boldsymbol{x}_0=[10\quad -1]^{\mathrm{T}}$,求耗能最小的控制函数 u 使系统在 $t_1=2$ 秒时静止.

$$
\mathrm{e}^{-\boldsymbol{A}t}\boldsymbol{B}=\begin{bmatrix}0.5\mathrm{e}^{0.5t}\\ \mathrm{e}^{t}\end{bmatrix}
$$

$$
\boldsymbol{W}_{\mathrm{c}}(0,2)=\int_0^2\mathrm{e}^{-\boldsymbol{A}t}\boldsymbol{B}\boldsymbol{B}^{\mathrm{T}}\mathrm{e}^{-\boldsymbol{A}^{\mathrm{T}}t}\mathrm{d}t=\begin{bmatrix}1.597 & 6.36\\ 6.36 & 26.80\end{bmatrix}
$$

$$
u(t)=\boldsymbol{B}^{\mathrm{T}}\mathrm{e}^{-\boldsymbol{A}^{\mathrm{T}}t}\boldsymbol{W}_{\mathrm{c}}^{-1}(0,2)(-\boldsymbol{x}_0)=-58.35\mathrm{e}^{0.5t}+27.68\mathrm{e}^{t}
$$

图 4.4 分别画出要求[0,2]秒和[0,4]秒内完成平台由 $\boldsymbol{x}_0=[10\quad -1]^{\mathrm{T}}$(分米)恢复到平衡静止状态所需要的 $u(t)$及 $x_1(t)$,$x_2(t)$的曲线.由图可见允许的时间区间越短,所需控制函数的幅值越大.倘若对控制函数幅值没有限制可以在任意短的时间内完成指定的状态转移.如果本例中 $f_1=f_2$,$k_1=k_2$,系统完全能控吗?希望读者通过例 4.5 和例 4.6 得到证明定理 4.8 的启示.

定理 4.10 如果线性非时变连续系统$\{\boldsymbol{A},\boldsymbol{B}\}$完全能控,则可用冲激函数及其导数 $\delta^{(k)}(t-t_0)$,$k=0,1,\cdots,n-1$ 的线性组合将系统由任意初态 $\boldsymbol{x}(t_{0-})$安排到另一个任意的初态$\boldsymbol{x}(t_{0+})$.

证明 设 $\boldsymbol{x}(t_{0-})\neq\boldsymbol{x}(t_{0+})$,$\forall\,\boldsymbol{x}(t_{0-})$,$\boldsymbol{x}(t_{0+})\in X$,并设 $\boldsymbol{u}(t)=\sum\limits_{k=0}^{n-1}\boldsymbol{\alpha}_k\delta^k(t-t_0)$,$\boldsymbol{\alpha}_k\in\mathbf{R}^m$.由式(3.44a) 可知

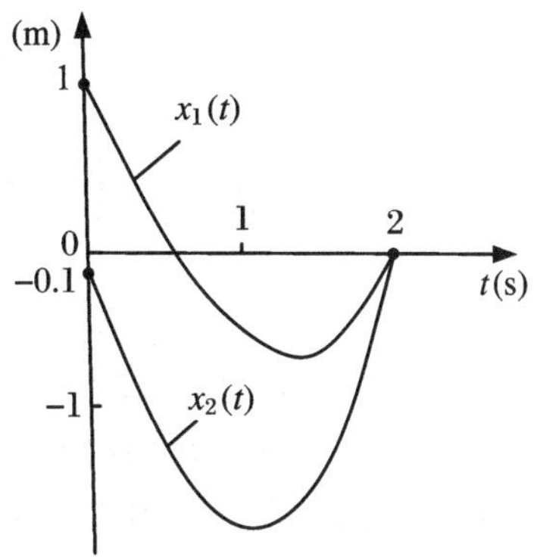

(b) 平台的$x_1(t)$, $x_2(t)$变化曲线(0≤t≤2)

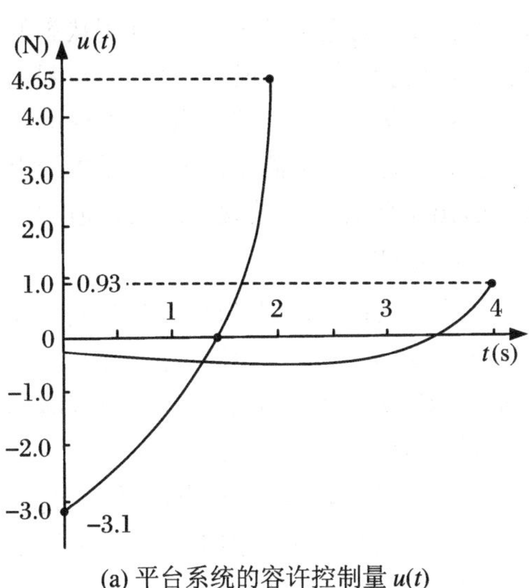

(a) 平台系统的容许控制量 $u(t)$

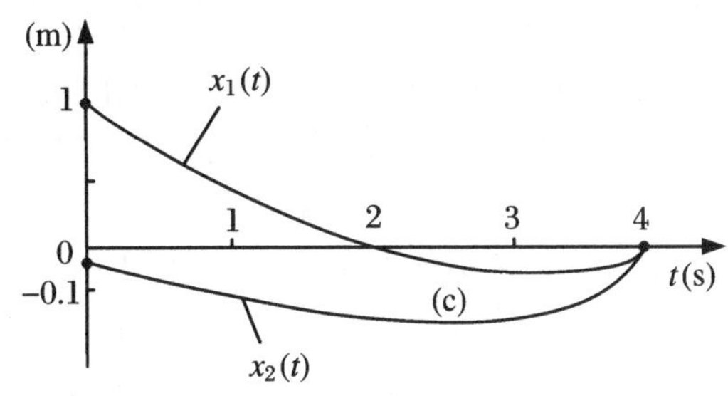

(c) 平台的$x_1(t)$, $x_2(t)$变化曲线(0≤t≤4)

图 4.4

$$\boldsymbol{x}(t_{0+}) = \mathrm{e}^{\boldsymbol{A}t_{0+}}\boldsymbol{x}(t_{0-}) + \int_{t_{0-}}^{t_{0+}} \mathrm{e}^{\boldsymbol{A}(t_{0+}-\tau)}\boldsymbol{B}\sum_{k=0}^{n-1}\boldsymbol{\alpha}_k\delta^{(k)}(\tau - t_0)\mathrm{d}\tau$$

应用

$$\int_{t_{0-}}^{t_{0+}} \boldsymbol{F}(\tau)\delta^{(k)}(\tau - t_0)\mathrm{d}\tau = (-1)^k\boldsymbol{F}^{(k)}(t_0), \quad \boldsymbol{F}^{(k)}(t_0) = \left.\frac{\mathrm{d}^k\boldsymbol{F}(t)}{\mathrm{d}t^k}\right|_{t=t_0}$$

得到

$$\boldsymbol{x}(t_{0+}) = \mathrm{e}^{\boldsymbol{A}t_{0+}}\boldsymbol{x}(t_{0-}) + \sum_{k=0}^{n-1}\boldsymbol{A}^k\boldsymbol{B}\boldsymbol{\alpha}_k$$

若 $t_0 = 0$,有

$$\boldsymbol{x}(0_+) - \boldsymbol{x}(0_-) = [\boldsymbol{B} \quad \boldsymbol{AB} \quad \cdots \quad \boldsymbol{A}^{n-1}\boldsymbol{B}]\boldsymbol{\alpha} \tag{4.20}$$

其中 $\boldsymbol{\alpha} = [\boldsymbol{\alpha}_0^{\mathrm{T}} \quad \boldsymbol{\alpha}_1^{\mathrm{T}} \quad \cdots \quad \boldsymbol{\alpha}_{n-1}^{\mathrm{T}}]^{\mathrm{T}}$ 是 nm 维列向量.式(4.20)说明只要 $\rho[\boldsymbol{M}_c] = n$,即系统完全能控就能求出所需要的 $\boldsymbol{\alpha}$,从而得到用 $\delta^{(k)}(t - t_0)$, $k = 0,1\cdots,n-1$ 线性组合的控制函数而完成由任意的 $\boldsymbol{x}(t_{0-})$到任意的 $\boldsymbol{x}(t_{0+})$的状态转移.这一定理也充分说明了线性非时变连续系统能达性与能控性的一致性.例如 $\boldsymbol{x}(t_{0-}) = \boldsymbol{0}_x$, $\boldsymbol{x}(t_{0+}) \neq \boldsymbol{0}_x \in X$,说明了系统的能达性,反之说明了系统的能控性.

4.4 能观性和能构性

状态 $\boldsymbol{x}(t)$对系统动态行为的重要性表现在它反映了系统的全部动态行为.利用状态的反馈获得性能优良的闭环系统就是利用开环系统的全部状态信息来完成这一任务.与利用开环系统部分状态信息的输出反馈相比较,状态反馈为系统设计带来更多自由度.遗憾的是并非全部状态分量总能够被测量和用之于反馈.人们希望知道通过可测量的输出,或再配上外加输入能否确定出某个时刻的全部状态分量.这就引出了状态能否被观测或被估值的问题.下面给出适合各类系统的能观(测)系统和能构(造)系统的定义.

能观系统和能构系统 假设系统初始状态 $\boldsymbol{x}(t_0)=\hat{\boldsymbol{x}}, \forall\, \hat{\boldsymbol{x}} \in X$,倘若依据有限时间区间 J 内所测得的 $\boldsymbol{y}_J$ 和外加的 $\boldsymbol{u}_J$ 能够确定出系统初态 $\boldsymbol{x}(t_0)$.若 J 是 t_0 开始以后的区间,称系统在 t_0 时刻完全能观,简称为能观系统,否则为不能观系统;若 J 是 t_0 以前到 t_0 的区间,称系统在 t_0 时刻完全能构,简称为能构系统,否则为不能构系统.

注意,对连续系统而言,$J=[t_0,t_j]$或 $J=[t_j,t_0]$为连续时间区间,对离散系统而言,$J=(t_0,t_1,\cdots,t_j)$或 $J=(t_{-j},t_{1-j},\cdots,t_{-2},t_{-1},t_0)$为离散时间序列.一般对非时变系统不必强调“在 t_0 时刻”.就其状态而言,称能观(构)系统的状态具有能观(构)性.

定义中提到的是利用有限时间区间内输出和输入来确定状态.对于线性系统可证明只需要利用系统在有限时间内输出的零输入响应去研究系统的能观性.3.2 节中式(3.35)指出

$$\boldsymbol{y}(t) = \boldsymbol{C}(t)\boldsymbol{\Phi}(t,t_0)\boldsymbol{x}(t_0) + \int_{t_0}^{t} \boldsymbol{C}(t)\boldsymbol{\Phi}(t,\tau)\boldsymbol{B}(\tau)\boldsymbol{u}(\tau)\mathrm{d}\tau + \boldsymbol{D}(t)\boldsymbol{u}(t)$$

在研究能观性时,假设系统已经给定,$\boldsymbol{y}(t)$和 $\boldsymbol{u}(t)$视为已知的,$\boldsymbol{x}(t_0)$是未知的,所以上式改写成

$$\bar{\boldsymbol{y}}(t) = \boldsymbol{C}(t)\boldsymbol{\Phi}(t,t_0)\boldsymbol{x}(t_0) \tag{4.21}$$

其中 $\boldsymbol{x}(t_0)$是未知的,

$$\bar{\boldsymbol{y}}(t) = \boldsymbol{y}(t) - \int_{t_0}^{t} \boldsymbol{C}(t)\boldsymbol{\Phi}(t,\tau)\boldsymbol{B}(\tau)\boldsymbol{u}(\tau)\mathrm{d}\tau - \boldsymbol{D}(t)\boldsymbol{u}(t) \tag{4.22}$$

视为已知函数.这样能观性问题转化为利用已知的 $\bar{\boldsymbol{y}}(t)$,$\boldsymbol{C}(t)$和 $\boldsymbol{\Phi}(t,t_0)$确定式(4.21)中 $\boldsymbol{x}(t_0)$,$\boldsymbol{x}(t_0)$可以是状态空间 X 中任意状态向量,$\bar{\boldsymbol{y}}(t)$是有限时间区间内零输入、输出响应.对于线性时变离散系统利用式(3.84b)可得到同样的结论.下面列举两个简单例子,有助于直观理解系统的能观性.

例 4.7 图 4.5 中两个电路均是不能观系统.当图 4.5(a)中电压源短路时,不论 $x(t)=v_{\mathrm{c}}(t)$是何值,输出电压 $y\equiv 0$.当图 4.5(b)中电流源开路后,$y(t)\equiv x_1(t)=v_{\mathrm{c}}(t)$,根本不反映 $x_2(t)=i_L(t)$.

例 4.8 图 4.6 中是三个单位延迟器串联的单位反馈电路,其动态方程如下:

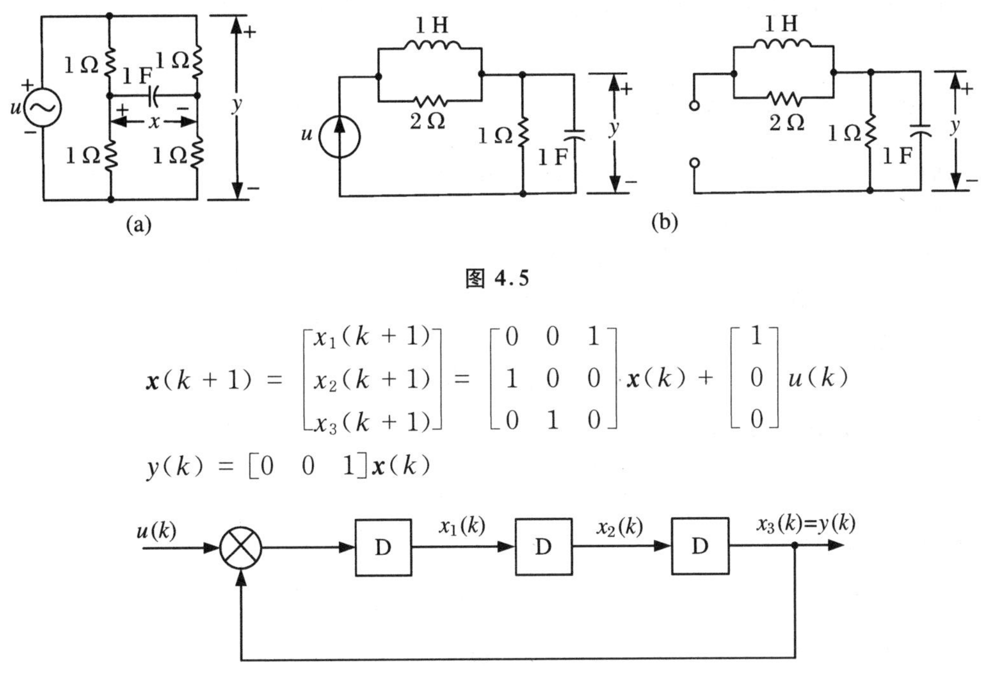

图 4.5

$$
\boldsymbol{x}(k+1)=\begin{bmatrix} x_1(k+1) \\ x_2(k+1) \\ x_3(k+1) \end{bmatrix}=\begin{bmatrix} 0 & 0 & 1 \\ 1 & 0 & 0 \\ 0 & 1 & 0 \end{bmatrix}\boldsymbol{x}(k)+\begin{bmatrix} 1 \\ 0 \\ 0 \end{bmatrix}u(k)
$$

$$
y(k)=\begin{bmatrix} 0 & 0 & 1 \end{bmatrix}\boldsymbol{x}(k)
$$

图 4.6

因为当 $u(k)\equiv 0$,有

$$
\begin{aligned}
x_3(k) &= y(k) \\
x_2(k) &= x_3(k+1) = y(k+1) \\
x_1(k) &= x_2(k+1) = y(k+2)
\end{aligned}
$$

可见利用 k 和 k 以后的输出可唯一地确定 k 时刻状态,这是一个能观系统.

另一方面,因为当 $u(k)\equiv 0$,有

$$
\begin{aligned}
x_3(k) &= x_1(k+1) = y(k) \\
x_1(k) &= x_3(k-1) = y(k-1) \\
x_2(k) &= x_1(k-1) = y(k-2)
\end{aligned}
$$

可见又可利用 k 和 k 以前的输出唯一地确定 k 时刻状态,这又是一个能构系统.

4.5　线性连续系统的能观性

3.2 节曾指出对于线性连续系统,状态转移矩阵 $\boldsymbol{\Phi}(t,t_0)$ 具有时间逆转性,因而对于线性连续系统,能观性与能构性,或者说能观系统与能构系统间具有等价性.这种情况与 4.3 节指出的能达性与能控性,或者说能达系统与能控系统间具有等价性相似.所以本节只讨论能观性.不过应当注意,由于离散系统的状态转移矩阵 $\boldsymbol{\Phi}(k,k_0)$ 并不总是可逆的,即并不一

定具有时间逆转性，线性离散系统的能观性与能构性之间的等价性是有条件的，并没有普遍性.

4.5.1 线性时变连续系统的能观性

前面已经指出只需要利用线性系统在有限时间内输出的零输入响应去研究系统的能观性.下面首先介绍用这种方法得到的定理 4.11.

定理 4.11 线性时变连续系统 $\{\boldsymbol{A}(t), \boldsymbol{C}(t)\}$ 在 t_0 时刻完全能观的充要条件是 $\boldsymbol{C}(t)\boldsymbol{\Phi}(t,t_0)$ 在有限时间区间 $[t_0,t]$ 内列线性无关.

证明 充分性 因为

$$\boldsymbol{y}_{zi}(t) = \boldsymbol{C}(t)\boldsymbol{\Phi}(t,t_0)\boldsymbol{x}(t_0)$$

对等式两边乘以 $\boldsymbol{\Phi}^*(t,t_0)\boldsymbol{C}^*(t)$，并在 $[t_0,t_1]$ 内积分

$$\int_{t_0}^{t_1}\boldsymbol{\Phi}^*(t,t_0)\boldsymbol{C}^*(t)\boldsymbol{y}_{zi}(t)\mathrm{d}t = \int_{t_0}^{t_1}\boldsymbol{\Phi}^*(t,t_0)\boldsymbol{C}^*(t)\boldsymbol{C}(t)\boldsymbol{\Phi}(t,t_0)\boldsymbol{x}(t_0)\mathrm{d}t \tag{4.23}$$

规定能观性格拉姆矩阵为

$$\boldsymbol{W}_{\mathrm{o}}(t_0,t_1) \overset{\mathrm{def}}{=} \int_{t_0}^{t_1}[\boldsymbol{C}(t)\boldsymbol{\Phi}(t,t_0)]^*[\boldsymbol{C}(t)\boldsymbol{\Phi}(t,t_0)]\mathrm{d}t \tag{4.24}$$

定理 4.1 指出 $\boldsymbol{W}_{\mathrm{o}}(t_0,t_1)$ 非奇异和 $\boldsymbol{C}(t)\boldsymbol{\Phi}(t,t_0)$ 的 n 列在 $[t_0,t_1]$ 内线性无关等价.因此定理条件满足，意味着由式(4.23)得

$$\boldsymbol{x}(t_0) = \boldsymbol{W}_{\mathrm{o}}^{-1}(t_0,t_1)\int_{t_0}^{t_1}\boldsymbol{\Phi}^*(t,t_0)\boldsymbol{C}^*(t)\boldsymbol{y}_{zi}(t)\mathrm{d}t \tag{4.25}$$

即只要测量出 $\boldsymbol{y}_{zi[t_0,t_1]}$ 就可由式(4.25)计算(或确定)出 $\boldsymbol{x}(t_0)$.

必要性 采用反证法证明.假设系统能观但不存在有限区间 $[t_0,t_1]$ 使得 $\boldsymbol{C}(t)\boldsymbol{\Phi}(t,t_0)$ 的 n 列线性无关.这就是说存在一个非零 n 维列向量 $\boldsymbol{\alpha}$ 使得

$$\boldsymbol{C}(t)\boldsymbol{\Phi}(t,t_0)\boldsymbol{\alpha} = \boldsymbol{0}_{r\times 1}, \quad \forall\, t > t_0$$

现在选择 $\boldsymbol{x}(t_0)=\boldsymbol{\alpha}$，则

$$\boldsymbol{y}_{zi}(t) = \boldsymbol{C}(t)\boldsymbol{\Phi}(t,t_0)\boldsymbol{x}(t_0) = \boldsymbol{0}_{r\times 1}, \quad \forall\, t > t_0$$

这与系统能观的假设矛盾，必要性得证.

线性连续系统的能控性取决于 $\boldsymbol{\Phi}(t,t_0)\boldsymbol{B}(t)$ 在有限区间 $[t_0,t_1]$ 内 n 行线性无关，能观性取决于 $\boldsymbol{C}(t)\boldsymbol{\Phi}(t,t_0)$ 在有限区间 $[t_0,t_1]$ 内 n 列线性无关.两者之间的内在联系表现在下面对偶原理之中.

定理 4.12 线性连续系统 $\{\boldsymbol{A}(t),\boldsymbol{B}(t),\boldsymbol{C}(t)\}$ 与其伴随系统 $\{-\boldsymbol{A}^*(t),\boldsymbol{C}^*(t),\boldsymbol{B}^*(t)\}$ 之间在能控性和能观性上存在着对偶关系，即原系统在 t_0 时刻能控(能观)等价于伴随系统在 t_0 时刻能观(能控).

证明 注意伴随系统中系统矩阵为 $-\boldsymbol{A}^*(t)$，输入矩阵为 $\boldsymbol{C}^*(t)$，输出矩阵为 $\boldsymbol{B}^*(t)$.原系统与伴随系统的模拟框图示于图 4.7.

利用

$$\frac{\partial}{\partial t}[\boldsymbol{\Phi}(t,t_0)\boldsymbol{\Phi}(t_0,t)] = \boldsymbol{0}, \quad \frac{\partial\boldsymbol{\Phi}(t,t_0)}{\partial t} = \boldsymbol{A}(t)\boldsymbol{\Phi}(t,t_0)$$

得到

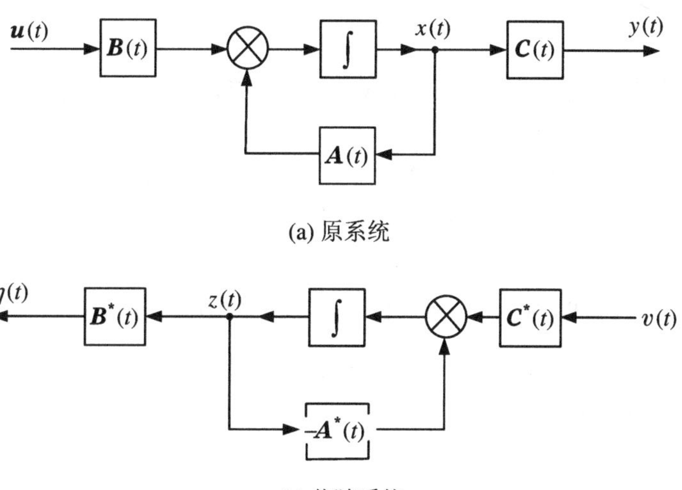

图 4.7　原系统及其伴随系统模拟框图

$$\frac{\partial \boldsymbol{\Phi}(t_0,t)}{\partial t} = -\boldsymbol{\Phi}(t_0,t)\boldsymbol{A}(t) \tag{4.26}$$

对式(4.26)两边取共轭转置,有

$$\frac{\partial \boldsymbol{\Phi}^*(t_0,t)}{\partial t} = (-\boldsymbol{A}^*(t))\boldsymbol{\Phi}^*(t_0,t) \tag{4.27}$$

所以,$\boldsymbol{\Phi}^*(t_0,t)$是齐次状态方程

$$\dot{\boldsymbol{Z}}(t) = -\boldsymbol{A}^*(t)\boldsymbol{Z}(t) \tag{4.28}$$

的状态转移矩阵.于是若原系统是 t_0 时刻完全能观的即在有限区间$[t_0,t_1]$内 $\boldsymbol{C}(t)\boldsymbol{\Phi}(t,t_0)$的 n 列线性无关,由于共轭转置不影响线性无关性,这就意味着$[\boldsymbol{C}(t)\boldsymbol{\Phi}(t,t_0)]^* = \boldsymbol{\Phi}^*(t,t_0)\boldsymbol{C}^*(t)$的 n 行在$[t_0,t_1]$内线性无关.这正是伴随系统在 t_0 时刻完全能控的充要条件.反之,若伴随系统是 t_0 时刻完全能观,可同样证得原系统在 t_0 时刻完全能控.

根据这一对偶原理可以无须证明地给出定理 4.13.

定理 4.13　假设线性连续系统的 $\boldsymbol{A}(t)$和 $\boldsymbol{C}(t)$均是 $n-1$ 阶连续可导的函数矩阵,则系统是 t_0 时刻完全能观系统的充分条件是

$$\rho\begin{bmatrix} \boldsymbol{N}_0(t_1) \\ \boldsymbol{N}_1(t_1) \\ \vdots \\ \boldsymbol{N}_{n-1}(t_1) \end{bmatrix} = n,\quad t_1 > t_0 \tag{4.29}$$

其中

$$\boldsymbol{N}_0(t) = \boldsymbol{C}(t),\quad \boldsymbol{N}_{k+1}(t) = \boldsymbol{N}_k(t)\boldsymbol{A}(t) + \frac{\mathrm{d}}{\mathrm{d}t}\boldsymbol{N}_k(t),\quad k = 0,1,2,\cdots,n-1$$

4.5.2　线性非时变连续系统的能观性

和讨论能控性的情况一样,由于 $\boldsymbol{\Phi}(t,t_0) = \mathrm{e}^{\boldsymbol{A}(t-t_0)}$和 $\boldsymbol{C}$ 为常数阵,不仅可直接引用定

理 4.12 和定理 4.13，而且会有更简洁的判别式. 令 $t_0=0$，系统若在 t_0 能观，则在 $[0,\infty)$ 内均能观.

定理 4.14 线性非时变连续系统 $\{\boldsymbol{A},\boldsymbol{C}\}$ 为完全能观系统的充要条件是下列等价条件的任何一个成立：

(1) $\boldsymbol{C}\mathrm{e}^{\boldsymbol{A}t}$ 的 n 列在时间区间 $[0,\infty)$ 内线性无关；

(2) $\boldsymbol{C}(s\boldsymbol{I}-\boldsymbol{A})^{-1}$ 的 n 列在复数域 $\mathbf{C}$ 上线性无关；

(3) 能观性格拉姆矩阵

$$\boldsymbol{W}_{\mathrm{o}}(0,t)=\int_0^t(\boldsymbol{C}\mathrm{e}^{\boldsymbol{A}t})^*(\boldsymbol{C}\mathrm{e}^{\boldsymbol{A}t})\mathrm{d}t,\quad t>0 \tag{4.30}$$

非奇异，或 $\rho[\boldsymbol{W}_{\mathrm{o}}(0,t)]=n$；

(4) 能观性判别矩阵

$$\boldsymbol{M}_{\mathrm{o}}=\begin{bmatrix}\boldsymbol{C}\\ \boldsymbol{CA}\\ \boldsymbol{CA}^2\\ \vdots\\ \boldsymbol{CA}^{n-1}\end{bmatrix} \tag{4.31}$$

满秩，即 $\rho[\boldsymbol{M}_{\mathrm{o}}]=n$；

(5) 对于 $\boldsymbol{A}$ 的每个特征值，即对于复数域中每个 s，存在关系式

$$\rho\begin{bmatrix}s\boldsymbol{I}-\boldsymbol{A}\\ \boldsymbol{C}\end{bmatrix}=n,\quad\forall s\in\mathbf{C} \tag{4.32}$$

或 $\boldsymbol{A}$ 没有与 $\boldsymbol{C}$ 的行张成的空间正交的右特征向量.

根据对偶原理或仿照定理 4.7 的证明很容易证明这一定理的正确. 这里略而不谈了.

定理 4.15 当线性非时变连续系统的系统矩阵 $\boldsymbol{A}$ 为 n 个互异特征值组成的对角线阵时，系统完全能观的充要条件是输出矩阵 $\boldsymbol{C}$ 没有零列；若 $\boldsymbol{A}$ 为约尔当标准形，充要条件是 $\boldsymbol{C}$ 中对应每一约尔当子块的最左一列的列向量中无零列，且对应同一特征值的这些列分别线性无关.

例如下面的动态方程中，$\{\boldsymbol{c}_{l11},\boldsymbol{c}_{l12},\boldsymbol{c}_{l13}\}$ 和 $\{\boldsymbol{c}_{l21},\boldsymbol{c}_{l22}\}$ 中无零列，且分别为两组线性无关向量组.

$$\dot{\boldsymbol{x}}(t)=\begin{bmatrix}\lambda_1 & 1 &&&&&\\ & \lambda_1 &&&&&\\ && \lambda_1 &&&&\\ &&& \lambda_1 &&&\\ &&&& \lambda_2 & 1 &\\ &&&&& \lambda_2 &\\ &&&&&& \lambda_2\end{bmatrix}\boldsymbol{x}(t)+\boldsymbol{Bu}(t)$$

$$\boldsymbol{y}(t)=[\boldsymbol{c}_{l11}\quad \boldsymbol{c}_{211}\ \vdots\ \boldsymbol{c}_{l12}\ \vdots\ \boldsymbol{c}_{l13}\ \vdots\ \boldsymbol{c}_{l21}\quad \boldsymbol{c}_{221}\ \vdots\ \boldsymbol{c}_{l22}]\boldsymbol{x}(t)$$

定理 4.16 线性非时变连续系统 $\{\boldsymbol{A},\boldsymbol{C}\}$ 的能观性在等价变换下保持不变.

证明 原系统 $\{\boldsymbol{A},\boldsymbol{C}\}$ 在等价变换后成为 $\{\bar{\boldsymbol{A}},\bar{\boldsymbol{C}}\}$，其中 $\bar{\boldsymbol{A}}=\boldsymbol{Q}^{-1}\boldsymbol{AQ}$，$\bar{\boldsymbol{C}}=\boldsymbol{CQ}$. 因为

$$\rho[\overline{M}_o] = \rho\begin{bmatrix} \overline{C} \\ \overline{C}\overline{A} \\ \overline{C}\overline{A}^2 \\ \vdots \\ \overline{C}\overline{A}^{n-1} \end{bmatrix} = \rho\left\{\begin{bmatrix} C \\ CA \\ CA^2 \\ \vdots \\ CA^{n-1} \end{bmatrix} Q\right\} = \rho[M_o Q]$$

因为 Q 为非奇异方阵，所以 $\rho[\overline{M}_o]=\rho[M_o]$. 定理得证.

例 4.9　讨论例 4.4 中系统的能观性.

解　前面已经求出特征向量 $q_1=[1\quad -1\quad 0]^T$, $q_2=[0\quad 0\quad 1]^T$ 和广义特征向量 $q_3=[0\quad 1\quad 0]$. $\overline{C}=CQ$ 和 J 如下：

$$J = \begin{bmatrix} 1 & 0 & 0 \\ 0 & 2 & 1 \\ 0 & 0 & 2 \end{bmatrix}$$

$$\overline{C} = [c_1 - c_2 \quad c_3 \quad c_2]$$

根据定理 4.15（吉尔伯特判别法）知道当 $c_1 \neq c_2$ 且 $c_3 \neq 0$ 时系统完全能观. 利用 PBH 向量判别法可得到相同结果. 它们是

$$\langle q_1, C^T \rangle \neq 0 \quad 和 \quad \langle q_2, C^T \rangle \neq 0$$

4.6　线性系统状态空间结构

前面已经详细讨论了线性连续系统的能控性和能观性. 系统完全能控则可用输入激发系统中每一个模态经有限时间将系统由任意一个状态转移到另外一个任意状态. 若系统完全能观则可通过有限时间内测量出来的输出观测到系统的每一个模态，确定系统某个时刻在状态空间中的任意位置. 现在研究当系统并非完全能控和（或）并非完全能观时，状态空间和系统（或者说系统的动态方程）在结构上有什么特点.

定理 4.17　若线性连续系统不完全能控，则状态空间 $X = X_c \oplus X_{\bar{c}}$，且

$$\begin{aligned} X_c &= R[W_c(t_0, t_1)], \\ X_{\bar{c}} &= N[W_c(t_0, t_1)], \end{aligned} \quad t_1 > t_0 \tag{4.33}$$

X_c 称做能控状态子空间，$X_{\bar{c}}$ 称做不能控状态子空间.

证明　为简单计，认为 $W_c(t_0, t_1)$ 为实函数，有

$$W_c(t_0, t_1) = W_c^T(t_0, t_1)$$

将 $W_c(t_0, t_1)$ 视为将 X 映射为 X 的线性算子，则

$$\begin{aligned} X &= R[W_c(t_0, t_1)] \oplus N[W_c^T(t_0, t_1)] \\ &= R[W_c(t_0, t_1)] \oplus N[W_c(t_0, t_1)] \end{aligned}$$

假设 $\boldsymbol{x}(t_0)=\hat{\boldsymbol{x}},\forall\hat{\boldsymbol{x}}\in R[\boldsymbol{W}_c(t_0,t_1)]$,则 $\exists z\in X$ 满足

$$\begin{aligned}\hat{\boldsymbol{x}} &= \boldsymbol{W}_c(t_0,t_1)z \\ &= \int_{t_0}^{t_1}[\boldsymbol{\Phi}(t_0,\tau)\boldsymbol{B}(\tau)][\boldsymbol{\Phi}(t_0,\tau)\boldsymbol{B}(\tau)]^{\mathrm{T}}z\mathrm{d}\tau \end{aligned}\tag{4.34}$$

$\boldsymbol{\Phi}(t_0,t)\boldsymbol{B}(t)$表示将 m 维输入空间映射到 n 维状态空间,$[\boldsymbol{\Phi}(t_0,t)\boldsymbol{B}(t)]^{\mathrm{T}}$ 表示将 n 维状态空间映射到 m 维输入空间.所以式(4.34)说明存在某个输入函数$[\boldsymbol{\Phi}(t_0,t)\boldsymbol{B}(t)]^{\mathrm{T}}z$ 将 $\boldsymbol{x}(t_0)=\hat{\boldsymbol{x}}$ 转移到 $\boldsymbol{0}_x=\boldsymbol{x}(t_1)$,即凡 $\boldsymbol{W}_c(t_0,t_1)$值域空间中的状态均为能控状态.

再假设 $\bar{\boldsymbol{x}}=\boldsymbol{x}(t_0)$为任意一个能控状态,即存在输入函数 $\bar{\boldsymbol{u}}(t)$使得

$$\bar{\boldsymbol{x}} = \int_{t_0}^{t_1}\boldsymbol{\Phi}(t_0,\tau)\boldsymbol{B}(\tau)\bar{\boldsymbol{u}}(\tau)\mathrm{d}\tau$$

另一方面,$\bar{\boldsymbol{x}}=\boldsymbol{x}_R\oplus\boldsymbol{x}_N$,$\boldsymbol{x}_R$ 和 $\boldsymbol{x}_N$ 分别是 $\bar{\boldsymbol{x}}$ 分解在 $R[\boldsymbol{W}_c(t_0,t_1)]$和 $N[\boldsymbol{W}_c(t_0,t_1)]$中的分量.对于 $\boldsymbol{x}_N$ 有

$$\boldsymbol{W}_c(t_0,t_1)\boldsymbol{x}_N = \boldsymbol{0}_x$$

和

$$\langle\boldsymbol{x}_N,\boldsymbol{W}_c(t_0,t_1)\boldsymbol{x}_N\rangle = 0$$

即

$$\begin{aligned}\boldsymbol{x}_N^{\mathrm{T}}\boldsymbol{W}_c(t_0,t_1)\boldsymbol{x}_N &= \int_{t_0}^{t_1}\boldsymbol{x}_N^{\mathrm{T}}[\boldsymbol{\Phi}(t_0,\tau)\boldsymbol{B}(\tau)][\boldsymbol{\Phi}(t_0,\tau)\boldsymbol{B}(\tau)]^{\mathrm{T}}\boldsymbol{x}_N\mathrm{d}\tau \\ &= \int_{t_0}^{t_1}\|[\boldsymbol{\Phi}(t_0,\tau)\boldsymbol{B}(\tau)]^{\mathrm{T}}\boldsymbol{x}_N\|^2\mathrm{d}\tau = 0\end{aligned}$$

所以

$$[\boldsymbol{\Phi}(t_0,t)\boldsymbol{B}(t)]^{\mathrm{T}}\boldsymbol{x}_N = \boldsymbol{0}_{m\times 1},\quad \forall t\in[t_0,t_1]$$

而对于 $\boldsymbol{x}_R$ 有

$$\boldsymbol{x}_R = \int_{t_0}^{t_1}\boldsymbol{\Phi}(t_0,\tau)\boldsymbol{B}(\tau)\boldsymbol{u}_R(\tau)\mathrm{d}\tau$$

于是

$$\boldsymbol{x}_N = \bar{\boldsymbol{x}}-\boldsymbol{x}_R = \int_{t_0}^{t_1}\boldsymbol{\Phi}(t_0,\tau)\boldsymbol{B}(\tau)[\bar{\boldsymbol{u}}(\tau)-\boldsymbol{u}_R(\tau)]\mathrm{d}\tau$$

和

$$\begin{aligned}\|\boldsymbol{x}_N\|^2 = \langle\boldsymbol{x}_N,\boldsymbol{x}_N\rangle &= \boldsymbol{x}_N^{\mathrm{T}}\int_{t_0}^{t_1}\boldsymbol{\Phi}(t_0,\tau)\boldsymbol{B}(\tau)[\bar{\boldsymbol{u}}(\tau)-\boldsymbol{u}_R(\tau)]\mathrm{d}\tau \\ &= \int_{t_0}^{t_1}\{[\boldsymbol{\Phi}(t_0,\tau)\boldsymbol{B}(\tau)]^{\mathrm{T}}\boldsymbol{x}_N\}^{\mathrm{T}}[\bar{\boldsymbol{u}}(\tau)-\boldsymbol{u}_R(\tau)]\mathrm{d}\tau \\ &= \int_{t_0}^{t_1}\boldsymbol{0}_{1\times m}[\bar{\boldsymbol{u}}(\tau)-\boldsymbol{u}_R(\tau)]\mathrm{d}\tau \\ &= 0\end{aligned}$$

即

$$\boldsymbol{x}_N = \boldsymbol{0}$$

这说明任何能控的状态 $\boldsymbol{x}(t_0)$又必定只处于 $R[\boldsymbol{W}_c(t_0,t_1)]$中.定理得以证明.

定理 4.18　若线性非时变连续系统不完全能控,则

$$\begin{aligned} X_c &= R[\boldsymbol{W}_c(0,t_1)] = R[\boldsymbol{M}_c], \\ X_{\bar{c}} &= N[\boldsymbol{W}_c(0,t_1)] = N[\boldsymbol{M}_c^{\mathrm{T}}], \end{aligned} \quad t_1 > 0 \tag{4.35}$$

证明　将定理 4.17 引用到这里并令 $t_0=0$,就可得到两个等式中的左半部成立,只需证明右半部成立.

这里先证明 $e^{\boldsymbol{A}t} = \sum_{k=0}^{n-1}\alpha_k(t)\boldsymbol{A}^k = \mathscr{L}^{-1}[(s\boldsymbol{I}-\boldsymbol{A})^{-1}]$,而 $\alpha_k(t), k=0,1,2,\cdots,(n-1)$ 在时间区间$[0,\infty)$内为线性无关.3.5 节中指出预解矩阵可表示成

$$(s\boldsymbol{I}-\boldsymbol{A})^{-1} = \sum_{k=0}^{n-1}\alpha_k(s)\boldsymbol{A}^k$$

$$\alpha_k(s) = \frac{s^{n-k-1}+a_{n-1}s^{n-k-2}+\cdots+a_{k+2}s+a_{k+1}}{\Delta(s)}, \quad k=0,1,2,\cdots,n-1$$

$\alpha_k(s)$分子的阶次因 k 而异,因此 $\alpha_k(s)$彼此线性无关,其拉氏反变换 $\alpha_k(t)$在时间区间$[0,\infty)$内彼此线性无关.

设 $z\neq \boldsymbol{0}_x$ 但 $\forall z\in N[\boldsymbol{W}_c(0,t_1)]$,类似定理 4.17 证明中所证明的

$$[\boldsymbol{\Phi}(t_0,t)\boldsymbol{B}(t)]^{\mathrm{T}}\boldsymbol{x}_N = \boldsymbol{0}_{m\times 1}, \quad \forall t\in[t_0,t_1]$$

可证明

$$\boldsymbol{B}^{\mathrm{T}}e^{-\boldsymbol{A}^{\mathrm{T}}t}\boldsymbol{z} = \boldsymbol{B}^{\mathrm{T}}\sum_{k=0}^{n-1}(-1)^k\alpha_k(t)(\boldsymbol{A}^{\mathrm{T}})^k\boldsymbol{z} = \boldsymbol{0}_{m\times 1}, \quad \forall t\in[0,\infty)$$

因为 $\alpha_k(t), k=0,1,2,\cdots,n-1$ 在$[0,\infty)$内彼此线性无关,所以 $\boldsymbol{B}^{\mathrm{T}}\boldsymbol{z}=\boldsymbol{B}^{\mathrm{T}}\boldsymbol{A}^{\mathrm{T}}\boldsymbol{z}=\cdots=\boldsymbol{B}^{\mathrm{T}}(\boldsymbol{A}^{n-1})^{\mathrm{T}}\boldsymbol{z}=\boldsymbol{0}_{m\times 1}$,即

$$\boldsymbol{M}_c^{\mathrm{T}}\boldsymbol{z} = \begin{bmatrix}\boldsymbol{B}^{\mathrm{T}} \\ (\boldsymbol{AB})^{\mathrm{T}} \\ \vdots \\ (\boldsymbol{A}^{n-1}\boldsymbol{B})^{\mathrm{T}}\end{bmatrix}\boldsymbol{z} = \boldsymbol{0}_{nm\times 1}, \quad \boldsymbol{z}\in N[\boldsymbol{M}_c^{\mathrm{T}}]$$

这说明

$$N[\boldsymbol{W}_c(0,t_1)] \subseteq N[\boldsymbol{M}_c^{\mathrm{T}}]$$

采用相反的思路又可证明

$$N[\boldsymbol{M}_c^{\mathrm{T}}] \subseteq N[\boldsymbol{W}_c(0,t_1)]$$

所以

$$X_{\bar{c}} = N[\boldsymbol{W}_c(0,t_1)] = N[\boldsymbol{M}_c^{\mathrm{T}}]$$

最后因为

$$\begin{aligned} X &= R[\boldsymbol{W}_c(0,t_1)] \oplus N[\boldsymbol{W}_c(0,t_1)] \\ &= R[\boldsymbol{M}_c] \oplus N[\boldsymbol{M}_c^{\mathrm{T}}] \end{aligned}$$

又有

$$X_c = R[\boldsymbol{W}_c(0,t_1)] = R[\boldsymbol{M}_c]$$

证毕.

定理 4.19　若线性非时变系统$\{\boldsymbol{A},\boldsymbol{B}\}$的初态 $\boldsymbol{x}(0)=\boldsymbol{x}_0$, $\forall \boldsymbol{x}_0\in X_c$,则未来状态

$$\boldsymbol{x}(t) = \mathrm{e}^{\boldsymbol{A}t}\boldsymbol{x}_0 + \int_0^t \mathrm{e}^{\boldsymbol{A}(t-\tau)}\boldsymbol{B}\boldsymbol{u}(\tau)\mathrm{d}\tau \in X_{\mathrm{c}}, \quad \forall\, t > 0$$

且与外加的控制函数无关.

证明 $\boldsymbol{x}_0 \in X_{\mathrm{c}} = R[\boldsymbol{B} \quad \boldsymbol{AB} \quad \cdots \quad \boldsymbol{A}^{n-1}\boldsymbol{B}]$表明下面方程有解 $\boldsymbol{d} = [\boldsymbol{d}_0^{\mathrm{T}} \quad \boldsymbol{d}_1^{\mathrm{T}} \quad \cdots \quad \boldsymbol{d}_{n-1}^{\mathrm{T}}]$, $\boldsymbol{d}_i$ 为 m 维列向量, $i = 0,1,2,\cdots,n-1$,

$$[\boldsymbol{B} \quad \boldsymbol{AB} \quad \cdots \quad \boldsymbol{A}^{n-1}\boldsymbol{B}]\boldsymbol{d} = \boldsymbol{x}_0$$

因此

$$\begin{aligned}
\mathrm{e}^{\boldsymbol{A}t}\boldsymbol{x}_0 &= \left(\sum_{k=0}^{n-1}\alpha_k(t)\boldsymbol{A}^k\right)\left(\sum_{i=0}^{n-1}\boldsymbol{A}^i\boldsymbol{B}\boldsymbol{d}_i\right) \\
&= \sum_{i,k=0}^{n-1}\boldsymbol{A}^{i+k}\boldsymbol{B}\alpha_k(t)\boldsymbol{d}_i \\
&= \sum_{j=0}^{2(n-1)}\boldsymbol{A}^j\boldsymbol{B}(\alpha_k(t)\boldsymbol{d}_i), \quad t \geqslant 0
\end{aligned}$$

应用凯莱-哈密顿定理改写成

$$\mathrm{e}^{\boldsymbol{A}t}\boldsymbol{x}_0 = \sum_{p=0}^{(n-1)}\boldsymbol{A}^p\boldsymbol{B}\boldsymbol{P}_p(t), \quad t \geqslant 0 \tag{4.36a}$$

式(4.36a)指明 $\boldsymbol{x}_{zi}(t) = \mathrm{e}^{\boldsymbol{A}t}\boldsymbol{x}_0 \in R[\boldsymbol{M}_{\mathrm{c}}]$,且与控制函数无关.

$$\begin{aligned}
\boldsymbol{x}_{zs}(t) &= \int_0^t \mathrm{e}^{\boldsymbol{A}(t-\tau)}\boldsymbol{B}\boldsymbol{u}(\tau)\mathrm{d}\tau \\
&= \int_0^t \sum_{k=0}^{n-1}\alpha_k(t-\tau)\boldsymbol{A}^k\boldsymbol{B}\boldsymbol{u}(\tau)\mathrm{d}\tau \\
&= \sum_{k=0}^{n-1}\boldsymbol{A}^k\boldsymbol{B}\int_0^t \alpha_k(t-\tau)\boldsymbol{u}(\tau)\mathrm{d}\tau \\
&= \sum_{k=0}^{n-1}\boldsymbol{A}^k\boldsymbol{B}\boldsymbol{f}_k(t), \quad t \geqslant 0
\end{aligned} \tag{4.36b}$$

式(4.36b)说明对于任何外加的控制函数,

$$\boldsymbol{x}_{zs}(t) \in R[\boldsymbol{M}_{\mathrm{c}}], \quad \forall\, t \geqslant 0$$

式(4.36a)和式(4.36b)共同说明,不论外加控制函数如何,只要 $\boldsymbol{x}_0 \in X_{\mathrm{c}}$,状态轨迹只会在能控子空间 X_{c} 中运动.定理得证.

定理 4.19 的意义在于它指明:线性非时变连续系统的能控性不随时间而变,也不受任何控制函数的影响.根据定理 4.17 可以很容易地将状态空间 X 分解成能控子空间和不能控子空间的直和.倘若系统完全能控 $X = X_{\mathrm{c}}, X_{\bar{\mathrm{c}}} = \boldsymbol{0}_x$;倘若系统不完全能控,能控子空间应是能控性矩阵 $\boldsymbol{M}_{\mathrm{c}}$ 的那些线性无关向量张成的子空间.现在举例加以说明.

例 4.10 判断图 4.8 中电路能控与否?倘不能控,将状态空间分解成能控子空间与不能控子空间直和.设 $R = R_1 = R_2 = 10\ \mathrm{k\Omega}, C_1 = C_2 = \dfrac{10^{-4}}{3}\ \mathrm{F}$.

解 很容易导出电路的动态方程为

$$\dot{\boldsymbol{x}}(t) = \begin{bmatrix} -2 & 1 \\ 1 & -2 \end{bmatrix}\boldsymbol{x}(t) + \begin{bmatrix} 1 \\ 1 \end{bmatrix}u(t)$$

$$y(t)=[1\quad -1]\boldsymbol{x}(t)$$

$$\boldsymbol{M}_c=\begin{bmatrix}1 & -1\\ 1 & -1\end{bmatrix},\quad \rho[\boldsymbol{M}_c]=1<2=n$$

系统为不能控系统.

$$R[\boldsymbol{M}_c]=\begin{bmatrix}1\\ 1\end{bmatrix},\quad N[\boldsymbol{M}_c^{\mathrm{T}}]=\begin{bmatrix}1\\ -1\end{bmatrix}$$

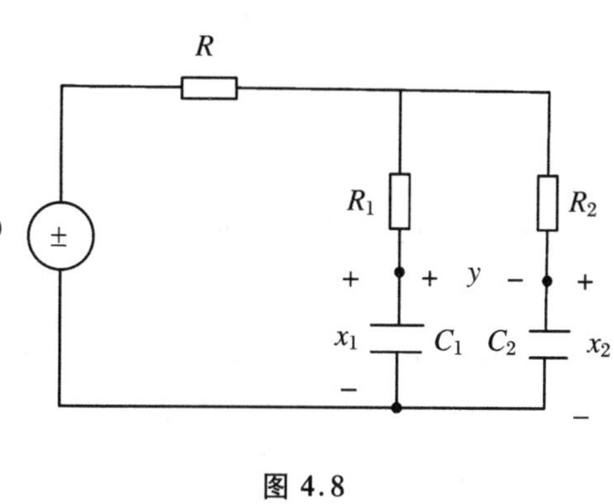

图 4.8

图 4.9 展示出状态空间的分解.可以求出该电路的特征值为 $\lambda_1=-1,\lambda_2=-3$,伴随 λ_1 和 λ_2 的特征向量分别是 $\boldsymbol{q}_1=[1\quad 1]^{\mathrm{T}},\boldsymbol{q}_2=[1\quad -1]^{\mathrm{T}}$. $\boldsymbol{q}_1$ 位于能控子空间 X_c 上,$\boldsymbol{q}_2$ 位于不能控子空间 $X_{\bar{c}}$ 上.进一步分析得到

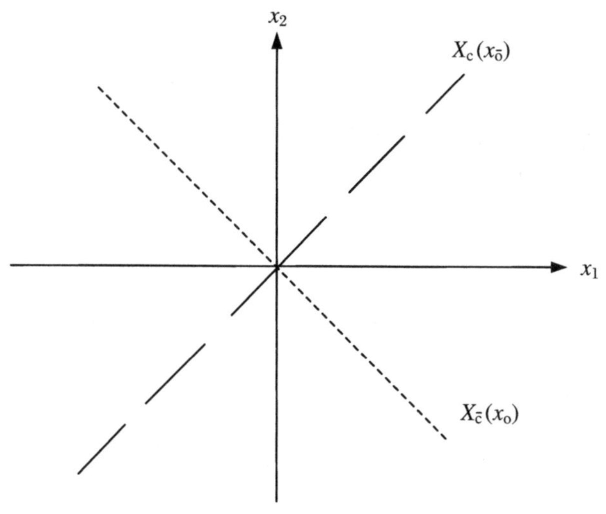

图 4.9　例 4.10 中状态空间 X 的分解

$X=X_c\oplus X_{\bar{c}},X=X_o\oplus X_{\bar{o}}$

$$e^{At}=\frac{1}{2}\begin{bmatrix}e^{-t}+e^{-3t} & e^{-t}-e^{-3t}\\ e^{-t}-e^{-3t} & e^{-t}+e^{-3t}\end{bmatrix}$$

$$\boldsymbol{x}_{zs}(t)=\int_0^t e^{A(t-\tau)}\boldsymbol{b}u(\tau)\mathrm{d}\tau=\begin{bmatrix}1\\ 1\end{bmatrix}\int_0^t e^{-(t-\tau)}u(\tau)\mathrm{d}\tau$$

$$\boldsymbol{x}_{zi}(t)=\begin{bmatrix}1\\ 1\end{bmatrix}e^{-t}\bar{x}_{10}+\begin{bmatrix}1\\ -1\end{bmatrix}e^{-3t}\bar{x}_{20}$$

其中 $\bar{x}_{10}=\dfrac{1}{2}(x_{10}+x_{20}),\bar{x}_{20}=\dfrac{1}{2}(x_{10}-x_{20})$.

可见不论外加什么样的控制函数,$\boldsymbol{x}_{zs}(t)$只是在能控子空间运动.只有当 $\boldsymbol{x}_0$ 位于 X_c 上时,才能用控制函数在有限时间内将 $\boldsymbol{x}_0$ 转移到 $\boldsymbol{0}_x$.否则,虽然这是一个渐近稳定的系统也不可能在有限时间内将 $\boldsymbol{x}_0$(不在 X_c 上)转移到 $\boldsymbol{0}_x$.还可看出控制函数激发的只是模态 e^{-t}.倘若电路改变使 $\boldsymbol{b}=[0\quad 2]^{\mathrm{T}}$,系统成为能控系统,可得

$$\boldsymbol{x}_{zs}(t) = \int_0^t \begin{bmatrix} e^{-(t-\tau)} - e^{-3(t-\tau)} \\ e^{-(t-\tau)} + e^{-3(t-\tau)} \end{bmatrix} u(\tau)\mathrm{d}\tau$$

$$= \begin{bmatrix} 1 \\ 1 \end{bmatrix} \int_0^t e^{-(t-\tau)} u(\tau)\mathrm{d}\tau + \begin{bmatrix} 1 \\ -1 \end{bmatrix} \int_0^t -e^{-3(t-\tau)} u(\tau)\mathrm{d}\tau \tag{4.37}$$

两个模态 e^{-t} 和 e^{-3t} 都被激发出来，式(4.37)便是 $\boldsymbol{x}_{zs}(t)$ 沿特征向量 $\boldsymbol{q}_1$ 和 $\boldsymbol{q}_2$ 的分解表达式.

根据对偶性原理可以判定关于线性连续系统能观性具有下面定理4.20.

定理4.20 若线性连续系统不完全能观，则状态空间 $X = X_o \oplus X_{\bar{o}}$，且

$$\begin{aligned} X_{\bar{o}} &= N[\boldsymbol{W}_o(t_0, t_1)], \\ X_o &= R[\boldsymbol{W}_o(t_0, t_1)], \end{aligned} \quad t_1 > t_0 \tag{4.38}$$

特别对线性非时变连续系统，有

$$\begin{aligned} X_{\bar{o}} &= N[\boldsymbol{W}_o(t_0, t_1)] = N[\boldsymbol{M}_o], \\ X_o &= R[\boldsymbol{W}_o(t_0, t_1)] = R[\boldsymbol{M}_o^{\mathrm{T}}], \end{aligned} \quad t_1 > 0 \tag{4.39}$$

$X_{\bar{o}}$，X_o 分别表示不能观子空间和能观子空间.

证明 设系统不完全能观，$\boldsymbol{x}(t_0) = \hat{\boldsymbol{x}} \neq \boldsymbol{0}_x$ 是任意一个不能观的初态，则由 $\hat{\boldsymbol{x}}$ 产生的 $\boldsymbol{y}_{zi}(t) = \boldsymbol{0}_y$，$\forall t \in [t_0, t_1]$，即

$$\boldsymbol{y}_{zi}(t) = \boldsymbol{C}(t)\boldsymbol{\Phi}(t, t_0)\hat{\boldsymbol{x}} = \boldsymbol{0}_y, \quad \forall t \in t[t_0, t_1]$$

显然

$$X_{\bar{o}} = N[\boldsymbol{C}(t)\boldsymbol{\Phi}(t, t_0)], \quad \forall t \in [t_0, t_1]$$

于是

$$X_o = R[(\boldsymbol{C}(t)\boldsymbol{\Phi}(t, t_0))^{\mathrm{T}}], \quad \forall t \in [t_0, t_1]$$

$\boldsymbol{W}_o(t_0, t_1)$ 与 $[\boldsymbol{C}(t)\boldsymbol{\Phi}(t, t_0)]^{\mathrm{T}}$ 之间秩的一致性和 $\boldsymbol{W}_o(t_0, t_1)$ 的对称性决定了式(4.48)成立.

对于线性非时变系统而言，$y_{zi}(t) = \boldsymbol{C}e^{\boldsymbol{A}t}\boldsymbol{x}_0$. 若 $\forall \boldsymbol{x}_0 = \hat{\boldsymbol{x}} \in X_{\bar{o}}$，则

$$\sum_{k=0}^{n-1} \alpha_k(t)\boldsymbol{C}\boldsymbol{A}^k\hat{\boldsymbol{x}} = \boldsymbol{0}_y, \quad \forall \hat{x} \in X_{\bar{o}}, t \in [0, \infty)$$

类似于定理4.18的证明可得

$$\boldsymbol{M}_o\hat{\boldsymbol{x}} = \boldsymbol{0}_{nr\times 1}, \quad \forall \hat{\boldsymbol{x}} \in X_{\bar{o}}$$

即

$$X_{\bar{o}} \subseteq N[\boldsymbol{M}_o]$$

反过来又可证明

$$N[\boldsymbol{M}_o] \subseteq X_{\bar{o}}$$

从而有

$$X_{\bar{o}} = N[\boldsymbol{M}_o] \quad 和 \quad X_o = R[\boldsymbol{M}_o^{\mathrm{T}}]$$

定理证毕.

例4.11 判断图4.8中电路能观与否？倘不能观，试对状态空间进行分解.

解 由于

$$M_o = \begin{bmatrix} 1 & -1 \\ -3 & 3 \end{bmatrix}, \quad \rho[M_o] = 1$$

系统为不能观系统.

$$R[M_o^T] = \begin{bmatrix} 1 \\ -1 \end{bmatrix}, \quad N[M_o] = \begin{bmatrix} 1 \\ 1 \end{bmatrix},$$

图4.7中 X_c 与 $X_{\bar{o}}$ 重合,$X_{\bar{c}}$ 与 X_o 重合.由 $y_{zi}(t)$看出

$$y_{zi}(t) = (x_{10} - x_{20})e^{-3t}$$

若初态 $\boldsymbol{x}_0$ 位于 $X_{\bar{o}}$ 上,即 $x_{10} = x_{20}$,$y_{zi}(t) \equiv 0$,$t > 0$,表现出无法观测模态 e^{-3t} 的特点.倘若输出 $y(t) = x_2(t)$,即 $\boldsymbol{C} = [0 \quad 1]$,

$$M_o = \begin{bmatrix} 0 & 1 \\ 1 & -2 \end{bmatrix}, \quad \rho[M_o] = 2$$

系统为能观系统.由于输出

$$y_{zi}(t) = \frac{1}{2}[(x_{10} + x_{20})e^{-t} - (x_{10} - x_{20})e^{-3t}]$$

除非 $\boldsymbol{x}_0 = \boldsymbol{0}_x$,否则 $y_{zi}(t)$不会恒为零.只要测出任何两个有限时刻的 $y_{zi}(t)$,例如 $t_0 = 0$ 和 t_1,就可计算出

$$\begin{aligned} x_{20} &= y_{zi}(0) \\ x_{10} &= \frac{1}{e^{-t_1} - e^{-3t_1}}[2y_{zi}(t_1) - y_{zi}(0)(e^{-t_1} + e^{-3t_1})] \end{aligned}$$

也可通过 $y_{zi}(0)$和 $y'_{zi}(0)$计算出

$$\begin{aligned} x_{10} &= 2y_{zi}(0) + y'_{zi}(0) \\ x_{20} &= y_{zi}(0) \end{aligned}$$

对于线性非时变连续系统,利用 $t = 0$ 时刻输出的零输入响应及其到$(n-1)$阶导数可得一个十分有用的公式(4.50).因为

$$\begin{aligned} \boldsymbol{y}_{zi}(t) &= \boldsymbol{C}e^{\boldsymbol{A}t}\boldsymbol{x}_0 \\ \boldsymbol{y}_{zi}(0) &= \boldsymbol{C}\boldsymbol{x}_0 \\ \boldsymbol{y}'_{zi}(0) &= \boldsymbol{C}\boldsymbol{A}\boldsymbol{x}_0 \\ \boldsymbol{y}_{zi}^{(k)}(0) &= \boldsymbol{C}\boldsymbol{A}^k\boldsymbol{x}_0, \quad k = 0,1,2,\cdots,n-1 \end{aligned}$$

所以

$$\begin{bmatrix} \boldsymbol{y}_{zi}(0) \\ \boldsymbol{y}'_{zi}(0) \\ \vdots \\ \boldsymbol{y}_{zi}^{(n-1)}(0) \end{bmatrix} = \boldsymbol{M}_0\boldsymbol{x}_0$$

若系统能观,$\boldsymbol{M}_o^T\boldsymbol{M}_o \overset{\text{def}}{=} \boldsymbol{W}_o$ 为 n 阶非奇异方阵,从而有

$$\boldsymbol{x}_0 = (\boldsymbol{M}_o^T\boldsymbol{M}_o)^{-1}\boldsymbol{M}_o^T \begin{bmatrix} \boldsymbol{y}_{zi}(0) \\ \boldsymbol{y}'_{zi}(0) \\ \vdots \\ \boldsymbol{y}_{zi}^{(n-1)}(0) \end{bmatrix} \tag{4.40a}$$

特别对于单输出系统有

$$x_0 = M_o^{-1}\begin{bmatrix} y_{zi}(0) \\ y'_{zi}(0) \\ \vdots \\ y_{zi}^{(n-1)}(0) \end{bmatrix} \tag{4.40b}$$

注意,式(4.40)仅适用于能观系统.

4.7 线性非时变连续系统动态方程分解

前节讨论的是按照线性连续系统的能控性和能观性对状态空间进行分解.对于线性非时变连续系统的动态方程,即系统本身也有确定的分解公式.这一节讨论如何对这一类系统的动态方程按能控性和能观性进行分解.

定理 4.21 如果线性非时变连续系统$\{\boldsymbol{A},\boldsymbol{B},\boldsymbol{C}\}$不完全能控,则可用代数等价变换将$\{\boldsymbol{A},\boldsymbol{B},\boldsymbol{C}\}$变换成$\{\bar{\boldsymbol{A}},\bar{\boldsymbol{B}},\bar{\boldsymbol{C}}\}$,使得

$$\begin{aligned}\begin{bmatrix}\dot{\bar{\boldsymbol{x}}}_c(t)\\ \dot{\bar{\boldsymbol{x}}}_{\bar{c}}(t)\end{bmatrix} &= \begin{bmatrix}\bar{\boldsymbol{A}}_c & \bar{\boldsymbol{A}}_{12}\\ \boldsymbol{0} & \bar{\boldsymbol{A}}_{\bar{c}}\end{bmatrix}\begin{bmatrix}\bar{\boldsymbol{x}}_c(t)\\ \bar{\boldsymbol{x}}_{\bar{c}}(t)\end{bmatrix} + \begin{bmatrix}\bar{\boldsymbol{B}}_c\\ \boldsymbol{0}\end{bmatrix}\boldsymbol{u}(t)\\ \boldsymbol{y}(t) &= [\bar{\boldsymbol{C}}_c \quad \bar{\boldsymbol{C}}_{\bar{c}}]\begin{bmatrix}\bar{\boldsymbol{x}}_c(t)\\ \bar{\boldsymbol{x}}_{\bar{c}}(t)\end{bmatrix}\end{aligned} \tag{4.41}$$

其中$\{\bar{\boldsymbol{A}}_c,\bar{\boldsymbol{B}}_c,\bar{\boldsymbol{C}}_c\}$表示完全能控的子系统,而且它与$\{\boldsymbol{A},\boldsymbol{B},\boldsymbol{C}\}$具有相同的传递函数矩阵.图4.10对不完全能控系统动态方程按能控性分解作了解释.

证明 因为原系统不完全能控,设$\rho[\boldsymbol{M}_c]=n_1<n$.由$\boldsymbol{M}_c$中挑选$n_1$个线性无关列向量$\boldsymbol{q}_1,\boldsymbol{q}_2,\cdots,\boldsymbol{q}_{n_1}$,则

$$X_c = R[\boldsymbol{M}_c] = \mathrm{span}[\boldsymbol{q}_1,\boldsymbol{q}_2,\cdots,\boldsymbol{q}_{n_1}]$$

另外再任意挑选$(\boldsymbol{n}-\boldsymbol{n}_1)$个列向量$\boldsymbol{q}_{n_1+1},\boldsymbol{q}_{n_1+2},\cdots,\boldsymbol{q}_n$使得$\boldsymbol{q}_k,k=1,2,\cdots,n$组成线性无关向量组.令$\boldsymbol{Q}_c\overset{\text{def}}{=}[\boldsymbol{q}_1,\boldsymbol{q}_2,\cdots,\boldsymbol{q}_{n_1},\boldsymbol{q}_{n_1+1},\cdots,\boldsymbol{q}_n]$,$\boldsymbol{Q}_c$为$n$阶非奇异方阵,以$\boldsymbol{Q}_c$和$\boldsymbol{Q}_c^{-1}$对原动态方程作代数等价变换,即

$$\bar{\boldsymbol{x}}(t) = \boldsymbol{Q}_c^{-1}\boldsymbol{x}(t),\quad \bar{\boldsymbol{A}} = \boldsymbol{Q}_c^{-1}\boldsymbol{A}\boldsymbol{Q}_c,\quad \bar{\boldsymbol{B}} = \boldsymbol{Q}_c^{-1}\boldsymbol{B},\quad \bar{\boldsymbol{C}} = \boldsymbol{C}\boldsymbol{Q}_c$$

将$\bar{\boldsymbol{A}}$写成$\bar{\boldsymbol{A}}\overset{\text{def}}{=}[\bar{\boldsymbol{a}}_1 \quad \bar{\boldsymbol{a}}_2 \quad \cdots \quad \bar{\boldsymbol{a}}_{n_1} \quad \bar{\boldsymbol{a}}_{n_1+1} \quad \cdots \quad \bar{\boldsymbol{a}}_n]$,有

$$\boldsymbol{Q}_c\bar{\boldsymbol{A}} = \boldsymbol{Q}_c[\bar{\boldsymbol{a}}_1 \quad \bar{\boldsymbol{a}}_2 \quad \cdots \quad \bar{\boldsymbol{a}}_{n_1} \quad \bar{\boldsymbol{a}}_{n_1+1} \quad \cdots \quad \bar{\boldsymbol{a}}_n] = \boldsymbol{A}[\boldsymbol{q}_1 \quad \cdots \quad \boldsymbol{q}_{n_1} \quad \boldsymbol{q}_{n_1+1} \quad \cdots \quad \boldsymbol{q}_n] \tag{4.42}$$

注意到

$$\mathrm{span}(\boldsymbol{A}\boldsymbol{q}_1,\boldsymbol{A}\boldsymbol{q}_2,\cdots,\boldsymbol{A}\boldsymbol{q}_{n_1}) \subseteq R[\boldsymbol{M}_c] = X_c$$

有

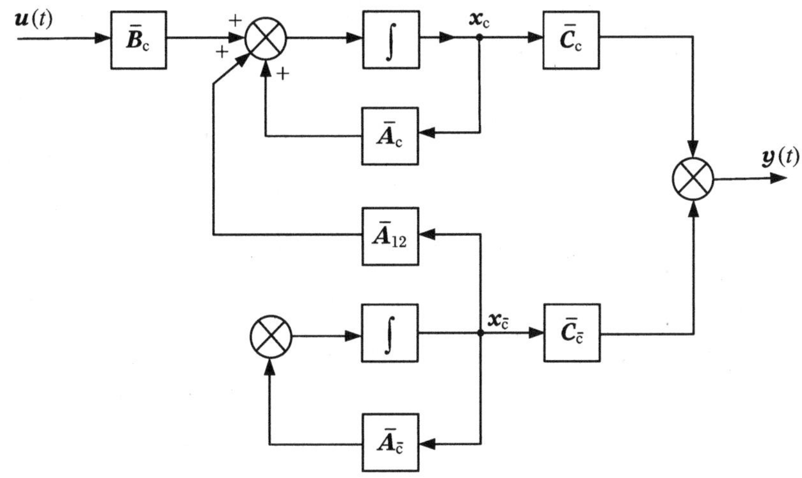

图 4.10　不完全能控系统按能控性分解示意图

$$Q_c\bar{a}_i = Aq_i \in X_c,\quad i = 1,2,\cdots,n_1 \tag{4.43}$$

式(4.43)指明 $X_c = \text{span}(q_1, q_2, \cdots, q_{n_1})$ 中的向量 $Aq_i, i = 1,2,\cdots,n_1$，以 Q_c 的列为基其坐标为 $\bar{a}_i$，所以它们具有下面形式：

$$\bar{a}_i = [\underbrace{\bar{a}_{1i}\quad \bar{a}_{2i}\quad \cdots\quad \bar{a}_{n_1 i}}_{n_1\text{个可能非零的数}}\ \vdots\ \underbrace{0\quad \cdots\quad 0}_{n-n_1\text{个零}}]^{\mathrm{T}},\quad i = 1,2,\cdots,n_1$$

结果 $\bar{A}$ 具有下面形式：

$$\bar{A} = \begin{bmatrix} \bar{A}_{11} & \bar{A}_{12} \\ 0 & \bar{A}_{22} \end{bmatrix} \overset{\text{def}}{=} \begin{bmatrix} \underbrace{\bar{A}_c}_{n_1} & \underbrace{\bar{A}_{12}}_{n-n_1} \\ 0 & \bar{A}_{\bar{c}} \end{bmatrix} \begin{matrix} \}n_1 \\ \}n - n_1 \end{matrix}$$

同理

$$\bar{B} = \begin{bmatrix} \bar{B}_{11} \\ 0 \end{bmatrix} \overset{\text{def}}{=} \begin{bmatrix} \bar{B}_c \\ 0 \end{bmatrix} \begin{matrix} \}n_1 \\ \}n - n_1 \end{matrix}$$

至于 $x(t) = Q\bar{x}(t)$，将 $\bar{x}(t)$ 中对应基向量 $q_1, \cdots, q_{n_1}$ 部分的坐标记为 $\bar{x}_c(t)$，其余部分记为 $\bar{x}_{\bar{c}}(t)$. $\bar{C}$ 按照 $\bar{x}_c(t), \bar{x}_{\bar{c}}(t)$ 分解，记成 $\bar{C} = [\bar{C}_c\quad \bar{C}_{\bar{c}}]$. 由于

$$\begin{aligned} \rho[M_c] &= \rho[\bar{M}_c] \\ &= \rho[\bar{B}\quad \bar{A}\bar{B}\quad \cdots\quad \bar{A}^{n-1}\bar{B}] \\ &= \rho\begin{bmatrix} \bar{B}_c & \bar{A}_c\bar{B}_c & \cdots & \bar{A}_c^{n-1}\bar{B}_c \\ 0 & 0 & \cdots & 0 \end{bmatrix} = n_1 \end{aligned}$$

即子系统 $\{\bar{A}_c, \bar{B}_c, \bar{C}_c\}$ 确为完全能控子系统.

$$\begin{aligned} G(s) &= C(sI_n - A)^{-1}B \\ &= \bar{C}Q^{-1}(sI_n - Q\bar{A}Q^{-1})^{-1}Q\bar{B} \end{aligned}$$

$$
\begin{aligned}
&= \bar{C}Q^{-1}[Q(sI_n - \bar{A})Q^{-1}]^{-1}Q\bar{B} \\
&= \bar{C}(sI - \bar{A})^{-1}\bar{B} \qquad (4.54) \\
&= [\bar{C}_c \quad \bar{C}_{\bar{c}}]\begin{bmatrix} sI_{n_1} - \bar{A}_c & -\bar{A}_{12} \\ 0 & sI_k - \bar{A}_{\bar{c}} \end{bmatrix}\begin{bmatrix} \bar{B}_c \\ 0 \end{bmatrix} \quad (k = n - n_1) \\
&= [\bar{C}_c \quad \bar{C}_{\bar{c}}]\begin{bmatrix} (sI_{n_1} - \bar{A}_c)^{-1} & D \\ 0 & (SI_k - \bar{A}_{\bar{c}})^{-1} \end{bmatrix}\begin{bmatrix} \bar{B}_c \\ 0 \end{bmatrix} \\
&= \bar{C}_c(sI_{n_1} - \bar{A}_c)^{-1}\bar{B}_c \qquad (4.45)
\end{aligned}
$$

其中，$D = (sI - \bar{A}_c)^{-1}\bar{A}_{12}(sI - \bar{A}_{\bar{c}})^{-1}$.

式(4.44)指出等价变换不改变传递函数矩阵，式(4.45)提示对应不能控子空间 $X_{\bar{c}}$ 的特征值不会在传递函数矩阵 $G(s)$ 中出现．这样的特征值可称为不能控特征值；相应的模态为不能控模态，也就是无法用输入激发的模态．定理证毕．

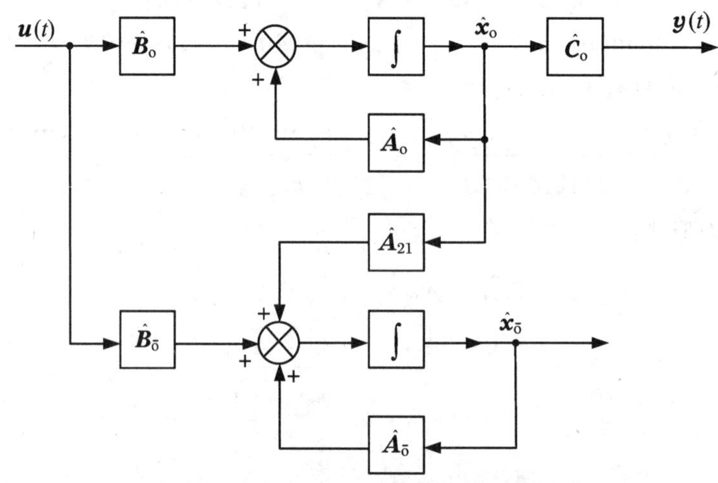

图 4.11 不完全能观系统按能观性分解示意图

定理 4.22 如果线性非时变连续系统$\{A, B, C\}$不完全能观，则可用代数等价变换将$\{A, B, C\}$变换成$\{\hat{A}, \hat{B}, \hat{C}\}$，使得

$$
\begin{bmatrix} \dot{\hat{x}}_o(t) \\ \dot{\hat{x}}_{\bar{o}}(t) \end{bmatrix} = \begin{bmatrix} \hat{A}_o & 0 \\ \hat{A}_{21} & \hat{A}_{\bar{o}} \end{bmatrix}\begin{bmatrix} \hat{x}_o(t) \\ \hat{x}_{\bar{o}}(t) \end{bmatrix} + \begin{bmatrix} \hat{B}_o \\ \hat{B}_{\bar{o}} \end{bmatrix} u(t)
$$

$$
y(t) = [\hat{C}_o \quad 0]\begin{bmatrix} \hat{x}_o(t) \\ \hat{x}_{\bar{o}}(t) \end{bmatrix} \qquad (4.46)
$$

其中$\{\hat{A}_o, \hat{B}_o, \hat{C}_o\}$表示完全能观子系统，而且它与$\{A, B, C\}$具有相同的传递函数矩阵．图 4.11 对系统动态方程按能观性分解作了解释．

证明　因为原系统不完全能观,设 $\rho[\boldsymbol{M}_{\mathrm{o}}]=n_1<n$.由 $\boldsymbol{M}_{\mathrm{o}}$ 中挑选 n_1 个线性无关行向量 $\boldsymbol{p}_1^{\mathrm{T}},\boldsymbol{p}_2^{\mathrm{T}},\cdots,\boldsymbol{p}_{n_1}^{\mathrm{T}}$,则

$$X_{\mathrm{o}}=R[\boldsymbol{M}_{\mathrm{o}}^{\mathrm{T}}]=\mathrm{span}(\boldsymbol{p}_1,\boldsymbol{p}_2,\cdots,\boldsymbol{p}_{n_1}),$$

$\boldsymbol{p}_i$ 为 $\boldsymbol{p}_i^{\mathrm{T}}$ 转置后的列向量.再任意挑选 $n-n_1$ 个列向量 $\boldsymbol{p}_{n_1+1},\boldsymbol{p}_{n_1+2},\cdots,\boldsymbol{p}_n$ 使得 $\boldsymbol{p}_k,k=1,2,\cdots,n$ 组成n 个线性无关向量组.令 $\boldsymbol{P}_{\mathrm{o}}=[\boldsymbol{p}_1\ \ \cdots\ \ \boldsymbol{p}_{n_1}\ \ \boldsymbol{p}_{n_1+1}\ \ \cdots\ \ \boldsymbol{p}_n]$,$\boldsymbol{Q}_{\mathrm{o}}=\boldsymbol{P}_{\mathrm{o}}^{\mathrm{T}}$ 为 n 阶非奇异方阵,以 $\boldsymbol{Q}_{\mathrm{o}}^{-1}$ 和 $\boldsymbol{Q}_{\mathrm{o}}$ 对原动态方程作等价变换,即

$$\hat{\boldsymbol{x}}(t)=\boldsymbol{Q}_{\mathrm{o}}\boldsymbol{x}(t),\quad \hat{\boldsymbol{A}}=\boldsymbol{Q}_{\mathrm{o}}\boldsymbol{A}\boldsymbol{Q}_{\mathrm{o}}^{-1},\quad \hat{\boldsymbol{B}}=\boldsymbol{Q}_{\mathrm{o}}\boldsymbol{B},\quad \hat{\boldsymbol{C}}=\boldsymbol{C}\boldsymbol{Q}_{\mathrm{o}}^{-1}$$

(注意,这里的等价变换与定理 4.21 中略有不同.那里 $\bar{\boldsymbol{x}}(t)=\boldsymbol{Q}_{\mathrm{c}}^{-1}\boldsymbol{x}(t)$,$\bar{\boldsymbol{A}}=\boldsymbol{Q}_{\mathrm{c}}^{-1}\boldsymbol{A}\boldsymbol{Q}_{\mathrm{c}}$.)以 $\hat{\boldsymbol{a}}_i^{\mathrm{T}},i=1,2,\cdots,n$ 表示$\hat{\boldsymbol{A}}$ 的行向量,有

$$\hat{\boldsymbol{A}}\boldsymbol{Q}_{\mathrm{o}}=\begin{bmatrix}\hat{\boldsymbol{a}}_1^{\mathrm{T}}\\ \vdots\\ \hat{\boldsymbol{a}}_{n_1}^{\mathrm{T}}\\ \hat{\boldsymbol{a}}_{n_1+1}^{\mathrm{T}}\\ \vdots\\ \hat{\boldsymbol{a}}_n^{\mathrm{T}}\end{bmatrix}\boldsymbol{Q}_{\mathrm{o}}=\begin{bmatrix}\boldsymbol{p}_1^{\mathrm{T}}\\ \vdots\\ \boldsymbol{p}_{n_1}^{\mathrm{T}}\\ \boldsymbol{p}_{n_1+1}^{\mathrm{T}}\\ \vdots\\ \boldsymbol{p}_n^{\mathrm{T}}\end{bmatrix}\boldsymbol{A}\tag{4.47}$$

将式(4.47)等号两边都取转置,得到和式(4.42)完全相同的表达式(4.48):

$$\boldsymbol{Q}_{\mathrm{o}}^{\mathrm{T}}\hat{\boldsymbol{A}}^{\mathrm{T}}=\boldsymbol{Q}_{\mathrm{o}}^{\mathrm{T}}[\hat{\boldsymbol{a}}_1\ \ \cdots\ \ \hat{\boldsymbol{a}}_{n_1}\ \ \hat{\boldsymbol{a}}_{n_1+1}\ \ \cdots\ \ \hat{\boldsymbol{a}}_n]=\boldsymbol{A}^{\mathrm{T}}[\boldsymbol{p}_1\ \ \cdots\ \ \boldsymbol{p}_{n_1}\ \ \boldsymbol{p}_{n_1+1}\ \ \cdots\ \ \boldsymbol{p}_n]\tag{4.48}$$

因为

$$X_{\mathrm{o}}=\mathrm{span}(\boldsymbol{p}_1,\boldsymbol{p}_2,\cdots,\boldsymbol{p}_{n_1})$$
$$\mathrm{span}(\boldsymbol{A}^{\mathrm{T}}\boldsymbol{p}_1,\boldsymbol{A}^{\mathrm{T}}\boldsymbol{p}_2,\cdots,\boldsymbol{A}^{\mathrm{T}}\boldsymbol{p}_{n_1})\subseteq X_{\mathrm{o}}$$

所以 $\hat{\boldsymbol{A}}^{\mathrm{T}}$ 结构形式与定理 4.21 中 $\bar{\boldsymbol{A}}$ 相同,即

$$\hat{\boldsymbol{A}}=\begin{bmatrix}\hat{\boldsymbol{A}}_{11} & \boldsymbol{0}\\ \hat{\boldsymbol{A}}_{21} & \hat{\boldsymbol{A}}_{22}\end{bmatrix}\overset{\mathrm{def}}{=}\begin{bmatrix}\hat{\boldsymbol{A}}_{\mathrm{o}} & \boldsymbol{0}\\ \underbrace{\hat{\boldsymbol{A}}_{21}}_{n_1} & \underbrace{\hat{\boldsymbol{A}}_{\bar{\mathrm{o}}}}_{n-n_1}\end{bmatrix}\begin{matrix}\}n_1\\ \}n-n_1\end{matrix}$$

类似地有

$$\hat{\boldsymbol{C}}[\underbrace{\hat{\boldsymbol{C}}_{\mathrm{o}}\ \ \cdots\ \ \hat{\boldsymbol{C}}_{\mathrm{o}}}_{n_1}\ \ \underbrace{\boldsymbol{0}\ \ \cdots\ \ \boldsymbol{0}}_{n-n_1}],\quad \hat{\boldsymbol{B}}=\begin{bmatrix}\hat{\boldsymbol{B}}\\ \hat{\boldsymbol{B}}_{\bar{\mathrm{o}}}\end{bmatrix},\quad \bar{\boldsymbol{x}}(t)=\begin{bmatrix}\hat{\boldsymbol{x}}_{\mathrm{o}}(t)\\ \hat{\boldsymbol{x}}_{\bar{\mathrm{o}}}(t)\end{bmatrix}$$

用定理 4.21 中同样的方法可证得

$$\begin{aligned}\boldsymbol{G}(s)&=\boldsymbol{C}(s\boldsymbol{I}_n-\boldsymbol{A})^{-1}\boldsymbol{B}\\ &=\hat{\boldsymbol{C}}(s\boldsymbol{I}_n-\hat{\boldsymbol{A}})^{-1}\hat{\boldsymbol{B}}\end{aligned}$$

$$= \hat{\boldsymbol{C}}_{\mathrm{o}}(s\boldsymbol{I}_{n_1} - \hat{\boldsymbol{A}}_{\mathrm{o}})^{-1}\hat{\boldsymbol{B}}_{\mathrm{o}} \tag{4.49}$$

式(4.49)揭示对应不能观子空间 $X_{\bar{0}}$ 的特征值也不会在传递函数矩阵 $\boldsymbol{G}(s)$ 中出现.这样的特征值可称为不能观特征值;相应的模态为不能观模态,也就是无法通过输出来确定的模态.定理证毕.

例 4.12 设系统动态方程如下,试分别对其进行能控性分解和能观性分解:

$$\dot{\boldsymbol{x}}(t) = \begin{bmatrix} -7 & -2 & 6 \\ 2 & -3 & -2 \\ -2 & -2 & 1 \end{bmatrix}\boldsymbol{x}(t) + \begin{bmatrix} 1 & 1 \\ 1 & -1 \\ 1 & 0 \end{bmatrix}\boldsymbol{u}(t)$$

$$\boldsymbol{y}(t) = \begin{bmatrix} -1 & -1 & 2 \\ 1 & 1 & -1 \end{bmatrix}\boldsymbol{x}(t)$$

解 能控性分解

$$\boldsymbol{M}_{\mathrm{c}} = \begin{bmatrix} 1 & 1 & -3 & -5 & 9 & 25 \\ 1 & -1 & -3 & 5 & 9 & -25 \\ 1 & 0 & -3 & 0 & 9 & 0 \end{bmatrix},\quad \rho[\boldsymbol{M}_{\mathrm{c}}] = 2$$

取 $\boldsymbol{q}_1=[1\quad 1\quad 1]^{\mathrm{T}}$,$\boldsymbol{q}_2=[1\quad -1\quad 0]^{\mathrm{T}}$,配上 $\boldsymbol{q}_3=[0\quad 0\quad 1]^{\mathrm{T}}$,得到

$$\boldsymbol{Q}_{\mathrm{c}} = \begin{bmatrix} 1 & 1 & 0 \\ 1 & -1 & 0 \\ 1 & 0 & 1 \end{bmatrix},\quad \boldsymbol{Q}_{\mathrm{c}}^{-1} = \frac{1}{2}\begin{bmatrix} 1 & 1 & 0 \\ 1 & -1 & 0 \\ -1 & -1 & 2 \end{bmatrix}$$

$$\bar{\boldsymbol{A}} = \boldsymbol{Q}_{\mathrm{c}}^{-1}\boldsymbol{A}\boldsymbol{Q}_{\mathrm{c}} = \left[\begin{array}{cc:c} -3 & 0 & 2 \\ 0 & -5 & 4 \\ \hdashline 0 & 0 & -1 \end{array}\right],\quad \bar{\boldsymbol{B}} = \left[\begin{array}{cc} 1 & 0 \\ 0 & 1 \\ \hdashline 0 & 0 \end{array}\right]$$

$$\bar{\boldsymbol{C}} = \boldsymbol{C}\boldsymbol{Q} = \left[\begin{array}{cc:c} 0 & 0 & 2 \\ 1 & 0 & -1 \end{array}\right]$$

能观性分解

$$\boldsymbol{M}_{\mathrm{o}}^{\mathrm{T}} = \begin{bmatrix} -1 & 1 & 1 & -3 & -1 & 9 \\ -1 & 1 & 1 & -3 & -1 & 9 \\ 2 & -1 & -2 & 3 & 2 & -9 \end{bmatrix},\quad \rho[\boldsymbol{M}_{\mathrm{o}}^{\mathrm{T}}] = 2$$

取 $\boldsymbol{p}_1=[-1\quad -1\quad 2]^{\mathrm{T}}$,$\boldsymbol{p}_2=[1\quad 1\quad -1]^{\mathrm{T}}$,配上 $\boldsymbol{p}_3=[1\quad 0\quad 0]^{\mathrm{T}}$

$$\boldsymbol{Q}_{\mathrm{o}} = \boldsymbol{p}_{\mathrm{o}}^{\mathrm{T}} = \begin{bmatrix} -1 & -1 & 2 \\ 1 & 1 & -1 \\ 1 & 0 & 0 \end{bmatrix},\quad \boldsymbol{Q}_{\mathrm{o}}^{-1} = \begin{bmatrix} 0 & 0 & 1 \\ 1 & 2 & -1 \\ 1 & 1 & 0 \end{bmatrix}$$

$$\hat{\boldsymbol{A}} = \boldsymbol{Q}_{\mathrm{o}}\boldsymbol{A}\boldsymbol{Q}_{\mathrm{o}}^{-1} = \left[\begin{array}{cc:c} -1 & 0 & 0 \\ 0 & -3 & 0 \\ \hdashline 4 & 2 & -5 \end{array}\right],\quad \hat{\boldsymbol{B}} = \boldsymbol{Q}_{\mathrm{o}}\boldsymbol{B} = \left[\begin{array}{cc} 0 & 0 \\ 1 & 0 \\ \hdashline 1 & 1 \end{array}\right]$$

$$\hat{\boldsymbol{C}} = \boldsymbol{C}\boldsymbol{Q}_{\mathrm{o}}^{-1} = \left[\begin{array}{cc:c} 1 & 0 & 0 \\ 0 & 1 & 0 \end{array}\right]$$

细心的读者从$\{\bar{\boldsymbol{A}},\bar{\boldsymbol{B}},\bar{\boldsymbol{C}}\}$和$\{\hat{\boldsymbol{A}},\hat{\boldsymbol{B}},\hat{\boldsymbol{C}}\}$两组表达式都能看出特征值 -3 既能控又能观,特征

值 -1 不能控但能观，特征值 -5 能控但不能观.

虽然从这个特定的例子可以经过一次分解(能控性分解或者能观性分解)后便可对整个系统的结构特性有了完全的了解.但对一般情况并不总是这样.为了彻底弄清楚对系统结构的认识可采取两次分解，在能控性分解基础上再作能观性分解，或者反过来处理.这样便得到下面完整的系统结构分解定理.

定理4.23(系统结构分解定理)　如果线性非时变连续系统既不完全能控又不完全能观，则应用代数等价变换可将系统动态方程分解成下面标准形：

$$\begin{bmatrix} \dot{\tilde{\boldsymbol{x}}}_{co} \\ \dot{\tilde{\boldsymbol{x}}}_{c\bar{o}} \\ \dot{\tilde{\boldsymbol{x}}}_{\bar{c}o} \\ \dot{\tilde{\boldsymbol{x}}}_{\bar{c}\bar{o}} \end{bmatrix} = \left[\begin{array}{cc:cc} \tilde{\boldsymbol{A}}_{co} & \boldsymbol{0} & \tilde{\boldsymbol{A}}_{13} & \boldsymbol{0} \\ \tilde{\boldsymbol{A}}_{21} & \tilde{\boldsymbol{A}}_{c\bar{o}} & \tilde{\boldsymbol{A}}_{23} & \tilde{\boldsymbol{A}}_{24} \\ \hdashline \boldsymbol{0} & \boldsymbol{0} & \tilde{\boldsymbol{A}}_{\bar{c}o} & \boldsymbol{0} \\ \boldsymbol{0} & \boldsymbol{0} & \tilde{\boldsymbol{A}}_{43} & \tilde{\boldsymbol{A}}_{\bar{c}\bar{o}} \end{array}\right] = \begin{bmatrix} \tilde{\boldsymbol{x}}_{co} \\ \dot{\tilde{\boldsymbol{x}}}_{c\bar{o}} \\ \tilde{\boldsymbol{x}}_{\bar{c}o} \\ \tilde{\boldsymbol{x}}_{\bar{c}\bar{o}} \end{bmatrix} + \begin{bmatrix} \tilde{\boldsymbol{B}}_{co} \\ \tilde{\boldsymbol{B}}_{c\bar{o}} \\ \boldsymbol{0} \\ \boldsymbol{0} \end{bmatrix} \boldsymbol{u} \tag{4.50}$$

$$\boldsymbol{y} = [\tilde{\boldsymbol{C}}_{co} \quad \boldsymbol{0} \quad \tilde{\boldsymbol{C}}_{\bar{c}\bar{o}} \quad \boldsymbol{0}] = \begin{bmatrix} \tilde{\boldsymbol{x}}_{co} \\ \tilde{\boldsymbol{x}}_{c\bar{o}} \\ \tilde{\boldsymbol{x}}_{\bar{c}o} \\ \tilde{\boldsymbol{x}}_{\bar{c}\bar{o}} \end{bmatrix}$$

且

$$\begin{aligned} \boldsymbol{G}(s) &= \boldsymbol{C}(s\boldsymbol{I}_n - \boldsymbol{A})^{-1}\boldsymbol{B} \\ &= \tilde{\boldsymbol{C}}_{co}(s\boldsymbol{I}_{n_1} - \tilde{\boldsymbol{A}}_{co})^{-1}\tilde{\boldsymbol{B}}_{co} \end{aligned} \tag{4.51}$$

$\{\boldsymbol{A},\boldsymbol{B},\boldsymbol{C}\}$表示原系统的动态方程，$n$ 是它的状态空间维数，$\{\tilde{\boldsymbol{A}}_{co},\tilde{\boldsymbol{B}}_{co},\tilde{\boldsymbol{C}}_{co}\}$表示既能控又能观的子系统的动态方程，$n_1<n$ 是相应既能控又能观的状态子空间的维数.$\boldsymbol{I}_n$ 和 $\boldsymbol{I}_{n_1}$ 分别为 n 阶和 n_1 阶单位阵.

因为前两个定理证明很详细，这里的证明就省略了.值得指出，$(s\boldsymbol{I}_{n_1}-\tilde{\boldsymbol{A}}_{co})^{-1}$不存在极零点相消现象(参看例4.14)，$\boldsymbol{G}(s)$的极点集等于既能控又能观的子系统的特征频率[①](值)集，描述系统外部特性的 $\boldsymbol{G}(s)$只能反映既能控又能观的特征频率或相应的既能控又能观的模态.而那些不能控或不能观的特征频率或相应的不能控或不能观的模态并不能在 $\boldsymbol{G}(s)$中得到反映.它们描述系统的内部特性，在文献中常被称为隐藏的特征值(或模态).所以状态空间描述法既描述了系统外部特性又描述了系统内部特性.定理4.21和定理4.23确实是一种很好的结构分解方法，但并不是唯一的方法.采用等价变换将矩阵 $\boldsymbol{A}$ 变换成它的约尔当标准形，同时对矩阵 $\boldsymbol{B}$ 和 $\boldsymbol{C}$ 也作相应的变换，利用吉尔伯特判别法或 PBH 判别法也可得到相同的结果.读者回顾例4.4和例4.9就可看出端倪.下面以例4.12中系统为例介绍这一分解方法.

例4.13　已知系统$\{\boldsymbol{A},\boldsymbol{B},\boldsymbol{C}\}$如下：

$$\boldsymbol{A} = \begin{bmatrix} -7 & -2 & 6 \\ 2 & -3 & -2 \\ -2 & -2 & 1 \end{bmatrix},\quad \boldsymbol{B} = \begin{bmatrix} 1 & 1 \\ 1 & -1 \\ 1 & 0 \end{bmatrix},\quad \boldsymbol{C} = \begin{bmatrix} -1 & -1 & 2 \\ 1 & 1 & -1 \end{bmatrix}$$

---

① 文献[11,12]又称特征值为固有频率或特征频率.因为它反映了线性非时变系统固有响应或自由响应的特征.

试采用约尔当标准形变换法对系统作结构分解.

解 首先求出系统的特征值 $\lambda_1=-1,\lambda_2=-3,\lambda_3=-5$. 继而求出相应的特征向量 $\boldsymbol{q}_1$，$\boldsymbol{q}_2$ 和 $\boldsymbol{q}_3$：

$$\boldsymbol{q}_1=\begin{bmatrix}1\\0\\1\end{bmatrix},\quad \boldsymbol{q}_1=\begin{bmatrix}1\\1\\1\end{bmatrix},\quad \boldsymbol{q}_3=\begin{bmatrix}1\\-1\\0\end{bmatrix}$$

于是得到 $\boldsymbol{Q}$ 与 $\boldsymbol{Q}^{-1}$：

$$\boldsymbol{Q}=\begin{bmatrix}1&1&1\\0&1&-1\\1&1&0\end{bmatrix},\quad \boldsymbol{Q}^{-1}=\begin{bmatrix}-1&-1&2\\1&1&-1\\1&0&-1\end{bmatrix}$$

对系统作等价变换得到

$$\bar{\boldsymbol{A}}=\begin{bmatrix}-1&0&0\\0&-3&0\\0&0&-5\end{bmatrix},\quad \bar{\boldsymbol{B}}=\begin{bmatrix}0&0\\1&0\\0&1\end{bmatrix},\quad \bar{\boldsymbol{C}}=\begin{bmatrix}1&0&0\\0&1&0\end{bmatrix}$$

采用吉尔伯特判别法可知 $\lambda_1=-1$ 能观不能控，$\lambda_2=-3$ 既能控又能观，$\lambda_3=-5$ 能控不能观，结论和例 4.12 一样. 图 4.12 说明了系统结构分解的框图.

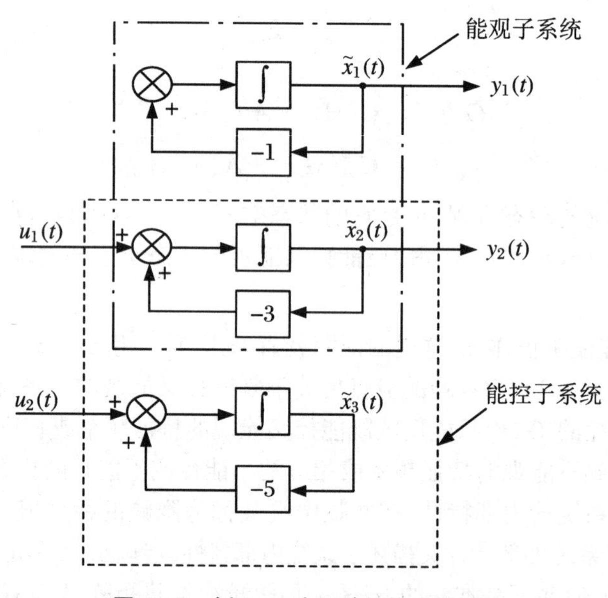

图 4.12 例 4.13 中系统结构分解框图

4.8 线性非时变连续系统的能控性指数和能观性指数

前面已经指出线性非时变连续系统的能控性可通过能控性矩阵 $\boldsymbol{M}_c$ 是否具有 n 个线性

无关的列向量判断，能观性则是根据能观性矩阵 $\boldsymbol{M}_o$ 是否具有 n 个线性无关的行向量判断. $\boldsymbol{M}_c$ 是 $n\times nm$ 矩阵，由 n 个 $n\times m$ 矩阵 $\boldsymbol{A}^k\boldsymbol{B}$，$k=0,1,\cdots,n-1$ 组成. 倘若 $\rho[\boldsymbol{M}_c]<n$，系统一定不完全能控，但是若系统完全能控，并不意味着 k 必须取到 $n-1$，可能在 $\mu<n$ 时，μ 个 $n\times m$ 矩阵便有

$$\rho[\boldsymbol{B}\quad \boldsymbol{AB}\quad \cdots\quad \boldsymbol{A}^{\mu-1}\boldsymbol{B}]=\rho[\boldsymbol{M}_\mu]=n,\tag{4.52}$$

若系统 $\{\boldsymbol{A},\boldsymbol{B},\boldsymbol{C}\}$ 为完全能控系统，称使式(4.52)成立的最小整数 μ 为该系统的能控性指数. 类似地，若系统 $\{\boldsymbol{A},\boldsymbol{B},\boldsymbol{C}\}$ 为完全能观系统，称使式(4.53)成立的最小整数 ν 为该系统的能观性指数，

$$\rho\begin{bmatrix}\boldsymbol{C}\\ \boldsymbol{CA}\\ \vdots\\ \boldsymbol{CA}^{\nu-1}\end{bmatrix}=n\tag{4.53}$$

如果 $\rho(\boldsymbol{B})=p\leqslant m$，可证明

$$\frac{n}{m}\leqslant\mu\leqslant n-p+1\tag{4.54}$$

因为 $\boldsymbol{M}_\mu$ 是 $n\times\mu m$ 矩阵，必须 $\mu m\geqslant n$，其次 $\rho[\boldsymbol{B}]=p$，$\boldsymbol{B}$ 就有 p 个线性无关的列向量，只需再增加 $n-p$ 个线性无关列向量；而每增加一块 $n\times m$ 矩阵 $\boldsymbol{A}^k\boldsymbol{B}$，$1\leqslant k\leqslant\mu-1$，至少增加一个线性无关列向量，所以最多只要 $\mu-1=n-p$ 块. 将这两个条件结合起来便是式(4.54). 这样便得到在 $\rho[\boldsymbol{B}]=p$ 的前提下，能控性的充要条件简化为

$$\rho[\boldsymbol{B}\quad \boldsymbol{AB}\quad \cdots\quad \boldsymbol{A}^{n-p}\boldsymbol{B}]=n\tag{4.55}$$

如果矩阵 $\boldsymbol{A}$ 的最小多项式次数为 n_μ，即 $\deg\psi(s)=n_\mu<n$，由于

$$\psi(\boldsymbol{A})=\boldsymbol{A}^{n_\mu}+\bar{\alpha}_{n_\mu-1}\boldsymbol{A}^{n_\mu-1}+\cdots+\bar{\boldsymbol{a}}_1\boldsymbol{A}+\bar{\boldsymbol{a}}_0\boldsymbol{I}=\boldsymbol{0}$$

$\boldsymbol{M}_c$ 中 $\boldsymbol{A}^{n_\mu}\boldsymbol{B}$ 直到 $\boldsymbol{A}^{n-1}\boldsymbol{B}$ 的列均是左边那些列的线性组合，所以能控性的充要条件简化为

$$\rho[\boldsymbol{B}\quad \boldsymbol{AB}\quad \cdots\quad \boldsymbol{A}^{n_\mu-1}\boldsymbol{B}]=n\tag{4.56}$$

$\mu\leqslant n_\mu$. 倘若又具备 $\rho(\boldsymbol{B})=p$ 的条件，式(4.54)转化为

$$\frac{n}{m}\leqslant\mu\leqslant\min(n_\mu,n-p+1)\tag{4.57}$$

由于 $\rho[\boldsymbol{B}]=p$，可由式(4.18)中从左到右顺序挑出 p 个线性无关向量 $\boldsymbol{b}_1,\boldsymbol{b}_2,\cdots,\boldsymbol{b}_p$，再按序挑出其余 $n-p$ 个线性无关向量，$\boldsymbol{Ab}_1,\boldsymbol{Ab}_2,\cdots,\boldsymbol{Ab}_p$；$\boldsymbol{A}^2\boldsymbol{b}_1,\boldsymbol{A}^2\boldsymbol{b}_2,\cdots$. 注意，一旦 $\boldsymbol{A}^{\mu_k}\boldsymbol{b}_k$ 是前面已挑出的线性无关向量的线性组合，则所有 $\boldsymbol{A}^{\mu_k+j}\boldsymbol{b}_k$ 项，$j\geqslant0$，均与前面已挑出向量线性相关. 当 n 个线性无关向量都挑出后，可重新按排成式(4.58)的形式

$$(\underbrace{\boldsymbol{b}_1\cdots\boldsymbol{A}^{\mu_1-1}\boldsymbol{b}_1}_{\mu_1}\quad\underbrace{\boldsymbol{b}_2\cdots\boldsymbol{A}^{\mu_2-1}\boldsymbol{b}_2}_{\mu_2}\quad\cdots\quad\underbrace{\boldsymbol{b}_p\cdots\boldsymbol{A}^{\mu_p-1}\boldsymbol{b}_p}_{\mu_p})\tag{4.58}$$

显然

$$\sum_{i=1}^{p}\mu_i=n\tag{4.59}$$

$$\mu=\max(\mu_1,\mu_2,\cdots,\mu_p)\tag{4.60}$$

通常称 $\{\mu_1,\mu_2,\cdots,\mu_p\}$ 为动态系统 $\{\boldsymbol{A},\boldsymbol{B}\}$ 的**能控型指数集**. 最后应当指出由于系统的代数

等价变换不改变系统的能控性，能控性指数 μ 和能控性指数集 $\{\mu_1,\mu_2,\cdots,\mu_p\}$ 在代数等价变换下保持不变.

借助于能观性和能控性之间的对偶关系，设 $\rho(\boldsymbol{C})=q\leqslant r$，有

$$\frac{n}{r}\leqslant\nu\leqslant n-q+1 \tag{4.61}$$

$$\rho\begin{bmatrix}\boldsymbol{C}\\ \boldsymbol{CA}\\ \vdots\\ \boldsymbol{CA}^{n-q}\end{bmatrix}=n \tag{4.62}$$

再设 $\boldsymbol{A}$ 的最小多项式 $\psi(s)$ 次数为 n_μ，即 $\deg\psi(s)=n_\mu$，能观性的充要条件是

$$\rho\begin{bmatrix}\boldsymbol{C}\\ \boldsymbol{CA}\\ \vdots\\ \boldsymbol{CA}^{n_\mu-1}\end{bmatrix}=n \tag{4.63}$$

$$\frac{n}{r}\leqslant\nu\leqslant\min(n_\mu,n-q+1) \tag{4.64}$$

假设

$$\begin{bmatrix}\boldsymbol{c}_1^{\mathrm{T}}\\ \vdots\\ \boldsymbol{c}_1^{\mathrm{T}}\boldsymbol{A}^{\nu_1-1}\\ \boldsymbol{c}_2^{\mathrm{T}}\\ \vdots\\ \boldsymbol{c}_1^{\mathrm{T}}\boldsymbol{A}^{\nu_2-1}\\ \vdots\\ \boldsymbol{c}_q^{\mathrm{T}}\\ \vdots\\ \boldsymbol{c}_1^{\mathrm{T}}\boldsymbol{A}^{\nu_q-1}\end{bmatrix}\begin{matrix}\left.\begin{matrix}\\ \\ \\ \end{matrix}\right\}\nu_1\\ \left.\begin{matrix}\\ \\ \\ \end{matrix}\right\}\nu_2\\ \vdots\\ \left.\begin{matrix}\\ \\ \\ \end{matrix}\right\}\nu_q\end{matrix} \tag{4.65a}$$

为 $\boldsymbol{M}_0$ 中 n 个线性无关的行向量，$\boldsymbol{c}_1^{\mathrm{T}},\boldsymbol{c}_2^{\mathrm{T}},\cdots,\boldsymbol{c}_q^{\mathrm{T}}$ 为矩阵 $\boldsymbol{C}$ 中 q 个线性无关行向量，则

$$\sum_{i=1}^{q}\nu_i=n \tag{4.65b}$$

$\{\nu_1,\nu_2,\cdots\nu_q\}$ 组成系统 $\{\boldsymbol{A},\boldsymbol{B},\boldsymbol{C}\}$ 的**能观性指数集**，而且

$$\nu=\max(\nu_1,\nu_2,\cdots,\nu_q) \tag{4.66}$$

同样地，能观性指数和能观性指数集不因代数等价变换而改变.

例 4.14 设系统的动态方程如下：

$$\dot{\boldsymbol{x}}(t)=\begin{bmatrix}1&3&2\\0&4&2\\0&0&1\end{bmatrix}\boldsymbol{x}(t)+\begin{bmatrix}0&1\\0&0\\1&0\end{bmatrix}\boldsymbol{u}(t)$$

$$y(t)=\begin{bmatrix}1&0&0\\0&0&1\end{bmatrix}x(t)$$

显然，由系统矩阵 $\boldsymbol{A}$ 可求出特征值 $\lambda_1=\lambda_2=1,\lambda_3=4$，而且伴随 $\lambda_1=\lambda_2=1$ 的特征向量是 $\boldsymbol{q}_1=[1\quad 0\quad 0]^{\mathrm{T}}$，$\boldsymbol{q}_2=\begin{bmatrix}0&1&\frac{3}{2}\end{bmatrix}^{\mathrm{T}}$，伴随 $\lambda_3=4$ 的特征向量 $\boldsymbol{q}_3=[1\quad 1\quad 0]^{\mathrm{T}}$. 令 $\boldsymbol{Q}=[\boldsymbol{q}_1\quad \boldsymbol{q}_2\quad \boldsymbol{q}_3]$ 得到

$$\boldsymbol{Q}=\begin{bmatrix}1&0&1\\0&1&1\\1&\frac{3}{2}&0\end{bmatrix},\quad \boldsymbol{Q}^{-1}=\begin{bmatrix}1&-1&\frac{2}{3}\\0&0&\frac{2}{3}\\1&1&-\frac{2}{3}\end{bmatrix}$$

利用它们对原系统作等价变换，即令 $\boldsymbol{x}(t)=\boldsymbol{Q}\bar{\boldsymbol{x}}(t)$，有

$$\dot{\bar{\boldsymbol{x}}}(t)=\begin{bmatrix}1&0&0\\0&1&0\\0&0&4\end{bmatrix}\bar{\boldsymbol{x}}(t)+\begin{bmatrix}\frac{2}{3}&1\\\frac{2}{3}&0\\-\frac{2}{3}&0\end{bmatrix}\boldsymbol{u}(t)$$

$$\boldsymbol{y}(t)=\begin{bmatrix}1&0&1\\0&\frac{3}{2}&0\end{bmatrix}\bar{\boldsymbol{x}}(t)$$

应用吉尔伯特判别法可知该系统为既能控又能观系统. 同时由系统矩阵 $\bar{\boldsymbol{A}}$ 可知最小多项式 $\psi(s)=(s-1)(s-4)=s^2-5s+4$，即 $n_\mu=2$，考虑到 $\rho[\bar{\boldsymbol{B}}]=2$ 和 $\rho[\bar{\boldsymbol{C}}]=2$，断定 $\mu=n_\mu=2$，应用式(4.56)和式(4.63)也可判断该系统既能控又能观. 值得提醒读者注意 $n_\mu<n=3$，意味着系统的预解矩阵 $(s\boldsymbol{I}-\boldsymbol{A})^{-1}$（或 $(s\boldsymbol{I}-\bar{\boldsymbol{A}})^{-1}$）的分子矩阵 $\boldsymbol{Q}(s)$ 和分母多项式 $\Delta(s)$ 间有共同的多项式因子. 但和例 3.14(3.5 节)中单变量系统的传递函数 $g(s)$ 有极零点相消造成极点数减少情况不一样，本例中多变量系统的传递函数矩阵 $\boldsymbol{G}(s)$ 的极点并未因此而减少. 那里曾指出 $\boldsymbol{G}(s)$ 的极点定义为 $\boldsymbol{G}(s)$ 的所有子式最小公分母的零点. 因为

$$\boldsymbol{G}(s)=\begin{bmatrix}\dfrac{2}{(s-1)(s-4)}&\dfrac{1}{s-1}\\\dfrac{1}{s-1}&0\end{bmatrix}=\frac{1}{(s-1)^2(s-4)}\begin{bmatrix}2(s-1)&(s-1)(s-4)\\(s-1)(s-4)&0\end{bmatrix}$$

本例中 $\boldsymbol{G}(s)$ 的极点为 1,1 和 4.

4.9 线性离散系统的能达性、能控性和能观性、能构性

第3章曾指出线性离散系统和线性连续系统有着许多相似之处，在能达性、能控性和能观性、能构性方面也有许多相似之处，特别是在线性时变离散系统的系统矩阵 $\boldsymbol{A}(k)$（在所关心的时间区间 J 内）和线性非时变离散系统的系统矩阵 $\boldsymbol{A}$ 非奇异的情况下. 倘若不是这样，离散系统将显现出自己的特性而与连续系统有所差异. 为帮助读者很好地掌握这两类系统相似与不同之处，本节采用另外一种方法阐述这些内容.

4.9.1 线性离散系统的能达性和能控性

首先讨论用式(2.79)描述的时变系统，假设 $\boldsymbol{D}(k)\equiv\boldsymbol{0}$，则为

$$\boldsymbol{x}(k+1)=\boldsymbol{A}(k)\boldsymbol{x}(k)+\boldsymbol{B}(k)\boldsymbol{u}(k)$$
$$\boldsymbol{y}(k)=\boldsymbol{C}(k)\boldsymbol{x}(k)$$

设系统初始状态 $\boldsymbol{x}(k_0)=\boldsymbol{0}_x$，倘若存在容许的控制序列 $\boldsymbol{u}(k_0),\boldsymbol{u}(k_0+1),\cdots,\boldsymbol{u}(k_0+j-1)=\boldsymbol{u}(k_j-1)$，$j$ 为正整数，使得 $\boldsymbol{x}(k_j)=\hat{\boldsymbol{x}}$，而且 $\hat{\boldsymbol{x}}$ 是状态空间 X 中任一状态，则系统为 k_j 时刻能达系统. 式(3.84a)指出线性时变离散系统状态的零状态响应为

$$\boldsymbol{x}(k_j)=\sum_{p=k_0}^{k_j-1}\boldsymbol{\Phi}(k_j,p+1)\boldsymbol{B}(p)\boldsymbol{u}(p),\quad k_j\geqslant k_0$$

系统能达的充要条件转化为下面方程式(4.67)有解的充要条件：

$$\begin{aligned}&[\boldsymbol{\Phi}(k_j,k_0+1)\boldsymbol{B}(k_0)\quad \boldsymbol{\Phi}(k_j,k_0+2)\boldsymbol{B}(k_0+1)\quad\cdots\quad \boldsymbol{\Phi}(k_j,k_j)\boldsymbol{B}(k_j-1)]\\ &\times\begin{bmatrix}\boldsymbol{u}(k_0)\\ \boldsymbol{u}(k_0+1)\\ \vdots\\ \boldsymbol{u}(k_j-1)\end{bmatrix}=\hat{\boldsymbol{x}},\quad \forall\,\hat{\boldsymbol{x}}=\boldsymbol{x}(k_j)\in X,\quad k_j=k_0+j\end{aligned}\tag{4.67}$$

1.5节指出式(4.67)对状态空间 X 中每一个 $\hat{\boldsymbol{x}}$ 有解的充要条件是系数矩阵的秩等于 $n=\dim X$，即

$$\rho[\boldsymbol{M}_{\mathrm{r}}^{j}]=n\tag{4.68}$$

其中 $\boldsymbol{M}_{\mathrm{r}}^{j}$ 称做 j **步能达性矩阵**，规定为

$$\boldsymbol{M}_{\mathrm{r}}^{j}\overset{\mathrm{def}}{=}[\boldsymbol{\Phi}(k_j,k_0+1)\boldsymbol{B}(k_0)\quad \boldsymbol{\Phi}(k_j,k_0+2)\boldsymbol{B}(k_0+1)\quad\cdots\quad \boldsymbol{\Phi}(k_j,k_j)\boldsymbol{B}(k_j-1)]$$

当 $k_j-k_0=j$ 较大时，为了判别式(4.68)是否成立，可用下面的 j **步能达性格拉姆矩阵** $\boldsymbol{W}_{\mathrm{r}}^{j}$ 是否非奇异代替，

$$\boldsymbol{W}_{\mathrm{r}}^{j}\overset{\mathrm{def}}{=}\boldsymbol{M}_{\mathrm{r}}^{j}\boldsymbol{M}^{*}{}_{\mathrm{r}}^{j}\tag{4.69}$$

因此归纳出定理4.24.

定理4.24 线性时变离散系统$\{\boldsymbol{A}(k),\boldsymbol{B}(k),\boldsymbol{C}(k)\}$为 $k_j=k_0+j$ 时刻 j 步完全能达

系统的充要条件是它的 j 步能达性矩阵 $\boldsymbol{M}_{\mathrm{r}}^{j}$ 的秩等于 n，或者等价为它的 j 步能达性格拉姆矩阵 $\boldsymbol{W}_{\mathrm{r}}^{j}$ 非奇异.

倘若系统初始状态 $\boldsymbol{x}(k_0)=\hat{\boldsymbol{x}}, \forall \hat{\boldsymbol{x}}\in X$，能够找到容许的控制函数 $\boldsymbol{u}(k_0), \boldsymbol{u}(k_0+1), \cdots, \boldsymbol{u}(k_0+j-1)=\boldsymbol{u}(k_j-1)$，$j$ 为正整数，使得 $\boldsymbol{x}(k_j)=\boldsymbol{0}_x$，则系统为 k_0 时刻 j 步完全能控系统. 由式(3.84a)可导出

$$\begin{bmatrix}\boldsymbol{\Phi}(k_j,k_0+1)\boldsymbol{B}(k_0) & \boldsymbol{\Phi}(k_j,k_0+2)\boldsymbol{B}(k_0+1) & \cdots & \boldsymbol{\Phi}(k_j,k_j)\boldsymbol{B}(k_j-1)\end{bmatrix}$$

$$\times\begin{bmatrix}\boldsymbol{u}(k_0)\\ \boldsymbol{u}(k_0+1)\\ \vdots\\ \boldsymbol{u}(k_j-1)\end{bmatrix}=\boldsymbol{\Phi}(k_j,k_0)(-\hat{\boldsymbol{x}}),\quad \forall\hat{\boldsymbol{x}}=\boldsymbol{x}(k_0)\in X,\quad k_j\geqslant k_0 \tag{4.70}$$

将式(4.70)中状态转移矩阵 $\boldsymbol{\Phi}(k_j,k_0)$ 看做将状态空间 X 映射到自身的一种线性变换，倘若系统矩阵 $\boldsymbol{A}(k)$ 在时间区间 $J=\{k_0,k_0+1,\cdots,k_j-1\}$ 上保持可逆，则

$$\boldsymbol{\Phi}(k_j,k_0)=\boldsymbol{A}(k_j-1)\boldsymbol{A}(k_j-2)\cdots\boldsymbol{A}(k_0+1)\boldsymbol{A}(k_0)$$

可逆，即 $R[\boldsymbol{\Phi}(k_j,k_0)]=X$，式(4.70)与式(4.67)等价，在这种条件下系统的能控性与能达性一致，可用定理4.24来判断系统完全能控与否. 否则 $R[\boldsymbol{\Phi}(k_j,k_0)]\subset X$ 是状态空间 X 的真子空间. 保证式(4.70)有解的充要条件为

$$R[\boldsymbol{M}_{\mathrm{r}}^{j}]\supseteq R[\boldsymbol{\Phi}(k_j,k_0)] \tag{4.71}$$

由此归纳出定理4.25.

定理4.25　线性时变离散系统 $\{\boldsymbol{A}(k),\boldsymbol{B}(k),\boldsymbol{C}(k)\}$ 为 k_0 时刻 j 步完全能控的充要条件是：

(1) 若 $\boldsymbol{A}(k)$ 在时间区间 $J=\{k_0,k_0+1,\cdots,k_j-1\}$ 上保持可逆，当且仅当系统的 j 步能达性矩阵 $\boldsymbol{M}_{\mathrm{r}}^{j}$ 的秩等于状态空间维数 n，或者 j 步能达性格拉姆矩阵 $\boldsymbol{W}_{\mathrm{r}}^{j}$ 非奇异，系统完全能控.

(2) 若 $\boldsymbol{A}(k)$ 在时间区间 $J=\{k_0,k_0+1,\cdots,k_j-1\}$ 上并不始终可逆，当且仅当式(4.71)成立，系统完全能控.

现在讨论用式(2.80)描述的非时变系统，同样假设 $\boldsymbol{D}=\boldsymbol{0}$，则

$$\boldsymbol{x}(k+1)=\boldsymbol{A}\boldsymbol{x}(k)+\boldsymbol{B}\boldsymbol{u}(k)$$
$$\boldsymbol{y}(k)=\boldsymbol{C}\boldsymbol{x}(k)$$

和连续系统情况一样，非时变系统是时变系统的特例，原则上定理4.24和定理4.25对非时变系统也适用. 不过，这里作些比较细致的讨论还是值得的. 和前面一样首先讨论能达性，假设系统的初始状态 $\boldsymbol{x}(0)=\boldsymbol{0}_x$，倘若存在容许控制序列 $\boldsymbol{u}(0)=\boldsymbol{u}_0, \boldsymbol{u}(1)=\boldsymbol{u}_1, \cdots, \boldsymbol{u}(j-1)=\boldsymbol{u}_{j-1}$，$j(<n)$ 是正整数，将系统状态由 $\boldsymbol{x}(0)=\boldsymbol{0}_x$ 转移到某指定状态 $\hat{\boldsymbol{x}}$，$\exists\hat{\boldsymbol{x}}\in X$，则称该特定状态 $\hat{\boldsymbol{x}}$ 为 j 步能达状态. 如果 $\hat{\boldsymbol{x}}$ 是 j 步能达状态，$\hat{\boldsymbol{x}}$ 必是 $i(>j)$ 步能达状态，但是 $\hat{\boldsymbol{x}}$ 不一定是 $k(<j)$ 步能达状态. 将所有 j 步能达状态称为 j 步能达子空间 X_{r}^{j}.

引理4.1　离散系统 $\{\boldsymbol{A},\boldsymbol{B},\boldsymbol{C}\}$ j 步能达子空间 X_{r}^{j} 是线性变换 $\boldsymbol{M}_{\mathrm{r}}^{j}=[\boldsymbol{A}^{j-1}\boldsymbol{B}\quad \boldsymbol{A}^{j-2}\boldsymbol{B}\quad\cdots\quad\boldsymbol{A}\boldsymbol{B}\quad\boldsymbol{B}]$ 的值域空间，即

$$X_{\mathrm{r}}^{j}=R[\boldsymbol{A}^{j-1}\boldsymbol{B}\quad \boldsymbol{A}^{j-2}\boldsymbol{B}\quad\cdots\quad\boldsymbol{A}\boldsymbol{B}\quad\boldsymbol{B}] \tag{4.72}$$

证明 X_r^j 中的状态可分为两类,第一类它们恰好 j 步能达,第二类 $k(<j)$ 步能达.对于第一类,存在控制序列 $\boldsymbol{u}_0,\boldsymbol{u}_1,\cdots,\boldsymbol{u}_{j-1}$ 可完成由 $\boldsymbol{x}(0)=\boldsymbol{0}_x$ 到 $\boldsymbol{x}(j)=\hat{\boldsymbol{x}},\hat{\boldsymbol{x}}\in X_r^j$ 的转移,即方程式(4.82)有解,

$$\begin{bmatrix}\boldsymbol{A}^{j-1}\boldsymbol{B} & \boldsymbol{A}^{j-2}\boldsymbol{B} & \cdots & \boldsymbol{AB} & \boldsymbol{B}\end{bmatrix}\begin{bmatrix}\boldsymbol{u}_0\\ \boldsymbol{u}_1\\ \vdots\\ \boldsymbol{u}_{j-2}\\ \boldsymbol{u}_{j-1}\end{bmatrix}=\hat{\boldsymbol{x}} \tag{4.73}$$

所以 $\hat{\boldsymbol{x}}\in R[\boldsymbol{M}_r^j]$.同理对于第二类,有

$$\hat{\boldsymbol{x}}\in R[\boldsymbol{M}_r^k],\quad k<j$$

又因为

$$R[\boldsymbol{M}_r^k]\subseteq R[\boldsymbol{M}_r^j]$$

于是得到结论 $X_r^j=R[\boldsymbol{M}_r^j]$.

定理 4.26 线性非时变离散系统$\{\boldsymbol{A},\boldsymbol{B},\boldsymbol{C}\}$为完全能达系统的充要条件是

$$\rho[\boldsymbol{M}_r]=\rho[\boldsymbol{A}^{n-1}\boldsymbol{B}\quad \boldsymbol{A}^{n-2}\boldsymbol{B}\quad \boldsymbol{AB}\quad \boldsymbol{B}]=n \tag{4.74}$$

其中 $\boldsymbol{M}_r$ 称做能达性矩阵,亦可规定为

$$\boldsymbol{M}_r=[\boldsymbol{B}\quad \boldsymbol{AB}\quad \cdots\quad \boldsymbol{A}^{n-2}\boldsymbol{B}\quad \boldsymbol{A}^{n-1}\boldsymbol{B}]$$

证明 引理 4.1 指出,若 $R[\boldsymbol{M}_r^j]=X,j<n$,系统为 j 步完全能达系统,而 $R[\boldsymbol{M}_r^j]\subseteq R[\boldsymbol{M}_r]$,所以 $R[\boldsymbol{M}_r]=X$,或 $\rho[\boldsymbol{M}_r]=n$ 保证了系统完全能达.这种情况下,j 就是系统的能达性指数.倘若 $R[\boldsymbol{M}_r^j]$是 X 的真子空间,随着 j 的增大,$R[\boldsymbol{M}_r^j]=X_r^j$ 因 $\boldsymbol{M}_r^j$ 的列数增加而有可能扩大.凯莱-哈密顿定理决定了 $R[\boldsymbol{M}_r]=\max\{X_r^j,j=1,2,\cdots\}$.因此,如果 $\rho[\boldsymbol{M}_r]<n$,能达子空间 $R[\boldsymbol{M}_r]\subset X$,系统必定不完全能达.

由能控性定义可知,系统完全能控等价于方程式(4.75)有解,

$$\begin{bmatrix}\boldsymbol{A}^{n-1}\boldsymbol{B} & \boldsymbol{A}^{n-2}\boldsymbol{B} & \boldsymbol{AB} & \boldsymbol{B}\end{bmatrix}\begin{bmatrix}\boldsymbol{u}_0\\ \boldsymbol{u}_1\\ \vdots\\ \boldsymbol{u}_{n-2}\\ \boldsymbol{u}_{n-1}\end{bmatrix}=\boldsymbol{A}^n(-\hat{\boldsymbol{x}}),\quad \forall\,\hat{\boldsymbol{x}}=\boldsymbol{x}(0)\in X, \tag{4.75}$$

将式(4.75)和式(4.70)相对照,可得到类似于定理 4.25 的定理 4.27.

定理 4.27 线性非时变离散系统$\{\boldsymbol{A},\boldsymbol{B},\boldsymbol{C}\}$为完全能控的充要条件如下:

情况 1 若 $\boldsymbol{A}$ 非奇异,当且仅当 $\rho[\boldsymbol{M}_r]=n$,或能达性格拉姆矩阵 $\boldsymbol{W}_r=\boldsymbol{M}_r\overset{*}{\boldsymbol{M}}_r$ 非奇异,系统完全能控.

情况 2 若 $\boldsymbol{A}$ 奇异,当且仅当

$$R[\boldsymbol{M}_r]\supseteq R[\boldsymbol{A}^n] \tag{4.76}$$

成立,系统完全能控.

由定理 4.27 可导出下面三点推论:(1)系统$\{\boldsymbol{A},\boldsymbol{B},\boldsymbol{C}\}$能达必能控;(2)系统$\{\boldsymbol{A},\boldsymbol{B},\boldsymbol{C}\}$能控且 $\boldsymbol{A}$ 非奇异则能达;(3)若系统矩阵 $\boldsymbol{A}$ 为幂零矩阵,即 $\boldsymbol{A}^n=\boldsymbol{0}$,系统一定能控,而且系统

无需输入运行 n 步后到达状态空间原点.幂零矩阵是一种主对角线上元素全为零的上三角或下三角方阵.因此对应的系统模拟框图中每个延迟器均无任何反馈回路,所以凡是每个延迟器均无任何反馈回路的系统必定是能控系统.

例 4.15　设系统$\{\boldsymbol{A},\boldsymbol{B},\boldsymbol{C}\}$分别如下,试讨论其能控性:

$$\boldsymbol{A}=\begin{bmatrix}\alpha & 0\\ 0 & \beta\end{bmatrix},\quad \boldsymbol{B}=\begin{bmatrix}a\\ b\end{bmatrix},\quad \boldsymbol{C}=[c\quad d]$$

其中 α,β 均不为零.

情况 1　$a=0,b\neq0;a\neq0,b=0;a=b=0$.系统不完全能控.

情况 2　$a\neq0$ 且 $b\neq0$,但 $\alpha=\beta$,系统仍不完全能控.能控子空间 X_{c} 为

$$X_{\mathrm{c}}=R[\boldsymbol{M}_{\mathrm{r}}]=\begin{bmatrix}a\\ b\end{bmatrix},$$

即直线 $x_2=\dfrac{b}{a}x_1$.

情况 3　$a\neq0,b\neq0$,且 $\alpha\neq\beta$:

$$\rho[\boldsymbol{M}_{\mathrm{r}}]=\rho\begin{bmatrix}a & \alpha a\\ b & \beta b\end{bmatrix}=2$$

系统能控,因 $\boldsymbol{A}$ 非奇异,系统也是能达系统.

4.9.2　线性离散系统的能观性和能构性

在 4.4 节中曾阐明对于线性系统只需要依据输出的零输入响应在有限时间区间内是否不恒为零判断系统的能观性.(虽然那里是用连续系统来阐明的.按照同样方式可证明这一论断对线性离散系统同样正确.)3.6 节曾指出

$$\boldsymbol{y}_{zi}(k)=\boldsymbol{C}(k)\boldsymbol{\Phi}(k,k_0)x(k_0),\quad k\geqslant k_0 \tag{3.84b}$$

设 $\hat{\boldsymbol{x}}=\boldsymbol{x}(k_0)$是状态空间 X 中任意非零状态,再假设通过 $j(<n)$步测量输出的零输入响应 $\boldsymbol{y}_{zi}(k_0),\boldsymbol{y}_{zi}(k_0+1),\cdots,\boldsymbol{y}_{zi}(k_0+j-1)=\boldsymbol{y}_{zi}(k_j-1)$便可确定 $\hat{\boldsymbol{x}}$,则系统为 j 步完全能观系统.注意下面情况是可能的,即某些状态可能通过 $i(<j)$步测量输出的零输入响应便可确定.应用式(3.84b)得到式(4.77):

$$\begin{bmatrix}\boldsymbol{C}(k_0)\boldsymbol{\Phi}(k_0,k_0)\\ \boldsymbol{C}(k_0+1)\boldsymbol{\Phi}(k_0+1,k_0)\\ \vdots\\ \boldsymbol{C}(k_0+j-1)\boldsymbol{\Phi}(k_0+j-1,k_0)\end{bmatrix}\hat{\boldsymbol{x}}=\begin{bmatrix}\boldsymbol{y}_{zi}(k_0)\\ \boldsymbol{y}_{zi}(k_0+1)\\ \vdots\\ \boldsymbol{y}_{zi}(k_0+j-1)\end{bmatrix} \tag{4.77}$$

系统为 j 步完全能观系统意味着对于任意非零初始状态 $\hat{\boldsymbol{x}}$,等式(4.77)右边都不会是零向量,即

$$N\begin{bmatrix}\boldsymbol{C}(k_0)\boldsymbol{\Phi}(k_0,k_0)\\ \boldsymbol{C}(k_0+1)\boldsymbol{\Phi}(k_0+1,k_0)\\ \vdots\\ \boldsymbol{C}(k_0+j-1)\boldsymbol{\Phi}(k_0+j-1,k_0)\end{bmatrix}=\{\boldsymbol{0}_x\}$$

或者

$$R[\boldsymbol{\Phi}^{\mathrm{T}}(k_0,k_0)\boldsymbol{C}^{\mathrm{T}}(k_0) \quad \boldsymbol{\Phi}^{\mathrm{T}}(k_0+1,k_0)\boldsymbol{C}^{\mathrm{T}}(k_0+1) \quad \cdots \quad \boldsymbol{\Phi}^{\mathrm{T}}(k_0+j-1,k_0)\boldsymbol{C}^{\mathrm{T}}(k_0+j-1)] = X$$

现在规定 j **步能观性矩阵** $\boldsymbol{M}_{\mathrm{o}}^{j}$ 和 j **步能观性格拉姆矩阵** $\boldsymbol{W}_{\mathrm{o}}^{j}$ 如下：

$$\boldsymbol{M}_{\mathrm{o}}^{j} = \begin{bmatrix} \boldsymbol{C}(k_0) \\ \boldsymbol{C}(k_0+1)\boldsymbol{\Phi}(k_0+1,k_0) \\ \boldsymbol{C}(k_0+2)\boldsymbol{\Phi}(k_0+2,k_0) \\ \vdots \\ \boldsymbol{C}(k_0+j-1)\boldsymbol{\Phi}(k_0+j-1,k_0) \end{bmatrix} \tag{4.78}$$

$$\boldsymbol{W}_{\mathrm{o}}^{j} = \boldsymbol{M}_{\mathrm{o}}^{*j}\boldsymbol{M}_{\mathrm{o}}^{j} \tag{4.79}$$

定理 4.28 线性时变离散系统 $\{\boldsymbol{A}(k),\boldsymbol{B}(k),\boldsymbol{C}(k)\}$ 为 k_0 时刻 j 步完全能观系统的充要条件是 $\boldsymbol{M}_{\mathrm{o}}^{j}$ 的 n 列线性无关，或

$$\rho[\boldsymbol{M}_{\mathrm{o}}^{j}] = \rho[\boldsymbol{W}_{\mathrm{o}}^{j}] = n \tag{4.80}$$

至于系统能构性则要求通过测量 k_0 时刻及其以前有限时间区间 J 内的输出零状态响应确定系统在 k_0 时刻的初态 $\boldsymbol{x}(k_0)$，而且要求 $\boldsymbol{x}(k_0)=\hat{\boldsymbol{x}}$ 是状态空间中任意状态，$\forall\,\hat{\boldsymbol{x}}\in X$ 都能被确定出来. 现在仍然假设系统是 j 步完全能能构系统，也就是只要测量出 $\boldsymbol{y}_{zi}(k_0)$，$\boldsymbol{y}_{zi}(k_0-1)$，…，$\boldsymbol{y}_{zi}(k_0-j+1)$ 就可断定初态 $\boldsymbol{x}(k_0)$. 按照

$$\boldsymbol{x}_{zi}(k+1) = \boldsymbol{\Phi}(k+1,k_0-j+1)\boldsymbol{x}_{zi}(k_0-j+1)$$

$$\boldsymbol{y}_{zi}(k) = \boldsymbol{C}(k)\boldsymbol{x}_{zi}(k)$$

得到方程式(4.81)和式(4.82)：

$$\begin{bmatrix} \boldsymbol{C}(k_0-j+1)\boldsymbol{\Phi}(k_0-j+1,k_0-j+1) \\ \boldsymbol{C}(k_0-j+2)\boldsymbol{\Phi}(k_0-j+2,k_0-j+1) \\ \vdots \\ \boldsymbol{C}(k_0)\boldsymbol{\Phi}(k_0,k_0-j+1) \end{bmatrix} \boldsymbol{x}_{zi}(k_0-j+1) = \begin{bmatrix} \boldsymbol{y}_{zi}(k_0-j+1) \\ \boldsymbol{y}_{zi}(k_0-j+2) \\ \vdots \\ \boldsymbol{y}_{zi}(k_0) \end{bmatrix} \tag{4.81}$$

$$\boldsymbol{\Phi}(k_0,k_0-j+1)\boldsymbol{x}_{zi}(k_0-j+1) = \boldsymbol{x}(k_0) = \hat{\boldsymbol{x}}, \quad \forall\,\hat{\boldsymbol{x}}\in X \tag{4.82}$$

视状态转移矩阵 $\boldsymbol{\Phi}(k_0,k_0-j+1)$ 表示将 X 映射到自身的一种线性算子，$\boldsymbol{\Phi}^{\mathrm{T}}(k_0,k_0-j+1)$ 则为其伴随算子. 系统 j 步能构意味着对 X 中任意非零状态 $\hat{\boldsymbol{x}}=\boldsymbol{x}(k_0)$，式(4.81)和式(4.82)同时成立且式(4.81)右边为非零向量，也就是说 $\boldsymbol{\Phi}^{\mathrm{T}}(k_0,k_0-j+1)$ 的值域空间中任意非零向量均不在式(4.81)左边系数矩阵的化零空间之中. 规定 j **步能构性矩阵** $\boldsymbol{M}_{\mathrm{rc}}^{j}$ 为等式(4.81)左边系数矩阵，即

$$\boldsymbol{M}_{\mathrm{rc}}^{j} = \begin{bmatrix} \boldsymbol{C}(k_0-j+1) \\ \boldsymbol{C}(k_0-j+2)\boldsymbol{\Phi}(k_0-j+2,k_0-j+1) \\ \vdots \\ \boldsymbol{C}(k_0-1)\boldsymbol{\Phi}(k_0-1,k_0-j+1) \\ \boldsymbol{C}(k_0)\boldsymbol{\Phi}(k_0,k_0-j+1) \end{bmatrix} \tag{4.83}$$

定理 4.29　线性时变离散系统$\{\boldsymbol{A}(k),\boldsymbol{B}(k),\boldsymbol{C}(k)\}$为$k_0$时刻$j$步完全能构系统的充要条件是

$$R[\boldsymbol{\Phi}^{\mathrm{T}}(k_0,k_0-j+1)]\subseteq R[(\boldsymbol{M}_{\mathrm{rc}}^{j})^{\mathrm{T}}] \tag{4.84}$$

下面再研究线性非时变离散系统$\{\boldsymbol{A},\boldsymbol{B},\boldsymbol{C}\}$的能观性和能构性.规定$j$步能观性矩阵$\boldsymbol{M}_0^j$为

$$\boldsymbol{M}_0^j=[\boldsymbol{C}^{\mathrm{T}}\quad \boldsymbol{A}^{\mathrm{T}}\boldsymbol{C}^{\mathrm{T}}\quad (\boldsymbol{A}^{\mathrm{T}})^2\boldsymbol{C}^{\mathrm{T}}\quad \cdots\quad (\boldsymbol{A}^{\mathrm{T}})^{j-1}\boldsymbol{C}^{\mathrm{T}}]^{\mathrm{T}} \tag{4.85}$$

实际上,式(4.85)就是式(4.78)在非时变情况下的特殊情况.引用定理 4.28 便得到定理 4.30.

定理 4.30　线性非时变离散系统$\{\boldsymbol{A},\boldsymbol{B},\boldsymbol{C}\}$为$j$步完全能观系统的充要条件是

$$\rho[\boldsymbol{M}_{\mathrm{o}}^j]=n \tag{4.86}$$

或相应的格拉姆矩阵$\boldsymbol{W}_{\mathrm{o}}^j=\overset{*}{\boldsymbol{M}}{}_{\mathrm{o}}^j\boldsymbol{M}_{\mathrm{o}}^j$非奇异.

规定能观性矩阵$\boldsymbol{M}_{\mathrm{o}}$如式(4.87),

$$\boldsymbol{M}_{\mathrm{o}}=[\boldsymbol{C}^{\mathrm{T}}\quad \boldsymbol{A}^{\mathrm{T}}\boldsymbol{C}^{\mathrm{T}}\quad \cdots\quad (\boldsymbol{A}^{\mathrm{T}})^{n-1}\boldsymbol{C}^{\mathrm{T}}]^{\mathrm{T}} \tag{4.87}$$

类似于能达性的研究可以得到与定理 4.26 对偶的定理 4.31.

定理 4.31　线性非时变离散系统$\{\boldsymbol{A},\boldsymbol{B},\boldsymbol{C}\}$为完全能观系统的充要条件是$\boldsymbol{M}_{\mathrm{o}}$的$n$列线性无关,或

$$\rho[\boldsymbol{M}_{\mathrm{o}}]=n \tag{4.88}$$

证明的方法类似于定理 4.26,略.

至于能构性,情况与能观性讨论类似,可直接引用定理 4.29 得到定理 4.32.

定理 4.32　线性非时变离散系统$\{\boldsymbol{A},\boldsymbol{B},\boldsymbol{C}\}$为$j$步完全能构的充要条件是

$$R[(\boldsymbol{A}^{\mathrm{T}})^{j-1}]\subseteq R[\boldsymbol{C}^{\mathrm{T}}\quad \boldsymbol{A}^{\mathrm{T}}\boldsymbol{C}^{\mathrm{T}}\quad \cdots\quad (\boldsymbol{A}^{\mathrm{T}})^{j-1}\boldsymbol{C}^{\mathrm{T}}] \tag{4.89}$$

考虑到凯莱-哈密顿定理,j最大可取到n.于是可推广得到定理 4.33.

定理 4.33　线性非时变离散系统$\{\boldsymbol{A},\boldsymbol{B},\boldsymbol{C}\}$完全能构的充要条件是

$$R[(\boldsymbol{A}^{\mathrm{T}})^{n-1}]\subseteq R[\boldsymbol{C}^{\mathrm{T}}\quad \boldsymbol{A}^{\mathrm{T}}\boldsymbol{C}^{\mathrm{T}}\quad \cdots\quad (\boldsymbol{A}^{\mathrm{T}})^{n-1}\boldsymbol{C}^{\mathrm{T}}] \tag{4.90}$$

由式(4.90)清楚地看出若系统能构且$\boldsymbol{A}$可逆则能观.反之,能观系统必能构,不论系统矩阵$\boldsymbol{A}$奇异与否.线性非时变离散系统能达性、能控性、能观性和能构性之间关系可用图 4.13 直观地表示出来.

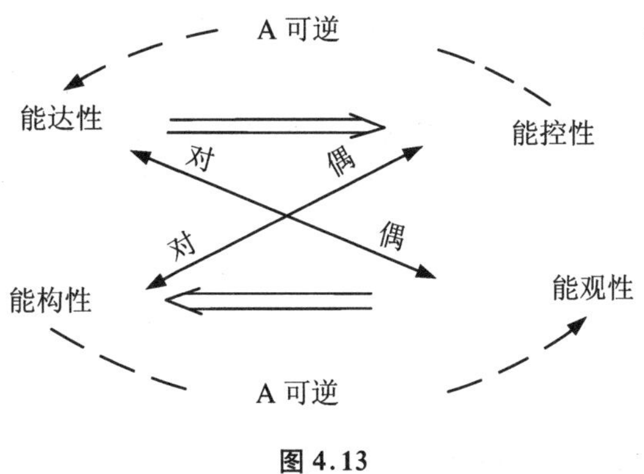

图 4.13

尽管离散系统有自己的固有特性而与连续系统存在着差异，但是当离散系统的系统矩阵 $\boldsymbol{A}$ 非奇异，由连续系统离散化后的系统正是这样，离散系统和连续系统在能控性（能达性）和能观性（能构性）方面有着极其相似之处．有关线性非时变连续系统的许多结论和定理对线性非时变离散系统都适用，这里就不一一叙述了．值得提醒的是在涉及频域理论时，连续系统应用的是拉氏变换，离散系统应用的是 Z 变换．

习　题　4

4.1　考察下列函数集中函数在 $(-\infty,\infty)$ 上彼此是否线性相关：

(a) $\{t, t^2, e^t, e^{2t}, te^t\}$；

(b) $\{e^t, te^t, t^2e^t, te^{2t}, te^{3t}\}$；

(c) $\{\sin t, \cos t, \sin 2t\}$．

4.2　考察下列动态方程的能控性和能观性：

(a) $\begin{bmatrix}\dot{x}_1\\ \dot{x}_2\end{bmatrix}=\begin{bmatrix}0 & 1\\ 0 & t\end{bmatrix}\begin{bmatrix}x_1(t)\\ x_2(t)\end{bmatrix}+\begin{bmatrix}0\\ 1\end{bmatrix}u(t), y(t)=\begin{bmatrix}0 & 1\end{bmatrix}x(t)$；

(b) $\begin{bmatrix}\dot{x}_1\\ \dot{x}_2\end{bmatrix}=\begin{bmatrix}0 & 0\\ 0 & 1\end{bmatrix}\begin{bmatrix}x_1(t)\\ x_2(t)\end{bmatrix}+\begin{bmatrix}1\\ e^{-t}\end{bmatrix}u(t), y(t)=\begin{bmatrix}1 & e^t\end{bmatrix}x(t)$；

(c) $\begin{bmatrix}\dot{x}_1\\ \dot{x}_2\end{bmatrix}=\begin{bmatrix}0 & 0\\ 0 & 1\end{bmatrix}\begin{bmatrix}x_1(t)\\ x_2(t)\end{bmatrix}+\begin{bmatrix}1\\ e^{t}\end{bmatrix}u(t), y(t)=\begin{bmatrix}1 & e^t\end{bmatrix}x(t)$．

4.3　试证：若线性系统为 t_0 时刻能控系统，那么对任何小于 t_0 的时刻 t，系统仍然能控．如果 $t>t_0$，系统仍然能控吗？为什么？

4.4　设 $W_c(t_0,t_1)$ 为能控性格拉姆矩阵，试证

$$\frac{\mathrm{d}\boldsymbol{W}_c(t,t_1)}{\mathrm{d}t}=\boldsymbol{A}(t)\boldsymbol{W}_c(t,t_1)+\boldsymbol{W}_c(t,t_1)\boldsymbol{A}^{\mathrm{T}}(t)-\boldsymbol{B}(t)\boldsymbol{B}^{\mathrm{T}}(t)$$

$$\left(\text{提示：}\boldsymbol{W}_c(t_1,t_1)=\boldsymbol{0},\frac{\mathrm{d}}{\mathrm{d}t}\int_{T_0}^{t}f(t,\tau)g(\tau)\mathrm{d}\tau=f(t,t)g(t)+\int_{t_0}^{t}\frac{\partial f(t,\tau)}{\partial t}g(\tau)\mathrm{d}\tau\right)$$

试写出关于能观性格拉姆矩阵 $\boldsymbol{W}_0(t_0,t_1)$ 的对应关系式．

4.5　3.4 节指出利用模态矩阵或修正的模态矩阵对线性非时变系统进行代数等价变换后，系统能控性、能观性、传递函数矩阵等均保持不变．本章对此都作了证明．请用连续可微非奇异方阵 $\boldsymbol{Q}(t)$ 对线性时变系统作等价变换，写出变换前变 $\boldsymbol{A}(t)$，$\boldsymbol{B}(t)$，$\boldsymbol{C}(t)$，$\boldsymbol{D}(t)$，基本矩阵 $\boldsymbol{\psi}(t)$ 及状态转移矩阵和变换后相应矩阵的关系式．

4.6　判断下面三组动态方程的能控性和能观性，希望对每组动态方程采用不同的判别方式．

(a) $\dot{\boldsymbol{x}}=\begin{bmatrix}0 & 1 & 0\\ 0 & 0 & 1\\ -2 & -4 & -3\end{bmatrix}\boldsymbol{x}+\begin{bmatrix}1 & 0\\ 0 & 1\\ -1 & 1\end{bmatrix}\boldsymbol{u}(t), y(t)=\begin{bmatrix}0 & 1 & -1\\ 1 & 2 & 1\end{bmatrix}\boldsymbol{x}(t)$；

(b) $\dot{\boldsymbol{x}}=\begin{bmatrix}0 & 4 & 3\\ 0 & 20 & 16\\ 0 & -25 & -20\end{bmatrix}\boldsymbol{x}+\begin{bmatrix}-1\\ 3\\ 0\end{bmatrix}u, y(t)=\begin{bmatrix}-1 & 3 & 0\end{bmatrix}\boldsymbol{x}$；

(c) $\dot{\boldsymbol{x}}=\begin{bmatrix}-2 & 2 & -1\\ 0 & -2 & 0\\ 1 & -4 & 0\end{bmatrix}\boldsymbol{x}+\begin{bmatrix}0\\0\\1\end{bmatrix}u,y(t)=[1\quad -1\quad 1]\boldsymbol{x}$.

4.7 对下列三组动态方程所描述的系统按能控性和能观性进行结构分解：

(a) $\dot{\boldsymbol{x}}\begin{bmatrix}-3 & 2 & 0\\ -1 & 0 & 0\\ 0 & 5 & -1\end{bmatrix}\boldsymbol{x}+\begin{bmatrix}0\\1\\0\end{bmatrix}u,y(t)=[1\quad 0\quad 0]\boldsymbol{x}$；

(b) $\dot{\boldsymbol{x}}=\begin{bmatrix}-2 & 2 & -1\\ 0 & -2 & 0\\ 1 & -4 & 0\end{bmatrix}\boldsymbol{x}+\begin{bmatrix}0\\0\\1\end{bmatrix}u(t),y(t)=[1\quad -1\quad 1]\boldsymbol{x}$；

(c) $\dot{\boldsymbol{x}}=\begin{bmatrix}0 & 0 & -1\\ 1 & 0 & -3\\ 0 & 1 & -3\end{bmatrix}\boldsymbol{x}+\begin{bmatrix}1\\1\\0\end{bmatrix}u(t),y(t)=[0\quad 1\quad -2]\boldsymbol{x}$.

4.8 求下面动态方程的能控性指数和能观性指数：

$$\dot{\boldsymbol{x}}=\begin{bmatrix}0 & 1 & 0\\ 0 & 0 & 1\\ 0 & 2 & -1\end{bmatrix}\boldsymbol{x}+\begin{bmatrix}0 & 1\\ 1 & 0\\ 0 & 0\end{bmatrix}u(t)$$

$$y(t)=[1\quad 0\quad 1]\boldsymbol{x}$$

4.9 设有动态方程

$$\dot{\boldsymbol{x}}(t)=\begin{bmatrix}-1 & 1 & 0\\ 0 & -1 & 0\\ 0 & 0 & -2\end{bmatrix}\boldsymbol{x}(t)+\begin{bmatrix}0\\1\\1\end{bmatrix}u(t)$$

$$y(t)=[1\quad 1\quad 1]\boldsymbol{x}(t)$$

(a) 若 $u(t)\equiv 0$,如何设置 $\boldsymbol{x}(0)$使得 $y(t)=te^{-t},\forall t>0$?

(b) 若 $\boldsymbol{x}(0)=\boldsymbol{x}_0$ 已知,试求输入 $u(t)$使 $\boldsymbol{x}(t)=0,\forall t\geqslant 1$.

(c) 若 $\boldsymbol{x}(0)=\boldsymbol{x}_0$ 已知,试求输入 $u(t)$使 $y(t)=\sin(t-1),\forall t>t$.

4.10 设有两个既能控又能观的系统 S_1 和 S_2：

S_1： $\dot{\boldsymbol{x}}_1=\begin{bmatrix}0 & 1\\ -3 & -4\end{bmatrix}\boldsymbol{x}_1+\begin{bmatrix}0\\1\end{bmatrix}u(t),\quad y_1(t)=[2\quad 1]\boldsymbol{x}$

S_2： $\dot{x}_2(t)=-2x_2(t)+u(t),\quad y_2(t)=x_2(t)$

(a) 求系统 S_1 后面串联 S_2 后串联系统的动态方程；

(b) 判断串联系统是否为能控系统和能观系统；

(c) 计算串联系统的传递函数.

4.11 将题4.10中两个系统并连联接得到并联系统，

(a) 求并联系统的动态方程；

(b) 判断并联系统的能控性和能观性；

(c) 计算并联系统的传递函数.

4.12 令 $\boldsymbol{P}$ 是n 阶非奇异方阵,用 $\boldsymbol{P}$ 将n 维状态方程 $\dot{\boldsymbol{x}}=\boldsymbol{Ax}+\boldsymbol{Bu}$ 等价变换成

$$\dot{\bar{\boldsymbol{x}}}(t)=\bar{\boldsymbol{A}}\bar{\boldsymbol{x}}+\bar{\boldsymbol{B}}\boldsymbol{u}=\boldsymbol{PAP}^{-1}\bar{\boldsymbol{x}}+\boldsymbol{PBu}$$

$$PAP^{-1} = \begin{bmatrix} \bar{A}_{11} & \bar{A}_{12} \\ \bar{A}_{21} & \bar{A}_{22} \end{bmatrix}, \quad PB = \begin{bmatrix} B_1 \\ 0 \end{bmatrix}_{n\times m}$$

其中 B_1 是 $n_1 \times m$ 矩阵，$\rho B = \rho B_1 = n_1$，$\bar{A}_{21}$和 $\bar{A}_{22}$分别是$(n-n_1)\times n_1$ 和$(n-n_1)\times(n-n_1)$的矩阵. 试证$\{A,B\}$能控的充分条件是$\{A_{22},A_{21}\}$能控.

4.13 证明$\{A,C\}$能观的充要必要条件是$\{A,C^* C\}$能观，这里 A 和 C 分别是$n\times n$ 和$r\times n$ 矩阵，C^*是 C 的共轭转置矩阵.

4.14 设系统动态方程如下：

$$\begin{bmatrix} \dot{x}_1 \\ \dot{x}_2 \\ \dot{x}_3 \\ \dot{x}_4 \end{bmatrix} = \begin{bmatrix} -1 & 0 & 0 & 0 \\ 2 & -3 & 0 & 0 \\ 0 & 0 & -2 & 0 \\ 4 & -1 & 2 & -4 \end{bmatrix} \begin{bmatrix} x_1 \\ x_2 \\ x_3 \\ x_4 \end{bmatrix} + \begin{bmatrix} 0 \\ 0 \\ 1 \\ 2 \end{bmatrix} u$$

$$y = [3 \quad 0 \quad 1 \quad 0] x$$

分析 x_1,x_2,x_3 和 x_4 中哪些是能控状态或能观状态，并求传递函数 $g(s)$.

4.15 设连续系统状态方程为

$$\dot{x} = \begin{bmatrix} 0 & 1 \\ 0 & 0 \end{bmatrix} x + \begin{bmatrix} 0 \\ 1 \end{bmatrix} u$$

(a) 取样周期 $T_s = 0.1$，对连续系统实施离散化；

(b) 判断离散化前后系统的能控性；

(c) 设离散化后初态为

$$\begin{bmatrix} x_1(0) \\ x_2(0) \end{bmatrix} = \begin{bmatrix} 0.5 \\ 1 \end{bmatrix}$$

欲使系统通过两步控制由初态转移到 $x(2)=0$，求系统的控制序列$\{u(0),u(1)\}$.

4.16 设连续系统状态方程为

$$\dot{x} = \begin{bmatrix} 0 & 1 \\ -4 & 0 \end{bmatrix} x + \begin{bmatrix} 0 \\ 2 \end{bmatrix} u$$

(a) 设取样周期为 T_s，建立离散化后状态方程；

(b) 为使离散化后系统仍然能控，确定 T_s 的取值.

第5章　传递函数矩阵的状态空间实现

本章以线性非时变连续系统作为对象，研究系统的状态空间实现问题. 概括地说，系统理论主要研究系统的分析和综合、设计. 从系统分析角度出发，首先必须建立实际系统的数学模型. 显然，在不了解系统内部结构的条件下，无法直接建立系统的状态空间模型；即使已经知道复杂系统的内部结构，依靠支配系统物理过程的各种物理定律和数学手段直接推导系统的动态方程并不是万能的，有时并不能奏效. 可是通过实验手段，不论系统简单还是复杂，总能够得到系统的输入-输出模型，即系统的传递函数矩阵（包括单变量系统的传递函数）. 从系统综合（或设计）角度考虑，由于传递函数矩阵直接表征了系统的输入-输出关系，富有鲜明的物理意义，关于系统性能的指标很适合通过传递函数矩阵给出. 因此不论是研究系统分析还是系统综合、设计，都可认为已经给出了传递函数矩阵. 为了充分利用众多建立在动态方程基础上的分析设计技术和算法，就必须研究如何通过给定的传递函数矩阵找出相应的动态方程，要求由这样的动态方程计算出的传递函数矩阵与给定的传递函数矩阵相等. 以后就将具有给定的传递函数矩阵 $\boldsymbol{G}(s)$ 的状态空间模型 $\{\boldsymbol{A},\boldsymbol{B},\boldsymbol{C},\boldsymbol{D}\}$ 或 $\{\boldsymbol{A},\boldsymbol{B},\boldsymbol{C}\}$ 称作传递矩阵 $\boldsymbol{G}(s)$ 的一种实现，简称为实现，前者对应 $\boldsymbol{G}(s)$ 为真有理函数矩阵，后者对应 $\boldsymbol{G}(s)$ 为严格真有理函数矩阵. 第4章曾指出状态变换或代数等价变换不改变动态方程所具有的传递函数矩阵，所以给定的传递函数矩阵 $\boldsymbol{G}(s)$ 的实现有无数个，而不是唯一的. 每一种实现的系统矩阵 $\boldsymbol{A}$ 的阶次，也就是相应状态空间的维数标志着实现的规模大小，结构的复杂程度，在所有的实现中维数最低的实现称做传递函数矩阵的最小实现. 最小实现也不是唯一的，但所有最小实现的状态空间维数彼此相等. 在设计复杂系统时，总是希望在制造系统之前用模拟计算机或数字计算机对所设计的系统仿真，以检查系统性能是否达到指标要求. 采用系统的最小实现进行仿真就可以最经济的手段进行设计.

5.1 节介绍有关最小实现的几个定理，5.2 节讨论传递函数 $g(s)$ 的串联实现、并联实现、约尔当标准形实现、能控规范型实现和能观规范型实现. 5.3 节讨论传递函数矩阵 $\boldsymbol{G}(s)$ 的约尔当形最小实现. 5.4 节介绍传递函数矩阵的规范型实现和 Mayne 改进的卡尔曼最小实现. 5.5 节介绍借助奇异值分解进行的汉克尔(Hankel)矩阵最小实现法.

5.1 实现和最小实现

实现 假设已知线性非时变连续系统的传递函数矩阵 $\boldsymbol{G}(s)$，倘若找到状态空间模型 $\{\boldsymbol{A},\boldsymbol{B},\boldsymbol{C},\boldsymbol{D}\}$使得

$$\boldsymbol{G}(s) = \boldsymbol{C}(s\boldsymbol{I} - \boldsymbol{A})^{-1}\boldsymbol{B} + \boldsymbol{D}$$

成立，则称此状态空间模型$\{\boldsymbol{A},\boldsymbol{B},\boldsymbol{C},\boldsymbol{D}\}$为已知的传递函数矩阵 $\boldsymbol{G}(s)$的一个实现，简称为实现.

正如第 4 章指出的，状态变换或代数等价变换不改变动态方程所具有的传递函数矩阵，因此给定的传递函数矩阵(传递函数视为特例)的实现有无穷多个.在所有的实现中，系统矩阵 $\boldsymbol{A}$ 的阶次最低即相应状态空间维数最低的实现称为**最小实现**.可以证明最小实现也不是唯一的，不同的最小实现间彼此是代数等价的；还可以证明最小实现的动态方程代表着既完全能控又完全能观的系统，由此又称最小实现为**既约实现**.实现所代表的是一种"虚拟"系统.这一虚拟系统和实际系统在初始时刻松弛的条件下具有相同的外部特性，所以可以认为两者是零状态外部等价.倘若实际系统本身完全能控又完全能观，则其最小实现所代表的虚拟系统与真实系统具有相同的外部特性和内部特性，两者完全等价，或者说严格等价.这也表明既完全能控又完全能观的动态系统完全由它的传递函数矩阵所表征.这种系统的动态方程和它的传递函数矩阵严格等价.反过来，倘若实际系统并不是既完全能控又完全能观，最小实现或者说传递函数矩阵只是与实际系统的既能控又能观的子系统严格等价，只能表征真实系统的外部特性和行为.

由实现的定义可看出，当 $\boldsymbol{G}(s)$是真有理函数矩阵时，

$$\boldsymbol{D} = \boldsymbol{G}(s = \infty) \tag{5.1}$$

当 $\boldsymbol{G}(s)$是严格真有理函数矩阵时，$\boldsymbol{D}=\boldsymbol{0}$.前者的实现由$\{\boldsymbol{A},\boldsymbol{B},\boldsymbol{C},\boldsymbol{D}=\boldsymbol{G}(\infty)\}$描述，后者的实现由$\{\boldsymbol{A},\boldsymbol{B},\boldsymbol{C}\}$描述.可见寻找真有理函数矩阵的实现关键在于找出$\{\boldsymbol{A},\boldsymbol{B},\boldsymbol{C}\}$，今后主要讨论严格真有理函数矩阵的实现和最小实现.

定理 5.1 设严格真有理函数矩阵 $\boldsymbol{G}(s)$的实现为$\{\boldsymbol{A},\boldsymbol{B},\boldsymbol{C}\}$，它为最小实现的充要条件是$\{\boldsymbol{A},\boldsymbol{B},\boldsymbol{C}\}$既完全能控又完全能观.

证明 首先用反证法证明必要性.假设$\{\boldsymbol{A},\boldsymbol{B},\boldsymbol{C}\}$既不能控又不能观，则必可应用 4.6 节中系统结构分解定理(定理 4.23)找出既能控又能观的子系统$\{\boldsymbol{A}_1,\boldsymbol{B}_1,\boldsymbol{C}_1\}$，且有

$$\boldsymbol{C}(s\boldsymbol{I} - \boldsymbol{A})^{-1}\boldsymbol{B} = \boldsymbol{C}_1(s\boldsymbol{I} - \boldsymbol{A}_1)^{-1}\boldsymbol{B}_1 = \boldsymbol{G}(s)$$
$$\dim(\boldsymbol{A}) > \dim(\boldsymbol{A}_1)$$

这表明$\{\boldsymbol{A},\boldsymbol{B},\boldsymbol{C}\}$不是 $\boldsymbol{G}(s)$的最小实现，与假设矛盾.必要性得证.

再用反证法证明充分性.假设$\{\boldsymbol{A},\boldsymbol{B},\boldsymbol{C}\}$既能控又能观，但不是最小实现.因此应有最小实现$\{\bar{\boldsymbol{A}},\bar{\boldsymbol{B}},\bar{\boldsymbol{C}}\}$，且有

$$\dim(\boldsymbol{A}) \overset{\text{def}}{=} n > \bar{n} = \dim(\bar{\boldsymbol{A}}) \tag{5.2}$$

$$\boldsymbol{C}(s\boldsymbol{I}-\boldsymbol{A})^{-1}\boldsymbol{B}=\bar{\boldsymbol{C}}(s\boldsymbol{I}-\bar{\boldsymbol{A}})^{-1}\boldsymbol{B}=\boldsymbol{G}(s) \tag{5.3}$$

对式(5.3)第一个等号两边取反拉氏变换，有

$$\boldsymbol{G}(t)\overset{\text{def}}{=}\boldsymbol{C}\mathrm{e}^{\boldsymbol{A}t}\boldsymbol{B}=\bar{\boldsymbol{C}}\mathrm{e}^{\bar{\boldsymbol{A}}t}\bar{\boldsymbol{B}}\overset{\text{def}}{=}\bar{\boldsymbol{G}}(t),\quad t\geqslant 0 \tag{5.4}$$

对式(5.4)中 $\boldsymbol{G}(t)$和 $\bar{\boldsymbol{G}}(t)$关于 t 微商直到求出 $2n-2$ 阶导数，

$$\boldsymbol{G}_k(t)\overset{\text{def}}{=}\frac{\mathrm{d}^k}{\mathrm{d}t^k}\boldsymbol{G}(t)=\boldsymbol{C}\boldsymbol{A}^k\mathrm{e}^{\boldsymbol{A}t}\boldsymbol{B}=\boldsymbol{C}\mathrm{e}^{\boldsymbol{A}t}\boldsymbol{A}^k\boldsymbol{B},\quad k=0,1,\cdots,2n-2, \tag{5.5}$$

$$\bar{\boldsymbol{G}}_k(t)\overset{\text{def}}{=}\frac{\mathrm{d}^k}{\mathrm{d}t^k}\bar{\boldsymbol{G}}(t)=\overline{\boldsymbol{C}\boldsymbol{A}}^k\mathrm{e}^{\bar{\boldsymbol{A}}t}\bar{\boldsymbol{B}}=\bar{\boldsymbol{C}}\mathrm{e}^{\bar{\boldsymbol{A}}t}\bar{\boldsymbol{A}}^k\bar{\boldsymbol{B}},\quad k=0,1,\cdots,2n-2 \tag{5.6}$$

将 $\boldsymbol{G}_k(t),k=0,1,\cdots,2n-2$ 排列成式(5.7)，得到

$$\begin{aligned}\boldsymbol{H}_n(t)&=\begin{bmatrix}\boldsymbol{G}_0(t) & \boldsymbol{G}_1(t) & \cdots & \boldsymbol{G}_{n-1}(t)\\ \boldsymbol{G}_1(t) & \boldsymbol{G}_2(t) & \cdots & \boldsymbol{G}_n(t)\\ \vdots & \vdots & & \vdots\\ \boldsymbol{G}_{n-1}(t) & \boldsymbol{G}_n(t) & \cdots & \boldsymbol{G}_{2n-2}(t)\end{bmatrix}\\ &=\begin{bmatrix}\boldsymbol{C}\mathrm{e}^{\boldsymbol{A}t}\boldsymbol{B} & \boldsymbol{C}\mathrm{e}^{\boldsymbol{A}t}\boldsymbol{A}\boldsymbol{B} & \cdots & \boldsymbol{C}\mathrm{e}^{\boldsymbol{A}t}\boldsymbol{A}^{n-1}\boldsymbol{B}\\ \boldsymbol{C}\boldsymbol{A}\mathrm{e}^{\boldsymbol{A}t}\boldsymbol{B} & \boldsymbol{C}\boldsymbol{A}\mathrm{e}^{\boldsymbol{A}t}\boldsymbol{A}\boldsymbol{B} & \cdots & \boldsymbol{C}\boldsymbol{A}\mathrm{e}^{\boldsymbol{A}t}\boldsymbol{A}^{n-1}\boldsymbol{B}\\ \vdots & \vdots & & \vdots\\ \boldsymbol{C}\boldsymbol{A}^{n-1}\mathrm{e}^{\boldsymbol{A}t}\boldsymbol{B} & \boldsymbol{C}\boldsymbol{A}^{n-1}\mathrm{e}^{\boldsymbol{A}t}\boldsymbol{A}\boldsymbol{B} & \cdots & \boldsymbol{C}\boldsymbol{A}^{n-1}\mathrm{e}^{\boldsymbol{A}t}\boldsymbol{A}^{n-1}\boldsymbol{B}\end{bmatrix}\\ &=\begin{bmatrix}\boldsymbol{C}\\ \boldsymbol{C}\boldsymbol{A}\\ \cdots\\ \boldsymbol{C}\boldsymbol{A}^{n-1}\end{bmatrix}\mathrm{e}^{\boldsymbol{A}t}[\boldsymbol{B}\ \boldsymbol{A}\boldsymbol{B}\ \cdots\ \boldsymbol{A}^{n-1}\boldsymbol{B}]\\ &=\boldsymbol{M}_{\mathrm{o}}\mathrm{e}^{\boldsymbol{A}t}\boldsymbol{M}_{\mathrm{c}},\quad t\geqslant 0\end{aligned} \tag{5.7}$$

类似地将 $\bar{\boldsymbol{G}}_k(t),k=0,1,\cdots,2n-2$ 按式(5.7)排列，有

$$\bar{\boldsymbol{H}}_n(t)=\bar{\boldsymbol{M}}_{\mathrm{o}}\mathrm{e}^{\bar{\boldsymbol{A}}t}\bar{\boldsymbol{M}}_{\mathrm{c}},\quad t\geqslant 0$$

考虑到式(5.4)，有 $\boldsymbol{H}_n(t)=\bar{\boldsymbol{H}}_n(t),t\geqslant 0$，取 $t=0$，得到

$$\boldsymbol{M}_{\mathrm{o}}\boldsymbol{M}_{\mathrm{c}}=\bar{\boldsymbol{M}}_{\mathrm{o}}\bar{\boldsymbol{M}}_{\mathrm{c}} \tag{5.8}$$

因为已经假设$\{\boldsymbol{A},\boldsymbol{B},\boldsymbol{C}\}$既能控又能观，有

$$\rho[\bar{\boldsymbol{M}}_{\mathrm{o}}\bar{\boldsymbol{M}}_{\mathrm{c}}]=\rho[\boldsymbol{M}_{\mathrm{o}}\boldsymbol{M}_{\mathrm{c}}]=n$$

势必有

$$\rho[\bar{\boldsymbol{M}}_{\mathrm{o}}]\geqslant n>\bar{n}\quad\text{和}\quad\rho[\bar{\boldsymbol{M}}_{\mathrm{c}}]\geqslant n>\bar{n} \tag{5.9}$$

而$\{\bar{\boldsymbol{A}},\bar{\boldsymbol{B}},\bar{\boldsymbol{C}}\}$是最小实现，必要性证明已指明它一定是既能控又能观，即

$$\rho[\bar{\boldsymbol{M}}_{\mathrm{o}}]=\rho[\bar{\boldsymbol{M}}_{\mathrm{c}}]=\bar{n}<n \tag{5.10}$$

式(5.9)与式(5.10)矛盾，说明$\{\boldsymbol{A},\boldsymbol{B},\boldsymbol{C}\}$即能控又能观但并非最小实现的假设不成立. 充分性得证. 当 $\boldsymbol{G}(\infty)\neq\boldsymbol{0}$ 时，实现为$\{\boldsymbol{A},\boldsymbol{B},\boldsymbol{C},\boldsymbol{D}=\boldsymbol{G}(\infty)\}$，实现维数 $\dim(\boldsymbol{A})$不受 $\boldsymbol{D}$ 影响，本定理仍成立.

定理 5.2　对给定的传递函数矩阵 $\boldsymbol{G}(s)$，其最小实现不是唯一的，但所有最小实现都

是代数等价的.

证明 设$\{A,B,C\}$和$\{\bar{A},\bar{B},\bar{C}\}$均是$G(s)$的最小实现,则$\dim(A)=\dim(\bar{A})=n$,故$M_c M_c^T$与$M_o^T M_o$皆是$n$阶非奇异方阵,进一步可断定$\bar{M}_c\bar{M}_c^T$,$\bar{M}_o^T\bar{M}_o$和$\bar{M}_o^T M_o$,$M_c\bar{M}_c^T$亦然.令

$$T=(\bar{M}_o^T\bar{M}_o)^{-1}(\bar{M}_o^T M_o) \tag{5.11}$$

$$T'=(M_c\bar{M}_c^T)(\bar{M}_c\bar{M}_c^T)^{-1} \tag{5.12}$$

T和T'皆为n阶非奇异方阵,考虑到$M_o M_c=\bar{M}_o\bar{M}_c$,有

$$TT'=(\bar{M}_o^T\bar{M}_o)^{-1}(\bar{M}_o^T M_o)(M_c\bar{M}_c^T)(\bar{M}_c\bar{M}_c^T)^{-1}=I_n \tag{5.13}$$

即

$$T^{-1}=T'$$

因为

$$TM_c=(\bar{M}_o^T\bar{M}_o)^{-1}(\bar{M}_o^T M_o)M_c=\bar{M}_c$$

$$M_o T^{-1}=M_o(M_c\bar{M}_c^T)(\bar{M}_c\bar{M}_c^T)^{-1}=\bar{M}_o$$

即

$$T[B\quad AB\quad\cdots\quad A^{n-1}B]=[\bar{B}\quad\bar{A}\bar{B}\quad\cdots\quad\bar{A}^{n-1}\bar{B}] \tag{5.14}$$

$$\begin{bmatrix} CT^{-1}\\ CAT^{-1}\\ \vdots\\ CA^{n-1}T^{-1}\end{bmatrix}=\begin{bmatrix}\bar{C}\\ \bar{C}\bar{A}\\ \vdots\\ \bar{C}\bar{A}^{n-1}\end{bmatrix} \tag{5.15}$$

由式(5.14)等式两边第一列分别相等得到

$$TB=\bar{B} \tag{5.16}$$

类似地由式(5.15)得到

$$CT^{-1}=\bar{C} \tag{5.17}$$

式(5.5)中$G_k(t=0)=CA^kB$,$k=0,1,2,\cdots$,正是3.6节曾提到过的线性非时变连续系统$\{A,B,C\}$的马尔可夫矩阵.这里记作

$$G_k=CA^kB,\quad k=0,1,2,\cdots$$

由式(5.4)可知实现$\{A,B,C\}$和实现$\{\bar{A},\bar{B},\bar{C}\}$的马尔可夫矩阵彼此相等,$CA^kB=\bar{C}\bar{A}^k\bar{B}$.因此类似式(5.8)得到

$$M_o AM_c=\bar{M}_o\bar{A}\bar{M}_c \tag{5.18}$$

将等式两边分别右乘$\bar{M}_c^T$和左乘$\bar{M}_o^T$,可导出

$$\bar{M}_o^T M_o AM_c\bar{M}_c^T=\bar{M}_o^T\bar{M}_o\bar{A}\bar{M}_c\bar{M}_c^T$$

$$TAT^{-1}=\bar{A} \tag{5.19}$$

式(5.16)、式(5.17)和式(5.19)说明两个最小实现之间存在代数等价关系.定理证毕.

将马尔可夫矩阵 $\boldsymbol{G}_k$ 按式(5.20)排列所得到的矩阵称为 p 阶汉克尔矩阵

$$\boldsymbol{H}_p = \begin{bmatrix} \boldsymbol{G}_0 & \boldsymbol{G}_1 & \cdots & \boldsymbol{G}_{p-1} \\ \boldsymbol{G}_1 & \boldsymbol{G}_2 & \cdots & \boldsymbol{G}_p \\ \vdots & \vdots & & \vdots \\ \boldsymbol{G}_{p-1} & \boldsymbol{G}_p & \cdots & \boldsymbol{G}_{2p-2} \end{bmatrix}, \quad p = 1,2,\cdots \tag{5.20}$$

式(5.21)说明在寻求 $\boldsymbol{G}(s)$的实现之前可由 $\boldsymbol{G}(s)$在 $s=\infty$处的幂级数展开式中求出马尔可夫矩阵，

$$\begin{aligned} \boldsymbol{G}(s) &= \boldsymbol{C}[s(\boldsymbol{I} - \boldsymbol{A}s)^{-1}]^{-1}\boldsymbol{B} = \sum_{k=0}^{\infty} \boldsymbol{C}\boldsymbol{A}^k\boldsymbol{B}s^{-(k+1)} \\ &= \sum_{k=0}^{\infty} \boldsymbol{G}_k s^{-(k+1)} \end{aligned} \tag{5.21}$$

然后根据定理5.3确定最小实现维数 n_m.

定理5.3　设给定的传递函数矩阵 $\boldsymbol{G}(s)$是严格的真有理函数矩阵，$\boldsymbol{G}(s)$的最小实现维数 n_m 等于$k(\geqslant n_m)$阶汉克尔矩阵的秩.

证明　假设$\{\boldsymbol{A},\boldsymbol{B},\boldsymbol{C}\}$是 $\boldsymbol{G}(s)$的维数为 n_m 的最小实现，则 $\rho[\boldsymbol{M}_c]=\rho[\boldsymbol{M}_o]=n_m$，

$$\begin{aligned} \boldsymbol{H}_{n_m} &= \begin{bmatrix} \boldsymbol{G}_0 & \boldsymbol{G}_1 & \cdots & \boldsymbol{G}_{n_m-1} \\ \boldsymbol{G}_1 & \boldsymbol{G}_2 & \cdots & \boldsymbol{G}_{n_m} \\ \vdots & \vdots & & \vdots \\ \boldsymbol{G}_{n_m-1} & \boldsymbol{G}_{n_m} & \cdots & \boldsymbol{G}_{2n_m-2} \end{bmatrix} \\ &= \begin{bmatrix} \boldsymbol{CB} & \boldsymbol{CAB} & \cdots & \boldsymbol{CA}^{n_m-1}\boldsymbol{B} \\ \boldsymbol{CAB} & \boldsymbol{CA}^2\boldsymbol{B} & \cdots & \boldsymbol{CA}^{n_m}\boldsymbol{B} \\ \vdots & \vdots & & \vdots \\ \boldsymbol{CA}^{n_m-1}\boldsymbol{B} & \boldsymbol{CA}^{n_m}\boldsymbol{B} & \cdots & \boldsymbol{CA}^{2n_m-2}\boldsymbol{B} \end{bmatrix} \\ &= \boldsymbol{M}_o\boldsymbol{M}_c \end{aligned} \tag{5.22}$$

所以

$$\rho[\boldsymbol{H}_{n_m}] \leqslant n_m \tag{5.23}$$

由 $\boldsymbol{M}_o^{\mathrm{T}}\boldsymbol{M}_o$ 为 n_m 阶非奇异方阵和$\boldsymbol{M}_o^{\mathrm{T}}\boldsymbol{H}_{n_m}=\boldsymbol{M}_o^{\mathrm{T}}\boldsymbol{M}_o\boldsymbol{M}_c$ 导出

$$(\boldsymbol{M}_o^{\mathrm{T}}\boldsymbol{M}_o)^{-1}\boldsymbol{M}_o^{\mathrm{T}}\boldsymbol{H}_{n_m} = \boldsymbol{M}_c$$

故又有

$$\rho[\boldsymbol{M}_c] = n_m \leqslant \min(\rho[(\boldsymbol{M}_o^{\mathrm{T}}\boldsymbol{M}_o)^{-1})],\rho[\boldsymbol{M}_o^{\mathrm{T}}],\rho[\boldsymbol{H}_{n_m}])$$

或

$$n_m \leqslant \min(n_m, n_m, \rho[\boldsymbol{H}_{n_m}]) \tag{5.24}$$

式(5.24)意味 $\rho[\boldsymbol{H}_{n_m}]\geqslant n_m$，结合式(5.23)得出结论

$$\rho[\boldsymbol{H}_{n_m}] = n_m$$

另外，由凯莱-哈密顿定理可知，若 $k>n_m$，则有

$$\rho[\boldsymbol{H}_k] = \rho[\boldsymbol{H}_{n_m}] = n_m$$

定理得证.

例 5.1 试确定下面传递函数 $g(s)$和传递函数矩阵 $\boldsymbol{G}(s)$的最小实现维数：

$$g(s)=\frac{1}{(s+1)(s+2)},\quad \boldsymbol{G}(s)=\frac{1}{(s-1)(s-4)}\begin{bmatrix}2 & s-4\\ s-4 & 0\end{bmatrix}$$

解

$$g(s)=\frac{1}{s^2+3s+2}$$

应用长除法将 $g(s)$在 $s=\infty$ 处展开：

$$\begin{array}{r l}
 & s^{-2}-3s^{-3}+7s^{-4}-15s^{-5}+31s^{-6}-63s^{-7}\\
s^2+3s+2\;) & 1\\
 & 1+3s^{-1}+2s^{-2}\\
\hline
 & -3s^{-1}-2s^{-2}\\
 & -3s^{-1}-9s^{-2}-6s^{-3}\\
\hline
 & 7s^{-2}+6s^{-3}\\
 & 7s^{-2}+21s^{-3}+14s^{-4}\\
\hline
 & -15s^{-3}-14s^{-4}\\
 & -15s^{-3}-45s^{-4}-30s^{-5}\\
\hline
 & 31s^{-4}+30s^{-5}\\
 & 31s^{-4}+93s^{-5}+62s^{-6}\\
\hline
 & -63s^{-5}-62s^{-6}\\
 & -63s^{-5}-189s^{-6}-126s^{-7}\\
\hline
 & 127s^{-6}+126s^{-7}
\end{array}$$

得到

$$\begin{aligned}g(s)&=0s^{-1}+1s^{-2}-3s^{-3}+7s^{-4}-15s^{-5}+31s^{-6}-63s^{-7}+\cdots\\&=g_0s^{-1}+g_1s^{-2}-g_2s^{-3}+g_3s^{-4}-g_4s^{-5}+g_5s^{-6}-g_6s^{-7}+\cdots\end{aligned}$$

由 $g_k,k=0,1,2,\cdots,7$ 组成的汉克尔矩阵如下：

$$\boldsymbol{H}_1=0,\quad \boldsymbol{H}_2=\begin{bmatrix}0 & 1\\1 & -3\end{bmatrix},\quad \boldsymbol{H}_3=\begin{bmatrix}0 & 1 & -3\\1 & -3 & 7\\-3 & 7 & -15\end{bmatrix},$$

$$\boldsymbol{H}_4=\begin{bmatrix}0 & 1 & -3 & 7\\1 & -3 & 7 & -15\\-3 & 7 & -15 & 31\\7 & -15 & 31 & -63\end{bmatrix},\ \cdots$$

可以验证，$\rho[\boldsymbol{H}_1]=0,\rho[\boldsymbol{H}_2]=\rho[\boldsymbol{H}_3]=\rho[\boldsymbol{H}_4]=\cdots=2$.所以 $g(s)$的最小实现维数 $n_m=2$.

将 $\boldsymbol{G}(s)$的每个元素应用长除法在 $s=\infty$处展开,得到

$$\boldsymbol{G}(s)=\begin{bmatrix}0s^{-1}+2s^{-2}+10s^{-3}+42s^{-4}+170s^{-5}+\cdots & s^{-1}+s^{-2}+s^{-3}+s^{-4}+s^{-5}+\cdots \\ s^{-1}+s^{-2}+s^{-3}+s^{-4}+s^{-5}+\cdots & 0\end{bmatrix}$$

$$\boldsymbol{G}_0\begin{bmatrix}0 & 1\\1 & 0\end{bmatrix},\quad \boldsymbol{G}_1=\begin{bmatrix}2 & 1\\1 & 0\end{bmatrix},\quad \boldsymbol{G}_3=\begin{bmatrix}10 & 1\\1 & 0\end{bmatrix},$$

$$\boldsymbol{G}_4=\begin{bmatrix}42 & 1\\1 & 0\end{bmatrix},\quad \boldsymbol{G}_5=\begin{bmatrix}170 & 1\\1 & 0\end{bmatrix},\quad \cdots$$

由 $\boldsymbol{G}_k,k=0,1,2,3,4,5$ 组成的汉克尔矩阵如下:

$$\boldsymbol{H}_1=\begin{bmatrix}0 & 1\\1 & 0\end{bmatrix},\quad \boldsymbol{H}_2=\begin{bmatrix}0 & 1 & 2 & 1\\1 & 0 & 1 & 0\\2 & 1 & 10 & 1\\1 & 0 & 1 & 0\end{bmatrix},$$

$$\boldsymbol{H}_3=\begin{bmatrix}0 & 1 & 2 & 1 & 10 & 1\\1 & 0 & 1 & 0 & 1 & 0\\2 & 1 & 10 & 1 & 42 & 1\\1 & 0 & 1 & 0 & 1 & 0\\10 & 1 & 42 & 1 & 170 & 1\\1 & 0 & 1 & 0 & 1 & 0\end{bmatrix},\quad \cdots$$

可以验证 $\rho[\boldsymbol{H}_1]=2,\rho[\boldsymbol{H}_2]=\rho[\boldsymbol{H}_3]=\cdots=3$.所以 $\boldsymbol{G}(s)$的最小实现维数 $n_m=3$.

5.2　传递函数的实现和最小实现

5.2.1　四种基本传递函数的实现

这一节讨论单变量系统传递函数 $g(s)$的最小实现.在未正式讨论一般形式 $g(s)$的最小实现之前,先介绍四种基本传递函数 $g(s)$的实现

(1)

$$g(s)=\frac{1}{s+\alpha},\quad \alpha\in\mathbf{R}$$

将 $g(s)$改写成

$$g(s)=\frac{s^{-1}}{1+\alpha s^{-1}}=\frac{s^{-1}}{1-(-\alpha)s^{-1}}=\frac{y(s)}{u(s)}\tag{5.25}$$

根据信号流图知识可画出式(5.25)的信号流图为图 5.1,其中权为 s^{-1}的支路是积分器.令积分器的输出为 $x(s)$或 $x(t)$,输入为 $sx(s)$或 $\dot{x}(t)$,很容易写出动态方程

$$\dot{x}(t)=-\alpha x(t)+u(t),\quad y(t)=x(t)\tag{5.26}$$

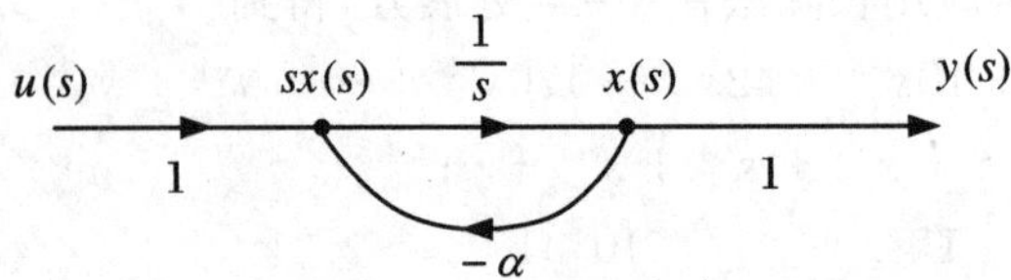

图 5.1　式(5.25)的信号流图

(2)

$$g(s) = \frac{s+\beta}{s+\alpha}, \quad \alpha,\beta \in \mathbf{R}$$

类似情况(1),将 $g(s)$改写成式(5.27),并画出信号流图 5.2.由图 5.2 很容易写出动态方程:

$$g(s) = \frac{s+\beta}{s+\alpha} = 1 + \frac{(\beta-\alpha)s^{-1}}{1+\alpha s^{-1}} = \frac{y(s)}{u(s)} \tag{5.27}$$

$$\left.\begin{aligned} \dot{x}(t) &= -\alpha x(t) + u(t) \\ y(t) &= (\beta-\alpha)x(t) + u(t) \end{aligned}\right\} \tag{5.28}$$

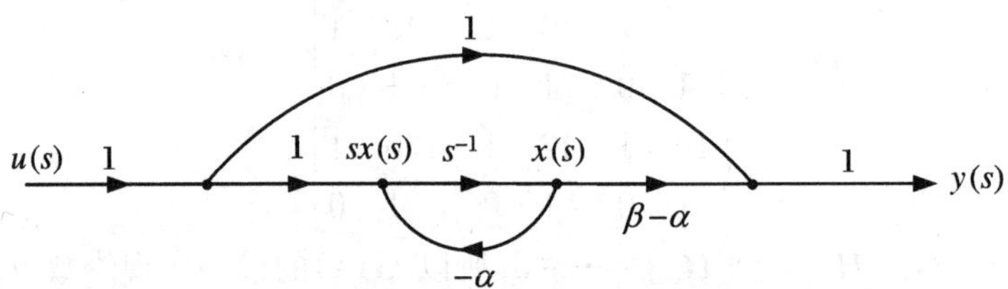

图 5.2　式(5.27)的信号流图

(3)

$$g(s) = \frac{s+\beta}{s^2+2\zeta\omega s+\omega^2}, \quad \beta,\xi,\omega \in \mathbf{R}$$

这一情况适用于 $g(s)$具有两个实极点,或一对共轭复极点的情况.为便于画出信号流图 5.3,将$g(s)$改写成

$$g(s) = \frac{s^{-1}+\beta s^{-2}}{1+2\zeta\omega s^{-1}+\omega^2 s^{-2}} = \frac{y(s)}{u(s)} \tag{5.29}$$

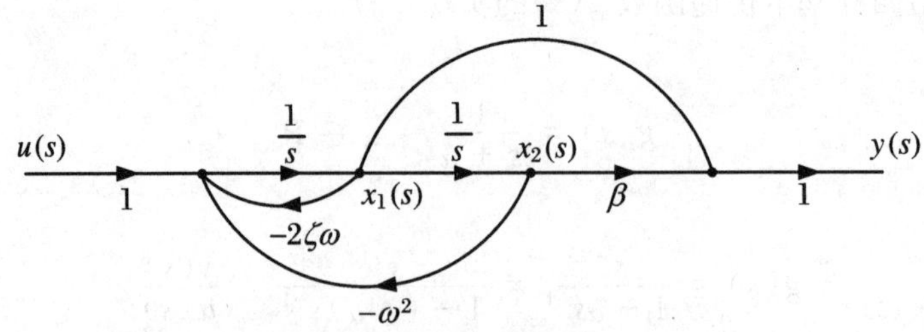

图 5.3　式(5.29)的信号流图

由图 5.3 可知,在频域中有

$$sx_2(s) = x_1(s), \quad sx_1(s) = -\omega^2 x_2(s) - 2\zeta\omega x_1(s) + u(s), \quad y(s) = \beta x_2(s) + x_1(s)$$

在时域中有动态方程

$$\left.\begin{aligned}\begin{bmatrix}\dot{x}_1(t)\\\dot{x}_2(t)\end{bmatrix}&=\begin{bmatrix}-2\zeta\omega & -\omega^2\\1 & 0\end{bmatrix}\begin{bmatrix}x_1(t)\\x_2(t)\end{bmatrix}+\begin{bmatrix}1\\0\end{bmatrix}u(t)\\y(t)&=\begin{bmatrix}1 & \beta\end{bmatrix}\begin{bmatrix}x_1(t)\\x_2(t)\end{bmatrix}\end{aligned}\right\}\tag{5.30}$$

(4)

$$g(s)=\frac{s^2+2\zeta_1\omega_1 s+\omega_1^2}{s^2+2\zeta_2\omega_2 s+\omega_2^2}$$

这适合用于 $g(s)$具有两个实极点和两个实零点，或具有一对共轭复极点，一对共轭复零点等情况.类似情况(3)，将 $g(s)$改写成式(5.31)，并画出信号流图5.4.

$$g(s)=\frac{1+2\zeta_1\omega_1 s^{-1}+\omega_1^2 s^{-2}}{1+2\zeta_2\omega_2 s^{-1}+\omega_2^2 s^{-2}}=\frac{y(s)}{u(s)}\tag{5.31}$$

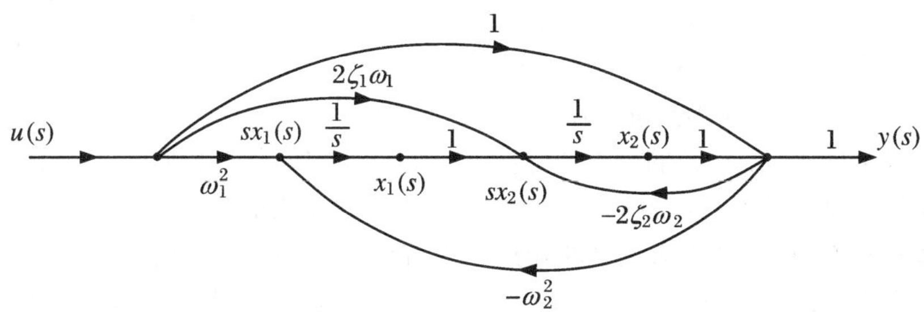

图5.4　式(5.31)的信号流图

由图5.4得到动态方程

$$\left.\begin{aligned}\begin{bmatrix}\dot{x}_1(t)\\\dot{x}_2(t)\end{bmatrix}&=\begin{bmatrix}0 & -\omega_2^2\\1 & -2\zeta_2\omega_2\end{bmatrix}\begin{bmatrix}x_1(t)\\x_2(t)\end{bmatrix}+\begin{bmatrix}\omega_1^2-\omega_2^2\\2(\zeta_1\omega_2-\zeta_2\omega_2)\end{bmatrix}u(t)\\y(t)&=\begin{bmatrix}0 & 1\end{bmatrix}\begin{bmatrix}x_1(t)\\x_2(t)\end{bmatrix}+u(t)\end{aligned}\right\}\tag{5.32}$$

情况(1)和(3)中 $g(s)$为严格真有理函数，$d=0$；情况(2)和(4)中 $g(s)$为真有理函数，$d=1\neq 0$.情况(1)和(2)是最小实现，$n_m=1$；情况(3)的动态方程是能控的，情况(4)的动态方程是能观的.只要它们的 $g(s)$没有极零点相消，或者说 $g(s)$的分子多项式和分母多项式互质(没有公因式)，根据下面的定理5.4可知它们也是最小实现.

定理5.4　设真有理函数 $g(s)$的实现为$\{\boldsymbol{A},\boldsymbol{b},\boldsymbol{c},\boldsymbol{d}\}$，当且仅当

$$\dim(\boldsymbol{A})=\deg g(s)\tag{5.33}$$

实现$\{\boldsymbol{A},\boldsymbol{b},\boldsymbol{c},\boldsymbol{d}\}$便是 $g(s)$的最小实现，其中 $\deg g(s)$标记 $g(s)$的阶次或次数，也是 $g(s)$的极点数.

证明　令

$$\boldsymbol{c}(s\boldsymbol{I}-\boldsymbol{A})^{-1}\boldsymbol{b}=\frac{n_1(s)}{\Delta(s)}$$

其中 $\Delta(s)=\det(s\boldsymbol{I}-\boldsymbol{A})$.首先证明 $\boldsymbol{c}(s\boldsymbol{I}-\boldsymbol{A})^{-1}\boldsymbol{b}$ 是$g_1(s)=g(s)-g(\infty)$最小实现的充要

条件是 $n_1(s)$ 和 $\Delta(s)$ 没有极零点相消，或者说 $n_1(s)$ 和 $\Delta(s)$ 互质，如果 $n_1(s)$ 与 $\Delta(s)$ 不互质，表明 $g_1(s)$ 的极点数少于系统的特征频率数，即 $\{\boldsymbol{A},\boldsymbol{b},\boldsymbol{c}\}$ 既不能控又不能观，定理 5.1 指明它不是最小实现. 反过来，若 $n_1(s)$ 与 $\Delta(s)$ 互质，而 $\{\boldsymbol{A},\boldsymbol{b},\boldsymbol{c}\}$ 并非是 $g_1(s)$ 的最小实现，则应有最小实现 $\{\bar{\boldsymbol{A}},\bar{\boldsymbol{b}},\bar{\boldsymbol{c}}\}$，$\dim(\bar{\boldsymbol{A}})<\dim(\boldsymbol{A})$，且

$$\bar{\boldsymbol{c}}(s\boldsymbol{I}-\bar{\boldsymbol{A}})^{-1}\bar{\boldsymbol{b}}=\frac{\bar{n}_1(s)}{\bar{\Delta}(s)}=\boldsymbol{c}(s\boldsymbol{I}-\boldsymbol{A})^{-1}\boldsymbol{b}=\frac{n_1(s)}{\Delta(s)}$$

则

$$\deg\bar{\Delta}(s)=\dim(\bar{\boldsymbol{A}})<\dim(\boldsymbol{A})=\deg\Delta(s)$$

表明 $n_1(s)$ 和 $\Delta(s)$ 间并非互质. 所以说 $\{\boldsymbol{A},\boldsymbol{b},\boldsymbol{c}\}$ 是 $g_1(s)$ 的最小实现与 $n_1(s)$ 和 $\Delta(s)$ 互质等价. 再讨论 $g(s)$ 和它的最小实现 $\{\boldsymbol{A},\boldsymbol{b},\boldsymbol{c},d\}$ 间关系.

$$g(s)=\boldsymbol{c}(s\boldsymbol{I}-\boldsymbol{A})^{-1}\boldsymbol{b}+d=\frac{n_1(s)+d\Delta(s)}{\Delta(s)}$$

显然，$\Delta(s)$ 与 $n_1(s)$ 互质等价于 $\Delta(s)$ 与 $n_1(s)+d\Delta(s)$ 互质. 于是得出结论 $\{\boldsymbol{A},\boldsymbol{b},\boldsymbol{c},d\}$ 是 $g(s)$ 的最小实现等价于 $\dim\boldsymbol{A}=\deg g(s)$.

这一定理说明，当传递函数 $g(s)$ 的分子多项式和分母多项式互质时，$g(s)$ 的最小实现维数等于 $g(s)$ 的阶次或 $g(s)$ 的极点数. 这一定理对多变量系统也成立. 只是传递函数矩阵的极点是通过下面真有理矩阵的特征多项式的零点给出定义的.

真有理矩阵 $\boldsymbol{G}(s)$ 的特征多项式和极点　真有理矩阵 $\boldsymbol{G}(s)$ 的特征多项式定义为 $\boldsymbol{G}(s)$ 的所有各阶子式的最小公分母，记以 $\Delta\boldsymbol{G}(s)$. $\boldsymbol{G}(s)$ 的特征多项式的零点定义为 $\boldsymbol{G}(s)$ 的极点，$\boldsymbol{G}(s)$ 的特征多项式的阶次称做 $\boldsymbol{G}(s)$ 的阶次，记以 $\delta\boldsymbol{G}(s)$，它也就是 $\boldsymbol{G}(s)$ 的极点数.

例 5.2　确定下面有理矩阵的特征多项式和极点：

$$\boldsymbol{G}_1(s)=\begin{bmatrix}\dfrac{1}{s+1} & \dfrac{1}{s+1}\\ \dfrac{1}{s+1} & \dfrac{1}{s+1}\end{bmatrix},\quad \boldsymbol{G}_2(s)=\begin{bmatrix}\dfrac{2}{s+1} & \dfrac{1}{s+1}\\ \dfrac{1}{s+1} & \dfrac{1}{s+1}\end{bmatrix}$$

$$\boldsymbol{G}_3(s)=\frac{1}{(s-1)(s-4)}\begin{bmatrix}2 & s-4\\ s-4 & 0\end{bmatrix}$$

$$\boldsymbol{G}_4(s)=\begin{bmatrix}\dfrac{s}{s+1} & \dfrac{1}{(s+1)(s+2)} & \dfrac{1}{s+3}\\ \dfrac{-1}{s+1} & \dfrac{1}{(s+1)(s+2)} & \dfrac{1}{s}\end{bmatrix}$$

解　$\boldsymbol{G}_1(s)$ 的二阶子式为零，由一阶子式判定

$$\Delta\boldsymbol{G}_1(s)=(s+1),\quad 极点：-1$$

$\boldsymbol{G}_2(s)$ 的二阶子式为 $1/(s+1)^2$，四个一阶子式的分母均为 $s+1$，所以

$$\Delta\boldsymbol{G}_2(s)=(s+1)^2,\quad 极点：-1,\ -1$$

$\boldsymbol{G}_3(s)$ 的就是例 4.14(4.8 节)中的传递函数矩阵，一阶子式最小公分母为 $(s-1)(s-4)$，二阶子式分母为 $(s-1)^2$，所以

$$\Delta\boldsymbol{G}_3(s)=(s-1)^2(s-4),\quad 极点:1,1,4$$

$\boldsymbol{G}_4(s)$ 的一阶子式最小公分母为 $s(s+1)(s+2)(s+3)$，它的二阶子式有三个，分别为

$$\left.\begin{aligned}
&\frac{s}{(s+1)^2(s+2)}+\frac{1}{(s+1)^2(s+2)}=\frac{1}{(s+1)(s+2)}\\
&\frac{s}{s+1}\cdot\frac{1}{s}+\frac{1}{(s+1)(s+3)}=\frac{s+4}{(s+1)(s+3)}\\
&\frac{1}{s(s+1)(s+2)}-\frac{1}{(s+1)(s+2)(s+3)}=\frac{3}{s(s+1)(s+2)(s+3)}
\end{aligned}\right\}\tag{5.34}$$

所以

$$\Delta \boldsymbol{G}_4(s)=s(s+1)(s+2)(s+3),\quad 极点:0,-1,-2,-3$$

注意,在计算有理矩阵的特征多项式时,每一个子式都必须化简成既约形式,如式(5.34)那样;$\boldsymbol{G}(s)$的每个极点必是 $\boldsymbol{G}(s)$某个元素的极点,$\boldsymbol{G}(s)$每个元素的每个极点又必是 $\boldsymbol{G}(s)$的极点.

定理 5.5　设真有理函数矩阵 $\boldsymbol{G}(s)$的实现为$\{\boldsymbol{A},\boldsymbol{B},\boldsymbol{C},\boldsymbol{D}\}$,当且仅当

$$\dim\boldsymbol{A}=\delta\boldsymbol{G}(s)\tag{5.35}$$

实现$\{\boldsymbol{A},\boldsymbol{B},\boldsymbol{C},\boldsymbol{D}\}$是 $\boldsymbol{G}(s)$的最小实现,或者说是 $\boldsymbol{G}(s)$的既约实现.

证明略.

5.2.2　串联实现、并联实现和约尔当标准形实现

现在将上述四种关于一阶、二阶传递函数的最小实现方式综合起来,用于式(5.36)中一般 n 阶严格真有理函数$g(s)$的串联实现、并联实现和约尔当标准形实现.

$$g(s)=\frac{b_{n-1}s^{n-1}+b_{n-2}s^{n-2}+\cdots+b_1s+b_0}{s^n+a_{n-1}s^{n-1}+\cdots+a_1s+a_0}\tag{5.36}$$

将 $g(s)$的分子多项式和分母多项式分别进行因式分解,从而将 $g(s)$表达成前述四种基本环节的乘积.例如,$g(s)$可能被表达成式(5.37)或式(5.38),

$$g(s)=\frac{\beta_1}{s+\alpha_1}\prod_{i=2}^{n}\frac{s+\beta_i}{s+\alpha_i}\tag{5.37}$$

$$\begin{aligned}
g(s)&=\frac{\beta_1}{s+\alpha_1}\cdot\frac{s+\beta_2}{s+\alpha_2}\cdot\frac{s+\beta_3}{s^2+2\xi_1\omega_1s+\omega_1^2}\cdot\frac{s^2+2\xi_2\omega_2s+\omega_2{}^2}{s^2+2\xi_3\omega_3s+\omega_3^2}\\
&=g_4(s)g_3(s)g_2(s)g_1(s)
\end{aligned}\tag{5.38}$$

令式(5.37)中

$$g_1(s)=\frac{\beta_1}{s+\alpha_1},\quad g_i(s)=\frac{s+\beta_i}{s+\alpha_i},\quad i=2,3,\cdots,n$$

分别按图 5.1 和图 5.2 中方式实现每一个子系统 $g_i(s)$,$i=1,2,\cdots,n$,再将它们串联起来得到图 5.5 中实现式(5.37)的信号流图.由图 5.5 可写出动态方程

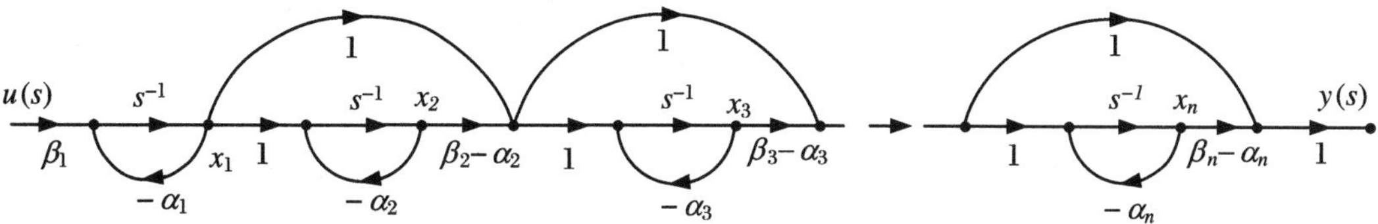

图 5.5　式(5.37)中 n 阶 $g(s)$实现的信号流图

$$\begin{bmatrix}\dot{x}_1\\ \dot{x}_2\\ \dot{x}_3\\ \dot{x}_4\\ \vdots\\ \dot{x}_n\end{bmatrix}=\begin{bmatrix}-\alpha_1 & & & & & \\ 1 & -\alpha_2 & & & & \\ 1 & \beta_2-\alpha_2 & -\alpha_3 & & & \\ 1 & \beta_2-\alpha_2 & \beta_3-\alpha_3 & -\alpha_4 & & \\ \vdots & \vdots & \vdots & \vdots & \ddots & \\ 1 & \beta_2-\alpha_2 & \beta_3-\alpha_3 & \beta_4-\alpha_4 & \cdots & -\alpha_n\end{bmatrix}\begin{bmatrix}x_1\\ x_2\\ x_3\\ x_4\\ \vdots\\ x_n\end{bmatrix}+\begin{bmatrix}\beta_1\\ 0\\ 0\\ 0\\ \vdots\\ 0\end{bmatrix}u(t) \tag{5.39a}$$

$$y(t)=\begin{bmatrix}1 & \beta_2-\alpha_2 & \beta_3-\alpha_3 & \cdots & \beta_n-\alpha_n\end{bmatrix}\boldsymbol{x}(t) \tag{5.39b}$$

对于式(5.38)中的 $g(s)$ 可用图 5.6 表示,其中四个子系统可分别用图 5.1～图 5.4 中的信号流图和动态方程表示:

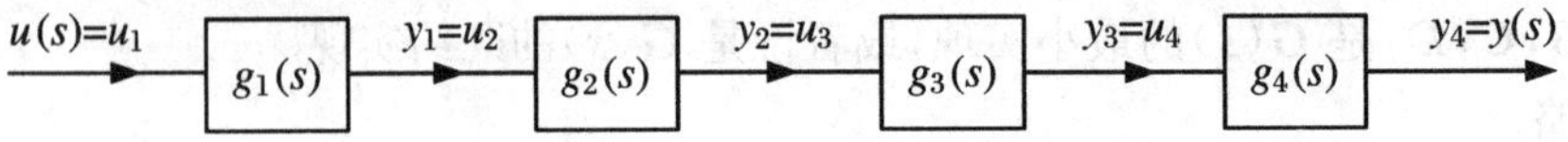

图 5.6 式(5.38)中 $g(s)$ 的串联联接

$g_1(s)$: $\dot{x}_1(t)=-\alpha_1x_1(t)+\beta_1u(t)$

$\quad y_1(t)=x_1(t)$

$g_2(s)$: $\dot{x}_2(t)=-\alpha_2x_2(t)+u_2(t)=-\alpha_2x_2(t)+y_1(t)=x_1(t)-\alpha_2x_2(t)$

$\quad y_2(t)=(\beta_2-\alpha_2)x_2(t)+u_2(t)=x_1(t)+(\beta_2-\alpha_2)x_2(t)$

$$g_3(s):\begin{bmatrix}\dot{x}_3(t)\\ \dot{x}_4(t)\end{bmatrix}=\begin{bmatrix}-2\varepsilon_1\omega_1 & -\omega_1^2\\ 1 & 0\end{bmatrix}\begin{bmatrix}x_3(t)\\ x_4(t)\end{bmatrix}+\begin{bmatrix}1\\ 0\end{bmatrix}u_3(t)$$

$$y_3(t)=\begin{bmatrix}1 & \beta_3\end{bmatrix}\begin{bmatrix}x_3(t)\\ x_4(t)\end{bmatrix}$$

将 $u_3(t)=y_2(t)=x_1(t)+(\beta_2-\alpha_2)x_2(t)$ 代入状态方程,得到

$$\begin{bmatrix}\dot{x}_3(t)\\ \dot{x}_4(t)\end{bmatrix}=\begin{bmatrix}1 & \beta_2-\alpha_2 & -2\varepsilon_1\omega_1 & -\omega_1^2\\ 0 & 0 & 1 & 0\end{bmatrix}\begin{bmatrix}x_1(t)\\ x_2(t)\\ x_3(t)\\ x_4(t)\end{bmatrix}$$

$$g_4(s):\begin{bmatrix}\dot{x}_5(t)\\ \dot{x}_6(t)\end{bmatrix}=\begin{bmatrix}0 & -\omega_3^2\\ 1 & -2\varepsilon_3\omega_3\end{bmatrix}\begin{bmatrix}x_5(t)\\ x_6(t)\end{bmatrix}+\begin{bmatrix}\omega_2^2-\omega_3^2\\ 2(\varepsilon_2\omega_2-\varepsilon_3\omega_3)\end{bmatrix}y_3(t)$$

$$=\begin{bmatrix}\omega_2^2-\omega_3^2 & \beta_3(\omega_2^2-\omega_3^2) & 0 & -\omega_3^2\\ 2(\varepsilon_2\omega_2-\varepsilon_3\omega_3) & 2\beta_3(\varepsilon_2\omega_2-\varepsilon_3\omega_3) & 1 & -2\varepsilon_3\omega_3\end{bmatrix}\begin{bmatrix}x_3(t)\\ x_4(t)\\ x_5(t)\\ x_6(t)\end{bmatrix}$$

$$y(x)=x_6(t)+y_3(t)=x_3(t)+\beta_3x_4(t)+x_6(t)$$

将各子系统的动态方程组合起来得到动态方程(5.40):

$$\dot{x}(t)=\begin{bmatrix}-\alpha_1 & 0 & 0 & 0 & 0 & 0\\ 1 & -\alpha_2 & 0 & 0 & 0 & 0\\ 1 & \beta_2-\alpha_2 & -2\varepsilon_1\omega_1 & -\omega_1^2 & 0 & 0\\ 0 & 0 & 1 & 0 & 0 & 0\\ 0 & 0 & 1 & 0 & 0 & 0\\ 0 & 0 & \omega_2^2-\omega_3^2 & \beta_3(\omega_2^2-\omega_3^2) & 0 & -\omega_3^2\\ 0 & 0 & 2(\varepsilon_2\omega_2-\varepsilon_3\omega_3) & 2\beta_3(\varepsilon_2\omega_2-\varepsilon_3\omega_3) & 1 & 2\varepsilon_3\omega_3\end{bmatrix}\boldsymbol{x}(t)+\begin{bmatrix}\beta_1\\0\\0\\0\\0\\0\end{bmatrix} \tag{5.40a}$$

$$y(t)=[0\quad 0\quad 1\quad \beta_3\quad 0\quad 1]\boldsymbol{x}(t) \tag{5.40b}$$

由定理5.4可知，只要$g(s)$是既约形式，式(5.39)和式(5.40)均是最小实现.

倘若用部分分式法将$g(s)$分解成四种基本形式之和，就得到$g(s)$的并联实现.例如将四阶真有理函数分解成式(5.41)：

$$g(s)=\frac{\beta_1}{s+\alpha_1}+\frac{s+\beta_2}{s+\alpha_2}+\frac{s+\beta_3}{s^2+2\varepsilon\omega s+\omega^2} \tag{5.41}$$

得到$g(s)$的信号流图如图5.7.由图5.7可写出动态方程

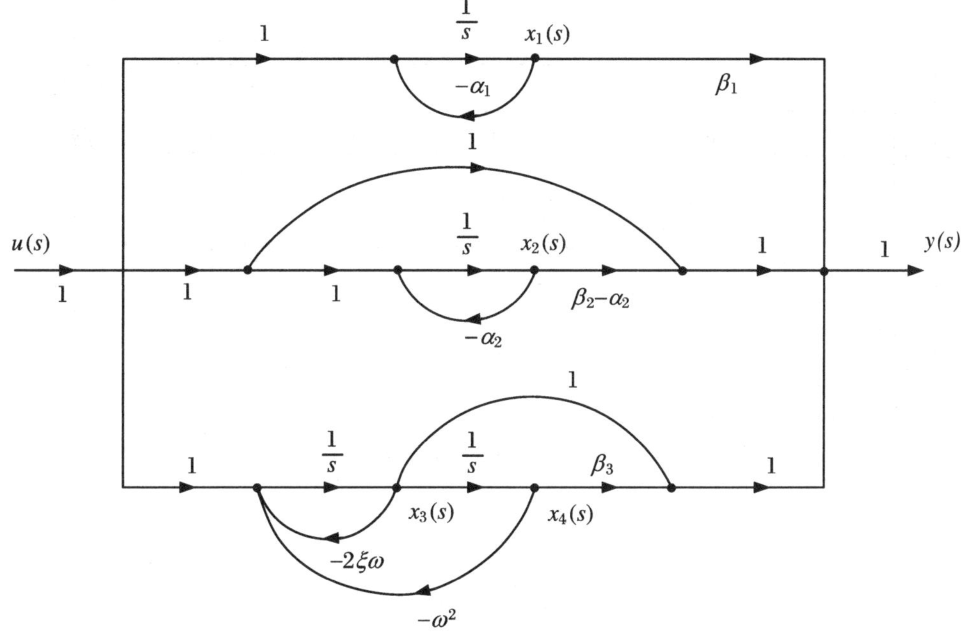

图5.7 式(5.41)中$g(s)$的信号流图

$$\dot{x}(t)=\begin{bmatrix}-\alpha_1 & 0 & 0 & 0\\ 0 & -\alpha_2 & 0 & 0\\ 0 & 0 & -2\varepsilon\omega & -\omega^2\\ 0 & 0 & 1 & 0\end{bmatrix}\boldsymbol{x}(t)+\begin{bmatrix}1\\1\\1\\0\end{bmatrix}u(t) \tag{5.42a}$$

$$y(t)=[\beta_1\quad \beta_2-\alpha_2\quad 1\quad \beta_3]\boldsymbol{x}(t)+u(t) \tag{5.42b}$$

只要式(5.41)中 $\alpha_1 \neq \alpha_2, \beta_2 \neq \alpha_2, g(s)$有四个互异极点,式(5.42)就是它的最小实现.

当 $g(s)$具有重极点时,可用约尔当标准形的系统矩阵实现 $g(s)$.由于不同情况下的约尔当标准形将有多种多样形式,下面仅以式(5.43)形式下的 $g(s)$为例说明约尔当标准形实现的基本思想,读者不难由此推广到各种其他具体的情况.

$$
\begin{aligned}
g(s) = & \frac{\beta_{11}}{s+\alpha_1} + \frac{\beta_{12}}{(s+\alpha_1)^2} + \frac{\beta_{13}}{(s+\alpha_1)^3} \\
& + \frac{\beta_{21}}{s+\alpha_2} + \frac{\beta_{22}}{(s+\alpha_2)^2} + \frac{\beta_3}{s+\alpha_3}, \quad \alpha_1, \alpha_2, \alpha_3 \text{ 互异}
\end{aligned} \tag{5.43}
$$

将式(5.43)中 $g(s)$用图 5.8 中框图表示,其中每一个子系统的动态方程都类似式(5.26).

$$\dot{x}_1 = -\alpha_1 x_1 + x_2, \quad \dot{x}_2 = -\alpha_1 x_2 + x_3, \quad \dot{x}_3 = -\alpha_1 x_3 + u$$

$$\dot{x}_4 = -\alpha_2 x_4 + x_5, \quad \dot{x}_5 = -\alpha_2 x_5 + u, \quad \dot{x}_6 = -\alpha_3 x_6 + u$$

$$y = [\beta_{13} \quad \beta_{12} \quad \beta_{11} \quad \beta_{22} \quad \beta_{21} \quad \beta_3]\boldsymbol{x}$$

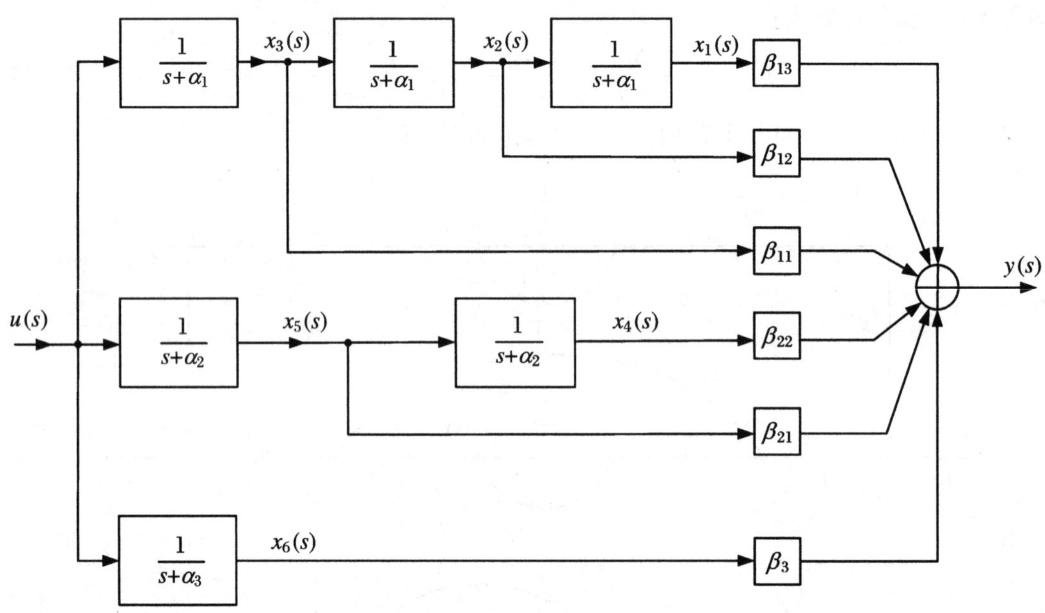

图 5.8 式(5.43)中 $g(s)$的框图

整理后得到

$$
\begin{bmatrix} \dot{x}_1(t) \\ \dot{x}_2(t) \\ \dot{x}_3(t) \\ \dot{x}_4(t) \\ \dot{x}_5(t) \\ \dot{x}_6(t) \end{bmatrix} = \begin{bmatrix} -\alpha_1 & 1 & 0 & 0 & 0 & 0 \\ 0 & -\alpha_1 & 1 & 0 & 0 & 0 \\ 0 & 0 & -\alpha_1 & 0 & 0 & 0 \\ 0 & 0 & 0 & -\alpha_2 & 1 & 0 \\ 0 & 0 & 0 & 0 & -\alpha_2 & 0 \\ 0 & 0 & 0 & 0 & 0 & -\alpha_3 \end{bmatrix} \begin{bmatrix} x_1(t) \\ x_2(t) \\ x_3(t) \\ x_4(t) \\ x_5(t) \\ x_6(t) \end{bmatrix} + \begin{bmatrix} 0 \\ 0 \\ 1 \\ 0 \\ 1 \\ 1 \end{bmatrix} u(t) \tag{5.44a}
$$

$$y(t) = [\beta_{13} \quad \beta_{12} \quad \beta_{11} \quad \beta_{22} \quad \beta_{21} \quad \beta_3]\boldsymbol{x}(t) \tag{5.44b}$$

$$\begin{bmatrix}\dot{x}_1(t)\\\dot{x}_2(t)\\\dot{x}_3(t)\\\dot{x}_4(t)\\\dot{x}_5(t)\\\dot{x}_6(t)\end{bmatrix}=\begin{bmatrix}-\alpha_1&0&0&0&0&0\\1&-\alpha_1&0&0&0&0\\0&1&-\alpha_1&0&0&0\\0&0&0&-\alpha_2&0&0\\0&0&0&1&-\alpha_2&0\\0&0&0&0&0&-\alpha_3\end{bmatrix}\begin{bmatrix}x_1(t)\\x_2(t)\\x_3(t)\\x_4(t)\\x_5(t)\\x_6(t)\end{bmatrix}+\begin{bmatrix}\beta_{13}\\\beta_{12}\\\beta_{11}\\\beta_{22}\\\beta_{21}\\\beta_3\end{bmatrix}u(t) \tag{5.45a}$$

$$y(t)=[0\ \ 0\ \ 1\ \ 0\ \ 1\ \ 1]\boldsymbol{x}(t) \tag{5.45b}$$

状态方程式(5.44a)中系统矩阵是由三个约尔当块组成的约尔当标准形矩阵，主对角线上元素就是系统的特征值.根据吉尔伯特判别法断定系统是完全能控的，在 β_{13}，β_{22} 和 β_3 均不为零的情况下系统又是完全能观的，实现为最小实现.倘若 β_{13}，β_{22} 和 β_3 中有一个或一个以上为零，系统就不是完全能观的.由式(5.43)可见，这时传递函数阶次已低于六阶.如果将式(5.43)中 $g(s)$ 用图5.9中框图表示得到动态方程式(5.45)，它是能观的.若 β_{13}，β_{22} 和 β_3 均不为零，则它又是能控的.注意，图5.8和图5.9两种框图的基本结构大致相同，只是状态变量的编序、输入信号加入方式和输出信号的取出方式作了改变，改变的结果使动态方程式

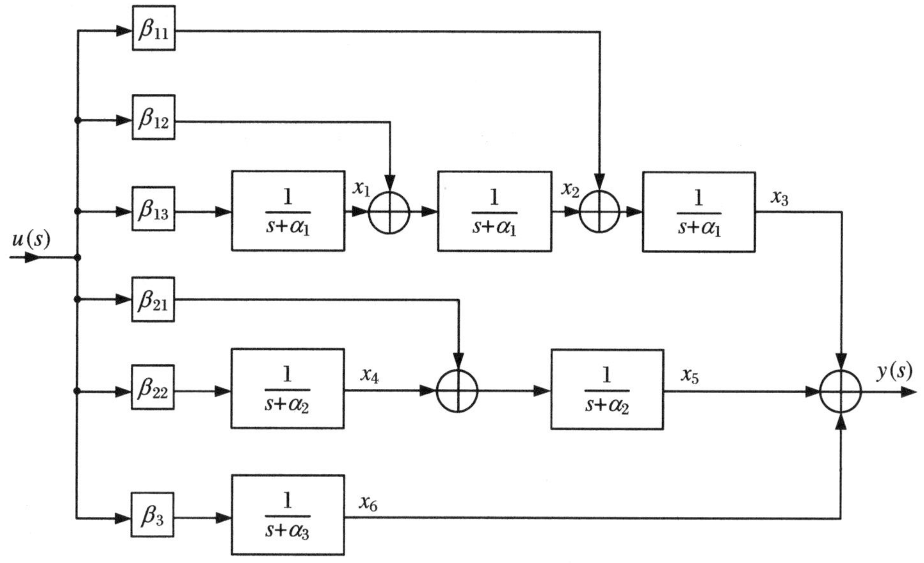

图5.9　式(5.43)中 $g(s)$ 的另一种框图

(5.44)的 $\{\boldsymbol{A},\boldsymbol{b},\boldsymbol{c}\}$ 和动态方程(5.45)的 $\{\bar{\boldsymbol{A}},\bar{\boldsymbol{b}},\bar{\boldsymbol{c}}\}$ 具有下面的对偶关系：

$$\bar{\boldsymbol{A}}=\boldsymbol{A}^{\mathrm{T}},\quad \bar{\boldsymbol{b}}=\boldsymbol{c}^{\mathrm{T}},\quad \bar{\boldsymbol{c}}=\boldsymbol{b}^{\mathrm{T}} \tag{5.46}$$

具有这种对偶关系的一对实现称为**对偶实现**.

5.2.3　四种规范型实现

串联实现、并联实现和约尔当标准形实现的主要缺点是要对传递函数的分母进行因式分解，当 $g(s)$ 是三阶以上的有理函数，这是十分困难的，不过约尔当标准形实现的最大优点

是特征值对参数的变化不敏感.下面介绍卡尔曼和吉尔伯特提出的四种规范型实现.

1. 控制器规范型——能控Ⅰ型实现

首先将式(5.36)改写成

$$g(s)=\frac{b_{n-1}s^{-1}+b_{n-2}s^{-2}+\cdots+b_1s^{-(n-1)}+b_0s^{-n}}{1+a_{n-1}s^{-1}+a_{n-2}s^{-2}+\cdots+a_1s^{-(n-1)}+a_0s^{-n}} \tag{5.47}$$

类似于绘画,式(5.29)的信号流图,画出式(5.47)的信号流图 5.10.由图 5.10 可写出动态方程

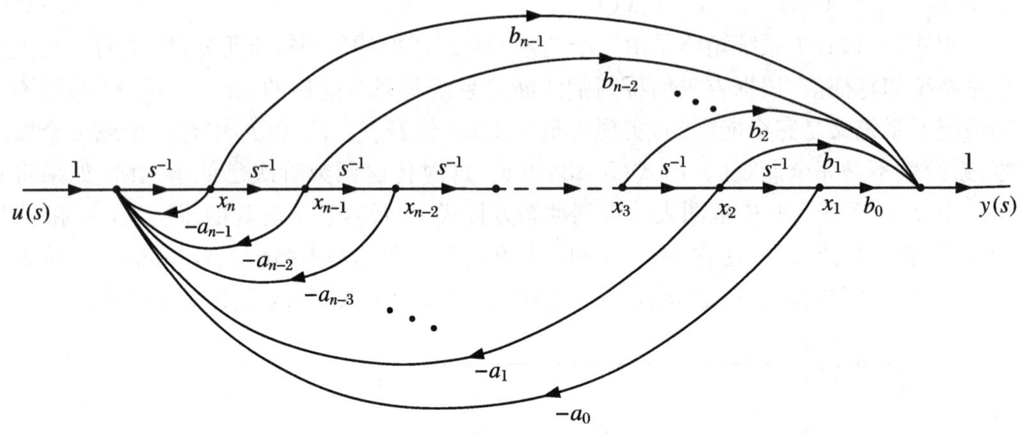

图 5.10 $g(s)$的控制器规范型实现信号流图

$$\dot{\boldsymbol{x}}(t)=\left[\begin{array}{cccc}0 & 1 & & \\ & \ddots & \ddots & \\ & & 0 & 1\\ \hline -a_0 & -a_1 & \cdots\ -a_{n-2} & -a_{n-1}\end{array}\right]\boldsymbol{x}(t)+\left[\begin{array}{c}\\ \boldsymbol{0}\\ \\ \hline 1\end{array}\right]u(t) \tag{5.48a}$$

$$y(t)=[b_0\quad b_1\quad b_2\quad \cdots\quad b_{n-2}\quad b_{n-1}]\boldsymbol{x}(t) \tag{5.48b}$$

或者简写成

$$\left.\begin{aligned}\dot{\boldsymbol{x}}(t)&=\boldsymbol{A}_{c1}\dot{\boldsymbol{x}}(t)+\boldsymbol{b}_{c1}u(t)\\ y(t)&=\boldsymbol{c}_{c1}\boldsymbol{x}(t)\end{aligned}\right\} \tag{5.49}$$

其中 $\boldsymbol{A}_{c1}$ 以它在式(5.48a)中的特殊形式被称为下友矩阵.不仅根据上述逻辑思路可断定式(5.48)实现了式(5.36)即式(5.47)中的 $g(s)$,下面利用预解矩阵

$$(s\boldsymbol{I}-\boldsymbol{A}_{c1})^{-1}=\frac{\sum_{k=0}^{n-1}\boldsymbol{Q}_ks^k}{\det(s\boldsymbol{I}-\boldsymbol{A}_{c1})}$$

的 Souriau-Frame-Faddeev 算法也确实证明了这一点.首先用迭代法可证明预解矩阵中 $\boldsymbol{Q}_k$ 如式(5.50)所示,虚线表示元素相同,当 $k=n-1$ 时,$\boldsymbol{Q}_{n-1}=\boldsymbol{I}_n$.用式(5.50)可进一步证明

$$
\begin{array}{c}
\qquad\qquad\begin{matrix} 1 & 2 & \cdots & n-k-1 & n-k \end{matrix}\qquad\qquad\qquad\qquad\qquad\qquad \\
\boldsymbol{Q}_k = \left[\begin{array}{cccccccccc}
a_{k+1} & a_{k+2} & \cdots & a_{n-1} & 1 & & & & & \\
 & \ddots & & \ddots & & \ddots & & \boldsymbol{0} & & \\
 & & & & \cdots & & & & & \\
 & \boldsymbol{0} & & & & & \ddots & & \ddots & \\
 & & & & & a_{k+1} & a_{k+2} & \cdots & a_{n-1} & 1 \\
-a_0 & -a_1 & \cdots & -a_{n-k-1} & \cdots & -a_k & 0 & & & \\
 & \ddots & & \ddots & & & \ddots & \boldsymbol{0} & & \\
 & & \cdots & & & \cdots & & & & \\
 & \boldsymbol{0} & & & \ddots & & & \ddots & & \\
 & & & -a_0 & -a_1 & \cdots & -a_{n-k-1} & \cdots & -a_k & 0
\end{array}\right]
\begin{array}{l} \left.\vphantom{\begin{array}{c}1\\1\\1\\1\\1\end{array}}\right\}k+1\text{行} \\ \left.\vphantom{\begin{array}{c}1\\1\\1\\1\\1\end{array}}\right\}n-k-1\text{行}\end{array}
\end{array}
$$

$$
k = 0,1,2,\cdots,n-1 \tag{5.50}
$$

$$
\left(\sum_{k=0}^{n-1} \boldsymbol{Q}_k s^k\right)\boldsymbol{b}_{\mathrm{c1}} = \begin{bmatrix} 1 \\ s \\ s^2 \\ \vdots \\ s^{n-1} \end{bmatrix}
$$

和

$$
\boldsymbol{c}_{\mathrm{c1}}(s\boldsymbol{I} - \boldsymbol{A}_{\mathrm{c1}})^{-1}\boldsymbol{b}_{\mathrm{c1}} = [b_0 \quad b_1 \quad \cdots \quad b_{n-2} \quad b_{n-1}]\frac{1}{\det(s\boldsymbol{I} - \boldsymbol{A}_{\mathrm{c1}})}\begin{bmatrix} 1 \\ s \\ s^2 \\ \vdots \\ s^{n-1} \end{bmatrix} = g(s)
$$

其次可证明能控性矩阵 $\boldsymbol{M}_{\mathrm{c1}}$ 及其 $\boldsymbol{M}_{\mathrm{c1}}^{-1}$ 如下：

$$
\boldsymbol{M}_{\mathrm{c1}} = \begin{bmatrix} & & & & 1 \\ & \boldsymbol{0} & & ⋰ & \boldsymbol{e}_1 \\ & & ⋰ & ⋰ & \boldsymbol{e}_2 \\ & ⋰ & ⋰ & & \vdots \\ 1 & \boldsymbol{e}_1 & \boldsymbol{e}_2 & \cdots & \boldsymbol{e}_{n-1} \end{bmatrix} \tag{5.51a}
$$

其中 $e_k = -\sum_{i=0}^{k-1} a_{n-k+i}e_i, k = 1,2,\cdots,n-1, e_0 = 1.$

$$
\boldsymbol{M}_{\mathrm{c1}}^{-1} = \begin{bmatrix} a_1 & a_2 & \cdots & a_{n-1} & 1 \\ a_2 & & & ⋰ & \\ \vdots & & ⋰ & & \\ a_{n-1} & ⋰ & & \boldsymbol{0} & \\ 1 & & & & \end{bmatrix} \tag{5.51b}
$$

所以动态方程式(5.48)表示能控性实现，只要式(5.36)中 $g(s)$ 没有极零点相消现象，它还是最小实现. $\boldsymbol{M}_c$ 和 $\boldsymbol{M}_c^{-1}$ 的特点是同一对角线上元素皆相同,数学上称这类矩阵为 Toeplitz(特普利茨)矩阵.

2. 能控规范型——能控Ⅱ型实现

假设式(5.36)中 $g(s)$的一种实现$\{\boldsymbol{A}_{c2},\boldsymbol{b}_{c2},\boldsymbol{c}_{c2}\}$满足关系式

$$\boldsymbol{A}_{c2} = \boldsymbol{A}_{c1}^{T},\quad \boldsymbol{b}_{c2} = [1\quad 0\quad \cdots\quad 0]^{T} \tag{5.52}$$

则称它为 $g(s)$的能控规范型或能控Ⅱ型实现. 下面介绍定理 5.6.

定理 5.6 任何一个单输入-多输出能控系统$(\boldsymbol{A},\boldsymbol{b},\boldsymbol{C})$均可用能控性矩阵 $\boldsymbol{M}_c$ 将其变换为能控规范型——能控Ⅱ型实现.

证明 因为单输入系统$\{\boldsymbol{A},\boldsymbol{b}\}$为能控系统,所以 n 阶方阵$\boldsymbol{M}_c$ 的秩为 n,$\boldsymbol{M}_c^{-1}$ 存在.

$$\rho[\boldsymbol{M}_c] = \rho[\boldsymbol{b}\quad \boldsymbol{Ab}\quad \cdots\quad \boldsymbol{A}^{n-1}\boldsymbol{b}] = n$$

以 $\boldsymbol{M}_c$ 和 $\boldsymbol{M}_c^{-1}$ 作模态矩阵对原系统$\{\boldsymbol{A},\boldsymbol{b},\boldsymbol{C}\}$进行等价变换,得到

$$\bar{\boldsymbol{A}} = \boldsymbol{M}_c^{-1}\boldsymbol{A}\boldsymbol{M}_c,\quad \bar{\boldsymbol{b}} = \boldsymbol{M}_c^{-1}\boldsymbol{b},\quad \bar{\boldsymbol{C}} = \boldsymbol{C}\boldsymbol{M}_c$$

设 $\boldsymbol{A}$ 的特征多项式$\Delta(\lambda)=\lambda^n + a_{n-1}\lambda^{n-1}+\cdots+a_1\lambda+a_0$,则

$$\begin{aligned}[\bar{\boldsymbol{b}}\quad \bar{\boldsymbol{A}}] &= \boldsymbol{M}_c^{-1}[\boldsymbol{b}\quad \boldsymbol{A}\boldsymbol{M}_c] = \boldsymbol{M}_c^{-1}[\boldsymbol{M}_c\quad \boldsymbol{A}^n\boldsymbol{b}]\\ &= [\boldsymbol{I}_n\quad \boldsymbol{M}_c^{-1}\boldsymbol{A}^n\boldsymbol{b}]\end{aligned}$$

根据凯莱-哈密顿定理,有

$$\begin{aligned}\boldsymbol{M}_c^{-1}\boldsymbol{A}^n\boldsymbol{b} &= -a_0\boldsymbol{M}_c^{-1}\boldsymbol{b} - a_1\boldsymbol{M}_c^{-1}\boldsymbol{Ab} - \cdots - a_{n-1}\boldsymbol{M}_c^{-1}\boldsymbol{A}^{n-1}\boldsymbol{b}\\ &= [-a_0\quad -a_1\quad \cdots\quad -a_{n-1}]^{T}\end{aligned}$$

于是得到

$$\left.\begin{aligned}\bar{\boldsymbol{b}} &= [1\quad 0\quad 0\quad \cdots\quad 0]^{T} \overset{\text{def}}{=} \boldsymbol{b}_{c2}\\ \bar{\boldsymbol{A}} &= \begin{bmatrix} 0 & & & -a_0\\ 1 & \ddots & & -a_1\\ & \ddots & & \vdots\\ & & 0 & -a_{n-2}\\ & & 1 & -a_{n-1}\end{bmatrix} = \boldsymbol{A}_{c1}^{T} \overset{\text{def}}{=} \boldsymbol{A}_{c2}\\ \bar{\boldsymbol{C}} &= [\boldsymbol{Cb}\quad \boldsymbol{CAb}\quad \cdots\quad \boldsymbol{CA}^{n-1}\boldsymbol{b}] = [\boldsymbol{\beta}_0\quad \boldsymbol{\beta}_1\quad \cdots\quad \boldsymbol{\beta}_{n-1}] \overset{\text{def}}{=} \boldsymbol{C}_{c2}\end{aligned}\right\} \tag{5.53}$$

这说明代数等价变换后的动态方程是原系统$\{\boldsymbol{A},\boldsymbol{b},\boldsymbol{C}\}$的能控规范型实现. $\boldsymbol{A}_{c2}$常称做右友矩阵,$\boldsymbol{C}_{c2}$中元素(单变量系统)或分块矩阵(单输入-多输出系统)是马尔可夫参数或矩阵.

应用定理 5.6 可知式(5.36)中 $g(s)$不仅具有式(5.48)表达的能控Ⅰ型实现,也会有式(5.53)表达的能控Ⅱ型实现. 能控Ⅱ型实现的信号流图示于图 5.11. 其中

$$\bar{\boldsymbol{c}} = [\boldsymbol{cb}\quad \boldsymbol{cAb}\quad \cdots\quad \boldsymbol{cA}^{n-1}\boldsymbol{b}] = [\boldsymbol{\beta}_0\quad \boldsymbol{\beta}_1\quad \cdots\quad \boldsymbol{\beta}_{n-1}]$$

同样地,当 $g(s)$是既约形式,能控Ⅱ型实现也是最小实现,或既约实现.

3. 观测器规范型——能观Ⅰ型实现和能观规范型——能观Ⅱ型实现

第 4 章中定理 4.12 指出线性连续系统的能控性和能观性之间存在着对偶性. 前面约尔当标准形实现也指出如果$\{\boldsymbol{A},\boldsymbol{b},\boldsymbol{c}\}$为能控实现,则$\{\boldsymbol{A}^{T},\boldsymbol{c}^{T},\boldsymbol{b}^{T}\}$便是能观实现. 所以只要获

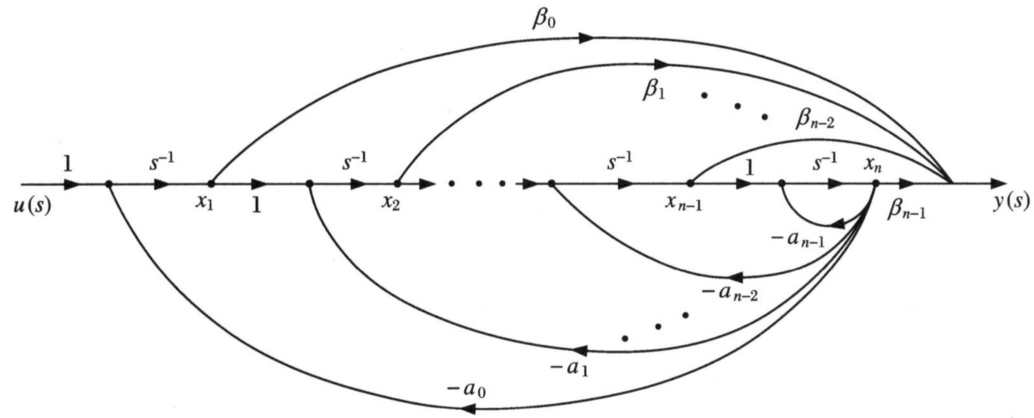

图 5.11　$g(s)$的能控Ⅱ型实现信号流图

得能控Ⅰ型实现和能控Ⅱ型实现的对偶实现便得到相应的观测器规范型——能观Ⅰ型实现和能观规范型——能观Ⅱ型实现.下面便是这两种实现的动态方程式(5.54)、式(5.55)和相应的信号流图 5.12、图 5.13.当 $g(s)$为既约的传递函数,它们又都是最小实现,或既约实现.

能观Ⅰ型

$$\left.\begin{aligned}\dot{\boldsymbol{x}}(t) &= \begin{bmatrix} 0 & & & -a_0 \\ 1 & \ddots & & -a_1 \\ & \ddots & \ddots & \vdots \\ & & 0 & -a_{n-2} \\ & & 1 & -a_{n-1} \end{bmatrix}\boldsymbol{x}(t) + \begin{bmatrix} b_0 \\ b_1 \\ \vdots \\ b_{n-2} \\ b_{n-1} \end{bmatrix}u(t) \\ y(t) &= \begin{bmatrix} 0 & 0 & \cdots & 0 & 1 \end{bmatrix}\boldsymbol{x}(t)\end{aligned}\right\} \tag{5.54}$$

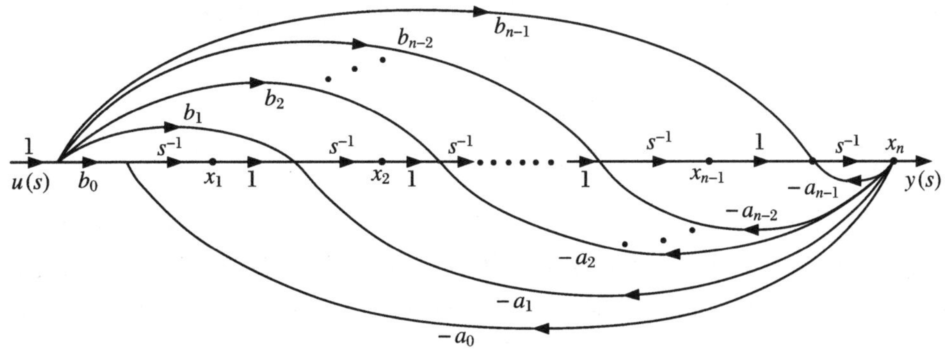

图 5.12　$g(s)$的能观Ⅰ型实现信号流图

能观Ⅱ型

$$\left.\begin{aligned}\dot{\boldsymbol{x}}(t) &= \begin{bmatrix} 0 & 1 & & \\ & \ddots & \ddots & \\ & & 0 & 1 \\ -a_0 & -a_1 & \cdots\ -a_{n-2} & -a_{n-1} \end{bmatrix}\boldsymbol{x}(t) + \begin{bmatrix}\beta_0\\ \beta_1\\ \vdots\\ \beta_{n-2}\\ \beta_{n-1}\end{bmatrix}u(t)\\ y(t) &= [1\quad 0\quad 0\quad \cdots\quad 0]\boldsymbol{x}(t)\end{aligned}\right\} \tag{5.55}$$

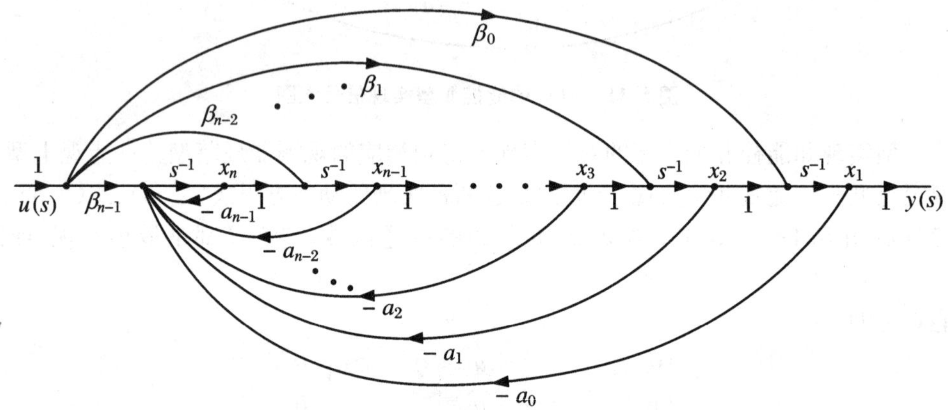

图 5.13　$g(s)$能观Ⅱ型实现的信号流图

在结束本节之前介绍一个与定理 5.6 对偶的定理 5.7.

定理 5.7　任何一个能观的多输入-单输出系统$\{\boldsymbol{A},\boldsymbol{B},\boldsymbol{c}\}$可用能观性矩阵 $\boldsymbol{M}_\mathrm{o}$ 将其变换为能观Ⅱ型实现$\{\boldsymbol{A}_{\mathrm{o}2}=\boldsymbol{A}_{\mathrm{c}2}^{\mathrm{T}},\boldsymbol{B}_{\mathrm{o}2},\boldsymbol{c}_{\mathrm{o}2}=\boldsymbol{b}_{\mathrm{c}2}^{\mathrm{T}}\}$.

证明　本定理证明类似定理 5.6 的证明.不过在进行代数等价变换时,取

$$\boldsymbol{A}_{\mathrm{o}2} = \boldsymbol{M}_\mathrm{o}\boldsymbol{A}\boldsymbol{M}_\mathrm{o}^{-1},\quad \boldsymbol{B}_{\mathrm{o}2} = \boldsymbol{M}_\mathrm{o}\boldsymbol{B},\quad \boldsymbol{c}_{\mathrm{o}2} = \boldsymbol{c}\boldsymbol{M}_\mathrm{o}^{-1} \tag{5.56}$$

具体证明略.

5.2.4　列(行)向量形式传递矩阵的规范型实现

前面介绍了传递函数的种种实现方式,这里介绍单输入-多输出系统即传递矩阵为 $k\times 1$ 维列向量或多输入-单输出系统即传递矩阵为 $1\times k$ 维行向量时的规范型实现.首先假设传递矩阵 $\boldsymbol{G}(s)$为 $k\times 1$ 维严格真有理列向量,即 $\boldsymbol{G}(s)=[g_1(s)\quad g_2(s)\quad \cdots\quad g_k(s)]^{\mathrm{T}}$.令 $d(s)=s^n+a_{n-1}s^{n-1}+\cdots+a_1s+a_0$ 是所有 $g_i(s)$的最小公分母,将 $\boldsymbol{G}(s)$写成

$$\boldsymbol{G}(s) = \frac{1}{s^n + a_{n-1}s^{n-1} + \cdots + a_1 s + a_0}\begin{bmatrix} b_{1(n-1)}s^{n-1} + \cdots + b_{11}s + b_{10}\\ b_{2(n-1)}s^{n-1} + \cdots + b_{21}s + b_{20}\\ \vdots\\ b_{k(n-1)}s^{n-1} + \cdots b_{k1}s + b_{k0}\end{bmatrix} \tag{5.57}$$

对于 $\boldsymbol{G}(s)$的每个分量都可用式(5.48)那种能控Ⅰ型动态方程实现,它们的状态方程相同且

仍为式(5.48a),仅仅由于有 k 个输出分量 $y_j(t)$,$j=1,2,\cdots,k$,式(5.48b)中输出矩阵 $\boldsymbol{c}$ 由行向量改成 $k\times n$ 矩阵.所以式(5.57)的能控Ⅰ型实现如动态方程式(5.58)所示:

$$\dot{\boldsymbol{x}}(t)=\begin{bmatrix}0 & 1 & & \\ & \ddots & \ddots & \\ & & 0 & 1\\ -a_0 & -a_1 & \cdots & -a_{n-2} & -a_{n-1}\end{bmatrix}\boldsymbol{x}(t)+\begin{bmatrix}0\\0\\ \vdots\\0\\1\end{bmatrix}u(t) \tag{5.58a}$$

$$\boldsymbol{y}(t)=\begin{bmatrix}b_{10} & b_{11} & \cdots & b_{1(n-2)} & b_{1(n-1)}\\ b_{20} & b_{21} & \cdots & b_{2(n-2)} & b_{2(n-1)}\\ \vdots & \vdots & & \vdots & \vdots\\ b_{k0} & b_{k1} & \cdots & b_{k(n-2)} & b_{k(n-1)}\end{bmatrix}\boldsymbol{x}(t) \tag{5.58b}$$

利用预解矩阵 $(s\boldsymbol{I}_n-\boldsymbol{A}_{c1})^{-1}=\dfrac{\sum\limits_{K=0}^{n-1}\boldsymbol{Q}_k s^k}{\det(s\boldsymbol{I}-\boldsymbol{A}_{c1})}$ 中 $\boldsymbol{Q}_k$ 的表达式(5.50)很容易证明动态方程式(5.58)确实实现了式(5.57)中 $\boldsymbol{G}(s)$.将定理5.6应用到能控Ⅰ型实现式(5.58)上,又可得到 $\boldsymbol{G}(s)$ 的能控Ⅱ型实现如下所示:

$$\dot{\boldsymbol{x}}(t)=\boldsymbol{A}_{c2}\boldsymbol{x}(t)+\boldsymbol{b}_{c2}\boldsymbol{u}(t) \tag{5.59a}$$

$$\boldsymbol{y}(t)=\boldsymbol{C}_{c2}\boldsymbol{x}(t) \tag{5.59b}$$

其中

$$\begin{aligned}\boldsymbol{A}_{c2}&=\boldsymbol{A}_{c1}^{\mathrm{T}},\quad \boldsymbol{b}_{c2}=[1\ \ 0\ \ 0\ \ \cdots\ \ 0]^{\mathrm{T}}\\ \boldsymbol{C}_{c2}&=[\boldsymbol{C}_{c1}\boldsymbol{b}_{c1}\quad \boldsymbol{C}_{c1}\boldsymbol{A}_{c1}\boldsymbol{b}_{c1}\quad \cdots\quad \boldsymbol{C}_{c1}\boldsymbol{A}_{c1}^{n-1}\boldsymbol{b}_{c1}]\\ &=[\boldsymbol{\beta}_0\quad \boldsymbol{\beta}_1\quad \cdots\quad \boldsymbol{\beta}_{n-1}]\end{aligned}$$

其中 $\boldsymbol{\beta}_i$,$i=0,1,2,\cdots,n-1$ 是马尔可夫矩阵,可由 $\boldsymbol{G}(s)$在 $s=\infty$ 处的幂级数展开式中求出,见式(5.21).

例 5.3　求下面 2×1 传递矩阵 $\boldsymbol{G}(s)$的能控型实现:

$$\boldsymbol{G}(s)=\begin{bmatrix}\dfrac{s+3}{(s+1)(s+2)}\\[2mm] \dfrac{s+4}{(s+1)^2}\end{bmatrix}$$

解　对 $\boldsymbol{G}(s)$整理后得

$$\boldsymbol{G}(s)=\frac{1}{s^3+4s^2+5s+2}\begin{bmatrix}s^2+4s+3\\ s^2+6s+8\end{bmatrix}$$

能控Ⅰ型实现

$$\dot{\boldsymbol{x}}(t)=\begin{bmatrix}0 & 1 & 0\\ 0 & 0 & 1\\ -2 & -5 & -4\end{bmatrix}\boldsymbol{x}(t)+\begin{bmatrix}0\\0\\1\end{bmatrix}u(t)$$

$$\boldsymbol{y}(t)=\begin{bmatrix}3 & 4 & 1\\ 8 & 6 & 1\end{bmatrix}\boldsymbol{x}(t)$$

能控Ⅱ型实现

$$\dot{\boldsymbol{x}}(t)=\begin{bmatrix}0&0&-2\\1&0&-5\\0&1&-4\end{bmatrix}\boldsymbol{x}(t)+\begin{bmatrix}1\\0\\0\end{bmatrix}u(t)$$

$$\boldsymbol{y}(t)=\begin{bmatrix}1&0&-2\\1&2&-5\end{bmatrix}\boldsymbol{x}(t)$$

现在讨论 $\boldsymbol{G}(s)$为严格真有理行向量的规范型实现.同样假设 $d(s)=s^n+a_{n-1}s^{n-1}+\cdots+a_1s+a_0$ 是 $\boldsymbol{G}(s)$每个分量的最小公分母,将 $1\times k$ 行向量$\boldsymbol{G}(s)$改写成

$$\boldsymbol{G}(s)=\frac{1}{d(s)}[b_{(n-1)1}s^{n-1}+b_{(n-2)1}s^{n-2}+\cdots b_{11}s+b_{01}\quad\cdots\quad b_{(n-1)k}s^{n-1}+b_{(n-2)k}s^{n-2}+\cdots+b_{1k}s+b_{0k}]\tag{5.60}$$

对于 $\boldsymbol{G}(s)$的每个分量都可用式(5.54)那种能观Ⅰ型动态方程实现,它们的系统矩阵皆是 $\boldsymbol{A}_{o1}=\boldsymbol{A}_{c1}^{\mathrm{T}}$,输出矩阵也相同,都是行向量 $\boldsymbol{c}=(0\quad 0\quad\cdots\quad 0\quad 1)$,仅仅由于有 k 个输入分量 $u_j(t)$,$j=1,2,\cdots,k$,式(5.54)中输入矩阵 $\boldsymbol{b}$ 由列向量改成$n\times k$ 矩阵$\boldsymbol{B}_{o1}$.所以式(5.60)的能观Ⅰ型实现如动态方程式(5.61)所示:

$$\dot{\boldsymbol{x}}(t)=\begin{bmatrix}0&&&&-a_0\\1&0&&&-a_1\\&1&\ddots&&\vdots\\&&\ddots&0&-a_{n-2}\\&&&1&-a_{n-1}\end{bmatrix}\boldsymbol{x}(t)+\begin{bmatrix}b_{01}&b_{02}&\cdots&b_{0k}\\b_{11}&b_{12}&\cdots&b_{1k}\\\vdots&\vdots&&\vdots\\b_{(n-2)1}&b_{(n-2)2}&\cdots&b_{(n-2)k}\\b_{(n-1)1}&b_{(n-1)2}&\cdots&b_{(n-1)k}\end{bmatrix}\boldsymbol{u}(t)\tag{5.61a}$$

$$\boldsymbol{y}(t)=[0\quad 0\quad\cdots\quad 0\quad 1]\boldsymbol{x}(t)\tag{5.61b}$$

因为 $\boldsymbol{A}_{o1}=\boldsymbol{A}_{c1}^{\mathrm{T}}$,故$(s\boldsymbol{I}_n-\boldsymbol{A}_{o1})^{-1}=[(s\boldsymbol{I}_n-\boldsymbol{A}_{c1})^{-1}]^{\mathrm{T}}$,利用式(5.50)中 $\boldsymbol{Q}_k$ 的转置$\boldsymbol{Q}_k^{\mathrm{T}}$ 很容易证明

$$\boldsymbol{c}_{o1}(s\boldsymbol{I}-\boldsymbol{A}_{o1})^{-1}=\frac{1}{d(s)}[1\quad s\quad s^2\quad\cdots\quad s^{n-1}]$$

$$d(s)=\det(s\boldsymbol{I}_n-\boldsymbol{A}_{o1})$$

$$\boldsymbol{c}_{o1}(s\boldsymbol{I}-\boldsymbol{A}_{o1})^{-1}\boldsymbol{B}_{o1}=\boldsymbol{G}(s)$$

即式(5.61)是式(5.60)中 $\boldsymbol{G}(s)$的能观Ⅰ型实现.根据定理 5.7 还可得到式(5.60)中行向量$\boldsymbol{G}(s)$的能观Ⅱ型实现如下

$$\dot{\boldsymbol{x}}(t)=\boldsymbol{A}_{c2}\boldsymbol{x}_t+\boldsymbol{B}_{c2}\boldsymbol{u}(t)\tag{5.62a}$$

$$\boldsymbol{y}(t)=\boldsymbol{c}_{o2}\boldsymbol{x}(t)\tag{5.62b}$$

其中

$$\boldsymbol{A}_{o2}=\boldsymbol{A}_{o1}^{\mathrm{T}}=\boldsymbol{A}_{c1},\quad \boldsymbol{c}_{o2}=[1\quad 0\quad\cdots\quad 0\quad 0]$$

$$\boldsymbol{B}_{o2}=\begin{bmatrix}\boldsymbol{c}_{o1}\boldsymbol{B}_{o1}\\\boldsymbol{c}_{o1}\boldsymbol{A}_{o1}\boldsymbol{B}_{o1}\\\vdots\\\boldsymbol{c}_{o1}\boldsymbol{A}_{o1}^{n-1}\boldsymbol{B}_{o1}\end{bmatrix}=\begin{bmatrix}\boldsymbol{\beta}_0\\\boldsymbol{\beta}_1\\\vdots\\\boldsymbol{\beta}_{n-1}\end{bmatrix}$$

同样,$\boldsymbol{\beta}_i$,$i=0,1,2,\cdots,n-1$ 是式(5.60)中行向量 $\boldsymbol{G}(s)$的马尔可夫矩阵,可由式(5.21)表

示的 $\boldsymbol{G}(s)$在 $s=\infty$处的幂级数展开式中得到.

例 5.4 求下面 1×2 传递矩阵 $\boldsymbol{G}(s)$的能观型实现:

$$\boldsymbol{G}(s)=\begin{bmatrix}\dfrac{s+3}{(s+1)(s+2)} & \dfrac{s+4}{(s+1)^2}\end{bmatrix}$$

解 对 $\boldsymbol{G}(s)$整理可得

$$\boldsymbol{G}(s)=\frac{1}{s^3+4s^2+5s+2}\begin{bmatrix}s^2+4s+3 & s^2+6s+8\end{bmatrix}$$

能观Ⅰ型实现

$$\boldsymbol{x}(t)=\begin{bmatrix}0&0&-2\\1&0&-5\\0&1&-4\end{bmatrix}\boldsymbol{x}(t)+\begin{bmatrix}3&8\\4&6\\1&1\end{bmatrix}\boldsymbol{u}(t)$$

$$\boldsymbol{y}(t)=\begin{bmatrix}1&0&0\end{bmatrix}\boldsymbol{x}(t)$$

能观Ⅱ型实现

$$\boldsymbol{x}(t)=\begin{bmatrix}0&1&0\\0&0&1\\-2&-5&-4\end{bmatrix}\boldsymbol{x}(t)+\begin{bmatrix}1&1\\0&2\\-2&-5\end{bmatrix}\boldsymbol{u}(t)$$

$$\boldsymbol{y}(t)=\begin{bmatrix}1&0&0\end{bmatrix}\boldsymbol{x}(t)$$

最后需要提醒的是当 $\boldsymbol{G}(s)$为列向量时只有能控型实现.因为能控型实现的对偶实现不是列向量而是行向量,所以没有能观型实现.同样的道理 $\boldsymbol{G}(s)$为行向量时只有能观型实现,没有能控型实现.

*5.3 传递函数矩阵的约尔当形最小实现

实现给定的传递函数矩阵 $\boldsymbol{G}(s)$的最直接方法就是分别地实现 $\boldsymbol{G}(s)$的每一个元素 $g_{ij}(s)$.例如说为了实现式(5.63)中

$$\boldsymbol{G}(s)=\begin{bmatrix}\dfrac{1}{s+1} & \dfrac{2}{(s+1)(s+2)}\\[2ex] \dfrac{1}{(s+1)(s+3)} & \dfrac{1}{s+3}\end{bmatrix}\tag{5.63}$$

可应用图 5.14 中的信号流图.图中 $g_{12}(s)$和 $g_{21}(s)$采用的是串联实现方式.相应的$\{\boldsymbol{A},\boldsymbol{B},\boldsymbol{C}\}$为

$$\boldsymbol{A}=\begin{bmatrix}-1&0&0&0&0&0\\0&-2&1&0&0&0\\0&0&-1&0&0&0\\0&0&0&-3&0&0\\0&0&0&0&-3&1\\0&0&0&0&0&-1\end{bmatrix},\quad \boldsymbol{B}=\begin{bmatrix}1&0\\0&0\\0&1\\0&1\\0&0\\1&0\end{bmatrix},\quad \boldsymbol{C}=\begin{bmatrix}1&0\\2&0\\0&0\\0&1\\0&1\\0&0\end{bmatrix}^{\mathrm{T}}$$

$\dim \boldsymbol{A}=6$，而根据真有理矩阵特征多项式和极点定义可知

$$\Delta \boldsymbol{G}(s)=(s+1)^2(s+2)(s+3),\quad \delta \boldsymbol{G}(s)=4$$

极点为$(-1,-1,-2,-3)$.由$\{\boldsymbol{A},\boldsymbol{B}\}$可观察到 x_1 和 x_6 中有一个是不能控状态，由$\{\boldsymbol{A},\boldsymbol{C}\}$可观察到 x_4，x_5 中有一个是不能观状态，因为 $\boldsymbol{B}$ 中对应相同特征值 1 的第一行与第六行线性相关，$\boldsymbol{C}$ 中对应相同特征值 3 的第四列和第五列线性相关.倘若能改造所得到的$\{\boldsymbol{A},\boldsymbol{B},\boldsymbol{C}\}$，将不能控和不能观的状态去掉，得到新的$\{\bar{\boldsymbol{A}},\bar{\boldsymbol{B}},\bar{\boldsymbol{C}}\}$，使得 $\dim\bar{\boldsymbol{A}}=\delta\boldsymbol{G}(s)=4$，就能得到 $\boldsymbol{G}(s)$的最小实现.为此，设法由图 5.14 中去掉 x_1 和 x_4，以 x_6 代替 x_1 产生输出 y_1，并让 u_2 输入到节点 $\dot{x}_5$ 以保证 y_2 不变.这样，图 5.14 被改造成图 5.15.由此得到最小实现的动态方程如下：

$$\boldsymbol{x}(t)=\begin{bmatrix}-2 & 1 & 0 & 0\\ 0 & -1 & 0 & 0\\ 0 & 0 & -3 & 1\\ 0 & 0 & 0 & -1\end{bmatrix}\boldsymbol{x}(t)+\begin{bmatrix}0 & 0\\ 0 & 1\\ 0 & 1\\ 1 & 0\end{bmatrix}\begin{bmatrix}u_1(t)\\ u_2(t)\end{bmatrix}$$

$$\begin{bmatrix}y_1(t)\\ y_2(t)\end{bmatrix}=\begin{bmatrix}2 & 0 & 0 & 1\\ 0 & 0 & 1 & 0\end{bmatrix}\boldsymbol{x}(t)$$

这种实现的系统方阵为对角分块矩阵，具有约尔当标准形，称为约尔当标准形最小实现.下面介绍将 $\boldsymbol{G}(s)$的每个元素采用部分分式展开得到约尔当标准形最小实现的算法：

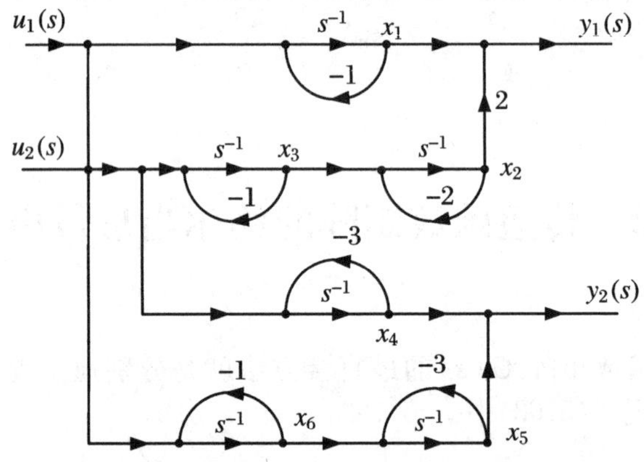

图 5.14　实现式(5.63)中 $\boldsymbol{G}(s)$的信号流图

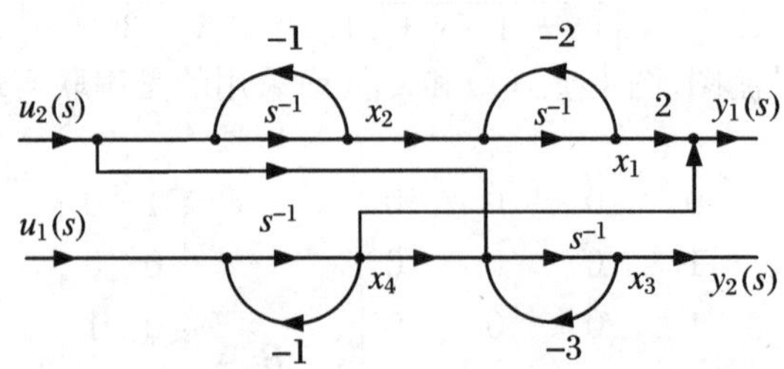

图 5.15　式(5.57)中 $\boldsymbol{G}(s)$最小实现信号流图

第一步：对 $\boldsymbol{G}(s)$的每个元素应用部分分式展开

$$\boldsymbol{G}(s) = \sum_{i=1}^{k} \frac{\boldsymbol{N}_i}{s + p_i} \tag{5.64}$$

这里假设 $\boldsymbol{G}(s)$只有单重极点.倘若具有多重极点，后面将用例子加以说明.

第二步：确定每个常数矩阵 $\boldsymbol{N}_i$ 的秩$\rho_i, i = 1,2,\cdots,k$.

第三步：将每个 $\boldsymbol{N}_i$ 分解成两个列向量的外积和，

$$\boldsymbol{N}_i = \sum_{j=1}^{\rho_i} \boldsymbol{c}_{ij} \rangle\langle \boldsymbol{b}_{ij} \tag{5.65}$$

其中向量 $\boldsymbol{\alpha} = [\alpha_1 \quad \alpha_2 \quad \cdots \quad \alpha_r]^{\mathrm{T}}$ 与 $\boldsymbol{\beta} = [\beta_1 \quad \beta_2 \quad \cdots \quad \beta_m]^{\mathrm{T}}$ 外积定义为

$$\boldsymbol{\alpha}\rangle\langle\boldsymbol{\beta} \stackrel{\text{def}}{=} \begin{bmatrix} \alpha_1 \\ \alpha_2 \\ \alpha_r \end{bmatrix} [\beta_1 \quad \beta_2 \quad \beta_m] \tag{5.66}$$

第四步：令

$$\boldsymbol{A} = \mathrm{diag}(-p_1 \boldsymbol{I}_{\rho_1}, -p_2 \boldsymbol{I}_{\rho_2}, \cdots, -p_k \boldsymbol{I}_{\rho_k}) \tag{5.67a}$$

$$\boldsymbol{B}^{\mathrm{T}} = (\boldsymbol{b}_{11} \quad \cdots \quad \boldsymbol{b}_{1\rho_1} \mid \boldsymbol{b}_{21} \quad \cdots \quad \boldsymbol{b}_{2\rho_2} \mid \cdots \mid \boldsymbol{b}_{k1} \quad \cdots \quad \boldsymbol{b}_{k\rho_k}) \tag{5.67b}$$

$$\boldsymbol{C} = (\boldsymbol{c}_{11} \quad \cdots \quad \boldsymbol{c}_{1\rho_1} \mid \boldsymbol{c}_{21} \quad \cdots \quad \boldsymbol{c}_{2\rho_2} \mid \cdots \mid \boldsymbol{c}_{k1} \quad \cdots \quad \boldsymbol{c}_{k\rho_k}) \tag{5.67c}$$

因为 $\boldsymbol{A}$ 是约尔当标准形对角分块阵，$\dim\boldsymbol{A} = \sum_{i=1}^{k} \rho_i$.在 $-p_i$ 为单重极点时，若 $\rho_i = 1, i = 1,2,\cdots,k$，由于 $\boldsymbol{B}$ 和 $\boldsymbol{C}$ 中没有零行或零列，实现$\{\boldsymbol{A},\boldsymbol{B},\boldsymbol{C}\}$为既能控又能观的最小实现；若 $\rho_i \neq 1, i \in \{1,2,\cdots,k\}$，因为 $\rho[\boldsymbol{N}_i] = \rho_i$ 意味着 $\boldsymbol{b}_{i1}^{\mathrm{T}}, \boldsymbol{b}_{i2}^{\mathrm{T}}, \cdots, \boldsymbol{b}_{i\rho_i}^{\mathrm{T}}$ 是ρ_i 个线性无关的行向量，$\boldsymbol{c}_{i1}, \boldsymbol{c}_{i2}, \cdots, \boldsymbol{c}_{i\rho_i}$ 是ρ_i 个线性无关的列向量，$i = 1,2,\cdots,k$，表明实现$(\boldsymbol{A},\boldsymbol{B},\boldsymbol{C})$仍为既能控又能观的最小实现.倘若 $-p_i$ 为多重极点，需要进行修正，将 $\boldsymbol{B}$ 中线性相关的行和$\boldsymbol{C}$ 中线性相关的列设法去掉.

例 5.5　采用部分分式展开法求式(5.63)中 $\boldsymbol{G}(s)(g_{ij}(s), i,j = 1,2)$ 的最小实现.

解　第一步：

$$\boldsymbol{G}(s) = \begin{bmatrix} \dfrac{1}{s+1} & \dfrac{2}{s+1} - \dfrac{2}{s+2} \\ \dfrac{1/2}{s+1} - \dfrac{1/2}{s+3} & \dfrac{1}{s+3} \end{bmatrix}$$

$$= \frac{\begin{bmatrix} 1 & 2 \\ \dfrac{1}{2} & 0 \end{bmatrix}}{s+1} + \frac{\begin{bmatrix} 0 & -2 \\ 0 & 0 \end{bmatrix}}{s+2} + \frac{\begin{bmatrix} 0 & 0 \\ -\dfrac{1}{2} & 1 \end{bmatrix}}{s+3}$$

第二步：

$$\rho[\boldsymbol{N}_1] = \rho\begin{bmatrix} 1 & 2 \\ \dfrac{1}{2} & 0 \end{bmatrix} = 2, \quad \rho[\boldsymbol{N}_2] = \rho\begin{bmatrix} 0 & -2 \\ 0 & 0 \end{bmatrix} = 1$$

$$\rho[\boldsymbol{N}_3] = \rho\begin{bmatrix} 0 & 0 \\ -\dfrac{1}{2} & 1 \end{bmatrix} = 1$$

第三步：

$$\boldsymbol{N}_1 = \begin{bmatrix}1\\0\end{bmatrix}\begin{bmatrix}1 & 2\end{bmatrix} + \begin{bmatrix}0\\1\end{bmatrix}\begin{bmatrix}\frac{1}{2} & 0\end{bmatrix} = \boldsymbol{c}_{11}\rangle\langle\boldsymbol{b}_{11} + \boldsymbol{c}_{12}\rangle\langle\boldsymbol{b}_{12}$$

$$\boldsymbol{N}_2 = \begin{bmatrix}1\\0\end{bmatrix}\begin{bmatrix}0 & -2\end{bmatrix} = \boldsymbol{c}_{21}\rangle\langle\boldsymbol{b}_{21}$$

$$\boldsymbol{N}_3 = \begin{bmatrix}0\\1\end{bmatrix}\begin{bmatrix}-\frac{1}{2} & 1\end{bmatrix} = \boldsymbol{c}_{31}\rangle\langle\boldsymbol{b}_{31}$$

第四步：

$$\boldsymbol{A} = \left[\begin{array}{cc:c:c} -1 & 0 & 0 & 0\\ 0 & -1 & 0 & 0\\ \hdashline 0 & 0 & -2 & 0\\ \hdashline 0 & 0 & 0 & -3 \end{array}\right],\quad \boldsymbol{B} = \left[\begin{array}{cc} 1 & 2\\ \frac{1}{2} & 0\\ \hdashline 0 & -2\\ \hdashline -\frac{1}{2} & 1 \end{array}\right]$$

$$\boldsymbol{C} = \left[\begin{array}{cc:c:c} 1 & 0 & 1 & 0\\ 0 & 1 & 0 & 1 \end{array}\right]$$

可以验证

$$\boldsymbol{G}(s) = \begin{bmatrix}1 & 0 & 1 & 0\\ 0 & 1 & 0 & 1\end{bmatrix}\begin{bmatrix}\frac{1}{s+1} & & & \boldsymbol{0}\\ & \frac{1}{s+1} & & \\ & & \frac{1}{s+2} & \\ \boldsymbol{0} & & & \frac{1}{s+3}\end{bmatrix}\begin{bmatrix}1 & 2\\ \frac{1}{2} & 0\\ 0 & -2\\ -\frac{1}{2} & 0\end{bmatrix}$$

而且 $\dim\boldsymbol{A} = \deg\Delta\boldsymbol{G}(s) = 4$，实现 $\{\boldsymbol{A},\boldsymbol{B},\boldsymbol{C}\}$ 是最小实现．试画出这种最小实现的信号流图．

例 5.6 求下面传递函数矩阵 $\boldsymbol{G}(s)$ 的约尔当标准形最小实现：

$$\boldsymbol{G}(s) = \begin{bmatrix}\frac{1}{(s+2)^3(s+5)} & \frac{1}{s+5}\\ \frac{1}{s+2} & 0\end{bmatrix}$$

注意，本例中 -2 是 $\boldsymbol{G}(s)$ 的三重极点．应用部分分式将 $\boldsymbol{G}(s)$ 展开式

$$\begin{aligned}\boldsymbol{G}(s) &= \frac{\begin{bmatrix}\frac{1}{3} & 0\\ 0 & 0\end{bmatrix}}{(s+2)^3} + \frac{\begin{bmatrix}-\frac{1}{9} & 0\\ 0 & 0\end{bmatrix}}{(s+2)^2} + \frac{\begin{bmatrix}\frac{1}{27} & 0\\ 1 & 0\end{bmatrix}}{(s+2)} + \frac{\begin{bmatrix}-\frac{1}{27} & 1\\ 0 & 0\end{bmatrix}}{(s+5)}\\ &= \frac{\begin{pmatrix}\frac{1}{3}\\ 0\end{pmatrix}(1 \quad 0)}{(s+2)^3} + \frac{\begin{pmatrix}-\frac{1}{9}\\ 0\end{pmatrix}(1 \quad 0)}{(s+2)^2} + \frac{\begin{pmatrix}\frac{1}{27}\\ 1\end{pmatrix}(1 \quad 0)}{(s+2)} + \frac{\begin{pmatrix}1\\ 0\end{pmatrix}\begin{pmatrix}\frac{-1}{27} & 1\end{pmatrix}}{s+5}\end{aligned} \tag{5.68}$$

式(5.68)前三项伴随着极点 -2，且具有相同的 $\boldsymbol{b}_1^{\mathrm{T}} = (1 \quad 0)$，意味着这三项可以用串联方式

联接．图 5.16 表示着式(5.68)中 $\boldsymbol{G}(s)$的框图．因此，可写出最小实现的动态方程

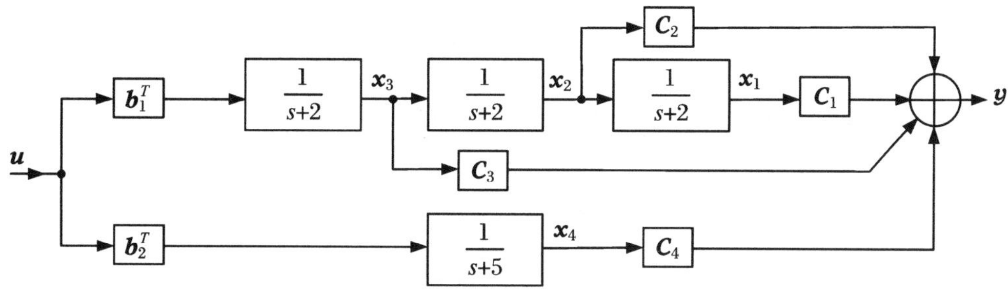

图 5.16　式(5.68)中 $G(s)$的框图

$$
\dot{\boldsymbol{x}}(t) = \left[\begin{array}{ccc:c} -2 & 1 & 0 & 0 \\ 0 & -2 & 1 & 0 \\ 0 & 0 & -2 & 0 \\ \hdashline 0 & 0 & 0 & -5 \end{array}\right] \boldsymbol{x}(t) + \left[\begin{array}{cc} 0 & 0 \\ 0 & 0 \\ 1 & 0 \\ \hdashline -\dfrac{1}{27} & 1 \end{array}\right] \begin{array}{l} \boldsymbol{0} \\ \boldsymbol{0} \\ \boldsymbol{b}_1^{\mathrm{T}} \\ \boldsymbol{b}_2^{\mathrm{T}} \end{array}
$$

$$
\boldsymbol{y}(t) = \left[\begin{array}{ccc:c} \dfrac{1}{3} & \dfrac{-1}{9} & \dfrac{1}{27} & 1 \\ 0 & 0 & 1 & 0 \end{array}\right] \boldsymbol{x}(t)
$$

$$
\quad \boldsymbol{c}_1 \quad \boldsymbol{c}_2 \quad \boldsymbol{c}_3 \quad \boldsymbol{c}_4
$$

在这个例子中，伴随重极点 $\lambda_1 = -p_1 = -2$ 的线性无关列向量 $\boldsymbol{b}_1$ 的数目与伴随 $\lambda_1 = -2$ 的约尔当块数目相等，且 $\boldsymbol{b}_1$ 对应约尔当块最后一行，保证了实现的能控性，虽然本例是能观的，但能观性并不一定总能得到保证．在下面的例 5.7 中将介绍如果 $\boldsymbol{G}(s)$的展开式中，$\boldsymbol{b}_i$ 具有线性相关的行或 $\boldsymbol{c}_i$ 出现线性相关的列导致实现可能并不是能控或能观的，该如何处理．

例 5.7　假设 $\boldsymbol{G}(s)$部分分式展开后如下：

$$
\boldsymbol{G}(s) = \frac{\begin{bmatrix} 1 \\ 1 \\ 1 \end{bmatrix} \begin{bmatrix} 1 & 0 & 0 \end{bmatrix}}{(s+p)^3} + \frac{\begin{bmatrix} 0 \\ 1 \\ 0 \end{bmatrix} \begin{bmatrix} 0 & 1 & 0 \end{bmatrix}}{(s+p)^3} + \frac{\begin{bmatrix} 1 \\ 0 \\ 1 \end{bmatrix} \begin{bmatrix} 1 & 0 & 0 \end{bmatrix}}{(s+p)^2} + \frac{\begin{bmatrix} 2 \\ 5 \\ 2 \end{bmatrix} \begin{bmatrix} 0 & 0 & 1 \end{bmatrix}}{(s+p)^2} + \frac{\begin{bmatrix} 2 \\ 2 \\ 3 \end{bmatrix} \begin{bmatrix} -1 & -1 & 0 \end{bmatrix}}{s+p}
$$

本例中五个 $\boldsymbol{b}_i$ 列向量中有三个是线性无关的，即

$$
\boldsymbol{b}_1 = \begin{bmatrix} 1 \\ 0 \\ 0 \end{bmatrix}, \quad \boldsymbol{b}_2 = \begin{bmatrix} 0 \\ 1 \\ 0 \end{bmatrix}, \quad \boldsymbol{b}_4 = \begin{bmatrix} 0 \\ 0 \\ 1 \end{bmatrix}, \quad \boldsymbol{b}_3 = \boldsymbol{b}_1, \quad \boldsymbol{b}_5 = -\boldsymbol{b}_1 - \boldsymbol{b}_2
$$

根据 $\boldsymbol{b}_3, \boldsymbol{b}_5$ 的线性组合关系将 $\boldsymbol{G}(s)$改写成

$$
\boldsymbol{G}(s) = \frac{\boldsymbol{c}_1\rangle\langle\boldsymbol{b}_1}{(s+p)^3} + \frac{\boldsymbol{c}_3\rangle\langle\boldsymbol{b}_1}{(s+p)^2} - \frac{\boldsymbol{c}_5\rangle\langle\boldsymbol{b}_1}{s+p}
$$

$$+\frac{c_2\rangle\langle b_2}{(s+p)^3}+\frac{0\rangle\langle b_2}{(s+p)^2}-\frac{c_5\rangle\langle b_2}{s+p}$$

$$+\frac{c_4\rangle\langle b_4}{(s+p)^2}+\frac{0\rangle\langle b_4}{(s+p)} \tag{5.69}$$

按式(5.69)得到能控的约尔当标准形实现$\{\boldsymbol{A}_c,\boldsymbol{B}_c,\boldsymbol{C}_c\}$如下：

$$\boldsymbol{A}_c=\left[\begin{array}{ccc:ccc:cc} -p & 1 & 0 & & & & & \\ 0 & -p & 1 & & \boldsymbol{0} & & & \\ 0 & 0 & -p & & & & & \\ \hdashline & & & -p & 1 & 0 & & \\ & \boldsymbol{0} & & 0 & -p & 1 & & \\ & & & 0 & 0 & -p & & \\ \hdashline & & & & & & -p & 1 \\ & & & & & & 0 & -p \end{array}\right],\quad \boldsymbol{B}_c=\left[\begin{array}{ccc} 0 & 0 & 0 \\ \hdashline 0 & 0 & 0 \\ 1 & 0 & 0 \\ \hdashline 0 & 0 & 0 \\ 0 & 0 & 0 \\ 0 & 1 & 0 \\ \hdashline 0 & 0 & 0 \\ 0 & 0 & 1 \end{array}\right]\begin{array}{c} \boldsymbol{0} \\ \boldsymbol{0} \\ \boldsymbol{b}_1^{\mathrm{T}} \\ \boldsymbol{0} \\ \boldsymbol{0} \\ \boldsymbol{b}_2^{\mathrm{T}} \\ \boldsymbol{0} \\ \boldsymbol{b}_4^{\mathrm{T}} \end{array}$$

$$\boldsymbol{C}_c=\left[\begin{array}{ccc:ccc:cc} 1 & 1 & -2 & 0 & 0 & -2 & 2 & 0 \\ 1 & 0 & -2 & 1 & 0 & -2 & 5 & 0 \\ 1 & 1 & -3 & 0 & 0 & -3 & 2 & 0 \\ \boldsymbol{c}_1 & \boldsymbol{c}_3 & -\boldsymbol{c}_5 & \boldsymbol{c}_2 & 0 & -\boldsymbol{c}_5 & \boldsymbol{c}_4 & 0 \end{array}\right]$$

由于 $\boldsymbol{c}_4=2\boldsymbol{c}_1+3\boldsymbol{c}_2$，实现并不完全能观. 利用这一关系式进一步改写式(5.69)成为

$$\boldsymbol{G}(s)=\frac{\boldsymbol{c}_1\rangle\langle[\boldsymbol{b}_1+2(s+p)\boldsymbol{b}_4]}{(s+p)^3}+\frac{\boldsymbol{c}_3\rangle\langle\boldsymbol{b}_1}{(s+p)^2}-\frac{\boldsymbol{c}_5\rangle\langle\boldsymbol{b}_1}{s+p}$$

$$+\frac{\boldsymbol{c}_2\rangle\langle[\boldsymbol{b}_2+3(s+p)\boldsymbol{b}_4]}{(s+p)^3}-\frac{\boldsymbol{c}_5\rangle\langle\boldsymbol{b}_2}{s+p} \tag{5.70}$$

式(5.70)说明前三项构成的第一个约尔当块应增加另外一项输入 $2\boldsymbol{b}_4^{\mathrm{T}}\boldsymbol{u}$，后两项构成的第二个约尔当块应增加一项输入 $3\boldsymbol{b}_4^{\mathrm{T}}u$，而 $2\boldsymbol{b}_4^{\mathrm{T}}u$ 输入会引起多余的经过 $\boldsymbol{c}_3$ 送出去的输出，经整理将式(5.70)改写成

$$\boldsymbol{G}(s)=\frac{\boldsymbol{c}_1\rangle\langle[\boldsymbol{b}_1+2(s+p)\boldsymbol{b}_4]}{(s+p)^3}+\frac{\boldsymbol{c}_3\rangle\langle[\boldsymbol{b}_1+2(s+p)\boldsymbol{b}_4]}{(s+p)^2}-\frac{\boldsymbol{c}_5\rangle\langle\boldsymbol{b}_1}{s+p}$$

$$+\frac{\boldsymbol{c}_2\rangle\langle[\boldsymbol{b}_2+3(s+p)\boldsymbol{b}_4]}{(s+p)^3}-\frac{\boldsymbol{c}_5\rangle\langle\boldsymbol{b}_2}{s+p}-\frac{2\boldsymbol{c}_3\rangle\langle\boldsymbol{b}_4}{s+p} \tag{5.71}$$

由式(5.71)得到的实现是

$$\boldsymbol{A}=\left[\begin{array}{ccc:ccc:c} -p & 1 & 0 & & & & \\ 0 & -p & 1 & & \boldsymbol{0} & & \\ 0 & 0 & -p & & & & \\ \hdashline & & & -p & 1 & 0 & \\ & \boldsymbol{0} & & 0 & -p & 1 & \\ & & & 0 & 0 & -p & \\ \hdashline & & & & & & -p \end{array}\right],\quad \boldsymbol{B}=\left[\begin{array}{ccc} 0 & 0 & 0 \\ 0 & 0 & 2 \\ 1 & 0 & 0 \\ \hdashline 0 & 0 & 0 \\ 0 & 0 & 3 \\ 0 & 1 & 0 \\ \hdashline 0 & 0 & 1 \end{array}\right]\begin{array}{c} \boldsymbol{0} \\ 2\boldsymbol{b}_4^{\mathrm{T}} \\ \boldsymbol{b}_1^{\mathrm{T}} \\ \boldsymbol{0} \\ 3\boldsymbol{b}_4^{\mathrm{T}} \\ \boldsymbol{b}_2^{\mathrm{T}} \\ \boldsymbol{b}_4^{\mathrm{T}} \end{array}$$

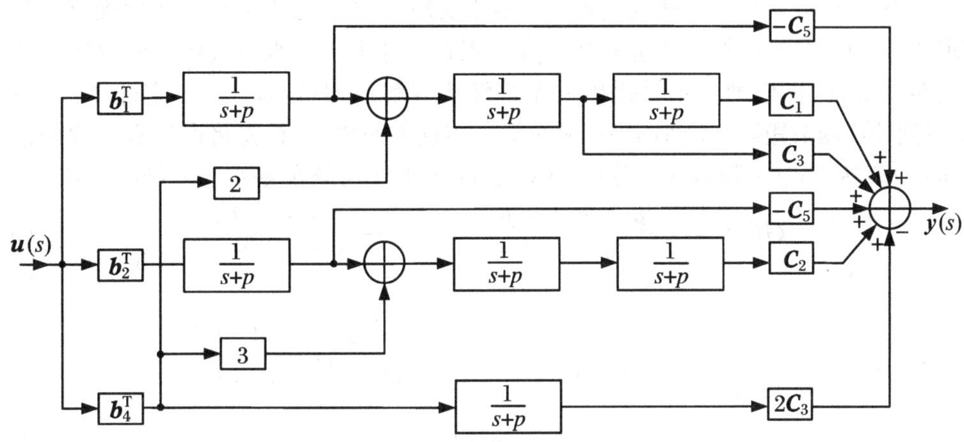

图 5.17　式(5.71)中 $G(s)$的框图

$$
C=\left[\begin{array}{ccc:ccc:c}
1 & 1 & -2 & 0 & 0 & -2 & -2\\
1 & 0 & -2 & 1 & 0 & -2 & 0\\
1 & 1 & -3 & 0 & 0 & -3 & -2
\end{array}\right]
$$
$$
\begin{array}{ccc:ccc:c}
\boldsymbol{c}_1 & \boldsymbol{c}_3 & -\boldsymbol{c}_5 & \boldsymbol{c}_2 & 0 & -\boldsymbol{c}_5 & -2\boldsymbol{c}_3
\end{array}
$$

由于$-2\boldsymbol{c}_3=-2\boldsymbol{c}_1+2\boldsymbol{c}_2$,实现仍是能控而不能观.进一步降阶简化得到

$$
\begin{aligned}
\boldsymbol{G}(s)=&\frac{\boldsymbol{c}_1\rangle\langle[\boldsymbol{b}_1+2(s+p)\boldsymbol{b}_4-2(s+p)^2\boldsymbol{b}_4]}{(s+p)^3}+\frac{\boldsymbol{c}_3\rangle\langle[\boldsymbol{b}_1+2(s+p)\boldsymbol{b}_4]}{(s+p)^2}\\
&-\frac{\boldsymbol{c}_5\rangle\langle\boldsymbol{b}_1}{s+p}+\frac{\boldsymbol{c}_2\rangle\langle[\boldsymbol{b}_2+3(s+p)\boldsymbol{b}_4+2(s+p)^2\boldsymbol{b}_4]}{(s+p)^3}-\frac{\boldsymbol{c}_5\rangle\langle\boldsymbol{b}_2}{s+p}
\end{aligned}
$$

和最小实现

$$
\boldsymbol{A}=\left[\begin{array}{ccc:ccc}
-p & 1 & 0 & & & \\
0 & -p & 1 & & \boldsymbol{0} & \\
0 & 0 & -p & & & \\
\hdashline
 & & & -p & 1 & 0\\
 & \boldsymbol{0} & & 0 & -p & 1\\
 & & & 0 & 0 & -p
\end{array}\right],\quad
\boldsymbol{B}=\left[\begin{array}{ccc}
0 & 0 & -2\\
0 & 0 & 2\\
1 & 0 & 0\\
\hdashline
0 & 0 & 2\\
0 & 0 & 3\\
0 & 1 & 0
\end{array}\right]
\begin{array}{c}
-2\boldsymbol{b}_4^{\mathrm{T}}\\
2\boldsymbol{b}_4^{\mathrm{T}}\\
\boldsymbol{b}_1^{\mathrm{T}}\\
2\boldsymbol{b}_4^{\mathrm{T}}\\
3\boldsymbol{b}_4^{\mathrm{T}}\\
\boldsymbol{b}_2^{\mathrm{T}}
\end{array}
$$

$$
\boldsymbol{c}=\left[\begin{array}{ccc:ccc}\boldsymbol{c}_1 & \boldsymbol{c}_3 & -\boldsymbol{c}_5 & \boldsymbol{c}_2 & \boldsymbol{0} & -\boldsymbol{c}_5\end{array}\right]
$$

传递函数矩阵的约尔当标准形最小实现可能是最易于理解和接受的方法,缺点在于必须对$\boldsymbol{G}(s)$进行部分分式展开,当阶次高于 4 时这是一件十分困难的事.

*5.4　传递函数矩阵的能控实现、能观实现和最小实现

传递函数约尔当形最小实现指出为了获得最小实现有两条途径可循,实现——能控实

现——最小实现,或实现——能观实现——最小实现.5.2 节已指出存在四种规范型传递函数实现,它们分别具有能控性或能观性.因此,很自然地考虑能否通过传递函数矩阵的能控实现或能观实现,再借助卡尔曼提出的系统结构分解原理(定理 4.21、定理 4.22 和定理 4.23)得到传递函数矩阵的最小实现.现在就介绍这方面内容,首先将严格真有理传递函数矩阵 $\boldsymbol{G}(s)$表达成式(5.72),其中分母 $\alpha(s)$是 $\boldsymbol{G}(s)$所有元素的最小公分母,$n=\deg\alpha(s)$.

$$\boldsymbol{G}(s)=\frac{\boldsymbol{\beta}_{n-1}s^{n-1}+\boldsymbol{\beta}_{n-2}s^{n-2}+\cdots+\boldsymbol{\beta}_1 s+\boldsymbol{\beta}_0}{s^n+\alpha_{n-1}s^{n-1}+\alpha_{n-2}s^{n-2}+\cdots+\alpha_1 s+\alpha_0} \tag{5.72}$$

例如

$$\boldsymbol{G}(s)=\begin{bmatrix}\dfrac{1}{s(s+1)} & \dfrac{2}{s+1}\\ \dfrac{2}{s+1} & \dfrac{1}{s+1}\end{bmatrix}=\frac{\begin{bmatrix}0 & 2\\ 2 & 1\end{bmatrix}s+\begin{bmatrix}1 & 0\\ 0 & 0\end{bmatrix}}{s^2+s}$$

$\alpha(s)=s^2+s$,注意 $\alpha(s)$并不一定是 $\boldsymbol{G}(s)$的特征多项式 $\Delta\boldsymbol{G}(s)$,这里 $\Delta\boldsymbol{G}(s)=s^3+2s^2+s$.

定理 5.8 令 $r\times m$ 严格真有理传递函数矩阵 $\boldsymbol{G}(s)$如式(5.72)所示,式(5.73)表示的动态方程为 $\boldsymbol{G}(s)$的控制器型实现——能控Ⅰ型实现,

$$\dot{\boldsymbol{x}}(t)=\begin{bmatrix}\boldsymbol{0}_m & \boldsymbol{I}_m & & \\ & \ddots & \ddots & \\ & & \boldsymbol{0}_m & \boldsymbol{I}_m\\ -\alpha_0\boldsymbol{I}_m & -\alpha_1\boldsymbol{I}_m & \cdots\ -\alpha_{n-2}\boldsymbol{I}_m & -\alpha_{n-1}\boldsymbol{I}_m\end{bmatrix}\boldsymbol{x}(t)+\begin{bmatrix}\boldsymbol{0}_m\\ \vdots\\ \boldsymbol{0}_m\\ \boldsymbol{I}_m\end{bmatrix}\boldsymbol{u}(t) \tag{5.73a}$$

$$\boldsymbol{y}(t)=[\boldsymbol{\beta}_0\quad \boldsymbol{\beta}_1\quad \boldsymbol{\beta}_{n-2}\quad \boldsymbol{\beta}_{n-1}]\boldsymbol{x}(t) \tag{5.73b}$$

简写为

$$\dot{\boldsymbol{x}}(t)=\boldsymbol{A}_{c1}\boldsymbol{x}(t)+\boldsymbol{B}_{c1}\boldsymbol{u}(t) \tag{5.73c}$$

$$\boldsymbol{y}(t)=\boldsymbol{C}_{c1}\boldsymbol{x}(t) \tag{5.73d}$$

证明 应用 Souriau-Frame-Faddeev 算法可以证明这一定理,如同在实现传递函数 $g(s)$时曾经证明过的那样.这里改用另一种方式证明.令

$$\boldsymbol{V}(s)\overset{\text{def}}{=}(s\boldsymbol{I}_{nm}-\boldsymbol{A}_{c1})^{-1}\boldsymbol{B}_{c1} \tag{5.74a}$$

或

$$(s\boldsymbol{I}_{nm}-\boldsymbol{A}_{c1})\boldsymbol{V}(s)=\boldsymbol{B}_{c1} \tag{5.74b}$$

其中 $\boldsymbol{V}(s)$是 $nm\times m$ 矩阵,将其分成 n 块,有

$$\boldsymbol{V}(s)=[\boldsymbol{V}_1^{\mathrm{T}}(s)\quad \boldsymbol{V}_2^{\mathrm{T}}(s)\quad \cdots\quad \boldsymbol{V}_n^{\mathrm{T}}(s)]^{\mathrm{T}}$$

$\boldsymbol{V}_i(s)$是 m 阶方阵,$i=1,2,\cdots,n$,将式(5.74b)乘开,得到

$$s\boldsymbol{V}(s)-\boldsymbol{A}_{c1}\boldsymbol{V}(s)=\boldsymbol{B}_{c1}$$

即

$$\left.\begin{aligned}&s\boldsymbol{V}_1(s)=\boldsymbol{V}_2(s)\\ &s\boldsymbol{V}_2(s)=\boldsymbol{V}_3(s)=s^2\boldsymbol{V}_1(s)\\ &\cdots\\ &s\boldsymbol{V}_k(s)=\boldsymbol{V}_{k+1}(s)=s^k\boldsymbol{V}_1(s),\quad k=1,2,\cdots,n-1\end{aligned}\right\} \tag{5.75}$$

而

$$sV_n(s) = -\alpha_0 V_1(s) - \alpha_1 V_2(s) \cdots - \alpha_{n-1} V_n(s) + I_m$$

这意味着

$$(s^n + \alpha_{n-1}s^{n-1} + \cdots \alpha_1 s + \alpha_0) V_1(s) = \alpha(s) V_1(s) = I_m$$

由此得到

$$V_k(s) = \frac{s^{k-1}}{\alpha(s)} I_m, \quad k = 1,2,\cdots,n$$

所以

$$\begin{aligned} C_{c1}(sI_{nm} - A_{c1})^{-1} B_{c1} &= [\beta_0 \quad \beta_1 \quad \cdots \quad \beta_{n-2} \quad \beta_{n-1}] V(s) \\ &= [\beta_0 \quad \beta_1 \quad \cdots \quad \beta_{n-2} \quad \beta_{n-1}] \begin{bmatrix} \dfrac{I_m}{\alpha(s)} \\ \dfrac{I_m}{\alpha(s)} \\ \vdots \\ \dfrac{s^{n-1} I_m}{\alpha(s)} \end{bmatrix} \\ &= G(s) \end{aligned} \tag{5.76}$$

式(5.76)指明式(5.73)是 $G(s)$的一个实现. 注意,这里 $\dim A_{c1} = nm$.

进一步可以证明能控性矩阵 $M_c = [B_{c1} \quad A_{c1} B_{c1} \quad \cdots \quad A_{c1}^{n-1} B_{c1} \quad A_{c1}^n B_{c1} \quad \cdots \quad A_{c1}^{nm-1} B_{c1}]$ 的前 n 块子矩阵构成的$M_{\mu c1}$是非奇异的 nm 阶方阵,

$$M_{\mu c1} = \begin{bmatrix} & \mathbf{0} & & I_m \\ & & \cdot^{\cdot^{\cdot}} & \\ & \cdot^{\cdot^{\cdot}} & & * \\ I_m & & & \end{bmatrix} \tag{5.77a}$$

$$M_{\mu c1}^{-1} = \begin{bmatrix} \alpha_1 I_m & \alpha_2 I_m & \cdots & \alpha_{n-1} I_m & I_m \\ \alpha_2 I_m & & \cdot^{\cdot^{\cdot}} & \cdot^{\cdot^{\cdot}} & \\ \vdots & \cdot^{\cdot^{\cdot}} & & & \\ \alpha_{n-1} I_m & \cdot^{\cdot^{\cdot}} & & \mathbf{0} & \\ I_m & & & & \end{bmatrix} \tag{5.77b}$$

所以式(5.73)为控制器型实现——能控Ⅰ型实现. 这里,$M_{\mu c1}$和 $M_{\mu c1}^{-1}$是分块型Toeplitz矩阵. 定理得证.

式(5.77)中 $M_{\mu c1}$和 $M_{\mu c1}^{-1}$在形式上与式(5.51)中 M_{c1}和 M_{c1}^{-1}相同,这暗示着式(5.72)中 $G(s)$可以用式(5.78)表示的能控Ⅱ型实现.

推论 5.1 式(5.72)表示的 $r \times m$ 严格真有理传递函数矩阵$G(s)$可用式(5.78)表示的能控Ⅱ型实现:

$$
\boldsymbol{A}_{c2} = \boldsymbol{A}_{c1}^{T} = \begin{bmatrix} \boldsymbol{0}_m & & & -\alpha_0 \boldsymbol{I}_m \\ \boldsymbol{I}_m & \ddots & & -\alpha_1 \boldsymbol{I}_m \\ & \ddots & \ddots & \vdots \\ & & \boldsymbol{0}_m & -\alpha_{n-2} \boldsymbol{I}_m \\ & & \boldsymbol{I}_m & -\alpha_{n-1} \boldsymbol{I}_m \end{bmatrix} \tag{5.78a}
$$

$$
\boldsymbol{B}_{c2} = [\boldsymbol{I}_m \quad \boldsymbol{0}_m \quad \boldsymbol{0}_m \quad \cdots \quad \boldsymbol{0}_m]^{T} \tag{5.78b}
$$

$$
\boldsymbol{C}_{c2} = [\boldsymbol{C}_{c1}\boldsymbol{B}_{c1} \quad \boldsymbol{C}_{c1}\boldsymbol{A}_{c1}\boldsymbol{B}_{c1} \quad \cdots \quad \boldsymbol{C}_{c1}\boldsymbol{A}_{c1}^{n-1}\boldsymbol{B}_{c1}] \tag{5.78c}
$$

证明 首先可利用定理 5.8 将 $\boldsymbol{G}(s)$实现为能控Ⅰ型的动态方程式(5.73),继而应用式(5.77)中 $\boldsymbol{M}_{\mu c1}$ 和 $\boldsymbol{M}_{\mu c1}^{-1}$ 对式(5.73)作等价变换:

$$
\boldsymbol{A}_{c2} = \boldsymbol{M}_{\mu c1}^{-1}\boldsymbol{A}_{c1}\boldsymbol{M}_{\mu c1}, \quad \boldsymbol{B}_{c2} = \boldsymbol{M}_{\mu c1}^{-1}\boldsymbol{B}_{c1}, \quad \boldsymbol{C}_{c2} = \boldsymbol{c}_{c1}\boldsymbol{M}_{\mu c1}
$$

利用著名的计算行列式的 Schur 公式可归纳证明出

$$
\det(s\boldsymbol{I}_{nm} - \boldsymbol{A}_{c1}) = \alpha^{m}(s), \quad \alpha(s) = s^{n} + \alpha_{n-1}s^{n-1} + \cdots + \alpha_1 s + \alpha_0 \tag{5.79}
$$

$\boldsymbol{V}(s) \overset{\text{def}}{=} (s\boldsymbol{I}_{nm} - \boldsymbol{A}_{c1})^{-1}\boldsymbol{B}_{c1}$ 正是$(s\boldsymbol{I}_{nm} - \boldsymbol{A}_{c1})^{-1}$的最后 m 列,可判断出 $\alpha(s)$是 $\boldsymbol{A}_{c1}$ 的最小多项式.于是根据凯莱-哈密顿定理得到

$$
\boldsymbol{A}_{c1}^{n} = -\alpha_{n-1}\boldsymbol{A}_{c1}^{n-1} - \alpha_{n-2}\boldsymbol{A}_{c1}^{n-2} - \cdots - \alpha_1\boldsymbol{A}_{c1} - \alpha_0\boldsymbol{I}_{nm}
$$

这样,采用类似定理 5.6 的证明方法可证推论 5.9 的正确性.注意,输出矩阵中分块矩阵为严格真有理传递函数矩阵 $\boldsymbol{G}(s)$的马尔可夫矩阵.它们可这样计算:

$$
\boldsymbol{G}_0 = \lim_{s\to\infty}\boldsymbol{G}(s) = \boldsymbol{\beta}_{n-1} = \boldsymbol{C}_{c1}\boldsymbol{B}_{c1} \tag{5.80a}
$$

$$
\begin{aligned}
\boldsymbol{G}_k &= \lim_{s\to\infty} s^{k}\left(s\boldsymbol{G}(s) - \sum_{i=0}^{k-1}\boldsymbol{G}_i s^{-i}\right) \\
&= \boldsymbol{\beta}_{n-k-1} - \sum_{i=0}^{k-1}\alpha_{n-k+i}\boldsymbol{G}_i = \boldsymbol{C}_{c1}\boldsymbol{A}_{c1}^{k}\boldsymbol{B}_{c1}, \quad k = 1,2,\cdots,n-1
\end{aligned} \tag{5.80b}
$$

$$
\boldsymbol{G}_{n+k} = -\sum_{i=0}^{n-1}\alpha_i\boldsymbol{G}_{k+i}, \quad k = 0,1,2,\cdots \tag{5.80c}
$$

其中 $\boldsymbol{\beta}_i$ 和α_i 分别是式(5.72)中 $\boldsymbol{G}(s)$分子和分母的系数矩阵和系数.

推论 5.2 式(5.72)表示的 $r\times m$ 严格真有理传递函数矩阵$\boldsymbol{G}(s)$可用式(5.81)表示的观测器型实现——能观Ⅰ型实现,亦可用式(5.82)表示的能观型——能观Ⅱ型实现:

$$
\boldsymbol{A}_{o1} = \begin{bmatrix} \boldsymbol{0}_r & & & -\alpha_0 \boldsymbol{I}_r \\ \boldsymbol{I}_r & \ddots & & -\alpha_1 \boldsymbol{I}_r \\ & \ddots & \ddots & \vdots \\ & & \boldsymbol{0}_r & -\alpha_{n-2} \boldsymbol{I}_r \\ & & \boldsymbol{I}_m & -\alpha_{n-1} \boldsymbol{I}_r \end{bmatrix} \tag{5.81a}
$$

$$
\boldsymbol{\beta}_{o1} = [\boldsymbol{\beta}_0^{T} \quad \boldsymbol{\beta}_0^{T} \quad \cdots \quad \boldsymbol{\beta}_{n-2}^{T} \quad \boldsymbol{\beta}_{n-1}^{T}]^{T} \tag{5.81b}
$$

$$
\boldsymbol{C}_{o1} = [\boldsymbol{0}_r \quad \boldsymbol{0}_r \quad \cdots \quad \boldsymbol{0}_r \quad \boldsymbol{I}_r] \tag{5.81c}
$$

$$A_{o2} = \begin{bmatrix} 0_r & I_r & & & \\ & \ddots & \ddots & & \\ & & \ddots & \ddots & \\ & & & 0_r & I_r \\ -\alpha_0 I_r & -\alpha_1 I_r & \cdots & -\alpha_{n-2} I_r & -\alpha_{n-1} I_r \end{bmatrix} \tag{5.82a}$$

$$B_{o2} = [G_0^T \quad G_1^T \quad \cdots \quad G_{n-2}^T \quad G_{n-1}^T]^T \tag{5.82b}$$

$$C_{o2} = [I_r \quad 0_r \quad \cdots \quad 0_r \quad 0_r] \tag{5.82c}$$

证明方法类似定理5.8和推论5.1,故而省略.

在找到了 $G(s)$的能控型实现或者是能观型实现之后,并不能保证它们是最小实现.假设能观型实现为$\{A_o,B_o,C_o\}$,能控型实现为$\{A_c,B_c,C_c\}$.由能观型实现的能控性矩阵 M_c 中挑选出所有线性无关的列向量,设这样的列向量共有 n_0 个,以它们组成 $nm\times n_0$ 矩阵 S,

$$S = [\sigma_1 \quad \sigma_2 \quad \cdots \quad \sigma_{n_0}]$$

这样的 n_0 个列向量可以这样选择:

(1) 设 B_c 中第一列向量 b_1 为非零向量,$\sigma_1 = b_1$.倘若 b_1 为零向量,总可以通过改变输入向量分量的序号使得 B_c 中新的第一列向量 b_1 为非零向量.

(2) 若 $A\sigma_i$ 与$\sigma_1,\sigma_2,\cdots,\sigma_i$ 线性无关,令 $\sigma_{i+1} = A\sigma_i$.于是得到 S 中的第一批列向量 $b_1,Ab_1,\cdots,A^{p_1}b_1$.$A^{p_1+1}b_1$ 因为与已选出的列向量线性相关而落选.

(3) 在 B_c 中找出另一列向量与已挑出列向量线性无关,例如说 b_k.再由 $Ab_k,A^2b_k,\cdots$ 中挑出与所有已选出的向量线性无关的向量,如此挑选下去,直到挑出所有线性无关的 n_0 个列向量.

在 S 矩阵构造完毕之后,找出一个 $n_0\times nm$ 矩阵 V 使得

$$VS = I_{n_0} \tag{5.83}$$

从能控型实现的能观性矩阵 M_o 中挑选出所有线性无关的行向量构成 $\bar{n}_0\times nm$ 矩阵 T

$$T = \begin{bmatrix} T_1^T \\ T_2^T \\ \vdots \\ T_{\bar{n}_0}^T \end{bmatrix} \tag{5.84}$$

行向量 $T_k^T,k=1,2,\cdots,\bar{n}_0$ 的挑选方式类似列向量 $\sigma_i,i=1,2,\cdots,n_0$ 的挑选.随后再寻求 $nm\times\bar{n}_0$ 矩阵 U 使得

$$TU = I_{\bar{n}_0} \tag{5.85}$$

定理5.9 设式(5.72)中 $G(s)$的能观型实现为(A_o,B_o,C_o),能控型实现为$\{A_c,B_c,C_c\}$,则按式(5.86)和式(5.87)进行代数等价变换后的实现均是 $G(s)$的最小实现:

$$\left.\begin{aligned} A_{oc} &= VA_oS \\ B_{oc} &= VB_o \\ C_{oc} &= C_oS \end{aligned}\right\} \tag{5.86}$$

$$\left.\begin{aligned} \boldsymbol{A}_{co} &= \boldsymbol{T}\boldsymbol{A}_c\boldsymbol{U} \\ \boldsymbol{B}_{co} &= \boldsymbol{T}\boldsymbol{B}_c \\ \boldsymbol{C}_{co} &= \boldsymbol{C}_c\boldsymbol{U} \end{aligned}\right\} \tag{5.87}$$

证明 首先证明式(5.86). 设 $\boldsymbol{W}$ 是任何一个与 $\boldsymbol{S}$ 组成 nm 阶非奇异方阵 $\boldsymbol{Q}_c$ 的 $nm \times (nm - n_0)$ 矩阵,

$$\boldsymbol{Q}_c = [\boldsymbol{S} \quad \boldsymbol{W}] \tag{5.88}$$

记 $\boldsymbol{Q}_c^{-1}$ 的前 n_0 行向量组成的矩阵为 $\boldsymbol{V}$,并令

$$\boldsymbol{Q}_c^{-1} = \begin{bmatrix} \boldsymbol{V} \\ \tilde{\boldsymbol{V}} \end{bmatrix} \tag{5.89}$$

于是有

$$\boldsymbol{Q}_c^{-1}\boldsymbol{Q}_c = \begin{bmatrix} \boldsymbol{VS} & \boldsymbol{VW} \\ \tilde{\boldsymbol{V}}\boldsymbol{S} & \tilde{\boldsymbol{V}}\boldsymbol{W} \end{bmatrix} = \begin{bmatrix} \boldsymbol{I}_{n_0} & \boldsymbol{0} \\ \boldsymbol{0} & \boldsymbol{I}_{nm-n_0} \end{bmatrix} \tag{5.90}$$

式(5.90)表明式(5.83)得到满足. 应用 $\boldsymbol{Q}_c$ 和 $\boldsymbol{Q}_c^{-1}$ 对实现($\boldsymbol{A}_o, \boldsymbol{B}_o, \boldsymbol{C}_o$)作代数等价变换,根据定理 4.21 可知

$$\bar{\boldsymbol{A}} = \boldsymbol{Q}_c^{-1}\boldsymbol{A}_o\boldsymbol{Q}_c = \left.\begin{bmatrix} \boldsymbol{A}_{oc} & \boldsymbol{A}_{12} \\ \boldsymbol{0} & \boldsymbol{A}_{o\bar{c}} \end{bmatrix}\right\} n_0$$

$$\bar{\boldsymbol{B}} = \boldsymbol{Q}_c^{-1}\boldsymbol{B}_o = \left.\begin{bmatrix} \boldsymbol{B}_{oc} \\ \boldsymbol{0} \end{bmatrix}\right\} n_0$$

$$\bar{\boldsymbol{C}} = \boldsymbol{C}_o\boldsymbol{Q}_c = [\boldsymbol{C}_{oc} \quad \boldsymbol{C}_{o\bar{c}}]$$

而且

$$\boldsymbol{A}_{oc} = \boldsymbol{V}\boldsymbol{A}_o\boldsymbol{S}, \quad \boldsymbol{B}_{oc} = \boldsymbol{V}\boldsymbol{B}_o, \quad \boldsymbol{C}_{oc} = \boldsymbol{C}_o\boldsymbol{S} \quad 和 \quad \boldsymbol{G}(s) = \boldsymbol{C}_{oc}(s\boldsymbol{I}_{n_0} - \boldsymbol{A}_{oc})^{-1}\boldsymbol{B}_{oc}$$

所以$\{\boldsymbol{A}_{oc}, \boldsymbol{B}_{oc}, \boldsymbol{C}_{oc}\}$为 $\boldsymbol{G}(s)$的最小实现,最小实现维数 $n_m = n_0$.

式(5.87)的证明类似于此,不再赘述. 定理 5.9 是 Mayne 改进后的卡尔曼最小实现法. 这里在证明过程中作了进一步简化. 当$\{\boldsymbol{A}_{oc}, \boldsymbol{B}_{oc}, \boldsymbol{C}_{oc}\}$和$\{\boldsymbol{A}_{co}, \boldsymbol{B}_{co}, \boldsymbol{C}_{co}\}$是同一个$\boldsymbol{G}(s)$的最小实现时,$n_0 = \bar{n}_0$.

例 5.8 用改进的卡尔曼最小实现法求出下面 $\boldsymbol{G}(s)$的最小实现:

$$\boldsymbol{G}(s) = \begin{bmatrix} \dfrac{1}{s+1} & \dfrac{1}{(s+1)(s+2)} \\ \dfrac{1}{(s+1)(s+3)} & \dfrac{1}{s+3} \end{bmatrix} = \frac{\begin{bmatrix} 1 & 0 \\ 0 & 1 \end{bmatrix}s^2 + \begin{bmatrix} 5 & 1 \\ 1 & 3 \end{bmatrix}s + \begin{bmatrix} 6 & 3 \\ 2 & 2 \end{bmatrix}}{s^3 + 6s^2 + 11s + 6}$$

$\boldsymbol{G}(s)$的能控Ⅰ型实现($\boldsymbol{A}_{c1}, \boldsymbol{B}_{c1}, \boldsymbol{C}_{c1}$)为

$$\boldsymbol{A}_{c1} = \begin{bmatrix} \boldsymbol{0}_2 & \boldsymbol{I}_2 & \boldsymbol{0}_2 \\ \boldsymbol{0}_2 & \boldsymbol{0}_2 & \boldsymbol{I}_2 \\ -6\boldsymbol{I}_2 & -11\boldsymbol{I}_2 & -6\boldsymbol{I}_2 \end{bmatrix} \tag{5.91a}$$

$$\boldsymbol{B}_{c1} = \begin{bmatrix} \boldsymbol{0}_2 \\ \boldsymbol{0}_2 \\ \boldsymbol{I}_2 \end{bmatrix} \tag{5.91b}$$

$$\boldsymbol{C}_{c1} = \left[\begin{array}{cc:cc:cc} 6 & 3 & 5 & 1 & 1 & 0 \\ 2 & 2 & 1 & 3 & 0 & 1 \end{array}\right] \tag{5.91c}$$

$$\begin{bmatrix} \boldsymbol{C}_{c1} \\ \hdashline \boldsymbol{C}_{c1}\boldsymbol{A}_{c1} \\ \hdashline \boldsymbol{C}_{c1}\boldsymbol{A}_{c1}^2 \end{bmatrix} = \left[\begin{array}{cccccc} 6 & 3 & 5 & 1 & 1 & 0 \\ 2 & 2 & 1 & 3 & 0 & 1 \\ \hdashline -6 & 0 & -5 & 3 & -1 & 1 \\ 0 & -6 & 2 & -9 & 1 & -3 \\ \hdashline 6 & -6 & 5 & -11 & 1 & -3 \\ -6 & 18 & -11 & 27 & -4 & 9 \end{array}\right] \tag{5.92}$$

式(5.92)中前四行彼此线性无关，而第五行是第一行与第三行的线性组合(行 5＋3×行 3＋2×行 1＝0)，第六行是第二行与第四行的线性组合(行 6＋3×行 2＋4×行 4＝0)．令

$$\boldsymbol{T} = \begin{bmatrix} 6 & 3 & 5 & 1 & 1 & 0 \\ 2 & 2 & 1 & 3 & 0 & 1 \\ -6 & 0 & -5 & 3 & -1 & 1 \\ 0 & -6 & 2 & -9 & 1 & -3 \end{bmatrix} \tag{5.93}$$

$$\boldsymbol{U} = \begin{bmatrix} -\frac{1}{3} & 0 & 0 & -\frac{1}{2} \\ \frac{1}{3} & -1 & 0 & 0 \\ 0 & 0 & -1 & 0 \\ 0 & 0 & 0 & -1 \\ 2 & 3 & 5 & 4 \\ 0 & 3 & 1 & 4 \end{bmatrix} \tag{5.94}$$

从而得到

$$\boldsymbol{A}_{co} = \boldsymbol{T}\boldsymbol{A}_{c1}\boldsymbol{U} = \begin{bmatrix} 0 & 0 & 1 & 0 \\ 0 & 0 & 0 & 1 \\ -2 & 0 & -3 & 0 \\ 0 & -3 & 0 & -4 \end{bmatrix} \tag{5.59a}$$

$$\boldsymbol{B}_{co} = \boldsymbol{T}\boldsymbol{B}_{c1} = \begin{bmatrix} 1 & 0 \\ 0 & 1 \\ -1 & 1 \\ 1 & -3 \end{bmatrix} \tag{5.95b}$$

$$\boldsymbol{C}_{co} = \boldsymbol{C}_{c1}\boldsymbol{U} = \begin{bmatrix} 1 & 0 & 0 & 0 \\ 0 & 1 & 0 & 0 \end{bmatrix} \tag{5.95c}$$

可以验证式(5.95)中$\{\boldsymbol{A}_{co},\boldsymbol{B}_{co},\boldsymbol{C}_{co}\}$确是式(5.57)中 $\boldsymbol{G}(s)$的最小实现.

$\times$5.5 传递函数矩阵的汉克尔矩阵最小实现法

前面两节寻求严格真有理传递函数矩阵最小实现的共同点是,先求出某一个实现,再通过降阶处理得到既能控又能观的最小实现.5.1 节中定理 5.3 指明利用汉克尔矩阵可判定最小实现的维数 n_m.很自然地会考虑到能否借助这一判定而直接求出传递函数矩阵的最小实现.本节正是通过对汉克尔矩阵进行奇异值分解,继而得到传递函数矩阵 $\boldsymbol{G}(s)$的最小实现.为此先介绍埃尔米特(Hermitian)矩阵和酉矩阵的定义及有关性质.

埃尔米特矩阵 对一个 n 阶复数方阵 $\boldsymbol{A}\in\mathbf{C}^{n\times n}$,若 $\boldsymbol{A}$ 的共轭转置等于 $\boldsymbol{A}$ 本身,$\boldsymbol{A}^*=\boldsymbol{A}$,则称 $\boldsymbol{A}$ 为埃尔米特矩阵.特别当 $\boldsymbol{A}$ 是实的埃尔米特矩阵时,$\boldsymbol{A}$ 是对称矩阵,$\boldsymbol{A}^{\mathrm{T}}=\boldsymbol{A}$.

埃尔米特矩阵 $\boldsymbol{A}$ 具有以下性质:

(1) 埃尔米特矩阵 $\boldsymbol{A}$ 的特征值为实数.

设 λ 是$\boldsymbol{A}$ 的非零特征值(若 $\lambda=0$ 则无须证明),则伴随 λ 的特征向量$\boldsymbol{q}$ 为非零向量,$\boldsymbol{A}\boldsymbol{q}=\lambda\boldsymbol{q}$.取共轭转置又有 $\boldsymbol{q}^*\boldsymbol{A}^*=\boldsymbol{q}^*\boldsymbol{A}=\bar{\lambda}\boldsymbol{q}^*$.于是有

$$\boldsymbol{q}^*\boldsymbol{A}\boldsymbol{q}=\lambda\boldsymbol{q}^*q=\bar{\lambda}\boldsymbol{q}^*q$$

所以 $\lambda=\bar{\lambda},\lambda\in\mathbf{R}$.

(2) 埃尔米特矩阵 $\boldsymbol{A}$ 的相异特征值所伴随的特征向量彼此正交.

设 $\lambda_1\neq\lambda_2$ 是 $\boldsymbol{A}$ 的两个非零相异特征值,各自伴随的特征向量为 $\boldsymbol{q}_1\neq 0,\boldsymbol{q}_2\neq 0$,

$$\boldsymbol{A}\boldsymbol{q}_1=\lambda_1\boldsymbol{q}_1,\quad \boldsymbol{q}_2^*\boldsymbol{A}=\lambda_2\boldsymbol{q}_2^*$$

于是

$$\boldsymbol{q}_2^*\boldsymbol{A}\boldsymbol{q}_1=\lambda_1\boldsymbol{q}_2^*\boldsymbol{q}_1=\lambda_2\boldsymbol{q}_2^*\boldsymbol{q}_1$$

或

$$(\lambda_1-\lambda_2)\boldsymbol{q}_2^*\boldsymbol{q}_1=0$$

$\lambda_1\neq\lambda_2$,必有 $\boldsymbol{q}_2^*\boldsymbol{q}_1=0$,即 $\boldsymbol{q}_2\perp\boldsymbol{q}_1$.若 $\lambda_1\neq 0,\lambda_2=0$,则 $\boldsymbol{q}_1\in R[\boldsymbol{A}],\boldsymbol{q}_2\in N[\boldsymbol{A}]$,必有 $\boldsymbol{q}_2\perp\boldsymbol{q}_1$.

(3) 若 $\boldsymbol{q}$ 为$\boldsymbol{A}$ 的右特征向量,$\boldsymbol{q}^*$必为 $\boldsymbol{A}$ 的左特征向量.

(4) $\boldsymbol{A}$ 的特征值的代数重数等于几何重数.

酉矩阵 一个 n 阶复数方阵$\boldsymbol{A}\in\mathbf{C}^{n\times n}$具有性质$\boldsymbol{A}^*\boldsymbol{A}=\boldsymbol{I}_n$,则称之为酉矩阵.显然酉矩阵的列向量彼此正交,形成 n 维复空间归一化正交基,其行向量亦然.

现在假设 $\boldsymbol{H}\in\mathbf{C}^{m\times n}$,则 $\boldsymbol{H}^*\boldsymbol{H}\in\mathbf{C}^{n\times n}$是埃尔米特矩阵,再设 $z\in\mathbf{C}^n$.由于

$$\langle z,\boldsymbol{H}^*\boldsymbol{H}z\rangle=\langle\boldsymbol{H}z,\boldsymbol{H}z\rangle=\|\boldsymbol{H}z\|_2^2\geqslant 0,$$

表明 $\boldsymbol{H}^*\boldsymbol{H}$ 是半正定矩阵,$\boldsymbol{H}^*\boldsymbol{H}$ 的特征值大于或等于零.令 $\lambda_i^2,i=1,2,\cdots,n$ 是$\boldsymbol{H}^*\boldsymbol{H}$ 的特征值,将$|\lambda_i|,i=1,2,\cdots,n$ 称做矩阵$\boldsymbol{H}$ 的**奇异值**.如果 $\boldsymbol{H}$ 本身就是埃尔米特矩阵,$\boldsymbol{H}$ 的奇异值等于$\boldsymbol{H}$ 的特征值的绝对值.为了方便,将 λ_i^2 和$|\lambda_i|,i=1,2,\cdots,n$,按递减形式排列,即

$$\lambda_1^2 \geqslant \lambda_2^2 \geqslant \cdots \geqslant \lambda_n^2 \geqslant 0$$
$$|\lambda_1| \geqslant |\lambda_2| \geqslant \cdots \geqslant |\lambda_n| \geqslant 0$$

下面介绍奇异值分解定理.

定理 5.10 任何一个秩为 r 的矩阵 $\boldsymbol{H} \in \mathbf{C}^{m\times n}$,都可以用酉矩阵分解成如下对角线阵:

$$\boldsymbol{R}^* \boldsymbol{H}\boldsymbol{Q} = \begin{bmatrix} \boldsymbol{\Sigma} & \boldsymbol{0} \\ \boldsymbol{0} & \boldsymbol{0} \end{bmatrix} \tag{5.96}$$

其中 $\boldsymbol{R}^*\boldsymbol{R} = \boldsymbol{I}_m$,$\boldsymbol{Q}^*\boldsymbol{Q} = \boldsymbol{I}_n$,$\boldsymbol{\Sigma} = \mathrm{diag}(|\lambda_1|,|\lambda_2|,\cdots,|\lambda_r|)$,$\lambda_1^2,\lambda_2^2,\cdots,\lambda_r^2$ 为埃尔米特矩阵 $\boldsymbol{H}^*\boldsymbol{H}$ 的非零特征值.

证明 $\rho[\boldsymbol{H}] = r$,必有 $\rho[\boldsymbol{H}^*\boldsymbol{H}] = r$.令 $\boldsymbol{H}^*\boldsymbol{H}$ 的特征值为$\lambda_1^2 \geqslant \lambda_2^2 \geqslant \cdots \geqslant \lambda_r^2 > 0$,$\lambda_{r+1}^2 = \lambda_{r+2}^2 = \cdots = \lambda_n^2 = 0$.因为埃尔米特矩阵的每个特征值的代数重数与几何重数相等,所以 $R[\boldsymbol{H}^*\boldsymbol{H}]$由 r 个特征向量张成.若它们各自伴随不同特征值,它们彼此相互正交,即使有相同非零特征值,采用格拉姆-施密特正交法也可通过 r 个特征向量得到一组 r 个归一化正交向量.现在假设 $\boldsymbol{q}_1, \boldsymbol{q}_2,\cdots,\boldsymbol{q}_r$ 为归一化正交的特征向量,它们张成 $R[\boldsymbol{H}^*\boldsymbol{H}]$.再从 $N[\boldsymbol{H}] = N[\boldsymbol{H}^*\boldsymbol{H}]$中取 $n-r$ 个归一化正交向量作为零特征值的特征向量,设它们为 $\boldsymbol{q}_{r+1},\boldsymbol{q}_{r+2},\cdots,\boldsymbol{q}_n$.这样便得到张成 n 维复空间的归一化正交基

$$\boldsymbol{Q} = [\boldsymbol{Q}_1 \ \vdots\ \boldsymbol{Q}_2] = [\boldsymbol{q}_1 \quad \boldsymbol{q}_2 \quad \cdots \quad \boldsymbol{q}_r \ \vdots\ \boldsymbol{q}_{r+1} \quad \cdots \quad \boldsymbol{q}_n] \tag{5.97a}$$

满足

$$\boldsymbol{Q}^*\boldsymbol{Q} = \boldsymbol{I}_n \tag{5.97b}$$

于是

$$\boldsymbol{Q}^*\boldsymbol{H}^*\boldsymbol{H}\boldsymbol{Q} = \begin{bmatrix} \boldsymbol{\Sigma}^2 & \boldsymbol{0} \\ \boldsymbol{0} & \boldsymbol{0} \end{bmatrix} \tag{5.98}$$

其中 $\boldsymbol{\Sigma}^2 = \mathrm{diag}(\lambda_1^2,\lambda_2^2,\cdots,\lambda_n^2)$.更详细地写出为

$$\boldsymbol{Q}_1^*\boldsymbol{H}^*\boldsymbol{H}\boldsymbol{Q}_1 = \boldsymbol{\Sigma}^2 \tag{5.99a}$$
$$\boldsymbol{Q}_2^*\boldsymbol{H}^*\boldsymbol{H}\boldsymbol{Q}_2 = \boldsymbol{0} \tag{5.99b}$$

式(5.99a)意味着

$$\boldsymbol{\Sigma}^{-1}\boldsymbol{Q}_1^*\boldsymbol{H}^*\boldsymbol{H}\boldsymbol{Q}_1\boldsymbol{\Sigma}^{-1} = \boldsymbol{I}_r \tag{5.100}$$

其中 $\boldsymbol{\Sigma} = \mathrm{diag}(|\lambda_1|,|\lambda_2|,\cdots,|\lambda_r|)$.规定

$$\boldsymbol{R}_1 \overset{\mathrm{def}}{=} \boldsymbol{H}\boldsymbol{Q}_1\boldsymbol{\Sigma}^{-1} \tag{5.101}$$

则 $\boldsymbol{R}_1^* = \boldsymbol{\Sigma}^{-1}\boldsymbol{Q}_1^*\boldsymbol{H}^*$.由式(5.100)得到 $\boldsymbol{R}_1^*\boldsymbol{R}_1 = \boldsymbol{I}_r$,说明 $\boldsymbol{R}_1$ 的各列为归一化正交列向量.接着选择 $\boldsymbol{R}_2$ 使得 $\boldsymbol{R} = [\boldsymbol{R}_1 \quad \boldsymbol{R}_2]$为 m 阶酉矩阵,结果

$$\boldsymbol{R}^*\boldsymbol{H}\boldsymbol{Q} = \begin{bmatrix} \boldsymbol{R}_1^* \\ \boldsymbol{R}_2^* \end{bmatrix}\boldsymbol{H}[\boldsymbol{Q}_1 \quad \boldsymbol{Q}_2] = \begin{bmatrix} \boldsymbol{R}_1^*\boldsymbol{H}\boldsymbol{Q}_1 & \boldsymbol{R}_1^*\boldsymbol{H}\boldsymbol{Q}_2 \\ \boldsymbol{R}_2^*\boldsymbol{H}\boldsymbol{Q}_1 & \boldsymbol{R}_2^*\boldsymbol{H}\boldsymbol{Q}_2 \end{bmatrix} \tag{5.102}$$

考虑到式(5.101),式(5.99b)即 $\boldsymbol{H}\boldsymbol{Q}_1 = \boldsymbol{R}_1\boldsymbol{\Sigma}$,$\boldsymbol{H}\boldsymbol{Q}_2 = \boldsymbol{0}$,式(5.102)变成

$$\boldsymbol{R}^*\boldsymbol{H}\boldsymbol{Q} = \begin{bmatrix} \boldsymbol{\Sigma} & \boldsymbol{0} \\ \boldsymbol{0} & \boldsymbol{0} \end{bmatrix}$$

定理得证.

显然,$\boldsymbol{\Sigma}$ 是 $\boldsymbol{H}$ 的奇异值组成的对角线阵,所以定理 5.10 又叫做奇异值分解定理.

应当指出显然分解的结果是唯一的,即 $\boldsymbol{\Sigma}$ 是唯一的,但分解的过程并不是唯一的.这是

因为酉矩阵 $\boldsymbol{R}$ 和 $\boldsymbol{Q}$ 的选取并不是唯一的. 第一, $\boldsymbol{R}_2$ 的选取不是唯一的; 第二, 当 $\boldsymbol{H}^*\boldsymbol{H}$ 的特征值 λ_i^2 若是 p 重特征值时, 从该特征子空间中选取 p 个归一化正交基向量的方法也不是唯一的. 奇异值分解在线性系统理论中有很多用处. 在多变量系统的灵敏度和稳定性裕量或鲁棒性研究中, 在系统模型简化或近似中都很有用. 下面介绍传递函数矩阵 $\boldsymbol{G}(s)$ 借助于奇异值分解的汉克尔矩阵最小实现法.

由 5.4 节可知若 $r\times m$ 严格真有理传递函数矩阵 $\boldsymbol{G}(s)$ 的所有元素最小公分母是 n 次 s 的多项式, 则最小实现维数 $n_m\leqslant\min(nm, nr)$. 因此在取式(5.20)中 p 阶汉克尔矩阵检验 n_m 时, 充其量取得 $p=n$.

设式(5.72)中欲实现的 $\boldsymbol{G}(s)$ 按马尔可夫矩阵展开成式(5.103):

$$\boldsymbol{G}(s)=\sum_{i=0}^{\infty}\boldsymbol{G}_i s^{-(i+1)} \tag{5.103}$$

按式(5.104)取两个 n 阶汉克尔矩阵 $\boldsymbol{H}$ 和 $\widetilde{\boldsymbol{H}}$:

$$\boldsymbol{H}=\begin{bmatrix}\boldsymbol{G}_0 & \boldsymbol{G}_1 & \cdots & \boldsymbol{G}_{n-1}\\ \boldsymbol{G}_1 & \boldsymbol{G}_2 & \cdots & \boldsymbol{G}_n\\ \vdots & \vdots & & \vdots\\ \boldsymbol{G}_{n-1} & \boldsymbol{G}_n & \cdots & \boldsymbol{G}_{2n-2}\end{bmatrix}_{nr\times nm} \tag{5.104a}$$

$$\widetilde{\boldsymbol{H}}=\begin{bmatrix}\boldsymbol{G}_1 & \boldsymbol{G}_2 & \cdots & \boldsymbol{G}_n\\ \boldsymbol{G}_2 & \boldsymbol{G}_3 & \cdots & \boldsymbol{G}_{n+1}\\ \vdots & \vdots & & \vdots\\ \boldsymbol{G}_n & \boldsymbol{G}_{n+1} & \cdots & \boldsymbol{G}_{2n-1}\end{bmatrix}_{nr\times nm} \tag{5.104b}$$

利用式(5.80c)即 $\boldsymbol{G}_{n+k}=-\alpha_0\boldsymbol{G}_k-\alpha_1\boldsymbol{G}_{k+1}-\cdots-\alpha_{n-1}\boldsymbol{G}_{n+k-1}, k=0,1,2,\cdots$, 参看式(5.78a)中 A_{c2} 和式(5.82a)中 A_{o2}, 很容易证明

$$\widetilde{\boldsymbol{H}}=\boldsymbol{A}_{o2}\boldsymbol{H}=\boldsymbol{H}\boldsymbol{A}_{c2} \tag{5.105}$$

$$\boldsymbol{A}_{o2}^k\boldsymbol{H}=\boldsymbol{H}\boldsymbol{A}_{c2}^k,\quad k=0,1,2,\cdots \tag{5.106}$$

且 $\boldsymbol{A}_{o2}^k\boldsymbol{H}$ 和 $\boldsymbol{H}\boldsymbol{A}_{c2}^k$ 左上角分块矩阵为 $\boldsymbol{G}_k$. 令

$$\boldsymbol{I}_{i,j}\overset{\text{def}}{=}[\boldsymbol{I}_i, \boldsymbol{0}_{i\times(j-i)}]_{i\times j}$$

则

$$\begin{aligned}\boldsymbol{G}_k&=\boldsymbol{I}_{r,nr}\boldsymbol{A}_{o2}^k\boldsymbol{H}\boldsymbol{I}_{m,nm}^{\mathrm{T}}=\boldsymbol{I}_{r,nr}\boldsymbol{H}\boldsymbol{A}_{c2}^k\boldsymbol{I}_{m,nm}^{\mathrm{T}}\\ &=\boldsymbol{C}_{o2}\boldsymbol{A}_{o2}^k\boldsymbol{B}_{o2}=\boldsymbol{C}_{c2}\boldsymbol{A}_{c2}^k\boldsymbol{B}_{c2},\quad k=0,1,2,\cdots\end{aligned} \tag{5.107}$$

显然, $\rho(\boldsymbol{H})=n_m$. 根据奇异值分解定理可知存在 nr 阶酉矩阵 $\boldsymbol{R}$ 和 nm 阶酉矩阵 $\boldsymbol{Q}$ 使得

$$\boldsymbol{R}^*\boldsymbol{H}\boldsymbol{Q}=\begin{bmatrix}\boldsymbol{\Sigma} & \boldsymbol{0}\\ \boldsymbol{0} & \boldsymbol{0}\end{bmatrix}\quad 或\quad \boldsymbol{H}=\boldsymbol{R}\begin{bmatrix}\boldsymbol{\Sigma} & \boldsymbol{0}\\ \boldsymbol{0} & \boldsymbol{0}\end{bmatrix}\boldsymbol{Q}^* \tag{5.108}$$

其中 $\Sigma=\operatorname{diag}(\lambda_1,\lambda_2,\cdots,\lambda_{n_m})$, $\lambda_i=\sqrt{\lambda_i(\boldsymbol{H}^*\boldsymbol{H})}$, $i=1,2,\cdots,n_m$. $\boldsymbol{Q}=[\boldsymbol{Q}_1,\boldsymbol{Q}_2]$, $\boldsymbol{Q}_1$ 是由 $\boldsymbol{H}^*\boldsymbol{H}$ 的 n_m 个非零特征值 $\lambda_i(\boldsymbol{H}^*\boldsymbol{H})$ 所伴随的归一化特征向量 $\boldsymbol{q}_i$, $i=1,2,\cdots,n_m$ 所组成的, $\boldsymbol{Q}_1=[\boldsymbol{q}_1\quad \boldsymbol{q}_2\quad\cdots\quad \boldsymbol{q}_{n_m}]$, $\boldsymbol{R}=[\boldsymbol{R}_1\quad \boldsymbol{R}_2]$, $\boldsymbol{R}_1=\boldsymbol{H}\boldsymbol{Q}_1\boldsymbol{\Sigma}^{-1}$. 这样式(5.108)又可写成

$$\boldsymbol{H}=\boldsymbol{R}_1\boldsymbol{\Sigma}\boldsymbol{Q}_1^*=(\boldsymbol{R}_1\boldsymbol{\Sigma}^{1/2})(\boldsymbol{\Sigma}^{1/2}\boldsymbol{Q}_1^*)\overset{\text{def}}{=}\boldsymbol{V}\boldsymbol{U} \tag{5.109}$$

令 $\boldsymbol{V}^+$ 和 $\boldsymbol{U}^+$ 分别为 $\boldsymbol{V}$ 和 $\boldsymbol{U}$ 的伪逆, $\boldsymbol{V}^+\boldsymbol{V}=\boldsymbol{U}\boldsymbol{U}^+=\boldsymbol{I}_{n_m}$,

$$\boldsymbol{V}^{+} = \boldsymbol{\Sigma}^{-1/2}\boldsymbol{R}_1^*, \quad \boldsymbol{U}^{+} = \boldsymbol{Q}_1\boldsymbol{\Sigma}^{-1/2} \tag{5.110}$$

在上述的基础上,可以给出定理5.11.

定理5.11 对于式(5.103)给出的 $r\times m$ 严格真有理函数矩阵 $\boldsymbol{G}(s)$,用式(5.104)中汉克尔矩阵 $\boldsymbol{H}$ 和 $\widetilde{\boldsymbol{H}}$、式(5.109)中 $\boldsymbol{V}$ 和 $\boldsymbol{U}$ 及其伪逆 $\boldsymbol{V}^{+}$ 和 $\boldsymbol{U}^{+}$,构造

$$\left.\begin{aligned} \boldsymbol{A} &\overset{\text{def}}{=} \boldsymbol{V}^{+}\widetilde{\boldsymbol{H}}\boldsymbol{U}^{+} \\ \boldsymbol{B} &\overset{\text{def}}{=} \boldsymbol{U}\text{ 的前 } m \text{ 列} = \boldsymbol{U}\boldsymbol{I}_{m,nm}^{\mathrm{T}} \\ \boldsymbol{C} &\overset{\text{def}}{=} \boldsymbol{V}\text{ 的前 } r \text{ 行} = \boldsymbol{I}_{r,nr}\boldsymbol{V} \end{aligned}\right\} \tag{5.111}$$

则 $\{\boldsymbol{A},\boldsymbol{B},\boldsymbol{C}\}$ 为 $\boldsymbol{G}(s)$ 的最小实现.

证明 由于奇异值分解已指明 $n_m=\rho[\boldsymbol{H}]=\rho(\boldsymbol{V})=\rho(\boldsymbol{U})$,若 $\{\boldsymbol{A},\boldsymbol{B},\boldsymbol{C}\}$ 是 $\boldsymbol{G}(s)$ 的实现,$\dim\boldsymbol{A}=n_m$,必为最小实现.证明的关键在于确定 $\{\boldsymbol{A},\boldsymbol{B},\boldsymbol{C}\}$ 是 $\boldsymbol{G}(s)$ 的实现.令

$$\boldsymbol{H}^{+} \overset{\text{def}}{=} \boldsymbol{U}^{+}\boldsymbol{V}^{+} \tag{5.112}$$

$$\boldsymbol{H}\boldsymbol{H}^{+}\boldsymbol{H} = \boldsymbol{V}\boldsymbol{U}\boldsymbol{U}^{+}\boldsymbol{V}^{+}\boldsymbol{V}\boldsymbol{U} = \boldsymbol{V}\boldsymbol{U} = \boldsymbol{H} \tag{5.113}$$

因为 $\boldsymbol{A}\overset{\text{def}}{=}\boldsymbol{V}^{+}\widetilde{\boldsymbol{H}}\boldsymbol{U}^{+}$,有

$$\begin{aligned} \boldsymbol{A}^2 &= \boldsymbol{V}^{+}\widetilde{\boldsymbol{H}}\boldsymbol{U}^{+}\boldsymbol{V}^{+}\widetilde{\boldsymbol{H}}\boldsymbol{U}^{+} \\ &= \boldsymbol{V}^{+}\boldsymbol{A}_{o2}\boldsymbol{H}\boldsymbol{H}^{+}\boldsymbol{H}\boldsymbol{A}_{c2}\boldsymbol{U}^{+} \\ &= \boldsymbol{V}^{+}\boldsymbol{A}_{o2}\boldsymbol{H}\boldsymbol{A}_{c2}\boldsymbol{U}^{+} \\ &= \boldsymbol{V}^{+}\boldsymbol{A}_{o2}^2\boldsymbol{H}\boldsymbol{U}^{+} \end{aligned}$$

重复这一过程,得到

$$\boldsymbol{A}^k = \boldsymbol{V}^{+}\boldsymbol{A}_{o2}^k\boldsymbol{H}\boldsymbol{U}^{+}, \quad k=1,2,3,\cdots \tag{5.114}$$

于是

$$\begin{aligned} \boldsymbol{C}\boldsymbol{A}^k\boldsymbol{B} &= \boldsymbol{I}_{r,nr}\boldsymbol{V}\boldsymbol{V}^{+}\boldsymbol{A}_{o2}^k\boldsymbol{V}\boldsymbol{U}\boldsymbol{U}^{+}\boldsymbol{U}\boldsymbol{I}_{m,nm}^{\mathrm{T}} \\ &= \boldsymbol{I}_{r,nr}\boldsymbol{V}\boldsymbol{V}^{+}\boldsymbol{A}_{o2}^k\boldsymbol{V}\boldsymbol{U}\boldsymbol{I}_{m,mn}^{\mathrm{T}} \\ &= \boldsymbol{I}_{r,nr}\boldsymbol{V}\boldsymbol{V}^{+}\boldsymbol{V}\boldsymbol{U}\boldsymbol{A}_{c2}^k\boldsymbol{I}_{m,nm}^{\mathrm{T}} \\ &= \boldsymbol{I}_{r,nr}\boldsymbol{H}\boldsymbol{A}_{c2}^k\boldsymbol{I}_{m,mn}^{\mathrm{T}} \\ &= \boldsymbol{G}_k, \quad k=1,2,3,\cdots \end{aligned} \tag{5.115a}$$

$$\boldsymbol{C}\boldsymbol{B} = \boldsymbol{I}_{r,nr}\boldsymbol{V}\boldsymbol{U}\boldsymbol{I}_{m,nm}^{\mathrm{T}} = \boldsymbol{G}_0 \tag{5.115b}$$

式(5.115)说明式(5.111)中 $\{\boldsymbol{A},\boldsymbol{B},\boldsymbol{C}\}$ 确是式(5.103)或式(5.72)中 $\boldsymbol{G}(s)$ 的实现,结合 $\dim\boldsymbol{A}=n_m=\rho(\boldsymbol{H})$ 断定它还是最小实现.定理证毕.

由式(5.109)可见 $\boldsymbol{M}_o\boldsymbol{M}_c=\boldsymbol{H}=\boldsymbol{V}\boldsymbol{U}$,而 $\boldsymbol{V}=\boldsymbol{R}_1\boldsymbol{\Sigma}^{1/2}$ 和 $\boldsymbol{U}=\boldsymbol{\Sigma}^{1/2}\boldsymbol{Q}_1^*$,因而

$$\boldsymbol{V}^*\boldsymbol{V} = \boldsymbol{\Sigma}^{1/2}\boldsymbol{R}_1^*\boldsymbol{R}_1\boldsymbol{\Sigma}^{1/2} = \boldsymbol{\Sigma} = \boldsymbol{U}\boldsymbol{U}^* \tag{5.116}$$

一个实现当它的能控性矩阵和能观性矩阵具有 $\boldsymbol{V}^*\boldsymbol{V}=\boldsymbol{U}\boldsymbol{U}^*$ 特性,被称为**内部平衡实现**.粗略地说在内部平衡实现中,信号从输入传递到状态的效应和信号从状态传递到输出的效应相似或者说平衡.

例5.9

$$\boldsymbol{G}(s) = \begin{bmatrix} \dfrac{1}{s+1} & \dfrac{2}{s+1} \\ \dfrac{2}{s+1} & \dfrac{1}{s+1} \end{bmatrix}$$

解 对 $\boldsymbol{G}(s)$中每一个元素进行长除法展开得到

$$\boldsymbol{G}(s)=\begin{bmatrix}1&2\\2&1\end{bmatrix}s^{-1}+\begin{bmatrix}-1&-2\\-2&-1\end{bmatrix}s^{-2}+\begin{bmatrix}1&2\\2&1\end{bmatrix}s^{-2}+\cdots$$

$$\boldsymbol{G}_k=\begin{cases}\begin{bmatrix}1&2\\2&1\end{bmatrix}, & k\text{ 为偶数}\\ \begin{bmatrix}-1&-2\\-2&-1\end{bmatrix}, & k\text{ 为奇数}\end{cases}$$

$r=m=2,n=1$,取 $\boldsymbol{H}=\boldsymbol{G}_0,\widetilde{\boldsymbol{H}}=\boldsymbol{G}_1$,则

$$\boldsymbol{H}^{\mathrm{T}}\boldsymbol{H}=\begin{bmatrix}5&4\\4&5\end{bmatrix}$$

$$\lambda_1=\sqrt{\lambda_1(\boldsymbol{H}^{\mathrm{T}}\boldsymbol{H})}=3,\quad \lambda_2=\sqrt{\lambda_2(\boldsymbol{H}^{\mathrm{T}}\boldsymbol{H})}=1$$

$$\boldsymbol{\Sigma}=\begin{bmatrix}3&0\\0&1\end{bmatrix},\quad \boldsymbol{Q}_1=\begin{bmatrix}\frac{1}{\sqrt{2}}&\frac{1}{\sqrt{2}}\\ \frac{1}{\sqrt{2}}&\frac{-1}{\sqrt{2}}\end{bmatrix},\quad \boldsymbol{R}_1=\begin{bmatrix}\frac{1}{\sqrt{2}}&\frac{-1}{\sqrt{2}}\\ \frac{1}{\sqrt{2}}&\frac{1}{\sqrt{2}}\end{bmatrix}$$

$$\boldsymbol{V}=\begin{bmatrix}\sqrt{\frac{3}{2}}&\frac{-1}{\sqrt{2}}\\ \sqrt{\frac{3}{2}}&\frac{1}{\sqrt{2}}\end{bmatrix},\quad \boldsymbol{U}=\begin{bmatrix}\sqrt{\frac{3}{2}}&\sqrt{\frac{3}{2}}\\ \frac{1}{\sqrt{2}}&\frac{-1}{\sqrt{2}}\end{bmatrix}$$

$$\boldsymbol{V}^{+}=\begin{bmatrix}\frac{1}{\sqrt{6}}&\frac{1}{\sqrt{6}}\\ \frac{-1}{\sqrt{2}}&\frac{1}{\sqrt{2}}\end{bmatrix},\quad \boldsymbol{U}^{+}=\begin{bmatrix}\frac{1}{\sqrt{6}}&\frac{1}{\sqrt{2}}\\ \frac{1}{\sqrt{6}}&\frac{-1}{\sqrt{2}}\end{bmatrix}$$

$$\boldsymbol{A}=\boldsymbol{V}^{+}\widetilde{\boldsymbol{H}}\boldsymbol{U}^{+}=\begin{bmatrix}-1&0\\0&-1\end{bmatrix}$$

$$\boldsymbol{B}=\boldsymbol{U}=\begin{bmatrix}\sqrt{\frac{3}{2}}&\sqrt{\frac{3}{2}}\\ \frac{1}{\sqrt{2}}&\frac{-1}{\sqrt{2}}\end{bmatrix}$$

$$\boldsymbol{C}=\boldsymbol{V}=\begin{bmatrix}\sqrt{\frac{3}{2}}&\frac{-1}{\sqrt{2}}\\ \sqrt{\frac{3}{2}}&\frac{1}{\sqrt{2}}\end{bmatrix}$$

经验算

$$\boldsymbol{C}(s\boldsymbol{I}-\boldsymbol{A})^{-1}\boldsymbol{B}=\frac{1}{s+1}\begin{bmatrix}1&2\\2&1\end{bmatrix}$$

确实实现了指定的 $\boldsymbol{G}(s)$,又因为 $\dim\boldsymbol{A}=2=n_m$,所以它是最小实现.

采用这种实现方法关键在于奇异值分解 $\boldsymbol{H}$,现在已有一些计算程序可供利用,因此可在

数字计算机上直接计算这种最小实现.

习　题　5

5.1　确定下列传递函数的最小实现维数：

(a) $g(s)=\dfrac{s^4+1}{4s^4+2s^3+2s+1}$;

(b) $g(s)=\dfrac{s^2-s+1}{s^5-s^4+s^3-s^2+s-1}$;

(c) $g(s)=\dfrac{s^2+1}{s^2+2s+2}$.

5.2　求下列传递函数的串联实现、并联实现或约尔当标准形实现：

(a) $g(s)=\dfrac{s^2+1}{(s+1)(s+2)(s+3)}$;

(b) $g(s)=\dfrac{s^2+1}{(s+1)^2(s+2)^3}$;

(c) $g(s)=\dfrac{s^2+1}{(s+1)(s^2+2s+2)}$.

5.3　求题 5.1 中三个传递函数的四种规范型实现和最小实现.

5.4　用下面要求的两种方法写出图题 5.4 中反馈系统的动态方程，然后求出它的一种实现. 如果增益 k 是可调节的，两种实现中哪一种更方便？方法一，求整个反馈系统传递函数的动态方程；方法二，先求开环系统传递函数的动态方程，再配上适当的反馈约束求反馈系统的动态方程.

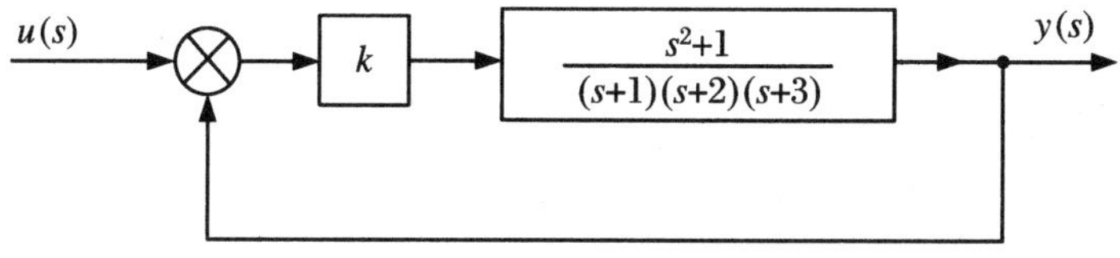

题 5.4 图

5.5　求下面传递函数矩阵的特征多项式、阶次和极点集：

(a) $\boldsymbol{G}(s)=\begin{bmatrix}\dfrac{1}{(s+1)^2} & \dfrac{s+3}{s+2} & \dfrac{1}{s+5}\\ \dfrac{1}{(s+3)^2} & \dfrac{s+1}{s+4} & \dfrac{1}{s}\end{bmatrix}$;

(b) $\boldsymbol{G}(s)=\begin{bmatrix}\dfrac{1}{(s+1)^2} & \dfrac{1}{(s+1)(s+2)}\\ \dfrac{1}{(s+2)^2} & \dfrac{1}{(s+1)(s+2)}\end{bmatrix}$;

(c) $\boldsymbol{G}(s)=\begin{bmatrix}\dfrac{1}{s} & \dfrac{s+3}{s+1}\\ \dfrac{1}{s+3} & \dfrac{s}{s+1}\end{bmatrix}$.

5.6 已知

$$g(s)=\frac{\beta_{n-1}s^{n-1}+\beta_{n-2}s^{n-2}+\cdots+\beta_1 s+\beta_0}{s^n+\alpha_{n-1}s^{n-1}+\cdots+\alpha_2 s^2+\alpha_1 s+\alpha_0}$$

的最小实现为$\{\boldsymbol{A},\boldsymbol{B},\boldsymbol{C}\}$,能控性矩阵$\boldsymbol{M}_{\mathrm{c}}=\boldsymbol{I}$.试证$\{\boldsymbol{A},\boldsymbol{B},\boldsymbol{C}\}$是唯一确定的.

5.7 试证:$1\times m$ 和 $r\times 1$ 真有理传递函数矩阵 $\boldsymbol{G}(s)$的最小实现的特征多项式和最小多项式相等.

5.8 试证:$\boldsymbol{G}(s)$的最小实现的最小多项式等于 $\boldsymbol{G}(s)$的最小公分母,这里最小公分母为首一多项式.

5.9 对下面两个传递函数矩阵分别用两种不同的方法求其最小实现:

(a) $\boldsymbol{G}(s)=\begin{bmatrix}\dfrac{s+2}{s+1} & \dfrac{1}{s+3}\\ \dfrac{s}{s+1} & \dfrac{s+1}{s+2}\end{bmatrix}$;

(b) $\boldsymbol{G}(s)=\begin{bmatrix}\dfrac{s^2+1}{s^3} & \dfrac{2s+1}{s^2}\\ \dfrac{s+3}{s^2} & \dfrac{2}{s}\end{bmatrix}$.

5.10 求下面传递函数矩阵的能控型规范型实现和能观型规范型实现:

(a) $\boldsymbol{G}(s)=\begin{bmatrix}\dfrac{2s}{(s+1)(s+2)(s+3)}\\ \dfrac{s^2+2s+2}{s(s+1)^2(s+4)}\end{bmatrix}$;

(b) $\boldsymbol{G}(s)=\begin{bmatrix}\dfrac{2s+3}{(s+1)^2(s+2)} & \dfrac{s^2+2s+2}{s(s+1)^3}\end{bmatrix}$.

5.11 试证式(5.50)的正确性.

5.12 试证式(5.80)的正确性.

5.13 设

$$\boldsymbol{G}(s)=\begin{bmatrix}\dfrac{-2s^2-3s-2}{(s+1)^2} & \dfrac{1}{s^2}\\ \dfrac{4s+5}{s+1} & \dfrac{-3s-5}{s+2}\end{bmatrix}$$

试分别用改进的卡尔曼实现法和奇异值分解法求最小实现.

5.14 设

$$\boldsymbol{G}(s)=\begin{bmatrix}\dfrac{s+3}{s+1} & \dfrac{1}{s+3}\\ \dfrac{s}{s+1} & \dfrac{s+1}{s+2}\end{bmatrix}$$

求其约尔当标准形最小实现.

5.15 设$\{\boldsymbol{A},\boldsymbol{B},\boldsymbol{C}\}$和$\{\bar{\boldsymbol{A}},\bar{\boldsymbol{B}},\bar{\boldsymbol{C}}\}$为两组等价的线性非时变动态方程,$\bar{\boldsymbol{A}}=\boldsymbol{PAP}^{-1}$,$\bar{\boldsymbol{B}}=\boldsymbol{PB}$,$\bar{\boldsymbol{C}}=\boldsymbol{CP}^{-1}$.令 $\boldsymbol{W}_{\mathrm{c}}$ 和 $\boldsymbol{W}_{\mathrm{o}}$ 分别是$\{\boldsymbol{A},\boldsymbol{B},\boldsymbol{C}\}$的能控性格拉姆矩阵和能观性格拉姆矩

阵，证明$\{\bar{\boldsymbol{A}},\bar{\boldsymbol{B}},\bar{\boldsymbol{C}}\}$的能控性格拉姆矩阵 $\bar{\boldsymbol{W}}_{\mathrm{c}}$ 和能观性格拉姆矩阵 $\bar{\boldsymbol{W}}_{\mathrm{o}}$ 可分别表示为

$$\bar{\boldsymbol{W}}_{\mathrm{c}} = \boldsymbol{P}\boldsymbol{W}_{\mathrm{c}}\boldsymbol{P}^{*},\quad \bar{\boldsymbol{W}}_{\mathrm{o}} = (\boldsymbol{P}^{-1})^{*}\boldsymbol{W}_{\mathrm{o}}\boldsymbol{P}^{-1}$$

5.16　试求下列离散系统传递函数矩阵 $\boldsymbol{G}(z)$的能控型实现和能观型实现：

(a) $\boldsymbol{G}(z)=\begin{bmatrix}\dfrac{1}{z+1} & \dfrac{1}{(z+1)(2z+1)}\\ \dfrac{1}{2z+1} & \dfrac{1}{(z+1)(2z+1)}\end{bmatrix}$;

(b) $\boldsymbol{G}(s)=\begin{bmatrix}\dfrac{z+2}{z+1} & \dfrac{1}{z+3}\\ \dfrac{z}{z+1} & \dfrac{z+1}{z+2}\end{bmatrix}$.

第6章　系统的稳定性

第4章研究了系统的两个定性性质——能控性和能观性，这一章研究系统的另一个定性性质——稳定性.任何一个希望付诸在实际工程上应用的系统必须是稳定的系统，否则毫无实际意义.因此稳定性研究是一门古老而又热门的课题.读者在前修课程中已经有了稳定性的初步概念.若描述线性非时变系统输入、输出关系的 n 阶微分方程的固有响应随着时间 t 的推延最终衰减为零，定义有界的强迫响应为稳态响应，从而引申出稳定性的概念.本章一方面在此基础上由线性系统的输入-输出描述引申出既适用于线性非时变系统又适用于线性时变系统的有界输入-有界输出(BIBO)稳定性定义和有关定理，另一方面由系统的状态空间描述法出发介绍具有一般意义，即对线性、非线性、时变、非时变系统皆适用的李雅普诺夫(A. M. Lyapunov)理论.李雅普诺夫于1892年在他的博士论文《运动稳定性的一般问题》中借助平衡状态稳定与否的特征对系统或系统运动稳定性给出了精确定义，提出了解决稳定性问题的一般理论.由于计算和应用方面的困难和当时计算工具的落后，也可能由于语言的障碍，大约半个世纪之后具有普遍意义的李雅普诺夫稳定性理论才被西方以至整个世界重视.在此之后的半个世纪内，李雅普诺夫理论对应用数学、力学、系统理论等诸多学科的影响证明它是现代稳定性理论的基础.

基于输入-输出描述法描述的是系统的外部特性，BIBO稳定性又被称为外部稳定性；状态空间描述法不仅描述了系统的外部特性，又深刻揭示了系统的内部特性，因此借助于系统平衡状态稳定特征而给出的系统或系统运动的稳定性被称做内部稳定性，也称做李雅普诺夫意义上的稳定性.本章共分6节.6.1节介绍BIBO稳定性及有关定理.6.2节介绍系统平衡状态的概念、定义及特征.6.3节阐述线性系统平衡状态稳定性判据.6.4节讲述李雅普诺夫直接法理论.6.5节研究李雅普诺夫函数的构造.6.6节讨论如何用李雅普诺夫直接法理论校正线性系统，估计系统时间常数和求解最优化参数.以上主要是研究连续系统.6.7节则应用李雅普诺夫理论研究线性非时变离散系统的稳定性.

6.1　有界输入-有界输出稳定性

2.1节曾指出 t_0 时刻松弛的线性因果系统的输入-输出表达式为式(2.15)，即

$$\boldsymbol{y}(t)=\int_{t_0}^{t}\boldsymbol{G}(t,\tau)\boldsymbol{u}(\tau)\mathrm{d}\tau,\quad t\geqslant t_0,\quad t_0\in(-\infty,\infty)\tag{2.15}$$

由于 t_0 时刻系统处于静止的零状态，输出 $\boldsymbol{y}(t)$完全是由输入 $\boldsymbol{u}(t)$所引起的，于是很自然会提出一个问题：当输入具有某种特性时，系统满足什么条件，输出会具有同样的特性？现在首先讨论输入具有有界性，即

$$\|\boldsymbol{u}(t)\|\leqslant K_u,\quad 0\leqslant K_u<\infty,\quad t\in(-\infty,\infty)\tag{6.1}$$

系统满足什么条件，输出仍具有有界性，即

$$\|\boldsymbol{y}(t)\|\leqslant K_y,\quad 0\leqslant K_y<\infty,\quad t\in(-\infty,\infty)\tag{6.2}$$

也就是讨论系统的有界输入-有界输出(BIBO)稳定性.

有界输入-有界输出稳定性　一个输出响应为

$$\boldsymbol{y}(t)=\eta(t,t_0,\boldsymbol{x}_0,\boldsymbol{u}_{[t_0,t]})$$

的系统，如果对每一个 $t_0\in(-\infty,\infty)$，对所有有界输入 $\boldsymbol{u}_{[t_0,t]}$，响应 $\boldsymbol{y}(t)=\eta(t,t_0,\boldsymbol{0}_x,\boldsymbol{u})$有界，则称系统具有有界输入-有界输出稳定性，或称系统为有界输入-有界输出稳定系统. 应当注意，条件 $\boldsymbol{x}(t_0)=\boldsymbol{0}_x$ 很重要. 有些系统在此条件下是 BIBO 稳定系统，一旦此条件不满足就不再是 BIBO 稳定系统，例如图 6.1 中电路，当负电容上初始电压 $u_c(t_0)=0$ 时，$y(t)=\dfrac{1}{2}u(t)$，$t\geqslant t_0$，$t_0\in(-\infty,\infty)$. 电路呈现 BIBO 稳定性. 一旦 $u_c(t_0)\neq 0$，由 $u_c(t_0)$引起的 $y_{zi}(t)=u_c(t_0)\mathrm{e}^t$ 将随 $t\to\infty$ 而无限增大. 电路呈现不稳定性.

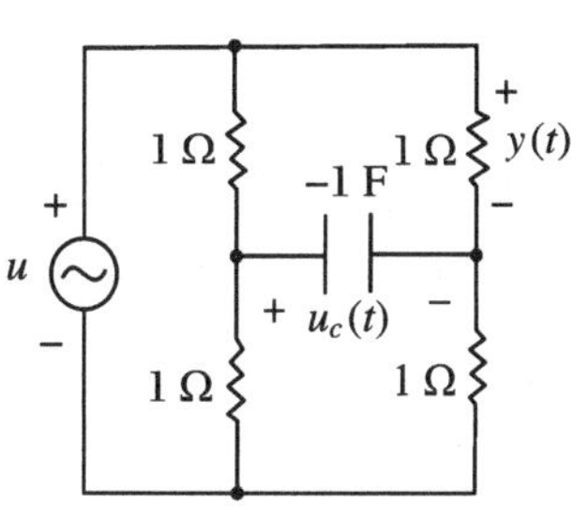

图 6.1　负电容一阶 RC 电路

定理 6.1　一个 t_0 时刻松弛的单变量系统为 BIBO 稳定系统的充要条件是存在有限正数 $K_g\in\mathbf{R}_+$ 使得

$$\int_{-\infty}^{t}|g(t,\tau)|\mathrm{d}\tau\leqslant K_g,\quad 0\leqslant K_g<\infty,\quad t\in(-\infty,\infty)\tag{6.3}$$

证明　充分性　令输入 $u(t)$为任意一个有界函数，即$|u(t)|\leqslant K_u$，$t\in(-\infty,\infty)$，$u_{-\infty,t_0}=0$，$t>t_0$，

$$\begin{aligned}|y(t)|&=\left|\int_{t_0}^{t}g(t,\tau)u(\tau)\mathrm{d}\tau\right|=\left|\int_{-\infty}^{t}g(t,\tau)u(\tau)\mathrm{d}\tau\right|\\&\leqslant\int_{-\infty}^{t}|g(t,\tau)||u(\tau)|\mathrm{d}\tau\leqslant K_u\int_{-\infty}^{t}|g(t,\tau)|\mathrm{d}\tau\\&\leqslant K_uK_g=K_y,\quad t\in(-\infty,\infty)\end{aligned}\tag{6.4}$$

在式(6.4)的第一个不等式右边将积分下限由 t_0 向前延伸到 $-\infty$，是因为 BIBO 稳定性定义中要求 $t_0\in(-\infty,\infty)$.

必要性　这里采用反证法证明. 假设对某个 t_1，有

$$\int_{-\infty}^{t_1}|g(t_1,\tau)|\mathrm{d}\tau=\infty\tag{6.5}$$

而且系统是 BIBO 稳定的. 那么令

$$u(t) \overset{\text{def}}{=} \operatorname{sgn}[g(t_1,t)] = \begin{cases} 1, & g(t_1,t) > 0 \\ 0, & g(t_1,t) = 0 \\ -1, & g(t_1,t) < 0 \end{cases} \tag{6.6}$$

可见$|u(t)| \leqslant 1$.由式(6.6)中 $u(t)$产生的输出 $y(t_1)$却是无穷大,

$$y(t_1) = \int_{-\infty}^{t_1} g(t_1,\tau)u(\tau)\mathrm{d}\tau = \int_{-\infty}^{t_1} |g(t_1,\tau)| \mathrm{d}\tau = \infty$$

这表明输出 $y(t)$不是有界的,与假设矛盾.定理得证.

对于冲激响应矩阵 $\boldsymbol{G}(t,\tau) = [g_{ij}(t,\tau)], i = 1,2,\cdots,r, j = 1,2,\cdots,m$ 的多变量系统存在着等价的定理 6.2 和定理 6.3.

定理 6.2 一个初始时刻 t_0 松弛的用 $r \times m$ 冲激响应矩阵 $\boldsymbol{G}(t,\tau) = [g_{ij}(t,\tau)]$描述的多变量系统,为 BIBO 稳定系统的充要条件是,存在有限正数 K_g 使得对于$\boldsymbol{G}(t,\tau)$中每一个元素 $g_{ij}(t,\tau)$满足

$$\int_{-\infty}^{t} |g_{ij}(t,\tau)| \mathrm{d}\tau \leqslant K_g, \quad 0 \leqslant K_g < \infty, \quad t \in (-\infty,\infty) \tag{6.7}$$

证明 这里需要这样一个事实:一个向量为有界向量等价于向量的每个分量为有界标量.现在假设 m 维输入向量$\boldsymbol{u}(t) = [0 \ \cdots \ 0 \ u_j(t) \ 0 \ \cdots \ 0]^{\mathrm{T}}$,即除掉第 j 个分量为有界标量外,其余全部为零.于是,输出的分量可表示成

$$y_i(t) = \int_{t_0}^{t} g_{ij}(t,\tau)u_j(\tau)\mathrm{d}\tau, \quad i = 1,2,\cdots,r.$$

根据定理 6.1 可知每个 $y_i(t)$对任何有界 $u_j(t)$而言均有界的充要条件是

$$\int_{-\infty}^{t} |g_{ij}(t,\tau)| \mathrm{d}\tau \leqslant K_{gij}, \quad 0 \leqslant K_{gij} < \infty, \quad t \in (-\infty,\infty), i = 1,2,\cdots,r$$

若令 $\boldsymbol{u}(t) = [u_1(t) \ \ u_2(t) \ \ \cdots \ \ u_m(t)]^{\mathrm{T}}$ 为任意一个有界向量,则

$$y_i(t) = \sum_{j=1}^{m} y_{ij}(t) = \sum_{j=1}^{m} \int_{t_0}^{t} g_{ij}(t,\tau)u_j(\tau)\mathrm{d}\tau, \quad i = 1,2,\cdots,r \tag{6.8}$$

$\boldsymbol{y}(t)$为有界向量意味着每个分量 $y_i(t), i = 1,2,\cdots,r$ 为有界标量,式(6.8)表明这要求每个 $y_{ij}(t)$均为有界标量.所以等价于要求

$$\int_{-\infty}^{t} |g_{ij}(t,\tau)| \mathrm{d}\tau \leqslant K_{gij}$$

$$0 \leqslant K_{gij} < \infty, \quad t \in (-\infty,\infty), \quad i = 1,2,\cdots,r, \quad j = 1,2,\cdots,m$$

取 $K_g = \max\limits_{i,j}(K_{gij})$,有

$$\int_{-\infty}^{t} |g_{ij}(t,\tau)| \mathrm{d}\tau \leqslant K_g, \quad 0 \leqslant K_g < \infty, \quad t \in (-\infty,\infty)$$

定理得证.

定理 6.3 一个初始时刻 t_0 松弛的用 $r \times m$ 冲激响应矩阵$\boldsymbol{G}(t,\tau)$描述的多变量系统为 BIBO 稳定系统的充要条件是:

$$\int_{-\infty}^{t} \|\boldsymbol{G}(t,\tau)\| \mathrm{d}\tau \leqslant K_g, \quad 0 \leqslant K_g < \infty, \quad t \in (-\infty,\infty) \tag{6.9}$$

定理 6.3 是定理 6.1 的推广,可用类似的方法加以证明,另外也可看出它和定理 6.2 是等价的.这里就不加以证明了.将定理 6.3 应用到线性非时变系统中去便得到下面的定

理6.4.

定理6.4　一个 $t_0=0$ 时刻松弛的用 $r\times m$ 冲激响应矩阵 $\boldsymbol{G}(t-\tau)$ 描述的线性非时变多变量系统为BIBO稳定系统的充要条件是

$$\int_0^{\infty}\|\boldsymbol{G}(\tau)\|\mathrm{d}\tau\leqslant K_g,\quad 0\leqslant K_g<\infty \tag{6.10}$$

证明　由定理6.3可知,充要条件为

$$\int_{-\infty}^{t}\|\boldsymbol{G}(t,\tau)\|\mathrm{d}\tau=\int_{-\infty}^{t}\|\boldsymbol{G}(t-\tau)\|\mathrm{d}\tau\leqslant K_g \tag{6.11}$$

对式(6.11)作变量替换,$\tau'=t-\tau$,得到

$$\int_{-\infty}^{t}\|\boldsymbol{G}(t-\tau)\|\mathrm{d}\tau=\int_{\infty}^{0}-\|\boldsymbol{G}(\tau')\|\mathrm{d}\tau'=\int_0^{\infty}\|\boldsymbol{G}(\tau)\|\mathrm{d}\tau\leqslant K_g$$

定理得证.

从定理6.2出发可将式(6.10)表示的充要条件改写为

$$\int_0^{\infty}|g_{ij}(\tau)|\mathrm{d}\tau\leqslant K_g,\quad 0\leqslant K_g<\infty,\quad i=1,2,\cdots,r,\quad j=1,2,\cdots,m \tag{6.12}$$

对单变量系统而言,显然充要条件为

$$\int_0^{\infty}|g(\tau)|\mathrm{d}\tau\leqslant K_g,\quad 0\leqslant K_g<\infty \tag{6.13}$$

注意在式(6.13)中要求 $|g(t)|$ 在 $[0,\infty)$ 内所包围的总面积有限,并不意味着 $g(t)$ 在 $[0,\infty)$ 内有界,也不意味着当 $t\to\infty$ 时,$g(t)\to 0$. 但是可以证明当 $\alpha\to\infty$ 时

$$\int_{\alpha}^{\infty}|g(t)|\mathrm{d}t=0$$

例如,图6.2中的函数 $f(t-n)$ 在 $[0,\infty)$ 内绝对可积(图6.2)并具有上述特点:

$$f(t-n)=\begin{cases}n+(t-n)n^4, & -\dfrac{1}{n^3}<t-n\leqslant 0,\\ n-(t-n)n^4, & 0\leqslant t-n\leqslant\dfrac{1}{n^3},\end{cases}\qquad n=2,3,4$$

线性非时变系统常常用传递函数 $g(s)$ 或传递函数矩阵 $\boldsymbol{G}(s)$ 描述,因此从频域的角度研究线性非时变系统的BIBO稳定性也是很有意义的. 当 $g(s)$ 或 $\boldsymbol{G}(s)$ 是真有理函数或真有理矩阵时,很容易由定理6.1和定理6.2引申出定理6.5和定理6.6. 倘若 $g(s)$ 或 $\boldsymbol{G}(s)$ 不是有理函数或有理矩阵,情况会复杂得多,读者可参考文献[F1].

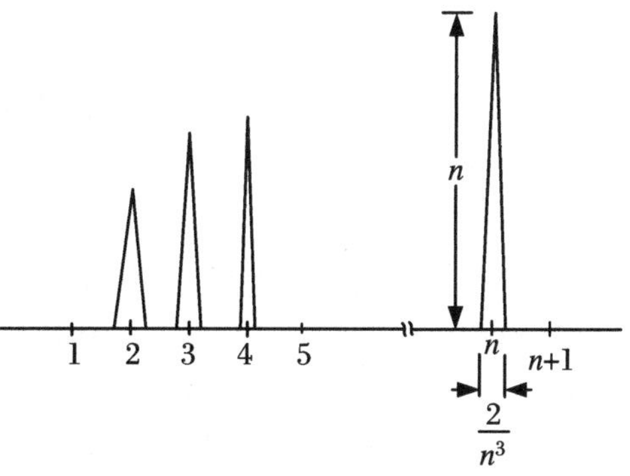

图6.2　在 $[0,\infty)$ 内绝对可积函数 $f(t-n)$

定理6.5　一个由真有理传递函数 $g(s)$ 描述的松弛的线性非时变系统,为BIBO稳定系统的充要条件是 $g(s)$ 的所有极点位于 s 开平面左半部分内,或等价地说 $g(s)$ 的所有极点具有负实部.

证明　由于 $g(s)$ 是真有理函数,$g(s)$ 可展开成部分分式

$$g(s) = g(\infty) + \sum_{i=1}^{p}\sum_{k_i=1}^{\mu_i} \frac{\beta_{ik_i}}{(s-\lambda_i)^{k_i}} \tag{6.14}$$

其中 λ_i 为 $g(s)$ 的第 i 个极点，代数重数为 μ_i，$i=1,2,\cdots,p$. 因此，$g(t)=\mathscr{L}[g(s)]$ 是由 δ 函数和 $t^{k_i-1}e^{\lambda_i t}$，$i=1,2,\cdots,p$ 组成的和. 很容易证明当且仅当 $\mathrm{Re}(\lambda_i)<0$，$i=1,2,\cdots,p$，$g(t)$ 在 $[0,\infty)$ 内绝对可积.

定理 6.6 一个由真有理传递函数矩阵 $\boldsymbol{G}(s)$ 描述的松弛的线性非时变多变量系统为 BIBO 稳定系统的充要条件是，$\boldsymbol{G}(s)$ 每个元素的全部极点具有负实部.

将定理 6.2 和定理 6.5 结合起来很容易证明定理 6.6 正确. 4.7 节和 5.2 节曾两次提到 $\boldsymbol{G}(s)$ 的极点为 $\boldsymbol{G}(s)$ 的所有子式的最小公分母的零点，而定理 6.6 中要求的仅是 $\boldsymbol{G}(s)$ 的一阶子式最小公分母的零点. 由于传递函数 $g(s)$ 或传递函数矩阵的所有极点的实部小于零，BIBO 稳定系统输出的固有响应将随 $t\to\infty$ 而衰减为零，仅留下有界输入 $\boldsymbol{u}(t)$ 引起的有界输出——系统的强迫响应. 因此在经过足够长的观察时间后，BIBO 稳定系统的输出 $\boldsymbol{y}(t)$ 将保留着有界输入信号 $\boldsymbol{u}(t)$ 的基本特性，例如：

(1) $\boldsymbol{u}(t)$ 是能量信号，即

$$\int_0^{\infty} \|\boldsymbol{u}(t)\|_2^2 \mathrm{d}t \leqslant K_1, \quad 0 \leqslant K_1 < \infty \tag{6.15}$$

$\boldsymbol{y}(t)$ 也是能量信号，即

$$\int_0^{\infty} \|\boldsymbol{y}(t)\|_2^2 \mathrm{d}\tau \leqslant K_2, \quad 0 \leqslant K_2 < \infty \tag{6.16}$$

(2) $\boldsymbol{u}(t)$ 的每个分量都是周期为 T 的周期函数，$\boldsymbol{y}(t)$ 的每个分量也都是同一周期 T 的周期函数. 不过两者波形并不一定相同.

(3) $\boldsymbol{u}(t)$ 有界且每个分量趋为常数，$\boldsymbol{y}(t)$ 的每个分量有界并趋为常数.

基于上述第二点，令 $\boldsymbol{u}(t)$ 是正弦函数 $\sin\omega t$，通过改变频率 ω 就可测量出系统的传递函数或传递函数矩阵.

6.2 系统的平衡状态及其特征

BIBO 稳定性对于线性系统的确是一个十分有用的概念. 但是它不仅对非线性系统无能为力，对线性系统也仅仅是从外部定性地描述系统的特性，而系统的内部特性却可能复杂得多. 图 6.3 中串联补偿器 $g_c(s)$ 无法保证整个系统稳定工作就是一个很有意义的例子. 串联补偿后传递函数 $g(s)=g_f(s)g_c(s)$ 及其实现 $\{\boldsymbol{A},\boldsymbol{b},\boldsymbol{c}\}$ 如下：

$$g(s) = \frac{1}{s+1} \tag{6.17a}$$

$$\boldsymbol{A} = \begin{bmatrix} -1 & 0 \\ 1 & 1 \end{bmatrix}, \quad \boldsymbol{b} = \begin{bmatrix} -2 \\ 1 \end{bmatrix}, \quad \boldsymbol{c} = [0 \quad 1] \tag{6.17b}$$

设系统的初态 $\boldsymbol{x}_0 = [x_{10} \quad x_{20}]^{\mathrm{T}}$，可解出

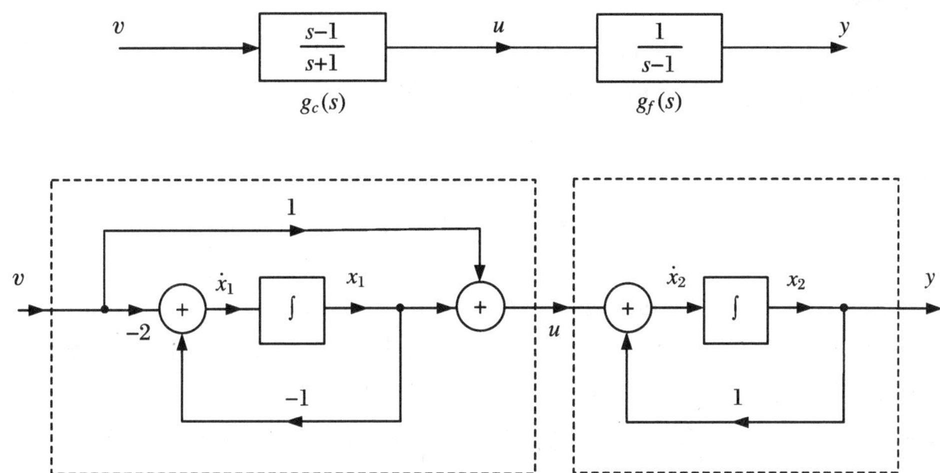

图 6.3　被控系统前联接串联补偿器及其实现

$$y(t) = x_2(t) = \mathrm{e}^t x_{20} + \frac{1}{2}(\mathrm{e}^t - \mathrm{e}^{-t})x_{10} + \mathrm{e}^{-t} * u(t) \tag{6.18}$$

显然系统是 BIBO 稳定系统,因为当 $\boldsymbol{x}_0 = \boldsymbol{0}_x$ 时,$y(t)$仅为 $g(t)$与输入 $u(t)$的卷积.这一系统的 BIBO 稳定性取决于两个条件:①极零点的精确相消;② $\boldsymbol{x}_0 = \boldsymbol{0}_x$.由于元件的老化,外界扰动信号的存在很难保证这两个条件满足.例如,一旦外界扰动使 $\boldsymbol{x}_0$ 偏离 $\boldsymbol{0}_x$ 且不在 $x_{10} + 2x_{20} = 0$ 的直线上,即使 $u(t)$有界,$y(t)$也将以 e^t 形式随 t 增长而无限制地增长,最终使系统饱和或破坏.倘若将图 6.3 中补偿器安排在给定的被控系统后面,即 $g(s) = g_c(s)g_f(s)$,相应的实现$(\bar{\boldsymbol{A}}, \bar{\boldsymbol{b}}, \bar{\boldsymbol{c}})$如下:

$$\bar{\boldsymbol{A}} = \begin{bmatrix} 1 & 0 \\ -2 & -1 \end{bmatrix}, \quad \bar{\boldsymbol{b}} = \begin{bmatrix} 1 \\ 0 \end{bmatrix}, \quad \bar{\boldsymbol{c}} = \begin{bmatrix} 1 & 1 \end{bmatrix} \tag{6.19}$$

这样 $g(s)$没有变化,式(6.18)变成

$$y(t) = (x_{10} + x_{20})\mathrm{e}^{-t} + \mathrm{e}^{-t} * u(t) \tag{6.20}$$

仅就输出 $y(t)$而言,只要 $u(t)$有界,$y(t)$必有界,初态 $\boldsymbol{x}_0$ 甚至可位于二维状态空间任何位置.但考察系统的内部特性,即 $x_1(t)$和 $x_2(t)$,设 $\boldsymbol{x}_0 = \boldsymbol{0}_x, u(t) = \delta(t)$,有

$$x_1(t) = \mathrm{e}^t, \quad x_2(t) = \mathrm{e}^{-t} - \mathrm{e}^t, \quad t \geqslant 0 \tag{6.21}$$

这里可将 $u(t) = \delta(t)$看成某种外界扰动,系统的状态由 $\boldsymbol{x}_0 = \boldsymbol{0}_x$ 被扰动到$\boldsymbol{x}(0_+) = [1 \quad 0]^{\mathrm{T}}$后,随时间推延无限地指数型上升,导致系统饱和或破坏.这个十分简单的例子清楚地指出,通过研究系统由于外界扰动而偏离原来的静止状态所产生的运动,更能深刻地揭示出系统稳定与否.李雅普诺夫正是基于这一事实提出一整套既适用于线性系统又适用于非线性系统,既适用于非时变系统又适用于时变系统,内涵丰富具有巨大潜力的理论,为现代稳定性理论奠定了基础.

一个没有输入信号的系统称做**自治系统**.自治系统的静止状态就是系统的**平衡状态**.由于外界扰动 $\delta(t)$及其导数导致自治系统偏离平衡状态后的运动称做**受扰运动**.3.1 节曾指出一个系统的状态转移的过程可用状态转移函数 $\Phi(t, t_0, \boldsymbol{x}_0, \boldsymbol{u}_{[t_0, t)})$描述,现在用它给出系统的平衡状态(有时也称平衡点)定义.

平衡状态 $\boldsymbol{x}_e$

$$\boldsymbol{x}_e = \boldsymbol{\Phi}(t, t_0, \boldsymbol{x}_e, \boldsymbol{0}_u), \quad t \geqslant t_0, \quad t_0(-\infty, \infty) \tag{6.22}$$

对于状态方程 $\dot{\boldsymbol{x}}(t) = \boldsymbol{f}[\boldsymbol{x}(t), \boldsymbol{u}(t), t]$的连续系统而言,

$$\dot{\boldsymbol{x}}_e = \boldsymbol{f}[\boldsymbol{x}_e, \boldsymbol{0}_u, t] = \boldsymbol{0}, \quad t \geqslant t_0 \tag{6.23}$$

若系统为线性时变系统,$\dot{\boldsymbol{x}}(t) = \boldsymbol{A}(t)\boldsymbol{x}(t)$,则

$$\dot{\boldsymbol{x}}_e = \boldsymbol{A}(t)\boldsymbol{x}_e = \boldsymbol{0}, \quad t \geqslant t_0 \tag{6.24a}$$

或

$$[\boldsymbol{\Phi}(t, t_0) - \boldsymbol{I}]\boldsymbol{x}_e = \boldsymbol{0}, \quad t \geqslant t_0 \tag{6.24b}$$

可见,$\boldsymbol{x}_e \in N[\boldsymbol{A}(t)]$,或 $\boldsymbol{x}_e \in N[\boldsymbol{\Phi}(t, t_0) - \boldsymbol{I}]$.一般来说,式(6.23)的解 $\boldsymbol{x}_e$,也就是非线性系统的平衡状态可能不止一个,当 $\boldsymbol{A}(t)$,$t \geqslant t_0$ 是非奇异矩阵时,平衡状态只有一个即状态空间的原点,否则会有无穷多个平衡状态.若系统为线性非时变系统,$\dot{\boldsymbol{x}}(t) = \boldsymbol{A}\boldsymbol{x}(t)$,则

$$\dot{\boldsymbol{x}}_e = \boldsymbol{A}\boldsymbol{x}_e = \boldsymbol{0}, \quad t \geqslant 0 \tag{6.25a}$$

或

$$(\mathrm{e}^{At} - \boldsymbol{I})\boldsymbol{x}_e = \boldsymbol{0}, \quad t \geqslant 0 \tag{6.25b}$$

同样,当 $\boldsymbol{A}$ 非奇异时,只有零状态为平衡状态,否则平衡状态将会有无穷多个.

例 6.1 假设有一单位输出反馈转角控制系统的状态方程如式(6.26)所示,判断其平衡点.

$$\left.\begin{aligned} \dot{x}_1 &= x_2(t) \\ \dot{x}_2(t) &= -k\sin x_1(t) - a x_2(t) \end{aligned}\right\} \tag{6.26}$$

解 易知

$$\dot{x}_{1e} = x_{2e} = 0, \quad \dot{x}_{2e} = -k\sin x_{1e} = 0$$

所以该非线性非时变系统有无穷多个平衡状态.它们是

$$\begin{bmatrix} x_{1e} \\ x_{2e} \end{bmatrix} = \begin{bmatrix} k\pi \\ 0 \end{bmatrix}, \quad k = 0, \pm 1, \pm 2, \cdots \tag{6.27}$$

图 6.4 绘出了状态方程式(6.26)的状态轨迹.如同 3.4 节曾指出的,状态空间原点是稳定节点,其余的平衡点($x_{1e} = k\pi$,k 为非零整数,$x_{2e} = 0$)是鞍点.

例 6.2 设有一线性非时变系统的状态方程如下:

$$\dot{\boldsymbol{x}}(t) = \begin{bmatrix} 0 & -1 \\ 0 & 1 \end{bmatrix} \boldsymbol{x}(t) \tag{6.28}$$

确定平衡点.

解 由于 x_1 轴是 $\boldsymbol{A}$ 的化零空间,所有 x_1 轴上点均是平衡点.这里也有无穷多个平衡点.不过这里的平衡点是连续的并非孤立的,而例 6.1 中平衡点是孤立的.

今后只讨论孤立的平衡点.由于状态空间原点总是系统的平衡状态,任一孤立的平衡状态都可通过坐标变换变成状态空间原点,今后仅讨论处于状态空间原点的平衡状态.3.4 节对二维自治系统的可能的平衡状态进行过详细的分析.这些平衡状态可分为稳定的平衡状态和不稳定的平衡状态两类.现在对平衡状态的分类给出严格的数学定义.

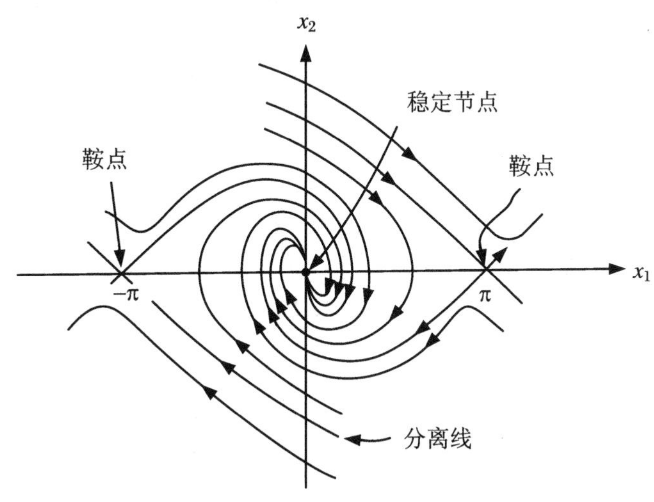

图 6.4　例 6.1 中系统平衡状态和状态轨迹

李雅普诺夫意义下稳定的平衡状态　对于任意给定的一个正数 $\varepsilon>0$，存在另外一个正数 $\delta(\varepsilon,t_0)>0$ 使得所有 $\|\boldsymbol{x}(t_0)\|<\delta$ 的初态 $\boldsymbol{x}(t_0)$ 引起的受扰运动 $\|\boldsymbol{x}(t)\|=\|\Phi(t,t_0,\boldsymbol{x}_0,\boldsymbol{0})\|$ 满足

$$\|\boldsymbol{x}(t)\|<\varepsilon,\quad t>t_0,\quad t_0\in(-\infty,\infty) \tag{6.29}$$

则状态空间的原点 $\boldsymbol{0}_x$ 称做李雅普诺夫意义下 t_0 时刻稳定的平衡状态. 如果 δ 与 t_0 无关，则称为一致稳定的平衡状态.

这个定义的几何解释是：以状态空间原点为球心、以 ε 为半径作一个 n 维超球，若以原点为球心、以 $\delta(\varepsilon,t_0)$ 为半径作另外一个 n 维超球，所有处于 δ 超球内的初态 $\boldsymbol{x}(t_0)$ 引起的状态轨迹均处于 ε 超球内. 图 6.5 展示的是二维状态空间的情况，曲线 a 说明原点 $\boldsymbol{x}_0=\boldsymbol{0}_x$ 为李雅普诺夫意义下稳定的平衡点. 注意，这一定义仅要求状态轨迹处于 ε 超球内，并不要求它逼近平衡状态. 所以允许在平衡状态附近存在连续振荡，其状态轨迹是一条被称为极限环的闭合回路. 对于实际系统来说，必须用性能指标说明能否接受反映着振荡频率和振荡幅度的极限环. 倘若极限环是不能接受的，就必须给以更强的约束排除这种可能的极限环. 极限环可分稳定极限环和不稳定极限环两类. 若是稳定极限环，状态轨迹会从极限环的外部或内部，或者既可以从外部也可以从内部逼近极限环. 如果极限环是不稳定的，状态轨迹将在极限坏内部或外部远离极限环，转而逼近其他的极限环或平衡点.

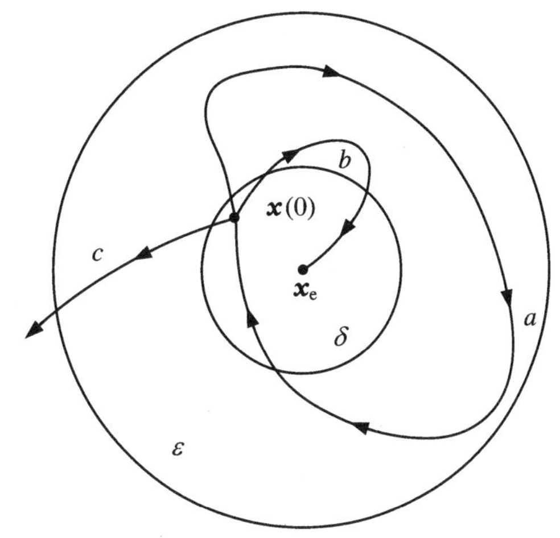

图 6.5　二维状态空间平衡状态的几何解释

a：李雅普诺夫意义下稳定性；

b：渐近稳定性；c：不稳定性

例 6.3　图 6.6 表示一个普通的单摆，设摆长为 l，小球质量为 m，在不考虑摆杆质量和

阻尼的情况下,分析单摆受扰动偏离垂直位置一小角度 θ_0 后的受扰运动和平衡状态特征.

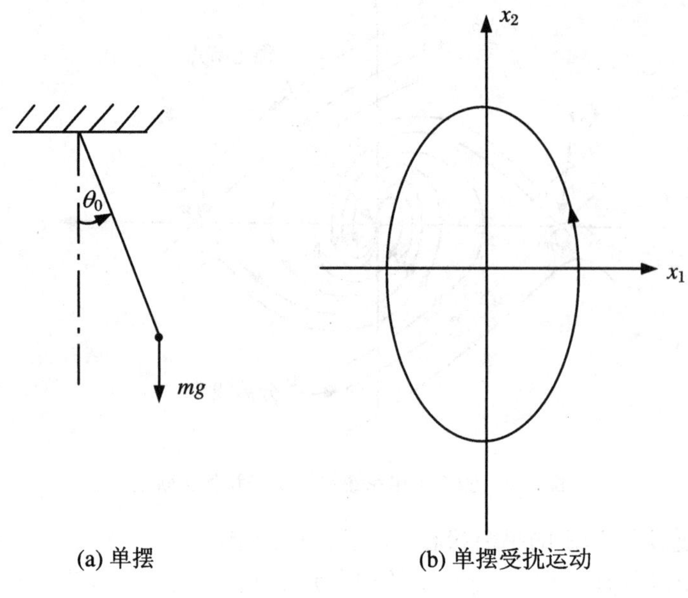

(a) 单摆 (b) 单摆受扰运动

图 6.6

解 易知

$$ml\ddot{\theta}(t) = -mg\sin\theta(t)$$

令 $x_1(t)=\theta(t), x_2(t)=\dot{\theta}(t)$,并设 $\dot{\theta}(0)=0, \theta(0)=\theta_0$,则

$$\begin{bmatrix}\dot{x}_1(t)\\ \dot{x}_2(t)\end{bmatrix} = \begin{bmatrix}x_2(t)\\ -\dfrac{g}{l}\sin x_1(t)\end{bmatrix}$$

$$\boldsymbol{x}_{\mathrm{e}} = \begin{bmatrix}k\pi\\ 0\end{bmatrix}, \quad k = 0, \pm 1, \pm 2, \cdots \tag{6.30}$$

结合实际情况可知 $\boldsymbol{x}_{\mathrm{e}}=\boldsymbol{0}_x$,在 $\boldsymbol{x}_{\mathrm{e}}$ 附近对式(6.30)线性化得到

$$\begin{bmatrix}\dot{x}_1(t)\\ \dot{x}_2(t)\end{bmatrix} = \begin{bmatrix}0 & 1\\ -\dfrac{g}{l} & 0\end{bmatrix}\begin{bmatrix}x_1(t)\\ x_2(t)\end{bmatrix}, \quad \boldsymbol{x}(0) = \begin{bmatrix}\theta_0\\ 0\end{bmatrix} \tag{6.31}$$

从而解出

$$\begin{bmatrix}x_1(t)\\ x_2(t)\end{bmatrix} = \begin{bmatrix}\theta_0\cos\omega t\\ -\omega\theta_0\sin\omega t\end{bmatrix} \tag{6.32}$$

其 $\omega \overset{\mathrm{def}}{=} \sqrt{\dfrac{g}{l}} > 1$.

图 6.6(b)描绘出 $\boldsymbol{x}(t)$的状态轨迹.由于式(6.31)只是在 θ_0 很小,即 $\boldsymbol{x}(0)$偏离平衡状态 $\boldsymbol{x}_{\mathrm{e}}=\boldsymbol{0}_x$ 很小范围时才成立,式(6.32)中解与图 6.6(b)中状态轨迹只是在平衡状态邻近的局部范围内正确.在 $\boldsymbol{x}_e$ 的邻域内受扰运动$\boldsymbol{x}(t)$为稳定的极限环——椭圆.根据李雅普诺夫

意义下稳定平衡状态定义可知 $\boldsymbol{x}_e$ 是稳定的平衡状态．不论给定正数 ε 多么小，只要取 $\delta<\varepsilon/\omega$，并令 $\theta_0=\delta$，$\dot{\theta}_0=0$，就可保证 $\|\boldsymbol{x}(t)\|_2\leqslant\omega\theta_0<\varepsilon$．

例 6.4　试分析下面非线性系统的平衡状态邻域的受扰运动和平衡状态特征：

$$\left.\begin{aligned}\dot{x}_1&=-x_2+x_1(1-x_1^2-x_2^2)\\ \dot{x}_2&=x_1+x_2(1-x_1^2-x_2^2)\end{aligned}\right\}\tag{6.33}$$

解　显然 $\boldsymbol{x}_e=\boldsymbol{0}_x$ 是平衡状态．为了方便将式(6.33)改写成极坐标形式，令 $x_1=\rho\cos\theta$，$x_2=\rho\sin\theta$，

$$\left.\begin{aligned}\dot{\rho}&=\rho(1-\rho^2)\\ \dot{\theta}&=1\end{aligned}\right\}\tag{6.34}$$

式(6.34)的解为

$$\left.\begin{aligned}\rho(t)&=(1+k\mathrm{e}^{-2t})^{-\frac{1}{2}}\\ \theta(t)&=\theta_0+t\end{aligned}\right\}\tag{6.35}$$

其中待定常数 k 与 θ_0 由初始条件 $\rho(t_0)$ 和 $\theta(t_0)$ 决定．例如，取 $\rho_0=\rho(0)$，$\theta_0=\theta(0)$，则 $k=-1+1/\rho_0^2$．

(a) 若 $\boldsymbol{x}(0)$ 受扰动影响于单位圆上，$k=0$，

$$\begin{aligned}\rho(t)&=1\\ \theta(t)&=\theta_0+t\end{aligned}\quad\text{或}\quad x_1^2(t)+x_2^2(t)=1$$

状态轨迹是以 $\omega=1$ 的频率在单位圆上逆时针旋转．

(b) 若 $\boldsymbol{x}(0)$ 受扰动影响位于单位圆外，$k<0$，则状态轨迹是以 $\omega=1$ 的角速度由 $\boldsymbol{x}(0)$ 开始逆时针螺旋式向单位圆逼近．

(c) 若 $\boldsymbol{x}(0)$ 受扰动影响位于单位圆内，$k>0$，则状态轨迹是以 $\omega=1$ 的角速度由 $\boldsymbol{x}(0)$ 开始逆时针螺旋式向单位圆逼近，与(b)不同的是状态轨迹在单位圆的内部而不是外部．

由分析可知极限环——单位圆是稳定的，但平衡状态 $\boldsymbol{x}_e=\boldsymbol{0}_x$ 并不符合李雅普诺夫稳定平衡状态定义．

不稳定平衡状态　对于任意给定的一个正数 $\varepsilon>0$，不论选取另外一个正数 $\delta>0$ 如何小，在所有 $\|\boldsymbol{x}(t_0)\|<\delta$ 的初态 $\boldsymbol{x}(t_0)$ 中，至少有一个 $\boldsymbol{x}(t_0)$ 引起的运动使得

$$\begin{aligned}&\|\boldsymbol{x}(t)\|>\varepsilon,\quad t\geqslant t_0+T\\ &T\in\mathbf{R}_+,\quad t_0\in(-\infty,\infty)\end{aligned}\tag{6.36}$$

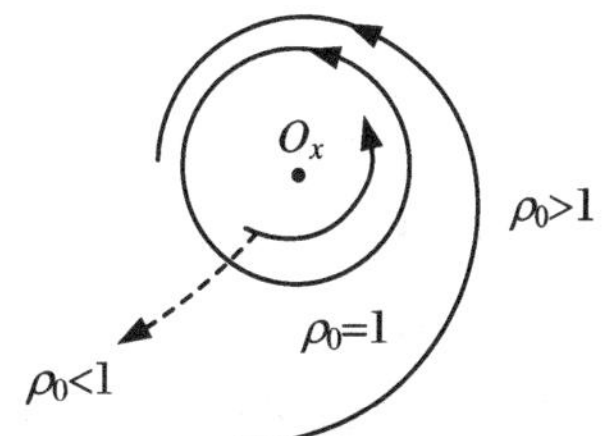

图 6.7　例 6.4 中系统平衡状态附近的受扰运动

例 6.5　将式(6.33)稍作改变成为式(6.37)，得到另一个非线性系统的状态方程，试分析平衡状态邻域的受扰运动和平衡状态特征．

$$\left.\begin{aligned}\dot{x}_1&=-x_2+x_1(x_1^2+x_2^2-1)\\ \dot{x}_2&=x_1+x_2(x_1^2+x_2^2-1)\end{aligned}\right\}\tag{6.37}$$

解　$\boldsymbol{x}_e=\boldsymbol{0}_x$，为便于分析，如同例 6.4 那样将式(6.37)改写成

$$\left.\begin{aligned}\dot{\rho}_1 &= \rho(\rho^2 - 1)\\ \dot{\theta} &= 1\end{aligned}\right\}\tag{6.38}$$

其解为

$$\left.\begin{aligned}\rho(t) &= (1 + k\mathrm{e}^{2t})^{-\frac{1}{2}}\\ \theta(t) &= \theta_0 + t\end{aligned}\right\}\tag{6.39}$$

仍然假设初始状态 $\rho(0)=\rho_0,\theta(0)=\theta_0,k=-1+1/\rho_0^2$,并对 $\rho_0=1,\rho_0>1$ 和 $\rho_0<1$ 三种情况进行分析.

(a) 若 $\boldsymbol{x}(0)$受扰动影响位于单位圆上,$k=0$,

$$\begin{aligned}\rho(t) &= 1\\ \theta(t) &= \theta_0 + t\end{aligned}\quad \text{或}\quad x_1^2(t) + x_2^2(t) = 1$$

状态轨迹仍是以 $\omega=1$ 的频率在单位圆上反时针旋转.

(b) 若 $\boldsymbol{x}(0)$受扰动影响位于单位圆外,$k<0$,由于$|k|\mathrm{e}^{2t}$是指数增长函数,$\rho(t)$在实数域内无解.

(c) 若 $\boldsymbol{x}(0)$受扰动影响位于单位圆内,$k>0$,则状态轨迹以 $\omega=1$ 的角速度由$\boldsymbol{x}(0)$开始反时针螺旋式向平衡状态 $\boldsymbol{x}_e=\boldsymbol{0}_x$ 逼近.

由分析可知平衡状态不仅符合李雅普诺夫稳定平衡状态定义,而且只要受扰后初态 $\boldsymbol{x}(0)$位于单位圆内,受扰运动将随着时间增长而渐渐逼近平衡状态.鉴于这一特点,这类平衡状态称做渐近稳定平衡状态.本例中极限环——单位圆不是稳定的,即一旦有新的扰动使原来处于极限环上的状态 $\boldsymbol{x}(t)$在某时刻脱离了极限环,以后的状态就永远离开了极限环.

渐近稳定平衡状态 若状态空间原点不仅是李雅普诺夫稳定平衡状态,且存在某个正数 $\delta'(t_0)>0$,只要 $\|\boldsymbol{x}(t_0)\|<\delta'(t_0)$,由 $\boldsymbol{x}(t_0)$引起的受扰运动 $\|\boldsymbol{x}(t)\| = \|\boldsymbol{\Phi}(t,t_0,\boldsymbol{x}_0,\boldsymbol{0}_u)\|$ 满足

$$\lim_{t\to\infty}\|\Phi(t,t_0,\boldsymbol{x}_0,\boldsymbol{0}_u)\| = \boldsymbol{0}_x,\quad t>t_0,\quad t_0\in(-\infty,\infty)\tag{6.40}$$

则称状态空间原点为 t_0 时刻渐近稳定的平衡状态,若 δ'与 t_0 无关,称为**一致渐近稳定的平衡状态**.在所有的 $\delta'(t_0)$或 δ'中,将 $\max\delta'(t_0)$或 $\max\delta'$所确定的超球体称为平衡状态的吸引域或渐近稳定区域.

大范围渐近稳定平衡状态 若状态空间原点不仅是渐近稳定平衡状态,而且整个状态空间是吸引域,称之为大范围渐近稳定平衡状态.

显然,若状态空间原点是大范围渐近稳定平衡状态,系统只有这一个平衡点.所以只有在**线性时变系统 $\boldsymbol{A}(t)$**对任何时刻都是非奇异的、线性非时变系统 $\boldsymbol{A}$ 是非奇异的两种情况下,状态空间原点才有可能是大范围渐近稳定的.一般来说,非线性系统的平衡状态不止一个,也就不可能有大范围渐近稳定平衡状态.因此,上述四个定义中前三个定义描述的是某一系统在平衡点附近的邻域内的特性.虽然如此,它们仍然是十分有用的.因为即便实际系统并不是只有一个平衡状态,从工程角度考虑仅仅要求系统在平衡状态附近一个足够大的邻域内稳定.更何况线性时变系统若是渐近稳定系统便是大范围渐近稳定系统,线性非时变系统若是渐近稳定系统便是大范围一致渐近稳定系统.这一点将在下一节给以证明.

6.3　线性系统平衡状态稳定性判据

这一节讨论有关判定线性系统平衡状态稳定性的定理，首先研究线性时变系统，然后研究线性非时变系统，最后讨论平衡状态稳定性与 BIBO 稳定性之间关系.

设线性时变自治系统状态方程为

$$\dot{\boldsymbol{x}}(t)=\boldsymbol{A}(t)\boldsymbol{x}(t),\quad \boldsymbol{x}(t_0)=\boldsymbol{x}_0,\quad t>t_0,\quad t_0\in(-\infty,\infty) \tag{6.41}$$

它的零输入状态响应用状态转移矩阵表示为

$$\boldsymbol{x}(t)=\boldsymbol{\Phi}(t,t_0)\boldsymbol{x}_0 \tag{6.42}$$

其中 $\boldsymbol{x}_0$ 视为自治系统在 t_0 时刻受扰而偏离 $\boldsymbol{x}_e=\boldsymbol{0}_x$ 的初态，$\boldsymbol{x}(t)$即为受扰运动.

定理 6.7　线性时变系统每一个平衡状态为 t_0 时刻李雅普诺夫稳定平衡状态的充要条件是，存在一个正数 $K(t_0)$，使得

$$\|\boldsymbol{\Phi}(t,t_0)\|\leqslant K(t_0)<\infty,\quad t\geqslant t_0,\quad t_0\in(-\infty,\infty) \tag{6.43}$$

若 K 与 t_0 无关，则为一致稳定平衡状态.

证明　易知

$$\|\boldsymbol{x}(t)\|=\|\boldsymbol{\Phi}(t,t_0)\boldsymbol{x}_0\|\leqslant\|\boldsymbol{\Phi}(t,t_0)\|\,\|\boldsymbol{x}_0\|\leqslant K(t_0)\|\boldsymbol{x}_0\|$$

充分性　对于任意给定的正数 $\varepsilon>0$，只要选择 $\|\boldsymbol{x}_0\|\leqslant\delta(t_0)=\varepsilon/K(t_0)$，就有

$$\|\boldsymbol{x}(t)\|\leqslant K(t_0)\delta(t_0)=\varepsilon,\quad t\geqslant t_0,\quad t_0\in(-\infty,\infty)$$

必要性　采用反证法.设 $\boldsymbol{x}_e=\boldsymbol{0}_x$ 是李雅普诺夫稳定的，但 $\boldsymbol{\Phi}(t_1,t_0)$无界，即对于某一时刻 t_1，$t_1\geqslant t_0$，$\boldsymbol{\Phi}(t_1,t_0)$中至少有一个元素无界，例如$|\phi_{ij}(t_1,t_0)|=\infty$.选择 $\boldsymbol{x}_0=[0\quad 0\quad\cdots\quad x_{j0}\neq 0\quad\cdots\quad 0]^{\mathrm{T}}$，$|x_{j0}|$为有限值.于是

$$\|\boldsymbol{x}(t_1)\|=\|(x_{j0}\phi_{1j}(t_1,t_0)\quad\cdots\quad x_{j0}\phi_{ij}(t_1,t_0)\quad\cdots\quad x_{j0}\phi_{nj}(t_1,t_0))^{\mathrm{T}}\|=\infty \tag{6.44}$$

不管$|x_{j0}|$多么小.这与假设 $\boldsymbol{x}_e=\boldsymbol{0}_x$ 是李雅普诺夫稳定平衡状态相矛盾.注意定理对每个平衡状态皆适用.

定理 6.8　线性时变系统为渐近稳定的充要条件是

$$\begin{gathered}\|\boldsymbol{\Phi}(t,t_0)\|\leqslant K(t_0),\quad 且\quad \lim_{t\to\infty}\|\boldsymbol{\Phi}(t,t_0)\|=0\\ 0\leqslant K(t_0)<\infty,\quad t\geqslant t_0,\quad t_0\in(-\infty,\infty)\end{gathered} \tag{6.45}$$

线性时变系统为一致渐近稳定的充要条件是

$$\begin{gathered}\|\boldsymbol{\Phi}(t,t_0)\|\leqslant K_1\mathrm{e}^{-k_2(t-t_0)}\\ 0\leqslant K_1<\infty,\quad 0\leqslant K_2<\infty,\quad t\geqslant t_0,\quad t_0\in(-\infty,\infty)\end{gathered} \tag{6.46}$$

证明　首先证明 $\boldsymbol{x}_e=\boldsymbol{0}_x$ 是渐近稳定平衡状态的充要条件是式(6.45).式(6.45)包含了式(6.43)，所以 $\boldsymbol{x}_e=\boldsymbol{0}_x$ 是李雅普诺夫稳定平衡状态.又因为

$$\lim_{t\to\infty}\|\boldsymbol{x}(t)\|\leqslant(\lim_{t\to\infty}\|\boldsymbol{\Phi}(t,t_0)\|)\|\boldsymbol{x}_0\|=0 \tag{6.47}$$

式(6.47)对于 $\| \boldsymbol{x}_0 \|$ 为有限值的一切初始扰动均成立，这不仅意味着 $\boldsymbol{x}_e = \boldsymbol{0}_x$ 是渐近稳定平衡状态而且是大范围渐近稳定平衡状态. 所以整个系统只有唯一的稳定平衡状态 $\boldsymbol{x}_e = \boldsymbol{0}_x$，它的稳定特征代表着整个系统的稳定特征. 定理证毕.

式(6.46)包含了式(6.45)，而且 K_1 和 K_2 均与 t_0 无关，简单地说，式(6.46)就是线性时变系统平衡状态 $\boldsymbol{x}_e = \boldsymbol{0}_x$，也就是系统本身大范围一致渐近稳定的充要条件. 这里选择指数衰减函数作为鉴别函数在工程上会带来方便，但并不是唯一的选择. 式(6.46)指明，在此条件下线性时变系统因任何有限值初始状态引起的零输入状态响应，将比指数衰减函数更快或以同样速率随着 $t \to \infty$ 而衰减至零. 这样的一致渐近稳定性又称做**指数稳定性**.

线性非时变系统的状态转移矩阵 $\boldsymbol{\Phi}(t, t_0 = 0) = \mathrm{e}^{\boldsymbol{A}t}$，因此从系统矩阵 $\boldsymbol{A}$ 的特征频率就可判定平衡状态 $\boldsymbol{x}_e$ 或系统的稳定性. 3.3 节指明 $\mathrm{e}^{\boldsymbol{A}t}$ 的元素是由 $t^k \mathrm{e}^{\lambda_i t}$ 形式的函数线性组合而成的，其中 λ_i 是矩阵 $\boldsymbol{A}$ 的特征值，λ_i 无非是实数 α_i 或复数 $\alpha_i \pm \mathrm{j}\omega_j$，因此无需证明就可归纳出下面定理 6.9 和定理 6.10.

定理 6.9 线性非时变系统 $\dot{\boldsymbol{x}}(t) = \boldsymbol{A}\boldsymbol{x}(t)$ 的每一个平衡状态是李雅普诺夫稳定平衡状态的充要条件是，$\boldsymbol{A}$ 的所有特征值实部 $\alpha_i \leqslant 0$，实部 $\alpha_i = 0$ 的特征值是 $\boldsymbol{A}$ 的最小多项式的简单零点.

定理 6.10 线性非时变系统 $\dot{\boldsymbol{x}}(t) = \boldsymbol{A}\,\boldsymbol{x}(t)$ 为大范围渐近稳定系统的充要条件是，$\boldsymbol{A}$ 的所有特征值的实部 $\alpha_i < 0$.

值得指出的是，线性非时变平衡状态是李雅普诺夫稳定平衡状态便是一致稳定平衡状态，系统是渐近稳定系统便是大范围一致渐近稳定系统.

例 6.6 试判别下面矩阵 $\boldsymbol{A}_1$ 和 $\boldsymbol{A}_2$ 所表示的系统的平衡状态特征：

$$\boldsymbol{A}_1 \begin{bmatrix} -1 & 0 & 0 \\ 0 & 0 & 0 \\ 0 & 0 & 0 \end{bmatrix}, \quad \boldsymbol{A}_2 = \begin{bmatrix} 0 & 1 & 0 \\ 0 & 0 & 0 \\ 0 & 0 & -1 \end{bmatrix}$$

解 虽然 $\boldsymbol{A}_1$ 和 $\boldsymbol{A}_2$ 的特征值均是 $-1,0,0$，但 $\boldsymbol{A}_1$ 的最小多项式 $\psi_1(\lambda)$ 和 $\boldsymbol{A}_2$ 的最小多项式 $\psi_2(\lambda)$ 并不相同：

$$\psi_1(\lambda) = \lambda(\lambda + 1), \quad \psi_2(\lambda) = \lambda^2(\lambda + 1)$$

系统 $\boldsymbol{A}_1$ 的平衡状态是状态空间 $x_2 - x_3$ 平面上的每一点. 根据定理 6.9 和定理 6.10 可知它们是李雅普诺夫稳定平衡状态，但并不是大范围渐近稳定平衡状态，系统也就不是大范围渐近稳定系统. 系统 $\boldsymbol{A}_2$ 的平衡状态是状态空间轴 x_1 上的每一点. 根据定理 6.9 可知它们并不是李雅普诺夫稳定平衡状态，而是不稳定平衡状态.

下面研究线性系统的平衡状态稳定性和 BIBO 稳定性之间的关系. 3.2 节中式(3.40)指明线性时变系统 $\{\boldsymbol{A}(t), \boldsymbol{B}(t), \boldsymbol{C}(t)\}$ 的冲激响应矩阵为

$$\boldsymbol{G}(t, \tau) = \boldsymbol{C}(t)\boldsymbol{\Phi}(t, \tau)\boldsymbol{B}(t)$$

将它代入式(6.9)中，得到定理 6.11.

定理 6.11 线性时变系统 $\{\boldsymbol{A}(t), \boldsymbol{B}(t), \boldsymbol{C}(t)\}$ 为 BIBO 稳定系统的充要条件为

$$\int_{-\infty}^{t} \| \boldsymbol{C}(t)\boldsymbol{\Phi}(t, \tau)\boldsymbol{B}(\tau) \| \mathrm{d}\tau \leqslant K_g, \quad 0 \leqslant K_g < \infty \tag{6.48}$$

这里假定系统在 t_0 时刻松弛，$t_0 \in (-\infty, \infty)$，$t \geqslant t_0$.

6.1 节曾指出绝对可积函数不一定有界，反过来有界函数又不一定绝对可积. 因此一般来说，线性系统具有李雅普诺夫稳定平衡点并不意味着系统 BIBO 稳定，反之亦然. 另外，一个随 $t\to\infty$ 而逼近零的函数未必绝对可积，所以线性系统具有渐近稳定的特性也不一定就意味着系统 BIBO 稳定. 但是，倘若线性系统一致渐近稳定，也就是说 $\boldsymbol{\Phi}(t,\tau)$ 不但有界而且绝对可积，那么一旦 $\boldsymbol{B}(t)$ 和 $\boldsymbol{C}(t)$ 在 $(-\infty,\infty)$ 内有界，这样的线性系统就是 BIBO 稳定系统. 这就是下面定理 6.12 的内涵. 定理 6.13 描述的是这一问题的反问题.

定理 6.12 若线性系统 $\{\boldsymbol{A}(t),\boldsymbol{B}(t),\boldsymbol{C}(t)\}$ 中 $\boldsymbol{B}(t)$ 和 $\boldsymbol{C}(t)$ 在 $(-\infty,\infty)$ 内有界，则系统的一致渐近稳定性意味着系统 BIBO 稳定.

证明 因为

$$\|\boldsymbol{B}(t)\|\leqslant K_b,\quad \|\boldsymbol{C}(t)\|\leqslant K_c,\quad \forall\, t\in(-\infty,\infty)$$

$$\|\boldsymbol{\Phi}(t,t_0)\|\leqslant K_1 e^{-K_2(t-t_0)},\quad 0\leqslant K_1,K_2<\infty,\quad t\geqslant t_0,\quad t_0\in(-\infty,\infty)$$

$$\int_{-\infty}^{t}\|\boldsymbol{C}(t)\boldsymbol{\Phi}(t,\tau)\boldsymbol{B}(t)\|\,\mathrm{d}\tau\leqslant K_bK_c\int_{-\infty}^{t}K_1\mathrm{e}^{-K_2(t-\tau)}\,\mathrm{d}\tau=\frac{K_1K_bK_c}{K_2}<\infty \tag{6.49}$$

定理 6.13 当线性系统 $\{\boldsymbol{A}(t),\boldsymbol{B}(t),\boldsymbol{C}(t)\}$ 中 $\boldsymbol{A}(t)$，$\boldsymbol{B}(t)$ 和 $\boldsymbol{C}(t)$ 在 $(-\infty,\infty)$ 内有界，且系统是一致能控和一致能观的，则线性系统为 BIBO 稳定的充要条件是系统为一致渐近稳定系统. 这一定理的证明可在文献[F2]中找到.

BIBO 稳定性着眼于线性系统的零状态响应，平衡状态稳定性着眼于系统的零输入响应，下面介绍线性系统的完全稳定性则着眼于系统的全响应.

线性系统完全稳定性 当且仅当对于任何初始状态和任何有界输入，线性系统的输出和每个状态分量均有界，称系统为完全稳定系统.

显然完全稳定性条件要比 BIBO 稳定性更严格. 它不但要求输出有界，而且要求每个状态分量均有界；这种有界性不仅要求对零状态成立，而且要求对所有初态都成立. 因此完全稳定性特别具有工程意义. 可能会有这种情况，一个 BIBO 稳定的系统会因其某些隐藏的模态位于右半个复平面内而没有实用价值. 所以从工程角度考虑每个实用的系统都应是完全稳定的系统.

定理 6.14 线性系统 $\{\boldsymbol{A}(t),\boldsymbol{B}(t),\boldsymbol{C}(t)\}$ 完全稳定的充要条件是 $\boldsymbol{C}(t)$ 和 $\boldsymbol{\Phi}(t,t_0)$ 有界，且

$$\int_{t_0}^{t}\|\boldsymbol{\Phi}(t,\tau)\boldsymbol{B}(\tau)\|\,\mathrm{d}\tau\leqslant \boldsymbol{K},\quad 0\leqslant \boldsymbol{K}<\infty,\quad t\geqslant t_0,\quad t_0\in(-\infty,\infty) \tag{6.50}$$

证明 易知

$$\boldsymbol{x}(t)=\boldsymbol{\Phi}(t,t_0)\boldsymbol{x}_0+\int_{t_0}^{t}\boldsymbol{\Phi}(t,\tau)\boldsymbol{B}(\tau)\boldsymbol{u}(\tau)\mathrm{d}\tau$$

$\boldsymbol{\Phi}(t,t_0)$ 的有界性保证了式中第一项对任何有限值初态均有界，定理中积分有界的要求保证式中第二项对任何有界输入均有界. 所以状态对任何初态和任何有界输入均有界. 又由于 $\boldsymbol{C}(t)$ 有界，$\boldsymbol{y}(t)=\boldsymbol{C}(t)\boldsymbol{x}(t)$ 的有界性得到保证.

注意，系统完全稳定必然是 BIBO 稳定，但不一定是渐近稳定. 如果 $\boldsymbol{B}(t)$ 和 $\boldsymbol{C}(t)$ 有界，一致渐近稳定意味着完全稳定. 对于线性非时变系统来说，矩阵 $\boldsymbol{A},\boldsymbol{B},\boldsymbol{C}$ 为常数阵(有界)，系统的渐近稳定性就是一致渐近稳定性，因此渐近稳定的线性非时变系统必然是 BIBO 稳定的系统. 倘若系统 $\{\boldsymbol{A},\boldsymbol{B},\boldsymbol{C}\}$ 并不是既能观又能控的系统，则系统传递函数矩阵 $\boldsymbol{G}(s)$ 的极

点集是系统矩阵 $\boldsymbol{A}$ 的谱(特征值集)的真子集,BIBO 稳定并不意味着渐近稳定.倘若系统 $\{\boldsymbol{A},\boldsymbol{B},\boldsymbol{C}\}$ 是既能控又能观的,则 $\boldsymbol{G}(s)$ 的极点集和 $\boldsymbol{A}$ 的谱相同.于是可归纳出定理 6.15.

定理 6.15 如果线性非时变系统是既能控又能观的系统,则下述论断是等价的:

(1) 系统是完全稳定的;

(2) 系统是 BIBO 稳定的;

(3) 系统是渐近稳定的;

(4) 系统传递函数矩阵的极点都具有负实部;

(5) 系统矩阵的特征值都具有负实部.

注意这里 $\boldsymbol{A}$ 是与时间无关的常数阵,当 $\boldsymbol{A}$ 的所有特征值具有负实部时,系统是渐近稳定的.但不能误解对于任何时刻 t,当 $\boldsymbol{A}(t)$ 的所有特征值都具有负实部时,线性时变系统为渐近稳定系统.下面的例子可以说明这一点.

例 6.7 考察自治系统

$$\dot{\boldsymbol{x}}(t) = \begin{bmatrix} -1 & e^{2t} \\ 0 & -1 \end{bmatrix} \boldsymbol{x}(t)$$

解 很容易计算出对任何时刻 t,$\boldsymbol{A}(t)$ 的特征值始终为 $\lambda_1 = \lambda_2 = -1$.但是,系统的平衡状态 $\boldsymbol{x}_e = \boldsymbol{0}_x$ 却是不稳定的,因为

$$\boldsymbol{\Phi}(t,0) = \begin{bmatrix} e^{-t} & (e^{t} - e^{-t})/2 \\ 0 & e^{-t} \end{bmatrix}$$

其范数 $\|\boldsymbol{\Phi}(t,0)\|_{t\to\infty} \to \infty$.只要扰动使 $\boldsymbol{x}_2(0) \neq \boldsymbol{0}_x$,受扰运动 $\boldsymbol{x}(t)$ 随 $t \to \infty$ 而趋于无穷远点.

6.2 节曾对非线性动态系统的平衡状态,通过求出状态方程的解去认识平衡状态的特征.众所周知,求解非线性微分方程往往是十分困难的事.因此,在平衡状态对非线性状态方程进行线性化,然后用线性系统判别平衡状态稳定性的定理去剖析非线性系统平衡状态稳定性是一个行之有效的方法.2.3 节曾介绍了线性化的方法.设非线性自治系统的状态方程为

$$\dot{\boldsymbol{x}}(t) = \boldsymbol{f}[\boldsymbol{x}(t)] \tag{6.51}$$

$\boldsymbol{x}_e$ 表示某一平衡状态,式(6.51)经线性化后得到

$$\dot{\boldsymbol{x}}_{\sim}(t) = \boldsymbol{J}_x \boldsymbol{x}_{\sim}(t) \tag{6.52}$$

式(6.52)是在 $\boldsymbol{x}_e$ 作为状态空间 X 原点的前提下,状态方程式(6.51)的线性化模型,其中 $\boldsymbol{J}_x$ 为 $\boldsymbol{f}[\boldsymbol{x}(t),t]$ 关于状态向量 $\boldsymbol{x}(t)$ 的雅可比矩阵,即

$$\boldsymbol{J}_x = \left.\frac{\mathrm{d}\boldsymbol{f}}{\mathrm{d}\boldsymbol{x}}\right|_{x_e} \tag{6.53}$$

只要记住式(6.52)是式(6.51)的线性化模型,也可写成

$$\dot{\boldsymbol{x}}(t) = \boldsymbol{A}\boldsymbol{x}(t) \tag{6.54}$$

李雅普诺夫指出:

(1) 若线性化模型中 $\boldsymbol{A}$ 的所有特征值具有负实部,则平衡状态 $\boldsymbol{x}_e$ 为稳定的;

(2) 若 $\boldsymbol{A}$ 至少含有一个实部为正的特征值,平衡状态 $\boldsymbol{x}_e$ 不稳定;

(3) 若 $\boldsymbol{A}$ 的特征值中有的实部为零,其余的实部均为负值,则平衡状态 $\boldsymbol{x}_e$ 的稳定性取

决于式(6.51)的广义泰勒级数展开式中更高阶项.

例 6.8　假设某系统状态方程如下：

$$\dot{x}(t) = ax(t) + cx^2(t)$$

试确定平衡状态的特性.

解　该非线性系统有两个平衡状态：

$$x_{e_1} = 0,\quad x_{e_2} = -\frac{a}{c}$$

首先考察在 $x_{e_1}=0$ 点附近线性化模型：

$$\dot{x}_{\sim}(t) = ax_{\sim}(t)$$

$$\lambda = a,\quad \begin{cases} a > 0,\quad x_{e_1} = 0,\quad \text{不稳定} \\ a < 0,\quad x_{e_1} = 0,\quad \text{渐近稳定} \\ a = 0,\quad \text{无法按线性化模型确定} \end{cases}$$

进一步考虑高阶项，

$$\dot{x}_{\sim}(t) = Cx_{\sim}^2(t)$$

如果 $C=0$，x_{e_1} 为李雅普诺夫稳定平衡状态；$C\neq 0$，则 $\dot{x}_{\sim}(t)$ 与 C 同号，$C>0$ 表明 $x_{\sim}(t)$ 不断增加，$C<0$，表明 $|x_{\sim}(t)|$ 不断增加，故 x_{e_1} 是不稳定的. 其次考察在 $x_{e_2} = -\frac{a}{c}$ 点线性化模型：

$$\dot{x}_{\sim}(t) = -ax_{\sim}(t)$$

$$\lambda = -a,\quad \begin{cases} a > 0,\ x_{e_2} = -\dfrac{a}{c},\quad \text{稳定} \\ a < 0,\ x_{e_2} = -\dfrac{a}{c},\quad \text{不稳定} \\ a = 0,\quad \text{无法由线性化模型确定} \end{cases}$$

进一步考虑高阶项，

$$\dot{x}_{\sim}(t) = Cx_{\sim}^2(t)$$

因为 $a=0$，$x_{e_2}=x_{e_1}=0$，$C=0$，平衡状态稳定，$C\neq 0$，平衡状态不稳定.

例 6.9　采用线性化近似法判定例 6.4 和例 6.5 中非线性系统 $\boldsymbol{x}_e = \boldsymbol{0}_x$ 的特征：

$$\left.\begin{aligned} \dot{x}_1 &= -x_2 + x_1(1 - x_1^2 - x_2^2) \\ \dot{x}_2 &= x_1 + x_2(1 - x_1^2 - x_2^2) \end{aligned}\right\} \tag{6.33}$$

$$\left.\begin{aligned} \dot{x}_1 &= -x_2 + x_1(x_1^2 + x_2^2 - 1) \\ \dot{x}_2 &= x_1 + x_2(x_1^2 + x_2^2 - 1) \end{aligned}\right\} \tag{6.37}$$

解　对式(6.33)作线性化处理

$$\boldsymbol{A} = \boldsymbol{J}_x = \left.\begin{bmatrix} \dfrac{\partial f_1}{\partial x_1} & \dfrac{\partial f_1}{\partial x_2} \\ \dfrac{\partial f_2}{\partial x_1} & \dfrac{\partial f_2}{\partial x_2} \end{bmatrix}\right|_{x_e = 0_x} = \begin{bmatrix} 1 & -1 \\ 1 & 1 \end{bmatrix}$$

得到线性化模型

$$\dot{\boldsymbol{x}}(t)=\begin{bmatrix}1 & -1\\ 1 & 1\end{bmatrix}\boldsymbol{x}(t)$$

计算出特征值 $\lambda_{1,2}=1\pm \mathrm{j}$. 两个特征值的实部均大于零，平衡状态 $\boldsymbol{x}_{\mathrm{e}}=\boldsymbol{0}_x$ 是不稳定平衡状态.

对式(6.37)作类似处理得到线性化模型

$$\dot{\boldsymbol{x}}(t)=\begin{bmatrix}-1 & -1\\ 1 & -1\end{bmatrix}\boldsymbol{x}(t)$$

计算出特征值 $\lambda_{1,2}=-1\pm \mathrm{j}$. 两个特征值的实部均小于零，平衡状态 $\boldsymbol{x}_e=\boldsymbol{0}_x$ 是渐近稳定平衡状态.

可见在平衡状态的邻域内，对线性化模型可以得到同样正确的结论.

6.4 李雅普诺夫直接法

前两节研究平衡状态稳定与否时，或者是求解状态方程的解，或者是计算系统矩阵的特征多项式和特征值，然后根据这些计算结果判定平衡状态的特征. 李雅普诺夫将这种方法称为间接法，他还提出了一种借助于象征广义能量或广义距离的李雅普诺夫函数 $V(\boldsymbol{x},t)$及其对时间的导数 $\dot{V}(\boldsymbol{x},t)$的正定性、负定性，无须求解状态方程本身或特征值而直接判定平衡状态特征的直接法. 为了便于理解，先讨论例 6.10 中 RLC 串联电路.

例 6.10 在图 6.8 中，设电感器中电流为 $x_1(t)$，电容器两端电压为 $x_2(t)$. 下面我们用能量函数讨论平衡状态的稳定性。

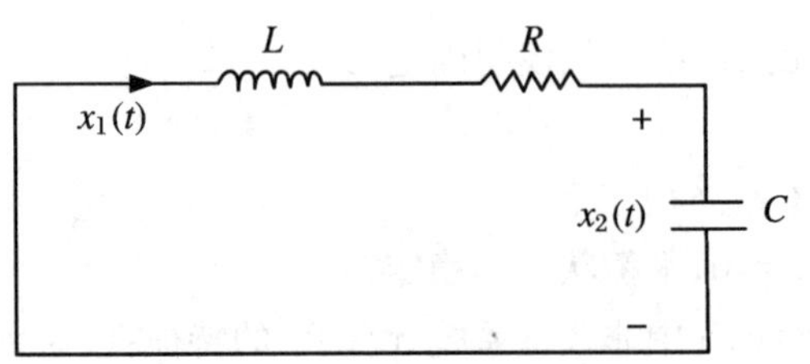

图 6.8 例 6.10 中 RLC 串联电路

解 很容易写出电路的状态方程为

$$\begin{bmatrix}\dot{x}_1(t)\\ \dot{x}_2(t)\end{bmatrix}=\begin{bmatrix}-\dfrac{R}{L} & -\dfrac{1}{L}\\ \dfrac{1}{C} & 0\end{bmatrix}\begin{bmatrix}x_1(t)\\ x_2(t)\end{bmatrix}$$

电路中所储藏的能量 $\varepsilon(\boldsymbol{x})$为

$$\varepsilon(\boldsymbol{x})=\frac{1}{2}Lx_1^2(t)+\frac{1}{2}Cx_2^2(t) \tag{6.55}$$

结合状态方程可将储藏能量的变化速率$\dot{\varepsilon}(\boldsymbol{x})$表达为

$$\dot{\varepsilon}(\boldsymbol{x})=[\nabla_x\varepsilon(\boldsymbol{x})]^{\mathrm{T}}\dot{\boldsymbol{x}}=Lx_1\dot{x}_1+Cx_2\dot{x}_2=-Rx_1^2(t) \tag{6.56}$$

由式(6.55)可知，除掉在平衡状态 $\boldsymbol{x}_{\mathrm{e}}=\boldsymbol{0}_x$ 处$\varepsilon(\boldsymbol{x}_{\mathrm{e}})=0$ 外，$\varepsilon(\boldsymbol{x})>0$. 对于能量变化速率可作如下分析：

$$\left.\begin{array}{lll} R>0, & \dot{\varepsilon}(\boldsymbol{x})<, & \text{除掉 } \dot{\varepsilon}(\boldsymbol{x}_{\mathrm{e}})=0\\ R=0, & \dot{\varepsilon}(\boldsymbol{x})=0 & \\ R<0, & \dot{\varepsilon}(\boldsymbol{x})>0, & \text{除掉 } \dot{\varepsilon}(\boldsymbol{x}_{\mathrm{e}})=0\end{array}\right\} \tag{6.57}$$

这说明如果 $R>0$,电感、电容所储藏的能量连续不断地被电阻耗散掉,耗散功率为 $Rx_1^2(t)$,直到 $\varepsilon(\boldsymbol{x})=0$ 为止.电路状态 $\boldsymbol{x}(t)$渐近地稳定在平衡状态.倘若 $R=0,\dot{\varepsilon}(\boldsymbol{x})=0$,电感、电容储藏的能量 $\varepsilon(\boldsymbol{x})$保持不变,电路维持正弦振荡,平衡状态 $\boldsymbol{x}_e$ 属于李雅普诺夫稳定平衡状态.最后 $R<0,\varepsilon(\boldsymbol{x})>0$,负电阻不断给电路补充能量导致电路状态 $\boldsymbol{x}(t)$将随时间 t 增长而趋于无穷远点.

本例说明通过系统的能量变化情况就可窥探出平衡状态稳定与否.因此,李雅普诺夫直接法的关键一步是找出系统的能量函数 $\varepsilon(\boldsymbol{x})$.对于有些系统可以做到这一点,对于有些系统却难于或无法做到这一点.李雅普诺夫提出以一种虚拟的能量函数 $V(\boldsymbol{x})$代替之.这种虚拟的能量函数必须是正定函数. $V(\boldsymbol{x})$也被叫做**李雅普诺夫函数**,对于时变系统则记为 $V(\boldsymbol{x},t)$.为了明确 $V(\boldsymbol{x})$的意义,下面给出正(负)定、半正(负)定函数的定义.

正定函数和半正定函数 设 $V(\boldsymbol{x})$是定义在状态空间原点邻域 R 内的标量函数,当其满足下列条件时称为正定函数:

(1) $V(\boldsymbol{x})$在域 R 内连续且具有连续的梯度函数$\nabla_x V(\boldsymbol{x})$;

(2) $V(\boldsymbol{0}_x)=0$;

(3) $V(\boldsymbol{x})>0,\boldsymbol{x}\neq\boldsymbol{0}_x,\boldsymbol{x}\in R$.

若条件(3)改为 $V(\boldsymbol{x})\geqslant 0,\boldsymbol{x}\neq\boldsymbol{0}_x,\boldsymbol{x}\in R$,则称 $V(\boldsymbol{x})$为半正定函数.

负定函数和半负定函数 设 $V(\boldsymbol{x})$是定义在状态空间原点邻域 R 内的标量函数,当其满足下列条件时称为负定函数:

(1) $V(\boldsymbol{x})$在 R 域内连续且具有连续的梯度函数$\nabla_x V(\boldsymbol{x})$;

(2) $V(\boldsymbol{0}_x)=0$;

(3) $V(\boldsymbol{x})<0,\boldsymbol{x}\neq\boldsymbol{0}_x,\boldsymbol{x}\in R$.

若条件(3)改为 $V(\boldsymbol{x})\leqslant 0,\boldsymbol{x}\neq\boldsymbol{0}_x,\boldsymbol{x}\in R$,则称其为半负定函数.

倘若上述定义中的标量函数 $V(\boldsymbol{x})$,在状态空间原点的邻域 R 内,不管 R 多么小,$V(\boldsymbol{x}\neq\boldsymbol{0}_x)$既可为正,也可为负,则称 $V(\boldsymbol{x})$为**不定函数**.对照负定函数和正定函数定义可知,若 $V(\boldsymbol{x})$是正定函数,则 $-V(\boldsymbol{x})$必为负定函数.对于 $V(\boldsymbol{x},t)$的正定性需要保证$V(\boldsymbol{x},t)$不会因 t 的增长而使$V(\boldsymbol{x},t)$从正值趋向零,因而用另外一个正定函数 $W(\boldsymbol{x})$加以限制.下面给出正定、负定函数 $V(\boldsymbol{x},t)$的定义.

正定函数和负定函数 $V(\boldsymbol{x},t)$ 设 $V(\boldsymbol{x},t)$是定义在状态空间原点邻域 R 内,时间 $t\geqslant t_0$的标量函数,且在邻域 R 内有连续的$\nabla_x V(\boldsymbol{x},t)$,$W(\boldsymbol{x})$是定义在同一邻域 R 内的正定函数.如果对于 $t\geqslant t_0,t_0\in(-\infty,\infty)$有

$$V(\boldsymbol{0},t)=0,\quad V(\boldsymbol{x},t)\geqslant W(\boldsymbol{x}) \tag{6.58a}$$

则 $V(\boldsymbol{x},t)$为正定函数;

如果有

$$V(\boldsymbol{0},t)=0,\quad V(\boldsymbol{x},t)\leqslant -W(\boldsymbol{x}) \tag{6.58b}$$

则 $V(\boldsymbol{x},t)$为负定函数.

现在考察非时变自治系统 $\dot{\boldsymbol{x}}=\boldsymbol{f}(\boldsymbol{x})$,设其平衡状态为状态空间原点,平衡状态的稳定性由下面定理给出.

定理 6.16 如果在状态空间原点邻域 R 内存在一个正定函数 $\dot{V}(\boldsymbol{x})$,且 $\dot{V}(\boldsymbol{x})=$

$[\nabla_x V(\boldsymbol{x})]^{\mathrm{T}} \boldsymbol{f}(\boldsymbol{x})$为半负定函数,则原点为李雅普诺夫稳定平衡状态.

对于给定的系统,可能存在不止一个李雅普诺夫函数,没有找到合适的李雅普诺夫函数并不意味着系统不稳定.因为定理6.16给出的是充分条件而不是充要条件.

定理6.17 如果在状态空间原点邻域 R 内存在正定函数 $V(\boldsymbol{x})$,且 $\dot{V}(\boldsymbol{x})$为负定函数,则原点为渐近稳定平衡状态.

定理6.18 如果在状态空间存在正定函数 $V(\boldsymbol{x})$,而且当 $\|\boldsymbol{x}\| \to \infty$, $V(\boldsymbol{x}) \to \infty$, $\dot{V}(\boldsymbol{x})$为负定函数,则原点是大范围渐近稳定的平衡状态.

例6.11 设非线性系统状态方程如下,试分析平衡状态的稳定特性:

$$\left.\begin{aligned} \dot{x}_1 &= -x_2 + x_1(x_1^2 + x_2^2 - 1) \\ \dot{x}_2 &= x_1 + x_2(x_1^2 + x_2^2 - 1) \end{aligned}\right\} \tag{6.37}$$

解 取 $V(\boldsymbol{x}) = x_1^2 + x_2^2$,则

$$\dot{V}(\boldsymbol{x}) = 2x_1\dot{x}_1 + 2x_2\dot{x}_2 = 2(x_1^2 + x_2^2)(x_1^2 + x_2^2 - 1)$$

取 $\boldsymbol{x}_{\mathrm{e}} = \boldsymbol{0}_x$ 的邻域R 为单位圆,$V(\boldsymbol{x})$在单位圆内正定,$\dot{V}(\boldsymbol{x})$负定.所以状态空间原点是渐近稳定平衡状态,渐近稳定区域为以 $\boldsymbol{0}_x$ 为圆心的单位圆.

例6.12 设线性系统状态方程为

$$\begin{bmatrix} \dot{x}_1 \\ \dot{x}_2 \end{bmatrix} = \begin{bmatrix} 0 & 1 \\ -1 & -1 \end{bmatrix} \begin{bmatrix} x_1 \\ x_2 \end{bmatrix}$$

分析状态空间原点的稳定特性.

解 仍取 $V(\boldsymbol{x}) = x_1^2 + x_2^2$,则 $\dot{V}(\boldsymbol{x}) = -2x_2^2$.在原点的邻域内,$V(\boldsymbol{x})$正定,$\dot{V}(\boldsymbol{x})$半负定.由此得出结论:原点是李雅普诺夫稳定平衡状态.但是系统的特征值是

$$\lambda_{1,2} = -\frac{1}{2} \pm \mathrm{j}\frac{\sqrt{3}}{2}$$

原点应为大范围渐近稳定平衡状态.这表明所取 $V(\boldsymbol{x})$并不适合.改取

$$V(\boldsymbol{x}) = \frac{1}{2}[(x_1 + x_2)^2 + 2x_1^2 + x_2^2]$$

则

$$\dot{V}(\boldsymbol{x}) = -(x_1^2 + x_2^2)$$

$V(\boldsymbol{x})$不仅正定,而且 $\lim\limits_{\|x\| \to \infty} V(\boldsymbol{x}) = \infty$, $\dot{V}(\boldsymbol{x})$负定,所以原点为大范围渐近稳定平衡状态.

本例说明对于给定的系统,李雅普诺夫函数不是唯一的,应该以给出信息量最多的那个作为判定平衡状态稳定特征的依据.同时也说明为了判断原点为大范围渐近稳定,定理6.18要求 $\dot{V}(\boldsymbol{x})$为负定函数.这一条件在某些情况下显得比较苛刻常常不易做到,该条件在定理6.19中得到放宽.

定理6.19 如果在状态空间存在正定函数 $V(\boldsymbol{x})$,而且当 $\|\boldsymbol{x}\| \to \infty$, $V(\boldsymbol{x}) \to \infty$, $\dot{V}(\boldsymbol{x})$为半负定函数,除 $\boldsymbol{x}_{\mathrm{e}} = \boldsymbol{0}_x$ 外,$\dot{V}[\Phi(t, t_0, \boldsymbol{x}_0, \boldsymbol{0}_u)] \neq 0$,则原点为大范围渐近稳定的平衡状态.

图6.9在二维状态空间——$x_1 - x_2$ 平面上对定理作了解释.设 $z = V(\boldsymbol{x}) = x_1^2 + x_2^2$,它是垂直于 $x_1 - x_2$ 平面的抛物面.令 $V(\boldsymbol{x}) = K$ 为一常数,平面 $z = K$ 和抛物面相截为一圆.

对于不同的 K 得到一族圆.它们在 x_1-x_2 平面上的投影便是 $V(\boldsymbol{x})=K$ 的等值线.倘若 $\dot{V}(\boldsymbol{x})$负定,则 $\boldsymbol{x}(t)=\Phi(t,t_0,\boldsymbol{x}_0,\boldsymbol{0}_u)$将不断穿过这些等值线,随 t 增大而逼近原点.这就是定理 6.18 所描述的情况.现在 $\dot{V}(\boldsymbol{x})\leqslant 0$,在 $\dot{V}(\boldsymbol{x})<0$ 的那段状态轨迹上无疑是随 t 增长向原点逼近.一旦 $\dot{V}(\boldsymbol{x})=0$,状态轨迹将沿着某条等值线切线方向运动.由于在状态轨迹上 $\dot{V}[\boldsymbol{x}(t)=\Phi(t,t_0,\boldsymbol{x}_0,\boldsymbol{0}_u)]\neq 0$,状态轨迹又会因为在新的时刻上,$\dot{V}[\boldsymbol{x}(t)]<0$ 而向原点逼近.从而保证了原点是大范围渐近稳定平衡状态.从这个解释中还可看出标量 $V(x)$相当于投影点距离 x_1-x_2 平面原点的距离,所以 $V(x)$又被称为广义距离.

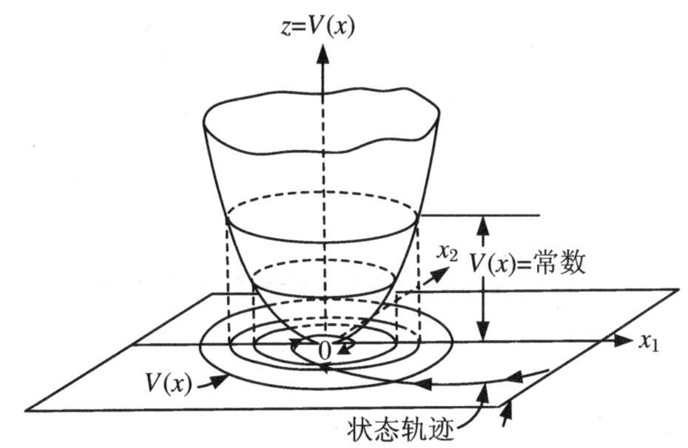

图 6.9　正定函数 $V(\boldsymbol{x})$在二维状态空间上的投影

由于李雅普诺夫函数的非唯一性,有可能所挑选的 $V(\boldsymbol{x})$都不能对平衡状态的稳定性给出正面的结论.平衡状态可能是不稳定的.应考虑如何判定平衡状态不稳定.定理 6.20 给出了判定不稳定平衡状态的依据.

定理 6.20　如果在状态空间原点邻域 R 内存在正(负)定函数 $V(\boldsymbol{x})$,且 $\dot{V}(\boldsymbol{x})$亦为正(负)定函数,则原点为不稳定平衡状态.

不稳定定理比前面四条稳定性定理具有更强的潜力.因为不稳定条件没有满足意味着某种稳定性条件会自动满足.与此相反的是稳定性条件没有满足并不意味着一定不稳定.定理 6.20 的缺点是要求 $V(\boldsymbol{x})$和 $\dot{V}(\boldsymbol{x})$在整个 R 域内都正定或都负定.下面未加证明的 Cetaev定理对此作了改进.

定理 6.21(Cetaev 定理)　设 R 是原点的一个邻域,R_1 是 R 内的子域,如果存在一个函数 $V(\boldsymbol{x})$对于自治系统 $\dot{\boldsymbol{x}}=\boldsymbol{f}(\boldsymbol{x})$具有下列性质:

(1) $V(\boldsymbol{x})$在 R 内有连续的梯度函数;

(2) $V(\boldsymbol{x})$和 $\dot{V}(\boldsymbol{x})$在 R_1 内正定;

(3) $V(\boldsymbol{x})=0$,$\boldsymbol{x}$ 为R 内R_1 的边界;

(4) 原点是 R_1 的边界点.

则状态空间原点是不稳定平衡状态.

将定理 6.16 到定理 6.20 中 $V(\boldsymbol{x})$换成 $V(\boldsymbol{x},t)$,则归纳出用于判定时变系统平衡状态 $\boldsymbol{x}_e=\boldsymbol{0}_x$ 特征的定理 6.22.

定理 6.22 如果在状态空间原点邻域 R 内存在一个标量函数 $V(\boldsymbol{x},t)$，$t\in(-\infty,\infty)$，它对于每个状态变量 x_i，$i=1,2,\cdots,n$ 和 t 有连续的一阶偏微商.

(1) $V(\boldsymbol{x},t)$正定，$\dot{V}(\boldsymbol{x},t)$半负定，原点是李雅普诺夫一致稳定平衡状态；

(2) $V(\boldsymbol{x},t)$正定，$\dot{V}(\boldsymbol{x},t)$负定，原点为一致渐近稳定平衡状态；

(3) R 扩张到整个状态空间，$V(\boldsymbol{x},t)$正定，$\dot{V}(\boldsymbol{x},t)$负定，而且随着 $\|\dot{\boldsymbol{x}}\|\to\infty$，$V(\boldsymbol{x},t)\to\infty$，原点是大范围一致渐近稳定平衡状态；

(4) R 扩张到整个状态空间，$V(\boldsymbol{x},t)$正定，$\dot{V}(\boldsymbol{x},t)$半负定，而且对于任意 $t_0\in(-\infty,\infty)$和任意 $\boldsymbol{x}_0\neq\boldsymbol{0}_x$，$\in X$，当 $t\geqslant t_0$ 时除原点外，$\dot{V}[\Phi(t,t_0,\boldsymbol{x}_0,\boldsymbol{0}_u),t]\not\equiv 0$，原点是大范围一致渐近稳定平衡状态；

(5) $V(\boldsymbol{x},t)$正(负)定，$V(\boldsymbol{x},t)$正(负)定，原点是不稳定平衡状态.

6.5 李雅普诺夫函数的构造

前节内容说明李雅普诺夫直接法是判定系统平衡状态是否稳定的强有力理论，对时变系统、非线性系统均适用.最大的困难在于没有一般的通用方法构造出适合非线性系统的李雅普诺夫函数.李雅普诺夫函数存在性问题即所谓稳定性定理的逆问题虽然在理论上已经得到解决，但 $V(\boldsymbol{x},t)$却依赖于自治系统状态方程的解 $\boldsymbol{x}(t)=\Phi(t,t_0,\boldsymbol{x}_0,\boldsymbol{0}_u)$.对复杂非线性系统而言，求出状态方程的解 $\Phi(t,t_0,\boldsymbol{x}_0,\boldsymbol{0}_u)$却是十分困难的事情，因而只有理论指导意义.现在对线性非时变系统已经有成熟的理论，对非线性非时变系统也有了一些有效的方法.下面分别介绍这些理论和方法.

定理 6.23 线性非时变系统 $\dot{\boldsymbol{x}}=\boldsymbol{A}\boldsymbol{x}$ 的 $\boldsymbol{x}_e=\boldsymbol{0}_x$ 是大范围渐近稳定平衡状态的充要条件是对于任意给定的正定实对称矩阵$\boldsymbol{Q}$，存在另一个正定实对称矩阵 $\boldsymbol{P}$，满足式(6.59)表示的李雅普诺夫方程

$$\boldsymbol{A}^{\mathrm{T}}\boldsymbol{P}+\boldsymbol{P}\boldsymbol{A}=-\boldsymbol{Q} \tag{6.59}$$

倘若 $\dot{V}[\Phi(t,t_0,\boldsymbol{x}_0,\boldsymbol{0}_u)]\not\equiv 0$，$\boldsymbol{Q}$ 可放宽为半正定.

证明 **充分性** 因为已经假设 $\boldsymbol{Q},\boldsymbol{P}$ 均为正定实对称矩阵且满足李雅普诺夫方程，无妨取$V(\boldsymbol{x})=\boldsymbol{x}^{\mathrm{T}}\boldsymbol{P}\boldsymbol{x}$，$\boldsymbol{P}$ 保证了 $V(\boldsymbol{x})$是正定函数.

$$\begin{aligned}\dot{V}(\boldsymbol{x})&=\dot{\boldsymbol{x}}^{\mathrm{T}}\boldsymbol{P}\boldsymbol{x}+\boldsymbol{x}^{\mathrm{T}}\boldsymbol{P}\dot{\boldsymbol{x}}\\&=\boldsymbol{x}^{\mathrm{T}}\boldsymbol{A}^{\mathrm{T}}\boldsymbol{P}\boldsymbol{x}+\boldsymbol{x}^{\mathrm{T}}\boldsymbol{P}\boldsymbol{A}\boldsymbol{x}\\&=\boldsymbol{x}^{\mathrm{T}}(\boldsymbol{A}^{\mathrm{T}}\boldsymbol{P}+\boldsymbol{P}\boldsymbol{A})\boldsymbol{x}\\&=-\boldsymbol{x}^{\mathrm{T}}\boldsymbol{Q}\boldsymbol{x}\end{aligned}$$

$\boldsymbol{Q}$ 保证了 $\dot{V}(\boldsymbol{x})$负定，所以 $\boldsymbol{x}_e=\boldsymbol{0}_x$ 是大范围渐近稳定平衡状态.

必要性 设系统为大范围渐近稳定的，则 $\mathrm{Re}[\lambda_i(A)]<0$，$i=1,2,\cdots,n$.任意选取一正定对称矩阵 $\boldsymbol{Q}$，则 $\boldsymbol{M}(t)\overset{\mathrm{def}}{=}\mathrm{e}^{\boldsymbol{A}^{\mathrm{T}}t}\boldsymbol{Q}\mathrm{e}^{\boldsymbol{A}t}$ 是满足矩阵微分方程式(6.60)的唯一解，且 $\boldsymbol{M}(t)$是对

称矩阵，

$$\dot{\boldsymbol{M}}(t)=\boldsymbol{A}^{\mathrm{T}}\boldsymbol{M}(t)+\boldsymbol{M}(t)\boldsymbol{A}$$
$$\boldsymbol{M}(0)=\boldsymbol{Q} \tag{6.60}$$

因为 $\mathrm{Re}[\lambda_i(\boldsymbol{A})]<0, i=1,2,\cdots,n$，

$$\lim_{t\to\infty}\boldsymbol{M}(t)=\boldsymbol{0}$$

即

$$\int_0^{\infty}\dot{\boldsymbol{M}}(t)\mathrm{d}t=\boldsymbol{M}(\infty)-\boldsymbol{M}(0)=-\boldsymbol{Q}$$

或者写成

$$\boldsymbol{A}^{\mathrm{T}}\int_0^{\infty}\boldsymbol{M}(t)\mathrm{d}t+\left(\int_0^{\infty}\boldsymbol{M}(t)\mathrm{d}t\right)\boldsymbol{A}=-\boldsymbol{Q} \tag{6.61}$$

令 $\boldsymbol{P}\overset{\text{def}}{=}\int_0^{\infty}\boldsymbol{M}(t)\mathrm{d}t$，

$$\boldsymbol{P}^{\mathrm{T}}=\left(\int_0^{\infty}\boldsymbol{M}(t)\mathrm{d}t\right)^{\mathrm{T}}=\int_0^{\infty}\boldsymbol{M}^{\mathrm{T}}(t)\mathrm{d}t=\boldsymbol{P}$$

最后考察 $\boldsymbol{P}$ 的正定性，

$$\langle\boldsymbol{x},\boldsymbol{p}\boldsymbol{x}\rangle=\left\langle\boldsymbol{x},\left(\int_0^{\infty}\mathrm{e}^{\boldsymbol{A}^{\mathrm{T}}t}\boldsymbol{Q}\mathrm{e}^{\boldsymbol{A}t}\mathrm{d}t\right)\boldsymbol{x}\right\rangle$$
$$=\begin{cases}0, & \boldsymbol{x}=\boldsymbol{0}_x\\ \int_0^{\infty}(\mathrm{e}^{\boldsymbol{A}t}\boldsymbol{x})^{\mathrm{T}}\boldsymbol{Q}(\mathrm{e}^{\boldsymbol{A}t}\boldsymbol{x})\mathrm{d}t>0, & \boldsymbol{x}\neq\boldsymbol{0}_x\end{cases}$$

所以 $\boldsymbol{P}$ 是满足式(6.61)即李雅普诺夫方程的正定实对称矩阵. 定理得证.

定理6.23中矩阵 $\boldsymbol{Q},\boldsymbol{P}$ 是和矩阵 $\boldsymbol{A}$ 同阶的 n 阶方阵. 至于矩阵的正定与否可用西尔维斯特(Sylvester)准则判别. 为此先介绍 n 阶方阵 $\boldsymbol{P}=[p_{ij}]$ 的主子式和主要主子式定义.

主子式 从矩阵 $\boldsymbol{P}$ 中删去任意 k 行和相应序号 k 列后得到 $n-k$ 阶子式称为 $\boldsymbol{P}$ 的 $n-k$ 阶主子式. 主子式中主对角线上元素也就是矩阵 $\boldsymbol{P}$ 中主对角线上元素. n 阶方阵的全部主子式数目为 2^n-1.

主要主子式 从矩阵 $\boldsymbol{P}$ 的元素 p_{11} 开始，顺序增加下面一行和一列形成的子式称做 $\boldsymbol{P}$ 的主要主子式. n 阶方阵共有 n 个主要主子式，它们是

$$\Delta_1=|a_{11}|,\quad \Delta_2=\begin{vmatrix}a_{11} & a_{12}\\ a_{21} & a_{22}\end{vmatrix},$$
$$\Delta_3=\begin{vmatrix}a_{11} & a_{12} & a_{13}\\ a_{21} & a_{22} & a_{23}\\ a_{31} & a_{32} & a_{33}\end{vmatrix},\quad\cdots,\quad\Delta_n=|\boldsymbol{P}|$$

西尔维斯特**准则**：设 $\boldsymbol{P}$ 为 n 阶实对称方阵，

(1) $\boldsymbol{P}$ 为正定的充要条件是所有主要主子式皆为正，即

$$\Delta_1>0,\quad\Delta_2>0,\quad\cdots,\quad\Delta_n>0$$

这种情况下，所有主子式也皆为正；

(2) $\boldsymbol{P}$ 为负定的充要条件是 $-\boldsymbol{P}$ 为正定，或者 $\boldsymbol{P}$ 的所有奇阶主子式皆为负，所有偶阶主子式皆为正；

(3) $\boldsymbol{P}$ 为半正定的充要条件是所有主子式皆非负；

(4) $\boldsymbol{P}$ 为半负定的充要条件是 $-\boldsymbol{P}$ 为半正定.

例 6.13 确定下面矩阵 $\boldsymbol{A}_1$ 和 $\boldsymbol{A}_2$ 的定性：

$$\boldsymbol{A}_1 = \begin{bmatrix} 2 & 1 & -1 \\ 1 & 2 & 0 \\ -1 & 0 & 2 \end{bmatrix}, \quad \boldsymbol{A}_2 = \begin{bmatrix} 1 & 1 & 1 \\ 1 & 1 & 1 \\ 1 & 1 & 0 \end{bmatrix}$$

解 对于 $\boldsymbol{A}_1$ 有

$$\Delta_1 = 2, \quad \Delta_2 = \begin{vmatrix} 2 & 1 \\ 1 & 2 \end{vmatrix} = 3, \quad \Delta_3 = |\boldsymbol{A}_1| = 4$$

所以 $\boldsymbol{A}_1$ 为正定矩阵,可以验证其他主子式也都为正.

对于 $\boldsymbol{A}_2$ 有

$$\Delta_1 = 1, \quad \Delta_2 = \begin{vmatrix} 1 & 1 \\ 1 & 1 \end{vmatrix} = 0, \quad \Delta_3 = |\boldsymbol{A}_2| = 0$$

这表明 $\boldsymbol{A}_2$ 不是正定矩阵,但还不足以说明 $\boldsymbol{A}_2$ 是半正定的.进一步检查其他主子式,

$$\Delta_{13} = \begin{vmatrix} 1 & 1 \\ 1 & 0 \end{vmatrix} = -1, \quad \Delta_{23} = \begin{vmatrix} 1 & 1 \\ 1 & 0 \end{vmatrix} = -1, \quad a_{22} = 1, \quad a_{33} = 0$$

因为并不是所有主子式皆非负,$\boldsymbol{A}_2$ 不是半正定矩阵.还可验证 $\boldsymbol{A}_2$ 既不是负定的也不是半负定的,所以 $\boldsymbol{A}_2$ 为不定矩阵.

例 6.14 图 6.10 表示一个单位输出反馈系统,试用李雅普诺夫理论分析系统大范围渐近稳定的条件.

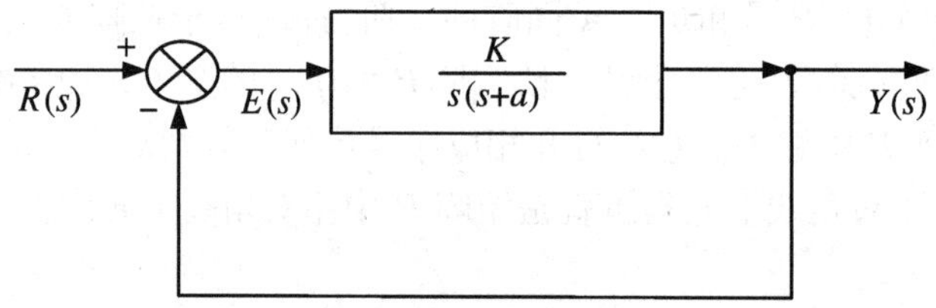

图 6.10 单位反馈系统

解 设输入信号 $r(t)=0$,得到关于误差信号 $e(t)$的微分方程式

$$\ddot{e} + a\dot{e}(t) + Ke(t) = 0, \quad a \neq 0 \tag{6.62}$$

令 $x_1 = e(t), x_2 = \dot{e}(t)$,有

$$\begin{bmatrix} \dot{x}_1(t) \\ \dot{x}_2(t) \end{bmatrix} = \begin{bmatrix} 0 & 1 \\ -K & -a \end{bmatrix} \begin{bmatrix} x_1(t) \\ x_2(t) \end{bmatrix} \tag{6.63}$$

设 $p_1>0, p_2>0$,于是 $\boldsymbol{P} \overset{\text{def}}{=} \text{diag}(p_1/2, p_2/2)$为正定矩阵,$V(\boldsymbol{x}) \overset{\text{def}}{=} \boldsymbol{x}^{\mathrm{T}} \boldsymbol{p} \boldsymbol{x} = p_1 x_1^2/2 + p_2 x_2^2/2$ 是正定函数.但是

$$\dot{V}(\boldsymbol{x}) = \boldsymbol{x}^{\mathrm{T}}(\boldsymbol{A}^{\mathrm{T}}\boldsymbol{P} + \boldsymbol{P}\boldsymbol{A})\boldsymbol{x}$$

$$= \boldsymbol{x}^{\mathrm{T}} \begin{bmatrix} 0 & \dfrac{p_1 - p_2 K}{2} \\ \dfrac{p_1 - p_2 K}{2} & -ap_2 \end{bmatrix} \boldsymbol{x}$$

$$\stackrel{\text{def}}{=} -\boldsymbol{x}^{\mathrm{T}} \boldsymbol{Q} x$$

$$\boldsymbol{Q} = \begin{bmatrix} 0 & \dfrac{p_2 K - p_1}{2} \\ \dfrac{p_2 K - p_1}{2} & ap_2 \end{bmatrix}$$

因为 $\det\boldsymbol{Q} = \dfrac{-1}{4}(p_2K - p_1)^2 \leqslant 0$，$\boldsymbol{Q}$ 至多是半正定矩阵. 相应地 $\dot{V}(\boldsymbol{x})$ 至多是半负定函数. 倘若不另外选择正定矩阵 $\boldsymbol{P}$，则应考虑利用定理 6.19 确定系统大范围渐近稳定条件.

根据西尔维斯特准则，可知 Q 为半正定的条件是

$$ap_2 \geqslant 0 \tag{6.64}$$

$$-\frac{(p_2K - p_1)^2}{4} \geqslant 0 \tag{6.65}$$

也就是 $a \geqslant 0$ 和 $K = p_1/p_2$. 由于当 $\|\boldsymbol{x}\| \to \infty$ 时，$V(\boldsymbol{x}) \to \infty$，根据定理 6.19，可知系统能否是大范围渐近稳定的关键在于除 $\boldsymbol{x}_{\mathrm{e}} = \boldsymbol{0}_x$ 外，$\dot{V}[\Phi(t, t_0, \boldsymbol{x}_0, \boldsymbol{0}_u)] \neq 0$. 将 $p_1 = Kp_2$ 条件代入 $\dot{V}(x)$ 中，得到

$$\dot{V}(\boldsymbol{x}) = -ap_2x_2^2 \tag{6.66}$$

式(6.66)指明轴 x_1 上的点均可使 $\dot{V}(\boldsymbol{x}) \equiv 0$. 但是，状态方程式(6.63)说明轴 x_1 不是状态轨迹 $\Phi(t, t_0, \boldsymbol{x}_0, \boldsymbol{0}_u)$. 假设它是状态轨迹，则 $\dot{x}_1 = x_2 \equiv 0$，$x_1(t)$ 为某常数 C，$\dot{x}_2(t) \equiv 0$（因为 $x_2 \equiv 0$）导致 $\dot{x}_2 = -KC \equiv 0$. 因为 $K = p_1/p_2 \neq 0$，必有 $C = 0$. 这说明只有当 $\boldsymbol{x}_0 = \boldsymbol{0}_x$ 时才有 $\Phi(t, t_0, \boldsymbol{x}_0, \boldsymbol{0}_u) \equiv \boldsymbol{0}_x$ 和 $\dot{V}[\boldsymbol{\Phi}(t, t_0, \boldsymbol{x}_0, \boldsymbol{0}_u)] \equiv \boldsymbol{0}$. 所以，若 $\boldsymbol{x}_0 \neq \boldsymbol{0}_x$，轴 x_1 不是自治系统的状态轨迹，或者说 $\dot{V}[\boldsymbol{\Phi}(t, t_0, x_0, \boldsymbol{0}_u)] \neq 0$. 因此得出结论，若满足条件 $a > 0$，$K = p_1/p_2 > 0$，根据定理 6.19 可知 $\boldsymbol{x}_{\mathrm{e}} = \boldsymbol{0}_x$ 为大范围渐近稳定平衡状态，即系统为大范围渐近稳定系统. 本例的目的在于向读者介绍如何应用定理 6.19.

例 6.15　设系统的状态方程为

$$\dot{\boldsymbol{x}} = \begin{bmatrix} -4k & 4k \\ 2k & -6k \end{bmatrix} \boldsymbol{x}$$

试用李雅普诺夫直接法确定使系统成为渐近稳定系统的 K 值取值范围.

解　选正定矩阵 $\boldsymbol{Q} = \boldsymbol{I}_2$，并令

$$\boldsymbol{P} = \begin{bmatrix} p_{11} & p_{12} \\ p_{21} & p_{22} \end{bmatrix}, \quad p_{12} = p_{21}$$

由

$$\boldsymbol{A}^{\mathrm{T}}\boldsymbol{P} + \boldsymbol{P}\boldsymbol{A} = \begin{bmatrix} -8kp_{11} + 4kp_{12} & 4k(p_{11} - p_{12}) + 2k(p_{22} - 3p_{12}) \\ 4k(p_{11} - p_{12}) + 2k(p_{22} - 3p_{12}) & 8kp_{12} - 12kp_{22} \end{bmatrix}$$

$$= \begin{bmatrix} -1 & 0 \\ 0 & -1 \end{bmatrix}$$

得到

$$\begin{bmatrix} -8k & 4k & 0 \\ 4k & -10k & 2k \\ 0 & 8k & -12k \end{bmatrix} \begin{bmatrix} p_{11} \\ p_{12} \\ p_{22} \end{bmatrix} = \begin{bmatrix} -1 \\ 0 \\ -1 \end{bmatrix}$$

解出

$$\boldsymbol{P} = \frac{1}{40k} \begin{bmatrix} 7 & 4 \\ 4 & 6 \end{bmatrix} = \frac{1}{40k} \bar{\boldsymbol{P}}$$

因为 $\bar{\boldsymbol{P}}$ 正定，只要 $k>0$，就可保证 $\boldsymbol{P}$ 正定，也就保证了系统的渐近稳定特征.

现在介绍构造非线性非时变系统李雅普诺夫函数的克拉索夫斯基(красовский)法和变量梯度法.

定理 6.24(克拉索夫斯基定理) 设非线性系统 $\dot{\boldsymbol{x}} = \boldsymbol{f}(\boldsymbol{x})$ 的雅可比矩阵为 $\boldsymbol{J}(\boldsymbol{x})$[①]，定义李雅普诺夫函数 $V(\boldsymbol{x}) = \langle \boldsymbol{f}(\boldsymbol{x}), \boldsymbol{f}(\boldsymbol{x}) \rangle$，和

$$\hat{\boldsymbol{J}}(\boldsymbol{x}) = \overset{*}{\boldsymbol{J}} + \boldsymbol{J}(\boldsymbol{x}) \tag{6.67}$$

如果埃尔米特矩阵 $\hat{\boldsymbol{J}}(\boldsymbol{x})$ 负定，则状态空间原点 $\boldsymbol{x}_e = \boldsymbol{0}_x$ 是渐近稳定的平衡状态. 如果 $\| \boldsymbol{x} \| \to \infty$，$V(\boldsymbol{x}) \to \infty$，则 $\boldsymbol{x}_e = \boldsymbol{0}_x$ 是大范围渐近稳定平衡状态.

证明 $V(\boldsymbol{x}) = \boldsymbol{f}^*(\boldsymbol{x}) \boldsymbol{f}(\boldsymbol{x}) = \| \dot{\boldsymbol{x}}(t) \|^2 \geqslant 0$，而且仅在 $\dot{\boldsymbol{x}}(t) = \boldsymbol{0}$ 即 $\boldsymbol{x}_e = \boldsymbol{0}_x$ 处为零，故 $V(\boldsymbol{x})$ 正定.

$$\dot{V}(\boldsymbol{x}) = \frac{\mathrm{d}\boldsymbol{f}^*}{\mathrm{d}t} \boldsymbol{f} + \boldsymbol{f}^* \frac{\mathrm{d}\boldsymbol{f}}{\mathrm{d}t} = [\boldsymbol{J}\boldsymbol{f}]^* \boldsymbol{f} + \boldsymbol{f}^* [\boldsymbol{J}\boldsymbol{f}] = \overset{*}{\boldsymbol{f}} \hat{\boldsymbol{J}} \boldsymbol{f}$$

由于 $\hat{\boldsymbol{J}}(\boldsymbol{x})$ 负定，$\dot{V}(\boldsymbol{x})$ 负定. 于是系统 $\dot{\boldsymbol{x}} = \boldsymbol{f}[\boldsymbol{x}]$ 的平衡状态 $\boldsymbol{x}_e = \boldsymbol{0}_x$ 为渐近稳定平衡状态. 倘若当 $\| \boldsymbol{x} \| \to \infty$，$V(\boldsymbol{x}) \to \infty$，$\boldsymbol{x}_e = \boldsymbol{0}_x$ 是大范围渐近稳定平衡点. 显然这里证明的是充分性，不过对于线性非时变系统却是充要条件. 这里就不进一步证明了.

例 6.16 考察系统

$$\dot{x}_1 = x_2 - x_1(x_1^2 + x_2^2)$$

$$\dot{x}_2 = -x_1 - x_2(x_1^2 + x_2^2)$$

$\boldsymbol{x}_e = \boldsymbol{0}_x$ 的稳定特征.

解

$$V(\boldsymbol{x}) = \dot{x}_1^2 + \dot{x}_2^2 = x_1^2 + x_2^2 + (x_1^2 + x_2^2)^3$$

$$\lim_{\| \boldsymbol{x} \| \to \infty} V(\boldsymbol{x}) = \infty$$

$$\boldsymbol{J}(\boldsymbol{x}) = \begin{bmatrix} -3x_1^2 - x_2^2 & 1 - 2x_1 x_2 \\ -1 - 2x_1 x_2 & -x_1^2 - 3x_2^2 \end{bmatrix}$$

---

① 雅可比矩阵 $\boldsymbol{J}(\boldsymbol{x}) \overset{\text{def}}{=} \frac{\mathrm{d}}{\mathrm{d}\boldsymbol{x}} \boldsymbol{f}(\boldsymbol{x})$，见 2.3 节中式(2.48).

$$\hat{\boldsymbol{J}}(\boldsymbol{x}) = \begin{bmatrix} -6x_1^2 - 2x_2^2 & -4x_1x_2 \\ -4x_1x_2 & -2x_1^2 - 6x_2^2 \end{bmatrix}$$

因为 $-\hat{\boldsymbol{J}}(\boldsymbol{x})$ 正定，$\hat{\boldsymbol{J}}(\boldsymbol{x})$ 负定，考虑到 $\lim_{\|\boldsymbol{x}\|\to\infty} V(\boldsymbol{x}) = \infty$，所以 $\boldsymbol{x}_e = \boldsymbol{0}_x$ 是大范围渐近稳定平衡状态，整个系统是渐近稳定系统.

变量梯度法 假设 $V(\boldsymbol{x})$ 是非线性系统 $\dot{\boldsymbol{x}} = f(x)$ 的李雅普诺夫函数，则

$$\dot{V}(x) = [\nabla_x V(\boldsymbol{x})]^{\mathrm{T}} \dot{\boldsymbol{x}} \tag{6.68}$$

$$\int_{V(0)=0}^{V(x)} \mathrm{d}V(\boldsymbol{x}) = \int_0^x [\nabla_x V(\boldsymbol{x})]^{\mathrm{T}} \mathrm{d}\boldsymbol{x} \tag{6.69}$$

因为 6.4 节中对于作为李雅普诺夫函数的正定函数 $V(\boldsymbol{x})$ 要求在状态空间原点的邻域 R 内具有连续的梯度函数. 这意味着作为 n 维向量的梯度函数 $\nabla_x V(\boldsymbol{x})$ 的 n 维旋度皆为零. 即 $\nabla_x V(\boldsymbol{x})$ 的雅可比矩阵为对称矩阵，数学上表达为

$$\frac{\partial^2 V(x)}{\partial x_i \partial x_j} = \frac{\partial^2 V(x)}{\partial x_j \partial x_i}, \quad i,j = 1,2,\cdots,n \tag{6.70}$$

旋度为零的条件意味着式(6.69)中线积分与积分路线无关，式(6.69)可改写成

$$\begin{aligned} \dot{V}(\boldsymbol{x}) = & \int_0^{x_1} \frac{\partial V}{\partial x_1} \mathrm{d}x_1 \bigg|_{x_2 = x_3 = \cdots = x_n = 0} + \int_0^{x_2} \left(\frac{\partial V}{\partial x_2} \mathrm{d}x_2 \right|_{x_1 = x_1, x_3 = x_4 = \cdots = x_n = 0} \\ & + \cdots + \int_0^{x_n} \frac{\partial V}{\partial x_n} \mathrm{d}x_n \bigg|_{x_1 = x_1, x_2 = x_2, \cdots, x_{n-1} = x_{n-1}} \end{aligned} \tag{6.71}$$

假定 $\nabla_x V(\boldsymbol{x})$ 具有形式：

$$\nabla_x V(\boldsymbol{x}) = \begin{bmatrix} \dfrac{\partial V}{\partial x_1} \\ \dfrac{\partial V}{\partial x_2} \\ \vdots \\ \dfrac{\partial V}{\partial x_n} \end{bmatrix} = \begin{bmatrix} a_{11} & a_{12} & \cdots & a_{1n} \\ a_{21} & a_{22} & \cdots & a_{2n} \\ \vdots & \vdots & & \vdots \\ a_{n1} & a_{n2} & \cdots & a_{nn} \end{bmatrix} \boldsymbol{x} \tag{6.72}$$

式(6.72)系数矩阵中元素 $a_{ij}, i,j = 1,2,\cdots,n$ 不一定是常数，可能是状态分量的函数. 这些系数应满足约束条件：①至少使 $\dot{V}(\boldsymbol{x}) = [\nabla_x V(\boldsymbol{x})]^{\mathrm{T}} \boldsymbol{f}(\boldsymbol{x})$ 半负定；②应使式(6.70)成立；③按式(6.71)计算出来的 $V(\boldsymbol{x})$ 满足正定性. 根据这三条约束条件便可确定平衡状态的稳定特征. 应用中常常会出现这样情况，令许多待定系统数 a_{ij} 为零，一般先令 $a_{nn} = 1$，保证 $V(\boldsymbol{x})$ 是 x_n 的二次型.

例 6.17 考察下面一类非线性系统的平衡状态 $\boldsymbol{x}_e = \boldsymbol{0}_x$ 的稳定特征

$$\left.\begin{aligned} \dot{x}_1 &= x_2 \\ \dot{x}_2 &= -f(x_1)x_2 - g(x_1) \end{aligned}\right\} \tag{6.73}$$

解 设

$$\nabla_x V(\boldsymbol{x}) = \begin{bmatrix} a_{11}x_1 + a_{12}x_2 \\ a_{21}x_1 + x_2 \end{bmatrix} \tag{6.74}$$

旋度为零约束要求 $\dfrac{\partial^2 V}{\partial x_2 \partial x_1} = \dfrac{\partial^2 V}{\partial x_1 \partial x_2}$，即

$$x_1 \frac{\partial a_{11}}{\partial x_2} + a_{12} + x_2 \frac{\partial a_{12}}{\partial x_1} = x_1 \frac{\partial a_{21}}{\partial x_1} + a_{21} \tag{6.75}$$

$$\begin{aligned}\dot{V}(\boldsymbol{x}) &= [\nabla_x V(\boldsymbol{x})]^{\mathrm{T}} \begin{bmatrix} x_2 \\ -f(x_1)x_2 - g(x_1) \end{bmatrix} \\ &= a_{11}x_1x_2 + a_{12}x_2^2 - a_{21}f(x_1)x_1x_2 - f(x_1)x_2^2 - g(x_1)a_{21}x_1 - g(x_1)x_2\end{aligned} \tag{6.76}$$

式(6.76)至少应为半负定.一个可能的解是先设 $a_{21}=0$,如果 $a_{12}=0$,a_{11} 又不是 x_2 的函数,式(6.75)便满足.再令 $a_{11}=g(x_1)/x_1$,如果 $f(x_1)\geqslant 0$,$x_1\in R$,R 为状态空间原点的邻域,

$$\dot{V}(\boldsymbol{x}) = -f(x_1)x_2^2 \leqslant 0, \quad \text{半负定}, \boldsymbol{x} \in R \tag{6.77}$$

最后考察 $V(\boldsymbol{x})$为正定函数应满足的条件

$$\begin{aligned}V(\boldsymbol{x}) &= \int_0^x [g(x_1) \quad x_2] \mathrm{d}\boldsymbol{x} \\ &= \int_0^{x_1} g(\xi_1)\mathrm{d}\xi_1 + \int_0^{x_2} \xi_2 \mathrm{d}\xi_2 \\ &= \int_0^{x_1} g(\xi_1)\mathrm{d}\xi_1 + \frac{1}{2}x_2^2\end{aligned} \tag{6.78}$$

如果 $g(x_1)x_1>0$,$x_1\in R$,则 $V(\boldsymbol{x})$正定,$\boldsymbol{x}\in R$.这样,得到结论:

在状态空间原点的邻域 R 内:

(1) $g(x_1)x_1>0$,$f(x_1)\geqslant 0$,原点为李雅普诺夫稳定平衡状态;

(2) 附加条件仅仅在 $x_1=0$ 处,$g(x_1)=f(x_1)=0$,从而保证在(6.73)的解上,除原点外,$\dot{V}(\boldsymbol{x})\neq 0$.原点为渐近稳定平衡状态.

(3) 附加条件 R 推广到整个状态空间,

$$\lim_{x_1\to\infty}\int_0^{x_1} g(\xi_1)\mathrm{d}\xi_1 = \infty$$

原点为大范围渐近稳定平衡状态.

例 6.18 确定范德波尔(van der Pol)方程平衡状态的稳定特征

$$\ddot{v} + u(v^2-1)\dot{v} + kv = 0$$

解 将范德波尔方程改写成状态方程,$x_1 \overset{\text{def}}{=} v$,$x_2 \overset{\text{def}}{=} \dot{v}$,

$$\begin{aligned}\dot{x}_1 &= x_2 \\ \dot{x}_2 &= -u(x_1^2-1)x_2 - kx_1 = -f(x_1)x_2 - g(x)\end{aligned}$$

可见这里的状态方程与例 6.17 中状态方程属于同一类型,可引用例 6.17 的结论.注意到

$$f(x_1) = u(x_1^2-1), \quad g(x_1) = kx_1$$

取 $\boldsymbol{x}_e=\boldsymbol{0}_x$ 的邻域R 为单位圆,则只要 $u<0$ 和 $k>0$,有 $g(x_1)x_1=kx_1^2\geqslant 0$,$f(x_1)=|u|(1-x_1^2)\geqslant 0$,等式仅在 $x_1=0$ 处成立.所以状态空间原点是渐近稳定平衡点.相反,若 $u>0$,$k>0$,则式(6.78)中 $V(\boldsymbol{x})$和式(6.77)中 $\dot{V}(\boldsymbol{x})$在邻域 R 内均是正定函数,原点是不稳定平衡状态.不过需要指出的是,当系统受扰,$\boldsymbol{x}(0)$偏离原点后,$\|\boldsymbol{x}(t)\|$ 并不是无限增长,而是逼近一个稳定的极限环.

∗6.6　李雅普诺夫直接法在线性系统中的应用

李雅普诺夫直接法在线性系统的分析和设计中有着广泛的应用，不仅可像上节所述的那样判别线性系统的稳定性或确定系统中某些参数的取值范围(例 6.14 和例 6.15)，还可用来确定系统的校正方案、估计系统时间常数、求解最优化参数等等.

6.6.1　线性系统的校正

设原来不稳定的单输入开环系统状态方程为

$$\dot{\boldsymbol{x}} = \boldsymbol{A}\boldsymbol{x} + \boldsymbol{b}u \tag{6.79}$$

选取正定函数 $V(\boldsymbol{x}) = \boldsymbol{x}^{\mathrm{T}}\boldsymbol{P}\boldsymbol{x}$，$\boldsymbol{P}$ 为对称正定方阵. 沿运动轨迹取 $\dot{V}(\boldsymbol{x})$，有

$$\begin{aligned}\dot{V}(\boldsymbol{x}) &= \dot{\boldsymbol{x}}^{\mathrm{T}}\boldsymbol{P}\boldsymbol{x} + \boldsymbol{x}^{\mathrm{T}}\boldsymbol{P}\dot{\boldsymbol{x}} \\ &= (\boldsymbol{x}^{\mathrm{T}}\boldsymbol{A}^{\mathrm{T}} + u\boldsymbol{b}^{\mathrm{T}})\boldsymbol{P}\boldsymbol{x} + \boldsymbol{x}^{\mathrm{T}}\boldsymbol{P}(\boldsymbol{A}\boldsymbol{x} + \boldsymbol{b}u) \\ &= \boldsymbol{x}^{\mathrm{T}}(\boldsymbol{A}^{\mathrm{T}}\boldsymbol{P} + \boldsymbol{P}\boldsymbol{A})\boldsymbol{x} + (\boldsymbol{b}^{\mathrm{T}}\boldsymbol{P}\boldsymbol{x} + \boldsymbol{x}^{\mathrm{T}}\boldsymbol{P}\boldsymbol{b})u\end{aligned} \tag{6.80}$$

因为标量 $(\boldsymbol{b}^{\mathrm{T}}\boldsymbol{P}\boldsymbol{x})^{\mathrm{T}} = \boldsymbol{x}^{\mathrm{T}}\boldsymbol{P}\boldsymbol{b}$，式(6.80)改写成

$$\dot{V}(\boldsymbol{x}) = \boldsymbol{x}^{\mathrm{T}}(\boldsymbol{A}^{\mathrm{T}}\boldsymbol{P} + \boldsymbol{P}\boldsymbol{A})\boldsymbol{x} + 2\boldsymbol{x}^{\mathrm{T}}\boldsymbol{P}\boldsymbol{b}u$$

若选择 $u = k\boldsymbol{b}^{\mathrm{T}}\boldsymbol{P}\boldsymbol{x}$ 使得 $\dot{V}(\boldsymbol{x})$

$$\dot{V}(\boldsymbol{x}) = \boldsymbol{x}^{\mathrm{T}}(\boldsymbol{A}^{\mathrm{T}}\boldsymbol{P} + \boldsymbol{P}\boldsymbol{A} + 2k\boldsymbol{P}\boldsymbol{b}\boldsymbol{b}^{\mathrm{T}}\boldsymbol{P})\boldsymbol{x} \overset{\mathrm{def}}{=} \boldsymbol{x}^{\mathrm{T}}\boldsymbol{Q}\boldsymbol{x} \tag{6.81}$$

负定，或至少半负定. 这样就可以用状态反馈法使图 6.11 中闭环系统成为大范围渐近稳定系统.

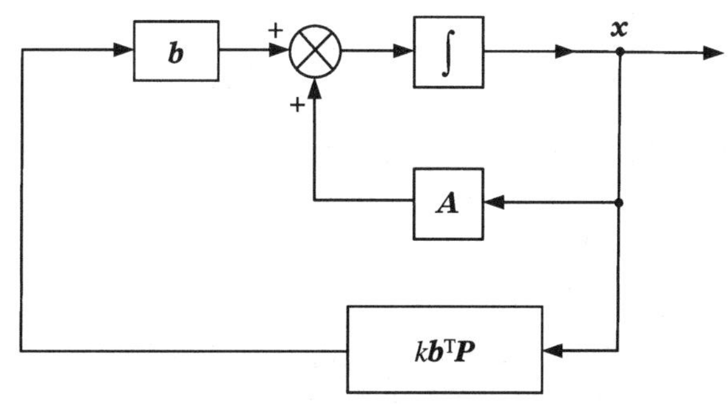

图 6.11　应用李雅普诺夫直接法校正不稳定系统

例 6.19　设待校正系统的状态方程如下：

$$\dot{\boldsymbol{x}} = \begin{bmatrix} 0 & 1 \\ -1 & 0 \end{bmatrix}\boldsymbol{x} + \begin{bmatrix} 0 \\ 1 \end{bmatrix}$$

解　取

$$
\begin{aligned}
\boldsymbol{P} &= \begin{bmatrix} 2 & 1 \\ 1 & 1 \end{bmatrix} \\
\boldsymbol{Q} &= \boldsymbol{A}^{\mathrm{T}}\boldsymbol{P} + \boldsymbol{PA} + 2k\boldsymbol{Pbb}^{\mathrm{T}}\boldsymbol{P} \\
&= \begin{bmatrix} -2 & 1 \\ 1 & 2 \end{bmatrix} + 2k\begin{bmatrix} 1 & 1 \\ 1 & 1 \end{bmatrix} \\
&= \begin{bmatrix} 2(k-1) & 2k+1 \\ 2k+1 & 2(k+1) \end{bmatrix} \\
-\boldsymbol{Q} &= \begin{bmatrix} 2(1-k) & -(2k+1) \\ -(2k+1) & -2(1+k) \end{bmatrix}
\end{aligned}
$$

如果满足条件

$$
\begin{aligned}
&1-k>0 \\
&4(k-1)(k+1)-(2k+1)^2>0
\end{aligned}
$$

即 $k<-\dfrac{5}{4}$，$-\boldsymbol{Q}$ 会是正定矩阵，取 $k=-2$. 如此，反馈信号 $u(t)=-2(x_1+x_2)$，校正后闭环系统的系统矩阵 $\bar{\boldsymbol{A}}$ 为

$$
\bar{\boldsymbol{A}} = \begin{bmatrix} 0 & 1 \\ -3 & -2 \end{bmatrix}
$$

显然 $\bar{\boldsymbol{A}}$ 的特征值位于左半个复平面内，闭环系统确为渐近稳定系统.

6.6.2 渐近稳定线性系统时间常数的估计

李雅普诺夫直接法可用来估计渐近稳定线性系统的响应速度，或者说估计系统的（主）时间常数. 假设自治系统的初态由于某种扰动而偏离平衡状态 $\boldsymbol{x}_{\mathrm{e}}=\boldsymbol{0}_x$，希望能够估计出状态将以多快的速度，或者说花费多长的时间重新回到原点. 令 $V(\boldsymbol{x},t)$ 是李雅普诺夫函数，定义

$$
\eta = -\frac{\dot{V}(\boldsymbol{x},t)}{V(\boldsymbol{x},t)} \tag{6.82}
$$

$V(\boldsymbol{x},t)$ 的正定性和 $\dot{V}(\boldsymbol{x},t)$ 的负定性保证了除 $\boldsymbol{x}=\boldsymbol{0}_x$ 外，不仅在整个状态空间内 η 有定义而且为正数. 对式(6.82)两边积分

$$
\int_{t_0}^{t} \eta \mathrm{d}t = -\int_{V(\boldsymbol{x}(t_0),t_0)}^{V(\boldsymbol{X}(t),t)} \frac{1}{V}\mathrm{d}V
$$

得到

$$
V[\boldsymbol{x}(t),t] = V[\boldsymbol{x}(t_0),t_0]\mathrm{e}^{-\int_{t_0}^{t}\eta \mathrm{d}t} \tag{6.83}
$$

η 一般来说并非常数. 如果取 $\eta_{\min}$ 为 η 的最小值，则

$$
V[\boldsymbol{x}(t),t] \leqslant V[\boldsymbol{x}(t_0),t_0]\mathrm{e}^{-\eta_{\min}(t-t_0)} \tag{6.84}
$$

随着 t 的增加，$V[\boldsymbol{x}(t),t]\to 0$，必然有 $\boldsymbol{x}(t)\to\boldsymbol{0}_x$. 因此 $1/\eta_{\min}$ 可以解释为系统时间常数的上界.

对于线性非时变系统 $\dot{\boldsymbol{x}}=\boldsymbol{Ax}$，取对称正定矩阵 $\boldsymbol{P}$ 构成李雅普诺夫函数 $V(\boldsymbol{x})$，有

$$
V(\boldsymbol{x}) = \boldsymbol{x}^{\mathrm{T}}\boldsymbol{Px}, \quad \dot{V}(\boldsymbol{x}) = -\boldsymbol{x}^{\mathrm{T}}\boldsymbol{Qx}
$$

而且

$$Q = -(A^{\mathrm{T}}P + PA)$$

也是对称正定矩阵.于是可定义

$$\eta_{\min} = \min_x\left[\frac{-\dot{V}(x)}{V(x)}\right] = \min_x\left[\frac{x^{\mathrm{T}}Qx}{x^{\mathrm{T}}Px}\right] \tag{6.85}$$

由于系统的时间常数上界不会随 x 的选定而发生变化,为方便起见可在 $x^{\mathrm{T}}Px = 1$ 的曲面上计算 $\eta_{\min}$.于是式(6.85)可改写为

$$\eta_{\min} = \min(x^{\mathrm{T}}Qx, x^{\mathrm{T}}Px = 1) \tag{6.86}$$

利用拉格朗日乘数法计算式(6.86)中 $\eta_{\min}$,列出约束方程式(6.87),并令 $\partial K/\partial x = 0$,

$$K = x^{\mathrm{T}}Qx + \lambda(1 - x^{\mathrm{T}}Px) \tag{6.87}$$

得到

$$\frac{\partial K}{\partial x} = (2Qx - 2\lambda Px)\big|_{x_{\min}} = 0 \tag{6.88}$$

其中 $x_{\min}$为曲面 $x^{\mathrm{T}}Px$ 上使 K 为极小值的点.从而得到

$$(Q - \lambda P)x_{\min} = 0$$

或

$$(P^{-1}Q - \lambda I)x_{\min} = 0 \tag{6.89}$$

式(6.89)说明 λ 为矩阵 $P^{-1}Q$ 或 QP^{-1} 的特征值. $\eta_{\min}$应该是最小的特征值,所以

$$\eta_{\min} = \lambda_{\min}(P^{-1}Q) = \lambda_{\min}(QP^{-1}) \tag{6.90}$$

例 6.20　试估计例 3.7 中阻尼系统

$$\dot{x} = \begin{bmatrix} 0 & 1 \\ -3 & -4 \end{bmatrix} x$$

的时间常数上界.

解　取 $Q = I$,

$$P \overset{\text{def}}{=} \begin{bmatrix} p_{11} & p_{12} \\ p_{12} & p_{22} \end{bmatrix}, \quad \dot{x} = \begin{bmatrix} 0 & 1 \\ -3 & -4 \end{bmatrix}$$

$$\begin{aligned} A^{\mathrm{T}}P + PA &= \begin{bmatrix} 0 & -3 \\ 1 & -4 \end{bmatrix}\begin{bmatrix} p_{11} & p_{12} \\ p_{12} & p_{22} \end{bmatrix} + \begin{bmatrix} p_{11} & p_{12} \\ p_{12} & p_{22} \end{bmatrix}\begin{bmatrix} 0 & 1 \\ -3 & -4 \end{bmatrix} \\ &= \begin{bmatrix} -6p_{12} & p_{11} - 4p_{12} - 3p_{22} \\ p_{11} - 4p_{12} - 3p_{22} & 2p_{12} - 8p_{22} \end{bmatrix} \\ &= \begin{bmatrix} -1 & 0 \\ 0 & -1 \end{bmatrix} \end{aligned}$$

解出

$$P = \frac{1}{6}\begin{bmatrix} 7 & 1 \\ 1 & 1 \end{bmatrix}$$

$$QP^{-1} = \begin{bmatrix} 1 & -1 \\ -1 & 7 \end{bmatrix}$$

$$\eta_{\min} = \lambda_{\min}(QP^{-1}) = 4 - \sqrt{10} = 0.838$$

假设扰动使得 $\boldsymbol{x}(0)=[0\quad 2]^{\mathrm{T}}$，还假设在 $x_1^2+x_2^2=0.02$ 的圆上，$V(\boldsymbol{x})$ 的最大值为 0.000 94. 受扰运动 $x(t)$ 到达该圆上所需最大时间 T_s，可以这样估算：

$$
\begin{aligned}
T_s &= -\frac{1}{\eta_{\min}}\ln\frac{V[\boldsymbol{x}(T_s)]}{V[\boldsymbol{x}(0)]} = -\frac{1}{0.838}\ln\frac{0.000\,94}{\boldsymbol{x}^{\mathrm{T}}(0)\boldsymbol{P}\boldsymbol{x}(0)} \\
&= -\frac{1}{0.838}\ln\frac{0.000\,94}{2/3} \approx 7.83(\text{秒})
\end{aligned}
$$

6.6.3 求解最优化参数

设线性非时变自治系统的状态方程和初态分别为

$$
\left.\begin{aligned}
\dot{\boldsymbol{x}} &= \boldsymbol{A}(\xi)\boldsymbol{x} \\
\boldsymbol{x}(0) &= \boldsymbol{x}_0
\end{aligned}\right\} \tag{6.91}
$$

式中系统矩阵含有可调参数 ξ. 希望选择最优参数 ξ 使得系统不仅具有渐近稳定特性，而且以式(6.92)表示的性能指标 J 最小

$$
J = \int_0^{\infty} \boldsymbol{x}^{\mathrm{T}}\boldsymbol{Q}\boldsymbol{x}\mathrm{d}t \tag{6.92}
$$

其中 $\boldsymbol{Q}$ 为正定对称实矩阵.

既然在选定的 ξ 下系统为渐近稳定的，根据定理 6.23 可知，若选定 $\dot{V}(\boldsymbol{x})=-\boldsymbol{x}^{\mathrm{T}}\boldsymbol{Q}\boldsymbol{x}$，则必有满足李雅普诺夫方程的正定对称矩阵 $\boldsymbol{P}$，即

$$
\boldsymbol{A}^{\mathrm{T}}\boldsymbol{P} + \boldsymbol{P}\boldsymbol{A} = -\boldsymbol{Q}
$$

和 $V(\boldsymbol{x})=\boldsymbol{x}^{\mathrm{T}}\boldsymbol{P}\boldsymbol{x}$ 为系统的李雅普诺夫函数. 将 $\dot{V}(\boldsymbol{x})$ 代入式(6.92)，有

$$
\begin{aligned}
J = \int_0^{\infty} \boldsymbol{x}^{\mathrm{T}}\boldsymbol{Q}\boldsymbol{x}\mathrm{d}t &= \int_0^{\infty} -\dot{V}(x)\mathrm{d}t \\
&= V[\boldsymbol{x}(0)] - V[\boldsymbol{x}(\infty)] \\
&= V[\boldsymbol{x}(0)] \\
&= \boldsymbol{x}^{\mathrm{T}}(0)\boldsymbol{P}\boldsymbol{x}(0)
\end{aligned} \tag{6.93}
$$

于是性能指标 J 取决于初态 $\boldsymbol{x}(0)$ 和 $\boldsymbol{P}$. 而 $\boldsymbol{P}$，$\boldsymbol{A}$ 与 $\boldsymbol{Q}$ 之间满足李雅普诺夫方程式，$\boldsymbol{x}(0)$ 和 $\boldsymbol{Q}$ 是给定的，所以通过调节矩阵 $\boldsymbol{A}$ 中参数寻求合适的 $\boldsymbol{P}$ 使性能指标 J 成为极小值. 寻求 J 的极小值过程就是对系统可调参数实施优化的过程. 最后指出可调参数可能不止一个.

例 6.21 设欲优化的系统如图 6.12 所示，试选择阻尼 $\xi>0$ 使系统在单位阶跃输入 $r(t)=1(t)$ 作用下，性能指标

$$
J = \int_0^{\infty} \boldsymbol{x}^{\mathrm{T}}\boldsymbol{Q}\boldsymbol{x}\mathrm{d}t
$$

达到最小，其中

$$
\begin{bmatrix} x_1(t) \\ x_2(t) \end{bmatrix} = \begin{bmatrix} e(t) \\ \dot{e}(t) \end{bmatrix}, \quad \boldsymbol{Q} = \begin{bmatrix} 1 & 0 \\ 0 & \mu \end{bmatrix}, \quad \mu > 0
$$

假设系统原来是静止的.

解 自治系统关于误差信号 $e(t)$ 的微分方程为

$$
\ddot{e}(t) + 2\xi\dot{e}(t) + e(t) = 0
$$

相应的状态方程为

$$\begin{bmatrix}\dot{x}_1\\ \dot{x}_2\end{bmatrix}=\begin{bmatrix}0 & 1\\ -1 & -2\xi\end{bmatrix}\begin{bmatrix}x_1\\ x_2\end{bmatrix}$$

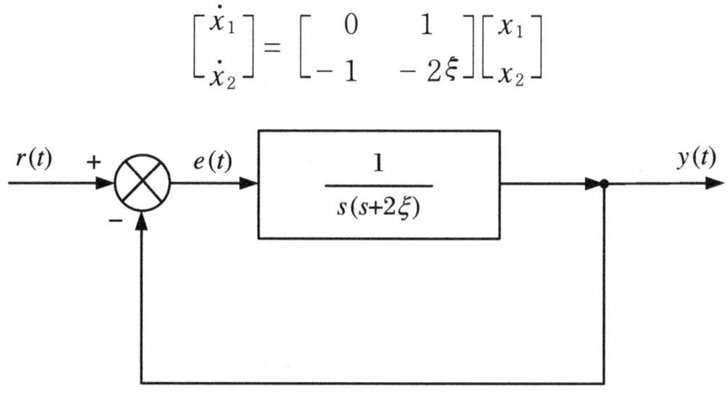

图 6.12　例 6.21 中欲优化的系统

当输入 $r(t)=1(t)$加上后，使初态发生变化

$$\begin{bmatrix}x_1(0_+)\\ x_2(0_+)\end{bmatrix}=\begin{bmatrix}1\\ 0\end{bmatrix}$$

由于 $\xi>0$，系统渐近稳定，$\boldsymbol{x}(\infty)=\boldsymbol{0}_x$，由式(6.93)知

$$J = \boldsymbol{x}^{\mathrm{T}}(0_+)\boldsymbol{P}\boldsymbol{x}(0_+) \tag{6.94}$$

其中 $\boldsymbol{P}$ 满足李雅普诺夫方程，即

$$\begin{bmatrix}0 & -1\\ 1 & -2\xi\end{bmatrix}\begin{bmatrix}p_{11} & p_{12}\\ p_{12} & p_{22}\end{bmatrix}+\begin{bmatrix}p_{11} & p_{12}\\ p_{12} & p_{22}\end{bmatrix}\begin{bmatrix}0 & 1\\ -1 & -2\xi\end{bmatrix}=\begin{bmatrix}-1 & 0\\ 0 & -\mu\end{bmatrix}$$

从而得到关于矩阵 $\boldsymbol{P}$ 元素的方程

$$-p_{12}=-\frac{1}{2}$$

$$p_{11}-2\xi p_{11}^{2}-p_{22}=0$$

$$2p_{12}-4\xi p_{22}=-\mu$$

求解后得到

$$\boldsymbol{P}=\begin{bmatrix}\xi+\dfrac{1+\mu}{\xi} & \dfrac{1}{2}\\ \dfrac{1}{2} & \dfrac{1+\mu}{4\xi}\end{bmatrix}$$

代入式(6.94)并考虑到 $x_1(0_+)=1$，$x_2(0_+)=0$，有

$$J=\xi+\frac{1+\mu}{4\xi}$$

令$\dfrac{\partial J}{\partial \xi}=0$，即

$$\frac{\partial J}{\partial \xi}=1-\frac{1+\mu}{4\xi^2}=0 \tag{6.95}$$

式(6.95)的解为

$$\xi=\frac{\sqrt{1+\mu}}{2}$$

这就是 ξ 的最优参数.若 $\mu=1$，$\xi=0.707$，解的物理意义是取阻尼 $\xi=0.707$，即系统闭环传递函数 $g(s)$取下面形式：

$$g(s) = \frac{1}{s^2 + \sqrt{2}s + 1}$$

在输出信号 $y(t)$由 $y(0_+)$跟踪输入 $r(t)=1(t)$到达稳态值 $\lim y(\infty)=1$ 的整个过程中,误差信号 $e(t)$和误差信号速率 $\dot{e}(t)$所消耗的能量之和最小,

$$J_{\min} = \int_0^{\infty}[e^2(t) + \dot{e}^2(t)]\mathrm{d}t = \sqrt{2}$$

倘若取 $\mu=0$,即整个跟踪的暂态过程中期望误差信号 $e(t)$所消耗的能量最小,应选取最优参数 $\xi=0.5$,相应的 $J_{\min}=1$.

6.7 线性非时变离散系统的稳定性

随着数字计算机的飞速发展,离散系统在当今的工程技术中日益显示着它的重要性.正如 2.4 节指出的,线性离散系统和线性连续系统之间有许多相似之处,那里主要是指两者的数学模型、求解方法、响应的分解等等.4.8 节又指出两类系统在能控性、能观性方面有着相似之处,特别是系统矩阵 $\boldsymbol{A}$ 非奇异的一类线性非时变离散系统(包括由连续系统离散化而得到的)和线性非时变连续系统之间.本节主要讨论线性非时变离散系统的稳定性,将会发现在线性非时变离散系统和线性非时变连续系统之间在稳定性上也存在许多相似性.所有这些相似性的本质原因在于两类系统的数学模型之间的相似性.因此本节中的一些定理就不一一详加证明了.

6.7.1 有界输入-有界输出稳定性

线性非时变且 $t_0=0$ 时刻松弛的离散因果系统的输入-输出描述在时域中表达为卷积求和:

$$\boldsymbol{y}(k) = \sum_{p=0}^{k}\boldsymbol{G}(k-p)\boldsymbol{u}(p), \quad k = 0,1,2,\cdots \tag{6.96}$$

式中 $\boldsymbol{G}(k)$为系统的单位冲激响应矩阵.对式(6.96)两边取 Z 变换,有

$$\boldsymbol{y}(z) = \boldsymbol{G}(z)\boldsymbol{u}(z) \tag{6.97}$$

式中 $\boldsymbol{G}(z)$为离散系统的传递函数矩阵.5.2 节中关于连续系统传递函数矩阵 $\boldsymbol{G}(s)$的特征多项式和极点的定义对 $\boldsymbol{G}(z)$仍然有效,只是用 Z 变换表达式取代了拉氏变换表达式.这里不加证明地给出定理 6.25.

定理 6.25 设线性非时变离散系统在时域和频域中分别用式(6.96)和式(6.97)描述,系统为有界输入-有界输出稳定系统的充要条件在时域中为

$$\sum_{k=0}^{\infty}\|\boldsymbol{G}(k)\| \leqslant K_g, \quad K_g < \infty \in \mathbf{R}_+ \tag{6.98}$$

或

$$\sum_{k=0}^{\infty} | g_{ij}(k) | \leqslant K_g, \quad i = 1,2,\cdots,r, \quad j = 1,2,\cdots,m \tag{6.99}$$

其中 r,m 分别表示输出向量 $\boldsymbol{y}(k)$ 和输入向量 $\boldsymbol{u}(k)$ 的维数，$g_{ij}(k)$ 是 $\boldsymbol{G}(k)$ 的元素. 在频域中 $\boldsymbol{G}(z)$ 的每一个元素 $g_{ij}(z)$ 的全部极点 z_i 都位于 Z 平面的单位圆内，即 $|z_i|<1$.

6.7.2　平衡状态及其稳定性

线性非时变自治离散系统的状态方程为

$$\boldsymbol{x}(k+1) = \boldsymbol{A}\boldsymbol{x}(k) \tag{6.100}$$

3.6 节指出状态的零输入响应 $\boldsymbol{x}_{zi}(k) = \Phi(k,0,\boldsymbol{x}(0),\boldsymbol{0}_u) = \boldsymbol{A}^k\boldsymbol{x}(0)$. 所以根据 6.2 节中平衡状态的定义可知

$$\boldsymbol{x}_e = \boldsymbol{x}(k) = \Phi(k,0,\boldsymbol{x}_e,\boldsymbol{0}_u) = \boldsymbol{A}^k\boldsymbol{x}_e, \quad k = 1,2,\cdots \tag{6.101}$$

也就是说

$$(\boldsymbol{A} - \boldsymbol{I})\boldsymbol{x}_e = \boldsymbol{0} \tag{6.102a}$$

或

$$\boldsymbol{x}_e \in N[\boldsymbol{A} - \boldsymbol{I}] \tag{6.102b}$$

一般来说，$\boldsymbol{A}-\boldsymbol{I}$ 的化零空间并非只有原点一个点，所以线性非时变离散系统的平衡状态可能不止一个. 但是状态空间原点必定是平衡状态，而且通过坐标变换可将平衡状态安排在原点位置. 所以和连续系统情况一样，今后只研究状态空间原点的稳定特征. 还要指出的是，倘若矩阵 $\boldsymbol{A}-\boldsymbol{I}$ 非奇异，则系统只有唯一的平衡状态 $\boldsymbol{x}_e = \boldsymbol{0}_x$. 和连续系统相似的是，倘若平衡状态具有渐近稳定特征，它也就是大范围一致渐近稳定的平衡状态，代表着整个系统的渐近稳定特征. 和定理 6.10 相似的定理 6.26 说明了这一点.

定理 6.26　线性非时变离散系统 $\boldsymbol{x}(k+1) = \boldsymbol{A}\boldsymbol{x}(k)$ 为大范围渐近稳定系统的充分必要条件是 $\boldsymbol{A}$ 的所有特征值的模均小于 1.

因为 $\boldsymbol{A}^k$ 的每一个元素都是形为 $k^{i-1}\lambda_j^k, j=1,2,\cdots,p$ 函数的线性组合. 这里假设 $\boldsymbol{A}$ 有 $p<n$ 个特征值 λ_j，其中有的是重特征值. 由于 $|\lambda_j|<1$，k 的无限增大，必然导致 $\boldsymbol{A}^k$ 的每一个元素趋近于零，结果

$$\lim_{k\to\infty}\boldsymbol{x}(k) = \lim_{k\to\infty}\boldsymbol{A}^k\boldsymbol{x}_0 = \boldsymbol{0}_x \tag{6.103}$$

其中 $\boldsymbol{x}_0$ 表示状态在初始时刻 $k=0$，由于某种扰动而偏离了 $\boldsymbol{x}_e = \boldsymbol{0}_x$ 后的状态. 显然，式 (6.103) 对任何有限的 $\|\boldsymbol{x}_0\|$ 均成立. 这就说明了定理 6.26 的正确性.

在判别线性非时变连续系统的稳定性方面，劳斯-赫尔维茨（Routh-Hurwitz）判据是人们熟知的有效判据. 在判别线性非时变离散系统稳定性时可应用与之相对应的 Routh-Shur 稳定性判据. 这一判据给出了离散系统的矩阵 $\boldsymbol{A}$ 只有模小于 1 的特征值的充要条件. 为了介绍这一判据，首先要根据 $\boldsymbol{A}$ 的特征多项式

$$\det(\boldsymbol{A} - z\boldsymbol{I}) = a_0z^n + a_1z^{n-1} + \cdots + a_{n-1}z + a_n, \quad a_0 > 0 \tag{6.104}$$

构造一个阵列. 阵列的第一行中元素记以 $a_i^{(0)}$，$a_i^{(0)} = a_i, i=0,1,2,\cdots,n$. 令 $k_0 = a_n^{(0)}/a_0^{(0)}$，第二行中元素记以 $a_i^{(1)}$，

$$a_i^{(1)} = a_i^{(0)} - k_0a_{n-i}^{(0)}, \quad i = 0,1,2,\cdots,n-1$$

再令 $k_1 = a_{n-1}^{(1)}/a_0^{(1)}$，第三行元素记以 $a_i^{(2)}$，

$$a_i^{(2)} = a_i^{(1)} - k_1 a_{n-1-i}^{(1)}, \quad i = 0,1,2,\cdots,n-2$$

以后仿照此法做下去，直到令 $k_{n-1} = a_1^{(n-1)}/a_0^{(n-1)}$，第 $n+1$ 行只有一个元素

$$a_0^{(n)} = a_0^{(n-1)} - k_{n-1} a_1^{(n-1)}$$

Routh-Shur 阵列如下：

$$\begin{array}{cccccc}
a_0^{(0)} & a_1^{(0)} & a_2^{(0)} & \cdots & a_{n-2}^{(0)} & a_{n-1}^{(0)} & a_n^{(0)} \\
a_0^{(1)} & a_1^{(1)} & a_2^{(1)} & \cdots & a_{n-2}^{(1)} & a_{n-1}^{(1)} \\
a_0^{(2)} & a_1^{(2)} & a_2^{(2)} & \cdots & a_{n-2}^{(2)} \\
\cdots & \cdots & \cdots \\
a_0^{(n-2)} & a_1^{(n-2)} & a_2^{(n-2)} \\
a_0^{(n-1)} & a_1^{(n-1)} \\
a_0^{(n)}
\end{array}$$

定理 6.27 式(6.104)表示的离散系统特征多项式只含有模小于 1 的特征值的充要条件是 Routh-Shur 阵列中第一列所有元素 $a_0^{(i)}>0, i=0,1,2,\cdots,n$.

例 6.22 设 $\det(\boldsymbol{A}-z\boldsymbol{I}) = z^4 - 2.75z^2 + 2.25z - 0.5$，试用 Routh-Shur 阵列判定它的特征值是否全在单位圆内.

解 Routh-Shur 阵列如下：

$$\begin{array}{cccccl}
1 & 0 & -2.75 & 2.25 & -0.5 & k_0 = -0.5 \\
0.75 & 1.125 & -4.125 & 2.25 & & k_1 = 3 \\
-6 & 13.5 & -7.5 & & & k_2 = 1.25 \\
3.375 & -3.375 & & & & k_3 = -1 \\
0 & & & & &
\end{array}$$

Routh-Shur 阵列的第一列元素有两次变号，说明有两个特征值不在单位圆内，其中 $a_0^{(4)}=0$ 说明有一个特征值在单位圆上. 具体计算出四个特征值分别是 $z_1 = z_2 = 0.5, z_3 = 1, z_4 = -2$.

6.4 节阐述的李雅普诺夫直接法经过适当修正对式(6.100)表示的线性非时变离散系统也是适用的. 假设选定李雅普诺夫函数 $V[\boldsymbol{x}(k)] = \boldsymbol{x}^{\mathrm{T}}(k)\boldsymbol{P}\boldsymbol{x}(k)$，$\boldsymbol{P}$ 是 n 阶方阵，则 $V[\boldsymbol{x}(k)]$关于时间的变化速率 $\Delta V[\boldsymbol{x}(k)]$可用式(6.105)表示：

$$\begin{aligned}\Delta V[\boldsymbol{x}(k)] &= \frac{V[\boldsymbol{x}(k+1)] - V[\boldsymbol{x}(k)]}{(k+1)-k} \\ &= V[\boldsymbol{x}(k+1)] - V[\boldsymbol{x}(k)]\end{aligned} \tag{6.105}$$

将 $V[\boldsymbol{x}(k)] = \boldsymbol{x}^{\mathrm{T}}(k)\boldsymbol{P}\boldsymbol{x}(k)$和式(6.100)代入式(6.105)得到

$$\Delta V[\boldsymbol{x}(k)] = \boldsymbol{x}^{\mathrm{T}}(k)(\boldsymbol{A}^{\mathrm{T}}\boldsymbol{P}\boldsymbol{A} - \boldsymbol{P})\boldsymbol{x}(k) \tag{6.106}$$

所以李雅普诺夫方程变成

$$\boldsymbol{A}^{\mathrm{T}}\boldsymbol{P}\boldsymbol{A} - \boldsymbol{P} = -\boldsymbol{Q} \tag{6.107}$$

定理 6.28 线性非时变离散系统 $\boldsymbol{x}(k+1) = \boldsymbol{A}\boldsymbol{x}(k)$的平衡状态 $\boldsymbol{x}_{\mathrm{e}} = \boldsymbol{0}_x$ 是大范围渐近稳定平衡状态的充分必要条件是，对于任意给定的正定对称实矩阵 $\boldsymbol{Q}$，存在另外一个正定对称实距阵 $\boldsymbol{P}$ 满足李雅普诺夫方程

$$\boldsymbol{A}^{\mathrm{T}}\boldsymbol{P}\boldsymbol{A} - \boldsymbol{P} = -\boldsymbol{Q}$$

定理的证明留给读者作为练习.

例 6.23 设离散系统为

$$x(k+1)=\begin{bmatrix}\lambda_1 & 0\\ 0 & \lambda_2\end{bmatrix}x(k)$$

确定系统渐近稳定的条件.

解 应用定理 6.26 可知,系统渐近稳定的充要条件是

$$|\lambda_1|<1 \quad 和 \quad |\lambda_2|<1$$

应用定理 6.28 可得到同样的充要条件.取 $\boldsymbol{Q}=\boldsymbol{I}$,代入李雅普诺夫方程

$$\begin{bmatrix}\lambda_1 & 0\\ 0 & \lambda_2\end{bmatrix}\begin{bmatrix}p_{11} & p_{12}\\ p_{12} & p_{22}\end{bmatrix}\begin{bmatrix}\lambda_1 & 0\\ 0 & \lambda_2\end{bmatrix}-\begin{bmatrix}p_{11} & p_{12}\\ p_{12} & p_{22}\end{bmatrix}=\begin{bmatrix}-1 & 0\\ 0 & -1\end{bmatrix}$$

化简为

$$p_{12}(1-\lambda_1\lambda_2)=0$$
$$p_{11}(1-\lambda_1^2)=1$$
$$p_{22}(1-\lambda_2^2)=1$$

取 $p_{12}=0, p_{11}=(1-\lambda_1^2)^{-1}, p_{22}=(1-\lambda_2^2)^{-1}$,$\boldsymbol{P}$ 的正定性要求 $1-\lambda_1^2>0$ 和 $1-\lambda_2^2>0$,即

$$|\lambda_1|<1 \quad 和 \quad |\lambda_2|<1$$

和连续系统情况一样,李雅普诺夫直接法不仅对线性非时变离散系统适用,对一般离散系统(非线性时变离散系统)也适用.

习 题 6

6.1 考察受电流源激励的 LC 并联电路.$L=1\ \mathrm{H}, C=1\ \mathrm{F}$,以并联电路两端电压为输出,该电路是 BIBO 稳定电路吗?若否,求激励出无界输出的输入信号.

6.2 若系统的冲激响应函数 $g(t)=(t+1)^{-1}$,系统是 BIBO 稳定系统吗?

6.3 若系统传递函数 $g(s)=\mathrm{e}^{-s}/(s+1)$,系统是 BIBO 稳定系统吗?

6.4 设系统动态方程为

$$\dot{x}=\begin{bmatrix}0 & 0 & 0\\ 0 & 0 & 0\\ 0 & 0 & 0\end{bmatrix}x+\begin{bmatrix}1\\ 0\\ 0\end{bmatrix}u$$
$$y=[1\quad 1\quad 1]x$$

求系统所有的平衡状态,每个平衡状态都是李雅普诺夫意义下稳定的平衡状态,还是渐近稳定平衡状态?系统是 BIBO 稳定系统,还是完全稳定系统?

6.5 设系统动态方程为

$$\dot{x}=\begin{bmatrix}\lambda_1 & 1 & 0\\ 0 & \lambda_1 & 0\\ 0 & 0 & \lambda_2\end{bmatrix}x+\begin{bmatrix}0 & 0\\ 1 & 0\\ 0 & 1\end{bmatrix}u$$
$$y=\begin{bmatrix}1 & 2 & 1\\ 0 & 1 & 0\end{bmatrix}x$$

确定系统为 BIBO 稳定、李雅普诺夫稳定、渐近稳定三种情况下 λ_1 和 λ_2 的取值范围.

6.6 若题6.5中$\lambda_1=\lambda_2$,且系统为BIBO稳定的,λ的实部一定小于零吗？为什么？

6.7 证明:如果$\|\boldsymbol{\Phi}(t,t_0)\|_{|t\to\infty}\to 0$,则$\boldsymbol{x}=\boldsymbol{0}_x$是满足方程$[\boldsymbol{\Phi}(t,t_0)-\boldsymbol{I}]\boldsymbol{x}\equiv\boldsymbol{o}_x$的唯一解.

6.8 考察下面线性时变动态方程

$$\begin{aligned}\dot{x}&=2tx+u\\ y&=x\end{aligned}$$

证明$\boldsymbol{x}_e=\boldsymbol{0}_x$不是李雅普诺夫稳定的.

6.9 题4.4指出对线性时变系统可用连续可微非奇异方阵$\boldsymbol{Q}(t)$作等价变换.现在用$\bar{\boldsymbol{x}}(t)=\boldsymbol{Q}(t)\boldsymbol{x}(t)$,$\boldsymbol{Q}(t)=\mathrm{e}^{-t^2}$对题6.8中动态方程作等价变换,求变换后动态方程,并证明变换后的$\bar{\boldsymbol{x}}_e=\boldsymbol{0}_{\bar{x}}$是李雅普诺夫稳定的.通过题6.8和题6.9可以断言时变系统经等价变换后,平衡状态$\boldsymbol{x}_e$的稳定特征并不维持不变.试问等价变换后BIBO稳定性是否保持不变呢?

6.10 如果状态变换$\bar{x}(t)=\boldsymbol{Q}(t)\boldsymbol{x}(t)$中$\boldsymbol{Q}(t)$和$\dot{\boldsymbol{Q}}(t)$满足条件:

(a) $\boldsymbol{Q}(t)$和$\dot{\boldsymbol{Q}}(t)$在区间$[t_0,\infty)$上连续和有界;

(b) 存在正实常数K使得

$$|\det\boldsymbol{Q}(t)|>K,\quad\forall\, t\geqslant t_0$$

则称变换为李雅普诺夫变换,变换前后的动态方程为李雅普诺夫意义上等价的动态方程.试证明:若$\boldsymbol{Q}(t)$为李雅普诺夫变换矩阵,$\boldsymbol{Q}^{-1}(t)$亦然;在任何李雅普诺夫等价变换上系统平衡状态的李雅普诺夫稳定性和系统的BIBO稳定性保持不变.

6.11 证明:如果$\dot{\boldsymbol{x}}(t)=A(t)\boldsymbol{x}(t)$在$t_0$时刻是李雅普诺夫稳定的,则在每个时刻$t_1\geqslant t_0$都是李雅普诺夫稳定的.(提示:利用$\Phi(t,t_1)=\Phi(t,t_0)\Phi^{-1}(t_1,t_0)$和对于任何有限值的$t_1$和$t_0$,$\Phi^{-1}(t,t_0)$均有界.)

6.12 考察下列系统是BIBO稳定,渐近稳定,完全稳定:

(a) $\dot{\boldsymbol{x}}=\begin{bmatrix}-1&1&0\\0&-1&0\\0&0&0\end{bmatrix}\boldsymbol{x}+\begin{bmatrix}1\\2\\0\end{bmatrix}u,\ y=[2\quad 3\quad 1]\boldsymbol{x}$;

(b) $\dot{\boldsymbol{x}}=\left[\begin{array}{ccc:cc}0&0&-2&0&0\\1&0&3&0&0\\0&1&0&0&0\\ \hdashline 0&0&-1&0&-1\\0&0&-1&1&0\end{array}\right]\boldsymbol{x}+\left[\begin{array}{cc}-1&0\\1&0\\0&0\\ \hdashline 1&1\\0&0\end{array}\right]u,\ y=\left[\begin{array}{ccc:cc}0&0&1&0&0\\0&0&0&0&1\end{array}\right]\boldsymbol{x}$.

6.13 设线性时变自治系统为

$$\dot{\boldsymbol{x}}=\begin{bmatrix}0&1\\ \dfrac{-1}{t+1}&-10\end{bmatrix}\boldsymbol{x},\quad t\geqslant 0$$

问$\boldsymbol{x}_e=\boldsymbol{0}_x$是否大范围渐近稳定?$\left(\text{提示:取}\ V(x)=\dfrac{1}{2}[x_1^2+(t+1)x_2^2].\right)$

6.14 设线性非时变系统$\dot{\boldsymbol{x}}=\boldsymbol{A}\boldsymbol{x}+\boldsymbol{B}\boldsymbol{u}$,若取$\boldsymbol{u}=-\boldsymbol{B}^{\mathrm{T}}\boldsymbol{W}^{-1}(\boldsymbol{\tau})\boldsymbol{x}$,其中

$$W(\tau)=\int_0^\tau e^{-At}BB^{T}e^{-A^{T}t}\,dt,\quad \tau>0$$

证明所得到闭环系统是渐近稳定的：

6.15　试用李雅普诺夫函数分析下面系统的稳定性：

(a) $\dot{x}=\begin{bmatrix}0 & 1\\ -2 & -2\end{bmatrix}x$；

(b) $\dot{x}=\begin{bmatrix}0 & 1 & 0\\ 0 & 0 & 1\\ 0 & -2 & -3\end{bmatrix}x$.

6.16　设线性非时变自治系统状态方程如下，试用李雅普诺夫直接法分析 $x_e=0_x$ 渐近稳定需要的条件：

(a) $\dot{x}=\begin{bmatrix}0 & 1 & 0\\ 0 & 0 & 1\\ -k & -5 & -6\end{bmatrix}x$；

(b) $\dot{x}=\begin{bmatrix}0 & 1 & 0 & 0\\ -k_4 & 0 & 1 & 0\\ 0 & -k_3 & 0 & 1\\ 0 & 0 & -k_2 & -k_1\end{bmatrix}x, k_i\neq 0, i=1,2,3,4$；

(c) $\dot{x}=\begin{bmatrix}a_{11} & a_{12}\\ a_{21} & a_{22}\end{bmatrix}x$.

6.17　设非线性系统的状态方程为

$$\dot{x}_1=x_2$$

$$\dot{x}_2=-(1-|x_1|)x_2-x_1$$

试用李雅普诺夫直接法确定 $x_e=0_x$ 的稳定区域.

6.18　试用克拉索夫斯基法判别下面系统 $x_e=0_x$ 的稳定性：

(a) $\dot{x}_1=-2x_1+x_2^2+3x_3, \dot{x}_2=-x_1x_2-3x_3, \dot{x}_3=-x_1+x_2+3x_3^5$；

(b) $\dot{x}_1=-x_1, \dot{x}_2=-2x_2-2x_2^3$.

6.19　试用变量梯度法判别下面系统 $x_e=0_x$ 的稳定区域.

(a) $\dot{x}_1=-x_1+2x_1^3x_2, \dot{x}_2=-x_2$；

(b) $\dot{x}_1=x_2, \dot{x}_2=-x_2-x_1^3$；

(c) $\dot{x}_1=-3x_2-g(x_1)x_1, \dot{x}_2=-x_2+g(x_1)x_1$.

$g(x_1)x_1$ 为非线性函数，$g(x_1)>0$.

6.20　已知系统的冲激响应 $g(t)=1(t)-1(t-1)$，设输入 $u(t)=\sin 2\pi t, t\geqslant 0$，求输出 $y(t)$，并判断经多少秒后输出达到稳定状态.

6.21　用李雅普诺夫理论计算下面自治系统由 $x(0)=[1\quad 0]^T$ 出发，到达并保持在 $x_1^2+x_2^2=0.01$ 区域内所需要的最少时间.

$$\dot{x}=\begin{bmatrix}0 & 1\\ -1 & -1\end{bmatrix}x$$

6.22 试用两种不同方法判断下面离散系统 $\boldsymbol{x}_e=\boldsymbol{0}_x$ 是否渐近稳定：

$$\boldsymbol{x}(k+1)=\begin{bmatrix}1 & 4 & 0\\ -3 & -2 & -3\\ 2 & 0 & 0\end{bmatrix}\boldsymbol{x}(k)$$

6.23 用李雅普诺夫理论分析下面离散系统 $\boldsymbol{x}_e=\boldsymbol{0}_x$ 渐近稳定所要求的 k 取值范围：

$$\boldsymbol{x}(k+1)=\begin{bmatrix}0 & 1 & 0\\ 0 & 0 & 1\\ 0 & k/2 & 0\end{bmatrix}\boldsymbol{x}(k)$$

第7章　状态反馈和状态观测器

控制理论所需解决的控制问题简单地说，就是针对某一被控制系统和某一参考信号，设法找到一个控制信号作为被控系统的输入信号，使得被控系统的输出等于或尽可能地逼近给定的参考信号，深入一点就是考虑到外界干扰信号存在的情况下完成这一任务.倘若在所考虑的时间内参考信号恒为零，这就是调节问题；倘若参考信号是非零的时间函数，这就是跟踪问题.如果控制信号是预先指定的与被控系统响应无关的信号，这种控制称做开环控制.当被控系统受到外界扰动信号干扰或者内部元件参数因老化而发生变化时，开环控制难以收到满意的效果.如果控制信号依赖于被控系统的输出或状态，则称为反馈控制或闭环控制.反馈控制的控制信号取之于被控系统的输出，或者说是输出的函数称做输出反馈，取之于被控系统的状态，或者说是状态的函数称做状态反馈.此后为了叙述的方便，有时称被控系统为开环系统或原系统，而将加上反馈控制信号以后的系统称为闭环系统或反馈系统.一般线性系统的输出 $\boldsymbol{y}=\boldsymbol{c}\boldsymbol{x}$ 只是部分状态变量的线性组合，只反映了部分状态变量信息，所以输出反馈是部分状态反馈，不完全的状态反馈.状态反馈包含了全部状态变量信息，蕴涵着动态系统的全部信息，可见状态反馈是一种比输出反馈更强有力的反馈.不过这种认识也不能绝对化，因为被控系统的状态变量并不一定都是可达①的，或者说并不一定都是可测量的，因而并不一定每个状态变量都可用来提供反馈信息.相反输出的每个变量都是可测量的，可用来提供反馈信息.于是人们会问：在什么条件下可以通过可测量的输出以及输入重新构造出能够完全代替被控系统状态的状态估值？这一章主要就是讨论状态反馈对被控系统（研究对象）的性能有何影响以及如何设计全维或降维状态观测器重构出需要的状态估值.

7.1节阐述利用状态反馈任意配置单变量系统和多变量系统特征频率（或特征值）的充要条件和方法，其中包括将能控系统动态方程变换成能控规范型的典型方法；7.2节考察状态反馈对系统性能的影响，例如能控性，能观性，零点，稳定性（包括可稳定条件），系统的稳态性能和动态性能等；7.3节研究利用状态反馈配置反馈系统特征向量；7.4节讨论状态反馈用于解耦控制；7.5节介绍状态估值和状态观测器.

---

① “可达”系由 accessible 译出，“能达”则由 reachable 译出，请勿混淆.

7.1 状态反馈配置反馈系统特征频率

7.1.1 状态反馈用于单变量系统

这里首先以单变量系统作为研究对象，介绍如何应用状态反馈任意配置系统的特征频率，然后推广到多变量系统．设单变量系统的动态方程、特征多项式和传递函数如下：

$$\left.\begin{aligned} \dot{\boldsymbol{x}}(t) &= \boldsymbol{A}\boldsymbol{x}(t) + \boldsymbol{b}u(t) \\ y(t) &= \boldsymbol{c}\boldsymbol{x}(t) \end{aligned}\right\} \tag{7.1a}$$

$$\Delta(s) = |s\boldsymbol{I} - \boldsymbol{A}| = s^n + a_{n-1}s^{n-1} + \cdots + a_1 s + a_0 \tag{7.1b}$$

$$g(s) = \frac{b_{n-1}s^{n-1} + b_{n-2}s^{n-2} + \cdots + b_1 s + b_0}{s^n + a_{n-1}s^{n-1} + \cdots + a_1 s + a_0} \tag{7.1c}$$

现在考虑利用图 7.1 所示的状态反馈 $u = v + \boldsymbol{k}\boldsymbol{x}$ 改造系统．这里，v 是参考信号，$\boldsymbol{k}$ 是 $1 \times n$ 的行向量，希望不仅能像节 6.6 曾做到的那样将不稳定的开环系统改造成为稳定的闭环系统，而且能满足所需要的动态性能指标（例如当参考信号 $v(t)$ 为单位阶跃信号时，满足对峰超调量 M_P，峰值时间 T_P，建立时间 T_s 等的要求）和稳态误差指标，下面首先证明定理 7.1，指明只要式(7.1a)表述的系统是完全能控的，就可应用状态反馈任意配置闭环系统的特征频率在 s 平面上位置．这里需要附加说明的是当特征频率为复数时，任意配置应理解为任意配置一对共轭复特征频率．

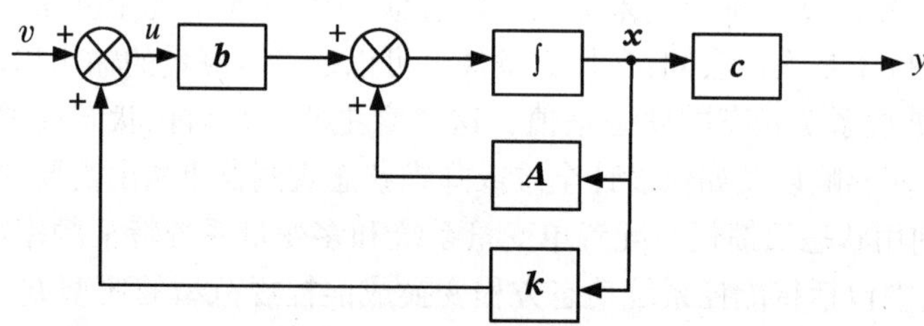

图 7.1　单变量状态反馈系统

定理 7.1　线性单变量系统$\{\boldsymbol{A},\boldsymbol{b},\boldsymbol{c}\}$可通过状态反馈 $u = v + \boldsymbol{k}\boldsymbol{x}$ 在 s 平面上任意配置特征频率的充要条件是系统$\{\boldsymbol{A},\boldsymbol{b},\boldsymbol{c}\}$完全能控．

证明　在加上反馈控制信号 $u = v + \boldsymbol{k}\boldsymbol{x}$ 后，闭环系统的动态方程变为

$$\left.\begin{aligned} \dot{\boldsymbol{x}} &= (\boldsymbol{A} + \boldsymbol{b}\boldsymbol{k})\boldsymbol{x} + \boldsymbol{b}v \\ y &= \boldsymbol{c}\boldsymbol{x} \end{aligned}\right\} \tag{7.2}$$

其特征多项式 $\bar{\Delta}(s) = \det(s\boldsymbol{I} - \boldsymbol{A} - \boldsymbol{b}\boldsymbol{k}) = \det(s\boldsymbol{I} - \boldsymbol{A})\det[\boldsymbol{I} - (s\boldsymbol{I} - \boldsymbol{A})^{-1}\boldsymbol{b}\boldsymbol{k}]$．应用 Schur 定理可证

$$\det[\boldsymbol{I} - (s\boldsymbol{I} - \boldsymbol{A})^{-1}\boldsymbol{b}\boldsymbol{k}] = 1 - \boldsymbol{k}(s\boldsymbol{I} - \boldsymbol{A})^{-1}\boldsymbol{b}$$

于是

$$\begin{aligned}\bar{\Delta}(s) &= \Delta(s) - \Delta(s)\boldsymbol{k}(s\boldsymbol{I}-\boldsymbol{A})^{-1}\boldsymbol{b} \\ &= \Delta(s) - \boldsymbol{k}\,\mathrm{adj}(s\boldsymbol{I}-\boldsymbol{A})\boldsymbol{b}\end{aligned} \tag{7.3}$$

将 3.5 节中预解矩阵算法代入式(7.3),有

$$\begin{aligned}\bar{\Delta}(s) - \Delta(s) &= -\boldsymbol{k}\left(\sum_{i=0}^{n-1}\boldsymbol{Q}_i s^i\right)\boldsymbol{b} \\ &= -\sum_{i=0}^{n-1}\boldsymbol{k}\boldsymbol{Q}_i\boldsymbol{b}s^i\end{aligned} \tag{7.4}$$

式(7.4)两边均为 s 的$(n-1)$次幂多项式,对应系数相等,即

$$s^i:\quad \bar{a}_i - a_i = -\boldsymbol{k}(\boldsymbol{A}^{n-i-1} + a_{n-1}\boldsymbol{A}^{n-i-2} + \cdots + a_{i+1}\boldsymbol{I})\boldsymbol{b},\ i = 0,1,2,\cdots,n-1 \tag{7.5}$$

若令 $\boldsymbol{\alpha} = (a_0 a_1 \cdots a_{n-1})$和 $\bar{\boldsymbol{\alpha}} = (\bar{a}_0 \bar{a}_1 \cdots \bar{a}_{n-1})$为两个 n 维行向量,则式(7.5)可等价写成

$$\begin{aligned}\boldsymbol{\alpha} - \bar{\boldsymbol{\alpha}} &= \boldsymbol{k}[\boldsymbol{b}\ \boldsymbol{A}\boldsymbol{b}\cdots\boldsymbol{A}^{n-1}\boldsymbol{b}]\begin{bmatrix} a_1 & a_2 & a_3 & \cdots & a_{n-1} & 1 \\ a_2 & a_3 & & & ⋰ & \\ a_3 & & & ⋰ & & \\ \vdots & & ⋰ & & & \\ a_{n-1} & ⋰ & & & \boldsymbol{0} & \\ 1 & & & & & \end{bmatrix} \\ &= \boldsymbol{k}\boldsymbol{M}_{\mathrm{c}}\boldsymbol{M}_{\mathrm{c1}}^{-1}\end{aligned} \tag{7.6}$$

其中 $\boldsymbol{M}_{\mathrm{c}}$ 是系统的能控性矩阵,$\boldsymbol{M}_{\mathrm{c1}}$ 是式(7.1c)的能控Ⅰ型实现的能控性矩阵.假设希望闭环系统的特征值为 $\bar{\lambda}_1,\bar{\lambda}_2,\cdots,\bar{\lambda}_n$,则

$$\begin{aligned}\bar{\Delta}(s) &= s^n + \bar{a}_{n-1}s^{n-1} + \cdots + \bar{a}_1 s + \bar{a}_0 \\ &= \prod_{k=1}^{n}(s - \bar{\lambda}_k)\end{aligned} \tag{7.7}$$

其中系数 $\bar{a}_k$ 与 $\bar{\lambda}_k$ 之间有如下关系式:

$$\begin{aligned}
\bar{a}_0 &= \bar{\Delta}(s=0) = (-1)^n\prod_{i=1}^{n}\bar{\lambda}_i \\
\bar{a}_1 &= \left.\frac{\mathrm{d}\bar{\Delta}(s)}{\mathrm{d}s}\right|_{s=0} = \sum_{i=1}^{n}(-1)^{n-1}\prod_{\substack{j=1\\ j\neq i}}^{n}\bar{\lambda}_i \\
&\cdots\cdots \\
\bar{a}_k &= \frac{1}{k!}\left.\frac{\mathrm{d}^k\bar{\Delta}(s)}{\mathrm{d}s^k}\right|_{s=0} = (-1)^{n-k}f_k(\bar{\lambda}_1,\bar{\lambda}_2,\cdots,\bar{\lambda}_n) \\
&\cdots\cdots \\
\bar{a}_{n-1} &= \frac{1}{(n-1)!}\left.\frac{\mathrm{d}^{(n-1)}\bar{\Delta}(s)}{\mathrm{d}s^{(n-1)}}\right|_{s=0} = (-1)\sum_{i=1}^{n}\bar{\lambda}_i
\end{aligned} \tag{7.8}$$

其中 $f_k(\bar{\lambda}_1,\bar{\lambda}_2,\cdots,\bar{\lambda}_n)$表示从 n 个希望特征值中挑选出$(n-k)$个相乘的组合之和.式(7.8)指明任意给定一组希望的特征值就唯一地决定了向量 $\bar{\boldsymbol{\alpha}}$.根据式(7.6)可知当且仅当

系统$\{\boldsymbol{A},\boldsymbol{b},\boldsymbol{c}\}$为完全能控系统，可求出唯一的行向量 $\boldsymbol{k}$：

$$\boldsymbol{k}=(\boldsymbol{\alpha}-\bar{\boldsymbol{\alpha}})\boldsymbol{M}_{c1}\boldsymbol{M}_c^{-1} \tag{7.9}$$

保证闭环系统具有所希望的特征值.式(7.9)被称为巴斯-格拉(Bass-Gura)公式.定理证毕.

文献中常称利用状态反馈任意配置系统特征值的能力为**模态能控性**.式(7.6)或式(7.9)指明系统模态能控性与系统状态能控性是一致的.式(7.9)还暗示着如果原系统动态方程就是能控Ⅰ型的，则状态反馈向量 $\boldsymbol{k}_1$(下标强调针对能控Ⅰ型系统计算而得)的表达式为

$$\boldsymbol{k}_1=(\boldsymbol{\alpha}-\bar{\boldsymbol{\alpha}}) \tag{7.10}$$

对其他类型能控系统所需要的状态反馈向量 $\boldsymbol{k}$ 为

$$\boldsymbol{k}=\boldsymbol{k}_1\boldsymbol{M}_{c1}\boldsymbol{M}_c^{-1}\overset{\text{def}}{=}\boldsymbol{k}_1\boldsymbol{P} \tag{7.11}$$

下面介绍计算状态反馈行向量 $\boldsymbol{k}$ 的算法.

算法 1：

1. 已知系统为能控Ⅰ型$\{\boldsymbol{A}_{c1},\boldsymbol{b}_{c1},\boldsymbol{c}_{c1}\}$，计算特征多项式 $\Delta(s)=s^n+a_{n-1}s^{n-1}+\cdots+a_1s+a_0$；

2. 根据给定的 n 个希望特征值，计算希望的特征多项式 $\bar{\Delta}(s)=\prod_{k=1}^{n}(s-\bar{\lambda}_k)=s^n+\bar{a}_{n-1}s^{n-1}+\cdots+\bar{a}_1s+a_0$；

3. 按式(7.10)计算需要的状态反馈行向量 $\boldsymbol{k}_1$.

算法 2：

1. 已知系统为能控型$\{\boldsymbol{A}_c,\boldsymbol{b}_c,\boldsymbol{c}_c\}$，但并非能控Ⅰ型，计算闭环特征多项式 $\bar{\Delta}(s)=\det(s\boldsymbol{I}-\boldsymbol{A}_c-\boldsymbol{b}_c\boldsymbol{k})=s^n+\bar{a}_ns^{n-1}+\cdots+\bar{a}_ns+\bar{a}_0$，其中系数 $\bar{a}_{n-1},\cdots,\bar{a}_1,\bar{a}_0$ 是状态反馈行向量 $\boldsymbol{k}$ 的函数；

2. 根据式(7.8)列出含有状态反馈行向量 $\boldsymbol{k}$ 中 n 个元素的 n 个方程并求解得到 $\boldsymbol{k}$.这 n 个方程可通过比较希望特征多项式 $\bar{\Delta}(s)=\prod_{k=1}^{n}(s-\bar{\lambda}_k)$ 与闭环特征多项式相应系数得到.

算法 3：

1. 已知系统为能控型$\{\boldsymbol{A}_c,\boldsymbol{b}_c,\boldsymbol{c}_c\}$，但并非能控Ⅰ型，计算能控性矩阵 $\boldsymbol{M}_c$ 及其逆 $\boldsymbol{M}_c^{-1}$；
2. 计算特征多项式 $\Delta(s)=s^n+a_{n-1}s^{n-1}+\cdots+a_1s+a_0$；
3. 根据给定的 n 个希望特征值，计算希望的特征多项式 $\bar{\Delta}(s)=\prod_{k=1}^{n}(s-\bar{\lambda}_k)=s^n+\bar{a}_{n-1}s^{n-1}+\cdots+\bar{a}_1s+\bar{a}_0$；
4. 按式(7.10)计算能控Ⅰ型下的状态反馈行向量 $\boldsymbol{k}_1$；
5. 将 $\Delta(s)$中系数代入式(5.51)计算出 $\boldsymbol{M}_{c1}$；
6. 按式(7.11)计算出实际需要的状态反馈行向量 $\boldsymbol{k}$.

例 7.1 设例 2.6 中倒立摆系统的参数给定后，动态方程如下：

$$\begin{bmatrix}\dot{x}_1\\\dot{x}_2\\\dot{x}_3\\\dot{x}_4\end{bmatrix}=\begin{bmatrix}0&1&0&0\\0&0&-1&0\\0&0&0&1\\0&0&11&0\end{bmatrix}\begin{bmatrix}x_1\\x_2\\x_3\\x_4\end{bmatrix}+\begin{bmatrix}0\\1\\0\\-1\end{bmatrix}u$$

$$y = [1\quad 0\quad 0\quad 0]\boldsymbol{x}$$

希望用状态反馈将闭环系统特征频率安排成 $\bar{\lambda}_1 = -1, \bar{\lambda}_2 = -2, \bar{\lambda}_{3,4} = -1 \pm \mathrm{j}$.

解　首先验证系统的能控性:

$$\rho(\boldsymbol{M}_c) = \rho\begin{bmatrix} 0 & 1 & 0 & 1 \\ 1 & 0 & 1 & 0 \\ 0 & -1 & 0 & -11 \\ -1 & 0 & -11 & 0 \end{bmatrix} = 4 = n$$

系统确为能控系统,可以用状态反馈任意配置特征频率.下面分别用算法 2 和算法 3 求解.

(a) 用算法 2 求解:

1. 计算闭环特征多项式:

$$\bar{\Delta}(s) = \det(s\boldsymbol{I} - \boldsymbol{A}_c - \boldsymbol{b}_c\boldsymbol{k})$$

$$\bar{\Delta}(s) = \begin{vmatrix} s & -1 & 0 & 0 \\ -k_0 & s-k_1 & 1-k_2 & -k_3 \\ 0 & 0 & s & -1 \\ k_0 & k_1 & 11-k_2 & s+k_3 \end{vmatrix}$$

$$= s^4 + (k_3 - k_1)s^3 + (k_2 - k_0 - 11)s^2 + 10k_1 s + 10k_0$$

2. 计算希望的特征多项式:

$$\bar{\Delta}(s) = \prod_{k=1}^{n}(s - \bar{\lambda}_k),\quad \bar{\Delta}(s) = s^4 + 5s^3 + 10s^2 + 10s + 4$$

3. 根据式(7.8)列出方程并求解:

$$10k_0 = 4$$

$$10k_1 = 10$$

$$k_2 - k_0 - 11 = 10$$

$$k_3 - k_1 = 5$$

$$k = [k_0\quad k_1\quad k_2\quad k_3] = [0.4\quad 1\quad 21.4\quad 6]$$

(b) 用算法 3 求解:

1. 计算 $\boldsymbol{M}_c$ 和 $\boldsymbol{M}_c^{-1}$:

$$\boldsymbol{M}_c = \begin{bmatrix} 0 & 1 & 0 & 1 \\ 1 & 0 & 1 & 0 \\ 0 & -1 & 0 & -1 \\ -1 & 0 & -11 & 0 \end{bmatrix},\quad \boldsymbol{M}_c^{-1} = \begin{bmatrix} 0 & 1.1 & 0 & 0.1 \\ 1.1 & 0 & 0.1 & 0 \\ 0 & -0.1 & 0 & -0.1 \\ -0.1 & 0 & -0.1 & 0 \end{bmatrix}$$

2. 计算特征多项式:

$$\Delta(s) = s^n + a_{n-1}s^{n-1} + \cdots + a_1 s + a_0$$

$$\Delta(s) = s^4 + 0\cdot s^3 - 11s^2 + 0s + 0$$

3. 计算希望的特征多项式:

$$\bar{\Delta}(s) = \prod_{k=1}^{n}(s - \bar{\lambda}_k)$$

$$\bar{\Delta}(s) = s^4 + 5s^3 + 10s^2 + 10s + 4$$

4. 计算 $\boldsymbol{k}_1$：

$$\boldsymbol{k}_1 = [k_{10} \quad k_{11} \quad k_{12} \quad k_{13}] = [-4 \quad -10 \quad -21 \quad -5]$$

5. 计算 $\boldsymbol{M}_{c1}$：

$$\boldsymbol{M}_{c1} = \begin{bmatrix} 0 & 0 & 0 & 1 \\ 0 & 0 & 1 & 0 \\ 0 & 1 & 0 & 11 \\ 1 & 0 & 11 & 0 \end{bmatrix}$$

6. 计算 k：

$$\boldsymbol{k} = (k_0 \quad k_1 \quad k_2 \quad k_3) = \boldsymbol{k}_1 \boldsymbol{M}_{c1} \boldsymbol{M}_c^{-1}$$

$$\boldsymbol{k} = [-4 \quad -10 \quad -21 \quad -5] \begin{bmatrix} 0 & 0 & 0 & 1 \\ 0 & 0 & 1 & 0 \\ 0 & 1 & 0 & 11 \\ 1 & 0 & 11 & 0 \end{bmatrix} \begin{bmatrix} 0 & 1.1 & 0 & 0.1 \\ 1.1 & 0 & 0.1 & 0 \\ 0 & -0.1 & 0 & -0.1 \\ -0.1 & 0 & -0.1 & 0 \end{bmatrix}$$

$$= [0.4 \quad 1 \quad 21.4 \quad 6]$$

7.1.2 状态反馈用于多变量系统

定理 7.1 说明只要单变量系统是能控的，就可用状态反馈任意配置闭环系统的特征值，这为综合或设计具有良好动态性能指标和稳态性能指标的闭环系统带来了很大的自由度. 7.2 节将进一步讨论这方面内容. 现在研究能否将定理 7.1 推广到多变量系统. 答案是肯定的. 文献[5]介绍了三种方法，这里选择其中一种，对另外两种方法感兴趣的读者可阅读文献[5]. 定理 7.1 并不要求单变量系统动态方程为能控Ⅰ型，但式(7.6)或式(7.9)暗示若结果为能控Ⅰ型动态方程，问题就较易解决. 多变量系统的复杂性比单变量系统高得多，由此得到启示将能控的多变量系统动态方程等价变换为能控Ⅰ型将会带来方便. 后面还将说明能控Ⅰ型动态方程比一般能控动态方程更富有理论意义. 另一方面用能控Ⅰ型动态方程进行仿真需要的乘法器或放大器数目会减少许多，因此也非常富有实践意义. 类似地，能控Ⅱ型和两种能观规范型动态方程同样既富有理论意义又富有实践意义. 所以研究如何将一般能控(或能观)的动态方程等价变换成能控(或能观)规范型动态方程是很有意义的. 下面首先研究这一问题.

设单变量系统具有两组能控型动态方程$\{\boldsymbol{A}, \boldsymbol{b}, \boldsymbol{C}\}$和$\{\bar{\boldsymbol{A}}, \bar{\boldsymbol{b}}, \bar{\boldsymbol{C}}\}$. 它们存在等价变换关系，即

$$\bar{\boldsymbol{A}} = \boldsymbol{P}^{-1}\boldsymbol{A}\boldsymbol{P}, \quad \bar{\boldsymbol{b}} = \boldsymbol{P}^{-1}\boldsymbol{b}, \quad \bar{\boldsymbol{C}} = \boldsymbol{C}\boldsymbol{P} \tag{7.12}$$

因为它们都是能控的，对于两者的能控性矩阵 $\boldsymbol{M}_c$ 和 $\bar{\boldsymbol{M}}_c$，有

$$\rho[\boldsymbol{M}_c] = \rho[\boldsymbol{b}\ \boldsymbol{A}\boldsymbol{b} \cdots \boldsymbol{A}^{n-1}\boldsymbol{b}] = n \tag{7.13a}$$

$$\rho[\bar{\boldsymbol{M}}_c] = \rho[\bar{\boldsymbol{b}}\bar{\boldsymbol{A}}\bar{\boldsymbol{b}} \cdots \bar{\boldsymbol{A}}^{n-1}\bar{\boldsymbol{b}}] = n \tag{7.13b}$$

能控性矩阵 M_c 和 $\bar{M}_c$ 均为非奇异 n 阶方阵，令

$$\boldsymbol{P} \overset{\text{def}}{=} \boldsymbol{M}_c \bar{\boldsymbol{M}}_c^{-1} \tag{7.14a}$$

$$\boldsymbol{P}^{-1} = \overline{\boldsymbol{M}}_c \boldsymbol{M}_c^{-1} \tag{7.14b}$$

亦就是说

$$\overline{\boldsymbol{A}} = \overline{\boldsymbol{M}}_c \boldsymbol{M}_c^{-1} \boldsymbol{A} \boldsymbol{M}_c \overline{\boldsymbol{M}}_c^{-1}, \quad \overline{\boldsymbol{b}} = \overline{\boldsymbol{M}}_c \boldsymbol{M}_c^{-1} \boldsymbol{b}, \quad \overline{\boldsymbol{C}} = \boldsymbol{C} \boldsymbol{M}_c \overline{\boldsymbol{M}}_c^{-1} \tag{7.15}$$

对于具有两个代数等价能控实现的多变量系统,由于 $\rho[\boldsymbol{M}_c] = \rho[\overline{\boldsymbol{M}}_c] = n$,利用非奇异矩阵 $\boldsymbol{M}_c \boldsymbol{M}_c^{\mathrm{T}}$ 和 $\overline{\boldsymbol{M}}_c \boldsymbol{M}_c^{\mathrm{T}}$ 构造

$$\boldsymbol{P}^{-1} = \overline{\boldsymbol{M}}_c \boldsymbol{M}_c^{\mathrm{T}} (\boldsymbol{M}_c \boldsymbol{M}_c^{\mathrm{T}})^{-1}, \quad \boldsymbol{P} = \boldsymbol{M}_c \boldsymbol{M}_c^{\mathrm{T}} (\overline{\boldsymbol{M}}_c \boldsymbol{M}_c^{\mathrm{T}})^{-1} \tag{7.16}$$

作等价变换将得到 $\overline{\boldsymbol{A}} = \boldsymbol{P}^{-1}\boldsymbol{A}\boldsymbol{P}, \overline{\boldsymbol{B}} = \boldsymbol{P}^{-1}\boldsymbol{B}, \overline{\boldsymbol{C}} = \boldsymbol{C}\boldsymbol{P}$.

式(7.14)和式(7.16)中非奇异矩阵 $\boldsymbol{P}$ 或 $\boldsymbol{P}^{-1}$ 是用来进行能控型动态方程之间等价变换的.类似方法可证明,对于能观型动态方程可用式(7.17)或式(7.18)中非奇异矩阵 $\boldsymbol{Q}$ 或 $\boldsymbol{Q}^{-1}$ 进行彼此间的等价变换,式(7.17)适用于单变量系统,式(7.18)适用于多变量系统,式(7.19)说明了变换关系式:

$$\boldsymbol{Q} = \boldsymbol{M}_o^{-1} \overline{\boldsymbol{M}}_o \tag{7.17a}$$

$$\boldsymbol{Q}^{-1} = \overline{\boldsymbol{M}}_o^{-1} \boldsymbol{M}_o \tag{7.17b}$$

$$\boldsymbol{Q} = (\boldsymbol{M}_o^{\mathrm{T}} \boldsymbol{M}_o)^{-1} \boldsymbol{M}_o^{\mathrm{T}} \overline{\boldsymbol{M}}_o \tag{7.18a}$$

$$\boldsymbol{Q}^{-1} = (\boldsymbol{M}_o^{\mathrm{T}} \overline{\boldsymbol{M}}_o)^{-1} \boldsymbol{M}_o^{\mathrm{T}} \boldsymbol{M}_o \tag{7.18b}$$

$$\overline{\boldsymbol{A}} = \boldsymbol{Q}^{-1}\boldsymbol{A}\boldsymbol{Q}, \quad \overline{\boldsymbol{B}} = \boldsymbol{Q}^{-1}\boldsymbol{B}, \quad \overline{\boldsymbol{C}} = \boldsymbol{C}\boldsymbol{Q} \tag{7.19}$$

5.2节中单变量系统能控Ⅱ型和能观Ⅱ型正是分别应用式(7.14)和式(7.17)得到的.下面介绍一种与节4.7中曾用过的类似方法,在能控型多变量系统动态方程的能控性矩阵 $\boldsymbol{M}_c$ 中挑选 n 个线性无关的列组成非奇异矩阵 $\boldsymbol{P}$ 进行等价变换.设能控型系统的动态方程由 $\{\boldsymbol{A},\boldsymbol{B},\boldsymbol{C}\}$ 描述,其能控性矩阵 $\boldsymbol{M}_c$ 如下:

$$\boldsymbol{M}_c = [\boldsymbol{b}_1 \quad \cdots \quad \boldsymbol{b}_m \quad \boldsymbol{A}\boldsymbol{b}_1 \quad \cdots \quad \boldsymbol{A}\boldsymbol{b}_m \quad \cdots \quad \boldsymbol{A}^{n-1}\boldsymbol{b}_1 \quad \cdots \quad \boldsymbol{A}^{n-1}\boldsymbol{b}_m] \tag{7.20}$$

$\rho[\boldsymbol{M}_c] = n$ 表示 $\boldsymbol{M}_c$ 中有 n 个线性无关的列.由式(7.20)的 nm 个列中挑选 n 个线性无关的列有许多方案.现在介绍其中的两种.

方案1:

首先挑选 $\boldsymbol{b}_1$,然后按顺序挑选 $\boldsymbol{A}\boldsymbol{b}_1, \boldsymbol{A}^2\boldsymbol{b}_1, \cdots$ 直到 $\boldsymbol{A}^{\mu_1}\boldsymbol{b}_1$ 与已挑出的$[\boldsymbol{b}_1, \boldsymbol{A}\boldsymbol{b}_1, \cdots, \boldsymbol{A}^{\mu_1 - 1}\boldsymbol{b}_1]$线性相关为止.如果 $\mu_1 = n$ 意味着已挑出 n 个线性无关的列,系统的状态可用输入 $\boldsymbol{u}$ 中第一个分量控制或者说被 $\boldsymbol{B}$ 中第一列控制.如果 $\mu_1 < n$,再按顺序 $\boldsymbol{b}_2, \boldsymbol{A}\boldsymbol{b}_2, \cdots$ 加以补充,直到 $\boldsymbol{A}^{\mu_2}\boldsymbol{b}_2$ 与已挑出的全部列线性相关为止.如果 $\mu_1 + \mu_2 = n$ 表示已挑出需要的 n 个线性无关的列,否则按前进的方法继续挑选直到挑选出 $\boldsymbol{b}_i, \boldsymbol{A}\boldsymbol{b}_i, \cdots, \boldsymbol{A}^{\mu_i - 1}\boldsymbol{b}_i$ 后 $\mu_1 + \mu_2 + \cdots + \mu_i = n$ 为止,集$\{\mu_1 + \mu_2 + \cdots + \mu_i\}$形成能控指数集.于是得到非奇异 n 阶方阵 $\boldsymbol{P}$:

$$\boldsymbol{P} = [\boldsymbol{b}_1 \quad \cdots \quad \boldsymbol{A}^{\mu_1 - 1}\boldsymbol{b}_1 \quad \boldsymbol{b}_2 \quad \cdots \quad \boldsymbol{A}^{\mu_2 - 1}\boldsymbol{b}_2 \quad \cdots \quad \boldsymbol{b}_i \quad \cdots \quad \boldsymbol{A}^{\mu_i - 1}\boldsymbol{b}_i] \tag{7.21}$$

用式(7.21)中 $\boldsymbol{P}$ 对$\{\boldsymbol{A},\boldsymbol{B},\boldsymbol{C}\}$作等价变换,即令

$$\overline{\boldsymbol{A}} = \boldsymbol{P}^{-1}\boldsymbol{A}\boldsymbol{P}, \quad \overline{\boldsymbol{B}} = \boldsymbol{P}^{-1}\boldsymbol{B}, \quad \overline{\boldsymbol{C}} = \boldsymbol{C}\boldsymbol{P} \tag{7.22}$$

设 $\overline{\boldsymbol{B}}$ 和 $\boldsymbol{B}$ 的列分别记为 $\overline{\boldsymbol{b}}_k, \boldsymbol{b}_k, k = 1,2,\cdots,m$,有

$$\boldsymbol{P}\overline{\boldsymbol{b}}_k = \boldsymbol{b}_k, \quad k = 1,2,\cdots,m$$

$\bar{b}_k$ 是列向量 b_k 在式(7.21)所形成的基下坐标,所以 $\bar{B}$ 中左数前 i 个 $\bar{b}_k$,$1\leqslant k\leqslant i$,具有以下形式:

$$\bar{b}_1=\begin{bmatrix}1\\0\\\vdots\\\cdots\\\\\\\mathbf{0}\\\\\end{bmatrix}\begin{matrix}\left.\vphantom{\begin{matrix}1\\0\\\vdots\\\cdots\end{matrix}}\right\}\mu_1\\\left.\vphantom{\begin{matrix}\\\\\mathbf{0}\\\\\end{matrix}}\right\}n-\mu_1\end{matrix},\quad \bar{b}_k=\begin{bmatrix}\mathbf{0}\\\cdots\\1\\0\\\vdots\\0\end{bmatrix}\begin{matrix}\left.\vphantom{\begin{matrix}\mathbf{0}\\\cdots\end{matrix}}\right\}\sum_{j=1}^{k-1}\mu_j\\\left.\vphantom{\begin{matrix}1\\0\\\vdots\\0\end{matrix}}\right\}n-\sum_{j=1}^{k-1}\mu_j\end{matrix},\quad 2\leqslant k\leqslant i \tag{7.23}$$

由于列向量 b_{i+1} 直到 b_m 均是式(7.21)中基向量的线性组合,不存在这种简单的表达式.此外,令 $\bar{A}$ 中的列向量记为 $\bar{a}_k$,$k=1,2,\cdots,n$,根据

$$P\bar{A}=AP=[Ab_1\quad\cdots\quad A^{\mu_1}b_1\quad Ab_2\quad\cdots\quad A^{\mu_2}b_2\quad\cdots\quad Ab_i\quad\cdots\quad A^{\mu_i}b_i]$$

可知,等式右边除向量 $A^{\mu_j}b_j$,$j=1,2,\cdots,i$ 是式(7.21)中基向量的线性组合外,其余均是基向量.这些基向量在基底 P 下的坐标向量即 $\bar{A}$ 的列向量 $\bar{a}_k$ 只有一个元素为 1,其余为零.归纳起来 $\bar{A}$ 和 $\bar{B}$ 有下面规范形式,为了方便令 $i=3$:

$$\bar{A}=\left[\begin{array}{cccccc:cccccc:cccccc}
0&0&0&\cdots&0&*&&&&&&*&&&&&&*\\
1&0&0&\cdots&0&*&&&&&&*&&&&&&*\\
0&1&0&\cdots&0&*&&&&&&*&&&&&&*\\
\vdots&\vdots&\vdots&&\vdots&\vdots&&&&&&\vdots&&&&&&\vdots\\
0&0&0&\cdots&1&*&&&&&&*&&&&&&*\\
\hdashline
\multicolumn{6}{c}{(\mu_1\times\mu_1)}&0&0&0&\cdots&0&*&&&&&&*\\
&&&&&&1&0&0&\cdots&0&*&&&&&&*\\
&&&&&&0&1&0&\cdots&0&*&&&&&&*\\
&&&&&&\vdots&\vdots&\vdots&&\vdots&\vdots&&&&&&\vdots\\
&&&&&&0&0&0&\cdots&1&*&&&&&&*\\
\hdashline
&&&&&&\multicolumn{6}{c}{(\mu_2\times\mu_2)}&0&0&0&\cdots&0&*\\
&&&&&&&&&&&&1&0&0&\cdots&0&*\\
&&&&&&&&&&&&0&1&0&\cdots&0&*\\
&&&&&&&&&&&&\vdots&\vdots&\vdots&&\vdots&\vdots\\
&&&&&&&&&&&&0&0&0&\cdots&1&*\\
\hdashline
&&&&&&&&&&&&\multicolumn{6}{c}{(\mu_3\times\mu_3)}
\end{array}\right],\quad
\bar{B}=\left[\begin{array}{ccc}
1&0&0\\0&0&0\\0&0&0\\\vdots&\vdots&\vdots\\0&0&0\\\hdashline
0&1&0\\0&0&0\\0&0&0\\\vdots&\vdots&\vdots\\0&0&0\\\hdashline
0&0&1\\0&0&0\\0&0&0\\\vdots&\vdots&\vdots\\0&0&0
\end{array}\quad\bar{b}_4\cdots\bar{b}_m\right] \tag{7.24}$$

其中 $*$ 表示可能的非零元素,未标明的元素为零.

方案 2:

首先在 B 中顺序挑出 $j=\rho[B]$ 个线性无关列向量,$b_1,b_2,\cdots,b_j$,再按 $Ab_1,Ab_2,\cdots,Ab_j$ 和 $A^2b_1,A^2b_2,\cdots,A^2b_j$ 顺序依次挑选线性无关列向量,直到挑出 n 个线性无关列向量.这正是 4.7 节用过的方法.这样可得到非奇异 n 阶方阵 $\bar{P}$:

$$\bar{P}=[b_1\quad\cdots\quad A^{\bar{\mu}_1-1}b_1\quad b_2\quad\cdots\quad A^{\bar{\mu}_2-1}b_2\quad\cdots\quad b_j\quad\cdots\quad A^{\bar{\mu}_j-1}b_j] \tag{7.25}$$

注意，方案 1 和方案 2 的差异导致 $\boldsymbol{A}^{\mu_k}\boldsymbol{b}_k$ 和 $\boldsymbol{A}^{\bar{\mu}_k}\boldsymbol{b}_k$，$k=1,2,\cdots,\min(i,j)$的线性组合方式不同. 例如，$\boldsymbol{A}^{\mu_1}\boldsymbol{b}_1$ 是$\{\boldsymbol{b}_1\ \boldsymbol{A}\boldsymbol{b}_1\ \cdots\ \boldsymbol{A}^{\mu_1-1}\boldsymbol{b}_1\}$的线性组合，而 $\boldsymbol{A}^{\bar{\mu}_1}\boldsymbol{b}_1$ 是$\{\boldsymbol{b}_1\ \boldsymbol{b}_2\ \cdots\ \boldsymbol{b}_j\boldsymbol{A}\boldsymbol{b}_1\ \boldsymbol{A}\boldsymbol{b}_2\ \cdots\ \boldsymbol{A}^{\bar{\mu}_1-1}\boldsymbol{b}_1\}$的线性组合. 因而，一般 $\bar{\boldsymbol{P}}$ 和 $\boldsymbol{P}$ 不相同. 用 $\bar{\boldsymbol{P}}$ 作等价变换，即令

$$\tilde{\boldsymbol{A}}=\bar{\boldsymbol{P}}^{-1}\boldsymbol{A}\bar{\boldsymbol{P}},\quad \tilde{\boldsymbol{B}}=\bar{\boldsymbol{P}}^{-1}\boldsymbol{B},\quad \tilde{\boldsymbol{C}}=\boldsymbol{C}\bar{\boldsymbol{P}} \tag{7.26}$$

$\tilde{\boldsymbol{A}}$ 和 $\tilde{\boldsymbol{B}}$ 与式(7.24)中 $\bar{\boldsymbol{A}}$ 和 $\bar{\boldsymbol{B}}$ 形式不同. 采用类似的推理分析并假设 $j=m$，能控指数集为$\{\bar{\mu}_1,\bar{\mu}_2,\cdots,\bar{\mu}_m\}$，可知 $\tilde{\boldsymbol{A}}$ 和 $\tilde{\boldsymbol{B}}$ 有式(7.27)的规范形式：

$$\tilde{\boldsymbol{A}}=\left[\begin{array}{cccc|cccc|c|cccc}
0 & 0 & \cdots & * & & & & * & & & & & * \\
1 & 0 & \cdots & * & & & & * & & & & & * \\
0 & 1 & \cdots & * & & & & * & & & & & * \\
\vdots & \vdots & & \vdots & & & & \vdots & & & & & \vdots \\
0 & 0 & \cdots & * & & & & * & & & & & * \\
\hline
\multicolumn{3}{c}{(\bar{\mu}_1\times\bar{\mu}_1)} & * & 0 & 0 & \cdots & * & & & & & * \\
 & & & * & 1 & 0 & \cdots & * & & & & & * \\
 & & & * & 0 & 1 & \cdots & * & & & & & * \\
 & & & \vdots & \vdots & \vdots & & \vdots & & & & & \vdots \\
 & & & * & 0 & 0 & \cdots & * & & & & & * \\
\hline
 & & & & \multicolumn{3}{c}{(\bar{\mu}_2\times\bar{\mu}_2)} & & & & & & \\
 & & & \vdots & & & & \vdots & \ddots & & & & \vdots \\
 & & & & & & & & & \multicolumn{4}{c}{(\bar{\mu}_m\times\bar{\mu}_m)} \\
\hline
 & & & * & & & & * & & 0 & 0 & \cdots & * \\
 & & & * & & & & * & & 1 & 0 & \cdots & * \\
 & & & * & & & & * & & 0 & 1 & \cdots & * \\
 & & & \vdots & & & & \vdots & & \vdots & \vdots & & \vdots \\
 & & & * & & & & * & & 0 & 0 & \cdots & *
\end{array}\right],\quad
\tilde{\boldsymbol{B}}=\left[\begin{array}{cccc}
1 & 0 & \cdots & 0 \\
0 & 0 & \cdots & 0 \\
0 & 0 & \cdots & 0 \\
\vdots & \vdots & & \vdots \\
0 & 0 & \cdots & 0 \\
\hline
0 & 1 & \cdots & 0 \\
0 & 0 & \cdots & 0 \\
0 & 0 & \cdots & 0 \\
\vdots & \vdots & & \vdots \\
0 & 0 & \cdots & 0 \\
\hline
 & & \vdots & \\
\hline
0 & 0 & \cdots & 1 \\
0 & 0 & \cdots & 0 \\
0 & 0 & \cdots & 0 \\
\vdots & \vdots & & \vdots \\
0 & 0 & \cdots & 0
\end{array}\right] \tag{7.27}$$

对照式(7.24)和式(7.27)可看出不同的基向量选择方案产生的差异. 在式(7.24)中，$\bar{\boldsymbol{A}}$ 具有 $i(=3)$个对角分块，$\bar{\boldsymbol{B}}$ 的前 $i(=3)$列十分简单. 在式(7.27)中，$\tilde{\boldsymbol{A}}$ 有 $j=\rho(\boldsymbol{B})=m$ 个对角分块，$\tilde{\boldsymbol{B}}$ 的形式十分简单. 倘若将式(7.21)或式(7.25)中基向量按不同顺序排列，$\{\bar{\boldsymbol{A}},\bar{\boldsymbol{B}}\}$或$\{\tilde{\boldsymbol{A}},\tilde{\boldsymbol{B}}\}$分别会演变成不同形式的规范型. 下面介绍如何利用方案 2 得到类似式(5.48)或式(5.73)形式的能控规范Ⅰ型的动态方程或实现. 为叙述方便，设 $n=9$，$j=m=3$，$\bar{\mu}_1=3$，$\bar{\mu}_2=2$和 $\bar{\mu}_3=4$. 于是有非奇异方阵 $\bar{\boldsymbol{P}}$ 如下：

$$\bar{\boldsymbol{P}}=[\boldsymbol{b}_1\quad \boldsymbol{A}\boldsymbol{b}_1\quad \boldsymbol{A}^2\boldsymbol{b}_1\quad \boldsymbol{b}_2\quad \boldsymbol{A}\boldsymbol{b}_2\quad \boldsymbol{b}_3\quad \boldsymbol{A}\boldsymbol{b}_3\quad \boldsymbol{A}^2\boldsymbol{b}_3\quad \boldsymbol{A}^3\boldsymbol{b}_3] \tag{7.28}$$

计算出 $\bar{\boldsymbol{P}}^{-1}$并以 $\boldsymbol{e}_{il_i}$，$i=1,2,3$，$l_i=1,\cdots,\bar{\mu}_i$ 表示其行向量，有

$$\bar{\boldsymbol{P}}^{-1}=[\boldsymbol{e}_{11}^{\mathrm{T}}\quad \boldsymbol{e}_{12}^{\mathrm{T}}\quad \underset{\substack{\uparrow\\ \boldsymbol{e}_{1\bar{\mu}_1}^{\mathrm{T}}}}{\boldsymbol{e}_{13}^{\mathrm{T}}}\quad \boldsymbol{e}_{21}^{\mathrm{T}}\quad \underset{\substack{\uparrow\\ \boldsymbol{e}_{2\bar{\mu}_2}^{\mathrm{T}}}}{\boldsymbol{e}_{22}^{\mathrm{T}}}\quad \boldsymbol{e}_{31}^{\mathrm{T}}\quad \boldsymbol{e}_{32}^{\mathrm{T}}\quad \boldsymbol{e}_{33}^{\mathrm{T}}\quad \underset{\substack{\uparrow\\ \boldsymbol{e}_{3\bar{\mu}_3}^{\mathrm{T}}}}{\boldsymbol{e}_{34}^{\mathrm{T}}}]^{\mathrm{T}}$$

$\bar{\boldsymbol{P}}^{-1}\bar{\boldsymbol{P}}=\boldsymbol{I}$，决定了 $\boldsymbol{e}_{13}\boldsymbol{A}^k\boldsymbol{b}_1=0,k=0,1;\boldsymbol{e}_{13}\boldsymbol{A}^2\boldsymbol{b}_1=1;\boldsymbol{e}_{13}\boldsymbol{A}^k\boldsymbol{b}_2=0,k=0,1,2;\boldsymbol{e}_{13}\boldsymbol{A}^k\boldsymbol{b}_3=0$，$k=0,1,2,3$. 但是要注意 $\boldsymbol{A}^2\boldsymbol{b}_2$ 是 $\{\boldsymbol{b}_1,\boldsymbol{b}_2,\boldsymbol{b}_3,\boldsymbol{A}\boldsymbol{b}_1,\boldsymbol{A}\boldsymbol{b}_2,\boldsymbol{A}^2\boldsymbol{b}_1\}$ 的线性组合，$\boldsymbol{e}_{13}\boldsymbol{A}^2\boldsymbol{b}_2\neq0$. 对于 $\boldsymbol{e}_{i\bar{\mu}_i}$，$i=2,3$ 存在类似关系式. 现在用 $\boldsymbol{e}_{i\bar{\mu}_i}$，$i=1,2,3$ 构成方阵 $\boldsymbol{Q}$：

$$\boldsymbol{Q}=\begin{bmatrix}\boldsymbol{e}_{13}\\ \boldsymbol{e}_{13}\boldsymbol{A}\\ \boldsymbol{e}_{13}\boldsymbol{A}^2\\ \boldsymbol{e}_{22}\\ \boldsymbol{e}_{22}\boldsymbol{A}\\ \boldsymbol{e}_{34}\\ \boldsymbol{e}_{34}\boldsymbol{A}\\ \boldsymbol{e}_{34}\boldsymbol{A}^2\\ \boldsymbol{e}_{34}\boldsymbol{A}^3\end{bmatrix} \tag{7.29}$$

$\bar{\boldsymbol{P}}^{-1}\bar{\boldsymbol{P}}=\boldsymbol{I}$ 所决定的关系式保证了方阵 $\boldsymbol{Q}$ 为非奇异阵，而且应用 $\boldsymbol{Q}^{-1}$ 和 $\boldsymbol{Q}$ 作等价变换使得 $\{\bar{\boldsymbol{A}},\bar{\boldsymbol{B}}\}$ 成为式(7.30a)和式(7.30b)所示的能控规范Ⅰ型. 这种能控规范Ⅰ型实现的维数比式(5.73)所示的维数要少得多，因此更具有实用价值.

$$\bar{\boldsymbol{A}}=\boldsymbol{Q}\boldsymbol{A}\boldsymbol{Q}^{-1}=\left[\begin{array}{ccc|cc|cccc}0&1&0&&&&&&\\0&0&1&&&&&&\\ *&*&*&*&*&*&*&*&*\\ \hline &&&0&1&&&&\\ *&*&*&*&*&*&*&*&*\\ \hline &&&&&0&1&0&0\\ &&&&&0&0&1&0\\ &&&&&0&0&0&1\\ *&*&*&*&*&*&*&*&*\end{array}\right] \tag{7.30a}$$

$$\bar{\boldsymbol{B}}=\boldsymbol{Q}\boldsymbol{B}=\left[\begin{array}{ccc}0&0&0\\0&0&0\\1&*&0\\ \hline 0&0&0\\0&1&0\\ \hline 0&0&0\\0&0&0\\0&0&0\\0&0&1\end{array}\right] \tag{7.30b}$$

应用类似获得式(7.24)的推理方法可证明式(7.30)的正确性，不过这里应对 $\bar{\boldsymbol{A}},\bar{\boldsymbol{B}}$ 的行向量进行推理.

前面的论述指明任何能控型多变量系统的动态方程都可等价变换成式(7.30)那种能控Ⅰ型(也称做龙伯格型)动态方程. 于是引入状态反馈 $\boldsymbol{u}=\boldsymbol{v}+\bar{\boldsymbol{k}}\bar{\boldsymbol{x}}$，一般情况下 $\bar{\boldsymbol{k}}$ 为 $m\times n$ 矩

阵，针对式(7.30)，$\bar{\boldsymbol{k}}$ 为 3×9 矩阵，将状态方程改造成闭环系统下的

$$\dot{\bar{\boldsymbol{x}}} = (\bar{\boldsymbol{A}} + \bar{\boldsymbol{B}}\bar{\boldsymbol{k}})\bar{\boldsymbol{x}} + \bar{\boldsymbol{B}}\boldsymbol{v}$$

$\bar{\boldsymbol{B}}\bar{\boldsymbol{k}}$ 中的零行对应着 $\bar{\boldsymbol{B}}$ 中零行，相应地 $\bar{\boldsymbol{A}}+\bar{\boldsymbol{B}}\bar{\boldsymbol{k}}$ 中这些行向量仍保持不变. $\bar{\boldsymbol{B}}$ 中非零行彼此线性无关，用 $\bar{\boldsymbol{B}}_S$ 表示它们构成的子矩阵，$\bar{\boldsymbol{A}}_S$ 表示 $\bar{\boldsymbol{A}}$ 中相应行组成的子矩阵，$\bar{\boldsymbol{A}}_{dS}$ 表示希望改造后的相应行组成的子矩阵，则通过

$$\bar{\boldsymbol{B}}_S\bar{\boldsymbol{k}} = \bar{\boldsymbol{A}}_{dS} - \bar{\boldsymbol{A}}_S \tag{7.31}$$

可解出需要的 $\bar{\boldsymbol{k}}$. 从而使 $\bar{\boldsymbol{A}}+\overline{\boldsymbol{Bk}}=\mathrm{diag}[\bar{A}_{c1},\bar{A}_{c2},\cdots,\bar{A}_{cj}]$，其中 $\bar{A}_{ci}$ 为下友矩阵.

$$\bar{\boldsymbol{A}}_{ci} = \begin{bmatrix} 0 & 1 & & \\ & 0 & \ddots & \\ & & \ddots & \\ & & 0 & 1 \\ a_{i1} & a_{i2} & \cdots & a_{i\bar{u}_i} \end{bmatrix}, \quad i = 1,2,\cdots,j = \rho(\boldsymbol{B}) \tag{7.32}$$

设 $\boldsymbol{A}_d$ 为希望的闭环系统的系统矩阵，$\lambda_1,\lambda_2,\cdots,\lambda_n$ 为希望的特征值，则

$$\begin{aligned} \det(s\boldsymbol{I} - \boldsymbol{A}_d) &= \prod_{k=1}^{n}(s-\lambda_k) \\ &\overset{\text{def}}{=} \det(s\boldsymbol{I} - \bar{\boldsymbol{A}} - \bar{\boldsymbol{B}}\bar{\boldsymbol{K}}) \\ &= \prod_{i=1}^{j}(s^{\bar{\mu}_i} - a_{i\bar{\mu}_i}s^{\bar{\mu}_i-1} - \cdots - a_{i2}s - a_{i1}) \end{aligned} \tag{7.33}$$

其中 $a_{il}, i=1,2,\cdots,j, l=1,2,\cdots,\bar{\mu}_i$ 是矩阵 $\bar{\boldsymbol{K}}$ 中元素的函数. 这样便可根据需要任意配置多变量系统$\{\boldsymbol{A},\boldsymbol{B},\boldsymbol{C}\}$的 n 个特征频率，只要复特征频率以共轭形成出现. 倘若将 $\bar{\boldsymbol{A}}+\bar{\boldsymbol{B}}\bar{\boldsymbol{k}}$ 排成标准的下友矩阵，即

$$\bar{\boldsymbol{A}} + \bar{\boldsymbol{B}}\bar{\boldsymbol{K}} = \begin{bmatrix} 0 & 1 & & & \\ & \ddots & \ddots & & \\ & & & 0 & 1 \\ d_1 & d_2 & \cdots & d_{n-1} & d_n \end{bmatrix} \tag{7.34}$$

于是多变量系统的特征频率配置问题就转化成类似单变量系统的特征频率配置问题. 显然，定理 7.1 可推广到多变量系统. 下面列出定理 7.2.

定理 7.2　线性多变量系统$\{\boldsymbol{A},\boldsymbol{B}\}$可通过状态反馈 $\boldsymbol{u}=\boldsymbol{v}+\boldsymbol{kx}$ 在 s 平面上任意配置特征频率的充要条件是系统$\{\boldsymbol{A},\boldsymbol{B}\}$完全能控.

例 7.2　设多变量系统$\{\boldsymbol{A},\boldsymbol{B},\boldsymbol{C}\}$如下：

$$\dot{x} = \begin{bmatrix} 0 & 1 & 0 & 0 & 0 \\ 0 & 0 & 1 & 0 & 0 \\ 2 & 0 & 0 & 1 & 1 \\ 0 & 0 & 0 & 0 & 1 \\ 0 & 0 & 0 & -1 & -2 \end{bmatrix} \boldsymbol{x} + \begin{bmatrix} 0 & 0 \\ 0 & 0 \\ 1 & 0 \\ 0 & 0 \\ 0 & 1 \end{bmatrix} \boldsymbol{u}$$

$$y = [1 \quad -1 \quad 3 \quad 2 \quad 0] \boldsymbol{x}$$

希望通过状态反馈将闭环系统特征频率安排在 $\lambda_1 = -1, \lambda_{2,3} = -2 \pm \mathrm{j}, \lambda_{4,5} = -1 \pm \mathrm{j}2$.

解 首先计算出希望的特征多项式 $\Delta_\mathrm{d}(s)$:

$$\Delta_d(s) = s^5 + 7s^4 + 24s^3 + 48s^2 + 55s + 25$$

由状态方程知 $\boldsymbol{A}, \boldsymbol{B}$ 具有式(7.30)形式,系统能控. 倘若将 $\boldsymbol{A}_{\mathrm{d1}} = \boldsymbol{A} + \boldsymbol{B}\boldsymbol{k}_1$ 安排成 $\mathrm{diag}[\boldsymbol{A}_{\mathrm{c1}}, \boldsymbol{A}_{\mathrm{c2}}]$形式,并让 $\sigma(\boldsymbol{A}_{\mathrm{c1}}) = \{\lambda_1, \lambda_2, \lambda_3\}, \sigma(\boldsymbol{A}_{\mathrm{c2}}) = \{\lambda_4, \lambda_5\}$,则有

$$\boldsymbol{B}_\mathrm{s} = \begin{bmatrix} 1 & 0 \\ 0 & 1 \end{bmatrix}, \quad A_\mathrm{s} = \begin{bmatrix} 2 & 0 & 0 & 1 & 1 \\ 0 & 0 & 0 & -1 & -2 \end{bmatrix}, \quad \boldsymbol{A}_{\mathrm{dS}} \stackrel{\mathrm{def}}{=} \begin{bmatrix} -5 & -9 & -5 & 0 & 0 \\ 0 & 0 & 0 & -5 & -2 \end{bmatrix}$$

用式(7.31)解出

$$\boldsymbol{k}_1 = \boldsymbol{A}_{\mathrm{dS}} - \boldsymbol{A}_\mathrm{S} = \begin{bmatrix} -7 & -9 & -5 & -1 & -1 \\ 0 & 0 & 0 & -4 & 0 \end{bmatrix}$$

$$\boldsymbol{A}_{\mathrm{d1}} = \boldsymbol{A} + \boldsymbol{B}\boldsymbol{k}_1 = \begin{bmatrix} 0 & 1 & 0 & 0 & 0 \\ 0 & 0 & 1 & 0 & 0 \\ -5 & -9 & -5 & 0 & 0 \\ 0 & 0 & 0 & 0 & 0 \\ 0 & 0 & 0 & -5 & -2 \end{bmatrix} = \mathrm{diag}(A_{\mathrm{c1}}, A_{\mathrm{c2}})$$

$\sigma(\boldsymbol{A}_{\mathrm{d1}}) = \sigma(\boldsymbol{A}_{\mathrm{c1}}) \oplus \sigma(\boldsymbol{A}_{\mathrm{c2}}) = \{-1, -2 \pm \mathrm{j}, -1 \pm \mathrm{j}2\}$确为所求. 倘若希望 A_d 具有如下形式:

$$\boldsymbol{A}_{\mathrm{d2}} = \boldsymbol{A} + \boldsymbol{B}\boldsymbol{k}_2 = \begin{bmatrix} 0 & 1 & 0 & 0 & 0 \\ 0 & 0 & 1 & 0 & 0 \\ 0 & 0 & 0 & 1 & 0 \\ 0 & 0 & 0 & 0 & 1 \\ -25 & -55 & -48 & -24 & -7 \end{bmatrix}$$

从而由

$$\boldsymbol{B}\boldsymbol{k}_2 = \boldsymbol{A}_{\mathrm{d2}} - \boldsymbol{A}$$

解出

$$\boldsymbol{k}_2 = \begin{bmatrix} -2 & 0 & 0 & 0 & -1 \\ -25 & -55 & -48 & -23 & -5 \end{bmatrix}$$

可验证 $\sigma(A_{\mathrm{d2}})$确为所求.

由例 7.2 可见,对于多变量系统而言为使闭环系统有一组指定的特征频率,状态反馈矩阵 $\boldsymbol{k}$ 的选取并不是唯一的. 为便于比较,图 7.2 描绘出两组零输入状态响应,对应 $\boldsymbol{k}_2$ 的一组状态中,暂态响应最大的模大约是对应 $\boldsymbol{k}_1$ 的最大模的三倍. 这是因为 $\boldsymbol{k}_2$ 中反馈增益的模比 $\boldsymbol{k}_1$ 中反馈增益模大. 如果希望的特征频率的模多数大于 1 的话,友矩阵阶次越高反馈增益会越大. $\boldsymbol{k}_2$ 对应的友矩阵为五阶, $\boldsymbol{k}_1$ 对应的两个友矩阵中,最大阶次为三. 所以采用对应 $\boldsymbol{k}_1$

的方案1会得到较好的暂态响应.最后指出系统特征频率和系统模态紧密联系在一起,前面曾指出系统特征频率可任意配置性为模态能控性.定理7.1和定理7.2指明不论是单变量系统还是多变量系统,模态能控性和状态能控性是一致的.

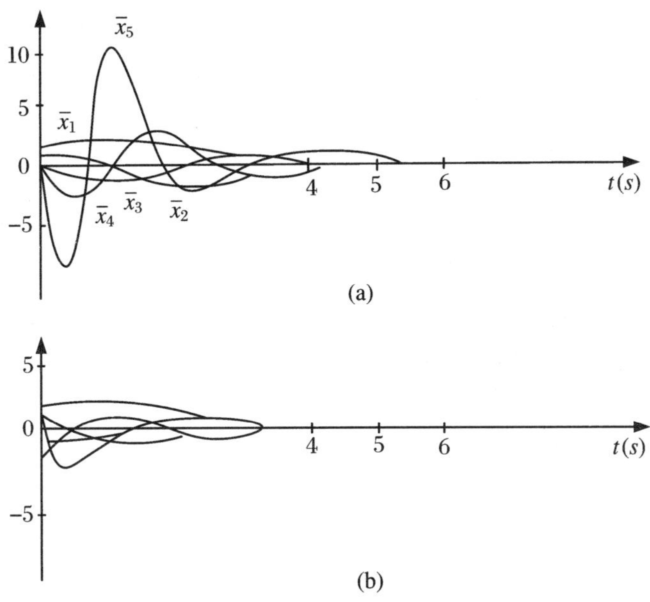

图7.2　例7.2中对应两组 k 值的暂态响应

7.2　状态反馈对系统性能的影响

7.1节已经阐明状态反馈对系统特征频率的影响,本节将考察状态反馈对系统其他性能,例如能控性、能观性、零点、稳定性、系统的稳态性能、动态性能等的影响.

定理7.3　多变量系统$\{\boldsymbol{A},\boldsymbol{B}\}$在形式为 $\boldsymbol{u}(t)=\boldsymbol{v}(t)+\boldsymbol{kx}(t)$的状态反馈下,能控性维持不变.

证明　原系统$\{\boldsymbol{A},\boldsymbol{B}\}$在采用 $\boldsymbol{u}=\boldsymbol{v}+\boldsymbol{kx}$ 形式状态反馈后,闭环系统的状态方程由$\{\boldsymbol{A}+\boldsymbol{Bk},\boldsymbol{B}\}$描述.设闭环系统的能控性矩阵记以 $\boldsymbol{M}_{\mathrm{cf}}$,原系统的能控性矩阵记以 $\boldsymbol{M}_{\mathrm{c}}$.应用归纳法很容易证明 $\boldsymbol{M}_{\mathrm{cf}}=\boldsymbol{M}_{\mathrm{c}}\boldsymbol{F}$,$\boldsymbol{F}$ 是非奇异的 nm 阶方阵,n 和 m 分别是状态空间和输入空间维数.

$$\begin{aligned}\boldsymbol{M}_{\mathrm{cf}}&=[\boldsymbol{B}\quad(\boldsymbol{A}+\boldsymbol{Bk})\boldsymbol{B}\quad(\boldsymbol{A}+\boldsymbol{Bk})^2\boldsymbol{B}\quad\cdots\quad(\boldsymbol{A}+\boldsymbol{Bk})^{n-1}\boldsymbol{B}]\\&=[\boldsymbol{B}\quad\boldsymbol{AB}\quad\boldsymbol{A}^2\boldsymbol{B}\quad\cdots\quad\boldsymbol{A}^{n-1}\boldsymbol{B}]\boldsymbol{F}\end{aligned}\tag{7.35}$$

其中

$$\boldsymbol{F}=\begin{bmatrix}\boldsymbol{I}_m & \boldsymbol{kB} & \boldsymbol{k}(\boldsymbol{A}+\boldsymbol{Bk})\boldsymbol{B} & \cdots & \boldsymbol{k}(\boldsymbol{A}+\boldsymbol{Bk})^{n-2}\boldsymbol{B}\\ & \ddots & \ddots & & \boldsymbol{k}(\boldsymbol{A}+\boldsymbol{Bk})^{n-3}\boldsymbol{B}\\ & & \ddots & \ddots & \vdots\\ & \boldsymbol{0} & & \ddots & \boldsymbol{k}(\boldsymbol{A}+\boldsymbol{Bk})\boldsymbol{B}\\ & & & \ddots & \boldsymbol{kB}\\ & & & & \boldsymbol{I}_m\end{bmatrix}_{nm\times nm}$$

显然式(7.35)等号两边左起前三项正确.现假设第 $j(j<n)$项正确,即

$$\begin{aligned}&\boldsymbol{A}^{j-1}\boldsymbol{B}+\boldsymbol{A}^{j-2}\boldsymbol{BkB}+\boldsymbol{A}^{j-3}\boldsymbol{Bk}(\boldsymbol{A}+\boldsymbol{Bk})\boldsymbol{B}+\cdots+\boldsymbol{Bk}(\boldsymbol{A}+\boldsymbol{Bk})^{j-2}\boldsymbol{B}\\ &\quad=(\boldsymbol{A}+\boldsymbol{Bk})^{j-1}\boldsymbol{B}\end{aligned}$$

于是

$$\begin{aligned}&\boldsymbol{A}^{j}\boldsymbol{B}+\boldsymbol{A}^{j-1}\boldsymbol{BkB}+\boldsymbol{A}^{j-2}\boldsymbol{Bk}(\boldsymbol{A}+\boldsymbol{Bk})\boldsymbol{B}+\cdots+\boldsymbol{ABk}(\boldsymbol{A}+\boldsymbol{Bk})^{j-2}\boldsymbol{B}\\ &\qquad+\boldsymbol{Bk}(\boldsymbol{A}+\boldsymbol{Bk})^{j-1}\boldsymbol{B}\\ &\quad=\boldsymbol{A}(\boldsymbol{A}+\boldsymbol{Bk})^{j-1}\boldsymbol{B}+\boldsymbol{Bk}(\boldsymbol{A}+\boldsymbol{Bk})^{j-1}\boldsymbol{B}\\ &\quad=(\boldsymbol{A}+\boldsymbol{Bk})^{j}\boldsymbol{B}\end{aligned}\tag{7.36}$$

式(7.36)说明式(7.35)正确,亦即 $\rho[\boldsymbol{M}_{cf}]=\rho[\boldsymbol{M}_c]$.这一证明方法在节 7.4 中将用来证明式(7.85).

倘若系统的能控性采用 PBH 判别法鉴别,由于

$$[s\boldsymbol{I}-\boldsymbol{A}\quad \boldsymbol{B}]=[s\boldsymbol{I}-\boldsymbol{A}-\boldsymbol{Bk}\quad \boldsymbol{B}]\begin{bmatrix}\boldsymbol{I}_n & \boldsymbol{0}\\ \boldsymbol{k} & \boldsymbol{I}_m\end{bmatrix}$$

同样得到

$$\rho[s\boldsymbol{I}-\boldsymbol{A}-\boldsymbol{Bk}\quad \boldsymbol{B}]=\rho[s\boldsymbol{I}-\boldsymbol{A}\quad \boldsymbol{B}],\quad \forall S\in \mathbf{C}$$

所以得到结论,状态反馈不改变系统能控性.

6.3 节中定理 6.10 指出当且仅当系统的全部特征频率具有负实部时,系统是大范围渐近稳定系统.倘若系统是能控的,但有些特征频率甚至全部特征频率具有非负实部时,均可用状态反馈将非负实部的特征频率移到复平面 s 的左半开平面内.这种采用状态反馈将不稳定系统改造成稳定闭环系统的方法称之为**稳定化**,或称做**系统镇定**.倘若系统既不稳定又不是完全能控的,那么系统可稳定化或可镇定的条件是什么呢? 4.6 节中定理 4.21 指出采用适当的非奇异矩阵进行等价变换可将系统分解成能控子系统和不能控子系统两部分.据此可归纳出可稳定化条件:当且仅当线性系统$\{\boldsymbol{A},\boldsymbol{B}\}$的不能控子系统是渐近稳定的,或者说其特征频率皆位于复 s 平面左半开平面内,系统是可稳定化或可镇定的.因此,一旦系统满足可稳定化条件,稳定化问题实质上归结为系统特征频率的配置问题.一般线性系统的输出 $\boldsymbol{y}=\boldsymbol{cx}$ 只是部分状态变量的线性组合,只反映了部分状态变量信息,所以输出反馈是部分状态反馈,不完全的状态反馈.由此可见,采用状态反馈镇定系统要比采用输出反馈镇定系统更强有力,前者是系统信息的“全息”反馈,后者是系统部分信息反馈.不过输出信号具有可测量性和物理概念清晰的优点,如果在引用输出反馈同时配合使用 7.5 节将要介绍的状态观测器或补偿器也可对既能控又能观系统的全部特征频率进行任意配置.

现在研究状态反馈对系统零点和能观性的影响.由于多变量系统零点的定义将在第 9

章中介绍，这里只以式(7.1)所示的单变量系统$\{\boldsymbol{A},\boldsymbol{b},\boldsymbol{c}\}$作为研究对象，它的传递函数为

$$g(s)=\frac{b_{n-1}s^{n-1}+b_{n-2}s^{n-2}+\cdots+b_1s+b_0}{s^n+a_{n-1}s^{n-1}+\cdots+a_1s+a_0}$$

并且假设$\{\boldsymbol{A}=\boldsymbol{A}_{c1},\boldsymbol{b}=\boldsymbol{b}_{c1},\boldsymbol{c}=\boldsymbol{c}_{c1}\}$，引入状态反馈$\boldsymbol{u}=\boldsymbol{v}+\boldsymbol{kx}$后，$\bar{\Delta}_d(s)=s^n+\bar{a}_{n-1}s^{n-1}+\cdots+\bar{a}_1s+\bar{a}_0$，由式(7.10)得到

$$\boldsymbol{k}=(k_0\quad k_1\quad\cdots\quad k_{n-1})=(a_0-\bar{a}_0\quad a_1-\bar{a}_1\quad\cdots\quad a_{n-1}-\bar{a}_{n-1})$$

设闭环传递函数为$g_f(s)$，引用式(5.50)得到

$$\begin{aligned}g_f(s)&=\boldsymbol{c}_{c1}(s\boldsymbol{I}-\boldsymbol{A}_{c1}-\boldsymbol{b}_{c1}\boldsymbol{k})^{-1}\boldsymbol{b}_{c1}\\&=\boldsymbol{c}_{c1}(s\boldsymbol{I}-\bar{\boldsymbol{A}}_{c1})^{-1}\boldsymbol{b}_{c1}\\&=\frac{(b_0\quad b_1\quad\cdots\quad b_{n-1})(1\quad s\quad s^2\quad\cdots\quad s^{n-1})^{\mathrm{T}}}{s^n+\bar{a}_{n-1}s^{n-1}+\cdots+\bar{a}_1s+\bar{a}_0}\\&=\frac{b_{n-1}s^{n-1}+b_{n-2}s^{n-2}+\cdots+b_1s+b_0}{s^n+\bar{a}_{n-1}s^{n-1}+\cdots+\bar{a}_1s+\bar{a}_0}\end{aligned}\tag{7.37}$$

式(7.37)说明状态反馈只改变传递函数的极点而不改变传递函数的零点.但是也正因为如此，当闭环传递函数$g_f(s)$的极点被迁移到与传递函数$g(s)$的零点相等时，系统的能观性便发生了变化.所以状态反馈不会改变传递函数的零点，但可能改变系统的能观性.倘若系统动态方程采用$\{\boldsymbol{A}_{c1},\boldsymbol{b}_{c1},\boldsymbol{c}_{c1},\boldsymbol{d}\}$表示，可证明这一论断仍然成立.读者可尝试证明之.

下面讨论利用状态反馈设计跟踪系统的问题.设欲跟踪的信号为单位阶跃信号$1(t)$，给定的单变量系统为$\{\boldsymbol{A},\boldsymbol{b},\boldsymbol{c},d\}$，状态反馈为$u(t)=1(t)+\boldsymbol{kx}(t)$.于是闭环系统的动态方程为

$$\left.\begin{aligned}\dot{\boldsymbol{x}}(t)&=(\boldsymbol{A}+\boldsymbol{bk})\boldsymbol{x}(t)+\boldsymbol{b}1(t)\\\boldsymbol{y}(t)&=(\boldsymbol{c}+d\boldsymbol{k})\boldsymbol{x}(t)+\boldsymbol{d}1(t)\end{aligned}\right\}\tag{7.38}$$

在频域中求解输出响应$y(s)$和传递函数$g_f(s)$

$$g_f(s)=(\boldsymbol{c}+d\boldsymbol{k})(s\boldsymbol{I}-\boldsymbol{A}-\boldsymbol{bk})^{-1}\boldsymbol{b}+d\tag{7.39}$$

$$y(s)=(\boldsymbol{c}+d\boldsymbol{k})(s\boldsymbol{I}-\boldsymbol{A}-\boldsymbol{bk})^{-1}\boldsymbol{x}(0)+g_f(s)s^{-1}\tag{7.40}$$

如果$\{\boldsymbol{A},\boldsymbol{b}\}$能控，或系统$\{\boldsymbol{A},\boldsymbol{b},\boldsymbol{c},\boldsymbol{d}\}$是可稳定的，则可通过状态反馈将系统的全部特征频率都安排在复s平面的左半开平面内.于是，当且仅当$g(0)\neq0$，必有$g_f(0)\neq0$和

$$y(t)\big|_{t\to\infty}=\mathscr{L}^{-1}\left[sg_f(s)\frac{1}{s}\right]\bigg|_{s=0}=g_f(0)\tag{7.41}$$

为了在t足够长以后跟踪误差$e(t)|_{t\to\infty}=y(t)|_{t\to\infty}-1(t)=0$，应该让主特征频率离开虚轴远一些，还需在闭环系统的输入端前置一放大倍数为$g_f^{-1}(0)$的放大器，亦可将此放大器后置在闭环系统的输出端.注意，主特征频率离虚轴越远，过渡过程越短，但由于需要的反馈增益$\boldsymbol{k}$的模随之加大，超调量会加大甚至导致系统饱和，对外界噪音也会比较敏感，因此需要折中考虑.

最后用例子说明状态反馈对系统动态性能和系统对参数变化灵敏度的影响.

例7.3　图7.3展示的是一个简单的位置控制系统，描述这一系统的基本方程是

$$\left.\begin{aligned}
&e_a = Ae,\ A > 0\\
&e_a - e_m = R_m i_m + L_m \frac{\mathrm{d}i_m}{\mathrm{d}t}\\
&e_m = K_b\omega_m\\
&T = K_T i_m = J\frac{\mathrm{d}\omega_m}{\mathrm{d}t} + B\omega_m\\
&\omega_m = \frac{\mathrm{d}\theta_m}{\mathrm{d}t}
\end{aligned}\right\} \tag{7.42}$$

为使可测量的状态数目最大以便于采用状态反馈改善闭环系统性能，取物理变量作为状态变量，即 $x_1 = \theta_m = y, x_2 = \omega_m = \dot{x}_1, x_3 = i_m$，输入 $u = e$. 选用的传感器产生出正比于状态变量的电压.

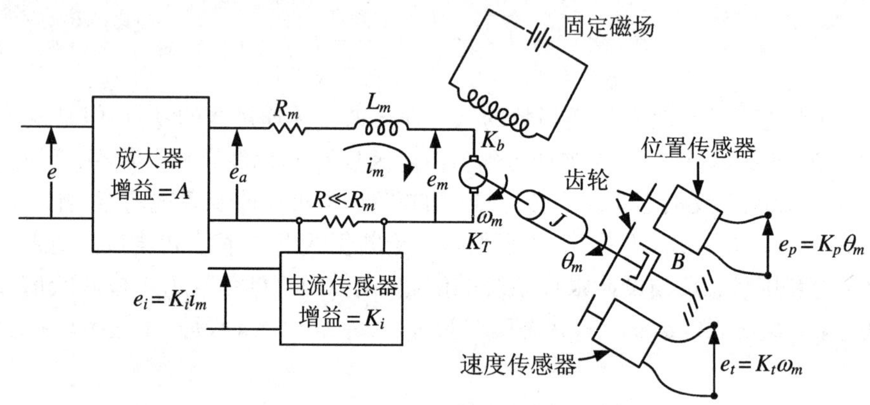

图 7.3　位置控制系统

于是原系统动态方程如下：

$$\left.\begin{aligned}
&\begin{bmatrix}\dot{x}_1\\ \dot{x}_2\\ \dot{x}_3\end{bmatrix} = \begin{bmatrix}0 & 1 & 0\\ 0 & -B/J & K_T/J\\ 0 & -K_b/L_m & -R_m/L_m\end{bmatrix}\begin{bmatrix}x_1\\ x_2\\ x_3\end{bmatrix} + \begin{bmatrix}0\\ 0\\ A/L_m\end{bmatrix}u\\
&y = [1\quad 0\quad 0]x
\end{aligned}\right\} \tag{7.43}$$

图 7.4(a)是采用状态反馈矩阵 $\boldsymbol{k} = [k_1\quad k_2\quad k_3]$联结成闭环系统的框图，$k_i, i = 1,2,3$ 是放大倍数为 k_i 的传感器. 应用框图(或信号流图)变换法则可逐步将图 7.4(a)变换成图 7.4(c)或图 7.4(d)，其中 $g(s)$是原系统零状态下计算出来的传递函数，由图可见状态反馈已经等效为在经典的反馈控制回路中嵌入了反馈补偿器 $h_{\mathrm{eq}}(s)$. 这种由图 7.4(a)到图 7.4(c)或图 7.4(d)的简化称为 h 等效简化. 图 7.4(e)是闭环系统根轨迹. 考虑到

$$g(s) = \frac{200A}{s(s^2 + 6s + 25)} \tag{7.44}$$

$$h_{\mathrm{eq}}(s) = \frac{k_3 s^2 + (2k_2 + k_3)s + 2k_1}{2} \tag{7.45}$$

闭环传递函数 $g_f(s)$为

$$g_f(s) = \frac{200A}{s^3 + (6 + 100k_3A)s^2 + (25 + 200k_2A + 100k_3A)s + 200k_1A} \tag{7.46}$$

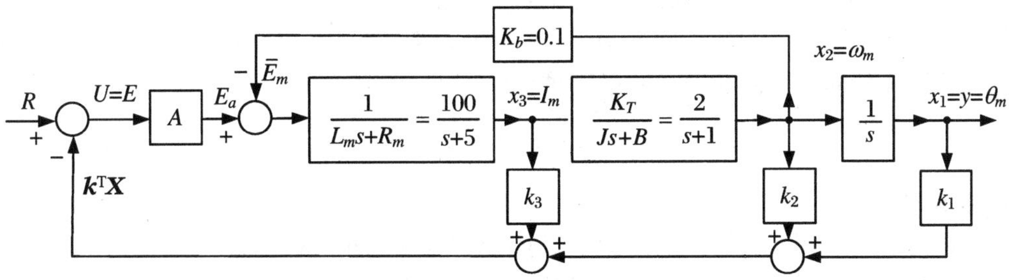

(a) 例7.3中含有状态反馈的闭环系统

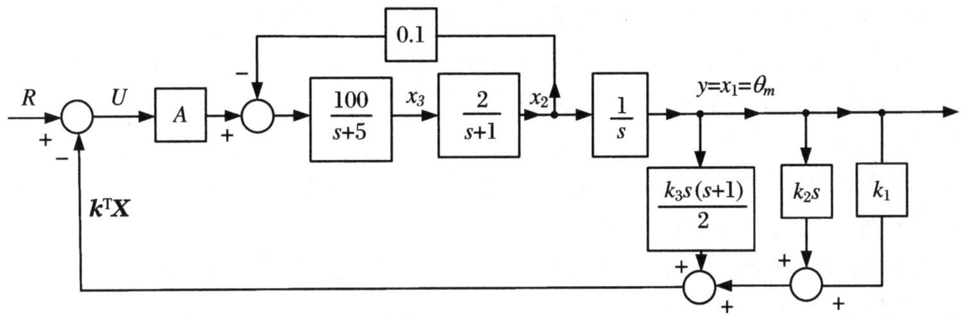

(b) h_{eq}等效简化

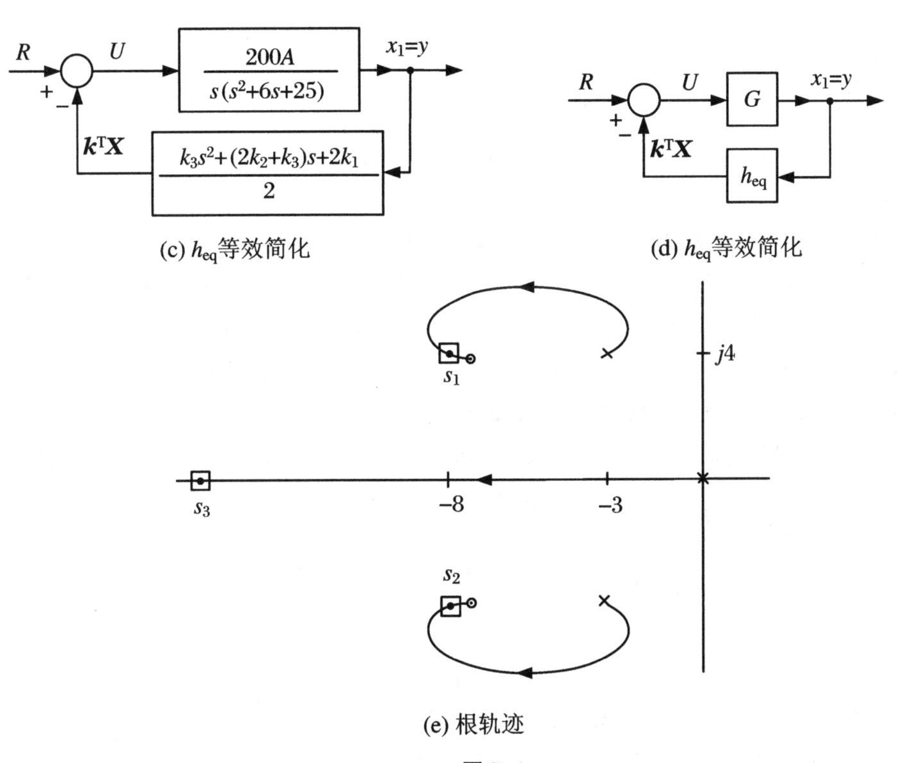

图 7.4

等效的反馈补偿器 $h_{eq}(s)$必须设计得使 $g_f(s)$满足所需要的性能指标或品质因数.针对本例中被控系统为全极点系统(无有限值零点)可以归纳出如下几点注意事项:

1. 为使系统对单位阶跃信号的稳态误差为零,即要求

$$y(t)\big|_{t\to\infty} = \lim_{s\to 0} s g_f(s)\frac{1}{s} = g_f(0) = 1,$$

k_1 应取值为 1.

2. $\deg h_{eq}(s) = \deg g(s) - 1$,本例中 $\deg g(s) = 3$,$\deg h_{eq}(s) = 2$.

3. 开环传递函数 $g(s)h_{eq}(s)$的极点应是 $g(s)$的极点.

4. 开环传递函数 $g(s)h_{eq}(s)$的零点应是 $h_{eq}(s)$的零点.

5. 状态反馈应用没有给开环传递函数增加极点但引入了零点,即 $h_{eq}(s)$的零点.零点的引入使根轨迹趋向左半平面,也就是说使闭环系统更稳定,且改善了时间响应特征.因为 $h_{eq}(s)$零点的设计就是为了使 $g_f(s)$满足希望的性能指标.

6. 本例中对于所有 $k_3>0$ 的值,$g(s)h_{eq}(s) = -1$ 的根轨迹有一条角度为 $-180°$ 的渐近线.这保证了闭环系统对所有正增益 A 皆稳定.而在经典的补偿器设计中,渐近线往往会伸向右半平面,对增益的模有所限制.

7. 根据希望的性能指标或品质因数,对闭环传递函数的极点进行选择,例如,为使闭环系统呈现欠阻尼特性,可选择 $\lambda_{1,2} = -\alpha \pm j\beta$,$\lambda_3 = -\gamma$,$\alpha$,$\beta$,$\gamma$ 为正数,得到闭环特征多项式为

$$(s+\alpha+j\beta)(s+\alpha-j\beta)(s+\gamma) = s^3 + a_2 s^2 + a_1 s + a_0$$

对于本例,可令

$$\begin{aligned} a_2 &= 6 + 100k_3 A \\ a_1 &= 25 + 200k_2 A + 100k_3 A \\ a_0 &= 200k_1 A = 200A \end{aligned}$$

从而解出需要的 k_2,k_3 和 A,k_1 已根据稳态误差要求计算出.

倘若 $g(s)$有零点,$h_{eq}(s)$将会有极点,$g(s)$的零点会成为 $g_f(s)$的零点,在开环传递函数$g(s)h_{eq}(s)$中会出现极零相消现象.上述诸条中有些需要加以适当的修正.

例 7.4 设被控系统如图 7.5(a)所示,希望采用状态反馈使得峰值超调量 $M_p = 1.043$,建立时间 $T_s = 5.65$ 秒,对单位阶跃信号稳态误差为零.

由图 7.5(c)可知,被控系统传递函数 $g(s)$和等效反馈补偿器传递函数 $h_{eq}(s)$分别为

$$g(s) = \frac{10A}{s(s+1)(s+5)} \tag{7.47}$$

$$h_{eq}(s) = \frac{k_3 s^2 + 5(k_3 + k_2)s + 5k_1}{5} \tag{7.48}$$

闭环传递函数 $g_f(s)$为

$$g_f(s) = \frac{10A}{s^3 + (6 + 2Ak_3)s^2 + [5 + 10A(k_3 + k_2)]s + 10Ak_1} \tag{7.49}$$

显然,为了单位阶跃信号零稳态误差要求 $k_1 = 1$.因为

$$M_p = 1 + \exp\left(-\frac{3\pi}{\sqrt{1-\zeta^2}}\right) \stackrel{\text{def}}{=} 1.043 \tag{7.50}$$

解出阻尼比 $\zeta \approx 0.7079$，阻尼系数 $\sigma = -4/T_s = -0.708$，阻尼自然频率 $\omega_d = |\sigma|\sqrt{1-\zeta^2}/\zeta = 0.7064$. 所以，选

$$\lambda_{1,2} = (-0.708 \pm \mathrm{j}0.7064) \tag{7.51}$$

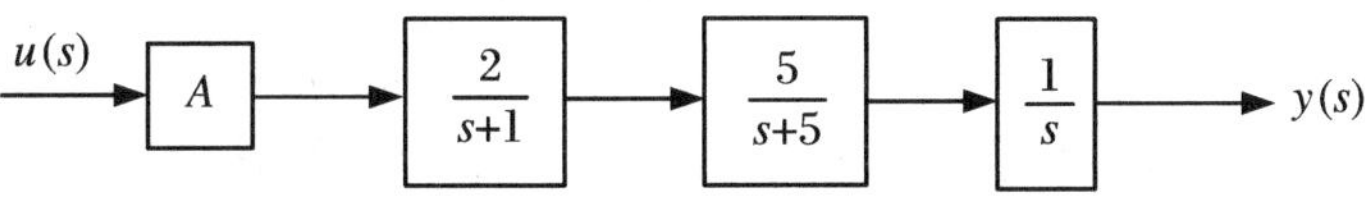

(a) 例7.4中被控系统

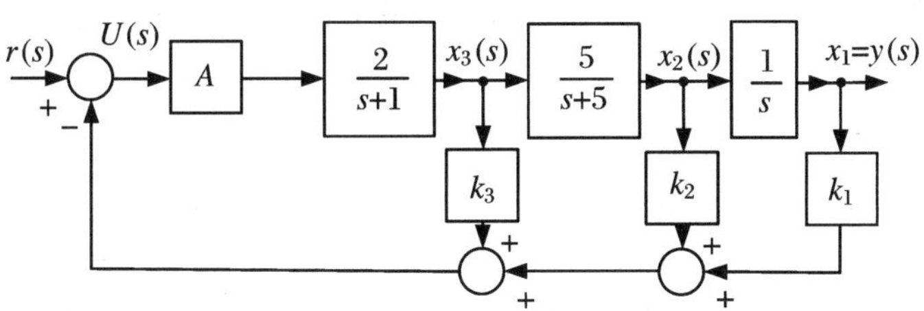

(b) 状态反馈闭环系统

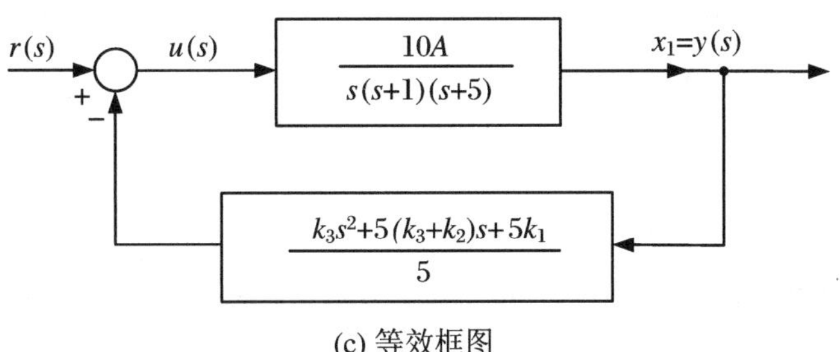

(c) 等效框图

图 7.5

作为主极点，λ_3 可选得离虚轴远一些，取 $\lambda_3 = -100$. 于是，希望的特征多项式为

$$\begin{aligned}&(s+100)(s+0.708+\mathrm{j}0.7064)(s+0.708-\mathrm{j}0.7064)\\&= s^3+101.4s^2+142.4s+100\end{aligned} \tag{7.52}$$

令

$$\left.\begin{aligned}6+2Ak_3 &= 101.4\\5+10A(k_3+k_2) &= 142.4\\10Ak_1 &= 100\\k_1 &= 1\end{aligned}\right\} \tag{7.53}$$

解出 $A=10, k_1=1, k_3=4.77, k_2=-3.393$，相应地计算出

$$h_{\mathrm{eq}}(s) = 0.954(s+0.721+\mathrm{j}0.725)(s+0.721-\mathrm{j}0.725) \tag{7.54}$$

$$g(s)h_{\mathrm{eq}}(s) = \frac{9.54A(s+0.721+\mathrm{j}0.725)(s+0.721-\mathrm{j}0.725)}{s(s+1)(s+5)} \tag{7.55}$$

图 7.6 展示出单位反馈闭环系统和引入状态反馈后闭环系统的根轨迹. 比较它们可以看出前者的两条主根轨迹在前向增益 $K=10A$ 大到某值后便进入 s 右半平面；而后者不论前向

增益 $K=9.54A$ 在是$(0,\infty)$内取何值，两条主根轨迹不仅始终处于 s 左半开平面内，而且几乎没有什么变化. 也就说这两条主根轨迹对参数 A 的变化很不灵敏. 这正是人们期望的鲁棒稳定性，即所设计的系统不仅在系统参数为额定值或名义值时是稳定的，当系统参数在额定值的附近一定范围内变化时仍是稳定的. 本例中闭环系统具有很好的鲁棒稳定性原因在于两个希望的主极点与等效反馈补偿器 $h_{eq}(s)$的零点十分接近，第三个极点是非主极点. 本例给出一个启示，欲使所设计的系统对前向增益不灵敏，必须有 β 个主极点与 $h_{eq}(s)$的 β 个零点很靠近，而另外$(n-\beta)$个极点不是主极点. 本例中 $\beta=n-1=2$，通常 $\beta\leqslant n-1$. 一般来说，选择一个极点为非主极点，$(n-1)$个极点为主极点，会使反馈增益 k_i 的模小于选择许多非主极点的情况. 这样闭环系统的超调量 M_p 和建立时间 T_s 可能得到改善.

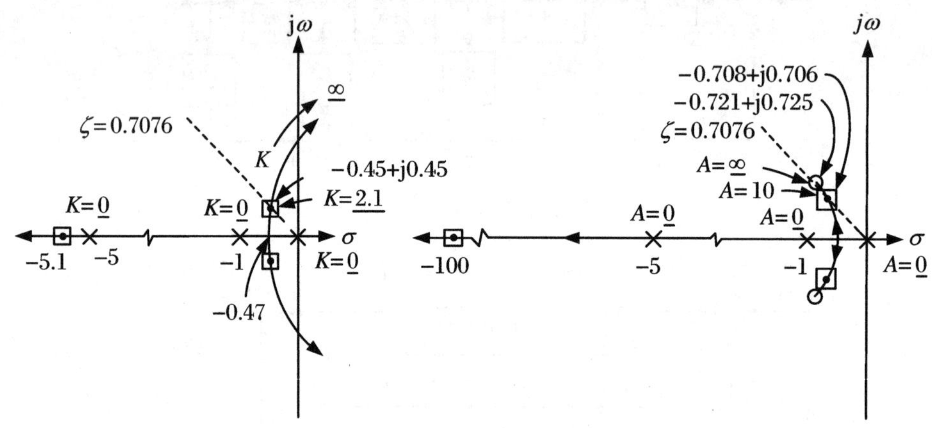

(a) $g(s)=\dfrac{K}{s(s+1)(s+5)}$，单位反馈系统　　(b) $g(s)h_{eq}(s)=\dfrac{9.54A(s+0.721\pm j0.726)}{s(s+1)(s+5)}$，状态反馈系统

图 7.6　根轨迹比较图(a),(b)

最后指出当 $g(s)$为全极点系统时，采用状态反馈可实现对阶跃信号的零稳态误差跟踪. 但是由于 $g(s)$没有零点，无法实现对斜坡信号的零稳态误差跟踪；为了满足这一要求，利用级联补偿器在前馈通道中增加零点，再引入状态反馈可以实现对斜坡信号的零稳态误差跟踪. 文献[8]介绍了当被控系统为极零点系统时如何用状态反馈设计一个性能满意的闭环系统，有兴趣的读者可进一步阅读.

* 7.3　状态反馈配置反馈系统特征向量

对于单变量系统而言，状态或输出的时域响应是由系统的特征频率或极点，也就是由系统的模态决定的. 但是对于多变量系统，情况就要复杂得多. 为方便起见，假设多变量系统具有 n 个互异的特征频率 $\lambda_i, i=1,2,\cdots,n$，伴随 λ_i 的列特征向量和行特征向量分别记以 $\boldsymbol{q}_i$ 和 $\boldsymbol{p}_i^{\mathrm{T}}, i=1,2,\cdots,n$. 由节 3.4 中式(3.70)得到不为零的初态 $\boldsymbol{x}(0)=\boldsymbol{x}_0$ 引起的零输入响应为

$$\boldsymbol{x}_{zi}(t) = \sum_{i=1}^{n} \boldsymbol{q}_i e^{\lambda_i t} \boldsymbol{p}_i^{\mathrm{T}} \boldsymbol{x}_0 \tag{7.56}$$

$$\boldsymbol{y}_{zi}(t) = \boldsymbol{C}\boldsymbol{x}_{zi}(t) = \sum_{i=1}^{n} (\boldsymbol{C}\boldsymbol{q}_i) e^{\lambda_i t} \boldsymbol{p}_i^{\mathrm{T}} \boldsymbol{x}_0 \tag{7.57}$$

其中 $\boldsymbol{p}_i^{\mathrm{T}}\boldsymbol{x}_0 = \bar{x}_{i0}, i = 1,2,\cdots,n$.若考虑输入信号 $\boldsymbol{u}$,并假设直接传输矩阵 $\boldsymbol{D} = \boldsymbol{0}$,则输出全响应为

$$\boldsymbol{y}(t) = \sum_{i=1}^{n} (\boldsymbol{C}\boldsymbol{q}_i) e^{\lambda_i t} \boldsymbol{p}_i^{\mathrm{T}} \boldsymbol{x}_0 + \sum_{j=1}^{m} \sum_{i=1}^{n} (\boldsymbol{C}\boldsymbol{q}_i)(\boldsymbol{p}_i^{\mathrm{T}} \boldsymbol{b}_j) \int_0^t e^{\lambda_i \tau} u_j(t-\tau) \mathrm{d}\tau \tag{7.58}$$

式(7.58)指明输出响应不仅依赖于特征频率 λ_i,还与 λ_i 的列特征向量 $\boldsymbol{q}_i$ 和行特征向量 $\boldsymbol{p}_i^{\mathrm{T}}$ 有关.将系统的特征频率及其列(行)特征向量视为整体称做**系统的特征结构**.系统的特征结构影响着系统(输出和状态)的时域响应.因此,状态反馈控制规律的设计应当建立在特征结构的基础上以便最有效地确定闭环系统的时域响应.列(行)特征向量 $\boldsymbol{q}_i(\boldsymbol{p}_i^{\mathrm{T}})$ 的选择提供了进一步调节输出 $y(t)$ 中出现的模态的潜力.

设多变量开环系统由 $\{\boldsymbol{A},\boldsymbol{B}\}$ 描述,引入状态反馈 $\boldsymbol{u} = \boldsymbol{v} + \boldsymbol{k}\boldsymbol{x}$ 后,闭环系统由 $\{\boldsymbol{A}+\boldsymbol{B}\boldsymbol{k},\boldsymbol{B}\}$ 描述.若 $\{\boldsymbol{A},\boldsymbol{B}\}$ 能控,状态反馈可任意配置闭环系统的特征频率,设希望的特征频率为 λ_i,相伴的列特征向量为 $\boldsymbol{q}_i, i = 1,2,\cdots,n$,则

$$(\boldsymbol{A} + \boldsymbol{B}\boldsymbol{k})\boldsymbol{q}_i = \lambda_i \boldsymbol{q}_i, \quad i = 1,2,\cdots,n \tag{7.59}$$

令 $\boldsymbol{r}_i = \boldsymbol{k}\boldsymbol{q}_i$,式(7.59)改写成

$$\begin{bmatrix} \boldsymbol{A} - \lambda_i \boldsymbol{I} & \boldsymbol{B} \end{bmatrix} \begin{bmatrix} \boldsymbol{q}_i \\ \boldsymbol{r}_i \end{bmatrix} = \boldsymbol{0}, \quad i = 1,2,\cdots,n \tag{7.60}$$

或者说 $(n+m)\times 1$ 向量 $[\boldsymbol{q}_i^{\mathrm{T}} \quad \boldsymbol{r}_i^{\mathrm{T}}]^{\mathrm{T}} \in N[\boldsymbol{A} - \lambda_i \boldsymbol{I} \quad \boldsymbol{B}]$.由于 $\{\boldsymbol{A},\boldsymbol{B}\}$ 能控,所以

$$\rho[\boldsymbol{A} - \lambda_i \boldsymbol{I} \quad \boldsymbol{B}] = n, \quad i = 1,2,\cdots,n$$

$[\boldsymbol{q}_i^{\mathrm{T}} \quad \boldsymbol{r}_i^{\mathrm{T}}]^{\mathrm{T}}$ 处于与 $R([\boldsymbol{A} - \lambda_i \boldsymbol{I} \quad \boldsymbol{B}]^{\mathrm{T}})$ 正交的 m 维空间中.假设列特征向量 $\boldsymbol{q}_i$ 彼此线性无关(例如特征频率互异),则由 $\boldsymbol{r}_i = \boldsymbol{k}\boldsymbol{q}_i, i = 1,2,\cdots,n$ 导出

$$\begin{aligned} [\boldsymbol{r}_1 \quad \boldsymbol{r}_2 \quad \cdots \quad \boldsymbol{r}_n] &= [\boldsymbol{k}\boldsymbol{q}_1 \quad \boldsymbol{k}\boldsymbol{q}_2 \quad \cdots \quad \boldsymbol{k}\boldsymbol{q}_n] \\ \boldsymbol{k} &= [\boldsymbol{r}_1 \quad \boldsymbol{r}_2 \quad \cdots \quad \boldsymbol{r}_n][\boldsymbol{q}_1 \quad \boldsymbol{q}_2 \quad \cdots \quad \boldsymbol{q}_n]^{-1} \\ &= \boldsymbol{R}\boldsymbol{Q}^{-1} \overset{\text{def}}{=} \boldsymbol{R}\boldsymbol{P} \end{aligned} \tag{7.61}$$

根据式(7.60)和式(7.61)可以按照下面方式计算需要的状态反馈矩阵 $\boldsymbol{k}$:

第一步:依据性能指标要求提出一组(互异的)特征频率;

第二步:令 $\boldsymbol{S}(\lambda_i) \overset{\text{def}}{=} [\boldsymbol{A} - \lambda_i \boldsymbol{I} \quad \boldsymbol{B}]$,应用一系列初等行变换,由 $\boldsymbol{S}(\lambda_i)$ 找出张成 $N[\boldsymbol{S}(\lambda_i)]$ 的 m 个线性无关列向量 $\boldsymbol{S}_j(\lambda_i), j = 1,2,\cdots,m$,具体做法见例 7.5;

第三步:将第二步中得到的 m 个线性无关列向量以任意的线性组合方式组成向量 $[\boldsymbol{q}_i^{\mathrm{T}} \quad \boldsymbol{r}_i^{\mathrm{T}}]^{\mathrm{T}}$,即

$$\begin{bmatrix} \boldsymbol{q}_i \\ \boldsymbol{r}_i \end{bmatrix} = \sum_{j=1}^{m} a_j \boldsymbol{S}_j(\lambda_i), \quad i = 1,2,\cdots,n \tag{7.62}$$

将所得向量分块,于是便得到 $\boldsymbol{R} = [\boldsymbol{r}_1 \quad \boldsymbol{r}_2 \quad \cdots \quad \boldsymbol{r}_n]$ 和 $\boldsymbol{Q} = [\boldsymbol{q}_1 \quad \boldsymbol{q}_2 \quad \cdots \quad \boldsymbol{q}_n]$;

第四步:计算 $\boldsymbol{k} = \boldsymbol{R}\boldsymbol{Q}^{-1}$.

例 7.5　设被控系统 $\{\boldsymbol{A},\boldsymbol{B},\boldsymbol{C}\}$ 如下:

$$A=\begin{bmatrix}0&1&0\\0&0&1\\4&4&-1\end{bmatrix},\quad B=\begin{bmatrix}1&0\\0&0\\0&1\end{bmatrix},\quad C=\begin{bmatrix}1&0&0\\0&1&1\end{bmatrix}$$

$\boldsymbol{A}$ 的特征值谱 $\sigma(\boldsymbol{A})=\{-1,-2,2\}$. 系统显然不稳定. 采用状态反馈 $\boldsymbol{u}=\boldsymbol{v}+\boldsymbol{kx}$ 配置 $\sigma(\boldsymbol{A}+\boldsymbol{Bk})=\{-2,-3,-4\}$.

由于系统$\{\boldsymbol{A},\boldsymbol{B}\}$是能控的,上述设计目标是可实现的. 下面先介绍由 $\boldsymbol{S}(\lambda_i)$ 寻找张成 $N[\boldsymbol{S}(\lambda_i)]$的 m 个线性无关列向量$S_j(\lambda_i)$的方法.

1. 列出 $\boldsymbol{S}(\lambda_i)=[\boldsymbol{A}-\lambda_i\boldsymbol{I}\quad \boldsymbol{B}]$,则

$$\boldsymbol{S}(-2)=\left[\begin{array}{ccc:cc}2&1&0&1&0\\0&2&1&0&0\\4&4&1&0&1\end{array}\right]$$

2. 利用初等行变换将 $\boldsymbol{S}(\lambda_i)$化成 Hermite 规范型(参看节 8.2). 即应用初等行变换将每行左起第一个非零元素化成 1,该列的其他元素化成 0,每行左起零元素数目随行数增加而渐增.

$$\begin{bmatrix}2&1&0&1&0\\0&2&1&0&0\\4&4&1&0&1\end{bmatrix}\longrightarrow\begin{bmatrix}2&1&0&1&0\\0&2&1&0&0\\0&2&1&-2&1\end{bmatrix}\longrightarrow\begin{bmatrix}1&\frac{1}{2}&0&\frac{1}{2}&0\\0&2&1&0&0\\0&2&1&-2&1\end{bmatrix}$$

$$\longrightarrow\begin{bmatrix}1&\frac{1}{2}&0&\frac{1}{2}&0\\0&1&\frac{1}{2}&0&0\\0&0&0&-2&1\end{bmatrix}\longrightarrow\begin{bmatrix}1&\frac{1}{2}&0&\frac{1}{2}&0\\0&1&\frac{1}{2}&0&0\\0&0&0&1&-\frac{1}{2}\end{bmatrix}$$

$$\longrightarrow\begin{bmatrix}1&0&-\frac{1}{4}&0&\frac{1}{4}\\0&1&\frac{1}{2}&0&0\\0&0&0&1&-\frac{1}{2}\end{bmatrix}$$

3. 将所得 Hermite 规范型矩阵通过增加零元素方式扩展成方阵,并将不在主对角线上的首项元素 1 移到主对角线上

$$\begin{bmatrix}1&0&-\frac{1}{4}&0&\frac{1}{4}\\0&1&\frac{1}{2}&0&0\\0&0&0&1&-\frac{1}{2}\\0&0&0&0&0\\0&0&0&0&0\end{bmatrix}\longrightarrow\begin{bmatrix}1&0&-\frac{1}{4}&0&\frac{1}{4}\\0&1&\frac{1}{2}&0&0\\0&0&0&0&0\\0&0&0&1&-\frac{1}{2}\\0&0&0&0&0\end{bmatrix}$$

4. 将主对角线上剩下的零元素改成 −1，得到 $\hat{\boldsymbol{S}}(\lambda_i)$. $\hat{\boldsymbol{S}}(\lambda_i)$中主对角线元素为 −1 的列张成 $N[\boldsymbol{S}(\lambda_i)]$，验证

$$[\boldsymbol{A}-\lambda_i\boldsymbol{I}\quad \boldsymbol{B}]\cdot N[\boldsymbol{S}(\lambda_i)]=\boldsymbol{0}$$

$$\begin{bmatrix}1 & 0 & -\frac{1}{4} & 0 & \frac{1}{4}\\ 0 & 1 & \frac{1}{2} & 0 & 0\\ 0 & 0 & -1 & 0 & 0\\ 0 & 0 & 0 & 1 & -\frac{1}{2}\\ 0 & 0 & 0 & 0 & -1\end{bmatrix},\quad \{\hat{\boldsymbol{S}}_1(-2),\hat{\boldsymbol{S}}_2(-2)\}=\left\{\begin{bmatrix}-\frac{1}{4}\\ \frac{1}{2}\\ -1\\ 0\\ 0\end{bmatrix},\begin{bmatrix}\frac{1}{4}\\ 0\\ 0\\ -\frac{1}{2}\\ -1\end{bmatrix}\right\}$$

$$N[\boldsymbol{S}(-2)]=\mathrm{span}[\hat{\boldsymbol{S}}_1(-2),\hat{\boldsymbol{S}}_2(-2)]$$

所以对于 $\lambda_1=-2$，取 $\alpha_1=2,\alpha_2=2$，则

$$\begin{bmatrix}\boldsymbol{q}_1\\ \boldsymbol{r}_1\end{bmatrix}=\alpha_1\hat{\boldsymbol{S}}_1(-2)+\alpha_2\hat{\boldsymbol{S}}_2(-2)=[0\quad 1\quad -2\;\vdots\;-1\quad -2]^{\mathrm{T}}$$

$$\boldsymbol{q}_1=\begin{bmatrix}0\\ 1\\ -2\end{bmatrix},\quad \boldsymbol{r}_1=\begin{bmatrix}-1\\ -2\end{bmatrix}$$

其中向量 $\hat{\boldsymbol{S}}_1(-2)$和 $\hat{\boldsymbol{S}}_2(-2)$亦可先整数化得到 $\hat{\boldsymbol{S}}_1(-2)=[-1\quad 2\quad -4\quad 0\quad 0]^{\mathrm{T}}$，$\hat{\boldsymbol{S}}_2(-2)=[1\quad 0\quad 0\quad -2\quad -4]^{\mathrm{T}}$，取 $\alpha_1=\alpha_2=\dfrac{1}{2}$，结果有同样的 $\boldsymbol{q}_1$ 和 $\boldsymbol{r}_1$. 类似的处理得到

$$\begin{bmatrix}\boldsymbol{q}_2\\ \boldsymbol{r}_2\end{bmatrix}=\alpha_1\hat{\boldsymbol{S}}_1(-3)+\alpha_2\hat{\boldsymbol{S}}_2(-3)=[1\quad 0\quad 0\;\vdots\;-3\quad -4]^{\mathrm{T}}$$

$$\boldsymbol{q}_2=\begin{bmatrix}1\\ 0\\ 0\end{bmatrix},\quad \boldsymbol{r}_2=\begin{bmatrix}-3\\ -4\end{bmatrix}$$

$$\begin{bmatrix}\boldsymbol{q}_3\\ \boldsymbol{r}_3\end{bmatrix}=\alpha_1\hat{\boldsymbol{S}}_1(-4)+\alpha_2\hat{\boldsymbol{S}}_2(-4)=[0\quad 1\quad -4\;\vdots\;-1\quad 8]^{\mathrm{T}}$$

$$\boldsymbol{q}_3=\begin{bmatrix}0\\ 1\\ -4\end{bmatrix},\quad \boldsymbol{r}_3=\begin{bmatrix}-1\\ 8\end{bmatrix}$$

$$\boldsymbol{Q}=\begin{bmatrix}0 & 1 & 0\\ 1 & 0 & 1\\ -2 & 0 & -4\end{bmatrix},\quad \boldsymbol{R}=\begin{bmatrix}-1 & -3 & -1\\ -2 & -4 & 8\end{bmatrix}$$

最后计算出状态反馈矩阵

$$\boldsymbol{k}=\boldsymbol{R}\boldsymbol{Q}^{-1}=\begin{bmatrix}-3 & -1 & 0\\ -4 & -12 & -5\end{bmatrix}$$

和闭环系统矩阵

$$A_f = A + Bk = \begin{bmatrix} -3 & 0 & 0 \\ 0 & 0 & 1 \\ 0 & -8 & -6 \end{bmatrix}$$

可以验证 $\sigma(A_f)=\{-2, -3, -4\}$,相应的特征向量分别为所选择的 q_1、q_2 和 q_3. 注意特征值 -2 被保留下来没有改变,但伴随 $\lambda_1=-2$ 的特征向量由$[1\quad -2\quad 4]^{\mathrm{T}}$ 改变为$[0\quad 1\quad -2]^{\mathrm{T}}$. 式(7.62)表示的$[q_i^{\mathrm{T}}\quad r_i^{\mathrm{T}}]^{\mathrm{T}}$ 的任意组合方式决定了在特征值已决定的情况下,状态反馈矩阵 k 还有很大的可塑性. 另外还要注意到矩阵 Q 中非零元素 q_{ij} 指明状态变量 $x_i(t)$ 中会含有模态 $e^{\lambda_j t}$. 例如本例中 Q 的第一行仅有非零元素 $q_{12}=1$,所以 $x_1(t)$ 中只会有 e^{-3t},不会含有 e^{-2t} 和 e^{-4t};同样道理造成 $x_2(t)$ 和 $x_3(t)$ 只能由 e^{-2t} 和 e^{-4t} 线性组合而成,不会含有 e^{-3t},因为 $q_{22}=q_{32}=0$.

例 7.6 仍以例 7.5 中系统为例,但要求 $\sigma(A+Bk)=\{-2, -1+\mathrm{j}, -1-\mathrm{j}\}$.

本例的目的在于指明:(1)当希望的闭环特征值为复数时,不仅特征值本身而且其伴随的特征向量均应以共轭复数对形式出现,从而保证状态反馈矩阵为实矩阵;(2)说明 $\sigma(A+Bk)$ 含有共轭复特征值对时如何得到化零空间 $N[S(\lambda_i)]$.

第一步:建立增广矩阵

$$\left[\begin{array}{cc} A-\lambda_i I_n & B \\ \hdashline \multicolumn{2}{c}{I_{n+m}} \end{array}\right]$$

第二步:应用初等列变换将$[A-\lambda_i I_n\quad B]$左起的前 m 列变换成零列,注意不要用 λ 的函数去除.

第三步:以第二步中零列下面的列张成 $N[S(\lambda_i)]$,并用$[A-\lambda_i I_n\quad B]\cdot N[S(\lambda_i)]=\mathbf{0}$ 验证. 对于本例中 $\lambda_1=-2$,有

$$\left[\begin{array}{ccccc} 2 & 1 & 0 & 1 & 0 \\ 0 & 2 & 1 & 0 & 0 \\ 4 & 4 & 1 & 0 & 1 \\ \hdashline 1 & 0 & 0 & 0 & 0 \\ 0 & 1 & 0 & 0 & 0 \\ 0 & 0 & 1 & 0 & 0 \\ 0 & 0 & 0 & 1 & 0 \\ 0 & 0 & 0 & 0 & 1 \end{array}\right] \longrightarrow \left[\begin{array}{ccccc} 0 & 0 & 0 & 1 & 0 \\ 0 & 2 & 1 & 0 & 0 \\ 0 & 0 & 1 & 0 & 1 \\ \hdashline 1 & 0 & 0 & 0 & 0 \\ 0 & 1 & 0 & 0 & 0 \\ 0 & 0 & 1 & 0 & 0 \\ -2 & -1 & 0 & 1 & 0 \\ -4 & -4 & 0 & 0 & 1 \end{array}\right] \longrightarrow \left[\begin{array}{ccccc} 0 & 0 & 0 & 1 & 0 \\ 0 & 0 & 1 & 0 & 0 \\ 0 & -2 & 1 & 0 & 1 \\ \hdashline 1 & 0 & 0 & 0 & 0 \\ 0 & 1 & 0 & 0 & 0 \\ 0 & -2 & 1 & 0 & 0 \\ -2 & -1 & 0 & 1 & 0 \\ -4 & -4 & 0 & 0 & 1 \end{array}\right]$$

$$\longrightarrow \left[\begin{array}{ccccc} 0 & 0 & 0 & 1 & 0 \\ 0 & 0 & 1 & 0 & 0 \\ 0 & 0 & 1 & 0 & 1 \\ \hdashline 1 & 0 & 0 & 0 & 0 \\ 0 & 1 & 0 & 0 & 0 \\ 0 & -2 & 1 & 0 & 0 \\ -2 & -1 & 0 & 1 & 0 \\ -4 & -2 & 0 & 0 & 1 \end{array}\right]$$

$$\{\boldsymbol{S}_1(-2),\boldsymbol{S}_2(-2)\} = \left\{\begin{bmatrix}1\\0\\0\\-2\\-4\end{bmatrix},\begin{bmatrix}0\\1\\-2\\-1\\-2\end{bmatrix}\right\}$$

取 $\alpha_1=1,\alpha_2=-2$,可以得到

$$\begin{bmatrix}\boldsymbol{q}_1\\\boldsymbol{r}_1\end{bmatrix}=\boldsymbol{S}_1(-2)-2\boldsymbol{S}_2(-2)=[1\quad -2\quad 4\ \vdots\ 0\quad 0]^{\mathrm{T}}$$

对于 $\lambda_2=-1+\mathrm{j}$,有

$$\begin{bmatrix}1-\mathrm{j} & 1 & 0 & 1 & 0\\0 & 1-\mathrm{j} & 1 & 0 & 0\\4 & 4 & -\mathrm{j} & 0 & 1\\\hdashline 1 & 0 & 0 & 0 & 0\\0 & 1 & 0 & 0 & 0\\0 & 0 & 1 & 0 & 0\\0 & 0 & 0 & 1 & 0\\0 & 0 & 0 & 0 & 1\end{bmatrix}\longrightarrow\begin{bmatrix}0 & 0 & 0 & 1 & 0\\0 & 0 & 1 & 0 & 0\\0 & 0 & -\mathrm{j} & 0 & 1\\\hdashline 1 & 0 & 0 & 0 & 0\\0 & 1 & 0 & 0 & 0\\0 & -1+\mathrm{j} & 1 & 0 & 0\\-1+\mathrm{j} & -1 & 0 & 1 & 0\\-4 & -5-\mathrm{j} & 0 & 0 & 1\end{bmatrix}$$

$$\{\boldsymbol{S}_1(\lambda_2),\boldsymbol{S}_2(\lambda_2)\} = \left\{\begin{bmatrix}1\\0\\0\\-1+\mathrm{j}\\-4\end{bmatrix},\begin{bmatrix}0\\1\\-1+\mathrm{j}\\-1\\-5-\mathrm{j}\end{bmatrix}\right\}$$

取 $\alpha_1=0,\alpha_2=1$,得到

$$\begin{bmatrix}\boldsymbol{q}_2\\\boldsymbol{r}_2\end{bmatrix}=[0\quad 1\quad -1+\mathrm{j}\ \vdots\ -1\quad -5-\mathrm{j}]^{\mathrm{T}}$$

因为 $\lambda_3=\bar{\lambda}_2$,无需计算 $N[\boldsymbol{S}(\lambda_3)]$,可直接取$[\boldsymbol{q}_3^{\mathrm{T}}\quad \boldsymbol{r}_3^{\mathrm{T}}]^{\mathrm{T}}=[\bar{\boldsymbol{q}}_2^{\mathrm{T}}\quad \bar{\boldsymbol{r}}_2^{\mathrm{T}}]^{\mathrm{T}}$,即

$$\begin{bmatrix}\boldsymbol{q}_3\\\boldsymbol{r}_3\end{bmatrix}=[0\quad 1\quad -1-\mathrm{j}\ \vdots\ -1\quad -5+\mathrm{j}]^{\mathrm{T}}$$

为便于计算实矩阵 $\boldsymbol{k}$,将式(7.61)修改成

$$\begin{aligned}\boldsymbol{k}&=[\boldsymbol{r}_1\quad R_e(\boldsymbol{r}_2)\quad \boldsymbol{I}_m(\boldsymbol{r}_2)][\boldsymbol{q}_1\quad R_e(\boldsymbol{q}_2)\quad \boldsymbol{I}_m(\boldsymbol{q}_2)]^{-1}\\&=\begin{bmatrix}0 & -1 & 0\\0 & -5 & -1\end{bmatrix}\begin{bmatrix}1 & 0 & 0\\-2 & 1 & 0\\4 & -1 & 1\end{bmatrix}^{-1}\\&=\begin{bmatrix}-2 & -1 & 0\\-8 & -6 & -1\end{bmatrix}\end{aligned}$$

$$\boldsymbol{A}_f=\boldsymbol{A}+\boldsymbol{B}\boldsymbol{k}=\begin{bmatrix}-2 & 0 & 0\\0 & 0 & 1\\-4 & -2 & -2\end{bmatrix}$$

因为

$$Q=\begin{bmatrix}1 & 0 & 0\\ -2 & 1 & 1\\ 4 & -1+\mathrm{j} & -1-\mathrm{j}\end{bmatrix}$$

$x_1(t)$中应只含有e^{-2t}，而$x_2(t)$和$x_3(t)$应含有所有三个模态.设$\boldsymbol{x}(0)=[1\quad 1\quad 2]^{\mathrm{T}}$，计算状态的零输入响应

$$\begin{aligned}x_{zi}(t)&=\mathscr{L}^{-1}[s\boldsymbol{I}-\boldsymbol{A}_f]^{-1}\boldsymbol{x}(0)\\&=\mathscr{L}^{-1}\begin{bmatrix}\dfrac{1}{s+2}\\ \dfrac{s^2+5s+2}{(s+2)(s^2+2s+2)}\\ \dfrac{s^2-4s-4}{(s+2)(s^2+2s+2)}\end{bmatrix}\\&=\begin{bmatrix}\mathrm{e}^{-2t}\\ -2\mathrm{e}^{-2t}+3\mathrm{e}^{-t}\cos t\\ 4\mathrm{e}^{-2t}-3\mathrm{e}^{-t}\cos t\end{bmatrix}\end{aligned}$$

证明确实如此.通过这个例子还可看到不仅开环特征值-2保留下来，其相伴特征向量$[1\quad -2\quad 4]^{\mathrm{T}}$也因改变了$\boldsymbol{q}_1$的组合方式而被保留下来.

∗7.4 状态反馈用于解耦控制

假设线性多变量系统$\{\boldsymbol{A},\boldsymbol{B},\boldsymbol{C}\}$的输入空间与输出空间维数相等，即$m=r$，相应地，传递函数矩阵为$m$阶方阵

$$\boldsymbol{G}(s)=\boldsymbol{C}(s\boldsymbol{I}-\boldsymbol{A})^{-1}\boldsymbol{B}=[g_{ij}(s)],\quad i,j=1,2,\cdots,m \tag{7.63}$$

这里已经假设$\boldsymbol{G}(s)$为严格的真有理函数矩阵.输出的零状态响应

$$y_i(s)=g_{i1}(s)u_1(s)+g_{i2}(s)u_2(s)+\cdots+g_{im}(s)u_m(s),\quad i=1,2,\cdots,m \tag{7.64}$$

在最一般的情况下，每个输入分量$u_j(s),j=1,2,\cdots,m$控制着每个输出分量$y_i(s),i=1,2,\cdots,m$；或者说每个输出分量受着每个输入分量控制.若$i\neq j$，这种输入$u_j(s)$控制输出$y_i(s)$的交叉控制关系被称之为输入输出间的耦合关系，也可简称为耦合(或交互)作用.这种耦合使多变量系统的控制问题变得十分复杂，难以实现控制目的.例如，希望在不影响$y_2(s),y_3(s),\cdots,y_m(s)$条件下控制$y_1(s)$，就难以找到需要的$u_1(s),u_2(s),\cdots,u_m(s)$.倘若采取某种措施使得多变量系统的$m$个输入分量和$m$个输出分量成为一一对应的控制关系，即每个输入分量只控制一个输出分量，每个输出分量也只被一个输入分量控制.这就是对多变量系统实施解耦控制.被解耦后的系统可看做m个独立的单变量系统，解耦系统的传递函数矩阵具有对角线形.

解耦系统　一个传递函数矩阵为对角线形非奇异矩阵的多变量系统称做解耦系统.

这一节研究通过采用形式为

$$\boldsymbol{u}(t) = \boldsymbol{H}\boldsymbol{v}(t) + \boldsymbol{K}\boldsymbol{x}(t) \tag{7.65}$$

的状态反馈对多变量系统实施解耦的问题，其中 $\boldsymbol{v}(t)$是参考信号，$\boldsymbol{H}$ 是 m 阶非奇异常数方阵，$\boldsymbol{K}$ 是 $m\times n$ 阶实常数矩阵.式(7.65)表示的控制规律加在式(7.63)表示的多变量系统上得到的闭环系统框图示于图 7.7 中.

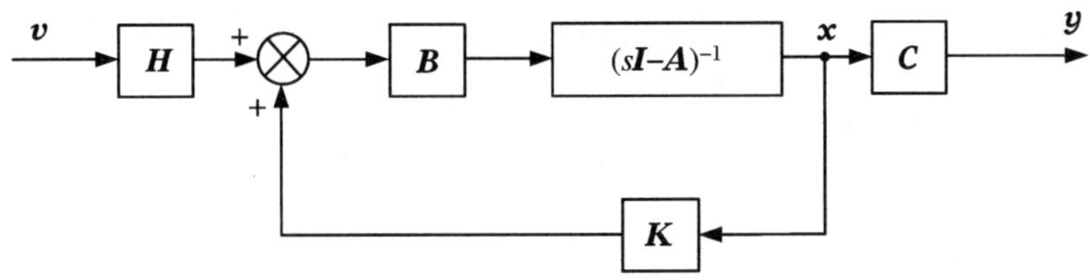

图 7.7　利用状态反馈实现解耦

闭环系统的动态方程和传递函数矩阵如式(7.66)和式(7.67).

$$\left.\begin{aligned}\dot{\boldsymbol{x}} &= (\boldsymbol{A}+\boldsymbol{B}\boldsymbol{K})\boldsymbol{x}+\boldsymbol{B}\boldsymbol{H}\boldsymbol{v}\\ \boldsymbol{y} &= \boldsymbol{C}\boldsymbol{x}\end{aligned}\right\} \tag{7.66}$$

$$\boldsymbol{G}_f(s) = \boldsymbol{C}(s\boldsymbol{I}-\boldsymbol{A}-\boldsymbol{B}\boldsymbol{K})^{-1}\boldsymbol{B}\boldsymbol{H} \tag{7.67}$$

为深入研究解耦的充要条件，现在先探讨传递函数矩阵 $\boldsymbol{G}(s)_{m\times m}$ 的行向量 $\boldsymbol{G}_i^{\mathrm{T}}(s)$结构上的特征，$i=1,2,\cdots,m$.

$$\boldsymbol{G}_i^{\mathrm{T}}(s) = [g_{i1}(s)\quad g_{i2}(s)\quad \cdots\quad g_{im}(s)] \tag{7.68}$$

其中每一个元素为严格真有理函数，设

$$g_{ij}(s) = \frac{n_{ij}(s)}{d_{ij}(s)},\quad \sigma_{ij} = \deg d_{ij}(s) - \deg n_{ij}(s) > 0 \tag{7.69}$$

引用节 5.1 中式(5.21)，则 $\boldsymbol{G}(s)$中第 i 行 $\boldsymbol{G}_i^{\mathrm{T}}(s)$为

$$\boldsymbol{G}_i^{\mathrm{T}}(s) = \sum_{k=0}^{\infty}\boldsymbol{c}_i^{\mathrm{T}}\boldsymbol{A}^k\boldsymbol{B}s^{-(k+1)} \tag{7.70}$$

和元素 $g_{ij}(s)$为

$$g_{ij}(s) = \sum_{k=0}^{\infty}\boldsymbol{c}_i^{\mathrm{T}}\boldsymbol{A}^k\boldsymbol{b}_j s^{-(k+1)} \tag{7.71}$$

其中 $\boldsymbol{c}_i^{\mathrm{T}}$ 为 $\boldsymbol{C}$ 的第 i 行，$\boldsymbol{b}_j$ 为 $\boldsymbol{B}$ 的第 j 列.设 $d_i=\min(\sigma_{i1},\cdots,\sigma_{im})-1$，则对 $\boldsymbol{G}_i^{\mathrm{T}}(s)$中 σ_{ij} 为最小的那些元素 $g_{ij,\min}(s)$，式(7.71)变成

$$g_{ij,\min}(s) = \sum_{k=d_i}^{\infty}\boldsymbol{c}_i^{\mathrm{T}}\boldsymbol{A}^k\boldsymbol{b}_j s^{-(k+1)} \tag{7.72}$$

其他的元素由于 $\sigma_{ij}>d_i+1$，有

$$g_{ij}(s) = \sum_{k>d_i}^{\infty}\boldsymbol{c}_i^{\mathrm{T}}\boldsymbol{A}^k\boldsymbol{b}_j s^{-(k+1)} \tag{7.73}$$

所以

$$\boldsymbol{G}_i^{\mathrm{T}}(s) = \sum_{k=d_i}^{\infty}\boldsymbol{c}_i^{\mathrm{T}}\boldsymbol{A}^k\boldsymbol{B}s^{-(k+1)} \tag{7.74}$$

即

$$\left.\begin{array}{l}c_i^{\mathrm{T}}\boldsymbol{A}^k\boldsymbol{B}=\boldsymbol{0},\quad k=0,1,2,\cdots,d_i-1\\ c_i^{\mathrm{T}}\boldsymbol{A}^{d_i}\boldsymbol{B}\neq\boldsymbol{0}\end{array}\right\}\tag{7.75}$$

另一方面引用预解矩阵表达式(3.75),有

$$\boldsymbol{G}_i^{\mathrm{T}}(s)=\sum_{k=0}^{n-1}\frac{c_i^{\mathrm{T}}\boldsymbol{Q}_k\boldsymbol{B}s^K}{s^n+a_{n-1}s^{n-1}+\cdots+a_1s+a_0}\tag{7.76}$$

对式(7.76)中元素 $g_{ij}(s)$运用长除法展开,将证明式(7.74)决定式(7.76)应为

$$\boldsymbol{G}_i^{\mathrm{T}}(s)=\sum_{k=0}^{n-d_i-1}\frac{c_i^{\mathrm{T}}\boldsymbol{Q}_k\boldsymbol{B}s^k}{s^n+a_{n-1}s^{n-1}+\cdots+a_1s+a_0}\tag{7.77}$$

即

$$c_i^{\mathrm{T}}\boldsymbol{Q}_k\boldsymbol{B}=\boldsymbol{0},\quad k=n-d_i,n-d_i+1,\cdots,n-1\tag{7.78}$$

显然

$$\lim_{s\to\infty}s^{d_i+1}\boldsymbol{G}_i^{\mathrm{T}}(s)=c_i^{\mathrm{T}}\boldsymbol{A}^{d_i}\boldsymbol{B}=c_i^{\mathrm{T}}\boldsymbol{Q}_{n-d_i-1}\boldsymbol{B}\tag{7.79}$$

其中只有那些 $\sigma_{ij}=d_i+1$ 的元素 $g_{ij,\min}(s)$对应的位置上为常数,其他元素对应位置上为零.应用式(7.79),规定

$$\boldsymbol{E}_i=c_i^{\mathrm{T}}\boldsymbol{A}^{d_i}\boldsymbol{B}\tag{7.80}$$

式(7.75)还说明 d_i 是

$$c_i^{\mathrm{T}}\boldsymbol{A}^k\boldsymbol{B}\neq\boldsymbol{0}$$

所有正整数 k 中最小值.倘若 $\boldsymbol{G}_i^{\mathrm{T}}(s)$中所有元素的分子皆为常数,即 $\deg n_{ij}(s)\equiv0,j=1,2,\cdots,m$,则 $d_i\overset{\text{def}}{=}n-1$,在这种情况下,$c_i^{\mathrm{T}}\boldsymbol{A}^k\boldsymbol{B}=\boldsymbol{0},k=0,1,\cdots,n-1$.对于采用 $\boldsymbol{u}=\boldsymbol{Hv}+\boldsymbol{Kx}$ 反馈得到的闭环系统来说,将 $d_i,\boldsymbol{A},\boldsymbol{B},\boldsymbol{Q}_k$ 和$\boldsymbol{E}_i$ 换成对应的$\bar{d}_i,\boldsymbol{A}+\boldsymbol{BK},\boldsymbol{BH},\bar{\boldsymbol{Q}}_k$ 和$\bar{\boldsymbol{E}}_i$,则

$$\left.\begin{array}{l}\boldsymbol{G}_{fi}^{\mathrm{T}}(s)=\displaystyle\sum_{k=\bar{d}_i}^{\infty}c_i^{\mathrm{T}}(\boldsymbol{A}+\boldsymbol{BK})^k\boldsymbol{BH}s^{-(k+1)}\\ c_i^{\mathrm{T}}(\boldsymbol{A}+\boldsymbol{BK})^k\boldsymbol{BH}=\boldsymbol{0},\quad k=0,1,2,\cdots,\bar{d}_i-1\\ c_i^{\mathrm{T}}(\boldsymbol{A}+\boldsymbol{BK})^{\bar{d}_i}\boldsymbol{BH}\neq\boldsymbol{0},\end{array}\right\}\tag{7.81}$$

$$\left.\begin{array}{l}\boldsymbol{G}_{fi}^{\mathrm{T}}(s)=\displaystyle\sum_{k=0}^{n-\bar{d}_i-1}\frac{c_i^{\mathrm{T}}\bar{\boldsymbol{Q}}_k\boldsymbol{BH}s^k}{s^n+\bar{a}_{n-1}s^{n-1}+\cdots+\bar{a}_1s+\bar{a}_0}\\ c_i^{\mathrm{T}}\bar{\boldsymbol{Q}}_k\boldsymbol{BH}=\boldsymbol{0}\text{ 或 }c_i^{\mathrm{T}}\bar{\boldsymbol{Q}}_k\boldsymbol{B}=\boldsymbol{0},\quad k=n-\bar{d}_i,n-\bar{d}_i+1,\cdots,n-1\end{array}\right\}\tag{7.82}$$

$$\bar{\boldsymbol{E}}_i=c_i^{\mathrm{T}}(\boldsymbol{A}+\boldsymbol{BK})^{\bar{d}_i}\boldsymbol{BH}\tag{7.83}$$

注意,闭环特征多项式 $\bar{\Delta}(s)$仍为 n 阶s 多项式:

$$\bar{\Delta}(s)=\det[s\boldsymbol{I}-\boldsymbol{A}-\boldsymbol{BK}]=s^n+\bar{a}_{n-1}s^{n-1}+\cdots+\bar{a}_1s+\bar{a}_0\tag{7.84}$$

定理 7.4 对于任何 $m\times n$ 阶常数矩阵$\boldsymbol{K}$ 和非奇异m 阶常数方阵$\boldsymbol{H}$,$\bar{d}_i=d_i$ 和$\bar{\boldsymbol{E}}_i=\boldsymbol{E}_i\boldsymbol{H}$ 成立.

证明 类似节 7.2 中式(7.35),可将 $c_i^{\mathrm{T}}\boldsymbol{A}^k\boldsymbol{B}$ 和 $c_i^{\mathrm{T}}(\boldsymbol{A}+\boldsymbol{BK})^k\boldsymbol{B},k=0,1,2,\cdots,\bar{d}_i$(或 d_i)表达成

$$\begin{aligned}&[\boldsymbol{c}_i^{\mathrm{T}}\boldsymbol{B} \quad \boldsymbol{c}_i^{\mathrm{T}}(\boldsymbol{A}+\boldsymbol{BK})\boldsymbol{B} \quad \cdots \quad \boldsymbol{c}_i^{\mathrm{T}}(\boldsymbol{A}+\boldsymbol{BK})^{\bar{d}_i-1}\boldsymbol{B} \quad \boldsymbol{c}_i^{\mathrm{T}}(\boldsymbol{A}+\boldsymbol{BK})^{\bar{d}_i}\boldsymbol{B}]\\ &\quad = [\boldsymbol{c}_i^{\mathrm{T}}\boldsymbol{B} \quad \boldsymbol{c}_i^{\mathrm{T}}\boldsymbol{AB} \quad \cdots \quad \boldsymbol{c}_i^{\mathrm{T}}\boldsymbol{A}^{\bar{d}_i-1}\boldsymbol{B} \quad \boldsymbol{c}_i^{\mathrm{T}}\boldsymbol{A}^{\bar{d}_i}\boldsymbol{B}]\boldsymbol{F}\end{aligned} \tag{7.85}$$

其中

$$\boldsymbol{F} = \begin{bmatrix} \boldsymbol{I}_m & \boldsymbol{KB} & \boldsymbol{K}(\boldsymbol{A}+\boldsymbol{BK})\boldsymbol{B} & \cdots & \boldsymbol{K}(\boldsymbol{A}+\boldsymbol{BK})^{\bar{d}_i-2}\boldsymbol{B} & \boldsymbol{K}(\boldsymbol{A}+\boldsymbol{BK})^{\bar{d}_i-1}\boldsymbol{B} \\ & \ddots & \ddots & & & \boldsymbol{K}(\boldsymbol{A}+\boldsymbol{BK})^{\bar{d}_i-2}\boldsymbol{B} \\ & & & & & \vdots \\ & \boldsymbol{0} & & & & \boldsymbol{K}(\boldsymbol{A}+\boldsymbol{BK})\boldsymbol{B} \\ & & & & & \boldsymbol{KB} \\ & & & & & \boldsymbol{I}_m \end{bmatrix}$$

$\boldsymbol{H}$ 非奇异性保证了其核(左化零)空间 $\ker\boldsymbol{H}=\{\boldsymbol{0}\}$，即

$$\boldsymbol{c}_i^{\mathrm{T}}(\boldsymbol{A}+\boldsymbol{BK})^k\boldsymbol{BH} = \boldsymbol{0} \longrightarrow \boldsymbol{c}_i^{\mathrm{T}}(\boldsymbol{A}+\boldsymbol{BK})^k\boldsymbol{B} = \boldsymbol{0}, \quad k = 0,1,2,\cdots,\bar{d}_i - 1$$

$$\boldsymbol{c}_i^{\mathrm{T}}(\boldsymbol{A}+\boldsymbol{BK})^{\bar{d}_i}\boldsymbol{BH} \neq \boldsymbol{0} \longrightarrow \boldsymbol{c}_i^{\mathrm{T}}(\boldsymbol{A}+\boldsymbol{BK})^{\bar{d}_i}\boldsymbol{B} \neq \boldsymbol{0}, \quad k = \bar{d}_i$$

将上述关系引入式(7.85)得到

$$\left.\begin{aligned}&\boldsymbol{c}_i^{\mathrm{T}}(\boldsymbol{A}+\boldsymbol{BK})^k\boldsymbol{BH} = \boldsymbol{0} \longrightarrow \boldsymbol{c}_i^{\mathrm{T}}\boldsymbol{A}^k\boldsymbol{B} = \boldsymbol{0}, \quad k = 0,1,2,\cdots,\bar{d}_i - 1\\ &\boldsymbol{c}_i^{\mathrm{T}}(\boldsymbol{A}+\boldsymbol{BK})^{\bar{d}_i}\boldsymbol{BH} \neq \boldsymbol{0} \longrightarrow \boldsymbol{c}_i^{\mathrm{T}}\boldsymbol{A}^{\bar{d}_i}\boldsymbol{B} \neq \boldsymbol{0}, \quad k = \bar{d}_i\end{aligned}\right\} \tag{7.86}$$

式(7.86)说明若 $\bar{d}_i$ 是所有 $\boldsymbol{c}_i^{\mathrm{T}}(\boldsymbol{A}+\boldsymbol{BK})^k\boldsymbol{BH}\neq\boldsymbol{0}, k\geqslant\bar{d}_i$ 中最小整数，那么它也是所有 $\boldsymbol{c}_i^{\mathrm{T}}\boldsymbol{A}^k\boldsymbol{B}\neq\boldsymbol{0}, k\geqslant\bar{d}_i$ 中最小整数，所以 $\bar{d}_i=d_i$. 另外，由式(7.85)还可看出

$$\boldsymbol{c}_i^{\mathrm{T}}(\boldsymbol{A}+\boldsymbol{BK})^{\bar{d}_i}\boldsymbol{B} = \boldsymbol{c}_i^{\mathrm{T}}\boldsymbol{A}^{\bar{d}_i}\boldsymbol{B} = \boldsymbol{E}_i$$

有

$$\bar{\boldsymbol{E}}_i = \boldsymbol{E}_i\boldsymbol{H} \tag{7.87}$$

定理证毕.

定理 7.5 具有 $m\times m$ 阶传递函数矩阵 $\boldsymbol{G}(s)$ 的多变量系统 $\{\boldsymbol{A},\boldsymbol{B},\boldsymbol{C}\}$ 可用式(7.65)中 $\boldsymbol{u}(t)=\boldsymbol{Hv}(t)+\boldsymbol{Kx}(t)$ 解耦得到对角线形闭环传递函数矩阵的充要条件是按式(7.80)定义的行向量组成非奇异矩阵 $\boldsymbol{E}$：

$$\boldsymbol{E} = \begin{bmatrix}\boldsymbol{E}_1\\ \boldsymbol{E}_2\\ \vdots \\ \boldsymbol{E}_m\end{bmatrix} \tag{7.88}$$

证明 定理 7.4 指出采用式(7.65)中 $\boldsymbol{u}=\boldsymbol{Hv}(t)+\boldsymbol{Kx}$ 状态反馈，有 $\bar{d}_i=d_i$，$\bar{\boldsymbol{E}}_i=\boldsymbol{E}_i\boldsymbol{H}$. 因此在式(7.81)，式(7.82)和式(7.83)中以 d_i 代替 $\bar{d}_i$ 仍然成立，即 $\boldsymbol{G}_{fi}^{\mathrm{T}}(s)$ 可表达成式(7.89)：

$$\boldsymbol{G}_{fi}^{\mathrm{T}}(s) = \sum_{k=d_i}^{\infty}\boldsymbol{c}_i^{\mathrm{T}}(\boldsymbol{A}+\boldsymbol{BK})^k\boldsymbol{BH}s^{-(k+1)}$$

$$= \sum_{k=0}^{n-d_i-1} \frac{c_i^{\mathrm{T}}\bar{Q}_k BHs^k}{s^n + \bar{a}_{n-1}s^{n-1} + \cdots + \bar{a}_1 s + \bar{a}_0} \tag{7.89}$$

另外还有

$$\left.\begin{aligned} &c_i^{\mathrm{T}}(A + Bk)^k BH = \mathbf{0} \\ &c_i^{\mathrm{T}}(A + Bk)^k B = 0 \\ &c_i^{\mathrm{T}}A^k B = 0 \end{aligned}\right\} k = 0,1,\cdots,d_i - 1 \tag{7.90}$$

$$\left.\begin{aligned} &c_i^{\mathrm{T}}\bar{Q}_k B = \mathbf{0} \\ &c_i^{\mathrm{T}}Q_k B = \mathbf{0} \end{aligned}\right\} k = n - d_i,\cdots,n - 1 \tag{7.91}$$

$$c_i^{\mathrm{T}}(A + BK)^{d_i} B = c_i^{\mathrm{T}}A^{d_i} B = E_i \neq \mathbf{0} \tag{7.92}$$

再利用扩展的式(7.85),即列块不断增加可证明

$$c_i^{\mathrm{T}}(A + BK)^k B = c_i^{\mathrm{T}}A^{d_i}(A + BK)^{k-d_i} B, \quad k = d_i + 1, d_i + 2, \cdots \tag{7.93}$$

例如

$$\begin{aligned} c_i^{\mathrm{T}}(A + BK)^{d_i+1} B &= c_i^{\mathrm{T}}A^{d_i+1} B + c_i^{\mathrm{T}}A^{d_i} BKB \\ &= c_i^{\mathrm{T}}A^{d_i}(A + BK)B \\ c_i^{\mathrm{T}}(A + BK)^{d_i+2} B &= c_i^{\mathrm{T}}A^{d_i+2} B + c_i^{\mathrm{T}}A^{d_i+1} BKB + c_i^{\mathrm{T}}A^{d_i} BK(A + BK)B \\ &= c_i^{\mathrm{T}}A^{d_i}(A^2 + ABK + BKA + BKBK)B \\ &= c_i^{\mathrm{T}}A^{d_i}(A + BK)^2 B \end{aligned}$$

将式(7.90)和预解矩阵中 $\bar{Q}_k$ 表达式结合起来有

$$\begin{aligned} c_i^{\mathrm{T}}\bar{Q}_k BH = {} & c_i^{\mathrm{T}}(A + BK)^{n-k-1} BH + \bar{a}_{n-1} c_i^{\mathrm{T}}(A + BK)^{n-k-2} BH \\ & + \cdots + \bar{a}_{d_i+k+2} c_i^{\mathrm{T}}(A + BK)^{d_i+1} BH \\ & + \bar{a}_{d_i+k+1} c_i^{\mathrm{T}}(A + BK)^{d_i} BH, \quad k = 0,1,\cdots,n - d_i - 1 \end{aligned} \tag{7.94}$$

现在设

$$F \stackrel{\text{def}}{=} \begin{bmatrix} c_1^{\mathrm{T}}A^{d_1+1} \\ c_2^{\mathrm{T}}A^{d_2+1} \\ \vdots \\ c_m^{\mathrm{T}}A^{d_m+1} \end{bmatrix}$$

$$K \stackrel{\text{def}}{=} -E^{-1}F, \quad H \stackrel{\text{def}}{=} E^{-1}$$

利用这三式可证明 $c_i^{\mathrm{T}}(A + BK)^{d_i+l}B = \mathbf{0}, l = 1,2,\cdots,$

$$\begin{aligned} c_i^{\mathrm{T}}(A + BK)^{d_i+l} B &= c_i^{\mathrm{T}}A^{d_i}(A + BK)^l B \\ &= (c_i^{\mathrm{T}}A^{d_i+1} - c_i^{\mathrm{T}}A^{d_i} BE^{-1}F)(A + BK)^{l-1} B \\ &= (F_i - E_i E^{-1}F)(A + BK)^{l-1} B \\ &= \mathbf{0} \end{aligned} \tag{7.95}$$

所以在这种特定的反馈条件下

$$c_i^{\mathrm{T}}\bar{Q}_k BH = \bar{a}_{d_i+k+1} E_i E^{-1}, \quad k = 0,1,\cdots,n - d_i - 1 \tag{7.96}$$

其中 $\bar{a}_n \stackrel{\text{def}}{=} 1$.这样将式(7.96)代入式(7.89)得到

$$\boldsymbol{G}_{fi}^{\mathrm{T}}(s)=\frac{(s^{n-d_i-1}+\bar{a}_{n-1}s^{n-d_i-2}+\cdots+\bar{a}_{d_i+1})\boldsymbol{E}_i\boldsymbol{E}^{-1}}{s^n+\bar{a}_{n-1}s^{n-1}+\cdots+\bar{a}_2s^2+\bar{a}_1s+\bar{a}_0} \tag{7.97}$$

另一方面 Cayley-Hamilton 定理指出

$$(\boldsymbol{A}+\boldsymbol{BK})^n+\bar{a}_{n-1}(\boldsymbol{A}+\boldsymbol{BK})^{n-1}+\cdots+\bar{a}_1(\boldsymbol{A}+\boldsymbol{BK})+\bar{a}_0\boldsymbol{I}=\boldsymbol{0} \tag{7.98}$$

式(7.98)等号两边左乘 $\boldsymbol{c}_i^{\mathrm{T}}(\boldsymbol{A}+\boldsymbol{BK})^{d_i}[\boldsymbol{c}_i^{\mathrm{T}}(\boldsymbol{A}+\boldsymbol{BK})^{d_i-1}\quad\cdots\quad\boldsymbol{c}_i^{\mathrm{T}}]$，右乘 $\boldsymbol{B}$，引用式(7.95)可分别证得

$$\bar{a}_k=0,\quad k=0,1,\cdots,d_i \tag{7.99}$$

所以

$$\begin{aligned}\bar{\Delta}(s)&=s^n+\bar{a}_{n-1}s^{n-1}+\cdots+\bar{a}_{d_i+1}s^{d_i+1}\\&=s^{d_i+1}(s^{n-d_i-1}+\bar{a}_{n-1}s^{n-d_i-2}+\cdots+\bar{a}_{d_i+1})\end{aligned}$$

重新代回到式(7.97)中，得到

$$\boldsymbol{G}_{fi}^{\mathrm{T}}(s)=[0\quad\cdots\quad 0\quad \underset{\substack{\uparrow\\ i}}{s^{-(d_i+1)}}\quad 0\quad\cdots] \tag{7.100}$$

式(7.100)对于 $i=1,2,\cdots,m$ 均成立，表明

$$\boldsymbol{G}_f(s)=\begin{bmatrix}s^{-(d_1+1)}&&&\\&s^{-(d_2+1)}&&\\&&\ddots&\\&&&s^{-(d_m+1)}\end{bmatrix} \tag{7.101}$$

解耦得到实现.式(7.95)成立以 $\boldsymbol{E}^{-1}$存在或 $\boldsymbol{E}$ 为非奇异阵为前提，这表明是必要条件.一旦 $\boldsymbol{E}^{-1}$存在，总可找到 $\boldsymbol{K}=-\boldsymbol{E}^{-1}\boldsymbol{F}$ 从而使解耦实现，所以它又是充分条件.

式(7.101)表示解耦后的系统是由 m 个单输入单输出的多重积分器组成的，所以这种解耦称为积分型解耦.积分型解耦系统虽因其动态性能不能令人满意，但它常常是综合性能满意的解耦系统的中间一步，所以仍然是有实际价值的.

例 7.7　设有一能控但不稳定的系统$\{A,B,C\}$，其中

$$\boldsymbol{A}=\begin{bmatrix}-2&1&0\\0&-2&0\\0&0&4\end{bmatrix},\quad \boldsymbol{B}=\begin{bmatrix}0&0\\0&1\\1&0\end{bmatrix},\quad \boldsymbol{C}=\begin{bmatrix}0&0&1\\1&0&0\end{bmatrix}$$

希望首先将其变换成积分型解耦系统，进一步将特征值从原点改变成$\{-10,-5,-5\}$

解　由 $\boldsymbol{c}_1^{\mathrm{T}}\boldsymbol{B}=[1\quad 0]$，$\boldsymbol{c}_2^{\mathrm{T}}\boldsymbol{B}=[0\quad 0]$，$\boldsymbol{c}_2^{\mathrm{T}}\boldsymbol{AB}=[0\quad 1]$，可知 $d_1=0,d_2=1$.

$$\boldsymbol{E}\overset{\text{def}}{=}\begin{bmatrix}\boldsymbol{c}_1^{\mathrm{T}}\boldsymbol{B}\\\boldsymbol{c}_2^{\mathrm{T}}\boldsymbol{AB}\end{bmatrix}=\begin{bmatrix}1&0\\0&1\end{bmatrix}$$

$$\boldsymbol{F}\overset{\text{def}}{=}\begin{bmatrix}\boldsymbol{c}_1^{\mathrm{T}}\boldsymbol{A}\\\boldsymbol{c}_2^{\mathrm{T}}\boldsymbol{A}^2\end{bmatrix}=\begin{bmatrix}0&0&4\\4&-4&0\end{bmatrix}$$

$$\boldsymbol{K}=-\boldsymbol{E}^{-1}\boldsymbol{F}=\begin{bmatrix}0&0&-4\\-4&4&0\end{bmatrix},\quad \boldsymbol{H}=\boldsymbol{E}^{-1}=\begin{bmatrix}1&0\\0&1\end{bmatrix}$$

$$\boldsymbol{G}_d(s)=\boldsymbol{C}(s\boldsymbol{I}_2-\boldsymbol{A}-\boldsymbol{BK})^{-1}\boldsymbol{BH}$$

$$
= \begin{bmatrix} 0 & 0 & 1 \\ 1 & 0 & 0 \end{bmatrix} \begin{bmatrix} s+2 & -1 & 0 \\ 4 & s-2 & 0 \\ 0 & 0 & s \end{bmatrix}^{-1} \begin{bmatrix} 0 & 0 \\ 0 & 1 \\ 1 & 0 \end{bmatrix}
$$

$$
= \begin{bmatrix} \dfrac{1}{s} & 0 \\ 0 & \dfrac{1}{s^2} \end{bmatrix}
$$

解耦系统的输入矩阵和输出矩阵未变，仅系统矩阵改变为 $\boldsymbol{A}_d$：

$$
\boldsymbol{A}_d = \begin{bmatrix} -2 & 1 & 0 \\ -4 & 2 & 0 \\ 0 & 0 & 0 \end{bmatrix}
$$

$\{\boldsymbol{A}_d, \boldsymbol{B}\}$仍然能控，所以可采用状态反馈任意配置特征值.应用节 7.3 介绍的方法确定关于每个特征值的化零空间 $N[\boldsymbol{S}(\lambda_i)]$并选取向量$[\boldsymbol{q}_i^{\mathrm{T}} \quad \boldsymbol{r}_i^{\mathrm{T}}]^{\mathrm{T}}$，$i=1,2,3$.在本例中可求出

$$
\boldsymbol{Q} = [\boldsymbol{q}_1\ \boldsymbol{q}_2\ \boldsymbol{q}_3] = \begin{bmatrix} 0.01 & 0.04 & 0 \\ -0.08 & -0.12 & 0 \\ 0 & 0 & -0.2 \end{bmatrix}
$$

$$
\boldsymbol{R} = [\boldsymbol{r}_1\ \boldsymbol{r}_2\ \boldsymbol{r}_3] = \begin{bmatrix} 0 & 0 & 1 \\ 1 & 1 & 0 \end{bmatrix}
$$

$$
\boldsymbol{K}_f = \boldsymbol{R}\boldsymbol{Q}^{-1} = \begin{bmatrix} 0 & 0 & 1 \\ 1 & 1 & 0 \end{bmatrix} \begin{bmatrix} -60 & -20 & 0 \\ 40 & 5 & 0 \\ 0 & 0 & -5 \end{bmatrix}
$$

$$
= \begin{bmatrix} 0 & 0 & -5 \\ -20 & -15 & 0 \end{bmatrix}
$$

$$
\boldsymbol{A}_d + \boldsymbol{B}\boldsymbol{K}_f = \begin{bmatrix} -2 & 1 & 0 \\ -24 & -13 & 0 \\ 0 & 0 & -5 \end{bmatrix}
$$

$$
\boldsymbol{G}_f(s) = \boldsymbol{C}(s\boldsymbol{I}_3 - \boldsymbol{A}_d - \boldsymbol{B}\boldsymbol{K}_f)^{-1}\boldsymbol{B}
$$

$$
= \begin{bmatrix} 0 & 0 & 1 \\ 1 & 0 & 0 \end{bmatrix} \begin{bmatrix} s+2 & -1 & 0 \\ 24 & s+13 & 0 \\ 0 & 0 & s+5 \end{bmatrix}^{-1} \begin{bmatrix} 0 & 0 \\ 0 & 1 \\ 1 & 0 \end{bmatrix}
$$

$$
= \begin{bmatrix} \dfrac{1}{s+5} & 0 \\ 0 & \dfrac{s+3}{(s+5)(s+10)} \end{bmatrix}
$$

7.5　状态估值和状态观测器

前面四节介绍了状态反馈对被控系统稳定性、稳态误差和动态品质因数的改善以及使解耦控制得以实现.可见状态反馈是改善系统性能的重要手段.不过前述内容都是以所有的状态变量都是可测量和可转换成需要的物理量作为前提的.在实际应用中由于某些状态变量是不可达的,也就无法测量;有些状态变量即使可达但要通过传感器使之变换成可供资用的反馈量经济成本太高.因此,这种前提并不总能得到保证.一个很自然的问题就是能否利用被控系统的输入和输出(它们都是可测量的)产生一组能够代替或近似状态向量的变量.若答案是肯定的,则称这一组变量为状态估值,产生状态估值的器件或系统称为状态估值器或状态观测器.这一节研究的就是如何构造或设计状态观测器.

7.5.1　全维开环观测器和(闭环)渐近观测器

设被控系统$\{\boldsymbol{A},\boldsymbol{B},\boldsymbol{C}\}$的系统矩阵$\boldsymbol{A}$,输入矩阵$\boldsymbol{B}$和输出矩阵$\boldsymbol{C}$均为已知的,但是$n$个状态变量却是不可达的,或无法测量的.应用节2.2介绍的模型仿真技术就可得到一个在结构和参数上与被控系统一样的仿真系统$\{\boldsymbol{A},\boldsymbol{B},\boldsymbol{C}\}$,如图7.8所示.倘若两个系统的初态和输入都分别相同,仿真系统的状态$\hat{\boldsymbol{x}}(t)$将始终等于被控系统状态$\boldsymbol{x}(t)$,即仿真系统重构了

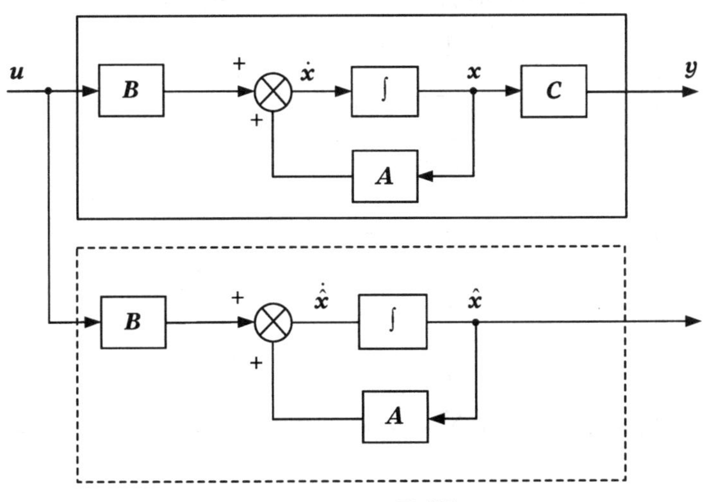

图7.8　开环观测器

$\boldsymbol{x}(t)$,或者说$\hat{\boldsymbol{x}}(t)$可充任$\boldsymbol{x}(t)$的估值.故称仿真系统为**状态观测器**,又因为它是开环的,故称之为**开环状态观测器**.若被控系统$\{\boldsymbol{A},\boldsymbol{B},\boldsymbol{C}\}$是能观系统,虽然$\boldsymbol{x}(t)$是不可直接测量的,但是根据输入和输出的测量值可以计算出被控系统的初态$\boldsymbol{x}(t_0)$,因此也就可以设置状态估值的初态$\hat{\boldsymbol{x}}(t_0)=\boldsymbol{x}(t_0)$.不过这种开环观测器有两个严重的缺点.第一,每次应用这种观

测器都必须计算初态 $\boldsymbol{x}(t_0)$和设置初始估值 $\hat{\boldsymbol{x}}(t_0)$，这很不方便；第二，更为严重的是如果系统矩阵 $\boldsymbol{A}$ 具有正实部的特征值，只要 $\boldsymbol{x}(t_0)$和 $\hat{\boldsymbol{x}}(t_0)$因为外界扰动或设置误差而存在偏差，随着时间增长，误差 $\tilde{\boldsymbol{x}}(t)\overset{\text{def}}{=}\boldsymbol{x}(t)-\hat{\boldsymbol{x}}(t)$就会因 $\tilde{\boldsymbol{x}}(t_0)$差之毫厘而失之千里.所以一般来说，开环观测器没有实用价值.

另外一条产生状态向量 $\boldsymbol{x}(t)$的可能途径是对被控系统的输入和输出微商$(n-1)$次.如果被控系统是能观的，则通过输入、输出及其他们的导数可以重构出状态向量 $\boldsymbol{x}(t)$.不过纯微分器难以构造，再则微分器不合理地放大噪音会破坏状态估值，所以也不可取.

仅仅利用输入产生状态估值的开环观测器缺乏实用价值，通过输入、输出及其他们的导数获得状态向量的方法也不可取.那么图 7.9 中利用输入及输出反馈构成的反馈型观测器又将如何呢？研究结果将证明在被控系统能观条件下，它具有渐远稳定性，而且它的状态 $\hat{\boldsymbol{x}}$ 非常适合作为状态估值.图 7.9 说明作为观测器的输出，即状态估值 $\hat{\boldsymbol{x}}$ 是由输入 $\boldsymbol{u}$ 和输出 $\boldsymbol{y}$ 共同激励产生的，其中被控系统输出 $\boldsymbol{y}=\boldsymbol{C}\boldsymbol{x}$ 和观测器中 $\hat{\boldsymbol{y}}\overset{\text{def}}{=}\boldsymbol{C}\hat{\boldsymbol{x}}$ 的差 $\tilde{\boldsymbol{y}}=\boldsymbol{y}-\hat{\boldsymbol{y}}$ 经 $n\times r$ 阶矩阵 $\boldsymbol{L}$ 放大作为校正信号成为观测器中积分器的一部分输入信号.由图 7.9 很容易写出观测器的状态方程如下：

$$\begin{aligned}\dot{\hat{\boldsymbol{x}}}&=\boldsymbol{A}\hat{\boldsymbol{x}}+\boldsymbol{L}(\boldsymbol{y}-\boldsymbol{C}\hat{\boldsymbol{x}})+\boldsymbol{B}\boldsymbol{u}\\&=(\boldsymbol{A}-\boldsymbol{L}\boldsymbol{C})\hat{\boldsymbol{x}}+\boldsymbol{L}\boldsymbol{y}+\boldsymbol{B}\boldsymbol{u}\end{aligned}\tag{7.102}$$

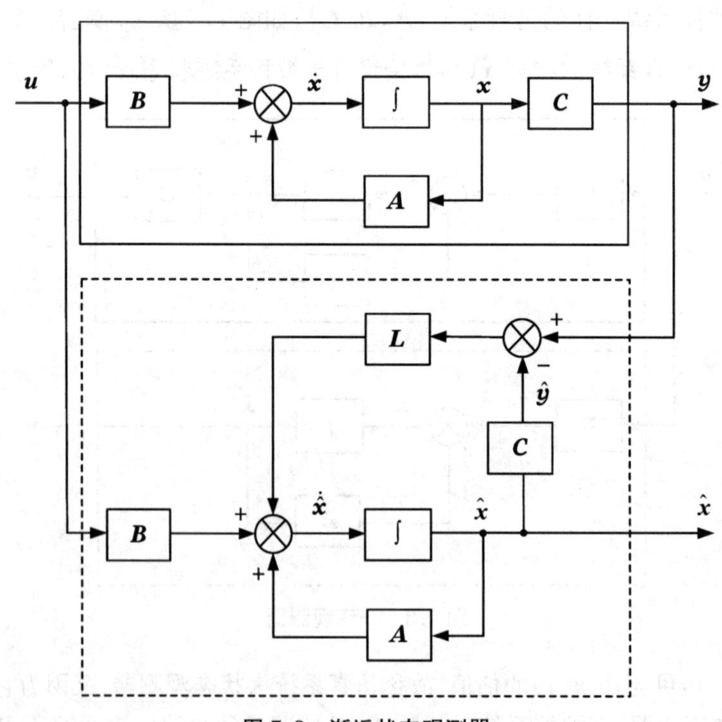

图 7.9　渐近状态观测器

将状态 $\boldsymbol{x}$ 与其估值 $\hat{\boldsymbol{x}}$ 之差称做估值误差 $\tilde{\boldsymbol{x}}$，则

$$
\begin{aligned}
\dot{\tilde{x}} &= \dot{x} - \dot{\hat{x}} \\
&= (Ax + Bu) - (A - LC)\hat{x} - LCX - Bu \\
&= (A - LC)\tilde{x}
\end{aligned} \tag{7.103}
$$

式(7.103)给出一个启示，倘若矩阵$[A - LC]$的特征值可以任意配置，只要其中复特征值以共轭对形式出现，那么安排$[A - LC]$的所有特征值都处在 s 左半开半面内且离虚轴足够远，则对于任何 $\tilde{x}(0)$，$\|\tilde{x}(0)\| \neq \infty$，都可以让 $\tilde{x}(t)$以任何希望的速度迅速地趋于零，也就是说尽管在初始时刻 $t_0 = 0$，$\hat{x}(0)$与 $x(0)$之间存在着差别，总可以在任意短的时间后让 $\hat{x}(t)$与$x(t)$相等.结果 $\hat{x}(t)$以渐渐逼近的特性承担起 $x(t)$的角色.

定理 7.6 如果 n 维动态系统$\{A, B, C\}$是能观的，则图 7.9 中 n 维状态观测器的状态 $\hat{x}(t)$能够充任状态 $x(t)$的估值.

证明 前面的分析已经指出关键在于任意配置矩阵$[A - LC]$的特征值.因为$\{A, C\}$是能观的，根据对偶原理知道$\{A^{\mathrm{T}}, C^{\mathrm{T}}\}$是能控的，再根据定理 7.2 知道可采用状态反馈使闭环系统矩阵$[A^{\mathrm{T}} + C^{\mathrm{T}}K]$的特征值配置在复平面 S 的任意位置上.最后根据矩阵 M 和其转置 M^{T} 具有相同的特征值，断定若取 $L = -K^{\mathrm{T}}$，则 $A + K^{\mathrm{T}}C = A - LC$ 的特征值可以任意配置.定理证毕.

显然所有用于设计状态反馈矩阵 K 的方法都可用来设计状态观测器所需要的反馈矩阵L，这里就不重复了.值得提醒的是状态观测器的闭环特征频率并不是离开虚轴越远越好.正如节 7.2 曾指出的，主特征频率离虚轴越远过渡过程会越短，但超调量会加大甚至导致观测器饱和，对外界噪音也会敏感，所以应当折中考虑.为了使超调量或暂态响应幅度较小，在将矩阵 A 变换成友矩阵形式时，友矩阵块的最大阶次应当尽可能小.与状态反馈设计情况对偶的是这种阶次最小值为$\{A, C\}$的能观性指数.

7.5.2 Kalman(卡尔曼)分离原理

节 7.1 指出如果被控系统$\{A, B, C\}$能控，所有状态变量 $x_i(t)$又都可用来提供反馈信息，则应用状态反馈 $Kx(t)$可以任意配置闭环系统的特征频率.下面讨论若被控系统$\{A, B, C\}$即能控又能观，但无法利用状态 $x(t)$获取反馈信息，那么借助于前面介绍的 n 维渐近状态观测器重构的状态估值 $\hat{x}(t)$是否可以任意配置闭环系统的特征频率？这种含有状态观测器的闭环系统的特征频率与节 7.1 中利用被控系统状态 $x(t)$构成的状态反馈闭环系统的特征频率有何关系？这两种闭环系统的传递矩阵间又有何关系？即将介绍的著名的 Kalman 分离原理回答了这些问题.

图 7.10 展示着含有渐近状态观测器的 $2n$ 维闭环系统，它通过观测器的状态估值提供反馈信息.这种闭环系统动态方程如下：

$$
\begin{bmatrix} \dot{x} \\ \dot{\hat{x}} \end{bmatrix} = \begin{bmatrix} A & BK \\ LC & A + BK - LC \end{bmatrix} \begin{bmatrix} x \\ \hat{x} \end{bmatrix} + \begin{bmatrix} B \\ B \end{bmatrix} v \tag{7.104a}
$$

$$
y = \begin{bmatrix} C & 0 \end{bmatrix} \begin{bmatrix} x \\ \hat{x} \end{bmatrix} \tag{7.104b}
$$

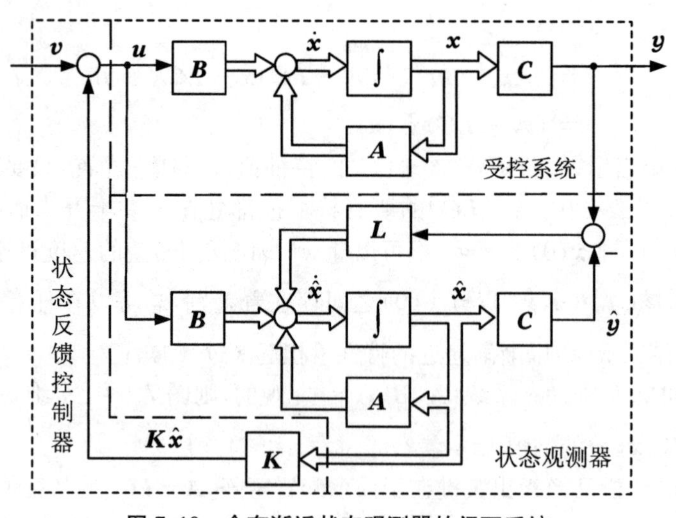

图 7.10 含有渐近状态观测器的闭环系统

将估值误差 $\tilde{x} = x - \hat{x}$ 代入式(7.104)消去 $\hat{x}$ 得到描述同一闭环系统的动态方程式(7.105)：

$$\begin{bmatrix} \dot{x} \\ \dot{\tilde{x}} \end{bmatrix} = \begin{bmatrix} A + BK & -BK \\ 0 & A - LC \end{bmatrix} \begin{bmatrix} x \\ \tilde{x} \end{bmatrix} + \begin{bmatrix} B \\ 0 \end{bmatrix} v \tag{7.105a}$$

$$y = [C \quad 0] \begin{bmatrix} x \\ \tilde{x} \end{bmatrix} \tag{7.105b}$$

式(7.105)的模拟框图如图 7.11 所示.实质上,利用式(7.106)中非奇异矩阵 T 和 T^{-1} 对式(7.104)作代数等价变换便得到式(7.105).以 A_{f0} 记式(7.104a)中系统矩阵,因为代数等价变换

$$T = \begin{bmatrix} I_n & 0 \\ I_n & -I_n \end{bmatrix} \tag{7.106}$$

不改变系统的特征频率,所以式(7.104)和式(7.105)间特征值谱之间有关系式

$$\sigma(A_{f0}) = \sigma(A + BK) \oplus \sigma(A - LC) \tag{7.107}$$

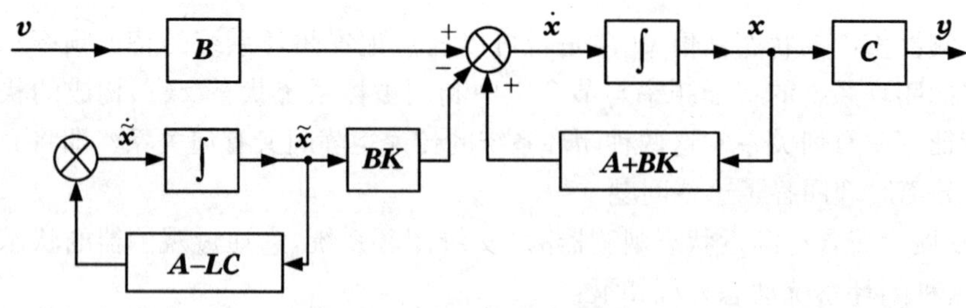

图 7.11 式(7.105)的模拟框图

式(7.105)或图 7.11 表明代数等价变换后的系统是由状态 $x(t)$ 反馈形成的闭环子系统和由估值误差子系统组合而成.只要被控系统 $\{A, C\}$ 能观,就可用 L 任意配置 $\sigma(A - LC)$;另一方面只要被控系统 $\{A, B\}$ 能控,就能用 K 任意配置 $\sigma(A + BK)$.也就是说,只要被控系统

是既约的，状态反馈闭环子系统的设计和状态观测器的设计可以分别单独设计.这一特性通常被称为分离特性或分离原理.另外，估值误差子系统是不受状态反馈闭环子系统任何影响的零输入系统，只要 $\sigma(\boldsymbol{A}-\boldsymbol{LC})$ 在 s 左半开平面安排恰当，不论 $\tilde{\boldsymbol{x}}(0)$ 为零与否，$\tilde{\boldsymbol{x}}(t)=\exp[(\boldsymbol{A}-\boldsymbol{LC})t]\tilde{\boldsymbol{x}}(0)$ 可在希望的短时间内趋近于零.因此状态 $\boldsymbol{x}(t)$ 仅在起初的短时间内与 $\tilde{\boldsymbol{x}}(t)$ 不同.一旦 $\tilde{\boldsymbol{x}}(t)=0$，这种以状态估值 $\hat{\boldsymbol{X}}(t)$ 提供反馈量的含有状态观测器的闭环系统就完全等价于以状态 $\boldsymbol{x}(t)$ 提供反馈量的闭环系统.式(7.107)还说明如果这两种闭环系统选用的反馈矩阵 $\boldsymbol{K}$ 相同，在任意配置被控系统的特征频率方面有着完全相同的效果.

现在研究两种闭环系统传递函数矩阵间的关系.设 $\boldsymbol{G}_{f0}(s)$ 为含有观测器的闭环传递函数矩阵，$\boldsymbol{G}_f(s)$ 表示状态反馈闭环传递函数矩阵.根据式(7.104)可知

$$\begin{aligned}
\boldsymbol{G}_{f0}(s) &= [\boldsymbol{C}\quad \boldsymbol{0}](s\boldsymbol{I}_{2n}-\boldsymbol{A}_{f0})^{-1}\begin{bmatrix}\boldsymbol{B}\\ \boldsymbol{B}\end{bmatrix} \\
&= [\boldsymbol{C}\quad \boldsymbol{0}]\boldsymbol{T}(s\boldsymbol{I}_{2n}-\boldsymbol{T}^{-1}\boldsymbol{A}_{f0}\boldsymbol{T})^{-1}\boldsymbol{T}^{-1}\begin{bmatrix}\boldsymbol{B}\\ \boldsymbol{B}\end{bmatrix} \\
&= [\boldsymbol{C}\quad \boldsymbol{0}]\begin{bmatrix}(s\boldsymbol{I}_n-\boldsymbol{A}-\boldsymbol{BK}) & \boldsymbol{BK}\\ \boldsymbol{0} & s\boldsymbol{I}_n-\boldsymbol{A}+\boldsymbol{LC}\end{bmatrix}^{-1}\begin{bmatrix}\boldsymbol{B}\\ \boldsymbol{0}\end{bmatrix} \\
&= [\boldsymbol{C}\quad \boldsymbol{0}]\begin{bmatrix}(s\boldsymbol{I}_n-\boldsymbol{A}-\boldsymbol{BK})^{-1} & *\\ \boldsymbol{0} & (s\boldsymbol{I}_n-\boldsymbol{A}+\boldsymbol{LC})^{-1}\end{bmatrix}\begin{bmatrix}\boldsymbol{B}\\ \boldsymbol{0}\end{bmatrix} \\
&= \boldsymbol{C}(s\boldsymbol{I}_n-\boldsymbol{A}-\boldsymbol{BK})^{-1}\boldsymbol{B} = \boldsymbol{G}_f(s)
\end{aligned} \tag{7.108}$$

其中 $*$ 号为 $-(s\boldsymbol{I}_n-\boldsymbol{A}-\boldsymbol{BK})^{-1}\boldsymbol{BK}(s\boldsymbol{I}_n-\boldsymbol{A}+\boldsymbol{LC})^{-1}$.式(7.108)说明在零初始状态条件下两种闭环系统完全等价，或者说一旦 $\tilde{\boldsymbol{x}}(t)=0$ 后两种闭环系统在相同的输入下会产生相同的输出.为了使 $\tilde{\boldsymbol{x}}(t)$ 尽早趋近于零又不致对含有观测器的闭环系统的动态性能有过大影响，以 $(\boldsymbol{A}-\boldsymbol{LC})$ 特征值的负实部为 $(\boldsymbol{A}+\boldsymbol{BK})$ 特征值的负实部2～3倍为宜.

7.5.3　降维观测器

前面介绍的状态观测器因为状态估值空间的维数和被控系统状态空间维数相等被称为**全维(或 n 维)状态观测器**.实际上 $\boldsymbol{y}=\boldsymbol{cx}$ 表明输出中就含有可利用的状态信息不必构造全部状态变量的估值，倘若 $\boldsymbol{C}$ 的秩为 r，则只需对 $(n-r)$ 个状态变量估值从而使状态观测器的维数从 n 降到 $(n-r)$.这种状态观测器因维数低于被控系统状态空间维数，而被称为**降维观测器**.下面进一步深入讨论这个问题.

仍然假设被控系统由 $\{\boldsymbol{A},\boldsymbol{B},\boldsymbol{C}\}$ 描述，还假设 $\boldsymbol{C}$ 为满秩矩阵，$\rho[\boldsymbol{C}]=r<n$.为了充分利用输出 $\boldsymbol{y}$，选取矩阵 $\boldsymbol{C}$ 中 r 个线性无关的行向量 $\boldsymbol{c}_1^{\mathrm{T}},\boldsymbol{c}_2^{\mathrm{T}},\cdots,\boldsymbol{c}_r^{\mathrm{T}}$ 作为 n 维状态空间的一部分基向量，再任意挑选 $(n-r)$ 个行向量 $\boldsymbol{P}_{r+1}^{\mathrm{T}},\boldsymbol{P}_{r+2}^{\mathrm{T}},\cdots,\boldsymbol{P}_n^{\mathrm{T}}$，并令 $\boldsymbol{c}_i^{\mathrm{T}}=\boldsymbol{P}_i^{\mathrm{T}},i=1,2,\cdots,r$，这样便得到非奇异 n 阶方阵 $\boldsymbol{P}$ 及其逆 $\boldsymbol{P}^{-1}\overset{\text{def}}{=}\boldsymbol{Q}$：

$$P = \begin{bmatrix} P_1^{\mathrm{T}} \\ \vdots \\ P_r^{\mathrm{T}} \\ \hdashline P_{r+1}^{\mathrm{T}} \\ \vdots \\ P_n^{\mathrm{T}} \end{bmatrix} = \begin{bmatrix} P_r = C \\ \hdashline P_{n-r} \end{bmatrix},\quad Q = P^{-1} = [Q_r \;\vdots\; Q_{n-r}] \tag{7.109}$$

其中 P_r 和 Q_r 分别具有 r 个行向量和列向量，P_{n-r} 和 Q_{n-r} 分别具有 $(n-r)$ 个行向量和列向量. 它们之间具有如下关系：

$$PQ = \begin{bmatrix} P_rQ_r & P_rQ_{n-r} \\ P_{n-r}Q_r & P_{n-r}Q_{n-r} \end{bmatrix} = \begin{bmatrix} I_r & 0_{r\times(n-r)} \\ 0_{(n-r)\times r} & I_{n-r} \end{bmatrix} \tag{7.110}$$

用 P 和 Q 对被控系统作等价变换，即令 $\bar{x} = Px$，或 $x = Q\bar{x}$，得到被控系统变换后的动态方程为

$$\dot{\bar{x}} = PAQ\bar{x} + PBU. \tag{7.111a}$$

$$y = CQ\bar{x} \tag{7.111b}$$

因为

$$\begin{aligned} y = CQ\bar{X} &= P_r[Q_r \quad Q_{n-r}]\bar{x} \\ &= [I_r \quad 0_{r\times(n-r)}]\begin{bmatrix} \bar{x}_a \\ \bar{x}_b \end{bmatrix} \begin{matrix} \}\,r \\ \}\,n-r \end{matrix} \\ &= \bar{x}_a \end{aligned} \tag{7.112}$$

其中 $\bar{x}_a$ 是 $\bar{x}$ 中上面 r 个变量，$\bar{x}_b$ 是下面 $(n-r)$ 个变量，所以经等价变换后 y 可作为 r 个状态变量直接用于状态反馈，需要重构或估值的仅是 $(n-r)$ 个状态变量. 令 $\bar{A} = PAQ$，并按 $\bar{x}_a$ 和 $\bar{x}_b$ 分块，将式(7.111)重新写成式(7.113)：

$$\dot{\bar{x}} = \begin{bmatrix} \dot{\bar{x}}_a \\ \dot{\bar{x}}_b \end{bmatrix} = \begin{bmatrix} \bar{A}_{aa} & \bar{A}_{ab} \\ \bar{A}_{ba} & \bar{A}_{bb} \end{bmatrix} \begin{bmatrix} \bar{x}_a \\ \bar{x}_b \end{bmatrix} + \begin{bmatrix} \bar{B}_a \\ \bar{B}_b \end{bmatrix} u \tag{7.113a}$$

$$y \overset{\text{def}}{=} y_a = \bar{x}_a \tag{7.113b}$$

现在将变换后系统按状态变量是否需要重构划分成两个子系统，它们各自的动态方程如下：

子系统 a

$$\dot{\bar{x}}_a = \bar{A}_{aa}\bar{x}_a + \bar{A}_{ab}\bar{x}_b + \bar{B}_a u \tag{7.114a}$$

$$\bar{y}_a = \bar{x}_a \tag{7.114b}$$

且

$$\dot{y}_a = \bar{A}_{aa}\bar{x}_a + \bar{A}_{ab}\bar{x}_b + \bar{B}_a u \tag{7.114b}$$

子系统 b

$$\dot{\bar{x}}_b = \bar{A}_{bb}\bar{x}_b + \bar{A}_{ba}\bar{x}_a + \bar{B}_b u \tag{7.115a}$$

$$y_b \overset{\text{def}}{=} \bar{A}_{ab}\bar{x}_b = \dot{y}_a - \bar{A}_{aa}\bar{x}_a - \bar{B}_a u \tag{7.115b}$$

子系统 b 中状态需要估值，其中 y_b 是虚构的输出. 由全维观测器的分析知道，倘若子系统 b

是能观的,即由$\{\bar{A}_{bb},\bar{A}_{ab}\}$组成的能观性矩阵秩为$(n-r)$,就可对状态$\bar{x}_b$设计$(n-r)$维状态观测器产生出状态估值$\hat{\bar{x}}_b$.将式(7.115a)中输入信号视为$[\bar{x}_a^{\mathrm{T}}\quad u^{\mathrm{T}}]^{\mathrm{T}}$,对照式(7.102)可知关于状态估值$\hat{\bar{x}}_b$的状态方程可写成

$$\dot{\hat{\bar{x}}} = [\bar{A}_{bb} - L\bar{A}_{ab}]\hat{\bar{x}}_b + Ly_b + [\bar{A}_{ba}\quad \bar{B}_b]\begin{bmatrix}\bar{x}_a\\ u\end{bmatrix} \tag{7.116}$$

通过选择适当的反馈矩阵L将$[\bar{A}_{bb}-L\bar{A}_{ab}]$的特征值配置在左半$s$开平面中恰当位置.但是到此问题尚未解决,因为$y_b$是虚构的,实际可用的量如式(7.115b)最右边所示,其中含有微分项$\dot{y}_a$,这是不希望的.为此,在将式(7.115b)代入式(7.116)后,等号两边同时减去$L\dot{y}_a$项,得到

$$\dot{\hat{\bar{x}}} - L\dot{y}_a = [\bar{A}_{bb} - L\bar{A}_{ab}]\hat{\bar{x}}_b + [\bar{A}_{ba} - L\bar{A}_{aa}\quad \bar{B}_b - L\bar{B}_a]\begin{bmatrix}\bar{x}_a\\ u\end{bmatrix} \tag{7.117}$$

根据式(7.117)构造关于$\bar{x}_b$的状态观测器,它的模拟框图如图7.12所示,其中

$$\hat{x} = Q\hat{\bar{x}} = [Q_r\quad Q_{n-r}]\begin{bmatrix}\bar{x}_a\\ \hat{\bar{x}}_b\end{bmatrix} = Q_r\bar{x}_a + Q_{n-r}\hat{\bar{x}}_b$$

前面所述子系统b的状态$\bar{x}_b$可通过$(n-r)$维状态观测器重构出状态估值$\hat{\bar{x}}_b$是以子系统b完全能观为前提的.很容易证明子系统b完全能观与被控系统完全能观等价.因为

$$\begin{aligned}
\text{被控系统完全能观}&\Leftrightarrow \rho\begin{bmatrix} sI_n - \bar{A}\\ \bar{C}\end{bmatrix}\\
&= \rho\begin{bmatrix} sI_r - \bar{A}_{aa} & -\bar{A}_{ab}\\ -\bar{A}_{ba} & sI_{n-r} - \bar{A}_{bb}\\ I_r & 0_{r\times(n-r)}\end{bmatrix} = n,\quad \forall s\in\mathbf{C}\\
&\Leftrightarrow \rho\begin{bmatrix} -\bar{A}_{ab}\\ sI_{n-r} - \bar{A}_{bb}\\ 0_{r\times(n-r)}\end{bmatrix} = n-r,\quad \forall s\in\mathbf{C}\\
&\Leftrightarrow \text{子系统 } b \text{ 完全能观}
\end{aligned}$$

将上述内容归纳起来可用定理7.7表述.

定理7.7 如果n维动态系统$\{A,B,C\}$是能观的,$\rho(C)=r$,则图7.12中$(n-r)$维状态观测器的状态$\hat{x}(t)$能够充任状态$x(t)$的估值.

降维状态观测器和全维观测器比较起来,前者需要进行一次代数等价变换,除了这一点外,它所需要的计算量比实现中需要的积分器数目要少些.不过如果被控系统输出夹有噪音,降维状态观测器通过常数矩阵Q_r直接传递给观测器的输出,而全维状态观测器是经过积分后,也就是经过高频滤波后才传递到观测器的输出,所以当输出夹有高频噪音时,全维状态观测器呈现出优越性.这里需要强调的一点是,状态观测器的特征频率和状态反馈闭环子系统的特征频率可以分开单独设计的Kalman分离原理,对降维状态观测器仍然适用.

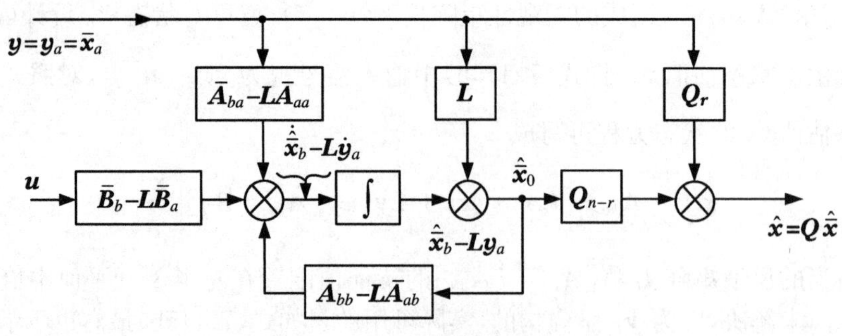

图 7.12 降维状态观测器

例 7.8 设被控系统为节 2.3 例 2.6 中倒立摆，

$$\begin{bmatrix} \dot{x}_1 \\ \dot{x}_2 \\ \dot{x}_3 \\ \dot{x}_4 \end{bmatrix} = \begin{bmatrix} 0 & 1 & 0 & 0 \\ 0 & 0 & -1 & 0 \\ 0 & 0 & 0 & 1 \\ 0 & 0 & 11 & 0 \end{bmatrix} \begin{bmatrix} x_1 \\ x_2 \\ x_3 \\ x_4 \end{bmatrix} + \begin{bmatrix} 0 \\ 1 \\ 0 \\ -1 \end{bmatrix} u$$

$$y = \begin{bmatrix} 1 & 0 & 0 & 0 \end{bmatrix} \boldsymbol{x}$$

希望设计一个全维状态观测器，要求观测器的特征频率为 -2，-3 和 $-2\pm \mathrm{j}$.

解 显然被控系统是能观的，设 $\boldsymbol{L}=[L_1 \quad L_2 \quad L_3 \quad L_4]^{\mathrm{T}}$，全维状态观测器状态方程为

$$\dot{\hat{\boldsymbol{x}}} = \begin{bmatrix} -L_1 & 1 & 0 & 0 \\ -L_2 & 0 & -1 & 0 \\ -L_3 & 0 & 0 & 1 \\ -L_4 & 0 & 11 & 0 \end{bmatrix} \hat{\boldsymbol{x}} + \begin{bmatrix} L_1 \\ L_2 \\ L_3 \\ L_4 \end{bmatrix} y + \begin{bmatrix} 0 \\ 1 \\ 0 \\ -1 \end{bmatrix} u$$

$$\begin{aligned} \det(s\boldsymbol{I} - \boldsymbol{A} + \boldsymbol{LC}) &= s^4 + L_1 s^3 + (L_2 - 11)s^2 - (11L_1 + L_3)s - (L_4 + 11L_2) \\ &\stackrel{\mathrm{def}}{=} s^4 + 9s^3 + 31s^2 + 49s + 30 \end{aligned}$$

解出 $L_1=9$，$L_2=42$，$L_3=-148$，$L_4=-492$. 由于 $y=x_1$ 可直接用于状态反馈，亦可设计三维状态观测器. 首先选取等价变换矩阵 $\boldsymbol{P}=\boldsymbol{I}_4$，因此 $\bar{\boldsymbol{A}}=\boldsymbol{A}$，$\bar{\boldsymbol{B}}=\boldsymbol{B}$. 将其分块后

$$\bar{\boldsymbol{A}}_{aa} = 0, \quad \bar{\boldsymbol{A}}_{ba} = \begin{bmatrix} 0 \\ 0 \\ 0 \end{bmatrix}, \quad \bar{\boldsymbol{A}}_{ab} = \begin{bmatrix} 1 & 0 & 0 \end{bmatrix}, \quad \bar{\boldsymbol{A}}_{bb} = \begin{bmatrix} 0 & -1 & 0 \\ 0 & 0 & 1 \\ 0 & 11 & 0 \end{bmatrix}$$

$$\bar{\boldsymbol{B}}_a = 0, \quad \bar{\boldsymbol{B}}_b = \begin{bmatrix} 1 \\ 0 \\ -1 \end{bmatrix}$$

再设 $\boldsymbol{L}=[L_1 \quad L_2 \quad L_3]^{\mathrm{T}}$，希望配置特征值为 -3 和 $-2\pm \mathrm{j}$，则三维状态观测器的系统矩阵为 $\bar{\boldsymbol{A}}_{bb}-\overline{\boldsymbol{L}\boldsymbol{A}}_{ab}$. 相应地，希望得到的特征多项式可写成

$$\begin{aligned} \det(s\boldsymbol{I}_3 - \bar{\boldsymbol{A}}_{bb} + \boldsymbol{L}\bar{\boldsymbol{A}}_{ab}) &= s^3 + L_1 s^2 - (11 + L_2)s - (11L_1 + L_3) \\ &\stackrel{\mathrm{def}}{=} s^3 + 7s^3 + 17s^2 + 15 \end{aligned}$$

解出

$$L_1 = 7,\quad L_2 = -28,\quad L_3 = 92$$

采用这两种状态观测器都可以使估值误差 $\tilde{\boldsymbol{x}}(t)$至少以 e^{-2t} 的速率衰减.

习　题　7

7.1　试将下面两组动态方程等价变换成两种能控规范型动态方程:

(a)
$$\dot{\boldsymbol{x}} = \begin{bmatrix} -1 & -2 & -2 \\ 0 & -1 & 1 \\ 1 & 0 & -1 \end{bmatrix}\boldsymbol{x} + \begin{bmatrix} 2 \\ 0 \\ 1 \end{bmatrix}\boldsymbol{u}$$
$$y = \begin{bmatrix} 1 & 1 & 0 \end{bmatrix}\boldsymbol{x}$$

(b)
$$\dot{\boldsymbol{x}} = \begin{bmatrix} 1 & 3 & 2 \\ 0 & 4 & 2 \\ 0 & 0 & 1 \end{bmatrix}\boldsymbol{x} + \begin{bmatrix} 0 & 1 \\ 0 & 0 \\ 1 & 0 \end{bmatrix}\boldsymbol{u}$$
$$y = \begin{bmatrix} 1 & 0 & 0 \\ 0 & 0 & 1 \end{bmatrix}\boldsymbol{x}$$

7.2　将题7.1中两组动态方程等价变换成两种能观规范型动态方程.

7.3　试用状态反馈法将题7.1中(a)组动态方程的特征值安排为$-1,-2$和-2;(b)组动态方程的特征值安排为$-2\pm j2$和-2.

7.4　某不稳定系统的状态方程为

$$\dot{\boldsymbol{x}} = \left[\begin{array}{cc|ccc} -2 & 1 & & \boldsymbol{0} & \\ 0 & -2 & & & \\ \hline & & 1 & 1 & 0 \\ & \boldsymbol{0} & 0 & 1 & 1 \\ & & 0 & 0 & 1 \end{array}\right]\boldsymbol{x} + \left[\begin{array}{c} 1 \\ 0 \\ \hline 0 \\ 1 \\ 1 \end{array}\right]\boldsymbol{u}$$

问能否通过状态反馈使系统镇定?若能的话,求状态反馈行向量 $\boldsymbol{K}$,将闭环系统特征值安排为$-1,-1,-2,-2$和-2.

7.5　已知系统状态方程为

$$\dot{\boldsymbol{x}} = \begin{bmatrix} 2 & 1 \\ -1 & 1 \end{bmatrix}\boldsymbol{x} + \begin{bmatrix} 1 \\ 2 \end{bmatrix}\boldsymbol{u}$$

希望不用状态变换,直接计算状态反馈行向量 $\boldsymbol{K}$ 将闭环系统特征值安排为-1和-2.

7.6　将题7.5中状态方程改写

$$\dot{\boldsymbol{x}} = \begin{bmatrix} 1 & 2 \\ 3 & 1 \end{bmatrix}\boldsymbol{x} + \begin{bmatrix} 1 \\ 0 \end{bmatrix}\boldsymbol{u}$$

希望将特征值改为$-2\pm j$,用两种不同方法求需要的状态反馈行向量 $\boldsymbol{K}$.

7.7　设系统状态方程为

$$\dot{x} = \begin{bmatrix} 2 & 1 & 0 & 0 \\ 0 & 2 & 0 & 0 \\ 0 & 0 & -1 & 0 \\ 0 & 0 & 0 & -1 \end{bmatrix} x + \begin{bmatrix} 0 \\ 1 \\ 1 \\ 1 \end{bmatrix} u$$

问能否求出状态反馈行向量 $\boldsymbol{K}$ 使得闭环系统特征值为

(a) $-2\quad -2\quad -1\quad -1$;

(b) $-2\quad -2\quad -2\quad -1$;

(c) $-2\quad -2\quad -2\quad -2$;

并说明原因.

7.8 图题7.8展示的是多变量系统的输出反馈系统,对照状态反馈系统试证明对任何常数阵 $\boldsymbol{H}$,存在状态反馈矩阵 $\boldsymbol{K}$ 使得 $\boldsymbol{Kx}=\boldsymbol{HCx}$,而对于任何状态反馈矩阵 $\boldsymbol{K}$,当且仅当 $\boldsymbol{C}$ 为 n 阶非奇异方阵时存在矩阵 $\boldsymbol{H}$ 使得 $\boldsymbol{K}=\boldsymbol{HC}$. $\boldsymbol{A},\boldsymbol{B},\boldsymbol{C},\boldsymbol{K}$ 和 $\boldsymbol{H}$ 分别是 $n\times n$, $n\times m$, $r\times n$, $m\times n$ 和 $m\times r$ 的矩阵,一般假设 $n\geqslant r$.

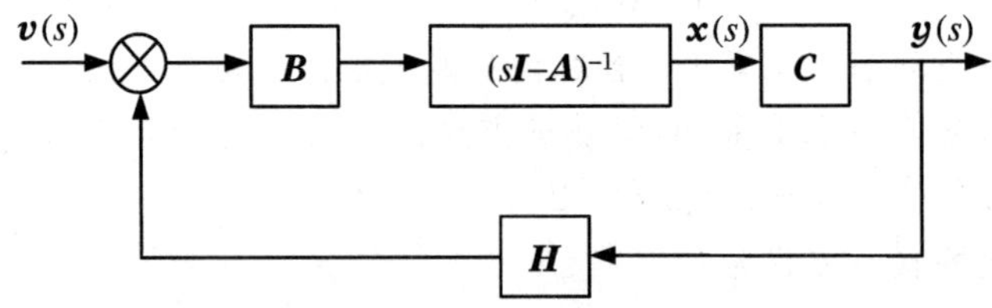

题7.8图　多变量输出反馈系统

7.9 设单变量系统 $\{\boldsymbol{A},\boldsymbol{b},\boldsymbol{C}\}$ 如下:

$$\boldsymbol{A} = \begin{bmatrix} 1 & 1 \\ 0 & 1 \end{bmatrix},\quad \boldsymbol{b} = \begin{bmatrix} 0 \\ 1 \end{bmatrix},\quad \boldsymbol{c} = \begin{bmatrix} 1 & 0 \end{bmatrix}$$

求状态反馈矩阵 $\boldsymbol{k}$ 使闭环系统具有重特征值,再求输出反馈系数 h 使闭环系统具有重特征值.你能断言,几乎对所有的 $\boldsymbol{k}$ 和 $\boldsymbol{h}$,两种闭环系统具有不同的特征值么?

7.10 将题7.9中 $\boldsymbol{c}$ 改为

$$\boldsymbol{c} = \begin{bmatrix} 2 & 0 \\ 0 & 1 \end{bmatrix}$$

求输出反馈矩阵 $\boldsymbol{H}$ 使闭环系统特征值为 -2 和 -4,求状态反馈矩阵 $\boldsymbol{k}$ 使闭环系统特征值为 -2 和 -4.

7.11 用两种不同方法求题7.1中(a)组动态方程的三维状态观测器,要求观测器特征值为 $-2,-2,-3$.

7.12 将题7.11中状态观测器改为二维的,要求特征值为 -2 和 -3.

7.13 能否用状态反馈法将传递函数

$$g(s) = \frac{(s-1)(s+2)}{(s+1)(s-2)(s+3)}$$

的系统校正或改造成

$$g(s) = \frac{(s-1)}{(s+2)(s+3)}$$

若能，求出状态反馈行向量 $\boldsymbol{K}$.

7.14　证明$(n-r)$维状态观测器仍具有分离特性.

7.15　已知

$$\boldsymbol{A}=\begin{bmatrix}1&0&0\\0&1&0\\0&2&1\end{bmatrix},\quad \boldsymbol{B}=\begin{bmatrix}0&1\\1&0\\0&1\end{bmatrix}$$

(a) 确定化零空间 $N[\boldsymbol{S}(\lambda)]$；

(b) 针对 $\sigma(\boldsymbol{A}_f)=\{-4,-5,-6\}$由化零空间 $N[\boldsymbol{S}(\lambda)]$中挑选线性无关的特征向量；

(c) 确定配置 $\sigma(\boldsymbol{A}_f)$的状态反馈矩阵 $\boldsymbol{K}$；

(d) 计算 $\boldsymbol{A}_f=\boldsymbol{A}+\boldsymbol{BK}$；

(e) 计算 $\boldsymbol{x}(0)=[1\quad 0\quad 1]^{\mathrm{T}}$ 引起的零输入响应.

7.16　设被控系统传递函数为

$$g(s)=\frac{A}{s(s+4)(s+8)}$$

试确定状态反馈行向量 $\boldsymbol{K}$ 使得单位阶跃响应的稳态误差为零，峰值超调量 $M_p=1.043$，建立时间 $T_s=2.5$ 秒，计算出等效反馈补偿器传递函数 $h_{\mathrm{eq}}(s)$，开环传递函数 $g(s)h_{\mathrm{eq}}(s)$，画出 A 由0增至∞的根轨迹图.

7.17　试画出例7.7解耦前后传递矩阵框图和动态方程的仿真框图.

7.18　设系统传递矩阵如下：

$$\boldsymbol{G}(s)=\begin{bmatrix}\dfrac{1}{s^2+1}&\dfrac{2}{s^2+1}\\[2mm]\dfrac{2s+1}{s^3+s+1}&\dfrac{1}{s}\end{bmatrix}$$

判断能否采用状态反馈实现解耦.

7.19　设系统动态方程如下：

$$\dot{\boldsymbol{x}}=\begin{bmatrix}3&1&0\\0&0&-1\\0&1&-1\end{bmatrix}\boldsymbol{x}+\begin{bmatrix}0&0\\1&0\\0&1\end{bmatrix}\boldsymbol{u}$$

$$\boldsymbol{y}=\begin{bmatrix}2&-1&1\\0&2&1\end{bmatrix}\boldsymbol{x}$$

判断能否用状态反馈实现解耦.

7.20　证明题7.8中输出反馈系统$\{\boldsymbol{A}+\boldsymbol{BHC},\boldsymbol{B},\boldsymbol{C}\}$的能控性指数和能观性指数和被控系统$\{\boldsymbol{A},\boldsymbol{B},\boldsymbol{C}\}$的相同，$\boldsymbol{H}$ 为任意的常数矩阵.因而在非时变的输出反馈下，系统能控性指数和能观性指数不变.

第 8 章　多项式矩阵和矩阵分式

20 世纪 50 年代以前以控制理论和电路或网络理论为两大支柱的线性系统理论已经发展成为相当成熟的经典线性系统理论.它的主要特征是以线性非时变单变量系统作为研究对象,以单变量复变函数特别是傅里叶变换和拉普拉斯变换作为主要的数学工具,将系统的输入输出关系由时域中通过系统单位冲激响应表示的卷积积分,转换成频域中通过系统传递函数表示的乘积关系,建立了一整套行之有效的以频率响应法为基础的分析系统、综合或设计系统的理论和技术.(当然,这里指的是连续系统.)这种理论的优点是输入、输出乃至反馈信号物理概念清晰、易于测量等;缺点在于它只能反映系统的外部特性和行为,不能揭示系统内部特性和行为,是一种外部描述法;设计自由度小,设计指标模糊,需要通过多次试验反复试凑才能最终完成设计任务,所设计的系统以品质因数较为满意能正常工作为目的.到了 20 世纪 50 年代末期,随着宇航事业,过程控制和计量经济学等的发展,被研究的对象从规模很小结构简单的单变量系统发展成规模庞大结构复杂的多变量系统,人们为了建立精确的模型还要求考虑到系统具有非线性特性和时变特性.经典线性系统理论面对这样的研究对象和需求已显得软弱无力.在这种困难而又严峻的时刻,Bellman 和 Kalman 等一批学者以复杂的多变量系统作为研究对象,借助于物理学中古老的概念——状态,在时域内获得表述系统中输入、状态和输出之间关系的动态方程,以线性代数作为主要数学工具得益于数字计算机的飞速进步建立了一整套在时域中分析和综合多变量系统的理论和技术,这就是状态空间法.本书前七章介绍了状态空间法的基本内容.相对输入输出描述法而言,状态空间法是一种内部描述法;它不但揭示了系统的外部特性和行为,而且揭示了系统的内部特性和行为;它不仅适用于规模庞大结构复杂的线性非时变多变量系统,也适用于非线性时变的系统.当然这里面尚有许多课题有待进一步解决.状态空间法除了具有上述优势外,还具有设计自由度大,设计目标明确,采用状态反馈会降低闭环系统对系统参数变化的灵敏度,适合最优设计等优点.但是状态空间法也有自身的缺点.例如,对于极为复杂的线性系统,建立系统动态方程可能是一件非常复杂而又困难的事,甚至不可能.除此而外,由于状态变量的物理概念比较隐晦,并不总具备可测量特性或者为着测量经济上要付出很高代价,分析和设计过程中数值计算工作量很大等等.对照比较输入、输出描述法和状态空间法可看出各自有着自身的优缺点,而且这些优缺点还呈现出互补性.例如当状态空间法难以建立精确的数学模型时,采用窄脉冲信号作为输入,可比较容易地确定系统的单位冲激响应矩阵或相应的传递函数矩阵.正因为如此,就在状态空间法诞生不久,一批系统理论学者也在努力将经典线性系统理论由单变量系统推广到多变量系统,努力在频域中通过传递函数矩阵探求与状态空间法并行的有益结果,创建了用多项式矩阵理论描述系统的多项式矩阵描述法(PMD)和传递函数矩阵的矩阵分式描述法(MFD).数学上最早研究多项式矩阵理论的可追溯到法国数学家E. Bezout,1764年他研究了多项式的互质性. V. Belevitch在文献[16]和[17]中率先将多项式矩阵的互质性和Kalman提出的能控性和能观性联系起来,H. Rosen-brock在文献[18]中更集中更系统地研究了多项式矩阵表达式和状态空间表达式之间的关系,多项式矩阵互质性和能控性、能观性之间的关系并提出了解耦零点的概念.随后大量的学者对线性非时变系统的多项式矩阵描述法以及相应的传递函数矩阵的矩阵分式描述法给以极大的关注并投身其研究工作,使线性系统理论的这一分支得到迅速发展而且还正在进一步发展之中.正因为如此,本书今后将以线性非时变多变量系统为研究对象阐述这方面理论并适当地与状态空间理论相联系.

估计读者可能缺乏必要的数学基础知识,本章主要介绍与多项式矩阵和矩阵分式有关的数学知识.8.1节介绍了多项式除法定理,亦即Euclid除法定理,最大公因式和互质多项式概念,应用多项式除法定理寻求两个多项式的最大公因式和两个多项式互质的充分必要条件,然后介绍如何利用Sylvester矩阵和行搜索法去处理这些问题,从而为处理多项式矩阵的相应问题打下基础.8.2节介绍了幺模矩阵,多项式矩阵的最大公因式和互质性概念,介绍了计算多项式矩阵的Hermite规范型的算法,并行地讨论了与8.1节相应的内容,例如两个多项式矩阵右互质的充分必要条件.8.3节介绍了有理矩阵的矩阵分式描述,列(行)化简矩阵等概念和列(行)化简矩阵与真(严格真)有理矩阵之间的关系,还介绍了真有理矩阵的互质分式,以及如何应用广义的Sylvester矩阵结合行搜索法由真有理矩阵的右矩阵分式找出左互质分式.这一节中有许多内容具有对偶性,希望读者能够做到举一反三.8.4节介绍了多项式矩阵的Smith规范型,线性矩阵束sE-A及其Kronecker规范型.它们在研究多变量系统传递矩阵性质时很有用.

8.1 多项式及其互质性

众所周知,式(8.1)表示着一个以复数s为自变量的实系数$d(s)$多项式

$$d(s) = d_n s^n + d_{n-1} s^{n-1} + \cdots + d_1 s + d_0, \quad s \in \mathbf{C}, \quad d_i \in \mathbf{R}, i = 0,1,2,\cdots,n \tag{8.1}$$

若$d_n \neq 0$,$d(s)$为n次多项式,以$\deg d(s) = n$表示$d(s)$的次数.倘若s的最高次幂系数$d_n = 1$,则称为首一多项式.今后所指的多项式若没有特别说明就是这种首一多项式.显然,多项式具有下述性质:设$d(s)$,$n(s) \in \boldsymbol{R}[s]$,$d(s) \neq 0$,$n(s) \neq 0$,则

(1) $d(s)n(s) \neq 0$;

(2) $\deg[d(s)n(s)] = \deg d(s) + \deg n(s)$;

(3) 当且仅当$\deg d(s) = \deg n(s) = 0$,$\deg[d(s)n(s)] = 0$;

(4) 若$d(s) + n(s) \neq 0$,$\deg[d(s) + n(s)] \leqslant \max[\deg d(s), \deg n(s)]$;

(5) 若$d(s)$、$n(s)$均为首一多项式,$d(s)n(s)$必为首一多项式.

定理 8.1 设 $d(s), n(s) \in \mathbf{R}[s]$ 且 $d(s) \neq 0$，则存在唯一的 $q(s), r(s) \in \mathbf{R}[s]$，使得

$$\left.\begin{aligned} n(s) &= q(s)d(s) + r(s) \\ \deg r(s) &< \deg d(s) \end{aligned}\right\} \tag{8.2}$$

证明

情况 1：$\deg n(s) < \deg d(s)$，则 $q(s)=0, r(s)=n(s)$.

情况 2：$\deg n(s) \geqslant \deg d(s)$，则采用长除法直接用 $d(s)$ 去除 $n(s)$ 得到商式和余式，商式便是 $q(s)$，余式便是 $r(s)$. 注意 $q(s)$ 的最低次幂 $\geqslant 0$.

例如 $n(s)=2s^3+3s-1, d(s)=s^2+s-2$，则

$$\begin{array}{rl} & 2s - 2 \cdots\cdots\cdots\cdots \quad q(s) \\ s^2+s-2 \,\big) & 2s^3 + 0s^2 + 3s - 1 \\ & \underline{2s^3 + 2s^2 - 4s} \\ & \quad -2s^2 + 7s - 1 \\ & \quad \underline{-2s^2 - 2s + 4} \\ & \qquad\quad 9s - 5 \quad \cdots\cdots\cdots\cdots r(s) \end{array}$$

$$n(s) = (2s-2)d(s) + (9s-5)$$

下面证明唯一性. 设除掉 $q(s)$ 和 $r(s)$，还有商式 $q_1(s)$ 和余式 $r_1(s)$，则

$$n(s) = q(s)d(s) + r(s) = q_1(s)d(s) + r_1(s)$$

或

$$[q(s) - q_1(s)]d(s) = r_1(s) - r(s) \tag{8.3}$$

如果 $q(s) - q_1(s) \neq 0$，则式(8.3)左边阶次等于或大于 $\deg d(s)$，而式(8.2)右边阶次应小于 $\deg d(s)$，产生矛盾. 所以

$$q(s) = q_1(s), \quad r_1(s) = r(s)$$

定理证毕.

定理 8.1 常被称为 Euclid 除法定理，由它可得到被称为余式定理的推论 8.1.

推论 8.1 若 $n(s) \in \mathbf{R}[s], \alpha \in \mathbf{C}$，则 $n(s)$ 被 $d(s) = s - \alpha$ 除余式为常数 $n(\alpha)$.

证明

$$\begin{aligned} &\deg r(s) < \deg(s-\alpha) = 1, r(s) \text{ 为常数 } r \\ &\lim_{s\to\alpha} n(s) = \lim_{s\to\alpha}[q(s)(s-\alpha) + r] = r \end{aligned} \tag{8.4}$$

所以，余式为 $n(\alpha)$. 定理证毕.

如果式(8.2)中 $r(s)=0$，则称 $n(s)$ 可被 $d(s)$ 整除，$d(s)$ 称做 $n(s)$ 的一个因式，如果 $r(s)$ 既是 $d(s)$ 的因式又是 $n(s)$ 的因式，则称 $r(s)$ 是 $d(s)$ 和 $n(s)$ 的公因式. 由于非零常数总是每对 $d(s)$ 和 $n(s)$ 的公因式，常被称做平凡的公因式. 非平凡公因式是阶次大于或等于 1 的多项式.

最大公因式和互质多项式 如果 $r(s)$ 是 $d(s)$ 和 $n(s)$ 的公因式，而且可被 $d(s)$ 和 $n(s)$ 的每个公因式整除，则称 $r(s)$ 是 $d(s)$ 和 $n(s)$ 的最大公因式. 如果 $d(s)$ 和 $n(s)$ 的最大公因式是(与 s 无关的)非零常数，则称 $d(s)$ 和 $n(s)$ 为互质多项式，或简称 $d(s)$ 和 $n(s)$ 互质.

由上面定义看出 $d(s)$ 和 $n(s)$ 的最大公因式并非唯一，因为若 $r(s)$ 是最大公因式，则对

任何实常数 c 而言，$cr(s)$ 也是最大公因式. 倘若限定最大公因式为首一多项式，则最大公因式具有唯一性. 另外也可看出若 $d(s)$ 和 $n(s)$ 只有平凡公因式，它们是互质的，若它们有非平凡公因式，它们就不是互质的. 采用辗转相除的 Euclid 算法是获取两个多项式 $d(s)$ 和 $n(s)$ 最大公因式的有效方法. 假设 $\deg n(s) > \deg d(s)$，有

$$\left.\begin{aligned}
n(s) &= q_1(s)d(s) + r_1(s), \quad \deg r_1(s) < \deg d(s) \\
d(s) &= q_2(s)r_1(s) + r_2(s), \quad \deg r_2(s) < \deg r_1(s) \\
r_1(s) &= q_3(s)r_2(s) + r_3(s), \quad \deg r_3(s) < \deg r_2(s) \\
&\cdots\cdots \qquad\qquad\qquad\qquad \cdots\cdots \\
r_{p-2} &= q_p(s)r_{p-1}(s) + r_p(s), \quad \deg r_p(s) < \deg r_{p-1}(s) \\
r_{p-1}(s) &= q_{p+1}(s)r_p(s) + 0
\end{aligned}\right\} \tag{8.5}$$

Euclid 算法最终停止的原因在于 $\deg r_i(s)$ 单调下降. 式(8.5)最后一式说明 $r_p(s)$ 整除 $r_{p-1}(s)$，记以 $r_p(s) \mid r_{p-1}(s)$，将这一关系反序迭代可证明

$$\left.\begin{aligned}
&r_p(s) \mid r_k(s), \quad k = p-1, p-2, \cdots, 2, 1 \\
&r_p(s) \mid d(s) \\
&r_p(s) \mid n(s)
\end{aligned}\right\} \tag{8.6}$$

式(8.6)说明 $r_p(s)$ 是 $d(s)$ 和 $n(s)$ 的公因式. 由式(8.5)第一式可知

$$\begin{aligned}
r_1(s) &= -q_1(s)d(s) + 1 \cdot n(s) \\
&\overset{\text{def}}{=} x_1(s)d(s) + y_1(s)n(s)
\end{aligned}$$

将这一关系按式(8.5)顺序迭代有

$$r_i(s) = x_i(s)d(s) + y_i(s)n(s), \quad i = 1, 2, \cdots, p-1 \tag{8.7a}$$

$$r_p(s) = x(s)d(s) + y(s)n(s) \tag{8.7b}$$

其中 $x_i(s)$，$y_i(s)$，$i = 1, 2, \cdots p-1$ 和 $x(s)$ 和 $y(s)$ 均是 s 的多项式. 式(8.7b)表明 $d(s)$ 和 $n(s)$ 的每个公因式均能整除 $r_p(s)$. 因为若 $c(s)$ 是 $d(s)$ 和 $n(s)$ 的公因式，即 $d(s) = \bar{d}(s)c(s)$，$n(s) = \bar{n}(s)c(s)$，则

$$r_p(s) = [x(s)\bar{d}(s) + y(s)\bar{n}(s)]c(s)$$

可见 $c(s)$ 可整除 $r_p(s)$. 式(8.7)共同证明 $r_p(s)$ 是 $d(s)$ 和 $n(s)$ 的最大公因式. 注意，因为 $d(s)$ 和 $n(s)$ 的所有最大公因式之间仅相差一个非零常数，所以 $d(s)$ 和 $n(s)$ 的每个最大公因式都能表达成式(8.7b). 但是反之不然，即表达成式(8.7b)的 $r(s)$，不一定就是 $d(s)$ 和 $n(s)$ 的最大公因式.

定理 8.2　设有两个多项式 $d(s)$ 和 $n(s)$，$d(s) \neq 0$，当且仅当满足下面条件之一，$d(s)$ 和 $n(s)$ 是互质多项式：

(1)

$$\rho\begin{bmatrix} d(s) \\ n(s) \end{bmatrix} = 1, \quad \forall s \in \mathbf{C} \tag{8.8}$$

或

$$\rho\begin{bmatrix} d(s_0) \\ n(s_0) \end{bmatrix} = 1, \quad \{s_0 : d(s_0) = 0, s_0 \in \mathbf{C}\} \tag{8.9}$$

(2) 存在两个多项式 $x(s)$和 $y(s)$使得

$$x(s)d(s)+y(s)n(s)=1 \tag{8.10}$$

(3) 不存在多项式 $a(s)$和 $b(s)$使得

$$\frac{n(s)}{d(s)}=\frac{b(s)}{a(s)} \tag{8.11}$$

或等价为

$$-b(s)d(s)+a(s)n(s)=\begin{bmatrix}-b(s) & a(s)\end{bmatrix}\begin{bmatrix}d(s)\\ n(s)\end{bmatrix}=0 \tag{8.12}$$

且

$$\deg a(s)<\deg d(s)$$

证明 (1) 如果 $d(s)$和 $n(s)$互质,则在整个复数域**C**中没有任何 s 会使$d(s)$和 $n(s)$同时为零.反言之,若$\exists s_0\in \mathbf{C}$使得 $d(s_0)=0$ 和 $n(s_0)=0$,则$(s-s_0)$必是 $d(s)$和 $n(s)$的公因式,$d(s)$和 $n(s)$并非互质.所以式(8.8)成立.现在设 $d(s_0)=0$,欲使式(8.8)成立,必须也仅需式(8.9)成立.

(2) 直接由式(8.7b)可得此结论.

(3) 如果 $d(s)$和 $n(s)$不互质,设 $\alpha(s)$是它们的公因式,$d(s)=a(s)\alpha(s)$,$n(s)=b(s)\alpha(s)$,$\deg a(s)<\deg d(s)$,且式(8.11)或式(8.12)成立.若 $d(s)$和 $n(s)$互质,则由条件(2)或式(8.7b)可知

$$x(s)d(s)+y(s)n(s)=1$$

假设式(8.11)成立,则将 $n(s)=b(s)d(s)/a(s)$代入上式有

$$[x(s)a(s)+y(s)b(s)]d(s)=a(s)$$

$$\deg a(s)\geqslant \deg d(s)$$

与条件(3)中 $\deg a(s)<\deg d(s)$相矛盾.定理证毕.

现在讨论式(8.12)的解并通过 Sylvester 矩阵的非奇异性给出判定 $d(s)$和 $n(s)$是否互质的判据.设

$$d(s)=d_0+d_1s+d_2s^2+\cdots+d_ns^n,\quad d_n\neq 0 \tag{8.13a}$$

$$n(s)=n_0+n_1s+n_2s^2+\cdots+n_ms^m,\quad n_m\neq 0 \tag{8.13b}$$

和

$$a(s)=a_0+a_1s+\cdots+a_{n-1}s^{n-1} \tag{8.13c}$$

$$b(s)=b_0+b_1s+\cdots+b_{m-1}s^{m-1} \tag{8.13d}$$

注意,这里并未假设 $a_{n-1}\neq 0$,$b_{m-1}\neq 0$.定义式(8.14)中$(n+m)$阶方阵为 $d(s)$和 $n(s)$的 Sylvester 矩阵 $\boldsymbol{S}$:

$$
\boldsymbol{S} \stackrel{\text{def}}{=} \left[\begin{array}{cccccccccccc}
d_0 & d_1 & d_2 & \cdots & d_{m-1} & d_m & \cdots & d_{n-1} & d_n & 0 & 0 & \cdots & 0 \\
0 & d_0 & d_1 & \cdots & d_{m-2} & d_{m-1} & \cdots & d_{n-2} & d_{n-1} & 0 & 0 & \cdots & 0 \\
\vdots & \vdots & \vdots & & \vdots & \vdots & & \vdots & \vdots & & & & \vdots \\
0 & 0 & 0 & \cdots & d_0 & d_1 & \cdots & d_{n-m} & d_{n-m+1} & d_{n-m+2} & d_{n-m+3} & \cdots & d_n \\
\hdashline
n_0 & n_1 & n_2 & \cdots & n_{m-1} & n_m & 0 & 0 & 0 & 0 & 0 & \cdots & 0 \\
0 & n_0 & n_1 & \cdots & n_{m-2} & n_{m-1} & n_m & 0 & 0 & 0 & 0 & \cdots & 0 \\
\vdots & \vdots & \vdots & & \vdots & \vdots & \vdots & \vdots & \vdots & & & & \vdots \\
0 & 0 & 0 & \cdots & \cdots & 0 & 0 & n_0 & n_1 & n_2 & n_3 & \cdots & n_m
\end{array}\right] \begin{array}{l} \left.\vphantom{\begin{array}{c}1\\1\\1\\1\end{array}}\right\} m \\ \left.\vphantom{\begin{array}{c}1\\1\\1\\1\end{array}}\right\} n \end{array}
\tag{8.14}
$$

将式(8.13)代入式(8.12)并令 s 相同幂次的系数分别为零给出

$$
\begin{aligned}
&[-b_0 \quad -b_1 \quad -b_2 \quad \cdots \quad -b_{m-1} \ \vdots\ a_0 \quad a_1 \quad a_2 \quad \cdots \quad a_{n-1}]\boldsymbol{S} \\
&\quad = [-\boldsymbol{B} \quad \boldsymbol{A}]\boldsymbol{S} = \boldsymbol{0}
\end{aligned}
\tag{8.15}
$$

这是 $n+m$ 元一次线性齐次代数方程组.如果式(8.15)中 Sylvester 矩阵是非奇异的,则方程组有唯一的平凡解,相应地式(8.12)有一个平凡解,即 $a(s)=0,b(s)=0$.换句话说定理 8.2 中条件(3)成立,$d(s)$和 $n(s)$互质.由此归纳出定理 8.3.

定理 8.3　多项式 $d(s)$和 $n(s)$互质的充要条件是它们的 Sylvester 矩阵非奇异.

8.2 行搜索法

8.1 节指出判别 $d(s)$和 $n(s)$是否互质的问题转变成式(8.15)是否没有非平凡解的问题.文献中已有很多稳定的算法和程序包用于解式(8.15).如果非平凡解存在的话,人们感兴趣的是具有最小阶次的非平凡解 $a(s)$和 $b(s)$.下面将要介绍的行搜索法就是求解非平凡解的有效方法.

设有 $n\times m$ 阶矩阵 $\boldsymbol{A}=[a_{ij}],i=1,2,\cdots,n,j=1,2,\cdots,m$.设 a_{1k}是第一行元素中模最大者,选为主元,令 $e_{i1}=-a_{ik}/a_{1k},i=2,\cdots,n$,构成 n 阶方阵$\boldsymbol{K}_1$

$$
\boldsymbol{K}_1 = \begin{bmatrix}
1 & 0 & 0 & \cdots & 0 \\
e_{21} & 1 & 0 & \cdots & 0 \\
e_{31} & 0 & 1 & \cdots & 0 \\
\vdots & \vdots & \vdots & & \vdots \\
e_{n1} & 0 & 0 & \cdots & 1
\end{bmatrix}
\tag{8.16}
$$

将 $\boldsymbol{K}_1\boldsymbol{A}$ 记作式(8.17):

$$
\boldsymbol{K}_1\boldsymbol{A} = \begin{bmatrix} a_{11} & a_{12} & \cdots & a_{1(k-1)} & a_{1k} & a_{1(k+1)} & \cdots & a_{1m} \\ a_{21}^1 & a_{22}^1 & \cdots & a_{2(k-1)}^1 & 0 & a_{2(k+1)}^1 & \cdots & a_{2m}^1 \\ a_{31}^1 & a_{32}^1 & \cdots & a_{3(k-1)}^1 & 0 & a_{3(k+1)}^1 & \cdots & a_{3m}^1 \\ \vdots & \vdots & & \vdots & \vdots & \vdots & & \vdots \\ a_{n1}^1 & a_{n2}^1 & \cdots & a_{n(k-1)}^1 & 0 & a_{n(k+1)}^1 & \cdots & a_{nm}^1 \end{bmatrix} \tag{8.17}
$$

$\boldsymbol{K}_1$ 表示着 $n-1$ 次行初等变换将 $\boldsymbol{A}$ 中$(i,k),i=2,\cdots,n$ 位置上的元素变换为零,第一行以外其他元素 a_{ij}变换成a_{ij}^1:

$$
a_{ij}^1 = a_{ij} + e_{i1}a_{1j}, \quad i = 2,3,\cdots,n, \quad j = 1,2,\cdots,m, \quad j \neq k \tag{8.18}
$$

设 a_{2h}^1是$\boldsymbol{K}_1\boldsymbol{A}$ 的第二行元素中模最大者,选为主元,令 $e_{i2} = -a_{ih}^1/a_{2h}^1, i=3,\cdots,n$ 构成n阶方阵$\boldsymbol{K}_2$,将 $\boldsymbol{K}_2\boldsymbol{K}_1\boldsymbol{A}$ 记成式(8.20),

$$
\boldsymbol{K}_2 = \begin{bmatrix} 1 & 0 & 0 & \cdots & 0 \\ 0 & 1 & 0 & \cdots & 0 \\ 0 & e_{32} & 1 & \cdots & 0 \\ \vdots & \vdots & \vdots & & \vdots \\ 0 & e_{n2} & 0 & \cdots & 1 \end{bmatrix} \tag{8.19}
$$

$$
\boldsymbol{K}_2\boldsymbol{K}_1\boldsymbol{A} = \begin{bmatrix} a_{11} & a_{12} & \cdots & a_{1(h-1)} & a_{1h} & a_{1(h+1)} & \cdots & a_{1k} & \cdots & a_{1m} \\ a_{21}^1 & a_{22}^1 & \cdots & a_{2(h-1)}^1 & a_{2h}^1 & a_{2(h+1)}^1 & \cdots & 0 & \cdots & a_{2m}^1 \\ a_{31}^2 & a_{32}^2 & \cdots & a_{3(h-1)}^2 & 0 & a_{3(h+1)}^2 & \cdots & 0 & \cdots & a_{3m}^2 \\ \vdots & \vdots & & \vdots & \vdots & \vdots & & \vdots & & \vdots \\ a_{n1}^2 & a_{n2}^2 & \cdots & a_{n(n-1)}^2 & 0 & a_{n(n+1)}^2 & \cdots & 0 & \cdots & a_{nm}^2 \end{bmatrix} \tag{8.20a}
$$

$\boldsymbol{K}_2$ 表示着 $n-2$ 次行初等变换将 $\boldsymbol{K}_1\boldsymbol{A}$ 中$(i,h),i=3,\cdots,n$,位置上元素变换为零,前两行元素保留不变,其余元素为 a_{ij}^2:

$$
a_{ik}^2 = 0, \quad i = 3,\cdots,n
$$

$$
a_{ij}^2 = a_{ij}^1 + e_{i2}a_{2j}, \quad i = 3,\cdots,n, \quad j = 1,2,\cdots,m, \quad j \neq h, \quad j \neq k
$$

按此法进行下去直到最后一行.在这一过程中如果遇到第 l 行全为零,令 $\boldsymbol{K}_l$ 为n 阶单位阵,即跳过第 l 行对第$l+1$ 行继续处理.当第 n 行处理完毕后,得到

$$
\boldsymbol{K}_{n-1}\boldsymbol{K}_{n-2}\cdots K_2K_1A \overset{\text{def}}{=} BA \overset{\text{def}}{=} \bar{\boldsymbol{A}} \tag{8.20b}
$$

其中 $\boldsymbol{B}\overset{\text{def}}{=}\boldsymbol{K}_{n-1}\boldsymbol{K}_{n-2}\cdots\boldsymbol{K}_2\boldsymbol{K}_1$.因每个因子 $\boldsymbol{K}_l$ 均为左下三角方阵,$\boldsymbol{B}$ 也是左下三角方阵.$\bar{\boldsymbol{A}}$中非零行的数目就是$\boldsymbol{A}$ 的秩,如果 $\bar{\boldsymbol{A}}$ 中第l 行是零行表明第l 行与前面$l-1$ 行线性相关,即

$$
\boldsymbol{b}_l^{\mathrm{T}}\boldsymbol{A} = [b_{l1} \quad b_{l2} \quad \cdots \quad b_{l(l-1)} \quad 1 \quad 0 \quad \cdots \quad 0]\boldsymbol{A} = \boldsymbol{0}_{1\times m} \tag{8.21}
$$

其中 $\boldsymbol{b}_l^{\mathrm{T}}$ 是$\boldsymbol{B}$ 的第l 行.$\boldsymbol{B}$ 矩阵可用因子$\boldsymbol{K}_i$ 直接相乘得到,但这很复杂和费时.下面介绍一个递归计算方法.

首先以 $\boldsymbol{K}_i$ 的第i 列,$i=1,2,\cdots,n$ 组成下三角矩阵$\boldsymbol{F}$ 如式(8.22),

$$\boldsymbol{F} = \begin{bmatrix} 1 & 0 & 0 & \cdots & 0 \\ e_{21} & 1 & 0 & \cdots & 0 \\ e_{31} & e_{32} & 1 & \cdots & 0 \\ \vdots & \vdots & \vdots & & \vdots \\ e_{n1} & e_{n2} & e_{n3} & \cdots & 1 \end{bmatrix} \tag{8.22}$$

为了计算 $\boldsymbol{B}$ 的第 l 行,取 $\boldsymbol{F}$ 的前 l 行并在其下以 $\boldsymbol{B}$ 的第 l 行 $\boldsymbol{b}_l^{\mathrm{T}}$ 为第 $l+1$ 行,见式(8.23):

$$\begin{array}{l} \boldsymbol{F} = \left.\begin{bmatrix} 1 & 0 & 0 & \cdots & 0 & 0 & \\ e_{21} & 1 & 0 & \cdots & 0 & 0 & \\ e_{31} & e_{32} & 1 & \cdots & \cdot & \cdot & \\ & & & & \cdot & \cdot & \boldsymbol{0} \\ \vdots & \vdots & \vdots & & 0 & 0 & \\ e_{(l-1)1} & e_{(l-1)2} & e_{(l-1)3} & \cdots & 1 & 0 & \\ e_{l1} & e_{l2} & e_{l3} & \cdots & e_{l(l-1)} & 1 & \end{bmatrix}\right\} l \\ \quad\;\; \left.\begin{bmatrix} b_{l1} & b_{l2} & b_{l3} & \cdots & b_{l(l-1)} & b_{ll} & \boldsymbol{0} \end{bmatrix}\right\} L \end{array} \tag{8.23}$$

直接计算可证明

$$b_{ll} = 1$$

$$b_{l(l-1)} = b_{ll}e_{l(l-1)}$$

$$\cdots\cdots$$

$$b_{lk} = \sum_{p=k+1}^{l} b_{lp}e_{pk}, \quad k = l-1, l-2, \cdots, 2, 1 \tag{8.24}$$

对照式(8.24)和式(8.23)发现欲计算的 b_{lk} 正是式(8.23)中 b_{lk} 右边的行向量与 b_{lk} 上面的列向量的内积,即

$$b_{lk} = \begin{bmatrix} b_{l(k+1)} & b_{l(k+2)} & \cdots & b_{l(l-1)} & b_{ll} \end{bmatrix} \begin{bmatrix} e_{(k+1)k} \\ e_{(k+2)k} \\ \vdots \\ e_{(l-1)k} \\ e_{lk} \end{bmatrix} \tag{8.25}$$

所以按式(8.23)给予的启示,递归地由 b_{ll} 逐步地计算到 b_{l1} 就完成了行向量 $\boldsymbol{b}_l^{\mathrm{T}}$ 的计算.这样通过前面介绍的行搜索法(也就是数值分析中行主元 Gauss 消元法)不仅可以确定矩阵 $\boldsymbol{A}$ 的秩,还可以知道那些线性相关的行是怎样由线性无关的行组合起来的.

由于本书用到这一算法时并不需要 $\boldsymbol{B} = \boldsymbol{K}_{n-1}\boldsymbol{K}_{n-2}\cdots\boldsymbol{K}_1$ 的全部信息,往往要的只是 $\boldsymbol{B}$ 的几行.所以以式(8.22)中矩阵 $\boldsymbol{F}$ 的形式储存关于 $\boldsymbol{B}$ 的信息为好,而将式(8.20b)改写成式(8.26).当用到 $\boldsymbol{B}$ 的某行时就可按式(8.23)和式(8.25)计算出来.

$$\boldsymbol{F} \mathop{*}\limits_{*} \boldsymbol{A} \overset{\text{def}}{=} \boldsymbol{K}_{n-1}\boldsymbol{K}_{n-2}\cdots\boldsymbol{K}_1\boldsymbol{A} = \boldsymbol{B}\boldsymbol{A} = \bar{\boldsymbol{A}} \tag{8.26}$$

例 8.1　应用行搜索法判别 $d(s) = -2s^4 + 2s^3 - s^2 - s + 1$ 和 $n(s) = s^3 + 2s^2 - 2s + 3$ 是否互质,若它们并不互质确定最大公因式 $r_p(s)$.

解　首先构造 $d(s)$ 和 $n(s)$ 的 Sylvester 矩阵 $\boldsymbol{S}$:

$$\boldsymbol{S}=\begin{bmatrix}1 & -1 & -1 & \boxed{2} & -2 & 0 & 0\\ 0 & 1 & -1 & -1 & 2 & -2 & 0\\ 0 & 0 & 1 & -1 & -1 & 2 & -2\\ 3 & -2 & 2 & 1 & 0 & 0 & 0\\ 0 & 3 & -2 & 2 & 1 & 0 & 0\\ 0 & 0 & 3 & -2 & 2 & 1 & 0\\ 0 & 0 & 0 & 3 & -2 & 2 & 1\end{bmatrix}=[S_{ij}]$$

选取 $S_{14}=2$ 作主元,计算 e_{i1},$i=2,3,\cdots,7$,得到

$$\boldsymbol{K}_1=\begin{bmatrix}1 & & & & & & \\ 0.5 & 1 & & & & \boldsymbol{0} & \\ 0.5 & 0 & 1 & & & & \\ -0.5 & 0 & 0 & 1 & & & \\ -1 & 0 & 0 & 0 & 1 & & \\ 1 & 0 & 0 & 0 & 0 & 1 & \\ -1.5 & 0 & 0 & 0 & 0 & 0 & 1\end{bmatrix}$$

和

$$\boldsymbol{K}_1\boldsymbol{S}=\begin{bmatrix}1 & -1 & -1 & 2 & -2 & 0 & 0\\ 0.5 & 0.5 & -1.5 & 0 & 1 & \boxed{-2} & 0\\ 0.5 & -0.5 & 0.5 & 0 & -2 & 2 & -2\\ 2.5 & -1.5 & 2.5 & 0 & 1 & 0 & 0\\ -1 & 4 & -1 & 0 & 3 & 0 & 0\\ 1 & -1 & 2 & 0 & 0 & 1 & 0\\ -1.5 & 1.5 & 1.5 & 0 & 1 & 2 & 1\end{bmatrix}$$

选 S_{26} 位置上元素(-2)作主元,计算 e_{i2},$i=3,\cdots,7$,得到

$$\boldsymbol{K}_2=\left[\begin{array}{cc|c}1 & 0 & \\ 0 & 1 & \boldsymbol{0}\\ \hline 0 & 1 & \\ 0 & 0 & \\ 0 & 0 & \boldsymbol{I}_5\\ 0 & 0.5 & \\ 0 & 1 & \end{array}\right]$$

和

$$\boldsymbol{K}_2\boldsymbol{K}_1\boldsymbol{S}=\begin{bmatrix}1&-1&-1&2&-2&0&0\\0.5&0.5&-1.5&0&1&-2&0\\1&0&-1&0&-1&0&\boxed{-2}\\2.5&-1.5&2.5&0&1&0&0\\-1&4&-1&0&3&0&0\\1.25&-0.75&1.25&0&0.5&0&0\\-1&2&0&0&2&0&1\end{bmatrix}$$

依次作下去,得到

$$\boldsymbol{F}=\begin{bmatrix}1&&&&&&\\0.5&1&&&&&\\0.5&1&1&&&\boldsymbol{0}&\\-0.5&0&0&1&&&\\-1&0&0&0.4&1&&\\1&0.5&0&-0.5&0&1&\\-1.5&1&0.5&0.2&-0.5&0&1\end{bmatrix}$$

$$\boldsymbol{F}_*^*\boldsymbol{S}=\bar{\boldsymbol{S}}=\begin{bmatrix}1&-1&-1&2&-2&0&0\\0.5&0.5&-1.5&0&1&-2&0\\1&0&-1&0&-1&0&-2\\2.5&-1.5&2.5&0&1&0&0\\0&3.4&0&0&3.4&0&0\\0&0&0&0&0&0&0\\0&0&0&0&0&0&0\end{bmatrix}$$

因为 $\rho[\boldsymbol{S}]=\rho[\bar{\boldsymbol{S}}]=5<7$,$d(s)$和 $n(s)$不互质. $\bar{\boldsymbol{S}}$ 的第六行是第一个全零行,利用 $\boldsymbol{F}$ 的前六行和式(8.23)、式(8.24)解出

$$\boldsymbol{b}_6^{\mathrm{T}}\boldsymbol{S}=[1.5\quad 0.5\quad 0\ \vdots\ -0.5\quad 0\quad 1\quad 0]\boldsymbol{S}=0$$

即

$$a(s)=s^2-0.5,\quad b(s)=-0.5s-1.5$$

和

$$\frac{n(s)}{d(s)}=\frac{r_p(s)b(s)}{r_p(s)a(s)}=\frac{-0.5s-1.5}{s^2-0.5}=\frac{s+3}{-2s^2+1}$$

$$r_p(s)=s^2-s+1$$

这里取最大公因式为首一多项式,因而是唯一的.

有理函数定义为两个多项式之比,即 $g(s)\overset{\text{def}}{=}n(s)/d(s)$. 倘若 $n(s)$和 $d(s)$互质,称有理函数 $g(s)$为**既约有理函数**;若 $n(s)$和 $d(s)$不互质,则称 $g(s)$为**可化简的有理函数**. 例 8.1 说明利用 $n(s)$和 $d(s)$的 Sylvester 矩阵和行搜索法能将可化简的有理函数简化成既约有理函数. 为了提高计算能力和为简化多项式矩阵打下基础,现在对算法加以修改.

设有两个多项式

$$\left.\begin{aligned}d(s)&=d_ns^n+d_{n-1}s^{n-1}+\cdots+d_1s+d_0,\quad d_n\neq 0\\n(s)&=n_ns^n+n_{n-1}s^{n-1}+\cdots+n_1s+n_0\end{aligned}\right\}\tag{8.27}$$

这里并未假设 $n_n\neq 0$，所以 $n(s)$ 次数可能低于 n. 规定矩阵 $\boldsymbol{S}_k$，$k=0,1,2,\cdots$ 具有如下形式：

$$
\boldsymbol{S}_k=\begin{array}{c}
\begin{array}{ccccccccccc} \hphantom{d_0} & \hphantom{d_1} & \hphantom{\cdots} & \hphantom{d_{k-1}} & \hphantom{d_k} & \hphantom{\cdots} & \hphantom{d_n} & \multicolumn{4}{c}{\overbrace{\hphantom{0\quad 0\quad \cdots\quad 0}}^{k\text{列}}} \end{array}\\
\left[\begin{array}{ccccccccccc}
d_0 & d_1 & \cdots & d_{k-1} & d_k & \cdots & d_n & 0 & 0 & \cdots & 0\\
n_0 & n_1 & \cdots & n_{k-1} & n_k & \cdots & n_n & 0 & 0 & \cdots & 0\\
\hdashline
0 & d_0 & \cdots & d_{k-2} & d_{k-1} & \cdots & d_{n-1} & d_n & 0 & \cdots & 0\\
0 & n_0 & \cdots & n_{k-2} & n_{k-1} & \cdots & n_{n-1} & n_n & 0 & \cdots & 0\\
\hdashline
\vdots & \vdots & & \vdots & \vdots & & \vdots & \vdots & \vdots & & \vdots\\
\hdashline
0 & 0 & \cdots & 0 & d_0 & \cdots & d_{n-k} & d_{n-k+1} & & \cdots & d_n\\
0 & 0 & \cdots & 0 & n_0 & \cdots & n_{n-k} & n_{n-k+1} & & \cdots & n_n
\end{array}\right]
\begin{array}{l}
\left.\begin{array}{l}\\ \\ \end{array}\right\}\text{第 1 行块}\\
\left.\begin{array}{l}\\ \\ \end{array}\right\}\text{第 2 行块}\\
\\
\left.\begin{array}{l}\\ \\ \end{array}\right\}\text{第}(k+1)\text{行块}
\end{array}\\
\begin{array}{cc} \underbrace{\hphantom{0\quad 0\quad \cdots\quad 0}}_{k\text{列}} & \underbrace{\hphantom{d_0\quad \cdots\quad d_{n-k}\quad d_{n-k+1}\quad \quad \cdots\quad d_n}}_{(n+1)\text{列}} \end{array}
\end{array}
\tag{8.28}
$$

$\boldsymbol{S}_k$ 是 $2(k+1)\times(n+k+1)$ 阶矩阵，按行分 $k+1$ 块，第 $i+1$ 行块是第 i 行块向右循环移位 1 列. $k=n-1$，$\boldsymbol{S}_k=\boldsymbol{S}_{n-1}$ 为 $2n$ 阶方阵；$k>n-1$，$\boldsymbol{S}_k$ 为高矩阵；$k<n-1$，$\boldsymbol{S}_k$ 为扁矩阵.

现在研究从上到下搜索 $\boldsymbol{S}_k$ 中线性无关的行. 为叙述方便称系数 d_i 组成的行为 d-行，系数 n_i 组成的行为 n-行. 由于 $d_n\neq 0$ 和 $\boldsymbol{S}_k$ 结构上的特点，所有的 d-行都与它上面的行线性无关. 例如说在 $\boldsymbol{S}_k$ 上增加一新行块，那么在 $\boldsymbol{S}_{k+1}$ 最后一列 d_n 上面的元素全是零，于是新的 d-行和它上面的行线性无关. 从 $\boldsymbol{S}_k$ 的结构还可看出，一旦某 n-行与它上面的行线性相关，则下面所有行块中 n-行均与它上面的行线性相关. 所以 $\boldsymbol{S}_k$ 中线性无关的 n-行的数目先随 K 的增加而单调增加，而当这个数目一旦停止增加，则不论对 $\boldsymbol{S}_k$ 又增加了多少行块，它依然保持不变. 令 ν 是 $\boldsymbol{S}_\infty$ 中所有线性无关 n-行的总数，也就是说在 $\boldsymbol{S}_{\nu-1}$ 中的 ν 个 n-行是和它们以前的行线性无关，而在 $k\geqslant\nu$ 的 $\boldsymbol{S}_k$ 中，所有不在 $\boldsymbol{S}_{\nu-1}$ 中的 n-行均和它上面的行线性相关. 别外 $\boldsymbol{S}_k$ 中所有 $k+1$ 个 d-行均与其上面的行线性无关，所以两方面合起来有

$$
\rho[\boldsymbol{S}_k]=\begin{cases}2(k+1), & k\leqslant\nu-1\\ (k+1)+\nu, & k\geqslant\nu\end{cases}\tag{8.29}
$$

因为 $\boldsymbol{S}_k$ 是 $2(k+1)\times(n+k+1)$ 阶矩阵，如果 $k\leqslant\nu-1$，$\boldsymbol{S}_k$ 为行满秩. 另一方面，只有当 $\boldsymbol{S}_k$ 的行数小于或等于列数才有行满秩的可能，也就是 $k\leqslant n-1$ 是 $\boldsymbol{S}_k$ 行满秩的必要条件. 所以断定 $\nu\leqslant n$，或者等价地说，$\boldsymbol{S}_k$ 中线性无关 n-行的总数至多等于 n.

现在再令多项式 $a(s)$ 和 $b(s)$ 为 k 次多项式：

$$
\begin{aligned}
a(s)&=a_0+a_1s+\cdots+a_ks^k\\
b(s)&=b_0+b_1s+\cdots+b_ks^k
\end{aligned}\tag{8.30}
$$

根据定理式 8.2 中式(8.12)，即 $-b(s)d(s)+a(s)n(s)=0$ 得到

$$
[-b_0\quad a_0\ \vdots\ -b_1\quad a_1\ \vdots\ \cdots\ \vdots\ -b_k\quad a_k]\boldsymbol{S}_k=\boldsymbol{0}\tag{8.31}
$$

如果 $\boldsymbol{S}_k$ 行满秩，式(8.31)具有唯一的平凡解，$a(s)=0$ 和 $b(s)=0$. 随着 $k=0,1,2,\cdots$ 逐次递增，第一个非平凡解在 $k=\nu$ 时出现. 所以式(8.29)中 ν 给出了满足方程式(8.31)的所有非平凡解中阶次最低的那个 $a(s)$ 和 $b(s)$. 换句话说，满足式(8.12)的所有 $a(s)$ 中，最低阶次为 $\boldsymbol{S}_\nu$ 中线性无关 n-行的总数.

定理 8.4 设有两个多项式 $d(s)$ 和 $n(s)$，$\deg n(s) \leqslant \deg d(s) = n$. 由式(8.31)通过 $\boldsymbol{S}_k$ 的第一个线性相关行解出的 $a(s)$ 和 $b(s)$ 是互质的，其中 $\boldsymbol{S}_k$ 如式(8.28).

证明 设 ν 是使 $\boldsymbol{S}_\nu$ 的最后一个 n-行与它上面的行线性相关的最小整数. 因为所有 d-行都是线性无关的. 这个最后的 n-行是 $\boldsymbol{S}_k$，$k \geqslant \nu$ 中第一个线性相关的行. 对应这一线性相关的行，按式(8.31)解出的 $a(s)$ 和 $b(s)$ 与 $d(s)$ 和 $n(s)$ 之间满足关系式

$$\frac{n(s)}{d(s)} = \frac{b(s)}{a(s)}, \quad \deg a(s) = \nu \tag{8.32}$$

如果 $a(s)$ 和 $b(s)$ 不互质，势必存在 $\bar{a}(s)$ 和 $\bar{b}(s)$ 使得满足关系式

$$\frac{n(s)}{d(s)} = \frac{\bar{b}(s)}{\bar{a}(s)}, \quad \deg \bar{a}(s) < \nu \tag{8.33}$$

这意味着在 $\boldsymbol{S}_\nu$ 的最后的 n-行之前就出现了线性相关的行，而这是不可能的. 所以 $a(s)$ 和 $b(s)$ 必互质. 定理证毕.

注意当 $k \geqslant n$ 时，$\boldsymbol{S}_k$ 是高矩阵，行数比列数多，式(8.31)总会有非平凡解. 例如，若 $k = n$ 时，$a(s) = d(s)$，$b(s) = n(s)$ 就是其中的解；若 $k = n+1$ 时，$a(s) = d(s)(s+c)$，$b(s) = n(s)(s+c)$，c 为任意实常数，均是其中的解. 显然，这些解失去意义.

推论 8.2 设有两个多项式 $d(s)$ 和 $n(s)$，$\deg n(s) \leqslant \deg d(s) = n$，当且仅当式(8.28)规定的 $2n$ 阶方阵 $\boldsymbol{S}_{n-1}$ 非奇异，或当且仅当 $\boldsymbol{S}_{n-1}$ 中线性无关的 n-行总数等于 n 时，$d(s)$ 和 $n(s)$ 互质.

这个推论是直接由定理 8.4 导出的，感兴趣的读者可自行证明之.

8.3 多项式矩阵及其互质性

一个以多项式为元素的矩阵称做多项式矩阵，记以 $\boldsymbol{A}(s) \stackrel{\text{def}}{=} [a_{ij}(s)]$. 和以实数或复数为元素的常值矩阵 $\boldsymbol{A} = [a_{ij}]$ 一样，可以进行行和列的初等变换. 归纳起来就是：

(1) 将某行或某列乘以非零的实数或复数；

(2) 任意两行或两列位置互相交换；

(3) 将某行或某列乘上多项式加到另外一行或一列上.

同样地，这些初等的行变换或列变换可分别以式(8.34)中三种非奇异矩阵进行左乘或右乘实现.

$$\boldsymbol{E}_1 = \begin{bmatrix} 1 & 0 & 0 & 0 & 0 \\ 0 & 1 & 0 & 0 & 0 \\ 0 & 0 & 1 & 0 & 0 \\ 0 & 0 & 0 & c & 0 \\ 0 & 0 & 0 & 0 & 1 \end{bmatrix}, \quad \boldsymbol{E}_2 = \begin{bmatrix} 1 & 0 & 0 & 0 & 0 \\ 0 & 0 & 0 & 0 & 1 \\ 0 & 0 & 1 & 0 & 0 \\ 0 & 0 & 0 & 1 & 0 \\ 0 & 1 & 0 & 0 & 0 \end{bmatrix}, \quad \boldsymbol{E}_3 = \begin{bmatrix} 1 & 0 & 0 & 0 & 0 \\ 0 & 1 & 0 & 0 & 0 \\ 0 & 0 & 1 & 0 & 0 \\ 0 & d(s) & 0 & 1 & 0 \\ 0 & 0 & 0 & 0 & 1 \end{bmatrix} \tag{8.34}$$

这里假设所需要的初等变换矩阵为五阶方阵，其中 $c\neq 0$，$d(s)$为多项式.它们的逆与式(8.35)中三式分别对应.这些逆也是初等变换矩阵.这些初等变换矩阵的行列式是与 s 无关的非零常数.数学上定义具有这种性质的多项式方阵为**幺模矩阵**.显然相容的幺模矩阵乘积仍然是幺模矩阵.

$$E_1^{-1}=\begin{bmatrix}1&0&0&0&0\\0&1&0&0&0\\0&0&1&0&0\\0&0&0&c^{-1}&0\\0&0&0&0&1\end{bmatrix},\quad E_2^{-1}=E_2,\quad E_3^{-1}=\begin{bmatrix}1&0&0&0&0\\0&1&0&0&0\\0&0&1&0&0\\0&-d(s)&0&1&0\\0&0&0&0&1\end{bmatrix}$$

正如节1.1曾指出的，实系数多项式集因无乘法逆而为交换环，不是域.倘若将其扩大到包含实系数有理函数就形成了有理函数域.这样以实系数多项式为元构成的 n 维(行或列)向量 $\boldsymbol{q}(s)$便属于有理函数空间$(\mathbf{R}^n(s),\mathbf{R}(s))$中的元.于是就可类似在 n 维实空间$(\mathbf{R}^n,\mathbf{R})$或 n 维复空间$(\mathbf{C}^n,\mathbf{C})$那样研究 n 维向量$\boldsymbol{q}(s)$的线性相关、线性无关，研究多项式矩阵的奇异性和秩等概念，只是应该注意到在有理函数域上研究它们.例如下面 $\boldsymbol{q}_1(s)$和$\boldsymbol{q}_2(s)$是两个行向量：

$$\boldsymbol{q}_1(s)=[s+2\quad s-1]$$

$$\boldsymbol{q}_2(s)=[s^2+3s+2\quad s^2-1]$$

由于在有理函数域 $Q(s)$中挑选 $\alpha_1(s)=1,\alpha_2(s)=-1/(s+1)$，使得

$$\alpha_1(s)\boldsymbol{q}_1(s)+\alpha_2(s)\boldsymbol{q}_2(s)=\mathbf{0}$$

$\boldsymbol{q}_1(s)$和 $\boldsymbol{q}_2(s)$是两个线性相关的二维多项式行向量.因为 $\boldsymbol{q}_1(s)$和 $\boldsymbol{q}_2(s)$是多项式向量，若取 $\alpha(s)$作为 $\alpha_1(s)$和 $\alpha_2(s)$的最小公分母，并以 $\bar{\alpha}_1(s)=\alpha(s)\alpha_1(s)$，$\bar{\alpha}_2(s)=\alpha(s)\alpha_2(s)$作为检验系数，可得同样结论，即

$$\bar{\alpha}_1(s)=(s+1),\quad \bar{\alpha}_2(s)=-1$$

$$\bar{\alpha}_1(s)\boldsymbol{q}_1(s)+\bar{\alpha}_2(s)\boldsymbol{q}_2(s)=\mathbf{0}$$

由这个简单的例子可得出一个具有普遍意义结论：若干多项式向量在有理函数域上线性相关的充要条件是只要用多项式作为系数就可使它们相关.

再如用 $\boldsymbol{q}_1(s)$和 $\boldsymbol{q}_2(s)$组成二阶多项式方阵 $\boldsymbol{P}_1(s)$

$$\boldsymbol{P}_1(s)=\begin{bmatrix}\boldsymbol{q}_1(s)\\\boldsymbol{q}_2(s)\end{bmatrix}=\begin{bmatrix}s+2&s-1\\s^2+3s+2&s^2-1\end{bmatrix}$$

由于 $\det\boldsymbol{P}_1(s)=0,\forall s\in\mathbf{C}$，即 $\det\boldsymbol{P}_1(s)$为有理函数域中零元，断定 $\boldsymbol{P}_1(s)$是奇异的；又因为 $\boldsymbol{P}_1(s)$的元即一阶子式并非有理函数域中零元，所以 $\rho[\boldsymbol{P}_1(s)]=1$.下面二阶多项式方阵 $\boldsymbol{P}_2(s)$为

$$\boldsymbol{P}_2(s)=\begin{bmatrix}s+2&s-1\\s-1&s+2\end{bmatrix}$$

因为 $\det\boldsymbol{P}_2(s)=(s+2)^2-(s-1)^2=6s+3$ 并非有理函数域中零元，$\boldsymbol{P}_2(s)$为非奇异矩阵，$\rho[\boldsymbol{P}_2(s)]=2$.注意，多项式矩阵在有理函数域上非奇异并不意味着在复数域的每个点上都非奇异.例如 $\boldsymbol{P}_2(s)$在 $s_0=-0.5$ 上，表现出奇异性，$\rho[\boldsymbol{P}_2(s_0)]=1$.由于多项式矩阵 $\boldsymbol{P}(s)$在有理函数域上的秩可能与 $\boldsymbol{P}(s)$在复数域上的秩不相等，有些文献将前者称为 $\boldsymbol{P}(s)$的**正**

则秩,后者称为**局部秩**(local rank).这里 $\boldsymbol{P}_2(s)$的正则秩为 2,局部秩为 1.

节 7.3 在阐述如何应用状态反馈配置多变量系统特征向量时曾介绍采用初等行变换将实矩阵 $\boldsymbol{S}(\lambda_i)\overset{\text{def}}{=}[\boldsymbol{A}-\lambda_i\mathrm{I}\quad \boldsymbol{B}]$变换成 Hermite 型实矩阵.现在介绍应用式(8.34)中三种初等行变换矩阵左乘一多项式矩阵 $\boldsymbol{A}(s)$将其变换成行 Hermite 规范型多项式矩阵.

定理 8.5　设 $\boldsymbol{A}(s)$是秩为 r 的多项式矩阵,应用初等变换矩阵左乘可将其化成式(8.36)中行 Hermite 型矩阵

$$
\begin{array}{c}
k_3 = k_2 + 1 \\
\begin{array}{cccccccccccc}
 & & & \downarrow k_1 & & & & \downarrow k_2 & \downarrow k_3 & & \downarrow k_r & \\
\end{array}\\
\begin{bmatrix}
0 & \cdots & 0 & a_{1k_1} & a_{1(k_1+1)} & \cdots & a_{1(k_2-1)} & a_{1k_2} & a_{1(k_2+1)} & \cdots & a_{1k_r} & a_{1(k_r+1)} & \cdots \\
0 & \cdots & 0 & 0 & 0 & \cdots & 0 & a_{2k_2} & a_{2(k_2+1)} & \cdots & \cdots a_{2k_r} & a_{2(k_r+1)} & \cdots \\
0 & \cdots & 0 & 0 & 0 & \cdots & 0 & 0 & a_{3(k_2+1)} & \cdots & a_{3k_r} & a_{3(k_r+1)} & \cdots \\
\vdots & & \vdots & \vdots & \vdots & & \vdots & \vdots & & & & & \\
0 & \cdots & 0 & 0 & 0 & \cdots & 0 & 0 & 0 & \cdots & a_{rk_r} & a_{r(k_r+1)} & \cdots \\
0 & \cdots & 0 & 0 & 0 & \cdots & 0 & 0 & 0 & \cdots & 0 & 0 & \cdots \\
\vdots & & \vdots & \vdots & \vdots & & \vdots & \vdots & \vdots & & \vdots & \vdots & \\
0 & \cdots & 0 & 0 & 0 & \cdots & 0 & 0 & 0 & \cdots & 0 & 0 & \cdots
\end{bmatrix}
\end{array}
\tag{8.36}
$$

行 Hermite 型的特点是:

(1) 前 r 行为非零行,其中非零元素为多项式;

(2) 每行左起第一个非零元素为首一多项式 a_{ik_i};

(3) a_{ik_i}所在列位置随 i 增加右移,即 $k_1<k_2<\cdots<k_r$;

(4) a_{ik_i}同列的下面元素为零,上面元素阶次低于 $\deg a_{ik_i}$,若 $a_{ik_i}=1$,上面元素为零.

下面给出一个化 $\boldsymbol{A}(s)$为 Hermite 型的算法:

第一步:令 $\boldsymbol{M}(s)=\boldsymbol{A}(s)$,从左到右逐次删去零列,直到第一列为非零列为止.

第二步:如果 $\boldsymbol{M}(s)$第一列中仅(1,1)元素不为零,转第六步,否则进入第三步.

第三步:搜索 $\boldsymbol{M}(s)$第一列中阶次最低的元素,并用两行互换方式将其放入(1,1)位置,将所得到的矩阵称为 $\boldsymbol{M}_1(s)=[m_{ij}^1(s)]$.

第四步:计算 $m_{i1}^1(s)=q_{i1}(s)m_{11}^1(s)+m_{i1}^2(s)$,$\deg m_{i1}^2(s)<\deg m_{i1}^1(s)$,再将 $\boldsymbol{M}_1(s)$的第一行乘以 $-q_{i1}(s)$加到 $\boldsymbol{M}_1(s)$的第 i 行上去,$i=2,3,\cdots,n$,n 为$A(s)$的行数,称所得到的矩阵为 $\boldsymbol{M}_2(s)=[m_{ij}^2(s)]$.

第五步:令 $\boldsymbol{M}(s)=\boldsymbol{M}_2(s)$,回到第二步.

第六步:删去 $\boldsymbol{M}(s)$中的第一行和第一列,令剩下的矩阵为 $\boldsymbol{M}(s)$,回到第一步.

从第二步到第五步每做完一次循环将使 $\boldsymbol{M}(s)$中(1,1)元素的阶次至少降低一次,经过有限次循环后将使 $\boldsymbol{M}(s)$第一列中仅(1,1)元素被保留,其他元素被整除,转入第六步.然后对$\boldsymbol{M}(s)$的子矩阵的第一列重复这个过程.最终将 $\boldsymbol{M}(s)$变换成右上三角形矩阵 $\hat{\boldsymbol{A}}(s)$.为了使 $\hat{\boldsymbol{A}}(s)$中 $\hat{a}_{ik_i}$上面元素阶次低于 $\deg\hat{a}_{ik_i}$,$i=1,2,\cdots,r$,即使 $\deg\hat{a}_{jk_i}<\deg\hat{a}_{ik_i}$,$j=1,2,$

$\cdots, i-1$,令 $\hat{a}_{jk_i}=q_j(s)\hat{a}_{ik_i}+\hat{a}_{jk_i}^1$,$\deg\hat{a}_{jk_i}^1<\deg\hat{a}_{jk_i}$.再将第 i 行乘上 $-q_j(s)$ 加到第 j 行上,所得到的矩阵便成为需要的 Hermite 型矩阵.这一算法本身就证明了定理的正确.

例 8.2 化简下面 $\boldsymbol{A}(s)$ 为 Hermite 型:

$$\boldsymbol{A}(s)=\begin{bmatrix} s & 3s+1 \\ -1 & s^2+s-2 \\ -1 & s^2+2s-1 \end{bmatrix}\xrightarrow{1}\begin{bmatrix} -1 & s^2+s-2 \\ s & 3s+1 \\ -1 & s^2+2s-1 \end{bmatrix}\xrightarrow{2}\begin{bmatrix} 1 & -s^2-s+2 \\ 0 & s^3+s^2+s+1 \\ 0 & s+1 \end{bmatrix}$$

$$\xrightarrow{3}\begin{bmatrix} 1 & -s^2-s+2 \\ 0 & s+1 \\ 0 & s^3+s^2+s+1 \end{bmatrix}\xrightarrow{4}\begin{bmatrix} 1 & -s^2-s+2 \\ 0 & s+1 \\ 0 & 0 \end{bmatrix}\xrightarrow{5}\begin{bmatrix} 1 & 2 \\ 0 & s+1 \\ 0 & 0 \end{bmatrix}$$

上述变换所采用的五个初等变换矩阵如下:

$$\overset{5}{\begin{bmatrix} 1 & s & 0 \\ 0 & 1 & 0 \\ 0 & 0 & 1 \end{bmatrix}}\overset{4}{\begin{bmatrix} 1 & 0 & 0 \\ 0 & 1 & 0 \\ 0 & -(s^2+1) & 1 \end{bmatrix}}\overset{3}{\begin{bmatrix} 1 & 0 & 0 \\ 0 & 0 & 1 \\ 0 & 1 & 0 \end{bmatrix}}\overset{2}{\begin{bmatrix} -1 & 0 & 0 \\ s & 1 & 0 \\ -1 & 0 & 1 \end{bmatrix}}\overset{1}{\begin{bmatrix} 0 & 1 & 0 \\ 1 & 0 & 0 \\ 0 & 0 & 1 \end{bmatrix}}$$

其乘积为

$$\begin{bmatrix} 0 & -s-1 & s \\ 0 & -1 & 1 \\ 1 & s^2+s+1 & -(s^2+1) \end{bmatrix}$$

所以

$$\left[\begin{array}{cc:c} 0 & -s-1 & s \\ 0 & -1 & 1 \\ \hdashline 1 & s^2+s+1 & -(s^2+1) \end{array}\right]\left[\begin{array}{cc} s & 3s+1 \\ -1 & s^2+s-2 \\ \hdashline -1 & s^2+2s-1 \end{array}\right]=\left[\begin{array}{cc} 1 & 2 \\ 0 & s+1 \\ \hdashline 0 & 0 \end{array}\right]$$

如果只希望得到右上三角形矩阵,第五步可免去.

和定理 8.5 对偶的是每个多项式矩阵都可用初等变换矩阵右乘将其化成列 Hermite 型矩阵,即行 Hermite 型矩阵的转置.通过将多项式矩阵变换成它的行或列 Hermite 型可以看出非奇异的初等变换矩阵起着很大作用.这种初等变换矩阵因其行列式是与 s 无关的非零常数定义为么模矩阵,反过来也可证明每一个么模矩阵都可以写成初等变换矩阵的乘积.么模矩阵在多项式矩阵互质性中也有着重要意义.所以这里先简短地介绍它的性质和判据.

定理 8.6 一个多项式方阵为么模矩阵的充要条件是它的逆也是多项式方阵.

证明 设 $\boldsymbol{M}(s)$ 是么模矩阵,则 $\boldsymbol{M}^{-1}(s)=\mathrm{adj}\boldsymbol{M}(s)/\det\boldsymbol{M}(s)$ 仍为同阶次多项式方阵;再设 $\boldsymbol{M}(s)$ 和 $\boldsymbol{M}^{-1}(s)$ 均是多项式方阵,$\det\boldsymbol{M}(s)=a(s)$,$\det\boldsymbol{M}^{-1}(s)=a^{-1}(s)$,要求 $a(s)$ 和 $a^{-1}(s)$ 均是多项式,这只有当 $a(s)$ 为零阶多项式即非零常数才可满足,所以 $\boldsymbol{M}(s)$ 为么模矩阵.由此可推论若 $M(s)$ 为么模矩阵,其逆亦然.

么模矩阵特点在于它不仅在有理函数域上是非奇异的,而且在复数域上也是非奇异的.一般非奇异多项式矩阵在排除了行列式零点后的复数域上非奇异,在这些零点上是奇异的.多项式矩阵的正则秩在其被非奇异多项式矩阵,特别是么模矩阵左乘或右乘后保持不变.设多项式矩阵 $\boldsymbol{A}(s)$、$\boldsymbol{B}(s)\in\mathbf{R}^{n\times m}[s]$,如果存在 n 阶么模矩阵 $\boldsymbol{U}_L(s)$ 和 m 阶么模矩阵 $\boldsymbol{U}_R(s)$ 使得

$$\boldsymbol{B}(s) = \boldsymbol{U}_L(s)\boldsymbol{A}(s) \tag{8.37}$$

则称 $\boldsymbol{B}(s)$ 和 $\boldsymbol{A}(s)$ 行等价；若使得

$$\boldsymbol{B}(s) = \boldsymbol{A}(s)\boldsymbol{U}_R(s) \tag{8.38}$$

则称 $\boldsymbol{B}(s)$ 和 $\boldsymbol{A}(s)$ 列等价；最后若使得

$$\boldsymbol{B}(s) = \boldsymbol{U}_L(s)\boldsymbol{A}(s)\boldsymbol{U}_R(s) \tag{8.39}$$

则称 $\boldsymbol{B}(s)$ 和 $\boldsymbol{A}(s)$ 等价.

现在开始研究多项式矩阵的互质性.由于矩阵的乘积一般不遵循交换律，多项式矩阵的公因式和互质性概念较之多项式的公因式和互质性复杂，虽然前者是后者的引申和推广.倘若有三个阶次适当的多项式矩阵满足关系式 $\boldsymbol{A}(s)=\boldsymbol{B}(s)\boldsymbol{C}(s)$，称 $\boldsymbol{C}(s)$ 是 $\boldsymbol{A}(s)$ 的**右因式**，$\boldsymbol{A}(s)$ 是 $\boldsymbol{C}(s)$ 的**左倍式**，类似地，称 $\boldsymbol{B}(s)$ 是 $\boldsymbol{A}(s)$ 的**左因式**，$\boldsymbol{A}(s)$ 是 $\boldsymbol{B}(s)$ 的**右倍式**.再考察两个多项式矩阵 $\boldsymbol{N}(s)$ 和 $\boldsymbol{D}(s)$，假设它们的列数同为 m，另有一个 m 阶多项式方阵 $\boldsymbol{R}(s)$ 使得式(8.40)成立：

$$\boldsymbol{N}(s) = \bar{\boldsymbol{N}}(s)\boldsymbol{R}(s), \quad \boldsymbol{D}(s) = \bar{\boldsymbol{D}}(s)\boldsymbol{R}(s) \tag{8.40}$$

则称 $\boldsymbol{R}(s)$ 是 $\boldsymbol{N}(s)$ 和 $\boldsymbol{D}(s)$ 的**右公因式**.这里并不要求 $\boldsymbol{N}(s)$ 和 $\boldsymbol{D}(s)$ 有相同的行数.

最大右公因式　如果多项式方阵 $\boldsymbol{R}(s)$ 不仅是多项式矩阵 $\boldsymbol{N}(s)$ 和 $\boldsymbol{D}(s)$ 的右公因式，而且是 $\boldsymbol{N}(s)$ 和 $\boldsymbol{D}(s)$ 所有其他右公因式的左倍式，则称 $\boldsymbol{R}(s)$ 是 $\boldsymbol{N}(s)$ 和 $\boldsymbol{D}(s)$ 的最大右公因式.如果最大右公因式是么模矩阵，则称 $\boldsymbol{N}(s)$ 和 $\boldsymbol{D}(s)$ **右互质**.

与最大右公因式和右互质对偶的概念是**最大左公因式**和**左互质**，即如果多项式方阵 $\boldsymbol{Q}(s)$ 不仅是多项式或矩阵 $\boldsymbol{A}(s)$ 和 $\boldsymbol{B}(s)$ 的左公因式——存在多项式矩阵 $\bar{\boldsymbol{A}}(s)$ 和 $\bar{\boldsymbol{B}}(s)$ 使得 $\boldsymbol{A}(s)=\boldsymbol{Q}(s)\bar{\boldsymbol{A}}(s)$ 和 $\boldsymbol{B}(s)=\boldsymbol{Q}(s)\bar{\boldsymbol{B}}(s)$——而且是 $\boldsymbol{A}(s)$ 和 $\boldsymbol{B}(s)$ 的所有其他左公因式的右倍式，称 $\boldsymbol{Q}(s)$ 为 $\boldsymbol{A}(s)$ 和 $\boldsymbol{B}(s)$ 的最大左公因式，若 $\boldsymbol{Q}(s)$ 又是么模矩阵，称 $\boldsymbol{A}(s)$ 和 $\boldsymbol{B}(s)$ 左互质.在上述概念基础上，可以将描述两个多项式 $d(s)$、$n(s)$ 与它们的最大公因式 $r_p(s)$ 的关系式(8.7b)推广到两个多项式矩阵 $\boldsymbol{D}(s)$、$\boldsymbol{N}(s)$ 及它们的最大右公因式 $\boldsymbol{R}(s)$ 的关系上，得到定理8.7.

定理8.7　设 m 阶多项式方阵 $\boldsymbol{R}(s)$ 为 $m\times m$ 阶和 $r\times m$ 阶多项式矩阵 $\boldsymbol{D}(s)$ 和 $\boldsymbol{N}(s)$ 的最大右公因式，它们可通过 $m\times m$ 阶和 $m\times r$ 阶多项式矩阵 $\boldsymbol{X}(s)$ 和 $\boldsymbol{Y}(s)$ 表达成

$$\boldsymbol{R}(s) = \boldsymbol{X}(s)\boldsymbol{D}(s) + \boldsymbol{Y}(s)\boldsymbol{N}(s) \tag{8.41}$$

证明　用 $\boldsymbol{D}(s)$ 和 $\boldsymbol{N}(s)$ 组成 $(m+r)\times m$ 阶多项式矩阵 $[\boldsymbol{D}^{\mathrm{T}}(s) \quad \boldsymbol{N}^{\mathrm{T}}(s)]^{\mathrm{T}}$，根据定理8.5通过么模矩阵可将它化成形如式(8.36)那样的右上三角矩阵，即

$$\begin{matrix} m\{ \\ \\ r\{ \end{matrix}\underbrace{\begin{bmatrix} \boldsymbol{U}_{11}(s) & \boldsymbol{U}_{12}(s) \\ & \\ \boldsymbol{U}_{21}(s) & \boldsymbol{U}_{22}(s) \end{bmatrix}}_{\text{么模矩阵}\boldsymbol{U}(s)}\begin{bmatrix} \boldsymbol{D}(s) \\ \\ \boldsymbol{N}(s) \end{bmatrix} = \begin{bmatrix} \boldsymbol{R}(s) \\ \\ \boldsymbol{0} \end{bmatrix}\begin{matrix} \}m \\ \\ \}r \end{matrix} \tag{8.42}$$

式(8.42)等号右边 $\boldsymbol{R}(s)$ 的形式并不是重要的，重要的是 $\rho[\boldsymbol{D}^{\mathrm{T}}(s) \quad \boldsymbol{N}^{\mathrm{T}}(s)]^{\mathrm{T}}\leqslant m$，式(8.42)等号右边的下面 r 行必定是 $r\times m$ 阶零阵.因为 $\boldsymbol{U}(s)$ 是么模矩阵，其逆也是么模矩阵.令

$$\begin{bmatrix} \boldsymbol{U}_{11}(s) & \boldsymbol{U}_{12}(s) \\ \\ \boldsymbol{U}_{21}(s) & \boldsymbol{U}_{22}(s) \end{bmatrix}^{-1} = \begin{bmatrix} \boldsymbol{V}_{11}(s) & \boldsymbol{V}_{12}(s) \\ \\ \boldsymbol{V}_{21}(s) & \boldsymbol{V}_{22}(s) \end{bmatrix} = \boldsymbol{V}(s) \tag{8.43}$$

则

$$\begin{bmatrix} \boldsymbol{D}(s) \\ \boldsymbol{N}(s) \end{bmatrix} = \begin{bmatrix} \boldsymbol{V}_{11}(s) & \boldsymbol{V}_{12}(s) \\ \\ \boldsymbol{V}_{21}(s) & \boldsymbol{V}_{22}(s) \end{bmatrix} \begin{bmatrix} \boldsymbol{R}(s) \\ \boldsymbol{0} \end{bmatrix} \tag{8.44}$$

和

$$\boldsymbol{D}(s) = \boldsymbol{V}_{11}(s)\boldsymbol{R}(s), \quad \boldsymbol{N}(s) = \boldsymbol{V}_{21}(s)\boldsymbol{R}(s) \tag{8.45}$$

式(8.45)说明 $\boldsymbol{R}(s)$是 $\boldsymbol{D}(s)$和 $\boldsymbol{N}(s)$的右公因式.由式(8.42)可得

$$\boldsymbol{R}(s) = \boldsymbol{U}_{11}(s)\boldsymbol{D}(s) + \boldsymbol{U}_{12}(s)\boldsymbol{N}(s) \tag{8.46}$$

式(8.46)与式(8.41)意义一致,剩下来需要证明的是 $\boldsymbol{R}(s)$为 $\boldsymbol{D}(s)$和 $\boldsymbol{N}(s)$的最大右公因式.设 $\boldsymbol{R}_1(s)$是 $\boldsymbol{D}(s)$和 $\boldsymbol{N}(s)$的任何一个右公因式,$\boldsymbol{D}(s) = \bar{\boldsymbol{D}}(s)\boldsymbol{R}_1(s)$和 $\boldsymbol{N}(s) = \bar{\boldsymbol{N}}(s)\boldsymbol{R}_1(s)$,将它们代入式(8.46),有

$$\boldsymbol{R}(s) = [\boldsymbol{U}_{11}(s)\bar{\boldsymbol{D}}(s) + \boldsymbol{U}_{12}(s)\bar{\boldsymbol{N}}(s)]\boldsymbol{R}_1(s) \tag{8.47}$$

式(8.47)说明 $\boldsymbol{R}(s)$是任何 $\boldsymbol{D}(s)$和 $\boldsymbol{N}(s)$公因式的左倍式,所以 $\boldsymbol{R}(s)$确为 $\boldsymbol{D}(s)$和 $\boldsymbol{N}(s)$的最大右公因式.定理得证.

例 8.3 求下面 $\boldsymbol{D}(s)$和 $\boldsymbol{N}(s)$的最大右公因式:

$$\boldsymbol{D}(s) = \begin{bmatrix} s & 3s+1 \\ -1 & s^2+s-2 \end{bmatrix}, \quad \boldsymbol{N}(s) = [-1 \quad s^2+2s-1]$$

解 本例中 $m=2, r=1$,根据式(8.42)可知通过初等变换将$[\boldsymbol{D}^{\mathrm{T}}(s) \quad \boldsymbol{N}^{\mathrm{T}}(s)]^{\mathrm{T}}$ 的最后一行化为零行,则上面两行便是所求的最大右公因式.

$$\begin{bmatrix} s & 3s+1 \\ -1 & s^2+s-2 \\ -1 & s^2+2s-1 \end{bmatrix} \longrightarrow \begin{bmatrix} -1 & s^2+s-2 \\ s & 3s+1 \\ -1 & s^2+2s-1 \end{bmatrix} \longrightarrow \begin{bmatrix} 1 & -s^2-s+2 \\ 0 & s^3+s^2+s+1 \\ 0 & s+1 \end{bmatrix}$$

$$\longrightarrow \begin{bmatrix} -1 & s^2+s-2 \\ 0 & s+1 \\ 0 & s^3+s^2+s+1 \end{bmatrix} \longrightarrow \begin{bmatrix} -1 & s^2+s-2 \\ 0 & s+1 \\ 0 & 0 \end{bmatrix} \longrightarrow \begin{bmatrix} -1 & -2 \\ 0 & s+1 \\ 0 & 0 \end{bmatrix}$$

所以最大右公因式是

$$\boldsymbol{R}_1(s) = \begin{bmatrix} -1 & s^2+s-2 \\ 0 & s+1 \end{bmatrix}, \quad \boldsymbol{R}_2(s) = \begin{bmatrix} -1 & -2 \\ 0 & s+1 \end{bmatrix}, \quad \boldsymbol{R}_3(s) = \begin{bmatrix} 1 & 2 \\ 0 & s+1 \end{bmatrix}$$

可以验证

$$\boldsymbol{D}(s) = \begin{bmatrix} s & 3s+1 \\ -1 & s^2+s-2 \end{bmatrix} \begin{bmatrix} -s & s^2+1 \\ 1 & 0 \end{bmatrix} \begin{bmatrix} -1 & s^2+s-2 \\ 0 & s+1 \end{bmatrix} = \boldsymbol{D}_1(s)\boldsymbol{R}_1(s)$$

$$\boldsymbol{N}(s) = [-1 \quad s^2+2s-1] = [1 \quad 1] \begin{bmatrix} -1 & s^2+s-2 \\ 0 & s+1 \end{bmatrix} = \boldsymbol{N}_1(s)\boldsymbol{R}_1(s)$$

$$D(s) = \begin{bmatrix} -s & 1 \\ 1 & s \end{bmatrix}\begin{bmatrix} -1 & -2 \\ 0 & s+1 \end{bmatrix} = D_2(s)R_2(s)$$

$$N(s) = \begin{bmatrix} 1 & s+1 \end{bmatrix}\begin{bmatrix} -1 & -2 \\ 0 & s+1 \end{bmatrix} = N_2(s)R_2(s)$$

$$D(s) = \begin{bmatrix} s & 1 \\ -1 & s \end{bmatrix}\begin{bmatrix} 1 & 2 \\ 0 & s+1 \end{bmatrix} = D_3(s)R_3(s)$$

$$N(s) = \begin{bmatrix} -1 & s+1 \end{bmatrix}\begin{bmatrix} 1 & 2 \\ 0 & s+1 \end{bmatrix} = N_3(s)R_3(s)$$

例8.3说明一对多项式矩阵的最大右公因式并不是唯一的,彼此间还可通过么模矩阵相互联系起来.例如:

$$R_1(s) = \begin{bmatrix} 1 & s \\ 0 & 1 \end{bmatrix}R_2(s) = \begin{bmatrix} 1 & s \\ 0 & 1 \end{bmatrix}\begin{bmatrix} -1 & 0 \\ 0 & 1 \end{bmatrix}R_3(s)$$

不过这是以$[D^{\mathrm{T}}(s)\quad N^{\mathrm{T}}(s)]^{\mathrm{T}}$列满秩为前提的.推论8.3说明了这一点.

推论8.3　如果$[D^{\mathrm{T}}(s)\quad N^{\mathrm{T}}(s)]^{\mathrm{T}}$为列满秩,特别是$D(s)$非奇异,则$D(s)$和$N(s)$的所有最大右公因式是非奇异的,且彼此间通过么模矩阵联系起来.

证明　因为$\rho[D^{T}(s)\quad N^{T}(s)]^{\mathrm{T}} = m$,式(8.42)中只有下面$r$行为零行,$R(s)$为非奇异$m$阶方阵.假设$R_1(s)$是$D(s)$和$N(s)$的另一最大右公因式,根据定义或定理8.7可知存在两个多项式矩阵$W(s)$和$W_1(s)$使得

$$R(s) = W_1(s)R_1(s), \quad R_1(s) = W(s)R(s)$$

即

$$R(s) = W_1(s)W(s)R(s)$$

因为已证明$R(s)$为非奇异阵,$W_1(s)W(s) = I_m$.所以$W(s)$和$W_1(s)$均是么模矩阵.$R_1(s) = W(s)R(s)$也是非奇异阵,且$R_1(s)$和$R(s)$是通过么模矩阵联系在一起的.

在实际应用中,总认为$D(s)$是非奇异的,因此推论8.3的条件总满足.在这种情况下所谓$D(s)$和$N(s)$的最大右公因式是唯一的就是因为彼此仅相差一个么模矩阵的最大右公因式属于同一类,由此可以及彼.根据推论8.3可以更好地理解一种有趣而在多项式中绝不会出现的现象:多项式矩阵$D(s)$和$N(s)$的最大右公因式中元素的次数比$D(s)$,$N(s)$中任何元素次数都高.例如下面$R(s) = U(s)R_3(s)$是例8.3的最大公因式.

$$U(s) = \begin{bmatrix} s^k+1 & 1 \\ s^k & 1 \end{bmatrix}, \quad k\text{ 为任意正整数}$$

$$R(s) = \begin{bmatrix} s^k+1 & 1 \\ s^k & 1 \end{bmatrix}\begin{bmatrix} 1 & 2 \\ 0 & s+1 \end{bmatrix} = \begin{bmatrix} s^k+1 & 2s^k+s+3 \\ s^k & 2s^k+s+1 \end{bmatrix}$$

定理8.8　设$D(s)$和$N(s)$是$m\times m$阶和$r\times m$阶多项式矩阵并且$D(s)$非奇异,则当且仅当下面三个条件之一成立,$D(s)$和$N(s)$右互质.

(1)
$$\rho\begin{bmatrix} D(s) \\ N(s) \end{bmatrix} = m, \quad \forall s\in \mathbf{C} \tag{8.48}$$

或

$$\rho\begin{bmatrix}\boldsymbol{D}(s_0)\\\boldsymbol{N}(s_0)\end{bmatrix}=m,\quad \{s_0:\det\boldsymbol{D}(s_0)=0,s_0\in\mathbf{C}\}\tag{8.49}$$

(2) 存在阶次为 $m\times m$ 和 $m\times r$ 的两个多项式矩阵 $\boldsymbol{X}(s)$ 和 $\boldsymbol{Y}(s)$ 使得下面 Bezout 恒等式成立:

$$\boldsymbol{X}(s)\boldsymbol{D}(s)+\boldsymbol{Y}(s)\boldsymbol{N}(s)=\boldsymbol{I}_m\tag{8.50}$$

(3) 不存在阶次为 $r\times m$ 和 $r\times r$ 的两个多项式矩阵 $\boldsymbol{B}(s)$ 和 $\boldsymbol{A}(s)$ 使得

$$\left.\begin{aligned}&-\boldsymbol{B}(s)\boldsymbol{D}(s)+\boldsymbol{A}(s)\boldsymbol{N}(s)=\begin{bmatrix}-\boldsymbol{B}(s) & \boldsymbol{A}(s)\end{bmatrix}\begin{bmatrix}\boldsymbol{D}(s)\\\boldsymbol{N}(s)\end{bmatrix}=\boldsymbol{0}\\&\deg\det\boldsymbol{A}(s)<\deg\det\boldsymbol{D}(s)\end{aligned}\right\}\tag{8.51}$$

证明 (1) 为方便起见将式(8.42)重新写出

$$\begin{bmatrix}\boldsymbol{U}_{11}(s) & \boldsymbol{U}_{12}(s)\\\boldsymbol{U}_{21}(s) & \boldsymbol{U}_{22}(s)\end{bmatrix}\begin{bmatrix}\boldsymbol{D}(s)\\\boldsymbol{N}(s)\end{bmatrix}=\begin{bmatrix}\boldsymbol{R}(s)\\\boldsymbol{0}\end{bmatrix}\}r$$

因为 $\boldsymbol{U}(s)$ 是幺模矩阵,$\rho[\boldsymbol{U}(s)]=r+m,\forall s\in\mathbf{C}$,所以

$$\rho\begin{bmatrix}\boldsymbol{D}(s)\\\boldsymbol{N}(s)\end{bmatrix}=\rho[\boldsymbol{R}(s)],\quad\forall s\in\mathbf{C}\tag{8.52}$$

如果 $\boldsymbol{D}(s)$ 和 $\boldsymbol{N}(s)$ 右互质,$\boldsymbol{R}(s)$ 为幺模矩阵,$\rho[\boldsymbol{R}(s)]=m,\forall s\in\mathbf{C}$,所以,式(8.48)成立.如果 $\boldsymbol{D}(s)$ 和 $\boldsymbol{N}(s)$ 并非右互质,$\det\boldsymbol{R}(s)$ 至少是 s 的一次多项式.也就是说在复数域 $\mathbf{C}$ 中,至少有一个 s_0 使得 $\det\boldsymbol{R}(s_0)=0$,即 $\rho[\boldsymbol{R}(s_0)]<m$.所以,式(8.48)不成立.这就证明了式(8.48)是 $\boldsymbol{D}(s)$ 和 $\boldsymbol{N}(s)$ 右互质的充要条件.由于已经假设 $\boldsymbol{D}(s)$ 非奇异,除了 $\det\boldsymbol{D}(s)=0$ 的根外,$\rho[\boldsymbol{D}(s)]=m$,所以只需在 $\det\boldsymbol{D}(s)=0$ 的根集上检查式(8.49)的秩是否为 m.

(2) 由式(8.42)可见

$$\boldsymbol{U}_{11}(s)\boldsymbol{D}(s)+\boldsymbol{U}_{12}(s)\boldsymbol{N}(s)=\boldsymbol{R}(s)$$

如果 $\boldsymbol{D}(s)$ 和 $\boldsymbol{N}(s)$ 右互质,$\boldsymbol{R}(s)$ 为幺模矩阵,$\boldsymbol{R}^{-1}(s)$ 为多项式矩阵.将上式两边左乘 $\boldsymbol{R}^{-1}(s)$,有

$$\begin{aligned}&\boldsymbol{R}^{-1}(s)\boldsymbol{U}_{11}(s)\boldsymbol{D}(s)+\boldsymbol{R}^{-1}(s)\boldsymbol{U}_{12}(s)\boldsymbol{D}(s)\\&\overset{\text{def}}{=}\boldsymbol{X}(s)\boldsymbol{D}(s)+\boldsymbol{Y}(s)\boldsymbol{N}(s)\\&=\boldsymbol{I}_m\end{aligned}\tag{8.53}$$

反之,若式(8.50)成立,再设 $\boldsymbol{R}(s)$ 是 $\boldsymbol{D}(s)$ 和 $\boldsymbol{N}(s)$ 的最大右公因式,即 $\boldsymbol{D}(s)=\bar{\boldsymbol{D}}(s)\boldsymbol{R}(s)$,$\boldsymbol{N}(s)=\bar{\boldsymbol{N}}(s)\boldsymbol{R}(s)$.将它们代入式(8.50),有

$$[\boldsymbol{X}(s)\bar{\boldsymbol{D}}(s)+\boldsymbol{Y}(s)\bar{\boldsymbol{N}}(s)]\boldsymbol{R}(s)=\boldsymbol{I}_m,\quad\rho[\boldsymbol{R}(s)]=\rho[\boldsymbol{D}(s)]=m\tag{8.54}$$

所以

$$\boldsymbol{R}^{-1}(s)=[\boldsymbol{X}(s)\bar{\boldsymbol{D}}(s)+\boldsymbol{Y}(s)\bar{\boldsymbol{N}}(s)]\tag{8.55}$$

为多项式矩阵.

根据定理 8.6 可知 $\boldsymbol{R}(s)$ 是幺模矩阵,故 $\boldsymbol{D}(s)$ 和 $\boldsymbol{N}(s)$ 右互质.

(3) 由式(8.42)可得

$$\boldsymbol{U}_{21}(s)\boldsymbol{D}(s)+\boldsymbol{U}_{22}(s)\boldsymbol{N}(s)=\boldsymbol{0}$$

不妨令 $-\boldsymbol{B}(s)=\boldsymbol{U}_{21}(s)$,$\boldsymbol{A}(s)=\boldsymbol{U}_{22}(s)$,这样只需证明 $\deg\det\boldsymbol{A}(s)=\deg\det\boldsymbol{U}_{22}(s)$

$<\deg\det\boldsymbol{D}(s)$是否成立．前面利用 $\boldsymbol{U}(s)$的逆得到 $\boldsymbol{D}(s)=\boldsymbol{V}_{11}(s)\boldsymbol{R}(s)$(见式(8.45))，$\boldsymbol{D}(s)$的非奇异保证了 $\boldsymbol{R}(s)$和 $\boldsymbol{V}_{11}(s)$的非奇异．另外利用 Schur 计算行列式公式得到

$$\begin{aligned}\det\boldsymbol{V}(s) &= \det\boldsymbol{V}_{11}(s)\det[\boldsymbol{V}_{22}(s)-\boldsymbol{V}_{21}(s)\boldsymbol{V}_{11}^{-1}(s)\boldsymbol{V}_{12}(s)]\\ &\overset{\text{def}}{=} \det\boldsymbol{V}_{11}(s)\det\boldsymbol{\Delta}(s)\neq 0,\quad \forall s\in\mathbf{C}\end{aligned}\tag{8.56}$$

其中

$$\boldsymbol{\Delta}(s)=\boldsymbol{V}_{22}(s)-\boldsymbol{V}_{21}(s)\boldsymbol{V}_{11}^{-1}(s)\boldsymbol{V}_{12}(s)$$

文献[3]指出 $\boldsymbol{V}^{-1}(s)=\boldsymbol{U}(s)$可表达成

$$\begin{aligned}\boldsymbol{V}^{-1}(s) &= \begin{bmatrix}\boldsymbol{V}_{11}(s) & \boldsymbol{V}_{12}(s)\\ \boldsymbol{V}_{21}(s) & \boldsymbol{V}_{22}(s)\end{bmatrix}^{-1}\\ &= \begin{bmatrix}\boldsymbol{V}_{11}^{-1}+\boldsymbol{V}_{11}^{-1}\boldsymbol{V}_{12}\boldsymbol{\Delta}^{-1}\boldsymbol{V}_{21}\boldsymbol{V}_{11}^{-1} & -\boldsymbol{V}_{11}^{-1}\boldsymbol{V}_{12}\boldsymbol{\Delta}^{-1}\\ -\boldsymbol{\Delta}^{-1}\boldsymbol{V}_{21}\boldsymbol{V}_{11}^{-1} & \boldsymbol{\Delta}^{-1}\end{bmatrix}\\ &= \begin{bmatrix}\boldsymbol{U}_{11} & \boldsymbol{U}_{12}\\ \boldsymbol{U}_{21} & \boldsymbol{U}_{22}\end{bmatrix}\end{aligned}\tag{8.57}$$

式(8.57)中为了方便省去 s．将 $\boldsymbol{U}_{22}(s)=\boldsymbol{\Delta}^{-1}(s)$，即 $\det\boldsymbol{\Delta}(s)=1/\det\boldsymbol{U}_{22}(s)$代入式(8.56)，有

$$\det\boldsymbol{V}(s)=\frac{\det\boldsymbol{V}_{11}(s)}{\det\boldsymbol{U}_{22}(s)}=\text{非零常数}$$

得到

$$\deg\det\boldsymbol{U}_{22}(s)=\deg\det\boldsymbol{V}_{11}(s)\tag{8.58}$$

如果 $\boldsymbol{D}(s)$与 $\boldsymbol{N}(s)$并非右互质，它们会有最大右公因式 $\boldsymbol{R}(s)$，且 $\deg\det\boldsymbol{R}(s)>0$，则

$$\begin{aligned}\deg\det\boldsymbol{D}(s) &= \deg\det\boldsymbol{V}_{11}(s)+\deg\det\boldsymbol{R}(s)\\ &> \deg\det\boldsymbol{V}_{11}(s)\\ &= \deg\det\boldsymbol{U}_{22}(s)\end{aligned}\tag{8.59}$$

而由 $\boldsymbol{A}(s)=\boldsymbol{U}_{22}(s)$，有 $\deg\det\boldsymbol{A}(s)=\deg\det\boldsymbol{U}_{22}(s)$，故

$$\deg\det\boldsymbol{A}(s)<\deg\det\boldsymbol{D}(s)\tag{8.60}$$

反之若 $\boldsymbol{D}(s)$与 $\boldsymbol{N}(s)$右互质，则

$$\begin{aligned}\deg\det\boldsymbol{R}(s) &= 0\\ \deg\det\boldsymbol{A}(s) &= \deg\det\boldsymbol{D}(s)\end{aligned}\tag{8.61}$$

表明式(8.51)与 $\boldsymbol{D}(s)$和 $\boldsymbol{N}(s)$互质相矛盾．定理证毕．

例 8.4　判定下面多项式矩阵 $\boldsymbol{D}(s)$和 $\boldsymbol{N}(s)$是否右互质：

$$\boldsymbol{D}(s)=\begin{bmatrix}s+1 & 0\\ (s-1)(s+2) & s-1\end{bmatrix},\quad \boldsymbol{N}(s)=[s\quad 1]$$

解　$\det\boldsymbol{D}(s)=(s+1)(s-1)\neq 0$，$\boldsymbol{D}(s)$非奇异．由 $\det\boldsymbol{D}(s)=0$ 解出$\{s_0\}=\{-1,\ 1\}$
对于 $s_0=-1$，有

$$\rho\begin{bmatrix}\boldsymbol{D}(s_0)\\ \boldsymbol{N}(s_0)\end{bmatrix}=\rho\begin{bmatrix}0 & 0\\ -2 & -2\\ -1 & 1\end{bmatrix}=2=m$$

对于 $s_0=1$，有

$$\rho\begin{bmatrix}\boldsymbol{D}(s_0)\\\boldsymbol{N}(s_0)\end{bmatrix}=\rho\begin{bmatrix}2&0\\0&0\\1&1\end{bmatrix}=2=m$$

结论:$\boldsymbol{D}(s)$和 $\boldsymbol{N}(s)$右互质.

定理 8.8 的对偶定理 设 $\boldsymbol{A}(s)$和 $\boldsymbol{B}(s)$是 $r\times r$ 阶和 $r\times m$ 阶多项式矩阵,且 $\boldsymbol{A}(s)$非奇异,则当且仅当下面三个条件之一成立,$\boldsymbol{A}(s)$和 $\boldsymbol{B}(s)$左互质:

(1)
$$\rho[\boldsymbol{A}(s)\quad \boldsymbol{B}(s)]=r,\quad \forall s\in\mathbf{C}$$

或

$$\rho[\boldsymbol{A}(s_0)\quad \boldsymbol{B}(s_0)]=r,\quad \{s_0:\det\boldsymbol{A}(s_0)=0,s_0\in\mathbf{C}\}$$

(2) 存在阶次为 $r\times r$ 和 $r\times m$ 的两个多项式矩阵 $\bar{\boldsymbol{X}}(s)$和 $\bar{\boldsymbol{Y}}(s)$使得下面 Bezout 恒等式成立:

$$\boldsymbol{A}(s)\bar{\boldsymbol{X}}(s)+\boldsymbol{B}(s)\bar{\boldsymbol{Y}}(s)=\boldsymbol{I}_r$$

(3) 不存在阶次为 $r\times m$ 和 $m\times m$ 的多项式矩阵 $\boldsymbol{N}(s)$和 $\boldsymbol{D}(s)$使得

$$-\boldsymbol{A}(s)\boldsymbol{N}(s)+\boldsymbol{B}(s)\boldsymbol{D}(s)=[-\boldsymbol{A}(s)\quad \boldsymbol{B}(s)]\begin{bmatrix}\boldsymbol{N}(s)\\\boldsymbol{D}(s)\end{bmatrix}=\mathbf{0}$$

且

$$\mathrm{degdet}\boldsymbol{D}(s)<\mathrm{degdet}\boldsymbol{A}(s)$$

希望读者作为练习完成这一定理的证明.

推论 8.4 设 $\boldsymbol{D}(s)$和 $\boldsymbol{N}(s)$分别是 $m\times m$ 阶和 $r\times m$ 阶多项式矩阵,且 $\boldsymbol{D}(s)$非奇异,若存在幺模矩阵 $\boldsymbol{U}(s)$使得

$$\boldsymbol{U}(s)\begin{bmatrix}\boldsymbol{D}(s)\\\boldsymbol{N}(s)\end{bmatrix}=\begin{bmatrix}\boldsymbol{U}_{11}(s)&\boldsymbol{U}_{12}(s)\\\boldsymbol{U}_{21}(s)&\boldsymbol{U}_{22}(s)\end{bmatrix}\begin{bmatrix}\boldsymbol{D}(s)\\\boldsymbol{N}(s)\end{bmatrix}=\begin{bmatrix}\boldsymbol{R}(s)\\\mathbf{0}\end{bmatrix}\tag{8.62}$$

则

(1) $\boldsymbol{U}_{22}(s)$和 $\boldsymbol{U}_{21}(s)$左互质;

(2) $\boldsymbol{U}_{22}(s)$非奇异和 $\boldsymbol{N}(s)\boldsymbol{D}^{-1}(s)=-\boldsymbol{U}_{22}^{-1}(s)\boldsymbol{U}_{21}(s)$;

(3) 当且仅当 $\mathrm{degdet}\boldsymbol{D}(s)=\mathrm{degdet}\boldsymbol{U}_{22}(s)$,$\boldsymbol{D}(s)$和 $\boldsymbol{N}(s)$右互质.

证明 因为 $\boldsymbol{D}(s)$非奇异必有幺模矩阵 $\boldsymbol{U}(s)$使式(8.62)成立,而且 $\boldsymbol{R}(s)$是 $\boldsymbol{D}(s)$和 $\boldsymbol{N}(s)$最大右公因式.$\rho[\boldsymbol{U}(s)]=m+r,\forall s\in\mathbf{C}$,故

$$\rho[\boldsymbol{U}_{21}(s)\quad \boldsymbol{U}_{22}(s)]=r,\quad \forall s\in\mathbf{C}\tag{8.63}$$

$\boldsymbol{U}_{22}(s)$为 r 阶方阵,式(8.63)决定了 $\boldsymbol{U}_{22}(s)$为非奇异矩阵.由定理 8.8 的对偶定理可知 $\boldsymbol{U}_{22}(s)$和 $\boldsymbol{U}_{21}(s)$左互质.由式(8.62)可直接得到 $\boldsymbol{U}_{21}(s)\boldsymbol{D}(s)+\boldsymbol{U}_{22}(s)\boldsymbol{N}(s)=\mathbf{0}$,所以结论(2)也成立.结论(3)在定理 8.8 证明过程中已涉及,这里无需赘述.

8.4　列(行)化简多项式矩阵和真有理函数矩阵互质分式

现在考察两个多项式矩阵 $\boldsymbol{N}(s)$和 $\boldsymbol{D}(s)$. 如果 $\boldsymbol{D}(s)$是非奇异方阵,那么 $\boldsymbol{N}(s)\boldsymbol{D}^{-1}(s)$一般来说是有理矩阵. 反之,给定一个 $r\times m$ 阶有理矩阵$\boldsymbol{G}(s)$总能将它因式分解成

$$\boldsymbol{G}(s) = \boldsymbol{N}_r(s)\boldsymbol{D}_r^{-1}(s) \tag{8.64}$$

或

$$\boldsymbol{G}(s) = \boldsymbol{D}_l^{-1}(s)\boldsymbol{N}_l(s) \tag{8.65}$$

其中 m 阶方阵$\boldsymbol{D}_r(s)$称为**右分母矩阵**,$r\times m$ 阶矩阵$\boldsymbol{N}_r(s)$称为**右分子矩阵**,相应地,r 阶方阵$\boldsymbol{D}_l(s)$和 $r\times m$ 阶矩阵$\boldsymbol{N}_l(s)$分别称为**左分母矩阵**和**左分子矩阵**. 它们都是多项式矩阵,式(8.64)和式(8.65)称做有理矩阵 $\boldsymbol{G}(s)$的**右矩阵分式描述**和**左矩阵分式描述**. 例如

$$\begin{aligned}
\begin{bmatrix} \dfrac{n_{11}}{d_{11}} & \dfrac{n_{12}}{d_{12}} & \dfrac{n_{13}}{d_{13}} \\[2ex] \dfrac{n_{21}}{d_{21}} & \dfrac{n_{22}}{d_{22}} & \dfrac{n_{23}}{d_{23}} \end{bmatrix} &= \begin{bmatrix} \dfrac{\bar{n}_{11}}{d_{c1}} & \dfrac{\bar{n}_{12}}{d_{c2}} & \dfrac{\bar{n}_{13}}{d_{c3}} \\[2ex] \dfrac{\bar{n}_{21}}{d_{c1}} & \dfrac{\bar{n}_{22}}{d_{c2}} & \dfrac{\bar{n}_{23}}{d_{c3}} \end{bmatrix} \\
&= \begin{bmatrix} \bar{n}_{11} & \bar{n}_{12} & \bar{n}_{13} \\ \bar{n}_{21} & \bar{n}_{22} & \bar{n}_{23} \end{bmatrix} \begin{bmatrix} d_{c1} & 0 & 0 \\ 0 & d_{c2} & 0 \\ 0 & 0 & d_{c3} \end{bmatrix}^{-1} \\
&= \begin{bmatrix} \dfrac{\tilde{n}_{11}}{d_{r1}} & \dfrac{\tilde{n}_{12}}{d_{r1}} & \dfrac{\tilde{n}_{13}}{d_{r1}} \\[2ex] \dfrac{\tilde{n}_{21}}{d_{r2}} & \dfrac{\tilde{n}_{22}}{d_{r2}} & \dfrac{\tilde{n}_{23}}{d_{r2}} \end{bmatrix} \\
&= \begin{bmatrix} d_{r1} & 0 \\ 0 & d_{r2} \end{bmatrix}^{-1} \begin{bmatrix} \tilde{n}_{11} & \tilde{n}_{12} & \tilde{n}_{13} \\ \tilde{n}_{21} & \tilde{n}_{22} & \tilde{n}_{23} \end{bmatrix}
\end{aligned} \tag{8.66}$$

其中 d_{ci}是$\boldsymbol{G}(s)$中第 i 列元素的最小公分母,d_{ri}是$\boldsymbol{G}(s)$中第 i 行元素的最小公分母,其他符号不言自明. 这种矩阵分式描述很容易计算出来,但一般 $\boldsymbol{N}_r(s)$和 $\boldsymbol{D}_r(s)$并非右互质,$\boldsymbol{N}_l(s)$和 $\boldsymbol{D}_l(s)$也并非左互质.

所谓严格真有理矩阵 $\boldsymbol{G}(s)$即 $\boldsymbol{G}(\infty)=\boldsymbol{0}$. 应用 $\boldsymbol{G}(s)$的元素 $g_{ij}(s)=n_{ij}(s)/d_{ij}(s)$很容易指明 $\boldsymbol{G}(s)$是否为严格真有理矩阵或真有理矩阵,只要观察每一个 $g_{ij}(s)$是否有 $\deg n_{ij}(s)\leqslant\deg d_{ij}(s)$. 但要从 $\boldsymbol{G}(s)$的矩阵分式描述来考察,问题就要复杂得多,有必要仔细研究它.

对于一个给定的多项式列向量或行向量,规定向量中所有元素的 s 的最高次幂指数为

向量的次数. 将多项式矩阵 $\boldsymbol{M}(s)$ 第 i 列或行的次数分别记以 $\delta_{ci}\boldsymbol{M}(s)$ 或 $\delta_{ri}\boldsymbol{M}(s)$，并称 δ_{ci} 为**列次**，δ_{ri} 为**行次**. 例如，对于

$$\boldsymbol{M}(s)=\begin{bmatrix} s+1 & s^2+2s+1 & s \\ s-1 & s^3 & 0 \end{bmatrix}$$

有 $\delta_{c1}=1,\delta_{c2}=3,\delta_{c3}=1,\delta_{r1}=2,\delta_{r2}=3$.

定理 8.9 设 $\boldsymbol{G}(s)$ 是 $r\times m$ 阶真(严格真)有理矩阵，$\boldsymbol{G}(s)=\boldsymbol{N}_r(s)\boldsymbol{D}_r^{-1}(s)=\boldsymbol{D}_l^{-1}(s)\boldsymbol{N}_l(s)$，则

$$\delta_{cj}\boldsymbol{N}_r(s)\leqslant\delta_{cj}\boldsymbol{D}_r(s),\quad[\delta_{cj}\boldsymbol{N}_r(s)<\delta_{cj}\boldsymbol{D}_r(s)],\quad j=1,2,\cdots,m$$

和

$$\delta_{ri}\boldsymbol{N}_l(s)\leqslant\delta_{ri}\boldsymbol{D}_l(s),\quad[\delta_{ri}\boldsymbol{N}_l(s)<\delta_{ri}\boldsymbol{D}_l(s)],\quad i=1,2,\cdots,r$$

证明 $\boldsymbol{N}_r(s)=\boldsymbol{G}(s)\boldsymbol{D}_r(s)$，即

$$n_{ij}(s)=\sum_{k=1}^{m}g_{ik}(s)d_{kj}(s),\quad i=1,2,\cdots,r;j=1,2,\cdots,m \tag{8.67}$$

$g_{ik}(s)$ 是真(严格真)有理函数，长除法展开后

$$g_{ik}(s)=\sum_{p=p_{ik}}^{\infty}\alpha_{ik,p}s^{-p} \tag{8.68}$$

其中 $p_{ik}=\deg d_{ik}(s)-\deg n_{ik}(s)\geqslant 0$. 于是

$$\deg n_{ij}(s)=\delta_{cj}\boldsymbol{D}_r(s)-\min(p_{ik},k=1,2,\cdots,m) \tag{8.69}$$

所以

$$\delta_{cj}\boldsymbol{N}_r(s)=\delta_{cj}\boldsymbol{D}_r(s)-\bar{p}$$

$$\bar{p}=\min(p_{ik},k=1,2,\cdots,m;i=1,2,\cdots,r)\geqslant 0$$

若 $\boldsymbol{G}(s)$ 为严格真有理矩阵，$\bar{p}>0$；$\boldsymbol{G}(s)$ 为真有理矩阵，$\bar{p}=0$. 定理第一部分得证. 采用类似方法可证第二部分.

注意定理的逆命题并不成立. 下面给出例子予以说明.

$$\boldsymbol{N}_r(s)=[1\quad 2],\quad \boldsymbol{D}_r(s)=\begin{bmatrix} s^2 & s-1 \\ s+1 & 1 \end{bmatrix} \tag{8.70}$$

$$\delta_{cj}\boldsymbol{D}_r(s)>\delta_{cj}\boldsymbol{N}_r(s),\quad j=1,2$$

但

$$\boldsymbol{N}_r(s)\boldsymbol{D}_r^{-1}(s)=[-2s-1\quad 2s^2-s+1]$$

却是多项式矩阵，即不是真有理矩阵，更不是严格真有理矩阵.

为了克服这种困难，引入列化简多项式矩阵和行化简多项式矩阵概念. 一个非奇异 m 阶多项式方阵 $\boldsymbol{M}(s)$，若满足关系式

$$\deg\det\boldsymbol{M}(s)=\sum_{j=1}^{m}\delta_{cj}\boldsymbol{M}(s)$$

则称之为**列化简多项式矩阵**；若满足关系式

$$\deg\det\boldsymbol{M}(s)=\sum_{i=1}^{m}\delta_{ri}\boldsymbol{M}(s)$$

则称之为**行化简多项式矩阵**.

式(8.70)中矩阵 $\boldsymbol{D}_r(s)$既不是列化简的,也不是行化简的.一个矩阵可能是列(行)化简的,但并不是行(列)化简的.例如

$$\boldsymbol{M}(s)=\begin{bmatrix}3s^2+2s & 2s+1\\ s^2+s-3 & s\end{bmatrix}\tag{8.71}$$

而对角线矩阵既是列化简的又是行化简的.

令 $\delta_{cj}\boldsymbol{M}(s)=k_{cj}$,多项式矩阵 $\boldsymbol{M}(s)$可以写成

$$\boldsymbol{M}(s)=\boldsymbol{M}_{hc}\boldsymbol{H}_c(s)+\boldsymbol{M}_{lc}(s)\tag{8.72}$$

其中 $\boldsymbol{H}_c(s)=\text{diag}\{s^{k_{cj}},j=1,2,\cdots,m\}$.常数矩阵 $\boldsymbol{M}_{hc}$称做**列次系数矩阵**,它的第 j 列正是 $\boldsymbol{M}(s)$中第 j 列伴随$s^{k_{cj}}$的系数.多项式矩阵 $\boldsymbol{M}_{lc}(s)$包含着剩余项,它的第 j 列的列次数小于 k_{cj}.例如式(8.71)中 $\boldsymbol{M}(s)$可写成

$$\boldsymbol{M}(s)=\begin{bmatrix}3 & 2\\ 1 & 1\end{bmatrix}\begin{bmatrix}s^2 & 0\\ 0 & s\end{bmatrix}+\begin{bmatrix}2s & 1\\ s-3 & 0\end{bmatrix}$$

由式(8.72)可推断

$$\det\boldsymbol{M}(s)=(\det\boldsymbol{M}_{hc})s^{\Sigma k_{cj}}+\text{幂次数低于 }\Sigma k_{cj}\text{ 的项}$$

所以 $\boldsymbol{M}(s)$是列化简的充要条件是它的列次系数矩阵 $\boldsymbol{M}_{hc}$是非奇异的.类似式(8.72),$\boldsymbol{M}(s)$也可写成

$$\boldsymbol{M}(s)=\boldsymbol{H}_r(s)\boldsymbol{M}_{hr}+\boldsymbol{M}_{lr}(s)\tag{8.73}$$

其中 $\boldsymbol{H}_r(s)=\text{diag}(s^{k_{ri}},i=1,2,\cdots,m)$和 $k_{ri}=\delta_{ri}\boldsymbol{M}(s)$是第 i 行行次.$\boldsymbol{M}_{hr}$称做行次系数矩阵,它的第 i 行是$\boldsymbol{M}(s)$第 i 行伴随$s^{k_{ri}}$的系数.多项式矩阵 $\boldsymbol{M}_{lr}(s)$包含着剩余项,它的第 i 行行次低于k_{ri}.例如式(8.71)中 $\boldsymbol{M}(s)$可写成

$$\boldsymbol{M}(s)=\begin{bmatrix}s^2 & 0\\ 0 & s^2\end{bmatrix}\begin{bmatrix}3 & 0\\ 1 & 0\end{bmatrix}+\begin{bmatrix}2s & 2s+1\\ s-3 & s\end{bmatrix}$$

同样由式(8.73)可推断 $\boldsymbol{M}(s)$是行化简的充要条件是它的行次系数矩阵 $\boldsymbol{M}_{hr}$非奇异.借助这些概念把定理8.9推广为定理8.10.

定理8.10 设 $\boldsymbol{N}_r(s)$和 $\boldsymbol{D}_r(s)$分别是 $r\times m$ 和$m\times m$ 多项式矩阵,且 $\boldsymbol{D}_r(s)$是列化简的,则有理矩阵 $\boldsymbol{N}_r(s)\boldsymbol{D}_r^{-1}(s)$是真(严格真)有理矩阵的充要条件是

$$\delta_{cj}\boldsymbol{N}_r(s)\leqslant\delta_{cj}\boldsymbol{D}_r(s),\quad[\delta_{cj}\boldsymbol{N}_r(s)<\delta_{cj}\boldsymbol{D}_r(s)],j=1,2,\cdots,m\tag{8.74}$$

证明 定理8.9已经证明了必要性.现在只需证明充分性.按式(8.72)的形式将 $\boldsymbol{D}_r(s)$和 $\boldsymbol{N}_r(s)$写成

$$\boldsymbol{D}_r(s)=\boldsymbol{D}_{hc}\boldsymbol{H}_c(s)+\boldsymbol{D}_{lc}(s)=[\boldsymbol{D}_{hc}+\boldsymbol{D}_{lc}(s)\boldsymbol{H}_c^{-1}(s)]\boldsymbol{H}_c(s)$$

$$\boldsymbol{N}_r(s)=\boldsymbol{N}_{hc}\boldsymbol{H}_c(s)+\boldsymbol{N}_{lc}(s)=[\boldsymbol{N}_{hc}+\boldsymbol{N}_{lc}(s)\boldsymbol{H}_c^{-1}(s)]\boldsymbol{H}_c(s)$$

其中 $\delta_{cj}\boldsymbol{D}_{lc}<\delta_{cj}\boldsymbol{D}_r(s)\overset{\text{def}}{=}\mu_j$,$\boldsymbol{H}_c(s)\overset{\text{def}}{=}\text{diag}(s^{\mu_1}\quad s^{\mu_2}\quad\cdots\quad s^{\mu_m})$和 $\delta_{cj}\boldsymbol{N}_{lc}(s)<\mu_j$.在$\boldsymbol{D}_r(s)$列化简即 $\boldsymbol{D}_{hc}$非奇异条件下

$$\boldsymbol{G}(s)\overset{\text{def}}{=}\boldsymbol{N}_r(s)\boldsymbol{D}_r^{-1}(s)=[\boldsymbol{N}_{hc}+\boldsymbol{N}_{lc}(s)\boldsymbol{H}_c^{-1}(s)][\boldsymbol{D}_{hc}+\boldsymbol{D}_{lc}(s)\boldsymbol{H}_c^{-1}(s)]^{-1}$$

当 $s\to\infty$,$\boldsymbol{H}_c^{-1}(s)$成为零矩阵,所以

$$\lim_{s\to\infty}\boldsymbol{G}(s)=\boldsymbol{N}_{hc}\boldsymbol{D}_{hc}^{-1}$$

既然假设 $\delta_{cj}\boldsymbol{N}_r(s)\leqslant\delta_{cj}\boldsymbol{D}_r(s)[\delta_{cj}\boldsymbol{N}_r(s)<\delta_{cj}\boldsymbol{D}_r(s)]$则 $\boldsymbol{N}_{hc}$是非零矩阵(零矩阵),所以

$\boldsymbol{G}(s)$是真(严格真)有理矩阵.若 $\boldsymbol{D}_r(s)$虽非列化简但非奇异,借助下面定理 8.11 仍可证明命题成立.

例 8.5 考察矩阵

$$\boldsymbol{M}(s) = \begin{bmatrix} s+1 & s^2+2s+1 & 2 \\ 2s-2 & -2s^2+1 & 2 \\ -s & 5s^2-2s & 1 \end{bmatrix}$$

$\delta_{c1}=1,\delta_{c2}=2$ 和 $\delta_{c3}=0$,列次系数矩阵为

$$\boldsymbol{M}_{hc} = \begin{bmatrix} 1 & 1 & 2 \\ 2 & -2 & 2 \\ -1 & 5 & 1 \end{bmatrix}$$

可验证 $\boldsymbol{M}_{hc}$是奇异的,所以 $\boldsymbol{M}(s)$不是列化简的.$\boldsymbol{M}_{hc}$奇异表明其列线性相关,设 α_1、α_2 和 α_3 使得

$$\boldsymbol{M}_{hc}\begin{bmatrix} \alpha_1 \\ \alpha_2 \\ \alpha_3 \end{bmatrix} = \boldsymbol{0}$$

倘若将对应 δ_{cj}最大的那个 α_j 取为 1,通过上式计算其他的相关系数.例如取 $\alpha_2=1$,计算出 $\alpha_1=3,\alpha_3=-2$.再以下面形式的幺模矩阵

$$\boldsymbol{U}_1(s) = \begin{bmatrix} 1 & \alpha_1 s & 0 \\ 0 & 1 & 0 \\ 0 & \alpha_3 s^2 & 1 \end{bmatrix} = \begin{bmatrix} 1 & 3s & 0 \\ 0 & 1 & 0 \\ 0 & -2s^2 & 1 \end{bmatrix}$$

右乘 $\boldsymbol{M}(s)$

$$\boldsymbol{M}(s)\boldsymbol{U}_1(s) = \begin{bmatrix} s+1 & 5s+1 & 2 \\ 2s-2 & -6s+1 & 2 \\ -s & -2s & 1 \end{bmatrix} \overset{\text{def}}{=} \boldsymbol{M}_1(s)$$

得到列化简矩阵 $\boldsymbol{M}_1(s)$,而且 $\deg\det\boldsymbol{M}(s)=\deg\det\boldsymbol{M}_1(s)$.利用这种方法可以得到定理 8.15 表达的普遍性结论.

定理 8.11 每一个非奇异多项式方阵 $\boldsymbol{M}(s)$都可以通过幺模矩阵 $\boldsymbol{U}_r(s)$或 $\boldsymbol{U}_l(s)$将其变换成列化简矩阵 $\boldsymbol{M}(s)\boldsymbol{U}_r(s)$或行化简矩阵 $\boldsymbol{U}_l(s)\boldsymbol{M}(s)$.

证明 8.2 节曾指出应用幺模矩阵可将多项式矩阵化成行或列的 Hermite 型.当$\boldsymbol{M}(s)$为非奇异方阵时,它的行或列 Hermite 型便是列或行化简的.不过,在形式上和例 8.5 中 $\boldsymbol{M}_1(s)$有些区别.文献[F4]中提供了可供资用的算法,有兴趣读者可去阅读.

定理 8.12 设 $\boldsymbol{D}_r(s)$和 $\boldsymbol{N}_r(s)$分别是 $m\times m$ 阶和 $r\times m$ 阶多项式矩阵,且 $\boldsymbol{D}_r(s)$非奇异,则存在唯一的 $r\times m$ 阶多项式矩阵 $\boldsymbol{Q}_r(s)$和 $\boldsymbol{R}(s)$使得

$$\boldsymbol{N}_r(s) = \boldsymbol{Q}_r(s)\boldsymbol{D}_r(s) + \boldsymbol{R}(s) \tag{8.75}$$

且 $\boldsymbol{R}(s)\boldsymbol{D}_r^{-1}(s)$是严格真有理矩阵,或者说在 $\boldsymbol{D}_r(s)$为列化简条件下

$$\delta_{cj}\boldsymbol{D}_r(s) > \delta_{cj}\boldsymbol{R}(s), \quad j=1,2,\cdots,m \tag{8.76}$$

证明 令 $\boldsymbol{G}(s)=\boldsymbol{N}_r(s)\boldsymbol{D}_r^{-1}(s)$,由于 $\boldsymbol{G}(s)$未必是真有理矩阵,故将 $\boldsymbol{G}(s)$的每个元 $g_{ij}(s)$分解成 $g_{ij}(s)=g_{ij,sp}(s)+q_{ij}(s)$,$g_{ij,sp}(s)$为严格真有理函数,$q_{ij}(s)$为多项式.于是

$\boldsymbol{G}(s)$被分解成严格真有理矩阵 $\boldsymbol{G}_{sp}(s)=[g_{ij,sp}(s)]$和多项式矩阵 $\boldsymbol{Q}(s)=[q_{ij}(s)]$之和，即

$$\boldsymbol{G}(s) = \boldsymbol{G}_{sp}(s) + \boldsymbol{Q}(s)$$

或

$$\begin{aligned}\boldsymbol{N}_r(s) &= \boldsymbol{G}_{sp}(s)\boldsymbol{D}_r(s) + \boldsymbol{Q}(s)\boldsymbol{D}_r(s) \\ &\stackrel{\text{def}}{=} \boldsymbol{R}(s) + \boldsymbol{Q}_r(s)\boldsymbol{D}_r(s)\end{aligned}$$

$$\boldsymbol{Q}(s) \stackrel{\text{def}}{=} \boldsymbol{Q}_r(s)$$

因为 $\boldsymbol{R}(s)=\boldsymbol{N}_r(s)-\boldsymbol{Q}_r(s)\boldsymbol{D}_r(s)$是两个多项式矩阵差，本身一定是多项式矩阵，而且 $\boldsymbol{R}(s)\boldsymbol{D}_r^{-1}(s)=\boldsymbol{G}_{sp}(s)$为严格真有理矩阵. 定理中后一个结论在 $\boldsymbol{D}_r(s)$为列化简多项式矩阵条件下显然成立. 因为定理 8.10 已经指明

$$\delta_{cj}\boldsymbol{D}_r(s) > \delta_{cj}\boldsymbol{R}(s), \quad j = 1,2,\cdots,m$$

现在证明唯一性. 设还有多项式矩阵 $\bar{\boldsymbol{Q}}_r(s)$和 $\bar{\boldsymbol{R}}(s)$也使得

$$\boldsymbol{N}_r(s) = \bar{\boldsymbol{Q}}_r(s)\boldsymbol{D}_r(s) + \bar{\boldsymbol{R}}(s)$$

和 $\bar{\boldsymbol{R}}(s)\boldsymbol{D}_r^{-1}(s)$为严格真有理矩阵. 那么

$$[\boldsymbol{R}(s) - \bar{\boldsymbol{R}}(s)]\boldsymbol{D}_r^{-1}(s) = \bar{\boldsymbol{Q}}_r(s) - \boldsymbol{Q}_r(s)$$

上式左边为严格真有理矩阵，右边为多项式矩阵，只有在 $\boldsymbol{R}(s)=\bar{\boldsymbol{R}}(s)$和 $\bar{\boldsymbol{Q}}_r(s)=\boldsymbol{Q}_r(s)$同时成立条件下，等式才能成立. 定理得证.

定理 8.12 的对偶定理　如果 $\boldsymbol{D}_l(s)$和 $\boldsymbol{N}_l(s)$是两个 $r\times r$ 和 $r\times m$ 阶多项式矩阵，且 $\boldsymbol{D}_l(s)$非奇异，则存在唯一的 $r\times m$ 阶多项式矩阵 $\boldsymbol{Q}(s)$和 $\boldsymbol{L}(s)$使得

$$\boldsymbol{N}_l(s) = \boldsymbol{D}_l(s)\boldsymbol{Q}_l(s) + \boldsymbol{L}(s) \tag{8.77}$$

且 $\boldsymbol{D}_l^{-1}(s)\boldsymbol{l}(s)$是严格真有理矩阵，当 $\boldsymbol{D}_l(s)$是行化简的，有

$$\delta_{ri}\boldsymbol{D}_l(s) > \delta_{ri}\boldsymbol{L}(s), \quad i = 1,2,\cdots,r \tag{8.78}$$

顺便指出：式(8.75)中 $\boldsymbol{Q}_r(s)$和 $\boldsymbol{R}(s)$可视为用 $\boldsymbol{D}_r(s)$右除 $\boldsymbol{N}_r(s)$所得到的右商和右余式. 相应地，式(8.77)中 $\boldsymbol{Q}_l(s)$和 $\boldsymbol{L}(s)$可视为用 $\boldsymbol{D}_l(s)$左除 $\boldsymbol{N}_l(s)$所得到的左商和左余式. 定理 8.12 及其对偶定理可称为多项式矩阵的除法定理.

现在讨论多项式矩阵除法定理用于 $\boldsymbol{D}(s)=(s\boldsymbol{I}-\boldsymbol{A})$和 $\boldsymbol{N}(s)$为任意阶多项式矩阵的情况，这里 $\boldsymbol{A}$ 是m 阶常数阵. $\boldsymbol{D}(s)$不仅非奇异且是行化简和列化简的，$\delta_{cj}\boldsymbol{D}(s)=\delta_{ri}\boldsymbol{D}(s)=1,j,i=1,2\cdots,m$. $\boldsymbol{D}(s)$和 $\boldsymbol{N}(s)$既可表达右矩阵分式 $\boldsymbol{N}_r(s)\boldsymbol{D}_r^{-1}(s)$也可表达左矩阵分式 $\boldsymbol{D}_l^{-1}(s)\boldsymbol{N}_l(s)$. 应用定理 8.12 并假设

$$\boldsymbol{N}(s) = \boldsymbol{N}_n s^n + \boldsymbol{N}_{n-1}s^{n-1} + \cdots + \boldsymbol{N}_1 s + \boldsymbol{N}_0 \tag{8.79}$$

可导出右余式 $R(s)$为常数阵，且 $R(s)$和 $Q_r(s)$为

$$\boldsymbol{R}(s) = \boldsymbol{N}(s \stackrel{\text{def}}{=} \boldsymbol{A}) = \boldsymbol{N}_n\boldsymbol{A}^n + \boldsymbol{N}_{n-1}\boldsymbol{A}^{n-1} + \cdots + \boldsymbol{N}_1\boldsymbol{A} + \boldsymbol{N}_0\boldsymbol{I} \tag{8.80a}$$

$$\begin{aligned}\boldsymbol{Q}_r(s) = {}& \boldsymbol{N}_n s^{n-1} + (\boldsymbol{N}_n\boldsymbol{A} + \boldsymbol{N}_{n-1})s^{n-2} + (\boldsymbol{N}_n\boldsymbol{A}^2 + \boldsymbol{N}_{n-1}\boldsymbol{A} + \boldsymbol{N}_{n-2})s^{n-3} \\ &+ \cdots + (\boldsymbol{N}_n\boldsymbol{A}^{n-1} + \boldsymbol{N}_{n-1}\boldsymbol{A}^{n-2} + \cdots + \boldsymbol{N}_1)\end{aligned} \tag{8.80b}$$

因为 $\delta_{cj}\boldsymbol{D}(s)=1$，$\boldsymbol{R}(s)$必是常数阵记以 $\boldsymbol{R}$，再令 $\boldsymbol{Q}_r(s)\stackrel{\text{def}}{=}\boldsymbol{Q}_{n-1}s^{n-1}+\boldsymbol{Q}_{n-2}s^{n-2}+\boldsymbol{Q}_{n-3}s^{n-3}+\cdots+\boldsymbol{Q}_1 s+\boldsymbol{Q}_0$，代入式(8.75)，有

$$\begin{aligned}\boldsymbol{N}_n s^n &= \boldsymbol{Q}_{n-1}s^n \\ \boldsymbol{N}_{n-1}s^{n-1} &= (\boldsymbol{Q}_{n-2} - \boldsymbol{Q}_{n-1}\boldsymbol{A})s^{n-1}\end{aligned}$$

$$N_{n-2}s^{n-2} = (Q_{n-3} - Q_{n-2}A)s^{n-2}$$
$$\cdots\cdots$$
$$N_1 s = (Q_0 - Q_1 A)s$$
$$N_0 = R - Q_0 A$$

从而解出

$$Q_{n-1} = N_n, \quad Q_{n-2} = Q_{n-1}A + N_{n-1} = N_n A + N_{n-1}$$

和

$$\begin{aligned} Q_{n-k-1} &= Q_{n-k}A + N_{n-k} \\ &= N_n A^k + N_{n-1}A^{k-1} + \cdots + N_{n-k+1}A + N_{n-k}, \quad k = 0,1,\cdots,n-1 \end{aligned}$$

以及

$$\begin{aligned} R = Q_0 A + N_0 &= N_n A^n + N_{n-1}A^{n-1} + \cdots + N_1 A + N_0 I \\ &\stackrel{\text{def}}{=} N_r(A) \end{aligned}$$

类似地,应用定理 8.12 的对偶定理可导出

$$\begin{aligned} L(s) = L &= A^n N_n + A^{n-1}N_{n-1} + \cdots + AN_1 + IN_0 \\ &\stackrel{\text{def}}{=} N_l(A) \end{aligned}$$

和

$$\begin{aligned} Q_l(s) = N_n s^{n-1} &+ (AN_n + N_{n-1})s^{n-2} + \cdots \\ &+ (A^{n-1}N_n + A^{n-2}N_{n-1} + \cdots + N_1) \end{aligned}$$

本节一开始就指出任何一个 $r\times m$ 阶有理矩阵 $G(s)$ 总可以用右矩阵分式或左矩阵分式描述,而且对同一个 $G(s)$ 有多种矩阵分式描述.但这些矩阵分式的分子矩阵和分母矩阵并不一定互质.对于人们特别关心的真有理矩阵情况也是这样.现在着手研究真有理矩阵的互质矩阵分式描述.假设一个 $r\times m$ 阶真有理矩阵 $G(s) = N_r(s)D_r^{-1}(s) = D_l^{-1}(s)N_l(s)$,而且 $N_r(s)$ 和 $D_r(s)$ 是右互质的,$N_l(s)$ 和 $D_L(s)$ 是左互质的,则称 $N_r(s)D_r^{-1}(s)$ 和 $D_l^{-1}(s)N_l(s)$ 分别是 $G(s)$ 的**右互质矩阵分式**和**左互质矩阵分式**.它们也被统称为**既约矩阵分式**,因为它们均是 $G(s)$ 的既约实现(参看节 9.2).

定理 8.13 设 $r\times m$ 阶真有理矩阵具有右互质矩阵分式 $G(s) = N_r(s)D_r^{-1}(s)$,则存在非奇异 m 阶多项式方阵 $T(s)$ 将其变换成另外一个右矩阵分式 $G(s) = \bar{N}_r(s)\bar{D}_r^{-1}(s)$,其中 $\bar{N}_r(s) = N_r(s)T(s)$,$\bar{D}_r(s) = D_r(s)T(s)$,若 $\bar{N}_r(s)\bar{D}_r^{-1}(s)$ 也是右互质矩阵分式,则 $T(s)$ 为 m 阶么模矩阵.

证明 $G(s) = N_r(s)D_r^{-1}(s) = \bar{N}_r(s)\bar{D}_r^{-1}(s)$ 和 $D_r(s)D_r^{-1}(s) = \bar{D}_r(s)\bar{D}_r^{-1}(s) = I_m$ 意味着

$$\left.\begin{aligned} N_r(s)\text{adj}D_r(s)\det\bar{D}_r(s) &= \bar{N}_r(s)\text{adj}\bar{D}_r(s)\det D_r(s) \\ D_r(s)\text{adj}D_r(s)\det\bar{D}_r(s) &= \bar{D}_r(s)\text{adj}\bar{D}_r(s)\det D_r(s) \end{aligned}\right\} \tag{8.81}$$

设 $R(s)$ 是 $N_r(s)$ 和 $D_r(s)$ 的最大右公因式,$\bar{R}(s)$ 是 $\bar{N}_r(s)$ 和 $\bar{D}_r(s)$ 的最大右公因式,则 $R(s)\text{adj}D_r(s)\det\bar{D}_r(s)$ 是式(8.81)等号左边两个多项式矩阵的最大右公因式,$\bar{R}(s)\text{adj}\bar{D}_r(s)\det D_r(s)$ 是式(8.81)等号右边两个多项式矩阵的最大右公因式.这就是说

它们分别是式(8.81)等号右边(或左边)两个多项式矩阵的两个不同的最大右公因式.此外，$\boldsymbol{D}_r(s)\mathrm{adj}\boldsymbol{D}_r(s)\det\bar{\boldsymbol{D}}_r(s)$(或 $\bar{\boldsymbol{D}}_r(s)\mathrm{adj}\bar{\boldsymbol{D}}_j(s)\det\boldsymbol{D}_r(s)$)是非奇异多项式方阵，因为

$$\begin{aligned}&\det[\boldsymbol{D}_r(s)\mathrm{adj}\boldsymbol{D}_r(s)\det\bar{\boldsymbol{D}}_r(s)]\\&\quad=[\det\bar{\boldsymbol{D}}_r(s)]^m\det[\boldsymbol{D}_r(s)\mathrm{adj}\boldsymbol{D}_r(s)]\\&\quad=[\det\bar{\boldsymbol{D}}_r(s)\det\boldsymbol{D}_r(s)]^m\\&\quad\neq 0\end{aligned}$$

因此，由8.2节中推论8.3可知存在么模矩阵 $\boldsymbol{W}(s)$使得

$$\boldsymbol{R}(s)\mathrm{adj}\boldsymbol{D}_r(s)\det\bar{\boldsymbol{D}}_r(s)=\boldsymbol{W}(s)\bar{\boldsymbol{R}}(s)\mathrm{adj}\bar{\boldsymbol{D}}_r(s)\det\boldsymbol{D}_r(s)$$

即

$$\boldsymbol{R}(s)\boldsymbol{D}_r^{-1}(s)=\boldsymbol{W}(s)\bar{\boldsymbol{R}}(s)\bar{\boldsymbol{D}}_r^{-1}(s)$$

$\boldsymbol{N}_r(s)$和 $\boldsymbol{D}_r(s)$的互质性保证了 $\boldsymbol{R}(s)$为么模矩阵，所以

$$\boldsymbol{D}_r^{-1}(s)=\boldsymbol{R}^{-1}(s)\boldsymbol{W}(s)\bar{\boldsymbol{R}}(s)\bar{\boldsymbol{D}}_r^{-1}(s)\tag{8.82}$$

或

$$\bar{\boldsymbol{D}}_r(s)=\boldsymbol{D}_r(s)\boldsymbol{R}^{-1}(s)\boldsymbol{W}(s)\bar{\boldsymbol{R}}(s)\overset{\mathrm{def}}{=}\boldsymbol{D}_r(s)\boldsymbol{T}(s)\tag{8.83}$$

$\boldsymbol{R}(s)$，$\boldsymbol{W}(s)$和 $\bar{\boldsymbol{R}}(s)$的非奇异性保证了 $\boldsymbol{T}(s)\overset{\mathrm{def}}{=}\boldsymbol{R}^{-1}(s)\boldsymbol{W}(s)\bar{\boldsymbol{R}}(s)$非奇异.将 $\boldsymbol{D}_r^{-1}(s)=\boldsymbol{T}(s)\bar{\boldsymbol{D}}_r^{-1}(s)$代入 $\bar{\boldsymbol{N}}_r(s)\bar{\boldsymbol{D}}_r^{-1}(s)=\boldsymbol{N}_r(s)\boldsymbol{D}_r^{-1}(s)$，给出 $\bar{\boldsymbol{N}}_r(s)=\boldsymbol{N}_r(s)\boldsymbol{T}(s)$.倘若 $\bar{\boldsymbol{N}}_r(s)$和 $\bar{\boldsymbol{D}}_r(s)$也是右互质，则 $\bar{\boldsymbol{R}}(s)$为么模矩阵，$\boldsymbol{T}(s)$也变成么模矩阵.定理证毕.

定理8.13对于左互质矩阵公式 $\boldsymbol{G}(s)=\boldsymbol{D}_l^{-1}(s)\boldsymbol{N}_l(s)$原则上也是适用的，不过应将变换矩阵 $\boldsymbol{T}(s)$改为左乘.读者可自行找出 $\boldsymbol{T}(s)$的表达式.由此可见真有理矩阵的既约矩阵分式彼此间是通过么模矩阵联系起来的.所谓既约矩阵分式的唯一性指的就是所有既约矩阵分式都可由某一个既约矩阵分式导出.

如果真有理矩阵 $\boldsymbol{G}(s)=\boldsymbol{N}_r(s)\boldsymbol{D}_r^{-1}(s)$并不是既约的，固然可以应用8.2节中式(8.42)将 $\boldsymbol{N}_r(s)$和 $\boldsymbol{D}_r(s)$的最大右公因式 $\boldsymbol{R}(s)$找出来，计算其逆 $\boldsymbol{R}^{-1}(s)$和 $\bar{\boldsymbol{D}}_r(s)=\boldsymbol{D}_r(s)\boldsymbol{R}^{-1}(s)$，$\bar{\boldsymbol{N}}_r(s)=\boldsymbol{N}_r(s)\boldsymbol{R}^{-1}(s)$，最后得到既约矩阵分式 $\boldsymbol{G}(s)=\bar{\boldsymbol{N}}_r(s)\bar{\boldsymbol{D}}_r^{-1}(s)$.但是因要计算多项式矩阵的逆使求解变得相当复杂.如果在产生式(8.42)的过程中同时计算出么模矩阵 $\boldsymbol{U}(s)$的逆 $\boldsymbol{V}(s)$，并对 $\boldsymbol{V}(s)$分块得到式(8.45)，即

$$\begin{bmatrix}\boldsymbol{D}_r(s)\\\boldsymbol{N}_r(s)\end{bmatrix}=\begin{bmatrix}\boldsymbol{V}_{11}(s)&\boldsymbol{V}_{12}(s)\\\boldsymbol{V}_{21}(s)&\boldsymbol{V}_{22}(s)\end{bmatrix}\begin{bmatrix}\boldsymbol{R}(s)\\\boldsymbol{0}\end{bmatrix}=\begin{bmatrix}\boldsymbol{V}_{11}(s)\\\boldsymbol{V}_{21}(s)\end{bmatrix}\boldsymbol{R}(s)$$

因为 $\boldsymbol{R}(s)$可逆，$\boldsymbol{V}_{11}(s)=\boldsymbol{D}_r(s)\boldsymbol{R}^{-1}(s)$和 $\boldsymbol{V}_{21}(s)=\boldsymbol{N}_r(s)\boldsymbol{R}^{-1}(s)$就是欲求的 $\bar{\boldsymbol{D}}_r(s)$和 $\bar{\boldsymbol{N}}_r(s)$.这里以计算 $\boldsymbol{U}^{-1}(s)$代替了 $\boldsymbol{R}^{-1}(s)$的计算.下面主要介绍通过非互质的右矩阵分式寻求左互质矩阵分式的方法.

设 $r\times m$ 阶真有理矩阵 $\boldsymbol{G}(s)=\boldsymbol{N}_r(s)\boldsymbol{D}_r^{-1}(s)=\boldsymbol{D}_l^{-1}(s)\boldsymbol{N}_l(s)$，其中多项式矩阵 $\boldsymbol{N}_r(s)$、$\boldsymbol{D}_r(s)$、$\boldsymbol{D}_l(s)$和 $\boldsymbol{N}_l(s)$都分别有合适的阶次.$\boldsymbol{N}_r(s)\boldsymbol{D}_r^{-1}(s)=\boldsymbol{D}_l^{-1}(s)\boldsymbol{N}_l(s)$可以改写成

$$[-\boldsymbol{N}_l(s) \quad \boldsymbol{D}_l(s)]\begin{bmatrix}\boldsymbol{D}_r(s)\\ \boldsymbol{N}_r(s)\end{bmatrix}=\boldsymbol{0} \tag{8.84}$$

若将实系数多项式视为实有理函数域 $\mathbf{R}(s)$ 中的元素，式(8.84)就是实有理函数域中的齐次线性代数方程. 所有元素取自实有理函数域 $\mathbf{R}(s)$ 中，且满足式(8.84)的 $1\times(m+r)$ 的向量(包括多项式向量)均处于 r 维的核空间 $\mathrm{Ker}[D_r^{\mathrm{T}}(s) \quad N_r^{\mathrm{T}}(s)]^{\mathrm{T}}$ 之中. 为了方便将核空间记以($\mathbf{V}$,$\mathbf{R}(s)$)，它是 $m+r$ 维有理函数空间($\mathbf{R}^{m+r}(s)$,$\mathbf{R}(s)$)的子空间. 核空间($\mathbf{V}_r$,$\mathbf{R}(s)$)中多项式向量的全体记以 $\mathbf{V}_r$，或($\mathbf{V}_r$,$\mathbf{R}(s)$). 若仅以多项式为系数就可将($\mathbf{V}_r$,$\mathbf{R}(s)$)中每个多项式向量，表达成($\mathbf{V}_r$,$\mathbf{R}[s]$)中 r 个线性无关多项式向量的唯一线性组合. 这样的 r 个线性无关多项式称做($\mathbf{V}_r$,$\mathbf{R}(s)$)的多项式基. 每一个($\mathbf{V}_r$,$\mathbf{R}(s)$)的基也是($\mathbf{V}_r$,$\mathbf{R}[s]$)的多项式基，但反之不然. 因此，当且仅当$[-\boldsymbol{N}_l(s) \quad \boldsymbol{D}_l(s)]$中 r 行为($\mathbf{V}_r$,$\mathbf{R}(s)$)的基时，$\boldsymbol{N}_l(s)$和 $\boldsymbol{D}_l(s)$左互质. 在($\mathbf{V}_r$,$\mathbf{R}(s)$)的所有基中，有的具有基向量的行次为可能值中最小值的特点. 这种类型的基被称为**最小多项式基**. 以后将证明当且仅当 $\boldsymbol{N}_l(s)$和 $\boldsymbol{D}_l(s)$左互质，$\boldsymbol{D}_l(s)$是行化简多项式矩阵时，$[-\boldsymbol{N}_l(s) \quad \boldsymbol{D}_l(s)]$的 r 行为最小多项式基.

在节 8.1 中曾介绍过如何构造有理函数 $g(s)$的分子 $n(s)$和分母 $d(s)$的 Sylvester 矩阵，并应用行搜索算法将可化简的有理函数化简成既约的有理函数. 现在将这个方法推广到有理矩阵 $\boldsymbol{G}(s)$上. 设

$$\left.\begin{aligned}
\boldsymbol{D}_r(s) &= \boldsymbol{D}_{0r}+\boldsymbol{D}_{1r}s+\cdots+\boldsymbol{D}_{dr}s^d\\
\boldsymbol{N}_r(s) &= \boldsymbol{N}_{0r}+\boldsymbol{N}_{1r}s+\cdots+\boldsymbol{N}_{dr}s^d\\
\boldsymbol{D}_l(s) &= \boldsymbol{D}_{0l}+\boldsymbol{D}_{1l}s+\cdots+\boldsymbol{D}_{pl}s^p\\
\boldsymbol{N}_l(s) &= \boldsymbol{N}_{0l}+\boldsymbol{N}_{1l}s+\cdots+\boldsymbol{N}_{pl}s
\end{aligned}\right\} \tag{8.85}$$

其中 $\boldsymbol{D}_{il}$,$\boldsymbol{N}_{ir}$和$\boldsymbol{D}_{jr}$,$\boldsymbol{N}_{jl}$,$i=0,1,2,\cdots,d$,$j=0,1,2,\cdots,p$，皆为合适阶次的常数矩阵. 将式(8.85)代入式(8.84)并令 s^i,$i=0,1,2,\cdots,p+d$ 的系数矩阵为零矩阵，于是得到与式(8.84)等价的矩阵方程式(8.86)，其中 $\boldsymbol{N}_{ir}$和$\boldsymbol{D}_{ir}$,$i=0,1,\cdots,d$ 组成的矩阵叫做$\boldsymbol{D}_r(s)$和 $\boldsymbol{N}_r(s)$的广义 Sylvester 矩阵(或广义的合成矩阵)：

$$[-\boldsymbol{N}_{0l} \quad \boldsymbol{D}_{0l} \;\vdots\; -\boldsymbol{N}_{1l} \quad \boldsymbol{D}_{1l} \;\vdots\; \cdots \;\vdots\; -\boldsymbol{N}_{pl} \quad \boldsymbol{D}_{pl}]\begin{bmatrix}
\boldsymbol{D}_{0r} & \boldsymbol{D}_{1r} & \cdots & \boldsymbol{D}_{dr} & \boldsymbol{0} & \boldsymbol{0} & \cdots & \boldsymbol{0}\\
\boldsymbol{N}_{0r} & \boldsymbol{N}_{1r} & \cdots & \boldsymbol{N}_{dr} & \boldsymbol{0} & \boldsymbol{0} & \cdots & \boldsymbol{0}\\ \hdashline
\boldsymbol{0} & \boldsymbol{D}_{0r} & \cdots & \boldsymbol{D}_{d-1,r} & \boldsymbol{D}_{dr} & \boldsymbol{0} & \cdots & \boldsymbol{0}\\
\boldsymbol{0} & \boldsymbol{D}_{0r} & \cdots & \boldsymbol{D}_{d-1,r} & \boldsymbol{N}_{dr} & \boldsymbol{0} & \cdots & \boldsymbol{0}\\ \hdashline
\vdots & \vdots & & \vdots & \vdots & \vdots & & \vdots\\ \hdashline
\boldsymbol{0} & \boldsymbol{0} & \cdots & \boldsymbol{D}_{d-p,r} & \cdot & \cdot & \cdots & \boldsymbol{D}_{dr}\\
\boldsymbol{0} & \boldsymbol{0} & \cdots & \boldsymbol{N}_{d-p,r} & \cdot & \cdot & \cdots & \boldsymbol{N}_{dr}
\end{bmatrix}=\boldsymbol{0} \tag{8.86}$$

如果 $\boldsymbol{D}_r(s)$和 $\boldsymbol{N}_r(s)$是已知的，式(8.86)就可用来求解 $\boldsymbol{D}_{jl}$和$\boldsymbol{N}_{jl}$,$j=0,1,\cdots,p$，也就是 $\boldsymbol{D}_l(s)$和 $\boldsymbol{N}_l(s)$. 反过来已知 $\boldsymbol{D}_l(s)$和 $\boldsymbol{N}_l(s)$，可建立类似式(8.86)的方程用来求解 $\boldsymbol{D}_r(s)$和 $\boldsymbol{N}_r(s)$. 在式(8.86)中，未知的$[-\boldsymbol{N}_{0l} \quad \boldsymbol{D}_{0l} \;\vdots\; \cdots \;\vdots\; -\boldsymbol{N}_{pl} \quad \boldsymbol{D}_{pl}]$有 r 行. 粗略地讲，为了获得 r 个非平凡的解，式(8.86)中广义 Sylvester 矩阵必须有 r 个线性相关的行，为了使$\boldsymbol{D}_l(s)$和 $\boldsymbol{N}_l(s)$的次数 p 尽可能低，应该用广义 Sylvester 矩阵的最前面 r 个相异的线性相关的行. 类似在节 8.1 中曾做过的那样，规定矩阵 $\boldsymbol{S}_k$ 如式(8.87)：

$$
S_k=\left[\underbrace{\begin{matrix}
\boldsymbol{D}_{0r} & \boldsymbol{D}_{1r} & \cdots\\
\boldsymbol{N}_{0r} & \boldsymbol{N}_{1r} & \cdots\\
\boldsymbol{0} & \boldsymbol{D}_{0r} & \cdots\\
\boldsymbol{0} & \boldsymbol{N}_{0r} & \cdots\\
\vdots & \vdots & \\
\boldsymbol{0} & \boldsymbol{0} & \cdots\\
\boldsymbol{0} & \boldsymbol{0} & \cdots
\end{matrix}}_{km\text{列}}
\underbrace{\begin{matrix}
\boldsymbol{D}_{kr} & \cdots & \boldsymbol{D}_{dr}\\
\boldsymbol{N}_{kr} & \cdots & \boldsymbol{N}_{dr}\\
\boldsymbol{D}_{k-1,r} & \cdots & \boldsymbol{D}_{d-1,r}\\
\boldsymbol{N}_{k-1,r} & \cdots & \boldsymbol{N}_{d-1,r}\\
\vdots & & \vdots\\
\boldsymbol{D}_{0r} & \cdots & \boldsymbol{D}_{d-k,r}\\
\boldsymbol{N}_{0r} & \cdots & \boldsymbol{N}_{d-k,r}
\end{matrix}
\overbrace{\begin{matrix}
\boldsymbol{0} & \boldsymbol{0} & \cdots & \boldsymbol{0}\\
\boldsymbol{0} & \boldsymbol{0} & \cdots & \boldsymbol{0}\\
\boldsymbol{D}_{dr} & \boldsymbol{0} & \cdots & \boldsymbol{0}\\
\boldsymbol{N}_{dr} & \boldsymbol{0} & \cdots & \boldsymbol{0}\\
\vdots & \vdots & \vdots & \vdots\\
 & \cdots & & \boldsymbol{D}_{dr}\\
 & \cdots & & \boldsymbol{N}_{dr}
\end{matrix}}^{km\text{列}}}_{(d+1)m\text{列}}\right]
\begin{matrix}
\}\text{第 1 行块}\\
\}l_0\text{ 行线性相关行}\\
\}\text{第 2 行块}\\
\}l_1\text{ 行线性相关行}\\
\\
\}\text{第}(k+1)\text{行块}\\
\}l_k\text{ 行线性相关行}
\end{matrix}
\tag{8.87}
$$

类似式(8.28),这里 $\boldsymbol{S}_k$ 也分$(k+1)$行块,第$(i+1)$行块是第 i 行块向右循环移位m 列.$\boldsymbol{S}_k$ 是$(k+1)(r+m)\times(d+k+1)m$ 阶矩阵.若$(k+1)r=dm$,$\boldsymbol{S}_k$ 为方阵,$(k+1)r>dm$,$\boldsymbol{S}_k$ 为高矩阵,$(k+1)r<dm$,为扁矩阵.所有以 $\boldsymbol{D}_{ir}$组成的矩阵块称为D-行块,所有以 $\boldsymbol{N}_{ir}$ 组成的矩阵块称为N-行块.同样地可以证明 $\boldsymbol{G}(s)$的真有理性保证了 $\boldsymbol{S}_k$ 中线性相关行仅在N-行块中,而且总的线性相关行数将随 k 的增加而单调增加.另外在第 i 行块中首次出现的与前面的行线性相关的行在随后的行块中仍然和它前面的行线性相关.假设式(8.87)中第 i 行块中有 l_{i-1},$i=1,2,\cdots,k+1$ 行为线性相关行,则有

$$0\leqslant l_0\leqslant l_1\leqslant\cdots\leqslant r \tag{8.88}$$

若在第 $v+1$ 行块,有 $l_v=r$,与式(8.88)等价的是

$$\left.\begin{array}{l}0\leqslant l_0\leqslant l_1\leqslant\cdots\leqslant l_{v-1}<r\\ l_v=l_{v+1}=\cdots=r\end{array}\right\} \tag{8.89}$$

即 N-行块中线性无关总行数也是先随k 的增加而单调增加的,而一旦第 $v+1$ 行块中所有N-行全部与它前面的行线性相关,则不论以后又增加了多少新的 N-行块,所有 N-行块中线性无关总行数n 不再增加,且具有关系式(8.90):

$$n=(r-l_0)+(r-l_1)+\cdots+(r-l_{v-1}),\quad k\geqslant v-1 \tag{8.90}$$

现在将每个行块中首次出现的线性相关行称为原始相关行,在第 1 行块中原始相关行数为 l_0,在第 2 行块中则为 l_1-l_0,$\cdots$.显然,原始相关行只会在前 $v+1$ 行块中出现,总数为

$$l_0+(l_1-l_0)+(l_2-l_1)+\cdots+(l_v-l_{v-1})=l_v=r \tag{8.91}$$

换言之,$\boldsymbol{S}_v$ 是所有$\boldsymbol{S}_k$,$k=0,1,2,\cdots$中具有 r 个原始相关行的最低阶矩阵.将式(8.86)中 p 以v 代替,式(8.86)可改写成

$$[-\boldsymbol{N}_{0l}\quad \boldsymbol{D}_{0l}\ \vdots -\boldsymbol{N}_{1l}\quad \boldsymbol{D}_{1l}\ \vdots\ \cdots\ \vdots -\boldsymbol{N}_{vl}\quad \boldsymbol{D}_{vl}]\boldsymbol{S}_v=\boldsymbol{0} \tag{8.92}$$

式(8.92)中 $\boldsymbol{N}_{il}$和 $\boldsymbol{D}_{il}$,$i=0,1,\cdots,v$,可像在节 8.2 中曾做过的那样应用行搜索法求解,也就是首先用行搜索法找出 $\boldsymbol{S}_v$ 中 r 个原始相关行,然后解出所需要的 $\boldsymbol{N}_{il}$和 $\boldsymbol{D}_{il}$,$i=0,1,\cdots,v$.

定理 8.14 设 $r\times m$ 阶真有理矩阵$\boldsymbol{G}(s)=\boldsymbol{N}_r(s)\boldsymbol{D}_r^{-1}(s)$,按式(8.87)构造 $\boldsymbol{N}_r(s)$和$\boldsymbol{D}_r(s)$的广义 Sylvester 矩阵 $\boldsymbol{S}_k$ 并用行搜索法找出$\boldsymbol{S}_v$ 的r 行原始相关行.令

$$[-\boldsymbol{N}_{0l}\quad \boldsymbol{D}_{0l}\quad \cdots\quad -\boldsymbol{N}_{vl}\quad \boldsymbol{D}_{vl}]$$

是 $\boldsymbol{K}\boldsymbol{S}_v=\bar{\boldsymbol{S}}_v$ 中$\boldsymbol{K}$ 的r 行,它们对应着 $\boldsymbol{S}_v$ 中r 行原始相关行.于是

$$\boldsymbol{D}_l(s) = \sum_{i=0}^{v} \boldsymbol{D}_{il} s^i \quad 和 \quad \boldsymbol{N}_l(s) = \sum_{i=0}^{v} \boldsymbol{N}_{il} s^i \tag{8.93}$$

左互质，而且 $\boldsymbol{D}_l(s)$是一种梯形规范型多项式矩阵，也称做 Popov 型多项式矩阵. 为避免引入过多的符号，这里给以解释性证明. 设 $r = m = v = 3$，$\boldsymbol{D}_r(s)$是非奇异的. 应用么模矩阵 $\boldsymbol{K}$ 将 $\boldsymbol{S}_{v=3}$变换成 $\bar{\boldsymbol{S}}_3$ 形如式(8.94)：

$$\bar{\boldsymbol{S}}_3 = \boldsymbol{K}\boldsymbol{S}_3 = \begin{array}{r|c|l}
\cline{2-2}
\begin{array}{r} \\ \\ \\ \\ \end{array} & \begin{array}{c} \boldsymbol{D} \\ * \\ * \\ * \end{array} & \left.\begin{array}{c} \\ \\ \\ \\ \end{array}\right\} l_0 = 0 \\
\cdashline{2-2}
\begin{array}{r} \\ \\ \\ \\ \end{array} & \begin{array}{c} \boldsymbol{D} \\ * \\ * \\ \boldsymbol{0} \end{array} & \left.\begin{array}{c} \\ \\ \\ \\ \end{array}\right\} \begin{array}{l} \\ l_1 = 1 \\ \leftarrow \end{array} \\
\cdashline{2-2}
\begin{array}{r} \\ \\ \\ \\ \end{array} & \begin{array}{c} \boldsymbol{D} \\ * \\ * \\ \boldsymbol{0} \end{array} & \left.\begin{array}{c} \\ \\ \\ \\ \end{array}\right\} l_2 = 1 \\
\cdashline{2-2}
\begin{array}{r} \\ \rightarrow \\ \rightarrow \\ \\ \end{array} & \begin{array}{c} \boldsymbol{D} \\ \boldsymbol{0} \\ \boldsymbol{0} \\ \boldsymbol{0} \end{array} & \left.\begin{array}{c} \\ \\ \\ \\ \end{array}\right\} l_v = l_3 = 3 \\
\cline{2-2}
\end{array} \tag{8.94}$$

其中 D-行因为始终保持线性无关特性，所以不必细致详注，N-行中以 $*$ 表示非零行，$\boldsymbol{0}$ 表示零行，箭头指明原始相关行所在位置. 为了研究 $\boldsymbol{D}_l(s)$结构上的特征，将式(8.95)写在下面：

$$\left[\begin{array}{cccc:cccc:cccc:cccc}
 & a_{11}^0 & a_{12}^0 & a_{13}^0 & & a_{11}^1 & a_{12}^1 & a_{13}^1 & & a_{11}^2 & a_{12}^2 & a_{13}^2 & & a_{11}^3 & a_{12}^3 & a_{13}^3 \\
-\boldsymbol{N}_{0l} & a_{21}^0 & a_{22}^0 & a_{23}^0 & -\boldsymbol{N}_{1l} & a_{21}^1 & a_{22}^1 & a_{23}^1 & -\boldsymbol{N}_{2l} & a_{21}^2 & a_{22}^2 & a_{23}^2 & -\boldsymbol{N}_{3l} & a_{21}^3 & a_{22}^3 & a_{23}^3 \\
 & a_{31}^0 & a_{32}^0 & a_{33}^0 & & a_{31}^1 & a_{32}^1 & a_{33}^1 & & a_{31}^2 & a_{32}^2 & a_{33}^2 & & a_{31}^3 & a_{32}^3 & a_{33}^3
\end{array}\right] \boldsymbol{S}_3 = \boldsymbol{0} \tag{8.95}$$

这里不是直接按式(8.95)求解，而是通过 8.1 节中介绍的 $\boldsymbol{F}$ 矩阵(见式(8.22))采用递归法求解所需的每行待求系数. 由于第一个原始相并行出现在式(8.94)的第 12 行上，式(8.95)是左边第一行第 12 列位置(1,12)上元素 $a_{13}^1 = 1$，其同行右边位置上元素均为 0(参看式(8.23)待求的未知行). 第二个原始相关行出现在式(8.94)的第 22 行上，式(8.95)中元素 $a_{21}^3 = 1$，其右边元素均为 0；同理式(8.95)中 $a_{32}^3 = 1$，$a_{33}^3 = 0$. 由于非原始相关行可用相应原始相关行代替，式(8.95)中第三列块和第四列块中最后一列均为零列，它们对应非原始相关行. 式(8.95)中对应原始相关行的列只有一个元素为 1，其余为 0. 考虑到这些特点之后，式(8.95)中 $\boldsymbol{D}_{il}$，$i = 0,1,2,3$ 很容易写成

$$[\boldsymbol{D}_{0l} \quad \boldsymbol{D}_{1l} \quad \boldsymbol{D}_{2l} \quad \boldsymbol{D}_{3l}] = \begin{bmatrix}
a_{11}^0 & a_{12}^0 & a_{13}^0 & a_{11}^1 & a_{12}^1 & \boxed{1} & 0 & 0 & 0 & 0 & 0 & 0 \\
a_{21}^0 & a_{22}^0 & a_{23}^0 & a_{21}^1 & a_{22}^1 & 0 & a_{21}^2 & a_{22}^2 & 0 & \boxed{1} & 0 & 0 \\
a_{31}^0 & a_{32}^0 & a_{33}^0 & a_{31}^1 & a_{32}^1 & 0 & a_{31}^2 & a_{32}^2 & 0 & 0 & \boxed{1} & 0
\end{bmatrix} \tag{8.96}$$

相应地，$\boldsymbol{D}_l(s)$可写成式(8.97)：

$$\boldsymbol{D}_l(s)=\begin{bmatrix} a_{11}^0+a_{11}^1 s & a_{12}^0+a_{12}^1 s & \boxed{a_{13}^0+s} \\ \boxed{a_{21}^0+a_{21}^1 s+a_{21}^2 s^2+s^3} & a_{22}^0+a_{22}^1 s+a_{22}^2 s^2 & a_{23}^0 \\ a_{31}^0+a_{31}^1 s+a_{31}^2 s^2 & \boxed{a_{32}^0+a_{32}^1 s+a_{32}^2 s^2+s^3} & a_{33}^0 \end{bmatrix} \tag{8.97}$$

其中用虚线画上圈的元素称做 $D_l(s)$的主元，它们分别和式(8.96)中画了圈的元素相对应. 注意每行每列只有一个主元. 在同一行中主元的次数比右边元素次数高，和左边元素相比，高于或等于左边元素阶次；在同一列中主元次数最高. 一个具有这些特性的多项式矩阵被称做阶梯形多项式矩阵或 Popov 型矩阵，由式(8.96)可理解名称的由来. 显然，阶梯形多项式矩阵既是列化简的又是行化简的.

下面研究 $\boldsymbol{D}_l(s)$ 的行次. 在 $\bar{\boldsymbol{S}}_v$ 的每个行块中有 r 行 N- 行，其中第 $i, i=1,2,\cdots,r$ 行，在 $\bar{\boldsymbol{S}}_v$ 中会出现 v_i 次，反映了第 i 个 N- 行在 v_i 块行块中呈现线性无关性. 例如，式(8.94) 中 $v_1=v_2=3, v_3=1$. 显然，式(8.90) 中 $n=\sum_{i=1}^{r} v_i$. 将 $v_i, i=1,2,\cdots,r$ 中最大者称做 $\boldsymbol{G}(s)$ 的行指数，即式(8.89) 中 v：

$$\boldsymbol{G}(s)\ \text{的行指数}\ v=\max[v_i, i=1,2,\cdots,r] \tag{8.98}$$

倘若将 v_i 改记为 $\bar{v}_i$ 并安排使得 $\bar{v}_1 \leqslant \bar{v}_2 \leqslant \cdots, \leqslant \bar{v}_r$，则式(8.96)或式(8.97)意味着

$$\delta_{ri}\boldsymbol{D}_l(s)=\bar{v}_i, \quad i=1,2,\cdots,r$$

所以

$$\boldsymbol{D}_l(s)\ \text{行次的集}=\{\bar{v}_i, i=1,2,\cdots,r\}=\{v_i, i=1,2,\cdots,r\} \tag{8.99}$$

前面已指出 Popov 型的 $\boldsymbol{D}_l(s)$是行化简的，又有

$$\operatorname{degdet}\boldsymbol{D}_l(s)=\sum_{i=1}^{r} v_i=n=\boldsymbol{S}_v\ \text{中线性无关}\ N\text{- 行总行数}$$

在上述分析讨论的背景下很容易证明 $\boldsymbol{D}_l(s)$和 $\boldsymbol{N}_l(s)$是左互质的. 假如它们不是左互质，则存在一个多项式矩阵 $\boldsymbol{Q}(s)$，使得

$$\operatorname{degdet}\boldsymbol{Q}(s)>0$$

$$\boldsymbol{D}_l(s)=\boldsymbol{Q}(s)\bar{\boldsymbol{D}}_l(s), \quad \boldsymbol{N}_l(s)=\boldsymbol{Q}(s)\bar{\boldsymbol{N}}_l(s)$$

和

$$\boldsymbol{D}_l^{-1}(s)\boldsymbol{N}_l(s)=\bar{\boldsymbol{D}}_l^{-1}(s)\bar{\boldsymbol{N}}_l(s)$$

因为 $\operatorname{degdet}\boldsymbol{Q}(s)>0$，则必有

$$\operatorname{degdet}\bar{\boldsymbol{D}}_l(s)<\operatorname{degdet}\boldsymbol{D}_l(s)=n$$

这意味着 $\boldsymbol{S}_v$ 中线性无关 N-行的总行数小于 n，而这是不可能的. 所以，$\boldsymbol{D}_l(s)$和 $\boldsymbol{N}_l(s)$左互质.

例 8.6　设有 2×2 阶真有理矩阵 $\boldsymbol{G}(s)$如下，求其左互质分式：

$$\boldsymbol{G}(s)=\begin{bmatrix} \dfrac{1}{s+1} & \dfrac{1}{s-1} \\ \dfrac{s^2}{s^2-1} & \dfrac{2}{s-1} \end{bmatrix}=\begin{bmatrix} \dfrac{s-1}{s^2-1} & \dfrac{1}{s-1} \\ \dfrac{s^2}{s^2-1} & \dfrac{2}{s-1} \end{bmatrix}$$

$$=\begin{bmatrix} s-1 & 1 \\ s^2 & 2 \end{bmatrix}\begin{bmatrix} s^2-1 & 0 \\ 0 & s-1 \end{bmatrix}^{-1}$$

$$=\boldsymbol{N}_r(s)\boldsymbol{D}_r^{-1}(s)$$

$\boldsymbol{G}(s)$的右矩阵分式是通过取每列的最小公分母作为相应的 $\boldsymbol{D}_r(s)$的对角元素得到的. 这里

恰好是右互质分式.一般这种方法得到的右矩阵分式不是右互质分式.

首先应用 $\boldsymbol{D}_r(s)$ 和 $\boldsymbol{N}_r(s)$ 构造 $\boldsymbol{S}_2$,并用行搜索法搜索两个原始相关行.

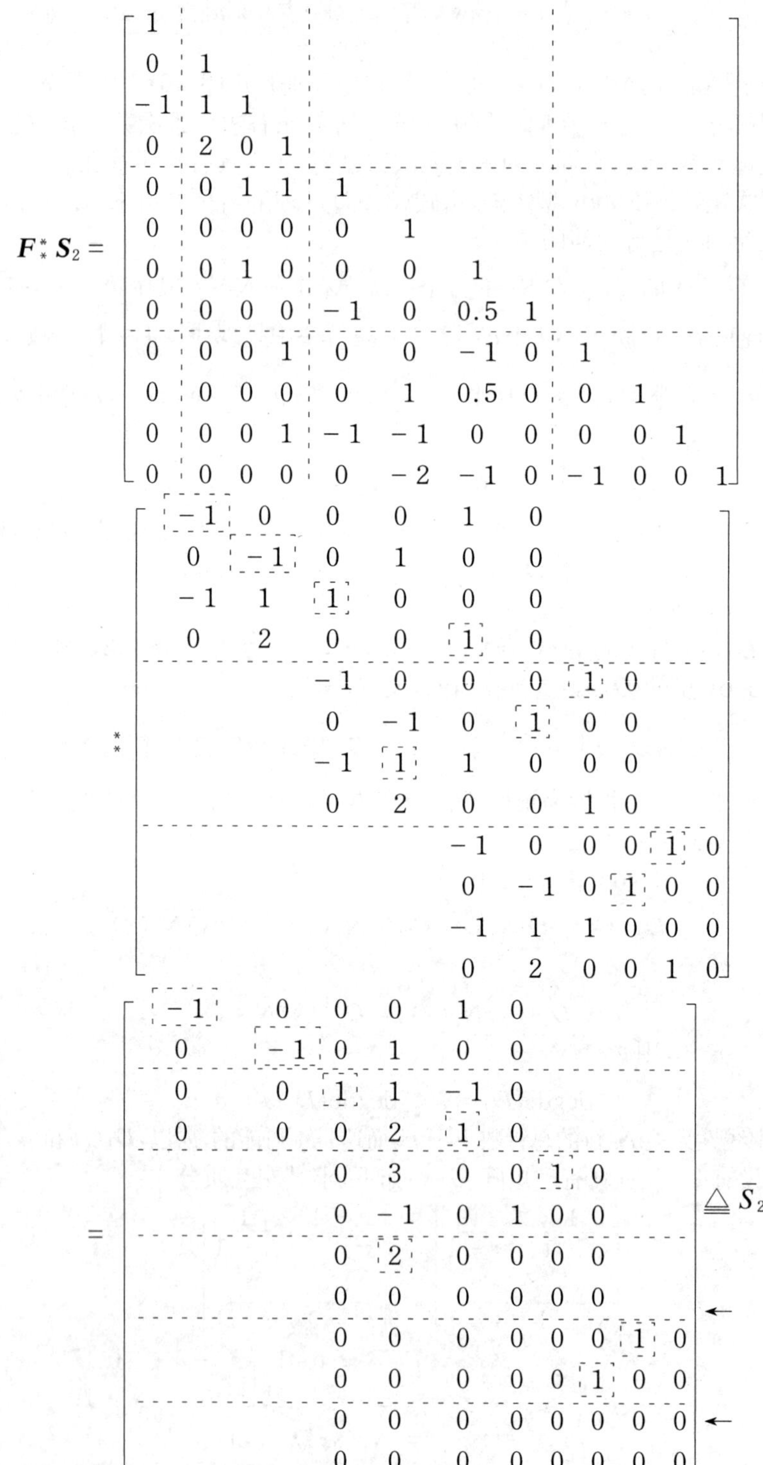

注意，这时选主元是为手算方便而选的. 因为 $l_2=r=2$，所以 $v=2$. $\bar{\boldsymbol{S}}_2$ 的原始相关行已用箭头指明. 对应原始相关行，应用 8.1 节中式(8.22)和式(8.23)介绍的递归法计算

$$\begin{bmatrix} 0.5 & -2.5 & -0.5 & -1 & -1 & 0 & 0.5 & \boxed{1} & 0 & 0 & 0 & 0 \\ 1 & -1 & -1 & 0 & -1 & -1 & 0 & 0 & 0 & 0 & \boxed{1} & 0 \end{bmatrix} \boldsymbol{S}_2 = \boldsymbol{0}$$

这个解具有阶梯形，由相应位置取出

$$\boldsymbol{N}_l(s) = -\begin{bmatrix} 0.5 & -2.5 \\ 1 & -1 \end{bmatrix} - \begin{bmatrix} -1 & 0 \\ -1 & -1 \end{bmatrix} s - \begin{bmatrix} 0 & 0 \\ 0 & 0 \end{bmatrix} s^2 = \begin{bmatrix} s-0.5 & 2.5 \\ s-1 & s+1 \end{bmatrix}$$

$$\boldsymbol{D}_l(s) = \begin{bmatrix} -0.5 & -1 \\ -1 & 0 \end{bmatrix} + \begin{bmatrix} 0.5 & 1 \\ 0 & 0 \end{bmatrix} s + \begin{bmatrix} 0 & 0 \\ 1 & 0 \end{bmatrix} s^2 = \begin{bmatrix} 0.5s-0.5 & \boxed{s-1} \\ \boxed{s^2-1} & 0 \end{bmatrix}$$

$$\boldsymbol{G}(s) = \boldsymbol{D}_l^{-1}(s)\boldsymbol{N}_l(s)$$

本例也验证了 $\deg\det\boldsymbol{D}_l(s)=v_1+v_2=1+2=3$，$\boldsymbol{D}_l(s)$ 和 $\boldsymbol{N}_l(s)$ 左互质，和 $\boldsymbol{D}_l(s)$ 具有阶梯形.

将定理 8.8 和定理 8.14 结合起来得到定理 8.15. 对于单变量系统它归结为推论 8.2.

定理 8.15　设 $r\times m$ 阶真有理矩阵 $\boldsymbol{G}(s)=\boldsymbol{N}_r(s)\boldsymbol{D}_r^{-1}(s)$，它为右互质分式的充要条件是 $\deg\det\boldsymbol{D}_r(s)=n$，$n$ 是 $\boldsymbol{S}_{v-1}$ 或 $\boldsymbol{S}_k$，$k\geqslant v-1$ 的线性无关 N-行的总行数.

关于定理 8.14 还需进一步指明以下几点.

(1) 式(8.99)规定的 $\boldsymbol{D}_l(s)$ 行次的集 $\{\bar{v}_i\}$ 或 $\{v_i\}$ 是 $\boldsymbol{G}(s)$ 固有的不变属性，它与计算中所用的哪一对 $\{\boldsymbol{N}_r(s),\boldsymbol{D}_r(s)\}$ 无关. 因为当用 m 阶非奇异多项式方阵 $\boldsymbol{T}(s)$ 对 $\boldsymbol{N}_r(s)$，$\boldsymbol{D}_r(s)$ 变换，以 $\bar{\boldsymbol{N}}_r(s)=\boldsymbol{N}_r(s)\boldsymbol{T}(s)$ 和 $\bar{\boldsymbol{D}}_r(s)=\boldsymbol{D}_r(s)\boldsymbol{T}(s)$ 构成 Sylvester 矩阵 $\bar{\boldsymbol{S}}_k$，$\bar{\boldsymbol{S}}_k$ 中各行彼此线性相关、线性无关的特征保持和 $\boldsymbol{S}_k$ 中相同. 重要的是行次集 $\{v_i\}$ 而不是个别的 v_i.

(2) 所有矩阵方程式(8.86)或式(8.92)的非平凡解都处于 $[\boldsymbol{D}_r^{\mathrm{T}}(s)\quad \boldsymbol{N}_r^{\mathrm{T}}(s)]^{\mathrm{T}}$ 的核空间中. 采用由上至下行搜索方式递归求解. $\boldsymbol{S}_v$ 是所有 $\boldsymbol{S}_k$，$k=0,1,2\cdots$ 中具有 r 行原始相关行的最低阶矩阵，$\boldsymbol{D}_l(s)$ 行次是所有可能得到的解中最低的行次，而且行次集 $\{v_i\}$ 是 $\boldsymbol{G}_r(s)$ 的固有属性，对相同的 $G(s)$ 而言既使 $\{D_r(s),N_r(s)\}$ 对不同，这个集是唯一的，又由于 $D_r(s)$ 是行化简的 Popov 型，所以定理 8.14 所得到的解是核空间的最小多项式基. 如果 $\bar{N}_l(s)$ 和 $\bar{D}_l(s)$ 是左互质的，但 $D_l(s)$ 非行化简，它们并不是核空间中最小多项式基.

定理 8.14 的对偶定理　设 $r\times m$ 阶真有理矩阵 $\boldsymbol{G}(s)=\boldsymbol{D}_l^{-1}(s)\boldsymbol{N}_l(s)$，$\boldsymbol{D}_l(s)=\sum_{i=0}^{n}\boldsymbol{D}_{il}s^i$ 和 $\boldsymbol{N}_l(s)=\sum_{i=0}^{n}\boldsymbol{N}_{il}s^i$，构造矩阵 $(n+1+k)r\times(k+1)(r+m)$ 阶矩阵

$$
T_k = \begin{array}{r}
\\ \\ \\ \\ \\ \\ \\
kr\ 行\left\{\vphantom{\begin{array}{c}0\\ \vdots\\ 0\end{array}}\right.
\end{array}
\underbrace{\left[\begin{array}{cc:cc:c:cc}
\boldsymbol{D}_{0l} & \boldsymbol{N}_{0l} & \mathbf{0} & \mathbf{0} & \cdots & \mathbf{0} & \mathbf{0} \\
\boldsymbol{D}_{1l} & \boldsymbol{N}_{1l} & \boldsymbol{D}_{0l} & \boldsymbol{N}_{0l} & \cdots & \mathbf{0} & \mathbf{0} \\
\vdots & \vdots & \vdots & \vdots & & \vdots & \vdots \\
 & & & & \cdots & \boldsymbol{D}_{0l} & \boldsymbol{N}_{0l} \\
 & & & & & \cdot & \cdot \\
\boldsymbol{D}_{n-1,l} & \boldsymbol{N}_{n-1,l} & \boldsymbol{D}_{n-2,l} & \boldsymbol{N}_{n-2,l} & & \cdot & \cdot \\
\boldsymbol{D}_{nl} & \boldsymbol{N}_{nl} & \boldsymbol{D}_{n-1,l} & \boldsymbol{N}_{n-1,l} & \cdots & \boldsymbol{D}_{n-k,l} & \boldsymbol{N}_{n-k,l} \\
\mathbf{0} & \mathbf{0} & \boldsymbol{D}_{nl} & \boldsymbol{N}_{nl} & \cdots & \vdots & \vdots \\
\vdots & \vdots & \vdots & \vdots & & \vdots & \vdots \\
\mathbf{0} & \mathbf{0} & \mathbf{0} & \mathbf{0} & \cdots & \boldsymbol{D}_{nl} & \boldsymbol{N}_{nl}
\end{array}\right]}_{(k+1)列块}
\begin{array}{l}
\left.\vphantom{\begin{array}{c}0\\ 0\\ \vdots\end{array}}\right\}kr\ 行 \\ \\ \\ \\ \\ \\ \\ \\
\end{array}
$$

采用从左到右列搜索法搜索线性相关列，令 l_i 是第$(i+1)$列块中线性相关的 N_l-列，设 μ 是使得 $l_\mu = m$ 的最小正整数，则用列搜索法有方程(8.100)：

$$
\boldsymbol{T}_\mu \begin{bmatrix} -\boldsymbol{N}_{0r} \\ \boldsymbol{D}_{0r} \\ \vdots \\ -\boldsymbol{N}_{\mu r} \\ \boldsymbol{D}_{\mu r} \end{bmatrix} = \mathbf{0} \tag{8.100}
$$

解出对应 m 列 $\boldsymbol{T}_\mu$ 的原始相关列的解

$$
\boldsymbol{D}_r(s) = \sum_{i=0}^{\mu} D_{il} s^i, \quad N_r(s) = \sum_{i=0}^{\mu} N_{ir} s^i
$$

是右互质的，并且 $\boldsymbol{D}_r(s)$具有列阶梯形，即 $\boldsymbol{D}_r(s)$每个主元的阶次在同行中最高，在同列中比每个下面元素的阶次高，与每个上面元素相比，高于或等于上面元素阶次. μ 被称做$\boldsymbol{G}(s)$的列指数.

8.5 Smith 型、矩阵束和 Kronecker 型

8.2 节和 8.3 节分别介绍过多项式矩阵的 Hermite 型和 Popov 型. 这一节不仅介绍多项式矩阵的另外一种有用的规范型——Smith 型，还要介绍一类特殊的多项式矩阵及与之相联系的规范型，这就是矩阵束及 Kronecker 型矩阵束.

定理 8.16 设 $\boldsymbol{A}(s)$为 $r \times m$ 阶多项式矩阵，$\rho[\boldsymbol{A}(s)] = p$，$0 \leqslant p \leqslant \min(r, m)$，总可以通过一系列初等的行和列变换，将其变换为式(8.101)表示的 Smith 型：

$$
\boldsymbol{\Lambda}(s)=\boldsymbol{U}(s)A(s)\boldsymbol{V}(s)=\left[\begin{array}{cccc:c}\lambda_1(s) & & & & \\ & \lambda_2(s) & & & \\ & & \ddots & & \mathbf{0} \\ & & & \lambda_p(s) & \\ \hdashline & & \mathbf{0} & & \mathbf{0}\end{array}\right]_{r\times m} \tag{8.101}
$$

其中 $\lambda_i(s), i=1,2,\cdots,p$ 为非零的首一多项式；而且 $\lambda_i(s)$ 可以整除 $\lambda_{i+1}(s), i=1,2,\cdots,p-1$.

证明　下面介绍一个构造性证明，即给出一个将 $\boldsymbol{A}(s)$ 通过初等行和列变换变成 $\boldsymbol{\Lambda}(s)$ 的算法.

第一步：令 $\boldsymbol{M}(s)=\boldsymbol{A}(s)$，如果 $\boldsymbol{M}(s)=\mathbf{0}$，则 $\boldsymbol{M}(s)=\boldsymbol{\Lambda}(s)$，否则进入第二步.

第二步：通过行交换和列交换将次数最低的元素移到(1,1)位置上，将所得到的矩阵记为 $\boldsymbol{M}(s)=[m_{ij}(s)]$.

第三步：计算 $m_{i1}(s)$ 和 $m_{1j}(s)$ 被 $m_{11}(s)$ 除的商和余式：

$$
m_{i1}(s)=q_{i1}(s)m_{11}(s)+r_{i1}(s),\quad i=2,3,\cdots,r
$$

$$
m_{1j}(s)=q_{1j}(s)m_{11}(s)+r_{1j}(s),\quad j=2,3,\cdots,m
$$

若余式 $r_{i1}(s)$ 和 $r_{1j}(s)$ 全部为零，转入第四步，否则找出次数最低的余式. 如果是 $r_{k1}(s)$，则计算

$$
m_{kj}(s)-q_{k1}(s)m_{1j}(s),\quad j=1,2,3,\cdots,m
$$

如果是 $r_{1k}(s)$，则计算

$$
m_{ik}(s)-q_{1k}(s)m_{i1}(s),\quad i=1,2,3,\cdots,r
$$

然后返回到第二步. 因为 $r_{k1}(s)$ 或 $r_{1k}(s)$ 一定是比 $m_{11}(s)$ 更低次的多项式，经过有限次循环后，所有余式均为零. 于是 $M(s)$ 具有式(8.102)形式

$$
\left[\begin{array}{c:ccc} m_{11}(s) & & \mathbf{0} & \\ \hdashline & m_{22}(s) & \cdots & m_{2m}(s) \\ \mathbf{0} & \vdots & & \vdots \\ & m_{r2}(s) & \cdots & m_{rm}(s)\end{array}\right],\quad \begin{array}{l}\deg m_{11}(s)\leqslant \delta m_{ij}(s) \\ i=2,\cdots,r \\ j=2,\cdots,m\end{array} \tag{8.102}
$$

第四步：若 $m_{ij}(s)$ 均可被 $m_{11}(s)$ 整除则进入第五步. 若其中 $m_{kl}(s)$ 不能被 $m_{11}(s)$ 整除，则可将第 k 行加到第一行再转入第三步. 与前面一样经过有限次第二步、第三步、第四步的循环，$m_{11}(s)$ 必可整除所有 $m_{ij}(s)$. 进入第五步.

第五步：以式(8.102)右下方子矩阵为新的 $\boldsymbol{M}(s)$，重复第一步至第四步，经过有限次循环必将得到更低阶次的 $\boldsymbol{M}(s)$. 由于 $\rho[\boldsymbol{A}(s)]=p$ 和初等变换不改变矩阵的秩，$\boldsymbol{M}(s)$ 必将具有式(8.103)形式，这就是最后的结果，记以 $\boldsymbol{\Lambda}(s)$，$\lambda_i(s)=m_{ii}(s)$，即

若 $\lambda_i(s)$

$$
\boldsymbol{\Lambda}(s)\overset{\text{def}}{=}\left[\begin{array}{cccc:c}\lambda_1(s) & & & & \\ & \lambda_2(s) & & & \\ & & \ddots & & \mathbf{0} \\ & & & \lambda_p(s) & \\ \hdashline & & \mathbf{0} & & \mathbf{0}\end{array}\right]_{r\times m} \tag{8.103}
$$

的最高次系数不为 1,用该系数除第 i 行便得到首一多项式.经如此处理后式(8.103)便是 $\boldsymbol{A}(s)$ 的 Smith 型多项式矩阵,其中对角线上非零多项式称为 $\boldsymbol{A}(s)$ 的不变因式.

例 8.7 试求下面多项式矩阵的 Smith 型:

$$\boldsymbol{A}(s)=\begin{bmatrix} s^2+9s+8 & 4 & s+3 \\ 0 & s+3 & s+2 \end{bmatrix}$$

解

$$A(s)\to\begin{bmatrix} 4 & s^2+9s+8 & s+3 \\ s+3 & 0 & s+2 \end{bmatrix}$$

$$\text{第二行}-\frac{s+3}{4}\times\text{第一行}\to\begin{bmatrix} 4 & s^2+9s+8 & s+3 \\ 0 & -\frac{1}{4}(s+3)(s^2+9s+8) & -\frac{(s+1)^2}{4} \end{bmatrix}$$

$$\left.\begin{array}{l}\text{第二列}-\dfrac{s^2+9s+8}{4}\times\text{第一列}\\ \text{第三列}-\dfrac{s+3}{4}\times\text{第三列}\end{array}\right\}\to\begin{bmatrix} 4 & 0 & 0 \\ 0 & -\dfrac{(s+3)(s^2+9s+8)}{4} & -\dfrac{(s+1)^2}{4} \end{bmatrix}$$

$$\text{第二列与第三列交换}\to\begin{bmatrix} 4 & 0 & 0 \\ 0 & -\dfrac{(s+1)^2}{4} & -\dfrac{(s+3)(s^2+9s+8)}{4} \end{bmatrix}$$

$$\text{第三列}-(s+10)\times\text{第二列}\to\begin{bmatrix} 4 & 0 & 0 \\ 0 & -\dfrac{(s+1)^2}{4} & -\dfrac{14(s+1)}{4} \end{bmatrix}$$

$$\to\begin{bmatrix} 4 & 0 & 0 \\ 0 & -14(s+1) & -(s+1)^2 \end{bmatrix}$$

$$\to\begin{bmatrix} 4 & 0 & 0 \\ 0 & -14(s+1) & 0 \end{bmatrix}$$

$$\to\begin{bmatrix} 1 & 0 & 0 \\ 0 & s+1 & 0 \end{bmatrix}=\boldsymbol{\Lambda}(s)$$

下面研究多项式矩阵 $\boldsymbol{A}(s)$ 的 Smith 型 $\boldsymbol{\Lambda}(s)$ 具有的基本特性.假设 $r\times m$ 阶 $\boldsymbol{A}(s)$ 的秩为 p,$d_k(s)$ 为 $\boldsymbol{A}(s)$ 的 $k,k=0,1,2,\cdots,p$ 级子式的最大公因式,并规定 $d_0(s)=1$.当 $d_k(s)$ 取首一多项式称为 $\boldsymbol{A}(s)$ 的 k 级行列式因式.显然,$\boldsymbol{A}(s)$ 的 Smith 型 $\boldsymbol{\Lambda}(s)$ 的行列式因式为

$$\hat{d}_0(s)=1,\quad \hat{d}_k(s)=\lambda_1(s)\lambda_2(s)\cdots\lambda_k(s),\quad k=1,\cdots,p \tag{8.104}$$

而 $\boldsymbol{\Lambda}(s)=\boldsymbol{U}(s)\boldsymbol{A}(s)\boldsymbol{V}(s)$,$\boldsymbol{U}(s)$ 和 $\boldsymbol{V}(s)$ 分别表示一系列初等行变换和列变换的么模矩阵.应用 Binet-Cauch 定理可证明 $\boldsymbol{A}(s)=\boldsymbol{U}^{-1}(s)\boldsymbol{\Lambda}(s)\boldsymbol{V}^{-1}(s)$ 的 k 级子式可以表示成 $\boldsymbol{\Lambda}(s)$ 的 k 级子式的线性组合,反之亦然.可得结论,$d_k(s)=\hat{d}_k(s)$,$k=0,1,\cdots,p$.由此进一步断定

$$\lambda_1(s)=\frac{d_1(s)}{d_0(s)},\quad \lambda_k(s)=\frac{d_k(s)}{d_{k-1}(s)},\quad k=1,2,\cdots,p \tag{8.105}$$

正因为在么模矩阵实施的变换下,$\lambda_k(s)$ 和行列式因式 $d_k(s)$ 都具有着不变性,故被称为

$\boldsymbol{A}(s)$的不变因式.这就决定了多项式矩阵的 Smith 型 $\boldsymbol{\Lambda}(s)$是唯一的,不过,在将 $A(s)$变换为 $\Lambda(s)$的过程中初等行和列变换的顺序和形式并不是唯一的.因此变换矩阵对$\{\boldsymbol{U}(s),\boldsymbol{V}(s)\}$不是唯一的.所以对于给定的 $\boldsymbol{\Lambda}(s)$,会有不同的 $\boldsymbol{A}(s)$.例如在变换过程的不同阶段就有不同的 $\boldsymbol{A}(s)$.因此称具有相同 Smith 型 $\boldsymbol{\Lambda}(s)$的相异的 $\boldsymbol{A}(s)$为**严格等价**,其内涵是它们有相等的秩和相同的不变因式和其他相同特性.严格等价和相似性一样具有自反性、对称性和传递性,即

自反性:$\boldsymbol{A}_1(s)\overset{S}{\sim}\boldsymbol{A}_1(s)$;

对称性:$\boldsymbol{A}_1(s)\overset{S}{\sim}\boldsymbol{A}_2(s)\longrightarrow\boldsymbol{A}_2(s)\overset{S}{\sim}\boldsymbol{A}_1(s)$;

传递性:$\boldsymbol{A}_1(s)\overset{S}{\sim}\boldsymbol{A}_2(s),\boldsymbol{A}_2(s)\overset{S}{\sim}\boldsymbol{A}_3(s)\longrightarrow\boldsymbol{A}_1(s)\overset{S}{\sim}\boldsymbol{A}_3(s)$.

其中符号$\overset{S}{\sim}$表示严格等价.

定理 8.17　$r\times m$ 和 $m\times m$ 矩阵 $\boldsymbol{N}_r(s)$和 $\boldsymbol{D}_r(s)$为右互质的充要条件是

$$\begin{bmatrix}\boldsymbol{D}_r(s)\\ \boldsymbol{N}_r(s)\end{bmatrix}\text{的 Smith 型 }\boldsymbol{\Lambda}(s)=\begin{bmatrix}\boldsymbol{I}_m\\ \boldsymbol{0}\end{bmatrix}\tag{8.106}$$

证明　若 $D_r(s)$和 $N_r(s)$右互质,必有么模矩阵 $U(s)$,使得

$$\boldsymbol{U}(s)\begin{bmatrix}\boldsymbol{D}_r(s)\\ \boldsymbol{N}_r(s)\end{bmatrix}=\begin{bmatrix}\boldsymbol{R}(s)\\ \boldsymbol{0}\end{bmatrix}=\begin{bmatrix}\boldsymbol{I}_m\\ \boldsymbol{0}\end{bmatrix}\boldsymbol{R}(s)$$

且 $\boldsymbol{R}(s)$为么模矩阵.所以

$$\boldsymbol{U}(s)\begin{bmatrix}\boldsymbol{D}_r(s)\\ \boldsymbol{N}_r(s)\end{bmatrix}\boldsymbol{R}^{-1}(s)=\begin{bmatrix}\boldsymbol{I}_m\\ \boldsymbol{0}\end{bmatrix}$$

这就证明了必要性.反之,若有么模矩阵 $\boldsymbol{U}(s)$和 $\boldsymbol{V}(s)$使得

$$\boldsymbol{U}(s)\begin{bmatrix}\boldsymbol{D}_r(s)\\ \boldsymbol{N}_r(s)\end{bmatrix}\boldsymbol{V}(s)=\begin{bmatrix}\boldsymbol{I}_m\\ \boldsymbol{0}\end{bmatrix}$$

则么模矩阵 $\boldsymbol{V}^{-1}(s)$使得下式成立,这意味着 $\boldsymbol{D}_r(s)$和 $\boldsymbol{N}_r(s)$最大右公因式 $\boldsymbol{R}(s)$为么模矩阵:

$$\boldsymbol{U}(s)\begin{bmatrix}\boldsymbol{D}_r(s)\\ \boldsymbol{N}_r(s)\end{bmatrix}=\begin{bmatrix}\boldsymbol{V}^{-1}(s)\\ \boldsymbol{0}\end{bmatrix}=\begin{bmatrix}\boldsymbol{R}(s)\\ \boldsymbol{0}\end{bmatrix}$$

充分性得证.

定理 8.18　设 $\boldsymbol{A}$ 和 $\boldsymbol{B}$ 是两 n 阶常值方阵,由它们构成的 n 阶多项式方阵$(s\boldsymbol{I}-\boldsymbol{A})$和$(s\boldsymbol{I}-\boldsymbol{B})$彼此严格等价的充要条件是 $\boldsymbol{A}$ 和 $\boldsymbol{B}$ 相似.

证明　若 $\boldsymbol{A}$ 与 $\boldsymbol{B}$ 相似,则存在非奇异常值 n 阶方阵 $\boldsymbol{T}$ 和 $\boldsymbol{T}^{-1}$,使得 $\boldsymbol{A}=\boldsymbol{T}^{-1}\boldsymbol{BT}$.因此

$$(s\boldsymbol{I}-\boldsymbol{B})=\boldsymbol{T}(s\boldsymbol{I}-\boldsymbol{A})\boldsymbol{T}^{-1}$$

而 $\boldsymbol{T}$ 和 $\boldsymbol{T}^{-1}$ 又都属于么模矩阵,故$(s\boldsymbol{I}-\boldsymbol{B})\overset{S}{\sim}(s\boldsymbol{I}-\boldsymbol{A})$或$(s\boldsymbol{I}-\boldsymbol{A})\overset{S}{\sim}(s\boldsymbol{I}-\boldsymbol{B})$.反之,若$(s\boldsymbol{I}-\boldsymbol{A})\overset{S}{\sim}(s\boldsymbol{I}-\boldsymbol{B})$,则必有么模矩阵使得

$$\boldsymbol{U}_a(s\boldsymbol{I}-\boldsymbol{A})\boldsymbol{V}_a=\boldsymbol{U}_b(s\boldsymbol{I}-\boldsymbol{B})\boldsymbol{V}_b=\boldsymbol{\Lambda}(s)\tag{8.107a}$$

或

$$\boldsymbol{U}_b^{-1}\boldsymbol{U}_a(s\boldsymbol{I}-\boldsymbol{A})=(s\boldsymbol{I}-\boldsymbol{B})\boldsymbol{V}_b\boldsymbol{V}_a^{-1}\tag{8.107b}$$

其中 $\boldsymbol{U}(s)\overset{\text{def}}{=}\boldsymbol{U}_b^{-1}\boldsymbol{U}_a$ 和 $\boldsymbol{V}(s)\overset{\text{def}}{=}\boldsymbol{V}_b\boldsymbol{V}_a^{-1}$ 仍为么模矩阵.考虑到 $(s\boldsymbol{I}-\boldsymbol{A})$ 和 $(s\boldsymbol{I}-\boldsymbol{B})$ 的次数均为1,和 $\boldsymbol{U}(s)$,$\boldsymbol{V}(s)$ 分别被 $(s\boldsymbol{I}-\boldsymbol{B})$,$(s\boldsymbol{I}-\boldsymbol{A})$ 除,有

$$\left.\begin{aligned}\boldsymbol{U}(s)&=(s\boldsymbol{I}-\boldsymbol{B})\boldsymbol{Q}_b(s)+\boldsymbol{R}_b\\ \boldsymbol{V}(s)&=\boldsymbol{Q}_a(s)(s\boldsymbol{I}-\boldsymbol{A})+\boldsymbol{R}_a\end{aligned}\right\}\tag{8.108}$$

$\boldsymbol{R}_b$ 和 $\boldsymbol{R}_a$ 应为常数矩阵.将式(8.108)代入式(8.107b)并加以整理得到

$$(s\boldsymbol{I}-\boldsymbol{B})[\boldsymbol{Q}_b(s)-\boldsymbol{Q}_a(s)](s\boldsymbol{I}-\boldsymbol{A})=(s\boldsymbol{I}-\boldsymbol{B})\boldsymbol{R}_a-\boldsymbol{R}_b(s\boldsymbol{I}-\boldsymbol{A})\tag{8.109}$$

式(8.109)只有在等号两边均为零时成立,否则左边至少是二次多项式矩阵,右边仅仅是一次,于是

$$\boldsymbol{Q}_a(s)=\boldsymbol{Q}_b(s),\quad \boldsymbol{R}_a=\boldsymbol{R}_b,\quad \boldsymbol{B}\boldsymbol{R}_a=\boldsymbol{R}_b\boldsymbol{A}\tag{8.110}$$

从而得到当 $\boldsymbol{R}_a$ 或 $\boldsymbol{R}_b$ 可逆时,$\boldsymbol{A}$ 与 $\boldsymbol{B}$ 相似.由式(8.108)得到

$$\boldsymbol{R}_b=\boldsymbol{U}(s)-(s\boldsymbol{I}-\boldsymbol{B})\cdot\boldsymbol{I}\cdot\boldsymbol{Q}_b(s)\tag{8.111}$$

因为 $\boldsymbol{U}^{-1}(s)$ 存在,按文献[1]给出的公式(参看10.1节中式(10.10)知,当 $\boldsymbol{U}(s)$ 可逆,$\boldsymbol{R}_b^{-1}$ 确实存在:

$$\boldsymbol{R}_b^{-1}=\boldsymbol{U}^{-1}(s)+\boldsymbol{U}^{-1}(s)(s\boldsymbol{I}-\boldsymbol{B})[\boldsymbol{I}+\boldsymbol{Q}_b(s)\boldsymbol{U}^{-1}(s)(s\boldsymbol{I}-\boldsymbol{B})]^{-1}\boldsymbol{Q}_b(s)\boldsymbol{U}^{-1}(s)\tag{8.112}$$

定理得证.

现在开始研究一类特殊的多项式矩阵,它是常数矩阵 $\boldsymbol{E}$ 和 $\boldsymbol{A}$ 以 $(s\boldsymbol{E}-\boldsymbol{A})$ 形式组成的矩阵,被称为线性矩阵束或简称为矩阵束.$(s\boldsymbol{I}-\boldsymbol{A})$ 是 $\boldsymbol{E}$ 为单位矩阵的特殊情况.当 $(s\boldsymbol{E}-\boldsymbol{A})$ 为方阵且 $\det(s\boldsymbol{E}-\boldsymbol{A})\neq0$ 时,称它为正则矩阵束,否则就称做奇异的矩阵束.奇异意味着 $(s\boldsymbol{E}-\boldsymbol{A})$ 不是方阵,或虽是方阵但 $\det(s\boldsymbol{E}-\boldsymbol{A})\equiv0$.有关矩阵束的理论在系统理论中占有重要地位.例如4.3节中介绍的判别线性非时变系的能控性和能观性的PBH判别法就是检验矩阵束的秩,即

$$\rho[s\boldsymbol{I}-\boldsymbol{A}\quad \boldsymbol{B}]=\rho\{s[\boldsymbol{I}\quad \boldsymbol{0}]-[\boldsymbol{A}\quad -\boldsymbol{B}]\}$$

$$\rho\begin{bmatrix}s\boldsymbol{I}-\boldsymbol{A}\\ \boldsymbol{C}\end{bmatrix}=\rho\left\{s\begin{bmatrix}\boldsymbol{I}\\ \boldsymbol{0}\end{bmatrix}-\begin{bmatrix}\boldsymbol{A}\\ -\boldsymbol{C}\end{bmatrix}\right\}$$

利用么模矩阵还可将任意一个 $r\times m$ 多项式矩阵 $\boldsymbol{N}(s)$ 按其展开式

$$\boldsymbol{N}(s)=\boldsymbol{N}_ns^n+\boldsymbol{N}_{n-1}s^{n-1}+\cdots+\boldsymbol{N}_1s+\boldsymbol{N}_0\tag{8.113}$$

线性化为一矩阵束 $(s\boldsymbol{E}-\boldsymbol{A})$,其中

$$\boldsymbol{E}=\mathrm{diag}\underbrace{[\boldsymbol{N}_n\quad \boldsymbol{I}_m\quad \cdots\quad \boldsymbol{I}_m]}_{n\text{块}}\tag{8.114a}$$

$$\boldsymbol{A}=\begin{bmatrix}-\boldsymbol{N}_{n-1} & -\boldsymbol{N}_{n-2} & \cdots & & -\boldsymbol{N}_0\\ \boldsymbol{I}_m & \boldsymbol{0} & \cdots & & \vdots\\ & \ddots & \ddots & & \\ & & \boldsymbol{I}_m & & \\ & & & \boldsymbol{I}_m & \boldsymbol{0}\end{bmatrix}\tag{8.114b}$$

令

$$U(s) \triangleq \begin{bmatrix} \mathbf{0} & -\boldsymbol{I}_m & & \\ \vdots & & \ddots & \\ \mathbf{0} & \cdots & \mathbf{0} & -\boldsymbol{I}_m \\ \boldsymbol{I}_r & \boldsymbol{B}_1(s) & \cdots & \boldsymbol{B}_{n-1}(s) \end{bmatrix}$$

和

$$\boldsymbol{B}_1(s) = s\boldsymbol{N}_n + \boldsymbol{N}_{n-1}$$

$$\boldsymbol{B}_{i+1}(s) = s\boldsymbol{B}_i(s) + \boldsymbol{N}_{n-i-1}, \quad i = 1,2,\cdots,n-2$$

$$\boldsymbol{V}(s) \stackrel{\text{def}}{=} \begin{bmatrix} \boldsymbol{I}_m & s\boldsymbol{I}_m & \cdots & s^{n-1}\boldsymbol{I}_m \\ & \boldsymbol{I}_m & \cdots & s^{n-2}\boldsymbol{I}_m \\ & & & \vdots \\ & & \ddots & s\boldsymbol{I}_m \\ & & & \boldsymbol{I}_m \end{bmatrix}$$

直接相乘便可得到

$$\begin{aligned} \hat{\boldsymbol{N}}(s) &\stackrel{\text{def}}{=} \boldsymbol{U}(s)(s\boldsymbol{E} - \boldsymbol{A})\boldsymbol{V}(s) \\ &= \operatorname{diag}[\boldsymbol{I}_m \quad \cdots \quad \boldsymbol{I}_m \quad \boldsymbol{N}(s)] \end{aligned} \tag{8.115}$$

很清楚，$\hat{\boldsymbol{N}}(s)$的不变因式即$(s\boldsymbol{E}-\boldsymbol{A})$的不变因式，包含了$\boldsymbol{N}(s)$的全部不变因式，另外还有$(n-1)$个$m$阶单位矩阵.若$\boldsymbol{N}(s)$是$m$阶非奇异多项式方阵，并将首项系数矩阵化成单位矩阵$\boldsymbol{I}_m$，即

$$\boldsymbol{N}(s) = \boldsymbol{I}_m s^n + \boldsymbol{N}_{n-1}s^{n-1} + \cdots + \boldsymbol{N}_1 s + \boldsymbol{N}_0 \tag{8.116}$$

则类似地用两个常数矩阵$\boldsymbol{U}$和$\boldsymbol{V}$将$\boldsymbol{N}(s)$线性化成分块上友矩阵，$\boldsymbol{E}$为nm阶单位阵

$$(s\boldsymbol{E} - \boldsymbol{A}) = \begin{bmatrix} s\boldsymbol{I}_m + \boldsymbol{N}_{n-1} & \boldsymbol{N}_{n-2} & \boldsymbol{N}_{n-3} & \cdots & \boldsymbol{N}_0 \\ -\boldsymbol{I}_m & s\boldsymbol{I}_m & \mathbf{0} & \cdots & \mathbf{0} \\ & \ddots & \ddots & \ddots & \vdots \\ & & \ddots & \ddots & \mathbf{0} \\ & & & -\boldsymbol{I}_m & s\boldsymbol{I}_m \end{bmatrix} \tag{8.117}$$

正如同多项式矩阵$\boldsymbol{A}(s)$的规范型、Hermite型、Smith型等，在研究$\boldsymbol{A}(s)$的性质时十分有用一样，研究矩阵束的性质应设法找到它的规范型.设$s\boldsymbol{E}-\boldsymbol{A}$为$r\times m$阶，倘若存在两个分别为$r$阶和$m$阶的非奇异常数方阵$\boldsymbol{U}$和$\boldsymbol{V}$能使得

$$\boldsymbol{U}(s\boldsymbol{E} - \boldsymbol{A})\boldsymbol{V} = s\bar{\boldsymbol{E}} - \bar{\boldsymbol{A}} \tag{8.118}$$

或者能同时使得$\boldsymbol{UEV}=\bar{\boldsymbol{E}}$，$\boldsymbol{UAV}=\bar{\boldsymbol{A}}$，那么$(s\boldsymbol{E}-\boldsymbol{A})$和$(s\bar{\boldsymbol{E}}-\bar{\boldsymbol{A}})$严格等价. Kronecker证明任一矩阵束$(s\boldsymbol{E}-\boldsymbol{A})$都可选用合适的非奇异常数矩阵$\boldsymbol{U}$和$\boldsymbol{V}$使得$\boldsymbol{U}(s\boldsymbol{E}-\boldsymbol{A})\boldsymbol{V}$具有下面的Kronecker型：

$$\boldsymbol{U}(s\boldsymbol{E} - \boldsymbol{A})\boldsymbol{V} = \operatorname{diag}[\boldsymbol{L}_{\mu 1} \quad \cdots \quad \boldsymbol{L}_{\mu\alpha} \quad \bar{\boldsymbol{L}}_{\nu 1} \quad \cdots \quad \bar{\boldsymbol{L}}_{\nu\beta} \quad s\boldsymbol{J} - \boldsymbol{I} \quad s\boldsymbol{I} - \boldsymbol{F}] \tag{8.119}$$

其中$\{\{\boldsymbol{L}_{\mu i}\},\{\tilde{\boldsymbol{L}}_{\nu i}\},\boldsymbol{J},\boldsymbol{F}\}$均是唯一的，且(1)$\boldsymbol{F}$是约尔当(或有理)形；(2)$\boldsymbol{J}$是幂零约尔当形，也就是特征值为零的约尔当形矩阵；(3)$\boldsymbol{L}_{\mu i}$和$\tilde{\boldsymbol{L}}_{\nu i}$分别是$\mu_i\times(\mu_i+1)$和$(\nu_i+1)\times\nu_i$矩阵，形如式(8.120)所示：

$$L_{\mu_i} = \begin{bmatrix} s & -1 & & & & \\ & s & -1 & & & \\ & & s & -1 & & \\ & & & \ddots & \ddots & \\ & & & & s & -1 \end{bmatrix} \tag{8.120a}$$

$$L_{\nu_i} = \begin{bmatrix} s & & & \\ -1 & s & & \\ & -1 & \ddots & \\ & & \ddots & s \\ & & & -1 \end{bmatrix} \tag{8.120b}$$

在矩阵束的 Kronecker 型中$\{L_{\mu_i}\}$和$\{\widetilde{L}_{\nu_i}\}$表示着$(sE-A)$的奇异性,$\{\mu_i, i=1,2,\cdots,\alpha\}$称为 Kronecker 右指数集,$\{\nu_i, i=1,2,\cdots,\beta\}$称为 Kronecker 左指数集.假设在 Kronecker 型中只有 L_{μ_i},则 $\rho[L_{\mu_i}]=\mu_i$,在方程(8.121)中

$$L_{\mu_i}X(s) = 0 \tag{8.121}$$

存在非平凡解 $X(s)$.而在这些多项式向量解中最简单的形式为

$$X(s) = [1 \quad s \quad s^2 \quad \cdots \quad s^{\mu_i}]^{\mathrm{T}}$$

μ_i 指明了解向量的次数最低值.式(8.121)中解向量为列向量,Kronecker 右指数集又称为 Kronecker 列指数集.类似地可解释 Kronecker 左指数集(也称做 Kronecker 行指数集)指明了式(8.122)中多项式行向量解的最低次数.

$$X(s)L_{\nu_i} = 0 \tag{8.122}$$

如果矩阵束是正则的,则

$$U(sE-A)V = \mathrm{diag}[sJ-I \quad sI-F]$$

$(sJ-I)$表示着常数阵 E 的奇异性,也就是表示着$(sE-A)$在 $s=\infty$ 处的奇异性.设 J 如式(8.123)

$$J = \begin{bmatrix} 0 & 1 & & & \\ & 0 & 1 & & \\ & & 0 & 1 & \\ & & & 0 & 1 \\ & & & & 0 \end{bmatrix} \tag{8.123}$$

$$\begin{aligned} \lim_{s\to\infty}(sJ-I) &= \lim_{s\to\infty} s\left(J-\frac{1}{s}I\right) \\ &= \lim_{s\to\infty} sJ \\ &= \lim_{s\to\infty}\begin{bmatrix} 0 & s & & & \\ & 0 & s & & \\ & & 0 & s & \\ & & & 0 & s \\ & & & & 0 \end{bmatrix} \end{aligned}$$

如果矩阵束正则，$\boldsymbol{E}$ 非奇异，则

$$\boldsymbol{U}(s\boldsymbol{E}-\boldsymbol{A})\boldsymbol{V}=(s\boldsymbol{I}-\boldsymbol{F})$$

即

$$\boldsymbol{UEV}=\boldsymbol{I},\quad \boldsymbol{UAV}=\boldsymbol{F}$$

所以

$$\boldsymbol{V}^{-1}\boldsymbol{E}^{-1}\boldsymbol{AV}=\boldsymbol{F}$$

表明 $\boldsymbol{F}$ 和 $\boldsymbol{E}^{-1}\boldsymbol{A}$ 为相似矩阵，若取 $\boldsymbol{U}=\boldsymbol{E}^{-1}$，$\boldsymbol{V}=\boldsymbol{I}$，更有 $\boldsymbol{F}=\boldsymbol{E}^{-1}\boldsymbol{A}$. 这表明非奇异矩阵 $\boldsymbol{E}$ 的正则束特性完全由 $\boldsymbol{E}^{-1}\boldsymbol{A}$ 的特征值确定，严格等价性和相似性一致，或者说等同.

正如两个严格等价的多项式矩阵 $\boldsymbol{A}(s)$ 和 $\boldsymbol{B}(s)$ 具有相同的 Smith 型一样，很容易证明两个严格等价的矩阵束 $(s\boldsymbol{E}-\boldsymbol{A})$ 和 $(s\bar{\boldsymbol{E}}-\bar{\boldsymbol{A}})$ 具有相同的 Kronecker 型.

例 8.8　下面给出一矩阵束的 Kronecker 型以帮助理解，其中 $\mu_1=0,\mu_2=0,\mu_3=1,\mu_4=2,\nu_1=0,\nu_2=3$：

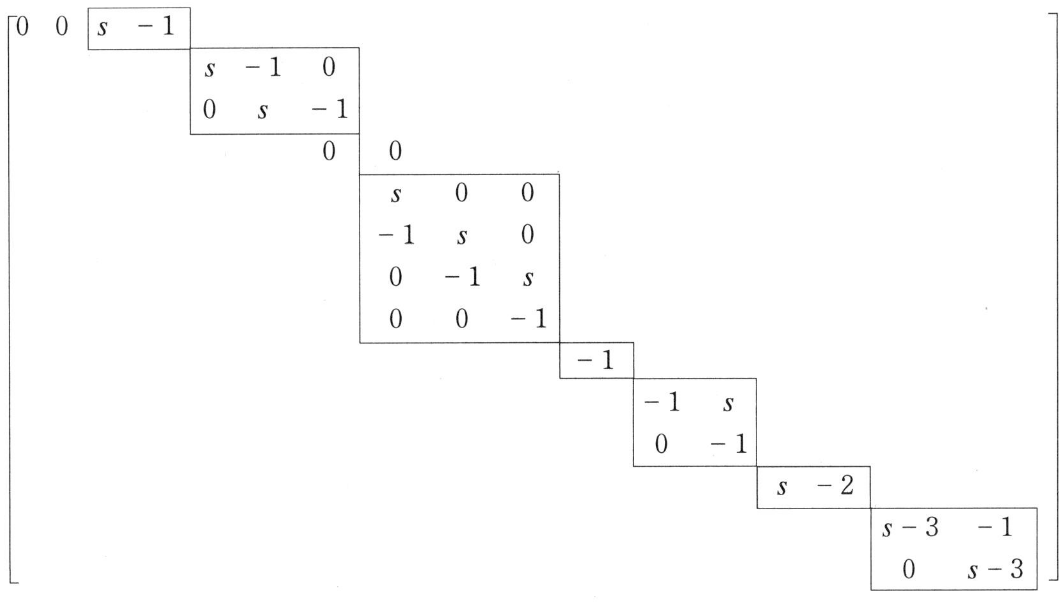

$$\boldsymbol{J}=\begin{bmatrix}0 & & \\ & 0 & 1\\ & 0 & 0\end{bmatrix},\quad \boldsymbol{F}=\begin{bmatrix}2 & & \\ & 3 & 1\\ & 0 & 3\end{bmatrix}$$

习 题 8

8.1 采用 Euclid 算法和行搜索法两种方法将下面两个有理函数化简成互质分式.

$$g_1(s) = \frac{s^3 + s^2 - s + 2}{2s^3 - s^2 + s + 1}$$

$$g_2(s) = \frac{2s^3 + 2s^2 - s - 1}{2s^4 + s^2 - 1}$$

8.2 证明推论 8.2 正确.

8.3 将下面矩阵变换成行 Hermite 型:

$$\begin{bmatrix} 0 & 0 & (s+1)^2 & -s^2+s+1 \\ 0 & 0 & -s-1 & s-1 \\ s+1 & s^2 & s^2+s+1 & s \end{bmatrix}$$

提示:本题答案为

$$\begin{bmatrix} s+1 & s^2 & 1 & 0 \\ 0 & 0 & s+1 & 1 \\ 0 & 0 & 0 & s \end{bmatrix}$$

8.4 应用式(8.42)求下面两个多项式矩阵的最大右公因式:

$$\boldsymbol{D}(s) = \begin{bmatrix} s^2+2s & s+3 \\ 2s^2-s & 3s-2 \end{bmatrix}, \quad \boldsymbol{N}(s) = [s \quad 1]$$

8.5 判断下面多项式矩阵对是否右互质:

(a)

$$\boldsymbol{D}_1(s) = \begin{bmatrix} s+1 & 0 \\ s^2+s-2 & s-1 \end{bmatrix}, \quad \boldsymbol{N}_1(s) = [s+2 \quad s+1]$$

(b)

$$\boldsymbol{D}_2(s) = \boldsymbol{D}_1(s), \quad \boldsymbol{N}_2(s) = [s-1 \quad s+1]$$

(c)

$$\boldsymbol{D}_3(s) = \boldsymbol{D}_1(s), \quad \boldsymbol{N}_3(s) = [s+1 \quad s-1]$$

(d)

$$\boldsymbol{D}_4(s) = \boldsymbol{D}_1(s), \quad \boldsymbol{N}_4(s) = [s \quad s]$$

8.6 如果令题 8.5 中 $\boldsymbol{D}_i^{\mathrm{T}}(s) = \boldsymbol{A}_i(s), \boldsymbol{N}_i^{\mathrm{T}}(s) = \boldsymbol{B}_i(s)$,那么多项式矩阵对$\{\boldsymbol{A}_i(s), \boldsymbol{B}_i(s)\}$左互质吗?如果令 $\boldsymbol{A}_i(s) = \boldsymbol{D}_i(s), \boldsymbol{B}_i(s) = \boldsymbol{N}_i^{\mathrm{T}}(s)$,它们左互质吗? $i = 1,2,3,4$.

8.7 下面矩阵 $\boldsymbol{M}(s)$是列化简的吗?若否,求幺模矩阵 $\boldsymbol{U}(s)$和 $\boldsymbol{V}(s)$使得 $\boldsymbol{M}(s)\boldsymbol{U}(s)$和 $\boldsymbol{V}(s)\boldsymbol{M}(s)$是列化简的:

$$\boldsymbol{M}(s) = \begin{bmatrix} s^3+s^2+1 & 2s+1 & 3s^2+s+1 \\ 2s^3+s-1 & 0 & 2s^2+s \\ 1 & s-1 & s^2-s \end{bmatrix}$$

8.8 题 8.7 中 $\boldsymbol{M}(s)$是行化简的吗?若否,将它变换成行化简的.

8.9 应用行搜索法从下面 $\boldsymbol{G}(s)$的三个不同的右矩阵分式中求出各自的左矩阵分式:

$$\boldsymbol{G}(s)=\begin{bmatrix}s^3+s^2+s+1 & s^2+s\\ s^2+1 & 2s\end{bmatrix}\begin{bmatrix}s^4+s^2 & s^3\\ s^2+1 & -s^2+2s\end{bmatrix}^{-1}$$
$$=\begin{bmatrix}s+1 & 0\\ 1 & 1\end{bmatrix}\begin{bmatrix}s^2 & 0\\ 1 & -s+1\end{bmatrix}^{-1}$$
$$=\begin{bmatrix}s^2+s & 0\\ 2s+1 & 1\end{bmatrix}\begin{bmatrix}s^3 & 0\\ -s^2+s+1 & -s+1\end{bmatrix}^{-1}$$

这些结果相同吗？其中哪一个是右互质矩阵分式，如果存在的话？

8.10　由下面 $\boldsymbol{G}(s)$ 的左矩阵分式求其右矩阵分式：

$$\boldsymbol{G}(s)=\begin{bmatrix}s^2-1 & 0\\ 0 & s^2-1\end{bmatrix}^{-1}\begin{bmatrix}s-1 & s+1\\ s^2 & 2s+2\end{bmatrix}$$

8.11　设 $\boldsymbol{G}(s)=\boldsymbol{A}^{-1}(s)\boldsymbol{B}(s)=\boldsymbol{N}(s)\boldsymbol{D}^{-1}(s)$ 是两个互质矩阵分式．证明存在下面形式的幺模矩阵：

$$\begin{bmatrix}\boldsymbol{U}_{11}(s) & \boldsymbol{U}_{12}(s)\\ \boldsymbol{B}(s) & \boldsymbol{A}(s)\end{bmatrix}$$

使得

$$\begin{bmatrix}\boldsymbol{U}_{11}(s) & \boldsymbol{U}_{12}(s)\\ \boldsymbol{B}(s) & \boldsymbol{A}(s)\end{bmatrix}\begin{bmatrix}\boldsymbol{D}(s)\\ -\boldsymbol{N}(s)\end{bmatrix}=\begin{bmatrix}\boldsymbol{I}\\ \boldsymbol{0}\end{bmatrix}\quad\text{或}\quad\begin{bmatrix}\boldsymbol{U}_{12}(s) & \boldsymbol{U}_{11}(s)\\ \boldsymbol{A}(s) & \boldsymbol{B}(s)\end{bmatrix}\begin{bmatrix}-\boldsymbol{N}(s)\\ \boldsymbol{D}(s)\end{bmatrix}=\begin{bmatrix}\boldsymbol{I}\\ \boldsymbol{0}\end{bmatrix}$$

提示：若 $\boldsymbol{D}(s)$ 和 $\boldsymbol{N}(s)$ 右互质，则有

$$\begin{bmatrix}\boldsymbol{U}_{11} & \boldsymbol{U}_{12}\\ \boldsymbol{U}_{21} & \boldsymbol{U}_{22}\end{bmatrix}\begin{bmatrix}\boldsymbol{D}\\ -\boldsymbol{N}\end{bmatrix}=\begin{bmatrix}\boldsymbol{I}\\ \boldsymbol{0}\end{bmatrix}$$

而且 $\boldsymbol{U}_{21}$ 和 $\boldsymbol{U}_{22}$ 左互质，$\boldsymbol{U}_{22}^{-1}\boldsymbol{U}_{21}=\boldsymbol{N}\boldsymbol{D}^{-1}$．应用定理 8.13 可知存在幺模矩阵 $\boldsymbol{M}$ 使得 $\boldsymbol{M}\boldsymbol{U}_{21}=\boldsymbol{B}$，$\boldsymbol{M}\boldsymbol{U}_{22}=\boldsymbol{A}$．

8.12　证明如果 $\boldsymbol{N}(s)\boldsymbol{D}^{-1}(s)=\bar{\boldsymbol{N}}(s)\bar{\boldsymbol{D}}^{-1}(s)$ 是两个右互质矩阵分式，则矩阵 $\boldsymbol{U}(s)=\bar{\boldsymbol{D}}^{-1}(s)\boldsymbol{D}(s)$ 是幺模矩阵．提示：方程式 $\boldsymbol{XN}+\boldsymbol{YD}=\boldsymbol{I}$ 意味着 $\overline{\boldsymbol{XND}}^{-1}\boldsymbol{D}+\overline{\boldsymbol{YDD}}^{-1}\boldsymbol{D}=(\overline{\boldsymbol{XN}}+\overline{\boldsymbol{YD}})\boldsymbol{U}=\boldsymbol{I}$，这又意味着 $\boldsymbol{U}^{-1}$ 是多项式矩阵．

8.13　用题 8.12 的结论证明定理 8.13．

8.14　证明 $r\times m$ 阶多项式矩阵 $\boldsymbol{D}_1(s)$ 和 $\boldsymbol{D}_2(s)$ 具有相同 Smith 型的充要条件是存在 $r\times r$ 阶和 $m\times m$ 阶多项式方阵 $\boldsymbol{M}_1(s)$ 和 $\boldsymbol{M}_2(s)$，使得 $\boldsymbol{M}_1\boldsymbol{D}_1=\boldsymbol{D}_2\boldsymbol{M}_2$，并且 $\{\boldsymbol{D}_1,\boldsymbol{M}_2\}$ 右互质，$\{\boldsymbol{M}_1,\boldsymbol{D}_2\}$ 左互质．

8.15　将下面矩阵变换为 Smith 型：

$$\boldsymbol{P}(s)=\begin{bmatrix}s^2+7s+2 & 0\\ 3 & s^2+s\\ s+1 & s+3\end{bmatrix}$$

8.16　证明任意幺模矩阵的 Smith 型均为单位阵．

8.17　证明 $\boldsymbol{A}(s)$ 和 $\boldsymbol{B}(s)$ 左互质的充要条件是 $\{\boldsymbol{A}(s),\boldsymbol{B}(s)\}$ 的 Smith 型为 $[\boldsymbol{I}\quad\boldsymbol{0}]$．

8.18　将下面矩阵变换为 Popov 型

$$
\boldsymbol{P}(s)=\begin{bmatrix}4s^2+s+1 & s+2 & 0\\ 7s & 3s^2+4s+1 & 2s^2+3s+1\\ 4 & 2s^2+s & 4s^2\end{bmatrix}
$$

8.19 判断下列矩阵对$\{\boldsymbol{E},\boldsymbol{A}\}$所组成的矩阵束$(s\boldsymbol{E}-\boldsymbol{A})$是否为正则矩阵束:

(a)

$$
\boldsymbol{E}=\begin{bmatrix}4 & 1\\ 0 & 0\end{bmatrix},\quad \boldsymbol{A}=\begin{bmatrix}4 & 1\\ 4 & 1\end{bmatrix}
$$

(b)

$$
\boldsymbol{E}=\begin{bmatrix}2 & 0 & 0\\ 0 & 3 & 0\\ 1 & 0 & 0\end{bmatrix},\quad \boldsymbol{A}=\begin{bmatrix}1 & 0 & 2\\ 2 & 1 & 0\\ 3 & 1 & 1\end{bmatrix}
$$

8.20 求题 8.19 中矩阵束的 Kronecker 规范型.

第9章　系统的多项式矩阵描述(PMD)和传递函数矩阵性质

前面曾经指出系统的输入输出描述和状态空间描述各有其优缺点.为了保留描述系统的变量像输入输出描述那样具有明确的物理概念又能像状态空间描述那样全面深刻地指出系统的内部特性和外部特性,V. Belevitch 和 H. H. Rosenbrock 等人提出了系统的多项式矩阵描述(PMD),随后 C. A. Desoer 等人在这方面做了大量工作.本章的 9.1 节以电路系统为例探讨了一种改进的 Desoer 列表法,指明怎样系统地得到多口网络即多变量系统的 PMD 以及如何由 PMD 中求出传递函数矩阵.9.2 节介绍了基于右矩阵分式型有理传递矩阵$\boldsymbol{G}(s)=\boldsymbol{N}_r(s)\boldsymbol{D}_r^{-1}(s)$的控制器型实现,和基于左矩阵分式型有理传递矩阵$\boldsymbol{G}(s)=\boldsymbol{D}_l^{-1}(s)\boldsymbol{N}_l(s)$的观测器型实现.9.3 节在 9.2 节的基础上系统地阐述了由 PMD 引申出传递矩阵的状态空间实现,介绍了 H. Rosenbrock 提出的解耦零点的定义及系统的特征值集、传递矩阵极点集和各类不同类型解耦零点(例如输入解耦零点,输出解耦零点等等)集之间的关系,最后还叙述了严格系统等价的定义以及严格等价的系统间的特性,例如它们具有相同的传递矩阵,相同的系统极点(特征值)集,彼此间的分状态通过可逆变换联系起来,在相同输入和对应的初始条件下系统的动态行为相同等等.9.4 节用多种方式给出了有理传递矩阵的极点和传输零点的定义并证明了这些定义是相容的和一致的,研究了极点和传输零点的特性及物理意义,介绍了有理传递矩阵的赋值、化零空间、核空间和亏数等概念和定义以及相互间的关系.

9.1　线性多变量系统的 PMD

这一节首先以线性多口网络作为多变量系统的特例,介绍文献[21]中的一种改进的 Desoer列表法,阐明怎样系统地得到关于多口网络的 PMD,然后转入对一般多变量系统的 PMD 研究.假设所研究的电网络 N 是由若干电阻器、电感器、电容器和受控电源组成并有唯一解;它具有 b 条内部支路,n_t 个节点,k_1 条为连接独立电压源的电流端口支路,k_2 条为连接独立电流源的电压端口支路,网络的拓扑图是连通的.这样的假设决定了该网络又是一个可通过$k(=k_1+k_2)$个端口和外部联系的 k 口网络,且肯定具有混合参数矩阵.图 9.1 为该网络示意图.进一步假设网络在初始时刻为松弛的,所有储能元件都没有储存能量,这样就可用网络变量的拉氏变换，电路元件的导纳和阻抗来描述网络.设 b 条内部支路电压和电流分别组成$b\times 1$维支路电压向量 $\boldsymbol{V}_b(s)$和支路电流向量 $\boldsymbol{I}_b(s)$，类似地，独立电压源和独立电流源分别组成$k_1\times 1$维独立电压源向量 $\boldsymbol{V}_s(s)$和 $k_2\times 1$ 维独立电流源向量$\boldsymbol{I}_s(s)$，相应地，有 $k_1\times 1$ 维的端口电压向量 $\boldsymbol{V}_{p1}(s)$和端口电流向量 $\boldsymbol{I}_{p1}(s)$，$k_2\times 1$ 维端口电流向量 $\boldsymbol{I}_{p2}(s)$和端口电压向量 $\boldsymbol{V}_{p2}(s)$，而且$\boldsymbol{V}_s(s)=\boldsymbol{V}_{p1}(s)$，$\boldsymbol{I}_s(s)=\boldsymbol{I}_{p2}(s)$.将网络的基本回路矩阵 $\boldsymbol{B}_f$ 按内部支路、电压端口支路、电流端口支路排列，则 $\boldsymbol{B}_f=[\boldsymbol{B}_b\quad \boldsymbol{B}_{p2}\quad \boldsymbol{B}_{p1}]$；类似地，基本割集矩阵 $\boldsymbol{Q}_f=[\boldsymbol{Q}_b\quad \boldsymbol{Q}_{p1}\quad \boldsymbol{Q}_{p2}]$.最后以矩阵$[\boldsymbol{Y}(s)\quad \boldsymbol{Z}(s)]$表明网络内部元件的特性，称为内部支路特性矩阵.这样就可写出描述整个网络的原始多项式矩阵描述式(9.1)，系数矩阵中仅 $\boldsymbol{Y}(s)$、$\boldsymbol{Z}(s)$中含有复频率 s，其余不为零的分块矩阵是以 0 和 1 组成的简单矩阵；$\boldsymbol{Y}(s)$中非零元素为±1，电导 g_i，容纳 $s\boldsymbol{C}_i$，受控源电压增益 μ_i 或跨导g_{mi}，$\boldsymbol{Z}(s)$中非零元素为±1，电阻 r_i，感抗 sL_i，受控源的电流增益 α_i 或互阻r_{mi}.图 9.1(a)中电压端口支路

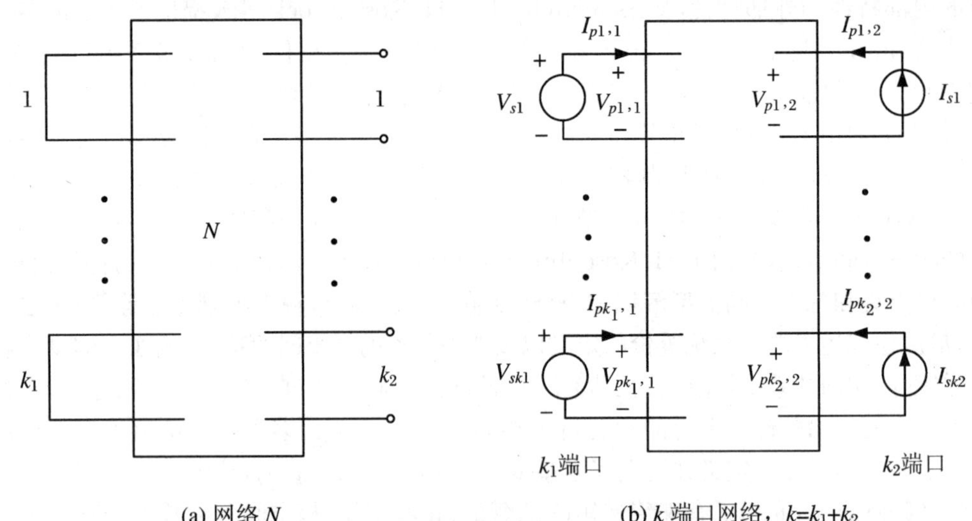

(a) 网络 N　　(b) k 端口网络，$k=k_1+k_2$

图 9.1　具有唯一解的网络 N 及其 k 端口网络

选做链支的一部分，电流端口支路选做树支的一部分.

$$\begin{matrix} b+k-n_t+1\{ \\ n_t-1\{ \\ b\{ \\ k=k_1+k_2\{ \end{matrix}\begin{bmatrix} \boldsymbol{B}_b & 0 & 0 & \boldsymbol{B}_{p2} & \boldsymbol{B}_{p1} & 0 \\ 0 & \boldsymbol{Q}_b & \boldsymbol{Q}_{p1} & 0 & 0 & \boldsymbol{Q}_{p2} \\ \boldsymbol{Y}(s) & \boldsymbol{Z}(s) & 0 & 0 & 0 & 0 \\ 0 & 0 & \boldsymbol{I}_{k_1} & 0 & 0 & 0 \\ 0 & 0 & 0 & \boldsymbol{I}_{k_2} & 0 & 0 \end{bmatrix}\begin{bmatrix} \boldsymbol{V}_b(s) \\ \boldsymbol{I}_b(s) \\ \boldsymbol{I}_{p1}(s) \\ \boldsymbol{V}_{p2}(s) \\ \boldsymbol{V}_s(s) \\ \boldsymbol{I}_s(s) \end{bmatrix}\begin{bmatrix} 0 \\ 0 \\ 0 \\ \boldsymbol{I}_{p1}(s) \\ \boldsymbol{V}_{p2}(s) \end{bmatrix} \tag{9.1}$$

式(9.1)中最上面$(b+k-n_t+1)$行和紧接着的(n_t-1)行方程分别表示由网络拓扑结构决定了的基尔霍夫电压方程和基尔霍夫电流方程，第三行块的 b 行方程表示着网络内部没有电源情况下的 b 个支路元件的伏安特性，最后 k 行为恒等式表示在$k(=k_1+k_2)$个端口上可测量的电流向量 $\boldsymbol{I}_{p1}$和电压向量 $\boldsymbol{V}_{p2}$.由于电感器和电流器的伏安特性皆以微分方式表示，从而避免了人为地附加微分运算使系统阶次升高的问题(倘若采用积分方式表示电感器

或电容器的伏安特性).下面以图 9.2 电路为例说明这一系统方法.

例 9.1　列写图 9.2 中电路的原始多项式矩阵描述式.

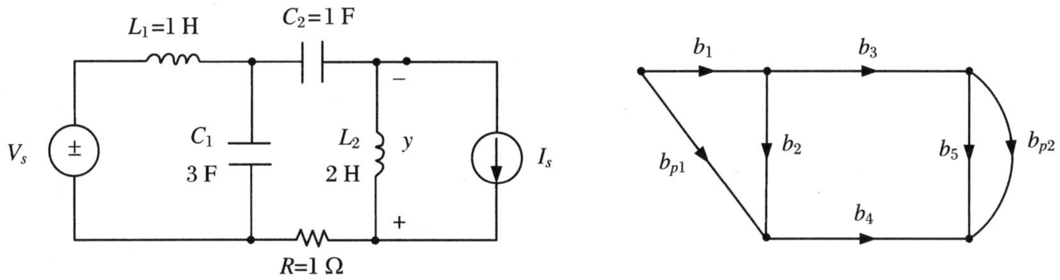

图 9.2　双口网络及其网络拓扑图

解　选择支路 b_{p1}、b_2、b_3、b_4 作为树,很容易写出它的基本回路矩阵 $\boldsymbol{B}_f$ 和基本割集矩阵 $\boldsymbol{Q}_f$:

$$
\begin{matrix} b_1 & b_5 & b_2 & b_3 & b_4 & b_{p2} & b_{p1} \end{matrix}
$$

$$
\boldsymbol{B}_f = \left[\begin{array}{ccccc:c:c} 1 & 0 & 1 & 0 & 0 & 0 & -1 \\ 0 & 1 & -1 & 1 & -1 & 0 & 0 \\ 0 & 0 & -1 & 1 & -1 & 1 & 0 \end{array}\right]
$$

$$
\begin{matrix} b_1 & b_5 & b_2 & b_3 & b_4 & b_{p1} & b_{p2} \end{matrix}
$$

$$
\boldsymbol{Q}_f = \left[\begin{array}{ccccc:c:c} 1 & 0 & 0 & 0 & 0 & 1 & 0 \\ -1 & 1 & 1 & 0 & 0 & 0 & 1 \\ 0 & -1 & 0 & 1 & 0 & 0 & -1 \\ 0 & 1 & 0 & 0 & 1 & 0 & 1 \end{array}\right]
$$

每个元件的伏安特性表达为

$$
L_1 \frac{\mathrm{d}i_1}{\mathrm{d}t} - v_1 = 0, \quad sI_1(s) - V_1(s) = 0
$$

$$
L_2 \frac{\mathrm{d}i_5}{\mathrm{d}t} - v_5 = 0, \quad 2sI_5(s) - V_5(s) = 0
$$

$$
C_1 \frac{\mathrm{d}v_5}{\mathrm{d}t} - i_2 = 0, \quad 3sV_2(s) - I_2(s) = 0
$$

$$
C_2 \frac{\mathrm{d}v_3}{\mathrm{d}t} - i_3 = 0, \quad sV_3(s) - I_3(s) = 0
$$

$$
gi_4 - i_4 = 0, \quad V_4(s) - I_4(s) = 0
$$

这样就可写出原始多项式矩阵描述式(9.2):

$$
\left[\begin{array}{ccccc|ccccc|c|c|c|c}
1 & 0 & 1 & 0 & 0 & & & & & & 0 & 0 & -1 & 0 \\
0 & 1 & -1 & 1 & -1 & & & & & & 0 & 0 & 0 & 0 \\
0 & 0 & -1 & 1 & -1 & & & & & & 0 & 1 & 0 & 0 \\
\hline
 & & & & & 1 & 0 & 0 & 0 & 0 & 1 & & & 0 \\
 & & & & & -1 & 1 & 1 & 0 & 0 & 0 & & & 1 \\
 & & & & & 0 & -1 & 0 & 1 & 0 & 0 & & & -1 \\
 & & & & & 0 & 1 & 0 & 0 & 1 & 0 & & & 1 \\
\hline
-1 & 0 & 0 & 0 & 0 & s & 0 & 0 & 0 & 0 & & & & \\
0 & -1 & 0 & 0 & 0 & 0 & 2s & 0 & 0 & 0 & & & & \\
0 & 0 & 3s & 0 & 0 & 0 & 0 & -1 & 0 & 0 & & & & \\
0 & 0 & 0 & s & 0 & 0 & 0 & 0 & -1 & 0 & & & & \\
0 & 0 & 0 & 0 & 1 & 0 & 0 & 0 & 0 & -1 & & & & \\
\hline
 & & & & & & & & & & 1 & 0 & & \\
 & & & & & & & & & & 0 & 1 & &
\end{array}\right]
\left[\begin{array}{c}
V_1(s) \\ V_5(s) \\ V_2(s) \\ \hline V_3(s) \\ V_4(s) \\ I_1(s) \\ I_5(s) \\ \hline I_2(s) \\ I_3(s) \\ I_4(s) \\ I_{p1}(s) \\ V_{p2}(s) \\ \hline V_s(s) \\ I_s(s)
\end{array}\right]
=
\left[\begin{array}{c}
\\ \mathbf{0} \\ \\ \hline \\ \\ \mathbf{0} \\ \\ \hline \\ \\ \mathbf{0} \\ \\ \\ \hline I_{p1}(s) \\ V_{p2}(s)
\end{array}\right]
\left.\begin{array}{c} \\ \end{array}\right\} \boldsymbol{y}(s)
\tag{9.2}
$$

其中凡未注明的元素皆为零.

式(9.1)的特点在于它包容了网络在拓扑结构和物理属性上的全部信息,因此它是网络的内部描述;同时它的每个网络变量都具有明确的物理意义.这就是它保留着状态空间描述和输入输出描述优点的原因所在.在式(9.1)中,等号左边向量中 $\boldsymbol{V}_s(s)$ 和 $\boldsymbol{I}_s(s)$ 为输入信号 $\boldsymbol{U}(s)=[\boldsymbol{V}_s^{\mathrm{T}}(s)\quad \boldsymbol{I}_s^{\mathrm{T}}(s)]^{\mathrm{T}}$,向量中其余部分称为分状态(或伪状态)向量,记以

$$\boldsymbol{\xi}(s) \overset{\text{def}}{=} [\boldsymbol{V}_b^{\mathrm{T}}(s)\quad \boldsymbol{I}_b^{\mathrm{T}}(s) \mid \boldsymbol{I}_{p1}^{\mathrm{T}}(s)\quad \boldsymbol{V}_{p2}^{\mathrm{T}}(s)]^{\mathrm{T}} = [\boldsymbol{\xi}_1^{\mathrm{T}}(s) \mid \boldsymbol{\xi}_2^{\mathrm{T}}(s)]^{\mathrm{T}}$$

而等号右边中非零向量为可测量的输出信号,记以 $\boldsymbol{y}(s)\overset{\text{def}}{=}[\boldsymbol{I}_{p1}^{\mathrm{T}}(s)\quad \boldsymbol{V}_{p2}^{\mathrm{T}}(S)]^{\mathrm{T}}=\boldsymbol{\xi}_2(s)$.前面假设网络具有唯一解,式(9.1)中系数矩阵是非奇异多项式方阵.根据 8.2 节中定理 8.5 可知,采用一系列行初等变换可将系数矩阵化成 Hermite 规范型.而且这里无需应用最后的 k 行.实际上只要将系数矩阵前$(2b+k)$行变换成上三角分块矩阵就足够了.这样便得到了变换后的网络多项式矩阵描述式(9.3):

$$
\begin{array}{l} 2b\left\{\begin{array}{c} \\ \\ \end{array}\right. \\ k\{ \\ k\{ \end{array}
\left[\begin{array}{ccc|c}
\boldsymbol{U} & \boldsymbol{W}_1 & \boldsymbol{W}_2 & -\boldsymbol{W}_3 \\
\mathbf{0} & \boldsymbol{M}(s) & \boldsymbol{A}(s) & -\boldsymbol{B}(s) \\
\mathbf{0} & \mathbf{0} & \boldsymbol{D}(s) & -\boldsymbol{N}(s) \\
\hline
\mathbf{0} & \mathbf{0} & \boldsymbol{I}_k & \mathbf{0}
\end{array}\right]
\left[\begin{array}{c} \\ \\ \boldsymbol{\xi}(s) \\ \hline \boldsymbol{U}(s) \end{array}\right]
=
\left[\begin{array}{c} \\ \mathbf{0} \\ \\ \hline \boldsymbol{y}(s) \end{array}\right]
\tag{9.3}
$$

其中,$\boldsymbol{U}\in\mathbf{R}^{l\times l}$,$l<2b$,是对角线元素为 1 的上三角矩阵,$\boldsymbol{W}_i$,$i=1,2,3$ 是可能的非零矩阵,而今后并不需要考虑它,$\boldsymbol{M}(s)$是$(2b-l)$阶上三角方阵,$\boldsymbol{D}(s)$和 $\boldsymbol{N}(s)$是 k 阶方阵,网络的唯一解性决定了 $\boldsymbol{M}(s)$和 $\boldsymbol{D}(s)$皆非奇异,$\boldsymbol{A}(s)$和 $\boldsymbol{B}(s)$是两个$(2b-l)\times k$ 阶多项式矩阵.按照式(9.3)中虚线分块又可将它写成标准的多项式矩阵描述式,如(9.4).

$$\boldsymbol{P}(s)\boldsymbol{\xi}(s) = \boldsymbol{Q}(s)\boldsymbol{U}(s) \tag{9.4a}$$

$$\boldsymbol{y}(s) = \boldsymbol{T}(s)\boldsymbol{\xi}(s) + \boldsymbol{W}(s)\boldsymbol{U}(s) \tag{9.4b}$$

两者对照,这样的网络有

$$P(s)\begin{bmatrix} U & W_1 & W_2 \\ 0 & M(s) & A(s) \\ 0 & 0 & D(s) \end{bmatrix},\quad Q(s)=\begin{bmatrix} W_3 \\ B(s) \\ N(s) \end{bmatrix}$$

$$T(s)=[0\quad 0\quad 1_k],\quad W(s)=0$$

式(9.3)和式(9.4)虽然是由特定的电路系统得到的但却具有普遍意义.倘若将式(9.3)和式(9.4)中复频率 s 以微分算子 $p=\mathrm{d}/\mathrm{d}t$ 代替得到的就是系统的广义微分算子描述,就可在时域中研究系统的特性,也不必假设系统在初始时刻为松弛的,因而需要一定数量的初始条件.显然用拉氏变换法处理高阶线性微分方程组会带来许多方便,因此主要研究系统的多项式矩阵描述是合乎情理的事,今后主要研究式(9.4)这种标准的 PMD.将式(9.4)重新以式(9.3)形式写出,有

$$\begin{bmatrix} P(s) & -Q(s) \\ T(s) & W(s) \end{bmatrix}\begin{bmatrix} \xi(s) \\ U(s) \end{bmatrix}=\begin{bmatrix} 0 \\ y(s) \end{bmatrix} \tag{9.5}$$

H. Rosenbrock 称式(9.5)的系数矩阵为系统矩阵①.为了避免和状态空间描述式中系统矩阵 A 混淆,本书称它为 R-系统矩阵,记以 $S_R(s)$,即

$$S_R(s)=\begin{bmatrix} P(s) & -Q(s) \\ T(s) & W(s) \end{bmatrix} \tag{9.6}$$

现在研究系统的 PMD 是如何描述系统外部特性的.系统唯一解性决定了 $P(s)$非奇异,因此,对松弛系统由式(9.4)可解出

$$\xi(s)=p^{-1}(s)Q(s)u(s) \tag{9.7a}$$

$$\begin{aligned} y(s)&=[T(s)p^{-1}(s)Q(s)+W(s)]u(s) \\ &=G(s)u(s) \end{aligned} \tag{9.7b}$$

其中

$$G(s)\overset{\text{def}}{=}T(s)P^{-1}(s)Q(s)+W(s) \tag{9.8}$$

正是线性多变量系统的传递函数矩阵.不过,这样分析得到的传递矩阵并不一定是真有理矩阵.将式(9.7)和式(2.33),式(9.8)和式(2.35)对照,还发现状态空间描述是 PMD 的一种特殊情况,只不过是

$$\begin{aligned} P(s)&=(sI-A),\quad Q(s)=B \\ T(s)&=C,\quad W(s)=D \end{aligned} \tag{9.9}$$

因此无妨称 $P(s)$为系统矩阵,$Q(s)$为输入(或控制)矩阵,$T(s)$为输出(或观测)矩阵,$W(s)$为直接传输矩阵.这样有助于将两种描述联系起来研究考察系统的特性,例如互质性、能控性和能观性等.倘若式(9.8)中 $W(s)=0$,$Q(s)$为单位阵,便得到 $G(s)$的右矩阵分式;$W(s)=0$,$T(s)$为单位阵,便得到 $G(s)$的左矩阵分式.可见 PMD 是最具普遍意义的一种系统描述方式.

例 9.2　列写例 9.1 中电路的 PMD 并计算出传递矩阵.

解　对式(9.2)的系数矩阵上面 12 行进行一系列行初等变换,得到下式

---

① H. Rosenbrock 使用的 PDM 和系统矩阵如式(9.77)、式(9.66),两者本质上是一样的.

$$
[\boldsymbol{P}(s) \quad -\boldsymbol{Q}(s)] = \left[\begin{array}{cccccccccc:cc:cc}
1 & & 1 & & & & & & & & & & -1 & \\
\hdashline
 & 1 & -1 & 1 & 1 & & & & & & & & & \\
 & & 1 & -1 & 1 & & & & & & & -1 & & \\
\hdashline
 & & & 1 & & & & & & -1 & -s & & & \\
 & & & & 1 & & & & & -1 & & & & \\
 & & & & & 1 & & & & & 1 & & & 1 \\
\hdashline
 & & & & & & 1 & & -1 & & & & & \\
 & & & & & & & 1 & 1 & & 1 & & & \\
 & & & & & & & & 1 & 1 & & & & \\
 & & & & & & & & & 1 & -(3s^2+1) & & & \\
\hdashline
 & & & & & & & & & & (3s^2+1)(s+1)+s^2 & -s & 3s(s+1)+s & 0 \\
 & & & & & & & & & & -2s(3s^2+1) & -1 & -6s^2 & -2s
\end{array}\right]
$$

其中 $\boldsymbol{U}$ 为10阶对角线元素为1的上三角方阵，$\boldsymbol{M}(s)$、$\boldsymbol{W}_1$、$\boldsymbol{B}(s)$和 $\boldsymbol{A}(s)$消失，因为 $l=2b=10$，$\boldsymbol{D}(s)$和 $\boldsymbol{N}(s)$位于式(9.10)右下角，即

$$
\boldsymbol{D}(s) = \begin{bmatrix} 3s^3+4s^2+s+1 & -s \\ -(6s^3+2s) & -1 \end{bmatrix}
$$

$$
-\boldsymbol{N}(s) = \begin{bmatrix} 3s^2+4s & 0 \\ -6s^2 & -2s \end{bmatrix}
$$

$$
\boldsymbol{G}(s) = \frac{1}{6s^4+3s^3+6s^2+s+1}\begin{bmatrix} 6s^3+3s^2+4s & 2s^2 \\ -2s^2 & 6s^4+8s^3+2s^2+2s \end{bmatrix}
$$

最后指出采用不同的系统方法列出同一多变量系统的 PMD 所得到的 R-系统矩阵 $\boldsymbol{S}_R(s)$阶次可能不一样. 例如采用 C. A. Desoer 在文献[20]提出的方法，$\boldsymbol{S}_R(s)$将是$(2b+2n+2k)$的方阵，而这里即式(9.3)的系数矩阵是$(2b+2k)$的方阵. 但它们是严格等价的，其次虽然例9.1中电路有 $\boldsymbol{W}(s)=\boldsymbol{0}$，$\boldsymbol{G}(s)$为严格真有理矩阵，但一般情况下并非总是这样. 这两个问题将在9.3节中进一步讨论.

9.2 基于矩阵分式的状态空间实现

9.1节已经指出多变量系统的 PMD 和传递函数矩阵即输入输出描述以及状态空间描述都有着紧密联系. 一方面为了研究以矩阵分式表述的传递矩阵的状态空间实现本身，另一方面也是为了通过矩阵分式的状态空间实现研究 PMD 的状态空间实现，这一节研究以右矩阵分式和左矩阵分式表述的传递矩阵的状态空间实现. 和第5章曾经指出的那样，若 $\boldsymbol{G}(s)$为真有理矩阵，$\boldsymbol{D}=\boldsymbol{G}(\infty)$，$\boldsymbol{G}(s)-\boldsymbol{G}(\infty)$便是严格真有理矩阵，可用$\{\boldsymbol{A},\boldsymbol{B},\boldsymbol{C}\}$实现. 所以实现的关键问题仍是关于严格真有理矩阵的实现.

设 $r\times m$ 阶严格真有理矩阵 $\boldsymbol{G}(s)=\boldsymbol{N}_r(s)\boldsymbol{D}_r^{-1}(s)$为右互质分式，$\boldsymbol{D}_r(s)$列化简，$\delta_{cj}$

$\boldsymbol{N}_r(s) < \delta_{cj}\boldsymbol{D}_r(s) = k_j, j = 1,2,\cdots,m; n = k_1 + k_2 + \cdots + k_m$. 将 $\boldsymbol{D}_r(s)$写成式(9.10)

$$\boldsymbol{D}_r(s) = \boldsymbol{D}_{hc}\boldsymbol{H}(s) + \boldsymbol{D}_{lc}\boldsymbol{L}(s) \tag{9.10}$$

其中 $\boldsymbol{D}_{hc}$ 为非奇异的列次数系数矩阵,$\boldsymbol{H}(s) = \mathrm{diag}[s^{k_i} \quad s^{k_2} \quad \cdots \quad s^{k_m}]$,$\boldsymbol{D}_{lc}$ 是 $m \times n$ 的常数矩阵,$\boldsymbol{L}(s)$如式(9.11)所示为 $n \times m$ 阶矩阵,若 $k_j = 0$,$\boldsymbol{L}(s)$的第 j 列为零列.

$$\boldsymbol{L}(s) = \left[\begin{array}{c:c:c:c} \begin{matrix}1\\ s\\ \vdots\\ s^{k_1-1}\end{matrix} & \boldsymbol{0} & & \boldsymbol{0} \\ \hdashline \boldsymbol{0} & \begin{matrix}1\\ s\\ \vdots\\ s^{k_2-1}\end{matrix} & \cdots & \boldsymbol{0} \\ \hdashline & \vdots & \ddots & \\ \hdashline \boldsymbol{0} & \boldsymbol{0} & & \begin{matrix}1\\ s\\ \vdots\\ s^{k_m-1}\end{matrix} \end{array}\right] \tag{9.11}$$

$\boldsymbol{N}_r(s)$可表达类似 $\boldsymbol{D}_{lc}\boldsymbol{L}(s)$,即

$$\boldsymbol{N}_r(s) = \boldsymbol{N}_{lC}\boldsymbol{L}(s) \tag{9.12}$$

$\boldsymbol{N}_{lc}$ 为 $r \times n$ 阶常数阵. 令 $\boldsymbol{V}(s) = \boldsymbol{D}_r^{-1}(s)\boldsymbol{u}(s)$,则

$$\boldsymbol{D}_r(s)\boldsymbol{V}(s) = \boldsymbol{u}(s) \tag{9.13}$$

$$\boldsymbol{y}(s) = \boldsymbol{N}_r(s)\boldsymbol{V}(s) \tag{9.14}$$

将式(9.10)和式(9.12)代入式(9.13)和式(9.14),有

$$[\boldsymbol{D}_{hc}\boldsymbol{H}(s) + \boldsymbol{D}_{lc}\boldsymbol{L}(s)]\boldsymbol{V}(s) = \boldsymbol{u}(s)$$

$$\boldsymbol{y}(s) = \boldsymbol{N}_{lc}\boldsymbol{L}(s)\boldsymbol{V}(s)$$

因为 $\boldsymbol{D}_r(s)$是列化简的,$\boldsymbol{D}_{hc}$ 非奇异,所以

$$\boldsymbol{H}(s)\boldsymbol{V}(s) = -\boldsymbol{D}_{hc}^{-1}\boldsymbol{D}_{lc}\boldsymbol{L}(s)\boldsymbol{V}(s) + \boldsymbol{D}_{hc}^{-1}\boldsymbol{u}(s) \tag{9.15}$$

再令

$$\boldsymbol{x}(s) \stackrel{\text{def}}{=} \boldsymbol{L}(s)\boldsymbol{V}(s)$$

并在时域中表示为

$$x_{ij_i}(t) = \frac{d^{j_i-1}v_i(t)}{dt^{j_i-1}}, \quad \begin{aligned} i &= 1,2,\cdots,m \\ j_i &= 1,2,\cdots,k_i \end{aligned} \tag{9.16a}$$

$$\dot{x}_{ij_i}(t) = x_{i(j_i+1)}(t), \quad \begin{aligned} i &= 1,2,\cdots,m \\ j_i &= 1,2,\cdots,k_i - 1 \end{aligned} \tag{9.16b}$$

根据 $\boldsymbol{H}(s)$的定义式和式(9.16),可以将式(9.15)表达成

$$\begin{bmatrix} \dot{x}_{1k_1} \\ \dot{x}_{2k_2} \\ \vdots \\ \dot{x}_{mk_m} \end{bmatrix} = -\boldsymbol{D}_{hc}^{-1}\boldsymbol{D}_{lc}\boldsymbol{x}(t) + \boldsymbol{D}_{hc}^{-1}\boldsymbol{u}(t) \stackrel{\text{def}}{=} \begin{bmatrix} -\boldsymbol{a}_{1k_1} \\ -\boldsymbol{a}_{2k_2} \\ \vdots \\ -\boldsymbol{a}_{mk_m} \end{bmatrix}\boldsymbol{x}(t) + \begin{bmatrix} \boldsymbol{b}_{1k_1} \\ \boldsymbol{b}_{2k_2} \\ \vdots \\ \boldsymbol{b}_{mk_m} \end{bmatrix}\boldsymbol{u}(t) \tag{9.17}$$

其中,$-\boldsymbol{a}_{ik_j}$ 表示 $-\boldsymbol{D}_{hc}^{-1}\boldsymbol{D}_{lc}$ 的第 $i, i = 1,2,\cdots,m$ 行,$\boldsymbol{b}_{ik_i}$ 表示 $\boldsymbol{D}_{hC}^{-1}$ 的第 $i, i = 1,2,\cdots,m$ 行. 式(9.16)和式(9.17)还可用图 9.3 中含有 m 条积分链的框图表示,图中每个积分器的输出

选作为状态变量.实际上图9.3就是图5.10中单变量系统传递函数 $g(s)$ 的控制器规范型实现的推广.只要根据式(9.16)和式(9.17)或者根据图9.3很容易写出状态方程,如式(9.18a),

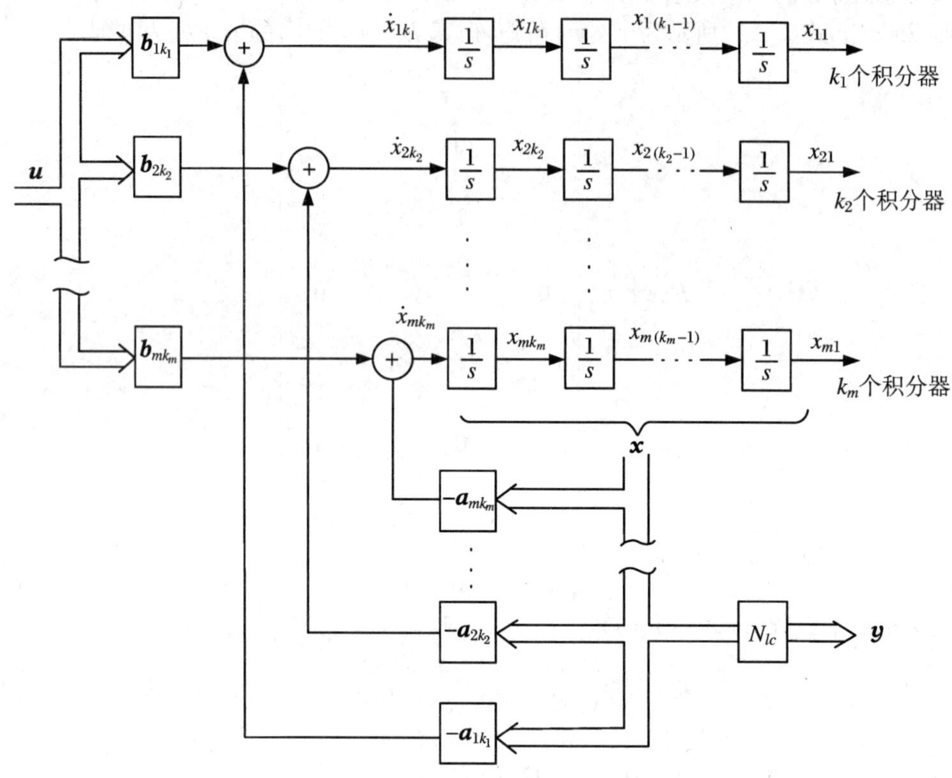

图9.3 含有 m 条积分链的 $G(s)=N_r(s)D_r^{-1}(s)$ 框图

$$
\left[\begin{array}{c}
\dot{x}_{11}\\ \dot{x}_{12}\\ \vdots\\ \\ \dot{x}_{1k_1}\\ \hline \dot{x}_{21}\\ \dot{x}_{22}\\ \vdots\\ \\ \dot{x}_{2k_2}\\ \hline \vdots\\ \hline \dot{x}_{m1}\\ \\ \vdots\\ \\ \dot{x}_{mk_m}
\end{array}\right]
=
\left[\begin{array}{ccccc:ccccc:c:ccccc}
0&1&0&\cdots&0 &&&&&& &&&&&\\
0&0&1&\cdots&0 &&&&&& &&&&&\\
\vdots&\vdots&\vdots&&\vdots &&&\mathbf{0}&&& &&&\mathbf{0}&&\\
0&0&0&\cdots&1 &&&&&& &&&&&\\
&&*&\cdots&* &*&\cdots&(-\boldsymbol{a}_{1k_1})&*&*& &*&*&*&\cdots&*\\
\hdashline
&&&&&0&1&0&\cdots&0& &&&&&\\
&&&&&0&0&1&\cdots&0& &&&&&\\
&&\mathbf{0}&&&\vdots&\vdots&\vdots&\cdots&\vdots&\cdots &&&\mathbf{0}&&\\
&&&&&0&0&0&\cdots&1& &&&&&\\
&&*&\cdots&* &*&\cdots&(-\boldsymbol{a}_{2k_2})&\cdots&*& &*&*&*&\cdots&*\\
\hdashline
&&\vdots&&&&&\vdots&&&\ddots&&&\vdots&&\\
\hdashline
&&&&&&&&&& &0&1&0&\cdots&0\\
&&&&&&&&&& &0&0&1&\cdots&0\\
&&\mathbf{0}&&&&&\mathbf{0}&&& &\vdots&\vdots&\vdots&&\vdots\\
&&&&&&&&&& &0&0&0&\cdots&1\\
&&*&\cdots&* &*&\cdots&(-\boldsymbol{a}_{mk_m})&\cdots&*& &*&*&*&\cdots&*
\end{array}\right]\boldsymbol{x}(t)+
\left[\begin{array}{c}
\mathbf{0}\\ \mathbf{0}\\ \vdots\\ \mathbf{0}\\ \boldsymbol{b}_{1k_1}\\ \hdashline \mathbf{0}\\ \mathbf{0}\\ \vdots\\ \mathbf{0}\\ \boldsymbol{b}_{2k_2}\\ \hdashline \vdots\\ \hdashline \mathbf{0}\\ \mathbf{0}\\ \vdots\\ \mathbf{0}\\ \boldsymbol{b}_{mk_m}
\end{array}\right]\boldsymbol{u}(t)
\tag{9.18a}
$$

其中 * 号表示可能的非零元素. 系统矩阵 $\boldsymbol{A}$ 的第 k_1 行等于 $-\boldsymbol{a}_{1k_1}$,第(k_1+k_2)行等于 $-\boldsymbol{a}_{2k_2}$,以此类推. 输出方程为式(9.18b):

$$\boldsymbol{y}(t)=\boldsymbol{N}_{lc}\boldsymbol{x}(t)=\boldsymbol{C}\boldsymbol{x}(t) \tag{9.18b}$$

注意,倘若 $k_i=0$,图 9.3 中就没有第 i 条积分链,状态方程中也就没有相应的行.

例 9.3 设有严格真有理矩阵 $G(s)$如下,求其状态空间实现:

$$\begin{aligned}\boldsymbol{G}(s)&=\begin{bmatrix}\dfrac{-3s^2-6s-2}{(s+1)^3} & \dfrac{s^3-3s-1}{(s-2)(s+1)^3} & \dfrac{1}{(s-2)(s+1)^2}\\ \dfrac{s}{(s+1)^3} & \dfrac{s}{(s-2)(s+1)^3} & \dfrac{s}{(s-2)(s+1)^2}\end{bmatrix}\\ &=\begin{bmatrix}(s+1)^3(s-2) & 0\\ 0 & (s+1)^3(s-2)\end{bmatrix}^{-1}\\ &\quad\times\begin{bmatrix}(-3s^2-6s-2)(s-2) & s^3-3s-1 & s+1\\ s(s-2) & s & s(s+1)\end{bmatrix}\end{aligned}$$

$\boldsymbol{G}(s)$的左矩阵分式是通过提取每行最小公分母得到的. 这样的左矩阵分式一般并不是既约的. 由这一左矩阵分式出发,利用列搜索法得到列既约的右互质分式为

$$\boldsymbol{G}(s)=\begin{bmatrix}-3s^2-6s-2 & 1 & 0\\ s & 0 & 0\end{bmatrix}\begin{bmatrix}s^3+3s^2+3s+1 & -1 & -1\\ 0 & s-2 & -3\\ 0 & 0 & 1\end{bmatrix}^{-1}$$

显然,$k_1=3,k_2=1,k_3=0,n=k_1+k_2+k_3=4$. 将 $\boldsymbol{D}_r(s)$和 $\boldsymbol{N}_r(s)$写成式(9.10)和式(9.12)的形式.

$$\boldsymbol{D}_r(s)=\begin{bmatrix}1 & 0 & -1\\ 0 & 1 & -3\\ 0 & 0 & 1\end{bmatrix}\begin{bmatrix}s^3 & 0 & 0\\ 0 & s & 0\\ 0 & 0 & 1\end{bmatrix}+\left[\begin{array}{ccc:c}1 & 3 & 3 & -1\\ 0 & 0 & 0 & -2\\ 0 & 0 & 0 & 0\end{array}\right]\left[\begin{array}{c:c:c}1 & 0 & 0\\ s & 0 & 0\\ s^2 & 0 & 0\\ \hdashline 0 & 1 & 0\end{array}\right]=\boldsymbol{D}_{hc}\boldsymbol{H}(s)+\boldsymbol{D}_{lc}\boldsymbol{L}(s)$$

$$\boldsymbol{N}_r(s)=\left[\begin{array}{ccc:c}-2 & -6 & -3 & 1\\ 0 & 1 & 0 & 0\end{array}\right]\left[\begin{array}{c:c:c}1 & 0 & 0\\ s & 0 & 0\\ s^2 & 0 & 0\\ \hdashline 0 & 1 & 0\end{array}\right]=\boldsymbol{N}_{lc}\boldsymbol{L}(s)$$

注意,因为 $k_3=0$,$\boldsymbol{L}(s)$的最后一列为零列. 进一步计算出

$$\boldsymbol{D}_{hc}^{-1}=\begin{bmatrix}1 & 0 & 1\\ 0 & 1 & 3\\ 0 & 0 & 1\end{bmatrix},\quad \boldsymbol{D}_{hc}^{-1}\boldsymbol{D}_{lc}=\begin{bmatrix}1 & 3 & 3 & -1\\ 0 & 0 & 0 & -2\\ 0 & 0 & 0 & 0\end{bmatrix}$$

从而得到

$$\begin{bmatrix}\dot{x}_{11}\\ \dot{x}_{12}\\ \dot{x}_{13}\\ \dot{x}_{21}\end{bmatrix}=\left[\begin{array}{ccc:c}0 & 1 & 0 & 0\\ 0 & 0 & 1 & 0\\ -1 & -3 & -3 & 1\\ \hdashline 0 & 0 & 0 & 2\end{array}\right]\boldsymbol{x}+\left[\begin{array}{ccc}0 & 0 & 0\\ 0 & 0 & 0\\ 1 & 0 & 1\\ \hdashline 0 & 1 & 3\end{array}\right]\boldsymbol{u} \tag{9.19}$$

$$y = \begin{bmatrix} -2 & -6 & -3 & 1 \\ 0 & 1 & 0 & 0 \end{bmatrix} x$$

注意,因为 $k_3=0$,D_{hc}^{-1} 和 $D_{hc}^{-1}D_{lc}$ 的第三行就不在状态方程(9.19)中出现.

式(9.18)确定的动态方程就是由 $G(s)=N_r(s)D_r^{-1}(s)$ 导出的,它应该是 $G(s)=N_r(s)D_r^{-1}(s)$ 的实现.现在通过证明 $C(sI-A)^{-1}B=N_r(s)D_r^{-1}(s)$ 确信这一点.因为

$$C(sI-A)^{-1}B = N_{lc}(sI-A)^{-1}B, \quad N_r(s)D_r^{-1}(s) = N_{lc}L(s)D_r^{-1}(s)$$

只要能证明

$$(sI-A)^{-1}B = L(s)D_r^{-1}(s) = L(s)[D_{hc}H(s)+D_{lc}L(s)]^{-1} \tag{9.20a}$$

或者证明

$$BD_{hc}[H(s)+D_{hc}^{-1}D_{lc}L(s)] = (sI-A)L(s) \tag{9.20b}$$

即可.由于状态方程式(9.18a)中 $n\times m$ 阶矩阵 B 是由零行和 D_{hc}^{-1} 的行组成的,BD_{hc} 只在位置(η_i,i)上含有元素1,$\eta_i=k_1+k_2+\cdots+k_i$,$i=1,2,\cdots,m$,其余元素均为0.结果

$$BD_{hc}[H(s)+D_{hc}^{-1}D_{lc}L(s)] \text{的第 } \eta_i \text{ 行} = [H(s)+D_{hc}^{-1}D_{lc}L(s)] \text{第 } i \text{ 行}$$

其余行皆为零行.$(sI-A)L(s)$具体写出来如下:

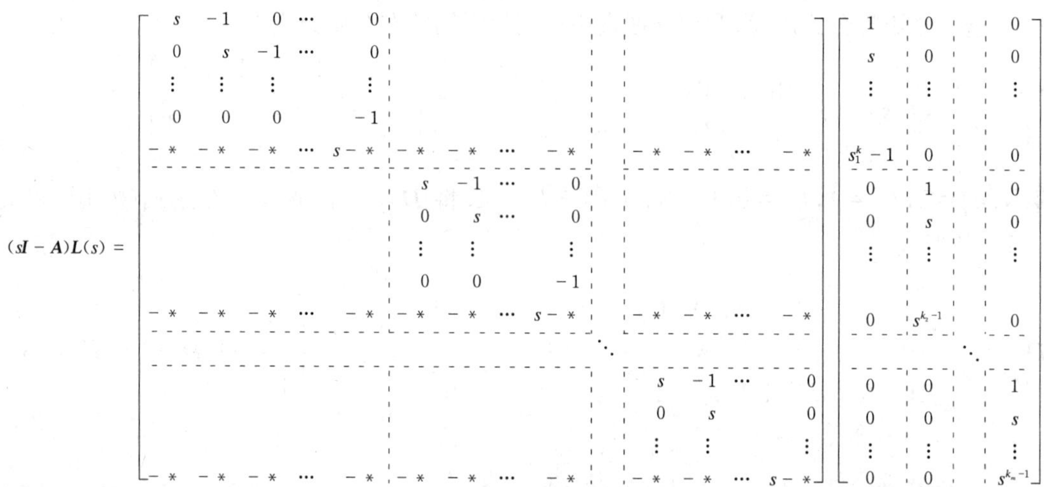

可见亦仅是第 η_i 行为非零行,其余行皆为零行.令 $L(s)$ 中 η_i,$i=1,2,\cdots,m$ 行组成矩阵 $L_{\eta_i}(s)$,即 $L_{\eta_i}(s)=\mathrm{diag}[s^{k_1-1} \quad s^{k_2-1} \quad \cdots \quad s^{k_m-1}]$,则 $sL_{\eta_i}(s)=H(s)$,结合式(9.17)可知$(sI-A)L(s)$中非零行组成的矩阵恰好正是 $H(s)+D_{hc}^{-1}D_{lc}L(s)$.从而证明式(9.20)确实成立.应当指明只要 $D_r(s)$是列化简的,就可应用这一实现方法,并不要求 $N_r(s)$和 $D_r(s)$右互质.下面讨论 $\det(sI-A)$和 $\det D_r(s)$之间关系,因为式(9.20a)意味着$(sI-A)^{-1}B=L(s)D_r^{-1}(s)$,即

$$\frac{1}{\det(sI-A)}\mathrm{adj}(sI-A)B = \frac{1}{\det D_r(s)}L(s)\mathrm{adj}D_r(s)$$

$\mathrm{adj}(sI-A)B$ 和 $L(s)\mathrm{adj}D_r(s)$是两个多项式矩阵,$\det(sI-A)$和 $\det D_r(s)$是两个 n 次多项式,必定有

$$\det D_r(s) = k\det(sI-A) = \det D_{hc}\cdot\det(sI-A) \tag{9.21}$$

当 $\det D_r(s)$为首一多项式时,$k=\det D_{hc}=1$.

现在还要强调指明的是不论 $N_r(s)$ 和 $D_r(s)$ 是否右互质，只要 $D_r(s)$ 是列化简的，$\delta c_j N_r(s) < \delta c_j D_r(s)$，这一实现方法得到的都是能控型实现. 注意到 $L(s)$ 具有 I_m 作为子矩阵，必有

$$\rho L(s) = m, \quad \forall s \in \mathbf{C}$$

于是

$$\rho\begin{bmatrix} L(s) \\ D_r(s) \end{bmatrix} = m, \quad \forall s \in \mathbf{C}$$

根据定理 8.18 可知，$L(s)$ 和 $D_r(s)$ 右互质，亦即存在两个多项式矩阵 $X(s)$ 和 $Y(s)$ 使得

$$X(s)D_r(s) + Y(s)L(s) = I_m \tag{9.22}$$

另一方面，$(sI - A)^{-1}B = L(s)D_r^{-1}(s)$，即

$$-BD_r(s) + (sI - A)L(s) = 0 \tag{9.23}$$

和 $\mathrm{degdet}(sI - A) = \mathrm{degdet}D_r(s) = \dim A$. 所以根据定理 8.8 的对偶定理或推论 8.4 可知 $(sI - A)$ 和 B 是左互质的，或

$$\rho[sI - A \quad B] = n, \quad \forall s \in \mathbf{C} \tag{9.24}$$

于是根据 4.3 节中定理 4.7 断定实现为能控型实现. 有些文献称它为控制器型实现.

定理 9.1　$G(s) = N_r(s)D_r^{-1}(s)$ 的控制器型实现式(9.18)是能观测的充要条件是 $N_r(s)$ 和 $D_r(s)$ 右互质.

证明　必要性证明. 假设 $N_r(s)$ 的 $D_r(s)$ 并非右互质，意味着存在 $\bar{D}_r(s)$，$\mathrm{degdet}\bar{D}_r(s) < \mathrm{degdet}D_r(s)$，使得 $G(s) = \bar{N}_r(s)\bar{D}_r^{-1}(s) = N_r(s)D_r^{-1}(s)$. 于是按照 $\bar{N}_r(s)$ 和 $\bar{D}_r(s)$ 实现的控制器型实现$\{\bar{A}, \bar{B}, \bar{C}\}$，一定有 $\dim\bar{A} < \mathrm{degdet}D_r(s) = n$. 所以按 $N_r(s)$ 和 $D_r(s)$ 实现的控制器型实现$\{A, B, C\}$，$\dim A = \mathrm{degdet}D_r(s) = n$，肯定不是最小实现，即不是能观的. 采用另一种不同的推论也可证明必要性. 如果 $N_r(s)$，$D_r(s)$ 不是右互质，则至少存在某个 s_0 使得

$$\rho\begin{bmatrix} D_r(s_0) \\ N_r(s_0) \end{bmatrix} < m \tag{9.25}$$

即$[D_r^{\mathrm{T}}(s_0) N_r^{\mathrm{T}}(s_0)]^{\mathrm{T}}$ 的 m 列彼此线性相关，所以存在 $m \times 1$ 维非零向量 $\boldsymbol{\alpha}$ 使得

$$\left.\begin{aligned} D_r(s_0)\boldsymbol{\alpha} &= 0 \\ N_r(s_0)\boldsymbol{\alpha} &= 0 \end{aligned}\right\} \tag{9.26}$$

考虑到

$$\left.\begin{aligned} BD_r(s) &= (sI - A)L(s) \\ C(sI - A)^{-1}B &= N_r(s)D_r^{-1}(s) \end{aligned}\right\} \tag{9.27}$$

并将 s_0 代入得到

$$\left.\begin{aligned} (s_0 I - A)L(s_0)\boldsymbol{\alpha} &= BD_r(s_0)\boldsymbol{\alpha} = 0 \\ CL(s_0)\boldsymbol{\alpha} &= C(s_0 I - A)^{-1}BD_r(s_0)\boldsymbol{\alpha} = N_r(s_0)\boldsymbol{\alpha} = 0 \end{aligned}\right\} \tag{9.28}$$

或者

$$\begin{bmatrix} s_0 I - A \\ C \end{bmatrix} L(s_0)\boldsymbol{\alpha} = 0 \tag{9.29}$$

因为 $\boldsymbol{L}(s_0)$含有单位阵 $\boldsymbol{I}_m$ 作为子矩阵，如果 $\boldsymbol{\alpha}$ 是非零向量，$\boldsymbol{L}(s_0)\boldsymbol{\alpha}$ 是 $n\times 1$ 维非零向量. 这表明

$$\rho\begin{bmatrix} s_0\boldsymbol{I}-\boldsymbol{A} \\ \boldsymbol{C} \end{bmatrix} < n \tag{9.30}$$

由此得到同一结论：$\boldsymbol{N}_r(s)$和 $\boldsymbol{D}_r(s)$不互质，控制器型实现式(9.18)必是不能观的.

充分性证明. 如果控制器型实现式(9.18)是不能观的，则 $\rho[(s\boldsymbol{I}-\boldsymbol{A})^{\mathrm{T}}\boldsymbol{C}^{\mathrm{T}}]^{\mathrm{T}}<n$，或者 $\boldsymbol{A}$ 具有特征值λ，且伴随 λ 的特征向量 $\boldsymbol{q}$ 与 $\boldsymbol{C}$ 的行张成的子空间正交(见节 4.4 定理 4.13)，即

$$\begin{bmatrix} \lambda\boldsymbol{I}-\boldsymbol{A} \\ \boldsymbol{C} \end{bmatrix}\boldsymbol{q} = \boldsymbol{0} \tag{9.31}$$

将 λ 代入式(9.27)写成

$$[\lambda\boldsymbol{I}-\boldsymbol{A} \quad -\boldsymbol{B}]\begin{bmatrix} \boldsymbol{L}(\lambda) \\ \boldsymbol{D}_r(\lambda) \end{bmatrix} = \boldsymbol{0} \tag{9.32}$$

$[\boldsymbol{L}^{\mathrm{T}}(\lambda) \quad \boldsymbol{D}_r^{\mathrm{T}}(\lambda)]^{\mathrm{T}}\in N[\lambda\boldsymbol{I}-\boldsymbol{A} \quad -\boldsymbol{B}]$，因为实现式(9.18)是能控的：

$$\left.\begin{aligned} \rho[\lambda\boldsymbol{I}-\boldsymbol{A} \quad -\boldsymbol{B}] &= n \\ \nu[\lambda\boldsymbol{I}-\boldsymbol{A} \quad -\boldsymbol{B}] &= m \end{aligned}\right\} \tag{9.33}$$

所以$[\boldsymbol{L}^{\mathrm{T}}(\lambda) \quad \boldsymbol{D}_r^{\mathrm{T}}(\lambda)]^{\mathrm{T}}$ 中 m 个线性无关的列组成化零空间 $N[\lambda\boldsymbol{I}-\boldsymbol{A} \quad -\boldsymbol{B}]$的基. 显然 $[\boldsymbol{q}^{\mathrm{T}} \quad \boldsymbol{0}^{\mathrm{T}}]^{\mathrm{T}}\in N[\lambda\boldsymbol{I}-\boldsymbol{A} \quad -\boldsymbol{B}]$，它可以表达为

$$\begin{bmatrix} \boldsymbol{q} \\ \boldsymbol{0} \end{bmatrix} = \begin{bmatrix} \boldsymbol{L}(\lambda) \\ \boldsymbol{D}_r(\lambda) \end{bmatrix}\boldsymbol{\alpha} \tag{9.34}$$

$\boldsymbol{\alpha}$ 是$m\times 1$ 维向量，正是$[\boldsymbol{q}^{\mathrm{T}} \quad \boldsymbol{0}^{\mathrm{T}}]^{\mathrm{T}}$ 在基$[\boldsymbol{L}^{\mathrm{T}}(\lambda) \quad \boldsymbol{D}_r^{\mathrm{T}}(\lambda)]^{\mathrm{T}}$ 下的坐标向量. 式(9.34)可改写为

$$\boldsymbol{q} = \boldsymbol{L}(\lambda)\boldsymbol{\alpha}, \quad \boldsymbol{D}_r(\lambda)\boldsymbol{\alpha} = \boldsymbol{0}$$

结合式(9.31)和式(9.27)，有

$$\boldsymbol{C}\boldsymbol{q} = \boldsymbol{0}, \quad \boldsymbol{C}\boldsymbol{L}(\lambda)\boldsymbol{\alpha} = \boldsymbol{N}_r(\lambda)\boldsymbol{\alpha} = \boldsymbol{0}$$

从而证明

$$\begin{bmatrix} \boldsymbol{D}_r(\lambda) \\ \boldsymbol{N}_r(\lambda) \end{bmatrix}\boldsymbol{\alpha} = \boldsymbol{0} \tag{9.35}$$

$\boldsymbol{D}_r(s)$和 $\boldsymbol{N}_r(s)$不是右互质. 定理证毕.

定理 9.1 也可表述为：控制器型实现式(9.18)为最小实现或既约实现的充要条件是 $\boldsymbol{G}(s)=\boldsymbol{N}_r(s)\boldsymbol{D}_r^{-1}(s)$为右互质分式. 因为既约实现的系统特征值集合或系统矩阵 $\boldsymbol{A}$ 的谱和传递矩阵的极点集相同，所以 $\delta\boldsymbol{G}(s)=\mathrm{degdet}\boldsymbol{D}_r(s)$. 这样定理 9.1 又可表述为控制器型实现式(9.18)为既约实现的充要条件是 $\dim\boldsymbol{A}=\delta\boldsymbol{G}(s)$. 这里 $\delta\boldsymbol{G}(s)$表示 $\boldsymbol{G}(s)$的特征多项式 $\Delta\boldsymbol{G}(s)$的次数.(参看节 5.2 中真有理矩阵 $G(s)$特征多项式定义.)顺便指出，多变量系统的控制器型实现不是唯一的，这一点与单变量系统不一样. 因为实现式(9.18)取决于 $\boldsymbol{N}_r(s)\boldsymbol{D}_r^{-1}(s)$. 倘若用么模矩阵 $\boldsymbol{U}(s)$对 $\boldsymbol{N}_r(s)$和 $\boldsymbol{D}_r(s)$进行变换，则 $\boldsymbol{N}_r(s)\boldsymbol{D}_r^{-1}(s)=[\boldsymbol{N}_r(s)\boldsymbol{U}_s]^{-1}$，这样根据变换后的右矩阵分式得到的实现就发生了变化，但是它们彼此是等价的.

定理 9.2 严格真有理矩阵 $\boldsymbol{G}(s)$的任一既约实现的能控性指数集等于 $\boldsymbol{G}(s)$的任一列

化简右互质分式中 $\boldsymbol{D}_r(s)$ 的列次集.

证明 采用 m 阶非奇异方阵 $\boldsymbol{D}_{hc}$ 将输入信号重新安排,即 $\bar{\boldsymbol{u}}(t)=\boldsymbol{D}_{hc}\boldsymbol{u}(t)$ 并不改变实现的能控性.但输入矩阵 $\boldsymbol{B}$ 被变换成式(9.36)中 $\bar{\boldsymbol{B}}$.应用式(9.18a)中 $\boldsymbol{A}$ 和式(9.36)中 $\bar{\boldsymbol{B}}$ 很容易证明能控性指数 μ_j 正是 $\boldsymbol{D}_r(s)$ 的列次 k_j, $j=1,2,\cdots,m$.定理得证.

$$\bar{\boldsymbol{B}}=\left[\begin{array}{c:c:c:c} 0 & & & \\ \vdots & \boldsymbol{0} & & \boldsymbol{0} \\ 0 & & & \\ 1 & & & \\ \hdashline & 0 & & \\ \boldsymbol{0} & \vdots & & \boldsymbol{0} \\ & 0 & & \\ & 1 & & \\ \hdashline \vdots & \vdots & \ddots & \vdots \\ \hdashline & & & 0 \\ & & & \vdots \\ \boldsymbol{0} & \boldsymbol{0} & \cdots & 0 \\ & & & 0 \\ & & & 1 \end{array}\right] \begin{array}{l} \left.\vphantom{\begin{array}{c}0\\ \vdots\\0\\1\end{array}}\right\} k_1 \\ \left.\vphantom{\begin{array}{c}0\\ \vdots\\0\\1\end{array}}\right\} k_2 \\ \vphantom{\vdots} \\ \left.\vphantom{\begin{array}{c}0\\ \vdots\\0\\0\\1\end{array}}\right\} k_m \end{array} \tag{9.36}$$

以上控制型实现是依据严格真有理矩阵 $\boldsymbol{G}(s)$ 右矩阵分式 $\boldsymbol{N}_r(s)\boldsymbol{D}_r^{-1}(s)$ 进行研究的,其中 $\boldsymbol{D}(s)$ 为列化简十分重要.现在依据左矩阵分式 $\boldsymbol{D}_l^{-1}(s)\boldsymbol{N}_l(s)$ 研究另外一种称之为观测器型实现,这里 $\boldsymbol{D}_l(s)$ 为行化简是十分重要的条件.为了充分利用已得的成果,考虑实现 $\boldsymbol{G}(s)$ 的转置 $\boldsymbol{G}^{\mathrm{T}}(s)$:

$$\boldsymbol{G}^{\mathrm{T}}(s)=\boldsymbol{N}_l^{\mathrm{T}}(s)[\boldsymbol{D}_l^{-1}(s)]^{\mathrm{T}}=\boldsymbol{N}_l^{\mathrm{T}}(s)[\boldsymbol{D}_l^{\mathrm{T}}(s)]^{-1}$$

这样 $\boldsymbol{D}_l(s)$ 的行化简就变成了 $\boldsymbol{D}_l^{\mathrm{T}}(s)$ 的列化简.利用前述的控制器型实现方法可直接得到 $\boldsymbol{G}^{\mathrm{T}}(s)$ 的实现 $\{\boldsymbol{A},\boldsymbol{B},\boldsymbol{C}\}$,即

$$\boldsymbol{Z}=\boldsymbol{A}\boldsymbol{Z}+\boldsymbol{B}\boldsymbol{V},\quad \boldsymbol{W}=\boldsymbol{C}\boldsymbol{Z} \tag{9.37}$$

对矩阵 $\boldsymbol{A}$、$\boldsymbol{B}$、$\boldsymbol{C}$ 取转置并以 $\boldsymbol{C}^{\mathrm{T}}$ 为输入矩阵,$\boldsymbol{B}^{\mathrm{T}}$ 为输出矩阵便得到 $\boldsymbol{G}(s)$ 的观测器型实现

$$\dot{\boldsymbol{x}}=\boldsymbol{A}^{\mathrm{T}}\boldsymbol{x}+\boldsymbol{C}^{\mathrm{T}}\boldsymbol{u},\quad \boldsymbol{y}=\boldsymbol{B}^{\mathrm{T}}\boldsymbol{x} \tag{9.38}$$

当然,利用推导式(9.18)相似的方法也可由左矩阵分式直接得到观测器型实现.令 $\boldsymbol{D}_l(s)$ 的行次为 ν_i, $i=1,2,\cdots,r$, $\boldsymbol{D}_l(s)$ 的行化简性保证了

$$n=\nu_1+\nu_2+\nu\cdots+\nu_r \tag{9.39}$$

将 $\boldsymbol{D}_l(s)$ 写成

$$\boldsymbol{D}_l(s)=\widetilde{\boldsymbol{H}}(s)\boldsymbol{D}_{hr}+\widetilde{\boldsymbol{L}}(s)\boldsymbol{D}_{lr}=[\widetilde{\boldsymbol{H}}(s)+\widetilde{\boldsymbol{L}}(s)\boldsymbol{D}_{lr}\boldsymbol{D}_{lr}^{-1}]\boldsymbol{D}_{hr} \tag{9.40}$$

其中

$$\widetilde{\boldsymbol{H}}(s)=\mathrm{diag}[s^{\nu_1}\quad s^{\nu_1}\quad\cdots\quad s^{\nu_r}] \tag{9.41}$$

$$\widetilde{L}(s)=\begin{bmatrix}1\ s\ \cdots\ s^{\nu_1-1} & \mathbf{0} & \cdots & \mathbf{0}\\ \mathbf{0} & 1\ s\ \cdots\ s^{\nu_2-1} & & \mathbf{0}\\ \vdots & \vdots & \ddots & \vdots\\ \mathbf{0} & \mathbf{0} & \cdots & 1\ s\ \cdots\ s^{\nu_r-1}\end{bmatrix} \tag{9.42}$$

和

$$\boldsymbol{N}_l(s)=\widetilde{\boldsymbol{L}}(s)\boldsymbol{N}_{lr} \tag{9.43}$$

注意,$\boldsymbol{D}_{hr}$是r阶非奇异方阵,$\widetilde{\boldsymbol{L}}(s)$是$r\times n$阶矩阵.$\boldsymbol{D}_{lr}$和$\boldsymbol{D}_{lr}\boldsymbol{D}_{hr}^{-1}$是$n\times r$阶矩阵.$\boldsymbol{G}(s)=\boldsymbol{D}_l^{-1}(s)\boldsymbol{N}_l(s)$的实现为

$$\dot{x}(t)=\left[\begin{array}{ccccc|ccccc|c|ccccc}
0 & 0 & \cdots & 0 & * & & & & & * & & & & & & *\\
1 & 0 & & 0 & * & & & & & * & & & & & & *\\
0 & 1 & \cdots & 0 & * & & & \mathbf{0} & & * & & & & \mathbf{0} & & *\\
\vdots & \vdots & & \vdots & \vdots & & & & & \vdots & & & & & & \vdots\\
0 & 0 & \cdots & 1 & * & & & & & * & & & & & & *\\
\hline
 & & & & * & 0 & 0 & \cdots & 0 & * & & & & & & *\\
 & & & & * & 1 & 0 & & 0 & * & & & & & & *\\
 & & \mathbf{0} & & * & 0 & 1 & & 0 & * & & & & \mathbf{0} & & *\\
 & & & & \vdots & \vdots & \vdots & & \vdots & \vdots & & & & & & \vdots\\
 & & & & * & 0 & 0 & \cdots & 1 & * & & & & & & *\\
\hline
 & & \vdots & & & & & \vdots & & & \ddots & & & \vdots & & \\
\hline
 & & & & * & & & & & * & & 0 & 0 & \cdots & 0 & *\\
 & & & & * & & & & & * & & 1 & 0 & \cdots & 0 & *\\
 & & \mathbf{0} & & * & & & \mathbf{0} & & * & & 0 & 1 & \cdots & 0 & *\\
 & & & & \vdots & & & & & \vdots & & \vdots & \vdots & & \vdots & \vdots\\
 & & & & * & & & & & * & & 0 & 0 & \cdots & 1 & *
\end{array}\right]\boldsymbol{x}(t)+N_{lr}\boldsymbol{u}(t)$$

$$\boldsymbol{y}=[\mathbf{0}\ \ \mathbf{0}\ \ \cdots\ \ \mathbf{0}\ \ \boldsymbol{c}_{1\nu_1}\ \vdots\ \mathbf{0}\ \ \mathbf{0}\ \ \cdots\ \ \mathbf{0}\ \ \boldsymbol{c}_{2\nu_2}\ \vdots\ \cdots\ \vdots\ \mathbf{0}\ \ \mathbf{0}\ \ \cdots\ \ \boldsymbol{c}_{r\nu_r}]x \tag{9.44}$$

其中,$\boldsymbol{c}_{i\nu_i}$是$\boldsymbol{D}_{hr}^{-1}$的第i列,系统矩阵$\boldsymbol{A}$的第$(\nu_1+\nu_2+\cdots+\nu_i)$列就是$-\boldsymbol{D}_{lr}\boldsymbol{D}_{hr}^{-1}$的第$i$列.因为式(9.44)是$\boldsymbol{G}(s)=\boldsymbol{D}_l^{-1}(s)\boldsymbol{N}_l(s)$的实现,有

$$\begin{aligned}\boldsymbol{C}(s\boldsymbol{I}-\boldsymbol{A})^{-1}\boldsymbol{B}&=\boldsymbol{C}(s\boldsymbol{I}-\boldsymbol{A})^{-1}\boldsymbol{N}_{lr}\\&=\boldsymbol{D}_l^{-1}(s)\boldsymbol{N}_l(s)\\&=\boldsymbol{D}_L^{-1}(s)\widetilde{\boldsymbol{L}}(s)\boldsymbol{N}_{lr}\end{aligned} \tag{9.45}$$

也就意味着

$$\boldsymbol{D}_l^{-1}(s)\widetilde{\boldsymbol{L}}(s)=\boldsymbol{C}(s\boldsymbol{I}-\boldsymbol{A})^{-1} \tag{9.46a}$$

或

$$\widetilde{\boldsymbol{L}}(s)(s\boldsymbol{I}-\boldsymbol{A})=\boldsymbol{D}_l(s)\boldsymbol{C} \tag{9.46b}$$

式(9.46)是重要的关系式,将用它去研究 PMD 的状态空间实现.

基于$\boldsymbol{G}(s)=\boldsymbol{D}_l^{-1}(s)\boldsymbol{N}_l(s)$的实现式(9.44),可证明它是能观测的,不论$\boldsymbol{D}_l(s)$和

$N_l(s)$左互质与否.倘若 $D_l(s)$和 $N_l(s)$是左互质,则实现式(9.44)便是既约实现,否则它是能观但不能控的.由此可归纳出与定理 9.1 对偶的定理 9.3.

定理 9.3　$G(s)=D_l^{-1}(s)N_l(s)$观测器型实现式(9.44)是能控的充要条件是 $D_l(s)$和 $N_l(s)$左互质.

9.3　PMD 的状态空间实现和严格系统等价

9.2 节系统地阐述了矩阵分式有理矩阵的控制器型实现和观测器型实现.这一节首先在此基础上介绍系统的 PMD 的状态空间实现,然后进一步深入研究系统的解耦零点和严格系统等价等概念.所谓 PMD 的状态空间实现就是针对给定的 PMD,即

$$P(s)\xi(s) = Q(s)u(s)$$
$$y(s) = T(s)\xi(s) + W(s)u(s)$$

设法找到一种状态空间描述

$$(sI - A)x(s) = Bu(s)$$
$$y(s) = Cx(s) + D(s)u(s)$$

使得两者具有相同的传递矩阵,即

$$G(s) = T(s)P^{-1}(s)Q(s) + W(s) = C(sI - A)^{-1}B + D(s)$$

则称状态空间描述$\{A,B,C,D(s)\}$是给定的 PMD$\{P(s),Q(s),T(s),W(s)\}$的一个实现.和有理矩阵的状态空间实现一样,PMD 的实现也不是唯一的,其中 $\dim A$ 最小的实现称为给定的 PMD 的最小实现.倘若所给定的 PMD 中 $P(s)$既不是行化简的也不是列化简的,由于 $P(s)$是非奇异方阵,根据 8.3 节中定理 8.11 总可应用幺模矩阵 $U_l(s)$或 $U_r(s)$将 $P(s)$变换成行化简的 $P_l(s)=U_l(s)P(s)$或列化简的 $P_r(s)=P(s)U_r(s)$.现在假定$u(s)$是 $m\times1$ 维输入向量,$y(s)$是 $r\times1$ 维输出向量,$\xi(s)$是 $p\times1$ 维分状态向量,则 $P(s)$,$Q(s)$,$T(s)$和 $W(s)$都分别具有适当的阶次.假定 p 阶方阵$P(s)$被变换成行化简的 $P_l(s)$,于是

$$U_l(s)P(s)\xi(s) = U_l(s)Q(s)u(s)$$

或

$$\xi(s) = P_l^{-1}(s)[U_l(s)Q(s)]u(s) \overset{\text{def}}{=} P_l^{-1}(s)Q_l(s)u(s) \tag{9.47}$$

一般来说,$P_l^{-1}(s)Q_l(s)$并不是严格真有理矩阵.根据定理 8.12 应用矩阵除法可找到 $\bar{Q}_l(s)$和 $Y(s)$使得

$$\xi(s) = [P_l^{-1}(s)\bar{Q}_l(s) + Y(s)]u(s) \tag{9.48}$$

其中 $P_l^{-1}(s)\bar{Q}(s)$是严格真有理矩阵.于是

$$G(s) = T(s)P_l^{-1}(s)\bar{Q}_l(s) + T(s)Y(s) + W(s) \tag{9.49}$$

第一项为真有理矩阵,但不一定是严格真有理矩阵,后面两项为多项式矩阵.令 $\boldsymbol{G}_0(s)=\boldsymbol{P}_l^{-1}(s)\bar{\boldsymbol{Q}}_l(s)$,因为 $\boldsymbol{P}_l(s)$是行化简的,应用前节阐述的观测器型实现法可找到 $\boldsymbol{G}_0(s)$的能观型实现$\{\boldsymbol{A},\boldsymbol{B},\boldsymbol{C}_0\}$:

$$\boldsymbol{C}_0(s\boldsymbol{I}-\boldsymbol{A})^{-1}\boldsymbol{B}=\boldsymbol{P}_l^{-1}(s)\bar{\boldsymbol{Q}}_l(s) \tag{9.50}$$

设 $\mathrm{degdet}\boldsymbol{P}_l(s)=n$,$\boldsymbol{A}$,$\boldsymbol{B}$ 和 $\boldsymbol{C}_0$ 分别是 $n\times n$ 阶,$n\times m$ 阶和 $p\times n$ 阶的矩阵.类似式(9.43)和式(9.46),有

$$\bar{\boldsymbol{Q}}_l(s)=\tilde{\boldsymbol{L}}(s)\boldsymbol{B} \tag{9.51}$$

$$\boldsymbol{P}_l^{-1}(s)\tilde{\boldsymbol{L}}(s)=\boldsymbol{C}_0(s\boldsymbol{I}-\boldsymbol{A})^{-1} \tag{9.52a}$$

或

$$\tilde{\boldsymbol{L}}(s)(s\boldsymbol{I}-\boldsymbol{A})=\boldsymbol{P}_l(s)\boldsymbol{C}_0 \tag{9.52b}$$

而 $\tilde{\boldsymbol{L}}(s)$则是形如式(9.42)的 $p\times n$ 阶矩阵.$\tilde{\boldsymbol{L}}(s)$因含有 $\boldsymbol{I}_p$,$\rho[\tilde{\boldsymbol{L}}(s)\ \vdots\ \boldsymbol{P}_l(s)]=p$,$\forall s\in\mathbf{C}$,根据定理 8.8 的对偶定理可知 $\boldsymbol{P}_l(s)$和 $\tilde{\boldsymbol{L}}(s)$左互质.又因为 $\dim\boldsymbol{A}=\mathrm{degdet}\boldsymbol{P}_L(s)=\mathrm{degdet}(s\boldsymbol{I}-\boldsymbol{A})$,根据推论 8.4 可判断 $\boldsymbol{C}_0$ 和$(s\boldsymbol{I}-\boldsymbol{A})$右互质,即$\{\boldsymbol{A},\boldsymbol{C}_0\}$确为能观的.注意,这里并没有假设$\{\boldsymbol{P}(s),\boldsymbol{Q}(s)\}$或$\{\boldsymbol{P}(s),\boldsymbol{T}(s)\}$具有互质性.将式(9.50)代入式(9.48)计算 $\boldsymbol{y}(s)$和 $\boldsymbol{G}(s)$,得

$$\boldsymbol{y}(s)=[\boldsymbol{T}(s)\boldsymbol{C}_0(s\boldsymbol{I}-\boldsymbol{A})^{-1}\boldsymbol{B}+\boldsymbol{T}(s)\boldsymbol{Y}(s)+\boldsymbol{W}(s)]\boldsymbol{u}(s) \tag{9.53a}$$

$$\boldsymbol{G}(s)=\boldsymbol{T}(s)\boldsymbol{C}_0(s\boldsymbol{I}-\boldsymbol{A})^{-1}\boldsymbol{B}+\boldsymbol{T}(s)\boldsymbol{Y}(s)+\boldsymbol{W}(s) \tag{9.53b}$$

由于 $\boldsymbol{T}(s)\boldsymbol{C}_0(s)(s\boldsymbol{I}-\boldsymbol{A})^{-1}\boldsymbol{B}$ 可能不是严格真有理矩阵,式(9.53b)并不是真正意义上的状态空间实现.现在将定理 8.12 用于 $\boldsymbol{T}(s)\boldsymbol{C}_0$ 和$(s\boldsymbol{I}-\boldsymbol{A})$,则根据式(8.75)和式(8.80),有

$$\boldsymbol{T}(s)\boldsymbol{C}_0=\boldsymbol{X}(s)(s\boldsymbol{I}-\boldsymbol{A})+\boldsymbol{T}(\boldsymbol{A})\boldsymbol{C}_0$$

所以

$$\begin{aligned}\boldsymbol{G}(s)&=\boldsymbol{T}(\boldsymbol{A})\boldsymbol{C}_0(s\boldsymbol{I}-\boldsymbol{A})^{-1}\boldsymbol{B}+\boldsymbol{X}(s)\boldsymbol{B}+\boldsymbol{T}(s)\boldsymbol{Y}(s)+\boldsymbol{W}(s)\\&\overset{\text{def}}{=}\boldsymbol{C}(s\boldsymbol{I}-\boldsymbol{A})^{-1}\boldsymbol{B}+\boldsymbol{D}(s)\end{aligned} \tag{9.54}$$

其中 $\boldsymbol{C}=\boldsymbol{T}(\boldsymbol{A})\boldsymbol{C}_0$,$\boldsymbol{D}(s)=\boldsymbol{X}(s)\boldsymbol{B}+\boldsymbol{T}(s)\boldsymbol{Y}(s)+\boldsymbol{W}(s)$,式(9.54)中 $\boldsymbol{C}(s\boldsymbol{I}-\boldsymbol{A})^{-1}\boldsymbol{B}$ 是严格的真有理矩阵.这样便得到了给定的 PMD 的状态空间实现$\{\boldsymbol{A},\boldsymbol{B},\boldsymbol{C},\boldsymbol{D}(s)\}$,写成动态方程式为

$$\dot{\boldsymbol{x}}(t)=\boldsymbol{A}\boldsymbol{x}(t)+\boldsymbol{B}\boldsymbol{u}(t) \tag{9.55a}$$

$$\boldsymbol{y}(t)=\boldsymbol{C}\boldsymbol{x}(t)+\boldsymbol{D}(d)\boldsymbol{u}(t) \tag{9.55b}$$

其中 $d=\mathrm{d}/\mathrm{d}t$ 表示微分算子.值得提醒的是只有当式(9.54)中 $\boldsymbol{D}(s)=\boldsymbol{0}$ 时,$\boldsymbol{G}(s)$才是严格真有理矩阵,$\boldsymbol{W}(s)=\boldsymbol{0}$ 并不一定意味着 $\boldsymbol{G}(s)$是严格真有理矩阵.如果 $\boldsymbol{D}(d)=\boldsymbol{D}_0+\boldsymbol{D}_1d+\boldsymbol{D}_2d^2+\cdots$,则

$$\boldsymbol{y}(t)=\boldsymbol{C}\boldsymbol{x}(t)+\boldsymbol{D}_0\boldsymbol{u}(t)+\boldsymbol{D}_1\dot{\boldsymbol{u}}(t)+\boldsymbol{D}_2\ddot{\boldsymbol{u}}(t)+\cdots$$

虽然式(9.55)是给定的 PMD 的一个状态空间实现,但$\{\boldsymbol{A},\boldsymbol{C}_0\}$的能观性并不意味着$\{\boldsymbol{A},\boldsymbol{C}\}$是能观的.下面将要证明

(1) 当且仅当 $\boldsymbol{P}(s)$,$\boldsymbol{Q}(s)$左互质,$\{\boldsymbol{A},\boldsymbol{B}\}$能控.

(2) 当且仅当 $\boldsymbol{P}(s)$,$\boldsymbol{T}(s)$右互质,$\{\boldsymbol{A},\boldsymbol{B}\}$能观.

在证明这两个等价条件前，参看习题 8.11 中的公式：若 $\boldsymbol{G}(s)=\boldsymbol{D}_l^{-1}(s)\boldsymbol{N}_l(s)=\boldsymbol{N}_r(s)\boldsymbol{D}_r^{-1}(s)$ 为两个互质分式，则存在形如式(9.56)的么模矩阵

$$\begin{bmatrix}\boldsymbol{\alpha}(s) & \boldsymbol{\beta}(s)\\ \boldsymbol{N}_l(s) & \boldsymbol{D}_l(s)\end{bmatrix} \tag{9.56}$$

使得

$$\begin{bmatrix}\boldsymbol{\alpha}(s) & \boldsymbol{\beta}(s)\\ \boldsymbol{N}_l(s) & \boldsymbol{D}_l(s)\end{bmatrix}\begin{bmatrix}\boldsymbol{D}_r(s)\\ -\boldsymbol{N}_r(s)\end{bmatrix}=\begin{bmatrix}\boldsymbol{I}\\ \boldsymbol{0}\end{bmatrix} \quad \text{或} \quad \begin{bmatrix}\boldsymbol{\beta}(s) & \boldsymbol{\alpha}(s)\\ \boldsymbol{D}_l(s) & \boldsymbol{N}(s)\end{bmatrix}\begin{bmatrix}-\boldsymbol{N}_r(s)\\ \boldsymbol{D}_r(s)\end{bmatrix}=\begin{bmatrix}\boldsymbol{I}\\ \boldsymbol{0}\end{bmatrix} \tag{9.57}$$

前面已经证明 $\tilde{\boldsymbol{L}}(s)$ 和 $\boldsymbol{P}_l(s)$ 左互质，$(s\boldsymbol{I}-\boldsymbol{A})$ 和 $\boldsymbol{C}_0$ 右互质，所以

$$\begin{matrix}n\{\\ p\{\end{matrix}\begin{bmatrix}\boldsymbol{\beta}(s) & \boldsymbol{\alpha}(s)\\ \underbrace{\boldsymbol{P}_l(s)}_{p} & \underbrace{\tilde{\boldsymbol{L}}(s)}_{n}\end{bmatrix}\begin{bmatrix}-\boldsymbol{C}_0\\ \underbrace{s\boldsymbol{I}-\boldsymbol{A}}_{n}\end{bmatrix}=\begin{bmatrix}\boldsymbol{I}_n\\ \boldsymbol{0}\end{bmatrix} \tag{9.58}$$

另外，将 $\bar{\boldsymbol{Q}}_l(s)=\tilde{\boldsymbol{L}}(s)\boldsymbol{B}$，$\tilde{\boldsymbol{L}}(s)(s\boldsymbol{I}-\boldsymbol{A})=\boldsymbol{P}_l(s)\boldsymbol{C}_0$，$\boldsymbol{Q}_l(s)=\bar{\boldsymbol{Q}}_l(s)+\boldsymbol{P}_l(s)\boldsymbol{Y}(s)$，$\boldsymbol{D}(s)=\boldsymbol{X}(s)\boldsymbol{B}+\boldsymbol{T}(s)\boldsymbol{Y}(s)+\boldsymbol{W}(s)$ 和 $\boldsymbol{T}(s)\boldsymbol{C}_0=\boldsymbol{X}(s)(s\boldsymbol{I}-\boldsymbol{A})+\boldsymbol{C}$ 写成下面的式(9.59)：

$$\begin{matrix}p\{\\ r\{\end{matrix}\begin{bmatrix}\tilde{\boldsymbol{L}}(s) & \boldsymbol{0}\\ \underbrace{-\boldsymbol{X}(s)}_{n} & \underbrace{\boldsymbol{I}_r}_{r}\end{bmatrix}\begin{bmatrix}s\boldsymbol{I}-\boldsymbol{A} & \boldsymbol{B}\\ \underbrace{-\boldsymbol{C}}_{n} & \underbrace{\boldsymbol{D}(s)}_{m}\end{bmatrix}=\begin{bmatrix}\boldsymbol{P}_l(s) & \boldsymbol{Q}_l(s)\\ \underbrace{-\boldsymbol{T}(s)}_{p} & \underbrace{\boldsymbol{W}(s)}_{m}\end{bmatrix}\begin{bmatrix}\boldsymbol{C}_0 & -\boldsymbol{Y}(s)\\ \underbrace{\boldsymbol{0}}_{n} & \underbrace{\boldsymbol{I}_m}_{m}\end{bmatrix} \tag{9.59}$$

应用式(9.58)中么模矩阵将式(9.59)展开成

$$\begin{aligned}&\begin{bmatrix}\boldsymbol{\beta}(s) & \boldsymbol{\alpha}(s) & \boldsymbol{0}\\ \boldsymbol{P}_l(s) & \tilde{\boldsymbol{L}}(s) & \boldsymbol{0}\\ -\boldsymbol{T}(s) & -\boldsymbol{X}(s) & \boldsymbol{I}_r\end{bmatrix}\begin{bmatrix}\boldsymbol{I}_p & \boldsymbol{0} & \boldsymbol{0}\\ \boldsymbol{0} & s\boldsymbol{I}-\boldsymbol{A} & \boldsymbol{B}\\ \boldsymbol{0} & -\boldsymbol{C} & \boldsymbol{D}(s)\end{bmatrix}\\ &=\begin{bmatrix}\boldsymbol{I}_n & \boldsymbol{0} & \boldsymbol{0}\\ \boldsymbol{0} & \boldsymbol{P}_l(s) & \boldsymbol{Q}_l(s)\\ \boldsymbol{0} & -\boldsymbol{T}(s) & \boldsymbol{W}(s)\end{bmatrix}\begin{bmatrix}\boldsymbol{\beta}(s) & \boldsymbol{\alpha}(s)(s\boldsymbol{I}-\boldsymbol{A}) & \boldsymbol{\alpha}(s)\boldsymbol{B}\\ \boldsymbol{I}_p & \boldsymbol{C}_0 & -\boldsymbol{Y}(s)\\ \boldsymbol{0} & \boldsymbol{0} & \boldsymbol{I}_m\end{bmatrix}\end{aligned} \tag{9.60}$$

式(9.60)中最左边矩阵的行列式等于式(9.58)中么模矩阵的行列式，所以它本身也是么模矩阵. 另外由式(9.58)可导出 $\boldsymbol{\alpha}(s)(s\boldsymbol{I}-\boldsymbol{A})=\boldsymbol{I}_n+\boldsymbol{\beta}(s)\boldsymbol{C}_0$，式(9.60)最右边矩阵的左上角矩阵因关系

$$\begin{aligned}\begin{bmatrix}\boldsymbol{\beta}(s) & \boldsymbol{\alpha}(s)(s\boldsymbol{I}-\boldsymbol{A})\\ \boldsymbol{I}_p & \boldsymbol{C}_0\end{bmatrix}&=\begin{bmatrix}\boldsymbol{\beta}(s) & \boldsymbol{I}_n+\boldsymbol{\beta}(s)\boldsymbol{C}_0\\ \boldsymbol{I}_p & \boldsymbol{C}_0\end{bmatrix}\\ &=\begin{bmatrix}\boldsymbol{I}_n & \boldsymbol{\beta}(s)\\ \boldsymbol{0} & \boldsymbol{I}_p\end{bmatrix}\begin{bmatrix}\boldsymbol{0} & \boldsymbol{I}_n\\ \boldsymbol{I}_p & \boldsymbol{C}_0\end{bmatrix}\end{aligned}$$

可知也应是么模矩阵，结果式(9.60)中最右边矩阵和最左边矩阵一样是么模矩阵. 再考虑到 $\boldsymbol{P}_l(s)=\boldsymbol{U}_l(s)\boldsymbol{P}(s)$，$\boldsymbol{Q}_l(s)=\boldsymbol{U}_l(s)\boldsymbol{Q}(s)$，$\boldsymbol{U}_l(s)$ 为么模矩阵. 将式(9.60)等式两边同时左乘以么模矩阵 $\mathrm{diag}[\boldsymbol{I}_n \quad \boldsymbol{U}_l^{-1}(s) \quad \boldsymbol{I}_r]$ 得到

$$\begin{bmatrix}\boldsymbol{\beta}(s) & \boldsymbol{\alpha}(s) & \boldsymbol{0}\\ \boldsymbol{P}(s) & \boldsymbol{U}_l^{-1}(s)\tilde{\boldsymbol{L}} & \boldsymbol{0}\\ -\boldsymbol{T}(s) & -\boldsymbol{X}(s) & \boldsymbol{I}_r\end{bmatrix}\begin{bmatrix}\boldsymbol{I}_p & \boldsymbol{0} & \boldsymbol{0}\\ \boldsymbol{0} & s\boldsymbol{I}-\boldsymbol{A} & \boldsymbol{B}\\ \boldsymbol{0} & -\boldsymbol{C} & \boldsymbol{D}(s)\end{bmatrix}$$

$$= \begin{bmatrix} \boldsymbol{I}_n & \boldsymbol{0} & \boldsymbol{0} \\ \boldsymbol{0} & \boldsymbol{P}(s) & \boldsymbol{Q}(s) \\ \boldsymbol{0} & -\boldsymbol{T}(s) & \boldsymbol{W}(s) \end{bmatrix} \begin{bmatrix} \boldsymbol{\beta}(s) & \boldsymbol{\alpha}(s)(s\boldsymbol{I}-\boldsymbol{A}) & \boldsymbol{\alpha}(s)\boldsymbol{B} \\ \boldsymbol{I}_p & \boldsymbol{C}_0 & -\boldsymbol{Y}(s) \\ \boldsymbol{0} & \boldsymbol{0} & \boldsymbol{I}_m \end{bmatrix} \tag{9.61}$$

式(9.61)中最左边矩阵和最右边矩阵仍然为么模矩阵.式(9.61)等式两边乘积的前两个行块的相等关系可写成

$$\begin{bmatrix} \boldsymbol{\beta}(s) & \boldsymbol{\alpha}(s) \\ \boldsymbol{P}(s) & \boldsymbol{U}_l^{-1}(s)\widetilde{\boldsymbol{L}}(s) \end{bmatrix} \begin{bmatrix} \boldsymbol{I}_p & \boldsymbol{0} & \boldsymbol{0} \\ \boldsymbol{0} & s\boldsymbol{I}-\boldsymbol{A} & \boldsymbol{B} \end{bmatrix} = \begin{bmatrix} \boldsymbol{I}_n & \boldsymbol{0} & \boldsymbol{0} \\ \boldsymbol{0} & \boldsymbol{P}(s) & \boldsymbol{Q}(s) \end{bmatrix} \boldsymbol{U}_{Rm}(s) \tag{9.62}$$

$\boldsymbol{U}_{Rm}(s)$表示式(9.61)中最右边的么模矩阵.因为式(9.62)的最左边矩阵和最右边矩阵均是么模矩阵,可以断定当且仅当

$$\rho\begin{bmatrix} \boldsymbol{I}_n & \boldsymbol{0} & \boldsymbol{0} \\ \boldsymbol{0} & \boldsymbol{P}(s) & \boldsymbol{Q}(s) \end{bmatrix} = n+p, \quad \forall s \in \mathbf{C}$$

有

$$\rho\begin{bmatrix} \boldsymbol{I}_p & \boldsymbol{0} & \boldsymbol{0} \\ \boldsymbol{0} & s\boldsymbol{I}-\boldsymbol{A} & \boldsymbol{B} \end{bmatrix} = n+p, \quad \forall s \in \mathbf{C}$$

也就是当且仅当

$$\rho[\boldsymbol{P}(s) \quad \boldsymbol{Q}(s)] = p, \quad \forall s \in \mathbf{C}$$

有

$$\rho[s\boldsymbol{I}-\boldsymbol{A} \quad \boldsymbol{B}] = n, \quad \forall s \in \mathbf{C}$$

所以证明了(1)当且仅当 $\boldsymbol{P}(s)$,$\boldsymbol{Q}(s)$左互质,$\{\boldsymbol{A},\boldsymbol{B}\}$能控.

类似地可证明(2)当且仅当 $\boldsymbol{P}(s)$,$\boldsymbol{T}(s)$右互质,$\{\boldsymbol{A},\boldsymbol{C}\}$能观.

第 5 章曾指出如果动态系统的实现既是能控的又是能观的,则称为既约实现.因此很自然地定义当动态系统 PMD(9.4)既有左互质的 $\boldsymbol{P}(s)$和 $\boldsymbol{Q}(s)$,又有右互质的 $\boldsymbol{P}(s)$和 $\boldsymbol{T}(s)$,则称之为**既约的 PMD**.由此定义可直接得出定理 9.4.

定理 9.4 当且仅当动态系统的 PMD(9.4)为既约的 PMD 时,$n=\deg\det\boldsymbol{P}(s)$的 n 维状态空间实现$\{\boldsymbol{A},\boldsymbol{B},\boldsymbol{C},\boldsymbol{D}(s)\}$为既约实现,或最小实现.

9.1 节指出动态系统的 PMD 包含了系统全部信息,和状态空间描述一样是系统的内部描述.由 PMD 导出的传递矩阵 $\boldsymbol{G}(s)$只描述系统的外部特性.因此当且仅当系统具有既约的 PMD 时相应的传递矩阵 $\boldsymbol{G}(s)$才完整地描述着系统特性.由式(9.50)和 $\boldsymbol{P}_l(s)=\boldsymbol{U}_l(s)\boldsymbol{P}(s)$,$\boldsymbol{U}_l(s)$为么模矩阵,可知

$$\det(s\boldsymbol{I}-\boldsymbol{A}) = k\det\boldsymbol{P}(s) \tag{9.63}$$

若以符号 $\mathscr{Z}[\alpha(s)]$表示多项式 $\alpha(s)$的零点集,包括重零点,$\mathscr{P}[\boldsymbol{G}(s)]$表示有理矩阵的极点集,包括重极点.仅当系统具有既约的 PMD,有

$$\sigma(\boldsymbol{A}) = \mathscr{Z}[\det(s\boldsymbol{I}-\boldsymbol{A})] = \mathscr{Z}[\det\boldsymbol{P}(s)] = \mathscr{P}[\boldsymbol{G}(s)] \tag{9.64}$$

否则

$$\mathscr{P}[\boldsymbol{G}(s)] \subset \sigma(\boldsymbol{A}) = \mathscr{Z}[\det(s\boldsymbol{I}-\boldsymbol{A})] = \mathscr{Z}[\det\boldsymbol{P}(s)] \tag{9.65}$$

式(9.65)表明若系统的 PMD 不是既约的,系统必有不属于传递矩阵极点集 $\mathscr{P}[\boldsymbol{G}(s)]$的不能控模态和(或)不能观模态.H. Rosenbrock 在文献[19]以式(9.66)中 R-系统矩阵$\boldsymbol{S}_R(s)$提出了解耦零点的概念.现在介绍这方面内容.假设式(9.66)中 $\boldsymbol{S}_R(s)$的 $\boldsymbol{P}(s)$和 $\boldsymbol{Q}(s)$具有

最大左公因式 $\boldsymbol{L}(s)$

$$\boldsymbol{S}_R(s)=\begin{bmatrix}\boldsymbol{P}(s) & \boldsymbol{Q}(s)\\ -\boldsymbol{T}(s) & \boldsymbol{W}(s)\end{bmatrix} \tag{9.66}$$

即 $\boldsymbol{P}(s)=\boldsymbol{L}(s)\boldsymbol{P}_l(s),\boldsymbol{Q}_l(s)=\boldsymbol{L}(s)\boldsymbol{Q}_l(s),\boldsymbol{L}(s)$为 p 阶非奇异多项式矩阵,$\mathscr{Z}[\det\boldsymbol{L}(s)]$中的 s_0 皆会使$[\boldsymbol{P}(s)\quad \boldsymbol{Q}(s)]$的秩至少降低 1

$$\rho[\boldsymbol{P}(s_0)\quad \boldsymbol{Q}(s_0)]<p,\quad \forall s_0\in\mathscr{Z}[\det\boldsymbol{L}(s)] \tag{9.67}$$

这表明所有 $\det\boldsymbol{L}(s)$的零点皆是不能控模态.这些零点被称为**输入解耦零点**,记以 s_{id}:

$$\{s_{id}\}=\mathscr{Z}[\det\boldsymbol{L}(s)] \tag{9.68}$$

类似地,若 $\boldsymbol{R}(s)$为 $\boldsymbol{P}(s)$和 $\boldsymbol{T}(s)$的最大右公因式,$\boldsymbol{P}(s)=\boldsymbol{P}_r(s)\boldsymbol{R}(s),\boldsymbol{T}(s)=\boldsymbol{T}_r(s)\boldsymbol{R}(s)$,有

$$\rho\begin{bmatrix}\boldsymbol{P}(s_0)\\ \boldsymbol{T}(s_0)\end{bmatrix}=\rho\begin{bmatrix}\boldsymbol{P}(s_0)\\ -\boldsymbol{T}(s_0)\end{bmatrix}<p,\quad \forall s_0\in\mathscr{Z}[\det\boldsymbol{R}(s)] \tag{9.69}$$

这样的零点皆是不能观模态,称为**输出解耦零点**,记以 s_{0d}:

$$\{s_{0d}\}=\mathscr{Z}[\det\boldsymbol{R}(s)] \tag{9.70}$$

若还有这样的情况,$\boldsymbol{P}_l(s)=\boldsymbol{P}_{lr}(s)\boldsymbol{H}_{lr}(s)$和 $\boldsymbol{T}(s)=\boldsymbol{T}_{lr}(s)\boldsymbol{H}_{lr}(s)$,即 $\boldsymbol{H}_{lr}(s)$是 $\boldsymbol{P}_l(s)$和 $\boldsymbol{T}(s)$的最大右公因式,则 $\mathscr{Z}[\det\boldsymbol{H}_{lr}(s)]\subseteq\{s_{0d}\}$但绝不属于$\{s_{id}\}$.这样的零点记为 $s_{\bar{i}0}$,表示**输出但非输入解耦零点**.若由$\{s_{0d}\}$中除去$\{s_{\bar{i}0}\}$,则剩下的解耦零点既是输入解耦零点又是输出解耦零点,称为**输入-输出解耦零点**,记以 s_{i0}.显然

$$\{s_{i0}\}=\{s_{0d}\}-\{s_{\bar{i}0}\} \tag{9.71}$$

类似地,倘若 $\boldsymbol{P}_r(s)$和 $\boldsymbol{Q}(s)$之间存在最大左公因式 $\boldsymbol{H}_{rl}(s),\boldsymbol{P}_r(s)=\boldsymbol{H}_{rl}(s)\boldsymbol{P}_{rl}(s),\boldsymbol{Q}(s)=\boldsymbol{H}_{rl}(s)\boldsymbol{Q}_{rl}(s)$,则 $\mathscr{Z}[\det\boldsymbol{H}_{rl}(s)]$是**输入但非输出解耦零点** $s_{i\bar{o}}$ 的集.于是$\{s_{io}\}$又可表示为

$$\{s_{io}\}=\{s_{id}\}-\{s_{i\bar{o}}\} \tag{9.72}$$

定义**解耦零点集**$\{s_d\}\stackrel{\text{def}}{=}\{s_{id}\}+\{s_{0d}\}-\{s_{i0}\}$.显然,$\{s_d\}=\{s_{id}\}+\{s_{\bar{i}0}\}=\{s_{0d}\}+\{s_{i\bar{o}}\}$.这里的和应理解为直和.有了解耦零点的概念就可确定系统的特征值集和系统的传递矩阵极点集之间关系:

$$\sigma(\boldsymbol{A})=\mathscr{Z}[\det(s\boldsymbol{I}-\boldsymbol{A})]=\mathscr{Z}[\det\boldsymbol{P}(s)]=\{s_d\}\oplus\mathscr{P}[\boldsymbol{G}(s)] \tag{9.73}$$

有些文献将系统的特征值称为**系统的极点**以区别于传递矩阵的极点.式(9.73)也就是系统极点集和系统传递矩阵极点集之间的关系.

现在用这里得到的系统极点、解耦零点等概念去研究 9.1 节中式(9.3)表达的电路系统的 PMD,其中 $\boldsymbol{S}_R(s)$如下:

$$\boldsymbol{S}_R(s)=\left[\begin{array}{ccc|c}\boldsymbol{U} & \boldsymbol{W}_1 & \boldsymbol{W}_2 & -\boldsymbol{W}_3\\ \boldsymbol{0} & \boldsymbol{M}(s) & \boldsymbol{A}(s) & -\boldsymbol{B}(s)\\ \boldsymbol{0} & \boldsymbol{0} & \boldsymbol{D}(s) & -\boldsymbol{N}(s)\\ \hline \boldsymbol{0} & \boldsymbol{0} & \boldsymbol{1}_k & 0\end{array}\right]=\left[\begin{array}{c|c}\boldsymbol{P}(s) & -\boldsymbol{Q}(s)\\ \hline \boldsymbol{T}(s) & \boldsymbol{W}(s)\end{array}\right]$$

因为$[\boldsymbol{P}(s)\quad \boldsymbol{Q}(s)]$已被么模矩阵变换成 Hermite 型(或右上三角形),它使分析变得十分简单,显然系统的特征多项式 $\Delta(s)=\alpha^{-1}\det\boldsymbol{P}(s)$,$\alpha$ 为 $\det\boldsymbol{P}(s)$的首项系数.设 $\boldsymbol{L}_m(s)$是 $\boldsymbol{M}(s)$和$[\boldsymbol{A}(s)\quad \boldsymbol{B}(s)]$的最大左公因式,$\boldsymbol{M}(s)=\boldsymbol{L}_m(s)\bar{\boldsymbol{M}}(s)$,$[\boldsymbol{A}(s)\quad -\boldsymbol{B}(s)]=\boldsymbol{L}_m(s)[\bar{\boldsymbol{A}}(s)\quad -\bar{\boldsymbol{B}}(s)]$,$\boldsymbol{L}_d(s)$是 $\boldsymbol{D}(s)$和 $\boldsymbol{N}(s)$的最大左公因式,$\boldsymbol{D}(s)=\boldsymbol{L}_d(s)\bar{\boldsymbol{D}}(s)$,

$\boldsymbol{N}(s)=\boldsymbol{L}_d(s)\bar{\boldsymbol{N}}(s)$，则

$$\begin{aligned}
\{s_{od}\} &= \mathscr{Z}[\det\boldsymbol{M}(s)] \\
\{s_{id}\} &= \mathscr{Z}[\det\boldsymbol{L}_m(s)] \oplus \mathscr{Z}[\det\boldsymbol{L}_d(s)] \\
\{s_{io}\} &= \mathscr{Z}[\det\boldsymbol{L}_m(s)] \\
\{s_d\} &= \mathscr{Z}[\det\boldsymbol{M}(s)] \oplus \mathscr{Z}[\det\boldsymbol{L}_d(s)] \\
\text{系统极点集} &= \mathscr{Z}[\det\boldsymbol{P}(s)] = \mathscr{Z}[\det\boldsymbol{M}(s)] \oplus \mathscr{Z}[\det\boldsymbol{D}(s)] \\
&= \mathscr{Z}[\det\boldsymbol{M}(s)] \oplus \mathscr{Z}[\det\boldsymbol{L}_d(s)] \oplus \mathscr{Z}[\det\bar{\boldsymbol{D}}(s)] \\
&= \{s_d\} \oplus \mathscr{Z}[\det\bar{\boldsymbol{D}}(s)]
\end{aligned}$$

另外，直接由式(9.3)可得

$$\boldsymbol{D}(s)\boldsymbol{\xi}_2(s) = \boldsymbol{D}(s)\boldsymbol{y}(s) = \boldsymbol{N}(s)\boldsymbol{u}(s)$$

$$\boldsymbol{G}(s) = \boldsymbol{D}^{-1}(s)\boldsymbol{N}(s) = \bar{\boldsymbol{D}}^{-1}(s)\bar{\boldsymbol{N}}(s)$$

故有理传递矩阵左互质公式中分母矩阵行列式 $\det\bar{\boldsymbol{D}}(s)$ 的零点应该是传递矩阵的极点. 这一点对右互质分式表示的有理传递矩阵也成立. 数学上正是这样定义的.

至此已经为研究严格系统等价做好了充分的准备. 对于一个多变量动态系统有着三种不同的数学描述. 这就是状态空间描述

$$\dot{x} = \boldsymbol{A}\boldsymbol{x} + \boldsymbol{B}\boldsymbol{u}, \quad \boldsymbol{y} = \boldsymbol{C}\boldsymbol{x} + \boldsymbol{D}_0\boldsymbol{u} + \boldsymbol{D}_1\dot{\boldsymbol{u}} + \cdots \tag{9.74}$$

矩阵分式型的传递矩阵即输入-输出描述

$$\boldsymbol{y}(s) = \boldsymbol{G}(s)\boldsymbol{u}(s) = \boldsymbol{N}_r(s)\boldsymbol{D}_r^{-1}(s)\boldsymbol{u}(s) = \boldsymbol{D}_l^{-1}(s)\boldsymbol{N}_l(s)\boldsymbol{u}(s) \tag{9.75}$$

和多项式矩阵描述

$$\left.\begin{aligned}
\boldsymbol{P}(s)\boldsymbol{\xi}(s) &= \boldsymbol{Q}(s)\boldsymbol{u}(s) \\
\boldsymbol{y}(s) &= \boldsymbol{T}(s)\boldsymbol{\xi}(s) + \boldsymbol{W}(s)\boldsymbol{u}(s)
\end{aligned}\right\} \tag{9.76}$$

式(9.74)由于包含了输入信号及其导数项，因此比以前的状态空间描述更一般了，结果它表达的传递矩阵被推广到包括非真理矩阵. 如果给定了状态空间描述，可以得到传递矩阵 $\boldsymbol{G}(s)=\boldsymbol{C}(s\boldsymbol{I}-\boldsymbol{A})^{-1}\boldsymbol{B}+(\boldsymbol{D}_0+\boldsymbol{D}_1s+\cdots)$. 如果 $\boldsymbol{G}(s)$ 可表达成矩阵分式，例如 $\boldsymbol{G}(s)=\boldsymbol{N}_r(s)\boldsymbol{D}_r^{-1}(s)$，又可得到 $\boldsymbol{Q}(s)=\boldsymbol{I}$，$\boldsymbol{P}(s)=\boldsymbol{D}_r(s)$，$\boldsymbol{T}(s)=\boldsymbol{N}_r(s)$ 和 $\boldsymbol{W}(s)=\boldsymbol{0}$ 的多项式矩阵描述. 反过来，给定的是传递矩阵或多项式矩阵描述，应用前面的实现方法可导出状态空间描述. 所以三者之间本质上已经建立了一定关系. 尽管如此，仍然有一些与这三种描述有关的问题值得研究. 比如说考虑一个不一定是真有理矩阵的传递矩阵，它可以因式分解成右矩阵分式 $\boldsymbol{G}(s)=\boldsymbol{N}_r(s)\boldsymbol{D}_r^{-1}(s)$，或许它也可被分解成 $\boldsymbol{G}(s)=\boldsymbol{G}_1(s)+\boldsymbol{D}(s)$，$\boldsymbol{G}_1(s)$ 为严格真有理矩阵，$\boldsymbol{D}(s)$ 为多项式矩阵. 继而又因式分解成 $\boldsymbol{G}(s)=\boldsymbol{N}_1(s)\boldsymbol{D}_1^{-1}(s)+\boldsymbol{D}(s)$. 现在问 $\{\boldsymbol{N}_r(s),\boldsymbol{D}_r(s)\}$ 和 $\{\boldsymbol{N}_1(s),\boldsymbol{D}_1(s),\boldsymbol{D}(s)\}$ 之间有什么关系？为了回答这个问题以及其他有关问题，将式(9.76)重新写成式(9.77)：

$$\begin{bmatrix} \boldsymbol{P}(s) & \boldsymbol{Q}(s) \\ -\boldsymbol{T}(s) & \boldsymbol{W}(s) \end{bmatrix}\begin{bmatrix} \boldsymbol{\xi}(s) \\ -\boldsymbol{u}(s) \end{bmatrix} = \begin{bmatrix} \boldsymbol{0} \\ -\boldsymbol{y}(s) \end{bmatrix} \tag{9.77}$$

$$\left[\begin{array}{c:cc} \boldsymbol{I} & \boldsymbol{0} & \boldsymbol{0} \\ \hdashline \boldsymbol{0} & \boldsymbol{P}(s) & \boldsymbol{Q}(s) \\ \boldsymbol{0} & -\boldsymbol{T}(s) & \boldsymbol{W}(s) \end{array}\right]\begin{bmatrix} \boldsymbol{\xi}_d(s)=\boldsymbol{0} \\ \boldsymbol{\xi}(s) \\ -\boldsymbol{u}(s) \end{bmatrix} = \begin{bmatrix} \boldsymbol{0} \\ -\boldsymbol{y}(s) \end{bmatrix} \tag{9.78a}$$

$$\boldsymbol{S}_{eR}(s)=\left[\begin{array}{cc:c}\boldsymbol{I} & \boldsymbol{0} & \boldsymbol{0}\\ \boldsymbol{0} & \boldsymbol{P}(s) & \boldsymbol{Q}(s)\\ \hdashline \boldsymbol{0} & -\boldsymbol{T}(s) & \boldsymbol{W}(s)\end{array}\right]=\begin{bmatrix}\boldsymbol{P}_e(s) & \boldsymbol{Q}_e(s)\\ -\boldsymbol{T}_e(s) & \boldsymbol{W}(s)\end{bmatrix} \tag{9.78b}$$

在某些情况下还可增加一些恒为零的附加的分状态变量，将式(9.77)扩展成式(9.78)以求保证扩展后的系统矩阵 $\boldsymbol{P}_e(s)$的阶次等于或大于原系统 $\boldsymbol{P}(s)$的行列式的次数. 注意，$\det\boldsymbol{P}_e(s)=\det\boldsymbol{P}(s)$和 $\boldsymbol{G}_e(s)=\boldsymbol{T}_e(s)\boldsymbol{P}_e^{-1}(s)\boldsymbol{Q}_e(s)+\boldsymbol{W}(s)=\boldsymbol{T}(s)\boldsymbol{P}^{-1}(s)\boldsymbol{Q}(s)+\boldsymbol{W}(s)=\boldsymbol{G}(s)$，所以扩展前后两种 PMD 表达着相同的输入-输出特性，不仅如此，它还表达着相同的整个动态特性(外部特性和内部特性)，两者是严格等价的. 今后分析研究时不加区分地采用式(9.77). 假设有两个 R-系统矩阵如式(7.79)所示：

$$\boldsymbol{S}_{R_i}=\begin{bmatrix}\boldsymbol{P}_i(s) & \boldsymbol{Q}_i(s)\\ -\boldsymbol{T}_i(s) & \boldsymbol{W}_i(s)\end{bmatrix},\quad i=1,2 \tag{9.79}$$

这里已经通过扩展方法使得 $\boldsymbol{P}_1(s)$和 $\boldsymbol{P}_2(s)$均为 p 阶方阵，$p\geqslant\max[\deg\det\boldsymbol{P}_i(s), i=1,2]$，倘若无此前提，下面的讨论可能不成立，例如式(9.80)中(需要的)幺模矩阵不能得到保证. 相应地，$\boldsymbol{Q}_i(s)$，$\boldsymbol{T}_i(s)$和 $\boldsymbol{W}_i(s)$分别是 $p\times m$，$r\times p$ 和 $r\times m$ 阶矩阵.

严格系统等价　当且仅当存在两个 p 阶幺模矩阵 $\boldsymbol{U}(s)$和 $\boldsymbol{V}(s)$以及 $r\times p$ 和 $p\times m$ 阶多项式矩阵 $\boldsymbol{X}(s)$和 $\boldsymbol{Y}(s)$使得对于式(9.79)中 $\boldsymbol{S}_{R_1}$、$\boldsymbol{S}_{R_2}$ 有关系式(9.80)，则称 $\boldsymbol{S}_{R_1}$、$\boldsymbol{S}_{R_2}$ 严格系统等价.

$$\begin{bmatrix}\boldsymbol{U}(s) & \boldsymbol{0}\\ \boldsymbol{X}(s) & \boldsymbol{I}_r\end{bmatrix}\begin{bmatrix}\boldsymbol{P}_1(s) & \boldsymbol{Q}_1(s)\\ -\boldsymbol{T}_1(s) & \boldsymbol{W}_1(s)\end{bmatrix}\begin{bmatrix}\boldsymbol{V}(s) & \boldsymbol{Y}(s)\\ \boldsymbol{0} & \boldsymbol{I}_m\end{bmatrix}=\begin{bmatrix}\boldsymbol{P}_2(s) & \boldsymbol{Q}_2(s)\\ -\boldsymbol{T}_2(s) & \boldsymbol{W}_2(s)\end{bmatrix} \tag{9.80}$$

$\boldsymbol{U}(s)$和 $\boldsymbol{V}(s)$是 p 阶幺模矩阵，所以式(9.80)左边 $\boldsymbol{S}_{R_1}(s)$两侧的矩阵均是幺模矩阵，阶次分别为$(p+r)$阶和$(p+m)$阶. 这种严格系统等价定义和节 8.4 介绍 Smith 规范型提过的严格等价定义是一致的. 因此 $\boldsymbol{S}_{R_1}$ 和 $\boldsymbol{S}_{R_2}$ 具有相同的秩和相同的不变因式. 不过这里更着重从系统的物理属性上讨论等价意义. 例如在谈到严格系统等价的传递性时，着眼于系统 $\boldsymbol{A}$ 与系统 $\boldsymbol{B}$ 严格等价，系统 $\boldsymbol{B}$ 又与系统 $\boldsymbol{C}$ 严格等价，则认为系统 $\boldsymbol{A}$ 与系统 $\boldsymbol{C}$ 严格等价，关于对称性和自反性也是如此理解；系统严格等价又着眼于它们具有相同的传递矩阵，它们的能控性和能观性具有一致性，系统的极点、解耦零点等分别相同，它们的分状态彼此是通过可逆变换联系起来的，采用前节介绍的实现方法所取得的状态空间实现具有相同的零状态响应和相同的零输入响应. 下面的几个定理就是阐述严格等价的这些内涵的.

定理 9.5　两个 R-系统矩阵严格系统等价则具有相同的系统极点集和相同的传递矩阵.

证明　将严格系统等价定义式(9.80)的左边相乘给出

$$\begin{bmatrix}\boldsymbol{UP}_1\boldsymbol{V} & \boldsymbol{UP}_1\boldsymbol{Y}+\boldsymbol{UQ}_1\\ -(\boldsymbol{T}_1-\boldsymbol{XP}_1)\boldsymbol{V} & (\boldsymbol{XP}_1-\boldsymbol{T}_1)\boldsymbol{Y}+(\boldsymbol{XQ}_1+\boldsymbol{W}_1)\end{bmatrix}=\begin{bmatrix}\boldsymbol{P}_2 & \boldsymbol{Q}_2\\ -\boldsymbol{T}_2 & \boldsymbol{W}_2\end{bmatrix} \tag{9.81}$$

式中为书写简便省略了(自变量)复频率 s. 所以 $\boldsymbol{UP}_1\boldsymbol{V}=\boldsymbol{P}_2$，而 $\boldsymbol{U}$ 和 $\boldsymbol{V}$ 为幺模矩阵，有

$$k\det\boldsymbol{P}_1(s)=\det\boldsymbol{P}_2(s)\quad\text{或}\quad\mathscr{Z}[\det\boldsymbol{P}_1(s)]=\mathscr{Z}[\det\boldsymbol{P}_2(s)] \tag{9.82}$$

其中 k 为非零常数. 下面再证明两者具有相同的传递矩阵.

$$\begin{aligned}\boldsymbol{G}_2(s)&=\boldsymbol{T}_2\boldsymbol{P}_2^{-1}\boldsymbol{Q}_2+\boldsymbol{W}_2\\&=(\boldsymbol{T}_1-\boldsymbol{XP}_1)\boldsymbol{VV}^{-1}\boldsymbol{P}_1^{-1}\boldsymbol{U}^{-1}\boldsymbol{U}(\boldsymbol{P}_1\boldsymbol{Y}+\boldsymbol{Q}_1)\end{aligned}$$

$$
\begin{aligned}
&+(XP_1-T_1)Y+(XQ_1+W_1)\\
&=T_1P_1^{-1}Q_1+W_1 \qquad (9.83)\\
&=G_1(s)
\end{aligned}
$$

式(9.83)也说明$\mathscr{P}[G_1(s)]=\mathscr{P}[G_2(s)]$,结合式(9.82)还可推断$S_{R_1}$和$S_{R_2}$的解耦零点集彼此相等,即$\{s_{d_1}\}=\{s_{d_2}\}$.如果$S_{R_1}$的$S_{R_2}$各有自己的状态空间实现并以$A_1$和$A_2$分别表示各自状态空间实现的系统矩阵,则

$$
\dim A_1=\deg\det P_1(s)=\deg\det P_2(s)=\dim A_2
$$

且

$$
\det(sI-A_1)=\det(sI-A_2)
$$

定理 9.6 若两个R-系统矩阵S_{R_1}和S_{R_2}严格系统等价,则它们各自对应的分状态$\xi_1(s)$和$\xi_2(s)$通过可逆变换式(9.84)联系起来,得

$$
\left.\begin{aligned}
\xi_1(s)&=V(s)\xi_2(s)-Y(s)u(s)\\
\xi_2(s)&=\bar{V}(s)\xi_1(s)-\bar{Y}(s)u(s)
\end{aligned}\right\} \qquad (9.84)
$$

其中$\bar{V}(s)=V^{-1}(s)$,$\bar{Y}(s)=-V^{-1}(s)Y(s)$.

证明 将S_{R_1}和S_{R_2}各自表达的PMD写出来为

$$
\begin{bmatrix} P_1(s) & Q_1(s)\\ -T_1(s) & W_2(s)\end{bmatrix}\begin{bmatrix}\xi_1(s)\\ -u(s)\end{bmatrix}=\begin{bmatrix}0\\ -y(s)\end{bmatrix} \qquad (9.85a)
$$

$$
\begin{bmatrix} P_2(s) & Q_2(s)\\ -T_2(s) & W_2(s)\end{bmatrix}\begin{bmatrix}\xi_2(s)\\ -u(s)\end{bmatrix}=\begin{bmatrix}0\\ -y(s)\end{bmatrix} \qquad (9.85b)
$$

再将式(9.80)两边右乘

$$
\begin{bmatrix} V(s) & Y(s)\\ 0 & I_m\end{bmatrix}^{-1}=\begin{bmatrix} V^{-1}(s) & -V^{-1}(s)Y(s)\\ 0 & I_m\end{bmatrix}\overset{\text{def}}{=}\begin{bmatrix}\bar{V}(s) & \bar{Y}(s)\\ 0 & I_m\end{bmatrix}
$$

之后,可以得到

$$
\begin{bmatrix} U & 0\\ X & I_r\end{bmatrix}\begin{bmatrix} P_1 & Q_1\\ -T_1 & W_1\end{bmatrix}\begin{bmatrix}\xi_1\\ -u\end{bmatrix}=\begin{bmatrix} P_2 & Q_2\\ -T_2 & W_2\end{bmatrix}\begin{bmatrix}\bar{V} & \bar{Y}\\ 0 & I_m\end{bmatrix}\begin{bmatrix}\xi_1\\ -u\end{bmatrix} \qquad (9.86)
$$

将式(9.85a)代入式(9.86)左边,有

$$
\begin{bmatrix}0\\ -y\end{bmatrix}=\begin{bmatrix} P_2 & Q_2\\ -T_2 & W_2\end{bmatrix}\begin{bmatrix}\bar{V}\xi_1-\bar{Y}u\\ -u\end{bmatrix} \qquad (9.87)
$$

将式(9.87)与式(9.85b)对照比较,得

$$
\xi_2(s)=\bar{V}(s)\xi_1(s)-\bar{Y}(s)u(s)
$$

$\bar{V}(s)=V^{-1}(s)$仍为幺模矩阵,上式的两边左乘$V(s)$给出

$$
\xi_1(s)=V(s)\xi_2(s)-Y(s)u(s)
$$

定理得证.

定理9.6指明在$S_{R_1}\overset{S}{\sim}S_{R_2}$条件下,对于任意给定的输入$u(t)$,不论$S_{R_1}$描述的系统处于什么样的初始条件,$S_{R_2}$描述的系统中存在着唯一的初给条件与之对应,反之亦然.这就导

致在相同的输入 $\boldsymbol{u}(t)$和对应的初始条件下两个系统的动态行为完全等价.

定理 9.7 系统的互质性、能控性和能观性在严格系统等价变换下保持不变.

证明 由严格系统等价定义式(9.80)可导出

$$\boldsymbol{U}(s)[\boldsymbol{P}_1(s) \quad \boldsymbol{Q}_1(s)]\begin{bmatrix}\boldsymbol{V}(s) & \boldsymbol{Y}(s)\\ \boldsymbol{0} & \boldsymbol{I}_m\end{bmatrix} = [\boldsymbol{P}_2(s) \quad \boldsymbol{Q}_2(s)] \tag{9.88}$$

和

$$\begin{bmatrix}\boldsymbol{U}(s) & \boldsymbol{0}\\ \boldsymbol{X}(s) & \boldsymbol{I}_r\end{bmatrix}\begin{bmatrix}\boldsymbol{P}_1(s)\\ -\boldsymbol{T}_1(s)\end{bmatrix}\boldsymbol{V}(s) = \begin{bmatrix}\boldsymbol{P}_2(s)\\ -\boldsymbol{T}_2(s)\end{bmatrix} \tag{9.89}$$

注意到 $\boldsymbol{U}(s)$和 $\boldsymbol{V}(s)$均是 p 阶么模矩阵,所以

$$\rho[\boldsymbol{P}_1(s) \quad \boldsymbol{Q}_1(s)] = \rho[\boldsymbol{P}_2(s) \quad \boldsymbol{Q}_2(s)] \leqslant p, \quad \forall s \in \mathbf{C} \tag{9.90}$$

$$\rho\begin{bmatrix}\boldsymbol{P}_1(s)\\ -\boldsymbol{T}_1(s)\end{bmatrix} = \rho\begin{bmatrix}\boldsymbol{P}_2(s)\\ -\boldsymbol{T}_2(s)\end{bmatrix} \leqslant p, \quad \forall s \in \mathbf{C} \tag{9.91}$$

这表明当系统由一种 PMD 被严格系统等价为另一种 PMD,互质性保持不变,因此与互质性具有等价关系的能控性和能观性保持不变.进一步还可断定各类解耦零点分别保持不变.

定理 9.8 两个状态空间描述($\boldsymbol{A}_i,\boldsymbol{B}_i,\boldsymbol{C}_i,\boldsymbol{D}_i(s)$)代数等价的充要条件是相应的两个 $\boldsymbol{S}_{R_i}, i=1,2$ 严格系统等价.

证明 虽然这里状态空间描述中 $\boldsymbol{D}_i(s)$不一定是常数阵,其代数等价定义仍如前述,即存在非奇异 n 阶方阵 $\boldsymbol{T}$,使得

$$\boldsymbol{A}_1 = \boldsymbol{T}^{-1}\boldsymbol{A}_2\boldsymbol{T}, \quad \boldsymbol{B}_1 = \boldsymbol{T}^{-1}\boldsymbol{B}_2, \quad \boldsymbol{C}_1 = \boldsymbol{C}\boldsymbol{T}, \quad \boldsymbol{D}_1(s) = \boldsymbol{D}_2(s) \tag{9.92}$$

$\boldsymbol{S}_{R_1}$与 $\boldsymbol{S}_{R_2}$严格系统等价定义

$$\begin{bmatrix}\boldsymbol{U}(s) & \boldsymbol{0}\\ \boldsymbol{X}(s) & \boldsymbol{I}_r\end{bmatrix}\begin{bmatrix}s\boldsymbol{I}-\boldsymbol{A}_1 & \boldsymbol{B}_1\\ -\boldsymbol{C}_1 & \boldsymbol{D}_1(s)\end{bmatrix}\begin{bmatrix}\boldsymbol{V}(s) & \boldsymbol{Y}(s)\\ \boldsymbol{0} & \boldsymbol{I}_m\end{bmatrix} = \begin{bmatrix}s\boldsymbol{I}-\boldsymbol{A}_2 & \boldsymbol{B}_2\\ -\boldsymbol{C}_2 & \boldsymbol{D}_2(s)\end{bmatrix}$$

要求 $\boldsymbol{U}(s)(s\boldsymbol{I}-\boldsymbol{A}_1)\boldsymbol{V}(s)=(s\boldsymbol{I}-\boldsymbol{A}_2)$.8.4 节中定理 8.17 指明满足这一要求的充要条件是 $\boldsymbol{A}_1$ 与 $\boldsymbol{A}_2$ 相似,反之亦然.必要性得证.现在令 $\boldsymbol{X}(s)$和 $\boldsymbol{Y}(s)$为相应阶次的零矩阵,$\boldsymbol{U}(s)=\boldsymbol{V}^{-1}(s)$为任意 n 阶非奇异常值方阵 $\boldsymbol{T}^{-1}$,则定义式左边相乘结果为

$$\begin{bmatrix}s\boldsymbol{I}-\boldsymbol{T}^{-1}\boldsymbol{A}_1\boldsymbol{T} & \boldsymbol{T}_1^{-1}\boldsymbol{B}_1\\ -\boldsymbol{C}_1\boldsymbol{T} & \boldsymbol{D}_1(s)\end{bmatrix} \stackrel{\text{def}}{=} \begin{bmatrix}s\boldsymbol{I}-\boldsymbol{A}_2 & \boldsymbol{B}_2\\ -\boldsymbol{C}_2 & \boldsymbol{D}_2(s)\end{bmatrix} \tag{9.93}$$

式(9.93)说明如此选取么模矩阵确能保证将 $\boldsymbol{S}_{R_1}$ 严格系统等价变换成满足代数等价关系式(9.92)的 $\boldsymbol{S}_{R_2}$.

第 4 章曾指出凡是代数等价的状态空间描述具有相同的传递矩阵,反之不然.类似地,凡是严格系统等价的 PMD 或 $\boldsymbol{S}_R(s)$具有相同的传递矩阵,反之不然.例如 $\boldsymbol{G}(s)=\boldsymbol{N}_r(s)\boldsymbol{D}_r^{-1}(s)=\bar{\boldsymbol{N}}_r(s)\bar{\boldsymbol{D}}_r^{-1}(s)$,$\bar{\boldsymbol{N}}_r(s)$和 $\bar{\boldsymbol{D}}_r(s)$ 右互质但 $\boldsymbol{N}_r(s)$和 $\boldsymbol{D}_r(s)$不是右互质,则 $\boldsymbol{S}_{R_1} \stackrel{\text{def}}{=} \{\boldsymbol{D}_r(s),\boldsymbol{I},\boldsymbol{N}_r(s),\boldsymbol{0}\}$和 $\boldsymbol{S}_{R_2} \stackrel{\text{def}}{=} \{\bar{\boldsymbol{D}}_r(s),\boldsymbol{I},\bar{\boldsymbol{N}}_r(s),\boldsymbol{0}\}$具有相同的传递矩阵 $\boldsymbol{G}(s)$,但因为$\boldsymbol{D}_r(s)\neq\bar{\boldsymbol{D}}_r(s)$,两者并不是严格系统等价.另一方面,凡是具有既能控又能观特征的状态空间描述,只要它们具有相同的传递矩阵必定是代数等价的.类似地,凡是以互质分式表示着相同的传递矩阵(并不一定是真有理矩阵),相应的多项式矩阵描述或 R-系统矩阵必定是严格系统等价的,定理 9.9 阐明的正是这一点.

定理 9.9 设 $\boldsymbol{G}(s)$是有理(并不一定真有理)矩阵,$\boldsymbol{G}(s)$的所有互质分式彼此间是严格系统等价的.

证明 首先假设 $\boldsymbol{G}(s)$为真有理矩阵,$\boldsymbol{N}_{r1}(s)\boldsymbol{D}_{r1}^{-1}(s)$和 $\boldsymbol{N}_{r2}(s)\boldsymbol{D}_{r2}^{-1}(s)$是 $\boldsymbol{G}(s)$的任意两个不同的右互质分式.定理 8.13 指出存在么模矩阵 $\boldsymbol{U}(s)$,使得 $\boldsymbol{D}_{r2}(s)=\boldsymbol{D}_{r1}(s)\boldsymbol{U}(s)$,$\boldsymbol{N}_{r2}(s)=\boldsymbol{N}_{r1}(s)\boldsymbol{U}(s)$,所以

$$\begin{bmatrix}\boldsymbol{I} & \boldsymbol{0}\\ \boldsymbol{0} & \boldsymbol{I}\end{bmatrix}\begin{bmatrix}\boldsymbol{D}_{r1}(s) & \boldsymbol{I}\\ -\boldsymbol{N}_{rl}(s) & \boldsymbol{0}\end{bmatrix}\begin{bmatrix}\boldsymbol{U}(s) & \boldsymbol{I}\\ \boldsymbol{0} & \boldsymbol{I}\end{bmatrix}=\begin{bmatrix}\boldsymbol{D}_{r2}(s) & \boldsymbol{I}\\ -\boldsymbol{N}_{r2}(s) & \boldsymbol{0}\end{bmatrix} \tag{9.94}$$

这说明 $\boldsymbol{S}_{R_1}(s)\overset{\text{def}}{=}\{\boldsymbol{D}_{r1}(s),\boldsymbol{I},\boldsymbol{N}_{r1}(s),\boldsymbol{0}\}$和 $\boldsymbol{S}_{R_2}\overset{\text{def}}{=}\{\boldsymbol{D}_{r2}(s),\boldsymbol{I},\boldsymbol{N}_{r_2}(s),\boldsymbol{0}\}$是严格系统等价的.

如果 $\boldsymbol{G}(s)$不是真有理矩阵,可以将 $\boldsymbol{G}(s)$因式分解成

$$\begin{aligned}\boldsymbol{G}(s) &= \boldsymbol{N}_r(s)\boldsymbol{D}_r^{-1}(s)+\boldsymbol{D}(s)\\ &= [\boldsymbol{N}_r(s)+\boldsymbol{D}(s)\boldsymbol{D}_r(s)]\boldsymbol{D}_r^{-1}(s)\\ &\overset{\text{def}}{=} \boldsymbol{N}(s)\boldsymbol{D}_r^{-1}(s)\end{aligned} \tag{9.95}$$

其中 $\boldsymbol{N}_r(s)\boldsymbol{D}_r^{-1}(s)$是真有理矩阵的右互质分式,$\boldsymbol{N}(s)\overset{\text{def}}{=}\boldsymbol{N}_r(s)+\boldsymbol{D}(s)\boldsymbol{D}_r(s)$.因为

$$\begin{bmatrix}\boldsymbol{D}_r(s) & \boldsymbol{I}\\ -\boldsymbol{N}(s) & \boldsymbol{0}\end{bmatrix}=\begin{bmatrix}\boldsymbol{I} & \boldsymbol{0}\\ -\boldsymbol{D}(s) & \boldsymbol{I}\end{bmatrix}\begin{bmatrix}\boldsymbol{D}_r(s) & \boldsymbol{I}\\ -\boldsymbol{N}_r(s) & \boldsymbol{D}(s)\end{bmatrix}\begin{bmatrix}\boldsymbol{I} & \boldsymbol{0}\\ \boldsymbol{0} & \boldsymbol{I}\end{bmatrix} \tag{9.96}$$

所以$\{\boldsymbol{D}_r(s),\boldsymbol{I},\boldsymbol{N}_r(s),\boldsymbol{D}(s)\}$与$\{\boldsymbol{D}_r(s),\boldsymbol{I},\boldsymbol{N}(s),\boldsymbol{0}\}$是严格系统等价的.根据严格系统等价的传递性可知,所有表示同一传递矩阵的右互质分式彼此间严格系统等价.类似地,可证明表示同一传递矩阵的左互质分式彼此间严格系统等价.

剩下来要证明的是表示同一传递矩阵 $\boldsymbol{G}(s)$的右互质分式和左互质分式间也是严格系统等价.设 $\boldsymbol{G}(s)=\boldsymbol{N}_r(s)\boldsymbol{D}_r^{-1}(s)=\boldsymbol{D}_l^{-1}(s)\boldsymbol{N}_l(s)$为两个互质分式.引用式(9.57),有

$$\begin{bmatrix}\boldsymbol{\beta}(s) & \boldsymbol{\alpha}(s)\\ \boldsymbol{D}_l(s) & \boldsymbol{N}_l(s)\end{bmatrix}\begin{bmatrix}-\boldsymbol{N}_r(s)\\ \boldsymbol{D}_r(s)\end{bmatrix}=\begin{bmatrix}\boldsymbol{I}\\ \boldsymbol{0}\end{bmatrix} \tag{9.97}$$

式(9.97)中系数矩阵为么模矩阵.利用 $\boldsymbol{D}_l(s)\boldsymbol{N}_r(s)=\boldsymbol{N}_l(s)\boldsymbol{D}_r(s)$和式(9.97)构造恒等式(9.98)

$$\begin{bmatrix}\boldsymbol{\beta}(s) & \boldsymbol{\alpha}(s) & \boldsymbol{0}\\ \boldsymbol{D}_l(s) & \boldsymbol{N}_l(s) & \boldsymbol{0}\\ -\boldsymbol{I} & \boldsymbol{0} & \boldsymbol{I}\end{bmatrix}\begin{bmatrix}\boldsymbol{I} & \boldsymbol{0} & \boldsymbol{0}\\ \boldsymbol{0} & \boldsymbol{D}_r(s) & \boldsymbol{I}\\ \boldsymbol{0} & -\boldsymbol{N}_r(s) & \boldsymbol{0}\end{bmatrix}=\begin{bmatrix}\boldsymbol{I} & \boldsymbol{0} & \boldsymbol{0}\\ \boldsymbol{0} & \boldsymbol{D}_l(s) & \boldsymbol{N}_l(s)\\ \boldsymbol{0} & -\boldsymbol{I} & \boldsymbol{0}\end{bmatrix}\begin{bmatrix}\boldsymbol{\beta}(s) & \boldsymbol{\alpha}(s)\boldsymbol{D}_r(s) & \boldsymbol{\alpha}(s)\\ \boldsymbol{I} & \boldsymbol{N}_r(s) & \boldsymbol{0}\\ \boldsymbol{0} & \boldsymbol{0} & \boldsymbol{I}\end{bmatrix} \tag{9.98}$$

类似式(9.60)的情况,式(9.98)中最左边矩阵和最右边矩阵均为么模矩阵,而中间两个矩阵分别为$\{\boldsymbol{D}_r(s),\boldsymbol{I},\boldsymbol{N}_r,\boldsymbol{0}\}$和$\{\boldsymbol{D}_l(s),\boldsymbol{N}_l(s),\boldsymbol{I},\boldsymbol{0}\}$的扩展 R-系统矩阵.扩展 R-系统矩阵的严格系统等价性决定着$\{\boldsymbol{D}_r(s),\boldsymbol{I},\boldsymbol{N}_r(s),\boldsymbol{0}\}$和$\{\boldsymbol{D}_l(s),\boldsymbol{I},\boldsymbol{0}\}$是严格系统等价的.严格系统等价的传递性导致同一传递矩阵的互质分式彼此间是严格系统等价的.定理证毕.

最后指出一个事实,具有相同传递矩阵的所有既约的多项式矩阵描述$\{\boldsymbol{P}_i(s),\boldsymbol{Q}_i(s),\boldsymbol{T}_i(s),\boldsymbol{W}_i(s)\}$都是严格系统等价的.因此所有既约的状态空间描述、所有的互质矩阵分式和所有的既约多项式矩阵描述,只要它们有着相同的传递矩阵,则彼此间都是严格系统等价的,从而有关系式

$$\Delta \boldsymbol{G}(s) \sim \boldsymbol{\Delta}(s) = \det(s\boldsymbol{I}-\boldsymbol{A}) \sim \det \boldsymbol{D}_r(s) \sim \det \boldsymbol{D}_L(s) \sim \det \boldsymbol{P}(s) \quad (9.99)$$

这里等价符号表示它们彼此仅相差一个不为零的系数,倘若这些多项式都取首一多项式,则等价关系变成相等关系.反过来,上述各种描述若具有相同的传递矩阵又满足式(9.99),它们必定都是既约的.在既约假设前提下,这三种描述的任何一种都可用来研究系统的分析和设计而不会丢失任何基本的实质性信息.

9.4　传递函数矩阵性质

9.4.1　传递矩阵的极点、零点及其物理意义

至此,20 世纪 50 年代末 60 年代初以来迅速发展的状态空间描述在分析和设计多变量系统方面的作用、功能和方法已经得到了十分详尽的阐述,60 年代中期被提出而在七八十年代得到蓬勃发展的多项式矩阵描述和相伴的传递矩阵的矩阵分式描述也得到相当充分的介绍.正如前节指出的,在既约假设前提下,这三种描述的任何一种在分析和设计系统方面具有着同样的作用和功能.因此本节将系统地、专门地阐述传递矩阵的各种特性.首先介绍传递矩阵的极点和零点及其物理意义,然后介绍传递矩阵的赋值、化零空间和亏数等等.

为了对多变量系统传递矩阵的极点、零点及其物理意义有更深刻的理解和认识,回顾单变量系统传递函数的极点、零点定义及其物理意义是很有好处的.设 $g(s)$为有理传递函数,若 $s_0 \in \mathbf{C}$ 使得$|g(s_0)|=\infty$,则 s_0 称为 $g(s)$的极点;若 $s_0 \in \mathbf{C}$ 使得 $g(s_0)=0$,则 s_0 称为 $g(s)$的零点.由极点和零点的定义可引申出定理 9.10 和定理 9.11,它们给极点和零点赋予了明确的物理意义或物理解释.

定理 9.10　设单变量系统具有真有理传递函数 $g(s)$,$\{\boldsymbol{A},\boldsymbol{b},\boldsymbol{c},d\}$为 $g(s)$的既约实现,$s_0 \in \mathbf{C}$ 为 $g(s)$极点的充要条件是存在初态 $\boldsymbol{x}_0$ 使得系统输出的零输入响应为

$$y_{zi}(t) = k\mathrm{e}^{s_0 t}, \quad k \text{ 为非零常数}, \quad t \geqslant 0 \quad (9.100)$$

证明　若 s_0 是

$$g(s) = \boldsymbol{c}(s\boldsymbol{I}-\boldsymbol{A})\boldsymbol{b}+d = \frac{\boldsymbol{c}\operatorname{adj}(s\boldsymbol{I}-\boldsymbol{A})\boldsymbol{b}+d\cdot\det(s\boldsymbol{I}-\boldsymbol{A})}{\det(s\boldsymbol{I}-\boldsymbol{A})}$$

的极点,则 s_0 必是 A 的特征值.设伴随 s_0 的特征向量为 $\boldsymbol{q}$,$\boldsymbol{A}\boldsymbol{q}=s_0\boldsymbol{q}$.因为 $\boldsymbol{q}$ 同时又是矩阵$(s\boldsymbol{I}-\boldsymbol{A})^{-1}$伴随特征值$(s-s_0)^{-1}$的特征向量(试证明之),所以

$$\boldsymbol{c}(s\boldsymbol{I}-\boldsymbol{A})^{-1}\boldsymbol{q} = \boldsymbol{c}(s-s_0)^{-1}\boldsymbol{q}$$

令 $\boldsymbol{x}_0=\boldsymbol{q}$,则由 $\boldsymbol{x}_0$ 引起的 $y_{zi}(s)=\boldsymbol{c}(s\boldsymbol{I}-\boldsymbol{A})^{-1}\boldsymbol{x}_0=\boldsymbol{c}(s-s_0)^{-1}\boldsymbol{x}_0$,得到

$$y_{zi}(t) = \boldsymbol{c}\boldsymbol{x}_0\mathrm{e}^{s_0 t} = \boldsymbol{c}\boldsymbol{q}\mathrm{e}^{s_0 t}, \quad t \geqslant 0$$

因为假设$\{\boldsymbol{A},\boldsymbol{c}\}$是能观的,$\rho[(s_0\boldsymbol{I}-\boldsymbol{A})^{\mathrm{T}} \quad \boldsymbol{c}^{\mathrm{T}}]^{\mathrm{T}}=n$,即 $N[(s_0\boldsymbol{I}-\boldsymbol{A})^{\mathrm{T}} \quad \boldsymbol{c}^{\mathrm{T}}]=\{\boldsymbol{0}\}$,考虑到$(s_0\boldsymbol{I}-\boldsymbol{A})\boldsymbol{q}=\boldsymbol{0}$,则

$$\begin{bmatrix} s_0\boldsymbol{I}-\boldsymbol{A} \\ \boldsymbol{c} \end{bmatrix}\boldsymbol{q} = \begin{bmatrix} \boldsymbol{0} \\ \boldsymbol{c}\boldsymbol{q} \neq \boldsymbol{0} \end{bmatrix}$$

否则与$\{\boldsymbol{A},\boldsymbol{c}\}$能观假设矛盾.必要性得证.

现在再假设有非零状态 $\boldsymbol{x}_0$ 使输出零输入响应 $y_{zi}(t)=k\mathrm{e}^{s_0 t},t\geqslant 0$,则

$$y_{zi}(s)=\boldsymbol{c}(s\boldsymbol{I}-\boldsymbol{A})^{-1}\boldsymbol{x}_0=k(s-s_0)^{-1}$$

或

$$(s-s_0)\boldsymbol{c}\mathrm{adj}(s\boldsymbol{I}-\boldsymbol{A})\boldsymbol{x}_0=k\det(s\boldsymbol{I}-\boldsymbol{A})$$

这表明 s_0 是 $\det(s\boldsymbol{I}-\boldsymbol{A})=0$ 的根,即 $\boldsymbol{A}$ 的特征值,所以 s_0 是 $g(s)$的极点.定理得证.

定理9.10说明如果 s_0 是 $g(s)$的极点,则不必加上任何输入信号便可通过非零初态引起的 $y_{zi}(t)$观测到模态 $\mathrm{e}^{s_0 t}$,$\mathrm{e}^{s_0 t}$是能观模态.如果 s_0不是 $g(s)$的极点,没有输入信号在输出端绝不会观测到模态 $\mathrm{e}^{s_0 t}$,仅当在输入端加上 $\mathrm{e}^{s_0 t}$型信号,才可能在输出 $y(t)$中有 $\mathrm{e}^{s_0 t}$型信号.

定理9.11 设单变量系统的有理传递函数为$g(s)$,$\{\boldsymbol{A},\boldsymbol{b},\boldsymbol{c},d\}$为$g(s)$的既约实现,若$s_0\in\mathbf{C}$不是$g(s)$的极点,则由初态$\boldsymbol{x}_0=(s_0\boldsymbol{I}-\boldsymbol{A})^{-1}\boldsymbol{b}$和输入$u(t)=\mathrm{e}^{s_0 t}$引起的输出$y(t)=g(s_0)\mathrm{e}^{s_0 t},t\geqslant 0$.

证明 由初态 $\boldsymbol{x}_0$ 输入和 $u(t)$引起的输出全响应在频域中可表示为

$$\begin{aligned}y(s)&=\boldsymbol{c}(s\boldsymbol{I}-\boldsymbol{A})^{-1}\boldsymbol{x}_0+\boldsymbol{c}(s\boldsymbol{I}-\boldsymbol{A})^{-1}\boldsymbol{b}u(s)+du(s)\\&=\boldsymbol{c}(s\boldsymbol{I}-\boldsymbol{A})^{-1}(s_0\boldsymbol{I}-\boldsymbol{A})^{-1}\boldsymbol{b}+\boldsymbol{c}(s\boldsymbol{I}-\boldsymbol{A})^{-1}\boldsymbol{b}(s-s_0)^{-1}+d(s-s_0)^{-1}\end{aligned}\tag{9.101}$$

如果 s_0 不是 $\boldsymbol{A}$ 的特征值,$(s_0\boldsymbol{I}-\boldsymbol{A})^{-1}$存在,有

$$\begin{aligned}&\boldsymbol{c}(s\boldsymbol{I}-\boldsymbol{A})^{-1}\boldsymbol{b}(s-s_0)^{-1}\\&\quad=\boldsymbol{c}(s\boldsymbol{I}-\boldsymbol{A})^{-1}(s-s_0)^{-1}\boldsymbol{b}\\&\quad=\boldsymbol{c}(s\boldsymbol{I}-\boldsymbol{A})^{-1}(s-s_0)^{-1}[(s\boldsymbol{I}-\boldsymbol{A})-(s-s_0)\boldsymbol{I}](s_0\boldsymbol{I}-\boldsymbol{A})^{-1}b\\&\quad=\boldsymbol{c}[(s-s_0)^{-1}\boldsymbol{I}-(s\boldsymbol{I}-\boldsymbol{A})^{-1}](s_0\boldsymbol{I}-\boldsymbol{A})^{-1}\boldsymbol{b}\\&\quad=\boldsymbol{c}(s_0\boldsymbol{I}-\boldsymbol{A})^{-1}\boldsymbol{b}(s-s_0)^{-1}-\boldsymbol{c}(s\boldsymbol{I}-\boldsymbol{A})^{-1}(s_0\boldsymbol{I}-\boldsymbol{A})^{-1}\boldsymbol{b}\end{aligned}\tag{9.102}$$

将式(9.102)代入式(9.101)给出

$$\begin{aligned}y(s)&=\boldsymbol{c}(s_0\boldsymbol{I}-\boldsymbol{A})^{-1}\boldsymbol{b}(s-s_0)^{-1}+d(s-s_0)^{-1}\\&=g(s_0)(s-s_0)^{-1}\end{aligned}\tag{9.103}$$

时域中全响应 $y(t)=g(s_0)\mathrm{e}^{s_0 t},t\geqslant 0$,定理得证.

在定理9.11中 s_0 不是 $g(s)$ 的极点很重要,否则定理就不成立.这一定理在确定线性非时变集总无源网络的阻抗为正实函数时十分有用(参看文献[12]).这一定理还可对传递函数的零点赋予一定物理意义:倘若 s_0 是 $g(s)$ 的零点,则在特定的初始状态下,虽然输入加上信号 $\mathrm{e}^{s_0 t}$,但输出却恒为零.换句话说,在 s_0 为 $g(s)$ 零点的情况下,$\mathrm{e}^{s_0 t}$ 型输入信号被系统堵塞不可能被输送到输出端.此外,4.3节的定理4.10指出若线性非时变系统为能控系统,可用冲激函数 $\delta(t)$ 及其导数的线性组合将系统由任意初态 $\boldsymbol{x}(0_-)$ 安排到任意的初态$\boldsymbol{x}(0_+)$.因此定理9.11中由初态 $\boldsymbol{x}(0)=(s_0\boldsymbol{I}-\boldsymbol{A}^{-1})\boldsymbol{b}$ 和$u(t)=\mathrm{e}^{s_0 t}$ 引起的输出可改用由$u(t)=\mathrm{e}^{s_0 t}+\sum_{k=0}^{n-1}\alpha_k\delta^k(t)$ 引起的输出的零状态响应 $y_{zi}(t)=g(s_0)\mathrm{e}^{s_0 t},t\geqslant 0$.这里零状态指的是 $\boldsymbol{x}(0_-)=\mathbf{0}$.

现在研究多变量系统有理传递矩阵 $\boldsymbol{G}(s)$的极点和零点的定义、特性及物理意义.设

$\boldsymbol{G}(s)=[g_{ij}(s)]$为 $r\times m$ 阶真有理矩阵，$\rho[\boldsymbol{G}(s)]=l$，并假设首一多项式 $d(s)$为所有 $g_{ij}(s)$的最小公分母，这样 $\boldsymbol{G}(s)$可写成矩阵分式(9.104)：

$$\boldsymbol{G}(s)=[g_{ij}(s)]=\frac{1}{d(s)}\boldsymbol{N}(s) \tag{9.104}$$

应用么模矩阵 $\boldsymbol{U}_L(s)$和 $\boldsymbol{U}_R(s)$将 $\boldsymbol{N}(s)$变成 Smith 型：

$$\boldsymbol{U}_L(s)\boldsymbol{N}(s)\boldsymbol{U}_R(s)=\mathrm{diag}[\lambda_1(s)\quad\lambda_2(s)\quad\cdots\quad\lambda_l(s)\quad 0\quad\cdots\quad 0]$$

相应地，$\boldsymbol{G}(s)$被变换成 Smith-McMillan **规范型**，即式(9.105)：

$$\begin{aligned}\boldsymbol{U}_L(s)\boldsymbol{G}(s)\boldsymbol{U}_R(s)&=\mathrm{diag}\left[\frac{\lambda_1(s)}{d(s)}\quad\frac{\lambda_2(s)}{d(s)}\quad\cdots\quad\frac{\lambda_l(s)}{d(s)}\quad 0\quad\cdots\quad 0\right]\\&=\left[\begin{array}{cccc|c}\frac{\varepsilon_1(s)}{\varphi_1(s)}&&&&\\&\frac{\varepsilon_2(s)}{\varphi_2(s)}&&&\boldsymbol{0}_{l\times(m-l)}\\&&\ddots&&\\&&&\frac{\varepsilon_l(s)}{\varphi_l(s)}&\\\hline&&\boldsymbol{0}_{(r-l)\times l}&&\boldsymbol{0}_{(r-l)\times(m-l)}\end{array}\right]\\&\overset{\mathrm{def}}{=}\left[\begin{array}{c|c}\boldsymbol{M}(s)&\boldsymbol{0}\\\hline\boldsymbol{0}&\boldsymbol{0}\end{array}\right]\end{aligned} \tag{9.105}$$

其中 $\varepsilon_i(s)/\varphi_i(s)$为既约分式，并设 $\varphi_i(s)$，$i=1,2,\cdots,l$ 都取为首一多项式. 由于 $\lambda_i(s)$的整除性，即 $\lambda_i(s)|\lambda_{i-1}(s)$，$i=1,2,\cdots,l-1$，必有 $\varepsilon_i(s)|\varepsilon_{i+1}(s)$和 $\varphi_{i+1}(s)|\varphi_i(s)$，$i=1,2,\cdots,l-1$. 定义所有 $\varphi_i(s)$的乘积为 $\boldsymbol{G}(s)$的**极点多项式** $P(s)$，所有 $\varepsilon_i(s)$的乘积为 $\boldsymbol{G}(s)$的**零点多项式**$Z(s)$：

$$P(s)=\prod_{i=1}^{l}\varphi_i(s) \tag{9.106a}$$

$$Z(s)=\prod_{i=1}^{l}\varepsilon_i(s) \tag{9.106b}$$

$P(s)$和 $Z(s)$的零点分别定义为**传递矩阵 $\boldsymbol{G}(s)$的极点和传输零点**.

以 $d_i(s)$和 $\hat{d}_i(s)$分别表示 $\boldsymbol{N}(s)$和它的 Smith 型的所有 i，$i=0,1,2,\cdots,l$ 级子式的首一最大公因式. 将 8.4 节中式(8.105)重新写出来，有

$$\lambda_1(s)=\frac{d_1(s)}{d_0(s)}=d_1(s),\quad\lambda_i(s)=\frac{d_i(s)}{d_{i-1}(s)},\quad d_i(s)=\hat{d}_i(s),\quad i=1,2,\cdots,l \tag{9.107}$$

对照 $\boldsymbol{G}(s)$的 Smith-McMillan 型，有

$$\lambda_1(s)=\frac{\varepsilon_1(s)}{\varphi_1(s)}d(s)$$

$\varepsilon_1(s)/\varphi_1(s)$是既约分式，$\lambda_1(s)$是多项式，必定有

$$\varphi_1(s)=d(s) \tag{9.108}$$

由于 $\lambda_1(s)\lambda_2(s)=d_2(s)$，又有

$$\frac{\varepsilon_1(s)\varepsilon_2(s)}{\varphi_1(s)\varphi_2(s)} = \frac{\lambda_1(s)\lambda_2(s)}{d^2(s)} = \frac{d_2(s)}{d^2(s)} \tag{9.109}$$

依次类推,因为 $\lambda_1(s)\lambda_2(s)\cdots\lambda_i(s) = d_i(s)$,有

$$\frac{\varepsilon_1(s)\varepsilon_2(s)\cdots\varepsilon_i(s)}{\varphi_1(s)\varphi_2(s)\cdots\varphi_i(s)} = \frac{d_i(s)}{d^i(s)} \tag{9.110}$$

式(9.110)说明所有 $\boldsymbol{G}(s)$的 i 级子式分母为$d^i(s)$,分子的最大公因式为 $d_i(s)$,当 $d^i(s)$和 $d_i(s)$的公共项相消后,分母中乘积 $\varphi_1(s)\varphi_2(s)\cdots\varphi_i(s)$为所有 $\boldsymbol{G}(s)$的 i 级子式的最小公分母.当 i 由 1 逐次增加到最大值 l 时.$\boldsymbol{G}(s)$的所有各级子式的最小公分母就是 $\boldsymbol{G}(s)$的所有 l 级子式的最小公分母$\varphi_1(s)\varphi_2(s)\cdots\varphi_l(s)$,而这正是 $\boldsymbol{G}(s)$的极点多项式 $P(s)$,也就是节 5.2 所定义的 $\boldsymbol{G}(s)$的特征多项式 $\Delta\boldsymbol{G}(s)$.两者所定义的极点也是一致的.此外从式(9.109)还可看出若 $\varepsilon_1(s)\varepsilon_2(s)$与 $\varphi_1(s)\varphi_2(s)$之间有相同因式,它们只能在 $\varphi_1(s)$和$\varepsilon_2(s)$中出现,因为 $\varepsilon_i(s)/\varphi_i(s)$是既约的,$\varepsilon_i(s)\mid\varepsilon_{i+k}(s)$和 $\varphi_{i+1}(s)\mid\varphi_i(s)$.推广到式(9.110)可知,只可能在 $\varphi_i(s)$和 $\varepsilon_{i+k}(s)$,$k>0$ 之间会有相同因式.这种现象造成多变量系统中会有相同的极点和传输零点且不互相抵消.

例 9.4 下面 $\boldsymbol{G}(s)$是例 5.2 中曾出现过的传递矩阵 $\boldsymbol{G}_4(s)$,根据 $\boldsymbol{G}(s)$的 Smith-McMillan 型求极点集 $\mathscr{P}[\boldsymbol{G}(s)]$.

解

$$\boldsymbol{G}(s) = \begin{bmatrix} \dfrac{s}{s+1} & \dfrac{1}{(s+1)(s+2)} & \dfrac{1}{s+3} \\ \dfrac{-1}{s+1} & \dfrac{1}{(s+1)(s+2)} & \dfrac{1}{s} \end{bmatrix}$$

$$d(s) = \varphi_1(s) = s(s+1)(s+2)(s+3)$$

$$\boldsymbol{N}(s) = \begin{bmatrix} s^2(s+2)(s+3) & s(s+3) & s(s+1)(s+2) \\ -s(s+2)(s+3) & s(s+3) & (s+1)(s+2)(s+3) \end{bmatrix}$$

经过一系列行和列的初等变换后得到

$$\boldsymbol{\Lambda}(s) = \boldsymbol{U}_L(s)\boldsymbol{N}(s)\boldsymbol{U}_R(s) = \begin{bmatrix} 6 & 0 & 0 \\ 0 & 0.5s(s+1)(s+2)(s+3) & 0 \end{bmatrix}$$

$\boldsymbol{G}(s)$的 Smith-McMillan 型为

$$\begin{bmatrix} \dfrac{6}{s(s+1)(s+2)(s+3)} & 0 & 0 \\ 0 & 0.5 & 0 \end{bmatrix}$$

则

$$\varphi_1(s) = s(s+1)(s+2)(s+3),\quad \varepsilon_1(s) = 6,\quad \varphi_2(s) = 1,\quad \varepsilon_2(s) = 0.5$$

$$P(s) = \varphi_1(s)\varphi_2(s) = s(s+1)(s+2)(s+3)$$

$$\mathscr{P}[\boldsymbol{G}(s)] = \{0, -1, -2, -3\}$$

对照例 5.2 可知两者解答一致.本例也说明当 $P(s)$和 $\Delta\boldsymbol{G}(s)$均取首一多项式,$P(s)=\Delta\boldsymbol{G}(s)$,即有理传递矩阵的极点多项式和特征多项式相等.不过在计算 $\boldsymbol{G}(s)$的极点时应用节 5.2 给出的定义即利用 $\boldsymbol{G}(s)$的所有各阶子式的最小公分母去计算较为方便.因为为了获得 $\boldsymbol{N}(s)$的 Smith 型或 $\boldsymbol{G}(s)$的 Smith-McMillan 型,计算量很大.

现在讨论零点多项式 $Z(s)$ 的计算方法．当式(9.110)中 $i=\rho[\boldsymbol{G}(s)]=l$，考虑到 $d_l(s)=\lambda_1(s)\lambda_2(s)\cdots\lambda_l(s)$，有

$$Z(s)=\frac{P(s)d_l(s)}{d^l(s)} \tag{9.111}$$

由式(9.105)可以证明只要 $\boldsymbol{G}(s)$ 和 $\boldsymbol{M}(s)$ 的所有 i 级子式都调节到有相同分母，$\boldsymbol{G}(s)$ 的所有 i 级子式的分子的最大公因式也就是 $\boldsymbol{M}(s)$ 的所有 i 级子式的分子的最大公因式，取 $i=l$，有

$$\det\boldsymbol{M}(s)=\frac{Z(s)}{P(s)} \tag{9.112}$$

这样 $\boldsymbol{G}(s)$ 的所有 l 级子式都调节到以 $P(s)$ 为分母，$Z(s)$ 就是这些 l 级子式所有分子的最大公因式．

例 9.5　已知 $\boldsymbol{G}(s)$ 如下，求其 $P(s)$ 和 $Z(s)$：

$$\boldsymbol{G}(s)=\frac{1}{(s+1)(s+2)}\begin{bmatrix}1 & -1\\ s^2+s-4 & 2s^2-s-8\\ s^2-4 & 2s^2-8\end{bmatrix}$$

$\boldsymbol{G}(s)$ 有三个 2 阶子式，它们分别是

$$G_{1,2}^{1,2}(s)=\frac{3(s-2)}{(s+1)^2(s+2)},\quad G_{1,2}^{1,3}(s)=\frac{3(s-2)}{(s+1)^2(s+2)}$$

$$G_{1,2}^{2,3}(s)=\frac{3s(s-2)}{(s+1)^2(s+2)}$$

所以，$P(s)=(s+1)^2(s+2)$，$Z(s)=(s-2)$．相应的 Smith-McMillan 型是

$$\begin{bmatrix}\dfrac{1}{(s+1)(s+2)} & 0\\ 0 & \dfrac{s-2}{s+1}\\ 0 & 0\end{bmatrix}$$

上述借助真有理传递矩阵 $\boldsymbol{G}(s)$ 的 Smith-McMillan 型通过极点多项式 $P(s)$ 和零点多项式 $Z(s)$ 给出的关于 $\boldsymbol{G}(s)$ 的极点和传输零点的定义也可通过 $\boldsymbol{G}(s)$ 的互质分式定义，设 $\boldsymbol{G}(s)=\boldsymbol{N}_r(s)\boldsymbol{D}_r^{-1}(s)=\boldsymbol{D}_l^{-1}(s)\boldsymbol{N}_l(s)$ 分别为右互质分式和左互质分式，则 $\det\boldsymbol{D}_r(s)=k\det\boldsymbol{D}_l(s)=0$ 的根称为 $\boldsymbol{G}(s)$ 的极点，这里 k 为非零常数．因为对于 $\boldsymbol{G}(s)$ 的互质分式而言，$\boldsymbol{G}(s)$ 的特征多项式 $\Delta\boldsymbol{G}(s)$ 和 $\det\boldsymbol{D}_r(s)$ 或 $\det\boldsymbol{D}_l(s)$ 是等价的，当它们都取首一多项式时彼此相等，否则彼此仅相差一个非零常数，它们的零点总是一一对应的，即 $\mathscr{Z}[\Delta\boldsymbol{G}(s)]=\mathscr{Z}[\det\boldsymbol{D}_r(s)]=\mathscr{Z}[\det\boldsymbol{D}_L(s)]$．定理 9.12 类似于定理 9.10 指明了多变量系统极点的特性及物理意义，证明方法也类似，这里就省略了．

定理 9.12　设多变量系统的有理传递矩阵为 $\boldsymbol{G}(s)$，$\{\boldsymbol{A},\boldsymbol{B},\boldsymbol{C},\boldsymbol{D}\}$ 是它的既约实现．$s_0\in\mathbf{C}$ 为 $\boldsymbol{G}(s)$ 极点的充要条件是存在初态 $\boldsymbol{x}_0$ 使得系统输出的零输入响应为

$$\boldsymbol{y}_{zi}(t)=\boldsymbol{k}\mathrm{e}^{s_0t},\quad \boldsymbol{k}\text{ 为非零向量},\quad t\geqslant 0 \tag{9.113}$$

在介绍通过 $\boldsymbol{G}(s)$ 的互质分式给出 $\boldsymbol{G}(s)$ 的传输零点定义之前先介绍具有 $r\times m$ 真有理传递矩阵 $\boldsymbol{G}(s)$ 的多变量系统的有效输出和有效输入的概念．假定 $\boldsymbol{G}(s)$ 在有理函数域中

满秩，$\rho[\boldsymbol{G}(s)]=\min(r,m)$. 反过来，若 $\boldsymbol{G}(s)$ 在有理函数域中不是满秩，则存在 $1\times r$ 有理行向量 $\boldsymbol{\alpha}(s)$ 或 $m\times 1$ 有理列向量 $\boldsymbol{\beta}(s)$ 使得

$$\boldsymbol{\alpha}(s)\boldsymbol{G}(s)=\boldsymbol{0} \quad \text{或} \quad \boldsymbol{G}(s)\boldsymbol{\beta}(s)=\boldsymbol{0} \tag{9.114}$$

如果将式(9.114)等号两边同乘以 $\boldsymbol{\alpha}(s)$ 或 $\boldsymbol{\beta}(s)$ 的最小公分母，有

$$\bar{\boldsymbol{\alpha}}(s)\boldsymbol{G}(s)=\boldsymbol{0} \quad \text{或} \quad \boldsymbol{G}(s)\bar{\boldsymbol{\beta}}(s)=\boldsymbol{0}$$

这里 $\bar{\boldsymbol{\alpha}}(s)$ 和 $\bar{\boldsymbol{\beta}}(s)$ 分别是多项式行向量和列向量. 因为 $\boldsymbol{y}(s)=\boldsymbol{G}(s)\boldsymbol{u}(s)$，有

$$\bar{\boldsymbol{\alpha}}(s)\boldsymbol{y}(s)=\bar{\boldsymbol{\alpha}}(s)\boldsymbol{G}(s)\boldsymbol{u}(s)=\boldsymbol{0}, \quad \boldsymbol{u}(s)\in\Omega$$

这意味着有效输出分量数少于 r. 类似地

$$\boldsymbol{G}(s)\bar{\boldsymbol{\beta}}(s)\boldsymbol{u}(s)=\boldsymbol{G}(s)\bar{\boldsymbol{u}}(s)=\boldsymbol{0}, \quad \boldsymbol{u}(s)\in\Omega$$

说明有效输入分量数少于 m. 所以，$r\times m$ 阶传递矩阵在有理函数域中满秩，在研究传输零点时是一个很重要的前提. 现在假设 $\boldsymbol{G}(s)$ 是互质分式为 $\boldsymbol{G}(s)=\boldsymbol{D}_l^{-1}(s)\boldsymbol{N}_l(s)=\boldsymbol{N}_r(s)\boldsymbol{D}_r^{-1}(s)$，如果 $\boldsymbol{G}(s)$ 在有理函数域上满秩，$\boldsymbol{N}_l(s)$ 和 $\boldsymbol{N}_r(s)$ 也是这样. 这意味着几乎对于复数域中每个 s_0，$r\times m$ 阶复数矩阵 $\boldsymbol{N}_l(s_0)$ 和 $\boldsymbol{N}_r(s_0)$ 满秩.

传输零点　设具有互质分式描述的 $r\times m$ 阶真有理传递矩阵 $\boldsymbol{G}(s)=\boldsymbol{D}_l^{-1}(s)\boldsymbol{N}_l(s)=\boldsymbol{N}_r(s)\boldsymbol{D}_r^{-1}(s)$，并设 $\boldsymbol{G}(s)$ 在有理函数域上满秩，当且仅当 $s_0\in\mathbf{C}$ 使得

$$\rho[\boldsymbol{N}_l(s_0)]<\min(r,m) \quad \text{或} \quad \rho[\boldsymbol{N}_r(s_0)]<\min(r,m)$$

成立，s_0 称做 $\boldsymbol{G}(s)$ 的传输零点.

注意，定义中要求 $\boldsymbol{G}(s)$ 在有理函数域上满秩，否则 $\rho[\boldsymbol{N}_l(s)]$（或 $\rho[\boldsymbol{N}_r(s)]$）$<\min(r,m)$，$\forall s\in\mathbf{C}$. 换句话说复数域 $\mathbf{C}$ 中每个 s 均是 $\boldsymbol{G}(s)$ 的传输零点. 这是一种退化的情况，将在本节最后部分讨论这种情况下 $\boldsymbol{G}(s)$ 结构上的特征.

例 9.6　设 $\boldsymbol{G}_1(s)$ 和 $\boldsymbol{G}_2(s)$ 如下，确定其极点和传输零点：

$$\boldsymbol{G}_1(s)=\begin{bmatrix}\dfrac{s}{s+2} & 0 & \dfrac{s+1}{s+2}\\ 0 & \dfrac{s+1}{s^2} & \dfrac{1}{s}\end{bmatrix}=\begin{bmatrix}s+2 & 0\\ 0 & s^2\end{bmatrix}^{-1}\begin{bmatrix}s & 0 & s+1\\ 0 & s+1 & s\end{bmatrix}$$

$$\det\boldsymbol{D}_L(s)=s^2(s+2), \quad \mathscr{P}[\boldsymbol{G}_1(s)]=\{0,0,-2\}$$

$$\rho[\boldsymbol{N}_L(s)]=2, \quad \forall s\in\mathbf{C}$$

$\boldsymbol{G}_1(s)$ 无传输零点即 $\mathscr{Z}[\boldsymbol{G}_1(s)]$ 为空集 φ.

$$\boldsymbol{G}_2(s)=\begin{bmatrix}\dfrac{2}{s+2} & 0\\ 0 & \dfrac{s+2}{s}\end{bmatrix}=\begin{bmatrix}s & 0\\ 0 & s+2\end{bmatrix}\begin{bmatrix}s+2 & 0\\ 0 & s\end{bmatrix}^{-1}$$

$$\det\boldsymbol{D}_r(s)=s(s+2), \quad \mathscr{P}[\boldsymbol{G}_2(s)]=\{0,-2\}$$

$$\rho[\boldsymbol{N}_r(s=0)]=1<2, \quad \rho[\boldsymbol{N}_r(s=-2)]=1<2$$

$$\mathscr{Z}[\boldsymbol{G}_2(s)]=\{0,-2\}$$

尽管本例中极点和零点均为 0 和 -2，但极点和零点并未相消. 以 $\eta=0_+$ 代替 $\boldsymbol{G}_2(s)$ 中零元素，通过么模变换可得到 $\boldsymbol{G}_2(s)$ 的 Smith-McMillan 型如下：

$$\begin{bmatrix} \dfrac{1}{s(s+2)} & 0 \\ 0 & \dfrac{s(s+2)}{1} \end{bmatrix}$$

其中 $\varphi_1(s)=\varepsilon_2(s)=d(s)=s(s+2)$，$\varepsilon_1(s)=\varphi_2(s)=1$. 显然两种传输零点定义给出相同的结果.

通过这个例子可以看到多变量系统传递矩阵的传输零点与单变量系统传递函数零点间存在差异:(1) $\boldsymbol{G}(s)$的极点和传输零点可能相同却没有相消，而 $g(s)$的极点和零点若相同一定被相消;(2) $\boldsymbol{G}(s)$的传输零点和 $\boldsymbol{G}(s)$某元素的零点可能相同，如 $\boldsymbol{G}_2(s)$，但绝不能认为 $\boldsymbol{G}(s)$元素的零点就是 $\boldsymbol{G}(s)$的传输零点，如 $\boldsymbol{G}_1(s)$的元素中有零点，但 $\boldsymbol{G}_1(s)$却没有传输零点. 不过，若 $\boldsymbol{G}_1(s)$的某一行或某一列元素有公共零点，这些公共零点也是 $\boldsymbol{G}(s)$的传输零点. 倘若 $\boldsymbol{G}(s)$为方阵，则 $\mathscr{Z}[\boldsymbol{G}(s)]=\mathscr{Z}[\det\boldsymbol{N}_l(s)]=\mathscr{Z}[\det\boldsymbol{N}_r(s)]$. 尽管传递矩阵的传输零点和传递函数的零点之间存在着这些差别，但传输零点与零点仍然具有类似的传输特性. 下面研究多变量系统的传输特性.

定理 9.13 设多变量系统具有 $r\times m$ 阶真有理传递矩阵 $\boldsymbol{G}(s)$及其既约实现$\{\boldsymbol{A},\boldsymbol{B},\boldsymbol{C},\boldsymbol{D}\}$，设 $s_0\in\mathbf{C}$ 不是 $\boldsymbol{G}(s)$的极点，$\boldsymbol{k}$ 是任意 $m\times 1$ 非零常数向量，如果 $\boldsymbol{u}(t)=\boldsymbol{k}e^{s_0t}$，$\boldsymbol{x}_0=(s_0\boldsymbol{I}-\boldsymbol{A})^{-1}\boldsymbol{B}\boldsymbol{k}$，则由输入 $\boldsymbol{u}(t)$和初态 $\boldsymbol{x}_0$ 引起的输出为

$$\boldsymbol{y}(t) = \boldsymbol{G}(s_0)\boldsymbol{k}e^{s_0t},\quad t\geqslant 0 \tag{9.115}$$

这一定理与定理 9.11 类似，证明也相同，这里就省略了.

设 $\boldsymbol{G}(s)=\boldsymbol{D}_l^{-1}(s)\boldsymbol{N}_l(s)$在有理函数域上满秩，$\boldsymbol{N}_l(s)$是满秩的多项式矩阵. 设 s_0 不是 $\boldsymbol{G}(s)$的极点，将 $\boldsymbol{G}(s_0)=\boldsymbol{D}_l^{-1}(s_0)\boldsymbol{N}_l(s_0)$代入式(9.115)给出

$$\boldsymbol{y}(t) = \boldsymbol{D}_l^{-1}(s_0)\boldsymbol{N}_l(s_0)\boldsymbol{k}e^{s_0t},\quad t\geqslant 0 \tag{9.116}$$

情况 1: $r\geqslant m$，$\boldsymbol{N}_l(s)$在有理函数域上满秩，$\rho[\boldsymbol{N}_l(s_0)]=m$.

在这种情况下，若 $s_0\in\mathbf{C}$ 又不是 $\boldsymbol{G}(s)$传输零点，$\rho[\boldsymbol{N}_l(s_0)]=m$，则对任何 $m\times 1$ 的非零向量 $\boldsymbol{k}$ 都有 $\boldsymbol{N}_l(s_0)\boldsymbol{k}\neq\boldsymbol{0}$，也就意味着

$$\boldsymbol{y}(t) = \boldsymbol{D}_l^{-1}(s_0)\boldsymbol{N}_l(s_0)\boldsymbol{k}e^{s_0t}\neq\boldsymbol{0},\quad t\geqslant 0$$

若 s_0 是 $\boldsymbol{G}(s)$的传输零点，$\rho[\boldsymbol{N}_l(s_0)]<m$. 这就意味着存在 $m\times 1$ 非零常向量 $\boldsymbol{k}$ 使得 $\boldsymbol{N}_l(s_0)\boldsymbol{k}=\boldsymbol{0}$，结果，式(9.116)变成

$$\boldsymbol{y}(t) = \boldsymbol{D}_l^{-1}(s_0)\boldsymbol{N}_l(s_0)\boldsymbol{k}e^{s_0t} = \boldsymbol{0},\quad t\geqslant 0 \tag{9.117}$$

这与单变量系统 s_0 为 $g(s)$的零点情况相类似.

情况 2: $m>r$，$\boldsymbol{N}_l(s)$在有理函数域上，$\rho[\boldsymbol{N}_l(s)]=r$.

在这种情况下，$\forall s_0\in\mathbf{C}$，$\rho[\boldsymbol{N}_l(s_0)]\leqslant r<m$，总存在非零常向量 $\boldsymbol{k}$ 使得 $\boldsymbol{N}_l(s_0)\boldsymbol{k}=\boldsymbol{0}$. 所以

$$\boldsymbol{y}(t) = \boldsymbol{D}_l^{-1}(s_0)\boldsymbol{N}_l(s_0)\boldsymbol{k}e^{s_0t} = \boldsymbol{0},\quad \forall s_0\in\mathbf{C},\quad t\geqslant 0 \tag{9.118}$$

因为式(9.118)对任何 s_0 皆成立，在 $m>r$ 的情况下不适宜用它表征 $\boldsymbol{G}(s)$传输零点的特征. 若 s_0 是 $\boldsymbol{G}(s)$传输零点，$\rho[\boldsymbol{N}_l(s_0)]<r$，意味着存在 $1\times r$ 非零常向量 $\boldsymbol{h}$ 使得 $\boldsymbol{h}\boldsymbol{N}_l(s_0)=\boldsymbol{0}$. 再考虑到 s_0 不是 $\boldsymbol{G}(s)$的极点，$\boldsymbol{h}\boldsymbol{D}_l(s_0)\overset{\text{def}}{=}\boldsymbol{f}$ 也是非零的 $1\times r$ 常向量

$$\boldsymbol{f}\boldsymbol{y}(t) = \boldsymbol{h}\boldsymbol{D}_l(s_0)\boldsymbol{D}_l^{-1}(s_0)\boldsymbol{N}_l(s_0)\boldsymbol{k}e^{s_0t} = \boldsymbol{h}\boldsymbol{N}_l(s_0)\boldsymbol{k}e^{s_0t} = \boldsymbol{0},\quad t\geqslant 0 \tag{9.119}$$

式(9.119)对任意的 $m\times 1$ 非零常向量 $\boldsymbol{k}$ 和由传输零点 s_0 决定的 $1\times r$ 非零常向量 $\boldsymbol{f}=\boldsymbol{h}\boldsymbol{D}_l(s_0)$ 成立,所以式(9.119)表征了在 $r<m$ 的情况下 $\boldsymbol{G}(s)$ 传输零点的特征,归纳起来,式(9.117)和式(9.119)分别说明了在 $r\geqslant m$ 和 $r<m$ 两种情况下,s_0 为 $\boldsymbol{G}(s)$ 的传输零点,而不是 $\boldsymbol{G}(s)$ 极点时多变量系统的(信号)传输堵塞特征,正因为此而冠以传输零点的称号.下面定理 9.14 说明传输零点也可通过状态空间描述给予定义.

定理 9.14 设多变量系统的 $r\times m$ 阶真有理传递矩阵 $\boldsymbol{G}(s)$ 是满秩的,且具有既约的状态空间实现 $\{\boldsymbol{A},\boldsymbol{B},\boldsymbol{C},\boldsymbol{D}\}$,若 s_0 不是 $\boldsymbol{G}(s)$ 的极点,那么 s_0 是 $\boldsymbol{G}(s)$ 传输零点的充要条件是

$$\rho\begin{bmatrix} s_0\boldsymbol{I}_n-\boldsymbol{A} & \boldsymbol{B}\\ -\boldsymbol{C} & \boldsymbol{D}\end{bmatrix}<n+\min(r,m) \tag{9.120}$$

n 为状态空间维数.

证明 首先考虑 $r<m$,引用恒等式

$$\begin{bmatrix} \boldsymbol{I}_n & \boldsymbol{0}\\ \boldsymbol{C}(s\boldsymbol{I}-\boldsymbol{A})^{-1} & \boldsymbol{I}_r\end{bmatrix}\begin{bmatrix} s\boldsymbol{I}_n-\boldsymbol{A} & \boldsymbol{B}\\ -\boldsymbol{C} & \boldsymbol{D}\end{bmatrix}=\begin{bmatrix} s\boldsymbol{I}_n-\boldsymbol{A} & \boldsymbol{B}\\ \boldsymbol{0} & \boldsymbol{C}(s\boldsymbol{I}_n-\boldsymbol{A})^{-1}\boldsymbol{B}+\boldsymbol{D}\end{bmatrix}$$

假设 $\boldsymbol{G}(s)$ 具有左互质分式 $\boldsymbol{G}(s)=\boldsymbol{D}_l^{-1}(s)\boldsymbol{N}_l(s)$,$s_0$ 不是 $\boldsymbol{G}(s)$ 的极点,$\boldsymbol{D}_l^{-1}(s_0)$ 存在,得到

$$\rho\begin{bmatrix} s_0\boldsymbol{I}_n-\boldsymbol{A} & \boldsymbol{B}\\ -\boldsymbol{C} & \boldsymbol{D}\end{bmatrix}=\rho\begin{bmatrix} s_0\boldsymbol{I}_n-\boldsymbol{A} & \boldsymbol{B}\\ \boldsymbol{0} & \boldsymbol{D}_l^{-1}(s_0)\boldsymbol{N}_l(s_0)\end{bmatrix} \tag{9.121}$$

因为 $\{\boldsymbol{A},\boldsymbol{B}\}$ 能控,$\rho[s_0\boldsymbol{I}-\boldsymbol{A},\boldsymbol{B}]=n$,$s_0\in\mathbf{C}$,而

$$\rho[\boldsymbol{0}\quad \boldsymbol{D}_l^{-1}(s_0)\boldsymbol{N}_l(s_0)]=\rho[\boldsymbol{0}\quad \boldsymbol{N}_l(s_0)]=\rho[\boldsymbol{N}_l(s_0)]\leqslant r$$

两者结合起来有

$$\rho\begin{bmatrix} s_0\boldsymbol{I}_n-\boldsymbol{A} & \boldsymbol{B}\\ -\boldsymbol{C} & \boldsymbol{D}\end{bmatrix}=n+\rho[\boldsymbol{N}_l(s_0)]\leqslant n+r=n+\min(r,m) \tag{9.122}$$

由传输零点定义可知,若 $r<m$,凡满足式(9.120)也就是凡满足式(9.122)中不等式的 s_0 为 $\boldsymbol{G}(s)$ 的传输零点.

再考虑 $r\geqslant m$ 的情况.引用恒等式

$$\begin{bmatrix} s\boldsymbol{I}_n-\boldsymbol{A} & -\boldsymbol{B}\\ \boldsymbol{C} & \boldsymbol{D}\end{bmatrix}\begin{bmatrix} \boldsymbol{I}_n & (s\boldsymbol{I}_n-\boldsymbol{A})^{-1}\boldsymbol{B}\\ \boldsymbol{0} & \boldsymbol{I}_m\end{bmatrix}=\begin{bmatrix} s\boldsymbol{I}_n-\boldsymbol{A} & \boldsymbol{0}\\ \boldsymbol{C} & \boldsymbol{C}(s\boldsymbol{I}_n-\boldsymbol{A})^{-1}\boldsymbol{B}+\boldsymbol{D}\end{bmatrix}$$

并设 $\boldsymbol{G}(s)=\boldsymbol{N}_r(s)\boldsymbol{D}_r^{-1}(s)$ 为右互质分式.若 s_0 不是 $\boldsymbol{G}(s)$ 的极点,$\boldsymbol{D}_r^{-1}(s_0)$ 存在又可得到

$$\rho\begin{bmatrix} s_0\boldsymbol{I}_n-\boldsymbol{A} & -\boldsymbol{B}\\ \boldsymbol{C} & \boldsymbol{D}\end{bmatrix}=\rho\begin{bmatrix} s_0\boldsymbol{I}_n-\boldsymbol{A} & \boldsymbol{0}\\ \boldsymbol{C} & \boldsymbol{N}_r(s_0)\boldsymbol{D}_r^{-1}(s_0)\end{bmatrix} \tag{9.123}$$

因为 $\{\boldsymbol{A},\boldsymbol{C}\}$ 能观,$\rho[(s_0\boldsymbol{I}-\boldsymbol{A})^{\mathrm{T}}\quad \boldsymbol{C}^{\mathrm{T}}]^{\mathrm{T}}=n$,有

$$\rho\begin{bmatrix} \boldsymbol{0}\\ \boldsymbol{N}_r(s_0)\boldsymbol{D}_r^{-1}(s_0)\end{bmatrix}=\rho\begin{bmatrix} \boldsymbol{0}\\ \boldsymbol{N}_r(s_0)\end{bmatrix}=\rho[\boldsymbol{N}_r(s_0)]\leqslant m=\min(r,m)$$

再考虑到恒等式(9.124),有

$$\begin{bmatrix} \boldsymbol{I}_n & \boldsymbol{0}\\ \boldsymbol{0} & -\boldsymbol{I}_r\end{bmatrix}\begin{bmatrix} s\boldsymbol{I}_n-\boldsymbol{A} & -\boldsymbol{B}\\ \boldsymbol{C} & \boldsymbol{D}\end{bmatrix}\begin{bmatrix} \boldsymbol{I}_n & \boldsymbol{0}\\ \boldsymbol{0} & -\boldsymbol{I}_m\end{bmatrix}=\begin{bmatrix} s\boldsymbol{I}_n-\boldsymbol{A} & \boldsymbol{B}\\ -\boldsymbol{C} & \boldsymbol{D}\end{bmatrix} \tag{9.124}$$

得到

$$\rho\begin{bmatrix} s_0 I_n - A & B \\ -C & D \end{bmatrix} = n + \rho[N_r(s_0)] \leqslant n + m = n + \min(r, m)$$

所以当且仅当 $\rho[N_r(s_0)] < m = \min(r, m)$，$s_0$ 是传输零点仍意味着式(9.120)是等价的充要条件.定理证毕.顺便指出文献[5]介绍了另一种方法证明 s_0 不是 $G(s)$ 极点的约束可以去掉.

推论 9.1　设多变量系统的 $r \times m$ 阶真有理传递矩阵有互质分式 $G(s) = D_l^{-1}(s)N_l(s) = N_r(s)D_r^{-1}(s)$ 和既约的状态空间实现 $\{A, B, C, D\}$，再设 $G(s)$ 在有理函数域中是满秩的.如果 s_0 是 $G(s)$ 的传输零点，则在 $r \geqslant m$ 的情况下，存在 $m \times 1$ 非零常向量 k 和满足关系式 $(s_0 I - A)x_0 = Bk$ 的初态，使得由 x_0 和 $u(t) = k e^{s_0 t}$ 引起的输出

$$y(t) = 0, \quad t \geqslant 0 \tag{9.125}$$

在 $r < m$ 的情况下，存在 $1 \times r$ 非零常向量 f 使得满足 $(s_0 I - A)x_0 = Bk$ 的初态和 $u(t) = k e^{s_0 t}$，k 为任意 $m \times 1$ 非零常向量，引起的输出满足

$$f y(t) = f G(s_0) k e^{s_0 t} = 0, \quad t \geqslant 0 \tag{9.126}$$

证明　首先证明 $r \geqslant m$ 的情况.若 s_0 是 $G(s)$ 的传输零点，则

$$\rho\begin{bmatrix} s_0 I - A & -B \\ C & D \end{bmatrix} < n + m$$

意味着存在 $(n+m) \times 1$ 非零常向量使得

$$\begin{bmatrix} s_0 I - A & -B \\ C & D \end{bmatrix}\begin{bmatrix} x_0 \\ k \end{bmatrix} = 0 \tag{9.127}$$

此外由 $(s_0 I - A) = (sI - A) - (s - s_0)I$ 得到

$$(sI - A)^{-1}(s - s_0) = I - (sI - A)^{-1}(s_0 I - A) \tag{9.128}$$

以式(9.127)中 x_0 作为初态，并令 $u(t) = k e^{s_0 t}$ 使得系统产生输出 $y(t)$：

$$\begin{aligned} y(s) &= C(sI - A)^{-1}x_0 + C(sI - A)^{-1}Bu(s) + Du(s) \\ &= \frac{1}{s - s_0}C(sI - A)^{-1}(s - s_0)x_0 + \frac{1}{s - s_0}[C(sI - A)^{-1}Bk + Dk] \end{aligned} \tag{9.129}$$

将式(9.128)和式(9.127)相继代入式(9.129)中，得到

$$\begin{aligned} y(s) &= \frac{1}{s - s_0}C[I - (sI - A)^{-1}(s_0 I - A)]x_0 \\ &\quad + \frac{1}{s - s_0}[C(sI - A)^{-1}Bk + Dk] \\ &= \frac{1}{s - s_0}(Cx_0 + Dk) + \frac{C(sI - A)^{-1}}{s - s_0}[Bk - (s_0 I - A)x_0] \\ &= 0 \end{aligned}$$

式(9.125)因此而得证.下面再证明 $r < m$ 的情况.因为 s_0 是 $G(s)$ 的传输零点，则

$$\rho\begin{bmatrix} s_0 I - A & B \\ -C & D \end{bmatrix} < n + r$$

意味着存在 $1 \times (n + r)$ 的非零常向量 $[f_1 \quad f]$ 使得

$$[f_1 \quad f]\begin{bmatrix} s_0 I - A & B \\ -C & D \end{bmatrix} = 0$$

即

$$f_1(s_0 I - A) = fC \quad 和 \quad f_1 B = -fD \tag{9.130}$$

由式(9.124)可知

$$\rho\begin{bmatrix} s_0 I - A & -B \\ C & D \end{bmatrix} = \rho\begin{bmatrix} s_0 I - A & B \\ -C & D \end{bmatrix} < n + r < n + m$$

而且 $\rho[s_0 I - A \quad -B] = n, \forall s_0 \in \mathbf{C}$. 所以对于任意 $m \times 1$ 非零常向量 k 存在初态 $(s_0 I - A)x_0 = Bk$,所以以这样的初态和 $u(t) = ke^{s_0 t}$ 使系统产生的输出满足关系式

$$y(s) = \frac{1}{s - s_0}(Cx_0 + Dk) \tag{9.131}$$

这里并没有要求 $Cx_0 + Dk = 0$,因为 k 是任意的. 以式(9.130)中非零向量 f 左乘 $y(s)$ 得到

$$\begin{aligned} fy(s) &= \frac{1}{s - s_0}(fCx_0 + fDk) \\ &= \frac{f_1}{s - s_0}[(s_0 I - A)x_0 - Bk] \\ &= 0 \end{aligned}$$

推论证毕.

阻塞零点 设 $\beta(s)$ 是 $r \times m$ 阶真有理传递矩阵 $G(s)$ 所有元素分子的最大公因式, $\beta(s)$ 的根称做阻塞零点;有的还称 $G(s)$ 各行元素分子的最大公因式的根为**输出阻塞零点**,称 $G(s)$ 各列元素分子的最大公因式的根为**输入阻塞零点**.

例 9.7

$$G(s) = \begin{bmatrix} \dfrac{s(s+1)}{s^2+1} & \dfrac{s+1}{s+2} \\ 0 & \dfrac{(s+2)(s+1)}{s^2+2s+2} \end{bmatrix}$$

显然 $s+1$ 是 $G(s)$ 所有元素分子的最大公因式, -1 是唯一的阻塞零点. 此外也很容易看出 $\{0, -1\}$ 是输入阻塞零点集, $\{0, -2\}$ 是输出阻塞零点集. $G(s)$ 的传输零点集是 $\{0, -1, -2\}$. 本例说明阻塞零点集是传输零点集的子集. 这两类零点定义内涵的差别还表现在倘若 $G(s)$ 的每个元素都是既约的(通常都是这样表达),阻塞零点不可能是 $G(s)$ 的极点,但传输零点可能同时又是 $G(s)$ 的极点,不过对于单变量系统来说,阻塞零点和传输零点间没有任何区别. 显然,阻塞零点对信号传输起着阻塞作用. 若 s_0 是第 i 行输出阻塞零点,任何输入分量中所含有的 $e^{s_0 t}$ 型信号将被阻塞不会在 $y_i(t)$ 中出现,若 s_0 是阻塞零点,所有输入分量中 $e^{s_0 t}$ 型信号均被堵塞不会在输出 $y(t)$ 中出现. 若 s_0 是第 j 个输入阻塞零点,而且仅第 j 个输入分量中含有 $e^{s_0 t}$ 型信号,它将被堵塞,不会在输出中出现.

前节曾指出系统的特征值又被称为系统的极点. 系统的极点集与系统传递矩阵极点集间存在关系式(9.37),即

$$\sigma(A) = \mathscr{Z}[\det(sI - A)] = \mathscr{Z}[\det P(s)] = \{s_d\} \oplus \mathscr{P}[G(s)]$$

应用极点多项式 $P(s)$ 的零点集表示又可写成

$$\sigma(A) = \mathscr{Z}[\det(sI - A)] = \mathscr{Z}[\det P(s)] = \{s_d\} \oplus \mathscr{Z}[P(s)] \tag{9.132}$$

定义**系统零点集**为 $G(s)$ 的传输零点集与解耦零点集直和,即

$$系统零点集 = \{s_d\} \oplus \mathscr{Z}[Z(s)] \tag{9.133}$$

不变零点是系统理论中另一种零点.不变零点集是由传输零点集与解耦零点集的子集构成,这个子集中解耦零点使得 R-系统矩阵在复数域中的局部秩低于在有理函数域中正则秩.例如下面 $\boldsymbol{S}_{R_1}(s)$和 $\boldsymbol{S}_{R_2}(s)$的正则秩分别为 4 和 8.

$$\boldsymbol{S}_{R_2}(s) = \left[\begin{array}{cccccc:cc} s-1 & & & & & & 0 & 1 \\ & s-1 & & & & & 1 & 0 \\ & & s-3 & & & & -1 & 1 \\ & & & s+4 & & & 0 & 0 \\ & & & & s+1 & & 0 & -1 \\ & & & & & s-3 & 1 & 1 \\ \hdashline 1 & 0 & 0 & 1 & 0 & 0 & & \\ 0 & 1 & 0 & 1 & 0 & 1 & \multicolumn{2}{c}{\boldsymbol{0}} \\ 0 & 0 & 1 & 0 & 0 & 1 & & \end{array}\right]_{9\times 8}$$

$$\boldsymbol{S}_{R_1}(s) = \left[\begin{array}{ccc:c} s-1 & 0 & 0 & 0 \\ 0 & s+1 & 0 & 1 \\ 0 & 0 & s+3 & 1 \\ \hdashline 1 & -1 & 0 & 0 \\ 0 & 2 & 1 & 0 \end{array}\right]_{5\times 4}$$

$\boldsymbol{S}_{R_1}(s)$有输入解耦零点 $s_{id}=1$,但它不能使 $\boldsymbol{S}_{R_1}(s)$在复数域中降秩,$\boldsymbol{S}_{R_1}(s=1)$具有不为零的四阶子式 $\boldsymbol{S}_{R_1}^4(s=1)$

$$\rho[\boldsymbol{S}_{R_1}^4(s=1)] = \rho\begin{bmatrix} 0 & 2 & 0 & 1 \\ 0 & 0 & 4 & 1 \\ 1 & -1 & 0 & 0 \\ 0 & 2 & 1 & 0 \end{bmatrix} = 4$$

所以 $s=1$ 不是不变零点.细心地考察 $\boldsymbol{S}_{R_2}(s)$,可得到

$$系统零点集 = \{-1,2,-4\}$$
$$不变零点集 = \{-1,2\}$$
$$传输零点集 = \{2\}$$
$$s_{0d} = -1,\quad s_{id} = -4$$

系统零点集、不变零点集和传输零点集之间关系可表示为

$$系统零点集 \supseteq 不变零点集 \supseteq 传输零点集$$

至此,已经从几个方面研究了多变量系统真有理传递矩阵的有限值极点和零点.当希望给定的系统产生指定的输出而要确定输入时可通过构造原先给定系统的逆系统来解决,简单来说逆系统的传递矩阵 $\hat{\boldsymbol{G}}(s)$为原系统传递矩阵的逆 $\boldsymbol{G}^{-1}(s)$.这样原系统传递矩阵 $\boldsymbol{G}(s)$含有传输零点 $s=\infty$,则逆系统传递矩阵就有极点位于 $s=\infty$.逆系统在有色噪音滤波及其他问题中有着重要的应用.另外在研究多变量系统根轨迹的渐近行为时也要涉及位于 $s=\infty$的零点.因此需要研究传递矩阵 $\boldsymbol{G}(s)$位于 $s=\infty$的极点和零点.$\boldsymbol{G}(s)$具有 $s=\infty$的极点表明 $\boldsymbol{G}(s)$为非真有理矩阵,若设 $\lambda=s^{-1}$,将 $\boldsymbol{G}(s)$转化为 $\boldsymbol{G}(\lambda^{-1})=\widetilde{\boldsymbol{G}}(\lambda)$,$\widetilde{\boldsymbol{G}}(\lambda)$就成为

关于 λ 的真有理矩阵. 这样前面的理论就可用来处理 $\widetilde{G}(\lambda)$, 通过研究 $\widetilde{G}(\lambda)$ 在 $\lambda=0$ 处的零点情况来研究 $G(s)$ 在 $s=\infty$ 处极零点. 例如将 $\widetilde{G}(\lambda)$ 通过幺模变换转换成 Smith-McMillan 型

$$U_L(\lambda)\widetilde{G}(\lambda)U_R(\lambda) \overset{\text{def}}{=} \left[\begin{array}{c:c} \widetilde{M}(\lambda) & 0 \\ \hdashline 0 & 0 \end{array}\right] \tag{9.134a}$$

$$\widetilde{M}(\lambda) = \begin{bmatrix} \dfrac{\tilde{\varepsilon}_1(\lambda)}{\tilde{\varphi}_1(\lambda)} & & & \\ & \dfrac{\tilde{\varepsilon}_2(\lambda)}{\tilde{\varphi}_2(\lambda)} & & \\ & & \ddots & \\ & & & \dfrac{\tilde{\varepsilon}_l(\lambda)}{\tilde{\varphi}_l(\lambda)} \end{bmatrix} \tag{9.134b}$$

其中 $l=\rho[G(s)]$, $\tilde{\varepsilon}_i(\lambda)\mid\tilde{\varepsilon}_{i+1}(\lambda)$, $\tilde{\varphi}_{i+1}(\lambda)\mid\tilde{\varphi}_i(\lambda)$, $i=1,2,\cdots,l-1$ 的整除性和 $\tilde{\varepsilon}_i(\lambda)/\tilde{\varphi}_i(\lambda)$ 为既约函数的特性仍保留. 于是得到:

$G(s)$ 在 $s=\infty$ 极点数 $=\tilde{\varphi}_1(\lambda)\tilde{\varphi}_2(\lambda)\cdots\tilde{\varphi}_l(\lambda)$ 中因子 λ 的幂指数;

$G(s)$ 在 $s=\infty$ 零点数 $=\tilde{\varepsilon}_1(\lambda)\tilde{\varepsilon}_2(\lambda)\cdots\tilde{\varepsilon}_l(\lambda)$ 中因子 λ 的幂指数.

例 9.8 确定下面 $G(s)$ 在 $s=\infty$ 处极、零点:

$$G(s) = \begin{bmatrix} \dfrac{s}{s-1} & & \\ & \dfrac{1}{s-1} & \\ & & (s-1)^2 \end{bmatrix}$$

$$\widetilde{G}(\lambda) = \begin{bmatrix} \dfrac{-1}{\lambda-1} & & \\ & \dfrac{-\lambda}{\lambda-1} & \\ & & \dfrac{(\lambda-1)^2}{\lambda^2} \end{bmatrix}$$

化成 Smith-McMillan 型, 得到

$$\widetilde{M}(\lambda) = \begin{bmatrix} \dfrac{1}{\lambda^2(\lambda-1)} & & \\ & \dfrac{1}{\lambda-1} & \\ & & \lambda(\lambda-1)^2 \end{bmatrix}$$

所以, $\tilde{\varepsilon}_1(\lambda)\tilde{\varepsilon}_2(\lambda)\tilde{\varepsilon}_3(\lambda)=\lambda(\lambda-1)^2$, $\tilde{\varphi}_1(\lambda)\tilde{\varphi}_2(\lambda)\tilde{\varphi}_3(\lambda)=\lambda^2(\lambda-1)^2$, 即 $G(s)$ 在 $s=\infty$ 有一个传输零点和二个极点.

9.4.2 传递矩阵的赋值及结构特征

从以上的讨论可看出多变量系统传递矩阵 $\boldsymbol{G}(s)$ 的 Smith-McMillan 型在分析研究 $\boldsymbol{G}(s)$ 的极点和传输零点方面起着重要的作用，为了使式(9.105)中 $\boldsymbol{G}(s)$ 的 Smith-McMillan 型更实用更方便，将 $\varepsilon_i(s)$ 和 $\varphi_i(s)$，$i=1,2,\cdots,l$ 因式分解成因式乘积的形式. 这样 $\varepsilon_i(s)$ 的因式和传输零点联系起来而且因式的幂指数为正整数，$\varphi_i(s)$ 的因式和极点联系起来而且因式的幂指数为负整数，倘若 $\varphi_i(s)$ 的因式不在 $\varepsilon_{i+k}(s)$，$k>0$ 中出现，无妨认为 $\varepsilon_{i+k}(s)$ 含有该因式但幂指数为零. 这样去处理 $\boldsymbol{G}(s)$ 的 Smith-McMillan 型会得到更直观更简捷的表达式.

例 9.9

$$\boldsymbol{G}(s)=\begin{bmatrix}\dfrac{s}{(s+1)^2(s+2)^2} & \dfrac{s}{(s+2)^2}\\ \dfrac{-s}{(s+2)^2} & \dfrac{-s}{(s+2)^2}\end{bmatrix}$$

其 Smith-McMillan 型为

$$\boldsymbol{U}_L(s)\boldsymbol{G}(s)\boldsymbol{U}_R(s)=\begin{bmatrix}(s+2)^{-2}(s+1)^{-2} & 0\\ 0 & (s+1)^{-1}(s+1)^0s^2\end{bmatrix}$$

对于一般的正则秩为 l 的 $\boldsymbol{G}(s)$ 可以这样处理 l 阶对角线阵 $\boldsymbol{M}(s)$，将所有相异的有限值极点和传输零点汇集成集合 $S_{zp}=\{\alpha_1,\alpha_2,\cdots,\alpha_k\}$ 令 $\sigma_i(\alpha_j)$ 是 $\varepsilon_i(s)/\varphi_i(s)$ 中含有因式 $(s-\alpha_j)$，$i=1,2,\cdots,l$，$j=1,2,\cdots,k$ 的幂指数. 于是，$\boldsymbol{M}(s)$ 可写成

$$\boldsymbol{M}(s)=\prod_{j=1}^{k}\boldsymbol{M}_j(s,\alpha_j) \tag{9.135}$$

其中

$$\boldsymbol{M}_j(s,\alpha_j)=\mathrm{diag}\left[(s-\alpha_j)^{\sigma_1(\alpha_j)},(s-\alpha_j)^{\sigma_2(\alpha_j)},\cdots,(s-\alpha_j)^{\sigma_l(\alpha_j)}\right]$$

$\varepsilon_i(s)\mid\varepsilon_{i+1}(s)$ 和 $\varphi_{i+1}(s)\mid\varphi_i(s)$ 的特性导致 $\{\sigma_i(\alpha_j),i=1,2,\cdots,l\}$ 是一个非降序列，$\sigma_1(\alpha_j)\leqslant\sigma_2(\alpha_j)\leqslant\cdots\leqslant\sigma_l(\alpha_j)$. 这个非降序列称为 $\boldsymbol{G}(s)$ 在 α_j 处结构指数序列，$\sigma_i(\alpha_j)$ 为 α_j 处结构指数. 所有正结构指数 $\sigma_i(\alpha_j)$ 之和表示传输零点 α_j 的重数，所有负结构指数 $\sigma_i(\alpha_j)$ 之和绝对值表示极点 α_j 的重数.

至于 $\boldsymbol{G}(s)$ 在 $s=\infty$ 处的结构指数序列可通过式(9.134b)中 $\widetilde{\boldsymbol{M}}(\lambda)$ 在 $\lambda=0$ 处的结构指数序列研究. 例如例 9.8 中 $\widetilde{\boldsymbol{M}}(\lambda)$ 在 $\lambda=0$ 处结构指数序列为

$$\{\sigma_1(0)=-2,\sigma_2(0)=0,\sigma_3(0)=1\},\quad \lambda=0$$

所以 $\boldsymbol{G}(s)$ 在 $s=\infty$ 处结构指数序列为

$$\{\sigma_1(\infty)=-2,\sigma_2(\infty)=0,\sigma_3(\infty)=1\},\quad s=\infty$$

也就是说 $s=\infty$ 是 $\boldsymbol{G}(s)$ 的二重极点，一重传输零点.

简略地说，数学上称式(9.135)中 $(s-\alpha_j)^{\sigma_i(\alpha_j)}$，$i=1,2,\cdots,l$，$j=1,2,\cdots,k$ 为 $\boldsymbol{G}(s)$ 的 Smith-McMillan 型的初等因式. 因此在严格等价(么模矩阵)变换下初等因式和秩不变，所以它们也就是 $\boldsymbol{G}(s)$ 的初等因式. 这样可以通过式(9.135)中 $\boldsymbol{M}(s)$ 定义出有理矩阵的赋值也就是 $\boldsymbol{G}(s)$ 的赋值. 下面先给出有理函数赋值定义，然后再给出有理矩阵赋值定义.

有理函数赋值 如果可以将有理函数 $g(s)=n(s)/d(s)$ 表示成

$$g(s) = (s-\alpha)^{\nu_\alpha}\frac{\bar{n}(s)}{\bar{d}(s)} \tag{9.136}$$

其中 $\bar{n}(s)$ 和 $\bar{d}(s)$ 互质,且均不能被 $(s-\alpha)$ 整除,则称 ν_α 是 $g(s)$ 在 $s=\alpha$ 处的赋值,记以 $\nu_\alpha(g)$.

有理矩阵赋值 设有理矩阵 $\boldsymbol{G}(s)$ 正则秩为 l, $|\boldsymbol{G}|^i$ 表示 $\boldsymbol{G}(s)$ 的 i 级子式, $\boldsymbol{G}(s)$ 在 $s=\alpha_j$ 处 i 级赋值 $\nu_{\alpha_j}^i(\boldsymbol{G})$ 为

$$\nu_{\alpha_j}^i(\boldsymbol{G}) \stackrel{\text{def}}{=} \min\{\nu_{\alpha j}(|\boldsymbol{G}|^i)\}, \quad i = 1,2,\cdots,l \tag{9.137}$$

利用 Binet-Cauchy 定理可证明

$$\nu_{\alpha_j}^i(\boldsymbol{G}) = \nu_{\alpha_j}^i(\boldsymbol{M}), \quad i = 1,2,\cdots,l$$

由于 $\boldsymbol{M}(s)$ 是对角矩阵, $\{\sigma_i(\alpha_j)\}$ 是一个非降序列,很容易得到

$$\nu_{\alpha_j}^1(\boldsymbol{G}) = \nu_{\alpha_j}^1(\boldsymbol{M}) = \sigma_1(\alpha_j)$$

$$\nu_{\alpha_j}^2(\boldsymbol{G}) = \nu_{\alpha_j}^2(\boldsymbol{M}) = \sigma_1(\alpha_j) + \sigma_2(\alpha_j)$$

……

$$\nu_{\alpha_j}^l(\boldsymbol{G}) = \nu_{\alpha_j}^l(\boldsymbol{M}) = \sigma_1(\alpha_j) + \sigma_2(\alpha_j) + \cdots + \sigma_l(\alpha_j)$$

例 9.10 以例 9.8 中 $\boldsymbol{G}(s)$ 为例,已求得

$$\boldsymbol{M}(s) = \begin{bmatrix} (s+2)^{-2} & \\ & (s+2)^{-1} \end{bmatrix}\begin{bmatrix} (s+1)^{-2} & \\ & (s+1)^{0} \end{bmatrix}\begin{bmatrix} s & \\ & s^2 \end{bmatrix}$$

很容易写出

$$\nu_{-2}^1(\boldsymbol{G}) = -2, \quad \nu_{-1}^1(\boldsymbol{G}) = -2, \quad \nu_0^1(\boldsymbol{G}) = 1$$

$$\nu_{-2}^2(\boldsymbol{G}) = -3, \quad \nu_{-1}^2(\boldsymbol{G}) = -2, \quad \nu_0^2(\boldsymbol{G}) = 3$$

反过来已知 $\boldsymbol{G}(s)$ 在有限极点和传输零点处各阶赋值也可写出 $\boldsymbol{G}(s)$ 的 Smith-McMillan 型.

因为有理函数 $g(s)=n(s)/d(s)$ 在 $s=\infty$ 处赋值 $\nu_\infty(g) \stackrel{\text{def}}{=} \deg d(s) - \deg n(s)$,利用 $\boldsymbol{M}(s)$ 的对角元素在 $s=\infty$ 的赋值很容易定义出有理矩阵 $\boldsymbol{G}(s)$ 在 $s=\infty$ 处 i 级赋值 $\nu_\infty^i(\boldsymbol{G})$ 为

$$\nu_\infty^i(\boldsymbol{G}) \stackrel{\text{def}}{=} \min\{\nu_\infty(|\boldsymbol{G}|^i)\} \tag{9.138}$$

注意式(9.138)中 $|\boldsymbol{G}|^i$ 是有理函数.

例 9.11 确定下面 $\boldsymbol{G}(s)$ 在 $s=\infty$ 处赋值

$$\boldsymbol{G}(s) = \begin{bmatrix} \frac{s}{s-1} & & \\ & \frac{1}{s-1} & \\ & & (s-1)^2 \end{bmatrix}$$

这里 $\boldsymbol{G}(s)$ 本身是对角矩阵,无需借助它的 Smith-McMillan 型

$$\nu_\infty^1(\boldsymbol{G}) = \min(0,1,-2) = -2$$

$$\nu_\infty^2(\boldsymbol{G}) = \min(1,-1,-2) = -2$$

$$\nu_\infty^3(\boldsymbol{G}) = -1$$

很容易根据有理矩阵 $\boldsymbol{G}(s)$ 在 $s=\infty$ 处的结构指数序列 $\{\sigma_i(\infty)\}$ 和各级赋值 $\nu_\infty^i(\boldsymbol{G})$ 推导出

下列关系式(9.139)：

$$\nu_{\infty}^{i}(\boldsymbol{G}) = \sum_{k=1}^{i}\sigma_k(\infty), \quad i = 1,2,\cdots,l = \rho[\boldsymbol{G}(s)] \tag{9.139a}$$

或

$$\sigma_k(\infty) = \nu_{\infty}^{k}(\boldsymbol{G}) - \nu_{\infty}^{k-1}(\boldsymbol{G}), \quad \nu_{\infty}^{0}(\boldsymbol{G}) \overset{\text{def}}{=} 0, \quad k = 1,2,\cdots,l = \rho[\boldsymbol{G}(s)] \tag{9.139b}$$

前面阐述传递矩阵 $\boldsymbol{G}(s)$的传输零点时总是指出 $\boldsymbol{G}(s)$在有理函数域上满秩.因为若这一条件不满足,每一个 $s\in\mathbf{C}$ 均是 $\boldsymbol{G}(s)$的传输零点,这是一种退化的情况.现在研究 $r\times m$ 的$\boldsymbol{G}(s)$不满秩(即 $\rho[\boldsymbol{G}(s)]=l<\min(r,m)$)时的结构特征.这种传递矩阵 $\boldsymbol{G}(s)$必有$(m-l)$维的化零空间 $N[\boldsymbol{G}(s)]$和$(r-l)$维核空间 $\ker[\boldsymbol{G}(s)]$,即存在 $m\times 1$ 的多项式列向量$\beta(s)$和 $1\times r$ 的多项式行向量$\boldsymbol{\alpha}(s)$使得

$$\left.\begin{aligned} \boldsymbol{G}(s)\boldsymbol{\beta}(s) &= \boldsymbol{0}, \quad \boldsymbol{\beta}(s) \in N[\boldsymbol{G}(s)] \\ \boldsymbol{\alpha}(s)\boldsymbol{G}(s) &= \boldsymbol{0}, \quad \boldsymbol{\alpha}(s) \in \ker[\boldsymbol{G}(s)] \end{aligned}\right\} \tag{9.140}$$

如果在有理函数域上有$(m-l)$个线性无关的 $m\times 1$ 的非零多项式向量 $\boldsymbol{\beta}_1(s),\boldsymbol{\beta}_2(s),\cdots,\boldsymbol{\beta}_{m-l}(s)$,则称它们为 $N[\boldsymbol{G}(s)]$的多项式基.类似地,若在有理函数域上有$(r-l)$个线性无关的$1\times r$ 的非零多项式行向量$\boldsymbol{\alpha}_1(s),\boldsymbol{\alpha}_2(s),\cdots,\boldsymbol{\alpha}_{r-l}(s)$,则称它们为 $\ker[\boldsymbol{G}(s)]$的多项式基.假设真有理传递矩阵 $\boldsymbol{G}(s)$具有右矩阵分式和左矩阵分式,即 $\boldsymbol{G}(s)=\boldsymbol{N}_r(s)\boldsymbol{D}_r^{-1}(s)=\boldsymbol{D}_l^{-1}(s)\boldsymbol{N}_l(s)$.在有理数函数域上,$\rho[\boldsymbol{G}(s)]=\rho[\boldsymbol{N}_l(s)]$,$r\geqslant m$,或者 $\rho[\boldsymbol{G}(s)]=\rho[\boldsymbol{N}_r(s)]$,$r<m$,因此式(9.140)可改写为

$$\begin{aligned} &\boldsymbol{D}_l^{-1}(s)\boldsymbol{N}_l(s)\boldsymbol{\beta}(s)=\boldsymbol{0}, \quad r\geqslant m, \ \rho[\boldsymbol{G}(s)]=l<m \\ &\boldsymbol{\alpha}(s)\boldsymbol{N}_r(s)\boldsymbol{D}_r^{-1}(s)=\boldsymbol{0}, \quad r<m, \ \rho[\boldsymbol{G}(s)]=l<r \end{aligned}$$

可见若$\{\boldsymbol{\beta}_i(s),i=1,2,\cdots,m-l\}$是 $N[\boldsymbol{G}(s)]$的多项式基,则它也是 $\boldsymbol{N}_l(s)$化零空间的多项式基,$\{\boldsymbol{\alpha}_i(s),i=1,2,\cdots,r-l\}$是 $\ker[\boldsymbol{G}(s)]$的多项式基,则它也是 $\boldsymbol{N}_r(s)$核空间的多项式基.8.3 节曾介绍如何应用列搜索法和行搜索法求解化零空间和核空间的最小多项式基.如果应用列搜索法和行搜索法分别求出 $\boldsymbol{N}_l(s)$化零空间也就是 $\boldsymbol{N}[G(s)]$的最小多项式基$\{\boldsymbol{\beta}_1(s),\boldsymbol{\beta}_2(s),\cdots,\boldsymbol{\beta}_{m-1}(s)\}$和 $\boldsymbol{N}_r(s)$核空间也就是 $\ker[\boldsymbol{G}(s)]$的最小多项式基$\{\boldsymbol{\alpha}_1(s),\boldsymbol{\alpha}_2(s),\cdots,\boldsymbol{\alpha}_{r-l}(s)\}$,并设两者的列次集和行次集分别为$\{\boldsymbol{\mu}_1,\boldsymbol{\mu}_2,\cdots,\boldsymbol{\mu}_{m-l}\}$和$\{\boldsymbol{v}_1,\boldsymbol{v}_2,\cdots,\boldsymbol{v}_{r-l}\}$,则这两组次数分别满足关系式

$$\begin{aligned} &\boldsymbol{\mu}_1 \leqslant \boldsymbol{\mu}_2 \leqslant \cdots \leqslant \boldsymbol{\mu}_{m-l} \\ &\boldsymbol{v}_1 \leqslant \boldsymbol{v}_2 \leqslant \cdots \leqslant \boldsymbol{v}_{r-l} \end{aligned} \tag{9.141}$$

尽管 $N[\boldsymbol{G}(s)]$和 $\ker[\boldsymbol{G}(s)]$的最小多项式基均不是唯一的,但是列次集$\{\mu_i\}$和行次集$\{\nu_i\}$分别都是唯一的.$\{\mu_i\}$被称为 $\boldsymbol{G}(s)$的列或右(最小)指数集,$\{\nu_i\}$则被称为 $\boldsymbol{G}(s)$的行或左(最小)指数集.

8.4 节曾指出多项式矩阵 $\boldsymbol{N}(s)$可通过么模矩阵线性化为矩阵束 $s\boldsymbol{E}-\boldsymbol{A}$,将式(8.115)重新写出,得

$$(s\boldsymbol{E}-\boldsymbol{A}) \overset{S}{\sim} \begin{bmatrix} \boldsymbol{I}_{(n-1)m} & \boldsymbol{0} \\ \boldsymbol{0} & \boldsymbol{N}(s) \end{bmatrix}$$

其中 n 为多项式矩阵$\boldsymbol{N}(s)$的次数,$\mathrm{diag}[\boldsymbol{I}_{(n-1)m},\boldsymbol{N}(s)]$可视为 $\boldsymbol{N}(s)$的扩展多项式矩阵,两者严格等价.因此只要将 $\boldsymbol{N}(s)$看成 $r\times m$ 阶传递矩阵$\boldsymbol{G}(s)$的左分子矩阵 $\boldsymbol{N}_l(s)$或右分子

矩阵 $\boldsymbol{N}_r(s)$,必有与之严格等价的矩阵束 $s\boldsymbol{E}-\boldsymbol{A}$.所以这里不加详细证明地指出:

(1) $\boldsymbol{G}(s)$的列或右指数集=$(s\boldsymbol{E}-\boldsymbol{A})$的 Kronecker 右指数集;

(2) $\boldsymbol{G}(s)$的行或左指数集=$(s\boldsymbol{E}-\boldsymbol{A})$的 Kronecker 左指数集.

定理 9.15 设列满秩的多项式矩阵 $\boldsymbol{B}(s)=[\boldsymbol{\beta}_1(s)\quad\boldsymbol{\beta}_2(s)\quad\cdots\quad\boldsymbol{\beta}_k(s)]$的列次满足关系式

$$\mu_1\leqslant\mu_2\leqslant\cdots\leqslant\mu_k$$

当且仅当 $\boldsymbol{B}(s)$列化简,且对于复数域 $\mathbf{C}$ 中每个有限值 s,$\boldsymbol{B}(s)$列满秩,则 $\boldsymbol{B}(s)$是$\{\boldsymbol{\beta}_1(s),\boldsymbol{\beta}_2(s),\cdots,\boldsymbol{\beta}_k(s)\}$所张成的有理向量空间的最小多项式基.

证明 首先证明必要性.假设 $\boldsymbol{B}(s)$不是列化简的,那么通过列初等变换至少可以将某列的列次由 μ_i,$1\leqslant i\leqslant k$ 降低到$\bar{\mu}_i$,$\bar{\mu}_i<\mu_i$,其余的列次 $\bar{\mu}_j=\mu_j$,$j\neq i$,则

$$\sum_{j=1}^{k}\mu_j>\sum_{j=1}^{k}\bar{\mu}_j$$

这说明 $\boldsymbol{B}(s)$不是最小多项式基.再假设 $\boldsymbol{B}(s)$的列对 $\mathbf{C}$ 中某个 s_0 而言线性相关,则存在非零行向量 $\boldsymbol{c}=[c_1\quad c_2\quad\cdots\quad c_k]$使得

$$\sum_{i=1}^{k}c_i\boldsymbol{\beta}_i(s_0)=\mathbf{0}$$

这意味着存在多项式向量 $\bar{\boldsymbol{\beta}}(s)$满足下面关系式:

$$\bar{\boldsymbol{\beta}}(s)=\sum_{i=1}^{k}\frac{c_i\boldsymbol{\beta}_i(s)}{s-s_0}$$

再设所有 $c_i\neq0$ 对应的 $\boldsymbol{\beta}_i(s)$中次数最高者为 $\beta_j(s)$,则

$$\bar{\mu}_j=\delta_c\bar{\boldsymbol{\beta}}(s)=\delta_c\bar{\beta}_j(s)-1<\delta_c\beta_j(s)=\mu_j$$

以 $\bar{\boldsymbol{\beta}}(s)$代替 $\boldsymbol{B}(s)$中 $\beta_j(s)$得到 $\bar{\boldsymbol{B}}(s)=[\boldsymbol{\beta}_1(s)\quad\cdots\quad\boldsymbol{\beta}_{j-1}(s)\quad\bar{\boldsymbol{\beta}}(s)\quad\boldsymbol{\beta}_{i+1}(s)\quad\cdots\quad\boldsymbol{\beta}_k(s)]$,于是

$$\mu_1+\cdots+\mu_{j-1}+\bar{\mu}_j+\mu_{j+1}+\cdots+\mu_k<\sum_{i=1}^{k}\mu_i$$

这也表明 $\boldsymbol{B}(s)$不是最小多项式基.必要性证毕.

下面证明充分性.假设 $\boldsymbol{B}(s)$满足刚刚证明的两个必要条件,但不是最小多项式基,而 $\bar{\boldsymbol{B}}(s)=[\bar{\boldsymbol{\beta}}_1(s)\quad\bar{\boldsymbol{\beta}}_2(s)\quad\cdots\quad\bar{\boldsymbol{\beta}}_k(s)]$是最小多项式基,相应的列次满足关系式

$$\bar{\mu}_1\leqslant\bar{\mu}_2\leqslant\cdots\leqslant\bar{\mu}_k$$

因为 $\bar{\boldsymbol{B}}(s)$是最小多项式基,其中至少有一个 $\bar{\mu}_i<\mu_i$,$1\leqslant i\leqslant k$.因为 $\boldsymbol{B}(s)$和 $\bar{\boldsymbol{B}}(s)$都是同一有理向量空间的多项式基,存在非奇异 k 阶多项式方阵$\boldsymbol{Q}(s)$,使得

$$\bar{\boldsymbol{B}}(s)=\boldsymbol{B}(s)\boldsymbol{Q}(s)$$

特别对于 $\bar{\boldsymbol{\beta}}_i(s)$,有

$$\bar{\boldsymbol{\beta}}_i(s)=\boldsymbol{B}(s)\boldsymbol{q}_i(s)=\sum_{j=1}^{k}q_{ji}(s)\boldsymbol{\beta}_i(s)$$

$\boldsymbol{q}_i(s)$是 $\boldsymbol{Q}(s)$的第 i 列.因为 $\boldsymbol{B}(s)$对复数域中所有有限值 s 列满秩,$\boldsymbol{q}_i(s)$是多项式向量,结果

$$\bar{\mu}_i = \max_j[\mu_j + \deg q_{ji}(s)] > \mu_i$$

这和 $\bar{\boldsymbol{B}}(s)$是最小多项式基，$\bar{\mu}_i<\mu_i$ 的假设矛盾.所以 $\boldsymbol{B}(s)$是最小多项式基，充分性得证.

这一定理的意义在于它为化零空间的多项式基是否为最小多项式基提供了一个比较方便的判据.应用类似的方法可得到定理 9.15 的对偶定理，借助它可判断核空间的多项式基是否为最小多项式基.

例 9.12　设

$$\boldsymbol{G}(s) = \begin{bmatrix} s^{-1} & 0 & s^{-1} & s \\ 0 & (s+1)^2 & (s+1)^2 & 0 \\ -1 & (s+1)^2 & s^2+2s & -s^2 \end{bmatrix}$$

取么模矩阵

$$\boldsymbol{U}_L(s) = \begin{bmatrix} 1 & 0 & 0 \\ 0 & 1 & 0 \\ s & -1 & 1 \end{bmatrix},\quad \boldsymbol{U}_R(s) = \begin{bmatrix} 1 & 0 & -1 & -S^2 \\ 0 & 1 & -1 & 0 \\ 0 & 0 & 1 & 0 \\ 0 & 0 & 0 & 1 \end{bmatrix}$$

将 $\boldsymbol{G}(s)$化成 Smith-McMillan 型：

$$\boldsymbol{U}_L(s)\boldsymbol{G}(s)\boldsymbol{U}_R(s) = \begin{bmatrix} s^{-1} & 0 & 0 & 0 \\ 0 & (s+1)^2 & 0 & 0 \\ 0 & 0 & 0 & 0 \end{bmatrix}$$

可看出

$$\boldsymbol{U}_L(s)\boldsymbol{G}(s) = \begin{bmatrix} s^{-1} & 0 & s^{-1} & s \\ 0 & (s+1)^2 & (s+1)^2 & 0 \\ 0 & 0 & 0 & 0 \end{bmatrix}$$

$$\boldsymbol{G}(s)\boldsymbol{U}_R(s) = \begin{bmatrix} s^{-1} & 0 & 0 & 0 \\ 0 & (s+1)^2 & 0 & 0 \\ -1 & (s+1)^2 & 0 & 0 \end{bmatrix}$$

它们说明 $\boldsymbol{U}_R(s)$的最后两列是 $\boldsymbol{G}(s)$化零空间的最小多项式基，$\boldsymbol{U}_L(s)$最后一行是 $\boldsymbol{G}(s)$核空间的最小多项式基，Kronecker 右指数集是{0,2}，Kronecker 左指数集是{1}.

在单变量系统中传递函数 $g(s)$的有限极点和无限极点总数等于有限零点和无限零点总数.但在多变量系统中则不然.例如，设 $\boldsymbol{G}_1(s)$为有理传递矩阵，由单位阵和 $\boldsymbol{G}_1(s)$组成的传递矩阵 $\boldsymbol{G}(s)$如下：

$$\boldsymbol{G}(s) = \begin{bmatrix} \boldsymbol{I} \\ \boldsymbol{G}_1(s) \end{bmatrix}$$

则 $\boldsymbol{G}(s)$的极点就是 $\boldsymbol{G}_1(s)$的极点，可 $\boldsymbol{G}(s)$却没有零点，因为它对一切 s 满秩.不过，通常有理传递矩阵$\boldsymbol{G}(s)$的亏数可以将 $\boldsymbol{G}(s)$的有限和无限极、零点总数联系起来.

设 $r\times m$ 阶有理传递矩阵$\boldsymbol{G}(s)$在有理函数域上秩为 l，则定义 $\boldsymbol{G}(s)$在整个复平面上(包括 $s=\infty$点)l 阶赋值$\nu_{\alpha_j}^l(\boldsymbol{G})$的代数和之负值为 $\boldsymbol{G}(s)$的亏数，记以 $\operatorname{def}\boldsymbol{G}$，

$$\operatorname{def}\boldsymbol{G} \overset{\text{def}}{=} -\sum_{\alpha\in\mathbf{C}}\nu_\alpha^l(\boldsymbol{G}) \tag{9.142}$$

由于 $\nu_{\alpha_j}^l(\boldsymbol{G}) = \sum_{k=1}^{l}\sigma_k(\alpha_j)$，$\nu_{\infty}^l(\boldsymbol{G}) = \sum_{k=1}^{l}\sigma_k(\infty)$，则

$$\begin{aligned}\operatorname{def}\boldsymbol{G} &= -\sum_{\alpha\in\mathbf{C}}\sum_{k=1}^{l}\sigma_k(\alpha)\\ &= \boldsymbol{G}(s)\text{(有限和无限) 极点总数}\\ &\quad -\boldsymbol{G}(s)\text{(有限和无限) 零点总数}\end{aligned} \tag{9.143}$$

式(9.143)指明当且仅当 $\boldsymbol{G}(s)$的亏数 $\operatorname{def}\boldsymbol{G}=0$ 时，$\boldsymbol{G}(s)$的有限和无限极点总数等于 $\boldsymbol{G}(s)$的有限和无限零点总数.进一步还可证明 $\boldsymbol{G}(s)$的矩阵亏数等于 $\boldsymbol{G}(s)$的 Kronecker 左和右指数之和.

习　题　9

9.1　已知两个系统的 PMD 如下：

(a)
$$\begin{bmatrix} s^2+2s+1 & 2 \\ 0 & s+1 \end{bmatrix}\boldsymbol{\xi}(s) = \begin{bmatrix} s+2 \\ s+1 \end{bmatrix}u(s)$$
$$y(s) = [s+1 \quad 2]\boldsymbol{\xi}(s) + 2u(s)$$

(b)
$$\begin{bmatrix} s^2+2s+1 & 3 \\ 0 & s+1 \end{bmatrix}\boldsymbol{\xi}(s) = \begin{bmatrix} s+2 & s \\ 0 & s+1 \end{bmatrix}\boldsymbol{u}(s)$$
$$\boldsymbol{y}(s) = \begin{bmatrix} s+1 & 2 \\ 0 & s \end{bmatrix}\boldsymbol{\xi}(s)$$

分别计算(a)的传递函数和(b)的传递矩阵以及它们的最小实现.

9.2　设$\{\boldsymbol{P},\boldsymbol{Q},\boldsymbol{T},\boldsymbol{W}\}$为既约的 PMD，试证明

$$\begin{bmatrix} \boldsymbol{P}^2 & \boldsymbol{PQ} \\ -\boldsymbol{TP} & -\boldsymbol{TQ} \end{bmatrix}\text{的 Smith 型} = \begin{bmatrix} \boldsymbol{I} & \boldsymbol{0} \\ \boldsymbol{0} & \boldsymbol{0} \end{bmatrix}$$

9.3　矩阵理论指出若 $\boldsymbol{B}=\boldsymbol{A}+\boldsymbol{XRY}$，则当且仅当 $\boldsymbol{A}$ 和 $\boldsymbol{R}$ 皆可逆时，

$$\boldsymbol{B}^{-1} = \boldsymbol{A}^{-1} - \boldsymbol{A}^{-1}\boldsymbol{X}(\boldsymbol{R}^{-1} + \boldsymbol{YA}^{-1}\boldsymbol{X})^{-1}\boldsymbol{YA}^{-1}$$

试利用这一关系式证明若传递矩阵 $\boldsymbol{G}(s)=\boldsymbol{T}(s)\boldsymbol{P}^{-1}(s)\boldsymbol{Q}(s)+\boldsymbol{W}(s)$为 m 阶方阵，$\boldsymbol{W}(s)$ 可逆，则 $\boldsymbol{G}^{-1}(s)=\bar{\boldsymbol{T}}(s)\bar{\boldsymbol{P}}^{-1}(s)\bar{\boldsymbol{Q}}(s)+\bar{\boldsymbol{W}}(s)$，其中

$$\bar{\boldsymbol{W}}(s) = \boldsymbol{W}^{-1}(s),\quad \bar{\boldsymbol{Q}}(s) = \boldsymbol{Q}(s)\boldsymbol{W}^{-1}(s),\quad \bar{\boldsymbol{T}}(s) = -\boldsymbol{W}^{-1}(s)\boldsymbol{T}(s)$$
$$\bar{\boldsymbol{P}}(s) = \boldsymbol{P}(s) + \boldsymbol{Q}(s)\boldsymbol{W}^{-1}\boldsymbol{T}(s)$$

而且$\{\bar{\boldsymbol{P}}(s),\bar{\boldsymbol{Q}}(s),\bar{\boldsymbol{T}}(s),\bar{\boldsymbol{W}}(s)\}$为 $\boldsymbol{G}^{-1}(s)$的既约实现的充要条件是$\{\boldsymbol{P}(s),\boldsymbol{Q}(s),\boldsymbol{T}(s),\boldsymbol{W}(s)\}$为 $\boldsymbol{G}(s)$的既约实现.

9.4　设系统的 PMD 如下，求系统的极点，传递矩阵的极点和传输零点：

$$\begin{bmatrix} s^2+2s+1 & 2 \\ 0 & s+1 \end{bmatrix}\boldsymbol{\xi}(s) = \begin{bmatrix} s+2 & s \\ 1 & s+3 \end{bmatrix}\boldsymbol{u}(s)$$
$$\boldsymbol{y}(s) = \begin{bmatrix} s+1 & 1 \\ 2 & s \end{bmatrix}\boldsymbol{\xi}(s)$$

9.5　确定题9.1中系统(b)的输入解耦零点和输出解耦零点.

9.6　设多项式矩阵 $\boldsymbol{N}(s)$、$\boldsymbol{D}(s)$ 和 $\boldsymbol{M}(s)$ 构成传递矩阵 $\boldsymbol{G}(s)=\boldsymbol{N}(s)\boldsymbol{D}^{-1}(s)\boldsymbol{M}(s)$. 令 $\boldsymbol{N}(s)\boldsymbol{D}^{-1}(s)=\overline{\boldsymbol{D}}^{-1}(s)\overline{\boldsymbol{N}}(s)$,其中 $\overline{\boldsymbol{D}}(s)$ 和 $\overline{\boldsymbol{N}}(s)$ 左互质,证明如果 $\boldsymbol{D}(s)$ 和 $\boldsymbol{M}(s)$ 左互质,则 $\overline{\boldsymbol{D}}(s)$ 和 $\overline{\boldsymbol{N}}(s)\boldsymbol{M}(s)$ 也是左互质.

9.7　令 $\boldsymbol{D}^{-1}(s)\boldsymbol{N}(s)$ 是左互质矩阵分式,证明 $\boldsymbol{M}(s)\boldsymbol{D}^{-1}(s)\boldsymbol{N}(s)$ 是多项式矩阵的充要条件是:$\boldsymbol{D}(s)$ 是 $\boldsymbol{M}(s)$ 的左因式,即存在多项式矩阵 $\boldsymbol{M}(s)$ 使得 $\boldsymbol{M}(s)=\overline{\boldsymbol{M}}(s)\boldsymbol{D}(s)$.

9.8　已知两个系统的动态方程分别如下:

(a)

$$\dot{\boldsymbol{x}}=\left[\begin{array}{ccc:cc}0&0&-2&0&0\\1&0&3&0&0\\0&1&0&0&0\\\hdashline 0&0&-1&0&-1\\0&0&-1&1&0\end{array}\right]\boldsymbol{x}+\left[\begin{array}{cc}-1&0\\1&0\\0&0\\\hdashline 1&1\\0&0\end{array}\right]\boldsymbol{u}$$

$$\boldsymbol{y}=\left[\begin{array}{ccc:cc}0&0&1&0&0\\0&0&0&0&1\end{array}\right]\boldsymbol{x}$$

(b)

$$\dot{\boldsymbol{x}}=\begin{bmatrix}0&1&0\\2&3&0\\1&1&1\end{bmatrix}\boldsymbol{x}+\begin{bmatrix}0&0\\1&0\\0&1\end{bmatrix}\boldsymbol{u}$$

$$\boldsymbol{y}=\begin{bmatrix}1&1&0\\0&0&1\end{bmatrix}\boldsymbol{x}$$

试求与之严格系统等价的PMD,确定系统的输入解耦零点、输出解耦零点.

9.9　设 λ 不是 $\boldsymbol{A}$ 的特征值,证明恒等式

$$(s\boldsymbol{I}-\boldsymbol{A})^{-1}(s-\lambda)^{-1}=(\lambda\boldsymbol{I}-\boldsymbol{A})^{-1}(s-\lambda)^{-1}+(s\boldsymbol{I}-\boldsymbol{A})^{-1}(\boldsymbol{A}-\lambda\boldsymbol{I})^{-1}$$

成立.

9.10　证明定理9.12和定理9.13.

9.11　求下面传递矩阵的极点和传输零点:

$$\boldsymbol{G}_1(s)=\begin{bmatrix}\dfrac{1}{s-1}&\dfrac{s+10}{2(s-1)^3}\\0&\dfrac{s+1}{(s-1)^2}\end{bmatrix}$$

$$\boldsymbol{G}_2(s)=\begin{bmatrix}\dfrac{s(s+1)}{s^2+1}&\dfrac{s+1}{s+2}\\0&\dfrac{(s+2)(s+1)}{s^2+2s+2}\end{bmatrix}$$

$$\boldsymbol{G}_3(s)=\begin{bmatrix}0&s^2-1\\s-1&0\end{bmatrix}\begin{bmatrix}s-1&1&s-1\\s+1&0&s+1\end{bmatrix}$$

$$G_4(s)=\begin{bmatrix}s^2-1 & 0\\ 0 & s-1\end{bmatrix}^{-1}\begin{bmatrix}1 & s-1\\ 2 & s^2\end{bmatrix}$$

9.12 求题 9.11 中传递矩阵的阻塞零点.

9.13 设 $\boldsymbol{N}(s)\boldsymbol{D}^{-1}(s)=\bar{\boldsymbol{N}}(s)\bar{\boldsymbol{D}}^{-1}(s)$ 是传递矩阵 $\boldsymbol{G}(s)$ 的两个右互质矩阵分式.证明由 $\boldsymbol{N}(s)$ 和 $\bar{\boldsymbol{N}}(s)$ 所定义的传输零点集相同.

9.14 判断下面两个 $\boldsymbol{R}$-系统矩阵 $\boldsymbol{S}_{R_1}(s)$ 和 $\boldsymbol{S}_{R_2}(s)$ 是否为严格系统等价:

$$\boldsymbol{S}_{R_1}(s)=\left[\begin{array}{cc:c}s+1 & s^3 & 0\\ 0 & s+1 & 1\\ \hdashline -1 & 0 & 0\end{array}\right],\quad \boldsymbol{S}_{R_2}(s)=\left[\begin{array}{cc:c}s+1 & -1 & -3\\ 0 & s+1 & 1\\ \hdashline -1 & 0 & 2-s\end{array}\right]$$

9.15 设被控系统的 PMD 如下:

$$\boldsymbol{P}(s)\boldsymbol{\xi}(s)=\boldsymbol{Q}(s)\boldsymbol{u}(s)$$
$$\boldsymbol{y}(s)=\boldsymbol{T}(s)\boldsymbol{\xi}(s)+\boldsymbol{W}(s)\boldsymbol{u}(s)$$

采用输出反馈 $\boldsymbol{u}(s)=\boldsymbol{v}(s)-\boldsymbol{F}(s)\boldsymbol{y}(s)$,$\boldsymbol{v}(s)$ 为参考输入,试证明闭环系统的 $\boldsymbol{R}$-系统矩阵为

$$\left[\begin{array}{ccc:c}\boldsymbol{P} & -\boldsymbol{Q} & \boldsymbol{0} & \boldsymbol{0}\\ \boldsymbol{T} & \boldsymbol{W} & -\boldsymbol{I} & \boldsymbol{0}\\ \boldsymbol{0} & \boldsymbol{I} & \boldsymbol{F} & -\boldsymbol{I}\\ \hdashline \boldsymbol{0} & \boldsymbol{0} & \boldsymbol{I} & \boldsymbol{0}\end{array}\right]$$

并且当被控系统为既约系统时,闭环系统亦为既约系统.

9.16 设系统的 PMD 为

$$\begin{bmatrix}\boldsymbol{P}_c(s) & \boldsymbol{P}_{12}(s)\\ \boldsymbol{0} & \boldsymbol{P}_{\bar{c}}(s)\end{bmatrix}\begin{bmatrix}\boldsymbol{\xi}_c(s)\\ \boldsymbol{\xi}_{\bar{c}}\end{bmatrix}=\begin{bmatrix}\boldsymbol{Q}_c(s)\\ \boldsymbol{0}\end{bmatrix}\boldsymbol{u}(s)$$

$$\boldsymbol{y}(s)=\begin{bmatrix}\boldsymbol{T}_c(s) & \boldsymbol{T}_{\bar{c}}(s)\end{bmatrix}\begin{bmatrix}\boldsymbol{\xi}_c(s)\\ \boldsymbol{\xi}_{\bar{c}}(s)\end{bmatrix}$$

其中 $\{\boldsymbol{P}_c(s),\boldsymbol{Q}_c(s)\}$ 左互质,证明

(a)
$$\boldsymbol{P}_c(s)\boldsymbol{\xi}_c(s)=\boldsymbol{Q}_c(s)\boldsymbol{u}(s)$$
$$\boldsymbol{y}_c(s)=\boldsymbol{T}_c(s)\boldsymbol{\xi}_c(s)$$

表示着能控子系统.

(b) $\det\boldsymbol{P}_{\bar{c}}(s)=0$ 的根为系统的输入解耦零点.

9.17 设系统动态方程如下:

$$\dot{\boldsymbol{x}}=\begin{bmatrix}0 & 1\\ -1 & -2\end{bmatrix}\boldsymbol{x}+\begin{bmatrix}0\\ 1\end{bmatrix}u$$
$$y=\begin{bmatrix}2 & 1\end{bmatrix}x$$

求使得 $y_{zi}(t)=5\mathrm{e}^{-t}$,$\forall\, t\geqslant 0$ 的初始状态 $\boldsymbol{x}(0)$,若希望在 $u(t)=\mathrm{e}^{3t}$ 下,全响应 $y(t)=\mathrm{e}^{3t}$,$\forall\, t\geqslant 0$,$\boldsymbol{x}(0)$ 是多少?

9.18　设 $\boldsymbol{B}(s)$ 是列满秩多项式矩阵，$\boldsymbol{p}(s)$是 $\boldsymbol{B}(s)$值域中的多项式向量.证明方程

$$\boldsymbol{B}(s)\boldsymbol{q}(s)=\boldsymbol{p}(s)$$

具有多项式向量解的充要条件是 $\boldsymbol{B}(s)$ 对复数域 $\mathbf{C}$ 中每个有限值 s 是列满秩的，也就是说 $\boldsymbol{B}(s)$是既约的.

9.19　试判断

$$\boldsymbol{B}(s)=\begin{bmatrix}-1 & 0\\ s+2 & -(s+2)\\ 0 & s+4\end{bmatrix}$$

的列是传递矩阵

$$\boldsymbol{G}(s)=\begin{bmatrix}\dfrac{1}{s+1} & \dfrac{1}{(s+1)(s+2)} & \dfrac{1}{(s+1)(s+4)}\\ \dfrac{s+2}{s+3} & \dfrac{1}{s+3} & \dfrac{s+2}{(s+3)(s+4)}\end{bmatrix}$$

化零空间 $N[\boldsymbol{G}(s)]$的最小多项式基，确定 $\boldsymbol{G}(s)$的列指数集.

第 10 章　多变量反馈系统的设计

不论是单变量系统还是多变量系统的设计或综合，其目的都是将给定的被控系统与所设计的系统组合成符合指定技术指标的完整系统. 人们在追求设计出令人满意的符合技术指标的完整系统的过程中认识不断深化，要求也在不断提高. 最初人们总是将被控系统假设为线性非时变系统，不仅认为所建立的被控系统数学模型是没有建模误差的确定模型，而且认为被控系统所处的外界环境也理想化为没有扰动和噪音. 在这种理想的假设前提下，所提出的技术指标是希望所设计的完整系统是稳定的，稳态响应的误差在一定的范围之内，瞬态响应的建立时间 T_s 和超调量 M_p 不超过指定的限度等等. 那个时期大多数经典控制理论教材中设计章节主要是强调如何应用反馈技术校正被控系统对输入信号的稳态响应和瞬态响应，虽然也阐述了相位稳定裕量、幅值稳定裕量和灵敏度等概念. 随着认识深化，尽管人们仍认为在适当的信号幅度范围内和不太长的时间内系统可假设为线性非时变系统，但却更多地认为被控系统的数学模型不可避免地含有建模误差，被控系统的元件总是存在着参数偏差，这些就形成了系统内部的不确定性；另一方面系统所处的环境也总是存在着扰动信号和噪音，这些就形成了系统外部的干扰. 这样，按照理想的数学模型或者说名义模型分析、设计得到的结果并不一定与真实系统相符. 由此引出了鲁棒性概念. 所谓系统的鲁棒性就是当系统在具有内部不确定性和外部干扰条件下仍然保持在理想假设前提下性能指标（如稳定性、灵敏度降低、外界扰动抑制、频宽等）的能力. J. C. Doyle 和 J. B. Cruz 等[F5]～[F8]在 1981 年 2 月 IEEE Trans. on AC 的专辑上分别都指出反馈控制系统的特征在于系统具有鲁棒稳定性和诸如降低系统对参数变化的灵敏度，抑制外部干扰，展宽频带宽度，降低非线性元件影响等鲁棒性能. 这些鲁棒性能是无法用开环控制达到的. 不过，仅就系统对输入信号有着满意的稳态响应特性和瞬态响应特性而言，开环控制与闭环控制有着异曲同工之效. 因此，J. M. Maciejowski 在参考文献[24]中主张首先进行闭环设计使得系统具有很好的鲁棒性能，然后如图 10.1 所示，在反馈回路外部通过预滤波使系统对输入信号有着满意的稳态响应和瞬态响应.

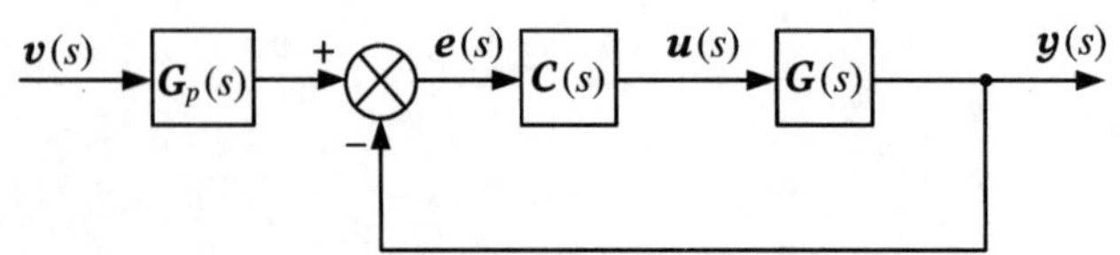

图 10.1　带有预滤波环节 $G_p(s)$ 的单位反馈系统

由上述可见，为了改造被控系统 $\boldsymbol{G}(s)$ 的性能必须增加一些环节，如图 10.1 中补偿器 $\boldsymbol{C}(s)$ 和预滤波器 $\boldsymbol{G}_p(s)$，采用反馈联接方式使整个系统的性能达到令人满意的程度.所以 10.1 节阐述如何通过子系统的描述(输入-输出描述、状态空间描述或多项式矩阵描述)表达整个组合系统的描述，对反馈系统具有很好定义的概念作了详细的解释，同时引入了回归差矩阵概念.10.2 节首先指明子系统的各类解耦零点仍属于组合系统中同类解耦零点集的元素，然后在子系统均为既能控又能观的前提下研究了串联、并联、反馈三种组合系统仍为既能控又能观系统的充要条件.10.3 节首先从子系统特征多项式着手指出反馈系统渐近稳定的充要条件和著名的广义 Nyquist 稳定性判据，然后在子系统完全由传递矩阵表征即既能控又能观前提下，借助子系统的传递矩阵研究了具有特殊意义的反馈系统——互联系统.介绍了与互联系统渐近稳定性等价的互联系统内部稳定性和互联系统传递矩阵指数稳定性的定义，阐述了具有这种稳定性的充要条件.并由此过渡到一般反馈系统具有渐近稳定性，传递矩阵应具备的充要条件.注意，在以后的各节中都是在子系统完全由传递矩阵表征的前提下进行讨论的.10.4 节阐述了如何用矩阵分式型传递矩阵设计单位输出反馈中串联补偿器，得到可任意配置极点的闭环系统.设计的核心就是建立和求解 Diophantine 方程，校正的对象由单变量的被控系统，到单(多)输入-多(单)输出的被控系统，直到多变量的被控系统，其中还介绍了如何设计补偿器达到任意配置分母矩阵的目的.10.5 节介绍了渐近跟踪和干扰抑制的概念和定义，阐述了如何针对单变量被控系统和多变量被控系统采用单位输出反馈方式应用内模原理设计补偿器完成渐近跟踪和干扰抑制的设计任务.这一节最后还介绍了静态解耦的两种设计方式，即应用内模原理的鲁棒设计和不含有内模的非鲁棒设计.10.6 节介绍了输入-输出反馈系统的设计，以及如何应用这种技术达到渐近跟踪，干扰抑制和解耦的目的；也介绍了如何应用输入-输出反馈设计对系统参数变化灵敏度低，有抑制干扰能力的开环传递矩阵；最后还介绍了这种开环传递矩阵(补偿器)在解耦和模型匹配方面的应用.

10.1　组合系统的描述

尽管存在多种多样的联接方式把若干子系统联接成一个复杂的组合系统，归纳起来基本的联接方式只是图 10.2 中表示的串联联接、并联联接和反馈联接三种方式.为保证正常联接，图中注明了子系统 S_1 和 S_2 的输入、输出以及整个组合系统的输入、输出之间应满足一定的关系.其次还假定了系统的联接不存在负载效应，即联接前后各子系统的传递函数矩阵保持不变.今后将假设子系统 S_i 的输入 $\boldsymbol{u}_i(t)$ 为 $m_i\times 1$ 向量，输出为 $r_i\times 1$ 向量，状态空间维数为 n_i，$i=1,2$；还假设它们相互联接时，r_i 和 m_i 满足一定的匹配关系，例如 S_1 后面串联 S_2 如图 10.2(a)所示，有 $r_1=m_2$，组合系统的输入 $\boldsymbol{u}(t)$ 为 $m_1\times 1$ 向量，输出 $\boldsymbol{y}(t)$ 为 $r_2\times 1$ 向量，或者 $m=m_1$，$r=r_2$.

假设已知子系统的传递矩阵为 $\boldsymbol{G}_i(s)$，$i=1,2$，则三种联接方式下组合系统传递矩阵分

别为

$$G_{串}(s) = G_2(s)G_1(s) \tag{10.1a}$$

$$G_{并}(s) = G_1(s) + G_2(s) \tag{10.1b}$$

$$G_{反}(s) = [I_r + G_1(s)G_2(s)]^{-1}G_1(s) \tag{10.1c}$$

$$= G_1(s)[I_m + G_2(s)G_1(s)]^{-1} \tag{10.1d}$$

注意,在反馈联接时,$G_1(s)$为 $r \times m$ 矩阵,式 $G_2(s)$为 $m \times r$ 矩阵,式(10.1c)或式(10.1d)的成立以 $I_r + G_1(s)G_2(s)$或 $I_m + G_2(s)G_1(s)$在有理函数域内正则或非奇异为前提,否则反馈联接变得没有意义,或者说没有定义.不过,这个前提一般总是会满足的.

现在进一步假设子系统 S_i 的动态方程为

$$\begin{aligned} \dot{x}_i(t) &= A_i x_i(t) + B_i u_i(t), \quad i = 1,2 \\ y_i(t) &= C_i x_i(t) + D_i u_i(t) \quad i = 1,2 \end{aligned} \tag{10.2}$$

(a) 串联

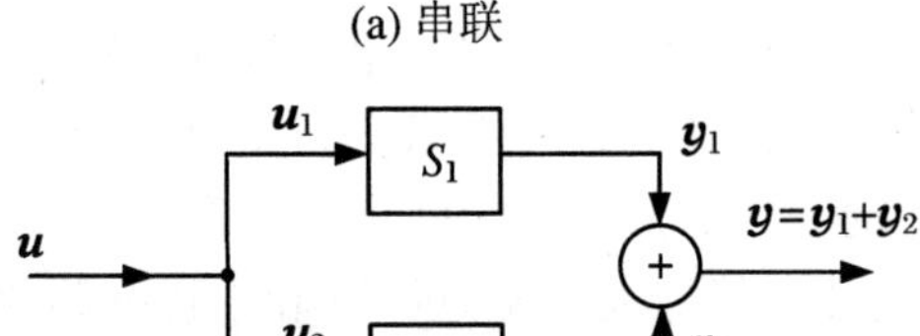

(b) 并联

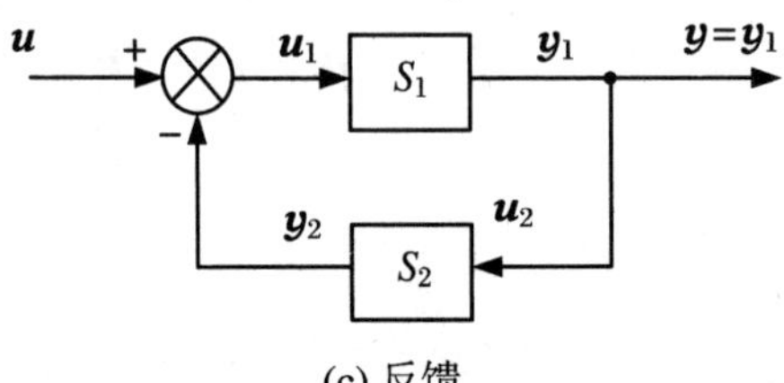

(c) 反馈

图 10.2 组合系统的三种基本连接方式

对于串联联接 $y_1(t) = u_2(t)$为 $r_1(=m_2) \times 1$ 向量,$u(t) = u_1(t)$,$y(t) = y_2(t)$分别为 $m(=m_1) \times 1$向量和 $r(=r_2) \times 1$ 向量.于是可导出串联联接的动态方程为

$$\begin{bmatrix} \dot{x}_1(t) \\ \dot{x}_2(t) \end{bmatrix} = \begin{bmatrix} A_1 & 0 \\ B_2C_1 & A_2 \end{bmatrix} \begin{bmatrix} x_1(t) \\ x_2(t) \end{bmatrix} + \begin{bmatrix} B_1 \\ B_2D_1 \end{bmatrix} u(t) \tag{10.3a}$$

$$y(t) = [D_2C_1 \quad C_2] \begin{bmatrix} x_1(t) \\ x_2(t) \end{bmatrix} + D_2D_1u(t) \tag{10.3b}$$

由式(10.3a)可知串联联接后组合系统的特征多项式 $\det(sI_n - A) = \det(sI_{n1} - A_1) \times \det(sI_{n_1} - A_2)$,即$\sigma(A) = \sigma(A_1) \oplus \sigma(A_2)$,串联后状态空间维数 $n = n_1 + n_2$,即子系统状态空间维数之和.由式(10.3)也可导出串联系统传递矩阵 $G_{串}(s) = G_2(s)G_1(s)$.因为

$$
\begin{aligned}
G_{串}(s) &= [D_2C_1 \quad C_2]\begin{bmatrix} sI_{n_1} - A_1 & 0 \\ -B_2C_1 & sI_{n_2} - A_1 \end{bmatrix}^{-1}\begin{bmatrix} B_1 \\ B_2D_1 \end{bmatrix} + D_2D_1 \\
&= [D_2C_1 \quad C_2]\begin{bmatrix} (sI_{n_1} - A_1)^{-1} & 0 \\ (sI_{n_2} - A_2)^{-1}B_2C_1(sI_{n_1} - A_1)^{-1} & (sI_{n_2} - A_2)^{-1} \end{bmatrix}\begin{bmatrix} B_1 \\ B_2D_1 \end{bmatrix} + D_2D_1 \\
&= D_2C_1(sI_{n_1} - A_1)^{-1}B_1 + C_2(sI_{n_2} - A_2)^{-1}B_2C_1(sI_{n_1} - A_1)^{-1}B_1 \\
&\quad + C_2(sI_{n_2} - A_2)^{-1}B_2D_1 + D_2D_1 \\
&= [D_2 + C_2(sI_{n_2} - A_2)^{-1}B_2][C_1(sI_{n_1} - A_1)^{-1}B_1] + [D_2 + C_2(sI_{n_2} - A_2)^{-1}B_2]D_1 \\
&= G_2(s)G_1(s)
\end{aligned}
$$

对于并联联接 $u(t) = u_1(t) = u_2(t)$ 为 $m(= m_1 = m_2) \times 1$ 向量，$y(t) = y_1(t) + y_2(t)$ 为 $r(= r_1 = r_2) \times 1$ 向量，类似可导出并联系统的动态方程为

$$
\begin{bmatrix} \dot{x}_1(t) \\ \dot{x}_2(t) \end{bmatrix} = \begin{bmatrix} A_1 & 0 \\ 0 & A_2 \end{bmatrix}\begin{bmatrix} x_1(t) \\ x_2(t) \end{bmatrix} + \begin{bmatrix} B_1 \\ B_2 \end{bmatrix}u(t) \tag{10.4a}
$$

$$
y(t) = [C_1 \quad C_2]\begin{bmatrix} x_1(t) \\ x_2(t) \end{bmatrix} + (D_1 + D_2)u(t) \tag{10.4b}
$$

可见并联系统状态空间维数 $n = n_1 + n_2$ 仍为两个子系统状态空间维数之和，$\det(sI_n - A) = \det(sI_{n_1} - A_1)\det(sI_{n_2} - A_2)$，即 $\sigma(A) = \sigma(A_1) \oplus \sigma(A_2)$. 也很容易导出

$$
\begin{aligned}
G_{并}(s) &= [C_1 \quad C_2]\begin{bmatrix} (sI_{n_1} - A_1) & 0 \\ 0 & (sI_{n_2} - A_2) \end{bmatrix}^{-1}\begin{bmatrix} B_1 \\ B_2 \end{bmatrix} + D_1 + D_2 \\
&= C_1(sI_{n_1} - A_1)^{-1}B_1 + C_2(sI_{n_2} - A_2)^{-1}B_2 + D_1 + D_2 \\
&= G_1(s) + G_2(s)
\end{aligned}
$$

对于反馈联接情况略微复杂一些. 由图 10.2(c)可见，$u(t)$、$u_1(t)$ 和 $y_2(t)$ 均是 $m \times 1$ 向量，且 $u_1(t) = u(t) - y_2(t)$；$y(t) = y_1(t) = u_2(t)$ 为 $r \times 1$ 向量，结合式(10.2)导出

$$
u_1 = u - y_2 = u - C_2x_2 - D_2y_1 = u - D_2C_1x_1 - C_2x_2 - D_2D_1u_1
$$

在 $\det(I_m + D_2D_1) \neq 0$ 或 $(I_m + D_2D_1)^{-1} = J_2$ 存在条件下：

$$
u_1 = -J_2D_2C_1x_1 - J_2C_2x_2 + J_2u \tag{10.5a}
$$

$$
u_2 = y_1 = C_1x_1 + D_1u_1 = J_1C_1x_1 - J_1D_1C_2x_2 + J_1D_1u \tag{10.5b}
$$

其中

$$
J_1 = (I_r + D_1D_2)^{-1}
$$

将式(10.5)代入式(10.2)得到

$$
\begin{aligned}
\begin{bmatrix} \dot{x}_1 \\ \dot{x}_2 \end{bmatrix} &= \begin{bmatrix} A_1 - B_1D_2J_1C_1 & -B_1J_2C_2 \\ B_2J_1C_1 & A_2 - B_2J_1D_1C_2 \end{bmatrix}\begin{bmatrix} x_1 \\ x_2 \end{bmatrix} + \begin{bmatrix} B_1J_2 \\ B_2D_1J_2 \end{bmatrix}u \\
&= A_f\begin{bmatrix} x_1 \\ x_2 \end{bmatrix} + B_f(u)
\end{aligned} \tag{10.6a}
$$

$$\boldsymbol{y} = [\boldsymbol{J}_1\boldsymbol{C}_1 \quad -\boldsymbol{D}_1\boldsymbol{J}_2\boldsymbol{C}_2]\begin{bmatrix}\boldsymbol{x}_1\\ \boldsymbol{x}_2\end{bmatrix} + \boldsymbol{D}_1\boldsymbol{J}_2\boldsymbol{u} = \boldsymbol{C}_f\begin{bmatrix}\boldsymbol{x}_1\\ \boldsymbol{x}_2\end{bmatrix} + \boldsymbol{D}_f\boldsymbol{u} \tag{10.6b}$$

式(10.6)必须在 $\det(\boldsymbol{I}_m + \boldsymbol{D}_2\boldsymbol{D}_1) = \det(\boldsymbol{I}_r + \boldsymbol{D}_1\boldsymbol{D}_2) \neq 0$ 条件下，或者说必须在 $\boldsymbol{I}_m + \boldsymbol{D}_2\boldsymbol{D}_1$ 或 $\boldsymbol{I}_r + \boldsymbol{D}_1\boldsymbol{D}_2$ 可逆条件下反馈联接才有定义，否则无意义.这个条件比前面 $\boldsymbol{I}_m + \boldsymbol{G}_2(s)\boldsymbol{G}_1(s)$ 或 $\boldsymbol{I}_r + \boldsymbol{G}_1(s)\boldsymbol{G}_2(s)$ 在有理函数域上非奇异更强.就反馈联接有定义而言，它们是等价的，但 $\boldsymbol{I}_m + \boldsymbol{D}_2\boldsymbol{D}_1$ 可逆保证在 $\boldsymbol{G}_1(s)$ 和 $\boldsymbol{G}_2(s)$ 为真有理矩阵时，$\boldsymbol{G}_{反}(s)$ 也为真有理矩阵，$\boldsymbol{I}_m + \boldsymbol{G}_2(s)\boldsymbol{G}_1(s)$ 可逆并不能保证这一点.下面阐明这一点.首先指出关系式

$$\boldsymbol{D}_1\boldsymbol{J}_2 = \boldsymbol{D}_1(\boldsymbol{I}_m + \boldsymbol{D}_2\boldsymbol{D}_1)^{-1} = (\boldsymbol{I}_r + \boldsymbol{D}_1\boldsymbol{D}_2)^{-1}\boldsymbol{D}_1 = \boldsymbol{J}_1\boldsymbol{D}_1 \tag{10.7a}$$

$$\boldsymbol{I}_r - \boldsymbol{J}_1\boldsymbol{D}_1\boldsymbol{D}_2 = \boldsymbol{J}_1(\boldsymbol{I}_r + \boldsymbol{D}_1\boldsymbol{D}_2 - \boldsymbol{D}_1\boldsymbol{D}_2) = \boldsymbol{J}_1 \tag{10.7b}$$

对照比较式(10.3)和式(10.6)得到

$$\boldsymbol{A}_f = \begin{bmatrix}\boldsymbol{A}_1 & \boldsymbol{0}\\ \boldsymbol{B}_2\boldsymbol{C}_1 & \boldsymbol{A}_2\end{bmatrix} - \begin{bmatrix}\boldsymbol{B}_1\\ \boldsymbol{B}_2\boldsymbol{D}_1\end{bmatrix}\boldsymbol{J}_2[\boldsymbol{D}_2\boldsymbol{C}_1 \quad \boldsymbol{C}_2] \tag{10.8}$$

所以反馈系统传递矩阵应为

$$\boldsymbol{G}_{反}(s) = \boldsymbol{J}_1[\boldsymbol{C}_1 \quad -\boldsymbol{D}_1\boldsymbol{C}_2][s\boldsymbol{I}_n - \boldsymbol{A}_f]^{-1}\begin{bmatrix}\boldsymbol{B}_1\\ \boldsymbol{B}_2\boldsymbol{D}_1\end{bmatrix}\boldsymbol{J}_2 + \boldsymbol{J}_1\boldsymbol{D}_1 \tag{10.9a}$$

其中

$$[s\boldsymbol{I}_n - \boldsymbol{A}_f]^{-1} = \left\{\begin{bmatrix}s\boldsymbol{I}_{n_1} - \boldsymbol{A}_1 & \boldsymbol{0}\\ -\boldsymbol{B}_2\boldsymbol{C}_1 & s\boldsymbol{I}_{n_2} - \boldsymbol{A}_2\end{bmatrix} + \begin{bmatrix}\boldsymbol{B}_1\\ \boldsymbol{B}_2\boldsymbol{D}_1\end{bmatrix}\boldsymbol{J}_2[\boldsymbol{D}_2\boldsymbol{C}_1 \quad \boldsymbol{C}_2]\right\}^{-1} \tag{10.9b}$$

引用参考文献[1]中计算 $\boldsymbol{B} = \boldsymbol{A} + \boldsymbol{XRY}$ 的逆 $\boldsymbol{B}^{-1}$ 公式

$$\boldsymbol{B}^{-1} = \boldsymbol{A}^{-1} - \boldsymbol{A}^{-1}\boldsymbol{X}(\boldsymbol{R}^{-1} + \boldsymbol{YA}^{-1}\boldsymbol{X})^{-1}\boldsymbol{YA}^{-1} \tag{10.10}$$

针对式(10.9b)而言，$\boldsymbol{YA}^{-1}\boldsymbol{X} + \boldsymbol{D}_2\boldsymbol{D}_1$ 恰恰就是式(10.3)中串联系统传递矩阵 $\boldsymbol{G}_2(s)\boldsymbol{G}_1(s)$，$\boldsymbol{R}^{-1} = \boldsymbol{J}_2^{-1} = \boldsymbol{I}_m + \boldsymbol{D}_2\boldsymbol{D}_1$，所以

$$(\boldsymbol{R}^{-1} + \boldsymbol{YA}^{-1}\boldsymbol{X})^{-1} = [\boldsymbol{I}_m + \boldsymbol{G}_2(s)\boldsymbol{G}_1(s)]^{-1} \tag{10.11}$$

此外还可证明

$$\begin{aligned}\boldsymbol{YA}^{-1} &= [\boldsymbol{D}_2\boldsymbol{C}_1 \quad \boldsymbol{C}_2]\begin{bmatrix}s\boldsymbol{I}_{n_1} - \boldsymbol{A}_1 & \boldsymbol{0}\\ -\boldsymbol{B}_2\boldsymbol{C}_1 & s\boldsymbol{I}_{n_2} - \boldsymbol{A}_2\end{bmatrix}^{-1}\\ &= [\boldsymbol{D}_2\boldsymbol{C}_1 \quad \boldsymbol{C}_2]\begin{bmatrix}(s\boldsymbol{I}_{n_1} - \boldsymbol{A}_1)^{-1} & \boldsymbol{0}\\ (s\boldsymbol{I}_{n_2} - \boldsymbol{A}_2)^{-1}\boldsymbol{B}_2\boldsymbol{C}_1(s\boldsymbol{I}_{n_1} - \boldsymbol{A}_1)^{-1} & (s\boldsymbol{I}_{n_2} - \boldsymbol{A}_2)^{-1}\end{bmatrix}\end{aligned} \tag{10.12}$$

$$\begin{aligned}\boldsymbol{A}^{-1}\boldsymbol{X} &= \begin{bmatrix}s\boldsymbol{I}_{n_1} - \boldsymbol{A}_1 & \boldsymbol{0}\\ -\boldsymbol{B}_2\boldsymbol{C}_1 & s\boldsymbol{I}_{n_2} - \boldsymbol{A}_2\end{bmatrix}^{-1}\begin{bmatrix}\boldsymbol{B}_1\\ \boldsymbol{B}_2\boldsymbol{D}_1\end{bmatrix}\\ &\stackrel{\text{def}}{=} [s\boldsymbol{I}_n - \boldsymbol{A}_0]^{-1}\begin{bmatrix}\boldsymbol{B}_1\\ \boldsymbol{B}_2\boldsymbol{D}_1\end{bmatrix}\end{aligned} \tag{10.13}$$

其中 $\boldsymbol{A}_0$ 为本书后面式(10.18)指明的开环系统的系统矩阵，有

$$\boldsymbol{G}_{反}(s) = \boldsymbol{J}_1[\boldsymbol{C}_1 \quad -\boldsymbol{D}_1\boldsymbol{C}_2][s\boldsymbol{I}_n - \boldsymbol{A}_0]^{-1}\left\{\boldsymbol{I}_n - \begin{bmatrix}\boldsymbol{B}_1\\ \boldsymbol{B}_2\boldsymbol{D}_1\end{bmatrix}[\boldsymbol{I}_m + \boldsymbol{G}_2(s)\boldsymbol{G}_1(s)]^{-1}\right.$$

$$\times\left[\boldsymbol{G}_2(s)\boldsymbol{C}_1(s\boldsymbol{I}_{n_1}-\boldsymbol{A}_1)^{-1}\quad \boldsymbol{C}_2(s\boldsymbol{I}_{n_2}-\boldsymbol{A}_2)^{-1}\right]\Bigg\}\begin{bmatrix}\boldsymbol{B}_1\\ \boldsymbol{B}_2\boldsymbol{D}_1\end{bmatrix}\boldsymbol{J}_2+\boldsymbol{J}_1\boldsymbol{D}_1$$

$$=\boldsymbol{J}_1[\boldsymbol{C}_1\quad -\boldsymbol{D}_1\boldsymbol{C}_2][s\boldsymbol{I}_n-\boldsymbol{A}_0]^{-1}\begin{bmatrix}\boldsymbol{B}_1\\ \boldsymbol{B}_2\boldsymbol{D}_1\end{bmatrix}\Bigg\{\boldsymbol{I}_m-[\boldsymbol{I}_m+\boldsymbol{G}_2(s)\boldsymbol{G}_1(s)]^{-1}$$

$$\times[\boldsymbol{G}_2(s)\boldsymbol{G}_1(s)-\boldsymbol{D}_2\boldsymbol{D}_1]\Bigg\}\boldsymbol{J}_2+\boldsymbol{J}_1\boldsymbol{D}_1$$

$$=\boldsymbol{J}_1[\boldsymbol{C}_1\quad -\boldsymbol{D}_1\boldsymbol{C}_2][s\boldsymbol{I}_n-\boldsymbol{A}_0]^{-1}\begin{bmatrix}\boldsymbol{B}_1\\ \boldsymbol{B}_2\boldsymbol{D}_1\end{bmatrix}$$

$$\times[\boldsymbol{I}_m+\boldsymbol{G}_2(s)\boldsymbol{G}_1(s)]^{-1}[\boldsymbol{I}_m+\boldsymbol{D}_2\boldsymbol{D}_1]\boldsymbol{J}_2+\boldsymbol{J}_1\boldsymbol{D}_1$$

$$=\boldsymbol{J}_1\left\{[\boldsymbol{C}_1\quad -\boldsymbol{D}_1\boldsymbol{C}_2]\begin{bmatrix}(s\boldsymbol{I}_{n_1}-\boldsymbol{A}_1)^{-1}\boldsymbol{B}_1\\ (s\boldsymbol{I}_{n_2}-\boldsymbol{A}_2)^{-1}\boldsymbol{B}_2\boldsymbol{G}_1(s)\end{bmatrix}[\boldsymbol{I}_m+\boldsymbol{G}_2(s)\boldsymbol{G}_1(s)]^{-1}+\boldsymbol{D}_1\right\}$$

$$=\boldsymbol{J}_1\{[\boldsymbol{G}_1(s)-\boldsymbol{D}_1-\boldsymbol{D}_1\boldsymbol{G}_2(s)\boldsymbol{G}_1(s)+\boldsymbol{D}_1\boldsymbol{D}_2\boldsymbol{G}_1(s)]$$

$$\times[\boldsymbol{I}_m+\boldsymbol{G}_2(s)\boldsymbol{G}_1(s)]^{-1}+\boldsymbol{D}_1\}$$

$$=\boldsymbol{J}_1[\boldsymbol{G}_1(s)-\boldsymbol{D}_1-\boldsymbol{D}_1\boldsymbol{G}_2(s)\boldsymbol{G}_1(s)+\boldsymbol{D}_1\boldsymbol{D}_2\boldsymbol{G}_1(s)+\boldsymbol{D}_1+\boldsymbol{D}_1\boldsymbol{G}_2(s)\boldsymbol{G}_1(s)]$$

$$\times[\boldsymbol{I}_m+\boldsymbol{G}_2(s)\boldsymbol{G}_1(s)]^{-1}$$

$$=\boldsymbol{G}_1(s)[\boldsymbol{I}_m+\boldsymbol{G}_2(s)\boldsymbol{G}_1(s)]^{-1} \tag{10.14}$$

式(10.14)和式(10.1d)完全相同.在推导过程中要求 $\boldsymbol{I}_m+\boldsymbol{G}_2(s)\boldsymbol{G}_1(s)$和 $\boldsymbol{I}_m+\boldsymbol{D}_2\boldsymbol{D}_1$ 均可逆.实际只要 $\boldsymbol{I}_m+\boldsymbol{D}_2\boldsymbol{D}_1$ 可逆就能保证 $\boldsymbol{I}_m+\boldsymbol{G}_2(s)\boldsymbol{G}_1(s)$可逆.因为

$$\boldsymbol{G}_2(s)=\boldsymbol{C}_2(s\boldsymbol{I}_{n_2}-\boldsymbol{A}_2)^{-1}\boldsymbol{B}_2+\boldsymbol{D}_2,\quad \boldsymbol{G}_1(s)=\boldsymbol{C}_1(s\boldsymbol{I}_{n_1}-\boldsymbol{A}_1)^{-1}\boldsymbol{B}_1+\boldsymbol{D}_1$$

故

$$\begin{aligned}\boldsymbol{I}_m+\boldsymbol{G}_2(s)\boldsymbol{G}_1(s)=&\ \boldsymbol{I}_m+\boldsymbol{D}_2\boldsymbol{D}_1+\boldsymbol{C}_2(s\boldsymbol{I}_{n_2}-\boldsymbol{A}_2)^{-1}\boldsymbol{B}_2\boldsymbol{D}_1\\ &+[\boldsymbol{C}_2(s\boldsymbol{I}_{n_2}-\boldsymbol{A}_2)^{-1}\boldsymbol{B}_2+\boldsymbol{D}_2]\boldsymbol{C}_1(s\boldsymbol{I}_{n_1}-\boldsymbol{A}_1)^{-1}\boldsymbol{B}_1\end{aligned} \tag{10.15}$$

引用式(10.10)可知,由于$(s\boldsymbol{I}_{n_2}-\boldsymbol{A}_2)^{-1}$存在,只要 $\boldsymbol{I}_m+\boldsymbol{D}_2\boldsymbol{D}_1$ 可逆,式(10.15)中前三项可逆,因此在$(s\boldsymbol{I}_{n_1}-\boldsymbol{A}_1)^{-1}$存在的条件下,这又保证了 $\boldsymbol{I}_m+\boldsymbol{G}_2(s)\boldsymbol{G}_1(s)$可逆.不仅如此,在 $\boldsymbol{G}_1(s)$和 $\boldsymbol{G}_2(s)$为真有理矩阵条件下,$\boldsymbol{I}_m+\boldsymbol{D}_2\boldsymbol{D}_1=\boldsymbol{I}_m+\boldsymbol{G}_2(s=\infty)\boldsymbol{G}_1(s=\infty)$可逆还保证了 $\boldsymbol{G}_{反}(s)$也为真有理矩阵:

$$\boldsymbol{G}_{反}(s=\infty)=\boldsymbol{G}_1(\infty)[\boldsymbol{I}_m+\boldsymbol{D}_2\boldsymbol{D}_1]^{-1}=\boldsymbol{D}_1[\boldsymbol{I}_m+\boldsymbol{D}_2\boldsymbol{D}_1]^{-1} \tag{10.16}$$

倘若仅仅 $\boldsymbol{I}_m+\boldsymbol{G}_2(s)\boldsymbol{G}_1(s)$在有理函数域中可逆,而 $\det(\boldsymbol{I}_m+\boldsymbol{D}_2\boldsymbol{D}_1)=0$,则 $\boldsymbol{G}_{反}(s)$不会成为真有理矩阵.例如当 $\boldsymbol{G}_1(s)$和 $\boldsymbol{G}_2(s)$分别如下时:

$$\boldsymbol{G}_1(s)=\begin{bmatrix}\dfrac{-s}{s+1} & \dfrac{1}{s+2}\\ \dfrac{1}{s+1} & \dfrac{-s-1}{s+2}\end{bmatrix},\quad \boldsymbol{G}_2(s)=\begin{bmatrix}1 & 0\\ 0 & 1\end{bmatrix}$$

$$\det[\boldsymbol{I}_2+\boldsymbol{G}_2(s)\boldsymbol{G}_1(s)]=\det\begin{bmatrix}(s+1)^{-1} & (s+2)^{-1}\\ (s+1)^{-1} & (s+2)^{-1}\end{bmatrix}=0$$

$$\det[\boldsymbol{I}_2+\boldsymbol{G}_2(\infty)\boldsymbol{G}_1(\infty)]=\det\begin{bmatrix}0 & 0\\ 0 & 0\end{bmatrix}=0$$

即 $\boldsymbol{G}_1(s)$ 和 $\boldsymbol{G}_2(s)$ 反馈联接后没有意义. 再如

$$\boldsymbol{G}_1(s)=\begin{bmatrix}1&0\\0&1\end{bmatrix},\quad \boldsymbol{G}_2(s)=\begin{bmatrix}-1&-1\\(s+1)^{-1}&-1\end{bmatrix}$$

$$\det[\boldsymbol{I}_2+\boldsymbol{G}_2(s)\boldsymbol{G}_1(s)]=(s+1)^{-1}$$

因此反馈系统有定义,但并不是真有理矩阵:

$$\boldsymbol{G}_{反}(s)=\boldsymbol{G}_1(s)[\boldsymbol{I}_2+\boldsymbol{G}_2(s)\boldsymbol{G}_1(s)]^{-1}=\begin{bmatrix}0&s+1\\-1&0\end{bmatrix}$$

由于 $\boldsymbol{G}_{反}(s)$ 为非有理矩阵,微分环节的存在将不正常地放大高频噪音,这种反馈系统缺乏实用价值. 所以 $\boldsymbol{I}_m+\boldsymbol{D}_2\boldsymbol{D}_1$ 可逆为反馈系统有**很好定义**(Well Posedness)的充要条件. 任何实用的反馈系统都应设计得满足这一条件.

现在进一步研究 $\boldsymbol{I}_m+\boldsymbol{G}_2(s)\boldsymbol{G}_1(s)$ 和 $\boldsymbol{I}_r+\boldsymbol{G}_1(s)\boldsymbol{G}_2(s)$ 的物理意义. 倘若在图 10.2(c) 子系统 S_1 的输入处断开反馈环如图 10.3 所示. 当断开点右边给于系统 S_1 加上输入信号 $\boldsymbol{u}_1(s)$,则返回到断开点左边的信号便是 $-\boldsymbol{G}_2(s)\boldsymbol{G}_1(s)\boldsymbol{u}_1(s)$. 因此矩阵 $-\boldsymbol{G}_2(s)\boldsymbol{G}_1(s)$ 被称为回归率矩阵,而断开点信号之差为 $\boldsymbol{u}_1(s)+\boldsymbol{G}_2(s)\boldsymbol{G}_1(s)\boldsymbol{u}_1(s)=[\boldsymbol{I}_m+\boldsymbol{G}_2(s)\boldsymbol{G}_1(s)]\boldsymbol{u}_1(s)$,故称 $\boldsymbol{I}_m+\boldsymbol{G}_2(s)\boldsymbol{G}_1(s)$ 为回归差矩阵,常常记做 $\boldsymbol{L}(s)$. 倘若断开点选在子系统 S_2 的输入处,则回归率矩阵为 $-\boldsymbol{G}_1(s)\boldsymbol{G}_2(s)$,回归差矩阵为 $\boldsymbol{I}_r+\boldsymbol{G}_1(s)\boldsymbol{G}_2(s)$. 可见回归率矩阵和回归差矩阵与断开点有关. 应用回归差矩阵 $\boldsymbol{L}(s)$ 可将 $\boldsymbol{I}_m+\boldsymbol{D}_2\boldsymbol{D}_1$ 写成

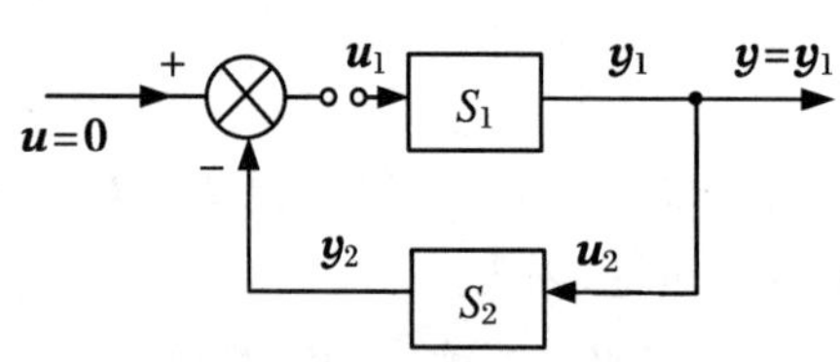

图 10.3 回归差矩阵示意图

$$\boldsymbol{L}(s=\infty)=\boldsymbol{I}_m+\boldsymbol{D}_2\boldsymbol{D}_1 \tag{10.17}$$

所以当且仅当反馈系统的回归差矩阵在 $s=\infty$ 处为非奇异矩阵时,反馈系统才有很好定义.

前面曾指出两个子系统串联联接或并联联接后,整个系统的特征值集合等于两个子系统特征值集合的直和. 这一点对于反馈联接却不成立. 显然如果将反馈系统的反馈回路断开,不论断开点选在子系统 S_1 的输入处还是子系统 S_2 的输入处,反馈系统变成 S_1 和 S_2 的串联系统(或者 S_2 串在 S_1 之后,或者 S_1 串在 S_2 之后). 断开后的反馈系统称为开环系统,所以开环系统的特征值集合等于两个子系统特征值集合的直和. 下面将证明闭环系统的特征多项式和开环系统特征多项式是通过回归差矩阵行列式 $\det\boldsymbol{L}(s)$ 联系在一起的. 假定断开点选在子系统 S_1 的输入处,则式(10.3)便是开环系统的动态方程,即

$$\boldsymbol{A}_0=\begin{bmatrix}\boldsymbol{A}_1&\boldsymbol{0}\\\boldsymbol{B}_2\boldsymbol{C}_1&\boldsymbol{A}_2\end{bmatrix},\quad \boldsymbol{B}_0=\begin{bmatrix}\boldsymbol{B}_1\\\boldsymbol{B}_2\boldsymbol{D}_1\end{bmatrix},\quad \boldsymbol{C}_0=[\boldsymbol{D}_2\boldsymbol{C}_1\quad \boldsymbol{C}_2],\quad \boldsymbol{D}_0=\boldsymbol{D}_2\boldsymbol{D}_1 \tag{10.18}$$

式(10.6a)中闭环系统的系统矩阵 $\boldsymbol{A}_f$ 可表达成式(10.19):

$$\boldsymbol{A}_f=\boldsymbol{A}_0-\boldsymbol{B}_0\boldsymbol{J}_2\boldsymbol{C}_0 \tag{10.19}$$

于是

$$\begin{aligned}\det(s\boldsymbol{I}_n-\boldsymbol{A}_f)&=\det(s\boldsymbol{I}_n-\boldsymbol{A}_0+\boldsymbol{B}_0\boldsymbol{J}_2\boldsymbol{C}_0)\\&=\det(s\boldsymbol{I}_n-\boldsymbol{A}_0)\det(\boldsymbol{I}_n+(s\boldsymbol{I}_n-\boldsymbol{A}_0)^{-1}\boldsymbol{B}_0\boldsymbol{J}_2\boldsymbol{C}_0]\\&=\det(s\boldsymbol{I}_n-\boldsymbol{A}_0)\det[\boldsymbol{I}_m+\boldsymbol{J}_2\boldsymbol{C}_0(s\boldsymbol{I}_n-\boldsymbol{A}_0)^{-1}\boldsymbol{B}_0]\\&=\det(s\boldsymbol{I}_n-\boldsymbol{A}_0)\det\boldsymbol{J}_2\det[\boldsymbol{J}_2^{-1}+\boldsymbol{C}_0(s\boldsymbol{I}_n-\boldsymbol{A}_0)^{-1}\boldsymbol{B}_0]\end{aligned}$$

也就是

$$\frac{\det(s\boldsymbol{I}_n-\boldsymbol{A}_f)}{\det(s\boldsymbol{I}_n-\boldsymbol{A}_0)}=\frac{\det[\boldsymbol{I}_m+\boldsymbol{D}_2\boldsymbol{D}_1+\boldsymbol{C}_0(s\boldsymbol{I}_n-\boldsymbol{A}_0)^{-1}\boldsymbol{B}_0]}{\det(\boldsymbol{I}_m+\boldsymbol{D}_2\boldsymbol{D}_1)}\tag{10.20}$$

将式(10.18)中 $\boldsymbol{A}_0,\boldsymbol{B}_0$ 和 $\boldsymbol{C}_0$ 代入 $\boldsymbol{I}_m+\boldsymbol{D}_2\boldsymbol{D}_1+\boldsymbol{C}_0(s\boldsymbol{I}_n-\boldsymbol{A}_0)^{-1}\boldsymbol{B}_0$ 中，借助式(10.12)很容易证明

$$\begin{aligned}
&\boldsymbol{I}_m+\boldsymbol{D}_2\boldsymbol{D}_1+[\boldsymbol{D}_2\boldsymbol{C}_1\quad \boldsymbol{C}_2]\begin{bmatrix}s\boldsymbol{I}_{n_1}-\boldsymbol{A}_1 & \boldsymbol{0}\\ -\boldsymbol{B}_2\boldsymbol{C}_1 & s\boldsymbol{I}_{n_2}-\boldsymbol{A}_2\end{bmatrix}\begin{bmatrix}\boldsymbol{B}_1\\ \boldsymbol{B}_2\boldsymbol{D}_1\end{bmatrix}\\
&=\boldsymbol{I}_m+\boldsymbol{D}_2\boldsymbol{D}_1+[\boldsymbol{G}_2(s)\boldsymbol{C}_1(s\boldsymbol{I}_{n_1}-\boldsymbol{A}_1)^{-1}\quad \boldsymbol{C}_2(s\boldsymbol{I}_{n_2}-\boldsymbol{A}_2)^{-1}]\begin{bmatrix}\boldsymbol{B}_1\\ \boldsymbol{B}_2\boldsymbol{D}_1\end{bmatrix}\\
&=\boldsymbol{I}_m+\boldsymbol{G}_2(s)\boldsymbol{G}_1(s)
\end{aligned}\tag{10.21}$$

再将式(10.21)代入式(10.20)就得到十分重要的关系式(10.22)：

$$\begin{aligned}
\det\boldsymbol{L}(s)&=\det\boldsymbol{L}(s=\infty)\frac{\det(s\boldsymbol{I}_n-\boldsymbol{A}_f)}{\det(s\boldsymbol{I}_n-\boldsymbol{A}_0)}\\
&=\det\boldsymbol{L}(s=\infty)\frac{\Delta_f(s)}{\Delta_0(s)}
\end{aligned}\tag{10.22}$$

值得提醒的是式(10.22)仅在 $\det\boldsymbol{L}(\infty)$ 为非零常值，亦即反馈系统有很好定义时才适用.

最后假设描述子系统 S_i 的是多项式矩阵描述，则

$$\boldsymbol{P}_i(s)\boldsymbol{\xi}_i(s)=\boldsymbol{Q}_i(s)\boldsymbol{u}_i(s)\tag{10.23a}$$

$$\boldsymbol{y}_i(s)=\boldsymbol{T}_i(s)\boldsymbol{\xi}_i(s)+\boldsymbol{W}_i(s)\boldsymbol{u}_i(s)\tag{10.23b}$$

其中分状态 $\boldsymbol{\xi}_i(s)$ 为 $k_i\times1,i=1,2$ 向量.类似于状态方程描述，对于串联联接和并联联接后的多项式矩阵描述很容易导出：

串联系统

$$\begin{bmatrix}\boldsymbol{P}_1(s) & \boldsymbol{0}\\ -\boldsymbol{Q}_2(s)\boldsymbol{T}_1(s) & \boldsymbol{P}_2(s)\end{bmatrix}\begin{bmatrix}\boldsymbol{\xi}_1(s)\\ \boldsymbol{\xi}_2(s)\end{bmatrix}=\begin{bmatrix}\boldsymbol{Q}_1(s)\\ \boldsymbol{Q}_2(s)\boldsymbol{W}_1(s)\end{bmatrix}\boldsymbol{u}(s)\tag{10.24a}$$

$$\boldsymbol{y}(s)=[\boldsymbol{W}_2(s)\boldsymbol{T}_1(s)\quad \boldsymbol{T}_2(s)]\begin{bmatrix}\boldsymbol{\xi}_1(s)\\ \boldsymbol{\xi}_2(s)\end{bmatrix}+\boldsymbol{W}_2(s)\boldsymbol{W}_1(s)\boldsymbol{u}(s)\tag{10.24b}$$

和

$$\boldsymbol{G}_{串}(s)=[\boldsymbol{W}_2(s)\boldsymbol{T}_1(s)\quad \boldsymbol{T}_2(s)]\begin{bmatrix}\boldsymbol{P}_1(s) & \boldsymbol{0}\\ -\boldsymbol{Q}_2(s)\boldsymbol{T}_1(s) & \boldsymbol{P}_2(s)\end{bmatrix}^{-1}\begin{bmatrix}\boldsymbol{Q}_1(s)\\ \boldsymbol{Q}_2(s)\boldsymbol{W}_1(s)\end{bmatrix}+\boldsymbol{W}_2(s)\boldsymbol{W}_1(s)$$

由于

$$\begin{bmatrix}\boldsymbol{P}_1(s) & \boldsymbol{0}\\ -\boldsymbol{Q}_2(s)\boldsymbol{T}_1(s) & \boldsymbol{P}_2(s)\end{bmatrix}^{-1}=\begin{bmatrix}\boldsymbol{P}_1^{-1}(s) & \boldsymbol{0}\\ \boldsymbol{P}_2^{-1}(s)\boldsymbol{Q}_2(s)\boldsymbol{T}_1(s)\boldsymbol{P}_1^{-1}(s) & \boldsymbol{P}_2^{-1}(s)\end{bmatrix}$$

可导出

$$\begin{aligned}
\boldsymbol{G}_{串}(s)&=\boldsymbol{W}_2\boldsymbol{T}_1\boldsymbol{P}_1^{-1}\boldsymbol{Q}_1+\boldsymbol{T}_2\boldsymbol{P}_2^{-1}\boldsymbol{Q}_2\boldsymbol{T}_1\boldsymbol{P}_1^{-1}\boldsymbol{Q}_1+\boldsymbol{T}_2\boldsymbol{P}_2^{-1}\boldsymbol{Q}_2\boldsymbol{W}_1+\boldsymbol{W}_2\boldsymbol{W}_1\\
&=\boldsymbol{W}_2[\boldsymbol{T}_1\boldsymbol{P}_1^{-1}\boldsymbol{Q}_1+\boldsymbol{W}_1]+\boldsymbol{T}_2\boldsymbol{P}_2^{-1}\boldsymbol{Q}_2[\boldsymbol{T}_1\boldsymbol{P}_1^{-1}\boldsymbol{Q}_1+\boldsymbol{W}_1]\\
&=\boldsymbol{G}_2(s)\boldsymbol{G}_1(s)
\end{aligned}\tag{10.24c}$$

并联系统

$$\begin{bmatrix} \boldsymbol{P}_1(s) & \boldsymbol{0} \\ \boldsymbol{0} & \boldsymbol{P}_2(s) \end{bmatrix} \begin{bmatrix} \boldsymbol{\xi}_1(s) \\ \boldsymbol{\xi}_2(s) \end{bmatrix} = \begin{bmatrix} \boldsymbol{Q}_1(s) \\ \boldsymbol{Q}_2(s) \end{bmatrix} \boldsymbol{u}(s) \tag{10.25a}$$

$$\boldsymbol{y}(s) = [\boldsymbol{T}_1(s) \quad \boldsymbol{T}_2(s)] \begin{bmatrix} \boldsymbol{\xi}_1(s) \\ \boldsymbol{\xi}_2(s) \end{bmatrix} + [\boldsymbol{W}_1(s) + \boldsymbol{W}_2(s)] \boldsymbol{u}(s) \tag{10.25b}$$

和

$$\begin{aligned} \boldsymbol{G}_{并}(s) &= \boldsymbol{T}_1 \boldsymbol{P}_1^{-1} \boldsymbol{Q}_1 + \boldsymbol{W}_1 + \boldsymbol{T}_2 \boldsymbol{P}_2^{-1} \boldsymbol{Q}_2 + \boldsymbol{W}_2 \\ &= \boldsymbol{G}_1(s) + \boldsymbol{G}_2(s) \end{aligned} \tag{10.25c}$$

由式(10.24a)和式(10.25a)可以看出，串联系统和并联系统的特征值集合分别是各自子系统特征值集合的直和，因为 $\det \boldsymbol{P}(s) = \det \boldsymbol{P}_1(s) \det \boldsymbol{P}_2(s)$ 对两者均成立.

反馈系统

$$\begin{aligned} &\begin{bmatrix} \boldsymbol{P}_1 + \boldsymbol{Q}_1[\boldsymbol{I}_m + \boldsymbol{W}_2 \boldsymbol{W}_1]^{-1} \boldsymbol{W}_2 \boldsymbol{T}_1 & \boldsymbol{Q}_1[\boldsymbol{I}_m + \boldsymbol{W}_2 \boldsymbol{W}_1]^{-1} \boldsymbol{T}_2 \\ -\boldsymbol{Q}_2[\boldsymbol{I}_r + \boldsymbol{W}_1 \boldsymbol{W}_2]^{-1} \boldsymbol{T}_1 & \boldsymbol{P}_2 + \boldsymbol{Q}_2[\boldsymbol{I}_r + \boldsymbol{W}_1 \boldsymbol{W}_2]^{-1} \boldsymbol{W}_1 \boldsymbol{T}_2 \end{bmatrix} \begin{bmatrix} \boldsymbol{\xi}_1 \\ \boldsymbol{\xi}_2 \end{bmatrix} \\ &\quad = \begin{bmatrix} \boldsymbol{Q}_1[\boldsymbol{I}_m + \boldsymbol{W}_2 \boldsymbol{W}_1]^{-1} \\ \boldsymbol{Q}_2[\boldsymbol{I}_r + \boldsymbol{W}_1 \boldsymbol{W}_2]^{-1} \boldsymbol{W}_1 \end{bmatrix} \boldsymbol{u} \end{aligned} \tag{10.26a}$$

$$\begin{aligned} \boldsymbol{y} = {} & [[\boldsymbol{I}_r + \boldsymbol{W}_1 \boldsymbol{W}_2]^{-1} \boldsymbol{T}_1 \quad -[\boldsymbol{I}_r + \boldsymbol{W}_1 \boldsymbol{W}_2]^{-1} \boldsymbol{W}_1 \boldsymbol{T}_2] \begin{bmatrix} \boldsymbol{\xi}_1 \\ \boldsymbol{\xi}_2 \end{bmatrix} \\ & + [\boldsymbol{I}_r + \boldsymbol{W}_1 \boldsymbol{W}_2]^{-1} \boldsymbol{W}_1 \boldsymbol{u} \end{aligned} \tag{10.26b}$$

式(10.26)仅在 $\boldsymbol{I}_m + \boldsymbol{W}_2(s)\boldsymbol{W}_1(s)$ 或 $\boldsymbol{I}_r + \boldsymbol{W}_1(s)\boldsymbol{W}_2(s)$ 可逆条件下才成立，这也就是在多项式矩阵描述下反馈联接有定义的条件，但这一条件并不是反馈系统有很好定义的条件. 保证反馈系统有很好定义的充要条件是 $\boldsymbol{W}_1$ 和 $\boldsymbol{W}_2$ 分别是与 s 无关的常值阵，$\boldsymbol{T}_1(s)\boldsymbol{P}_1^{-1}(s)\boldsymbol{Q}_1(s)$ 和 $\boldsymbol{T}_2(s)\boldsymbol{P}_2^{-1}(s)\boldsymbol{Q}_2(s)$ 类似 $\boldsymbol{C}_1(s\boldsymbol{I}_{n_1} - \boldsymbol{A}_1)^{-1}\boldsymbol{B}_1$ 和 $\boldsymbol{C}_2(s\boldsymbol{I}_{n_2} - \boldsymbol{A}_2)^{-1}\boldsymbol{B}_2$ 为严格真有理矩阵，$\boldsymbol{I}_r + \boldsymbol{W}_1\boldsymbol{W}_2$ 或 $\boldsymbol{I}_m + \boldsymbol{W}_2\boldsymbol{W}_1$ 可逆. 后面一条保证反馈系统有定义，连同前面两条保证

$$\begin{aligned} \boldsymbol{G}_{反} &= [\boldsymbol{I}_r + [\boldsymbol{T}_1(s)\boldsymbol{P}_1^{-1}(s)\boldsymbol{Q}_1(s) + \boldsymbol{W}_1][\boldsymbol{T}_2(s)\boldsymbol{P}_2^{-1}(s)\boldsymbol{Q}_2(s) + \boldsymbol{W}_2]]^{-1} \\ &\quad \times [\boldsymbol{T}_1(s)\boldsymbol{P}_1^{-1}(s)\boldsymbol{Q}_1(s) + \boldsymbol{W}_1] \\ &= [\boldsymbol{I}_r + \boldsymbol{G}_1(s)\boldsymbol{G}_2(s)]^{-1}\boldsymbol{G}_1(s) \end{aligned} \tag{10.26c}$$

在 $\boldsymbol{G}_1(s)$ 和 $\boldsymbol{G}_2(s)$ 为真(或严格真)有理矩阵时，仍为真(或严格真)有理矩阵.

例 10.1 设图 10.2(c)中子系统 S_1 和 S_2 的多项式矩阵描述分别为

$$\boldsymbol{T}_1(s) = \begin{bmatrix} 1-s & -1 \\ -1 & 1 \end{bmatrix}, \quad \boldsymbol{P}_1(s) = \begin{bmatrix} s(s+1) & 0 \\ s+1 & s+1 \end{bmatrix}$$

$$\boldsymbol{Q}_1(s) = \begin{bmatrix} 1 & 0 \\ 0 & 1 \end{bmatrix}, \quad \boldsymbol{W}_1 = \begin{bmatrix} 0 & 1 \\ 1 & 0 \end{bmatrix}$$

$$\boldsymbol{T}_2(s) = \begin{bmatrix} 1 & 1 \\ 1 & -1 \end{bmatrix}, \quad \boldsymbol{P}_2(s) = \begin{bmatrix} s+1 & 0 \\ 0 & s+2 \end{bmatrix}$$

$$\boldsymbol{Q}_2(s) = \begin{bmatrix} 1 & 0 \\ 0 & 1 \end{bmatrix}, \quad \boldsymbol{W}_2 = \begin{bmatrix} -1 & 0 \\ 0 & 0 \end{bmatrix}$$

经计算

$$\boldsymbol{T}_1(s)\boldsymbol{P}_1^{-1}(s)\boldsymbol{Q}_1(s)=\begin{bmatrix}\dfrac{-s+2}{s(s+1)} & \dfrac{-1}{s+1}\\ \dfrac{-2}{s(s+1)} & \dfrac{1}{s+1}\end{bmatrix},\quad \text{严格真有理矩阵}$$

$$\boldsymbol{T}_2(s)\boldsymbol{P}_2^{-1}(s)\boldsymbol{Q}_2(s)=\begin{bmatrix}\dfrac{1}{s+1} & \dfrac{1}{s+2}\\ \dfrac{1}{s+1} & \dfrac{-1}{s+2}\end{bmatrix},\quad \text{严格真有理矩阵}$$

$\boldsymbol{G}_1(s)$和$\boldsymbol{G}_2(s)$均为真有理矩阵

$$\boldsymbol{I}_2+\boldsymbol{W}_1\boldsymbol{W}_2=\begin{bmatrix}1 & 0\\ -1 & 1\end{bmatrix},\quad (\boldsymbol{I}_2+\boldsymbol{W}_1\boldsymbol{W}_2)^{-1}=\begin{bmatrix}1 & 0\\ 1 & 1\end{bmatrix}$$

故 $\boldsymbol{G}_{反}(s)$应为真有理矩阵.引用式(10.26)可得

$$\boldsymbol{P}(s)=\begin{bmatrix}s^2+2s-1 & 1 & 2 & 0\\ s+1 & s+1 & 1 & -1\\ s-1 & 1 & s+2 & -1\\ s & 0 & 2 & s+2\end{bmatrix},$$

$$\boldsymbol{Q}(s)=\begin{bmatrix}1 & 1\\ 0 & 1\\ 0 & 1\\ 1 & 1\end{bmatrix},\quad \boldsymbol{T}(s)=\begin{bmatrix}1-s & -1\\ -s & 0\end{bmatrix},\quad \boldsymbol{W}=\begin{bmatrix}0 & 1\\ 1 & 1\end{bmatrix}$$

$$\begin{aligned}\boldsymbol{G}_{反}(s)&=[\boldsymbol{I}_2+\boldsymbol{G}_1(s)\boldsymbol{G}_2(s)]^{-1}\boldsymbol{G}_1(s)\\ &=\begin{bmatrix}\dfrac{s^2+4s-1}{(s+1)^2} & \dfrac{-s^2-s+2}{s(s+1)(s+2)}\\ \dfrac{-s^2-s+3}{(s+1)^2} & \dfrac{s^3+4s^2+2s-2}{s(s+1)(s+2)}\end{bmatrix}^{-1}\begin{bmatrix}\dfrac{-s+2}{s(s+1)} & \dfrac{s}{s+1}\\ \dfrac{s^2+s-2}{s(s+1)} & \dfrac{1}{s+1}\end{bmatrix}\end{aligned}$$

可验证

$$\boldsymbol{G}_{反}(\infty)=\begin{bmatrix}0 & 1\\ 1 & 1\end{bmatrix}=\boldsymbol{W}$$

和

$$\det\boldsymbol{P}(s)=s^5+5s^4+9s^3+6s^2-s$$

$$\operatorname{degdet}\boldsymbol{P}(s)=\operatorname{degdet}\boldsymbol{P}_1(s)+\operatorname{degdet}\boldsymbol{P}_2(s)=5$$

例 10.2 将例10.1中 $P_1(s)$,W_1 和 W_2 改成

$$P_1'(s)=\begin{bmatrix}s+1 & 0\\ s+1 & s+1\end{bmatrix},\quad \boldsymbol{W}_1'=\begin{bmatrix}0 & -1\\ -1 & 0\end{bmatrix},\quad \boldsymbol{W}_2'=\begin{bmatrix}1 & 0\\ 0 & 0\end{bmatrix}$$

经计算

$$\boldsymbol{T}_1(s)\boldsymbol{P}_1'(s)\boldsymbol{Q}_1(s)=\begin{bmatrix}\dfrac{-s+2}{s+1} & \dfrac{1}{s+1}\\ \dfrac{-2}{s+1} & \dfrac{1}{s+1}\end{bmatrix},\quad \text{非严格真有理矩阵}$$

$$I_2 + W_1 W_2 = \begin{bmatrix} 1 & 0 \\ -1 & 1 \end{bmatrix}, \quad \text{仍为可逆矩阵}$$

故反馈系统有定义，但并没有很好定义. 经验证

$$P'(s) = \begin{bmatrix} 2 & -1 & 2 & 0 \\ s+1 & s+1 & 1 & -1 \\ s-1 & 1 & s & 1 \\ s & 0 & -2 & s+2 \end{bmatrix}$$

$$\det P'(s) = 2s^3 + 9s^2 + 18s + 10$$

$$\deg\det P'(s) = 3 < \deg\det P'_1(s) + \deg\det P_2(s) = 4$$

$$G_{反}(s) = \begin{bmatrix} \dfrac{s+5}{(s+1)^2} & \dfrac{1}{(s+1)(s+2)} \\ \dfrac{-s^2-5s-5}{(s+1)^2} & \dfrac{s^2+2s-2}{(s+1)(s+2)} \end{bmatrix}^{-1} \begin{bmatrix} \dfrac{-s+2}{s+1} & \dfrac{-s}{s+1} \\ \dfrac{-s-3}{s+1} & \dfrac{1}{s+1} \end{bmatrix}$$

$$G_{反}(\infty) = \lim_{s\to\infty} \begin{bmatrix} -s & -s \\ -s & -s \end{bmatrix}$$

说明 $G_{反}(s)$不是真有理矩阵. 这种由真有理传递矩阵子系统反馈联接得到非真有理传递矩阵反馈系统的现象称为反馈退化现象. 本质上是反馈系统的特征值数(或状态空间维数)小于组成反馈系统的两个子系统的特征值数(或状态空间维数)之和.

10.2 组合系统的能控性和能观性

10.1 节已经证明对于串联系统和并联系统有 $\det(sI_n - A) = \det(sI_{n_1} - A_1)\det(sI_{n_2} - A_2)$，所以 $\deg\Delta(s) = \deg\Delta_1(s) + \deg\Delta_2(s)$. 对于反馈系统情况要复杂一些，式(10.22)指明当反馈系统有很好定义时，有

$$\det(sI_n - A_c) = \frac{1}{\det L(\infty)}\det(sI_{n_1} - A_1)\det(sI_{n_2} - A_2)\det L(s)$$

因此若 $G_1(s)$、$G_2(s)$均是真有理传递矩阵，仍然有 $\deg\Delta(s) = \deg\Delta_1(s) + \deg\Delta_2(s)$. 再进一步假设子系统 S_i 均是既能控又能观的既约系统，$\Delta G_i(s)$表示子系统 S_i 的传递矩阵的特征多项式，$\Delta G(s)$表示组合系统的特征多项式，有

$$\deg\Delta G(s) \leqslant \deg\Delta G_1(s) + \deg\Delta G_2(s) \tag{10.27}$$

其中等号仅在组合系统仍为既约系统时成立. 本节旨在研究由既约子系统 S_1 和 S_2 组成的组合系统仍为既约系统的充要条件.

下面利用 9.1 节介绍的 Hermite 型多项式矩阵描述式阐明子系统中解耦零点在组合系统中的作用. 首先讨论串联系统，其特点是 $u = u_1, u_2 = y_1, y_1 = y_2$，参照式(9.3)很容易写出串联系统的 Hermite 型多项式矩阵描述为式(10.28)：

$$\begin{bmatrix} U_1 & W_{11} & & & W_{21} & & -W_{31} \\ 0 & M_1 & & & A_1 & & -B_1 \\ & & U_2 & W_{12} & -W_{32} & W_{22} & \\ & & 0 & M_2 & -B_2 & A_2 & \\ & & & & D_1 & 0 & -N_1 \\ & & & & -N_2 & D_2 & 0 \\ \hdashline & & & & & I_r & 0 \end{bmatrix} \begin{bmatrix} \xi_1 \\ \\ \xi_2 \\ \\ y_1 \\ y_2 \\ \hdashline u \end{bmatrix} = \begin{bmatrix} \\ \\ \\ 0 \\ \\ \\ \hdashline y \end{bmatrix} \tag{10.28}$$

图 10.2(b)中并联系统的特点是 $u = u_1 = u_2$，$y = y_1 + y_2$，根据这个特点也很容易写出并联系统的 Hermite 型多项式矩阵描述为

$$\begin{bmatrix} U_1 & W_{11} & & & W_{21} & & -W_{31} \\ 0 & M_1 & & & A_1 & & -B_1 \\ & & U_2 & W_{12} & & W_{22} & -W_{32} \\ & & 0 & M_2 & & A_2 & -B_2 \\ & & & & D_1 & 0 & -N_1 \\ & & & & 0 & D_2 & -N_2 \\ \hdashline & & & & I_r & I_r & 0 \end{bmatrix} \begin{bmatrix} \xi_1 \\ \\ \xi_2 \\ \\ y_1 \\ y_2 \\ \hdashline u \end{bmatrix} = \begin{bmatrix} \\ \\ \\ 0 \\ \\ \\ \hdashline y \end{bmatrix} \tag{10.29}$$

对于图 10.2(c)中反馈系统，只要考虑到 $u_1 = u - y_2$，$u_2 = y_1$ 和 $y = y_1$，也很容易写出反馈系统的 Hermite 型多项式矩阵描述为式(10.30)：

$$\begin{bmatrix} U_1 & W_{11} & & & W_{21} & W_{31} & -W_{31} \\ 0 & M_1 & & & A_1 & B_1 & -B_1 \\ & & U_2 & W_{12} & -W_{32} & W_{22} & \\ & & 0 & M_2 & -B_2 & A_2 & \\ & & & & D_1 & N_1 & -N_1 \\ & & & & -N_2 & D_2 & \\ \hdashline & & & & I_r & 0 & 0 \end{bmatrix} \begin{bmatrix} \xi_1 \\ \\ \xi_2 \\ \\ y_1 \\ y_2 \\ \hdashline u \end{bmatrix} = \begin{bmatrix} \\ \\ \\ 0 \\ \\ \\ \hdashline y \end{bmatrix} \tag{10.30}$$

式(10.28)、式(10.29)和式(10.30)中空缺的位置皆为零矩阵，为了书写方便而省略. 虽然这三个多项式描述式中均假设直接传输矩阵 $W(s) = 0$，这并不妨碍对解耦零点的讨论. 由这三个式子可清楚地看出不论组合系统是串联系统、并联系统还是反馈系统，组成组合系统的子系统的各类解耦零点仍属于组合系统中同类解耦零点集中的元素，即子系统中输出解耦零点仍为组合系统中输出解耦零点，输入解耦零点，输入输出解耦零点等都仍为同类解耦零点. 因此，组成组合系统的两个子系统既能控又能观是组合系统既能控又能观的必要条件，但不是充分条件. 例如在串联系统中，即使 S_1 和 S_2 为既能控又能观的，相应地，$M_1(s)$和 $M_2(s)$为么模矩阵，对于复数域 $\mathbf{C}$ 中任何 s 它们均是非奇异方阵，而且 $D_i(s)$和 $N_i(s)$，$i = 1,2$ 左互质. 在这个前提下，由式(10.28)可见，若 $D_1(s)$和 $N_2(s)$并非右互质，D_1 和 N_2 所在的列将会线性相关(必要时可利用 U_i，M_i 将 D_1，$-N_2$ 上方非零子矩阵通过初等列变换成零矩阵)，表明串联系统不是能观的. 对于并联系统，若 $D_1(s)$和 $D_2(s)$并非右互质，也会成为不能观系统. 对于反馈系统若 $N_1(s)$与 $D_2(s)$并非右互质也会有类似情况出现. 既然已

经假定两个子系统为既能控又能观的系统，所以可用它们的传递矩阵完全地表征它们各自的动态性能．设子系统 S_i 的互质分式传递矩阵 $\boldsymbol{G}_i(s)$ 为

$$\boldsymbol{G}_i(s)=\boldsymbol{N}_{ri}(s)\boldsymbol{D}_{ri}^{-1}(s)=\boldsymbol{D}_{li}^{-1}(s)\boldsymbol{N}_{li}(s),\quad i=1,2 \tag{10.31}$$

借助式(10.31)可写出子系统的多项式矩阵描述式如下：

$$S_1:\quad \left.\begin{array}{l}\boldsymbol{D}_{l1}(s)\boldsymbol{\xi}_{l1}(s)=\boldsymbol{N}_{l1}(s)\boldsymbol{u}_1(s),\quad \boldsymbol{D}_{r1}(s)\boldsymbol{\xi}_{r1}(s)=\boldsymbol{u}_1(s)\\ \boldsymbol{y}_1(s)=\boldsymbol{\xi}_{l1}(s),\quad \boldsymbol{y}_1(s)=\boldsymbol{N}_{r1}(s)\boldsymbol{\xi}_{r1}(s)\end{array}\right\} \tag{10.32}$$

$$S_2:\quad \left.\begin{array}{l}\boldsymbol{D}_{l2}(s)\boldsymbol{\xi}_{l2}(s)=\boldsymbol{N}_{l2}(s)\boldsymbol{u}_2(s),\quad \boldsymbol{D}_{r2}(s)\boldsymbol{\xi}_{r2}(s)=\boldsymbol{u}_2(s)\\ \boldsymbol{y}_2(s)=\boldsymbol{\xi}_{l2}(s),\quad \boldsymbol{y}_2(s)=\boldsymbol{N}_{r2}(s)\boldsymbol{\xi}_{r2}(s)\end{array}\right\} \tag{10.33}$$

串联系统采用左互质分式 $\boldsymbol{D}_{li}(s)$、$\boldsymbol{N}_{li}(s)$和右互质分式 $\boldsymbol{D}_{ri}(s)$，$\boldsymbol{N}_{ri}(s)$表示的多项式矩阵描述分别是式(10.34a)和(10.34b)：

$$\left[\begin{array}{cc:c}\boldsymbol{D}_{l1}(s) & \boldsymbol{0} & -\boldsymbol{N}_{l1}(s)\\ -\boldsymbol{N}_{l2}(s) & \boldsymbol{D}_{l2}(s) & \boldsymbol{0}\\ \hdashline \boldsymbol{0} & \boldsymbol{I}_r & \boldsymbol{0}\end{array}\right]\left[\begin{array}{c}\boldsymbol{\xi}_{l1}(s)\\ \boldsymbol{\xi}_{l2}(s)\\ \hdashline \boldsymbol{u}(s)\end{array}\right]=\left[\begin{array}{c}\boldsymbol{0}\\ \hdashline \boldsymbol{y}(s)\end{array}\right] \tag{10.34a}$$

$$\left[\begin{array}{cc:c}\boldsymbol{D}_{r1}(s) & \boldsymbol{0} & -\boldsymbol{I}\\ -\boldsymbol{N}_{r1}(s) & \boldsymbol{D}_{r2}(s) & \boldsymbol{0}\\ \hdashline \boldsymbol{0} & \boldsymbol{N}_{r2}(s) & \boldsymbol{0}\end{array}\right]\left[\begin{array}{c}\boldsymbol{\xi}_{r1}(s)\\ \boldsymbol{\xi}_{r2}(s)\\ \hdashline \boldsymbol{u}(s)\end{array}\right]=\left[\begin{array}{c}\boldsymbol{0}\\ \hdashline \boldsymbol{y}(s)\end{array}\right] \tag{10.34b}$$

若 S_1 采用右互质分式 $\boldsymbol{D}_{r1}(s)$，$\boldsymbol{N}_{r1}(s)$表示，S_2 采用左互质分式 $\boldsymbol{D}_{l2}(s)$，$\boldsymbol{N}_{l1}(s)$表示，由于 $\boldsymbol{D}_{l2}(s)\boldsymbol{\xi}_{l2}(s)=\boldsymbol{N}_{l2}(s)\boldsymbol{y}_1(s)=\boldsymbol{N}_{l2}(s)\boldsymbol{N}_{r1}(s)\boldsymbol{\xi}_{r1}(s)$，得到第三种串联系统的多项式矩阵描述式(10.34c)：

$$\left[\begin{array}{cc:c}\boldsymbol{D}_{r1}(s) & \boldsymbol{0} & -\boldsymbol{I}_m\\ -\boldsymbol{N}_{l2}(s)\boldsymbol{N}_{r1}(s) & \boldsymbol{D}_{l2}(s) & \boldsymbol{0}\\ \hdashline \boldsymbol{0} & \boldsymbol{I}_{r2} & \boldsymbol{0}\end{array}\right]\left[\begin{array}{c}\boldsymbol{\xi}_{r1}(s)\\ \boldsymbol{\xi}_{l2}(s)\\ \hdashline \boldsymbol{u}(s)\end{array}\right]=\left[\begin{array}{c}\boldsymbol{0}\\ \hdashline \boldsymbol{y}(s)\end{array}\right] \tag{10.34c}$$

若 S_1 采用左互质分式 $\boldsymbol{D}_{l1}(s)$，$\boldsymbol{N}_{l1}(s)$表示，S_2 采用右互质分式 $\boldsymbol{D}_{r2}(s)$，$\boldsymbol{N}_{r2}(s)$表示，由于 $\boldsymbol{D}_{l1}(s)\boldsymbol{D}_{r2}(s)\boldsymbol{\xi}_{r2}(s)=\boldsymbol{D}_{l1}(s)\boldsymbol{\xi}_{l1}(s)=\boldsymbol{N}_{l1}(s)\boldsymbol{u}(s)$，得到第四种串联系统的多项式矩阵描述式(10.34d)：

$$\left[\begin{array}{cc:c}\boldsymbol{0} & \boldsymbol{D}_{l1}(s)\boldsymbol{D}_{r2}(s) & -\boldsymbol{N}_{l1}(s)\\ -\boldsymbol{I}_{m_2} & \boldsymbol{D}_{r2}(s) & \boldsymbol{0}\\ \hdashline \boldsymbol{0} & \boldsymbol{N}_{r2}(s) & \boldsymbol{0}\end{array}\right]\left[\begin{array}{c}\boldsymbol{\xi}_{l1}(s)\\ \boldsymbol{\xi}_{r2}(s)\\ \hdashline \boldsymbol{u}(s)\end{array}\right]=\left[\begin{array}{c}\boldsymbol{0}\\ \hdashline \boldsymbol{y}(s)\end{array}\right] \tag{10.34d}$$

若将式(10.34d)系统中 R-矩阵的第一列右乘$\boldsymbol{D}_{r2}(s)$加到第二列上得到

$$\boldsymbol{S}_R(s)=\left[\begin{array}{cc:c}\boldsymbol{0} & \boldsymbol{D}_{l1}(s)\boldsymbol{D}_{r2}(s) & -\boldsymbol{N}_{l1}(s)\\ -\boldsymbol{I}_{m_2} & \boldsymbol{0} & \boldsymbol{0}\\ \hdashline \boldsymbol{0} & \boldsymbol{N}_{r2}(s) & \boldsymbol{0}\end{array}\right] \tag{10.35}$$

根据式(10.34)和多项式矩阵描述的能控性判别准则(即 $\boldsymbol{P}(s)$和 $\boldsymbol{Q}(s)$左互质)和能观性判别准则(即 $\boldsymbol{P}(s)$和 $\boldsymbol{T}(s)$右互质)很容易归纳出定理 10.1.

定理 10.1 设图 10.2(a)中串联系统的子系统 S_i 为既能控又能观系统，其互质矩阵分式是式(10.31)，则串联系统为既能控又能观系统的充要条件是：

(1) 下面三对矩阵之一左互质，否则不能控：

$$[\boldsymbol{D}_{r2}(s) \quad \boldsymbol{N}_{r1}(s)],\quad [\boldsymbol{D}_{l2}(s) \quad \boldsymbol{N}_{l2}\boldsymbol{N}_{r1}(s)],\quad [\boldsymbol{D}_{l1}(s)\boldsymbol{D}_{r2}(s) \quad \boldsymbol{N}_{l1}(s)]$$

(2) 下面三对矩阵之一右互质,否则不能观:

$$\begin{bmatrix}\boldsymbol{D}_{l1}(s)\\ \boldsymbol{N}_{l2}(s)\end{bmatrix},\quad \begin{bmatrix}\boldsymbol{D}_{r1}(s)\\ \boldsymbol{N}_{l2}(s)\boldsymbol{N}_{r1}(s)\end{bmatrix},\quad \begin{bmatrix}\boldsymbol{D}_{l1}(s)\boldsymbol{D}_{r2}(s)\\ \boldsymbol{N}_{r2}(s)\end{bmatrix}$$

如果将串联系统的传递矩阵表达成式(10.36)

$$\begin{aligned}\boldsymbol{G}(s) &= \boldsymbol{D}_{l2}^{-1}(s)\boldsymbol{N}_{l2}(s)\boldsymbol{D}_{l1}^{-1}(s)\boldsymbol{N}_{l1}(s)\\ &= \boldsymbol{N}_{r2}(s)\boldsymbol{D}_{r2}^{-1}(s)\boldsymbol{N}_{r1}(s)\boldsymbol{D}_{r1}^{-1}(s)\\ &= \boldsymbol{N}_{r2}(s)[\boldsymbol{D}_{l1}(s)\boldsymbol{D}_{r2}(s)]^{-1}\boldsymbol{N}_{l1}(s)\\ &= \boldsymbol{D}_{l2}^{-1}(s)[\boldsymbol{N}_{l2}(s)\boldsymbol{N}_{r1}(s)]\boldsymbol{D}_{r1}^{-1}(s)\end{aligned}\tag{10.36}$$

可以清楚地看出,子系统 S_1 的极点如果与子系统 S_2 的零点相抵消,那么串联系统会因这种极零点相消而产生输出解耦零点,成为不能观系统;此外,若子系统 S_1 的零点与子系统 S_2 的极点相抵消,那么串联系统会因这种零极点相消而产生输入解耦零点成为不能控系统.因此保证串联系统仍为既约系统的充要条件是既没有这种零极点相消也没有这种极零点相消.注意,对于单变量系统而言,只要 $g_1(s)$的极点(或零点)与 $g_2(s)$的零点(或极点)相等,就一定出现极零点(或零极点)相消的现象;然而对于多变量系统而言,$\boldsymbol{G}_1(s)$的极点(或零点)和 $\boldsymbol{G}_2(s)$的零点(或极点)相等,并不意味着一定发生极零点(或零极点)相消现象.为简单起见假设 $\boldsymbol{G}_1(s)$和 $\boldsymbol{G}_2(s)$皆是 m 阶方阵,并设 β 是 $\boldsymbol{G}_1(s)$的极点也是 $\boldsymbol{G}_2(s)$的零点,即 $\det\boldsymbol{D}_{l1}(\beta)=0,\det\boldsymbol{N}_{l2}(\beta)=0$,这表明 $2m\times m$ 阶的矩阵$[\boldsymbol{D}_{l1}^{\mathrm{T}}(\beta) \quad \boldsymbol{N}_{l_2}^{\mathrm{T}}(\beta)]^{\mathrm{T}}$ 中确有两个 m 阶子式$\boldsymbol{D}_{l1}(\beta)$和 $\boldsymbol{N}_{l1}(\beta)$分别由各自的线性相关行组成,但不能肯定所有 m 阶子式均由线性相关行组成.倘若 $\rho[\boldsymbol{D}_{l1}^{\mathrm{T}}(\beta)]=\alpha_d$,$\rho[\boldsymbol{N}_{l1}^{\mathrm{T}}(\beta)]=\alpha_n$,$\alpha_d<m$,$\alpha_n<m$,但 $\alpha_d+\alpha_n>m$,则 $\rho[\boldsymbol{D}_{l1}^{\mathrm{T}}(\beta) \quad \boldsymbol{N}_{l1}^{\mathrm{T}}(\beta)]^{\mathrm{T}}=m$,表明 β 并没有因极零点相消变成输出解耦零点.例如下面的 $\boldsymbol{G}_1(s)$和 $\boldsymbol{G}_2(s)$串联后并没有产生解耦零点.

例 10.3

$$\boldsymbol{G}_1(s)=\begin{bmatrix}\dfrac{1}{(s-1)(s-3)} & 0 & 0\\ 0 & \dfrac{s-2}{s-3} & 0\\ 0 & -\dfrac{s-2}{s-3} & (s-2)^2\end{bmatrix}$$

$$\boldsymbol{G}_2(s)=\begin{bmatrix}\dfrac{-1}{s-0.5} & 0 & \dfrac{1}{s-0.5}\\ 0 & s-1 & 0\\ (s-1)(s-2) & 0 & 0\end{bmatrix}$$

$$\boldsymbol{G}_2(s)\boldsymbol{G}_1(s)=\begin{bmatrix}\dfrac{-1}{(s-0.5)(s-1)(s-3)} & \dfrac{-(s-2)}{(s-0.5)(s-3)} & \dfrac{(s-2)^2}{(s-0.5)}\\ 0 & \dfrac{(s-1)(s-2)}{s-3} & 0\\ \dfrac{(s-2)^2}{(s-1)(s-3)} & 0 & 0\end{bmatrix}$$

$$\mathscr{P}[\boldsymbol{G}_1(s)] = \{1,3,3\},\quad \mathscr{Z}[\boldsymbol{G}_1(s)] = \{2,2,2\}$$
$$\mathscr{P}[\boldsymbol{G}_2(s)] = \{0.5\},\quad \mathscr{Z}[\boldsymbol{G}_2(s)] = \{1,1,2\}$$
$$\mathscr{P}[\boldsymbol{G}_2(s)\boldsymbol{G}_1(s)] = \{0.5,1,3,3\} = \mathscr{L}[\boldsymbol{G}_1(s)] \oplus \mathscr{P}[\boldsymbol{G}_2(s)]$$

虽然1既是$\boldsymbol{G}_1(s)$的极点又是$\boldsymbol{G}_2(s)$的零点，但并没有发生极零点相消现象，因为$\boldsymbol{G}_1(s)$和$\boldsymbol{G}_2(s)$的极点全部保留在$\boldsymbol{G}_2(s)\boldsymbol{G}_1(s)$的极点集中，即串联系统中没有产生出解耦零点.

设$\Delta_i(s)$是子系统S_i的特征多项式，$\Delta\boldsymbol{G}_i(s)$是传递矩阵$\boldsymbol{G}_i(s)$的特征多项式，若子系统$S_i$既能控又能观则$\Delta_i(s)=\Delta\boldsymbol{G}_i(s)$. 再设$\Delta(s)$是串联系统的特征多项式，$\Delta[\boldsymbol{G}_2\quad \boldsymbol{G}_1]$为其传递矩阵的特征多项式，若串联系统仍为既能控又能观的既约系统，$\Delta(s)=\Delta[\boldsymbol{G}_2\quad \boldsymbol{G}_1]$，若串联系统并非既约系统，$\deg\Delta[\boldsymbol{G}_2\quad \boldsymbol{G}_1]<\deg\Delta\boldsymbol{G}_1(s)+\deg\Delta\boldsymbol{G}_2(s)$. 在后一种情况下子系统$S_i$的特征频率也就是$\boldsymbol{G}_i(s)$的极点由于极零点(零极点)相消转变成串联系统的输出(输入)解耦零点. 显然，这些解耦零点是下面式(10.37)中多项式$d(s)$的零点：

$$\frac{\Delta(s)}{\Delta[\boldsymbol{G}_2\quad \boldsymbol{G}_1]} = \frac{\Delta\boldsymbol{G}_1(s)\Delta\boldsymbol{G}_2(s)}{\Delta[\boldsymbol{G}_2\quad \boldsymbol{G}_1]} = d(s) \tag{10.37}$$

设s_d是串联系统的解耦零点，则必然造成下面某种情况出现：

(1) $[\boldsymbol{D}_{r2}(s_d)\quad \boldsymbol{N}_{r1}(s_d)]$非满秩和(或)$\begin{bmatrix}\boldsymbol{D}_{l1}(s_d)\\ \boldsymbol{N}_{l2}(s_d)\end{bmatrix}$非满秩；

(2) $[\boldsymbol{D}_{l1}(s_d)\boldsymbol{D}_{r2}(s_d)\quad \boldsymbol{N}_{r1}(s_d)]$非满秩和(或)$\begin{bmatrix}\boldsymbol{D}_{l1}(s_d)\boldsymbol{D}_{r2}(s_d)\\ \boldsymbol{N}_{r2}(s_d)\end{bmatrix}$非满秩；

(3) $[\boldsymbol{D}_{l2}(s_d)\quad \boldsymbol{N}_{l2}(s_d)\boldsymbol{N}_{r1}(s_d)]$非满秩和(或)$\begin{bmatrix}\boldsymbol{D}_{r1}(s_d)\\ \boldsymbol{N}_{l2}(s_d)\boldsymbol{N}_{r1}(s_d)\end{bmatrix}$非满秩.

如果串联系统的所有解耦零点都具有负实部，串联系统没有不稳定的隐藏模态，也就是没有不稳定极零(零极)点相消.

并联系统采用左互质分式$\boldsymbol{D}_{li}(s)$，$\boldsymbol{N}_{li}(s)$和右互质分式$\boldsymbol{D}_{ri}(s)$，$\boldsymbol{N}_{ri}(s)$表示的多项式矩阵描述分别为式(10.38a)和式(10.38b)：

$$\left[\begin{array}{cc:c}\boldsymbol{D}_{l1}(s) & \boldsymbol{0} & -\boldsymbol{N}_{l1}(s)\\ \boldsymbol{0} & \boldsymbol{D}_{l2}(s) & -\boldsymbol{N}_{l2}(s)\\ \hdashline \boldsymbol{I}_r & \boldsymbol{I}_r & \boldsymbol{0}\end{array}\right]\left[\begin{array}{c}\boldsymbol{\xi}_{l1}(s)\\ \boldsymbol{\xi}_{l2}(s)\\ \hdashline \boldsymbol{u}(s)\end{array}\right] = \left[\begin{array}{c}\boldsymbol{0}\\ \hdashline \boldsymbol{y}(s)\end{array}\right] \tag{10.38a}$$

$$\left[\begin{array}{ccc}\boldsymbol{D}_{r1}(s) & \boldsymbol{0} & -\boldsymbol{I}_m\\ \boldsymbol{0} & \boldsymbol{D}_{r2}(s) & -\boldsymbol{I}_m\\ \hdashline \boldsymbol{N}_{r1}(s) & \boldsymbol{N}_{r2}(s) & \boldsymbol{0}\end{array}\right]\left[\begin{array}{c}\boldsymbol{\xi}_{r1}(s)\\ \boldsymbol{\xi}_{r2}(s)\\ \hdashline \boldsymbol{u}(s)\end{array}\right] = \left[\begin{array}{c}\boldsymbol{0}\\ \hdashline \boldsymbol{y}(s)\end{array}\right] \tag{10.38b}$$

对式(10.38a)和式(10.38b)的系数矩阵分别实施严格等价变换可得到式(10.38c)和式(10.38d)：

$$\left[\begin{array}{cc:c}\boldsymbol{D}_{l1}(s) & \boldsymbol{0} & -\boldsymbol{N}_{l1}(s)\\ -\boldsymbol{D}_{l2}(s) & \boldsymbol{D}_{l2}(s) & -\boldsymbol{N}_{l2}(s)\\ \hdashline \boldsymbol{0} & \boldsymbol{I}_r & \boldsymbol{0}\end{array}\right] \tag{10.38c}$$

$$\left[\begin{array}{cc:c}\boldsymbol{D}_{r1}(s) & -\boldsymbol{D}_{r2}(s) & \boldsymbol{0}\\ \boldsymbol{0} & \boldsymbol{D}_{r2}(s) & -\boldsymbol{I}_m\\ \hdashline \boldsymbol{N}_{r1}(s) & \boldsymbol{N}_{r2}(s) & \boldsymbol{0}\end{array}\right] \tag{10.38d}$$

根据式(10.38c)和式(10.38d)很容易得到定理10.2.

定理10.2　设并联系统的子系统 S_i 为既能控又能观系统，其互质矩阵分式如式(10.34)，则并联系统既能控又能观的充要条件是：

(1) $\boldsymbol{D}_{r1}(s)$和 $\boldsymbol{D}r_2(s)$左互质，否则不能控；

(2) $\boldsymbol{D}_{l1}(s)$和 $\boldsymbol{D}_{l2}(s)$右互质，否则不能观.

因为 $\det\boldsymbol{D}_{ri}(s)$或 $\det\boldsymbol{D}_{li}(s)$的零点是 $\boldsymbol{G}_i(s)$的极点. 如果 $\boldsymbol{G}_1(s)$和 $\boldsymbol{G}_2(s)$的极点相异，则$[\boldsymbol{D}_r(s)\quad \boldsymbol{D}_{r2}(s)]$和$[\boldsymbol{D}_{l1}(s)\quad \boldsymbol{D}_{l2}(s)]$必定分别左互质和右互质. 所以由既能控又能观的子系统 S_i 组成的并联系统仍为既能控又能观系统的充分条件为$\boldsymbol{G}_1(s)$和 $\boldsymbol{G}_2(s)$没有相等的极点. 这一条件对于单变量系统是充要条件，对于多变量系统是充分条件. 采用类似的方法就可以证明这一点. 例如，下面的 $\boldsymbol{G}_1(s)$和 $\boldsymbol{G}_2(s)$并联后仍为既约系统.

例10.4

$$\boldsymbol{G}_1(s) = \begin{bmatrix} \dfrac{1}{s+1} & 0 \\ 0 & \dfrac{1}{s+2} \end{bmatrix}$$

$$\boldsymbol{G}_2(s) = \begin{bmatrix} \dfrac{1}{s+2} & 0 \\ 0 & \dfrac{1}{s+1} \end{bmatrix}$$

$$\boldsymbol{G}_1(s) + \boldsymbol{G}_2(s) = \begin{bmatrix} \dfrac{2s+3}{(s+1)(s+2)} & 0 \\ 0 & \dfrac{2s+3}{(s+1)(s+2)} \end{bmatrix}$$

$$\mathscr{P}[\boldsymbol{G}_1(s)] = \{-1, -2\}, \quad \mathscr{P}[\boldsymbol{G}_2(s)] = \{-1, -2\}$$

$$\mathscr{P}[\boldsymbol{G}_1 + \boldsymbol{G}_2] = \{-1, -1, -2, -2\}$$

$$\deg\Delta[\boldsymbol{G}_1 + \boldsymbol{G}_2] = \deg\Delta\boldsymbol{G}_1 + \deg\Delta\boldsymbol{G}_2 = 4$$

但若令 $\boldsymbol{G}_2(s) = \boldsymbol{G}_1(s)$，则

$$\boldsymbol{G}_1(s) + \boldsymbol{G}_2(s) = \begin{bmatrix} \dfrac{2}{s+1} & 0 \\ 0 & \dfrac{2}{s+2} \end{bmatrix}$$

$$\mathscr{P}[\boldsymbol{G}_1 + \boldsymbol{G}_2] = \{-1, -2\}$$

$$\deg\Delta[\boldsymbol{G}_1 + \boldsymbol{G}_2] = 2 < \deg\Delta\boldsymbol{G}_1 + \deg\Delta\boldsymbol{G}_2 = 4$$

可见并联系统既不能控又不能观，输入输出解耦零点集为$\{-1, -2\}$.

反馈系统在很好定义条件下采用 $\boldsymbol{D}_{l1}(s)$，$\boldsymbol{D}_{l1}(s)$和 $\boldsymbol{D}_{l2}(s)$，$\boldsymbol{N}_{l2}(s)$表示的多项式矩阵描述为

$$\left[\begin{array}{cc:c} \boldsymbol{D}_{l1}(s) & \boldsymbol{N}_{l1}(s)\boldsymbol{N}_{r2}(s) & -\boldsymbol{N}_{l1}(s) \\ -\boldsymbol{I} & \boldsymbol{D}_{r2}(s) & \boldsymbol{0} \\ \hdashline \boldsymbol{I} & \boldsymbol{0} & \boldsymbol{0} \end{array}\right] \begin{bmatrix} \boldsymbol{\xi}_{l1}(s) \\ \boldsymbol{\xi}_{r2}(s) \\ \boldsymbol{u}(s) \end{bmatrix} = \begin{bmatrix} \boldsymbol{0} \\ \boldsymbol{0} \\ \boldsymbol{y}(s) \end{bmatrix} \tag{10.39a}$$

采用 $\boldsymbol{D}_{r1}(s)$，$\boldsymbol{N}_{r1}(s)$和 $\boldsymbol{N}_{l2}(s)$，$\boldsymbol{N}_{l2}(s)$表示的多项式矩阵描述为

$$\left[\begin{array}{cc:c} D_{r1}(s) & I & -I \\ -N_{l2}(s)N_{r1}(s) & D_{l2}(s) & 0 \\ \hdashline N_{r1}(s) & 0 & 0 \end{array}\right]\left[\begin{array}{c} \xi_{r1}(s) \\ \xi_{l2}(s) \\ \hdashline u(s) \end{array}\right] = \left[\begin{array}{c} 0 \\ \hdashline y(s) \end{array}\right] \tag{10.39b}$$

若采用 $\boldsymbol{D}_{ri}(s),\boldsymbol{N}_{ri}(s),i=1,2$ 或 $\boldsymbol{D}_{li}(s),\boldsymbol{N}_{li}(s),i=1,2$ 还可以写出式(10.39)的另外两种 PMD 表达式.根据式(10.39)很容易得到下面定理 10.3.

定理 10.3 如图 10.2(c)中反馈系统有很好定义,子系统 S_i 为既能控又能观系统,相应的有理矩阵 $\boldsymbol{G}_i(s)$的互质矩阵分式如式(10.31),反馈系统系统为既能控又能观系统的充要条件是:

(1) 下面两队矩阵之一右互质,否则不能控:

$$[\boldsymbol{D}_{l2}(s)\quad \boldsymbol{N}_{l2}(s)\boldsymbol{N}_{r1}(s)],\quad [\boldsymbol{D}_{r2}(s)\quad \boldsymbol{N}_{r1}(s)]$$

(2) 下面两对矩阵之一右互质,否则不能观:

$$\begin{bmatrix} \boldsymbol{D}_{r2}(s) \\ \boldsymbol{N}_{l1}(s)\boldsymbol{N}_{r2}(s) \end{bmatrix},\quad \begin{bmatrix} \boldsymbol{D}_{l2}(s) \\ \boldsymbol{N}_{l1}(s) \end{bmatrix}$$

将定理 10.3 和定理 10.1 对照比较发现,反馈系统仍然既能控又能观的充要条件是:(1)子系统 S_1后面串联子系统 S_2 的串联系统能控,否则反馈系统不能控;(2) 子系统 S_2 后面串联子系统 S_1的串联系统能观,否则反馈系统不能观.对多变量系统而言,这两个条件一般是不同的,应同时满足.而对单变量系统而言,因为 $g_2(s)g_1(s)=g_1(s)g_2(s)$,前者能控和后者能观相互等价,所以单变量反馈系统仍然既能控又能观的充要条件是两者择其一,即不存在 $g_2(s)$的极点被 $g_1(s)$零点相消的现象.另外,若 S_2 的传递矩阵为常值阵 $\boldsymbol{K}$,因为这种系统为非记忆系统不含有任何状态变量,只要 S_1 既能控又能观,两种串联方式下的串联系统仍分别为能控和能观系统.所以这种恒定的输出反馈系统既能控又能观的充要条件是子系统 S_1 为既能控又能观的系统.和节 7.2 中状态反馈作用相比,状态反馈只保留了原系统的能控性,而恒定输出反馈既保留了能控性又保留了能观性.

顺便指出 Wang 和 Davison 在文献[F9]中根据反馈系统传递矩阵表达式(10.40):

$$\begin{aligned} \boldsymbol{G}_{反}(s) &= \boldsymbol{G}_1(s)[\boldsymbol{I}+\boldsymbol{G}_2(s)\boldsymbol{G}_1(s)]^{-1} \\ &= \boldsymbol{N}_{r1}(s)[\boldsymbol{N}_{l2}(s)\boldsymbol{N}_{r1}(s)+\boldsymbol{D}_{l2}(s)\boldsymbol{D}_{r1}(s)]^{-1}\boldsymbol{D}_{l2}(s) \end{aligned} \tag{10.40}$$

指出反馈系统既能控又能观的充要条件是:

(1) $\boldsymbol{D}_{l2}(s)$和 $\boldsymbol{N}_{l2}(s)\boldsymbol{N}_{r1}(s)+\boldsymbol{D}_{l2}(s)\boldsymbol{D}_{r1}(s)$左互质;

(2) $\boldsymbol{D}_{l2}(s)\boldsymbol{D}_{r1}(s)+\boldsymbol{N}_{l2}(s)\boldsymbol{N}_{r1}(s)$和 $\boldsymbol{N}_{r1}(s)$右互质.

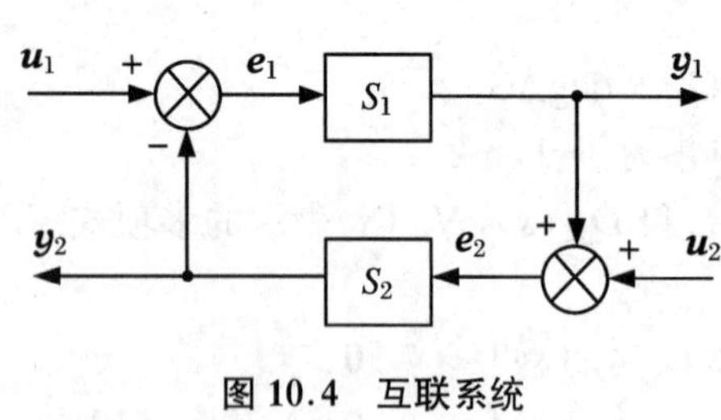

图 10.4 互联系统

它们和定理 10.3 中充要条件是等价的.值得提醒的是由此可看出,一般 $\boldsymbol{G}_{反}(s)$的特征多项式 $\Delta\boldsymbol{G}_{反}(s)$与 $\det[\boldsymbol{N}_{l2}(s)\boldsymbol{N}_{r1}(s)+\boldsymbol{D}_{l2}(s)\boldsymbol{D}_{r1}(s)]$ 并不等价.

最后讨论图 10.4 中称做互联系统[①](interconnected system)的特殊反馈系统.由于它比一般反馈系统增加了输入 $\boldsymbol{u}_2$ 和输出 $\boldsymbol{y}_2$,在子系统

① 目前文献中并没有对互联系统(IS)给以明确定义,按字面理解组合系统(Composite System)也是互联系统.这里的互联系统特指图 10.4 中的系统.

S_1 和 S_2 均为既能控又能观的条件下，以$[\boldsymbol{u}_1^{\mathrm{T}} \quad \boldsymbol{u}_2^{\mathrm{T}}]^{\mathrm{T}}$ 和$[\boldsymbol{y}_1^{\mathrm{T}} \quad \boldsymbol{y}_2^{\mathrm{T}}]^{\mathrm{T}}$ 作为输入-输出对，或以$[\boldsymbol{u}_1^{\mathrm{T}} \quad \boldsymbol{u}_2^{\mathrm{T}}]^{\mathrm{T}}$ 和$[\boldsymbol{e}_1^{\mathrm{T}} \quad \boldsymbol{e}_2^{\mathrm{T}}]^{\mathrm{T}}$ 作为输入-输出对，互联系统总是既能控又能观的.互联系统的特点是 $\boldsymbol{e}_1=\boldsymbol{u}_1-\boldsymbol{y}_2, \boldsymbol{e}_2=\boldsymbol{u}_2+\boldsymbol{y}_1$.令子系统 S_i 的传递矩阵为$\boldsymbol{G}_i(s)$，$i=1,2$ 在 $\boldsymbol{I}+\boldsymbol{G}_1(s)\boldsymbol{G}_2(s)$可逆条件下，利用叠加原理并考虑到$[\boldsymbol{u}_1 \quad \boldsymbol{y}_1]$与$[\boldsymbol{u}_2 \quad \boldsymbol{y}_2]$之间的对偶性，很容易导出由输入$[\boldsymbol{u}_1^{\mathrm{T}} \quad \boldsymbol{u}_2^{\mathrm{T}}]^{\mathrm{T}}$ 到输出$[\boldsymbol{y}_1^{\mathrm{T}} \quad \boldsymbol{y}_2^{\mathrm{T}}]^{\mathrm{T}}$ 之间传递矩阵 $\boldsymbol{G}_{yu}(s)$为式(10.41a)：

$$\boldsymbol{G}_{yu}(s)=\begin{bmatrix} \boldsymbol{G}_1(s)[\boldsymbol{I}_m+\boldsymbol{G}_2(s)\boldsymbol{G}_1(s)]^{-1} & -\boldsymbol{G}_1(s)\boldsymbol{G}_2(s)[\boldsymbol{I}_r+\boldsymbol{G}_1(s)\boldsymbol{G}_2(s)]^{-1} \\ \boldsymbol{G}_2(s)\boldsymbol{G}_1(s)[\boldsymbol{I}_m+\boldsymbol{G}_2(s)\boldsymbol{G}_1(s)]^{-1} & \boldsymbol{G}_2(s)[\boldsymbol{I}_r+\boldsymbol{G}_1(s)\boldsymbol{G}_2(s)]^{-1} \end{bmatrix} \tag{10.41a}$$

而由$[\boldsymbol{u}_1^{\mathrm{T}} \quad \boldsymbol{u}_2^{\mathrm{T}}]^{\mathrm{T}}$ 到$[\boldsymbol{e}_1^{\mathrm{T}} \quad \boldsymbol{e}_2^{\mathrm{T}}]^{\mathrm{T}}$ 的传递矩阵 $\boldsymbol{G}_{eu}(s)$为式(10.41b)：

$$\boldsymbol{G}_{eu}(s)=\begin{bmatrix} [\boldsymbol{I}_m+\boldsymbol{G}_2(s)\boldsymbol{G}_1(s)]^{-1} & -\boldsymbol{G}_2(s)[\boldsymbol{I}_r+\boldsymbol{G}_1(s)\boldsymbol{G}_2(s)]^{-1} \\ \boldsymbol{G}_1(s)[\boldsymbol{I}_m+\boldsymbol{G}_2(s)\boldsymbol{G}_1(s)]^{-1} & [\boldsymbol{I}_r+\boldsymbol{G}_1(s)\boldsymbol{G}_2(s)]^{-1} \end{bmatrix} \tag{10.41b}$$

借助 S_i 的动态方程式(10.2)，在 $\boldsymbol{I}_r+\boldsymbol{D}_1\boldsymbol{D}_2$ 可逆条件下，可导出互联系统的动态方程为式(10.42)：

$$\begin{aligned}\begin{bmatrix}\dot{\boldsymbol{x}}_1(t)\\ \dot{\boldsymbol{x}}_2(t)\end{bmatrix}=&\begin{bmatrix}\boldsymbol{A}_1-\boldsymbol{B}_1\boldsymbol{D}_2\boldsymbol{J}_1\boldsymbol{C}_1 & -\boldsymbol{B}_1\boldsymbol{J}_2\boldsymbol{C}_2\\ \boldsymbol{B}_2\boldsymbol{J}_1\boldsymbol{C}_1 & \boldsymbol{A}_2-\boldsymbol{B}_2\boldsymbol{D}_1\boldsymbol{J}_2\boldsymbol{C}_2\end{bmatrix}\begin{bmatrix}\boldsymbol{x}_1(t)\\ \boldsymbol{x}_2(t)\end{bmatrix}\\ &+\begin{bmatrix}\boldsymbol{B}_1\boldsymbol{J}_2 & -\boldsymbol{B}_1\boldsymbol{D}_2\boldsymbol{J}_1\\ \boldsymbol{B}_2\boldsymbol{D}_1\boldsymbol{J}_2 & \boldsymbol{B}_2\boldsymbol{J}_2\end{bmatrix}\begin{bmatrix}\boldsymbol{u}_1(t)\\ \boldsymbol{u}_2(t)\end{bmatrix}\end{aligned} \tag{10.42a}$$

$$\begin{bmatrix}\boldsymbol{y}_1(t)\\ \boldsymbol{y}_2(t)\end{bmatrix}=\begin{bmatrix}\boldsymbol{J}_1\boldsymbol{C}_1 & -\boldsymbol{D}_1\boldsymbol{J}_2\boldsymbol{C}_2\\ \boldsymbol{D}_2\boldsymbol{J}_1\boldsymbol{C}_1 & \boldsymbol{J}_2\boldsymbol{C}_2\end{bmatrix}\begin{bmatrix}\boldsymbol{x}_1(t)\\ \boldsymbol{x}_2(t)\end{bmatrix}+\begin{bmatrix}\boldsymbol{D}_1\boldsymbol{J}_2 & -\boldsymbol{D}_1\boldsymbol{D}_2\boldsymbol{J}_1\\ \boldsymbol{D}_2\boldsymbol{D}_1\boldsymbol{J}_2 & \boldsymbol{D}_2\boldsymbol{J}_1\end{bmatrix}\begin{bmatrix}\boldsymbol{u}_1(t)\\ \boldsymbol{u}_2(t)\end{bmatrix} \tag{10.42b}$$

对照比较式(10.42a)和式(10.6a)发现两个系统矩阵完全相同，考察图10.2(c)和图10.4可看出两者同在子系统 S_1 的输入处断开反馈环，得到的开环系统亦相同，所以式(10.22)对于互联系统亦成立.同样地，$\boldsymbol{L}(\infty)=\boldsymbol{I}_r+\boldsymbol{D}_1\boldsymbol{D}_2$ 可逆是互联系统有很好定义的条件.

定理 10.4　设图10.4中互联系统具有很好的定义，当且仅当子系统 S_i，$i=1,2$ 均是既能控又能观的既约系统时，互联系统仍为既约系统.

证明　和前面一样，当子系统的传递矩阵 $\boldsymbol{G}_i(s)$分别取左互质或右互质矩阵分式时，互联系统的多项式矩阵描述有下面四种表达式：

$$\left[\begin{array}{cc:cc}\boldsymbol{D}_{l1}(s) & \boldsymbol{N}_{l1}(s) & -\boldsymbol{N}_{l1}(s) & \boldsymbol{0}\\ -\boldsymbol{N}_{l2}(s) & \boldsymbol{D}_{l2}(s) & \boldsymbol{0} & -\boldsymbol{N}_{l2}(s)\\ \hdashline \boldsymbol{I} & \boldsymbol{0} & \boldsymbol{0} & \boldsymbol{0}\\ \boldsymbol{0} & \boldsymbol{I} & \boldsymbol{0} & \boldsymbol{0}\end{array}\right]\left[\begin{array}{c}\boldsymbol{\xi}_{l1}(s)\\ \boldsymbol{\xi}_{l2}(s)\\ \hdashline \boldsymbol{u}_1(s)\\ \boldsymbol{u}_2(s)\end{array}\right]=\left[\begin{array}{c}\boldsymbol{0}\\ \hdashline \boldsymbol{y}(s)\end{array}\right] \tag{10.43a}$$

$$\left[\begin{array}{cc:cc}\boldsymbol{D}_{r1}(s) & \boldsymbol{N}_{r2}(s) & -\boldsymbol{I}_m & \boldsymbol{0}\\ -\boldsymbol{N}_{r1}(s) & \boldsymbol{D}_{r2}(s) & \boldsymbol{0} & -\boldsymbol{I}_r\\ \hdashline \boldsymbol{N}_{r1}(s) & \boldsymbol{0} & \boldsymbol{0} & \boldsymbol{0}\\ \boldsymbol{0} & \boldsymbol{N}_{r2}(s) & \boldsymbol{0} & \boldsymbol{0}\end{array}\right]\left[\begin{array}{c}\boldsymbol{\xi}_{r1}(s)\\ \boldsymbol{\xi}_{r2}(s)\\ \hdashline \boldsymbol{u}_1(s)\\ \boldsymbol{u}_2(s)\end{array}\right]=\left[\begin{array}{c}\boldsymbol{0}\\ \hdashline \boldsymbol{y}(s)\end{array}\right] \tag{10.43b}$$

$$\left[\begin{array}{cc:cc} D_{l1}(s) & N_{l1}(s)N_{r2}(s) & -N_{l1}(s) & 0 \\ -N_{r1} & D_{r2}(s) & 0 & -I_r \\ \hdashline I_r & 0 & 0 & 0 \\ 0 & N_{r2}(s) & 0 & 0 \end{array}\right]\left[\begin{array}{c} \xi_{l1}(s) \\ \xi_{l2}(s) \\ \hdashline u_1(s) \\ u_2(s) \end{array}\right]=\left[\begin{array}{c} 0 \\ \hdashline y(s) \end{array}\right] \tag{10.43c}$$

$$\left[\begin{array}{cc:cc} D_{r1}(s) & I & -I & 0 \\ -N_{l2}(s)N_{r1}(s) & D_{l2}(s) & 0 & -N_{l2}(s) \\ \hdashline N_{r1}(s) & 0 & 0 & 0 \\ 0 & I & 0 & 0 \end{array}\right]\left[\begin{array}{c} \xi_{r1}(s) \\ \xi_{l2}(s) \\ \hdashline u_1(s) \\ u_2(s) \end{array}\right]=\left[\begin{array}{c} 0 \\ \hdashline y(s) \end{array}\right] \tag{10.43d}$$

其中

$$u(s) \overset{\text{def}}{=} \begin{bmatrix} u_1(s) \\ u_2(s) \end{bmatrix}, \quad y(s) \overset{\text{def}}{=} \begin{bmatrix} y_1(s) \\ y_2(s) \end{bmatrix}$$

由式(10.43(a))可看出互联系统的能控性因矩阵对$[D_{l1}(s) \quad N_{l1}(s)]$和$[D_{l2}(s) \quad N_{l2}(s)]$左互质得到保证;能观性则因系统矩阵中两个单位阵得到保证.由式(10.43b)可看出互联系统的能观性因矩阵对$[D_{r1}^{\mathrm{T}}(s) \quad N_{r1}^{\mathrm{T}}(s)]^{\mathrm{T}}$和$[D_{r2}^{\mathrm{T}}(s) \quad N_{r2}^{\mathrm{T}}(s)]^{\mathrm{T}}$的右互质性得到保证;能控性则因系数矩阵中的两个单位阵得到保证.由另外两式也可得到类似论断.

细心的读者可能看出式(10.42)和式(10.43)中直接传输矩阵并不一致.因为式(10.42)中直接传输矩阵并不影响能控性或能观性,所以上述证明结论依然正确.

定理 10.5 设图 10.4 中既约子系统传递矩阵的互质矩阵分式为 $G_i(s)=D_{li}^{-1}(s)N_{li}(s)=N_{ri}(s)D_{ri}^{-1}(s), i=1,2$,则有很好定义的互联系统传递矩阵的特征多项式$\Delta G_{yu}(s)$可表达成

$$\Delta G_{yu}(s) = \Delta(s) \sim \det\begin{bmatrix} D_{l1}(s) & N_{l1}(s) \\ -N_{l2}(s) & D_{l2}(s) \end{bmatrix} \tag{10.44a}$$

$$\sim \det\begin{bmatrix} D_{r1}(s) & N_{r2}(s) \\ -N_{r1}(s) & D_{r2}(s) \end{bmatrix} \tag{10.44b}$$

$$\sim \det\begin{bmatrix} D_{l1}(s) & N_{l1}(s)N_{r2}(s) \\ -I & D_{r2}(s) \end{bmatrix} \tag{10.44c}$$

$$\sim \det\begin{bmatrix} D_{r1}(s) & I \\ -N_{l2}(s)N_{r1}(s) & D_{l2}(s) \end{bmatrix} \tag{10.44d}$$

$$\sim \det[D_{l1}(s)D_{r2}(s) + N_{l1}(s)N_{r2}(s)] \tag{10.44e}$$

$$\sim \det[D_{l2}(s)D_{r1}(s) + N_{l2}(s)N_{r1}(s)] \tag{10.44f}$$

$$\sim \Delta G_1(s)\Delta G_2(s)\det[I + G_2(s)G_1(s)] \tag{10.44g}$$

证明 因为互联系统在子系统 S_1 和 S_2 为既约系统时本身也是既约系统,所以当系统传递矩阵特征多项式 $\Delta G(s)$和系统特征多项式 $\Delta(s)$都取首一多项式时,$\Delta G(s)=\Delta(s)=\det(sI_n - A_f)$.根据式(10.43)直接就判断出式(10.44a)到式(10.44d)的正确性.这里符号$\sim$表示两边多项式仅相差一个非零系数.接着应用计算行列式的 Schur 公式和恒等式$\det[I_m + MN]=\det[I_m + NM]$可证明其余三式.例如

$$\det\begin{bmatrix} D_{r1}(s) & I \\ -N_{l2}(s)N_{r1}(s) & D_{l2}(s) \end{bmatrix}$$

$$
\begin{aligned}
&= \det \boldsymbol{D}_{l2}(s) \det[\boldsymbol{D}_{r1}(s) + \boldsymbol{D}_{l2}^{-1}(s)\boldsymbol{N}_{l2}(s)\boldsymbol{N}_{r1}(s)] \\
&= \det[\boldsymbol{D}_{l2}(s)\boldsymbol{D}_{r1}(s) + \boldsymbol{N}_{l2}(s)\boldsymbol{N}_{r1}(s)] \qquad (10.44\text{f}) \\
&= \det[\boldsymbol{D}_{l2}(s)\boldsymbol{D}_{r1}(s)[\boldsymbol{I} + \boldsymbol{D}_{r1}^{-1}(s)\boldsymbol{D}_{l2}^{-1}(s)\boldsymbol{N}_{l2}(s)\boldsymbol{N}_{r1}(s)]] \\
&= \det \boldsymbol{D}_{l2}(s) \det \boldsymbol{D}_{r1}(s) \det[\boldsymbol{I} + \boldsymbol{D}_{l2}^{-1}(s)\boldsymbol{N}_{l2}(s)\boldsymbol{N}_{r1}(s)\boldsymbol{D}_{r1}^{-1}(s)] \\
&= \Delta\boldsymbol{G}_1(s)\Delta\boldsymbol{G}_2(s)\det[\boldsymbol{I} + \boldsymbol{G}_2(s)\boldsymbol{G}_1(s)] \qquad (10.44\text{g})
\end{aligned}
$$

由图 10.4 可知存在关系式(10.45)：

$$
\boldsymbol{e}(s) \overset{\text{def}}{=} \begin{bmatrix} \boldsymbol{e}_1(s) \\ \boldsymbol{e}_2(s) \end{bmatrix} = \begin{bmatrix} \boldsymbol{u}_1(s) \\ \boldsymbol{u}_2(s) \end{bmatrix} + \begin{bmatrix} -\boldsymbol{y}_2(s) \\ \boldsymbol{y}_1(s) \end{bmatrix} \qquad (10.45)
$$

当以$[\boldsymbol{e}_1^{\mathrm{T}}(s) \quad \boldsymbol{e}_2^{\mathrm{T}}(s)]^{\mathrm{T}}$代替$[\boldsymbol{y}_1^{\mathrm{T}}(s) \quad \boldsymbol{y}_2^{\mathrm{T}}(s)]^{\mathrm{T}}$作为输出，互联系统的能控性和能观性依然成立. 因为能控性描述的是系统输入与系统状态之间关系，与输出的选取无关，故互联系统能控性不变. 能观性指的是通过零输入响应$[\boldsymbol{y}_{1zi}^{\mathrm{T}}(s) \quad \boldsymbol{y}_{2zi}^{\mathrm{T}}(s)]^{\mathrm{T}}$可以确定未知的引起这种响应的初态 $\boldsymbol{x}(0)$，由于$[-\boldsymbol{e}_{1zi}^{\mathrm{T}}(t) \quad \boldsymbol{e}_{2zi}^{\mathrm{T}}(t)]^{\mathrm{T}} = [\boldsymbol{y}_{2zi}^{\mathrm{T}}(t) \quad \boldsymbol{y}_{1zi}^{\mathrm{T}}(t)]^{\mathrm{T}}$，通过$[\boldsymbol{e}_1^{\mathrm{T}}(t) \quad \boldsymbol{e}_2^{\mathrm{T}}(t)]^{\mathrm{T}}$考察互联系统的能观性自然会取得同样效果，也就是说互联系统能观性保持不变. 当以$\boldsymbol{y}_1(s) = \boldsymbol{G}_1(s)\boldsymbol{e}_1(s)$，$\boldsymbol{y}_2(s) = \boldsymbol{G}_2(s)\boldsymbol{e}_2(s)$代入式(10.45)会得到由 $\boldsymbol{u}(s)$到 $\boldsymbol{e}(s)$的传递矩阵如式(10.46)：

$$
\boldsymbol{e}(s) = \begin{bmatrix} \boldsymbol{e}_1(s) \\ \boldsymbol{e}_2(s) \end{bmatrix} = \begin{bmatrix} \boldsymbol{I}_m & \boldsymbol{G}_2(s) \\ -\boldsymbol{G}_1(s) & \boldsymbol{I}_r \end{bmatrix}^{-1} \begin{bmatrix} \boldsymbol{u}_1(s) \\ \boldsymbol{u}_2(s) \end{bmatrix} \overset{\text{def}}{=} \boldsymbol{G}_{eu}(s)\boldsymbol{u}(s) \qquad (10.46)
$$

由于 $\boldsymbol{G}_{yu}(s)$和 $\boldsymbol{G}_{eu}(s)$都能完全表征互联系统，$\Delta\boldsymbol{G}_{yu}(s) = \Delta\boldsymbol{G}_{eu}(s) = \Delta(s)$，文献[25]，文献[5]正是根据式(10.46)提出了定理 10.5′.

定理 10.5′　设图 10.4 中子系统传递矩阵的互质矩阵公式为 $\boldsymbol{G}_i(s) = \boldsymbol{D}_{li}^{-1}(s) = \boldsymbol{N}_{li}(s) = \boldsymbol{N}_{ri}(s)\boldsymbol{D}_{ri}^{-1}(s)$，$i = 1, 2$，则有很好定义的互联系统由 $\boldsymbol{u}$ 到 $\boldsymbol{e}$ 的传递矩阵 $\boldsymbol{G}_{eu}(s)$的特征多项式 $\Delta\boldsymbol{G}_{eu}(s)$具有下面五个关系式：

$$
\begin{aligned}
\Delta\boldsymbol{G}_{eu}(s) = \Delta(s) &\sim \det[\boldsymbol{D}_{l1}(s)\boldsymbol{D}_{r2}(s) + \boldsymbol{N}_{l1}(s)\boldsymbol{N}_{r2}(s)] \qquad (10.47\text{a}) \\
&\sim \det[\boldsymbol{D}_{l2}(s)\boldsymbol{D}_{r1}(s) + \boldsymbol{N}_{l2}(s)\boldsymbol{N}_{r1}(s)] \qquad (10.47\text{b}) \\
&\sim \det\begin{bmatrix} \boldsymbol{D}_{r1}(s) & \boldsymbol{N}_{r2}(s) \\ -\boldsymbol{N}_{r1}(s) & \boldsymbol{D}_{r2}(s) \end{bmatrix} \qquad (10.47\text{c}) \\
&\sim \det\begin{bmatrix} \boldsymbol{D}_{l2}(s) & \boldsymbol{N}_{l2}(s) \\ -\boldsymbol{N}_{l1}(s) & \boldsymbol{D}_{l1}(s) \end{bmatrix} \qquad (10.47\text{d}) \\
&\sim \Delta\boldsymbol{G}_1(s)\Delta\boldsymbol{G}_2(s)\det[\boldsymbol{I} + \boldsymbol{G}_1(s)\boldsymbol{G}_2(s)] \qquad (10.47\text{e})
\end{aligned}
$$

利用 Schur 公式很容易证明式(10.44a)与式(10.47d)相等，利用行列式恒等式也很容易证明式(10.44g)与式(10.47e)相等. 这里就不详细证明了.

实质上定理 10.5 是定理 10.5′的另外一种表达形式，不过它更易于证明和接受. 这两个定理为计算互联系统或反馈系统的特征多项式 $\Delta(s) = \det(s\boldsymbol{I}_n - \boldsymbol{A}_f)$提供了十分有用的公式，对反馈系统和互联系统稳定性的研究很有用. 对于单变量系统而言，传递函数 $g_i(s) = n_i(s)/d_i(s)$，无所谓左分式和右分式，特征多项式归结为

$$
\Delta(s) = d_1(s)d_2(s) + n_1(s)n_2(s) \qquad (10.48)
$$

10.3 多变量反馈系统的稳定性

第6章曾经介绍了基于输入-输出描述的有界输入有界输出稳定性和基于状态空间描述的平衡状态渐近稳定性两种稳定性概念和定义,并且指出(平衡状态)渐近稳定的线性非时变连续系统的全部特征频率均位于 s 平面的左半开平面内.因此不论系统是否为既能控又能观的既约系统,它必定也是BIBO稳定系统.但是,BIBO稳定系统并不一定是渐近稳定系统,仅仅当它同时又是既约系统时才是渐近稳定系统.

节10.1指出对于串联系统和并联系统都有关系式 $\sigma(\boldsymbol{A})=\sigma(\boldsymbol{A}_1)\oplus\sigma(\boldsymbol{A}_2)$,或 $\det(s\boldsymbol{I}_n-\boldsymbol{A})=\det(s\boldsymbol{I}_{n_1}-\boldsymbol{A}_1)\det(s\boldsymbol{I}_{n_2}-\boldsymbol{A}_2)$.因此,串联系统或并联系统为渐近稳定系统的充要条件是两个子系统均为渐近稳定系统.不过对于反馈系统来说情况却要复杂得多.式(10.22)是研究反馈系统稳定性的关键,由它得到定理10.6和著名的广义Nyquist稳定性判据.

定理10.6 设图10.2(c)中反馈系统有很好定义,它是渐近稳定系统的充要条件是两个子系统(或开环系统)为渐近稳定系统,而且回归差矩阵行列式 $\det\boldsymbol{L}(s)$ 的零点全部在左半 s 开平面内.

证明 这条定理的证明十分简单.因为式(10.22)指明

$$\det\boldsymbol{L}(s)=\det\boldsymbol{L}(\infty)\frac{\Delta_f(s)}{\Delta_0(s)}=\det\boldsymbol{L}(\infty)\frac{\Delta_c(s)}{\Delta_1(s)\Delta_2(s)} \tag{10.22}$$

或

$$\Delta_c(s)=\alpha\Delta_0(s)\det\boldsymbol{L}(s)=\alpha\Delta_1(s)\Delta_2(s)\det\boldsymbol{L}(s) \tag{10.49}$$

其中 $\alpha=1/\det\boldsymbol{L}(\infty)$.式(10.49)清楚地说明了定理10.6正确.

现在介绍依据式(10.22)引申出的**广义Nyquist稳定性判据**.和单变量系统情况类似,首先在 s 平面上选取Nyquist周线 D,即令 $s=\mathrm{j}\omega$ 沿虚轴由 $-\mathrm{j}\infty$ 向上行至 $\mathrm{j}\infty$,再以坐标原点为圆心以无限长为半径在 s 右半平面作一半圆,s 沿此半圆回到 $-\mathrm{j}\infty$,s 的踪迹便是Nyquist周线 D.然后将 $\det\boldsymbol{L}(s)$ 视为映射,将 s 平面中Nyquist周线 D 映射到 L 平面上形成封闭的曲线,称做 $\det\boldsymbol{L}(\mathrm{j}\omega)$ 的Nyquist曲线 Γ.假设 $\Delta_c(s)$ 和 $\Delta_0(s)$ 在右半 s 平面内零点数分别为 n_c 和 n_0,$\det\boldsymbol{L}(\mathrm{j}\omega)$ 的Nyquist曲线 Γ 顺时针绕过坐标原点次数为 n_f,根据辐角原理,有

$$n_f=n_c-n_0 \tag{10.50}$$

因此,若开环系统特征多项式在 s 右半平面内没有零点,则曲线 Γ 绕过坐标原点数 $n_f=0$ 是反馈系统渐近稳定的充要条件;若开环系统特征多项式在右半 s 平面内有 $n_0\neq 0$ 个零点,则曲线 Γ 逆时针绕过坐标原点数 $-n_f=n_0$ 是反馈系统渐近稳定的充要条件.这就是著名的广义Nyquist稳定性判据.应该注意,式(10.22)右边是两个多项式的比值,分子分母中可能有公因式,不可轻易相消,倘若将 $\Delta_0(s)$ 右半 s 平面内零点消去就会导致严重错误.因此正确地计算出 $\Delta_0(s)$ 十分重要.由于篇幅限制,有关Nyquist判据就介绍这些.

前面谈的主要是根据子系统的特征多项式的零点是否全部处于左半 s 开平面内，这就少不了至少要获得子系统的状态空间描述或多项式描述.从理论上说，状态空间描述和多项式描述表征了系统的全部动态行为，和传递矩阵即输入-输出描述相比，它是描述系统的更强有力的工具.但是，从实用角度来看，传递矩阵比前两种描述更容易通过实验获得.因此，建立通过子系统的传递矩阵而又无需计算组合系统的传递矩阵便能判断组合系统稳定性的理论是很有实际意义的.鉴于串联系统和并联系统比较简单，下面首先研究具有概括性和代表性的互联系统，文献[25]对此系统进行了详细研究取得了许多值得介绍的成果，然后再讨论图 10.2(c) 中反馈系统.为节省篇幅令后假定子系统 S_i 为它们各自的传递矩阵 $\boldsymbol{G}_i(s)$ 所完全表征，$\boldsymbol{G}_i(s)=\boldsymbol{D}_{li}^{-1}(s)\boldsymbol{N}_{li}(s)=\boldsymbol{N}_{ri}(s)\boldsymbol{D}_{ri}^{-1}(s)$ 为互质真有理矩阵分式，互联系统满足很好定义的条件.另外还给出两个定义，指数稳定的传递矩阵和内部稳定性.

指数稳定的传递矩阵　当且仅当真有理传递矩阵在右半 s 闭平面内无极点时称为指数稳定传递矩阵，否则便认为是不稳定的传递矩阵.

定义中强调真有理性是因为即使传递矩阵没有(有限)极点，相应的非有理系统在有界输入激励下也会产生无界输出.例如说，若 $g(s)=s$，输入为 $\sin t^2$，输出为 $2t\cos t^2$.一个指数稳定的真有理传递矩阵 $\boldsymbol{G}(s)$ 若完全表征了一个系统，这个系统必定是渐近稳定的，即使 $\boldsymbol{G}(s)$ 没有完全表征系统，系统也是 BIBO 稳定的.指数稳定传递矩阵具有在右半 s 闭平面内解析和有界的特点.

内部稳定性　当且仅当互联系统的传递矩阵 $\boldsymbol{G}_{yu}(s)$ 为指数稳定的，则称互联系统是内部稳定的，或具有内部稳定性.

前面内容中曾指出若互联系统中子系统 S_i 既能控又能观，则互联系统亦然.所以这里互联系统内部稳定性和互联系统渐近稳定等价.前节还指出 $\boldsymbol{G}_{yu}(s)$ 和 $\boldsymbol{G}_{eu}(s)$ 均能完全表征互联系统，因此 $\boldsymbol{G}_{eu}(s)$ 的指数稳定性和 $\boldsymbol{G}_{yu}(s)$ 的指数稳定性等价.现在以 $\boldsymbol{G}_{eu}(s)$ 作为研究对象，并简记为 $\boldsymbol{G}_e(s)$，以 $\boldsymbol{G}_{eij}(s)$，$i,j=1,2$ 表示它的子矩阵，而 $\boldsymbol{G}_{yu}(s)$ 及其子矩阵简记为 $\boldsymbol{G}_y(s)$，$\boldsymbol{G}_{yij}(s)$，$i,j=1,2$.

$$\begin{aligned}\boldsymbol{G}_e(s) &= \begin{bmatrix} [\boldsymbol{I}_m+\boldsymbol{G}_2(s)\boldsymbol{G}_1(s)]^{-1} & -\boldsymbol{G}_2(s)[\boldsymbol{I}_r+\boldsymbol{G}_1(s)\boldsymbol{G}_2(s)]^{-1} \\ \boldsymbol{G}_1(s)[\boldsymbol{I}_m+\boldsymbol{G}_2(s)\boldsymbol{G}_1(s)]^{-1} & [\boldsymbol{I}_r+\boldsymbol{G}_1(s)\boldsymbol{G}_2(s)]^{-1} \end{bmatrix} \\ &\overset{\text{def}}{=} \begin{bmatrix} \boldsymbol{G}_{e11}(s) & \boldsymbol{G}_{e12}(s) \\ \boldsymbol{G}_{e21}(s) & \boldsymbol{G}_{e22}(s) \end{bmatrix} \end{aligned} \tag{10.51}$$

众所周知，由稳定的或不稳定的子系统组合成的反馈系统既可能是稳定系统也可能是不稳定的系统.对于互联系统情况也是这样，由于 $\boldsymbol{G}_e(s)$ 含有四个子传递矩阵，可能出现的稳定或不稳定子传递矩阵的全部组合情况有 16 种，考虑到下标互换引入的对称性，实际只有 10 种可能情况.文献[25]列举了 10 种情况的例子，表 10.1 列出 10 种情况下 $\boldsymbol{G}_1(s)$ 和 $\boldsymbol{G}_2(s)$，表 10.2 标出相应的 10 种 $\boldsymbol{G}_e(s)$，表 10.3 注明 10 种情况下子传递矩阵 $\boldsymbol{G}_{eij}(s)$ 稳定与否的情况，S 代表指数稳定，U 代表不稳定(即非指数稳定).这些例子说明互联系统反馈环的任何位置都有可能出现不稳定现象，互联系统具有内部稳定性或者说传递矩阵 $\boldsymbol{G}_e(s)$ 为指数稳定的充要条件是四个子传递矩阵都必须是指数稳定的.从实用角度出发，要求四个子传递矩阵都必须是指数稳定的也是设计图 10.2(c) 中反馈系统的基本要求.因为对于反馈系统而言，$\boldsymbol{u}_2(t)$ 可视为外界干扰信号，有可能影响实际反馈系统的动态响应，例如激发起隐藏的不能控模态,特别是不稳定的不能控模态.因此,任何一个有实用价值的反馈系统都应设计成对所有可能的输入-输出对传递函数矩阵都是指数稳定的.

表 10.1

编号 No.	$\boldsymbol{G}_1$	$\boldsymbol{G}_2$
1	$\frac{1}{(s+1)}$	$-\frac{1}{(s+1)}$
2	$\begin{bmatrix} \frac{s+2}{s+1} & \frac{1}{s-1} \\ 0 & \frac{1}{s} \end{bmatrix}$	$\begin{bmatrix} \frac{1}{s-1} & \frac{1}{s} \\ 0 & \frac{s=2}{s+1} \end{bmatrix}$
3	$\frac{1}{s}$	$\frac{s}{(s-1)}$
4	$\begin{bmatrix} \frac{1}{s+1} & \frac{1}{s-2} \\ 0 & \frac{1}{s+2} \end{bmatrix}$	$\begin{bmatrix} \frac{1}{s+1} & 0 \\ 0 & \frac{s-2}{s+2} \end{bmatrix}$
5	$\frac{s}{(s-1)}$	$\frac{(s-1)}{s}$
6	$\begin{bmatrix} \frac{1}{s+1} & \frac{1}{s} \\ 0 & \frac{1}{s+1} \end{bmatrix}$	$\begin{bmatrix} \frac{1}{s} & \frac{1}{s+1} \\ 0 & \frac{1}{s+1} \end{bmatrix}$
7	$\begin{bmatrix} \frac{2}{s+1} & \frac{1}{s-1} \\ 0 & \frac{2}{s+1} \end{bmatrix}$	$\boldsymbol{G}_2 = \boldsymbol{G}_1$
8	$\frac{1}{s}$	$\frac{s}{(s+1)}$
9	$\begin{bmatrix} s+1 & \frac{1}{s} \\ 0 & \frac{1}{s} \end{bmatrix}$	$\begin{bmatrix} \frac{1}{s+1} & \frac{1}{s} \\ 0 & \frac{1}{s+1} \end{bmatrix}$
10	$\frac{2}{s}$	$\frac{(s+1)}{(s-1)}$

表 10.2

编号 No.	$\boldsymbol{G}_{e22}\overset{\text{def}}{=}(\boldsymbol{I}+\boldsymbol{G}_1\boldsymbol{G}_2)^{-1}$	$-\boldsymbol{G}_{e12}\overset{\text{def}}{=}\boldsymbol{G}_2(\boldsymbol{I}+\boldsymbol{G}_1\boldsymbol{G}_2)^{-1}$	$\boldsymbol{G}_{e11}\overset{\text{def}}{=}(\boldsymbol{I}+\boldsymbol{G}_2\boldsymbol{G}_1)^{-1}$	$\boldsymbol{G}_{e21}\overset{\text{def}}{=}\boldsymbol{G}_1(\boldsymbol{I}+\boldsymbol{G}_2\boldsymbol{G}_1)^{-1}$
1	$\dfrac{(s+1)^2}{s(s+1)}$	$\dfrac{-(s+1)}{s(s+2)}$	$\dfrac{(s+1)^2}{s(s+2)}$	$\dfrac{s+1}{s(s+2)}$
2	令 $a=s^2+s+1$，　$b=s^2+2s+1$			
	$\begin{bmatrix}\dfrac{s^2-1}{a} & \dfrac{-(s+1)(s+2)(2s-1)}{ab}\\ 0 & \dfrac{s(s+1)}{b}\end{bmatrix}$	$\begin{bmatrix}\dfrac{s+1}{a} & \dfrac{s^3-2s^2-3s+1}{(s-1)ab}\\ 0 & \dfrac{s(s+2)}{b}\end{bmatrix}$	$\begin{bmatrix}\dfrac{s^2-1}{a} & \dfrac{-(s+1)^2(2s^2-2s+1)}{s(s-1)ab}\\ 0 & \dfrac{s(s+1)}{b}\end{bmatrix}$	$\begin{bmatrix}\dfrac{(s+2)(s-1)}{a} & \dfrac{(s+1)(s^3-s+2)}{sab}\\ 0 & \dfrac{s+1}{b}\end{bmatrix}$
3	$\dfrac{s-1}{s}$	1	$\dfrac{s-1}{s}$	$\dfrac{s-1}{s^2}$
4	令 $a=s^2+2s+2$，$b=s^2+5s+2$			
	$\begin{bmatrix}\dfrac{(s+1)^2}{a} & \dfrac{-(s+1)^2(s+2)}{ab}\\ 0 & \dfrac{(s+2)^2}{b}\end{bmatrix}$	$\begin{bmatrix}\dfrac{s+1}{a} & \dfrac{-(s+1)(s+2)}{ab}\\ 0 & \dfrac{(s+2)(s-2)}{b}\end{bmatrix}$	$\begin{bmatrix}\dfrac{(s+1)^2}{a} & \dfrac{-(s+1)(s+2)^3}{(s-2)ab}\\ 0 & \dfrac{(s+2)^2}{b}\end{bmatrix}$	$\begin{bmatrix}\dfrac{s+1}{a} & \dfrac{(s+1)^2(s+2)^2}{(s-2)ab}\\ 0 & \dfrac{s+2}{b}\end{bmatrix}$
5	$\dfrac{1}{2}$	$\dfrac{(s-1)}{2s}$	$\dfrac{1}{2}$	$\dfrac{s}{2(s-1)}$
6	令 $a=s^2+s+1$，$b=s^2+2s+2$			
	$\begin{bmatrix}\dfrac{s(s+1)}{a} & \dfrac{-(s+1)(2s+1)}{ab}\\ 0 & \dfrac{(s+1)^2}{b}\end{bmatrix}$	$\begin{bmatrix}\dfrac{s+1}{a} & \dfrac{(s+1)^3(s-1)}{sab}\\ 0 & \dfrac{s+1}{b}\end{bmatrix}$	$\begin{bmatrix}\dfrac{s(s+1)}{a} & \dfrac{-(2s^2+2s+1)(s+1)}{sab}\\ 0 & \dfrac{(s+1)^2}{b}\end{bmatrix}$	$\begin{bmatrix}\dfrac{s}{a} & \dfrac{s^3+3s^2+2s+1}{ab}\\ 0 & \dfrac{s+1}{b}\end{bmatrix}$

续表

编号 No.	$\boldsymbol{G}_{e22} \overset{\text{def}}{=} (\boldsymbol{I}+\boldsymbol{G}_1\boldsymbol{G}_2)^{-1}$	$-\boldsymbol{G}_{e12} \overset{\text{def}}{=} \boldsymbol{G}_2(\boldsymbol{I}+\boldsymbol{G}_1\boldsymbol{G}_2)^{-1}$	$\boldsymbol{G}_{e11} \overset{\text{def}}{=} (\boldsymbol{I}+\boldsymbol{G}_2\boldsymbol{G}_1)^{-1}$	$\boldsymbol{G}_{e21} \overset{\text{def}}{=} \boldsymbol{G}_1(\boldsymbol{I}+\boldsymbol{G}_2\boldsymbol{G}_1)^{-1}$
7	令 $a=s^2+2s+5$ $\begin{bmatrix} \frac{(s+1)^2}{a} & \frac{-4(s+1)^3}{(s-1)a^2} \\ 0 & \frac{(s+1)^2}{a} \end{bmatrix}$	$\begin{bmatrix} \frac{2(s+1)}{a} & \frac{(s+1)^2(s+3)}{a^2} \\ 0 & \frac{2(s+1)}{a} \end{bmatrix}$	$\boldsymbol{G}_{e11}=\boldsymbol{G}_{e22}$	$\boldsymbol{G}_{e21}=-\boldsymbol{G}_{e12}$
8	$\frac{s+1}{s+2}$	$\frac{s}{s+2}$	$\frac{s+1}{s+2}$	$\frac{s+1}{s(s+2)}$
9	令 $a=s^2+3s+1, b=s^2+s+1$ $\begin{bmatrix} \frac{(s+1)^2}{a} & \frac{(s+1)^3}{ab} \\ 0 & \frac{s(s+1)}{b} \end{bmatrix}$	$\begin{bmatrix} \frac{s(s+1)}{a} & \frac{s(s+1)(s+2)}{ab} \\ 0 & \frac{s+1}{b} \end{bmatrix}$	$\begin{bmatrix} \frac{(s+1)^2}{a} & \frac{-(2s+1)(s+1)^2}{sab} \\ 0 & \frac{s(s+1)^2}{b} \end{bmatrix}$	$\begin{bmatrix} \frac{s(s+1)^2}{a} & \frac{s(s+1)^2}{ab} \\ 0 & \frac{s+1}{b} \end{bmatrix}$
10	令 $a=s^2+s+2$ $\frac{s(s-1)}{a}$	$\frac{s(s+1)}{a}$	$\frac{s(s-1)}{a}$	$\frac{2(s-1)}{a}$

表 10.3

子矩阵	编号									
	1	2	3	4	5	6	7	8	9	10
$\boldsymbol{G}_{e22}=[\boldsymbol{I}+\boldsymbol{G}_1\boldsymbol{G}_2]^{-1}$	U	S	U	S	S	S	U	S	S	S
$\boldsymbol{G}_{e12}=-\boldsymbol{G}_2[\boldsymbol{I}+\boldsymbol{G}_1\boldsymbol{G}_2]^{-1}$	U	U	S	S	U	U	S	S	S	S
$\boldsymbol{G}_{e11}=[\boldsymbol{I}+\boldsymbol{G}_2\boldsymbol{G}_1]^{-1}$	U	U	U	U	S	U	U	S	U	S
$\boldsymbol{G}_{e21}=\boldsymbol{G}_1[\boldsymbol{I}+\boldsymbol{G}_2\boldsymbol{G}_1]^{-1}$	U	U	U	U	U	S	S	U	S	S

引理 10.1　$\boldsymbol{G}_{eij}(s), i, j=1,2$ 为指数稳定传递矩阵的充分条件是:

(1)

$$\det[\boldsymbol{I}_m+\boldsymbol{G}_2(s)\boldsymbol{G}_1(s)]\neq 0,\quad \forall s\in\bar{\mathbf{C}}_+ \tag{10.52}$$

(2) 对于 $\boldsymbol{G}_1(s)$和 $\boldsymbol{G}_2(s)$在 $\bar{\mathbf{C}}_+$ 内的每个极点,$\boldsymbol{G}_{eij}(s), i, j=1,2$ 是解析的,其中 $\bar{\mathbf{C}}_+$ 表示右半 s 闭平面且包括$S=\infty$.

证明

$$\boldsymbol{G}_{e11}(s)=[\boldsymbol{I}_m+\boldsymbol{G}_2(s)\boldsymbol{G}_1(s)]^{-1}=\frac{\operatorname{adj}[\boldsymbol{I}_m+\boldsymbol{G}_2(s)\boldsymbol{G}_1(s)]}{\det[\boldsymbol{I}_m+\boldsymbol{G}_2(s)\boldsymbol{G}_1(s)]} \tag{10.53}$$

条件(1)说明 $\boldsymbol{G}_{e11}(s)$在 $\bar{\mathbf{C}}_+$ 内的极点肯定是 $\operatorname{adj}[\boldsymbol{I}_m+\boldsymbol{G}_2(s)\boldsymbol{G}_{11}(s)]$在 $\bar{\mathbf{C}}_+$ 内的极点,因而它必属于 $\boldsymbol{G}_1(s)$或 $\boldsymbol{G}_2(s)$在 $\bar{\mathbf{C}}_+$ 内的极点,条件(2)补充说明 $\boldsymbol{G}_{e11}(s)$在 $\bar{\mathbf{C}}_+$ 内无极点.

$$\begin{aligned}\boldsymbol{G}_{e12}(s)&=-\boldsymbol{G}_2(s)[\boldsymbol{I}_r+\boldsymbol{G}_1(s)\boldsymbol{G}_2(s)]^{-1}\\&=-\boldsymbol{G}_2(s)\frac{\operatorname{adj}[\boldsymbol{I}_r+\boldsymbol{G}_1(s)\boldsymbol{G}_2(s)]}{\det[\boldsymbol{I}_m+\boldsymbol{G}_2(s)\boldsymbol{G}_1(s)]}\end{aligned} \tag{10.54}$$

条件(1)说明 $\boldsymbol{G}_{e12}(s)$在 $\bar{\mathbf{C}}_1$ 内极点只能是 $\boldsymbol{G}_2(s)\operatorname{adj}[\boldsymbol{I}_r+\boldsymbol{G}_1(s)\boldsymbol{G}_2(s)]$在 $\bar{\mathbf{C}}_+$ 内的极点,也即必属于 $\boldsymbol{G}_1(s)$或 $\boldsymbol{G}_2(s)$在 $\bar{\mathbf{C}}_+$ 内的极点. 和 $\boldsymbol{G}_{e11}(s)$情况一样,条件(1)和(2)共同说明 $\boldsymbol{G}_{e12}(s)$在 $\bar{\mathbf{C}}_+$ 内无极点. 至于 $\boldsymbol{G}_{e22}(s)$和 $\boldsymbol{G}_{e21}(s)$可用类似方法证明. 注意,证明中利用了关系式 $\det[\boldsymbol{I}_r+\boldsymbol{G}_1(s)\boldsymbol{G}_2(s)]=\det[\boldsymbol{I}_m+\boldsymbol{G}_2(s)\boldsymbol{G}_1(s)]$.

定理 10.7　互联系统的 $\boldsymbol{G}_e(s)$和 $\boldsymbol{G}_y(s)$为指数稳定传递矩阵的充要条件是:

(1)

$$\det[\boldsymbol{I}_m+\boldsymbol{G}_2(s)\boldsymbol{G}_1(s)]\neq 0,\quad \forall S\in\bar{\mathbf{C}}_+$$

(2) 对于 $\boldsymbol{G}_1(s)$和 $\boldsymbol{G}_2(s)$在 $\bar{\mathbf{C}}_+$ 内的每个极点,$\boldsymbol{G}_{eij}(s), i, j=1,2$ 是解析的.

证明　前面已经指出 $\boldsymbol{G}_e(s)$和 $\boldsymbol{G}_y(s)$的指数稳定性是等价的,而要求 $\boldsymbol{G}_e(s)$为指数稳定的即要求 $\boldsymbol{G}_{eij}(s), i, j=1,2$ 是指数稳定的. 由引理 10.1 可知,定理 10.7 成立. 不过对于单变量系统,$\boldsymbol{G}_e(s)$和 $\boldsymbol{G}_y(s)$为指数稳定传递矩阵的充要条件简化为

$$g_{e12}(s)=-g_2(s)/[1+g_1(s)g_2(s)]$$

和

$$g_{e21}(s)=-g_1(s)/[1+g_2(s)g_1(s)]$$

为指数稳定的.

定理 10.8　如果 $\boldsymbol{G}_1(s)$和 $\boldsymbol{G}_2(s)$在 $\bar{\mathbf{C}}_+$ 内没有公共极点,则 $\boldsymbol{G}_e(s)$和 $\boldsymbol{G}_y(s)$为指数稳

定的充要条件为

$$G_{e12}(s) = -G_2(s)[I_r + G_1(s)G_2(s)]^{-1}$$

和

$$G_{e21}(s) = G_1(s)[I_m + G_2(s)G_1(s)]^{-1}$$

是指数稳定的

证明 必要条件是显然的，下面只证明充分条件.因为

$$I_m - G_2(s)G_{e21}(s) = [I_m + G_2(s)G_1(s)]^{-1} \tag{10.55}$$

$$I_m + G_{e12}(s)G_1(s) = [I_m + G_2(s)G_1(s)]^{-1} \tag{10.56}$$

且 $G_{e21}(s)$和 $G_{e12}(s)$在 $\bar{C}_+$ 内无极点，所以$[I_m + G_2(s)G_1(s)]^{-1}$在 $\bar{C}_+$ 内极点必定既是 $G_2(s)$又是 $G_1(s)$在 $\bar{C}_+$ 内的极点，这与定理给定条件矛盾.所以，$[I_m + G_2(s)G_1(s)]^{-1} = G_{e11}(s)$在 $\bar{C}_+$ 内无极点.类似地，可证明 $G_{e22}(s)$在 $\bar{C}_+$ 内无极点.定理得证.

定理 10.9 如果 $G_2(s)$[或 $G_1(s)$]是指数稳定的，$G_e(s)$和 $G_y(s)$是指数稳定的充要条件是 $G_{e21}(s) = G_1(s)[I_m + G_2(s)G_1(s)]^{-1}$（或 $G_{e12}(s) = -G_2(s)[I_r + G_1(s)G_2(s)]^{-1}$）是指数稳定的.

证明 同定理 10.8 一样，需要证明的是充分条件.因为

$$I_r - G_{e21}(s)G_2(s) = [I_r + G_1(s)G_2(s)]^{-1} \tag{10.57}$$

式(10.55)和式(10.57)说明当且仅当 $G_2(s)$和 $G_{e21}(s)$是指数稳定的，$G_{e11}(s)$和 $G_{e22}(s)$也分别是指数稳定的，而 $G_2(s)$和 $G_{e22}(s) = [I_r + G_1(s)G_2(s)]^{-1}$的指数稳定性又意味着 $G_{e12}(s)$是指数稳定的，因此得到结论 $G_2(s)$和 $G_y(s)$是指数稳定的.类似地可证明另一组条件也成立.定理得证.

定理 10.9 具有十分重要的实际意义.因为 $G_{e21}(s) = G_{y11}(s)[G_{e12}(s) = -G_{y22}(s)]$，它说明当子系统 $G_2(s)$[或 $G_1(s)$]是指数稳定的，只要 $G_{y11}(s)$[或 $G_{y22}(s)$]是指数稳定的，互联系统就具备了内部稳定性.它也说明这种情况下的多变量反馈系统具有很好的实用价值，即所有的输入-输出对的传递矩阵是真有理矩阵，且是指数稳定的.所以，定理 10.9 是研究多变量反馈系统的基本依据.结合引理 10.1 可以将定理 10.9 表述成推论 10.1.

推论 10.1 如果 $G_2(s)$是指数稳定的，$G_e(s)$ 和 $G_y(s)$为指数稳定的充要条件是:

(1)

$$\det[I_m + G_2(s)G_1(s)] \neq 0, \quad \forall s \in \bar{C}_+$$

(2) 对于 $G_1(s)$在 $\bar{C}_+$ 内的每个极点，$G_{e21}(s)$是解析的.

定理 10.10 如果 $G_1(s)$和 $G_2(s)$都是指数稳定的，$G_e(s)$和 $G_y(s)$为指数稳定的充要条件是

$$\det[I_m + G_2(s)G_1(s)] \neq 0, \quad \forall s \in \bar{C}_+$$

表 10.1 和表 10.2 中的 10 个例子可用来对引理 10.1 到定理 10.10 的内容加以说明.例如，表 10.1 中，编号 4 和编号 8 中 $G_2(s)$和 $g_2(s)$均是指数稳定的，但由于 $G_{e21}(s)$和 $g_{e21}(s)$分别具有极点 2 和 0，并非指数稳定导致 $G_e(s)$并非指数稳定.而表 10.1 中编号 10，虽然 $g_1(s)$和 $g_2(s)$都不是指数稳定的，但 $G_e(s)$和 $G_y(s)$都是指数稳定的.

10.2 节中定理 10.5 曾对互联系统应用既约子系统的传递矩阵的互质分式给出七个等

价的特征多项式表达式，由这些表达式计算出来的零点若全部位于左半 s 开平面内，则互联系统具有内部稳定性，或者说 $\boldsymbol{G}_e(s)$ 和 $\boldsymbol{G}_y(s)$ 是指数稳定的传递矩阵. 由于系统的特征值是系统的固有属性，是由系统的结构、元件性质及参数决定的而与输入信号加入与否或者输出信号测量与否，以及输入信号在何处加入，输出信号在何处取出无关. 因此，也可利用定理10.5中式(10.44)计算出来的零点(特征值)是否全部位于左半 s 开平面内判断反馈系统是否为渐近稳定系统. 不过应该注意到反馈系统传递矩阵的特征多项式 $\Delta\boldsymbol{G}_f(s)$ 一般不与系统特征多项式 $\Delta(s)$ 等价. 仅仅当反馈系统的传递矩阵 $\boldsymbol{G}_f(s)$ 完全表征反馈系统时，$\boldsymbol{G}_f(s)$ 的指数稳定性与反馈系统渐近稳定性等价，也与相应的互联系统的内部稳定性等价. 由定理10.9可知，若 $\boldsymbol{G}_2(s)$ 指数稳定，$\boldsymbol{G}_{e21}(s)=\boldsymbol{G}_{y11}(s)$[也就是图10.2中反馈系统的传递矩阵 $\boldsymbol{G}_f(s)$]也是指数稳定的，则互联系统具有渐近稳定性. 在这种条件下，互联系统内部稳定，反馈系统(图10.2)渐近稳定及 $\boldsymbol{G}_f(s)$ 指数稳定也都是等价的. 下面讨论 $\boldsymbol{G}_2(s)$ 为单位阵 $\boldsymbol{I}_m$ 的特殊情况，注意 $\boldsymbol{G}_1(s)$ 为 $m\times m$ 方阵，$r=m$. 10.2节已经指出这种有很好定义的恒定输出反馈系统仍为既能控又能观的既约系统[因为已假定 $\boldsymbol{G}_1(s)$ 完全表征子系统 S_1]，所以 $\boldsymbol{G}_f(s)=\boldsymbol{G}_1(s)[\boldsymbol{I}_m+\boldsymbol{G}_1(s)]^{-1}$ 完全表征了反馈系统.

定理 10.11　设图10.5中单位输出反馈系统的子系统 S_1 具有互质矩阵分式 $\boldsymbol{G}_1(s)=\boldsymbol{D}_{l1}^{-1}(s)\boldsymbol{N}_{l1}(s)=\boldsymbol{N}_{r1}(s)\boldsymbol{D}_{r1}^{-1}(s)$，反馈系统渐近稳定的充要条件是多项式 $\det[\boldsymbol{D}_{l1}(s)+\boldsymbol{N}_{l1}(s)]$ 或 $\det[\boldsymbol{D}_{r1}(s)+\boldsymbol{N}_{r1}(s)]$ 或 $\Delta\boldsymbol{G}_1(s)\det[\boldsymbol{I}_m+\boldsymbol{G}_1(s)]$ 的根全部位于左半 s 开平面内.

这一定理是由定理10.5或定理10.9直接引申而来的，无需证明. 有趣的是 $\Delta\boldsymbol{G}_1(s)\det[\boldsymbol{I}_m+\boldsymbol{G}_1(s)]$ 为一多项式. 根据矩阵和行列式计算公式可知

$$\det[\boldsymbol{I}_m+\boldsymbol{G}_1(s)]=1+\sum_{i=1}^{m}\alpha_i(s)\stackrel{\text{def}}{=}\frac{E(s)}{F(s)} \tag{10.58}$$

其中 $\alpha_i(s)$ 是 $\boldsymbol{G}_1(s)$ 的所有 i 阶主子式之和，而 $E(s)$ 和 $F(s)$ 互质. $\Delta\boldsymbol{G}_1(s)$ 是 $\boldsymbol{G}_1(s)$ 所有各阶子式的最小公分母，而 $F(s)$ 充其量是 $\boldsymbol{G}_1(s)$ 所有各阶主子式的最小公分母，所以 $F(s)$ 必能整除 $\Delta\boldsymbol{G}_1(s)$. 因此

$$\Delta\boldsymbol{G}_1(s)\det[\boldsymbol{I}_m+\boldsymbol{G}_1(s)]=\frac{\Delta\boldsymbol{G}_1(s)}{F(s)}E(s)=M(s)E(s) \tag{10.59}$$

是多项式，$M(s)$ 的零点为开环系统和闭环系统共享的特征频率，$E(s)$ 的零点为闭环系统独有的特征频率；$F(s)$ 的零点为开环系统独有的特征频率，它们因反馈的作用被校正而不属于闭环系统. 从数学运算上看，它是式(10.59)中 $F(s)$ 的因式(回归差矩阵行列式的零点)和 $\Delta G_1(s)$ 的部分因式(开环系统的特征频率)相消. 但从物理意义上看，这是运用反馈方式将开环系统的这些特征频率剔除出去并以闭环系统独有的特征频率($E(s)$ 的零点)加以补充，保证整个反馈系统仍是既约的. 这和串联系统的极零点(或零极点)相消使得整个串联系统变成非既约系统本质上不是一回事. 前者是在 s 平面上重新配置特征频率，后者是将某些特征频率隐藏起来.

例 10.5　设图10.5中子系统 S_1 传递矩阵为

$$\boldsymbol{G}_1(s)=\begin{bmatrix}\dfrac{-s}{s-1} & \dfrac{s}{s+1}\\[2mm] 1 & \dfrac{-2}{s+1}\end{bmatrix}$$

$$\det[\boldsymbol{I}_2 + \boldsymbol{G}_1(s)] = -1$$

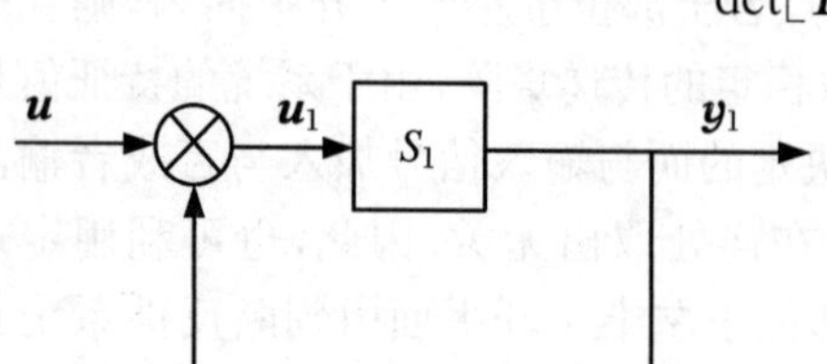

图 10.5　单位输出反馈系统

虽然 $\det[\boldsymbol{I}_2 + \boldsymbol{G}_1(s)]$在右半 s 闭平面无极点，S_2 也是稳定的，但不能保证反馈系统是渐近稳定的. 检查 $\Delta\boldsymbol{G}_1(s)=(s+1)(s-1)$发现有极点 $s=1$，所以反馈系统不稳定. 经计算

$$\boldsymbol{G}_f(s) = \begin{bmatrix} \dfrac{2s}{s+1} & \dfrac{-s}{s+1} \\ -1 & \dfrac{s-2}{s-1} \end{bmatrix}$$

$\Delta\boldsymbol{G}_f(s)=(s+1)(s-1)$，证明反馈系统确实不稳定. 这个例子还说明 $E(s)=1$，反馈并没有为闭环系统引入新的特征频率或新极点；$\boldsymbol{F}(s)=-1$，反馈也没有使开环特征频率或极点发生相消现象. 所以，$\Delta\boldsymbol{G}_f(s)=\Delta\boldsymbol{G}_1(s)$.

例 10.6　设图 10.5 中子系统 S_1 的传递矩阵为

$$\boldsymbol{G}_1(s) = \begin{bmatrix} \dfrac{1}{(s+1.5)(s-0.5)} & \dfrac{1}{s-0.5} \\ \dfrac{s+0.5}{(s+1.5)(s-0.5)} & \dfrac{1}{s-0.5} \end{bmatrix}$$

$$\begin{aligned} \det[\boldsymbol{I}_2 + \boldsymbol{G}_1(s)] &= \frac{(s+0.5)(s-0.5)(s+1.5)}{(s-0.5)(s-0.5)(s+0.5)} \\ &= \frac{s+0.5}{s-0.5} \\ &= \frac{E(s)}{\boldsymbol{F}(s)} \end{aligned}$$

$$\det\boldsymbol{G}_1(s) = \frac{-1}{(s+1.5)(s-0.5)}$$

$$\Delta\boldsymbol{G}_1(s) = (s+1.5)(s-0.5)$$

最后得到

$$\Delta\boldsymbol{G}_1(s)\det[\boldsymbol{I}_2 + \boldsymbol{G}_1(s)] = (s+1.5)(s+0.5)$$

结论：反馈系统是渐近稳定的也是 BIBO 稳定的. 从中还可看出 $\boldsymbol{F}(s)=(s-0.5)$剔除了 $\Delta\boldsymbol{G}_1(s)$中不稳定因式 $s-0.5$，而 $E(s)=s+0.5$ 引入的是稳定极点，所以反馈将不稳定开环系统校正成为稳定的闭环系统.

例 10.7　最后选表 10.1 和表 10.2 中编号 6 为例说明图 10.2(c)中一般反馈系统稳定性的判别.

$$\boldsymbol{G}_1(s) = \begin{bmatrix} \dfrac{1}{s+1} & \dfrac{1}{s} \\ 0 & \dfrac{1}{s+1} \end{bmatrix} = \begin{bmatrix} 1 & s+1 \\ 0 & s \end{bmatrix} \begin{bmatrix} s+1 & 0 \\ 0 & s(s+1) \end{bmatrix}^{-1} = \boldsymbol{N}_{r1}(s)\boldsymbol{D}_{r1}^{-1}(s)$$

$$\boldsymbol{G}_2(s) = \begin{bmatrix} \dfrac{1}{s} & \dfrac{1}{s+1} \\ 0 & \dfrac{1}{s+1} \end{bmatrix} = \begin{bmatrix} 1 & 1 \\ 0 & 1 \end{bmatrix} \begin{bmatrix} s & 0 \\ 0 & s+1 \end{bmatrix}^{-1} = \boldsymbol{N}_{r2}(s)\boldsymbol{D}_{r2}^{-1}(s)$$

应用式(10.48c)得到

$$\Delta(s) \sim \det\begin{bmatrix} \boldsymbol{D}_{r1}(s) & \boldsymbol{D}_{r2}(s) \\ -\boldsymbol{N}_{r1}(s) & \boldsymbol{D}_{r2}(s) \end{bmatrix} = s(s^2+s+1)(s^2+2s+2)$$

所以,反馈系统并不是渐近稳定的,相应地,互联系统也不是内部稳定的,本例中 $\boldsymbol{G}_f(s) = \boldsymbol{G}_{y11}(s)$也不是指数稳定的.概言之,这一系统是不稳定的.

对于这类系统也可借助式(10.48e),改写成

$$\det[\boldsymbol{I}_r + \boldsymbol{G}_1(s)\boldsymbol{G}_2(s)] = \alpha \frac{\Delta(s)}{\Delta\boldsymbol{G}_1(s)\Delta\boldsymbol{G}_2(s)} \tag{10.60}$$

应用广义 Nyquiet 判据判别反馈系统是否为渐近稳定系统.和式(10.22)情况一样,式(10.60)右边可能会有公因式被相消,一旦将 $\Delta\boldsymbol{G}_1(s)\Delta\boldsymbol{G}_2(s)$中右半 s 闭平面内零点消去就会导致严重错误.例如,本例中直接计算 $\det[\boldsymbol{I}_r + \boldsymbol{G}_1(s)\boldsymbol{G}_2(s)]$,有

$$\det[\boldsymbol{I}_r + \boldsymbol{G}_1(s)\boldsymbol{G}_2(s)] = \frac{(s^2+s+1)(s^2+2s+2)}{s(s+1)^3} \tag{10.61}$$

但是实际的 $\Delta\boldsymbol{G}_1(s)\Delta\boldsymbol{G}_2(s)$如下:

$$\Delta\boldsymbol{G}_1(s)\Delta\boldsymbol{G}_2(s) = \det\boldsymbol{D}_{r1}(s)\det\boldsymbol{D}_{r2}(s) = s^2(s+1)^3$$

所以实际的 $\Delta(s)\sim s(s^2+s+1)(s^2+2s+2)$而不是式(10.61)中分子$(s^2+s+1)(s^2+2s+2)$.前者表明反馈系统不是渐近稳定的,后者表明反馈系统是渐近稳定的.两者结论完全相反.

10.4　单位反馈系统串联补偿器设计

7.2 节曾指出应用状态反馈可以任意配置闭环系统的特征频率而且不影响系统的零点.这一节以单位反馈系统为研究对象研究如何利用输出反馈达到改变系统特征频率或极点的目的.所用的传递函数或传递矩阵采用分式形式.首先讨论单变量系统,然后讨论多变量系统.

10.4.1　单变量系统

图 10.6 展示的是单位反馈系统,K 表示前置放大器,增益 K 为实常数,$g(s)=n(s)/d(s)$为被控系统,要求设计补偿器 $c(s)=n_c(s)/d_c(s)$为真有理函数,其目的是避免放大高频噪

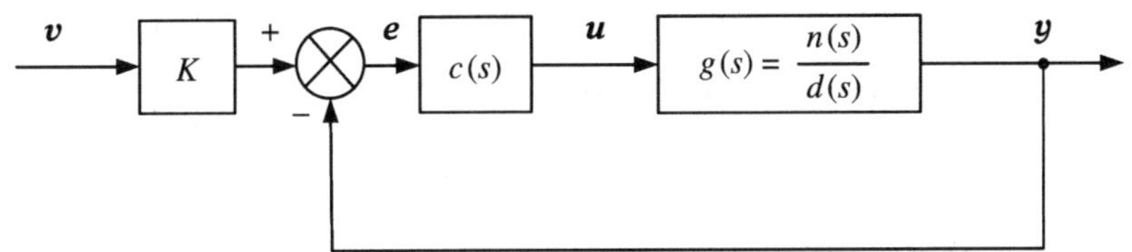

图 10.6　含有补偿器 $c(s)$的单位反馈系统

音.由输出 $\boldsymbol{v}$ 到输入 $\boldsymbol{y}$ 的传递函数 $g_f(s)$为

$$g_f(s)=\frac{Kc(s)g(s)}{1+c(s)g(s)}\overset{\text{def}}{=}\frac{n_f(s)}{d_f(s)} \tag{10.62}$$

于是 $c(s)$ 可写成

$$c(s)=\frac{n_c(s)}{d_c(s)}=\frac{g_f(s)}{g(s)[K-g_f(s)]}=\frac{d(s)n_f(s)}{n(s)[Kd_f(s)-n_f(s)]} \tag{10.63}$$

为了保证 $c(s)$ 为真有理函数,应该满足关系式

$$\deg d_c(s)-\deg n_c(s)=\deg[Kd_f(s)-n_f(s)]+\deg n(s)-\deg d(s)-\deg n_f(s)\geqslant 0 \tag{10.64}$$

假设被控系统的 $g(s)$ 为真有理函数,希望得到的 $g_f(s)$ 也是真有理函数.因此,只要要求 $[\deg d_f(s)-\deg n_f(s)]-[\deg d(s)-\deg n(s)]\geqslant 0$ 就可保证 $c(s)$ 为真有理函数,而且 $g_f(s)$ 的极点和零点都可以任意配置.但是,由于 $c(s)$ 按式(10.63)设计必然导致 $c(s)$ 和 $g(s)$ 间发生极零点相消,而且这种极零点相消完全由 $g(s)$ 所决定,设计者无法加以控制.假若被控系统具有右半 s 平面中极点或零点,设计后的闭环系统就将保留着这种不稳定的极零点相消,结果这种闭环系统在实践中并不总是允许的.换句话说,如果不允许存在不希望有的极零点相消现象,按式(10.63)设计图 10.6 中补偿器就不可能保证实现极零点任意配置.下面讨论另外一种设计 $c(s)$ 的方法,它不涉及任何不希望的极零点相消现象.不过这是以无法任意配置零点为代价的.反馈系统的零点是由 $c(s)$ 和 $g(s)$ 的零点决定的.倘若既要任意配置极点又要任意配置零点就得采用不同的反馈联接方式,例如图 10.2(c)那样的反馈补偿器方式.

将 $g(s)=n(s)/d(s)$,$c(s)=n_c(s)/d_c(s)$ 代入式(10.62)得到

$$g_f(s)=\frac{Kn_c(s)n(s)}{d_c(s)d(s)+n_c(s)n(s)}=\frac{n_f(s)}{d_f(s)} \tag{10.65}$$

为了任意配置极点,需要研究的是 $d_f(s)$:

$$d_f(s)=d_c(s)d(s)+n_c(s)n(s) \tag{10.66}$$

式(10.66)中多项式方程常被称做 Diophantine 方程,又被称做补偿器方程.假设

$$d(s)=d_0+d_1s+\cdots+d_ns^n,\quad d_n\neq 0 \tag{10.67a}$$

$$n(s)=n_0+n_1s+\cdots+n_ns^n \tag{10.67b}$$

$$d_c(s)=d_{c0}+d_{c1}s+\cdots+d_{ck}s^k \tag{10.67c}$$

$$n_c(s)=n_{c0}+n_{c1}s+\cdots+n_{ck}s^k \tag{10.67d}$$

令

$$d_f(s)=f_0+f_1s+\cdots+f_{n+k}s^{n+k} \tag{10.68}$$

将式(10.67)和式(10.68)代入式(10.66)两边并令相同 s 幂的系数相等,得到

$$\{d_{c0}\quad n_{c0}\ \vdots\ d_{c1}\quad n_{c1}\ \vdots\ \cdots\ \vdots\ d_{ck}\quad n_{ck}\}\boldsymbol{S}_k=[f_0\quad f_1\quad\cdots\quad f_{n+k}]\overset{\text{def}}{=}\boldsymbol{F} \tag{10.69}$$

其中 $\boldsymbol{S}_k$ 为 $2(k+1)\times(n+k+1)$ 阶矩阵如式(10.70)所示.

$$
\boldsymbol{S}_k=\left[\begin{matrix}\underbrace{\begin{matrix} d_0 & d_1 & \cdots & d_{k-1} \\ n_0 & n_1 & \cdots & n_{k-1} \\ 0 & d_0 & \cdots & d_{k-2} \\ 0 & n_0 & \cdots & n_{k-2} \\ & & \vdots & \\ 0 & 0 & \cdots & 0 \\ 0 & 0 & \cdots & 0 \end{matrix}}_{k\text{列}} & \underbrace{\begin{matrix} d_k & \cdots & d_n & 0 & 0 & \cdots & 0 \\ n_k & \cdots & n_n & 0 & 0 & \cdots & 0 \\ d_{k-1} & \cdots & d_{n-1} & d_n & 0 & \cdots & 0 \\ n_{k-1} & \cdots & n_{n-1} & n_n & 0 & \cdots & 0 \\ & & & & & & \\ d_0 & \cdots & d_{n-k} & d_{n-k+1} & & \cdots & d_n \\ n_0 & \cdots & n_{n-k} & n_{n-k+1} & & \cdots & n_n \end{matrix}}_{n+1\text{列}}\end{matrix}\right]\begin{matrix}\left.\begin{matrix}\\ \\ \end{matrix}\right\}\text{第一行块}\\ \\ \\ \\ \\ \left.\begin{matrix}\\ \\ \end{matrix}\right\}\text{第}(k+1)\text{行块}\\ \\ \end{matrix}
\tag{10.70}
$$

式(10.69)是含有$(n+k+1)$个未知系数f_i的代数方程，对式(10.69)取转置应用定理1.1可知，对每个$\boldsymbol{F}$，式(10.69)有解的充要条件是$\rho[\boldsymbol{S}_k]=n+k+1$，或$\boldsymbol{S}_k$列满秩；$\boldsymbol{S}_k$列满秩要求$k\geqslant n-1$.所以为了任意配置极点，补偿器的最低阶次是$n-1$.对于$k\geqslant n-1$，$\boldsymbol{S}_k$列满秩的充要条件是$d(s)$和$n(s)$互质.

定理10.12　设图10.6中$g(s)$为严格真有理函数，$\deg n(s)<\deg d(s)=n$则对任何$(n+k)$次$d_f(s)=d_c(s)d(s)+n_c(s)n(s)$，存在$k$次真有理补偿器$c(s)$，使得$g_f(s)=n(s)d_f^{-1}(s)n_c(s)$的充要条件是$n(s)$和$d(s)$互质且$k\geqslant n-1$.

证明　前面的分析已经指明式(10.69)也就是式(10.66)有解的充要条件是$d(s)$和$n(s)$互质且$k\geqslant n-1$.但这不一定是保证$c(s)$为真有理函数的解，即$d_{ck}\neq 0$的解.在$g(s)$为严格真有理函数条件下，$d_n\neq 0$，$n_n=0$，则式(10.69)的最后一列表明如果$f_{n+k}=d_{ck}d_n\neq 0$，d_{ck}便不会是零.$c(s)$便是真有理函数，相应的$g_f(s)$为严格真有理函数，$\deg d_f(s)=n+k$.$\deg n_f(s)=\deg n(s)+\deg n_c(s)\leqslant n+k-1$.

定理10.13　设图10.6中$g(s)$为真有理函数，$\deg n(s)\leqslant\deg d(s)=n$，则对任何$[n+k]$次$d_f(s)$，存在$k$次严格真有理补偿器$c(s)$使得$g_f(s)=n(s)d_f^{-1}(s)n_c(s)$的充要条件是$d(s)$和$n(s)$互质且$k\geqslant n$.

证明　与定理10.12一样，$d(s)$和$n(s)$互质且$k\geqslant n-1$保证了式(10.66)有解，但不一定$d_{ck}\neq 0$.但是，若$k\geqslant n$，式(10.69)中未知数比方程数多，无妨选择$n_{ck}=0$，于是在$f_{n+k}\neq 0$情况下，$d_{ck}\neq 0$，$c(s)$便是严格真有理函数.当然，若不选择$n_{ck}=0$，在$f_{n+k}\neq 0$情况下，$c(s)$便是真有理函数.本定理强调的是严格真有理函数$c(s)$的存在性.

应该注意到在定理10.12中会出现这种情况：如果$k=n-1$，$d_f(s)=p(s)d(s)$，$p(s)$为任意的k次多项式，于是式(10.66)有唯一解$d_c(s)=p(s)$，$n_c(s)=0$.这是补偿器$c(s)=0$的退化情况，被控系统极点不可能被改变.在定理10.13中，如果$k=n$，$d_f(s)=p(s)d(s)$，要求补偿器是严格有理的，也会出现退化现象.还应看到在定理10.12中，因为$g(s)$是严格有理函数，$c(s)$为真有理函数，$1+c(\infty)g(\infty)\neq 0$，所以反馈系统具有很好定义.在定理10.13中，因为$g(s)$为真有理函数，$c(s)$取严格真有理函数，反馈系统仍然具有很好定义.设计中可能涉及$d_f(s)$和$n(s)n_c(s)$间的极零点相消，由于设计者可以任意配置所有的极点，不会对设计带来问题.应用定理10.12和定理10.13设计补偿器十分简单，下面举例作进一步说明.

例10.8　设被控系统的传递函数为

$$g(s)=\frac{s^2+1}{s^2+2s-2},\quad n=2$$

选择 $c(s)$如下：

$$c(s)=\frac{n_{c0}+n_{c1}s}{d_{c0}+d_{c1}s},\quad k=n-1=1$$

按式(10.69)和式(10.70)构造方程

$$[d_{c0}\quad n_{c0}\ \vdots\ d_{c1}\quad n_{c1}]\begin{bmatrix}-2 & 2 & 1 & 0\\ 1 & 0 & 1 & 0\\ \hdashline 0 & -2 & 2 & 1\\ 0 & 1 & 0 & 1\end{bmatrix}=[f_0\quad f_1\quad f_2\quad f_3]=\boldsymbol{F}$$

由于 $\boldsymbol{S}_1$ 为非奇异方阵，对任何的 $\boldsymbol{F}$ 均有解. 换句话说，对于任意指定的 $d_f(s)=f_0+f_1s+f_2s^2+f_2s^3$ 总可求出一阶补偿器达到任意配置三个极点的目的.（当然这里任意配置和节7.2 中指的含义一样，复极点以共轭形式出现.）不过，在某些情况下 d_{c1} 可能为零，例如希望 $d_f(s)=2+2s+0.5s^2+3s^3$，相应的解为 $d_{c0}=-0.5, d_{c1}=0, n_{c0}=1, n_{c1}=3$，结果补偿器

$$c(s)=-(3s+1)/0.5$$

不是有理的.

倘若选择

$$c(s)=\frac{n_{c0}+n_{c1}s+n_{c2}s^2}{d_{c0}+d_{c1}s+d_{c2}s^2},\quad k=2>n-1$$

按式(10.69)和式(10.70)构造方程

$$[d_{c0}\quad n_{c0}\ \vdots\ d_{c1}\quad n_{c1}\ \vdots\ d_{c2}\quad n_{c2}]\begin{bmatrix}-2 & 2 & 1 & 0 & 0\\ 1 & 0 & 1 & 0 & 0\\ \hdashline 0 & -2 & 2 & 1 & 0\\ 0 & 1 & 0 & 1 & 0\\ \hdashline 0 & 0 & -2 & 2 & 1\\ 0 & 0 & 1 & 0 & 1\end{bmatrix}=[f_0\quad f_1\quad f_2\quad f_3\quad f_4]\stackrel{\text{def}}{=}\boldsymbol{F}$$

由于 6×5 阶矩阵 $\boldsymbol{S}_2$ 的前五行线性无关为列满秩矩阵，对任意的 $\boldsymbol{F}$ 存在 $d_{c2}=f_4, n_{c2}=0$ 的一组解. 换句话说存在严格真有理的补偿器.

定理 10.12 指出为了达到任意配置极点的目的，补偿器的最低次数是 $n-1$，倘若 $d_f(s)$ 已被事先指定，有可能求出次数低于 $n-1$ 的补偿器满足设计要求. 例如说，在例 10.8 中指定 $d_f(s)=1+2s+4s^2$，相应的方程为

$$[d_{c0}\quad n_{c0}]\begin{bmatrix}-2 & 2 & 1\\ 1 & 0 & 1\end{bmatrix}=[1\quad 2\quad 4]$$

其解为 $d_{c0}=1, n_{c0}=3$. 换句话说用增益为 3 的零阶补偿器就可实现这一特定的极点配置. 因此当补偿器的阶次具有特别重要意义时，可由 $k=0$ 逐步增加，直到找到满意的 k 次补偿器为止. 具体做法是先构造矩阵 $\boldsymbol{S}_0$，检查 n 次多项式 $\bar{d}_f(s)$是否处于 $\boldsymbol{S}_0$ 的行空间中？若在 $\boldsymbol{S}_0$ 行空间中就可用零阶补偿器完成设计. 若不在，则构成矩阵 $\boldsymbol{S}_1$，令 $d_f(s)=\bar{d}_f(s)(s+p)$，若对某个 p，$d_f(s)$处于 $\boldsymbol{S}_1$ 行空间中，因式 $s+p$ 又是可接受的，应用一阶补偿器可以完成设

计.倘若 $d_f(s)$ 仍不在 $\boldsymbol{S}_1$ 行空间中就必须构造 $\boldsymbol{S}_2$,重复这一过程直到满意为止.感兴趣读者可参考[F9][F10].补偿器阶次越高,可供达到设计目的的调节参数数目也就越多.如果可调参数数目大于任意极点配置所需的最小数目,富余的可调参数可用来达到其他设计目的,例如零点的配置,灵敏度函数最小化等等.感兴趣的读者可参考文献[F11].

10.4.2　单输入系统或单输出系统

现在假设图10.6中 $K=1$,被控系统为单输入多输出系统,$\boldsymbol{G}(s)$ 为 $r\times 1$ 阶真有理矩阵,设 $d(s)$ 为 $\boldsymbol{G}(s)$ 所有元素的最小公分母,

$$\boldsymbol{G}(s) = \begin{bmatrix} \dfrac{n_1'(s)}{d_1'(s)} \\ \dfrac{n_2'(s)}{d_2'(s)} \\ \vdots \\ \dfrac{r_r'(s)}{d_r'(s)} \end{bmatrix} = \frac{1}{d(s)}\begin{bmatrix} n_1(s) \\ n_2(s) \\ \vdots \\ n_r(s) \end{bmatrix} = \boldsymbol{N}(s)d^{-1}(s) \tag{10.71}$$

其中

$$d(s) = d_0 + d_1 s + d_2 s^2 + \cdots + d_n s^n,\quad d_n \neq 0$$
$$\boldsymbol{N}(s) = \boldsymbol{N}_0 + \boldsymbol{N}_1 s + \boldsymbol{N}_2 s^2 + \cdots + \boldsymbol{N}_n s^n$$

目的在于设计具有 k 次真有理传递矩阵的补偿器 $\boldsymbol{C}(s)$ 使得反馈系统的 $n+k$ 个极点可以任意配置,还希望补偿器的次数 k 尽可能小.由图10.6可导出

$$u(s) = [1 + \boldsymbol{C}(s)\boldsymbol{G}(s)]^{-1}\boldsymbol{C}(s)\boldsymbol{v}(s)$$
$$\boldsymbol{G}_f(s) = \boldsymbol{G}(s)[1 + \boldsymbol{C}(s)\boldsymbol{G}(s)]^{-1}\boldsymbol{C}(s) \tag{10.72}$$

令

$$\boldsymbol{C}(s) = \frac{1}{d_c(s)}[n_{c1}(s) \quad n_{c2}(s) \quad \cdots \quad n_{cr}(s)] = d_c^{-1}(s)\boldsymbol{N}_c(s) \tag{10.73}$$

其中

$$d_c(s) = d_{c0} + d_{c1}s + \cdots + d_{ck}s^k$$
$$\boldsymbol{N}_c(s) = \boldsymbol{N}_{c0} + \boldsymbol{N}_{c1}s + \cdots + \boldsymbol{N}_{ck}s^k$$

将式(10.71)和式(10.73)代入式(10.72)得到

$$\begin{aligned}\boldsymbol{G}_f(s) &= \boldsymbol{N}(s)d^{-1}(s)[1 + d_c^{-1}(s)\boldsymbol{N}_c(s)\boldsymbol{N}(s)d^{-1}(s)]^{-1}d_c^{-1}(s)\boldsymbol{N}_c(s) \\ &= [d_c(s)d(s) + \boldsymbol{N}_c(s)\boldsymbol{N}(s)]^{-1}\boldsymbol{N}(s)\boldsymbol{N}_c(s)\end{aligned} \tag{10.74}$$

注意,$\boldsymbol{G}_f(s)$ 是 $r\times r$ 阶有理矩阵.规定多项式 $d_f(s)$ 为

$$d_f(s) = d_c(s)d(s) + \boldsymbol{N}_c(s)\boldsymbol{N}(s) \tag{10.75}$$

式(10.75)为广义的Diophantine方程,极点配置的问题归结为对广义Diophantine方程求解.类似于式(10.66),将它转化成关于 $d_f(s)$ 系数的代数方程

$$[d_{c0} \quad \boldsymbol{N}_{c0} \,\vdots\, d_{c1} \quad \boldsymbol{N}_{c1} \,\vdots\, \cdots \,\vdots\, d_{ck} \quad \boldsymbol{N}_{ck}]\boldsymbol{S}_k = [f_0 \quad f_1 \quad \cdots \quad f_{n+k}] \overset{\text{def}}{=} \boldsymbol{F} \tag{10.76}$$

其中 $f_i, i=0,1,\cdots,n+k$ 组成 $d_f(s)$,即

$$d_f(s) = f_0 + f_1 s + \cdots + f_{n+k}s^{n+k}$$

$$S_k = \left[\begin{array}{cccccccccc} d_0 & d_1 & \cdots & d_{k-1} & d_k & \cdots & d_n & 0 & 0 \cdots & 0 \\ \boldsymbol{N}_0 & \boldsymbol{N}_1 & \cdots & \boldsymbol{N}_{k-1} & \boldsymbol{N}_k & \cdots & \boldsymbol{N}_n & \boldsymbol{0} & \boldsymbol{0} \cdots & \boldsymbol{0} \\ \hdashline 0 & d_0 & \cdots & d_{k-2} & d_{k-1} & \cdots & d_{n-1} & d_n & 0 \cdots & 0 \\ \boldsymbol{0} & \boldsymbol{N}_0 & \cdots & \boldsymbol{N}_{k-2} & \boldsymbol{N}_{k-1} & \cdots & \boldsymbol{N}_{n-1} & \boldsymbol{N}_n & \boldsymbol{0} \cdots & \boldsymbol{0} \\ \hdashline & & \vdots & & & & & & \vdots & \\ \hdashline 0 & 0 & \cdots & 0 & d_0 & \cdots & d_{n-k} & d_{n-k+1} & \cdots & d_n \\ \hdashline \boldsymbol{0} & \boldsymbol{0} & \cdots & \boldsymbol{0} & \boldsymbol{N}_0 & \cdots & \boldsymbol{N}_{n-k} & \boldsymbol{N}_{n-k+1} & \cdots & \boldsymbol{N}_n \end{array}\right] \begin{array}{l} \}\text{第一行块} \\ \\ \\ \\ \\ \}\text{第}(k+1)\text{行块} \end{array} \tag{10.77}$$

$\boldsymbol{S}_k$ 为$(r+1)(k+1)\times(n+k+1)$阶矩阵，分成$(k+1)$个行块，每行块中含有一行由$\{d_i\}$组成的 d-行，有 r 行由$\{\boldsymbol{N}_i\}$组成的 N-行. 应用 8.1 节中的行搜索算法从上到下可将 $\boldsymbol{S}_k$ 中线性无关的行搜索出来. 类似节 8.1 中情况一样，所有 d-行均是线性无关的，线性相关行只会在 N-行中. 令 l_i 是$\boldsymbol{S}_k$ 中第$(i+1)$行块中线性相关行的数目，$\boldsymbol{S}_k$ 的结构决定了 $0\leqslant l_0\leqslant l_1\leqslant\cdots\leqslant r$. 令 ν 是这样的整数，$l_0\leqslant l_1\leqslant\cdots\leqslant l_{\nu-1}\leqslant r$，$l_\nu = l_{\nu+1} = \cdots = r$，$\nu$ 称做$\boldsymbol{G}(s)$的行指数，它既是 $\boldsymbol{G}(s)$的任何既约实现的能观性指数，也是互质矩阵分式 $\boldsymbol{G}(s) = \boldsymbol{D}_l^{-1}(s)\boldsymbol{N}_l(s)$中 $\boldsymbol{D}_l(s)$的最大行次数，$\boldsymbol{D}_l(s)$为行化简的.

定理 10.14 设图 10.6 中被控系统 $\boldsymbol{G}(s) = \boldsymbol{N}(s)d^{-1}(s)$为 $r\times 1$ 阶严格真(真)有理矩阵，$\deg d(s) = n$，对于任意$(n+k)$次 $d_f(s)$，存在 $1\times r$ 真(严格真)有理补偿器 $\boldsymbol{C}(s) = d_c^{-1}(s)\boldsymbol{N}_c(s)$，$\deg d_c(s) = k$，使得反馈系统具有 $r\times r$ 阶传递矩阵$\boldsymbol{N}(s)d_f^{-1}(s)\boldsymbol{N}_c(s)$的充要条件是 $d(s)$和 $\boldsymbol{N}(s)$右互质，且 $k\geqslant\nu-1(k\geqslant\nu)$，$\nu$ 是$\boldsymbol{G}(s)$的行指数，或 $\boldsymbol{G}(s)$的任何既约实现的能观性指数.

证明 设计补偿器 $\boldsymbol{C}(s)$等价为解方程(10.76). 对于任意给定的 $\boldsymbol{F}$，方程有解或者说存在补偿器 $\boldsymbol{C}(s)$的充要条件是 $\rho[\boldsymbol{S}_k] = n+k+1$. 由于 l_i 应遵循的条件和所有 d 行的线性无关特性，有关系式

$$\rho[\boldsymbol{S}_k] = (k+1) + \sum_{i=0}^{k}(r-l_i) \tag{10.78}$$

所以 $\rho[\boldsymbol{S}_k] = n+k+1$ 的条件转化为

$$n = \sum_{i=0}^{k}(r-l_i) \tag{10.79}$$

式(10.79)成立的充要条件是 $d(s)$和 $\boldsymbol{N}(s)$右互质和 $k\geqslant\nu-1$.

如果 $\boldsymbol{G}(s)$是严格真有理矩阵，$\boldsymbol{N}_n = \boldsymbol{0}$. 因而式(10.76)中 $d_{ck} = f_{n+k}/d_n$，只要 $f_{n+k}\neq 0$. 则 $d_{ck}\neq 0$，补偿器为真有理的. 如果 $\boldsymbol{G}(s)$是真有理矩阵且 $k=\nu-1$，式(10.76)中 d_{ck}可能变成 0. 不过，如果 $k\geqslant\nu$，$\boldsymbol{S}_k$ 的最后 r 行同前面的行线性相关. 因而总可以选择 $\boldsymbol{N}_{ck} = \boldsymbol{0}$. 这样，$d_{ck} = f_{n+k}/d_n\neq 0$，补偿器 $\boldsymbol{C}(s)$成为严格真有理的. 定理证毕.

这个定理应用十分简单. 如果 $d(s)$，$n_1(s)$，$\cdots$，$n_r(s)$没有共同的根，则 $d(s)$和 $\boldsymbol{N}(s)$右互质. 应用行搜索算法从上到下搜索 $\boldsymbol{S}_k$ 的线性无关行. 一旦找到 ν，如果 $\boldsymbol{G}(s)$是严格真有理矩阵，为整个闭环系统选择$(n+\nu-1)$个极点. 根据这些极点构造方程(10.76)，令 $k=\nu-1$. 方程的解便给出补偿器 $\boldsymbol{C}(s)$所需的系数. 当采用纸笔计算时，连续对$[\boldsymbol{S}_{\nu-1}^{\mathrm{T}}\quad \boldsymbol{F}^{\mathrm{T}}]^{\mathrm{T}}$进行行搜索便可得到式(10.76)的解. 虽然这个定理是用能观性指数表述的，实际上应用该

定理时并不需要这个概念.这一定理依赖于使 $\boldsymbol{S}_k$ 具有列满秩的 k 的搜索.因为 $\boldsymbol{S}_k$ 是$(r+1)(k+1)\times(n+k+1)$阶矩阵,为了保证列满秩,必须有$(r+1)(k+1)\geqslant(n+k+1)$,或 $k\geqslant(n/r)-1$.所以在搜索 k 时可以从$k\geqslant(n/r)-1$ 的最小整数开始搜索,不必从 $k=0$ 开始.注意,有关单变量系统的注意事项在这里都适用.例如对于指定的某组极点,为达到这种极点配置也许求出的补偿器的次数低于 $\nu-1$.随着补偿器次数的增加,可能除了达到极点配置目的外还可达到其他设计目的.

当图 10.6 中被控系统为多输入单输出系统时,可以导出定理 10.14 的对偶定理 10.15.

定理 10.15　设图 10.6 中被控系统 $\boldsymbol{G}(s)=d^{-1}(s)\boldsymbol{N}(s)$为 $1\times m$ 阶严格真(真)有理矩阵,$\deg d_c(s)=n$,则对任何$(n+k)$次 $d_f(s)$存在 $m\times1$ 阶真(严格真)有理补偿器 $\boldsymbol{C}(s)=\boldsymbol{N}(s)d_c^{-1}(s)$,$\deg d(s)=k$,使得反馈系统 $g_f(s)=\boldsymbol{N}(s)d_f^{-1}(s)\boldsymbol{N}_c(s)$的充要条件是 $d(s)$和 $\boldsymbol{N}(s)$左互质,且 $k\geqslant\mu-1(k>\mu)$,μ 为$\boldsymbol{G}(s)$的列指数或 $\boldsymbol{G}(s)$的任何既约实现的能控性指数,或者是任何 $\boldsymbol{G}(s)=\boldsymbol{N}_r(s)\boldsymbol{D}_r^{-1}(s)$的右互质矩阵分式中 $\boldsymbol{D}_r(s)$的最大列次数,$\boldsymbol{D}_r(s)$为列化简的.

这一定理中需用的广义 Diophantine 方程形式为

$$d_f(s)=d(s)d_c(s)+\boldsymbol{N}(s)\boldsymbol{N}_c(s)\tag{10.80}$$

$d_c(s)$和 $\boldsymbol{N}_c(s)$位于 $d(s)$和 $\boldsymbol{N}(s)$的右边而不是像式(10.75)那样位于左边.式(10.80)可以转化成式(10.81)那样关于 $d(s)$,$d_c(s)$,$\boldsymbol{N}(s)$,$\boldsymbol{N}_c(s)$的系数矩阵和 $d_f(s)$的系数$\{f_i\}$之间的代数方程,采用列搜索算法求解.该定理的证明类似定理 10.14,这里省略了.

$$\boldsymbol{T}_k\begin{bmatrix}d_{c0}\\\boldsymbol{N}_{c0}\\d_{c1}\\\boldsymbol{N}_{c1}\\\vdots\\d_{ck}\\\boldsymbol{N}_{ck}\end{bmatrix}=\left[\begin{array}{cc:cc:c:cc}d_0&\boldsymbol{N}_0&0&0&&0&0\\d_1&\boldsymbol{N}_1&d_1&\boldsymbol{N}_1&&0&0\\\vdots&\vdots&\vdots&\vdots&&\vdots&\vdots\\d_{k-1}&\boldsymbol{N}_{k-1}&d_{k-2}&\boldsymbol{N}_{k-2}&&0&0\\d_k&\boldsymbol{N}_k&d_{k-1}&\boldsymbol{N}_{k-1}&\cdots&d_0&\boldsymbol{N}_0\\\vdots&\vdots&\vdots&\vdots&&\vdots&\vdots\\d_n&\boldsymbol{N}_n&d_{n-1}&\boldsymbol{N}_{n-1}&&d_{n-k}&\boldsymbol{N}_{n-k}\\0&0&d_n&\boldsymbol{N}_n&&d_{n-k+1}&\boldsymbol{N}_{n-k+1}\\\vdots&\vdots&\vdots&\vdots&&\vdots&\vdots\\0&0&0&0&&d_n&\boldsymbol{N}_n\end{array}\right]\begin{bmatrix}d_{c0}\\\boldsymbol{N}_{c0}\\d_{c1}\\\boldsymbol{N}_{c1}\\\vdots\\d_{ck}\\\boldsymbol{N}_{ck}\end{bmatrix}=\begin{bmatrix}f_0\\f_1\\\vdots\\f_{k-1}\\f_k\\\vdots\\f_n\\f_{n+1}\\\vdots\\f_{n+k}\end{bmatrix}\tag{10.81}$$

10.4.3　多变量系统的任意极点配置

现在假设图 10.6 中被控系统为多输入多输出的多变量系统.首先研究它的传递矩阵为循环有理矩阵的特殊情况,然后再研究一般情况.

如果 $r\times m$ 阶真有理矩阵$\boldsymbol{G}(s)$的特征多项式 $\Delta\boldsymbol{G}(s)$等于其所有元素(即所有一阶子式)的最小公分母 $\psi(s)$,则称它为**循环有理矩阵**.例如下面三个矩阵中,$\boldsymbol{G}_2(s)$和 $\boldsymbol{G}_3(s)$是循环有理矩阵,但 $\boldsymbol{G}_1(s)$不是循环有理矩阵.每个 $1\times m$ 阶或$r\times1$ 阶真有理矩阵均为循环有理矩阵.如果 $\boldsymbol{G}(s)$能表达成 $\boldsymbol{G}(s)=\psi^{-1}(s)\boldsymbol{N}(s)\boldsymbol{N}_c(s)$,$\boldsymbol{N}(s)$和 $\boldsymbol{N}_c(s)$分别为 $r\times1$ 和 $1\times m$ 多项式矩阵,$\boldsymbol{G}(s)$也是循环有理矩阵.最后若 $\boldsymbol{G}(s)$的所有元素 $g_{ij}(s)$没有公共极点,$\boldsymbol{G}(s)$为循环有理矩阵

$$G_1(s)=\begin{bmatrix}\dfrac{1}{s+1} & \dfrac{2}{s+1}\\ \dfrac{1}{s+1} & 0\end{bmatrix},\quad G_2(s)=\begin{bmatrix}\dfrac{1}{s+1} & \dfrac{1}{s+1}\\ \dfrac{1}{s+1} & \dfrac{s+2}{s+1}\end{bmatrix},\quad G_3(s)=\begin{bmatrix}\dfrac{1}{s+1} & \dfrac{1}{s}\\ \dfrac{s+1}{s+2} & \dfrac{1}{s-1}\end{bmatrix}$$

定理 10.16 设 $G(s)$为 $r\times m$ 循环真有理矩阵,则几乎对所有 $m\times 1$ 和 $1\times r$ 实常数向量 $\bar{t}$ 和 $\hat{t}$ 有关系式

$$\Delta G(s)=\Delta[G(s)\bar{t}]=\Delta[\hat{t}G(s)]$$

证明 令 $\psi(s)$是 $G(s)$所有元素最小公分母,则 $\Delta G(s)=\psi(s)$. 将 $G(s)$写成

$$G(s)=\frac{1}{\psi(s)}N(s)=\frac{1}{\psi(s)}\begin{bmatrix}N_1(s)\\ N_2(s)\\ \vdots\\ N_r(s)\end{bmatrix}$$

$N(s)$是 $r\times m$ 多项式矩阵,$N_i(s)$为 $N(s)$的第 $i,i=1,2,\cdots,r$ 行. 令 $\lambda_k,k=1,2,\cdots,p$ 是 $\psi(s)$的 p 个相异的根. 首先假设 $\lambda_k,k=1,2,\cdots,p$ 是实数. $G(s)$的每个元素都是既约的,所以 $N(\lambda_k),k=1,2,\cdots,p$ 不是零阵,即 $\rho[N(\lambda_k)]$至少为 1. 因此 $N(\lambda_k)$的化零空间维数至多为 $m-1$. 换句话说,在 m 维实向量空间 $\mathbf{R}^m$ 中使得 $N(\lambda_k)t=\mathbf{0}$ 的向量 t 组成的空间至多为$(m-1)$维. 为了有助于理解定理中的内容,假定 $m=2$. 于是对每个 λ_k 而言,使得 $N(\lambda_k)t_k=\mathbf{0}$的向量 $t_k\in\mathbf{R}^2$ 至多是 $\mathbf{R}^2$ 中一条过原点直线上向量. 即使它们彼此互不重合,这样的直线至多有 p 条. 而 $\mathbf{R}^2$ 中过原点的直线有无数条. 设向量 $\bar{t}\in\mathbf{R}^2$ 是上述 p 条直线以外任意一条直线上的向量,则

$$N(\lambda_k)\bar{t}\neq\mathbf{0},\quad k=1,2,\cdots,p$$

这意味着 $G(s)\bar{t}$ 中 $\psi(s)$和 $N(s)\bar{t}$ 没有公因子,即 $\psi(s)$也是 $G(s)\bar{t}$ 的特征多项式,而且当 $\bar{t}$ 为 $\mathbf{R}^2$ 中任一向量,$\psi(s)=\Delta[G(s)\bar{t}]=\Delta G(s)$的概率为 1. 当 λ_k 为复数时,以 $N(\lambda_k)+N(\bar{\lambda}_k)$,$\bar{\lambda}_k$ 为λ_k 共轭复数,代替实数情况下 $N(\lambda_k)$可得到同样结论. 以类似方法可推广到 $m>2$ 的情况. 于是 $\Delta G(s)=\Delta[G(t)\bar{t}]$成立. 同理可证第二个等式成立.

注意定理 10.16 中 $G(s)$为循环矩阵的条件十分重要,否则定理便不成立. 例如前面的 $G_2(s)$是循环矩阵,$\bar{t}=[a_1\quad a_2]^{\mathrm{T}}$ 为 $\mathbf{R}^2$ 中任意向量

$$G_2(s)\begin{bmatrix}a_1\\ a_2\end{bmatrix}=\begin{bmatrix}\dfrac{a_1+a_2}{s+1}\\ \dfrac{a_2s+(2a_2+a_1)}{s+1}\end{bmatrix},\quad N_2(\lambda=-1)=\begin{bmatrix}1 & 1\\ 1 & 1\end{bmatrix}$$

只要 $\bar{t}=[a_1\quad a_2]^{\mathrm{T}}$ 不在向量$[1\quad -1]^{\mathrm{T}}$ 所在的直线上,则 $\Delta[G_2(s)\bar{t}]=s+1=\Delta G_2(s)$. 这说明在循环矩阵 $G_2(s)$的列的任何线性组合中,出现极零点相消现象可能性极小. 但对非循环的 $G_1(s)$则不然:

$$\Delta G_1(s)=(s+1)^2\neq\psi(s)=s+1$$

$$G_1(s)=\frac{1}{(s+1)^2}\begin{bmatrix}(s+1) & 2(s+1)\\ (s+1) & 0\end{bmatrix}=\frac{1}{\Delta G_1(s)}N_1(s)$$

$$N_1(\lambda=-1)=\begin{bmatrix}0&0\\0&0\end{bmatrix}$$

对于任何向量 $\bar{t}\in\mathbf{R}^2$，均有

$$\Delta[G_1(s)t]=s+1\neq\Delta G_1(s)$$

定理 10.17　设图 10.7 中被控系统 $G(s)$为 n 次 $r\times m$ 阶循环严格真(真)有理矩阵，补偿器 $C(s)$为 k 次 $m\times r$ 阶真(严格真)有理矩阵，如果 $k\geqslant\min(\mu-1,\nu-1)[k\geqslant\min(\mu,\nu)]$，则单位反馈系统的$(n+k)$个极点可以任意配置，其中 μ 和 ν 分别是 $G(s)$的任何既约实现的能控性指数和能观性指数，或 $G(s)$的列指数和行指数.

证明　$G(s)$为循环矩阵故存在 $m\times1$ 常向量 $\bar{t}$ 使得 $\Delta G(s)=\Delta[G(s)\bar{t}]$，而且 $G(s)\bar{t}$ 和 $G(s)$一样具有 n 次循环严格真(真)有理特性，但 $G(s)\bar{t}$ 为 $r\times1$ 向量.现将 $G(s)\bar{t}$ 写成互质矩阵分式

$$G(s)\bar{t}=N(s)d^{-1}(s),\quad \deg d(s)=n$$

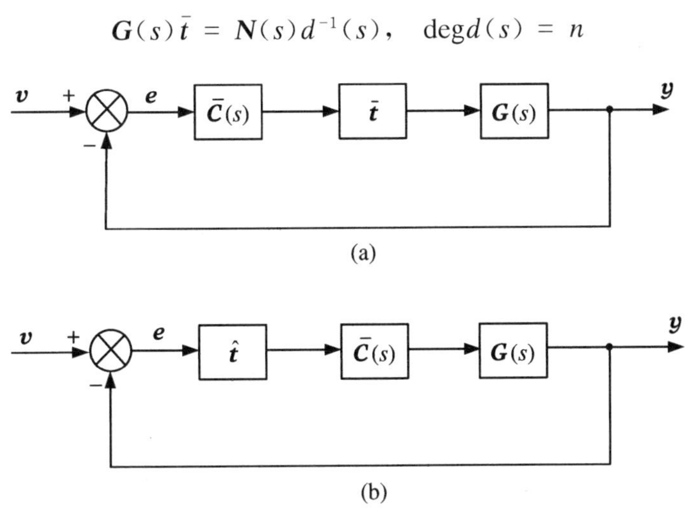

图 10.7　含有串联循环补偿器的单位反馈系统

定理 10.14 指出存在 $1\times r$ 阶真(严格真)有理补偿器 $\bar{C}(s)=d_c^{-1}(s)N_c(s)$，$\deg d_c(s)=k\geqslant\nu-1(k\geqslant\nu)$使得图 10.7(a)中单位反馈系统传递矩阵 $G_f(s)=N(s)d_f^{-1}(s)N_c(s)$的极点，即 $d_f(s)=d_c(s)d(s)+N_c(s)N(s)=0$ 的$(n+k)$个根可以任意配置.

下面需要证明的是 ν 不仅是 $G(s)\bar{t}$ 的能观性指数也是 $G(s)$的能观性指数.若 $G(s)=D_l^{-1}(s)N_l(s)$为行化简左互质矩阵分式，则 $G(s)\bar{t}=D_l^{-1}(s)N_l(s)\bar{t}$.因为 $\Delta G(s)=\Delta[G(s)\bar{t}]=\det D_l(s)$表明 $D_l(s)$和 $N_l(s)\bar{t}$ 也是左互质.于是 $G(s)$和 $G(s)\bar{t}$ 的能观性指数都是 $D_l(s)$的最大行次数，彼此相等.定理的其余部分可应用定理 10.15 对图 10.7(b)中单位反馈系统作类似的证明.两部分结合起来便证明了定理 10.17.

虽然定理 10.17 中闭环传递矩阵 $G_f(s)$形式上和定理 10.14 中一样，由于这里 $\bar{t}$ 的选择多种多样，这种设计中的 $N(s)$和 $N_c(s)$并不是唯一的.另外，定理 10.14 和定理 10.15 中补偿器的次数是达到极点任意配置目的的最小次数，定理 10.17 中补偿器次数并不是最小的.也就是说为了达到任意配置 $r\times m$ 阶循环真有理矩阵 $G(s)$的极点，有可能所设计的补

偿器次数会低于 $\min[\mu-1,\nu-1]$. 看来最小次数的确定是一个很困难的问题.

借助定理 10.17 便可研究一般真有理矩阵情况下补偿器的设计. 设计可分为两步, 先是将非循环真有理矩阵改变成循环的, 然后应用定理 10.17 设计. 设 $\boldsymbol{G}(s)$ 为真有理矩阵, 其特征多项式为 $\Delta\boldsymbol{G}(s)$. 首先指出 $\Delta\boldsymbol{G}(s)$ 的根互异则 $\boldsymbol{G}(s)$ 是循环的, 而循环的 $\boldsymbol{G}(s)$ 可能有重根, 即 $\Delta\boldsymbol{G}(s)$ 的根互异是 $\boldsymbol{G}(s)$ 为循环矩阵的充分条件而不是充要条件.

定理 10.18 设 $\boldsymbol{G}(s)$ 为 $r\times m$ 阶真(严格真)有理矩阵, 则几乎对每一个 $m\times r$ 阶常数阵 $\boldsymbol{K}$, $r\times m$ 阶有理矩阵 $\bar{\boldsymbol{G}}(s)=[\boldsymbol{I}_r+\boldsymbol{G}(s)\boldsymbol{K}]^{-1}\boldsymbol{G}(s)=\boldsymbol{G}(s)[\boldsymbol{I}_m+\boldsymbol{K}\boldsymbol{G}(s)]^{-1}$ 为真(严格真)有理的循环矩阵.

证明 令 $\Delta\bar{\boldsymbol{G}}(s)=a_n s^n+a_{n-1}s^{n-1}+\cdots+a_1 s+a_0$, 其中系数 a_i 是 $\boldsymbol{K}$ 的所有元素的函数.

$$\Delta'\bar{\boldsymbol{G}}(s)\overset{\text{def}}{=}\frac{\mathrm{d}\Delta\bar{\boldsymbol{G}}(s)}{\mathrm{d}s}=na_n s^{n-1}+(n-1)a_{n-1}s^{n-2}+\cdots+2a_2 s+a_1$$

若 $\Delta\bar{\boldsymbol{G}}(s)$ 有重根, 则 $\Delta\bar{\boldsymbol{G}}(s)$ 和 $\Delta'\bar{\boldsymbol{G}}(s)$ 不互质. $\Delta\bar{\boldsymbol{G}}(s)$ 和 $\Delta'\bar{\boldsymbol{G}}(s)$ 不互质的充要条件是

$$\det\begin{bmatrix} a_0 & a_1 & \cdots & a_{n-1} & a_n & 0 & \cdots & 0 \\ 0 & a_0 & \cdots & a_{n-2} & a_{n-1} & a_n & \cdots & 0 \\ & & \vdots & & & & \vdots & \\ 0 & 0 & \cdots & a_0 & a_1 & a_2 & \cdots & a_n \\ \hdashline a_1 & 2a_2 & \cdots & na_n & 0 & 0 & \cdots & 0 \\ & & \vdots & & & & \vdots & \\ 0 & 0 & \cdots & a_1 & 2a_2 & 3a_3 & \cdots & na_n \end{bmatrix}=r(k_{ij})=0$$

一般 $r(k_{ij})$ 并不是 k_{ij} 的齐次多项式. $\boldsymbol{K}$ 中总共有 mr 个元素, 它们可视为 mr 维空间 $\mathbf{R}^{m\times r}$ 中一个向量. 这样, $r(k_{ij})=0$ 的解是 $\mathbf{R}^{m\times r}$ 中的一个子集. 换句话说, 几乎对每个 $\boldsymbol{K}$, $r(k_{ij})\neq 0$. 因此几乎对每个 $\boldsymbol{K}$, $\Delta\bar{\boldsymbol{G}}(s)$ 的根互异, $\bar{\boldsymbol{G}}(s)$ 是循环的.

如果 $\boldsymbol{G}(s)$ 是严格真有理矩阵, $\bar{\boldsymbol{G}}(s)$ 亦然; 如果 $\boldsymbol{G}(s)$ 是真有理矩阵, 几乎对所有的 $\boldsymbol{K}$, $\det[\boldsymbol{I}_r+\boldsymbol{G}(\infty)\boldsymbol{K}]\neq 0$, 所以几乎对所有的 $\boldsymbol{K}$, $\bar{\boldsymbol{G}}(s)$ 也是真有理矩阵. 定理证毕.

图 10.8(a) 说明首先应用定理 10.18 将非循环的 $r\times m$ 阶严格真(真)有理矩阵 $\boldsymbol{G}(s)$ 改变成循环的 $r\times m$ 阶严格真(真)有理矩阵 $\bar{\boldsymbol{G}}(s)$, 接着应用定理 10.17 设计相应的补偿器 $\boldsymbol{C}(s)$ 达到任意配置闭环系统极点的目的. 不过图 10.8(a) 中反馈系统与单位反馈系统并不完全一致. 将 $\boldsymbol{C}(s)$ 和 $\boldsymbol{K}$ 的并联联接结合在一起构成图 10.8(b) 中的结构就成为单位反馈系统了.

定理 10.19 设图 10.8 中被控系统 $\boldsymbol{G}(s)$ 为 n 次 $r\times m$ 阶严格真(真)有理矩阵, 补偿器为 k 次 $m\times r$ 阶真(严格真)有理矩阵, 如果 $k\geqslant\min(\mu-1,\nu-1)$ $[k\geqslant\min(\mu,\nu)]$, 则单位反馈系统的 $(n+k)$ 个极点可以任意配置, 其中 μ 和 ν 分别为 $\boldsymbol{G}(s)$ 的任何既约实现的能控性指数和能观性指数, 或者是 $\boldsymbol{G}(s)$ 的列指数和行指数.

证明 首先证明如果 $\hat{\boldsymbol{C}}(s)=\boldsymbol{C}(s)+\boldsymbol{K}$, 且 $\boldsymbol{C}(s)$ 能写成 $\boldsymbol{C}(s)=d_c^{-1}(s)\bar{\boldsymbol{t}}\boldsymbol{N}_c(s)$, $\bar{\boldsymbol{t}}$ 为 $m\times 1$ 常值向量, $\boldsymbol{N}_c(s)$ 为 $1\times r$ 多项式矩阵, 图 10.8(a) 和图 10.8(b) 中两个反馈系统的极

点相同. 对于图 10.8(a)中反馈系统的传递矩阵 $\boldsymbol{G}_{fa}(s)$，有

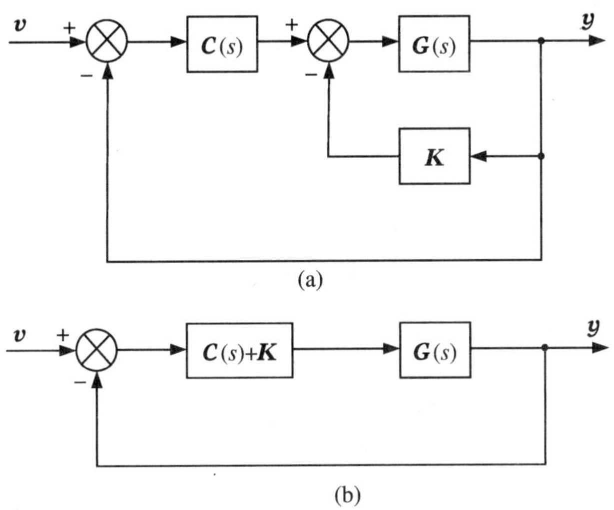

图 10.8　非循环被控系统的串联补偿器设计

$$\boldsymbol{G}_{fa}(s)=[\boldsymbol{I}_r+[\boldsymbol{I}_r+\boldsymbol{G}(s)\boldsymbol{K}]^{-1}\boldsymbol{G}(s)\boldsymbol{C}(s)]^{-1}[\boldsymbol{I}_r+\boldsymbol{G}(s)\boldsymbol{K}]^{-1}\boldsymbol{G}(s)\boldsymbol{C}(s)$$
$$=[\boldsymbol{I}_r+\boldsymbol{G}(s)\boldsymbol{K}+\boldsymbol{G}(s)\boldsymbol{C}(s)]^{-1}\boldsymbol{G}(s)\boldsymbol{C}(s)$$

将 $\boldsymbol{G}(s)=\boldsymbol{D}_l^{-1}(s)\boldsymbol{N}_l(s)$，$\boldsymbol{C}(s)=d_c^{-1}(s)\bar{\boldsymbol{t}}\boldsymbol{N}_c(s)$代入上式，得到

$$\boldsymbol{G}_{fa}(s)=[\boldsymbol{D}_l(s)d_c(s)+\boldsymbol{N}_l(s)\boldsymbol{K}d_c(s)+\boldsymbol{N}_l(s)\bar{\boldsymbol{t}}\boldsymbol{N}_c(s)]^{-1}\boldsymbol{N}_l(s)\bar{\boldsymbol{t}}\boldsymbol{N}_c(s)\tag{10.82a}$$

通过类似的数学处理可导出图 10.8(b)中反馈系统的传递矩阵 $\boldsymbol{G}_{fb}(s)$为

$$\boldsymbol{G}_{fb}(s)=[\boldsymbol{I}_r+\boldsymbol{G}(s)\boldsymbol{K}+\boldsymbol{G}(s)\boldsymbol{C}(s)]^{-1}\boldsymbol{G}(s)[\boldsymbol{C}(s)+\boldsymbol{K}]$$
$$=[\boldsymbol{D}_1(s)d(s)+\boldsymbol{N}_l(s)\boldsymbol{K}d_c(s)+\boldsymbol{N}_L(s)\bar{\boldsymbol{t}}\boldsymbol{N}_c(s)]^{-1}\boldsymbol{N}_l(s)[\bar{\boldsymbol{t}}\boldsymbol{N}_c(s)+\boldsymbol{K}d_c(s)]\tag{10.82b}$$

比较式(10.82a)和式(10.82b)，可以断言两者具有相同的极点集. 这里指的是所有$(n+k)$个极点组成的极点集，虽然由于可能的极零点相消并不一定极点集中每一个都在闭环传递矩阵中表现出来. 适当选择图 10.8(a)中 $\boldsymbol{C}(s)$和 $\boldsymbol{K}$ 可以任意安排$\boldsymbol{G}_{fa}(s)$的极点，所以适当选择图 10.8(b)中 $\boldsymbol{C}(s)+\boldsymbol{K}$ 也可任意安排$\boldsymbol{G}_{fb}(s)$的极点.

第二项要证明的是 $\deg\Delta\boldsymbol{C}(s)=\deg\Delta[\boldsymbol{C}(s)+\boldsymbol{K}]$. 设 $\boldsymbol{C}(s)$的既约实现为$\{\boldsymbol{A},\boldsymbol{B},\boldsymbol{C},\boldsymbol{D}\}$，则 $\boldsymbol{C}(s)+\boldsymbol{K}$ 的既约实现为$\{\boldsymbol{A},\boldsymbol{B},\boldsymbol{C},\boldsymbol{D}+\boldsymbol{K}\}$，所以 $\deg\Delta\boldsymbol{C}(s)=\deg\Delta[\boldsymbol{C}(s)+\boldsymbol{K}]=\dim\boldsymbol{A}$.

最后要证明的是 $\boldsymbol{G}(s)$和$[\boldsymbol{I}_r+\boldsymbol{G}(s)\boldsymbol{K}]^{-1}\boldsymbol{G}(s)$几乎对所有的 $\boldsymbol{K}$ 而言，它们有相同的能控性指数和能观性指数. 设严格真有理矩阵右互质分式 $\boldsymbol{G}(s)=\boldsymbol{N}_r(s)\boldsymbol{D}_r^{-1}(s)$中 $\boldsymbol{Dr}(s)$是列化简的，则

$$[\boldsymbol{I}_r+\boldsymbol{G}(s)\boldsymbol{K}]^{-1}\boldsymbol{G}(s)=\boldsymbol{N}_r(s)[\boldsymbol{D}_r(s)+\boldsymbol{K}\boldsymbol{N}_r(s)]^{-1}$$

对任何 $\boldsymbol{K}$ 而言也是右互质的严格真有理矩阵，而且 $\boldsymbol{D}_r(s)$的列次等于 $\boldsymbol{D}_r(s)+\boldsymbol{K}\boldsymbol{N}_r(s)$的列次. 定理 9.2 指出严格真有理矩阵 $\boldsymbol{G}(s)$的任一既约实现的能控性指数集等于 $\boldsymbol{G}(s)$的任一列化简右互质分式中 $\boldsymbol{D}_r(s)$的列次数. 若 $\boldsymbol{G}(s)=\boldsymbol{N}_r(s)\boldsymbol{D}_r^{-1}(s)$是真有理矩阵，则几乎对

所有 $\boldsymbol{K}$ 而言，有同样关于能控性指数集的结论. 所以 $\boldsymbol{G}(s)$ 和 $[\boldsymbol{I}_r+\boldsymbol{G}(s)\boldsymbol{K}]^{-1}\boldsymbol{G}(s)$ 具有相同的能控性指数. 类似地，可证明两者有相同的能观性指数. 定理证毕.

注意，虽然这里 $\boldsymbol{G}_{fb}(s)$ 表达式(10.82b)与被控系统为单变量循环系统

$$g_f(s)=n(s)d_f^{-1}(s)n_c(s)$$

形式不同，但根据设计过程可以断定 $\boldsymbol{G}_{fb}(s)$ 是循环的. 整个设计过程可分为下面五步：

第一步：求 $\boldsymbol{K}$ 使 $\bar{\boldsymbol{G}}(s)=[\boldsymbol{I}_r+\boldsymbol{G}(s)\boldsymbol{K}]^{-1}\boldsymbol{G}(s)$ 为循环矩阵.

第二步：求 $\bar{t}$ 使得 $\Delta\bar{\boldsymbol{G}}(s)=\Delta[\bar{\boldsymbol{G}}(s)\bar{t}]$.

第三步：写出 $\boldsymbol{G}(s)\bar{t}=\boldsymbol{N}(s)d^{-1}=(\boldsymbol{N}_0+\boldsymbol{N}_1s+\cdots+\boldsymbol{N}_ns^n)(d_0+d_1s+\cdots+d_ns^n)^{-1}$，构造形如式(10.77)的 $\boldsymbol{S}_k$，计算出使 $\boldsymbol{S}_{\nu-1}$ 具有列满秩的最小整数 ν，即 $\boldsymbol{G}(s)$ 行指数或能观性指数.

第四步：选取 $(n+\nu-1)$ 个极点，计算

$$\Delta_f(s)=f_0+f_1s+f_2s^2+\cdots+f_{n+\nu-1}s^{n+\nu-1}$$

第五步：由下面方程解出 d_{ci} 和 $\boldsymbol{N}_{ci}$

$$[d_{c0}\ \vdots\ N_{c0}\ \vdots\ d_{c1}\ \vdots\ N_{c1}\ \vdots\ \cdots\ \vdots\ d_{c(\nu-1)}\ \vdots\ N_{c(\nu-1)}]\boldsymbol{S}_{\nu-1}=[f_0\quad f_1\cdots s_{n+\nu-1}]$$

这样便得到补偿器 $\bar{\boldsymbol{C}}(s)=\bar{t}\boldsymbol{C}(s)+\boldsymbol{K}$，其中

$$\boldsymbol{C}(s)=(d_{c0}+d_{c1}s+\cdots+d_{c(\nu-1)}s^{\nu-1})^{-1}[\boldsymbol{N}_{c0}+\boldsymbol{N}_{c1}s+\cdots+\boldsymbol{N}_{c(\nu-1)}s^{\nu-1}]$$

在第二步中，若求的是使 $\Delta[\bar{\boldsymbol{G}}(s)]=\Delta[\hat{\boldsymbol{t}}\bar{\boldsymbol{G}}(s)]$，就必须修改第三步和第五步. 在第三步中构造形如式(10.81)中 $\boldsymbol{T}_k$，并从左到右搜索线性无关的列. 令 μ 是使 $\boldsymbol{T}_{u-1}$ 具有行满秩的最小整数，即 $\boldsymbol{G}(s)$ 的列指数或能控性指数. 在第五步中则由线性代数方程(10.81)解出 $\boldsymbol{C}(s)$，最后得到 $\hat{\boldsymbol{C}}(s)=\boldsymbol{C}(s)\hat{\boldsymbol{t}}+\boldsymbol{K}$.

例 10.8 设被控系统传递矩阵为

$$\boldsymbol{G}(s)=\begin{bmatrix}\dfrac{1}{s^2} & \dfrac{1}{s} & 0\\ 0 & 0 & \dfrac{1}{s}\end{bmatrix}$$

这里 $n=3$ 的非循环严格真有理矩阵. 随意选取

$$\boldsymbol{K}=\begin{bmatrix}1 & -1\\ -1 & 0\\ 2 & 1\end{bmatrix}$$

计算 $\bar{\boldsymbol{G}}(s)=[\boldsymbol{I}_2+\boldsymbol{G}(s)\boldsymbol{K}]^{-1}\boldsymbol{G}(s)$：

$$\bar{\boldsymbol{G}}(s)=\frac{1}{s^3+3}\begin{bmatrix}s+1 & s(s+1) & 1\\ -2 & -2s & s^2-s+1\end{bmatrix}$$

显然 $\bar{\boldsymbol{G}}(s)$ 诸元素的最小公分母 $\psi(s)=s^3+3$. 为判断 $\bar{\boldsymbol{G}}(s)$ 的循环性，计算所有二阶子式

$$\Delta_{12}^{12}=\frac{1}{(s^3+3)^2}[(s+1)(-2s)+2s(s+1)]=0$$

$$\Delta_{12}^{13}=\frac{1}{(s^3+3)^2}[(s+1)(s^2-s+1)+2]=\frac{1}{s^3+3}$$

$$\Delta_{12}^{23}=\frac{1}{(s^3+3)^2}[s(s+1)(s^2-s+1)+2s]=\frac{s}{s^3+3}$$

所以,判断出 $\Delta\bar{\boldsymbol{G}}(s)=\psi(s)=s^3+3$,$\bar{\boldsymbol{G}}(s)$是循环的.因为 $\boldsymbol{G}(s)$为 2×3 阶矩阵,很可能能控性指数小于能观性指数.选取 $\hat{\boldsymbol{t}}=[1\quad0]$,

$$\hat{\boldsymbol{t}}\bar{\boldsymbol{G}}(s)=\frac{1}{s^3+3}[s+1\quad s(s+1)\quad 1]$$

$\Delta\bar{\boldsymbol{G}}(s)=\Delta[\hat{\boldsymbol{t}}\bar{\boldsymbol{G}}(s)]$.首先构造 $\boldsymbol{T}_0$ 如下:

$$\boldsymbol{T}_0=\begin{bmatrix}3 & 1 & 0 & 1\\0 & 1 & 1 & 0\\0 & 0 & 1 & 0\\1 & 0 & 0 & 0\end{bmatrix},\quad \rho[\boldsymbol{T}_0]=4,\quad k=0$$

按 $\mu\leqslant k+1=1$,取 $\mu=1$.令

$$\boldsymbol{C}(s)=\frac{1}{d_{c0}}\begin{bmatrix}n_{c0}^1\\n_{c0}^2\\n_{c0}^3\end{bmatrix}$$

用来任意配置 $n+k=3$ 个极点.假设希望配置极点为 -1,-1 和 -2,则

$$\Delta_f(s)=(s+1)^2(s+2)=2+5s+4s^2+s^3$$

建立方程

$$\boldsymbol{T}_0\begin{bmatrix}d_{c0}\\n_{c0}^1\\n_{c0}^2\\n_{c0}^3\end{bmatrix}=\begin{bmatrix}3 & 1 & 0 & 1\\0 & 1 & 1 & 0\\0 & 0 & 1 & 0\\1 & 0 & 0 & 0\end{bmatrix}\begin{bmatrix}d_{c0}\\n_{c0}^1\\n_{c0}^2\\n_{c0}^3\end{bmatrix}=\begin{bmatrix}2\\5\\4\\1\end{bmatrix}$$

解出 $d_{c0}=1$,$n_{c0}^1=1$,$n_{c0}^2=4$,$n_{c0}^3=-2$,即

$$\boldsymbol{C}(s)=\frac{1}{1}\begin{bmatrix}1\\4\\-2\end{bmatrix},\quad \hat{\boldsymbol{C}}(s)=\begin{bmatrix}1\\4\\-2\end{bmatrix}[1\quad0]+\begin{bmatrix}1 & -1\\-1 & 0\\2 & 1\end{bmatrix}=\begin{bmatrix}2 & -1\\3 & 0\\0 & 1\end{bmatrix}$$

校验反馈系统传递矩阵 $\boldsymbol{G}_{fb}(s)$:

$$\begin{aligned}\boldsymbol{G}_{fb}(s)&=[\boldsymbol{I}_2+\boldsymbol{G}(s)\hat{\boldsymbol{C}}(s)]^{-1}\boldsymbol{G}(s)\hat{\boldsymbol{C}}(s)\\&=\frac{1}{(s+1)^2(s+2)}\begin{bmatrix}(s+1)(3s+2) & 0\\0 & (s+1)(s+2)\end{bmatrix}\end{aligned}$$

证实极点已配置在 -1,-1 和 -2 位置上.

10.4.4 多变量系统的任意分母矩阵配置

前面的理论和方法解决了多变量系统极点任意配置的问题,所得到的反馈系统传递矩阵 $\boldsymbol{G}_f(s)$总是循环矩阵.因此也说明 $\boldsymbol{G}_f(s)$的结构被限制为某一类型.现在讨论如何取消这种限制达到任意配置分母矩阵的目的,当然同时也完成了任意极点配置的任务.由于提出了更高的要求,补偿器的次数相应地会提高很多.

假设图 10.9 中被控系统传递矩阵为 $r\times m$ 真有理矩阵 $\boldsymbol{G}(s)$，要求设计串联补偿器传

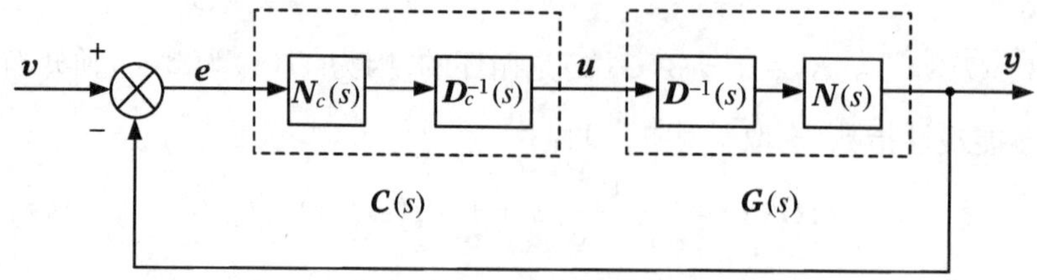

图 10.9　任意配置分母矩阵的单位反馈系统

递矩阵为 $m\times r$ 真有理矩阵 $\boldsymbol{C}(s)$. 由图 10.9 可导出反馈系统传递矩阵 $\boldsymbol{G}_f(s)$ 为

$$\boldsymbol{G}_f(s)=[\boldsymbol{I}_r+\boldsymbol{G}(s)\boldsymbol{C}(s)]^{-1}\boldsymbol{G}(s)\boldsymbol{C}(s)=\boldsymbol{G}(s)[\boldsymbol{I}_m+\boldsymbol{C}(s)\boldsymbol{G}(s)]^{-1}\boldsymbol{C}(s) \tag{10.83}$$

和被控系统为单变量系统情况一样，为避免可能出现的不希望的极零点相消现象，仅仅配置极点，对零点不作特别要求. 将 $\boldsymbol{G}(s)=\boldsymbol{N}_r(s)\boldsymbol{D}_r^{-1}(s)$，$\boldsymbol{C}(s)=\boldsymbol{D}_c^{-1}(s)\boldsymbol{N}_c(s)$ 代入式 (10.83)，得到

$$\begin{aligned}\boldsymbol{G}_f(s)&=\boldsymbol{N}_r(s)[\boldsymbol{D}_c(s)\boldsymbol{D}_r(s)+\boldsymbol{N}_c(s)\boldsymbol{N}_r(s)]^{-1}\boldsymbol{N}_c(s)\\&=\boldsymbol{N}_r(s)\boldsymbol{D}_f^{-1}(s)\boldsymbol{N}_c(s)\end{aligned} \tag{10.84a}$$

$$\boldsymbol{D}_f(s)=\boldsymbol{D}_c(s)\boldsymbol{D}_r(s)+\boldsymbol{N}_c(s)\boldsymbol{N}_r(s) \tag{10.84b}$$

设计的任务是在已知 $\boldsymbol{D}(s)$ 和 $\boldsymbol{N}(s)$ 及任意的 $\boldsymbol{D}_f(s)$ 条件下，求出满足式(10.84)的 $\boldsymbol{D}_c(s)$ 和 $\boldsymbol{N}_c(s)$. 式 (10.84b)是另外一种 Diophantine 方程. 令

$$\boldsymbol{D}_r(s)=\boldsymbol{D}_0+\boldsymbol{D}_1 s+\cdots+\boldsymbol{D}_\mu s^\mu \tag{10.85a}$$

$$\boldsymbol{N}_r(s)=\boldsymbol{N}_0+\boldsymbol{N}_1 s+\cdots+\boldsymbol{N}_\mu s^\mu \tag{10.85b}$$

$$\boldsymbol{D}_c(s)=\boldsymbol{D}_{c0}+\boldsymbol{D}_{c1} s+\cdots+\boldsymbol{D}_{ck} s^k \tag{10.86a}$$

$$\boldsymbol{N}_c(s)=\boldsymbol{N}_{c0}+\boldsymbol{N}_{c1} s+\cdots+\boldsymbol{N}_{ck} s^k \tag{10.86b}$$

$$\boldsymbol{D}_f(s)=\boldsymbol{F}_0+\boldsymbol{F}_1 s+\cdots+\boldsymbol{F}_{u+k} s^{u+k} \tag{10.87}$$

将它们分别代入式(10.84b)并令 s 的同次幂系数相等得到线性代数方程

$$[\boldsymbol{D}_{c0}\quad \boldsymbol{N}_{c0}\ \vdots\ \boldsymbol{D}_{c1}\quad \boldsymbol{N}_{c1}\ \vdots\ \cdots\ \vdots\ \boldsymbol{D}_{ck}\quad \boldsymbol{N}_{ck}]\boldsymbol{S}_k=[\boldsymbol{F}_0\quad \boldsymbol{F}_1\cdots\boldsymbol{F}_{\mu+k}]\stackrel{\text{def}}{=}\boldsymbol{F} \tag{10.88}$$

其中 Sylvester 矩阵 $\boldsymbol{S}_k$ 为

$$\boldsymbol{S}_k=\begin{bmatrix}\boldsymbol{D}_0 & \boldsymbol{D}_1 & \cdots & \boldsymbol{D}_k & \cdots & \boldsymbol{D}_u & \boldsymbol{0} & \cdots & \boldsymbol{0}\\ \boldsymbol{N}_0 & \boldsymbol{N}_1 & \cdots & \boldsymbol{N}_k & \cdots & \boldsymbol{N}_\mu & \boldsymbol{0} & \cdots & \boldsymbol{0}\\ \hdashline \boldsymbol{0} & \boldsymbol{D}_0 & \cdots & \boldsymbol{D}_{k-1} & \cdots & \boldsymbol{D}_{\mu-1} & \boldsymbol{D}_\mu & \cdots & \boldsymbol{0}\\ \boldsymbol{0} & \boldsymbol{N}_0 & \cdots & \boldsymbol{N}_{k-1} & \cdots & \boldsymbol{N}_{\mu-1} & \boldsymbol{N}_\mu & \cdots & \boldsymbol{0}\\ \hdashline & & \vdots & & & & & & \\ \hdashline \boldsymbol{0} & \boldsymbol{0} & \cdots & \boldsymbol{D}_0 & \cdots & \boldsymbol{D}_{\mu-k} & \boldsymbol{D}_{\mu-k+1} & \cdots & \boldsymbol{D}_\mu\\ \boldsymbol{0} & \boldsymbol{0} & \cdots & \boldsymbol{N}_0 & \cdots & \boldsymbol{N}_{\mu-k} & \boldsymbol{N}_{\mu-k+1} & \cdots & \boldsymbol{N}_\mu\end{bmatrix}\begin{matrix}\}\ l_0\ \text{行为线性相关行}\\ \\ \}\ l_1\ \text{行为线性相关行}\\ \\ \\ \}\ l_k\ \text{行为线性相关行}\end{matrix}$$

$\boldsymbol{S}_k$ 有$(k+1)$行块，每行块由$\{\boldsymbol{D}_i\}$组成 m 行，$\{\boldsymbol{N}_i\}$组成 r 行，前者称为 $\boldsymbol{D}$-行，后者称为 $\boldsymbol{N}$-行. 所有 $\boldsymbol{D}$-行和上面的行线性无关，每行块中有一些 $\boldsymbol{N}$-行和上面行线性相关，以 l_{i-1} 表示第 i 行块中 $\boldsymbol{N}$ 行与上面诸行线性相关的行数. $\boldsymbol{S}_k$ 的结构特征决定了 $l_0\leqslant l_1\leqslant\cdots\leqslant l_k\leqslant r$.

令 ν 是使得 $l_\nu = r$ 的最小整数，关于 $\boldsymbol{S}_k$ 的秩有关系式

$$\rho[\boldsymbol{S}_k] = (k+1)m + \sum_{i=0}^{k}(r - l_i), \quad k > \nu - 1 \tag{10.89a}$$

$$\rho[\boldsymbol{S}_k] = (k+1)m + \sum_{i=0}^{\nu-1}(r - l_i) = (k+1)m + n, \quad k \geqslant \nu - 1 \tag{10.89b}$$

其中 $n = \sum_{i=0}^{\nu-1}(r - l_i)$ 是 $\boldsymbol{G}(s)$ 的次数. ν 称做 $\boldsymbol{G}(s)$ 的行指数，在 $\boldsymbol{G}(s) = \boldsymbol{D}_l^{-1}(s)\boldsymbol{N}_l(s)$ 的任何左互质矩阵分式中 $\boldsymbol{D}_l(s)$ 的最大行次数就是 ν，ν 也是 $\boldsymbol{G}(s)$ 的任何既约实现的能观性指数.

定理 10.20 设图 10.9 中被控系统 $\boldsymbol{G}(s) = \boldsymbol{N}_r(s)\boldsymbol{D}_r^{-1}(s)$ 为 $r \times m$ 阶真有理矩阵，μ_i 是 $\boldsymbol{D}_r(s)$ 第 i，$i = 1,2,\cdots$ 列的列次数，m，ν 是 $\boldsymbol{G}(s)$ 的行指数. 如果 $k \geqslant \nu - 1$，则对任何列次数等于或小于 $k + \mu_i$，$i = 1,2,\cdots,m$ 的 $\boldsymbol{D}_f(s)$，存在行次数等于或小于 k 的 $\boldsymbol{D}_c(s)$ 和 $\boldsymbol{N}_c(s)$ 使得满足

$$\boldsymbol{D}_f(s) = \boldsymbol{D}_c(s)\boldsymbol{D}_r(s) + \boldsymbol{N}_c(s)\boldsymbol{N}_r(s) \tag{10.84b}$$

的充要条件是 $\boldsymbol{D}_r(s)$ 和 $\boldsymbol{N}_r(s)$ 右互质，且 $\boldsymbol{D}_r(s)$ 列化简.

证明 令 $\mu = \max\{\mu_i, i = 1,2,\cdots,m\}$，$\boldsymbol{G}(s)$ 为真有理矩阵，所以 $\boldsymbol{N}_r(s)$ 的列次数等于或小于相应的 $\boldsymbol{D}_r(s)$ 的列次数. 因此，矩阵 $\boldsymbol{S}_0$ 为

$$\boldsymbol{S}_0 = \begin{bmatrix} \boldsymbol{D}_0 & \boldsymbol{D}_1 & \cdots & \boldsymbol{D}_{\mu-1} & \boldsymbol{D}_\mu \\ \boldsymbol{N}_0 & \boldsymbol{N}_1 & \cdots & \boldsymbol{N}_{\mu-1} & \boldsymbol{N}_\mu \end{bmatrix}$$

至少有 $\sum_{i=1}^{m}(\mu - \mu_i)$ 零列. 在随后的 $\boldsymbol{S}_k$，$k \geqslant 1$ 的矩阵中，最右边的列块会出现一些新的零列，而原来在 $\boldsymbol{S}_0, \boldsymbol{S}_1, \cdots, \boldsymbol{S}_{k-1}$ 中曾经出现过的零列有一些因为增加新的行块变成了非零列. 不过，在 $\boldsymbol{S}_k$ 中零列的最小数目仍为

$$\sum_{i=1}^{m}(\mu - \mu_i) = m\mu - \sum_{i=1}^{m}\mu_i$$

令 $\bar{\boldsymbol{S}}_{\nu-1}$ 是从 $\boldsymbol{S}_{\nu-1}$ 中删去这些零列后的矩阵，因为 $\boldsymbol{S}_{\nu-1}$ 的列数是 $(\mu + \nu)m$，$\bar{\boldsymbol{S}}_{\nu-1}$ 的列数为

$$(\mu + \nu)m - m\mu + \sum_{i=1}^{m}\mu_i = \nu m + \sum_{i=1}^{m}\mu_i \tag{10.90}$$

显然，$\rho[\boldsymbol{S}_{\nu-1}] = \rho[\bar{\boldsymbol{S}}_{\nu-1}]$，式(10.89b)指明

$$\rho[\bar{\boldsymbol{S}}_{\nu-1}] = \rho[\boldsymbol{S}_{\nu-1}] = \nu m + n \tag{10.91}$$

比较式(10.90)和式(10.91)立刻明白，为了使 $\bar{\boldsymbol{S}}_{\nu-1}$ 列满秩的充要条件是

$$\sum_{i=1}^{m}\mu_i = n \tag{10.92}$$

根据列化简矩阵定义和定理 8.15 可知，当且仅当 $\boldsymbol{D}_r(s)$ 和 $\boldsymbol{N}_r(s)$ 右互质且 $\boldsymbol{D}_r(s)$ 为列化简时，式(10.92)中等式成立. 又因为当 k 由 $\nu - 1$ 每增加 1 时，$\boldsymbol{S}_k$ 和 $\bar{\boldsymbol{S}}_k$ 的列数和秩均增加 m，所以断定当且仅当 $\boldsymbol{D}_r(s)$ 和 $\boldsymbol{N}_r(s)$ 右互质，且 $\boldsymbol{D}_r(s)$ 为列化简时，$\bar{\boldsymbol{S}}_k$，$k \geqslant \nu - 1$ 为列满秩矩阵.

如果 $\boldsymbol{D}_f(s)$ 列次数为 $k+\mu_i$，则式(10.88)中矩阵 $\boldsymbol{F}$ 至少有 $\sum_{i=1}^{m}(\mu-\mu_i)$ 零列，而且这些零列的位置和 $\boldsymbol{S}_k$ 中那些零列的位置一致.当 $k\geqslant\nu-1$ 时，$\bar{\boldsymbol{S}}_k$ 为列满秩，$\boldsymbol{F}$ 一定处于 $\boldsymbol{S}_k$ 的行空间中.所以式(10.88)中有解 $\{\boldsymbol{D}_{ci}\quad \boldsymbol{N}_{ci}]$，等价式(10.48b)中有解 $\{\boldsymbol{D}_c(s)\quad \boldsymbol{N}_c(s)\}$.定理证毕.

定理 10.20 表达的是满足式(10.84b)的解 $\boldsymbol{D}_c(s)$ 和 $\boldsymbol{N}_c(s)$ 存在的条件，并没有说明 $\boldsymbol{D}_c^{-1}(s)\boldsymbol{N}_c(s)$ 是否为真有理矩阵.为了回答这个问题，将 $\boldsymbol{G}(s)$ 为严格真有理矩阵和真有理矩阵两种情况分开来研究.这样，情况就与单变量系统(定理 10.12 和定理 10.13)相似.不过由于 $\boldsymbol{D}_r(s)$ 的首项系数矩阵 $\boldsymbol{D}_\mu$ 一般是奇异矩阵，证明方法必须加以修改.首先规定

$$\boldsymbol{H}(s)=\mathrm{diag}(s^{\mu_1}\quad s^{\mu_2}\quad\cdots\quad s^{\mu_m})\tag{10.93a}$$

$$\boldsymbol{H}_c(s)=\mathrm{diag}(s^{k_1}\quad s^{k_2}\quad\cdots\quad s^{k_m})\tag{10.93b}$$

定理 10.21 设图 10.9 中被控系统 $\boldsymbol{G}(s)=\boldsymbol{N}_r(s)\boldsymbol{D}_r^{-1}(s)$ 为 $r\times m$ 阶严格真(真)有理矩阵.令 $\mu_i, i=1,2,\cdots,m$ 是 $\boldsymbol{D}_r(s)$ 的列次数，ν 是 $\boldsymbol{G}(s)$ 的行指数，k_i 是 $\boldsymbol{D}_c(s)$ 的行次数，如果 $k_i\geqslant\nu-1(k_i\geqslant\nu), i=1,2,\cdots,m$，那么对于任何具有下面性质的 $\boldsymbol{D}_f(s)$：

$$\lim_{s\to\infty}\boldsymbol{H}_c^{-1}(s)\boldsymbol{D}_f(s)\boldsymbol{H}^{-1}(s)=\boldsymbol{J}\tag{10.94}$$

$\boldsymbol{J}$ 为非奇异常数矩阵，存在真(严格真)有理矩阵 $\boldsymbol{D}_c^{-1}(s)\boldsymbol{N}_c(s)$ 满足关系式

$$\boldsymbol{D}_f(s)=\boldsymbol{D}_c(s)\boldsymbol{D}_r(s)+\boldsymbol{N}_c(s)\boldsymbol{N}_r(s)$$

的充要条件是 $\boldsymbol{D}_r(s)$ 和 $\boldsymbol{N}_r(s)$ 右互质，且 $\boldsymbol{D}_r(s)$ 是列化简的.

证明 令 $k=\max\{k_i\}$，$\mu=\max\{\mu_i\}$，考虑式(10.88)中第 i 行方程：

$$[\boldsymbol{D}_{ic0}\quad \boldsymbol{N}_{ic0}\quad\cdots\quad \boldsymbol{D}_{ick_i}\quad \boldsymbol{N}_{ick\,i}]\boldsymbol{S}_{k_i}=[\boldsymbol{F}_{i0}\quad \boldsymbol{F}_{i1}\quad\cdots\quad \boldsymbol{F}_{i(k_j+\mu)}]\overset{\mathrm{def}}{=}\boldsymbol{F}_i$$

其中 $\boldsymbol{D}_{icj}$ 表示 $\boldsymbol{D}_{cj}$ 的第 i 行，其他符号意思类似.因为 $k_i\geqslant\nu-1$，除去 $\sum(\mu-\mu_i)$ 列零列后得到的 $\boldsymbol{S}_{k_j}$ 列满秩，式(10.94)表示 $\boldsymbol{D}_f(s)$ 的第 i 行具有列次数至多是 $k_i+\mu_j$.所以 $\boldsymbol{F}_i$ 有 $\sum(\mu-\mu_j)$ 个零元素，它们的位置与 $\boldsymbol{S}_{k_i}$ 中零列位置相一致.这样可断定对于任何满足式(10.94)的 $\boldsymbol{D}_f(s)$，Diophantine 方程(10.84b)具有行次数至多为 k_i 的解 $\boldsymbol{D}_c(s)$ 和 $\boldsymbol{N}_c(s)$.令

$$\boldsymbol{D}_r(s)=\boldsymbol{D}_{rh}\boldsymbol{H}(s)+\boldsymbol{D}_{rl}(s)\tag{10.95a}$$

$$\boldsymbol{N}_r(s)=\boldsymbol{N}_{rh}\boldsymbol{H}(s)+\boldsymbol{N}_{rl}(s)\tag{10.95b}$$

$$\boldsymbol{D}_c(s)=\boldsymbol{H}_c(s)\boldsymbol{D}_{ch}+\boldsymbol{D}_{cl}(s)\tag{10.95c}$$

$$\boldsymbol{N}_c(s)=\boldsymbol{H}_c(s)\boldsymbol{N}_{ch}+\boldsymbol{N}_{cl}(s)\tag{10.95d}$$

则

$$\begin{aligned}\boldsymbol{D}_f(s)&=\boldsymbol{D}_c(s)\boldsymbol{D}_r(s)+\boldsymbol{N}_c(s)\boldsymbol{N}_r(s)\\&=\boldsymbol{H}_c(s)[\boldsymbol{D}_{ch}\boldsymbol{D}_{rh}+\boldsymbol{N}_{ch}\boldsymbol{N}_{rh}]\boldsymbol{H}(s)+[\boldsymbol{D}_{cl}(S)\boldsymbol{D}_{rh}+\boldsymbol{N}_{cl}(s)\boldsymbol{N}_{rh}]\boldsymbol{H}(s)\\&\quad+\boldsymbol{H}_c(s)[\boldsymbol{D}_{ch}\boldsymbol{D}_{rl}(s)+\boldsymbol{N}_{ch}\boldsymbol{N}_{rl}(s)]+\boldsymbol{D}_{cl}(s)\boldsymbol{D}_{rl}(s)+\boldsymbol{N}_{cl}(s)\boldsymbol{N}_{rl}(s)\\&\overset{\mathrm{def}}{=}\boldsymbol{H}_c(s)\boldsymbol{D}_{fh}\boldsymbol{H}(s)+\boldsymbol{D}_{fl}(s)\end{aligned}\tag{10.95e}$$

其中 $\boldsymbol{D}_{fh}=\boldsymbol{D}_{ch}\boldsymbol{D}_{rh}+\boldsymbol{N}_{ch}\boldsymbol{N}_{rh}$.如果 $\boldsymbol{G}(s)$ 是严格真有理矩阵，则 $\boldsymbol{N}_{rh}=\boldsymbol{0}$，若 $\boldsymbol{D}_r(s)$ 是列化简的，则 $\boldsymbol{D}_{rh}$ 非奇异，所以 $\boldsymbol{D}_{ch}=\boldsymbol{D}_{fh}\boldsymbol{D}_{rh}^{-1}$.式(10.94)表示 $\boldsymbol{D}_{fh}=\boldsymbol{J}$ 非奇异，于是 $\boldsymbol{D}_{ch}$ 也是非奇异的，说明 $\boldsymbol{D}_c(s)$ 是行化简的，$\boldsymbol{D}_c^{-1}(s)\boldsymbol{N}_c(s)$ 是真有理矩阵.如果 $\boldsymbol{G}(s)$ 是真有理矩阵，$\boldsymbol{N}_{rh}\neq$

0,不过当 $k\geqslant\nu$ 时,$\boldsymbol{S}_k$ 中对应 $\boldsymbol{N}_{ich}$ 的行与前面的行线性相关,可选取 $\boldsymbol{N}_{ich}=\boldsymbol{0}$. 这样选择之后 $\boldsymbol{D}_{ich}=\boldsymbol{D}_{ifh}\boldsymbol{D}_{rh}^{-1}$ 和 $\boldsymbol{D}_{ch}=\boldsymbol{D}_{fh}\boldsymbol{D}_{rh}^{-1}$,$\boldsymbol{D}_c(s)$ 仍然是行化简的,再加上 $\boldsymbol{N}_{ich}=\boldsymbol{0}$,$\boldsymbol{D}_c^{-1}(s)\boldsymbol{N}_c(s)$ 是严格真有理矩阵. 定理证毕.

注意,如果对于某个 i,有 $k_i\geqslant\nu$,式(10.84b)或式(10.88)中的解不是唯一的,有可能存在非有理矩阵解. 不过在式(10.94)的假设前提下至少存在一组真有理或严格真有理矩阵解. 有的文献称满足式(10.94)的 $\boldsymbol{D}_f(s)$ 为行-列化简的,每一个 $\boldsymbol{D}_f(s)$ 都可应用初等变换将其变成行-列化简.

定理 10.22　设图 10.9 中被控系统 $\boldsymbol{G}(s)=\boldsymbol{N}_r(s)\boldsymbol{D}_r^{-1}(s)$ 为 $r\times m$ 严格真(真)有理矩阵,μ_i,$i=1,2,\cdots,m$ 是 $\boldsymbol{D}_r(s)$ 的列次数,ν 是 $\boldsymbol{G}(s)$ 的行指数,k_i 是 $\boldsymbol{D}_c(s)$ 的行次数,$i=1,2,\cdots,m$,如果 $k_i\geqslant\nu-1(k_i\geqslant\nu)$,$i=1,2,\cdots,m$,那么对于任何行-列化简的 $\boldsymbol{D}_f(s)$,当且仅当 $\boldsymbol{D}_r(s)$ 和 $\boldsymbol{N}_r(s)$ 右互质且 $\boldsymbol{D}_r(s)$ 为列化简时存在 $m\times r$ 真(严格真)有理矩阵 $\boldsymbol{C}(s)=\boldsymbol{D}_c^{-1}(s)\boldsymbol{N}_c(s)$ 表征的补偿器使得图 10.9 中单位反馈系统传递矩阵为 $\boldsymbol{G}_f(s)=\boldsymbol{N}_r(s)\boldsymbol{D}_f^{-1}(s)\boldsymbol{N}_c(s)$.

这一定理实质上是式(10.84)与定理 10.20 和定理 10.21 的归纳总结,无需再作证明. 下面指出几点注意事项. 这里仅讨论 $\boldsymbol{G}(s)$ 为严格真有理矩阵情况.

第一,如果对每一个 i,都有 $k_i=\nu-1$,又挑选 $\boldsymbol{D}_f(s)=\boldsymbol{P}(s)\boldsymbol{D}_r(s)$,式(10.84b)有唯一解 $\boldsymbol{D}_c(s)=\boldsymbol{P}(s)$ 和 $\boldsymbol{N}_c(s)=\boldsymbol{0}$. 换句话说如果被控系统的分母矩阵 $\boldsymbol{D}_r(s)$ 保留在 $\boldsymbol{D}_f(s)$ 中,补偿器 $C(s)=\boldsymbol{D}_c^{-1}(s)\boldsymbol{N}_c(s)=\boldsymbol{0}$,这是一种退化现象.

第二,在 $\boldsymbol{G}_f(s)=\boldsymbol{N}_r(s)\boldsymbol{D}_f^{-1}(s)\boldsymbol{N}_c(s)$ 中,$\boldsymbol{N}_r(s)$ 和 $\boldsymbol{D}_f(s)$ 之间,以及 $\boldsymbol{D}_f(s)$ 和 $\boldsymbol{N}_c(s)$ 之间,还有 $\boldsymbol{C}(s)=\boldsymbol{D}_c^{-1}(s)\boldsymbol{N}_c(s)$ 的 $\boldsymbol{N}_c(s)$ 和 $\boldsymbol{D}_c(s)$ 之间有可能存在公因式. 前一种情况下的极零点相消在实践中是允许的. 因为设计者有配置极点的自由度. 倘若 $\boldsymbol{D}_c(s)$ 和 $N_c(s)$ 之间存在左公因式,从式(10.84b)看出它必定也是 $\boldsymbol{D}_f(s)$ 的左因式,即 $\boldsymbol{D}_f(s)$ 和 $\boldsymbol{N}_c(s)$ 之间的左公因式. 所以 $\boldsymbol{D}_c(s)$ 和 $\boldsymbol{N}_c(s)$ 间的极零点相消涉及的也是可配置的极点.

第三,因为 $\boldsymbol{G}(s)$ 是严格真有理矩阵,$\boldsymbol{C}(s)$ 是真有理矩阵,$\boldsymbol{I}_r+\boldsymbol{G}(\infty)\boldsymbol{C}(\infty)=\boldsymbol{I}_r$,反馈系统具有很好的定义. 最后,如果 $\boldsymbol{D}_c(s)$ 和 $\boldsymbol{N}_c(s)$ 左互质,补偿器的次数是 $\sum k_i\geqslant m(\nu-1)$,这要比任意配置极点所需要的次数大得多.

图 10.9 的单位反馈系统中 $\boldsymbol{G}(s)$ 和 $\boldsymbol{C}(s)$ 分别以右矩阵分式和左矩阵分式表示,它们也可反过来分别表示左矩阵分式 $\boldsymbol{G}(s)=\boldsymbol{D}_l^{-1}(s)\boldsymbol{N}_l(s)$ 和右矩阵分式 $\boldsymbol{C}(s)=\boldsymbol{N}_c(s)\boldsymbol{D}_c^{-1}(s)$. 于是,$\boldsymbol{G}_f(s)=[\boldsymbol{I}_r+\boldsymbol{D}_l^{-1}(s)\boldsymbol{N}_l(s)N_c(s)\boldsymbol{D}_c^{-1}(s)]^{-1}\boldsymbol{D}_l^{-1}(s)\boldsymbol{N}_l(s)\boldsymbol{N}_c(s)\boldsymbol{D}_c^{-1}(s)=\boldsymbol{D}_c(s)[\boldsymbol{D}_l(s)\boldsymbol{D}_c(s)+\boldsymbol{N}_l(s)\boldsymbol{N}_c(s)]^{-1}\boldsymbol{N}_l(s)\boldsymbol{N}_c(s)\boldsymbol{D}_c^{-1}(s)$,最后得到

$$\boldsymbol{D}_f(s)=\boldsymbol{D}_l(s)\boldsymbol{D}_c(s)+\boldsymbol{N}_l(s)\boldsymbol{N}_c(s) \tag{10.96a}$$

$$\boldsymbol{G}_f(s)=\boldsymbol{I}_r-\boldsymbol{D}_c(s)\boldsymbol{D}_f^{-1}(s)\boldsymbol{D}_l(s) \tag{10.96b}$$

依据式(10.96)可类似地得到定理 10.22 的对偶定理 10.23.

定理 10.23　设图 10.9 中被控系统 $\boldsymbol{G}(s)=\boldsymbol{D}_l^{-1}(s)\boldsymbol{N}_l(s)$ 为 $r\times m$ 严格真(真)有理矩阵,ν_i,$i=1,2,\cdots,r$,是 $\boldsymbol{D}_l(s)$ 的行次数,μ 是 $\boldsymbol{G}(s)$ 的列指数,k_i 是 $\boldsymbol{D}_c(s)$ 的列次数,$i=1,2$ $\cdots,r$,如果 $k_i\geqslant\mu-1(k_i\geqslant\mu)$,$i=1,2,\cdots,r$,那么对于任何具有下面性质的 $\boldsymbol{D}_f(s)$

$$\lim_{s\to\infty}\mathrm{diag}[s^{-\nu_1}\quad s^{-\nu_2}\quad\cdots\quad s^{-\nu_r}]\boldsymbol{D}_f(s)\mathrm{diag}[s^{-k_1}\quad s^{-k_2}\quad\cdots\quad s^{-k_r}]=\boldsymbol{J}$$

$\boldsymbol{J}$ 为非奇异矩阵,当且仅当 $\boldsymbol{D}_l(s)$ 和 $\boldsymbol{N}_l(s)$ 左互质和 $\boldsymbol{D}_l(s)$ 为行化简时,存在 $m\times r$ 真(严格真)有理矩阵 $\boldsymbol{C}(s)=\boldsymbol{N}_c(s)\boldsymbol{D}_c^{-1}(s)$ 表示的补偿器,使得反馈系统传递矩阵 $\boldsymbol{G}_f(s)$ 满足式(10.96).

和定理 10.22 类似,应用定理 10.23 去完成的设计任务是在已知 $\boldsymbol{D}_l(s)$ 和 $\boldsymbol{N}_l(s)$ 及任意的 $\boldsymbol{D}_f(s)$ 条件下,求出满足式(10.96)的 $\boldsymbol{D}_c(s)$ 和 $\boldsymbol{N}_c(s)$. 将式(10.96b)转置得到的便是式(10.84b)那样的 Diophantine 方程. 可直接应用定理 10.21 解式(10.96b)的转置方程,也可应用列搜索算法直接解式(10.96b). 这样需要利用 $\boldsymbol{D}_l(s)$ 和 $\boldsymbol{N}_l(s)$ 以及选定的 $\boldsymbol{D}_f(s)$ 的系数矩阵,构造如同式(10.81)那样的方程. 关于这些内容以及定理 10.23 的证明就不详叙了.

例 10.9 设已知的被控系统 $\boldsymbol{G}(s)$ 为

$$\boldsymbol{G}(s)=\boldsymbol{N}_r(s)\boldsymbol{D}_r^{-1}(s)=\begin{bmatrix} s^2+1 & s \\ 0 & s^2+s+1\end{bmatrix}\begin{bmatrix} s^2-1 & 0 \\ 0 & s^2-1\end{bmatrix}^{-1}$$

显然 $\mu_1=\mu_2=\mu=2$, $\nu=2$, 取 $k_1=k_2=\nu-1=1$, 选择

$$\boldsymbol{D}_f(s)=\begin{bmatrix}(s+1)^3 & 0 \\ 0 & (s+1)(s^2+s+1)\end{bmatrix}=\begin{bmatrix}1 & 0\\ 0 & 1\end{bmatrix}+\begin{bmatrix}3 & 0\\ 0 & 2\end{bmatrix}s+\begin{bmatrix}3 & 0\\ 0 & 2\end{bmatrix}s^2+\begin{bmatrix}1 & 0\\ 0 & 1\end{bmatrix}s^3$$

构造方程

$$[\boldsymbol{D}_{c0}\quad \boldsymbol{N}_{c0}\ \vdots\ \boldsymbol{D}_{c1}\quad \boldsymbol{N}_{c1}]\left[\begin{array}{cccccc:cc} -1 & 0 & 0 & 0 & 1 & 0 & 0 & 0 \\ 0 & -1 & 0 & 0 & 0 & 1 & 0 & 0 \\ 1 & 0 & 0 & 1 & 1 & 0 & 0 & 0 \\ 0 & 1 & 0 & 1 & 0 & 1 & 0 & 0 \\ \hdashline 0 & 0 & -1 & 0 & 0 & 0 & 1 & 0 \\ 0 & 0 & 0 & -1 & 0 & 0 & 0 & 1 \\ 0 & 0 & 1 & 0 & 0 & 1 & 1 & 0 \\ 0 & 0 & 0 & 1 & 0 & 1 & 0 & 1 \end{array}\right]=\begin{bmatrix}1 & 0 & 3 & 0 & 3 & 0 & 1 & 0\\ 0 & 1 & 0 & 2 & 0 & 2 & 0 & 1\end{bmatrix}$$

解出

$$\boldsymbol{D}_c(s)=\begin{bmatrix}-s+1 & \dfrac{2s-2}{3} \\ 0 & 0\end{bmatrix},\quad \boldsymbol{N}_c(s)=\begin{bmatrix}2(s+1) & -\dfrac{2s+2}{3} \\ 0 & s+1\end{bmatrix}$$

由于 $\boldsymbol{D}_c(s)$ 奇异,补偿器 $\boldsymbol{D}_c^{-1}(s)\boldsymbol{N}_c(s)$ 没有定义. 所以在 $\boldsymbol{G}(s)$ 为真有理矩阵情况下,选取 $k_i=\nu-1$ 可能得不到需要的补偿器. 改取 $k_i=\nu=2$, 选择

$$\boldsymbol{D}_f(s)=\begin{bmatrix}(s+1)^4 & 0 \\ 0 & (s+1)^2(s^2+s+1)\end{bmatrix}$$

计算出相应的 $\boldsymbol{D}_c(s)$ 和 $\boldsymbol{N}_c(s)$ 如下:

$$\boldsymbol{D}_c(s)=\begin{bmatrix}s^2+3 & \dfrac{4(s-1)}{3} \\ 0 & s^2+s+1\end{bmatrix},\quad \boldsymbol{N}_c(s)=\begin{bmatrix}4s+4 & -\dfrac{4(s+1)}{3} \\ 0 & 2(s+1)\end{bmatrix}$$

这次 $\boldsymbol{C}(s)=\boldsymbol{D}_c^{-1}(s)\boldsymbol{N}_c(s)$ 是严格真有理矩阵, $\boldsymbol{D}_c(s)$ 的次数为 4.

10.4.5　多变量系统的解耦

定理 10.22 也可用来设计解耦的闭环系统，即设法使图 10.9 中反馈系统的传递矩阵 $\boldsymbol{G}_f(s)$ 为非奇异的对角矩阵. 首先假设被控系统 $\boldsymbol{G}(s)=\boldsymbol{N}_r(s)\boldsymbol{D}_r^{-1}(s)$ 是非奇异方阵，选择定理 10.22 中 $\boldsymbol{D}_f(s)=\overline{\boldsymbol{D}}_f(s)\boldsymbol{N}_r(s)$，$\overline{\boldsymbol{D}}_f(s)$ 为对角矩阵，于是图 10.9 中闭环系统传递矩阵为

$$\boldsymbol{G}_f(s)=\boldsymbol{N}_r(s)\boldsymbol{D}_f^{-1}(s)\boldsymbol{N}_c(s)=\overline{\boldsymbol{D}}_f^{-1}(s)\boldsymbol{N}_c(s)$$

如果补偿器的次数足够高，就可选择 $\boldsymbol{N}_c(s)$ 为对角线阵使得 $\boldsymbol{G}_f(s)$ 为对角线阵，实现解耦设计目的. 这种设计本质上是靠消去 $\boldsymbol{N}_r(s)$ 实现的，很可能涉及不希望的极零点相消. 所以这种解耦设计并不总能令人满意.

下面介绍另外一种解耦设计法，它利用补偿器直接将图 10.10 中被控系统 $\boldsymbol{G}(s)=\boldsymbol{N}_r(s)\boldsymbol{D}_r^{-1}(s)$ 消去，因而只适用于稳定的被控系统. 设 $\boldsymbol{G}(s)$ 为非奇异方阵，$\det\boldsymbol{D}_r(s)$ 是 Hurwitz 多项式，再令补偿器 $\boldsymbol{C}(s)=\boldsymbol{D}_r(s)\boldsymbol{N}_r^{-1}(s)\boldsymbol{P}(s)$，其中 $\boldsymbol{P}(s)$ 为对角线阵.

$$\boldsymbol{P}(s)=\operatorname{diag}\left[\frac{\beta_1(s)}{\alpha_1(s)}\quad\frac{\beta_2(s)}{\alpha_2(s)}\quad\cdots\quad\frac{\beta_m(s)}{\alpha_m(s)}\right]$$

这样开环传递矩阵 $\boldsymbol{G}(s)\boldsymbol{C}(s)=\boldsymbol{P}(s)$ 便是对角矩阵. 适当选择 $\boldsymbol{P}(s)$，即 $\beta_i(s)$ 和 $\alpha_i(s)$，$i=1,2\cdots,m$，使得 $\boldsymbol{C}(s)$ 为真有理矩阵和

$$\begin{aligned}\boldsymbol{G}_f(s)&=[\boldsymbol{I}_m+\boldsymbol{P}(s)]^{-1}\boldsymbol{P}(s)\\&=\operatorname{diag}\left[\frac{\beta_1(s)}{\alpha_1(s)+\beta_1(s)}\quad\frac{\beta_2(s)}{\alpha_2(s)+\beta_2(s)}\quad\cdots\quad\frac{\beta_m(s)}{\alpha_m(s)+\beta_m(s)}\right]\end{aligned}$$

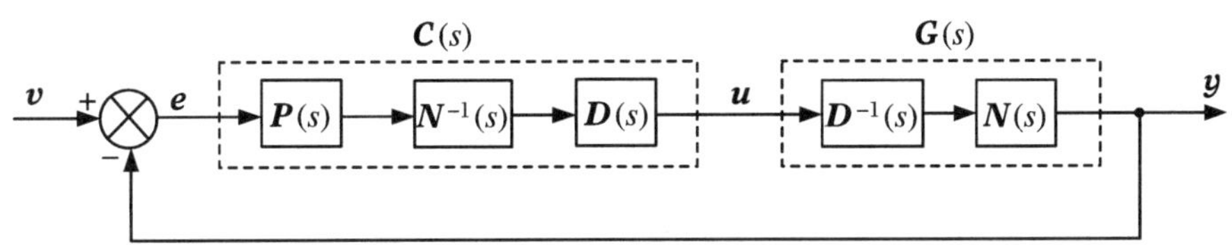

图 10.10　实现解耦设计的单位反馈系统

为 BIBO 稳定的. 如果 $\det\boldsymbol{N}_r(s)$ 是 Hurwitz 多项式，这种设计就不会涉及不稳定极零点相消. 在这种情况下可以选择 $\beta_i(s)=1$，$\boldsymbol{G}_f(s)$ 的极点便是 $\alpha_i(s)+1$，$i=1,2,\cdots,m$ 的零点. 选择 $\boldsymbol{G}_f(s)$ 的极点数，即 $\sum_{i=1}^{m}\deg[\alpha_i(s)]$ 使得 $\boldsymbol{C}(s)$ 为真有理矩阵. 一旦 $\boldsymbol{G}_f(s)$ 的极点选定之后，$\alpha_i(s)$ 便很容易计算出来. 在这种设计中若令 $\alpha_i(s)$ 和 $\alpha_i(s)+1$ 都是 Hurwitz 多项式，就能设计出稳定的补偿器.

如果 $\det\boldsymbol{N}_r(s)$ 不是 Hurwitz 多项式，由于 $\boldsymbol{N}_r^{-1}(s)$ 具有不稳定的极点，就会涉及不稳定极零点相消. 为了避免它选择 $\beta_i(s)$ 使下面有理矩阵

$$\boldsymbol{N}_r^{-1}(s)\operatorname{diag}[\beta_1(s)\quad\beta_2(s)\quad\cdots\quad\beta_m(s)]\tag{10.97}$$

在右半 s 开平面内没有极点. 若选择 $\beta_i(s)$ 等于 $\boldsymbol{N}_r^{-1}(s)$ 的第 i 列不稳定极点的最小公分母可以达到这一目的. 一旦 $\beta_i(s)$ 选定后，接着选择 $\alpha_i(s)$ 的次数让 $\boldsymbol{C}(s)$ 为真有理矩阵. 令 $\boldsymbol{G}^{-1}(s)$ 的第 (i,j) 个元素为 $\bar{n}_{ij}(s)/\bar{d}_{ij}(s)$，由 $\boldsymbol{C}(s)=\boldsymbol{G}^{-1}(s)\boldsymbol{P}(s)$ 导出 $\boldsymbol{C}(s)$ 的第 (i,j) 个

元素 $C_{ij}(s)$为

$$C_{ij}(s)=\frac{\bar{n}_{ij}(s)\beta_j(s)}{\bar{d}_{ij}(s)\alpha_j(s)},\quad i,j=1,2,\cdots,m$$

所以选择

$$\deg\alpha_j(s)-\deg\beta_j(s)\geqslant\max_j[\deg\bar{n}_{ij}(s)-\deg\bar{d}_{ij}(s)],\quad j=1,2,\cdots,m \tag{10.98}$$

则 $\boldsymbol{C}(s)$是真有理矩阵. $\boldsymbol{G}_f(s)$的极点是 $\alpha_i(s)+\beta_i(s)$, $i=1,2,\cdots,m$ 的零点. 一旦根据式(10.97)和式(10.98)选定好 $\alpha_i(s)$的次数和 $\beta_i(s)$, $i=1,2,\cdots,m$, 很容易由希望的 $\boldsymbol{G}_f(s)$的极点配置要求,计算出每个 $\alpha_i(s)$. 应用这些 $\alpha_i(s)$和 $\beta_i(s)$就能计算出真有理矩阵 $\boldsymbol{C}(s)$, 并且使图 10.10 中单位反馈系统传递矩阵 $\boldsymbol{G}_f(s)$是解耦的. $\boldsymbol{G}_f(s)$的极点是可以由设计者配置的. $\boldsymbol{G}_f(s)$的零点也就是 $\beta_i(s)$的零点是由 $\det\boldsymbol{N}_r(s)$的右半个 s 闭平面零点决定的. $\det\boldsymbol{N}_r(s)$的这些零点称做 $\boldsymbol{G}(s)$的非最小相位零点. 为了避免不稳定极零点相消, 像式(10.97)那样将 $\boldsymbol{G}(s)$的非最小相位零点挑出来作为 $\beta_i(s)$零点. 换句话说, $\boldsymbol{G}(s)$的非最小相位零点不应当消去, 应留作 $\boldsymbol{G}_f(s)$的零点.

如果被控系统是不稳定系统,必须在实施解耦设计之前将其稳定化. 由上述设计方法可见,虽然解耦系统都是稳定的,但它们是靠精确地消去 $\boldsymbol{G}(s)$实现的. 如果 $\boldsymbol{G}(s)$和 $\boldsymbol{C}(s)$中存在参数变化解耦特性会被破坏;此外,为了精确解耦,补偿器次数往往很高. 所以解耦系统对参数变化十分灵敏,实现解耦设计成本太大.

10.5 渐近跟踪和干扰抑制

10.4 节主要研究的是如何设计一个真有理矩阵表示的补偿器 $\boldsymbol{C}(s)$校正被控系统,使得单位反馈系统传递矩阵 $\boldsymbol{G}_f(s)$的极点全部落在希望的左半开 s 平面内,保证反馈系统是稳定的. 除此之外,还希望实际的反馈系统具有其他良好的性能. 例如,希望在被控系统受到外界干扰信号 $\boldsymbol{w}(t)$(见图 10.11)影响下,输出 $\boldsymbol{y}(t)$能很好地跟踪外部参考信号 $\boldsymbol{v}(t)$,即

$$\lim_{t\to\infty}\boldsymbol{e}(t)=\lim_{t\to\infty}[\boldsymbol{v}(t)-\boldsymbol{y}(t)]=\boldsymbol{0} \tag{10.99}$$

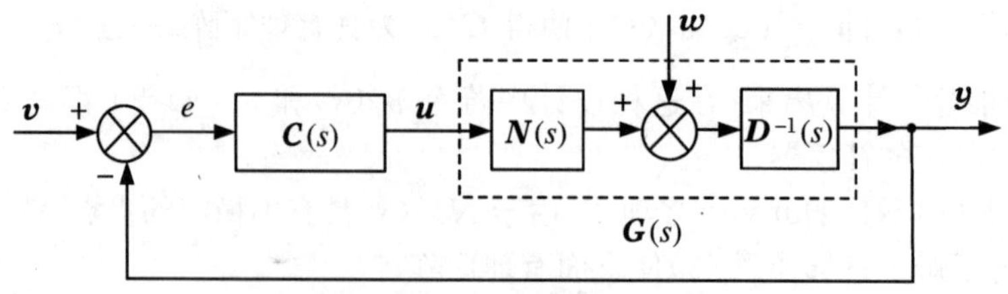

图 10.11 渐近跟踪系统设计

因为实际的物理因素限制,不可能对任何 t 做到 $\boldsymbol{y}(t)=\boldsymbol{v}(t)$,所以取 $t\to\infty$ 的极限形式描述系统的跟踪性能. 式(10.99)表达着两组输入 $\boldsymbol{v}(t)$和 $\boldsymbol{w}(t)$作用下输出信号 $\boldsymbol{y}(t)$和误差信

号 $\boldsymbol{e}(t)$ 与参考输入 $\boldsymbol{v}(t)$ 之间关系，对于线性系统应用叠加原理可分别表述为式(10.100a)描述的**输出调节或干扰抑制**

$$\lim_{t\to\infty}\boldsymbol{e}_w(t)=\lim_{t\to\infty}[-\boldsymbol{y}_w(t)]=\boldsymbol{0},\quad \boldsymbol{v}(t)\equiv 0 \tag{10.100a}$$

和式(10.100b)描述的**渐近跟踪**

$$\lim_{t\to\infty}\boldsymbol{e}_v(t)=\lim_{t\to\infty}[\boldsymbol{v}(t)-\boldsymbol{y}_v(t)]=\boldsymbol{0},\quad \boldsymbol{w}(t)\equiv 0 \tag{10.100b}$$

其中 $\boldsymbol{y}_w(t)$ 和 $\boldsymbol{y}_v(t)$ 分别表示单纯由干扰信号 $\boldsymbol{w}(t)$ 和参考信号 $\boldsymbol{v}(t)$ 引起的输出，$\boldsymbol{e}_w(t)$ 和 $\boldsymbol{e}_v(t)$ 分别为相应条件下的误差信号.

再说不论被控系统是以何等精确方式确定了被控系统的传递矩阵 $\boldsymbol{G}(s)$ 或其他数学模型，它仍然是近似地表达着真实的被控系统，不可避免地存在着建模误差. 此外，由于工作环境的变化，元部件的老化，制造工艺的限制等因素，被控系统和所设计的补偿器的元部件参数都和标称值或名义值不一致，存在着一定程度偏差. 这些事先难以确定而又必然存在的建模误差和元部件参数偏差导致用以分析设计的传递矩阵 $\boldsymbol{G}(s)$ 和 $\boldsymbol{C}(s)$ 只是一种标称值或名义值，和真实的传递矩阵 $\hat{\boldsymbol{G}}(s)$ 和 $\hat{\boldsymbol{C}}(s)$ 间存在着偏差，通常称为扰动. 采用加法形式表示，即 $\hat{\boldsymbol{G}}(s)=\boldsymbol{G}(s)+\Delta_a\boldsymbol{G}(s)$ 或 $\hat{\boldsymbol{C}}(s)=\boldsymbol{C}(s)+\Delta_a\boldsymbol{C}(s)$，$\Delta_a\boldsymbol{G}(s)$ 或 $\Delta_a\boldsymbol{C}(s)$ 分别称为 $\boldsymbol{G}(s)$ 或 $\boldsymbol{C}(s)$ 的加法扰动，采用乘法表示，即 $\hat{\boldsymbol{G}}(s)=[\boldsymbol{I}+\Delta_m\boldsymbol{G}(s)]\boldsymbol{G}(s)$ 或 $\hat{\boldsymbol{C}}(s)=[\boldsymbol{I}+\Delta_m\boldsymbol{C}(s)]\boldsymbol{C}(s)$，$\Delta_m\boldsymbol{G}(s)$ 或 $\Delta_m\boldsymbol{C}(s)$ 分别称为 $\boldsymbol{G}(s)$ 或 $\boldsymbol{C}(s)$ 的乘法扰动. 扰动的存在使得可能出现这种情况，用标称的传递矩阵 $\boldsymbol{G}(s)$ 和 $\boldsymbol{C}(s)$ 分析设计的反馈系统不仅稳定而且具有很好的渐近跟踪和干扰抑制等性能，但实际的反馈系统却可能是不稳定的，或者虽然稳定，其他性能不如标称值下的性能，甚至相差甚远. 这就涉及系统的鲁棒性(Robustness). 简单地说，系统的鲁棒性就是系统在扰动存在的情况下，真实系统仍然保持标称值下稳定性及其他良好性能的能力，所能允许的扰动范围越大，鲁棒性越强，这一节主要讨论如何设计具有良好的跟踪性能和干扰抵制性能的单位反馈系统，然后适当介绍干扰抑制性能与鲁棒性的一致性.

在着手研究具有干扰抑制和跟踪性能的反馈系统设计之前有必要简要地讨论 $\boldsymbol{v}(t)$ 和 $\boldsymbol{w}(t)$ 的性质. 因为如果随着 $t\to\infty$，$\boldsymbol{v}(t)$ 和 $\boldsymbol{w}(t)$ 本身趋于零，则只要图 10.11 中反馈系统为渐近稳定系统就可保证式(10.99)满足；倘若 $\boldsymbol{v}(t)$ 和 $\boldsymbol{w}(t)$ 至少有一个当 $t\to\infty$ 时不为零，而对它们性质又一无所知，也就无法进行讨论. 假设被控系统为单变量系统，$v(t)$ 和 $w(t)$ 为标量，设其拉氏变换分别为

$$v(s)=\mathscr{L}[v(t)]=\frac{n_v(s)}{d_v(s)}$$

$$w(s)=\mathscr{L}[w(t)]=\frac{n_w(s)}{d_w(s)}$$

其中多项式 $d_v(s)$ 和 $d_w(s)$ 是已知的，在 $v(s)$ 和 $w(t)$ 为真有理函数前提下多项式 $n_v(s)$ 和 $n_w(s)$ 是任意的. 实质上，这种假设表明 $v(s)$ 和 $w(t)$ 并不包含 $\delta(t)$ 各阶导数，由常见的 $\delta(t)$，$1(t)$，幂函数，指数函数(包括正弦函数，余弦函数)等线性组合而成. 它们分别相当于下面两组动态方程：

$$\dot{\boldsymbol{x}}_v(t)=\boldsymbol{A}_v\boldsymbol{x}_v(t),\quad \dot{\boldsymbol{x}}_w(t)=\boldsymbol{A}_w\boldsymbol{x}_w(t)$$

$$\boldsymbol{v}(t) = \boldsymbol{C}_v\boldsymbol{x}_v(t), \quad \boldsymbol{w}(t) = \boldsymbol{C}_w\boldsymbol{x}_x(t)$$

由未知的初态 $\boldsymbol{x}_v(0)$和 $\boldsymbol{x}_w(0)$引起的零输入响应. $\boldsymbol{A}_v$ 和$\boldsymbol{A}_w$ 的最小多项式分别为$d_v(s)$和$d_w(s)$. 由于 $v(t)$和 $w(t)$中那些随 $t\to\infty$而趋于零的分量对 $y(t\to\infty)$没有影响,进一步假设 $d_v(s)$和 $d_w(s)$中某些零点的实部等于或大于零. 令 $\phi(s)$是 $v(s)$和 $w(s)$中所有不稳定极点的最小公分母,$\phi(s)$的零点全部位于右半 s 闭平面内.

10.5.1 单变量系统

定理 10.24 设图 10.11 中被控系统完全由它的真有理函数 $g(s)$表征,参考信号 $v(s)$和干扰信号 $w(s)$的不稳定极点的最小公分母为 $\phi(s)$, 如果 $\phi(s)$和 $g(s)$没有公共零点,则存在真有理函数表示的补偿器使得单位反馈系统具有渐近跟踪和干扰抑制性能.

证明 如果 $\phi(s)$和 $g(s)$没有公共零点,设 $g(s)=n(s)/d(s)$为互质分式,则 $n(s)$和$\phi(s)d(s)$互质. 于是图 10.12 中 $\phi^{-1}(s)$和 $g(s)$组成的串联系统可通过 $\bar{c}(s)=n_c(s)/d_c(s)$构成渐近稳定的单位反馈系统(见定理 10.13),也就是配置

$$d_f(s) = d_c(s)d(s)\phi(s) + n_c(s)n(s) \tag{10.101}$$

的全部极点位于左半 s 开平面内. 由图 10.12 可计算出干扰信号 $w(s)$单独引起的输出$y_w(s)$为

$$\begin{aligned} y_w(s) &= -e_w(s) \\ &= \frac{d_c(s)\phi(s)}{d_c(s)d(s)\phi(s) + n_c(s)n(s)}w(s) \\ &= \frac{d_c(s)n_w(s)}{d_c(s)d(s)\phi(s) + n_c(s)n(s)} \cdot \frac{\phi(s)}{d_w(s)} \end{aligned} \tag{10.102a}$$

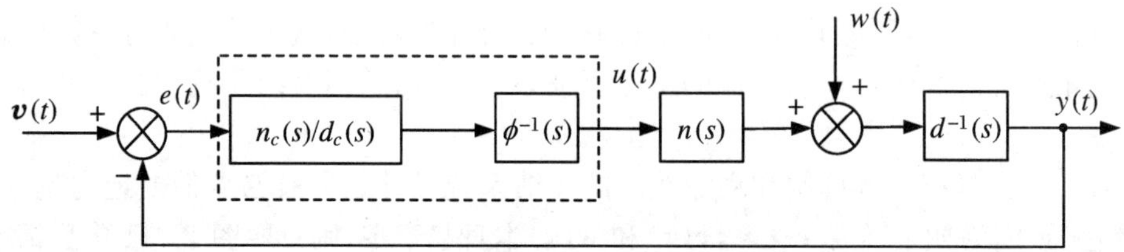

图 10.12 含有内模的渐近跟踪系统

因为 $d_w(s)$所有右半 s 闭平面内零点都被$\phi(s)$相消,$y_w(s)$的极点即 $d_f(s)$的极点已被全部配置在左半 s 开平面内. 所以随着 $t\to\infty$,$y_w(t)\to 0$,即使 $w(t=\infty)$不为零. 类似地,可导出单独由参考信号 $v(s)$引起的误差信号 $e(s)$如式(10.102b)

$$e(s) = v(s) - y_v(s) = \frac{d_c(s)d(s)n_v(s)}{d_c(s)d(s)\phi(s) + n_c(s)n(s)} \cdot \frac{\phi(s)}{d_v(s)} \tag{10.102b}$$

同样的道理 $e(s)$的极点即 $d_f(s)$的极点已被全部配置在左半 s 开平面内,随着 $t\to\infty$,$e(t)\to 0$,或者 $y(t)=v(t)$.

注意在定理 10.13 中,$n(s)$和 $d(s)$互质是充要条件之一,所以这里 $\phi(s)$和 $g(s)$没有公共零点也是充要条件之一. 另一个充要条件是 $\deg d_c(s)+\deg\phi(s)>\deg d(s)$.

定理 10.24 的证明指出,为了设计出具有渐近跟踪和干扰抑制特性的单位反馈系统关

键在于:第一,在反馈环中引入由参考信号 $v(s)$ 和干扰信号 $w(s)$ 的不稳定模态(极点)构成的 $\phi^{-1}(s)$. $\phi^{-1}(s)$ 被称做**内模**,第二,对传递函数 $\phi^{-1}(s)g(s)$ 设计串联补偿器 $\bar{c}(s)$ 达到任意安排式(10.101)中 $d_f(s)$ 的零点.式(10.102)说明内模 $\phi^{-1}(s)$ 的引入为误差传递函数 $g_{ew}(s)$ 和 $g_{ev}(s)$ 分别提供了精确抵消所有 $w(s)$ 和 $v(s)$ 的不稳定极点所需要的零点.从而达到干扰抑制和渐近跟踪的目的.通常称此为**内模原理**.虽然不用内模也能达到渐近跟踪目的,但采用内模后,闭环系统对 $g(s)$ 和 $\bar{c}(s)$ 的参数扰动不敏感,具有鲁棒性,这是它的特点.在单变量系统中内模不能被安排在从 $w(s)$ 到 $y(s)$ 的前向通路中,否则 $\phi(s)$ 就不会成为 $g_{y_w}(s)$ 的分子.

现在说明内模的引入使闭环系统具有了鲁棒性.假设 $v(s)=s^{-1}$, $w(s)=0$,和

$$g(s)=\frac{n_n s^n+n_{n-1}s^{n-1}+\cdots+d_1 s+n_0}{d_n s^n+d_{n-1}s^{n-1}+\cdots+d_1 s+d_0}$$

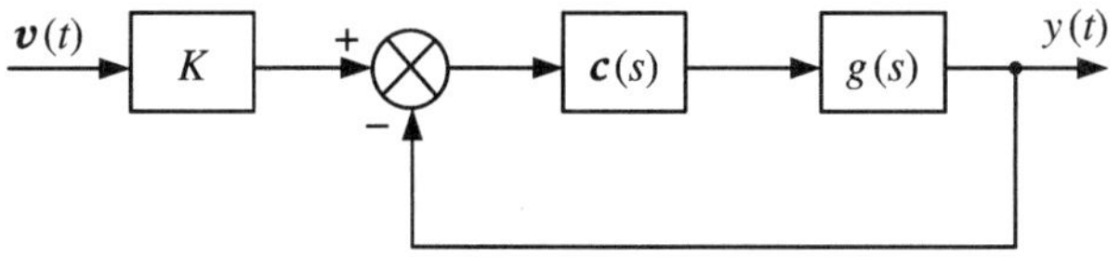

图 10.13　无内模渐近跟踪系统

采用图10.13中没有内模的反馈系统,其中 K 为前置放大器.令

$$c(s)=\frac{n_{ck}s^k+n_{ck-1}s^{k-1}+\cdots+n_{c1}s+n_{c0}}{d_{ck}s^k+d_{ck-1}s^{k-1}+\cdots+d_{c1}s+d_{c0}}$$

那么可导出 $g_{yv}(s)$ 即 $g_f(s)$ 如下:

$$g_f(s)=\frac{Kg(s)c(s)}{1+g(s)c(s)}=\frac{K(n_n n_k s^{n+k}+\cdots+n_0 n_{c0})}{(d_n d_{ck}+n_n n_{ck})s^{n+k}+\cdots+(d_0 d_{c0}+n_0 n_{c0})}$$

假设 $g_f(s)$ 被设计成渐近稳定的,则应用终值定理得到

$$\begin{aligned}\lim_{t\to\infty}[v(t)-y_v(t)]&=\lim_{s\to 0}s[v(s)-g_f(s)v(s)]\\&=1-g_f(0)\\&=1-\frac{Kn_0 n_{c0}}{d_0 d_{c0}+n_0 n_{c0}}\end{aligned}\tag{10.103}$$

如果引用了内模 $\phi(s)=s$,且 s 不是 $g(s)$ 的零点,则 $d_{c0}=0$, $n_{c0}\neq 0$ 和 $n_0\neq 0$.这种情况下取 $K=1$ 就可达到渐近跟踪目的.而且,只要 $g(s)$ 和 $\bar{c}(s)$ 的参数扰动不破坏 $d_{c0}=0$, $n_{c0}\neq 0$ 和 $g_f(s)$ 保持渐近稳定三个前提条件,即使扰动相当大,系统仍具备渐近跟踪特性.因此,应用内模原理设计的反馈系统具有鲁棒性.倘若不引用内模 $\phi(s)=s$,那么 $c(s)$ 的分母中 $d_{c0}\neq 0$,如果 $d_0\neq 0$,同时式(10.103)中取 $K=1+(d_0 d_{c0}/n_0 n_{c0})$ 仍可使反馈系统具有渐近跟踪特性.这里要求 $n_0\neq 0$ 和 $n_{c0}\neq 0$.在补偿器设计中总能求出 $n_{c0}\neq 0$ 的 $c(s)$, $n_0\neq 0$ 意味着被控系统没有 $s=0$ 的零点.因此对于 $s=0$ 既不是零点($n_0\neq 0$)又不是极点($d_0\neq 0$)的被控系统,没有引入内模也可以设计出对参考信号 $v(s)=s^{-1}$ 具有渐近跟踪特性的反馈系统,如图10.13所示.但是这种系统对于引起 n_0, d_0, n_{c0} 和 d_{c0} 变化的参数扰动不具备鲁棒性,因为按标称值设计的前置放大器放大系数 K 处于反馈环之外.有些文献将前者称为鲁棒设计,后者称为非鲁棒设计.不过应注意到,在这两种设计中都要求 $\phi(s)$ 的零点不是

$g(s)$的零点.

最后指出在鲁棒设计中不允许$\phi(s)$的系数有变化，因为渐近跟踪和干扰抑制是靠$\phi(s)$的零点与$v(s)$和$w(s)$的不稳定极点精确抵消来实现的.实际上要做到精确抵消很难，经常出现的是不精确抵消.不过这也不意味着定理10.24只有理论意义.如果不应用内模原理，情况会差得多.再说实际中的$v(t)$和$w(t)$多半是有界的，采用内模原理虽没有精确抵消掉$v(s)$和$w(s)$的不稳定极点使稳定误差为零，但毕竟是有限的，$\phi(s)$的复制越精确，稳态误差就会越小.渐近跟踪和干扰抑制体现着反馈系统的稳态性能.一个好的跟踪系统还应该具有好的瞬态性能，这些是通过建立时间、上升时间和超调量来衡量的.设计$d_f(s)$的零点时应考虑到这些因素安排零点在左半s闭平面中的位置.更深入地考虑干扰信号的抑制还应从干扰信号的随机性去研究这一课题.这些属于随机控制理论内容，超出了本书范围.

10.5.2 多变量系统

现在假设图10.11中被控系统由$r\times m$真有理矩阵$\boldsymbol{G}(s)=\boldsymbol{D}_l^{-1}(s)\boldsymbol{N}_l(s)$描述.相应的$\boldsymbol{v}(t)$和$\boldsymbol{w}(t)$为$r\times 1$的向量，假设它们分别被表达为

$$\boldsymbol{v}(s)=\boldsymbol{D}_v^{-1}(s)\boldsymbol{N}_v(s)$$
$$\boldsymbol{w}(s)=\boldsymbol{D}_w^{-1}(s)\boldsymbol{N}_w(s)$$

希望设计出补偿器$\boldsymbol{C}(s)=\boldsymbol{N}_c(s)\boldsymbol{D}_c^{-1}(s)$使得对于任何$\boldsymbol{N}_v(s)$和$\boldsymbol{N}_w(s)$，式(10.99)成立，即

$$\lim_{t\to\infty}\boldsymbol{e}(t)=\lim_{t\to\infty}[\boldsymbol{v}(t)-\boldsymbol{y}(t)]=\boldsymbol{0}$$

和单变量被控系统情况一样，设计分为两步：首先引入内模$\phi^{-1}(s)\boldsymbol{I}_m(m\leqslant r)$或$\phi^{-1}(s)\boldsymbol{I}_r(m\geqslant r)$；然后设计补偿器$\boldsymbol{C}(s)=\boldsymbol{N}_c(s)\boldsymbol{D}_c^{-1}(s)$使反馈系统为渐近稳定系统.内模引入方式如图10.14所示，$\phi^{-1}(s)\boldsymbol{I}_m$嵌接在补偿器$\boldsymbol{C}(s)$和被控系统$\boldsymbol{G}(s)$之间，$\phi^{-1}(s)\boldsymbol{I}_r$嵌接在补偿器$\boldsymbol{C}(s)$之前.$\phi(s)$是$\boldsymbol{D}_v^{-1}(s)$和$\boldsymbol{D}_w^{-1}(s)$的每个元素的不稳定极点的最小公分母.下面将阐明只有在$m\geqslant r$的条件下应用内模$\phi^{-1}(s)\boldsymbol{I}_r$所设计的多变量渐近跟踪反馈系统(二)可以保证具有渐近跟踪和干扰抑制性能.

定理10.25 设图10.14(b)中被控系统由$r\times m$阶，$m\geqslant r$，真有理矩阵$\boldsymbol{G}(s)=\boldsymbol{D}_l^{-1}(s)\boldsymbol{N}_l(s)$完全表征，$\phi(s)$为$\boldsymbol{D}_v^{-1}(s)$和$\boldsymbol{D}_w^{-1}(s)$每个元素的不稳定极点的最小公分母，当且仅当$\phi(s)$的零点都不是$\boldsymbol{G}(s)$的传输零点时，存在$m\times r$阶真有理矩阵$\boldsymbol{C}(s)=\boldsymbol{N}_c(s)\boldsymbol{D}_c^{-1}(s)$表征的补偿器使得反馈系统渐近稳定具有渐近跟踪和干扰抑制性能.

证明 由图10.14(b)可知由$\boldsymbol{v}(s)$到$\boldsymbol{e}(s)$的传递矩阵$\boldsymbol{G}_{ev}(s)$为

$$\begin{aligned}\boldsymbol{G}_{ev}(s)&=[\boldsymbol{I}_r+\boldsymbol{D}_l^{-1}(s)\boldsymbol{N}_l(s)\boldsymbol{N}_c(s)\boldsymbol{D}_c^{-1}(s)\phi^{-1}(s)\boldsymbol{I}_r]^{-1}\\&=\{[\phi(s)\boldsymbol{I}_r+\boldsymbol{D}_l^{-1}(s)\boldsymbol{N}_l(s)\boldsymbol{N}_c(s)\boldsymbol{D}_c^{-1}(s)]\phi^{-1}(s)\boldsymbol{I}_r\}^{-1}\\&=\phi(s)\boldsymbol{D}_c(s)[\phi(s)\boldsymbol{D}_l(s)\boldsymbol{D}_c(s)+\boldsymbol{N}_l(s)\boldsymbol{N}_c(s)]^{-1}\boldsymbol{D}_l(s)\end{aligned}\tag{10.104a}$$

而由$\boldsymbol{w}(s)$到$\boldsymbol{e}(s)$或$\boldsymbol{y}(s)$的传递矩阵为

$$-\boldsymbol{G}_{ew}(s)=\boldsymbol{G}_{yw}(s)=\phi(s)\boldsymbol{D}_c(s)[\phi(s)\boldsymbol{D}_l(s)\boldsymbol{D}_c(s)+\boldsymbol{N}_l(s)\boldsymbol{N}_c(s)]^{-1}\tag{10.104b}$$

在式(10.104)中当且仅当$\phi(s)\boldsymbol{D}_l(s)$与$\boldsymbol{N}_l(s)$左互质则存在$m\times r$阶真有理矩阵$\boldsymbol{C}(s)$表征的补偿器使得闭环系统的分母矩阵$\boldsymbol{D}_f(s)$为

$$\boldsymbol{D}_f(s)=\phi(s)\boldsymbol{D}_l(s)\boldsymbol{D}_c(s)+\boldsymbol{N}_l(s)\boldsymbol{N}_c(s)$$

且可以任意配置 $\det \boldsymbol{D}_f(s)$ 的零点，特别是将它们全部安排在左半 s 开平面内保证反馈系统渐近稳定. 因为 $\boldsymbol{D}_l(s)$ 和 $\boldsymbol{N}_l(s)$ 左互质，$\phi(s)\boldsymbol{D}_l(s)$ 和 $\boldsymbol{N}_l(s)$ 左互质等价为 $\phi(s)$ 和 $\boldsymbol{N}_l(s)$ 没有公共零点，也就是 $\phi(s)$ 的零点都不是 $\boldsymbol{G}(s)$ 的传输零点. 顺便指出图 10.14(b)中 $\boldsymbol{G}(s)$ 后面串接 $\phi^{-1}(s)\boldsymbol{I}_r$ 的串联系统的传递矩阵 $\boldsymbol{G}_{串}(s)=\boldsymbol{I}_r[\phi(s)\boldsymbol{I}_r]^{-1}\boldsymbol{D}_l^{-1}(s)\boldsymbol{N}_l(s)=\boldsymbol{I}_r[\phi(s)\boldsymbol{D}_l(s)]^{-1}\boldsymbol{N}_l(s)$，根据定理 10.1 可知，当且仅当 ϕ 的零点都不是 $\boldsymbol{G}(s)$ 的传输零点，这一串联系统既能控又能观.

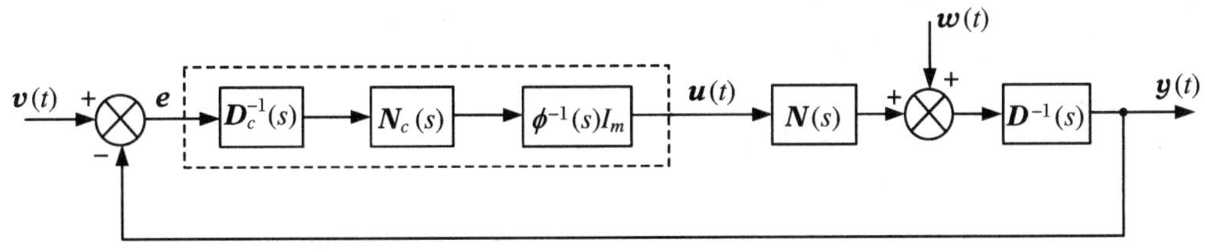

(a) 多变量渐近跟踪系统(一)

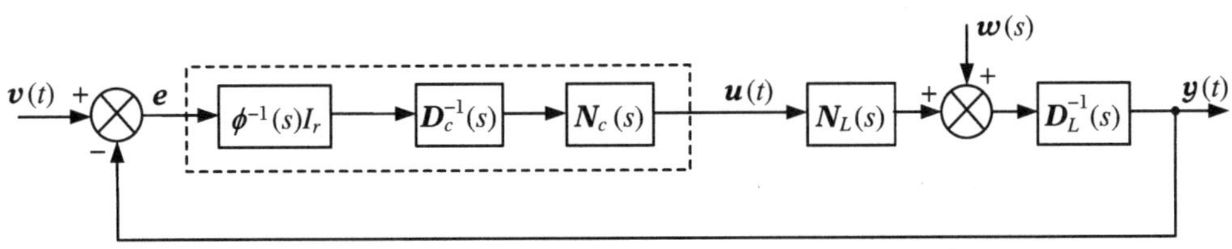

(b) 多变量渐近跟踪系统(二)

图 10.14

因为 $\phi(s)$ 的零点全部位于右半 s 闭平面内，$\det \boldsymbol{D}_f(s)$ 的零点全部安排在左半 s 开平面内，两者之间不会有极零点相消. 式(10.104)中 $\boldsymbol{G}_{ev}(s)$ 和 $\boldsymbol{G}_{ew}(s)$ 的每个元素分子中皆含有 $\phi(s)$，所以 $\phi(s)$ 的零点都是 $\boldsymbol{G}_{ev}(s)$ 和 $\boldsymbol{G}_{ev}(s)$ 的阻塞零点. 由 $\boldsymbol{v}(s)$ 和 $\boldsymbol{w}(s)$ 共同产生的误差响应 $\boldsymbol{e}(s)$ 可写成

$$\begin{aligned}\boldsymbol{e}(s) &= \boldsymbol{G}_{ev}(s)\boldsymbol{v}(s)+\boldsymbol{G}_{ew}(s)\boldsymbol{w}(s)\\ &= \boldsymbol{D}_c(s)\boldsymbol{D}_f^{-1}(s)\boldsymbol{D}_l(s)\phi(s)\boldsymbol{D}_v^{-1}(s)\boldsymbol{N}_v(s)-\boldsymbol{D}_c(s)\boldsymbol{D}_f^{-1}(s)\phi(s)\boldsymbol{D}_w^{-1}(s)\boldsymbol{N}_w(s)\end{aligned}$$

结果 $\boldsymbol{D}_v^{-1}(s)$ 和 $\boldsymbol{D}_w^{-1}(s)$ 中的所有不稳定极点都被 $\phi(s)$ 的零点抵消，最后在 $\boldsymbol{e}(s)$ 中只剩下稳定的极点，对于任何的 $\boldsymbol{N}_w(s)$ 和 $\boldsymbol{N}_v(s)$，随着 $t\to\infty$，响应 $\boldsymbol{e}(t)\to\boldsymbol{0}$. 反馈系统具有渐近跟踪和干扰抑制性能.

现在讨论 $m<r$，采用图 10.14(a)中反馈系统结构有何缺欠. 由图 10.14(a)确实可导出 $\boldsymbol{G}_{ev}(s)$ 仍保持为式 (10.104a)，即

$$\begin{aligned}\boldsymbol{G}_{ev}(s) &= [\boldsymbol{I}_r+\boldsymbol{D}_l^{-1}(s)\boldsymbol{N}_l(s)\phi^{-1}(s)\boldsymbol{I}_m\boldsymbol{N}_c(s)\boldsymbol{D}_c^{-1}(s)]^{-1}\\ &= \{[\phi(s)\boldsymbol{I}_r+\boldsymbol{D}_l^{-1}(s)\boldsymbol{N}_l(s)\boldsymbol{N}_c(s)\boldsymbol{D}_c^{-1}(s)]\phi^{-1}(s)\boldsymbol{I}_r\}^{-1}\\ &= \phi(s)\boldsymbol{D}_c(s)[\phi(s)\boldsymbol{D}_l(s)\boldsymbol{D}_c(s)+\boldsymbol{N}_l(s)\boldsymbol{N}_c(s)]^{-1}\boldsymbol{D}_l(s)\end{aligned}$$

因此，当且仅当 $\phi(s)\boldsymbol{D}_l(s)$ 与 $\boldsymbol{N}_l(s)$ 左互质可以设计出具有渐近跟踪和干扰抑制性能的渐近稳定反馈系统. 但是，从图 10.14(a)的结构安排可知，$\phi^{-1}(s)\boldsymbol{I}_m$ 后面串接 $\boldsymbol{G}(s)=\boldsymbol{D}_l^{-1}(s)\boldsymbol{N}_l(s)$ 的串联系统为既能控又能观的充要条件正是 $\phi(s)$ 的零点都不是 $\boldsymbol{G}(s)$ 的传

输零点，参看定理 10.1 并注意到串联系统传递矩阵 $\boldsymbol{G}_{串}(s)=\boldsymbol{D}_l^{-1}(s)\boldsymbol{N}_l(s)[\phi(s)\boldsymbol{I}_m]^{-1}\boldsymbol{I}_m=\boldsymbol{D}_l^{-1}(s)\boldsymbol{N}_l(s)\times\boldsymbol{I}_m[\phi(s)\boldsymbol{I}_m]^{-1}$ 便可证明这一点. 因此

$$\delta[\boldsymbol{G}_{串}(s)]=\delta[\boldsymbol{D}_l(s)]+\delta[\phi(s)\boldsymbol{I}_m]=\deg\det\boldsymbol{D}_l(s)+m\deg\phi(s)$$

而

$$\delta\det\phi(s)\boldsymbol{D}_l(s)=\deg\det\boldsymbol{D}_l(s)+r\deg\phi(s)$$

$r>m$ 造成 $\delta[\det\phi(s)\boldsymbol{D}_l(s)]>\delta\boldsymbol{G}_{串}(s)$，表明 $\phi(s)\boldsymbol{D}_l(s)$ 和 $\boldsymbol{N}_l(s)$ 并不是左互质. 所以并不是所有 $\det\boldsymbol{D}_f(s)=\det[\phi(s)\boldsymbol{D}_l(s)\boldsymbol{D}_c(s)+\boldsymbol{N}_l(s)\boldsymbol{N}_c(s)]$ 的零点都可以在 s 平面上任意配置. 这样 $\phi(s)$ 的某些零点会成为无法配置的零点，$\phi(s)\boldsymbol{D}_l(s)\boldsymbol{D}_c(s)+\boldsymbol{N}_l(s)\boldsymbol{N}_c(s)$ 和 $\phi(s)$ 之间总存在极零点相消现象. 所以并不是 $\phi(s)$ 的全部零点都成为 $\boldsymbol{G}_{ev}(s)$ 的阻塞零点，最终导致在 $r>m$ 的情况下，不能保证图 10.14(a) 中反馈系统为具有渐近跟踪和干扰抑制性能的渐近稳定系统. 定理证毕.

关于 $m\geqslant r$ 的条件，C. A. Desoer 曾给出这样一个论证. 假设图 10.14(a) 中 BIBO 稳定的被控系统具有如下的传递矩阵：

$$\boldsymbol{G}(s)=\begin{bmatrix}\dfrac{s-1}{s+2}\\[2mm]\dfrac{-s}{s+3}\end{bmatrix}$$

令 $v(t)=V_0U(t)$，即 $v(s)=V_0/s$，不论反馈系统如何设计，为了达到渐近跟踪目的，被控系统的输入 $u(t)$ 的拉氏变换 $u(s)$ 应具有下面形式：

$$u(s)=\frac{k}{s}+u'(s)$$

$u'(s)$ 由极点位于左半 s 闭平面内的那些项组成. 这样单纯由参考输入 $v(t)$ 引起的误差响应 $e_v(t)$ 在 $t\to\infty$ 时的极限为

$$\lim_{t\to\infty}e_v(t)=\lim_{s\to0}[sv(s)-s\boldsymbol{G}(s)u(s)]=V_0-\boldsymbol{G}(0)k=V_0+\begin{bmatrix}0.5\\0\end{bmatrix}k$$

可见对于 $\boldsymbol{G}(0)$ 值域以外的 V_0，不可能达到渐近跟踪目的. 就一般情况而言，为了对任意的 $V_0\in\mathbf{R}$ 能设计出渐近跟踪的反馈系统，$\boldsymbol{G}(0)$ 的值域空间 $R[\boldsymbol{G}(0)]$ 必须为 r 维实空间，或者 $\rho[\boldsymbol{G}(0)]=r$. 因为 $\boldsymbol{G}(s)$ 是 $r\times m$ 阶矩阵，为了满足条件 $\rho[\boldsymbol{G}(0)]=r$，必须满足 $m\geqslant r$.

10.5.3 静态解耦的鲁棒设计与非鲁棒设计

7.4 节曾研究过如何利用状态反馈实现解耦. 这里将要讨论的是：参考信号 $\boldsymbol{v}(t)$ 为不同幅值的阶跃信号组成的 $r\times1$ 阶向量，即 $\boldsymbol{v}(s)=\boldsymbol{V}_0/s$，$\forall\,\boldsymbol{V}_0\neq0\in\mathbf{R}^r$，如何应用内模原理设计出图 10.15 所示的单位输出反馈系统，使得反馈系统传递矩阵 $\boldsymbol{G}_f(s)$ 的 $\boldsymbol{G}_f(s=0)$ 为非奇异的对角矩阵，假设图中被控系统由 $r\times m$ 阶真有理矩阵 $\boldsymbol{G}(s)$ 完全表征.

如果反馈系统是 BIBO 稳定的，$\boldsymbol{y}(t)$ 的稳态响应为

$$\boldsymbol{y}(t=\infty)=\lim_{s\to0}s\boldsymbol{G}_f(s)\boldsymbol{v}(s)=\lim_{s\to0}s\boldsymbol{G}_f(s)\boldsymbol{V}_0/s=\boldsymbol{G}_f(0)\boldsymbol{V}_0 \tag{10.105a}$$

即

$$y_i(\infty)=g_{fi}(0)V_{0i},\quad i=1,2,\cdots,r \tag{10.105b}$$

式(10.105b)表明输出稳态响应第 i 个分量 $y_i(\infty)$ 仅受输入 $\boldsymbol{v}(t)$ 的第 i 个分量 V_{0i} 控制，故

称为静态解耦.如果在 t_0 时刻 $\boldsymbol{v}(t)$ 第 i 个分量幅值发生变化,在 t_0 以后的一段时间内输出 $\boldsymbol{y}(t)$ 的各个分量皆会发生变化,一旦暂态响应结束,仅第 i 个输出分量具有相同的变化,其他输出分量又恢复如初.所以静态解耦和 7.4 节中解耦不同,那里暂态响应和稳态响应都被解耦.还应注意的是静态解耦仅仅对阶跃型参考信号有定义.虽然如此,静态解耦仍具有重要的实际意义.因为阶跃型参考信号是实践中常见的一类信号.例如房间的温度和湿度控制,保持飞机在一定的高度上飞行等等,参考信号都是这类信号.

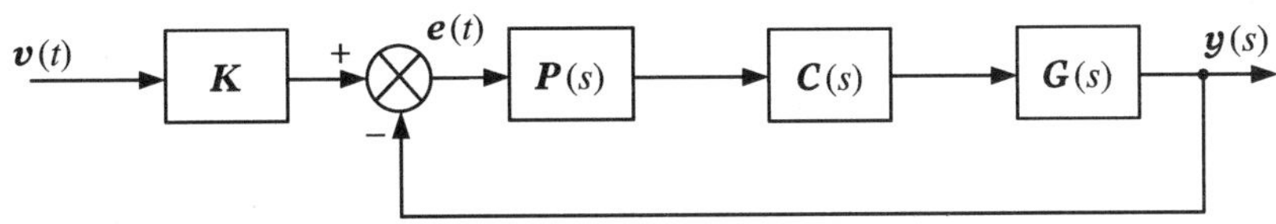

图 10.15　单位输出反馈解耦系统

由上述可见,为了对被控系统进行静态解耦设计,首先应考虑设计补偿器使反馈系统具有渐近稳定特性,其次考虑到阶跃型参考信号具有不稳定极点 s 可选择内模 $\phi(s)=s$.因此当 $r\times m, m\geqslant r$ 阶真有理矩阵 $\boldsymbol{G}(s)=\boldsymbol{D}_L^{-1}(s)\boldsymbol{N}_L(s)$ 完全表征了被控系统,s 不是 $\boldsymbol{G}(s)$ 的传输零点,取图中 $\boldsymbol{K}=\boldsymbol{I}_r, \boldsymbol{P}(s)=\phi^{-1}(s)\boldsymbol{I}_r=s^{-1}\boldsymbol{I}_r$,根据定理 10.25 可求出补偿器 $\boldsymbol{C}(s)$ 使闭环系统具有渐近稳定特性,而且 s 将成为传递矩阵 $\boldsymbol{G}_{ev}(s)$ 的每个元素的零点,即阻塞零点.于是,$\boldsymbol{G}_{ev}(s=0)=\boldsymbol{0}$

$$\lim_{t\to\infty}\boldsymbol{e}(t)=\lim_{s\to 0}s\boldsymbol{G}_{ev}(0)\boldsymbol{V}_0/s=\boldsymbol{G}_{ev}(0)\boldsymbol{V}_0=\boldsymbol{0}$$

又因为 $\boldsymbol{e}(s)=\boldsymbol{v}(s)-\boldsymbol{y}(s)$ 或 $\boldsymbol{y}(s)=\boldsymbol{v}(s)-\boldsymbol{e}(s)=[\boldsymbol{I}_r-\boldsymbol{G}_{ev}(s)]\boldsymbol{v}(s)$,所以由 $\boldsymbol{v}(s)$ 到 $\boldsymbol{y}(s)$ 的反馈系统传递矩阵 $\boldsymbol{G}_f(s)=\boldsymbol{I}_r-\boldsymbol{G}_{ev}(s)$

$$\boldsymbol{G}_f(0)=\boldsymbol{I}_r-\boldsymbol{G}_{ev}(0)=\boldsymbol{I}_r$$

因此图 10.15 中反馈系统便成为静态解耦系统.同时 $\boldsymbol{G}_f(s)$ 有这样特点,除对角线上元素外,每个元素的分子都含有 $s=0$ 的零点.这种设计应用了内模原理具有鲁棒性,即只要反馈系统具备渐近稳定特性,在被控系统 $\boldsymbol{G}(s)$ 和补偿器 $\boldsymbol{C}(s)$ 具有参数扰动的情况下,甚至是相当大的扰动反馈系统仍然是静态解耦系统.

除了上面所述应用内模原理设计出具有鲁棒性的静态解耦系统外,采用前节任意配置分母矩阵的方式也可设计静态解耦系统,不过这样设计的静态解耦系统缺乏鲁棒性.假设图 10.15 中 $\boldsymbol{P}=\boldsymbol{I}_r, \boldsymbol{G}(s)=\boldsymbol{N}_r(s)\boldsymbol{D}_r^{-1}(s)$ 为右互质矩阵分式且 $\boldsymbol{D}_r(s)$ 列化简,根据定理10.20 可知存在补偿器 $\boldsymbol{C}(s)=\boldsymbol{D}_c^{-1}(s)\boldsymbol{N}_c(s)$ 使得反馈系统传递矩阵 $\boldsymbol{G}_f(s)$ 为

$$\begin{aligned}\boldsymbol{G}_f(s)&=\boldsymbol{G}(s)[\boldsymbol{I}_m+\boldsymbol{C}(s)\boldsymbol{G}(s)]^{-1}\boldsymbol{C}(s)\boldsymbol{K}\\&=\boldsymbol{N}_r(s)[\boldsymbol{D}_c(s)\boldsymbol{D}_r(s)+\boldsymbol{N}_c(s)\boldsymbol{N}_r(s)]^{-1}\boldsymbol{N}_c(s)\boldsymbol{K}\\&\overset{\text{def}}{=}\boldsymbol{N}_r(s)\boldsymbol{D}_f^{-1}(s)\boldsymbol{N}_c(s)\boldsymbol{K}\end{aligned}$$

并且可以任意配置 $\det\boldsymbol{D}_f(s)=\det[\boldsymbol{D}_c(s)\boldsymbol{D}_r(s)+\boldsymbol{N}_c(s)\boldsymbol{N}_r(s)]$ 的零点,特别是将全部零点配置在左半 s 开平面内.这样 $\det\boldsymbol{D}_f(s=0)\neq 0$,$\boldsymbol{D}_f(0)$ 为非奇异方阵,有

$$\boldsymbol{G}_f(0)=\boldsymbol{N}_r(0)\boldsymbol{D}_f^{-1}(0)\boldsymbol{N}_c(0)\boldsymbol{K}\tag{10.106}$$

如果 $s=0$ 不是 $\boldsymbol{G}(s)$ 的传输零点,$\rho[\boldsymbol{N}_r(0)]=r$,在 $m\geqslant r$ 条件下,如果设计 $\boldsymbol{C}(s)$ 不仅将 $\det\boldsymbol{D}_f(s)$ 的零点全部配置在左半个 s 开平面内,且使 $\rho[\boldsymbol{N}_c(0)]=r$,这样就可根据式

(10.106),确定

$$K = [N_r(0)D_f^{-1}(0)N_c(0)]^{-1} \tag{10.107}$$

达到 $G_f(0)=I_r$ 的目的,即通过设计适当的补偿器得到静态解耦系统.这种静态解耦系统缺点在于一旦 $N_r(0)$,$N_c(0)$和 $D_f(0)$中存在任何参数扰动,系统就不再是静态解耦系统.值得提醒的是倘若 $s=0$ 不是 $G(s)$的极点,则 $G(s)=N_r(s)D_r^{-1}(s)$为右互质矩阵分式条件可等价地换成 $\rho[G(0)]=r$,从而使充要条件的检查变得容易得多.

10.5.4 鲁棒控制系统的状态空间设计法

前面阐述的内容都是用互质的矩阵分式表示系统(或子系统)的传递矩阵,并假定传递矩阵完全表征了系统.这里采用状态空间法描述系统(或子系统),继而引入内模构造一个所谓的伺服补偿器即图 10.16 中$\{A_c,B_c\}$表示的子系统,再利用伺服补偿器和被控系统$\{A,B,C,D\}$的状态反馈使整个单位输出反馈系统成为渐近稳定系统,达到渐近跟踪和干扰抑制的目的.现在假设干扰信号 $w(t)$是由下面齐次动态方程为

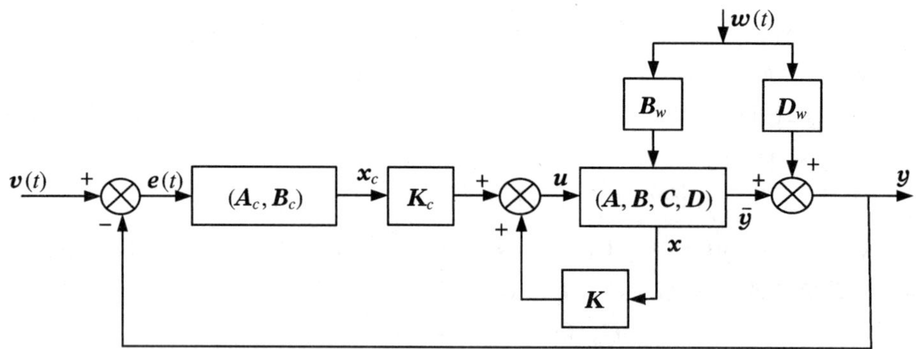

图 10.16 应用状态空间法设计渐近跟踪的单位反馈系统

$$\dot{x}_w(t) = A_w x_w(t), \quad w(t) = C_w x_w(t)$$

的某个未知初始状态引起的.被控系统的动态方程是

$$\dot{x}(t) = Ax(t) + Bu(t) + B_w w(t)$$
$$y(t) = Cx(t) + Du(t) + D_w w(t)$$

其中 A,B,C,D,B_w 和D_w 分别是 $n\times n,n\times m,r\times n,r\times m,n\times r$ 和 $r\times r$ 的常数阵,并且假设$\{A,B\}$能控和$\{A,C\}$能观.参考信号 $v(t)$是由齐次动态方程

$$\dot{x}_v(t) = A_v x_v(t), \quad v(t) = C_v x_v(t)$$

的某个未知初始状态引起的.希望设计一个鲁棒控制系统如图 10.16 中单位反馈系统使得具有渐近跟踪和干扰抑制性能.令 $\phi_w(s)$和 $\phi_v(s)$分别是 A_w 和A_v 的最小多项式,再令

$$\phi(s) = s^k + \alpha_{k-1}s^{k-1} + \alpha_{k-2}s^{k-2} + \cdots + \alpha_1 s + \alpha_0$$

是 $\phi_w(s)$和 $\phi_v(s)$右半个 s 闭平面中零点的最小公倍式.因此 $\phi(s)$的零点全部位于右半 s 闭平面中,内模取为 $\phi^{-1}(s)I_r$ 由下面动态方程实现:

$$\dot{x}_c(t) = A_c x_c(t) + B_c e(t)$$

$$\boldsymbol{y}_c(t) = \boldsymbol{x}_c(t)$$

其中 $\boldsymbol{A}_c$ 为 r 块子矩阵 $\boldsymbol{\Gamma}$ 组成的对角分块阵，即

$$\boldsymbol{A}_c = \mathrm{diag}(\boldsymbol{\Gamma}, \boldsymbol{\Gamma}, \cdots, \boldsymbol{\Gamma})$$

$$\boldsymbol{\Gamma} = \begin{bmatrix} 0 & 1 & & & \\ & 0 & 1 & & \\ & & 0 & \ddots & \\ & & & \ddots & 1 \\ -\alpha_0 & -\alpha_1 & -\alpha_2 & \cdots & -\alpha_{k-1} \end{bmatrix}_{k\times k}$$

$\boldsymbol{B}_c$ 也为 r 块子矩阵组成的对角分块阵，每个子矩阵为 $\boldsymbol{\tau}$，$\boldsymbol{\tau}$ 为 $k\times 1$ 的列向量，即

$$\boldsymbol{B}_c = \mathrm{diag}(\boldsymbol{\tau}, \boldsymbol{\tau}, \cdots, \boldsymbol{\tau})$$

$$\boldsymbol{\tau} = [0 \quad 0 \quad \cdots \quad 1]^{\mathrm{T}}$$

系统$\{\boldsymbol{A}_c, \boldsymbol{B}_c\}$谓之伺服补偿器，其状态空间 X_c 维数为 kr. 这种伺服补偿器可用运算放大器、电阻器和电容器构成. 观察图 10.16 可写出被控系统后面串接伺服补偿器的串联系统的状态方程如下：

$$\begin{bmatrix} \dot{\boldsymbol{x}}(t) \\ \dot{\boldsymbol{x}}_c(t) \end{bmatrix} = \begin{bmatrix} \boldsymbol{A} & \boldsymbol{0} \\ -\boldsymbol{B}_c\boldsymbol{C} & \boldsymbol{A}_c \end{bmatrix}\begin{bmatrix} \boldsymbol{x}(t) \\ \boldsymbol{x}_c(t) \end{bmatrix} + \begin{bmatrix} \boldsymbol{B} \\ -\boldsymbol{B}_c\boldsymbol{D} \end{bmatrix}\boldsymbol{u}(t) \tag{10.108}$$

注意到伺服补偿器的实现是既能控又能观的实现，$\{\boldsymbol{A}, \boldsymbol{B}, \boldsymbol{C}, \boldsymbol{D}\}$又是既能控又能观的动态方程，类似定理 10.25 的证明中曾指出过的，$\boldsymbol{G}(s)$后面串接伺服补偿器 $\phi^{-1}(s)\boldsymbol{I}_r$ 的串联系统，在 $m \geqslant r$ 和 $\phi(s)$的零点都不是 $\boldsymbol{G}(s)$的传输零点的条件下，是既能控又能观的系统. 现在直接证明如果式(10.109)成立，式(10.108)描述的系统是能控的

$$\rho\begin{bmatrix} \lambda\boldsymbol{I}_n - \boldsymbol{A} & \boldsymbol{B} \\ -\boldsymbol{C} & \boldsymbol{D} \end{bmatrix} = n + r, \quad \lambda \in \phi(s)\text{ 的零点集} \tag{10.109}$$

能控性的 PBH 判据指出当且仅当

$$\rho\boldsymbol{F}(s) = \rho\left[\begin{array}{cc:c} s\boldsymbol{I}_n - \boldsymbol{A} & \boldsymbol{0} & \boldsymbol{B} \\ \boldsymbol{B}_c\boldsymbol{C} & s\boldsymbol{I}_{kr} - \boldsymbol{A}_c & -\boldsymbol{B}_c\boldsymbol{D} \end{array}\right] = n + kr, \quad \forall s \in \mathbf{C}$$

对复数域 $\mathbf{C}$ 中每个 s 成立，式(10.108)描述的系统是完全能控的. 因为已经假设$\{\boldsymbol{A}, \boldsymbol{B}\}$能控，$\rho[s\boldsymbol{I}_n - \boldsymbol{A} \quad \boldsymbol{B}] = n$，$\forall s \in \mathbf{C}$，如果 s 不是$\boldsymbol{A}_c$ 的特征值，或等价地说 s 不是$\phi(s)$的零点，则 $\rho[s\boldsymbol{I}_{kr} - \boldsymbol{A}_c] = kr$. 所以若 s 不是$\phi(s)$的零点，有

$$\rho[\boldsymbol{F}(s)] = n + kr$$

现在考察 s 是$\phi(s)$零点的情况. 将 $\boldsymbol{F}(s)$改写成

$$\boldsymbol{F}(s) = \begin{bmatrix} \boldsymbol{I}_n & \boldsymbol{0} & \boldsymbol{0} \\ \boldsymbol{0} & \boldsymbol{B}_c & s\boldsymbol{I}_{kr} - \boldsymbol{A}_c \end{bmatrix}\begin{bmatrix} s\boldsymbol{I}_n - \boldsymbol{A} & \boldsymbol{0} & \boldsymbol{B} \\ \boldsymbol{C} & \boldsymbol{0} & -\boldsymbol{D} \\ \boldsymbol{0} & \boldsymbol{I}_{kr} & \boldsymbol{0} \end{bmatrix} = \boldsymbol{P}(s)\boldsymbol{Q}(s)$$

因为伺服补偿器是 $\phi^{-1}(s)\boldsymbol{I}_r$ 的既约实现，$\rho[\boldsymbol{P}(s)] = n + kr$，在式(10.109)成立条件下 $\rho[\boldsymbol{Q}(s)] = n + (k+1)r$，所以若 s 是$\phi(s)$的零点 $\rho[\boldsymbol{F}(s)] = n + kr$. 将这两种情况结合起来结论是对于复数域上每个 s 皆有$\rho[\boldsymbol{F}(s)] = n + kr$，即式(10.108)表示的系统为能控系统. 于是利用这一系统实施状态反馈，即令

$$u = [K \quad K_c]\begin{bmatrix} x \\ x_c \end{bmatrix} = Kx + K_c x_c$$

就可任意安排闭环系统的特征值.这样图 10.16 中单位反馈系统就能被设计成渐近稳定系统.倘若被控系统的状态不能用来引出反馈量 $\boldsymbol{Kx}$,可用第 7 章介绍的状态观测器引出需要的状态反馈.

10.6 输入-输出反馈补偿器设计

10.6.1 单变量系统

对 7.5 节中图 7.10 展示的含有渐近状态观测器反馈系统稍加注意,就可发现反馈信号 $\boldsymbol{K\hat{X}}$ 是通过被控系统的输入和输出两个渠道传递过来的.本节讨论的输入-输出反馈系统的结构正是由此发展起来的.现在将单变量输入-输出反馈系统画在图 10.17(a)中,如果 $c(s)=1$,又要求 $c_0(s)$和 $c_1(s)$具有相同的分母,即

$$c_0(s) = \frac{l(s)}{d_c(s)}, \quad c_1(s) = \frac{m(s)}{d_c(s)} \tag{10.110}$$

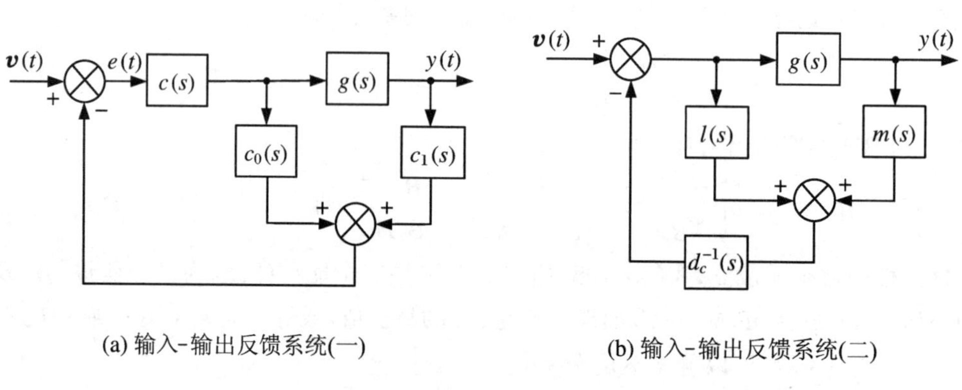

(a) 输入-输出反馈系统(一)

(b) 输入-输出反馈系统(二)

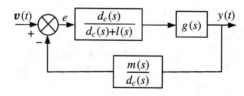

(c) 输入-输出反馈系统(三)

图 10.17

又可改画成图 10.17(b)中形式,它又可进一步简化成图 10.17(c)中含有串联补偿器

$d_c(s)/[d_c(s)+l(s)]$和反馈补偿器 $m(s)/d_c(s)$的单环反馈系统. 虽然图 10.17(b)和图 10.17(c)中两种反馈系统具有相同的传递函数

$$g_f(s)=\frac{g(s)}{1+\dfrac{l(s)}{d_c(s)}+\dfrac{m(s)}{d_c(s)}g(s)} \qquad \text{对于图 10.17(b) 中反馈系统}$$

$$=\frac{\dfrac{d_c(s)}{d_c(s)+l(s)}g(s)}{1+\dfrac{d_c(s)}{d_c(s)+l(s)}\dfrac{m(s)}{d_c(s)}g(s)} \qquad \text{对于图 10.17(c) 中反馈系统}$$

但是实际的实现却是不同的. 如果 $\deg d_c(s)=k$,图 10.17(b)中只需用 k 个积分器去实现,而图 10.17(c)中因为串联补偿器和反馈补偿器的传递函数具有不同的分母,需用 $2k$ 个积分器实现. 令 $g(s)=n(s)/d(s)$,则图 10.17(b)中反馈系统的 $g_f(s)$可改写成

$$\begin{aligned} g_f(s) &= \frac{n(s)d_c(s)}{d_c(s)d(s)+l(s)d(s)+m(s)n(s)} \\ &= n(s)d_f^{-1}(s)d_c(s) \end{aligned} \tag{10.111}$$

其中 $d_f(s)\overset{\text{def}}{=}d_c(s)d(s)+l(s)d(s)+m(s)n(s)$.

定理 10.26　设图 10.17(b)中被控系统具有 n 阶真有理传递函数$g(s)=n(s)/d(s)$,对于任意的 k 阶 $d_c(s)$和任意的$(n+k)$阶 $d_f(s)$,当且仅当 $d(s)$和 $n(s)$互质,$k\geqslant n-1$,则存在真有理补偿器 $l(s)/d_c(s)$和 $m(s)/d_c(s)$ 使得反馈系统具有很好定义且传递函数 $g_f(s)=n(s)d_f^{-1}(s)d_c(s)$.

证明　将 $d_f(s)$改写成

$$\bar{d}_f(s)=d_f(s)-d_c(s)d(s)=l(s)d(s)+m(s)n(s)$$

$\deg\bar{d}_f(s)=\deg d_f(s)=n+k$,$\deg d_c(s)=k$,则根据定理 10.12 或定理 10.13 的证明可知 $\bar{d}_f(s)=l(s)d(s)+m(s)n(s)$有解的充要条件是 $d(s)$和 $n(s)$互质和 $k\geqslant n-1$. 此外,由图 10.17(b)或图 10.17(c)知闭环系统的回归差 $L(s)$为

$$L(s)=1+l(s)d_c^{-1}(s)+m(s)d_c^{-1}(s)g(s)=d_c^{-1}(s)d_f(s)d^{-1}(s)$$

$$L(\infty)=\lim_{s\to\infty}\frac{1}{d_{ck}s^k}[f_{n+k}s^{n+k}+f_{n+k-1}s^{n+k-1}+\cdots+f_1s+f_0]\frac{1}{d_ns^n}$$

其中 d_{ck}和d_n 分别是$d_c(s)$和 $d(s)$的 s 最高次幂系数,$d_f(s)=f_{n+k}s^{n+k}+f_{n+k-1}s^{n+k-1}+\cdots+f_1s+f_0$. 因为 $\deg d_f(s)=n+k$,$f_{n+k}\neq0$,$L(\infty)\neq0$,倘若 $\deg d_f(s)<n+k$,$f_{n+k}=0$,$L(\infty)=0$ 意味着反馈系统没有很好定义,没有实用价值. 因此必须取 $\deg d_f(s)=n+k$.

注意,10.4 节和 10.5 节中设计的问题可归结为在已知被控系统传递函数(矩阵)$g(s)=n(s)/d(s)[\boldsymbol{G}(s)=\boldsymbol{N}(s)\boldsymbol{D}^{-1}(s)]$和欲配置的(事先指定的)反馈系统传递函数(矩阵)分母(矩阵)$f_f(s)[\boldsymbol{D}_f(s)]$的情况下求解下面的 Diophantine 方程或补偿器方程:

$$d_f(s)=d_c(s)d(s)+n_c(s)n(s)$$

$$\boldsymbol{D}_f(s)=\boldsymbol{D}_c(s)\boldsymbol{D}(s)+\boldsymbol{N}_c(s)\boldsymbol{N}(s)$$

得到需要的补偿器 $c(s)=n_c(s)/d_c(s)[\boldsymbol{C}(s)=\boldsymbol{D}_c^{-1}(s)\boldsymbol{N}_c(s)]$. 实际求解的方程是用 Sylvester 矩阵 S_k 表达的关于未知的$n_c(s)[\boldsymbol{N}_c(s)]$和 $d_c(s)[\boldsymbol{D}_c(s)]$的系数(矩阵)的线性代数方程,利用所解出的补偿器达到任意配置反馈系统极点的目的,保证反馈系统为渐近稳

定系统.设计者可控制的仅是 $d_f[\boldsymbol{D}_f(s)]$,可供调节的是两个参数集$\{d_{ci}\}$和$\{n_{ci}\}$($\{\boldsymbol{D}_{ci}$和$\{\boldsymbol{N}_{ci}\}$).然而这里,不仅可以预先选定 $d_f(s)$,还可预先选定 $d_c(s)$,求解的Diophantine方程为

$$d_f(s) - d_c(s)d(s) = l(s)d(s) + m(s)n(s)$$

令

$$\begin{aligned} d(s) &= d_0 + d_1 s + \cdots + d_n s^n \\ n(s) &= n_0 + n_1 s + \cdots + n_n s^n \\ d_c(s) &= d_{c0} + d_{c1} s + \cdots + d_{ck} s^k \\ l(s) &= l_0 + l_1 s + \cdots + l_k s^k \\ m(s) &= m_0 + m_1 s + \cdots + m_k s^k \\ d_f(s) &= f_0 + f_1 s + \cdots + f_{n+k} s^{n+k} \\ \bar{d}_f(s) &= \bar{f}_0 + \bar{f}_1 s + \cdots + \bar{f}_{n+k} s^{n+k} \end{aligned}$$

则用 Sylvester 矩阵 $\boldsymbol{S}_k$ 表达的线性代数方程为

$$[l_0 \quad m_0 \mid l_1 \quad m_1 \mid \cdots \mid l_k \quad m_k]\boldsymbol{S}_k = [\bar{f}_0 \quad \bar{f}_1 \quad \cdots \quad \bar{f}_{n+k}] = \bar{\boldsymbol{F}}$$

如果 $k \geqslant n-1$,$\boldsymbol{S}_k$ 列满秩,对任意的 $\bar{\boldsymbol{F}}$ 可解出$\{l_i, m_i\}$.所以设计者可控制的是 $d_f(s)$和 $d_c(s)$,可供调节的参数集有三个:$\{d_{ci}\}$,$\{l_i\}$和$\{m_i\}$.因此设计者有更大的设计自由度.对于下面将要讨论的多变量系统情况也是这样.

10.6.2 多变量系统

现在将定理 10.26 推广到多变量系统中去.设图 10.17(b)中标量函数改为相应的矩阵.例如被控系统由 $r \times m$ 真有理矩阵 $\boldsymbol{G}(s) = \boldsymbol{N}_r(s)\boldsymbol{D}_r^{-1}(s)$完全表征,补偿器由 $m \times m$ 真有理矩阵$\boldsymbol{C}_0(s) = \boldsymbol{D}_c^{-1}(s)\boldsymbol{L}(s)$和 $m \times r$ 真有理矩阵$\boldsymbol{C}_1(s) = \boldsymbol{D}_c^{-1}(s)\boldsymbol{M}(s)$ 描述.整个闭环系统传递矩阵 $\boldsymbol{G}_f(s)$为

$$\begin{aligned} \boldsymbol{G}_f(s) &= \boldsymbol{G}(s)[\boldsymbol{I}_m + \boldsymbol{C}_0(s) + \boldsymbol{C}_1(s)\boldsymbol{G}(s)]^{-1} \\ &= \boldsymbol{N}_r(s)[\boldsymbol{D}_c(s)\boldsymbol{D}_r(s) + \boldsymbol{L}(s)\boldsymbol{D}_r(s) + \boldsymbol{M}(s)\boldsymbol{N}_r(s)]^{-1}\boldsymbol{D}_c(s) \\ &= \boldsymbol{N}_r(s)\boldsymbol{D}_f^{-1}(s)\boldsymbol{D}_c(s) \end{aligned} \tag{10.112}$$

其中 $\boldsymbol{D}_f(s) = \boldsymbol{D}_c(s)\boldsymbol{D}_r(s) + \boldsymbol{L}(s)\boldsymbol{D}_r(s) + \boldsymbol{M}(s)\boldsymbol{N}_r(s)$.规定

$$\boldsymbol{H}(s) = \mathrm{diag}(s^{\mu_1}, s^{\mu_2}, \cdots, s^{\mu_m}) \tag{10.113}$$

$$\boldsymbol{H}_c(s) = \mathrm{diag}(s^{k_1}, s^{k_2}, \cdots, s^{k_m}) \tag{10.114}$$

定理 10.27 设图 10.17(b)中被控系统由 $r \times m$ 真有理矩阵$\boldsymbol{G}(s) = \boldsymbol{N}_r(s)\boldsymbol{D}_r^{-1}(s)$描述,令 $\mu_i, i = 1,2,\cdots,m$ 是$\boldsymbol{D}(s)$的列次,ν 是$\boldsymbol{G}(s)$的行指数.令 $k_i \geqslant \nu - 1, i = 1,2,\cdots,m$,那么对于任何行次为 k_i 且行化简的$\boldsymbol{D}_c(s)$和具有下面性质的任意 $\boldsymbol{D}_f(s)$

$$\lim_{s \to \infty} \boldsymbol{H}_c^{-1}(s)\boldsymbol{D}_f(s)\boldsymbol{H}^{-1}(s) = \boldsymbol{J}, \quad \det \boldsymbol{J} \neq 0 \tag{10.115}$$

存在真有理矩阵描述的补偿器 $\boldsymbol{C}_0(s) = \boldsymbol{D}_c^{-1}(s)\boldsymbol{L}(s)$和 $\boldsymbol{C}_1(s) = \boldsymbol{D}_c^{-1}(s)\boldsymbol{M}(s)$使得反馈系统具有很好定义,且传递矩阵 $\boldsymbol{G}_f(s) = \boldsymbol{N}_r(s)\boldsymbol{D}_f^{-1}(s)\boldsymbol{D}_c(s)$的充要条件是 $\boldsymbol{D}_r(s)$和 $\boldsymbol{N}_r(s)$右互质,$\boldsymbol{D}_r(s)$为列化简的.

证明　令

$$\overline{\boldsymbol{D}}_f(s) = \boldsymbol{D}_f(s) - \boldsymbol{D}_c(s)\boldsymbol{D}_r(s) = \boldsymbol{L}_r(s)\boldsymbol{D}_r(s) + \boldsymbol{M}(s)\boldsymbol{N}_r(s) \tag{10.116}$$

$$\begin{aligned}\lim_{s\to\infty}\boldsymbol{H}_c^{-1}(s)\overline{\boldsymbol{D}}_f(s)\boldsymbol{H}^{-1}(s) &= \boldsymbol{J} - \lim_{s\to\infty}\boldsymbol{H}_c^{-1}(s)\boldsymbol{D}_c(s)\boldsymbol{D}_r(s)\boldsymbol{H}^{-1}(s)\\ &= \boldsymbol{J} - \boldsymbol{D}_{chr}\boldsymbol{D}_{rhc}\end{aligned} \tag{10.117}$$

其中 $\boldsymbol{D}_{chr}$ 和 $\boldsymbol{D}_{rhc}$ 分别是 $\boldsymbol{D}_c(s)$ 和 $\boldsymbol{D}_r(s)$ 行次系数矩阵和列次系数矩阵.因为 $\boldsymbol{J}-\boldsymbol{D}_{chr}\boldsymbol{D}_{rhc}$ 存在,$\boldsymbol{D}_r(s)$ 和 $\boldsymbol{N}_r(s)$ 右互质,且 $\boldsymbol{D}_r(s)$ 为列化简的,根据定理 10.21 可知存在行次(至多)为 k_i 的 $\boldsymbol{L}(s)$ 和 $\boldsymbol{M}(s)$ 使得 $\overline{\boldsymbol{D}}_f(s)=\boldsymbol{L}(s)\boldsymbol{D}_r(s)+\boldsymbol{M}(s)\boldsymbol{N}_r(s)$ 成立.而且在 $\boldsymbol{D}_c(s)$ 行化简,$\boldsymbol{D}_c(s)$ 行次为 k_i 的假设下,$\boldsymbol{D}_c^{-1}(s)\boldsymbol{L}(s)$ 和 $\boldsymbol{D}_c^{-1}(s)\boldsymbol{M}(s)$ 是真有理矩阵.$\boldsymbol{J}-\boldsymbol{D}_{chr}\boldsymbol{D}_{rhc}$ 是否奇异在这里并不重要.这证明可以设计出满足式(10.112)的 $\boldsymbol{G}_f(s)$.

现在还需要证明反馈系统具有很好定义.由图 10.17(b)可导出回归差矩阵①.$\widetilde{\boldsymbol{L}}(s)=\boldsymbol{I}_m+\boldsymbol{C}_0(s)+\boldsymbol{C}_1(s)\boldsymbol{G}(s)=\boldsymbol{D}_c^{-1}(s)\boldsymbol{D}_f(s)\boldsymbol{D}_r^{-1}(s)$.将 $\boldsymbol{D}_c(s)$ 和 $\boldsymbol{D}_r(s)$ 分别写成

$$\boldsymbol{D}_c(s) = \boldsymbol{H}_c(s)\boldsymbol{D}_{chr} + \boldsymbol{D}_{cl}(s) \tag{10.118a}$$

$$\boldsymbol{D}_r(s) = \boldsymbol{D}_{rhc}\boldsymbol{H}(s) + \boldsymbol{D}_{rl}(s) \tag{10.118b}$$

于是

$$\begin{aligned}\widetilde{\boldsymbol{L}}(\infty) &= \lim_{s\to\infty}\boldsymbol{D}_c^{-1}(s)\boldsymbol{D}_f(s)\boldsymbol{D}_r^{-1}(s)\\ &= \lim_{s\to\infty}[\boldsymbol{H}_c(s)\boldsymbol{D}_{chr} + \boldsymbol{D}_{cl}(s)]^{-1}\boldsymbol{D}_f(s)[\boldsymbol{D}_{rhc}\boldsymbol{H}(s) + \boldsymbol{D}_{rl}(s)]^{-1}\\ &= \boldsymbol{D}_{chr}^{-1}\boldsymbol{J}\boldsymbol{D}_{rhc}^{-1}\end{aligned} \tag{10.119}$$

已经假设 $\boldsymbol{J}$ 非奇异,所以 $\widetilde{\boldsymbol{L}}(\infty)$ 非奇异,反馈系统有很好定义.定理得证.

补偿器的分母矩阵 $\boldsymbol{D}_c(s)$ 在设计时可选择为

$$\boldsymbol{D}_c(s) = \mathrm{diag}[d_{c1}(s)\quad d_{c2}(s)\quad \cdots\quad d_{cm}(s)] \tag{10.120}$$

其中 $\boldsymbol{d}_{ci}(s)$ 为 k_i 次任意 Hurwitz 多项式.倘若某些或全部 k_i 为奇数,可能无法配置共轭复根.万一是这种情况,$\boldsymbol{D}_c(s)$ 可选择别的形式,参看文献[5].

定理 10.28　设图 10.17(b)中被控系统由 $r\times m$ 真有理矩阵 $\boldsymbol{G}_r(s)=\boldsymbol{N}_r(s)\boldsymbol{D}_r^{-1}(s)$ 描述,令 $\mu_i,i=1,2,\cdots,m$ 是 $\boldsymbol{D}_r(s)$ 的列次,ν 是 $\boldsymbol{G}(s)$ 的行指数,当且仅当 $\boldsymbol{D}_r(s)$ 和 $\boldsymbol{N}_r(s)$ 右互质,$\boldsymbol{D}_r(s)$ 列化简,对于行次均为 $\nu-1$ 且行化简的任何 $\boldsymbol{D}_c(s)$ 和列次为 $\mu_i,i=1,2,\cdots,m$,且列化简的任何 $\hat{\boldsymbol{D}}_f(s)$,存在真有理矩阵表征的补偿器 $\boldsymbol{D}_c^{-1}(s)\boldsymbol{L}(s)$ 和 $\boldsymbol{D}_c^{-1}(s)\boldsymbol{M}(s)$ 使得反馈系统具有很好定义且传递矩阵 $\boldsymbol{G}_f(s)=\boldsymbol{N}_r(s)\hat{\boldsymbol{D}}_f^{-1}(s)$.

证明　令 $\boldsymbol{D}_f(s)=\boldsymbol{D}_c(s)\hat{\boldsymbol{D}}_f(s)$,在定理 10.28 关于 $\boldsymbol{D}_c(s)$ 和 $\hat{\boldsymbol{D}}_f(s)$ 的假设下,$\boldsymbol{D}_f(s)$ 满足定理 10.27 中式(10.115)的要求.这样定理 10.27 中待解的 Diophantine 方程(10.116)可写成

$$\overline{\boldsymbol{D}}_f(s) = \boldsymbol{D}_c(s)[\hat{\boldsymbol{D}}_f(s) - \boldsymbol{D}_r(s)] = \boldsymbol{L}(s)\boldsymbol{D}_r(s) + \boldsymbol{M}(s)\boldsymbol{N}_r(s) \tag{10.121}$$

---

① 为了避免符合的混淆,这里用 $\widetilde{L}(s)$ 表示回归差矩阵.

和

$$\boldsymbol{G}_f(s) = \boldsymbol{N}_r(s)\boldsymbol{D}_f^{-1}(s)\boldsymbol{D}_c(s) = \boldsymbol{N}_r(s)\hat{\boldsymbol{D}}_f^{-1}(s) \tag{10.122}$$

所以定理 10.28 中充要条件也即定理 10.27 中充要条件保证存在补偿器 $\boldsymbol{D}_c^{-1}(s)\boldsymbol{L}(s)$和 $\boldsymbol{D}_c^{-1}(s)\boldsymbol{M}(s)$使得反馈系统有很好定义且 $\boldsymbol{G}_f(s)=\boldsymbol{N}_r(s)\hat{\boldsymbol{D}}_f^{-1}(s)$. 定理得证.

定理 10.27 和定理 10.28 可以按下面方式直接用于补偿器设计. 首先用 $\boldsymbol{D}_r(s)$和 $\boldsymbol{N}_r(s)$的系数矩阵构造 Sylvester 矩阵 $\boldsymbol{S}_k$，然后用行搜索算法顺序由上而下搜索 $\boldsymbol{S}_k$ 的线性无关行，直到找到 $\boldsymbol{G}(s)$的行指数 ν. ν 是 $\boldsymbol{S}_\nu$ 中最后行块的全部 N-行均是线性相关行的最小整数. 为方便计，令定理 10.27 中 $\boldsymbol{D}_c(s)$的行次皆取 $\nu-1$，令

$$\boldsymbol{L}(s) = \boldsymbol{L}_0 + \boldsymbol{L}_1 s + \cdots + \boldsymbol{L}_{\nu-1}s^{\nu-1} \tag{10.123}$$

$$\boldsymbol{M}(s) = \boldsymbol{M}_0 + \boldsymbol{M}_1 s + \cdots + \boldsymbol{M}_{\nu-1}s^{\nu-1} \tag{10.124}$$

$$\overline{\boldsymbol{D}}_f(s) = \boldsymbol{D}_f(s) - \boldsymbol{D}_c(s)\boldsymbol{D}_r(s) = \overline{\boldsymbol{F}}_0 + \overline{\boldsymbol{F}}_1 s + \cdots + \overline{\boldsymbol{F}}_{\mu+\nu-1}s^{u+\nu-1}$$

其中 $\mu=\max\{\mu_i, i=1,2,\cdots,m\}$. 将上述三式代入式(10.116)，即 $\boldsymbol{D}_f(s)-\boldsymbol{D}_c(s)\boldsymbol{D}_r(s)=\boldsymbol{L}(s)\boldsymbol{D}_r(s)+\boldsymbol{M}(s)\boldsymbol{N}_r(s)$，并令等式两边 s 同次幂的系数矩阵相等得到线性代数式(10.126)：

$$[\boldsymbol{L}_0 \quad \boldsymbol{M}_0 \vdots \boldsymbol{L}_1 \quad \boldsymbol{M}_1 \vdots \cdots \vdots \boldsymbol{L}_{\nu-1} \quad \boldsymbol{M}_{\nu-1}]\boldsymbol{S}_{\nu-1} = [\overline{\boldsymbol{F}}_0 \quad \overline{\boldsymbol{F}}_1 \quad \cdots \quad \overline{\boldsymbol{F}}_{\mu+\nu-1}] \tag{10.126}$$

式(10.126)的解便给出需要的补偿器.

正如前面所述，输入-输出反馈系统结构是由含有渐近状态观测器反馈系统发展起来的. 这种以互质矩阵分式作为系统数学模型的输入-输出反馈系统，不论被控系统是单变量系统还是多变量系统，在概念上和计算上都比用状态空间模型作为系统数学模型的状态估值反馈系统简单. 但就补偿器阶次而言，情况并不尽然如此. 设被控系统的输出是 $r\times1$ 的向量. 采用状态空间法，状态观测器的阶次为 $n-r$，采用输入-输出法，补偿器的阶次为 $m(\nu-1)$，ν 是 $\boldsymbol{G}(s)$的行指数，也就是被控系统任何既约实现的能观性指数，$\nu\geqslant n/r$. 如果 $m=r=1$，则 $n=\nu$，状态观测器阶次与补偿器阶次相等，倘若 $m\geqslant r$，则 $m(\nu-1)\geqslant n-r$，又若 $m<r$，$m(\nu-1)$可能大于、等于也可能小于 $n-r$，难以一概而论.

现在研究图 10.18 中输入-输出反馈系统，其中 $\boldsymbol{Q}(s)$是多项式矩阵，要求 $\boldsymbol{Q}^{-1}(s)$是真有理矩阵.

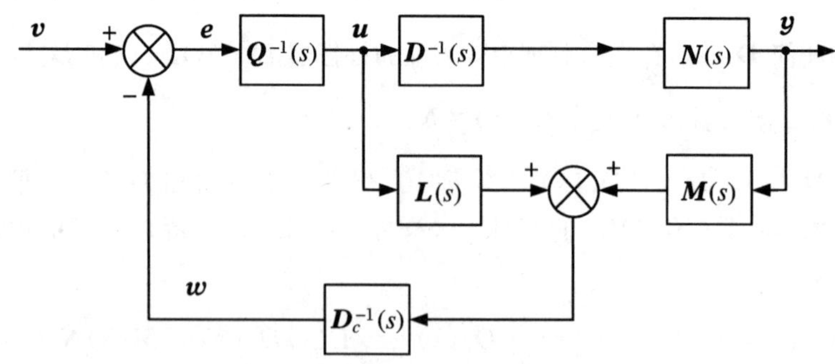

图 10.18　输入-输出反馈系统(三)

设图 10.18 中被控系统由 $r\times m$ 阶真有理矩阵 $\boldsymbol{G}(s)=\boldsymbol{N}_r(s)\boldsymbol{D}_r^{-1}(s)$ 描述，令补偿器分别由 $\boldsymbol{C}_0(s)=\boldsymbol{D}_c^{-1}(s)\boldsymbol{L}(s)$ 和 $\boldsymbol{C}_1(s)=\boldsymbol{D}_c^{-1}(s)\boldsymbol{M}(s)$ 描述，由图 10.18 很容易导出

$$\begin{aligned}\boldsymbol{G}_f(s) &= \boldsymbol{G}(s)\boldsymbol{Q}^{-1}(s)[\boldsymbol{I}_m+\boldsymbol{C}_0(s)\boldsymbol{Q}^{-1}(s)+\boldsymbol{C}_1(s)\boldsymbol{G}(s)\boldsymbol{Q}^{-1}(s)]^{-1}\\ &= \boldsymbol{N}_r(s)[\boldsymbol{D}_c(s)\boldsymbol{Q}(s)\boldsymbol{D}_r(s)+\boldsymbol{L}(s)\boldsymbol{D}_r(s)+\boldsymbol{M}(s)\boldsymbol{N}_r(s)]^{-1}\boldsymbol{D}_c(s)\\ &= \boldsymbol{N}_r(s)\boldsymbol{D}_f^{-1}(s)\boldsymbol{D}_c(s)\end{aligned}\tag{10.127}$$

其中

$$\boldsymbol{D}_f(s)\overset{\text{def}}{=}\boldsymbol{D}_c(s)\boldsymbol{Q}(s)\boldsymbol{D}_r(s)+\boldsymbol{L}(s)\boldsymbol{D}_r(s)+\boldsymbol{M}(s)\boldsymbol{N}_r(s)\tag{10.128}$$

并令

$$\overline{\boldsymbol{D}}_f(s)=\boldsymbol{D}_f(s)-\boldsymbol{D}_c(s)\boldsymbol{Q}(s)\boldsymbol{D}_r(s)=\boldsymbol{L}(s)\boldsymbol{D}_r(s)+\boldsymbol{M}(s)\boldsymbol{N}_r(s)\tag{10.129}$$

形式上式(10.127)和式(10.112)完全相同，只是两者的 $\boldsymbol{D}_f(s)$ 有所不同. 式 (10.128)中引入 $\boldsymbol{Q}(s)$ 后使得有可能让 $\boldsymbol{D}_c(s)$ 的所有行次相同. 这样便可令式(10.114)中 $\boldsymbol{H}_c(s)=\mathrm{diag}(s^k,s^k,\cdots,s^k)$.

定理 10.29　设图 10.18 中被控系统由 $r\times m$ 阶右互质真有理矩阵 $\boldsymbol{G}(s)=\boldsymbol{N}_r(s)\boldsymbol{D}_r^{-1}(s)$ 完全表征，其中 $\boldsymbol{D}(s)$ 为列次是 $\mu_i,i=1,2,\cdots,m$ 的列化简矩阵. 令 ν 是 $\boldsymbol{G}(s)$ 的行指数，$\boldsymbol{D}_c(s)$ 是任意行化简的 $m\times m$ 阶多项式矩阵，所有的行次都等于 $k\geqslant\nu-1$，则对于任意具有 $\boldsymbol{H}(s)\boldsymbol{D}_f^{-1}(s)\boldsymbol{H}_c(s)$ 为真有理矩阵特性的 $\boldsymbol{D}_f(s)$，存在真有理的补偿器 $\boldsymbol{D}_c^{-1}(s)\boldsymbol{L}(s)$ 和 $\boldsymbol{D}_c^{-1}(s)\boldsymbol{M}(s)$ 以及 $\boldsymbol{Q}^{-1}(s)$ 使得反馈系统具有很好定义，且 $\boldsymbol{G}_f(s)=\boldsymbol{N}_r(s)\boldsymbol{D}_f^{-1}(s)\boldsymbol{D}_c(s)$ 如式(10.127)，其中 $\boldsymbol{Q}(s)$ 可按式(10.130)计算：

$$\boldsymbol{D}_f(s)=\boldsymbol{Q}_1(s)\boldsymbol{D}_r(s)+\boldsymbol{R}_1(s),\quad \delta_{cj}\boldsymbol{R}_1(s)<\delta_{cj}\boldsymbol{D}_r(s)=\mu_j\tag{10.130a}$$

$$\boldsymbol{Q}_1(s)=\boldsymbol{D}_c(s)\boldsymbol{Q}(s)+\boldsymbol{R}_2(s),\quad \delta_{ri}\boldsymbol{R}_2(s)<\delta_{ri}\boldsymbol{D}_c(s)=k\tag{10.130b}$$

$\boldsymbol{L}(s)$ 和 $\boldsymbol{M}(s)$ 是式(10.131)的解

$$\boldsymbol{R}_2(s)\boldsymbol{D}_r(s)+\boldsymbol{R}_1(s)=\boldsymbol{L}(s)\boldsymbol{D}_r(s)+\boldsymbol{M}(s)\boldsymbol{N}_r(s)\tag{10.131}$$

证明　显然 $\boldsymbol{R}_2(s)\boldsymbol{D}_r(s)+\boldsymbol{R}_1(s)$ 的列次至多是 $k+\mu_j$，所以 $\boldsymbol{L}(s)$ 和 $\boldsymbol{M}(s)$ 的行次至多是 k，$\boldsymbol{D}_c^{-1}(s)\boldsymbol{L}(s)$ 和 $\boldsymbol{D}_c^{-1}(s)\boldsymbol{M}(s)$ 是真有理矩阵. 引用式(10.118)并考虑到假设 $\boldsymbol{H}(s)\boldsymbol{D}_f^{-1}(s)\boldsymbol{H}_c(s)$ 为真有理矩阵，有

$$\begin{aligned}\lim_{r\to\infty}\boldsymbol{D}_r(s)\boldsymbol{D}_f^{-1}(s)\boldsymbol{D}_c(s) &= \lim_{s\to\infty}[\boldsymbol{D}_{rhc}\boldsymbol{H}(s)+\boldsymbol{D}_{rl}(s)]\boldsymbol{D}_f^{-1}(s)[\boldsymbol{H}_c(s)\boldsymbol{D}_{chr}+\boldsymbol{D}_{cl}(s)]\\ &= \boldsymbol{D}_{rhc}[\lim_{s\to\infty}\boldsymbol{H}(s)\boldsymbol{D}_f^{-1}(s)\boldsymbol{H}_c(s)]\boldsymbol{D}_{chr}\\ &= \text{常值阵}\end{aligned}\tag{10.132}$$

即 $\boldsymbol{D}_r(s)\boldsymbol{D}_f^{-1}(s)\boldsymbol{D}_c(s)$ 为真有理矩阵. 根据式(10.130)有

$$\boldsymbol{D}_f(s)=\boldsymbol{D}_c(s)\boldsymbol{Q}(s)\boldsymbol{D}_r(s)+\boldsymbol{R}_2(s)\boldsymbol{D}_r(s)+\boldsymbol{R}_1(s)\tag{10.133a}$$

或

$$\boldsymbol{D}_c^{-1}(s)\boldsymbol{D}_f(s)\boldsymbol{D}_r^{-1}(s)=\boldsymbol{Q}(s)+\boldsymbol{D}_c^{-1}(s)\boldsymbol{R}_2(s)+\boldsymbol{D}_c^{-1}(s)\boldsymbol{R}_1(s)\boldsymbol{D}_r^{-1}(s)\tag{10.133b}$$

因为 $\boldsymbol{D}_c(s)$ 是行化简的且 $\delta_{cj}\boldsymbol{D}_c(s)>\delta_{ri}\boldsymbol{R}_2(s)$，$\boldsymbol{D}_c^{-1}(s)\boldsymbol{R}_2(s)$ 是严格真有理矩阵，$\boldsymbol{D}_r(s)$ 是列化简的且 $\delta_{cj}\boldsymbol{D}_r(s)>\delta_{cj}\boldsymbol{R}_1(s)$，$\boldsymbol{R}_1(s)\boldsymbol{D}_r^{-1}(s)$ 是严格真有理矩阵，$\boldsymbol{D}_r^{-1}(s)\boldsymbol{R}_1(s)\boldsymbol{D}_r^{-1}(s)$ 亦然，$\boldsymbol{D}_c^{-1}(s)\boldsymbol{D}_f(s)\boldsymbol{D}_r^{-1}(s)$ 的逆 $\boldsymbol{D}_r(s)\boldsymbol{D}_f^{-1}(s)\boldsymbol{D}_c(s)$ 已经被证明是真有理矩阵. 所以式(10.133b)中多项式矩阵 $\boldsymbol{Q}(s)$ 及逆 $\boldsymbol{Q}^{-1}(s)$ 必是真有理矩阵.

由图 10.18 可证明在 $Q^{-1}(s)$输入处断开反馈环，得到的回归差矩阵 $\widetilde{L}(s)$有下面关系式：

$$\begin{aligned}\widetilde{\boldsymbol{L}}(s) &= \boldsymbol{I}_m + \boldsymbol{D}_c^{-1}(s)\boldsymbol{L}(s)\boldsymbol{Q}^{-1}(s) + \boldsymbol{D}_c^{-1}(s)\boldsymbol{M}(s)\boldsymbol{N}_r(s)\boldsymbol{D}_r^{-1}(s)\boldsymbol{Q}^{-1}(s)\\ &= \boldsymbol{I}_m + \boldsymbol{D}_c^{-1}(s)[\boldsymbol{L}(s)\boldsymbol{D}_r(s) + \boldsymbol{M}(s)\boldsymbol{N}_r(s)]\boldsymbol{D}_r^{-1}(s)\boldsymbol{Q}^{-1}(s)\\ &= \boldsymbol{I}_m + \boldsymbol{D}_c^{-1}(s)[\boldsymbol{R}_2(s)\boldsymbol{D}_r(s) + \boldsymbol{R}_1(s)]\boldsymbol{D}_r^{-1}(s)\boldsymbol{Q}^{-1}(s)\\ &= \boldsymbol{I}_m + [\boldsymbol{D}_c^{-1}(s)\boldsymbol{R}_2(s) + \boldsymbol{D}_c^{-1}(s)\boldsymbol{R}_1(s)\boldsymbol{D}_r^{-1}(s)]\boldsymbol{Q}^{-1}(s)\end{aligned} \tag{10.134}$$

因为 $\boldsymbol{D}_c^{-1}(s)\boldsymbol{R}_2(s)$和 $\boldsymbol{D}_c^{-1}(s)\boldsymbol{R}_1(s)\boldsymbol{D}^{-1}(s)$为严格真有理矩阵，$\boldsymbol{Q}^{-1}(s)$为真有理矩阵，造成 $\widetilde{\boldsymbol{L}}(s=\infty)=\boldsymbol{I}_m$，所以反馈系统有很好定义.

使得反馈系统有很好定义的条件即 $\boldsymbol{H}(s)\boldsymbol{D}_f^{-1}(s)\boldsymbol{H}_c(s)$的真有理性，可通过直接计算加以检验，但这涉及计算 $\boldsymbol{D}_f^{-1}(s)$，计算问题很复杂. 倘若令 $\boldsymbol{V}(s)$是 $\boldsymbol{H}_c^{-1}(s)\boldsymbol{D}_f(s)\boldsymbol{H}^{-1}(s)$的多项式部分计算就会变得十分简单，因为 $\boldsymbol{H}_c(s)$和 $\boldsymbol{H}(s)$都是对角矩阵，$\boldsymbol{V}(s)$比 $\boldsymbol{D}_f(s)$简单得多. 当且仅当 $\boldsymbol{V}^{-1}(s)$是真有理矩阵，$\boldsymbol{H}(s)\boldsymbol{D}_f^{-1}(s)\boldsymbol{H}_c(s)$也是真有理矩阵.

式(10.127)、式(10.128)和式(10.129)说明图 10.18 中反馈系统在适当选择好 $\boldsymbol{D}_c(s)$的 $\boldsymbol{Q}(s)$后，在 $\boldsymbol{D}_r(s)$和 $\boldsymbol{N}_r(s)$右互质，$\boldsymbol{D}_r(s)$列化简条件下，类似于定理 10.27 可设计出需要的矩阵 $\boldsymbol{L}(s)$和 $\boldsymbol{M}(s)$，也就是补偿器 $\boldsymbol{C}_0(s)=\boldsymbol{D}_c^{-1}(s)\boldsymbol{L}(s)$和 $\boldsymbol{C}_1(s)=\boldsymbol{D}_c^{-1}(s)\boldsymbol{M}(s)$，使得 $\boldsymbol{G}_f(s)=\boldsymbol{N}_r(s)\boldsymbol{D}_f^{-1}(s)\boldsymbol{D}_c(s)$，其中 $\det\boldsymbol{D}_f(s)$的零点可任意配置. 定理证毕.

10.6.3 开环传递矩阵的输入-输出反馈实现及其应用

定理 10.27 和定理 10.29 的证明中都指出两种反馈系统都有很好的定义，其原因之一在于 $\boldsymbol{D}_r(s)\boldsymbol{D}_f^{-1}(s)\boldsymbol{D}_c(s)$为真有理矩阵. 现在假设 $\boldsymbol{T}(s)\overset{\text{def}}{=}\boldsymbol{D}_r(s)\boldsymbol{D}_f^{-1}(s)\boldsymbol{D}_c(s)$为真有理矩阵，则图 10.17(b)和图 10.18 中反馈系统的传递矩阵可用 $\boldsymbol{T}(s)$表达成下式：

$$\boldsymbol{G}_f(s) = \boldsymbol{N}_r(s)\boldsymbol{D}_f^{-1}(s)\boldsymbol{D}_c(s) = \boldsymbol{N}_r(s)\boldsymbol{D}_r^{-1}(s)\boldsymbol{D}_r(s)\boldsymbol{D}_f^{-1}(s)\boldsymbol{D}_c(s) = \boldsymbol{G}(s)\boldsymbol{T}(s)$$

它正表达了图 10.19 中的开环系统的传递矩阵. 这就是开环传递矩阵的输入-输出反馈实现法. 它的优点在于引入反馈后使开环传递矩阵 $\boldsymbol{G}_0(s)=\boldsymbol{G}(s)\boldsymbol{T}(s)$对被控系统参数偏差灵敏度较低并具有干扰抑制能力. 下面研究用图 10.18 中反馈系统实现任意真有理开环传递矩阵 $\boldsymbol{G}_0(s)$，而将图 10.17(b)中反馈系统视为图 10.18 中 $\boldsymbol{Q}(s)=\boldsymbol{I}$ 的特例.

设图 10.19 中被控系统由 $r\times m$ 阶真有理矩阵 $\boldsymbol{G}(s)=\boldsymbol{N}_r(s)\boldsymbol{D}_r^{-1}(s)$表征，$\boldsymbol{T}(s)$是任意一个真有理开环补偿器. 如果选择 $\boldsymbol{T}(s)=\boldsymbol{D}_r(s)\hat{\boldsymbol{D}}_f^{-1}(s)$，$\boldsymbol{G}_0(s)=\boldsymbol{G}(s)\boldsymbol{T}(s)=\boldsymbol{N}_r(s)\hat{\boldsymbol{D}}_f^{-1}(s)$. 这就归结为定理 10.28 中任意分母矩阵配置的问题. 如果 $\boldsymbol{G}(s)$是非奇异方阵，选择 $\boldsymbol{T}(s)$为

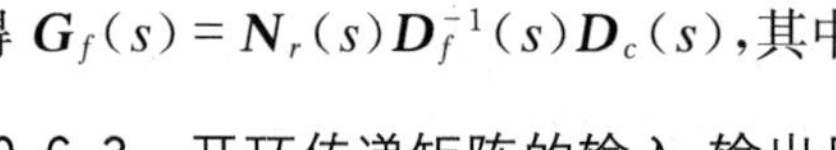

$$\boldsymbol{T}(s) = \boldsymbol{G}^{-1}(s)\operatorname{diag}(d_1(s), d_2(s), \cdots, d_m(s)) \tag{10.135}$$

图 10.19 开环系统

其中 $d_i(s)$，$i=1,2,\cdots,m$ 是使得 $\boldsymbol{T}(s)$成为真有理矩阵的 Hurwitz 多项式，$\deg d_i(s)$，$i=1,2,\cdots,m$ 取可能值中的最小值. 这样所得到的系统为解耦系统. 如果选择 $\boldsymbol{T}(s)=\boldsymbol{D}_r(s)\boldsymbol{D}_f^{-1}(s)\boldsymbol{N}_f(s)$，$\boldsymbol{D}_f(s)$和 $\boldsymbol{N}_f(s)$左互质，则开环系统传递矩阵 $\boldsymbol{G}_0(s)$为

$$\boldsymbol{G}_0(s) = \boldsymbol{G}(s)\boldsymbol{T}(s) = \boldsymbol{N}_r(s)\boldsymbol{D}_f^{-1}(s)\boldsymbol{N}_f(s) \tag{10.136}$$

因为图 10.18 中反馈系统传递矩阵 $\boldsymbol{G}_f(s)=\boldsymbol{N}_r(s)\boldsymbol{D}_f^{-1}(s)\boldsymbol{D}_c(s)$，其中 $\boldsymbol{D}_f(s)$ 和 $\boldsymbol{D}_c(s)$ 是设计者可控制的，这正符合设计式(10.136)中开环传递矩阵的需要，而采用图 10.9 中单位反馈系统就不能满足这种需要. 那里只能任意配置 $\boldsymbol{G}_f(s)=\boldsymbol{N}_r(s)\boldsymbol{D}_f^{-1}(s)\boldsymbol{N}_c(s)$ 中 $\boldsymbol{D}_f(s)$，$\boldsymbol{N}_c(s)$ 是 Diophantine 方程(10.84b)或相应的线性代数方程(10.88)的解，不能够任意选择.

实现方案Ⅰ

前面已经指明图 10.18 中输入-输出反馈系统的传递矩阵 $\boldsymbol{G}_f(s)$ 如式(10.127)，即

$$\begin{aligned}\boldsymbol{G}_f(s) &= \boldsymbol{N}_r(s)[\boldsymbol{D}_c(s)\boldsymbol{Q}(s)\boldsymbol{D}_r(s)+\boldsymbol{L}(s)\boldsymbol{D}_r(s)+\boldsymbol{M}(s)\boldsymbol{N}_r(s)]^{-1}\boldsymbol{D}_c(s)\\ &= \boldsymbol{N}_r(s)\boldsymbol{D}_f^{-1}(s)\boldsymbol{D}_c(s)\end{aligned} \tag{10.127}$$

其中 $\boldsymbol{D}_c(s)$ 和 $\boldsymbol{Q}(s)$ 是可选择的. 选择 $\boldsymbol{T}(s)=\boldsymbol{D}_r(s)\boldsymbol{D}_f^{-1}(s)\boldsymbol{N}_f(s)$，希望采用图 10.18 中输入-输出反馈系统实现开环矩阵 $\boldsymbol{G}_0(s)=\boldsymbol{G}(s)\boldsymbol{T}(s)=\boldsymbol{N}_r(s)\boldsymbol{D}_f^{-1}(s)\boldsymbol{N}_f(s)$，即希望

$$\boldsymbol{G}_f(s)=\boldsymbol{N}_r(s)\boldsymbol{D}_f^{-1}(s)\boldsymbol{D}_c(s)=\boldsymbol{N}_r(s)\boldsymbol{D}_f^{-1}(s)\boldsymbol{N}_f(s)=\boldsymbol{G}_0(s) \tag{10.137}$$

倘若 $\boldsymbol{T}(s)$ 非奇异，也就是 $\boldsymbol{N}_f(s)$ 非奇异，总可以找到么模矩阵 $\boldsymbol{U}(s)$ 使得 $\boldsymbol{U}(s)\boldsymbol{N}_f(s)$ 行化简，而且 $\boldsymbol{U}(s)\boldsymbol{D}_f(s)$ 和 $\boldsymbol{U}(s)\boldsymbol{N}_f(s)$ 保持左互质(定理 8.11). 因此在下面的设计步骤中，不失一般性地假设 $\boldsymbol{N}_f(s)$ 为行化简的.

设计步骤：

第一步：计算被控系统传递矩阵的右互质矩阵分式 $\boldsymbol{G}(s)=\boldsymbol{N}_r(s)\boldsymbol{D}_r^{-1}(s)$，$\boldsymbol{D}_r(s)$ 是列化简的. 再计算

$$\boldsymbol{D}_r^{-1}(s)\boldsymbol{T}(s)=\boldsymbol{D}_f^{-1}(s)\boldsymbol{N}_f(s) \tag{10.138}$$

其中 $\boldsymbol{D}_f(s)$ 和 $\boldsymbol{N}_f(s)$ 左互质，$\boldsymbol{N}_f(s)$ 行化简. 同时令

$$\delta_{ri}\boldsymbol{N}_f(s)=k_i,\quad i=1,2,\cdots,m$$

δ_{ri} 表示 $\boldsymbol{N}_f(s)$ 第 i 行的行次.

第二步：计算 $\boldsymbol{G}(s)$ 的行指数 ν，规定

$$k=\max\{\nu-1,k_1,k_2,\cdots,k_m\}$$

令

$$\overline{\boldsymbol{D}}_c(s)=\operatorname{diag}\{\alpha_1(s),\alpha_2(s),\cdots,\alpha_m(s)\} \tag{10.139}$$

其中 $\alpha_i(s)$ 是任意一个 $(k-k_i)$ 次多项式. 这样多项式矩阵

$$\boldsymbol{D}_c(s)=\overline{\boldsymbol{D}}_c(s)\boldsymbol{N}_f(s) \tag{10.140}$$

行次都等于 $k\geqslant\nu-1$，而且是行化简的.

第三步：如果

$$\delta_{cj}[\overline{\boldsymbol{D}}_c(s)\boldsymbol{D}_f(s)]\leqslant\mu_j+k,\quad j=1,2,\cdots,m$$

令 $\boldsymbol{Q}(s)=\boldsymbol{I}_m$，转入第四步；否则，计算

$$\boldsymbol{D}_f(s)=\boldsymbol{Q}_1(s)\boldsymbol{D}_r(s)+\boldsymbol{R}_1(s) \tag{10.141}$$

对于所有的列，$\delta_{cj}\boldsymbol{R}_1(s)<\delta_{cj}\boldsymbol{D}(s)=\mu_j$，再计算

$$\boldsymbol{Q}_1(s)=\boldsymbol{N}_f\boldsymbol{Q}(s)+\boldsymbol{R}_2(s) \tag{10.142}$$

对于所有的行，$\delta_{ri}\boldsymbol{R}_2(s)<\delta_{ri}\boldsymbol{N}_f(s)=k_i$. 这些分解是唯一的.

第四步：由下面式(10.143)或式(10.144)求出对应不同 $\boldsymbol{Q}(s)$ 两种情况下的 $\boldsymbol{L}(s)$ 和 $\boldsymbol{M}(s)$

$$\overline{\boldsymbol{D}}_c(s)[\boldsymbol{D}_f(s)-\boldsymbol{N}_f(s)\boldsymbol{D}_r(s)]=\boldsymbol{L}(s)\boldsymbol{D}_r(s)+\boldsymbol{M}(s)\boldsymbol{N}_r(s),\quad \boldsymbol{Q}(s)=\boldsymbol{I}_m \tag{10.143}$$

$$\overline{\boldsymbol{D}}_c(s)[\boldsymbol{R}_2(s)\boldsymbol{D}_r(s)+\boldsymbol{R}_1(s)]=\boldsymbol{L}(s)\boldsymbol{D}_r(s)+\boldsymbol{M}(s)\boldsymbol{N}_r(s),\quad \boldsymbol{Q}(s)\neq \boldsymbol{I}_m \tag{10.144}$$

定理 10.30 按照式(10.140)至式(10.144)计算出来的 $\boldsymbol{D}_c(s)$，$\boldsymbol{Q}(s)$，$\boldsymbol{L}(s)$ 和 $\boldsymbol{M}(s)$ 与被控系统 $\boldsymbol{G}(s)=\boldsymbol{N}_r(s)\boldsymbol{D}_r^{-1}(s)$ 构成图 10.18 中反馈系统，则反馈系统传递矩阵 $\boldsymbol{G}_f(s)$ 便实现开环传递矩阵，即 $\boldsymbol{G}_f(s)=\boldsymbol{G}_0(s)=\boldsymbol{G}(s)\boldsymbol{T}(s)\overset{\text{def}}{=}\boldsymbol{N}_r(s)\boldsymbol{D}_f^{-1}(s)\boldsymbol{N}_f(s)$，且反馈系统有着很好定义.

证明 将式(10.140)至式(10.144)代入式(10.127)得到

$$\boldsymbol{G}_f(s)=\boldsymbol{N}_r(s)\boldsymbol{D}_f^{-1}(s)\boldsymbol{N}_f(s) \tag{10.145}$$

所以 $\boldsymbol{G}_f(s)$ 实现了所需要的开环传递矩阵 $\boldsymbol{G}_0(s)$. 式(10.139)和式(10.140)意味着

$$\boldsymbol{T}(s)=\boldsymbol{D}_r(s)\boldsymbol{D}_f^{-1}(s)\boldsymbol{N}_f(s)=\boldsymbol{D}_r(s)[\overline{\boldsymbol{D}}_c(s)\boldsymbol{D}_f(s)]^{-1}\boldsymbol{D}_c(s) \tag{10.146}$$

注意这里 $\overline{\boldsymbol{D}}_c(s)\boldsymbol{D}_f(s)$ 对应着定理 10.29 中 $\boldsymbol{D}_f(s)$. 设 ν 是 $\boldsymbol{G}(s)$ 的行指数，在 $\boldsymbol{D}_c(s)$ 全部行次 $\delta_{ri}\boldsymbol{D}_c(s)=k\geqslant\nu-1$ 的条件下，当 $\boldsymbol{T}(s)$ 为真有理矩阵时，可以证明

$$\lim_{s\to\infty}\boldsymbol{H}(s)[\overline{\boldsymbol{D}}_c(s)\boldsymbol{D}_f(s)]^{-1}\boldsymbol{H}_c(s)=\text{常值阵} \tag{10.147}$$

其中 $\boldsymbol{H}(s)=\mathrm{diag}[s^{\mu_1}\quad s^{\mu_2}\quad\cdots\quad s^{\mu_m}]$，$\boldsymbol{H}_c(s)=s^k\boldsymbol{I}_m$. 这样，定理 10.30 就等价为定理 10.29 而得证.

显然，这种反馈实现 $\boldsymbol{G}_0(s)$ 的稳定性取决于 $\boldsymbol{T}(s)$，更准确地说取决于 $\det\boldsymbol{D}_f(s)$ 的零点，如果 $\det\boldsymbol{D}_f(s)$ 是 Hurwitz 多项式，则反馈实现的 $\boldsymbol{G}_0(s)$ 是 BIBO 稳定的. 这种设计涉及 $\det\overline{\boldsymbol{D}}_c(s)$ 零点的抵消，不过这些零点是可以任意配置的，如果将 $\det\overline{\boldsymbol{D}}_c(s)$ 选择为 Hurwitz 多项式，则这种反馈实现也是渐近稳定的. 注意这种实现方案是以 $\boldsymbol{T}(s)$ 为非奇异方阵作为前提条件的.

实现方案Ⅱ

图 10.20 中展示的输入-输出反馈系统是在图 10.18 中反馈系统的基础上增加了预滤

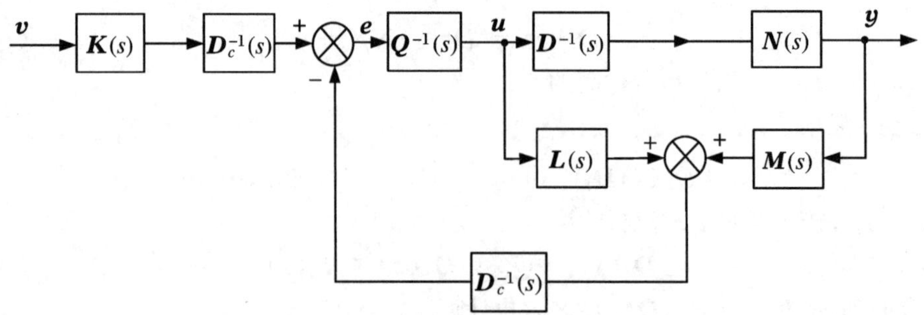

图 10.20 附加预滤波环节的输入-输出反馈系统

波环节 $D_c^{-1}(s)K(s)$. 因此很容易利用式(10.127)导出它的传递矩阵 $G_f(s)$是

$$G_f(s) = G(s)Q^{-1}(s)[I_m + D_c^{-1}(s)L(s)Q^{-1}(s) + D_c^{-1}(s)M(s)G(s)Q^{-1}(s)]^{-1}D_c^{-1}(s)K(s) \tag{10.148}$$

或

$$G_f(s) = N_r(s)[D_c(s)Q(s)D_r(s) + L(s)D_r(s) + M(s)N_r(s)]^{-1}K(s) \tag{10.149}$$

预滤波环节的增加允许开环传递矩阵 $G_0(s)=G(s)T(s)$中 $T(s)$可以是非方阵,也可以不是满秩的. 下面列出设计的步骤.

第一步:计算被控系统的右互质分式传递矩阵 $G(s)=N_r(s)D_r^{-1}(s)$,$D_r(s)$是列化简的. 计算

$$D_r^{-1}(s)T(s) = D_f^{-1}(s)N_f(s) \tag{10.150}$$

其中 $D_f(s)$和 $N_f(s)$左互质. 进一步要求 $D_f(s)$列化简,且列次系数矩阵为单位阵,即 $D_{fh}=I_m$.

第二步:令 $\delta_{cj}D_f(s)=f_j$,$\delta_{cj}D_r(s)=\mu_j$,$j=1,2,\cdots,m$,规定

$$V(s) = \mathrm{diag}(v_1(s), v_2(s), \cdots, v_m(s)) \tag{10.151}$$

如果 $f_j\geqslant\mu_j$,取 $v_j(s)=1$;如果 $f_j<\mu_j$,取 $v_j(s)$是(μ_j-f_j)次任意首一 Hurwitz 多项式. 将 $D_r^{-1}(s)T(s)$写成下面形式:

$$D_r^{-1}(s)T(s) = D_f^{-1}(s)V^{-1}(s)V(s)N_f(s) \overset{\text{def}}{=} \bar{D}_f^{-1}(s)\bar{N}_f(s) \tag{10.152}$$

其中 $\bar{D}_f(s)=V(s)D_f(s)$,$\bar{N}_f(s)=V(s)N_f(s)$. 令 $\delta_{cj}\bar{D}_f(s)=\bar{f}_j$,因为假设 $D_{fh}=I_m$,可以断定 $\bar{f}_j\geqslant\mu_j$. 引入 $V(s)$目的正是为了保证 $\bar{f}_j\geqslant\mu_j$,使得 $D(s)D_f^{-1}(s)$为真有理矩阵. 因为 $T(s)=D(s)D_f^{-1}(s)N_f(s)$的真有理性并不意味着 $D_r(s)D_f^{-1}(s)$为真有理矩阵.

第三步:计算 $G(s)$的行指数 ν. 令 $D_c(s)$是行次都等于 $k\geqslant\nu-1$ 且行化简的任意多项式矩阵,使得 $D_c^{-1}\bar{N}_f(s)$是真有理矩阵.

第四步:规定

$$W(s) \overset{\text{def}}{=} \mathrm{diag}(w_1(s), w_2(s), \cdots, w_m(s)) \tag{10.153}$$

如果 $\bar{f}_j-\mu_j-k\geqslant0$,取 $w_j(s)=1$;如果 $f_j-\mu_j-k<0$,取 $w_j(s)$为(μ_j+k-f_j)次任意首一 Hurwitz 多项式. 因为 $\bar{f}_j\geqslant\mu_j$,$\delta_{ri}W(s)\leqslant k$.

第五步:如果

$$\delta_{cj}[w(s)\bar{D}_f(s)] \leqslant \mu_j + k, \quad j = 1,2,\cdots,m \tag{10.154}$$

令 $Q(s)=I_m$,转入第六步;否则,计算

$$\bar{D}_f(s) = Q_1(s)D_r(s) + R_1(s) \tag{10.155}$$

对于所有的列,$\delta_{cj}R_1(s)<\delta_{cj}D_r(s)=\mu_j$,计算

$$W(s)Q_1(s) = D_c(s)Q(s) + R_2(s) \tag{10.156}$$

对于所有的行,$\delta_{ri}R_2(s)<\delta_{ri}D_c(s)=k$.

第六步:令

$$K(s) = W(s)\bar{N}_f(s) = W(s)V(s)N_f(s) \tag{10.157}$$

并由方程

$$\boldsymbol{W}(s)\overline{\boldsymbol{D}}_f(s) - \boldsymbol{D}_c(s)\boldsymbol{Q}(s)\boldsymbol{D}_r(s) = \boldsymbol{L}(s)\boldsymbol{D}_r(s) + \boldsymbol{M}(s)\boldsymbol{N}_r(s) \tag{10.158}$$

解出 $\boldsymbol{L}(s)$和 $\boldsymbol{M}(s)$.

定理 10.31 按照式(10.151)至式(10.158)计算出 $\boldsymbol{D}_c(s)$,$\boldsymbol{Q}(s)$,$\boldsymbol{L}(s)$,$\boldsymbol{M}(s)$和$\boldsymbol{K}(s)$与被控系统 $\boldsymbol{G}(s)=\boldsymbol{N}_r(s)\boldsymbol{D}_r^{-1}(s)$构成图 10.20 中反馈系统,则反馈系统有很好定义且反馈系统传递矩阵 $\boldsymbol{G}_f(s)$实现着开环传递矩阵,即 $\boldsymbol{G}_f(s)=\boldsymbol{G}_0(s)=\boldsymbol{G}(s)\boldsymbol{T}(s)=\boldsymbol{N}_r(s)\boldsymbol{D}_f^{-1}(s)\boldsymbol{N}_f(s)$.

证明 将式(10.157)左边的等式 $\boldsymbol{K}(s)=\boldsymbol{W}(s)\overline{\boldsymbol{N}}_f(s)$,式(10.158)和式(10.153)代入式(10.149)立刻得到

$$\begin{aligned}\boldsymbol{G}_f(s) &= \boldsymbol{N}_r(s)[\boldsymbol{D}_c(s)\boldsymbol{Q}(s)\boldsymbol{D}_r(s) + \boldsymbol{L}(s)\boldsymbol{D}_r(s) + \boldsymbol{M}(s)\boldsymbol{N}_r(s)]^{-1}\boldsymbol{W}(s)\overline{\boldsymbol{N}}_f(s)\\ &= \boldsymbol{N}_r(s)[\boldsymbol{W}(s)\overline{\boldsymbol{D}}_f(s)]^{-1}\boldsymbol{W}(s)\overline{\boldsymbol{N}}_f(s)\\ &= \boldsymbol{N}_r(s)\overline{\boldsymbol{D}}_f^{-1}(s)\overline{\boldsymbol{N}}_f(s)\\ &= \boldsymbol{N}_r(s)\boldsymbol{D}_f^{-1}(s)\boldsymbol{N}_f(s)\end{aligned} \tag{10.159}$$

式(10.159)说明图 10.20 中反馈系统实现了开环传递矩阵 $\boldsymbol{G}_0(s)=\boldsymbol{G}(s)\boldsymbol{T}(s)$.

将式(10.155)两边乘上 $\boldsymbol{W}(s)$并结合式(10.156),得到

$$\begin{aligned}\boldsymbol{W}(s)\overline{\boldsymbol{D}}_f(s) &= \boldsymbol{W}(s)\boldsymbol{Q}_1(s)\boldsymbol{D}_r(s) + \boldsymbol{W}(s)\boldsymbol{R}_1(s)\\ &= \boldsymbol{D}_c(s)\boldsymbol{Q}(s)\boldsymbol{D}_r(s) + \boldsymbol{R}_2(s)\boldsymbol{D}_r(s) + \boldsymbol{W}(s)\boldsymbol{R}_1(s)\end{aligned}$$

或

$$\boldsymbol{W}(s)\overline{\boldsymbol{D}}_f(s) - \boldsymbol{D}_c(s)\boldsymbol{Q}(s)\boldsymbol{D}_r(s) = \boldsymbol{R}_2(s)\boldsymbol{D}_r(s) + \boldsymbol{W}(s)\boldsymbol{R}_1(s) \tag{10.160}$$

因为 $\delta_{ri}\boldsymbol{R}_2(s)<k$,$\delta_{cj}\boldsymbol{D}_r(s)=\mu_j$,$\delta_{ri}\boldsymbol{W}(s)\leqslant k$ 和$\delta_{cj}\boldsymbol{R}_1(s)<\mu_j$,有

$$\delta_{cj}[\boldsymbol{W}(s)\overline{\boldsymbol{D}}_f(s) - \boldsymbol{D}_c(s)\boldsymbol{Q}(s)\boldsymbol{D}_r(s)] < k + \mu_j,\quad j = 1,2,\cdots,m \tag{10.161}$$

所以在 $\boldsymbol{D}_r(s)$和 $\boldsymbol{N}_r(s)$右互质,$\boldsymbol{D}_r(s)$列化简和 $k\geqslant\nu-1$ 的条件下,式(10.160)中存在次数至多为 k 的多项式 $\boldsymbol{L}(s)$ 和 $\boldsymbol{M}(s)$ 作为方程的解.因此,补偿器 $\boldsymbol{D}_c^{-1}(s)\boldsymbol{L}(s)$和$\boldsymbol{D}_c^{-1}(s)\boldsymbol{M}(s)$ 不仅存在而且是真有理的.将式(10.162)改写成

$$\boldsymbol{D}_c^{-1}(s)\boldsymbol{W}(s)\overline{\boldsymbol{D}}_f(s)\boldsymbol{D}_r^{-1}(s) = \boldsymbol{Q}(s) + \boldsymbol{D}_c^{-1}(s)\boldsymbol{W}(s)\boldsymbol{R}_1(s)\boldsymbol{D}_r^{-1} \tag{10.162}$$

其中 $\boldsymbol{D}_c^{-1}(s)\boldsymbol{R}_2(s)$和 $\boldsymbol{R}_1(s)\boldsymbol{D}_r^{-1}(s)$是严格真有理矩阵,$\boldsymbol{D}_c^{-1}(s)\boldsymbol{W}(s)$是真有理矩阵,$\boldsymbol{Q}(s)$是多项式矩阵.式(10.162)左边的逆可写成下面形式:

$$\begin{aligned}&\boldsymbol{D}_r(s)\overline{\boldsymbol{D}}_f^{-1}(s)\boldsymbol{W}^{-1}(s)\boldsymbol{D}_c(s)\\ &\quad= [\boldsymbol{D}_{rh}\boldsymbol{H}(s) + \boldsymbol{D}_{rl}(s)][\overline{\boldsymbol{D}}_{fh}\overline{\boldsymbol{H}}_f(s) + \overline{\boldsymbol{D}}_{fl}(s)]^{-1}[\boldsymbol{H}_w(s)\boldsymbol{W}_h\\ &\qquad + \boldsymbol{W}_l(s)]^{-1}[\boldsymbol{H}_c(s)\boldsymbol{D}_{ch} + \boldsymbol{D}_{cl}(s)]\end{aligned} \tag{10.163}$$

因为 $\boldsymbol{W}(s)$是对角矩阵,其元素为首一 Hurwitz 多项式 $w_i(s)$,$i=1,2,\cdots,m$,所以 $\boldsymbol{W}_h=\boldsymbol{I}_m$;$\overline{\boldsymbol{D}}_f(s)=\boldsymbol{V}(s)\boldsymbol{D}_f(s)$,$\boldsymbol{V}(s)$也是由首一 Hurwitz 多项式 $v_i(s)$,$i=1,2,\cdots,m$ 组成的对角矩阵,而且假设 $\boldsymbol{D}_{fh}=\boldsymbol{I}_m$,所以 $\overline{\boldsymbol{D}}_{fh}=\boldsymbol{I}_m$.再考虑到$\delta_{cj}\boldsymbol{D}_r(s)=\mu_j$,$\delta_{ri}\boldsymbol{D}_c(s)=\boldsymbol{k}$,$\delta_{cj}\overline{\boldsymbol{D}}_f(s)=\bar{f}_j$,$\delta_{ri}\boldsymbol{W}(s)=\mu_i+k-\bar{f}_i$,可以断定当 $s\to\infty$,有

$$\lim_{s\to\infty}\boldsymbol{D}_r(s)\overline{\boldsymbol{D}}_f^{-1}(s)\boldsymbol{W}^{-1}(s)\boldsymbol{D}_c(s) = \boldsymbol{D}_{rh}[\lim_{s\to\infty}\boldsymbol{H}(s)\boldsymbol{H}_f^{-1}(s)\boldsymbol{H}_w^{-1}(s)\boldsymbol{H}_c(s)]\boldsymbol{D}_{ch}$$

$$= \text{常值阵} \tag{10.164}$$

式(10.164)说明 $\boldsymbol{D}_r(s)\overline{\boldsymbol{D}}_f^{-1}(s)\boldsymbol{W}^{-1}(s)\boldsymbol{D}_c(s)$是真有理矩阵，和式(10.133b)情况一样，式(10.162)中多项式矩阵 $\boldsymbol{Q}(s)$的逆必定也是真有理矩阵.因为在图 10.19 的 $\boldsymbol{Q}^{-1}(s)$输入处断开反馈环得到的回归差矩阵 $\widetilde{\boldsymbol{L}}(s)$如下：

$$\begin{aligned}\widetilde{\boldsymbol{L}}(s) &= \boldsymbol{I}_m + \boldsymbol{D}_c^{-1}(s)\boldsymbol{L}(s)\boldsymbol{Q}^{-1}(s) + \boldsymbol{D}_c^{-1}(s)\boldsymbol{M}(s)\boldsymbol{N}(s)\boldsymbol{D}_r^{-1}(s)\boldsymbol{Q}^{-1}(s) \\ &= \boldsymbol{I}_m + \boldsymbol{D}_c^{-1}(s)[\boldsymbol{L}(s)\boldsymbol{D}_r(s) + \boldsymbol{M}(s)\boldsymbol{N}_r(s)]\boldsymbol{D}_r^{-1}(s)\boldsymbol{Q}^{-1}(s) \\ &= \boldsymbol{I}_m + [\boldsymbol{D}_c^{-1}(s)\boldsymbol{R}_2(s) + \boldsymbol{D}_c^{-1}(s)\boldsymbol{W}(s)\boldsymbol{R}_1(s)\boldsymbol{D}_r^{-1}(s)]\boldsymbol{Q}^{-1}(s)\end{aligned} \tag{10.165}$$

因为 $\boldsymbol{D}_c^{-1}(s)\boldsymbol{R}_2(s)$和 $\boldsymbol{R}_1(s)\boldsymbol{D}_r^{-1}(s)$是严格真有理矩阵，$\boldsymbol{D}_c^{-1}(s)\boldsymbol{W}(s)$是严格真有理矩阵或真有理矩阵，$\boldsymbol{Q}^{-1}(s)$是真有理矩阵，所以 $\widetilde{\boldsymbol{L}}(\infty) = \boldsymbol{I}_m$，反馈系统具有很好定义.如果 $\det\boldsymbol{D}_f(s)$，$\det\boldsymbol{V}(s)$，$\det\boldsymbol{D}_c(s)$以及 $\det\boldsymbol{W}(s)$ 都是 Hurwitz 多项式，和实现方案Ⅰ一样，这种反馈实现是渐近稳定的.定理得证.

下面介绍采用输入-输出反馈实现开环传递矩阵的应用.

(1) 解耦

假设被控系统由 $m\times m$ 阶非奇异真有理传递矩阵 $\boldsymbol{G}(s)=\boldsymbol{N}_r(s)\boldsymbol{D}_r^{-1}(s)$完全表征，开环补偿器的传递矩阵 $\boldsymbol{T}(s)$选择为 $\boldsymbol{D}_r(s)\boldsymbol{N}_r^{-1}(s)\widetilde{\boldsymbol{D}}_f^{-1}(s)$. $\widetilde{\boldsymbol{D}}_f(s)=\mathrm{diag}(d_1(s),d_2(s),\cdots,d_m(s))$，其中 $d_i(s)$是使 $\boldsymbol{T}(s)$成为真有理矩阵的次数最小的 Hurwitz 多项式.这样采用图 10.18 中输入-输出反馈系统将得到一个解耦系统 $\widetilde{\boldsymbol{D}}_f^{-1}(s)$.在这种实现方案中，被控系统的极点由 $\det\boldsymbol{D}_r(s)$的零点转变成反馈系统的极点，即 $\det(\widetilde{\boldsymbol{D}}_f(s)\boldsymbol{N}_r(s))$的零点，所以不存在抵消 $\det\boldsymbol{D}_r(s)$的零点即被控系统极点的现象.因为输入-输出反馈不影响被控系统分子矩阵$\boldsymbol{N}_r(s)$，因此将 $\boldsymbol{N}_r(s)$从解耦系统中消除是靠精确的相消完成的.如果 $\det\boldsymbol{N}_r(s)$不是 Hurwitz多项式，设计就会涉及不稳定极零点相消的问题，所得到的解耦系统就不是渐近稳定系统.所以，挑选

$$\boldsymbol{T}(s) = \boldsymbol{D}_r(s)\boldsymbol{N}_r^{-1}(s)\widetilde{\boldsymbol{D}}_f^{-1}(s)$$

并不总适合用来设计解耦系统.

现在改用另外一种方法设计解耦系统.假设被控系统仍由 $m\times m$ 阶非奇异真有理矩阵 $\boldsymbol{G}(s)=\boldsymbol{N}_r(s)\boldsymbol{D}_r^{-1}(s)$完全表征，$\boldsymbol{D}_r(s)$和 $\boldsymbol{N}_r(s)$右互质且 $\boldsymbol{D}_r(s)$是列化简的.将 $\boldsymbol{N}_r(s)$因式分解成

$$\boldsymbol{N}_r(s) = \boldsymbol{N}_1(s)\boldsymbol{N}_2(s) \tag{10.166a}$$

$$\boldsymbol{N}_1(s) = \mathrm{diag}(\beta_{11}(s),\beta_{12}(s),\cdots,\beta_{1m}(s)) \tag{10.166b}$$

其中 $\beta_{1i}(s)$是 $\boldsymbol{N}_r(s)$第 i 行的最大公因式.再令 $\beta_{2j}(s)$是 $\boldsymbol{N}_2^{-1}(s)$第 j 列中不稳定极点的最小公分母，规定 $\boldsymbol{N}_{2d}(s)\overset{\text{def}}{=}\mathrm{diag}(\beta_{21}(s),\beta_{22}(s),\cdots,\beta_{2m}(s))$和

$$\overline{\boldsymbol{N}}_2(s) \overset{\text{def}}{=} \boldsymbol{N}_2^{-1}(s)\boldsymbol{N}_{2d}(s) \tag{10.167}$$

$\overline{\boldsymbol{N}}_2(s)$是只含有稳定极点(即负实部极点)的有理矩阵.于是

$$\boldsymbol{N}_2(s)\overline{\boldsymbol{N}}_2(s) = \boldsymbol{N}_{2d}(s) = \mathrm{diag}(\beta_{21}(s),\beta_{22}(s),\cdots,\beta_{2m}(s)) \tag{10.168}$$

挑选开环补偿器如下：

$$\boldsymbol{T}(s) = \boldsymbol{D}_r(s)\bar{\boldsymbol{N}}_2(s)\boldsymbol{D}_t^{-1}(s) \tag{10.169a}$$

$$\boldsymbol{D}_t(s) = \mathrm{diag}(\alpha_1(s),\alpha_2(s),\cdots,\alpha_m(s)) \tag{10.169b}$$

其中 $\alpha_i(s)$是使 $\boldsymbol{T}(s)$成为真有理矩阵的次数最小的 Hurwitz 矩阵. 这样

$$\begin{aligned}\boldsymbol{G}(s)\boldsymbol{T}(s) &= \boldsymbol{N}_1(s)\boldsymbol{N}_2(s)\boldsymbol{D}_r^{-1}(s)\boldsymbol{D}_r(s)\bar{\boldsymbol{N}}_2(s)\boldsymbol{D}_t^{-1}(s)\\ &= \boldsymbol{N}_1(s)\boldsymbol{N}_{2d}(s)\boldsymbol{D}_t^{-1}(s)\\ &= \mathrm{diag}\left(\frac{\beta_{11}(s)\beta_{21}(s)}{\alpha_1(s)},\frac{\beta_{12}(s)\beta_{22}(s)}{\alpha_2(s)},\cdots,\frac{\beta_{1m}(s)\beta_{2m}(s)}{\alpha_m(s)}\right)\end{aligned} \tag{10.170}$$

式 (10.170)指明所实现的 $\boldsymbol{G}(s)\boldsymbol{T}(s)$是一个解耦系统,而且设计中涉及的只是 $\det\boldsymbol{N}_2(s)$的零点即稳定极点的相消,所得到的反馈系统是渐近稳定的.

例 10.10 设被控系统 $\boldsymbol{G}(s)$如下:

$$\boldsymbol{G}(s) = \boldsymbol{N}_r(s)\boldsymbol{D}_r^{-1}(s) = \begin{bmatrix} s^2 & 1 \\ s+1 & s+1\end{bmatrix}\begin{bmatrix} s^2+1 & 1 \\ 0 & s\end{bmatrix}^{-1}$$

由 $\boldsymbol{N}(s)$计算出 $\beta_{11}(s) = 1, \beta_{12}(s) = s+1$,因式分解 $\boldsymbol{N}(s)$

$$\boldsymbol{N}(s) = \boldsymbol{N}_1(s)\boldsymbol{N}_2(s) = \begin{bmatrix} 1 & 0 \\ 0 & s+1\end{bmatrix}\begin{bmatrix} s^2 & 1 \\ 1 & 1\end{bmatrix}$$

$$\boldsymbol{N}_2^{-1}(s) = \frac{1}{(s+1)(s-1)}\begin{bmatrix} 1 & -1 \\ -1 & s^2\end{bmatrix}$$

所以

$$\boldsymbol{N}_{2d}(s) = \mathrm{diag}[(s-1),(s-1)]$$

$$\bar{\boldsymbol{N}}_2(s) = \boldsymbol{N}_2^{-1}(s)\boldsymbol{N}_{2d}(s) = \frac{1}{s+1}\begin{bmatrix} 1 & -1 \\ -1 & s^2\end{bmatrix}$$

选择 $\boldsymbol{T}(s) = \boldsymbol{D}_r(s)\bar{\boldsymbol{N}}_2(s)\boldsymbol{D}_t^{-1}(s)$,由于

$$\boldsymbol{D}_r(s)\bar{\boldsymbol{N}}_2(s) = \frac{1}{s+1}\begin{bmatrix} s^2+1 & 1 \\ 0 & s\end{bmatrix}\begin{bmatrix} 1 & -1 \\ -1 & s^2\end{bmatrix} = \frac{1}{s+1}\begin{bmatrix} s^2 & -1 \\ -s & s^3\end{bmatrix}$$

$$\boldsymbol{T}(s) = \boldsymbol{D}_r(s)\bar{\boldsymbol{N}}_2(s)\mathrm{diag}[\alpha_1^{-1}(s) \quad \alpha_2^{-1}(s)] = \begin{bmatrix} \dfrac{s^2}{\alpha_1(s)(s+1)} & \dfrac{-1}{\alpha_2(s)(s+1)} \\ \dfrac{-s}{\alpha_1(s)(s+1)} & \dfrac{s^3}{\alpha_2(s)(s+1)}\end{bmatrix}$$

取 $\alpha_1(s) = s+2, \alpha_2(s) = (s+1)^2$,得到

$$\boldsymbol{T}(s) = \begin{bmatrix} \dfrac{s^2}{(s+2)(s+1)} & \dfrac{-1}{(s+1)^3} \\ \dfrac{-s}{(s+2)(s+1)} & \dfrac{s^3}{(s+1)^3}\end{bmatrix}$$

$$\boldsymbol{G}(s)\boldsymbol{T}(s) = \begin{bmatrix} \dfrac{s-1}{s+2} & 0 \\ 0 & \dfrac{(s+1)(s-1)}{(s+1)^2}\end{bmatrix} = \begin{bmatrix} \dfrac{s-1}{s+2} & 0 \\ 0 & \dfrac{s-1}{s+1}\end{bmatrix}$$

实现方案Ⅰ

采用图10.18中输入-输出反馈系统.计算

$$\begin{aligned}\boldsymbol{D}^{-1}(s)\boldsymbol{T}(s) &= \bar{\boldsymbol{N}}_2(s)\boldsymbol{D}_t^{-1}(s)\\ &= \frac{1}{s+1}\begin{bmatrix}1 & -1\\ -1 & s^2\end{bmatrix}\begin{bmatrix}s+2 & 0\\ 0 & (s+1)^2\end{bmatrix}^{-1}\\ &= \begin{bmatrix}1 & -1\\ -1 & s^2\end{bmatrix}\begin{bmatrix}(s+1)(s+2) & 0\\ 0 & (s+1)^3\end{bmatrix}^{-1}\\ &= \begin{bmatrix}s^2+\frac{9}{4}s+\frac{3}{4} & -\frac{3}{4}s-\frac{5}{4}\\ -\frac{1}{4}s+\frac{1}{4} & s^2+\frac{11}{4}s+\frac{9}{4}\end{bmatrix}^{-1}\begin{bmatrix}1 & -\frac{3}{4}\\ -1 & s-\frac{1}{4}\end{bmatrix}\\ &\stackrel{\text{def}}{=} \boldsymbol{D}_f^{-1}(s)\boldsymbol{N}_f(s)\end{aligned}$$

其中 $\boldsymbol{D}_f(s)$ 和 $\boldsymbol{N}_f(s)$ 左互质.应用8.3节介绍的行搜索法确定出 $\boldsymbol{G}(s)$ 的行指数 $\nu=2$.由 $\boldsymbol{N}_f(s)$ 可断定 $k_1=\delta_{r_1}\boldsymbol{N}_f(s)=0, k_2=\delta_{r_2}\boldsymbol{N}_f(s)=1$,取 $k=\max(\nu-1,k_1,k_2)=1$. $\bar{\boldsymbol{D}}_c(s)$ 可以任意选择,只要 $\boldsymbol{D}_c(s)$ 行化简,且行次都为 $k\geqslant\nu-1=1$,现选择 $\bar{\boldsymbol{D}}_c(s)=\mathrm{diag}(s+3,1)$

$$\boldsymbol{D}_c(s)=\bar{\boldsymbol{D}}_c(s)\boldsymbol{N}_f(s)=\begin{bmatrix}s+3 & 0\\ 0 & 1\end{bmatrix}\begin{bmatrix}1 & -\frac{3}{4}\\ -1 & s-\frac{1}{4}\end{bmatrix}=\begin{bmatrix}s+3 & \frac{-3(s+3)}{4}\\ -1 & s-\frac{1}{4}\end{bmatrix}$$

显然,$\delta_{cj}(\bar{\boldsymbol{D}}_c(s)\boldsymbol{D}_f(s))\leqslant\mu_j+k, j=1,2$,故取 $\boldsymbol{Q}(s)=\boldsymbol{I}_2$.计算

$$\bar{\boldsymbol{D}}_c(s)[\boldsymbol{D}_f(s)-\boldsymbol{N}_f(s)\boldsymbol{D}(s)]=\begin{bmatrix}\frac{9}{4}s^2+\frac{13}{2}s-\frac{3}{4} & -\frac{9}{4}s-\frac{27}{4}\\ s^2-\frac{1}{4}s+\frac{5}{4} & 3s+\frac{13}{4}\end{bmatrix}$$

列出关于 $\boldsymbol{L}(s)$ 和 $\boldsymbol{M}(s)$ 的系数矩阵的代数方程如下:

$$[\boldsymbol{L}_0\quad \boldsymbol{M}_0\quad \boldsymbol{L}_1\quad \boldsymbol{M}_1]\begin{bmatrix}1 & 1 & 0 & 0 & 1 & 0 & 0 & 0\\ 0 & 0 & 0 & 1 & 0 & 0 & 0 & 0\\ \hdashline 0 & 1 & 0 & 0 & 1 & 0 & 0 & 0\\ 1 & 1 & 1 & 1 & 0 & 0 & 0 & 0\\ \hdashline 0 & 0 & 1 & 1 & 0 & 0 & 1 & 0\\ 0 & 0 & 0 & 0 & 0 & 1 & 0 & 0\\ \hdashline 0 & 0 & 0 & 1 & 0 & 0 & 1 & 0\\ 0 & 0 & 1 & 1 & 1 & 1 & 0 & 0\end{bmatrix}$$

$$=\left[\begin{array}{cc:cc:cc:cc}-\frac{3}{4} & -\frac{27}{4} & \frac{13}{2} & -\frac{9}{4} & \frac{9}{4} & 0 & 0 & 0\\ \frac{5}{4} & \frac{13}{4} & -\frac{1}{4} & 3 & 1 & 0 & 0 & 0\end{array}\right]$$

解出

$$L(s)=\begin{bmatrix}\frac{31}{2}s+\frac{33}{4} & \frac{27}{4}\\ -\frac{7}{2}s-2 & -\frac{1}{4}\end{bmatrix},\quad M(s)=\begin{bmatrix}-\frac{31}{2}s-6 & -9\\ \frac{7}{2}s+2 & \frac{13}{4}\end{bmatrix}$$

解毕.

实现方案Ⅱ

采用图 10.20 中输入-输出反馈系统.由方案Ⅰ中 $\boldsymbol{D}_f(s)$可知 $\boldsymbol{D}_{fh}=\boldsymbol{I}_2, f_j\geqslant\mu_j$,选 $\boldsymbol{V}(s)=\boldsymbol{I}_2, \overline{\boldsymbol{D}}_f(s)=\boldsymbol{D}_f(s), \overline{\boldsymbol{N}}_f(s)=\boldsymbol{N}_f(s)$,再取 $k=\nu-1=1$,和

$$\boldsymbol{D}_c(s)=\begin{bmatrix}s+3 & 0\\ 0 & s+3\end{bmatrix}$$

因为 $f_i-\mu_1-k=2-2-1=-1$,选择 $w_1(s)=s+2$, $f_2-\mu_2-k=2-1-1=0$,令 $w_2(s)=1$,得到

$$\boldsymbol{W}(s)=\begin{bmatrix}s+2 & 0\\ 0 & 1\end{bmatrix}$$

因为 $\delta_{cj}(\boldsymbol{W}(s)\boldsymbol{D}_f(s))\leqslant\mu_j+k, j=1,2$,故令 $\boldsymbol{Q}(s)=\boldsymbol{I}_2$ 和

$$\boldsymbol{K}(s)=\boldsymbol{W}(s)\boldsymbol{N}_f(s)=\begin{bmatrix}s+2 & -\frac{3(s+2)}{4}\\ -1 & s-\frac{1}{4}\end{bmatrix}$$

由式(10.158)可解出 $\boldsymbol{L}(s)$和 $\boldsymbol{M}(s)$如下:

$$L(s)=\begin{bmatrix}11s+\frac{21}{4} & -\frac{3}{4}s+3\\ -\frac{5}{2}s-2 & -\frac{5}{2}\end{bmatrix},\quad M(s)=\begin{bmatrix}-11s-4 & -\frac{27}{4}\\ \frac{5}{2}s+2 & \frac{9}{4}\end{bmatrix}$$

解毕.

(2) 兼有渐近跟踪和扰动抑制性能的解耦

现在要研究的问题不仅要对被控系统解耦,而且要使整个反馈系统成为兼有渐近跟踪和干扰抑制性能的鲁棒解耦系统.设被控系统由 $m\times m$ 阶非奇异真有理矩阵 $\boldsymbol{G}(s)=\boldsymbol{N}_r(s)\boldsymbol{D}_r^{-1}(s)$完全表征.它可以在不涉及任何不稳定极零点相消的条件下解耦成

$$\mathrm{diag}\left[\frac{\beta_1(s)}{\alpha_1(s)},\frac{\beta_2(s)}{\alpha_2(s)},\cdots,\frac{\beta_m(s)}{\alpha_m(s)}\right]\tag{10.171}$$

其中 $\beta_i(s)$是可以根据 $\boldsymbol{N}_r(s)$唯一确定的,$\alpha_i(s)$的次数应选择使开环补偿器 $\boldsymbol{T}(s)$为真有理矩阵.如果只要求对被控系统解耦,$\alpha_i(s)$可被任意配置,倘若还希望具有渐近跟踪和干扰抑制性能,就不能任意配置 $\alpha_i(s)$.它们必须能被用来稳定附加的反馈.引入附加反馈联接的目的在于使整个反馈系统具有渐近跟踪和干扰抑制性能.

图 10.21 表达了整个设计思路.首先通过输入-输出反馈将被控系统解耦成式(10.171),再引入对角线多项式矩阵 $\boldsymbol{H}(s)=\mathrm{diag}(h_1(s),h_2(s),\cdots,h_m(s))$和内模 $\phi^{-1}(s)\boldsymbol{I}_m$,要求 $h_i(s)/\phi(s)$是真有理函数或严格真有理函数,这样便使图 10.21(a)中系统归结为图 10.21(b)中展示的 m 个单变量系统.每个单变量系统的传递函数为

$$\frac{h_i(s)\beta_i(s)}{\phi(s)\alpha_i(s)+h_i(s)\beta_i(s)} \stackrel{\text{def}}{=} \frac{h_i(s)\beta_i(s)}{f_i(s)} \tag{10.172}$$

分母 $f_i(s)$是$(\deg\phi(s)+\deg\alpha_i(s))$次的多项式.如果要求 $h_i(s)/\phi(s)$是严格真有理函数，在 $h_i(s)$中存在 $\deg\phi(s)$个自由参数，在 $\alpha_i(s)$中存在$(1+\deg\alpha_i(s))$个自由参数.所以，如果 $\phi(s)$和 $\beta_i(s)$互质的话，就可通过适当选择 $h_i(s)$和 $\alpha_i(s)$任意配置式(10.172)中 $f_i(s)$的零点.为了达到渐近跟踪和干扰抑制的目的，要求 $\phi(s)$的零点都不是 $\boldsymbol{G}(s)$的传输零点，或者都不是 $\det\boldsymbol{N}_r(s)$的零点，因为 $\boldsymbol{G}(s)=\boldsymbol{N}_r(s)\boldsymbol{D}_r^{-1}(s)$是 m 阶方阵.又因为 $\beta_i(s)$是 $\det\boldsymbol{N}_r(s)$的因式，断定若 $\phi(s)$的零点都不是 $\boldsymbol{G}(s)$的传输零点，则 $\phi(s)$和 $\beta_i(s)$必互质，$f_i(s)$的零点即图 10.21(b)中单变量反馈系统的极点，可以任意配置.在配置或者说确定了 $f_i(s)$之后，可计算出 $h_i(s)$和 $\alpha_i(s)$，再设计输入-输出反馈系统将被控系统解耦成式(10.171)表示的系统.这样便完成了整个反馈系统的设计.所得到的系统既是渐近稳定的，$f_i(s)$的零点配置在左半 s 开平面内，又是解耦的，从而达到了兼有渐近跟踪和干扰抑制性能的解耦目的.如果被控系统和补偿器(内模排除在外)中存在参数扰动，解耦特性将被破坏，但由于内模的引入，整个反馈系统对这种参数扰动具备很好的鲁棒性，仍然是渐近稳定的，保持着渐近跟踪和干扰抑制性能.

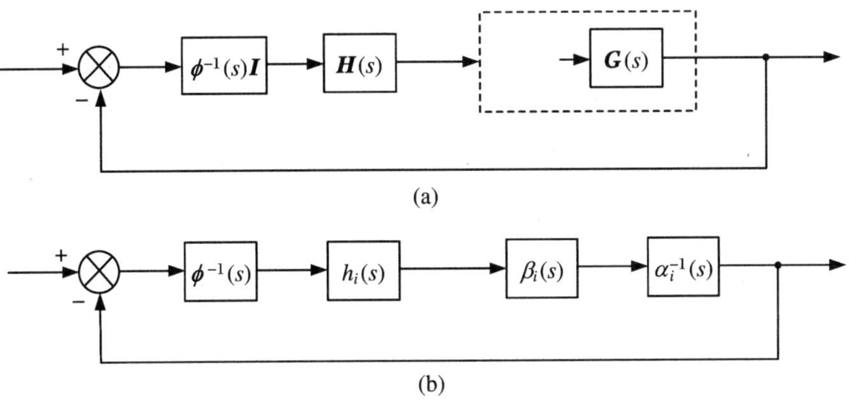

图 10.21　兼有渐近跟踪和扰动抑制的鲁棒解耦系统

例 10.11　在例 10.10 中若参考信号为阶跃信号，$v(s)=s^{-1}$，干扰信号 $w(t)=e^{2t}$，$w(s)=(s-2)^{-1}$，取 $\phi(s)=s(s-2)$.假设已经解出 $\beta_1(s)=s-1$，$\beta_2(s)=s^2-1$，因为 $\phi(s)$和 $\beta_i(s)$互质，可以找到 $h_i(s)$和 $\alpha_i(s)$稳定图 10.21(b)中反馈系统.为保证 $\boldsymbol{T}(s)$成为真有理矩阵取 $\deg\alpha_1(s)=1$，$\deg\alpha_2(s)=2$，挑选 $f_1(s)=(s+2)^3$，$f_2(s)=(s+2)^4$，由方程

$$\phi(s)\alpha_1(s)+\beta_1(s)h_1(s)=f_1(s)=(s+2)^3$$

$$\phi(s)\alpha_2(s)+\beta_2(s)h_2(s)=f_2(s)=(s+2)^4$$

解出 $\alpha_1(s)=s-28$，$h_1(s)=36s-8$，$\alpha_2(s)=s^2-\left(\frac{122}{3}\right)s-\frac{124}{3}$和 $h_2(s)=\left(\frac{152}{3}\right)s-16$.

根据 $\alpha_1(s)$和 $\alpha_2(s)$得到

$$\boldsymbol{D}_t(s)=\begin{bmatrix}\alpha_1(s) & 0\\ 0 & \alpha_2(s)\end{bmatrix}=\begin{bmatrix}s-28 & 0\\ 0 & s^2-\frac{122}{3}s-\frac{124}{3}\end{bmatrix}$$

和

$$G(s)T(s) = \operatorname{diag}\left[\frac{s-1}{s-28}, \frac{s^2-1}{s^2-\frac{122}{3}s-\frac{124}{3}}\right]$$

$G(s)T(s)$是图 10.21(a)中虚框内输入-输出反馈系统实现的，设计的过程已在例 10.10 中介绍过，这里不再重复.

(3) 模型匹配(Model matching)

至今所讨论的设计问题关心的只是极点或分母矩阵的配置，从未涉及分子矩阵的安排. 下面将要讨论的设计问题既要配置分母矩阵又要配置分子矩阵，或者说配置整个传递矩阵. 这个问题常常称做模型匹配问题. 假设被控系统由 $r\times m$ 真有理矩阵 $G(s)$完全表征，希望配置成 $r\times p$ 的真有理矩阵 $G_m(s)$. 现在希望为 $G(s)$找到一种结构和补偿器使所得到的整个系统的传递矩阵为 $G_m(s)$. 下面仍然采用开环补偿器，令其传递矩阵为 $m\times p$ 真有理矩阵 $T(s)$使得

$$G(s)T(s) = G_m(s) \tag{10.173}$$

如果找到这样的 $T(s)$，并用图 10.18 或图 10.20 那样的输入-输出反馈系统实现 $T(s)$，就解决了模型匹配设计问题.

令 $T_j(s)$和 $G_{mj}(s)$分别是 $T(s)$和 $G_m(s)$的第 j 列，式(10.173)可改写成

$$G(s)T_j(s) = G_{mj}(s), \quad j = 1,2,\cdots,p \tag{10.174}$$

式(10.174)是元素取自实系数有理函数域 $\mathbf{R}(s)$的线性代数方程，有解的充要条件是 $\rho[G(s)]=\rho[G(s),G_{mj}(s)]$，所以式(10.173)有解的充要条件是

$$\rho[G(s)] = \rho[G(s),G_m(s)]$$

注意，这里 $\rho[G(s)]$表示 $G(s)$在有理函数域中的秩，其他皆此意. 式 (10.173)有解的话，一般是有理矩阵，可能是真有理矩阵也可能是非真有理矩阵. 从实用角度考虑，$T(s)$应为次数尽可能低的真有理矩阵.

现在研究式(10.173)中解 $T(s)$为真有理矩阵的条件. 倘若 $G(s)$是非奇异方阵，答案十分简单，当且仅当 $G^{-1}(s)G_m(s)$是真有理矩阵时，$T(s)$亦然. 如果 $G(s)$不是方阵情况就要复杂些. 令 $\phi(s)$是 $G(s)$和 $G_m(s)$所有元素的最小公分母. 式(10.173)等式两边同乘以 $\phi(s)$得到

$$A(s)T(s) = B(s) \tag{10.175}$$

其中 $A(s)=\phi(s)G(s)$，$B(s)=\phi(s)G_m(s)$分别是 $r\times m$ 和 $r\times p$ 的多项式矩阵. 如果 $G(s)$是 $A(s)$行满秩，则存在么模矩阵 $U(s)$使得 $U(s)A(s)$是行化简的. 考虑

$$U(s)A(s)T(s) = U(s)B(s) \tag{10.176}$$

可以断言如果 $G(s)$在 $\mathbf{R}(s)$中行满秩，$T(s)$为真有理矩阵的充要条件是

$$\delta_{ri}[U(s)A(s)] \geqslant \delta_{ri}[U(s)B(s)], \quad i = 1,2,\cdots,r \tag{10.177}$$

如果 $A(s)$是方阵，这一论断实质上就是定理 8.10. 至于 $A(s)$不是方阵的情况，类似定理 8.10 的证明可证明这一论断，这里就省略了.

式(10.177)指出了真有理性条件但并没有指明如何求出最小阶次的 $T(s)$. 下面介绍的方法既给出了 $T(s)$的真有理性条件(因此实际上无需应用式(10.177)，又指明如何求出阶次最小的 $T(s)$. 令 $T(s)=N_T(s)D_T^{-1}(s)$，式(10.175)可改写成式(10.178)：

$$[\boldsymbol{A}(s)\quad \boldsymbol{B}(s)]\begin{bmatrix}-\boldsymbol{N}_T(s)\\ \boldsymbol{D}_T(s)\end{bmatrix}=\boldsymbol{0} \tag{10.178}$$

8.3节中定理8.14的对偶定理曾研究过式(10.178)这种方程,利用$\boldsymbol{A}(s)$,$\boldsymbol{B}(s)$,$\boldsymbol{N}_T(s)$和$\boldsymbol{D}_T(s)$中s各次幂系数矩阵组成类似式(8.100)的线性代数方程,然后便可用列搜索法从左到右搜索线性相关的列得到所需要的解.这些解属于化零空间$N[\boldsymbol{A}(s),\boldsymbol{B}(s)]$之中,化零空间的维数即零度记以$\eta[\boldsymbol{A}(s),\boldsymbol{B}(s)]$,简记为$\eta$

$$\eta=m+p-\rho[\boldsymbol{A}(s),\boldsymbol{B}(s)]=m+p-\rho[\boldsymbol{G}(s)\quad \boldsymbol{G}_m(s)]$$

定理8.14的对偶定理指出采用列搜索法所搜索到的原始相关列列数正是η.令$(m+p)\times\eta$的多项式矩阵$\boldsymbol{Y}(s)$是对应这些原始相关列的解,$\boldsymbol{Y}(s)$是化零空间$N[\boldsymbol{A}(s),\boldsymbol{B}(s)]$的最小多项式基.令$\boldsymbol{Y}_{hc}$是$\boldsymbol{Y}(s)$的列次系数矩阵,为方便计,假设$\eta=p$,将$\boldsymbol{Y}_{hc}$和$\boldsymbol{Y}(s)$分块成式(10.179):

$$\boldsymbol{Y}_{hc}=\begin{bmatrix}\overline{\boldsymbol{Y}}_{hc}\\ \widetilde{\boldsymbol{Y}}_{hc}\end{bmatrix},\quad \boldsymbol{Y}(s)=\begin{bmatrix}-\boldsymbol{N}_T(s)\\ \boldsymbol{D}_T(s)\end{bmatrix} \tag{10.179}$$

其中$\overline{\boldsymbol{Y}}_{hc}$和$\boldsymbol{N}_T(s)$是$m\times p$矩阵,$\widetilde{\boldsymbol{Y}}_{hc}$和$\boldsymbol{D}_T(s)$是$p\times p$矩阵.和定理8.14的对偶定理中情况不同的是,那里已经假设$\boldsymbol{G}(s)=\boldsymbol{D}_l^{-1}(s)\boldsymbol{N}_l(s)$是真有理矩阵,所以求出来的解$\boldsymbol{G}(s)=\boldsymbol{N}_r(s)\boldsymbol{D}_r^{-1}(s)$总是真有理矩阵而且$\boldsymbol{D}_r(s)$是列化简的.$\boldsymbol{D}_{rhc}$非奇异.而在这里模型匹配设计中,式(10.175)的$\boldsymbol{A}(s)$并不一定是方阵,$\boldsymbol{A}^{-1}(s)\boldsymbol{B}(s)$可能是没定义的,所以不能保证$\boldsymbol{D}_T(s)$的列次系数矩阵$\boldsymbol{D}_{Tch}$列满秩.注意,作为列搜索算法的结果$\boldsymbol{Y}_{hc}$是列满秩的.

定理10.32　如果式(10.179)中$\boldsymbol{Y}(s)$是用列搜索法由式(10.178)解出的化零空间$N[\boldsymbol{A}(s),\boldsymbol{B}(s)]$的最小多项式基,当且仅当$\rho[\widetilde{\boldsymbol{Y}}_{hc}]=p$,$\boldsymbol{N}_T(s)\boldsymbol{D}_T^{-1}(s)$是真有理矩阵.

证明　如果$\widetilde{\boldsymbol{Y}}_{hc}$的秩为$p$,则$\boldsymbol{D}_T(s)$是列化简的,$\delta_{cj}\boldsymbol{N}_T(s)\leqslant\delta_{cj}\boldsymbol{D}_T(s)$,$j=1,2,\cdots,p$,所以$\boldsymbol{N}_T(s)\boldsymbol{D}_T^{-1}(s)$是真有理矩阵.这就证明了充分性.下面用反证法证明必要性.假设$\boldsymbol{T}(s)=\boldsymbol{N}_T(s)\boldsymbol{D}_T^{-1}(s)$是真有理矩阵.但$\rho[\widetilde{\boldsymbol{Y}}_{hc}]<p$,作为列搜索算法的结果,至少有一列,比方说是第$j$列,具有特点$\delta_{cj}\boldsymbol{N}_T(s)>\delta_{cj}\boldsymbol{D}_T(s)$和$\widetilde{\boldsymbol{Y}}_{hcj}=\boldsymbol{0}$,$\widetilde{\boldsymbol{Y}}_{hcj}$表示$\widetilde{\boldsymbol{Y}}_{hc}$的第$j$列.因为$\boldsymbol{Y}(s)$是最小多项式基,$\rho[\boldsymbol{Y}_{hc}]=p$.既然$\widetilde{\boldsymbol{Y}}_{hcj}=\boldsymbol{0}$,必有$\overline{\boldsymbol{Y}}_{hcj}\neq\boldsymbol{0}$.令$\mu_j$是$\boldsymbol{Y}(s)$第$j$列的次数,由$\boldsymbol{T}(s)=\boldsymbol{N}_T(s)\boldsymbol{D}_T^{-1}(s)$,即$\boldsymbol{T}(s)\boldsymbol{D}_T(s)=\boldsymbol{N}_T(s)$可知

$$\boldsymbol{T}(s)\boldsymbol{D}_{Tj}(s)s^{-\mu_j}=\boldsymbol{N}_{Tj}(s)s^{-\mu_j} \tag{10.180}$$

$\boldsymbol{T}(s)$为真有理矩阵,$\boldsymbol{T}(\infty)$是常值阵,所以随着$s\to\infty$,式(10.180)等号左边

$$\lim_{s\to\infty}\boldsymbol{T}(s)\boldsymbol{D}_{Tj}(s)s^{-\mu_j}=\boldsymbol{T}(\infty)\widetilde{\boldsymbol{Y}}_{hcj}=\boldsymbol{0}$$

而右边

$$\lim_{s\to\infty}\boldsymbol{N}_{Tj}(s)s^{-\mu_j}=\overline{\boldsymbol{Y}}_{hcj}\neq\boldsymbol{0}$$

这就产生了矛盾.所以,若$\boldsymbol{T}(s)$为真有理矩阵必有$\rho[\widetilde{\boldsymbol{Y}}_{hcj}]=p$.定理证毕.

在这个定理中$\boldsymbol{Y}_{hc}$列满秩或者说$\boldsymbol{Y}(s)$为最小多项式基是定理成立的最根本的条件,否则定理便不成立.这一定理是由$\eta=p$引申出来的.倘若$\eta>p$,很明显式(10.173)没有

$\boldsymbol{T}(s)$的解；倘若 $\eta>p$，$\boldsymbol{Y}(s)$和 $\boldsymbol{Y}_{hc}$为秩等于 η 的$(m+p)\times\eta$ 的矩阵，定理 10.32 仍然成立. 在这种情况下为了获得最低次数解 $\boldsymbol{T}(s)$，将 $\boldsymbol{Y}(s)$的列按列次递增方式排列，即 $\delta_{c1}\boldsymbol{Y}(s)\leqslant\delta_{c2}\boldsymbol{Y}(s)\leqslant\cdots\leqslant\delta_{c\eta}\boldsymbol{Y}(s)$. 那么含有非奇异 $\widetilde{\boldsymbol{Y}}_{hc}$ 的前 p 列将给出式(10.173)的最低次数真有理解 $\boldsymbol{T}(s)$. 至此模型匹配设计问题可认为已经解决.

例 10.12 求满足式(10.181)的最小真有理解 $\boldsymbol{T}(s)$：

$$\begin{bmatrix}\dfrac{1}{s+1} & 0 & \dfrac{-s}{s+1}\\ \dfrac{1}{s} & -2 & -1\end{bmatrix}\boldsymbol{T}(s)=\begin{bmatrix}\dfrac{s}{s+3} & \dfrac{-s}{s+3}\\ \dfrac{s+1}{s+3} & \dfrac{-3s-7}{s+3}\end{bmatrix}\tag{10.181}$$

将式(10.181)等号两边同乘以 $s(s+1)(s+3)$并将 $\boldsymbol{T}(s)=\boldsymbol{N}_T(s)\boldsymbol{D}_T^{-1}(s)$代入其中，得到

$$\begin{aligned}&\begin{bmatrix}s^2+3s & 0 & -s^3-3s^2\\ s^2+4s+3 & -2s^3-8s^2-6s & -s^3-4s^2-3s\end{bmatrix}\boldsymbol{N}_T(s)\\ &\quad=\begin{bmatrix}s^3+s^2 & -s^3-s^2\\ s^3+2s^2+s & -3s^3-10s^2-7s\end{bmatrix}\boldsymbol{D}_T(s)\end{aligned}\tag{10.182}$$

显然，$\eta=m+p-\rho[\boldsymbol{G}(s)\quad\boldsymbol{G}_m(s)]=3+2-2=3$，将式(10.182)中已知的多项式矩阵关于 s 各次幂的系数矩阵按幂次增加顺序组成矩阵 $\boldsymbol{T}_1$，然后再用列搜索法搜索其原始线性相关列. 式(10.183)指明 $\boldsymbol{T}_1$ 总共有四个线性相关列，箭头所指的为三个原始相关列. 对于这个简单的例子，手算也可算出这些线性相关列：第五列等于第二列减第四列，第六列等于第三列乘以负号：

$$\boldsymbol{T}_1=\left[\begin{array}{ccc:cc:cc:c:cc}0&0&0&0&0&0&0&0&0&0\\ 3&0&0&0&0&0&0&0&0&0\\ \hdashline 3&0&0&0&0&0&0&0&0&0\\ 4&-6&-3&1&-7&3&0&0&0&0\\ \hdashline 1&0&-3&1&-1&3&0&0&0&0\\ 1&-8&-4&2&-10&4&-6&-3&1&-7\\ \hdashline 0&0&-1&1&-1&1&0&-3&1&-1\\ 0&-2&-1&1&-3&1&-8&-4&2&-10\\ \hdashline 0&0&0&0&0&0&0&-1&1&-1\\ 0&0&0&0&0&0&-2&-1&1&-3\end{array}\right]$$

$$\Rightarrow[\;*\quad *\quad *\quad *\quad \mathbf{0}\quad \mathbf{0}\quad *\quad *\quad \mathbf{0}\quad \mathbf{0}\;]\tag{10.183}$$
$$\qquad\qquad\uparrow\quad\uparrow\qquad\qquad\uparrow$$

第九列则为第三、四、八列线性组合，它们是原始线性相关列. 第十列可视为第五列的再现，只是行序发生了变化. 本例中线性相关列既出现在 $\boldsymbol{N}_T(s)$系数矩阵所对应的列中也出现在 $\boldsymbol{D}_T(s)$系数矩阵所对应的列中. 这一点和定理 8.14 的对偶定理中情况不一样，那里仅出现在与(分子矩阵)$\boldsymbol{B}(s)$系数矩阵所对应的列中. 应用式(8.25)的对偶公式由原始相关列计算出

$$
\left.\begin{bmatrix} 0 & 0 & 0 \\ -1 & 0 & 0 \\ 0 & 1 & 1 \\ 1 & 0 & 3 \\ 1 & 0 & 0 \end{bmatrix}\right\} s^0
$$

$$
\left.\begin{bmatrix} 0 & 1 & 0 \\ 0 & 0 & 0 \\ 0 & 0 & 1 \\ 0 & 0 & 1 \\ 0 & 0 & 0 \end{bmatrix}\right\} s^1
$$

由此立即得到

$$
\boldsymbol{Y}(s) = \begin{bmatrix} 0 & s & 0 \\ -1 & 0 & 0 \\ 0 & 1 & s+1 \\ \hdashline 1 & 0 & s+3 \\ 1 & 0 & 0 \end{bmatrix}, \quad \boldsymbol{Y}_{hc} = \begin{bmatrix} 0 & 1 & 0 \\ -1 & 0 & 0 \\ 0 & 0 & 1 \\ \hdashline 1 & 0 & 1 \\ 1 & 0 & 0 \end{bmatrix}
$$

因为 $\rho[\boldsymbol{Y}(s)]=3, \forall s \in \mathbf{C}$,所以它是列既约的;因为 $\rho[\boldsymbol{Y}_{hc}]=3$,它又是列化简的.所以 $\boldsymbol{Y}(s)$ 是化零空间的一个最小多项式基,$\rho\widetilde{\boldsymbol{Y}}_{hc}=2$,所以由 $\boldsymbol{Y}(s)$ 的第一列和第三列得到

$$
\begin{bmatrix} -\boldsymbol{N}_T(s) \\ \boldsymbol{D}_T(s) \end{bmatrix} = \begin{bmatrix} 0 & 0 \\ -1 & 0 \\ 0 & s+1 \\ \hdashline 1 & s+3 \\ 1 & 0 \end{bmatrix}
$$

和

$$
\boldsymbol{T}(s) = \boldsymbol{N}_T(s)\boldsymbol{D}_T^{-1}(s) = \begin{bmatrix} 0 & 0 \\ 1 & 0 \\ 0 & -s-1 \end{bmatrix} \begin{bmatrix} 1 & s+3 \\ 1 & 0 \end{bmatrix}^{-1} = \begin{bmatrix} 0 & 0 \\ 0 & 1 \\ \dfrac{-s-1}{s+3} & \dfrac{s+1}{s+3} \end{bmatrix}
$$

这就是最小真有理解.

被控系统的分子矩阵既不受状态反馈影响,正如7.2节曾讨论过的,也不受输出反馈影响,唯一能影响分子矩阵的方法就是直接相消.在设计任意配置极点或分母矩阵的补偿器时,一直都是小心翼翼地避免任何不希望的极零点相消.倘若在设计中不涉及分子矩阵配置,这种避免是可能的.但在模型匹配设计中也要配置分子矩阵.不希望的极零点相消有时是无法避免的.因此在模型匹配设计时,$\boldsymbol{G}_m(s)$的选择必须非常小心,否则,即使求出了真有理补偿器 $\boldsymbol{T}(s)$并用有很好定义的输入-输出反馈结构实现它,最终这个设计仍然是不可取的.

习 题 10

10.1 设

$$g_1(s)=\frac{1}{(s+1)(s+2)},\quad g_2(s)=\frac{s+2}{s+3}$$

(a) 让 $g_2(s)$ 串联在 $g_1(s)$ 之后如图 10.2(a)，利用串联系统的动态方程阐明串联系统的能控性和能观性，从而说明串联系统的传递函数是否完全表征整个系统？

(b) 将两个系统按图 10.2(c)那样接成反馈系统. 同法说明反馈系统的传递函数能否完全表征整个系统？

10.2 设有两组并联系统和串联系统，组成组合系统的子系统传递矩阵如下：

(a)

$$\boldsymbol{G}_1(s)=\begin{bmatrix}\frac{s+2}{s+1} & 0\\ 0 & \frac{s+1}{s+2}\end{bmatrix},\quad \boldsymbol{G}_2(s)=\begin{bmatrix}\frac{1}{s-1} & \frac{s+1}{s+2}\\ 0 & \frac{1}{s+2}\end{bmatrix}$$

(b)

$$\boldsymbol{G}_1(s)=\begin{bmatrix}\frac{1}{s+1} & 0\\ 0 & \frac{1}{s+2}\end{bmatrix},\quad \boldsymbol{G}_2(s)=\begin{bmatrix}\frac{1}{s+2} & 0\\ 0 & \frac{1}{s+1}\end{bmatrix}$$

注意，(b)组中两个子系统有相同的极点集. 分别说明两组并联系统、串联系统的能控性和能观性. 每个组合系统是否完全为它的整个传递函数矩阵所表征？

10.3 判断题 10.3 图中两个反馈系统是否 BIBO 稳定？是否渐近稳定？

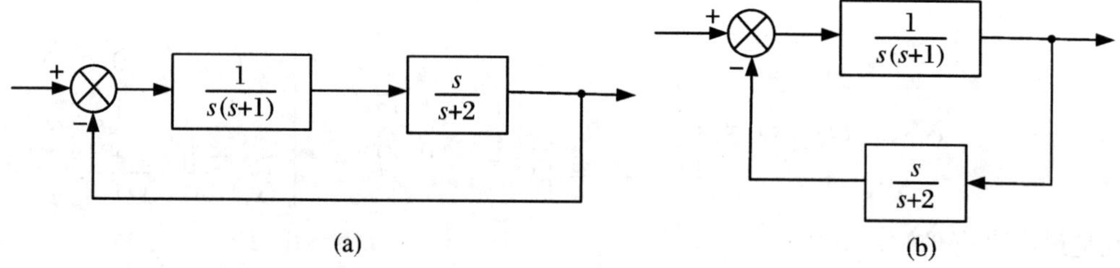

题 10.3 图

10.4 设两个系统的传递矩阵如下：

$$\boldsymbol{G}_1(s)=\begin{bmatrix}\frac{1}{s^2-1} & \frac{1}{s+1}\\ \frac{1}{s-1} & 1\end{bmatrix},\quad \boldsymbol{G}_2(s)=\begin{bmatrix}\frac{1}{s+2} & \frac{1}{s+3}\\ \frac{1}{s+1} & \frac{1}{s+3}\end{bmatrix}$$

将它们按图 10.2(c)接成反馈系统，应用互质矩阵分式和 $\Delta_1(s)\Delta_2(s)\det[\boldsymbol{I}+\boldsymbol{G}_1(s)\boldsymbol{G}_2(s)]$两种方法判断反馈系统是否 BIBO 稳定？是否渐近稳定？哪一种方法更简单？

10.5 已知被控系统 $g(s)=(s-1)/[s(s-2)]$，求单位反馈系统中的补偿器使得整个闭环系统的极点等于$-1,-2$和-3.

10.6　题10.5中传递函数改为$g(s)=(s^2-1)/(s^2-3s+1)$，求一阶真有理补偿器$c(s)$使得闭环系统极点为$-1,-2$和-3；再求二阶严格真有理补偿器$c(s)$使得闭环极点为$-1,-2,-3$和-4.

10.7　设有系统传递矩阵$\boldsymbol{G}(s)$为

$$\boldsymbol{G}_1(s)=\begin{bmatrix}\dfrac{s+1}{s(s-1)}\\[2mm]\dfrac{1}{s^2-1}\end{bmatrix}$$

设计补偿器使得整个单位反馈系统的极点为$-1,-2\pm j$，剩下的一个选为-2；若$\boldsymbol{G}_2(s)=\boldsymbol{G}_1^{\mathrm{T}}(s)$，重新设计补偿器.

10.8　下面的传递矩阵中哪些是循环矩阵？

$$\boldsymbol{G}_1(s)=\begin{bmatrix}\dfrac{1}{s} & \dfrac{s+1}{s-2}\\[2mm]\dfrac{1}{s+3} & \dfrac{1}{(s-1)^2}\end{bmatrix},\quad \boldsymbol{G}_2(s)=\begin{bmatrix}\dfrac{s+2}{(s-1)(s+1)} & \dfrac{1}{s+1}\\[2mm]\dfrac{1}{s-1} & \dfrac{1}{s-1}\end{bmatrix}$$

$$\boldsymbol{G}_3(s)=\begin{bmatrix}\dfrac{2s}{(s-1)(s+1)} & \dfrac{1}{(s-1)(s+1)}\\[2mm]\dfrac{2}{s-1} & \dfrac{1}{s-1}\end{bmatrix},\quad \boldsymbol{G}_4(s)=\begin{bmatrix}\dfrac{1}{s} & 0\\[2mm]0 & \dfrac{1}{s}\end{bmatrix}$$

10.9　证明若有理矩阵$\boldsymbol{C}(s)$是循环的，则对任意常数阵$\boldsymbol{K}$而言，$\bar{\boldsymbol{C}}(s)=\boldsymbol{C}(s)+\boldsymbol{K}$仍是循环的.

10.10　考察题10.10图中反馈系统，计算整个系统的传递函数.令$n(s)=n_1(s)n_2(s)$，其中$n_2(s)$能够被抵消，证明：对任何希望设计的$g_f(s)=n_1(s)n_f(s)/d_f(s)$且$\deg d_f(s)-\deg n_1(s)n_f(s)\geqslant\deg d(s)-\deg n(s)$，存在真有理补偿器$p(s)/d_c(s)$和$n_c(s)/d_c(s)$满足这一设计要求.如果$d_f(s)$是Hurwitz的（$d_f(s)=0$的根全部位于左半$s$开平面内），$d_c(s)$是Hurwitz的吗？如果$d_c(s)$不是Hurwitz的，图中反馈系统是可接受的实现方式（implementation）吗？你能找到不同的可接受的等价实现方式？参看题10.15和文献[F3].

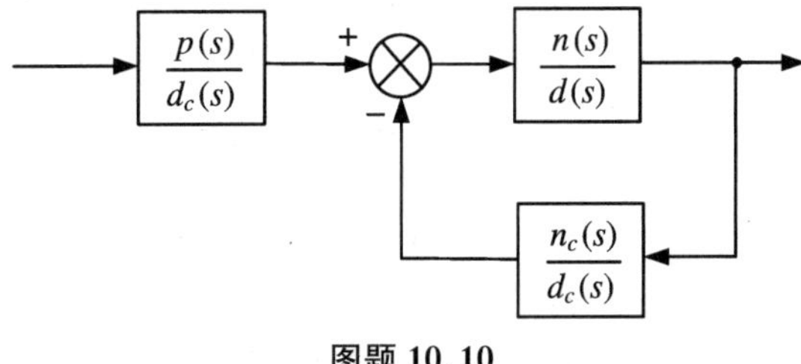

图题10.10

10.11　考察10.4节中例10.8，被控系统传递矩阵重新写在下面：

$$G(s)=\begin{bmatrix}\frac{1}{s^2} & \frac{1}{s} & 0\\ 0 & 0 & \frac{1}{s}\end{bmatrix}=\begin{bmatrix}s^2 & 0\\ 0 & s\end{bmatrix}^{-1}\begin{bmatrix}1 & s & 0\\ 0 & 0 & 1\end{bmatrix}$$

求单位反馈系统中补偿器使得所得到的分母矩阵是

$$D_f(s)=\begin{bmatrix}(s+1)^2 & 0\\ 0 & s+1\end{bmatrix}$$

所得到的 $G_f(s)$是循环的吗？将你的结果和书中结果进行对照比较.

10.12　设题 10.12 图中单位反馈系统的参考输入信号 $\boldsymbol{v}(s)=\phi_v^{-1}(s)\boldsymbol{\beta}_v(s)$,输出端干扰信号 $\boldsymbol{w}(s)=\phi_w^{-1}(s)\boldsymbol{\beta}_w(s)$.证明该单位反馈系统能实现
输出跟踪（输出调节）的充要条件是:(a) 反馈系统渐近稳定;(b) $\boldsymbol{D}(s)=\overline{\boldsymbol{D}}(s)\phi_v(s)$($\boldsymbol{D}(s)=\widetilde{\boldsymbol{D}}(s)\phi_w(s)$).

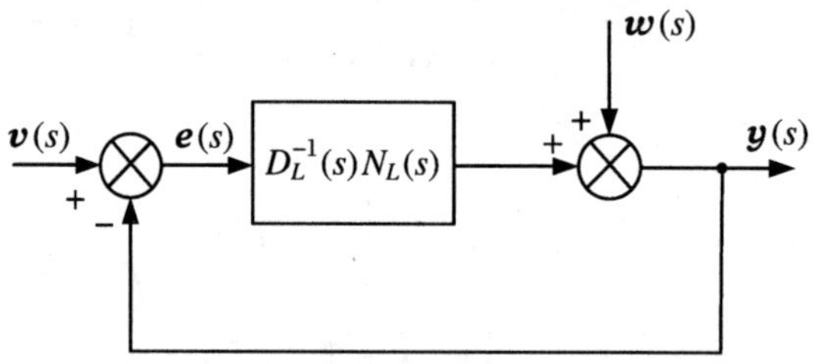

题 10.12 图

10.13　设多变量单位输出反馈系统是渐近稳定的.令 $\boldsymbol{G}(s)=\boldsymbol{D}^{-1}(s)\boldsymbol{N}(s)$,参考输入信号 $\boldsymbol{v}(s)=\boldsymbol{D}_v{}^{-1}(s)\boldsymbol{N}_v(s)\boldsymbol{v}_0$,其中 $\boldsymbol{v}(s)$的极点全部位于右半 s 闭平面内,$\boldsymbol{D}_v(s)$和 $\boldsymbol{N}_v(s)$左互质.证明

$$\begin{aligned}\boldsymbol{e}(s)&=\boldsymbol{v}(s)-\boldsymbol{y}(s)=(\boldsymbol{I}+\boldsymbol{G}(s))^{-1}\boldsymbol{v}(s)\\&=[\boldsymbol{D}_l(s)+\boldsymbol{N}_l(s)]^{-1}\boldsymbol{D}_l(s)\boldsymbol{D}_v^{-1}(s)\boldsymbol{N}_v(s)\boldsymbol{v}_0\end{aligned}$$

没有右半 s 闭平面内极点的充要条件是:$\boldsymbol{D}_v(s)$是 $\boldsymbol{D}(s)$的右因式.

10.14　设单位反馈系统中被控系统传递矩阵 $\boldsymbol{G}(s)=\boldsymbol{N}_r(s)\boldsymbol{D}_r^{-1}(s)=\boldsymbol{D}_L^{-1}(s)\boldsymbol{N}_L(s)$为互质矩阵分式,令 $\boldsymbol{X}(s)$和 $\boldsymbol{Y}(s)$是多项式矩阵并且 $\boldsymbol{X}(s)\boldsymbol{D}_r(s)+\boldsymbol{Y}(s)\boldsymbol{N}_r(s)=\boldsymbol{I}$.证明对于任何一个全部极点位于左半 s 开平面内的有理矩阵$\boldsymbol{H}(s)$,下面的补偿器

$$\boldsymbol{C}(s)=[\boldsymbol{X}(s)-\boldsymbol{H}(s)\boldsymbol{N}_l(s)]^{-1}[\boldsymbol{Y}(s)+\boldsymbol{H}(s)\boldsymbol{D}_l(s)]$$

能镇定单位反馈系统.如果 $\boldsymbol{H}(s)$是真有理矩阵,$\boldsymbol{C}(s)$将是真有理矩阵吗?

10.15　证明题 10.15 图中反馈系统的传递矩阵

$$\boldsymbol{G}_f(s)=\boldsymbol{N}_r(s)[\boldsymbol{D}_c(s)\boldsymbol{D}_r(s)+\boldsymbol{N}_c(s)\boldsymbol{N}_r(s)]^{-1}\boldsymbol{K}(s)$$

令 $\boldsymbol{G}(s)=\boldsymbol{N}_r(s)\boldsymbol{D}_r^{-1}(s)=\boldsymbol{N}_1(s)\boldsymbol{N}_2(s)\boldsymbol{D}_r^{-1}(s)$,其中 $\boldsymbol{N}_2(s)$是非奇异的,且可被相消掉,问在什么条件下存在真有理补偿器 $\boldsymbol{D}_c^{-1}(s)\boldsymbol{K}(s)$和 $\boldsymbol{D}_c^{-1}(s)\boldsymbol{N}_c(s)$使得 $\boldsymbol{G}_f(s)=\boldsymbol{N}_1(s)\boldsymbol{D}_f^{-1}(s)\boldsymbol{N}_f(s)$.

10.16　考察被控系统传递矩阵

$$\boldsymbol{G}(s)=\begin{bmatrix}s & 1\\ 1 & 1\end{bmatrix}\begin{bmatrix}s-1 & s\\ 0 & s^2\end{bmatrix}^{-1}$$

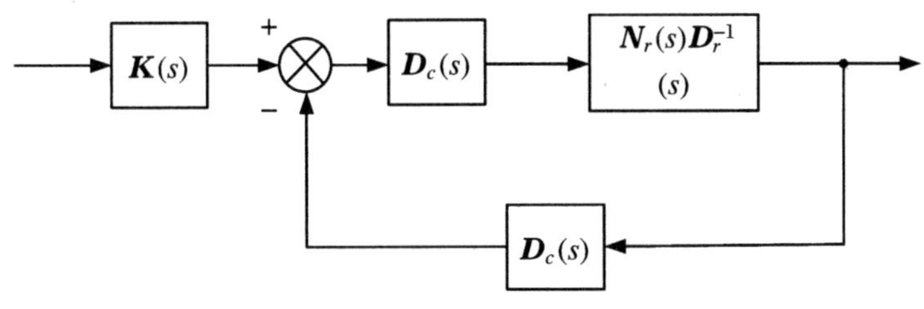

题 10.15 图

证明 $G(s)$的行指数是2.设计一个输入-输出反馈系统使得分母矩阵 $D_f(s)$如下：

$$D_f(s) = \begin{bmatrix}(s+1)^2 & 0 \\ 0 & (s+1)^3\end{bmatrix}$$

选择 $D_c(s)=\mathrm{diag}(s+2,s+2)$.

10.17　将题10.16中 $D_f(s)$改成

$$D_f(s) = \begin{bmatrix}s+1 & 0 \\ 0 & (s+1)^2\end{bmatrix}$$

重新设计一次.

10.18　将题10.16中 $D_f(s)$改成

$$D_f(s) = \begin{bmatrix}s(s+2) & s+2 \\ s+2 & s+2\end{bmatrix}$$

重新设计.这个反馈系统是解耦的吗？所有的补偿器都是真有理的？系统具有很好的定义吗？是否存在不稳定极零点相消？

10.19　针对题10.16中被控系统设计一个很好定义的输入-输出反馈系统使之解耦,并且不涉及任何不稳定极零点相消.

10.20　针对下面传递矩阵

$$G(s) = \begin{bmatrix}0 & 1 \\ 1 & s+1\end{bmatrix}\begin{bmatrix}s^2+1 & 1 \\ 1 & s\end{bmatrix}^{-1}$$

设计一个解耦系统跟踪阶跃信号和抑制被控系统引入的 e^t 型干扰信号.

参 考 文 献

[1] Horn R A, Johnson C R. Matrix Analysis[M]. Cambridge: Cambridge University Press, 1985.

[2] Lancaster P, Tismenetsky M. The Theory of Matrices[M]. 2nd ed. Orlando: Academic Presss, 1985.

[3] 须田信英.自动控制中的矩阵理论[M].曹长修,译.北京:科学出版社,1979.

[4] Padulo L, Michael A. System Theory[M]. Philadelphia, London, Toronto: W. B. Saunders Company,1974.

[5] Chen C T. Linear System Theory and Design[M]. New York: Holt, Rinehart and Winston, 1984.

[6] Fortman T E, Hitz K L. An Introduction to Linear Control Systems[M]. New York: Dekker, 1977.

[7] Gabel R A, Roberts R A. Signal and Linear System[M]. New York: John Wiley and Sons, Inc., 1980.

[8] Azzo J J D, Houpis C H. Linear Control System Analysis and Design.[M]. 4th ed. New York: McGrawHill, Inc., 1995.

[9] Brogan W L. Modern Control Theory[M]. 3rd ed. Englewood, New Jersey: Prentice Hall, Cliffs, 1991.

[10] Tong M D, Chen W K. A Novel Proof of the Sourian Frame Faddeev Algorithm[J]. IEEE Transactions on Automatic Control, 1993, AC38(9): 1447-1448.

[11] Kailath T. Linear Systems[M]. Englewood Cliffs, New Jersey: Prentice Hall, Inc., 1980.

[12] Desoer C A, Kuh E S. Basic Ciruit Theory[M]. New York: McGraw Hill Book Company, 1969.

[13] Anderson B D O, Vongpanitlerd S. Network Analysis and Synthesis[M]. Englewood Cliffs, New Jersey: Prentice Hall, 1973.

[14] Rubio J E. The Theory of Linear Systems[M]. New York, London: Academic Press, 1971.

[15] Mayne D Q. Computational Procedure for the Minimal Realization of TransferFunction Matries [J]. Proc. IEE, 1968, 115: 1363-1368.

[16] Belevitch V. On Network Analysis by Polynomial Matrices[M]//Deards S R. Recent Developments in Network Theory. Oxford: Pergamon, 1963: 19-30.

[17] Belevitch V. Classical Network Theory[M]. San Francisco: Holden Day, Inc., 1968.

[18] Rosenbrock H H. State Space and Multivariable Theory[M]. New York: Wiley-Interscience, 1970.

[19] Rosenbrock H H. Properties of Linear Constant Systems[J]. Proc. IEE, 1970, 117(8): 1717-1720.

[20] Desoer C A, Gündes A N. Circuits, K Ports, Hidden Modes, and Stability of Interconnected K Ports[J]. IEEE Transactions on CAS, 1985, CAS-32(7): 635-646.

[21] Tong M D, Chen W K. Analysis of VLSI Robust Exponential Stability with Left Coprime Factorization[J]. Circuits, Systems and Signal Processing, 1998, 17(3): 335-360.

[22] MacFarlane A G J, Karcanias N. Poles and Zeros of Linear Multivariable Systems: a Survey of the Algebraic Geometric and Complex Variable Theory[J]. Int. J. Control, 1976, 24: 33-74.

[23] Desoer C A, Schulman J D. Zeros and Poles of Matrix Transfer Functions and Their Dynamical Interpretation[J]. IEEE Trans on CAS, 1974, CAS-21(1): 3-8.

[24] Maciejowski J M. Multivariable Feedback Design[M]. Wokinghan: Addison Wesley Publishing Company, 1989.

[25] Desoer C A, Chan W S. The Feedback Interconnection of Lumped Linear Time-invariant Systems [J]. Franklin Inst., 1975, 300: 335-351.

[26] Kalman R E. Mathematical Description of Linear Dynamical Systems[J]. SIAMJ. Control, 1963, 1: 152-192.

[27] 徐和生,陈锦娣.线性多变量系统的分析和设计[M].北京:国防工业出版社,1989.

[28] 郑大钟.线性系统理论[M].北京:清华大学出版社,1990.

[29] 张志方,孙常胜.线性控制系统教程[M].北京:科学出版社,1993.

进一步参考文献

[F1] Callier F M, Desoer C A. An Algebra of Transfer Function for Distributed Linear Time-Invariant Systems[J]. IEEE Trans. on Circuits and Systems, 1978, CAS-25:651-662.

[F2] Silverman L M, Anderson B D O. Controllability, Observability and Stability of Linear System [J]. SIAMJ. Control, 1968, 6: 121-129.

[F3] Callier F N, Desoer C A. Multivariable Feedback Systems [M]. New York: Springer-Verlag, 1982.

[F4] Krishnarao I S, Chen C T. Two Polynomial Matrix Operation[J]. IEEE Transactions on Automatic Control, 1984, AC-29.

[F5] Doyle J C, Gunter Stein. Multivariable Feedback Design: Concepts for a Classical[J]. IEEE Transactions on Automatic Control, 1981, AC-26(1): 4-16.

[F6] Postlethwaite I, Edmunds J M, MacFarlane A G J. Principal Gains and Principal Phases in the Analysis of Linear Multivariable Feedback Systems[J]. IEEE Transactions on Automatic Control, 1981, AC-26(1): 32-46.

[F7] Safonov M G, Laub A J, Hartmann G L. Feedback Properties of Multivariable Systems: The Role and Use of the Return Difference Matrix[J]. IEEE Transactions on Automatic Control, 1981, AC-26(1): 47-65.

[F8] Cruz J B, Freudenberg J S, et al. A Relationship between Sensitivity and Stability of Multivariable Feedback System[J]. IEEE Transactions on Automatic Control, 1981, AC-26(1): 65-74.

[F9] Wang S H, Davison E J. A Minimization Algorithm for the Design of Linear Multivariable Systems [J]. IEEE Trans. on AC, 1973, AC-18(3): 220-225.

[F10] Fortman T E, Williamson D. Design of Low Order Observers for Linear Feedback Control Laws [J]. IEEE Transactions on Automatic Control, 1972, AC-17(3): 301-308.

[F11] Bongiorno J J, Oula D C Y. On the Design of Single-loop Single-input-output Feedback Systems in the Complex-frequency Domain[J]. IEEE Transactions on Automatic Control, 1977, AC-22(3): 416-423.